Paul Wenzel (Hrsg.)

Betriebswirtschaftliche Anwendungen mit SAP R/3®

Paul Wenzel (Hrsg.)

Betriebswirtschaftliche Anwendungen mit SAP R/3®

3., überarbeitete Auflage

1. Auflage 1995
2., verbesserte und erweiterte Auflage 1996
3., überarbeitete Auflage 1999

SAP R/2, R/3, ABAP/4, SAP EarlyWatch, SAPoffice, SAP Business Workflow, SAP ArchiveLink, Accelerated SAP, SAP R/3 Retail sind eingetragene Warenzeichen der SAP Aktiengesellschaft Systeme, Anwendungen, Produkte in der Datenverarbeitung, Neurottstr. 16, D-69190 Walldorf. Der Herausgeber bedankt sich für die freundliche Genehmigung der SAP Aktiengesellschaft, die genannten Warenzeichen im Rahmen des vorliegenden Titels zu verwenden. Die SAP AG ist jedoch nicht Herausgeberin des vorliegenden Titels oder sonst dafür presserechtlich verantwortlich. Für alle Screen-Shots (Bildschirmmasken) dieses Buches gilt der Hinweis: Copyright SAP AG.

Das in diesem Buch enthaltene Programm-Material ist mit keiner Verpflichtung oder Garantie irgendeiner Art verbunden. Der Autor und der Verlag übernehmen infolgedessen keine Verantwortung und werden keine daraus folgende oder sonstige Haftung übernehmen, die auf irgendeine Art aus der Benutzung dieses Programm-Materials oder Teilen davon entsteht.

Höchste inhaltliche und technische Qualität unserer Produkte ist unser Ziel. Bei der Produktion und Auslieferung unserer Bücher wollen wir die Umwelt schonen: Dieses Buch ist auf säurefreiem und chlorfrei gebleichtem Papier gedruckt. Die Einschweißfolie besteht aus Polyäthylen und damit aus organischen Grundstoffen, die weder bei der Herstellung noch bei der Verbrennung Schadstoffe freisetzen.

Umschlaggestaltung: Ulrike Weigel, Wiesbaden

Additional material to this book can be downloaded from http://extra.springer.com.

ISBN 978-3-322-89896-8   ISBN 978-3-322-89895-1 (eBook)
DOI 10.1007/978-3-322-89895-1

Inhaltsübersicht

Inhaltsübersicht

3 Finanzbuchhaltung 127

4 Anlagenbuchhaltung 185

7 Fertigungswirtschaft 401

8

Instandhaltung 539

11 SAP Business Workflow 817

13

Ausbildung in und mit der Modellfirma LIVE AG 925

Vorwort

„Kostensenkung durch geringere Lagerbestände, effiziente Logistikinformationen, optimierter Ressourceneinsatz sowie reduzierter Management-Aufwand!" So oder so ähnlich lautet das Standardrepertoire, wenn es darum geht, einige Ziele des Einsatzes von „Standard-Software" in Unternehmen zu begründen.

Zunehmend werden die Arbeitsplätze in unternehmensweite Datenverarbeitungs-, Informations- und Kommunikations-Systemen integriert und die Geschäftätigkeit durch flexible, benutzerangepaßte „Standard-Software" unterstützt, die mit der individuellen Datenverarbeitung korrespondiert.

Die Software zur Unterstützung **betrieblicher Prozeßketten**, also die Anwendungsprogramme zur Abwicklung der logistischen Ablaufe (sowohl qualitativ als auch quantitativ) sowie zur Ergebnisrechnung und -kontrolle im Sinne des Unternehmenscontrolling, wurde bis vor wenigen Jahren meist von Informatikabteilungen der Unternehmen selbstentwickelt und gepflegt. Idealtypischerweise wurde und wird dabei eine integrierte Gesamtlösung für sämtliche betriebliche Funktionsbereiche auf Basis redundanzfreier Daten angestrebt.

Infolgedessen wurden in den Unternehmen in der Vergangenheit umfangreiche Informatikabteilungen zur Entwicklung, Pflege und zum laufenden Betrieb derartiger DV-Systeme aufgebaut. Der in den letzten Jahren erhöhte Kostendruck auf die Unternehmen äußert sich jedoch nun u. a. in einem geplanten Übergang von Großrechnern auf vernetzte, dezentrale Systeme (z. B. Client/Server-Systeme unter UNIX und Windows NT) und softwareseitig in einem verstärkten Trend zu Standardanwendungsprogrammen, wie bspw. SAP R/3®, Baan IV® oder Navision-Financials®.

3. Auflage

Diese dritte Auflage des Buches wurde von den **Wirtschaftsinformatik-Studenten** der **Fachhochschule Konstanz**, der **Technischen Universität Illmenau** und der **Universität Würzburg** als Projekt-Vorlage zu **SAP R/3®**, **Release 3.1G**, zusammengestellt.

Neben zahlreichen Verbesserungen, insbes. durch eine praxisnahe Bearbeitung innerhalb der einzelnen R/3-Komponenten, wurde besonderen Wert darauf gelegt, die jeweiligen Anwendungen anhand von Fallbeispielen mit den derzeit verfügbaren R/3-Modulen durchzufuhren.

Dabei wurden die neuen Systeme, wie bspw. der SAP Business Workflow, die Internetanbindung mit dem Internet Transaktion Server (ITS), SAP Automation, HTML-Business, SAP@Web-Studio und viele andere Neuerungen in diese Neuauflage integriert.

Ergänzt wurden die 13 Kapitel, deren Inhaltsspektrum von den R/3-Grundlagen bis zu den unterschiedlichen betrieblichen Anwendungen, wie z. B. Finanzbuchhaltung, Controlling, Material- und Fertigungswirtschaft, Vertrieb und Personalwirtschaft reicht, um einen praxisnahen Anhang: eine Einführung in das Programmieren mit ABAP/4.

„Datei-Name"

Die dem **Buch beiliegende CD** ergänzt und veranschaulicht die schriftlichen Ausführungen durch zahlreiche Video-Sequenzen, Hilfe-Texte und Präsentationen. Hier soll dem Leser die spezifische Verbindung von Betriebswirtschaft und Informatik in der angewandten Form einer praxisnahen Wirtschaftsinformatik demonstriert werden.

Dargestellt mit dem **Symbol** erkennt der Leser, daß es weiterführende Informationen, Ergänzungen etc. zum beschriebenen Sachverhalt auf der beiliegenden CD[1] gibt. Insbes. längere Einstellungen im System und Prozeßabläufe werden per Screencam-Film, HTML-Shows, WinHelp-Datei und PowerPoint-Präsentationen anschaulich vorgestellt. Fast alle betrieblichen Anwendungsmodule, insbes. FI, CO, MM, PP, HR und SD, werden mit Fallbeispielen videogestützt vorgestellt, damit der User einen deutlich größeren und umfassenderen Überblick über die R/3-Anwendungen erhält.

Dieses Buch kann und soll **keine Bedienungsanleitung** darstellen, sondern nur einen Funktionsüberblick, der keineswegs vollständig ist, über die Möglichkeiten in **Release 3.1G** des R/3-Systems gewähren. Die angegebenen Menupfade können sich bei anderen Releases ändern, oftmals sind mehrere Wege über das Menü zum gleichen Ziel möglich. Als **Bedienungsanleitung sei auf die SAP-Online-Dokumentation** verwiesen.

Danksagungen

Von Seiten der Autoren und nicht zuletzt der Hochschule **danken wir der SAP AG, Walldorf,** für die großzügige Überlassung der Software R/3, der vielen Beschreibungen, Unterstützungen und Hinweisen zum System R/3, die in diesem Buch praxis- bzw. systemnah eingearbeitet wurden.

---

[1] **Bedienung** und **Installationshinweise** finden Sie auf der letzten Seite des Buches (S. 1083) und direkt auf der CD („Bedienung der CD.doc")

Für die Mitarbeit an diesem Buch bedanken wir uns auch bei **Dr.-Ing. Lutz Schmidt, Dipl. W.-inf. Thomas Döring, Dipl. W.-inf. Andreas Weiß** und **Dipl. W.-inf. Thomas Kaciuba** von der Technischen Universität Ilmenau, Fakultät für Wirtschaftswissenschaften, Fachgebiet Wirtschaftsinformatik I.

Danken möchten wir auch **Prof. Dr. Rainer Thome** von der Universität Würzburg, der in Zusammenarbeit mit Frau **Dipl.-Kff. Sabine Mehlich** uns mit dem Beitrag „Ausbildung in und mit der Modellfirma LIVE AG" (Kapitel 13) unterstützt hat.

Für die geschätzte Mitarbeit und das **enorme Engagement** der Autoren, insbes. der Wirtschaftsinformatik-Studenten der Fachhochschule Konstanz (siehe Autorenverzeichnis, S. 1060 ff), bedanke ich mich herzlichst.

„Index" (HTML)

Unser Dank gilt auch **Herrn Dipl.-Inf. cand. Robert Marekovic** (Konstanz), der in kürzester Zeit eine HTML-Oberfläche für die beiliegende CD geschaffen hat.

Zuletzt **danken wir besonders meiner lieben Frau Martina** (StR) und unserem **Vater StD a. D. Wendlin Wenzel** (Hainburg), die in vielen Tagen und Wochen das Lektorat für dieses Werk übernommen haben.

Paul Wenzel, Konstanz im September 1998

1 Einführung

1.1   Das Unternehmen - SAP AG

Im Jahre 1972 gründeten fünf ehemalige IBM-Programmierer die Firma „**S**oftware, **A**nwendungen und **P**rodukte in der Datenverarbeitung", kurz SAP, mit Sitz in Walldorf. Mittlerweile ist SAP das größte europäische Softwarehaus mit über 12.800 Mitarbeitern und rund 6,1 Mrd. DM Umsatz (SAP-Geschäftsbericht 1997). Hier einige wichtige Stationen in der Geschichte des Softwarehauses:

- **1976** erzielte die Gesellschaft rund 4 Mio. DM Umsatz mit einem FiBu-Programm;

- **1979** wurde das R/2-System für Mainframes eingeführt, welches bis 1989 weltweit bei über 1200 Kunden installiert worden ist;

- **1988** wurde die SAP in eine Aktiengesellschaft umgewandelt;

- **1992** wurde das R/3-System, basierend auf der Client-/Server-Technologie, von SAP freigegeben;

- **1994** wurde SAP weltweit Marktführer mit R/2 und R/3 im Bereich betriebswirtschaftlicher Standardsoftware;

- **1997** feierte die SAP AG ihr 25-jähriges Bestehen.

1.1.1   Unternehmensziele und -strategien

Betriebswirtschaftliche Standardsoftware

Die Grundidee von SAP war es, eine einzige betriebswirtschaftliche Standardsoftware zu entwickeln, die sämtliche betriebswirtschaftliche Bereiche abdeckt und den Benutzern eine einheitliche Struktur und Bedieneroberfläche bietet. Dieses Softwaresystem sollte dann nicht nur in einer speziellen Branche lauffähig sein, sondern in der ganzen Bandbreite aller Industriezweige sowie im Dienstleistungssektor und im öffentlichen Dienst. Die Softwareneutralität sollte sogar noch über die Grenzen eines Landes hinausgehen, so daß das System auch international einsetzbar sein sollte.

Daraus entstand dann zunächst das System R/2, wobei „**R**" für **Realtime (Echtzeitverarbeitung)** steht, für den Einsatz auf Großrechnern und später das R/3-System auf Client/Server-Systemen.

Ausbau der Märkte

Um den geschäftlichen Erfolg voranzutreiben, werden vor allem neue Märkte erschlossen. Im Mittelpunkt stehen hier besonders die USA und Fernost. Die SAP-Gruppe ist zu einem **internationalen Unternehmen** herangewachsen. Speziell durch das System R/3 war es dem Unternehmen (Stand Ende 1997) möglich, sich mit zahlreichen Landesgesellschaften bei 90 Standorten in 85 Ländern niederzulassen.

In **Nordamerika** steigerte die SAP ihren Umsatz in den letzten Jahren um 100-150 % p. a.. Die Expansion im dortigen Schlüsselmarkt wurde von einer verstärkten Präsenz, dem Ausbau der Partnerschaften sowie neu geschlossenen Kooperationsverträgen mit amerikanischen Firmen begleitet.

Das Wachstum dieses Unternehmens wird anhand von Übersichten der Umsatz- (siehe Abb. 1.1) und Mitarbeiterentwicklung (siehe Abb. 1.2) dargestellt. Ende 1997 betrug die Mitarbeiterzahl im SAP-Konzern bereits 12.856 (vgl. Geschäftsbericht der SAP AG von 1997).

Abb. 1.1
Mitarbeiterzahlen
1989 bis 1998

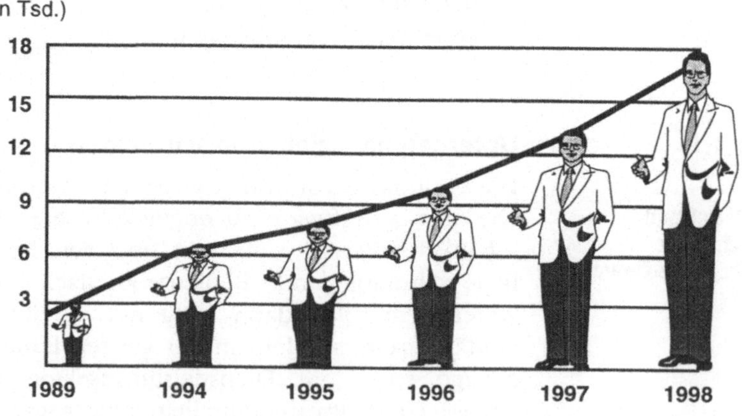

Hierbei ist bemerkenswert, daß 1997 je Mitarbeiter ca. 0,521 Mio. DM Umsatz erwirtschaftet wurde.

Für das Jahr 1998 wird ein Umsatzzuwachs von 30 - 35 % erwartet.

Abb. 1.2
Umsatz
1993 bis 1997

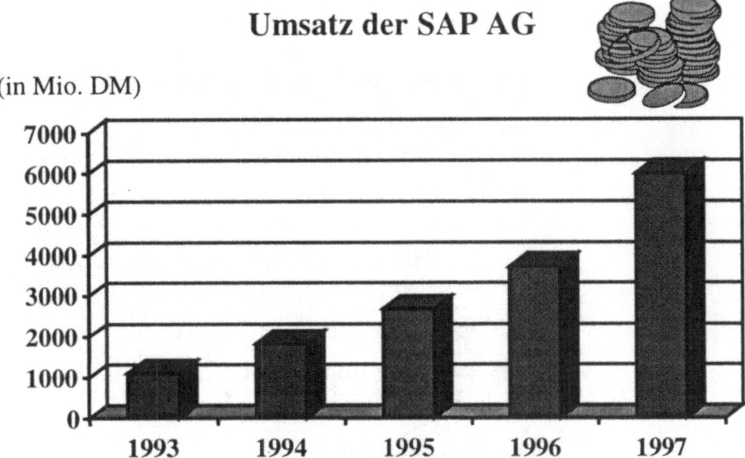

Im gleichen Maße wie der Umsatz stieg auch der Jahresüberschuß von 1993 mit 146,4 Mio. DM auf 925,4 Mio. DM im Jahr 1997 (vgl. Geschäftsbericht der SAP AG von 1997).

Abb. 1.3
Überschüsse
1993 bis 1997

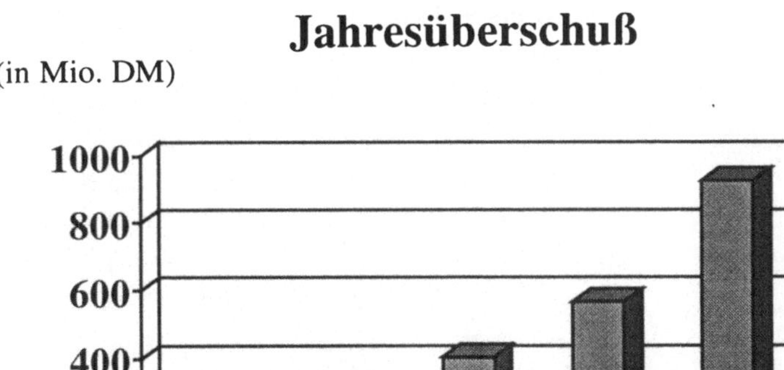

Aktienkurs

Im Jahre 1997 entsprach der Jahresüberschuß 15,4 % des Umsatzes. Diese Entwicklung kann man sehr gut anhand des Aktienkurses verfolgen. Die Vorzugsaktie der SAP AG konnte 1997 eine **Kurssteigerung von 175 %** verzeichnen. Im Vergleich dazu zog der DAX 1997 „nur" um 47 % an.

1.1.1.1   Das Unternehmen und seine Partner

Zur Unternehmensstrategie gehört die Kooperation mit verschiedenen Partnern, wobei unter folgenden unterschieden wird:

- Hardwarepartner
  (Acer, Amdahl, Compaq, Data General, Dell, Digital, Fujitsu, HP, Hitachi, IBM, Intergraph, Itantec Philco S/A, Mitsubishi, NCR, NEC, Sequent, SNI, Sun, Unisys, Zenith/Bull etc.).
- Internationale Beratungspartner
- Nationale Implementierungspartner
- R/3 Systemhäuser
- Logo-Partner
  (Andersen Consulting, CSC Ploenske, Digital, EDS, Plaut, Ernst & Young, CAP Gemini, KPMG uva.).
- Vertriebspartner
- Technologiepartner
- Migrationspartner
- Beratungspartner

Hardwarepartner

Die Hardwarepartner des SAP-Konzerns liefern und installieren in erster Linie die nötige Hardware, damit die SAP-Software ohne zusätzlichen Anpassungsaufwand einsetzbar ist. Sie unterstützen den Kunden bei der Systemwahl.

Logopartner

Die Logo-Partner sind vor allem für die Beratung des Kunden zuständig. Desweiteren bieten sie Schulungen und Informationsveranstaltungen an. Außer der Beratung gehört auch die Lieferung und Installation eines kompletten R/3-Systems, also Hard- und Software, zum Leistungsspektrum dieser Unternehmen.

Als Vertriebspartner werden Unternehmen bezeichnet, die sowohl als Logo- bzw. Hardwarepartner tätig sind.

Zusammen mit den **Technologiepartnern** entwickelt und entwirft die SAP AG neue Software- und Hardwareprodukte.

1.1.1.2 Serviceleistungen

Die **Schulung und Beratung** von Kunden und Anwendern wird zu einem großen Teil von SAP selbst durchgeführt. Dabei stehen mehrere tausend Mitarbeiter bei der SAP AG zur Verfügung. Neben den oben angeführten Logo-Partnern führen darüber hinaus auch SAP-User-Groups Schulungen und Informationsveranstaltungen durch.

Hotline

Für den Fall besonders dringender Hilfe steht eine Telefon-Hotline zur Verfügung, bei der man rund um die Uhr anrufen kann.

Service 2000

Der Ausbau von Serviceleistungen hatte in der Firmenpolitik von SAP eine hohe Priorität. Es wurde ein **Service-2000-Konzept** erarbeitet und in Betrieb genommen. Eine neue Dimension der Serviceleistung stellt dabei der **Online Software Service (OSS)** dar (siehe hierzu: Kapitel 1.6.2). Durch die Vernetzung von SAP mit seinen Kunden ist eine Fernanalyse von Problemen mittels Remote-Beratung über Bildschirmkonferenzen sowie die Übertragung aller wichtiger Daten möglich. Dies hat den Vorteil, daß der Softwarespezialist nicht erst zum Bestimmungsort reisen muß, sondern von Walldorf oder einem anderen Servicecenter (USA oder Japan) den Fehler beheben kann. Ein weiterer Vorteil des OSS ist die Versendung von Updates und Erweiterungen innerhalb kürzester Zeit.

EarlyWatch

Bei dem EarlyWatch-Service analysieren Spezialisten regelmäßig das R/3-System des Kunden. Somit können auftretende Probleme frühzeitig erkannt und behoben werden, so daß eine optimale Systemverfügbarkeit und Performance gewährleistet wird.

Abb. 1.4
EarlyWatch
(Quelle:
SAP-VISUAL-CD:
CeBIT '98 PRESEN-
TATIONS)

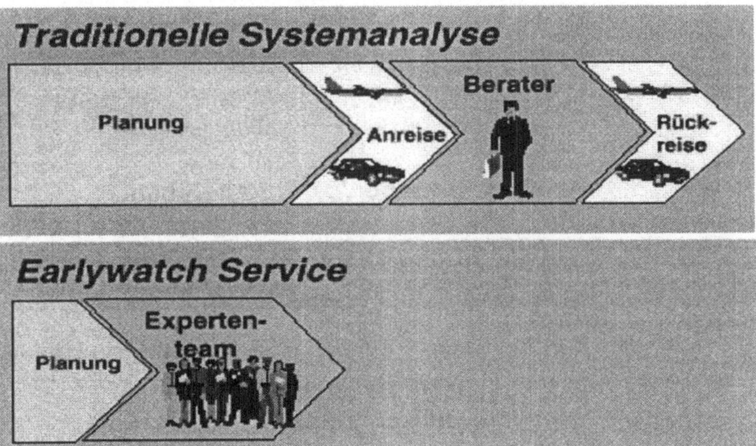

Online-Service

Der EarlyWatch-Service wird als Online-Service durchgeführt. Somit fallen also keine Reisezeiten für den Kunden an. Der Datenschutz wird hierbei über eine **Authentifizierung** gewährleistet.

Folgende **Analysen** werden innerhalb der Systemkomponente durchgeführt:

- Konfigurations-Analyse
- Belastungs-Analyse
- Anwendungs-Analyse
- Server-Analyse
- Datenbank-Analyse

Optimierungs-empfehlung

Die Analysen sind in der Vorgehensweise noch weiter untergliedert. Nach Durchführung der Analyse erhält der Kunde einen detaillierten Bericht über das Ergebnis und Empfehlungen zur Systemoptimierung. Der EarlyWatch-Service steht den Kunden rund um die Uhr zur Verfügung.

1.1.1.3   Die Kunden des Unternehmens

Durch die Branchenneutralität und Internationalität des R/3-Systems setzen vor allem internationale Großunternehmen und Konzerne die SAP-Software ein. Zur Zeit sind dies hauptsächlich europäische und nordamerikanische Unternehmen. Durch 24 verschiedene Sprachversionen ist es möglich, weltweit 90 verschiedene Länder zu unterstützen. Darunter gibt es "Exoten" wie Chinesisch, Kanjii, Kyrillisch. Hierbei werden länderspezifischen Anpassungen berücksichtigt, wie z. B. unterschiedliche Währungen, Steuern, Bilanzierungsvorschriften.

In Deutschland arbeiten von den hundert größten Unternehmen etwa neunzig mit der Software von SAP. Die Gesamtzahl der R/3-Installationen beträgt über 15.000 in über 85 verschiedenen Ländern der Erde (Stand Mitte 1997).

1.1.2   Die Produkte des Unternehmens

Die SAP AG bietet derzeit hauptsächlich zwei Produkte an, R/2 für Großrechneranlagen und R/3 für Client/Server-Strukturen, wobei sich R/3 durch folgende Vorzüge auszeichnet:

- umfassende betriebswirtschaftliche Funktionalität;
- hohe Integrationstiefe;
- modularer Aufbau;

- Branchenneutralität;
- klare Strukturierung;
- internationale Einsetzbarkeit.

1.1.2.1

R/2

Das R/2-System wurde für Großrechneranlagen konzipiert und bietet eine modulare Erweiterbarkeit. Zum Einsatz kommen hier hauptsächlich **Großrechner** von

- Bull
- IBM
- SNI
- UNISYS
- WANG u. a. kompatible

mit den **Betriebssystemen**

- MVS / ESA
- VSE / ESA
- BS 2000
- sowie verschiedenster Datenbanken.

Als **Entwicklungsumgebung** wurde zunächst Assembler, später auch ABAP/4 (siehe Punkt 1.3.3) eingesetzt.

Für R/2 stehen folgende **Module** zur Auswahl:
- RV - Vertrieb, Fakturierung, Versand
- RM-PPS - Produktionsplanung und -steuerung
- RM-MAT - Materialwirtschaft
- RM-QSS - Qualitätssicherung
- RM-INST - Instandhaltung
- RF - Finanzbuchhaltung
- RA - Anlagenbuchhaltung
- RK - Kostenrechnung
- RK-P - Projekte

Der Support für R/2 (Release 5) soll - nach SAP-Aussagen - noch bis ins Jahr 2000 reichen.

1.1.2.2

R/3

In der vergleichsweise kurzen Zeit seit der Markteinführung 1992 ist es dem System R/3 gelungen zum **weltweit führenden Client/Server-Produkt** aufzusteigen. Seit Markteinführung wurde das System R/3 mehr als 15.000 Mal in 85 verschiedenen Ländern installiert. Heute, gute 6 Jahre nach der Markteinführung, bietet R/3 deutlich mehr Funktionalität als ein R/2 System. Ab Release 4.0 soll der Funktionsumfang von R/3 unerreicht sein.

Abb. 1.5
Release-Fahrplan

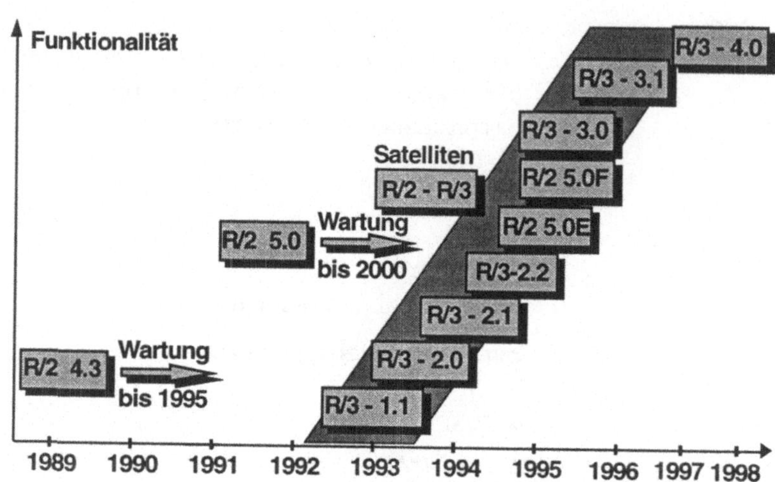

Integrität und Internationalität

Mit dem System R/3 können international tätige Unternehmungen und multinationale Konzerne auf einem gemeinsamen Rechner die betrieblichen Abläufe unterschiedlicher Landesgesellschaften durchführen und länderübergreifende Vorgänge in einem System abwickeln.

Sogar exotische Sprachen wie Kanjii, Kyrillisch oder chinesische Versionen werden durch die sog. **Double-Byte-Technologie** ermöglicht; dabei werden einzelne Zeichen dieser Sprachen im R/3-System in jeweils zwei Bytes abgelegt.

Die wichtigsten Punkte der **Internationalität** von R/3 sind:

- unterschiedliche Sprachen und landesspezifische Datumsformate;

- Unterstützung verschiedener Kontenpläne in einem Mandanten (Konzern);

- länderspezifische Verfahren zur Lohn- und Gehaltsabrechnung;

- Berücksichtigung nationaler Steuerabwicklung und des gesetzlich geforderten Berichtswesens im Rechnungswesen;

- steuerliche Besonderheiten für die Rechnungsprüfung sowie nationale Rechtsvorschriften, z. B. für Gefahrengut in der Logistik.

Branchenneutralität

Die Anpassung des Systems R/3 an branchenspezifische Besonderheiten erfolgt über das Customizing und ggf. durch Erstellen eigener Module, den sogenannten **Branchenlösungen**. Die Branchenneutralität zeigt sich an den Referenzkunden, die aus verschiedensten Bereichen stammen, wie z. B.:

- Versorgungswesen
- Anlagenbau
- Banken
- Automobilwirtschaft
- Bauwirtschaft
- Chemische Industrie
- Handel
- Versicherungen
- Dienstleistungsunternehmen
- Gesundheitswesen
- High Tech Industrie
- Konsumgüter
- Metallindustrie
- Telekommunikation
- Bergbau
- Landwirtschaft
- Öffentliche Verwaltungen
- Möbelindustrie
- Luft & Raumfahrt
- Holz & Papierindustrie
- Konsumgüter
- Pharmazeutische Industrie

Datenkonsistenz

Durch die konsequent realisierte **einmalige Speicherung der Daten** können diese für jede Auswertung, egal in welchem Unternehmensbereich, konsistent abgerufen werden.

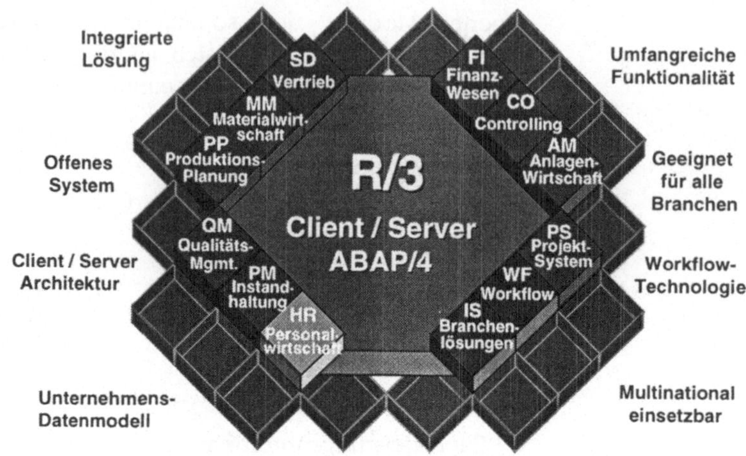

Abb 1.6
SAP-R/3-Module
(Quelle:
SAP-VISUAL-CD:
CeBIT '94 PRESENTA-
TIONS)

Modularer
Aufbau

Das System R/3 wird in einzelne Module (siehe Abb. 1.6) unterteilt, diese bestehen wiederum aus einzelnen Komponenten und Teilkomponenten. Module können auch einzeln erworben werden. Zu beachten ist jedoch die **Abhängigkeit einzelner Komponenten voneinander**, d. h. einige Komponenten sind alleine nicht lauffähig. Jedes der Module besitzt ein Kurzzeichen (SD, MM, PP usw.), das auf der englischen Bezeichnung basiert.

1.1.2.3

Migration von R/2 nach R/3

Als Migration bezeichnet man den Umstieg / „Update" von R/2 nach R/3. Diesen Umstieg kann man nicht als normales Update bezeichnen, da meist ein längerer Zeitraum, spezielle Tools und neue Hardware benötigt werden.

Für eine Migration von R/2 4.3 oder 5.0 nach R/3 bietet die SAP AG kostenlose Migrationsprogramme an. Diese Migrationstools decken all die Anwendungsbereiche ab, bei denen grundsätzlich die betriebswirtschaftlichen Abläufe in R/2 ähnlich gestaltet werden wie in R/3.

Das sogenannte Migrationspaket umfaßt Programme für den Export aus dem R/2-System, Transport und Import der Daten in das R/3-System. Desweiteren werden Anpassungstabellen, in denen das Mapping der Datenfelder eingestellt werden kann (Regelwerk), zur Verfügung gestellt.

Mit den Migrationstools können grundsätzlich folgende Daten migriert werden:

- Stammdaten,

- Bewegungsdaten und

- ATAB-Tabellen mit Stammdatencharakter.

Nicht migriert werden:

- Modifikationen,

- Branchenlösungen (z. B.: IS-OIL, RIVA, RV-CPG, RV-Export, RV-Transport, Stahlhandel),

- ABAP-Programme (Standard und individuelle),

- Steuerungstabellen und

- Archive.

Archivdaten, die in das entsprechende R/2-System geladen wurden, können migriert werden.

Darüber hinaus werden jene Daten nicht migriert, die in der R/3-Umgebung wieder neu aufgebaut werden können (z. B.: Materialbedarfe, Matchcodes, Sekundärindizes usw.).

Die Migration von R/2 5.0 nach R/3 4.0 wird voraussichtlich erst ab Ende 1998 mit den Migrationstools von SAP möglich sein, wobei eine Migration von R/2 4.x nach R/3 4.0 wahrscheinlich nicht mehr unterstützt wird.

1.1.2.4

Fit für den Euro

Neue Leistungen

Für die Europäische Währungsunion (EWU) sollte man sich frühzeitig vorbereiten. Auf die Doppelwährungsphase (hier sind Euro und DM gültige Währungen) zwischen dem 01.01.1999 und 30.06.2002 ist R/3 gut gewappnet.

Doppelwährung

Um Geschäftsvorfälle in Euro während der Doppelwährungsphase komfortabel zu gestalten, stehen **Euro-Zusatzfunktionen** zur Verfügung, wie bspw. die Möglichkeit, die Lohn- und Gehaltsabrechnung mit den Brutto-, Netto- und Überweisungsbeträgen in beiden Währungen anzuzeigen.

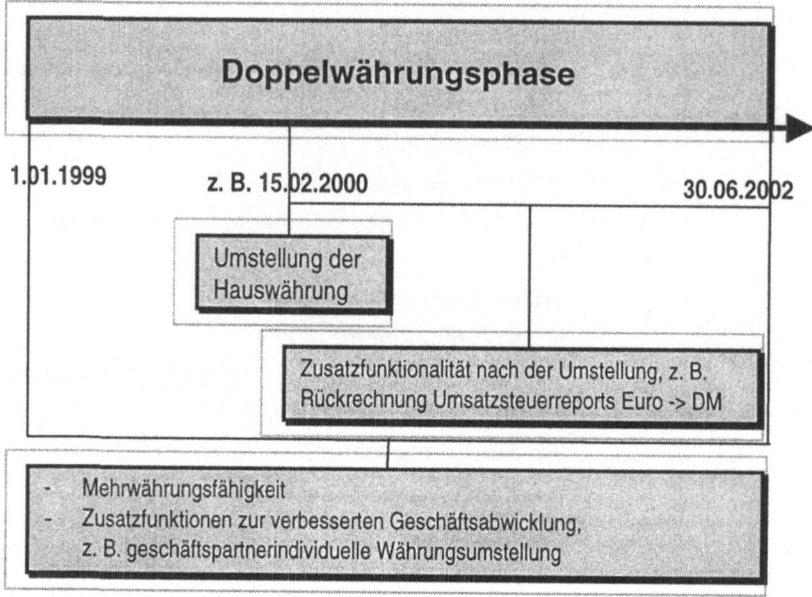

Abb. 1.7
Euro-Übersicht (Quelle: SAP-VISUAL-CD: CeBIT´98 PRESENTATIONS)

Während der Doppelwährungsphase müssen die Unternehmen ihre Buchführungs- bzw. ihre Hauswährung auf den Euro umstellen. Hierzu werden **Konvertierungsprogramme** nötig, die unter Berücksichtigung der gesetzlichen Umrechnungsregeln die Umrechnung der Hauswährung auf den Euro vornehmen. Bspw. müssen Rundungsdifferenzen mit Hilfe von Abstimmprogrammen abgefangen und behandelt werden.

Hauswährung

Um Kunden bei der Umstellung zu unterstützen, bietet SAP einen Remote-Service an, um die notwendigen Umstellungen vorzunehmen.

Jahr 2000-Problem

Das nächste Jahrtausend steht vor der Tür. Unternehmen werden voraussichtlich zwischen 300 und 600 Milliarden Dollar ausgeben, um ihre Software für das nächste Jahrtausend „fit" zu machen. Wettbewerber haben hier den Nachteil, daß sie belastende Ausgaben mittragen müssen, die hauptsächlich durch externe Berater und Werkzeuge entstehen. Für die SAP-Kunden gilt hier

Vierstellige Jahresdarstellung

"Business as usual", da SAP bereits vor Jahren ihr R/3-System mit einer vierstelligen Jahresdarstellung ausgestattet hat.

Zukunftsaussichten

In Zukunft bemüht sich SAP seinen Kunden noch mehr Flexibilität, Entlastung und Information zu bieten. Nachfolgend sind zwei interessante zukünftige Neuerungen kurz beschrieben.

1.1.2.4.1	Business Information Warehouse

Das Business Information Warehouse dient als **Data-Warehouse-Lösung** zur Unterstützung von Unternehmensentscheidungen auf Managementebene, d. h. es sollen per Knopfdruck aktuelle Geschäftsinformationen geliefert werden.

Slice and dice

Das „Slice and dice"-Verfahren ermöglicht es dabei, daß Berichte nicht „eingefroren" sind, sondern der Benutzer die Sichten, z. B. von einer allgemeinen Sicht auf detailliertere Sichten, wechseln kann. Außerdem besteht die Möglichkeit der **multidimensionalen** Auswertung, d. h. der User kann den Umsatz von Europa betrachten und dabei die Sicht so ändern, daß die Umsätze nach Produktgruppen aufgelistet werden.

InfoCubes

Dieses Verfahren ist mit InfoCubes möglich, da in diesen Datenbehältern die Kennzahlen (Faktentabelle) und Merkmale (Dimensionentabelle) gemeinsam abgelegt werden. Bei den mehrdimensionalen Sichten werden hier die Kennzahlen mit den Merkmalen korrekt verbunden.

OLAP

Die Berichte werden ausgehend von den InfoCubes mit dem OLAP (Online Analytical Processing)-Prozessor aufgebaut.

Abb. 1.8
Business Information Warehouse (Quelle: SAP-VISUAL-CD: CeBIT´98 PRESENTATIONS)

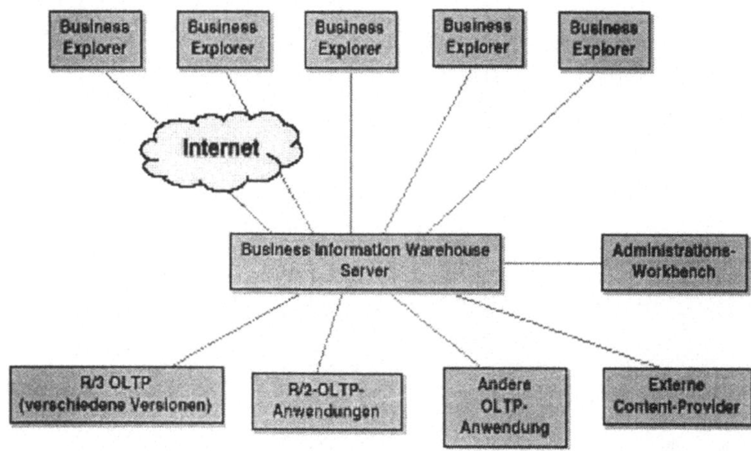

Business Information Warehouse wird eine unabhängige Komponente des **Business Framework** sein und kann somit ohne Betriebsunterbrechung in die bestehende R/3-Umgebung eingesetzt werden.

Business-Explorer

Das Frontend der Umgebung wird über einen Business-Explorer dargestellt, der individuell konfigurierbar ist.

<table>
<tr><td>1.1.2.4.2</td><td>

SAP-GUI der nächsten Generation

Der nächste Entwicklungssschritt der SAP-GUI soll eine noch anwenderfreundlichere und individuelle Gestaltung der Oberfläche zulassen. Dies wird über die Frontend-Technologie der nächsten Generation bewerkstelligt. Es können verschiedene Informationstypen gleichzeitig angezeigt werden, vergleichbar mit einem Web-Browser.

Es können bspw. eine Tabelle und eine Grafik dargestellt werden, wobei diese zwei **Frontendkomponenten** wiederverwendbare Programmmodule darstellen, die wiederum als eine komplette Umgebung zur Tabellenkalkulation oder Grafikbearbeitung dienen. Diese Frontendkomponenten werden dabei im R/3-System verwaltet und bei Bedarf von den Clients geladen. Dadurch verringert sich die Administration der Clients erheblich.

</td></tr>
</table>

Frontend-
Technologie

1.2 Hardware eines R/3-Systems

1.2.1 Hardwarehierarchie

Das SAP-System arbeitet mit drei Ebenen, welche je nach Ausprägung der Client/Server-Struktur (siehe Punkt 2.2) auf verschiedene Server und Rechner verteilt sind. Im einzelnen sind dies die folgenden **drei Hierarchiestufen**:

Datenbankebene
Auf der obersten Stufe der Hierarchie steht meist die Datenbankebene. Diese stellt für das ganze SAP-System die nötigen Daten zur Verfügung. Zur Gewährung maximaler Datensicherheit werden hier meist zwei Server eingesetzt, einer als Datenbankserver, der zweite als Backup- oder Stand-By-DB-Server.

Applikationsebene
Als nächste Stufe folgt die Applikationsebene, auch Anwendungsebene genannt. Sie ist für die Zurverfügungstellung verschiedener Applikationen und Dienste, wie z. B. Kommunikationsdienste oder einen Druckerspooler für die Drucksteuerung, im System verantwortlich.

Präsentationsebene
Es folgt die Präsentationsebene mit den Front-Ends (letzte Rechner in der Hierarchie). Sie stellen den Dialog zum Benutzer her. Hierbei werden meist PC oder Workstation eingesetzt.

Abb. 1.9
Die 3 Ebenen
einer Client/Server-
Architektur

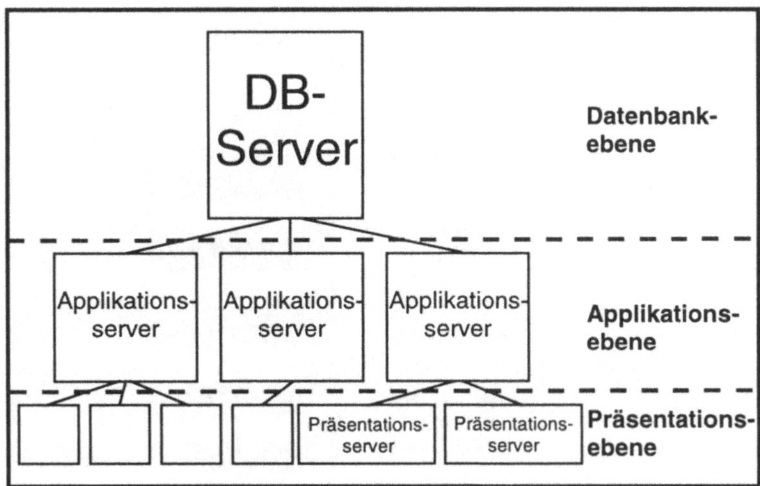

1.2.2 Client/Server-Prinzipien

Im Gegensatz zu Großrechneranlagen, bei denen sich die Datenbankebene, die Applikations- und Präsentationsebene gemeinsam auf dem Großrechner (Mainframe) befindet und der Dialog über Terminals stattfindet, werden bei der Client/Server-Architektur diese **drei Ebenen** teilweise oder ganz getrennt, d. h., daß für jede Ebene eigene, preiswerte Server/Rechner zur Verfügung stehen. Somit eignet sich die C/S-Architektur besonders für dezentrale Hardwarestrukturen, die eine wesentlich höhere Datensicherheit gegenüber Mainframes besitzen. Bei Ausfall eines Rechners fällt nicht sofort das komplette System aus, da weitere Rechner als Ausweichsysteme zur Verfügung stehen.

Bei der **einstufigen C/S-Lösung** gibt es einen zentralen Server, der die Datenbank-, die Applikations- und Präsentationsebene beinhaltet.

Bei der **zweistufigen C/S-Lösung** werden die Datenbank- und Programmaufgaben/Applikationsebene einem zentralen Server zugeteilt, während für die Präsentation eigenständige Rechner (Front-Ends), die mit den Servern verbunden sind, zuständig sind. Diese Architektur wird auch „verteilte Präsentation" genannt.

Trennung von Ebenen

Abb. 1.10
Beispieldarstellungen
für C/S-Lösungen

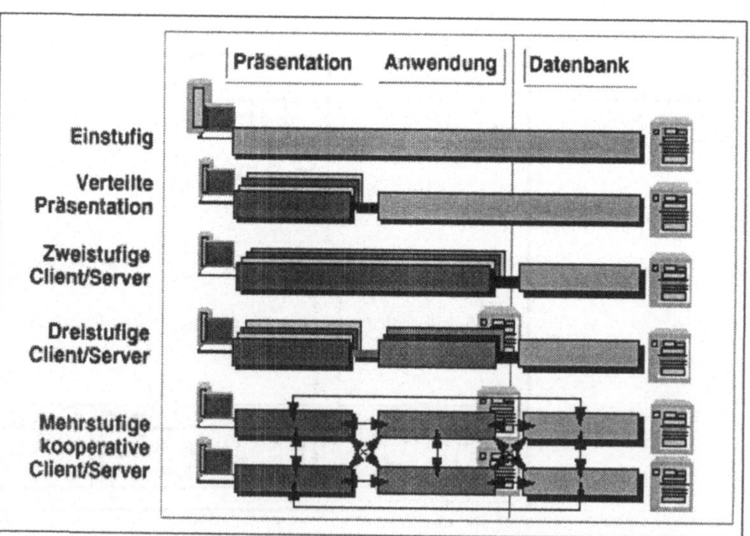

Eine ausgereifte Lösung bietet das **dreistufige Client/Server-Computing** (siehe Abb. 1.9 und 1.10), bei dem alle drei Ebenen voneinander getrennt sind und somit eine sehr gute Performance und Sicherheit gewährleistet werden kann.

Mehrstufige R/3-Konfigurationen sind besonders interessant für Anwender, die einen hohen Rechenaufwand benötigen, etwa für CAD-Systeme oder Simulationen oder auch für Softwareentwickler. Beide benötigen leistungsfähige Front-End-Rechner. Weniger Leistung wird für die Windows- oder Macintosh-Systeme benötigt, die im allgemeinen als Präsentations-Server verwendet werden.

Hierbei unterscheidet man noch stärker als bei den vier vorangegangenen Architekturen die Trennung der einzelnen Ebenen. Diese Architektur wird durch eine leistungsstarke Middleware im Kern des Systems realisiert. Die Aufteilung der Ebenen ergibt sich wie folgt:

- Präsentation
- Internet Enabling Layer
- Applikation
- Datenbank

Die Mächtigkeit der **Präsentationsebene** wird durch die SAP-GUI ganz besonders unterstützt. Aber auch eine flexible Anpassung an Frontends mit den MS-Windows GUIs oder den derzeit gängigen Internetbrowsern, die durch die **Internet Enabling Layer** in das System eingebracht wurden, spielen eine wichtige Rolle in der Leistungsfähigkeit auf diesen Ebenen.

Der **Applikationsserver** verwaltet die komplette betriebswirtschaftliche Logik, die hinter dem R/3 System steht.

Auf der **Ebene der Datenbank** wird das gesamte R/3 Anwendungsprogramm sowie die Unternehmensdaten verwaltet. Hierbei werden relationale Datenbankmanagementsysteme genutzt.

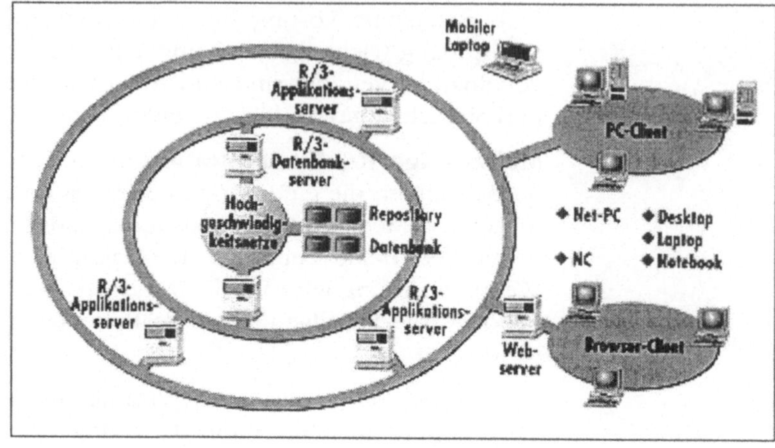

Abb. 1.11
Mehrstufige
C/S- Technologie
(Quelle:
SAP-VISUAL-CD:
CeBIT´98 PRESEN-
TATIONS)

1.2.3 Systemübersicht

Beim Einsatz von R/3 stehen verschiedene Hard- und Software-
plattformen für Datenbank- und Applikationsserver zur Verfügung. Im wesentlichen sind dies Client/Server-Systeme aus dem
UNIX-Bereich sowie Windows-NT-Rechner.

Datenbanken

Als Datenbanken stehen u. a. folgende Systeme zur Verfügung:

- Oracle 7
- ADABAS D
- DB2 Common Server
- MS SQL-Server (nur Windows NT)
- Informix Online 6 (nur UNIX)

Hardware

Bei der Hardware können Systeme von folgenden Herstellern
eingesetzt werden (NT-zertifiziert für R/3; Stand: 8/98; siehe Fa.
IXOS AG: *http://www.r3onnt.de*):

- Acer
- Amdahl
- Compaq
- Data General
- Dell
- Fujitsu
- HP
- Hitachi
- IBM
- Intel
- Intergraph
- Itantec Philco S/A
- Mitsubishi
- NCR
- NEC
- Sequent
- SNI
- Unisys
- Zenith/Bull

Betriebssysteme

Dabei kommen folgende Betriebssysteme der jeweiligen Hardwarehersteller zum Einsatz:

- OSF/Motif
- AIX
- HP/UX
- MPE/iX
- Solaris
- SINIX
- Windows NT u. a.

Front-Ends

Als Front-End-Betriebssysteme stehen hierbei, unabhängig von der Hard- und Software der Server, folgende Hardware mit den genannten Betriebssystemen zur Verfügung:

- Apple Macintosh mit MacOS
- DOS & Windows 3.1/3.11WFW
- Windows 95/98
- Windows NT Workstation
- Java
- UNIX-Clients mit einem UNIX-Derivat als entsprechendem Betriebssystem

Unter Windows NT und UNIX können, je nach Ausprägung der Client/Server-Struktur, also je nach Trennung der Ebenen, bis zu mehrere hundert Benutzer aufgenommen werden. In der Praxis werden jedoch Systeme eingesetzt, an die bis zu hundert Benutzer angeschlossen sind. 90% aller R/3-Neuinstallationen sind homogene Windows Lösungen, d. h. alle 3 Schichten laufen auf Windows Systemen ab; Datenbank und Applikationsserver auf Windows NT Server und die Präsentationsserver auf Windows 3.x/95/98/NT Workstation.

Derzeit entscheiden sich etwa 2/3 aller R/3-Neukunden für NT als Betriebssystem-Plattform. Die extreme Flexibilität der Windows NT Plattform zeigt sich in der Anzahl der NT Installationen, die weit über 5000 liegen. Die Vorteile sind zum einen die niedrigen Administrationskosten, das gute Preis-/Leistungsverhältnis der Hardware sowie die Skalierbarkeit der Betriebssystem Plattform (bis zu 16 CPUs werden unterstützt). Seit Release 3.1 dient Windows NT auch als Betriebssystem für den **ITS (Internet Transaction Server)** (siehe hierzu: Kapitel 11).

1.3   Softwarearchitektur des R/3-Systems

Das System wurde mit Hilfe der „**ABAP/4 Development Workbench**" (siehe Kapitel 1.3.3 und Anhang „ABAP/4-Programmierung") entwickelt; diese wird allen Anwendern zur Lösung individueller Anforderungen beim Erwerb des R/3-Systems bereitgestellt.

Nach der allgemein anerkannten Definition des **Institute of Electrica and Electronics Engineers (IEEE)** für Portable Operating System Interface for UNIX wurde ein offenes System entworfen. Das führt dazu, daß alle Systemweiterentwicklungen Rücksicht auf bestimmte Standards nehmen müssen, um eine Offenheit der Schnittstellen sicherzustellen.

1.3.1   Softwareschnittstellen

Um eine möglichst offene Softwarearchitektur zu gewährleisten und somit Programmerweiterungen und die Kommunikation mit anderen Systemen zu erlauben, sind im SAP-System verschiedene standardisierte Schnittstellen implementiert.

Hierbei werden Schnittstellen zur Kommunikation mit fremden Systemen und zum Austausch bzw. Einbettung fremder Daten sowie Programmierschnittstellen unterschieden.

Kommunikations- und Softwareschnittstellen

- **Electronic Data Interchange (EDI)**
  Ermöglicht den Austausch zwischen R/3 und anderen SAP-fremden Systemen. So können z. B. Daten mit Lieferanten und Kunden ausgetauscht werden, auch wenn diese kein SAP-System einsetzen. Dieses System wurde zuerst in der Automobilindustrie angewandt, um eine Just-In-Time-Produktion zu ermöglichen.

- **CPI-C**
  Protokoll für die Kommunikation zwischen Programmen auf unterschiedlichen Rechnern.

- **TCP/IP**
  Allgemeines Netzwerkprotokoll für Kommunikation und Datenübertragung. Dieses Protokoll erlaubt auch den Zugriff aufs Internet.

- **Object Linking and Embedding (OLE)/ Dynamic Data Exchange (DDE)**
  Diese beiden Standards zum Austausch bzw. zur Einbettung von Daten aus Fremdanwendungen werden vom SAP-System ebenfalls unterstützt.

<table>
<tr><td>Programmierschnitt-
stellen</td><td>

- **Remote Function Call (RFC)**
  Programmierschnittstelle zum SAP-System. Mit dem RFC können Programmierer auf die SAP-Funktionen im System und den Modulen zugreifen. Diese RFCs sind auch über das Netzwerk verfügbar.

- **Structured Query Language (SQL)**
  Die Standard-Abfragesprache für relationale Datenbanken bietet die Möglichkeit, Unternehmensdaten auszuwerten. Unterstützt wird neben Standard-SQL auch ein SAP-eigener SQL-Dialekt.

- **Open Database Connectivity (ODBC)**
  Dieser Standard ermöglicht dem Programmierer den Zugriff auf fremde Datenbanken über das Netzwerk.

- **Application Link Enabling (ALE)**
  Dient der Kooperation mehrerer betriebswirtschaftlicher Systeme. ALE steht schon während der Entwicklung von Programmen zur Verfügung.

</td></tr>
</table>

1.3.1.1   Application Link Enabling (ALE)

<table>
<tr><td>Lose Kopplung
verschiedener
Anwendungen</td><td>

ALE steht für eine betriebswirtschaftliche Integration verteilter Anwendungen, d. h. verteilte Anwendungssysteme werden durch ALE lose gekoppelt. Ein konfigurierbares **Verteilungsmodell** gewährleistet hierbei den betriebswirtschaftlichen Nachrichtenaustausch, die Änderung von Stammdaten und den Abgleich von Steuerungsinformationen. Diese Anwendungen können dezentral und unabhängig voneinander installiert sein sowie unterschiedliche Releasestände besitzen.

Als Beispiel sei ein Unternehmen genannt, das verschiedene dezentrale Verkaufsorganisationen besitzt und einen zentralen Versand. Über ALE werden nun die Bestandsdaten immer korrekt abgeglichen, so daß immer auf die aktuellen Bestände zugegriffen werden kann. Die Daten werden dabei redundanzfrei und konsistent gehalten. Desweiteren werden im Gegensatz zu verteilten Datenbanken mit ALE nur die sich ändernden Daten über das Netzwerk verteilt.

ALE übernimmt also das „Was" und „Wohin" verteilter Geschäftsprozesse.

</td></tr>
</table>

Aufbau eines ALE-Netzwerkes

Zum Aufbau eines Netzwerks verteilt-integrierter Systeme wird auf ein integriertes grafisches Frontend zugegriffen. Es wird ein **Verteilungsmodell** mit folgenden Informationen erstellt:

- An welchen Standorten und mit welchen Aufgaben R/3-Systeme installiert werden sollen;

- welche Prozesse auf welchen Systemen laufen sollen;

- welche Stamm- und Bewegungsdaten die Awendungen untereinander austauschen;

- welche Steuerdaten den verteilten Systemen bekannt sein müssen.

Hierbei können im einzelnen folgende Datentypen kommunizieren:

- Stammdaten, wie z. B. Material, Kunde;

- Bewegungsdaten, wie z. B. Auftrag, Rechnung, Bestellung;

- Steuerdaten, wie z. B. Customizing-Daten, Benutzerpflege.

1.3.1.2 Business Framework

Das Ziel des Business Framework ist es, den scheinbaren Konflikt zwischen starker Integration und hoher Flexibilität der Komponenten aufzulösen, d. h. es wird mehr Flexibilität und Agilität unter Beibehaltung der Systemintegration geboten.

Unternehmen mit dem Business Framework können einzelne Komponenten, wie „Personalwirtschaft" oder „Konsolidierung", kombinieren, selbst wenn diese nicht demselben R/3-Release angehören. Dies bedeutet, daß Unternehmen bspw. bei einem Upgrade der Personalwirtschaft nicht gezwungen sein werden, auch die übrigen Komponenten auf ein neues Release zu heben.

Abb. 1.13
Technologiefahrplan
(Quelle:
SAP-VISUAL-CD:
CeBIT´98 PRESEN-
TATIONS)

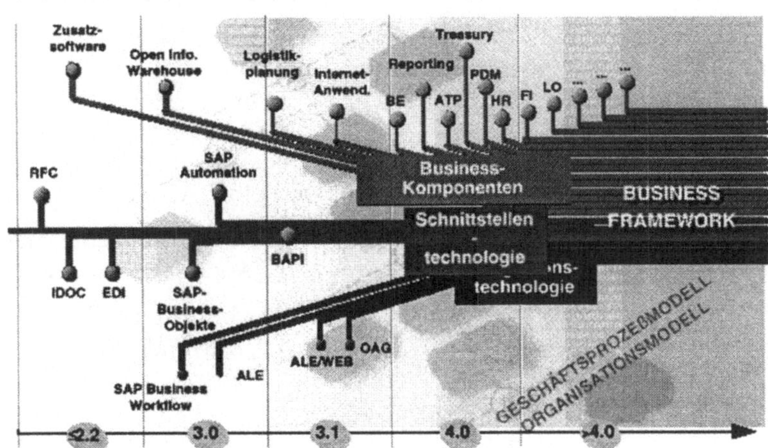

Es soll die Frage „Was will ich betriebswirtschaftlich erreichen ?" und nicht „Kann ich das DV-technisch realisieren?" beantwortet werden. Es gilt zunächst einige wichtige Begriffe des Business Framework zu erläutern.

1.3.1.2.1

Software-
Komponenten

Komponententechnologie und Modelle

Dem Unternehmen kann mit Hilfe der Komponententechnologie eine unterbrechungsfreie, **rasche** Implementierung neuer Funktionalität garantiert werden.

Ohne Anpassung der übrigen Komponenten kann eine Softwarekomponente durch eine neue ausgetauscht werden, d. h. es findet eine **flexible** Rekonfiguration statt.

Durch die Anbindung branchentypischer Komponenten können branchentypische Anforderungen berücksichtigt werden. Die Schnittstellen von vorgefertigten Komponenten können von kundenspezifischen Komponenten genutzt werden und somit leicht **erweitert** werden.

Die Grundlage des Business Framework ist das **R/3-Referenzmodell** (siehe Kapitel 2), da es die betriebswirtschaftlichen Inhalte eines Unternehmens mit Hilfe von Geschäftsprozessen, Business-Objekten und des Organisationsmodells darstellt.

Das **Organisationsmodell** eines Unternehmens ist eine wichtige Voraussetzung für die Zusammenarbeit zwischen den Komponenten, da es den betriebswirtschaftlichen Zusammenhang herstellt.

1.3.1.2.2 Business Objekte

Objektattribut

Objekte repräsentieren Phänomene der realen Welt mit eigener und fest umrissener Bedeutung, wie z. B. „Person", die als Attribut einen „Namen" und eine „Adresse" beinthalten kann.

Objektmethoden

Das Verhalten der Objekte wird als eine Menge von Methoden implementiert, wie z. B. „Ändern der Adresse".

Diese Objekte werden hierbei zur Beschreibung des betriebswirtschatichen Inhalts von Anwendungen verwendet, wie z. B. „Kundenauftrag" oder „Kunden".

Auf Business Objekte (siehe Abb. 1.14) können nun die objektorientierten Gestaltungsmöglichkeiten, wie z. B. **Vererbung,** angewandt werden.

Abb. 1.14
Business Objekt
(Quelle:
SAP-VISUAL-CD:
CeBIT´98 PRESEN-
TATIONS)

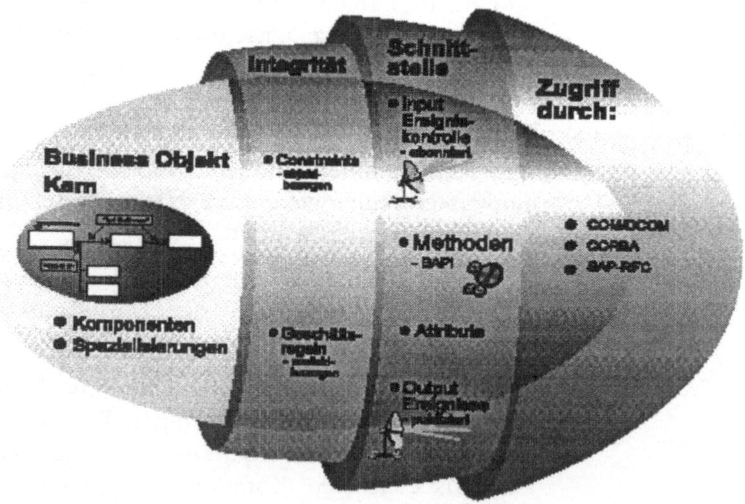

Falls man bspw. anstatt des üblichen Objekts „Auftrag" eine Abwandlung dieses Auftrags erwünscht, so wird der „Auftrag" vererbt, die Änderungen an dem vererbten Objekt vorgenommen und dieser nun „Auftrag_Spezial" genannt. Man hat damit die Möglichkeitß, je nach Situation auf das eine oder das andere Objekt zuzugreifen.

Seit Release 3.0 enthält das System R/3 über 170 verschiedene SAP-Business Objekte.

1.3.1.2.3   Business Komponenten

Business Komponenten bieten eine bestimmte betriebswirtschaftliche Funktionalität mittels objektorientierter Schnittstellen an. Eine solche Komponente hat ihren eigenen Zyklus bezüglich Entwicklung, Einführung und Wartung.

Als Beispiel einer Business Komponente sei das „Anlegen von Bedarfsanforderungen" genannt.

Eine **Integration** und die **Wiederverwendung** sind die wichtigsten Grundsätze bei der Konzeption der Business Komponenten.

Man unterscheidet zwischen **vier Komponentenarten**:

Arten von Business
Komponenten

- Branchenübergreifende Komponenten, wie „Personalwirtschaft", „Logistik" u.s.w.

- Branchenspezifische Komponenten, die für bestimmte Branchen Funktionalität bieten.

- Internetkomponenten zur Verteilung betriebswirtschaftlicher Funktionalität und Prozesse auf Inter-, Extra- und Internet, wie bspw. das „Internet-Kanban".

- Komplementärkomponente als Komponenten von Fremdanbietern

1.3.1.2.4   BAPI's

SAP ist es gelungen, zwei Arten von Schnittstellen für die Integration neuer Spezialfunktionen in das Rechnungswesen zu entwickeln. Diese basieren auf der Business-Framework-Architektur:

- **benutzerzugängliche Schnittstellen**, informieren über Ereignisse in der Anwendung und gewährleisten die Bereitstellung von Daten. Ereignisse können wiederum neue Prozesse auslösen, bspw. die Anlage eines Stammsatzes, die Eingabe, Änderung oder die Stornierung von Dokumenten, Zahlungsausgleichen oder den Workflow-Start.

- **Prozeßschnittstellen** kontrollieren die Geschäftsprozesse unterschiedlich zum Standardsystem. So ist es z. B. möglich, daß Unternehmen nach individuell definierten Selektionskriterien mittels dieser Schnittstellen Zahlungsweisen oder andere Merkmale genau bestimmen. Darüber hinaus kann der Verwendungszweck bei einer Zahlung branchenspezifisch angegeben werden.

ALE nutzt BAPIs

Mit Application Link Enabling (ALE) können Geschäftsprozesse zwischen verschiedenen R/3-Systemen verbunden und semantisch aufeinander abgestimmte betriebswirtschaftliche Nachrichten ausgetauscht werden. Durch die Integration von ALE und BAPIs besteht die Möglichkeit, BAPIs in zukünftigen ALE-Szenarien als Schnittstellen zu verwenden, was die Entwicklung solcher Anwendungen wesentlich vereinfacht. Die BAPIs werden von ALE asynchron aufgerufen.

BAPI stellt die **objektorientierte Schnittstellentechnologie** dar. Die Business Komponenten (siehe Abb. 1.15) machen von dieser Schnittstelle Gebrauch. Die BAPI ist eine Methode eines Business Objekts. Bspw. zeigt die Methode „Bapi_Debitor_GetDetail" die Kundenstammdaten an.

Abb. 1.15
Zusammenspiel
(Quelle:
SAP-VISUAL-CD:
CeBIT´98 PRESEN-
TATIONS)

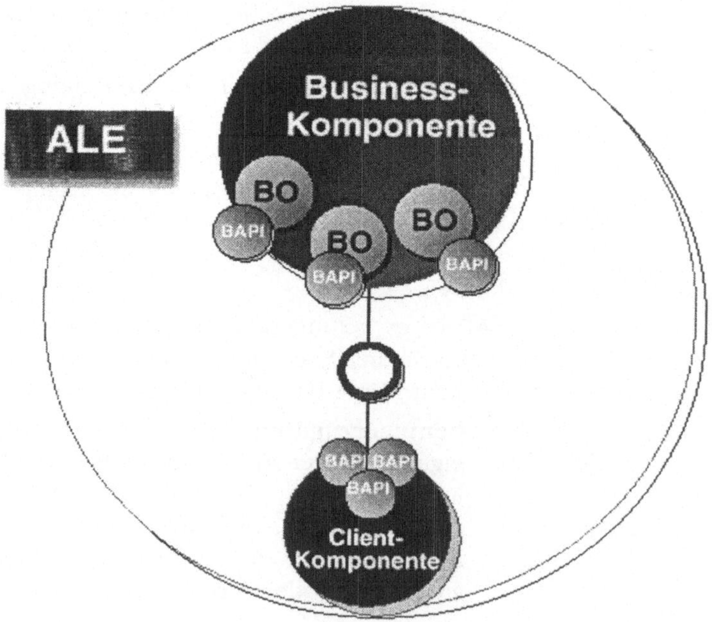

<table>
<tr><td>

1.3.2

</td><td>

R/3-Systemarchitektur

</td></tr>
</table>

Um Branchenneutralität und Internationalität zu garantieren, wurde R/3 als **offenes und modulares System** entwickelt. Somit kann der R/3-Kunde das System an seine Erfordernisse anpassen und auch selbst erweitern. Es müssen nur die unmittelbar benötigten Module beschafft werden, dadurch wird das System mit Codes und Daten nicht unnötig belastet und die Kosten bewegen sich in einem überschaubaren Rahmen.

Der modulare Aufbau ist als Baukasten oder Puzzle vorstellbar (siehe Abb. 1.16). Beim Kauf des Basissystems entscheidet man sich für eine der oben genannten Datenbanken und installiert das vollständige System. Die Benutzung des Systems wird jedoch je nach Bedarf eingeschränkt. Der Preis des Gesamtsystems richtet sich nach Anzahl der Gesamtbenutzer sowie nach Art und Anzahl der eingesetzten Module.

Abb. 1.16
Schema des
Modulaufbaus

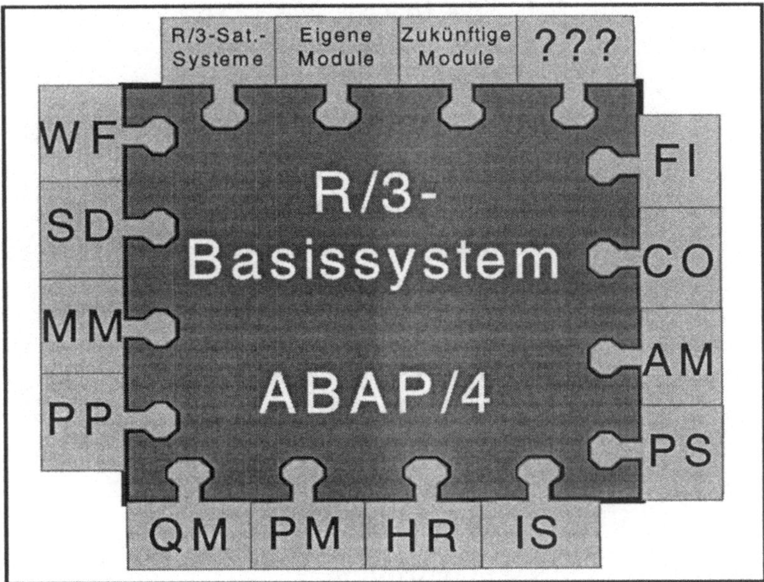

In den folgenden Abschnitten werden die Basiskomponenten und die Module mit ihren Leistungsmerkmalen und ihren Funktionsumfängen sowie die Integration der Module in der SAP-GUI (Bedieneroberfäche von R/3) stichwortartig gelistet.

BC - Basiskompo-
nente (Basic Compo-
nents)

Die **Basiskomponente** ist im wesentlichen dafür zuständig, die Verbindung zwischen Datenbank und den angeschlossenen Modulen zu gewährleisten. Sie bietet eine Vielzahl an Leistungen, die im Wesentlichen in drei Bereiche aufgeteilt werden:

- **Administration**
- **Entwicklung**
- **Service**

Weiterhin sind **wichtige Funktionen** integriert:

- Administration und Customizing
- Graphical User Interface (GUI)
- Verwaltung von Hintergrundprozessen
- Systemüberwachungsfunktionen
- Netzwerkfunktionen
- Hardwaresteuerung
- Programmierschnittstellen
- Entwicklungsumgebung
- Datenbank

FI - Finanzwesen (Financial Accounting)

- Hauptbuchhaltung
- Debitorenbuchhaltung
- Kreditorenbuchhaltung
- Konsolidierung
- Finanzcontrolling
- Finanzmittelüberwachung
- Cashmanagement
- Treasurymanagement
- Materialrisikomanagement
- Haushaltsmanagement

CO - Controlling

- Kostenstellenrechnung
- Prozeßkostenrechnung
- Leistungsrechnung
- Auftrags- und Projektrechnung
- Produktkosten-Controlling

- Gemeinkosten-Controlling
- Ergebnis- und Marktsegmentrechnung
- Profit-Center-Rechnung
- Unternehmenscontrolling

AM - Anlagenwirtschaft (Assets Management)

- Abschreibungsvorschau
- Investitionscontrolling
- Anlagenbuchhaltung
- Technische Anlagenverwaltung

PS - Projekt System (Project System)

- Grunddaten
- Planung und Forecasting
- Netzplantechnik
- Terminmanagement
- Fortschrittsermittlung
- Projekt-Informationssystem

HR - Personalwirtschaft (Human Resources)

- Organisation und Planung
- Planung und Controlling
- Personaladministration
- Zeitmanagement
- Reisekosten
- Personalabrechnung
- Internationale Bruttoabrechnung
- Personalmanagement
- Organisationsmanagement

PD - Personalentwicklung

- Qualifikation und Anforderung
- Karriere und Nachfolgeplanung
- Veranstaltungsmanagement

PM - Instandhaltung (Plant Maintenance)

- Kennzahlensystem
- Anlagenstrukturierung
- Technische Objekte in der Instandhaltung

- Vorbeugende Instandhaltung
- Instandhaltungs-Informationssystem

QM - Qualitätsmanagement (Quality Management)

- Prüfplanung
- Prüfabwicklung

PP - Produktionsplanung (Production Planning)

- Grunddaten
- Absatz- / Produktionsgrobplanung
- Bedarfsplanung
- Programmplanung
- Fertigungsaufträge
- Fertigungsinformationssystem
- Erzeugniskalkulation
- Kapazitätsgleichung
- Kapazitätsabgleich
- Leitstand
- Kopplung an Subsysteme (siehe Satellitensysteme)

PDM - Produktdatenmanagement (Product Management)

- Produktdatenverwaltung
- Produktionsentwicklung
- Produktänderungsprozeß
- Produktstrukturpflege und –verwaltung
- Produktprogramm-Management
- Dokumentenverwaltung
- Änderungsdienst
- Klassifizierungssystem
- CAD-Integration

MM - Materialwirtschaft (Material Management)

- Grunddaten
- Einkauf
- Einkaufsinformationssystem
- Lagerverwaltung
- Bestandsführung
- Rechnungsprüfung

SD - Vertrieb (Sales and Distribution)

- Verkauf
- Versand
- Fakturierung
- Vertriebsunterstützung
- Vertriebsinformationssystem

SM - Servicemanagement

- Kundenobjektverwaltung
- Garantieprüfung
- Servicevertragsverwaltung
- Servicemeldungsverwaltung
- Serviceabwicklung
- Ersatzteillieferungen
- Fakturierung und Auswertung

WF - Workflow

- Analyse, Organisation und Kontrolle von Geschäftsverläufen
- Verstärkung der Informationsstruktur in einem Unternehmen
- SAP-Office (Mail, XXL, u. a.)
- Optische Archivierung

IS - Branchenlösungen (Industry Solution)

Um der Branchenneutralität gerecht zu werden, wurden sämtliche branchenspezifische Daten in die folgenden Module integriert, so daß die meisten Unternehmen mit einem dieser Module bedient werden können.

Folgende **Branchenlösungen** stehen u. a. zur Verfügung:

- **IS-PS (Public Sector)**

  Modul für das Haushaltsmanagement und die kameralistische Buchführung im öffentlichen Dienst

- **IS-P (Publishing)**

  Modul zur Anzeigenverwaltung und Vertrieb für Verlage und Druckereien

- **IS-H (Hospital)**

  Krankenhausverwaltung

- **IS-IS (Insurance)**

  Vermögensverwaltung für Versicherungs- und Finanzdienstlei-
  stungsunternehemen

- **IS-B (Banking)**

  Bankwesen

- **IS-Oil (Oil)**

  Ölindustrie

- **IS-RT (Retail)**

  Einzel- und Großhandel

- **IS-Utilities**

  Versorgungsunternehmen

- **PP-PI**

  Branchenlösung der Produktionsplanung und -steuerung für
  die prozeßorientierte Industrie

**Organisation der
Module in der SAP-
Oberfläche**

In der SAP-Oberfläche werden die Module zu den Gruppen
(Hauptmenüpunkten) zusammengefaßt (vgl. Abb. 1.17):

- **Büro** (Office, WF, Opt. Achivieren etc.)

- **Logistik** (MM, SD, PP, PDM, QM, PS, PM, SM)

- **Rechnungswesen** (FI, AM, CO, PM)

- **Personal** (HR, PD)

- **Infosysteme** (EIS, LIS, PIS, VIS etc.)

**Abb. 1.17
SAP-Oberfläche**

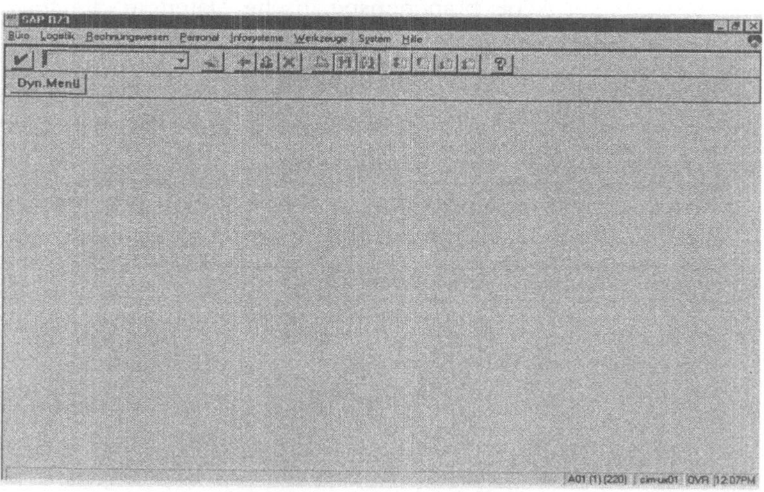

Die Entwicklungsfunktionen sowie die Elemente des Basissystems finden sich wieder in den Gruppen (siehe auch hierzu: Kapitel 1.4.4):

- **Werkzeuge** (ABAP/4 Workbench, Business Engeneering, Administration, Kommunikation, Textverarbeitung, Hypertext etc.)

- **System** (Erzeuge u. Lösche Modus, Benutzervorgaben, Dienste, Hilfsmittel, Jobs etc.) und

- **Hilfe** (Erweiterte Hilfe, R/3-Bibliothek, Glossar, Release-Infos, Hilfe zur Hilfe etc.)

R/3-Satelliten-
systeme

Eine besondere Rolle in der Modularchitektur von R/3 spielen die sog. Satellitensysteme, die in R/3 entwickelt wurden. Diese werden von den Unternehmen eingesetzt, die gleichzeitig R/2 und R/3 einsetzen.

Die Satellitensysteme bilden also eine Schnittstelle zwischen R/3 und R/2; jedes Satellitensystem besitzt eine eigene Datenbank, um darin eine Kopie der Stammdaten aus dem R/2-System anzulegen.

Folgende **R/3-Satellitensysteme** stehen dabei zur Verfügung:
- Fertigungsinstandhaltungs- und Qualitätsleitstand
- Lagerverwaltungssystem
- Dezentrales Versandsystem
- Finanzsystem für die Konsolidierung
- Finanzmittelmanagementsystem
- Executive Information System

Individuelle R/3-
Erweiterungen

Theoretisch könnten mittels der oben genannten Schnittstellen sowie des Einsatzes von ABAP/4 (siehe Punkt 1.3.3) auch eigene R/3-Erweiterungen geschrieben werden. Das Kosten-Nutzen-Verhältnis ist genau abzuwägen, da die Programmpflege solcher Entwicklungen oft unterschätzt wird. In begrenztem Maße unterstützt SAP auch Kundenerweiterungen, wenn sie u. a. für eigene Entwicklungsvorhaben ausgebaut werden können. Besonders bei Releasewechseln ist oft ein enormer Zeitaufwand nötig, um die Funktionen des entwickelten Programms weiterhin nutzen zu können.

1.3.3   Programmiersprache und Development Workbench

Das R/3-System wurde zum überwiegenden Teil in der von der SAP AG entwickelten **Programmiersprache ABAP/4** geschrieben. Die Sprache ABAP/4 ist integraler Bestandteil dieses Systems. Mit der **ABAP/4 Development Workbench** steht dem R/3-Nutzer eine vollständige Entwicklungsumgebung zur Verfügung, die den gesamten Softwarelebenszyklus vom Systementwurf über die Implementierung und den Test bis hin zur Einführung und Pflege unterstützt.

1.3.3.1   ABAP/4

ABAP/4 steht für **Advanced Business Application Programming**, die „4" steht für die **4. Generation** von Programmiersprachen. Dieses System ist zuständig für die Ergänzung, Abänderung von Modulen und Programmen sowie für die Auswertung firmenspezifischer Daten.

Programmiersprache
der 4. Generation

Die Programmiersysteme der vierten Generation sind eine Weiterentwicklung der HLL (High Level Language; 3. Generation), also von Sprachen wie Modula-2, Pascal, C usw. Sie sollen einen weiteren Schritt in Richtung „Annäherung an die natürliche, menschliche Sprache" sein. Desweiteren wird auch die modulare und strukturierte Programmierung unterstützt.

Ein **Vorteil** von 4GL-Systemen (4. Generation Language), wie diese Programmiersprachen auch genannt werden, liegt in der **relativ einfachen Verarbeitung großer Datenmengen**, die durch die Zusammenarbeit mit einem DB-System ermöglicht wird. Ein weiterer Vorteil liegt in den meist kurzen Programmierzeiten, die durch einen großen Sprachumfang und zahlreiche Tools erzielbar sind. Auf der anderen Seite hat der große Sprachumfang aber längere Einarbeitungszeiten der Programmierer zur Folge.

Ein gravierender **Nachteil** des Programmiersystems liegt in der **fehlenden Standardisierung von 4GL-Systemen.** ABAP/4 bietet im Gegensatz zu anderen 4GL-Systemen den großen Vorteil, daß es auf mehreren Datenbanken lauffähig ist.

Spezifik

Im Gegensatz zu universell einsetzbaren Programmiersprachen, wie C, Pascal oder Fortran, ist ABAP/4 stark auf die **Erstellung betriebswirtschaftlicher Anwendungen** ausgerichtet. Eine Reihe von Konzepten, wie das Konzept der Dialoggestaltung mit dynamischen Programmen (Dynpros) oder die Art und Weise der Verwaltung von Textelementen, erleichtern die Umsetzung solcher Anwendungen. Diese Konzepte geben das Vorgehen bei der Programmgestaltung weitgehend vor. Von diesen Vorgaben kann nicht oder nur schwer abgewichen werden. Abhilfe schafft hier die Integration von externen Programmen über definierte Schnittstellen. Die Realisierung solcher Anbindungen wird durch ABAP/4-Funktionsbausteine und durch verfügbare Bibliotheken für andere Programmiersprachen unterstützt.

ABAP/4 enthält komplexe Makrobefehle, insbesondere zur Datenorganisation. Über SQL-Befehle können effektiv Datenbankabfragen programmiert werden.

Eine große anwendungsorientierte **Funktionsbibliothek** erleichtert die Umsetzung betriebswirtschaftlicher Softwarelösungen. Eine wesentliche Eigenschaft von ABAP/4-Programmen ist die Möglichkeit, auszugebende Texte unabhängig vom Quelltext anzulegen und zu verwalten. Damit können mehrsprachige Anwendungen effektiv erstellt werden.

Weiterentwicklung

ABAP/4 wird ständig weiterentwickelt, ist aber weiterhin abwärtskompatibel. So werden bspw. gegenwärtig verstärkt **objektorientierte Elemente** für den Zugriff externer Programme auf ABAP/4-Entwicklungen eingebunden. Die **Aufwärtskompatibilität** ist auf der einen Seite Voraussetzung für die Weiterverwendung einmal erstellter Anwendungen.

Auf der anderen Seite führt sie zu einem ansteigenden Sprachumfang. Veraltete Bestandteile werden zwangsläufig weiterhin genutzt, und die Entwicklungsumgebung selbst wird unübersichtlicher.

Abarbeitung

Die ABAP/4-Programme werden **interpretativ** abgearbeitet. Dabei wird zur Laufzeit beim erstmaligen Programmaufruf ein optimierter Zwischencode generiert und ausgeführt. Bei wiederholtem Programmaufruf entfällt diese Generierung. Diese Vorgehensweise hat den Vorteil, daß jede freigegebene Programmänderung sofort von allen Anwendern genutzt werden kann und daß Programmänderungen auch im laufenden Betrieb des R/3-Systems durchgeführt werden können. Aufgrund der Neugenerierung kommt es beim erstmaligen Aufruf eines neuen oder geänderten Programmes zu höheren Laufzeiten.

1.3.3.2   Einsatzgebiete von ABAP/4

Das Haupteinsatzgebiet des Entwicklungssystems ABAP/4 liegt in der Auswertung von Firmendaten mittels des Werkzeugs Query.

Query

Es bestehen die Möglichkeiten, Module anzupassen, Erweiterungen zu schreiben oder sogenannte Dynpros (dynamische Programme) zu entwickeln.

Dynpro

Als Dynpro bezeichnet man ein Programm, die zugehörige Bildschirmdarstellung sowie die Aufbau- und Ablauflogik zwischen Programm und Bildschirmdarstellung. Dynpros werden zur Dialog-Programmierung eingesetzt.

Zur Auswertung von Firmendaten steht dem Anwender das Werkzeug Query zur Verfügung. Dieses Werkzeug ist leicht zu bedienen und setzt keine Kenntnisse von Programmiersprachen voraus. Dieses Tool erstellt automatische Programme (sog. Reports), die jedoch nur eine einfache Auswertung von Daten zulassen.

Report

Für die Auswertung von komplexeren Daten steht dem Programmierer das Werkzeug Report zur Verfügung. Hierbei wird auch die Standardabfragesprache **SQL (Structured Query Language)** unterstützt, wobei SAP zwischen Standard-SQL und einem „SAP-Dialekt" unterscheidet.

1.3.3.3   ABAP/4-Query

Die Komponente ABAP/4-Query, die im Modul BC-Basissystem angesiedelt ist, ermöglicht die Definition von Reports, ohne daß der Anwender Kenntnisse bzgl. der SAP-internen Programmiersprache ABAP/4 besitzen muß. Die freie Nutzung dieses Werkzeuges setzt eine intensive Kenntnis der R/3-Datenstrukturen voraus.

Basis eines Queries

Um dies zu ermöglichen, bilden die Sachgebiete, auf denen ein Query letztendlich aufbaut, die erforderliche Grundlage. Mit Hilfe dieser Sachgebiete kann somit dem Query-Anwender über die zugehörige Benutzergruppe der Zugriff auf die gewünschten Daten ermöglicht werden. Logische Datenbanken und deren Felder sowie weitere Elemente, wie

- Zusatztabelle,
- Zusatzfeld,
- Parameter und
- Selektionskriterium,

stellen die verschiedenen Tools zur Definition der einzelnen Sachgebiete dar. Zusatztabellen werden hierbei mit Hilfe einer Select-Single-Anweisung in das Sachgebiet aufgenommen. Um spezielle Berechnungen oder Selektionen durchzuführen, bieten im Vergleich hierzu Zusatzfelder die Möglichkeit, frei formulierbaren ABAP/4-Code zu hinterlegen, zuzüglich der Option, Subroutinen aus separaten ABAP/4-Programmen aufzurufen. Um beispielsweise Schlüsselfelder von angeschlossenen Zusatztabellen zu füllen oder zur Verwendung innerhalb des selbstdefinierten ABAP/4-Codings, können Parameter oder auch Selektionskriterien definiert werden. Weiterer ABAP/4-Code kann zu verschiedenen Verarbeitungsphasen, unter anderem innerhalb der Start-of-Selection bzw. End-of-Selection, dem GET-Zeitpunkt, vor der Listausgabe oder als Data-Anweisung, ergänzt werden. Desweiteren wird ab Release 3.0 die Join-Technik innerhalb von Sachgebieten ermöglicht. Zu beachten ist hierbei jedoch, daß derzeit nur Inner-Joins möglich sind.

Die Schnittstelle zu den ABAP/4-Queries wird letztendlich durch die Sachgruppen und Benutzergruppen spezifiziert. Durch die Zuordnung der im Sachgebiet zugreifbaren Felder und deren Beschreibung zu Sachgruppen wird die Auswahl innerhalb eines Queries bestimmt. Die einzelnen Anwender können mit Hilfe von Benutzergruppen entsprechend ihrer Anforderungen zusammengefaßt werden. Durch die Anbindung eines Sachgebiets an eine Benutzergruppe wird diesem Anwenderkreis der Zugriff auf die entsprechenden Daten ermöglicht.

Bei der Definition eines Queries ist es daher nur noch notwendig, einzelne Texte, wie z. B. den Titel einzugeben, die gewünschten Felder und Optionen zu markieren sowie den Listaufbau zu definieren. Durch das System wird anschließend aus der Query-Definition ein ABAP/4-Programm generiert. Dieses ABAP/4-Programm kann bei Bedarf modifiziert werden. Zu beachten ist hierbei, daß bei einer Neugenerierung des Queries der zusätzlich eingefügte Code verloren geht. Die generierten Programme haben folgenden Aufbau: *AQbbmmqq*, wobei „*bb*" für die Benutzergruppe und „*qq*" für den Query-Namen steht. Der Mandant wird zweistellig unter „*mm*" abgelegt.

Grundsätzlich können innerhalb der Informationsverarbeitung und -gewinnung **zwei Funktionalitäten von Queries** unterschieden werden. Zum einen kann das Query als eigenständiges Reporting-Tool dienen, oder es kann als Datenlieferant z. B. für das Modul „SAP-EC" eingesetzt werden.

<table>
<tr><td>Query als
Reporting-Tool</td><td>Beim Einsatz von ABAP/4-Queries als Reports stehen die drei unterschiedliche Typen **Grundliste**, **Statistik** und **Rangliste** zur Verfügung. Ein Query kann eine Grundliste, maximal 9 Statistiken und 9 Ranglisten, beinhalten. Bei der Ausführung des Que-</td></tr>
</table>

ries werden in der Listausgabe zuerst die Grundliste, anschließend die Statistiken und zuletzt die Ranglisten aufgeführt. Die einzelnen Listtypen können außerdem mit Hilfe der SAP Präsentationsgrafik visualisiert werden.

Für das Handling der ausgegebenen Auswertungen stehen verschiedene interaktive Funktionen zur Verfügung. Mit Hilfe der Listenübersicht kann auf einfache Art zwischen verschiedenen Teillisten gewechselt werden. Die Funktion „Abgrenzung" liefert Informationen zur Belegung der einzelnen Selektionsparameter. Im weitesten Sinne steht bei mehrstufigen Grundlisten eine Drill-Down-Technik zur Verfügung. Durch einen Doppelklick auf eine Zeile einer verdichteten Grundliste wird der zugehörige Abschnitt vollständig ausgegeben. Eine Verdichtung kann sich hierbei über mehrere Stufen erstrecken. Die Reihenfolge des Drilldowns kann jedoch nur bedingt bei der Definition beeinflußt werden. Weitere Möglichkeiten stellen z. B. das Ausblenden von Einzelwerten und somit das Anzeigen der Gesamtsumme und eventueller Zwischensummen dar. Durch die Darstellung als Tabelle kann der Benutzer weitere Tools anwenden, wie zum Beispiel Sortieren, Umrechnung von Währungsbeträgen, Summieren, Aus- und Einblenden von Spalten sowie deren Fixierung.

Ab der Version 3.0 wird auch die Bericht-Bericht-Schnittstelle unterstützt. Es ist daher möglich, u. a. direkt aus einem Query-Report Transaktionen, Report-Writer-Berichte, EIS-Recherche-Berichte oder Berichtsheft-Berichte aufzurufen. Ein Query kann allerdings nicht nur als Sender, sondern auch als Empfänger dienen und somit aus anderen Berichten gestartet werden.

Query als Datenlieferant

Die zweite Variante des ABAP/4-Queries stellt die des Datenlieferanten aus dem operativen SAP-System dar. Hierzu stehen Übergabemöglichkeiten der Daten in eine Tabellenkalkulation bzw. Textverarbeitung in das EIS oder in eine lokale Datei zur Verfügung. Bei der Weitergabe der Analysen ist zu beachten, daß bei mehrteiligen Auswertungen nur eine einzelne Teilliste übertragen werden kann, wobei Grundlisten eine einzeilige Struktur aufweisen müssen. Bei der Darstellung eines Queries als Tabelle werden ausgeblendete Werte nicht berücksichtigt. Bei der lokalen Dateiablage werden die Daten mit Hilfe des Funktionsbausteins DOWNLOAD auf den Präsentationsserver geschrieben. Das Dateiformat und der Dateiname können bei dieser Funktion bestimmt werden.

Die Schnittstelle zur Tabellenkalkulation bietet drei Funktionalitäten. Es können hierbei die Werte über die XXL-Schnittstelle an MS-Excel gesendet werden, die Daten als speziell konvertierte Datei für Tabellenkalkulationsprogramme abgelegt werden, oder es erfolgt eine Dokumenterstellung im SAP-Office.

Analog hierzu besteht die Schnittstelle zur Textverarbeitung. Die Auswertung kann hierbei über die Serienbriefverarbeitung an MS-Word über spezielle OLE2-Verknüpfungen übermittelt werden. Als zweite Option steht die Ablage eines Dokuments im RTF-Format zur Auswahl. Eine weitere bedeutende Schnittstelle stellt jene zum SAP-EC/EIS dar. Dieser Anschluß bietet somit die Möglichkeit, Query-Ergebnisse direkt in einer EIS-Datenbank abzulegen. Die Übertragung kann im EIS mittels den Übertragungsregeln genauer spezifiziert werden.

ABAP/4-Query als mächtiges Datenbeschaffungswerkzeug

ABAP/4-Query stellt somit ein mächtiges Tool dar. Dies gilt im Speziellen bei einem Einsatz innerhalb des Data Warehouse im Bereich der Datenbeschaffungswerkzeuge. Zu beachten ist jedoch, daß ABAP/4-Query Möglichkeiten zur Datenpräsentation bietet, diese aber im Vergleich zum Modul SAP-EIS oder anderen Informationssystemen sehr begrenzt sind. Eine Drill-Down-Funktionalität, wie sie bei anderen Analysen anzutreffen ist, ist im ABAP/4-Query nur unter Berücksichtigung verschiedener Parameter möglich. Zum einem muß der Aufbau eine mehrzeilige Grundliste sein; zum anderen werden die Verdichtungsstufen und die zugehörigen Zeilen durch die Struktur der zugrundeliegenden logischen Datenbank bestimmt.[1] Von einer Verwendung von ABAP/4-Query als Reporting-Tool ist unter dem Blickwinkel der OLAP- und Data Warehouse-Konzepte abzuraten.

Joins

Desweiteren ist anzumerken, daß bei dem Einsatz von ABAP/4-Queries erhebliche Laufzeiten auftreten können, insbesondere bei der Verwendung von Joins. Laufzeiten, die auf Grund einer Join-Definition mit umfangreichen Inhalt basieren, können mit Hilfe der Definition eines User-Exits, wie er z. B. in dem OSS-Hinweis 0048296 (ABAP/4 Query: Joins von Datenbanktabellen) beschrieben wird, reduziert werden.[2]

---

[1]   vgl. Handbuch „ABAP/4-Query" zu Release 3.0, SAP AG Walldorf, Mai 1996, S. 28

[2]   vgl. OSS-Hinweis 0048296, „ABAP/4-Query: Joins von Datenbanktabellen", SAP AG Walldorf, 25.11.1996

1.3.3.4   ABAP/4-Dictionary

Oft besteht die Notwendigkeit, die zugrundeliegenden Datenstrukturen des R/3-Systems anzupassen oder offenzulegen. Das nachfolgende Kapitel zeigt einen Weg, den aktuellsten Stand dieser Informationen zu ermitteln. Vorangestellt ist ein Abschnitt über diesen Teil der Systemarchitektur, das ABAP/4 Dictionary. Dieser soll das Verständnis der nachfolgenden Erläuterungen erleichtern.

1.3.3.4.1   Datenverwaltung in R/3

Das System R/3 hat die Aufgabe, betriebswirtschaftliche Daten entgegenzunehmen, zu verarbeiten und auszugeben. Hierfür ist es notwendig, viele dieser Daten dauerhaft zu sichern. Dazu kommt der Anspruch, Tausende von Programmen und andere Bestandteile der Anwendungsentwicklung zu hinterlegen. R/3 nutzt eine relationale Datenbank, um diese Objekte zu definieren, zu speichern und zu verwalten.

Zwischen der relationalen Datenbank und den Anwendungsprogrammen steht das ABAP/4-Dictionary. Dieses Dictionary ist damit die **zentrale Informationsbasis** für Benutzer und Anwendungsprogramme. Es sichert den plattformunabhängigen Zugriff auf alle gespeicherten Daten und verwaltet deren Eigenschaften (Name, Länge, Format u. a.) und gegenseitige Beziehungen. Darüber hinaus stellt das ABAP/4-Dictionary die **Metadaten** über die zugrundeliegenden Datenbankstrukturen sowie Werkzeuge zur Datenbearbeitung bereit.

Zur Anzeige dieser Metadaten existiert ein sehr leistungsfähiges Informationssystem:

Abb. 1.18
ABAP/4-Dictionary

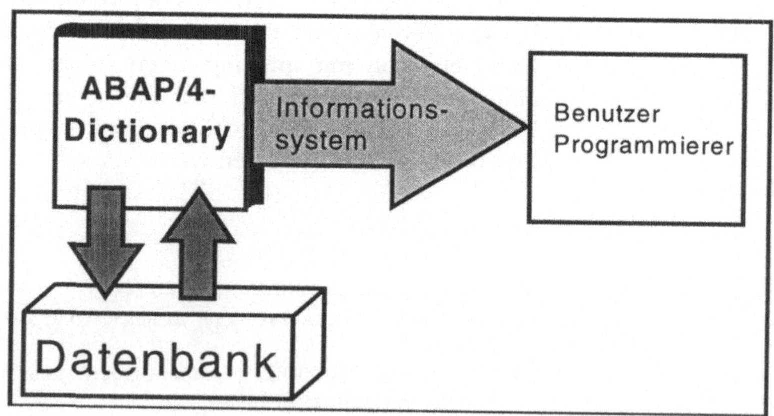

Integration

Das **ABAP/4-Dictionary** ist vollständig in die ABAP/4-Entwicklungsumgebung integriert. Wird in der Entwicklungsumgebung eine Änderung an den Objekten des ABAP/4-Dictionaries vorgenommen, so kann diese Änderung sofort von allen Teilen der Anwendungsentwicklung genutzt werden. Beim erstmaligen Aufruf eines neuen oder geänderten Objektes erfolgt deshalb automatisch eine Neu- oder Nachgenerierung des abzuarbeitenden Codes.

Alle Informationen werden im R/3-System nur einmal in der Datenbank hinterlegt. Über das ABAP/4-Dictionary kann jeder Bereich auf sie zugreifen. Veränderte Daten werden damit sofort systemweit zur Verfügung gestellt. **Aktualität, Sicherheit und Konsistenz** der Daten werden auf diese Weise gewährleistet.

1.3.3.4.2

Objekte des ABAP/4-Dictionary

Die Datenverwaltung in R/3 basiert auf dem relationalen Datenmodell, d. h. alle Informationen sind in Form von **Tabellen** (Relationen) abgelegt. Die Tabellen enthalten eine beliebige Anzahl von **Datensätzen** (Tupel), die aus einem oder mehreren **Feldern** (Attribute) gebildet werden. Abb. 1.19 zeigt einen Ausschnitt der Tabelle LFA1, in der Adreßdaten von Lieferanten gespeichert sind.

Tabellenaufbau

Abb. 1.19
Tabelle LFA1

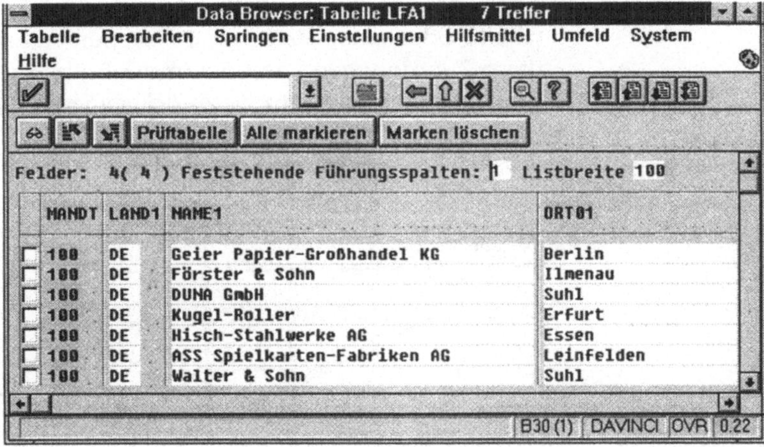

Jede Tabelle besitzt einen Primärschlüssel. Er besteht aus den Feldern, die gemeinsam jede Tabellenzeile eindeutig identifizieren. In der Regel sind die Tabellen im ABAP/4-Dictionary so definiert wie sie real in der Datenbank abgespeichert sind. Man spricht deshalb von **transparenten Tabellen**.

Tabellenarten

Ausnahmen stellen **Pool- und Cluster-Tabellen** dar, bei denen jeweils mehrere Dictionary-Tabellen zu einer Datenbanktabelle zusammengefaßt sind. In diesem Zusammenhang sei auf Strukturen verwiesen. Diese definieren den Aufbau von internen Tabellen, die nur während der Laufzeit eines Anwendungsprogrammes im Hauptspeicher verfügbar sind und keine Entsprechung in der Datenbank haben.

Feldeigenschaften

Die Informationen über konkrete oder abstrakte Objekte der Realität werden als Werte in Tabellenfeldern abgelegt. Die Felder besitzen betriebswirtschaftliche, anwendungsspezifische und technische Eigenschaften.

Diese Eigenschaften werden in 3 Ebenen definiert. Das Feld selbst enthält die betriebswirtschaftliche Bedeutung. Es verweist auf ein **Datenelement**, welches die logische Bedeutung festlegt. Mit ihm werden bspw. Schlüsselworttexte und Tabellenüberschriften festgelegt. Auch die Feldhilfe bezieht sich auf dieses Objekt. Das Datenelement wiederum verweist auf eine **Domäne**. Diese bestimmt die technischen Eigenschaften, wie Format, Länge und Wertebereich.

Eine Domäne kann in mehreren Datenelementen und ein Datenelement in mehreren Feldern einer oder unterschiedlicher Tabellen verwendet werden. Neben Formatangaben kann der gültige Wertebereich eines Feldes in einer Domäne, auch einer Prüftabelle oder einer Liste von Festwerten festgelegt werden. Über diese Zuordnungen kann automatisch überprüft werden, ob eine Werteingabe gültig ist oder zurückgewiesen werden muß.

Abb. 1.20
Dictionaryobjekte

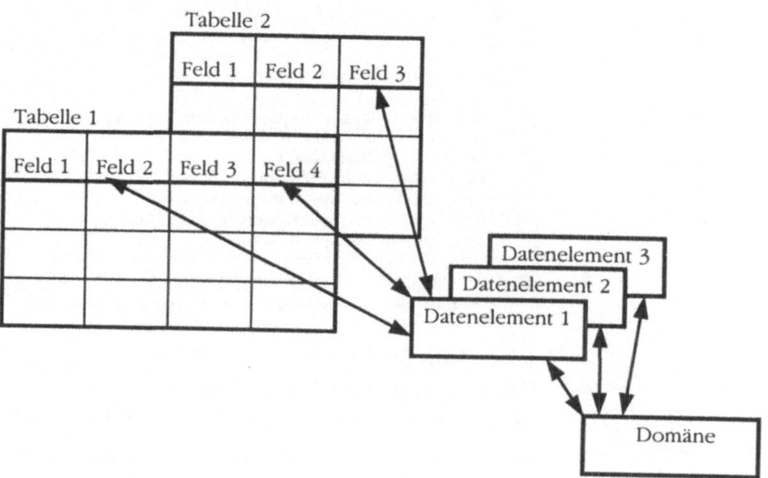

Neben diesen Grundelementen des ABAP/4-Dictionaries existieren eine Reihe weiterer Elemente mit unterschiedlicher Bedeutung. Sie sollen hier nur kurz erwähnt werden.

Views sind virtuelle Tabellen, die ausgewählte Felder einer oder mehrerer Tabellen miteinander verknüpfen und in Tabellenform zur Verfügung stellen.

Sperrobjekte dienen der Synchronisation des Zugriffs mehrerer Benutzer auf den gleichen Datenbestand.

Matchcodeobjekte sind spezielle Views zur Unterstützung der Selektion von Datensätzen. Typgruppen sind programmübergreifende, im ABAP/4-Dictionary abgelegte Definitionen von Variablen und Konstanten.

Data Dictionary   In manchen Teilen des R/3-Systems wird der Begriff Data Dictionary verwendet. Unter diesem Begriff werden die bisher beschriebenen Objekte zusammengefaßt. Das ABAP/4-Dictionary enthält jedoch zusätzlich Modellierungsobjekte, wie Datenmodelle, Programmelemente, wie ABAP/4-Programme und Umfeldobjekte, wie Zugriffsberechtigungen.

1.3.3.4.3   Repository-Informationssystem

Das Repository-Informationssystem ist das **zentrale Auskunftssystem** über die Objekte des ABAP/4-Dictionaries. Neben der Objektsuche dient dieses Informationssystem als Ausgangspunkt für die Anzeige und Pflege dieser Elemente. Über den Menüpfad *Werkzeuge* ⇨ *ABAP/4-Workbench* ⇨ *Übersicht* ⇨ *Infosystem* erreicht man das Einstiegsbild.

Abb. 1.21
Einstiegsbild
des Repository-
Informationssystems

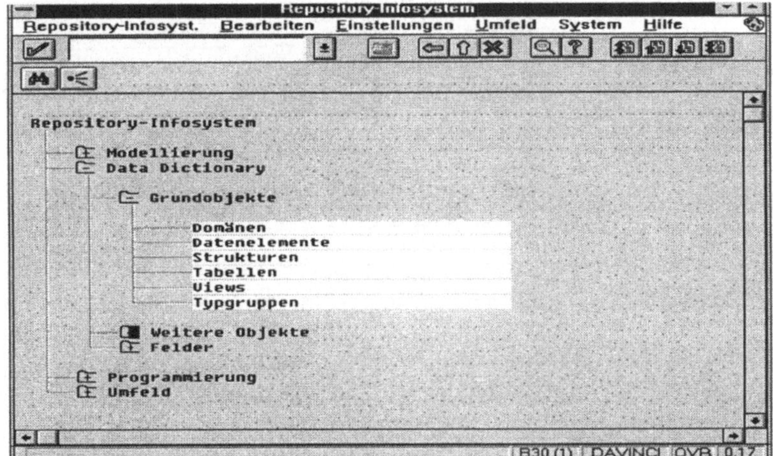

Die Handhabung des Informationssystems soll an einem Beispiel erläutert werden. In Kapitel 1.4.5 wird beispielhaft die Eingabe der Lieferantenadresse gezeigt. Es sollen Informationen über die Dictionary-Grundobjekte, die mit dem Feld „Land" in Verbindung stehen, eingegeben werden. Über die technischen Hilfe des entsprechenden Bildschirmfeldes (vgl. Kapitel 1.5.4) wird der Tabellenname LFA! und der Feldname LAND1 ermittelt.

Zu Beginn wählt man im Ausgangsbild des Repository-Informationssystem das Objekt, im Bereich „Data Dictionary-Grundobjekte" den Eintrag „Tabellen" mit einem Doppelklick aus. Danach ist der Tabellenname in das angebotene Selektionsfeld einzutragen und in einem weiteren Bildschirmbild die Tabelle auszuwählen. Die nachfolgende Abb. 1.22 kann über die Funktion *Tabelle ⇨ Anzeigen* erreicht werden.

Abb. 1.22
Tabellen-
informationen

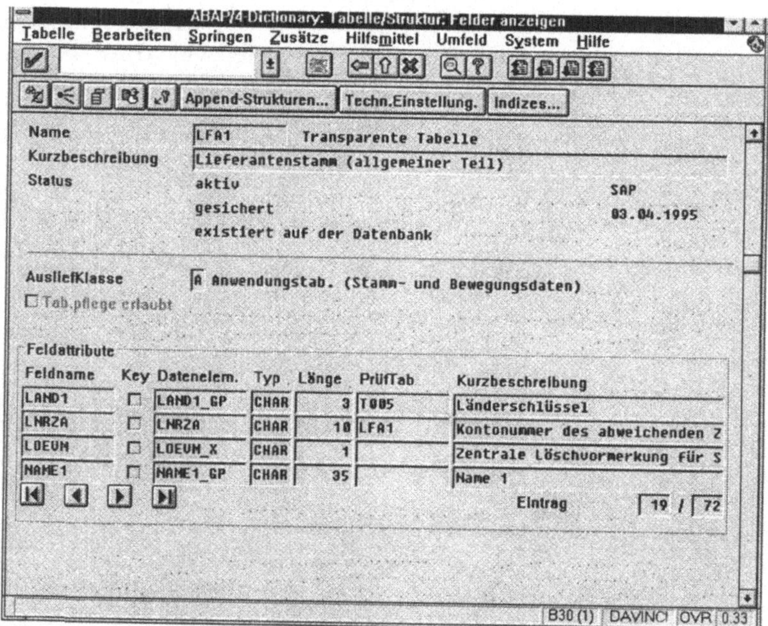

Objektattribute

Sie enthält allgemeine Informationen zur Tabelle, wie deren Typ (Transparente Tabelle) und zeigt wichtige **Attribute** der Tabellenfelder. So ist zu entnehmen, daß das Feld LAND1 dem Datenelement LAND1_GP zugeordnet ist

Analog können vom Ausgangsbild des Repository-Informationssystem Informationen zu einem Feld gesucht werden.

Verwendungsnachweis

In der Selektionsmaske kann Tabelle und Feld angegeben werden. Trägt man nur den Feldnamen ein, so ergibt die Suche in der Datenbank die Liste aller Tabellen, in der das Feld LAND1 enthalten ist. Die Abb. 1.23 zeigt einige der über 500 Tabellen.

Abb. 1.23
Verwendungsliste
von Tabellenfeldern

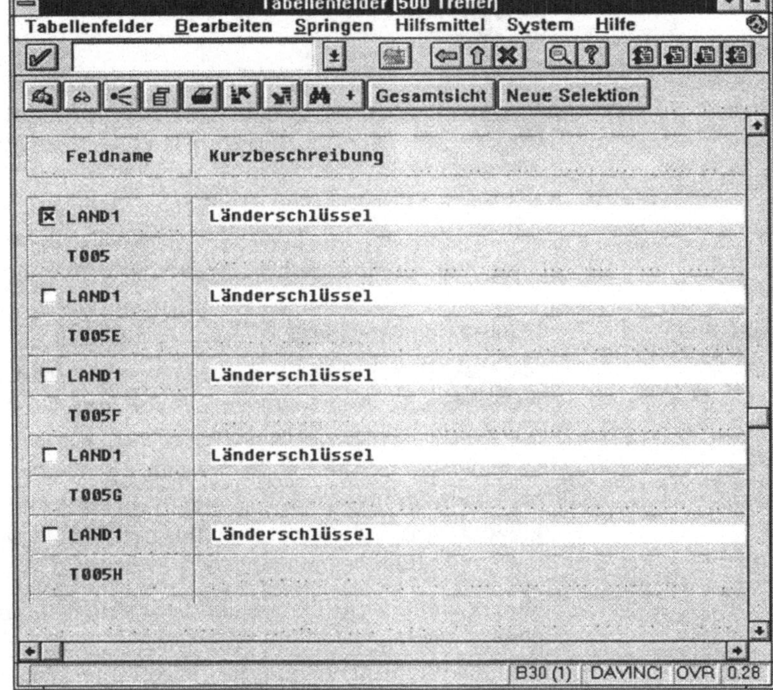

In gleicher Weise können Informationen zu Datenelement und Domäne sowie zur Prüftabelle gewonnen werden.

Inhalt

Über unterschiedliche Menüeinträge kann auch direkt von einem Bildschirmbild zur Anzeige damit verbundener Informationen gesprungen werden. Ein Beispiel ist die Anzeige des Tabelleninhaltes aus dem Bildschirmbild zur Tabellenstruktur (Abb. 1.24). Diese Anzeige kann über *Hilfsmittel* ⇨ *Tabelleninhalt* gestartet werden. Die nachfolgende Abb. zeigt einen Ausschnitt aus dem Inhalt der Prüftabelle T005. Im Feld LAND1 steht die Länderkennung (DE für Deutschland) und im Feld LNPLZ die vorgeschriebene Länge der Postleitzahl.

Abb. 1.24
Tabelleninhalt

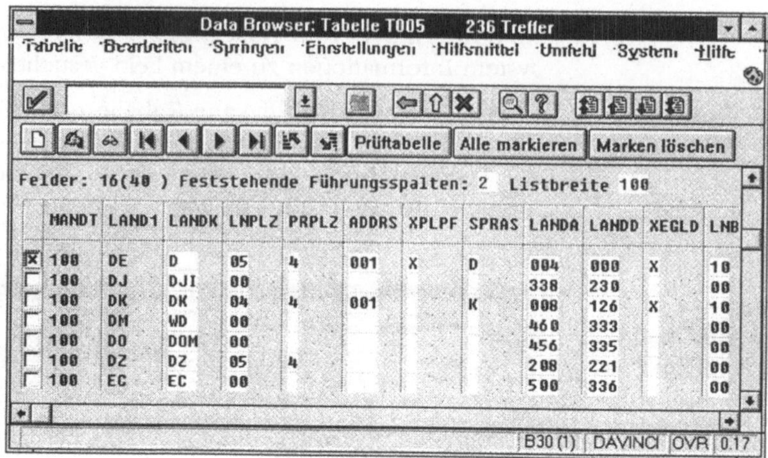

	MANDT	LAND1	LANDK	LNPLZ	PRPLZ	ADDRS	XPLPF	SPRAS	LANDA	LANDD	XEGLD	LNB
X	100	DE	D	05	4	001	X	D	004	000	X	10
	100	DJ	DJI	00					338	230		00
	100	DK	DK	04	4	001		K	008	126	X	10
	100	DM	WD	00					460	333		00
	100	DO	DOM	00					456	335		00
	100	DZ	DZ	05	4				208	221		00
	100	EC	EC	00					500	336		00

Damit sind die Informationen ermittelt, die zur Eingabeüberprüfung (vgl. Kapitel 1.4.5.2 „Eingabeüberprüfung") notwendig sind.

1.3.3.5 Entwicklungsumgebung

Die ABAP/4 Entwicklungsumgebung - **ABAP/4 Development Workbench** - beinhaltet eine Reihe von Tools zur Unterstützung der Entwicklung, Überprüfung und Verwaltung von Programmen. Dazu gehören Editoren für Quelltexte, Bildschirmmasken und Menüs sowie ein Debugger. Insbesondere wird das Management von Softwareentwicklungsprojekten in großen Entwicklerteams effektiv unterstützt.

Hierzu dienen die Programmverwaltungs- und Programmsuchsysteme sowie das Transportsystem. Letzteres ermöglicht die gleichzeitige und integrierte Programmentwicklung auf mehreren Rechnersystemen. Zur Unterstützung großer Entwicklungsprojekte gehört die Möglichkeit der Vereinheitlichung von Programmierung und Design durch vorhandene Standards und Richtlinien.

Ein weiteres Merkmal der ABAP/4 Development Workbench ist die **vollständige Integration** aller Bestandteile des R/3-Systems. So kann durch die Einbindung des ABAP/4 Dictionaries effektiv auf die darunterliegende relationale Datenbank zugegriffen werden. Die Datenverwaltung erfolgt durch das ABAP/4-Dictionary und die darunterliegende relationale Datenbank und muß deshalb nicht innerhalb von ABAP/4-Programmen realisiert werden.

Programmkategorien

Mit ABAP/4 können unterschiedliche Programmkategorien erstellt werden. **Reports** erzeugen Listen auf Basis von Daten aus der Datenbank. **Dialogorientierte Anwendungen** sind Programme zur interaktiven Bearbeitung von Daten. Sie bestehen aus Eingabemasken und Programmcode zur Datenverarbeitung. Der anwendungsspezifische Teil des Programmcodes wird in einem Modulpool gespeichert. **Kommunikationsprogramme** dienen zur Zusammenarbeit von ABAP/4-Anwendungen mit externen Programmen, z. B. mit anderen SAP-Systemen. **Batch-Input-Programme** werden zur automatischen Datenübernahme in das R/3-System benutzt.

Neben den bereits skizzierten Tools, wie bspw. Report und Query, stehen weitere zur Verfügung:

Abb. 1.25
ABAP/4-Entwicklungsumgebung

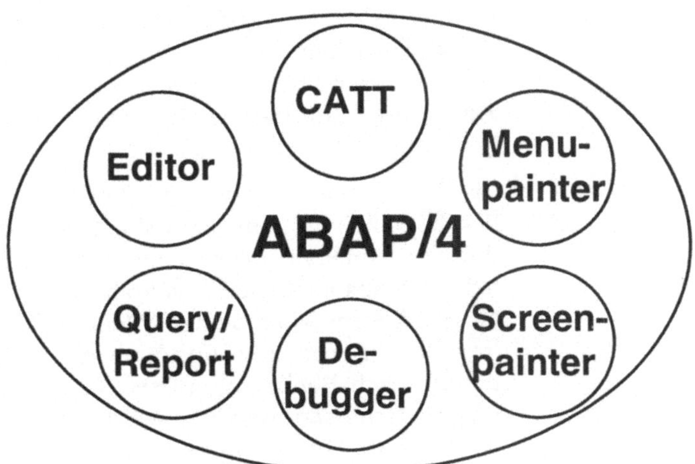

Der **Editor** der ABAP/4 Development Workbench enthält neben den üblichen Editierfunktionen, wie z. B. Kopieren, Ausschneiden usw., auch einen Pretty Printer zur Strukturierung von Quellcodes, eine Funktion zur Syntaxüberprüfung und weitere nützliche Funktionen. Besonders hervorzuheben ist hierbei die systemweite Navigationshilfe für den Programmierer.

Computer **A**ided **T**est **T**ools - kurz **CATT** - dienen zur Unterstützung des (teil)automatisierten Tests von Programmfunktionen mit Massendaten.

Screen-/
Menupainter

Mit den Tools Screen- und Menupainter können vom Programmierer leicht Bildschirmmasken, Menüs und Dialoge in Anlehnung an das SAP-Styleguide (Richtlinien für die Programmierung und das Design von Anwendungen zu R/3) entworfen werden.

Debugger

Dann ist der **Debugger** zu nennen, der zur Fehlersuche dient und eine Einzelschrittfunktion für die Programmausführung bietet. Das Besondere an diesem Debugger ist die Einbeziehung von **Remote Function Call's (RFC)**, die systemweit integriert werden.

Report-Writer und
Report-Painter

Mit Hilfe des Report-Writers bzw. des Report-Painters können Berichte über Daten aus verschiedenen Anwendungen erstellt werden. Insbesondere über Daten aus dem System der speziellen Ledger oder anderen SAP-Anwendungen, wie z. B. dem Modul FI oder CO. Die angeforderten Daten werden selektiert und in der gewünschten Form aufbereitet. Durch die Verwendung der verschiedenen FI-SL-Komponenten, wie Sets, Variablen, Formeln, Zellen und Kennzahlen, können Berichte erstellt werden, die spezifischen Anforderungen entsprechen.[1]

Bibliotheken

Als Basis für den Aufbau von Berichten dienen Bibliotheken. Eine Bibliothek ist eine Sammlung von Merkmalen, Kennzahlen und vordefinierten Spalten aus dem maximalen Codingblock einer Datenbanktabelle.[2] Bibliotheken bieten hierbei folgende Möglichkeiten: Vergabe von Benutzerberechtigungen, wie Auftrennung in Produktiv- und Entwicklungsberichte und Untergliederung nach Benutzergruppen. Bei der Anlage einer Bibliothek muß entschieden werden, welche Merkmale, Kennzahlen und vordefinierte Spalten aufgenommen werden sollen. Bei der Definition von Bibliotheken können entweder vorhandene Bibliotheken kopiert werden oder eine Tabelle angegeben und dann aus dieser Tabelle die gewünschten Merkmale, Kennzahlen und vordefinierten Spalten ausgewählt werden. Berichte können nur die für diese spezielle Bibliothek definierten Merkmale, Kennzahlen und vordefinierten Spalten verwenden.

Sets

Die Struktur der zu erstellenden Berichte basieren auf verschiedenen Sets. Ein Set ist eine Struktur, mit der bestimmte Werte oder Wertintervalle unter einem Setnamen zusammengefaßt werden. Durch die Reihenfolge der Werte im Set wird festgelegt,

---

[1] vgl. Handbuch „FI-SL - Report Writer" zu Release 3 0, SAP AG Walldorf, Mai 1996, S. 9
[2] vgl. ebenda, S 33

welche Summen und Zwischensummen der Bericht enthält und in welcher Reihenfolge Daten ausgegeben werden. Die Sethierarchie bestimmt darüber hinaus die Struktur und das Layout des Berichts. Bestimmte Merkmale (z. B. die Merkmale „Ledger", „Gesellschaft", „Version" und „Periode") müssen in jedem Bericht verwendet werden.

Variable

Beim Berichtsaufbau können verschiedene Variable verwendet werden. Als Variable werden Platzhalter für Daten bezeichnet, die bei der Ausführung eines Berichts geändert werden können. Eine Variable könnte beispielsweise eine Gesellschaft, das laufende Jahr, der laufende Monat oder der Name eines Benutzers sein. Es können hierbei **drei Arten von Variablen** angelegt werden:

- **Wertvariablen**, d. h. Variable, die direkt eingegeben werden.

- **Formelvariablen**, d. h. Variable, deren Wert aus einer Formel abgeleitet wird, über die bestimmt wird.

- **Setvariablen**, d. h. ein bereits definiertes Set und die in diesem Set enthaltenen Werte.

Mit Hilfe von Formeln können innerhalb eines Sets mathematische Operationen bestimmt werden. Wird das betreffende Set in einem Bericht verwendet, erscheint das Ergebnis der mathematischen Operation in einer Berichtszeile bzw. einer Berichtsspalte. Mathematische Operationen können auf Zeilen bzw. Spalten, Wertvariablen oder symbolische Namen auf Zellen eingesetzt werden. Ein symbolischer Name kann in einem Bericht für die Zeilen- oder Spaltenkoordinate eines einzelnen Wertes (einer Zelle) oder eines Wertintervalls (mehrere Zellen) stehen. Das System verwendet Zellen zur Bestimmung von Koordinaten der Zeilen-/Spaltenmatrix von Berichten.

Funktionalitäten des Report-Writers

Nachfolgend werden die beiden Tools **Report-Writer** und **Report-Painter** näher betrachtet. Der Report-Writer bietet bei der Definition von Berichten folgende Funktionalitäten:

- Errechnung von Kennzahlen, Prozentsätzen und Abweichungen;

- Umrechnung von Beträgen in verschiedene Währungskurse - darüber hinaus können dieselben Beträge in verschiedenen Währungsarten (Transaktionswährung, Hauswährung und Konzernwährung) ausgegeben werden;

- Unterdrückung von bestimmten Summen und Zwischensummen;

- Vergleich von bestimmten Daten (z. B. Istdaten und Plandaten oder Daten des vergangenen Geschäftsjahres und Daten des aktuellen Geschäftsjahres);

- Graphische Darstellung innerhalb der begrenzten Möglichkeiten der SAP-Graphikschnittstelle;

- Download auf PC-Datei zur weiteren Verarbeitung;

- Versendung an Mail-Benutzer;

- Anzeige der Ursprungsbelege, die den in den Berichten enthaltenen Summen und Zwischensummen zugrunde liegen.[1]

Verwendung von Sets

Bei der Arbeit mit dem Report-Writer können Sets folgendermaßen verwendet werden:

- als **Zeilenblock** - der Zeilenblock enthält die Merkmale, die in den Zeilen des Berichts erscheinen sollen (z. B. Kostenstellen und Konten);

- als **Spaltenblock** - der Spaltenblock enthält die Merkmale, die in den Spalten des Berichts erscheinen sollen (z. B. Buchungsperioden, Währungen und Beträge);

- als **allgemeine Selektionskriterien** - die allgemeinen Selektionskriterien enthalten weitere Merkmale, über die die Berichtsdaten ausgewählt werden (z. B. Geschäftsjahr, Periode, Gesellschaft und Ledger).

Seit Release 3.0B ist der Report-Writer in die neue Bericht-Bericht-Schnittstelle integriert. Mit Hilfe dieser neuen Bericht-Bericht-Schnittstelle besteht die Möglichkeit, bei der Ausgabe der Berichtsdaten Berichte aus anderen SAP-Anwendungen aufzurufen. Es können sowohl Berichtsheftberichte, Drill-Down-Berichte und Transaktionen als auch Report-Writer-, Report-Painter-Berichte und ABAP/4-Programme aufgerufen werden.

Funktionalitäten des Report-Painters

Der **Report-Painter** erfüllt eine ähnliche Funktion wie der Report Writer. In den Report Painter wurde ein Großteil der Report Writer Funktionalität eingearbeitet. Die verschiedenen Report-Writer-Konzepte (z. B. Sets) müssen jedoch nicht bekannt sein. Der Report Painter ist ein Werkzeug, mit dem weniger komplexe Berichte angelegt werden können als mit dem Report Writer. Die Definition von Report-Painter-Berichten erfolgt mit Hilfe einer graphischen Berichtsstruktur, in der die Berichtszeilen und Berichtsspalten so angezeigt werden, wie sie später im Bericht aus-

---

[1] Handbuch „FI-SL - Report Writer" zu Release 3.0, SAP AG Walldorf, Mai 1996, S. 9

gegeben werden. Um die gesamte Funktionalität von Report-Writer-Berichten zu verwenden, besteht die Möglichkeit Report-Painter-Berichte in Report-Writer-Berichte umzuwandeln.

Vorteile des Report Painters sind u. a.:

* flexible und einfache Berichtsdefinition;

* Berichtsdefinition ohne Verwendung von Sets;

* direkte Layoutkontrolle: Die Zeilen und Spalten werden so angezeigt wie sie anschließend im Bericht ausgegeben werden; ein Testlauf ist nicht mehr nötig. Der Report Painter verwendet eine graphische Berichtsstruktur, die die Grundlage der Berichtsdefinition bildet und in der Zeilen und Spalten des Berichts so angezeigt werden, wie sie anschließend im Bericht ausgegeben werden.

Vorteile des Report Painters *(Randspalte)*

1.4   Einstieg in R/3

Ziel dieses Kapitels soll sein, die grundlegenden Bedienungsmöglichkeiten des R/3-System zu erläutern. Man erhält hier Informationen zum Einstieg in das System, dem Bildschirmaufbau und den Systemfunktionalitäten. Die Menüeinträge Werkzeuge und System werden erläutert.

1.4.1   Starten von R/3

Nach dem Windows-Start - es wird von der Bedieneroberfläche unter dem Windows Front-End ausgegangen - steht das **SAP R/3-Icon** (siehe Abb. links) in einer eigenen Anwendergruppe. Das Anklicken mit der Maus oder über Tastatur bewirkt das automatische Öffnen des Anmeldefensters von R/3 (siehe Abb. 1.26).

Anmelden *(Randspalte)*

Um sich erfolgreich anzumelden, benötigt man folgende Informationen:

① **Mandantennummer**
② **Benutzerkennung**
③ **Kennwort** (beim erstmaligen Anmelden auch das Initialkennwort)
④ **Sprache**

Abb. 1.26
R/3-Anmeldefenster

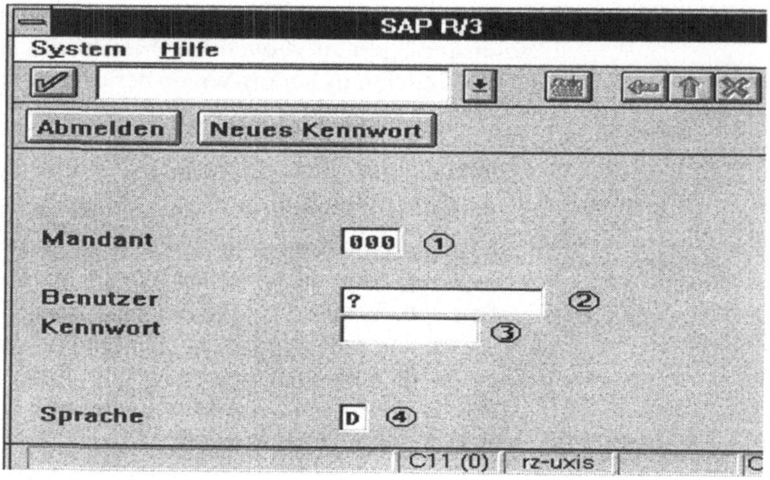

Mandant

Anmelden

Im System R/3 können mehrere Mandanten ① geführt werden. Unter einem Mandanten wird im R/3-System eine juristische oder organisatorische Einheit verstanden, für die spezielle Systemeinstellungen gelten. Eine Unternehmung oder ein Konzern wird im SAP-Sprachgebrauch als Mandant bezeichnet und besitzt eine jeweilige Mandantennummer. Für die Anmeldung in einen Mandanten sind die entsprechende Mandantennummer, der dazugehörige Nutzername und das Kennwort notwendig. Diese Angaben werden in einem Anmeldefenster, das beim Starten des Programms erscheint, eingegeben (siehe Abb. 1.26). Nach der Anmeldung befindet sich das System im Normalmodus, aus dem heraus die Arbeiten durchgeführt werden können.

Benutzerkennung

Die **Benutzerkennung** ② wird vom Systemadministrator eingerichtet und mitgeteilt. Gleichzeitig werden somit die Zugriffsrechte festgelegt.

Kennwort

Beim Ändern des persönlichen Kennworts ③ sollten folgende **Ordnungsregeln** beachtet werden:

- Kennwortlänge zwischen drei und acht Zeichen;
- als erstes Zeichen kein Ausrufezeichen (!), Fragezeichen (?), Leerzeichen ( );
- die ersten drei Zeichen, die im Benutzernamen enthalten sind, dürfen beim Kennwort nicht wiederkehren;
- drei aufeinanderfolgende gleiche Zeichen sind am Beginn nicht erlaubt;
- zwischen Klein- und Großschreibung wird nicht unterschieden;

- keines der fünf zuletzt verwendeten Paßwörter ist zulässig;
- das Kennwort darf nicht *PASS* oder *SAP** lauten.

Für das erste Anmelden benötigt man ein **Initialkennwort**, das sofort nach dem Starten geändert werden sollte.

Sprache

Wenn man Bilder, Menüs und Felder in einer anderen Sprache ④ als Deutsch anzeigen möchte, stellt man den Cursor auf das Feld Sprache und gibt das entsprechende Sprachkennzeichen, z. B. „E" für Englisch, ein.

Nach der erfolgreichen Anmeldung können unterschiedliche, in sich abgeschlossene Funktionen (Transaktionen), ausgeführt werden. Eine **Transaktion** umfaßt einen logisch abgeschlossenen Vorgang im R/3-System. Darunter ist eine Folge zusammengehöriger Dialogschritte (Bildschirmmasken) für einen in sich abgeschlossenen betriebswirtschaftlichen Vorgang (z. B. Anlegen eines Lieferanten) zu verstehen. Die Bildschirmmasken werden

Dynpro

zusammen mit der dazugehörigen Ablauflogik mit **Dynpro** (Dynamisches Programm) bezeichnet.

Abmelden

Um die Arbeit im System ordnungsgemäß zu beenden, muß man sich abmelden. Nur so ist gewährleistet, daß alle Daten gesichert werden und nicht verlorengehen können. Die Abmeldung kann grundsätzlich aus jedem Programmpunkt im System erfolgen. Dazu stehen unterschiedliche Wege zur Verfügung.

Die Menüfunktion heißt *System ⇨ Abmelden* oder durch Eingabe des Transaktionscods „**/nend**" in der Befehlseingabe. Das Abmelden beendet nicht nur den aktiven Modus, sondern führt dazu, daß alle geöffneten Modi geschlossen werden. Ein Modus wird durch ein eigenständiges Fenster repräsentiert, in dem eine Anwendung abläuft. Die Arbeit mit mehreren Modi wird im Kapitel 1.4.4.2 erläutert.

1.4.2   Bildschirmaufbau und Bedienung von R/3

SAP-GUI

Um dem Benutzer die Verwendung des R/3-Systems zu erleichtern, wurde die Benutzerschnittstelle **SAP-Graphical User Interface** (SAP-GUI) primär nach den Regeln des Windows-Style-Guide entwickelt (vgl. Abb. 1.27 und 1.30). Die Benutzeroberfläche des R/3-Systems ähnelt daher bekannten Windows-Applikationen. SAP-GUI ist jedoch nicht nur auf PC's mit Microsoft-Windows-Benutzeroberfläche lauffähig, sondern kann bspw. auch auf OS/2 und Apple Macintosh-Plattformen aufsetzen. Im Beitrag wird von einer Microsoft-Windows-Oberfläche ausgegangen. Die Funktionalität ist im Prinzip plattformunabhängig.

Nach der richtigen Eingabe der Anmeldedaten sowie des Paß-
wortes und dem Drücken der (Enter)-Taste findet man den Ar-
beitsbildschirm vor. Dieser kann aus folgenden Elementen bestehen (siehe Abb. 1.27):

Abb. 1.27
Aufbau eines
Fensters

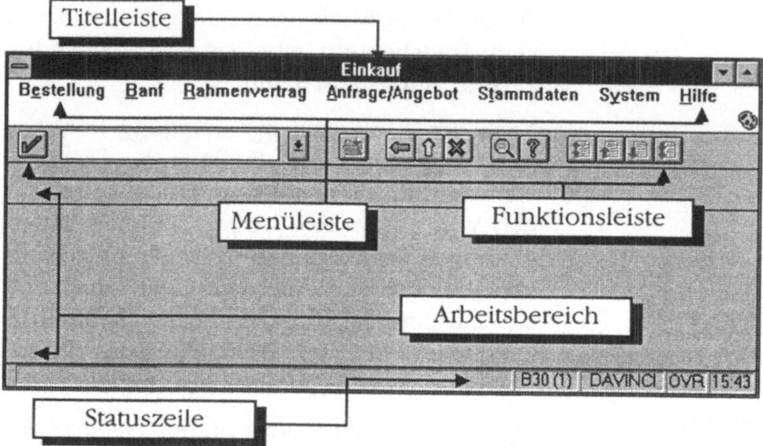

Die **Titelleiste** überschreibt die aktuelle Anwendung. Die **Menüleiste** umfaßt neben dem Menünamen alle untergliederten Menüeinträge. Darunter befindet sich die **Funktionsleiste**. Je nach
Kontext der augenblicklichen Anwendung verändert sich die
Funktionalität und Gestalt dieser Leiste. Die Grundfunktionen
sind in Abb. 1.30 (Funktionalitäten des SAP-GUI) dargestellt.
Mittels Klick auf die rechte Maustaste werden alle momentan
gültigen Funktionstasten angezeigt. In diesem Zusammenhang
sei erwähnt, daß es meist mehrere Möglichkeiten der Bedienung
gibt, die die gleiche Funktionalität bewirken. Der größte Bereich
darunter ist der eigentliche **Arbeitsbereich**. Der unterste Bereich
im Bildschirm wird häufig als **Statuszeile** bezeichnet. In ihm
werden Systemnachrichten zur aktuellen Anwendung angezeigt.

Dialogfenster

Im R/3-System gibt es mehrere Fenstertypen. Erscheint im aktiven
Fenster ein neues Fenster zur Anzeige und Eingabe von Informationen, so spricht man von einem Dialogfenster. Der Nutzer muß
den Dialog durch eine Eingabe beenden, bevor mit dem dahinterliegenden Menü weitergearbeitet werden kann.

Wenn man im R/3-System Informationen eingibt, kann es vorkommen, daß man bei der Eingabe Optionen auswählen muß. In manchen Fällen kann nur eine Auswahl getroffen werden, in anderen Fällen kann man aus mehreren angebotenen Möglichkeiten auswählen. Wenn das System nur eine Auswahlmöglichkeit anbietet, werden **Auswahlknöpfe** angezeigt.

Gibt es mehrere Auswahlmöglichkeiten, muß man unter **Ankreuzfeldern** wählen. Die unterschiedlichen Fenstertypen sind in Abb. 1.28 dargestellt.

Abb. 1.28
unterschiedliche
Fenstertypen

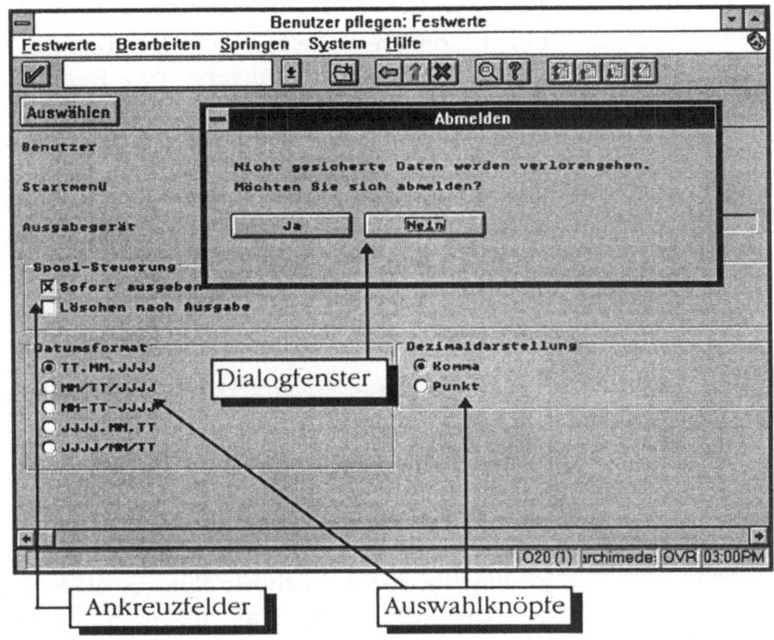

Funktionsleiste

In der Funktionsleiste werden alle wichtigen Funktionen zur Bedienung des Systems bereitgestellt. Diese werden im folgenden kurz beschrieben:

Das Symbol mit dem **gelben Ordner** dient zum Speichern der Änderungen und Eingaben, die durchgeführt wurden.

Den **grünen Pfeil** (nach rechts) benötigt man, um eine Ebene nach oben bzw. einen Schritt zurück zu gelangen. Mit dem **gelben Pfeil** (nach oben) gelangt man entweder eine Ebene nach oben, löst eine Aktion aus bzw. schickt einen Auftrag ab.

Um einen Auftrag abzubrechen, drückt man das Symbol mit dem **roten „ X ".** Bei dieser Aktion werden keine Daten gespeichert.

Die Suche nach Eingabemöglichkeiten wird mit dem **Lupensymbol** ermöglicht. Um eine allgemeine Hilfe anzufordern, muß das **Fragezeichen** angeklickt werden.

Zur **Navigation in Dokumenten** stehen die vier Symbole ganz rechts auf der Symbolleiste zur Verfügung. Mit dem ersten gelangt man ganz nach oben ins Dokument, mit dem letzten an das Ende. Mit den beiden anderen Symbolen kann man jeweils eine Seite nach oben bzw. nach unten blättern.

Eine besondere Rolle spielt das **Befehlsfeld** (siehe Abb. 1.29). In diesem Feld ist die Eingabe von Kommandos und Transaktionscodes möglich. Die Eingabe wird mit der **OK-Taste** (siehe links) abgeschickt; mit ihr werden alle Bildschirmeingaben abgeschlossen. Diese Art der Eingabe wurde aus Kompatibilitäsgründen gegenüber R/2 aufgenommen, so daß ehemalige R/2-Benutzer sich sehr schnell in die neue Umgebung einarbeiten können. Zum Abmelden aus dem System kann hier z. B. „/nend" eingegeben werden.

Abb. 1.29
Befehlsfeld und
OK-Taste

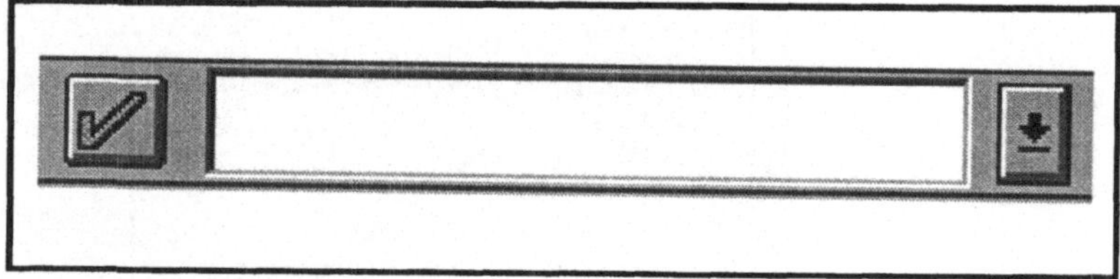

Transaktionscode

Im Befehlsfeld ist durch die Eingabe eines Transaktionscodes jede beliebige Anwendung des R/3-Systems direkt aufrufbar. Durch die Eingabe des 4-stelligen Transaktionscodes gelangt man zur ersten Bildschirmmaske einer Anwendung (Transaktion).

Mit „/n" beendet man die aktuelle Anwendung. Um z. B. die Anzeige der Lieferantendaten Einkauf direkt über den Transaktionscode MK03 und nicht über den Menüpfad anzuzeigen, muß „/nmk03" eingegeben und danach (Enter) betätigt werden. Die Verwendung des „/n" vor dem vierstelligen Transaktionscode hat weiterhin den Vorteil, daß durch das vorherige Beenden die neu zu startende Transaktion (Anwendung) vom Wurzelursprung aus gesucht wird, und damit ist ein Start von jeder beliebigen Stelle im System aus möglich. Mit „/o" vor dem Transaktionscode wird ein neuer Modi mit der zu startenden Transaktion geöffnet.

Die Ermittlung des Transaktionscodes der aktuellen Anwendung erfolgt über die Menüfunktion *System ⇨ Status*. Da sich mit Release-Wechseln oft die Menüpfade, aber nicht die Transaktioscodes verändern, werden die wichtigen Transaktionscodes im Beitrag in Klammern hinter den Menüpfaden angegeben.

Drückt man auf den Auswahlknopf rechts neben dem Eingabefeld, werden die bisher abgearbeiteten Transaktionscodes zur Auswahl angeboten.

In Abb. 1.30 werden alle wichtigen Funktionen des Grafischen Userinterfaces (GUI) nochmals im Überblick zusammengefaßt:

Abb. 1.30
Funktionalitäten des GUI

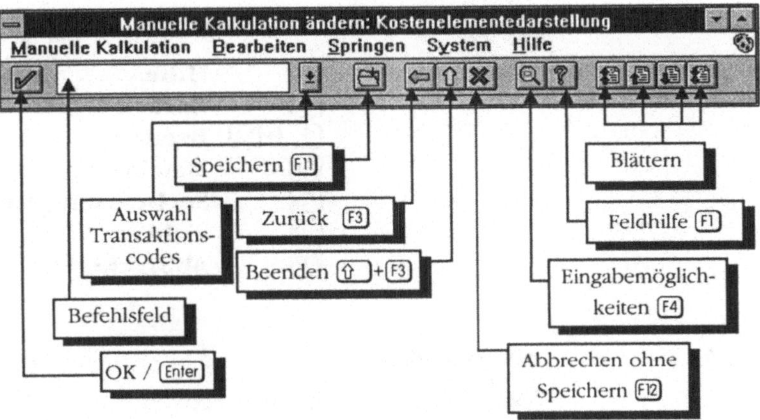

Da das R/3-System über eine fast unüberschaubare Anzahl von Anwendungen und damit über eine weit- und tiefverzweigte Menüstruktur verfügt, erleichtert das dynamische Menü eine Anwendung zu finden. Man erreicht es im Ausgangsbildschirm des R/3-Systems mit dem Button **Dyn.Menü** bzw. mit F5.

Das dynamische Menü hilft, wenn der Weg über die Menüleiste zu einer speziellen Anwendung nicht bekannt ist oder man eine Übersicht über die Anwendungen eines Sachverhalts, wie z. B. „Kostenstelle", wünscht. Neben den Namen der gesuchten Anwendungen werden im dynamischen Menü auch die Transaktionscodes angezeigt. Man kann auf diese Weise z. B. eine Liste erstellen, in der alle Anwendungen, die die Kreditoren betreffen, angezeigt werden.

Durch Betätigen der **rechten Maustaste** erscheint ein Menü, aus dem die wichtigsten Funktionen für das aktuelle Fenster gewählt werden können. Die Funktionen sind auch hier kontextbezogen.

1.4.3   Tastaturbelegung

Die SAP-Oberfläche arbeitet mit **24 Funktionstasten**. Sollen diese mit einem PC mit nur 12 Funktionstasten bedient werden, ist eine Doppelbelegung von Tasten nötig. Die Funktionstasten 13 bis 24 erreicht der User dann durch das Drücken von ⇧-F1 bis ⇧-F12.

Nachfolgend stehen die wichtigsten **Funktionstasten** in einer kurzen Übersicht:

F1	**Hilfe**
F3	**Zurück**
⇧+F3	**Beenden**
F4	**Matchcodes-Liste**
F5	**Suche nach Transaktionscodes**
F11	**Sichern**
F12	**Abbrechen**

1.4.4   Menüstruktur

Über Menüs werden die Anwendungen (Transaktionen) aufgerufen. Die Menüleiste im Startbild/SAP-Oberfläche (siehe Abb. 1.31) ist in Arbeitsgebiete eingeteilt. Durch Anklicken eines Arbeitsgebietes öffnet man ein Pull-Down-Menü. Jede Arbeitsgebietsebene enthält eine weitere Menüleiste. Über die Menüs und die eventuell folgenden Untermenüs der Arbeitsgebietsebene wird die Transaktion ausgewählt. Die Verwendung von Transaktionscodes ist, wie bereits beschrieben, eine zweite Möglichkeit, um Anwendungen im R/3 zu erreichen.

Der Basisbildschirm enthält neben den Standardanwendungen, wie *Werkzeuge, System, Hilfe* oder das Symbol Palette (siehe links) die Ausgangspunkte zur Verzweigung in die betriebswirtschaftlichen Komponenten, wie *Rechnungswesen, Logistik* oder *Personal.*

1.4.4.1   Werkzeuge

Unter dem Menüpunkt **Werkzeuge** sind eine Reihe von Tools zusammengefaßt, die über die tägliche Arbeit mit dem R/3-System hinausgehen. Hier soll nur eine kurze Erläuterung dieser Werkzeuge erfolgen. Auf einige, besonders die Einführungswerkzeuge, wird im Verlaufe des Buches noch detaillierter eingegangen.

Abb. 1.31
Menüpunkt
Werkzeuge

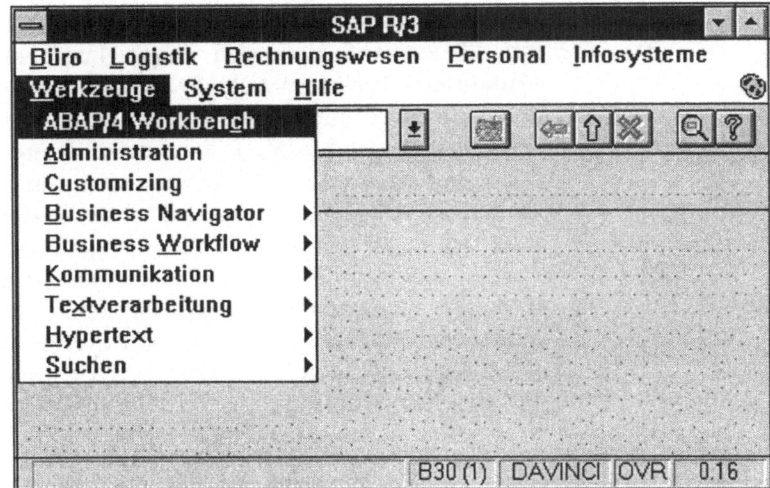

ABAP/4 Workbench

Die ABAP/4 Workbench umfaßt prinzipiell zwei Hauptfunktionalitäten. Zum einen können hier Entwickler zusätzliche Programme zum R/3-System in einer echten Programmierentwicklungsumgebung erstellen. Zum anderen können mit dem ABAP/4 Dictionary Informationen über die Daten, deren Eigenschaften und die Beziehungen zwischen den Datenobjekten ermittelt werden.

Mit Hilfe der **Systemadministration** wird das R/3-System überwacht und verwaltet. Eine Funktion, die nicht nur für Administratoren von Nutzen ist, ist das Anzeigen und Löschen von Modi der Benutzer.

Der **Funktionsaufruf** sieht folgendermaßen aus: *Administration ⇨ Monitor ⇨ Systemüberwachung ⇨ Benutzerübersicht* (SM04).

Es kann dadurch z. B. ein „abgestürzter" Modus endgültig gelöscht werden. Hierbei ist Vorsicht geboten, da leicht der falsche Modus gelöscht werden kann.

Im Kapitel 1.6.1 wird auf das Computing Center Management System eingegangen. Diese Funktion ist ebenfalls im Menüzweig Administration enthalten.

Customizing

Das Customizing (siehe hierzu Kapitel 2) ist eine Methode zur Einführung und Erweiterung des R/3-Systems und stellt Werkzeuge zur Systemeinstellung zur Verfügung.

Customizing ist das Verfahren, mit dem man die unternehmensneutral ausgelieferte Funktionalität den spezifischen betriebswirtschaftlichen Anforderungen eines Unternehmens anpaßt. Eine strukturierte Hilfe der Abläufe des Customizing bietet das **Vorgehensmodell** und der **Einführungsleitfaden** (Implementation Management Guide, IMG). Eine detailliertere Beschreibung über diese zwei Einführungswerkzeuge erfolgt in Kapitel 2 dieses Buches. Das R/3-Vorgehensmodell unterstützt bei der Ersteinführung des R/3-Systems, bei System-Upgrade und Release-Wechsel sowie bei der Einführung weiterer Funktionen oder Prozesse im Umfeld eines schon produktiven Systems. Es liefert dabei einen zeitlichen Strukturplan für Einführungs-Projekte und legt die Bearbeitungsreihenfolge fest. Das R/3-Vorgehensmodell beinhaltet die vier Phasen für die Einführung von R/3-Produkten mit den erforderlichen Arbeitspaketen in jeder Phase.

Business Navigator

Der Business Navigator ist ein in das R/3-System integriertes Tool, das die Funktionalität bereitstellt, die verschiedenen Modelle der unterschiedlichen Sichten des R/3-Referenzmodell zu nutzen. Dabei werden teilweise Methoden des Data Modelers genutzt (siehe hierzu Kapitel 2).

Business Workflow

Mit dem SAP Business Workflow werden Entwicklungswerkzeuge bereitgestellt, um Geschäftsvorgänge anwendungsübergreifend zu organisieren, zu überwachen und zu automatisieren. Arbeitsabläufe, die häufig durchlaufen werden, können somit als Workflow abgearbeitet werden.

Kommunikationsserver

Der SAP-Kommunikationsserver ermöglicht den Austausch von EDI-, Mail- und Telematik-Dokumenten zwischen SAP-Systemen (R/2 und R/3) und externen Kommunikationspartnern. Mittels **Kommunikation** können Einstellungen des SAP-Kommunikationsservers vorgenommen werden.

Textverarbeitung

Mit dem Menüpunkt „Textverarbeitung" sind Einstellungen für den **SAPscript-Editor** möglich. Der SAPscript-Editor ist ein Werkzeug zur Texterfassung und zur Textgestaltung.

Hypertext

Im R/3-System können Dokumentationen in Online-Büchern hierarchisch gegliedert werden. Die Pflege und Erweiterung der Online-Bücher, die in die **„Erweiterte Hilfe"** (siehe hierzu Kapitel 1.5.2) integriert werden können, erfolgt mit dem Menüpunkt Hypertext. Es ist möglich, vorhandene Online-Bücher anzuzeigen, sowie eigene Strukturen zu pflegen.

Die Funktion **Suchen** dient zur Gewinnung spezifischer Informationen, strukturiert nach Informationsklassen, wie z. B. Release-Informationen.

1.4.4.2   Allgemeine Systemfunktionen

Die Systemfunktionen können im Menüpunkt *„System"* aufgerufen werden. Die Menüeinträge sind in Abb. 1.32 dargestellt.

Abb. 1.32
Menüpunkt
System

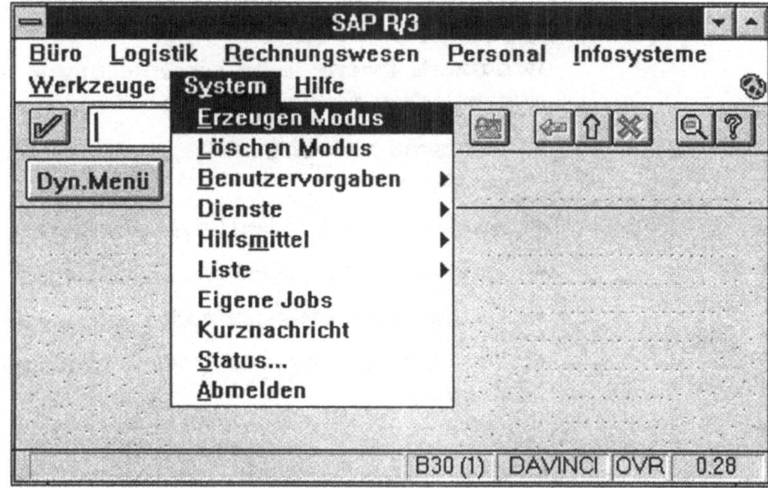

Unter anderem stehen folgende Funktionen zur Verfügung:

Erzeugen Modus

Mit Hilfe des Menüeintrags *„Erzeugen Modus"* gewinnt man einen weiteren Modus im System. Jeder Modus wird in Windows als eigenständiger Task behandelt. Er stellt somit auch ein eigenständiges Fenster dar. Beim Erzeugen eines Modi wird ein neues R/3-Fenster mit der Ausgangsmenüstruktur geöffnet, um darin parallele Arbeiten durchführen zu können. Dies empfiehlt sich, wenn in einem Modus lange Wartezeiten auftreten und inzwischen an anderer Stelle weitergearbeitet werden soll. Auch wenn eine Transaktion für sofortiges Nachfragen unterbrochen werden müßte oder zur Verfolgung von Querverweisen, ist es einfacher, einen weiteren Modus zu benutzen. Insgesamt sind pro Benutzersitzung bis zu 6 Modi möglich. Ein Wechseln von einem Modus in den anderen kann entweder durch Anklicken des nicht aktiven Fensters oder über den Task-Manager erfolgen.

Löschen Modus

Die Funktion *„Löschen Modus"* schließt den momentan aktiven Modus und wechselt in den vorherigen Modus. Sollte es sich um den einzigen Modus handeln, der geöffnet ist, so wird R/3 beendet.

Benutzervorgaben

Für jeden Benutzer wird ein eigener Benutzerstammsatz angelegt. Er enthält folgende Benutzervorgaben als individuelle Voreinstellungen: Benutzeradresse mit persönlichen Daten des Benutzers, Benutzerfestwerte mit allgemeinen Voreinstellungen und Benutzerparameter mit Vorschlagswerten für spezielle Felder.

Die **Benutzeradresse** dient hauptsächlich der eindeutigen Identifikation des Nutzers durch die Systemadministration.

Benutzerfestwerte legen Voreinstellungen, die für alle Anwendungen gelten, fest:

- Startmenü zum direkten Weg in ein vorgegebenes Menü nach der Anmeldung;

- Ausgabegerät (Standardausgabedrucker);

- Spoolsteuerung (allgemeine Einstellungen zur Druckausgabe);

- Datumsformat (Auswahl nach Länderspezifika);

- Dezimaldarstellung von Zahlen (Auswahl von Punkt oder Komma).

Eine besondere Arbeitserleichterung bringt die Pflege der **Benutzerparameter**. Bei vielen Transaktionen werden bestimmte Eingaben immer wieder verlangt. Beispiele hierfür sind die Eingabedaten „Buchungskreis" im Rechnungswesen oder „Einkaufsorganisation" im Vertrieb bzw. im Bereich Materialwirtschaft. Arbeitet ein Mitarbeiter prinzipiell nur in einem Buchungskreis oder einer Einkaufsorganisation, können Vorschlagswerte für diese bestimmten Felder definiert werden. In Abb. 1.33 wird die Definition eines Benutzerparameters am Beispiel der Einkaufsorganisation 0008 dargestellt.

Abb. 1.33
Definition von
Benutzerparametern

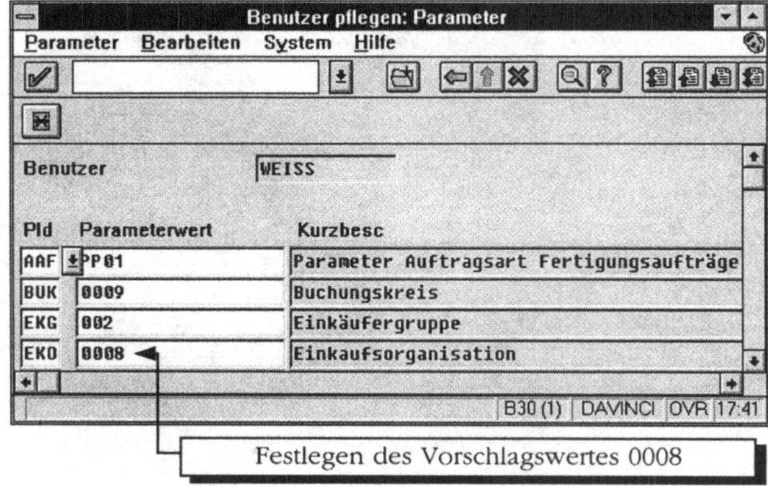

Der Vorschlagswert erscheint später bei jeder geforderten Dateneingabe, damit nicht jedesmal die gleiche Eingabe erfolgen muß.
Dies erspart Zeit und verringert Fehler. Der Vorschlagswert 0008
für die Einkaufsorganisation wird im Abschnitt 1.4.5 beim Anlegen eines Lieferanten wiederkehren. Die Ermittlung des Parame-
ternamens (PID) wird im Kapitel 1.5.4 beschrieben.

Mit Hilfe von **Status** ist eine Anzeige der verschiedenen Benut-
zer- und Systemdaten möglich. Auf die Ermittlung der Transakti-
onsnummer wurde bereits hingewiesen. Die vor allem für Entwickler wichtigsten Statusinformationen, die Repository-Daten,
sind für das Beispiel „Anzeige von Lieferanten im Einkauf" in
Abb. 1.34 dargestellt.

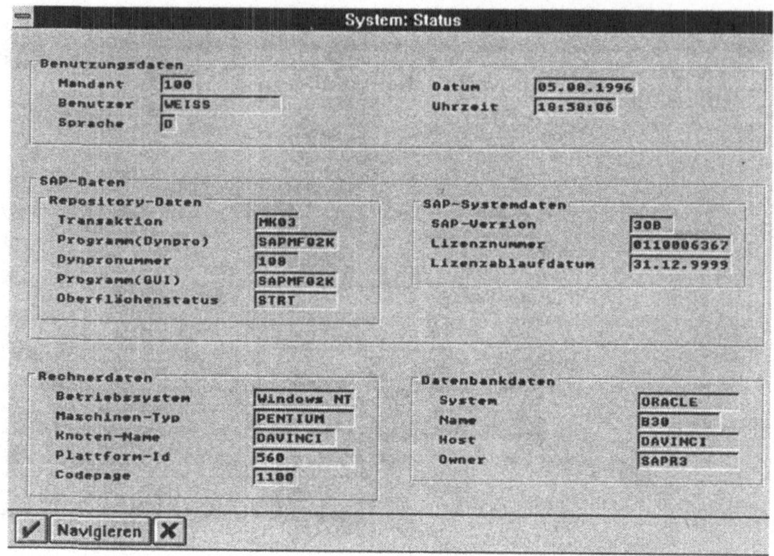

Die Funktion „*Abmelden*" beendet die R/3-Sitzung. Im Unterschied zur Funktion „*Löschen Modus*" werden auch alle anderen offenen Modi beendet.

„*Download*" ist eine Funktion, um in Listenform auf dem Bildschirm angezeigte Daten in eine Datei umzuleiten. Dies stellt die einfachste Möglichkeit dar, Daten in ein anderes Textsystem (z. B. Word) zu übernehmen. Der Aufruf erfolgt über *System* ⇨ *Liste* ⇨ *Download*.

Die Funktion **Druckaufträge** dient zum Überwachen des Realisierungsstandes von Druckaufträgen. Außerdem ist es hier möglich, sich das Layout des Druckauftrages anzusehen. Der Aufruf erfolgt über *System* ⇨ *Liste* ⇨ *Druckaufträge*.

1.4.4.3   Benutzermenü

Ein Benutzermenü ist ein vom Bearbeiter selbst zusammengestelltes Menü. Auf diese Weise kann sich jeder Benutzer ein Menü erstellen, das seinen individuellen Gewohnheiten, Vorstellungen und Fähigkeiten entspricht. Es wird gebraucht, um

- Arbeitsvorgänge abzukürzen, indem Direkteinstiegsmöglichkeiten in bestimmte Menüpunkte definiert werden, die sonst nur durch umständliches Navigieren erreichbar sind;

- oft wiederkehrende Vorgänge zusammenzufassen und

- schnelle Wechsel zwischen bestimmten Vorgängen durchführen zu können.

Abb. 1.35 zeigt ein Benutzermenü mit mehreren Transaktionen, die in diesem Beitrag verwendet werden:

Abb. 1.35
Benutzermenü

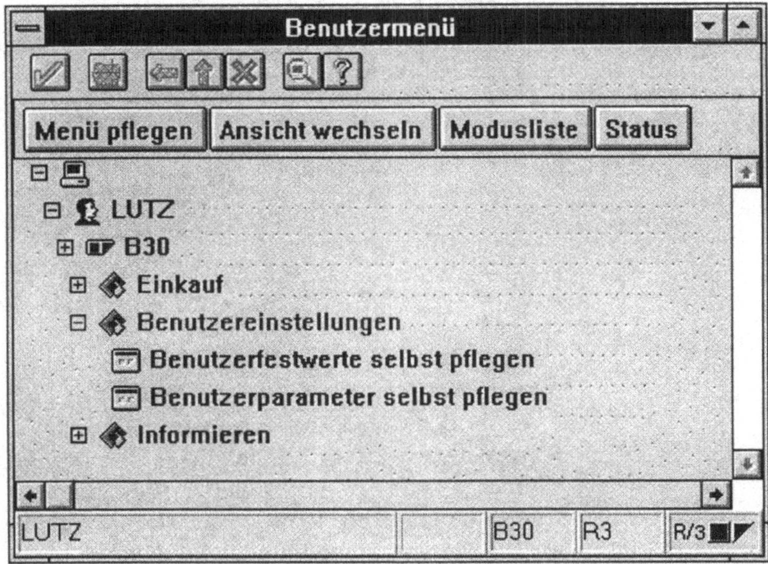

Zu erkennen ist, daß die Menüeinträge zu Arbeitsbereichen zusammengefaßt sind. Die Erstellung und Anpassung eines eigenen Benutzermenüs ist denkbar einfach.

Mit der Transaktion *System* ⇨ *Benutzervorgaben* ⇨ *Benutzermenü pflegen* (SU54) wird das dazu notwendige Pflegeprogramm gestartet.

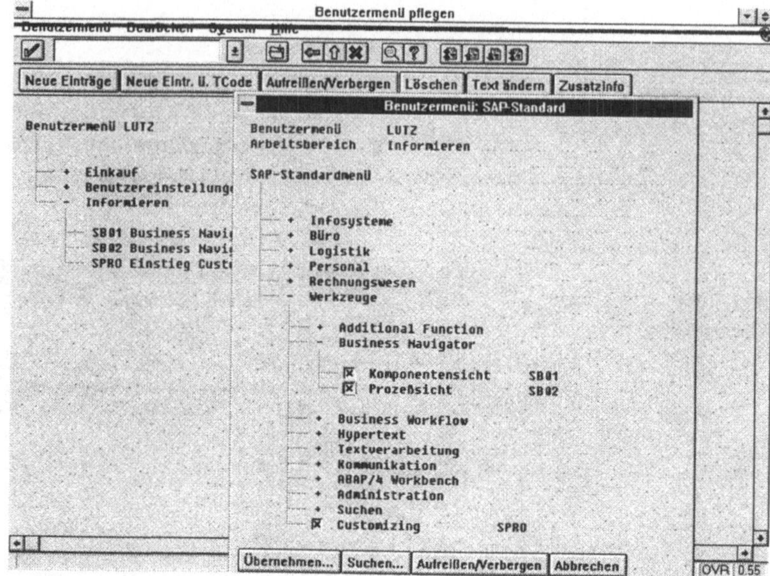

Abb. 1.36
Pflegetransaktion für
Benutzermenü

Steht der Cursor auf *„Benutzermenü"*, können mit der Funktion *Bearbeiten* ⇨ *Neue Einträge...* **Arbeitsbereiche** definiert werden. Wurde der Cursor auf einem Arbeitsbereich positioniert, können **Transaktionen** in diesen Bereich übernommen werden. Die Einträge sind im angebotenen R/3-Standardmenü auszuwählen und anzukreuzen. Ist der Transaktionscode bekannt, kann er mit der Funktion *Bearbeiten* ⇨ *Neue Eintr. ü. Tcode* direkt hinzugefügt werden. Alle Bezeichnungen können standardmäßig übernommen oder benutzerspezifisch angepaßt werden. Ein neu eingerichtetes oder verändertes Benutzermenü ist erst nach nochmaligem Anmelden im R/3-System verfügbar.

1.4.5 Beispiel zur Handhabung

Einige generelle Hinweise zur Arbeit im R/3-System sollen nun anhand der Eingabe des neuen Lieferanten „Mustermann AG" für den Bereich Einkauf gegeben werden. Der Menübaum für diese Funktion sieht folgendermaßen aus: *Logistik* ⇨ *Materialwirtschaft* ⇨ *Einkauf* ⇨ *Stammdaten* ⇨ *Lieferant* ⇨ *Anlegen* (MK01).

1.4.5.1 Matchcodesuche

Wenn man einen neuen Lieferanten (Kreditor) anlegen will, muß dieser einer Kontengruppe zugeordnet werden. Falls nicht bekannt ist, welche Kontengruppen im System gepflegt sind, kann man diese mit Hilfe der Matchcodesuche anzeigen lassen.

Matchcode

Mit einem Matchcode können somit im System abgelegte Datensätze gesucht werden. Ein Matchcode besteht aus Suchbegriffen, die in einer bestimmten Reihenfolge angeordnet sind. Jeder Matchcode hat eine eigene Kennung, die **Matchcode-ID**. Für einen Datensatz bietet R/3 meist mehrere Matchcode-Sätze zur Auswahl an.

Ein gelbes Dreieck im Eingabefeld oder die Drucktaste neben dem aktiven Eingabefeld zeigen die Felder an, bei denen eine Suche mit dem Matchcode möglich ist. Die Suche mit Hilfe eines Matchcodes erfolgt entweder über die Funktionstaste F4 oder durch Klicken mit der Maustaste auf die Drucktaste des Eingabefeldes.

Abb. 1.37
Suche mit Matchcode

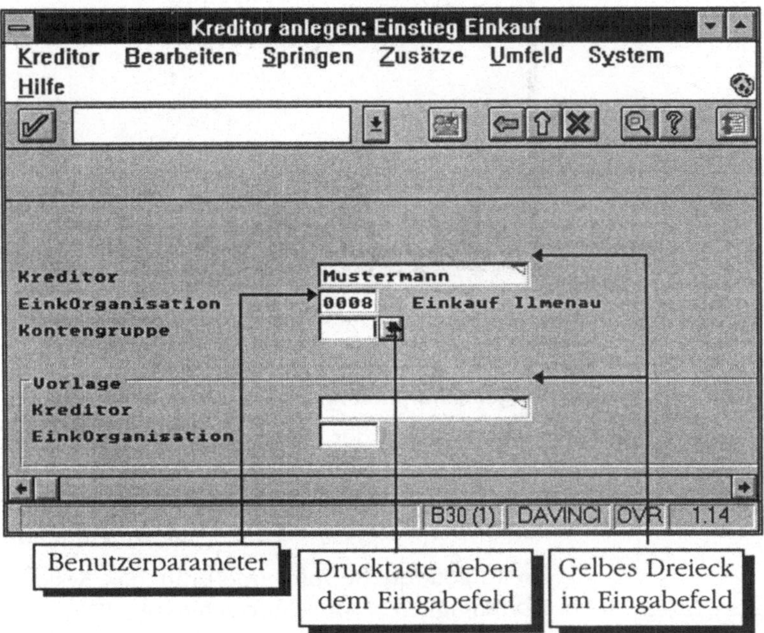

In der Liste der für diesen Datensatz vorgesehenen Matchcode-ID wird ein Matchcode durch Anklicken und dem anschließenden Drücken der F2-Taste ausgewählt. In der folgenden Liste mit Sucheingaben werden die Suchbegriffe eingetragen, die bekannt sind. Darauf erhält man eine Liste aller Datensätze, die den Suchkriterien entsprechen. Aus ihnen kann der gesuchte Datensatz gewählt werden. In Abb. 1.38 wird aus der Liste der möglichen Kontengruppen die Gruppe Warenlieferanten ausgewählt.

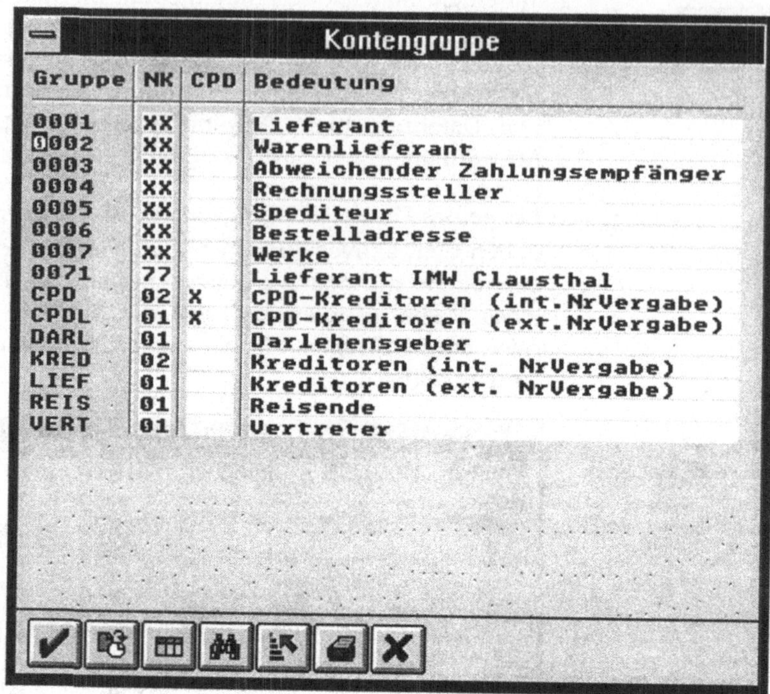

1.4.5.2

Eingabeüberprüfung

Beim Erfassen der Daten werden die in die Felder eingegebenen Werte vom System überprüft. Neben der Kontrolle, ob alle durch ein „?" im Eingabefeld gekennzeichneten Pflichteingaben erfolgt sind, überprüft R/3, ob die Werte im gültigen Bereich liegen.

Länderschlüssel

Im folgenden Beispiel überprüft das System die Postleitzahl in Abhängigkeit vom Länderschlüssel. Wird als Land Deutschland angegeben, ist nur eine 5-stellige Postleitzahl möglich. Dies wird in Abb. 1.39 gezeigt.

Abb. 1.39
Eingabeüberpüfung
der PLZ

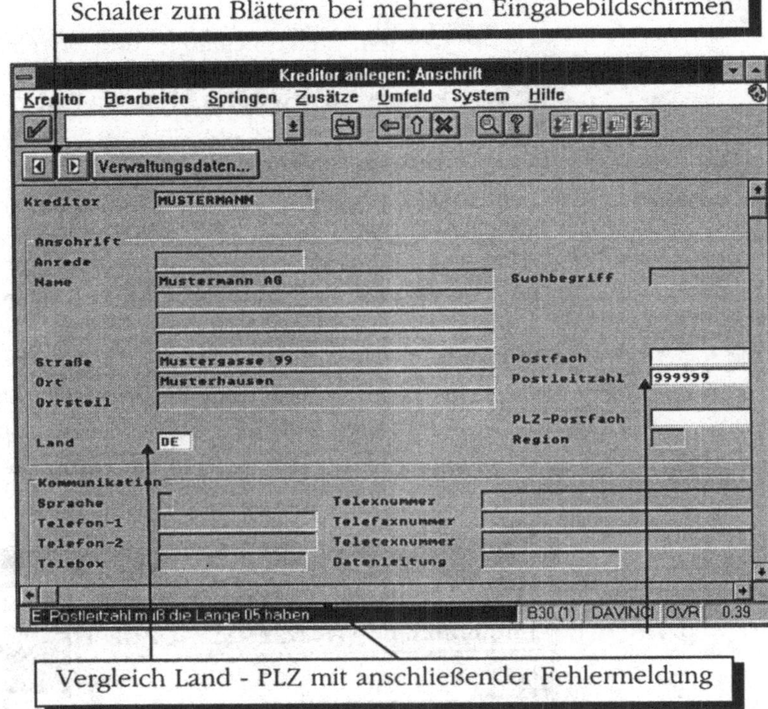

Eine Transaktion kann erst dann abgeschlossen werden (durch
[Enter] + Sichern), wenn alle erforderlichen Eingaben erfolgt sind.
Hierbei soll noch einmal auf die Bedeutung des Sicherns hingewiesen werden. Erst dadurch werden Datenveränderungen und
Nutzereingaben gespeichert. Gehören mehrere Eingabemasken
zu einer Transaktion, kann man durch [Enter] zur nächsten Maske
gelangen oder besser mit den Schaltern unter der Menüleiste in
den Masken vor- bzw. zurückblättern.

1.5   Das R/3-Hilfesystem

Das Hilfesystem des R/3-Systems ist sowohl bei der Einarbeitung
als auch bei der täglichen Arbeit eine wirkungsvolle Unterstützung. In diesem Kapitel soll der Nutzer in die vielfältigen Hilfe-
Alternativen eingeführt werden und erfahren, in welcher Situation er mit welchem Hilfe-Tool die wichtigsten Informationen erhält. Dazu werden die Feldhilfe, das Hilfemenü, die R/3-Online-
Dokumentation sowie die Technische Info erläutert.

1.5.1   Feldhilfe

Das R/3-System bietet vielfältige Möglichkeiten zur Hilfestellung. Die erste ist das Drücken von [F1]. Dadurch öffnet sich ein **kontextbezogenes Hilfefenster**. Eine andere Möglichkeit ist das Anklicken des Fragezeichensymbols in der Symbolleiste. Die Funktionalität entspricht der von [F1]. Da sich die Hilfe auf das Feld bezieht, in dem sich der Cursor gerade befindet, wird sie auch als Feldhilfe bezeichnet. Neben der Anzeige eines kontextbezogenen Hilfetextes kann man von hier aus in die „Erweiterte Hilfe" sowie in die „Technische Info" verzweigen.

1.5.2   Hilfemenü

Unterschiedliche Hilfestellungen bietet das Hilfemenü in der Menüzeile. Hier stehen 6 verschiedene Auswahlmöglichkeiten zur Verfügung.

Abb. 1.40
Hilfemenü

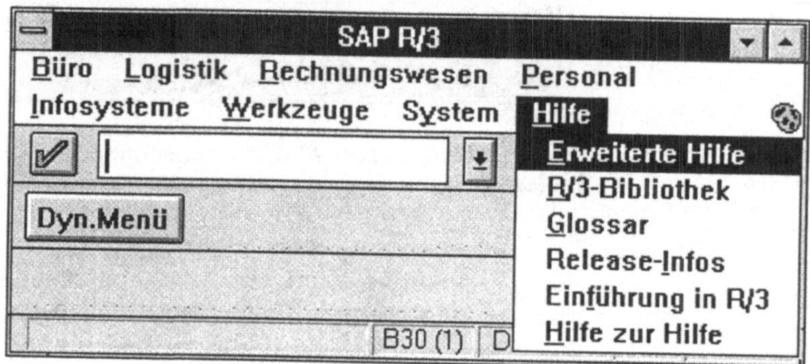

Erweiterte Hilfe

Mit der Funktion *„Erweiterte Hilfe"* wird die kontextbezogene R/3-Online-Dokumentation (R/3-Bibliothek) aufgerufen. Benötigt man z. B. Erläuterungen, um eine Anfrage im „Einkauf" anzulegen (ME41), gelangt man aus dieser Transaktion heraus über *Hilfe ⇨ Erweiterte Hilfe* sofort zum Eintrag „Anfragen anlegen" der R/3-Bibliothek.

R/3-Bibliothek

Benutzt man die *„R/3-Bibliothek"*, so wird die R/3-Online-Dokumentation zur Systembeschreibung aufgerufen (vergleiche Kapitel 1.5.3). Im Unterschied zur *„Erweiterten Hilfe"* gelangt man hier zum Inhaltsverzeichnis der **Online-Dokumentation** und kann von da in die interessierenden Themengebiete verzweigen.

Glossar

Durch Aufruf von „*Glossar*" erhält man eine alphabetische Auflistung von Fachbegriffen, die im Kontext zu der aktuellen Transaktion stehen. Will man z. B. bei der Erfassung eines Lieferanten (MK01) im „Einkauf" wissen, was sich hinter einem Kreditorenstammsatz verbirgt, erhält man hier folgende Begriffsdefinition: „Datensatz, der alle Informationen zum Geschäftspartner enthält, die unter anderem für die Abwicklung von Geschäftsvorfällen benötigt werden. Dazu zählen z. B. Anschrift und Bankverbindung."

Release-Infos

Mit der Funktion „*Release-Infos*" kann man sich über Neuerungen, Erweiterungen und Veränderungen in den einzelnen Bereichen des Systems bei Release-Wechseln informieren. Die Struktur ist dabei ähnlich der des **Einführungsleitfadens** (siehe Kapitel 2). Im Bereich Einkauf erfährt man hier z. B., daß ab Release 3.0 Lieferplaneinteilungen mit EDI möglich sind.

Einführung in R/3

Mit dem Menüeintrag „*Einführung in R/3*" wird der gleichnamige Menüpunkt der R/3-Online-Dokumentation aufgerufen. Hier wird die prinzipielle Handhabung des R/3-Systems erläutert. Man wird mit den Eingabemöglichkeiten bzw. mit der Art der Navigation im System vertraut gemacht.

Hilfe zur Hilfe

Durch die Funktion „*Hilfe zur Hilfe*" erfolgt eine Anleitung zur R/3-Online-Hilfe. Es werden Aussagen zu den Elementen gemacht, für die die Online-Hilfe zur Verfügung steht und welche Möglichkeiten des Aufrufs es gibt.

1.5.3   Online-Dokumentation

Aufgrund der Bedeutung der R/3-Online-Dokumentation ist es sinnvoll, hierzu eine kurze Einführung zu geben. Die R/3-Online-Dokumentation ist eines der wichtigsten Instrumentarien zur Einarbeitung in das R/3-System. Sie hat einen sehr großen Umfang und beantwortet auch Fragen zu detaillierten Themen. Leider stehen Möglichkeitsbeschreibungen des Systems gegenüber Handlungsanleitungen im Vordergrund.

Die R/3-Online-Dokumentation wird als **externe Anwendung** auf CD-ROM durch die SAP AG ausgeliefert. Sie kann damit vom direkten R/3-Betrieb unabhängig auf jedem PC mit entsprechenden Hardwarevoraussetzungen genutzt werden. Darüber hinaus ist der direkte Aufruf aus dem R/3-System möglich.

Man kann Hilfe zu folgenden Elementen anfordern: Felder, Menüs und Menüfunktionen, Systemmeldungen, Reports.

Besonders hilfreich sind die Funktionen:

- *Drucken*

Schließlich gibt es immer noch genügend Anwender, die auf Papier besser navigieren können als durch mehrere Screens.

- *Kopieren*

Dies ist besonders bei der Anfertigung eigener Dokumentationen nützlich.

- *Lesezeichen*

Besonders bei der Bearbeitung komplexer Themen kann man bei der Navigation die Übersicht verlieren. In diesem Fall erleichtert die Definition von Lesezeichen die Arbeit.

- *Suchen*

Hier werden zu einem bestimmten gesuchten Begriff Themen aufgelistet, in die man verzweigen kann. Leider funktioniert die Suchfunktion nur dann, wenn der gesuchte Begriff auch im aktuellen Kapitel der Hilfe verzeichnet ist. Das **Inhaltsverzeichnis der R/3-Bibliothek** ist in Abb. 1.41 dargestellt.

Abb. 1.41
Eröffnungsbildschirm
der R/3-Online-Hilfe
(R/3-Bibliothek)

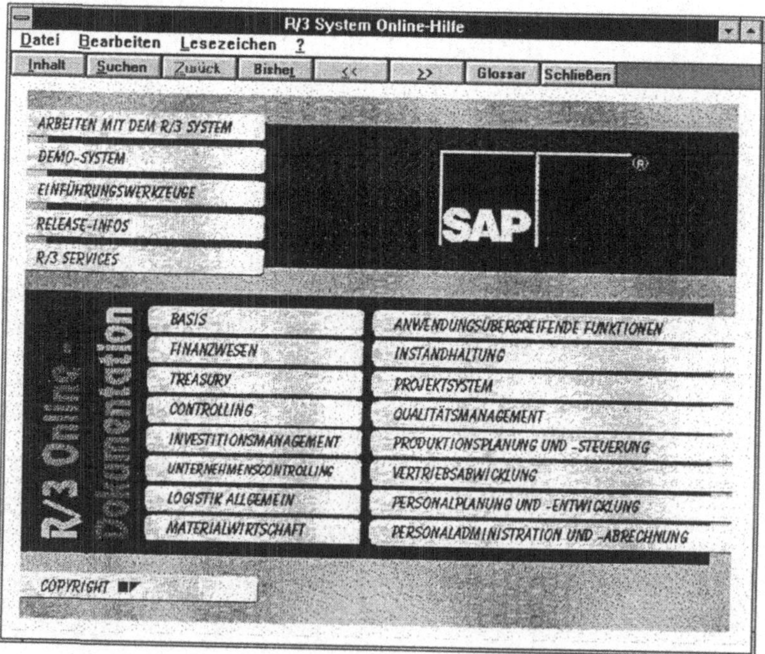

1.5.4

Technische Information

Durch die Technische Info lassen sich **Attribute des aktuellen Bildschirmbildes (Feld-, Dynpro- oder GUI-Daten)** anzeigen. Sie wird über die Feldhilfe aufgeblendet. Im Beispiel aus Kapitel 1.4.5, dem Anlegen eines Lieferanten im „Einkauf" (MK01), würde man wie folgt vorgehen: Will man detailliertere Informationen über das Feld Kreditor erhalten, positioniert man den Cursor auf diesem Feld und aktiviert die Feldhilfe mit [F1]. Angezeigt wird eine kurze begriffliche Erläuterung und Schaltflächen für weitere Verzweigungen. Nun muß die Schaltfläche *Technische Info* betätigt werden. Die internen Informationen für dieses Feld sind in Abb. 1.42 dargestellt:

Abb. 1.42
Informationen der
Technischen Info

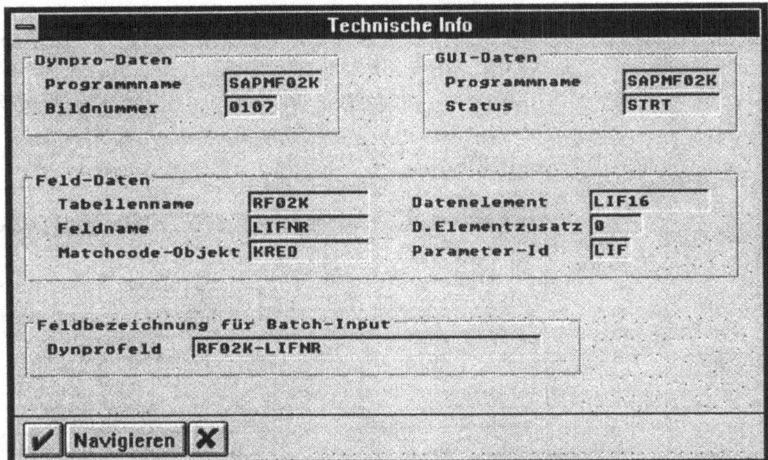

Auf diese Weise kann die **Parameter-ID** ermittelt werden, die für die Festlegung von Benutzerparametern erforderlich ist (vgl. Abb. 1.33). Die hier erhältlichen Angaben über Programm-, Feld- bzw. Tabellennamen sind besonders für Programmentwickler von Bedeutung. Diese Informationen sind z. B. für die Erstellung von Programmen zur Übernahme externer Daten nötig.

1.6   Weitere Informationsquellen

Im folgenden Kapitel sollen einige weitere Möglichkeiten der Informationsbeschaffung kurz angesprochen werden. Neben dem lokal verfügbaren Computing Center Management System zur Systemüberwachung werden Informationsquellen außerhalb des R/3-Systems erwähnt.

1.6.1   Computing Center Management System

Das Computing Center Management System (CCMS) dient zum **Überwachen, Steuern und Konfigurieren** einer R/3-Installation. Dieses Managementsystem ist das zentrale Werkzeug für die Systemadministration zur Überwachung über den aktuellen Zustand des R/3-Systems. U. a. können Informationen über die Systemlast und die Performance angezeigt werden. Für Überblicksinformationen stehen grafische Monitore zur Verfügung. Die dort angezeigten Systemparameter werden dynamisch aktualisiert. Weitere listenorientierte Monitore liefern Detailinformationen, um Probleme zu analysieren und Systemanpassungen vorzunehmen. Der Einstieg in das CCMS erfolgt über *Werkzeuge* ⇨ *Administration* ⇨ *Monitor*.

Als ein Beispiel ist in Abb. 1.43 der Performance-Monitor dargestellt, aus dem aktuelle Systemparameter, wie die Hauptspeicherbelegung, ablesbar sind. Er ist über *Werkzeuge* ⇨ *Administration* ⇨ *Monitor* ⇨ *Performance* ⇨ *Alerts* ⇨ *Local* ⇨ *Operating System* aufrufbar.

Abb. 1.43
Performance-Monitor

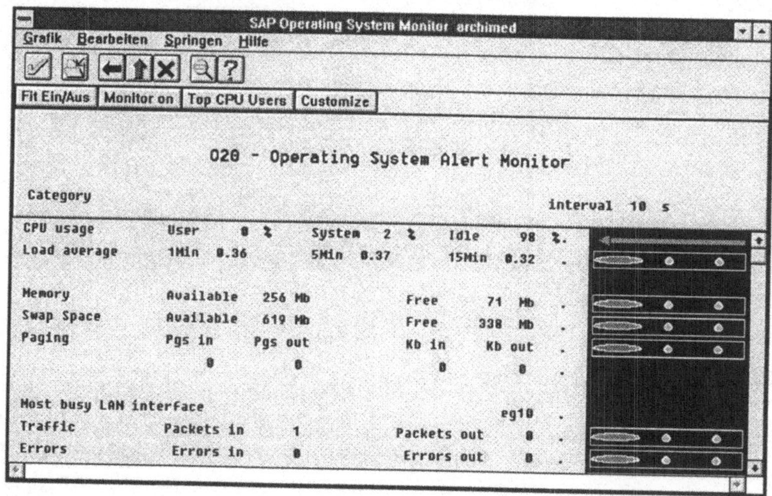

1.6.2   Online Service System

Da es praktisch unmöglich ist, Software vollkommen fehlerfrei zu erstellen und zu nutzen, kommt einer schnellen, effektiven Behebung auftretender Probleme eine große Bedeutung zu. Die **Beschaffung von Hinweisen und Programmkorrekturen** für das System R/3 erfolgt am effektivsten über das Online Service

System (OSS). Das OSS ist eine Datenbank, die an zentraler Stelle (für Europa in Walldorf) für den Zugriff von R/3-Nutzern durch die SAP AG bereitgestellt wird. Der Zugang erfordert eine On-line-Verbindung zwischen dem R/3-System des Anwenders und dem Supportsystem. Wenn die technischen Voraussetzungen gegeben sind, kann der Zugriff vom R/3-Bildschirm aus über den Aufruf der Transaktion OSS1 erfolgen.

Im OSS können Meldungen über aufgetretene Problemsituationen im Dialog erfaßt werden. Als Ergebnis werden Hinweise zu deren Beseitigung sowie, wenn notwendig, einzelne Korrekturen fehlerhafter Programme zur Verfügung gestellt. Unabhängig von aufgetretenen Fehlern stellt die SAP AG im OSS komplexe Vorabkorrekturen bereit. Diese Hot-Packages können angefordert, übertragen und in das Kundensystem eingespielt werden.

Darüber hinaus bietet OSS Möglichkeiten, in einer Vielzahl von abgelegten Hinweisen selbst Informationen zur Problembewältigung zu suchen (siehe Abb. 1.44). Neben Fehlerhinweisen sind unter anderem aktuelle Informationen über Änderungen und Weiterentwicklungen, Informationen zu Schulungskursen abrufbar.

Abb. 1.44
Hinweissuche
im OSS

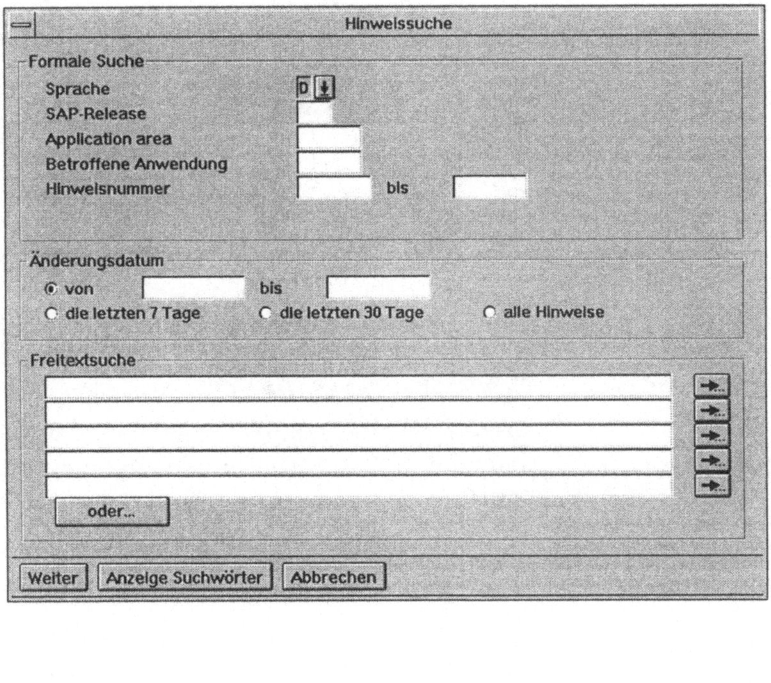

1.6.3

World Wide Web (WWW)-Server

Die SAP AG bietet über World Wide Web (WWW) den Zugang zu einem weiteren Informationsserver. WWW ist ein verteiltes **Informationssystem im Internet**. Der Einstieg erfordert einen Internet-Zugang und eine Software zur Anzeige von WWW-Seiten. Einstiegsadresse der SAP AG ist *„http://www.sap.com"*. Angeboten werden aktuelle Informationen über das Unternehmen SAP AG und über seine Produkte. Dabei werden sowohl Produktmerkmale beschrieben, als auch Anwenderberichte gegeben. Der WWW-Server enthält u. a. Veranstaltungshinweise, Presseinformationen und weitere Bildungsangebote.

Abb. 1.45
SAP-Einstiegseite
ins SAPNET

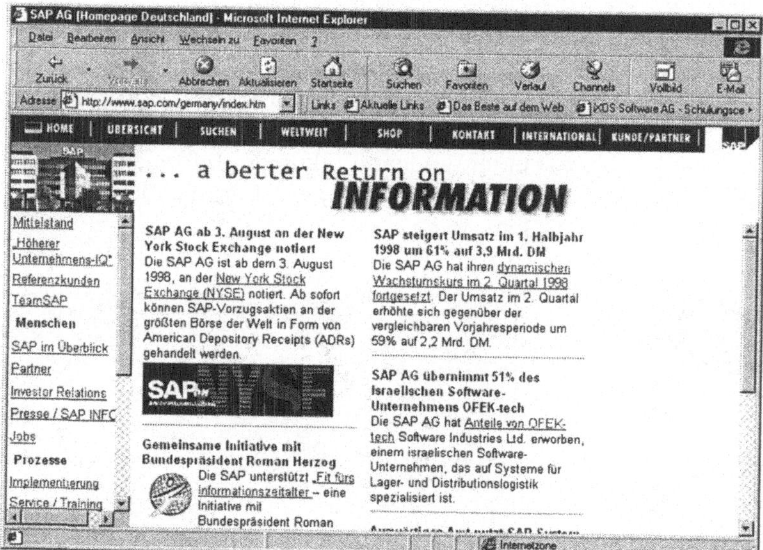

Hier sei darauf verwiesen, daß auch Kunden und Partner der SAP AG Informationen über R/3 und seine Anwendung im WWW über das *„SAPNET"* bereitstellen.

Das Angebot an Informationen über WWW wird sich, nach Auskunft der SAP AG, täglich und zukünftig noch wesentlich erweitern.

Abb. 1.46
SAP-Einstiegseite
zum Thema R/3

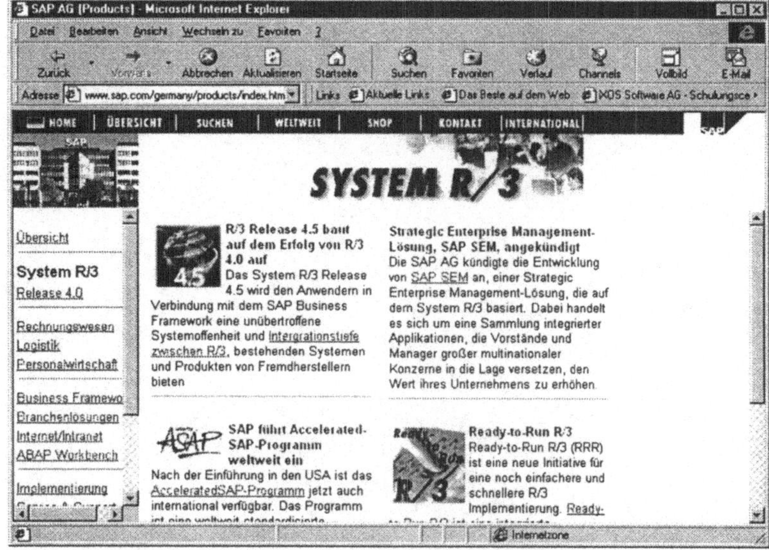

Das Softwaresystem R/3 der SAP AG zeichnet sich durch große Funktionsvielfalt und hohe Komplexität aus. Deshalb werden während der Einführung und der Anwendung des Systems verschiedenste Informationen benötigt. Die SAP AG bietet einen Komplex von Werkzeugen zum Auffinden und zur Nutzung unterschiedlicher Informationsquellen. Neben Hilfen zur Systemanwendung werden Informationen zu Aufbau und Architektur des Systems R/3 angeboten. Die Informationen werden teils in grafischer Form, teils als beschreibende Texte und teils als direkte Sicht auf die Softwarestrukturen bereitgestellt.

Es kommt jetzt auf den Anwender selbst an, sich die für sein Aufgabenfeld notwendigen Informationen zu beschaffen und dabei die geeignetste Darstellungsform und das passendste Werkzeug zu wählen.

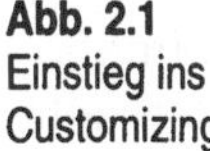

2   Customizing

2.1   Einführung

Aufgaben des Customizings

Mit dem Customizing wird das SAP-R/3 System auf die speziellen Anforderungen und Bedürfnisse eines Unternehmens eingestellt bzw. bestehende Strukturen modifiziert und erweitert. Desweiteren werden über das Customizing neue SAP-Anwendungen und Releases problemlos in bestehende Systemstrukturen miteingebunden.

Die Systemkonfiguration findet durch Eintragen von Parametern in eine Vielzahl von vorgegebenen Programmtabellen statt.

Customizing bei SAP ist eine Methode, die die Einführung und Erweiterung des R/3-Systems sowie den Release-Wechsel und das System-Upgrade unterstützt (Einstieg ins Customizing siehe Abb. 2.1).

Mit den Werkzeugen des Customizing werden alle Systemeinstellungen vorgenommen, die zur Anpassung des R/3-Systems an die unternehmensspezifischen Abläufe benötigt werden.

Hinweis

Das Customizing unterstützt nicht bei der Modifikation der SAP-Standardfunktionen!

Abb. 2.1
Einstieg ins
Customizing

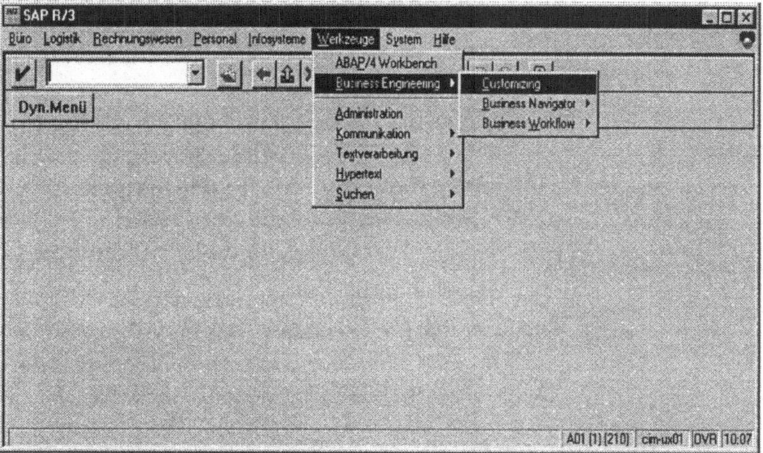

2.1.1   Voraussetzungen

Für die Einstellungen des R/3 Systems sind folgende Voraussetzungen erforderlich:

- **Kenntnis der R/3-Funktionalität**

- **Definiertes Anforderungskonzept**
  R/3-Customizing leistet keine Unterstützung bei der Erarbeitung globaler betriebswirtschaftlicher Konzepte. Es setzt auf der Existenz eines vorab definierten groben Anforderungskatalogs auf und geht von einem hohen Abdeckungsgrad durch die SAP-Software aus.

- **Kenntnisse über SAP-*script***, wenn die Projektdokumentation mit dem Customizing erstellt wird.

- **Kenntnisse über das SAP-Transportwesen**
  für die Übertragung von Voreinstellungen von einem Produktionsvorbereitungsmandanten in einen Produktivmandanten (Echtzeitbetrieb), insbesondere wenn diese Mandanten in verschiedenen Systemen eingerichtet sind.

- **Festlegung der Systemkonfiguration**
  Die optimale Systemkonfiguration (Systeme, Mandanten) hängt stets von den konkreten betriebswirtschaftlichen Gegebenheiten ab.

2.1.2   Verfahren

R/3-Customizing ist das Verfahren für die

- schnelle, sichere und transparente Einführung und Erweiterung der R/3-Anwendungen;

- Anpassung der unternehmensneutral ausgelieferten Funktionalität auf die spezifischen Anforderungen des Unternehmens;

- Steuerung und Dokumentation des Einführungsprojekts.

Ein anderes Verfahren für die Systemeinstellung steht nicht zur Verfügung. Die Systemeinstellung beruht letztlich auf dem Eintragen von Parametern in eine Vielzahl von Tabellen.

Im Customizing wird man nach betriebswirtschaftlichen Gesichtspunkten zu diesen Tabellen geführt. Dabei werden die physischen Tabellenstrukturen nicht gezeigt. Man benötigt also kein SAP-technisches Spezialwissen für die Systemeinstellung.

2.1.3   Das ausgelieferte System

Mit der Installation steht ein voreingestelltes System zur Verfügung. Dieses System beinhaltet zwei Mandanten, die unterschiedliche Inhalte aufweisen und die Basis für die Systemeinstellung sind.

Definition eines Mandanten

Der erste Gedanke, ein Mandant sei ein Kunde des Unternehmens, das das R/3 System betreibt, ist falsch. In der Definition von SAP ist unter einem Mandanten das Unternehmen selbst, welches das System betreibt, zu verstehen. In diesem Mandanten sind die gesamten Parameter und Stammdaten in Tabellen gespeichert. Der Mandant und der **„General Ledger"** (als mandantenübergreifende Instanz) sind folglich die höchsten Instanzen im SAP-System. Filialen des Unternehmens sind keine eigenen Mandanten. Die systembezogene Trennung von der Muttergesellschaft wird über die Buchungskreise vollzogen.

2.1.3.1   Mandant 000

Der Mandant 000 ist der **SAP-Standardmandant**. Dieser Mandant repräsentiert ein branchenneutrales Modellunternehmen, für das Mustereinträge vorhanden sind. Dieser Mandant darf nicht geändert werden, da er als Basis dient, auf die immer wieder zurückgegriffen werden kann.

Bei einem Release-Wechsel oder einem System-Upgrade werden automatisch die Tabelleninhalte und -strukturen sowie Programme, Formulare, Hilfen, Dynpros und der SAP-Referenz-IMG aktualisiert.

Der Mandant 000 enthält keine Anwendungsdaten und ist daher nicht ablauffähig.

Empfehlung zum Mandant 000

Das Kopieren des Mandanten 000 in einen Mandanten (xxx) kann durchgeführt werden, um im Modellunternehmen

- sofort die Anwendungsfunktion kennenzulernen (hierfür sind jedoch Grundkenntnisse über die R/3-Anwendungen unerläßlich);
- Schulungen durchzuführen;
- Schulungen nachzuarbeiten.

Die Vorgehensweise zur Erstellung neuer Mandanten wird im Kapitel 2.3 „*Werkzeuge*" beschrieben.

2.1.3.2 **Mandant 001**

Der Mandant 001 ist inhaltsgleich mit dem Mandanten 000. Dieser Mandant dient für das eigentliche Customizing, d. h. hier werden die unternehmensspezifischen Einstellungen vorgenommen, er wird deshalb auch als **Produktionsvorbereitungsmandant** bezeichnet.

Zusätzlich können mehrere Mandenten (z. B. durch kopieren) angelegt werden. Sie können Grundlage für Tests und Schulungen sein.

Die Vorgehensweise zur Erstellung neuer Mandanten wird im Kapitel *„Werkzeuge des Customizing"* beschrieben.

2.2 Customizing-Elemente

Das R/3 Customizing besteht aus den folgenden **Hauptelementen**:

- **Einführungsleitfaden**
- **Vorgehensmodell**

Beide Elemente dienen einer transparenten und strukturierten Einführung des R/3-Systems (siehe Abb. 2.2).

Die Projektadministration und Projektverwaltung, im eigentlichen Sinne ein Element, wurde deshalb in der Grafik separat dargestellt, da das Projektgeschehen im Vorgehensmodell als auch im Einführungsleitfaden enthalten ist.

Es ist von beiden Elementen aus möglich, ein Projekt anzulegen, sich Projektinformationen anzeigen zu lassen oder die Statusinformationen zu pflegen.

Abb. 2.2
Elemente des
Customizing

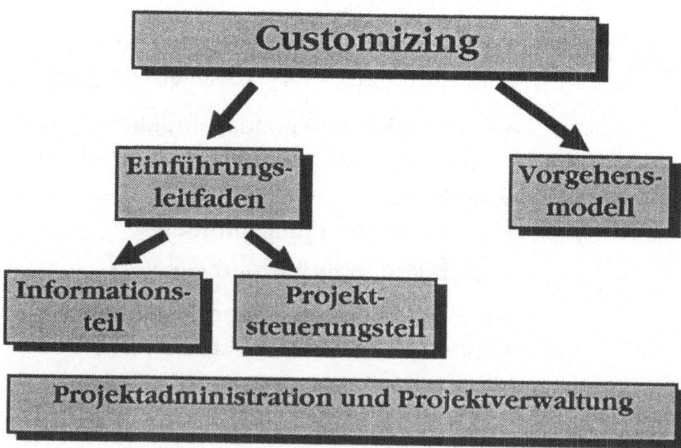

2.2.1   R/3-Vorgehensmodell

Hinter dem R/3-Vorgehensmodell verbirgt sich die von SAP empfohlene Vorgehensweise, um das R/3-System in ein Unternehmen einzuführen. Diese Einführung ist in vier Phasen untergliedert. Jede Phase besteht aus mehreren Arbeitspaketen, wobei das letzte Paket der Qualitätsprüfung und Freigabe der Arbeitsergebnisse der Phase dient.

Das R/3-Vorgehensmodell unterstützt nicht nur bei einer Ersteinführung, sondern auch bei Release-Wechsel und einem System-Upgrade.

Durch die Einführung mit dem Vorgehensmodell erhält der User:

- Anwendungsübergreifende Grundinformationen
- Planungsgrundlagen für das Einführungsprojekt
- Planungsgrundlagen für die Beratungsunterstützung

Das Vorgehensmodell ist - wie der Einführungsleitfaden - ein Online-Buch mit Hypertext-Struktur (siehe Abb. 2.3) und gliedert sich in folgende Phasen:

Phasen des Vorgehensmodells

- Organisation und Konzeption
- Detaillierung und Realisierung
- Produktionsvorbereitung
- Produktionsbetrieb

Einstieg in das Vorgehensmodell

„Werkzeuge ⇨ Business Engeneering ⇨ Customizing ⇨ Grundfunktionen ⇨ Vorgehensmodell"

Abb. 2.3
Vorgehensmodell –
Strukturanzeige

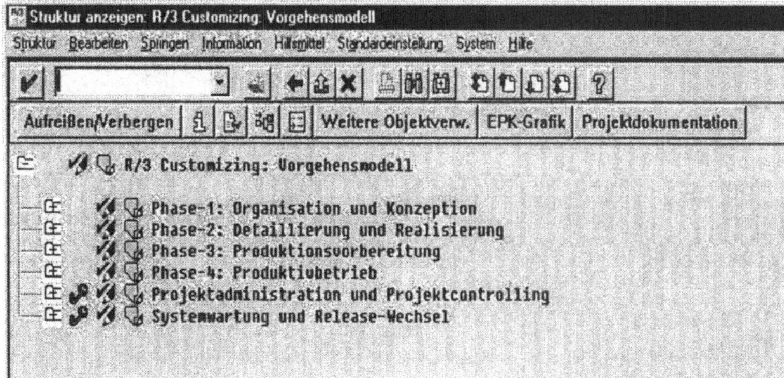

Es ist von jedem Arbeitspaket des Vorgehensmodells möglich, Notizen zu hinterlegen und/oder den Projektstatus anzupassen. Außerdem besteht die Möglichkeit, via Hypertext auf die Online-Dokumentation zuzugreifen.

Als Alternative zur Strukturanzeige kann die grafische Anzeige gewählt werden. Die Grafik enthält alle Phasen des Vorgehensmodells. Per Doppelklick auf das jeweilige Arbeitspaket kommt man direkt auf das Arbeitspaket in der Strukturanzeige. Die Möglichkeit besteht synonym zum Arbeiten mit der Strukturanzeige von jedem Arbeitspaket aus auf die entsprechende Online-Dokumentation zu gelangen, die Notizfunktion aufzurufen oder den Projektstatus anzupassen.

2.2.1.1   Phase 1: Organisation und Konzeption

Das Ergebnis der ersten Phase ist ein geprüftes und verabschiedetes Sollkonzept für die R/3-Einführung.

Hierfür muß zuerst das „Projekt" R/3-Einführung definiert werden. In diesem Arbeitspaket wird das Ziel der R/3-Einführung konkret dargestellt. Es müssen Fragen beantwortet werden, wie bspw. „Warum wird das R/3-System eingeführt?", „Was wird eingeführt?", „Wann soll die Einführung stattfinden?", „Wie sind die Verantwortungen verteilt?".

Diese Projektabgrenzungen sind besonders wichtig, denn somit ist nach der Einführung meßbar, inwieweit dieses „Projekt" erreicht wurde.

Es werden Konzepte erstellt für die Projektstandards und die Projektarbeitsweise, für die Systemlandschaft; es wird die Einführungsstrategie festgelegt, und es wird ein Aufwands-, Termin- und Kostenplan erstellt.

Im nächsten Schritt werden die Konzepte für das Testsystem umgesetzt; d. h. es wird z. B. ein Test-Mandant eingerichtet, es wird der Unternehmens-IMG erzeugt, der die Basis der einzelnen Customizing-Projekte darstellt, und es wird der Projekt-IMG mit den notwendigen Customizing-Projekten eingerichtet.

Die einzelnen Arbeitspakete der ersten Phase sind nachfolgender Abbildung 2.4 zu entnehmen. Diese Abbildung ist ein Ausschnitt aus dem Vorgehensmodell in grafischer Darstellung.

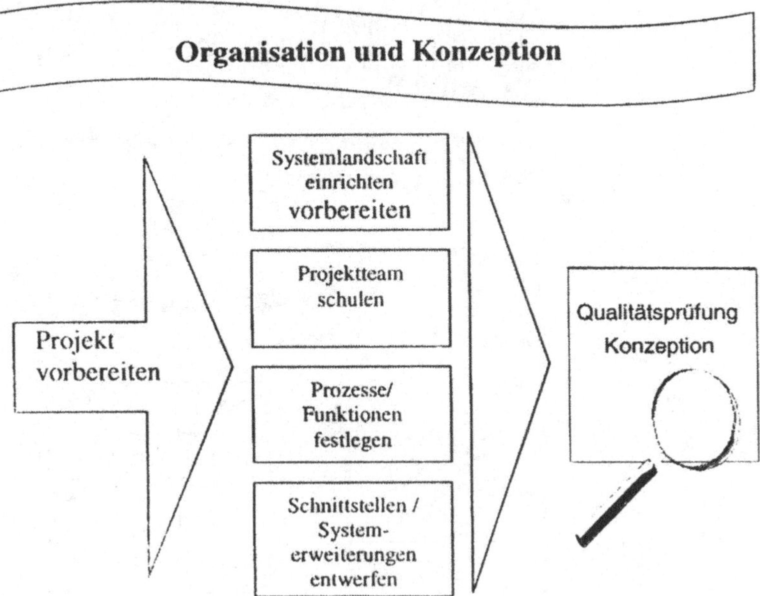

Abb. 2.4
Phase 1

2.2.1.2   Phase 2: Detaillierung und Realisierung

In der zweiten Phase wird das geprüfte und offiziell abgesegnete Sollkonzept (siehe Phase 1) umgesetzt.

Sie beinhaltet die weitere Detaillierung und anschließende Realisierung des Konzepts (siehe Abb. 2.5).

Hier werden z. B.:

- die globalen Einstellungen vorgenommen (Einstellung des Produktionsvorbereitungsmandaten / Länder / Währung / Maßeinheiten),

- die Unternehmensstruktur abgebildet (erfolgt über Buchungskreise und Kostenrechnungskreise),

- es werden die Funktionen und Prozesse nach Rücksprache mit der Fachabteilung eingestellt und getestet,

- die Schnittstellen realisiert und getestet,

- Datenübernahmeprogramme erstellt und getestet.

Beispiel zur
Vorgehensweise

Wenn man bspw. die globalen Einstellungen vornehmen will, dann positioniert man den Cursor auf dem Arbeitspaket *„Globale Einstellungen vornehmen"* und klickt auf das Funktionssymbol.

Anschließend wird man nach dem Projekt gefragt. Hier wählt man das richtige Projekt über Drop-Down aus. Man gelangt in den Einführungsleitfaden, über den man direkt die Systemeinstellungen vornehmen kann.

Alle Arbeitspakete dieser Phase sind komplett aus nachfolgender Abb. 2.5 zu entnehmen:

Abb. 2.5
Phase 2

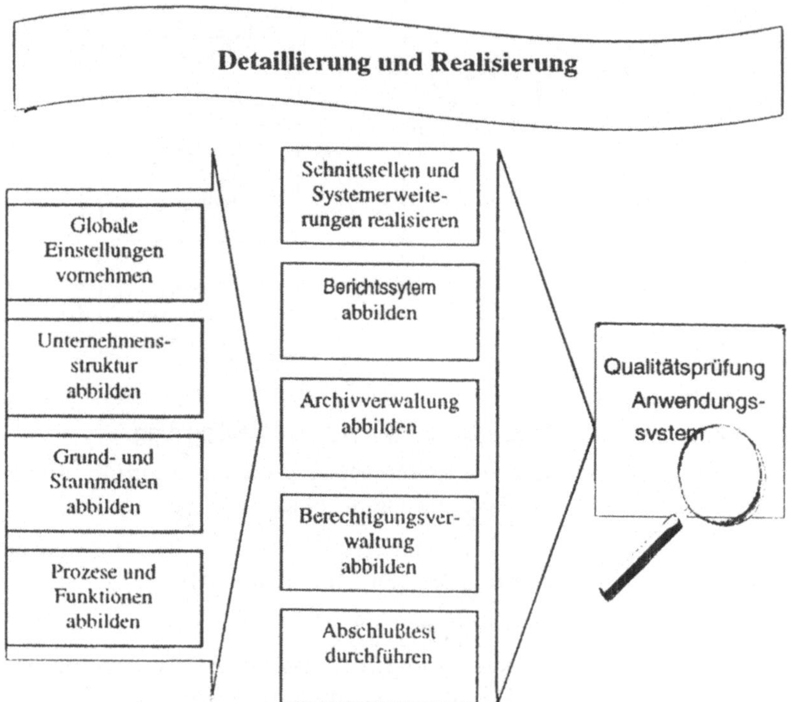

2.2.1.3

Phase 3: Produktionsvorbereitung

Die dritte Phase besteht aus der Produktionsvorbereitung. Nach Freigabe des Anwendungssystems (siehe Phase 2) wird zunächst die Hard- und Softwarelandschaft konkretisiert, d. h. es wird die in der Phase 1 definierte Systemlandschaft festgelegt und ggf. beschafft.

Ein wichtiger Bestandteil stellt die Anwendungsdokumentation dar, die erstellt werden muß, um später dem Anwender die Funktionalität zu erläutern bzw. ihn bei der Bewältigung der Aufgaben im Unternehmen zu unterstützen.

Anschließend erfolgt die konkrete Netzwerkinstallation, die die technisch-eingerichtete Produktivumgebung für das R/3-System bildet.

Bevor das Produktivsystem anlaufen kann, ist die Systemadministration zu organisieren. Darunter fällt z. B. die Netzwerkverwaltung, die R/3-Systemprofilpflege, das Monitoring (CCMS = Computing Center Management System), die Jobverwaltung, die Spoolverwaltung (Printing), das Backup/Recovery, der Start-/ Stop-Ablauf, die Archivierung und die Benutzerpflege.

Die Phase 3 beinhaltet im einzelnen folgende Schritte:

Abb. 2.6
Phase 3

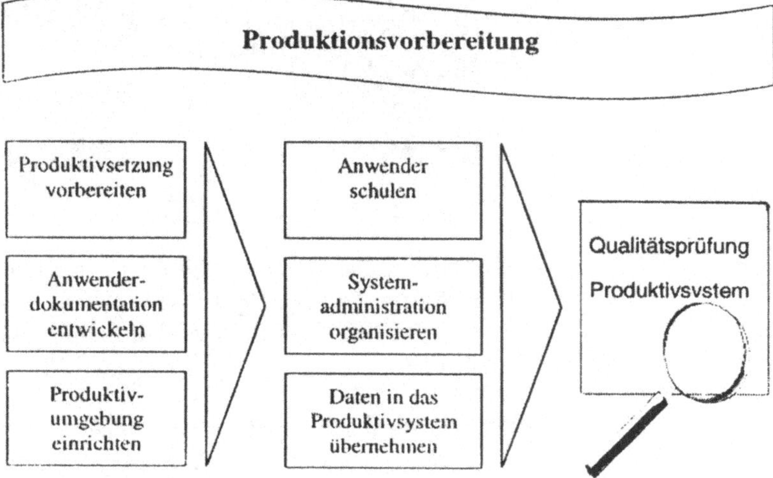

2.2.1.4

Phase 4: Produktivbetrieb

Die vierte und letzte Phase des Vorgehensmodells besteht nicht nur aus dem Produktivbetrieb, also der Inbetriebnahme des Systems, sondern auch aus der Systemoptimierung und der organisatorischen Unterstützung.

Produktiv unterstützen:

- Helpdesk aufbauen
- Betreuen der Anwender

Systemnutzung optimieren:

- Systemeinsatz überwachen und optimieren
- Überprüfen der organisatorischen Festlegungen
- Korrigieren und ergänzen dieser Festlegungen

Abb. 2.7
Phase 4

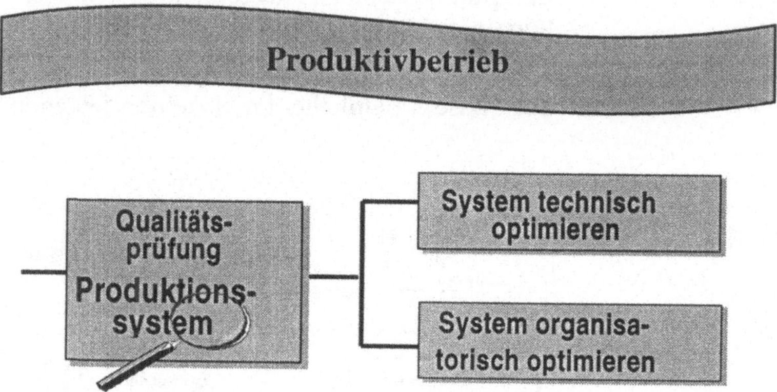

Zielsetzung dieser letzten Phase ist es, dem Unternehmen ein stabiles System zur Verfügung zu stellen, das auf die unternehmensspezifischen betriebswirtschaftlichen Anforderungen zugeschnitten ist.

2.2.1.5 Projektadministration und Projektcontrolling

Dieses Arbeitspaket läuft während der ganzen Einführungsphase des R/3-Systems. Es werden die einzelnen Projekte hinsichtlich der Erreichung der Projektziele erfaßt und überwacht.

Die Projektadministration und das Projektcontrolling sind nicht als Teil des Vorgehensmodells zu sehen. Dies sind vielmehr Instrumente, mit denen die Feinplanung der Projektaktivitäten durchgeführt wird. Auslöser, für die Arbeit mit den Customizing-Projekten ist somit nicht der Einstieg in das Vorgehensmodell, sondern der eingerichtete Projekt-IMG (Einführungsleitfaden).

In diesem Arbeitspaket wird die Feinplanung der Projekte durchgeführt. Es wird benötigt, um den aktuellen Projektstatus zu ermitteln, ggf. Korrekturmaßnahmen vorzunehmen, und es dient als Grundlage für Projektbesprechungen.

2.2.1.6 **Systemwartung und Release-Wechsel**

In regelmäßigen Abständen werden von der Firma SAP, im Rahmen von Systemwartungen, Korrekturen und Erweiterungen des R/3-Systems geliefert.

Handelt es sich hierbei um Verbesserungen oder Korrekturen von bestehenden Funktionen, so spricht man vom **System-Upgrade**.

Handelt es sich um die Auslieferung neuer Anwendungskomponenten, so spricht man von **Release-Wechsel**.

Bei größerem Umfang der neuen Funktionen macht es durchaus Sinn, deren Einführung durch ein Customizing-Projekt zu realisieren.

2.2.2 **Einführungsleitfaden**

Durch den Einführungsleitfaden werden die in dem Vorgehensmodell vorgestellten Abschnitte in Form von konkreten Arbeitsschritten spezifiziert. Dabei unterscheidet man zwischen anwendungsspezifischen und anwendungsneutralen Arbeitsschritten. Das heißt, daß man neben den Arbeitsschritten, die zur Parametrisierung notwendig sind, auch Arbeitsschritte findet, die zur Einführung von R/3 erforderlich sind, wie z. B. das Bearbeiten von Schnittstellen zu anderen Anwendungen.

Technisch ist der Einführungsleitfaden als Hierachiestruktur angelegt.

Die Einführungsleitfaden gilt systemweit, d. h. man kann ihn in jedem Mandanten nutzen. Dies bedeutet gleichzeitig, daß sich der Einführungsleitfaden in verschiedenen Mandanten nicht unterscheidet.

Den Weg zum Einführungsleitfaden findet man über das Customizing.

Abb. 2.8
Customizing-Start

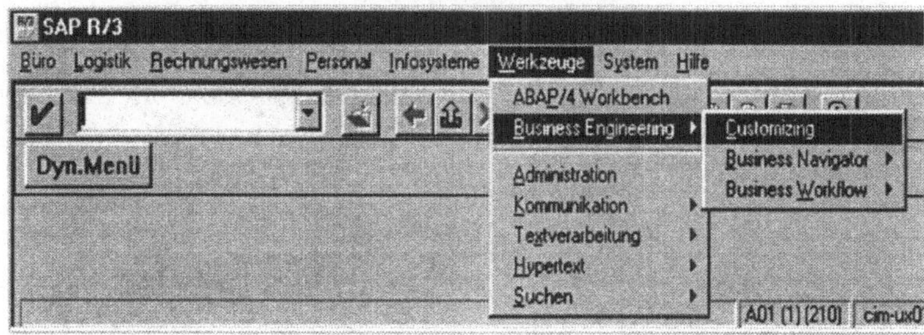

2.2.2.1   **Sichten auf den Einführungsleitfaden (IMG)**

Eine Sicht auf den Einführungsleitfaden/Implementationguide (IMG) stellt eine kundenspezifische Auswahl aus der vorherigen Sicht dar.

Abb. 2.9
Sichten auf den IMG

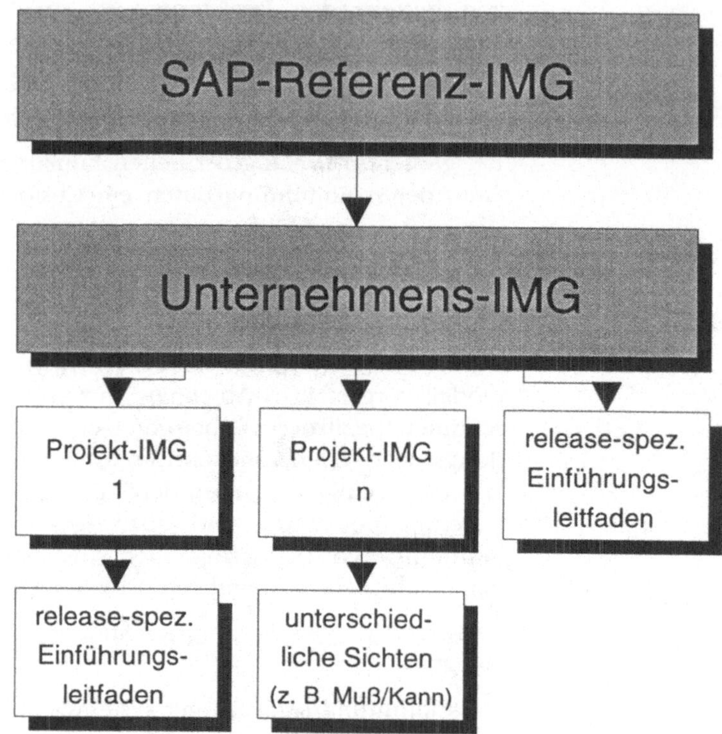

Den Weg zum **SAP-Referenz-IMG** zeigt die nachfolgende Abb. 2.10:

Abb. 2.10
SAP-Referenz-IMG

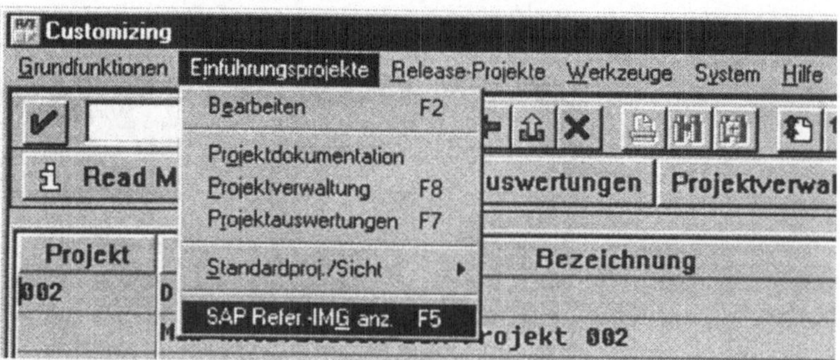

SAP-Referenz-IMG

Der SAP-Referenz-IMG enthält alle Arbeitschritte für die Funktionen, die SAP ausliefert. Der SAP-Referenz-IMG ist die Bibliothek „R/3-Customizing Einführungsleitfaden", die entsprechend den R/3-Anwendungskomponenten gegliedert ist:

R/3-Customizing Einführungsleitfaden (Bibliothek)

• Globale Einstellungen	• Qualitätsmanagement
• Unternehmensstruktur	• Produktion
• Finanzwesen	• Produktionsplanug Prozeßindustrie
• Treasury	
• Controlling	• Vertrieb
• Investitionsmanagement	• Personalplanung und Personalabwicklung
• Unternehmenscontrolling	• Personaladministration und Abrechnung
• Instandhaltung	
• Projektsystem	• Basis
	• Anwendungsübergreifende Funktionen

Unternehmens-IMG

Mit der Auslieferung erhält der Kunde den SAP-Referenz-IMG.

Durch die R/3-Anwendungskomponenten kann bestimmt werden, welche Länder und welche Funktionen in dem Unternehmen zum Einsatz kommen. Anhand dieser Auswahl erstellt das SAP-System den Unternehmens-IMG, der genau die Dokumente enthält, die für die ausgewählten Länder und Funktionen relevant sind.

Der Unternehmens-IMG ist nur einmal im System vorhanden. Man kann jederzeit die Funktionsauswahl ändern und einen neuen Unternehmens-IMG generieren, wenn sich die Anforderungen ändern. Es wird jedoch nur eine Version des Unternehmens-IMG's beibehalten.

<table>
<tr><td>Release-spezifischer
Einführungsleitfaden</td><td>

Der release-spezifische Einführungsleitfaden kann generiert werden für:

- das Unternehmen auf Basis des Unternehmens-IMG und

- jedes Customizing-Projekt auf Basis des Projekt-IMG.

Der release-spezifische Einführungsleitfaden faßt alle Dokumente aus dem Unternehmens-IMG oder aus dem Projekt-IMG zusammen, wofür eine Release-Information vorhanden ist. Diese Verknüpfung basiert auf einem Verweis in der Release-Information. Jede Release-Information, die das Customizing betrifft, hat einen Verweis zum Einführungsleitfaden. Über diesen Verwendungsnachweis wird dann der release-spezifische Einführungsleitfaden generiert.

Beim **Release-Customizing** wird nach folgenden Funktionsumstellungen unterschieden:

</td></tr>
<tr><td>System-Upgrade</td><td>

- **Programmkorrekturen**, die in kürzeren Abständen ausgeliefert werden und den Produktivbetrieb i. d. R. nicht beeinflussen.

</td></tr>
<tr><td>Release-Wechsel</td><td>

- **Funktionserweiterung**, die in größeren Abständen ausgeliefert werden und den Produktivbetrieb beeinflussen.

</td></tr>
<tr><td>Upgrade-
Customizing</td><td>

- Alle Customizing-Aktivitäten, die erforderlich sind, um die bisher genutzten Funktionen nach einem System-Upgrade oder einem Release-Wechsel wieder nutzen zu können, bezeichnet man als Upgrade-Customizing. Es faßt alle korrigierten und geänderten Funktionen zusammen.

</td></tr>
<tr><td>Delta-Customizing</td><td>

- Unter Delta Customizing versteht SAP alle Customizing-Aktivitäten, die erforderlich sind, um neue Funktionen in den bisher genutzten Anwendungskomponenten nach dem System-Upgrade oder dem Release-Wechsel nutzen zu können. Hier werden also alle neuen Funktionen zusammengefaßt.

</td></tr>
</table>

Der Einführungsleitfaden steht in direktem **Bezug zum Vorgehensmodell** (siehe Abb. 2.11). Jeder Arbeitsschritt des Einführungsleitfadens gehört zu genau einem Abschnitt des Vorgehensmodells; aber zu jedem Abschnitt des Vorgehensmodells gehören in der Regel mehrere Arbeitsschritte des Einführungsleitfadens.

Abb. 2.11
Zusammenhang
Vorgehensmodell und
Einführungsleitfaden

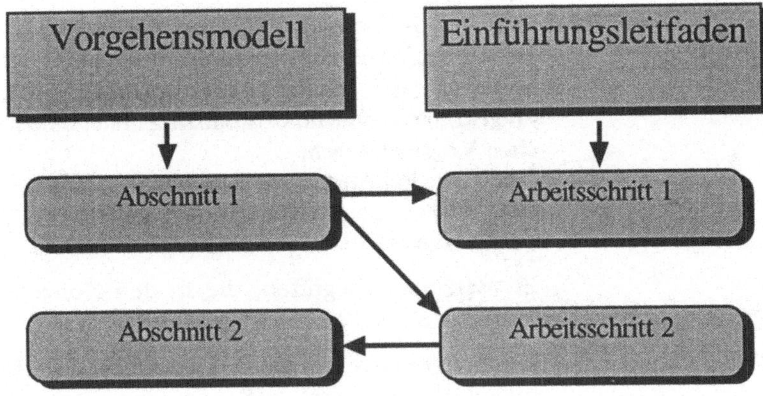

2.2.2.2   **Bestandteile des Einführungsleitfadens**

Jeder Einführungsleitfaden setzt sich aus den folgenden Bestandteilen zusammen:

Abb. 2.12
Bausteine des
Einführungsleitfa-
dens

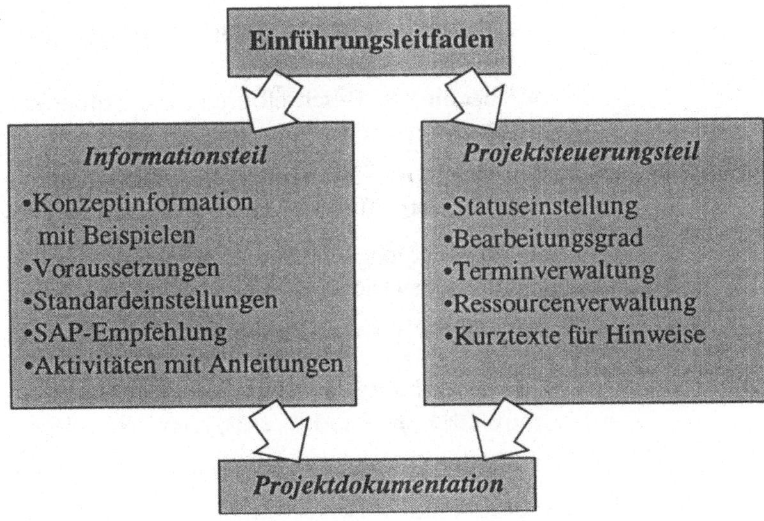

2.2.2.2.1	Informationstypen des Informationsteils

Konzeptinformationen

Der Informationstyp „Konzeptinformationen" hat eine zentrale Bedeutung innerhalb der Einführungsleitfäden, weil der Benutzer an dieser Stelle grundlegende Informationen erhalten kann, z. B. über Konzepte, die im Customizing hinter einem betriebswirtschaftlichen Vorgang stehen;
eine kurze Erläuterung des sich anschließenden Arbeitsschrittes;
eine Erklärung aus welchem Grund der Benutzer diesen Arbeitsschritt durchführen sollte.

Zu wichtigen Begriffen, die in den Konzeptinformationen nicht erklärt werden, erhält der Anwender **Glossarverweise**.

Voraussetzungen

Bei den Voraussetzungen wird erklärt, welche Vorgänge der Benutzer durchführen muß, um einen Arbeitsschritt erledigen zu können. Wenn Arbeitsschritte die Bearbeitung vorangehender Menüpunkte oder von Menüpunkten in anderen Modulen voraussetzen, kann der Anwender über einen Verweis in den entsprechenden Arbeitsschritt verzweigen.

Standardeinstellungen

Wenn SAP zu einem bestimmten Arbeitsschritt Standardeinstellungen im Mandanten 001 ausliefert, wird das dem Anwender an dieser Stelle mitgeteilt. Bei den Standardeinstellungen handelt es sich um:

- abstrakte, übergeordnete Beschreibungen der Tabelleninhalte (Standardeinstellungen I)

- detaillierte Beschreibungen der Tabelleninhalte (Standardeinstellungen II)

SAP-Empfehlungen

Die SAP-Empfehlungen sollen die Arbeit der Benutzer erleichtern. Zu den Arbeitsschritten gibt es folgende Empfehlungen:

- Empfehlungen technischer Art (z. B. Übernahme von Standardeinstellungen)

- organisatorische Empfehlungen

Aktivitäten

Die Aktivitäten, die man bei einem Arbeitsschritt durchführen muß (siehe auch Abb. 2.12), sind hier aufgelistet. Dies sind:

- organisatorische Aktivitäten (z. B. Bildung eines Projektteams)

- systemtechnische Aktivitäten (z. B. Anlegen einer neuen Belegart)

Abb. 2.13
Systembeispiel
Informationstyp
Aktivitäten

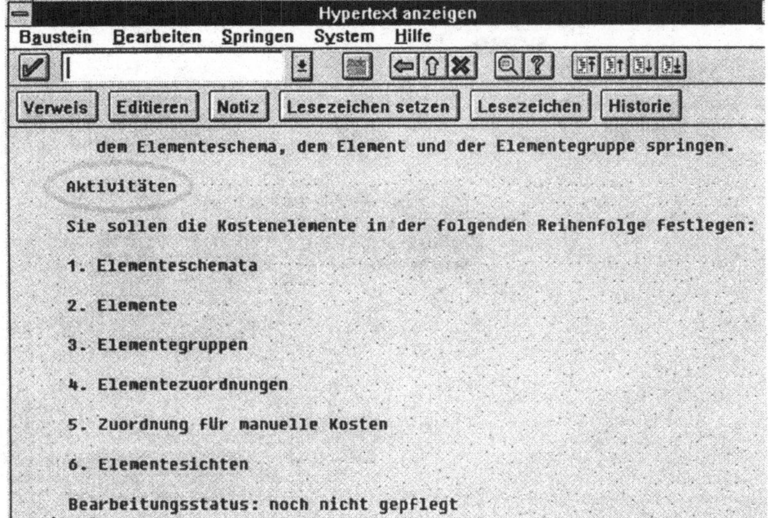

Unmittelbar nach den Aktivitäten findet der Anwender die Aufforderung *„Funktion ausführen"*, auf der ein Transaktionsverweis angelegt ist. Mit Doppelklick auf *„Funktion ausführen"* ruft man die Customizing-Transaktion auf, die zu dem jeweiligen Arbeitsschritt gehört. Wenn die Aufforderung *„Funktion ausführen"* mehrmals angeboten wird, bedeutet dies, daß man unterschiedliche Customizing-Transaktionen aufrufen kann.

2.2.2.2.2   Informationstypen des Projektsteuerungsteils

Hier findet der Anwender Unterstützung für die Projektplanung und Projektsteuerung. Es besteht die Möglichkeit, für jeden Arbeitsschritt die Plan- und Istdaten bzgl. Termin, Ressourcen, Aufwand etc. zu erfassen.

Der Projekt-IMG unterscheidet nach folgenden **Informationstypen**:

Abb. 2.14
Informationstypen in den IMG-Aktivitäten

- **Konzeptinformation**
  Jedes Dokument beginnt mit der Konzeptinformation. Dieser Informationstyp hat eine zentrale Bedeutung innerhalb des Einführungsleitfadens. In den übergeordneten Kapiteln werden Überblicksinformationen gegeben.

- **Beispiel**

- **Voraussetzungen**
  Dieser Informationstyp enthält wesentliche systemeigene oder organisatorische Voraussetzungen

- **Standardeinstellung**

- **Empfehlung**

- **Aktivitäten**
  Dieser Informationstyp enthält systemeigene oder organisatorische Aktivitäten, die zu einem Arbeitsschritt gehören.

- **Zusätzliche Informationen**
  In Anschluß an die Aktivitäten findet man ggf. zusätzliche Information zu den Konzeptinformationen.

Bei der Einführung von R/3 kann eine projektbegleitende **Dokumentation** angelegt werden. Damit hält man fest,

- welche Überlegungen oder Entscheidungen den Einstellungen zugrunde liegen;

- wie man die Arbeitsabläufe (z. B. Wareneingänge erfassen, Kundenaufträge hinzufügen) mit dem R/3-System organisieren will.

SAP empfiehlt, für die Projektdokumentation die Notizfunktion im Einführungsleitfaden zu verwenden. Die Notizen gelten systemweit und mandantenunabhängig. Die Notizfunktion bietet den großen Vorteil, daß die gesamte Projektdokumentation den Anwendern jederzeit online zur Verfügung steht. Die Projektdokumentation kann für jedes Kapitel des Einführungsleitfadens oder für ein Hauptkapitel einschließlich aller Unterkapitel ausgedruckt werden.

2.2.2.3   Arbeiten mit dem Einführungsleitfaden

Der Einführungsleitfaden ist in Form einer Hypertextstruktur erstellt. Es bestehen deshalb zwei Möglichkeiten mit dem Einführungsleitfaden zu arbeiten, nachdem man über:

„Werkzeuge ⇨ Business Engeneering ⇨ Customizing ⇨ Einführungsprojekte ⇨ Standardproj./Sicht"

in den kompletten Einführungsleitfaden gelangt ist.

Mit der Standardprojektsicht arbeiten

In der Gliederung verzweigt man über *„Aufreißen/Verbergen"* zur nächsten Gliederungsstufe oder über *„Alle Unterkapitel"*. Das Lesen der Dokumentation wird über einen Doppelklick auf die Textzeile ermöglicht. In die Einstelltransaktionen verzweigt man, indem man einen Doppelklick auf *„Funktion"* ausführt.

Einen Status kann man eingeben, indem man einen Doppelklick auf die Statusinformation ausführt. Die Statusinformationen müssen nicht, können aber eingegeben werden. Die selbst erstellte Dokumentation kann über einen Doppelklick auf *„Notiz vorhanden"* gelesen werden (siehe Abb. 2.15). Man druckt aus der Gliederung über *„Struktur ⇨ Drucken"*.

Abb. 2.15
Systembeispiel

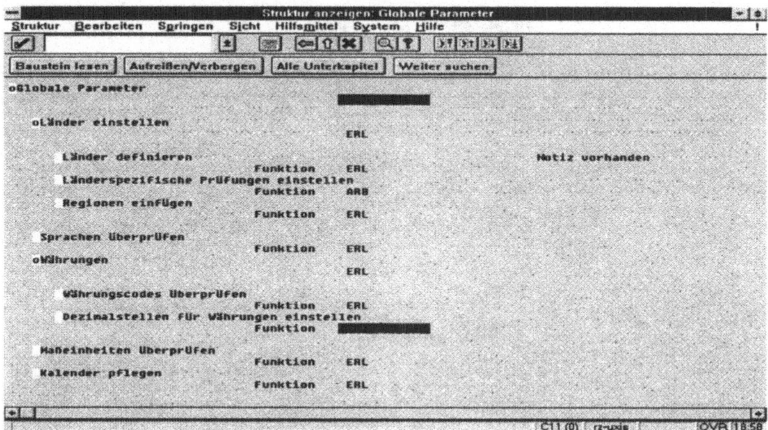

Die zweite Möglichkeit, mit dem Einführungsleitfaden zu arbeiten, erreicht man über:

„Werkzeuge ➪ Business Engeneering ➪ Customizing ➪ Einführungsprojekte ➪ Projektdokumentation"

Zu den wichtigsten Aktivitäten zählen hier:

- **Aktivitäten bearbeiten**

  Man springt durch einen Doppelklick auf *„Funktion ausführen"* im Informationsblock *„Aktivitäten"* in die dazugehörige Customizing-Transaktion.

- **Statusbearbeitung**

  Die Statusinformationen werden durch einen Doppelklick auf das Wort *„Bearbeitungsstatus"*, das man immer am Ende eines Bausteins findet, gepflegt.

- **Eigene Dokumentation**

  Man pflegt die eigene Dokumentation über *„Bearbeiten ➪ Notiz"*.

- **Bausteine drucken**

  Einen Baustein druckt man über *„Baustein ➪ Drucken"*.

Von allen Stellen im Text, die farbig hervorgehoben sind, kann man andere Elemente, z. B. Transaktionen, Texte etc., durch einen Doppelklick auf diese Stelle erreichen (siehe Abb. 2.16):

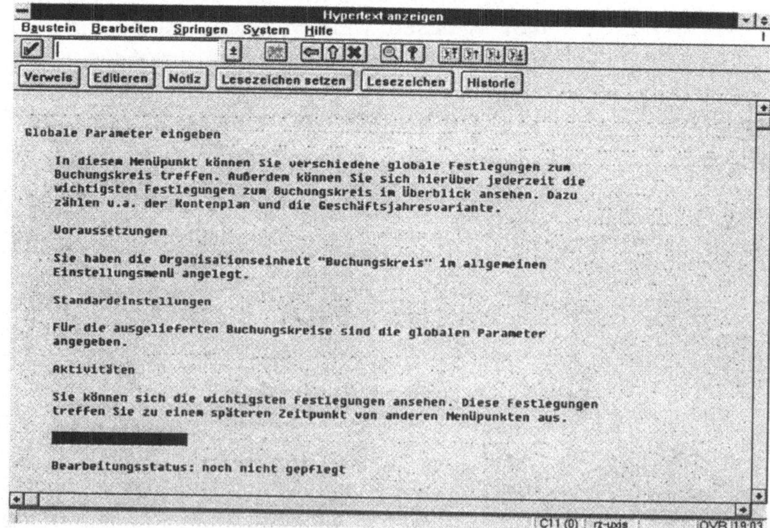

2.2.3   Projektsteuerung

Die Projektsteuerung kann vom Benutzer auf zwei Arten genutzt werden:

- **in der Gliederung**
  Diese Möglichkeit ist optional und bleibt dem Benutzer selbst überlassen.

- **im Baustein**
  Diese Möglichkeit steht dem Benutzer immer zur Verfügung.

In die Projektsteuerung gelangt man über: *„Werkzeuge ⇨ Business Engeneering ⇨ Customizing ⇨ Einführungsprojekte ⇨ Projektverwaltung"*.

2.2.3.1   Projektverwaltung

Für den Benutzer besteht die Möglichkeit, für jedes Element des Einführungsleitfadens (**Vererbung eines Status auf untergeordnete Elemente ist nicht möglich!**) folgende Informationen abzulegen:

- **Terminverwaltung**

  Der Benutzer pflegt Plan- und Isttermine für den Beginn und das Ende eines Arbeitsschrittes.

- **Ressourcenverwaltung**

  Der Benutzer ordnet die Arbeitsschritte den Mitarbeitern eines Projektteams zu.

- **Statusverwaltung**

  Der Benutzer pflegt Statuskennzeichen, Abarbeitungsgrad und Informationen bzw. Kommentare zum Status.

2.2.3.2   Projektauswertungen

Zur Auswertung der Projekte stehen dem Benutzer Exports zur Verfügung.

Man gelangt in die Projektsteuerung über: *„Werkzeuge ⇨ Business Engeneering ⇨ Customizing ⇨ Einführungsprojekte ⇨ Projektauswertung"*.

Eine detailliertere Bezeichnung zur Auswertung findet der Benutzer unter *„Hilfe ⇨ erweiterte Hilfe"*.

Die Statusinformationen gelten systemweit, d. h. der Benutzer kann diese Informationen aus jedem Mandanten pflegen und abrufen.

2.2.3.3

Nutzungsarten

Projektdokumentation

Auch die Projektdokumentation kann vom Benutzer auf zwei Arten verwendet werden:

- **in der Gliederung**
  Diese Möglichkeit ist optional und bleibt dem Benutzer selbst überlassen. Man gelangt über: *„Werkzeuge ⇨ Business Engeneering ⇨ Customizing ⇨ Einführungsprojekte ⇨ Projektdokumentation"* in die Projektsteuerung.

- **im Baustein**
  Weiterhin steht dem Benutzer die Nutzung der Projektdokumentation im Baustein immer zur Verfügung.

Arbeiten mit der Projektdokumentation

Für den Benutzer besteht die Möglichkeit, für jedes Element des Einführungsleitfadens Arbeitsschritte sowie übergeordnete Stufen der Projektdokumentation in einer Notiz abzulegen.

Die Dokumentation wird mit der SAP-Textverarbeitung SAPscript erstellt, dabei wird der erfaßte Text automatisch dem jeweiligen Kapitel des Einführungsleitfadens zugeordnet.

Der Aufruf erfolgt über: *„bearbeiten ⇨ Notiz"*. Es erscheint ein PopUp-Menü für den Anschluß an das SAP-Korrektur- und Transportsystem. Es besteht die Möglichkeit, dieses Bild zu übergehen, indem man alle Eingabefelder frei läßt und *„lokales Objekt"* wählt.

Der Benutzer kann für folgende Bereiche eine Projektdokumentation ausdrucken lassen:

- für jedes Kapitel des Einführungsleitfadens;

- für Hauptkapitel einschließlich aller Unterkapitel.

Die Statusinformationen gelten systemweit, d. h. der Benutzer kann diese Informationen aus jedem Mandanten pflegen und abrufen.

2.3   Customizing-Werkzeuge

2.3.1   Aufbau und Funktionsweise der Werkzeuge

Innerhalb des Customizings eröffnen sich dem Anwender eine interessante Auswahl von Werkzeugen:

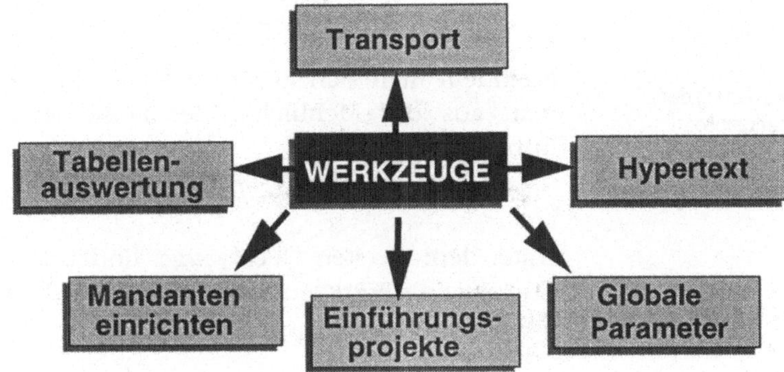

Abb. 2.17
Customizing-
Werkzeuge

- **Transport**
  Die Systemeinstellungen können mit Hilfe des R/3-Transportsystems in das Produktivsystem des Benutzers übertragen werden.

- **Hypertext**
  Ein Hypertext ist eine netzwerkartig aufgebaute Online-Dokumentation, die aus Bausteinen und Verweisen besteht.

- **Globale Parameter**
  Bestimmte Parameter können bzw. müssen voreingestellt werden, wenn Änderungen innerhalb der Werkzeuge wirksam werden sollen, z. B. Einführung neuer Währungen (Euro).

- **Einführungsprojekte**
  Sie könen angelegt, verwaltet und mit dem zugehörigen Unternehmens-IMG abgeglichen werden.

- **Mandanten einrichten**
  Neue Mandanten können angelegt und mit Tabelleninhalten schon bestehender Mandanten oder mit einem komplett bestehenden Mandanten eingerichtet werden. Desweiteren werden hier die länderspezifischen Voreinstellungen festgelegt.

- **Tabellenauswertung**
  Mit Tabellenabgleich kann der Benutzer Tabelleninhalte zweier Mandanten vergleichen und Änderungsbelege auswerten. Hierfür stehen ihm verschiedene Servicefunktionen sowie eine Historienverwaltung zur Verfügung.

  Module können nur dann richtig eingestellt werden, wenn zuvor bestimmte Einstellungen in der jetzt aufgeführten Option durchgeführt wurden.

Aktivierung der
Werkzeuge

Nachdem man sich in einem Mandanten angemeldet hat, wählt man aus der Menüleiste der Reihe nach folgende Untermenüpunkte:

„ Werkzeuge ⇨ Business Engeneering ⇨ Customizing"

Unter dem zweiten *„ Werkzeuge"* findet der Benutzer alle nötigen Customizing-Werkzeuge, die er für die Einstellungen seiner Module benötigt.

2.3.2   Werkzeug Hypertext im Überblick

Wählt der R/3-Benutzer diesen Werkzeugtyp, so kann er mit dem Werkzeug Hypertext zweifach arbeiten, nämlich mit:

- **Strukturen**
  Hiermit kann das Aussehen und der Aufbau eines Textbausteins festgelegt werden (z. B. Sprache des Textbausteines).

- **Bausteinpflege**
  Hiermit können schon bestehende Textbausteine abgeändert und/oder erweitert werden.

Abb. 2.18
Hypertextwerkzeuge

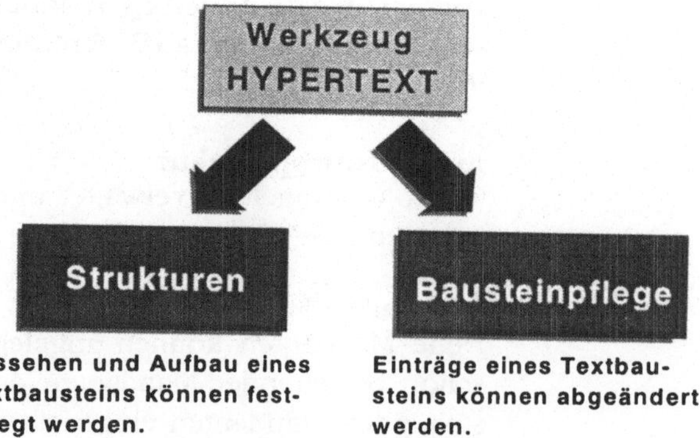

Um jedoch mit dem Werkzeug Hypertext richtig umgehen zu können, muß man zuvor einiges über die Struktur eines Hypertextes wissen. So wurde schon erwähnt, daß sich ein Hypertext aus Bausteinen und Verweisen aufbaut und als netzwerkartig aufgebaute Online-Dokumentation vorliegt (siehe Abb. 2.19 - 2.22).

In Bausteinen sind diverse Informationen, wie z. B. Grafiken und Texte, abgelegt. Verweise dagegen sind Hinweise, die die verschiedenen Bausteine miteinander verknüpfen. Folgende vier Grafiken (siehe Abb. 2.19 - 2.22) sollen verbildlichen, wie die verschiedenen Strukturen des Hypertextes ineinandergreifen und es dem Benutzer somit ermöglichen, unkompliziert und komfortabel durch verschiedene Online-Dokumentationen zu gelangen.

Abb. 2.19
Hypertext I

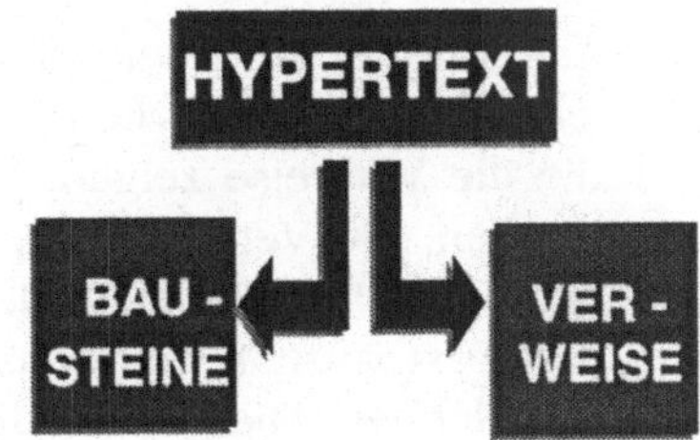

Abb. 2.20
Hypertext II

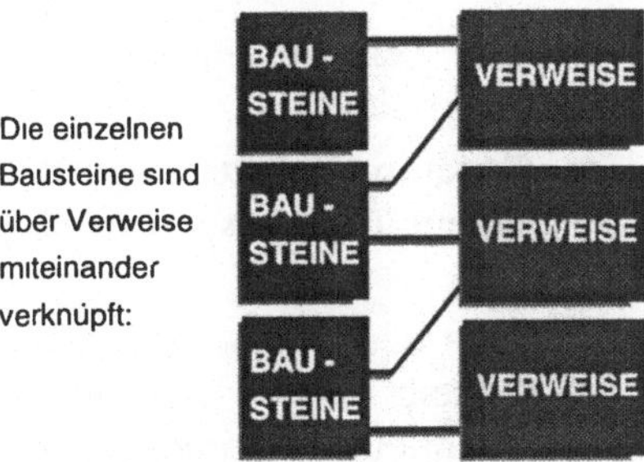

Abb. 2.21
Hypertext III

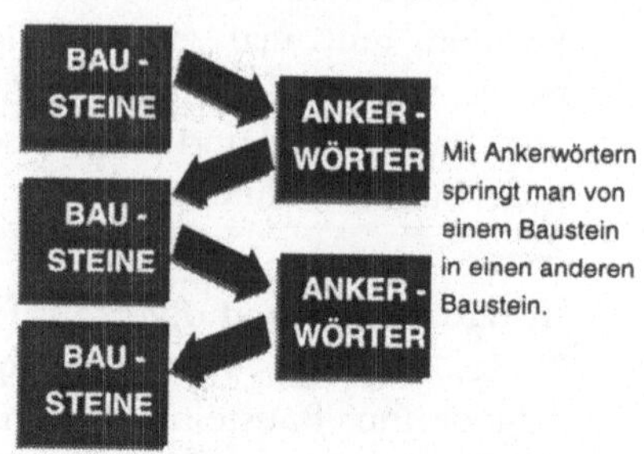

Ankerwörter

Betrachtet man Abb. 2.21 genauer, so erkennt man innerhalb der Bausteine noch ein anderes Element des Hypertextes, nämlich die sogenannten Ankerwörter.

Ankerwörter sind, wie die Bausteine, Informationen (z. B. Wörter, Wortgruppen), die in einem Baustein integriert sind und auf die die Verweise zeigen. Bausteine sind mit den Verweisen verbunden; die Verweise zeigen nur auf die Ankerwörter innerhalb der Bausteine. Mit Hilfe der Ankerwörter ist es nun möglich, einen Textbaustein zu verlassen und in einen neuen Textbaustein zu gelangen. Dies verdeutlicht die Abb 2.22.

Weiterhin sollte sich der R/3-Benutzer an folgende **drei Hinweise** halten:

- Alle Textbausteine haben beliebig viele Vorgänger als auch Nachfolger.

- Es kann eine beliebige Reihenfolge gewählt werden, um von einem Textbaustein in einen anderen Textbaustein zu gelangen.

- Eine netzwerkartig angelegte Dokumentation, wie es der Hypertext ist, ist wesentlich komplexer als vergleichbare sequentielle Dokumentationen.

Hält man sich an diese Hinweise, so erkennt man das „Ineinanderverwobensein" der drei Hypertextelemente und das daraus resultierende „Magische Dreieck":

Magisches Dreieck

- kein Textbaustein ohne Ankerwort und Verweis;

- kein Ankerwort ohne Textbaustein und Verweis;

- kein Verweis ohne Ankerwort und Textbaustein.

Vorteile und Nach-
teile des Hypertextes

Die Hypertextstruktur kann man als völlig neue Art der Informationsvermittlung ansehen, die jedoch noch vielen SAP-Kunden unbekannt sein dürfte. Dies ist auch der Grund dafür, daß Schwierigkeiten eigentlich nur bei Hypertext-Neulingen auftreten.

Selbststeuerung
des Lesevorgangs

In einem Buch muß der Leser, um alles zu verstehen, von vorne anfangen und sich dann bis zum Ende durchlesen. Beim Hypertext sind alle Bausteine so aufgebaut, daß der Leser auch „mittendrin" mit dem Lesen beginnen kann und dennoch den Sinn des Textes versteht. Er kann somit in der Reihenfolge seiner Interessen und Wünsche lesen, ohne sich an die Vorgaben des Autors halten zu müssen.

Schneller Zugriff auf
bestimmte Informa-
tionen

Der Benutzer einer Software oder eines Elektrogerätes bspw. liest nur deshalb Handbücher, um daraus bestimmte Informationen zu erhalten, die es ihm nach dem Durchlesen ermöglichen, z. B. eine bestimmte Aufgabe durchzuführen oder das Elektrogerät fehlerfrei zu bedienen. Eine Unmenge an unwesentlichen Informationen führt jedoch häufig dazu, daß der Leser von Handbüchern diese für ihn so wichtigen Informationen überliest oder falsch versteht. Der Hypertext umgeht dieses Problem, indem er den Benutzer kurz und bündig und in beliebiger Reihenfolge über für ihn Interessantes informiert.

Reduzierung des
Leseaufwandes

Software, wie die der SAP, wird immer umfangreicher, da sie ständig erweitert wird. Demzufolge würden Handbücher immer dicker und umständlicher durchzulesen sein. Durch das Einsetzen von optischen Speichermedien, wie z. B. der CD-ROM, und dem Einsatz der sog. **„Fish-Eye-View-Technik"** wird eine deutliche Reduzierung des Leseaufwands erreicht.

Abb. 2.23
Fish-Eye-View

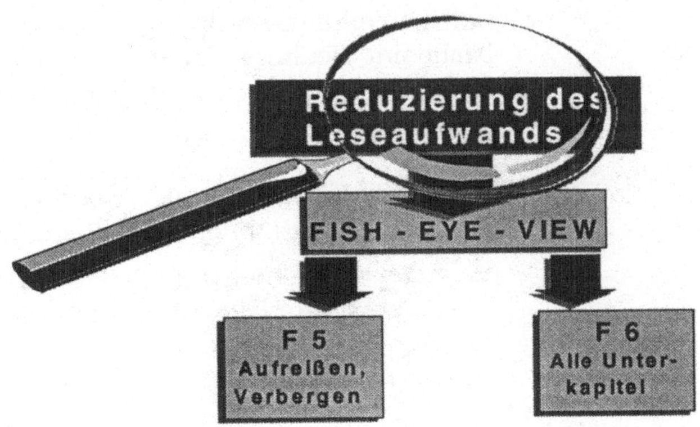

Dies ist die Möglichkeit, vom jeweiligen Betrachtungspunkt aus so zu verfeinern, daß Details zu erkennen sind, ohne jedoch den Überblick zu verlieren.

Praktisch ist dies erreichbar über:

Einführungsleitfaden ⇨ F5 = *Aufreißen /Verbergen* ⇨ F6 = *Alle Unterkapitel*

Durch folgende **Funktionstasten** kann man verschiedene Ebenen des Verzeichnisses anzeigen:

F5   man gelangt in die nächsthöhere oder nächsttiefere Ebene eines Kapitels.

F6   man kann sich alle Unterkapitel eines Verzeichnisses anzeigen lassen.

Hypertext bringt nicht nur Vorteile, sondern auch einige Nachteile mit sich. Diese **Nachteile** äußern sich darin, daß gerade Neulinge in der Benutzung des R/3-Systems Schwierigkeiten mit dem Aufbau und dem Benutzen des Hypertextes haben, z. B.:

Schwierigkeiten

- **Desorientierung und Abschweifen während des Lesens**
  Zur Orientierung innerhalb eines Buches hat der Leser eine Einleitung und am Ende meist noch einen Ausblick. Für Online-Bücher mit Hypertextstruktur existieren solche Regeln nicht.

  Der Leser muß sich nicht nur mit dem Inhalt der Information beschäftigen, sondern auch mit der Fülle der Verweismöglichkeiten innerhalb einer Information, die aber auch dazu verleiten kann, vom eigentlichen Ausgangsproblem abzuschweifen.

- **Schwierigkeiten beim Lesen eines Textes am Bildschirm**
  Nicht nur Neulinge haben des öfteren Probleme, einen Text am Bildschirm zu lesen. Dies liegt hauptsächlich an folgenden drei Gründen:

  – Ein Bildschirm ist oft kleiner als ein Blatt DIN A4-Papier und hat meist Quer- anstatt eines Hochformats.
  – Form und Auflösung der einzelnen Buchstaben sowie der Kontrast zum Hintergrund sind meist nicht optimal.
  – Text am Bildschirm wird häufig langsamer gelesen als ein vergleichbarer Buchtext.

Um diesen Schwierigkeiten entgegenzuwirken, hat die Firma SAP bei der Erstellung des Hypertextes an folgende Abhilfen gedacht, so daß auch der nicht so geübte User schnell und sicher mit den Hypertextbausteinen arbeiten kann:

Abhilfen im Hypertext

- kurze Abschnitte
- viele Hervorhebungen
- viele Listen
- einfacher Satzbau

Arbeiten mit dem Hypertext

Der Benutzer hat zwei Möglichkeiten mit dem Hypertext zu arbeiten:

- **Sequentielles Lesen aller Bausteine**
  Alle Ankerwörter, die am Ende eines Bausteines unter „*Weiterlesen*" aufgelistet sind, müssen zweimal angeklickt werden.

- **Folgen aller Verweise zwischen den einzelnen Bausteinen**
  Man klickt alle Ankerwörter zweimal an.

2.3.3   Werkzeug „Mandanten einrichten"

Neue Mandanten können durch das Kopieren von bereits bestehenden Mandanten eingerichtet werden, oder es werden einzelne Tabellen in andere Mandanten umkopiert. Dabei werden keinerlei UNIX-Kenntnisse verlangt, sofern man sich innerhalb eines R/3-Systems befindet.

Detaillierte Informationen zum Einrichten neuer Mandanten findet der Benutzer wiederum im Menüpunkt „*Erweiterte Hilfe*", der ein Unterpunkt des Menüpunktes „*Hilfe*" ist.

Abb. 2.24
Mandanten
einrichten

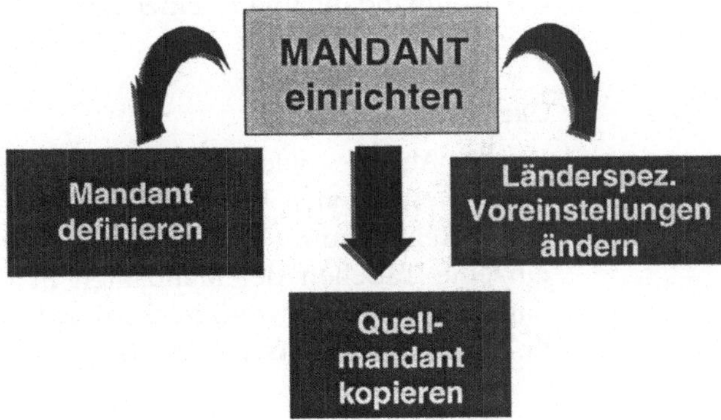

2.3.3.1   Mandant definieren

Um einzelne Tabellen eines bestehenden Mandanten oder einen ganzen Mandanten in einen neu angelegten Mandanten zu kopieren, muß dieser zuvor angelegt werden.

Dafür ist es nötig, die Auswahl *„Neue Einträge* [F5] *"* zu treffen.

Abb. 2.25
Mandant definieren

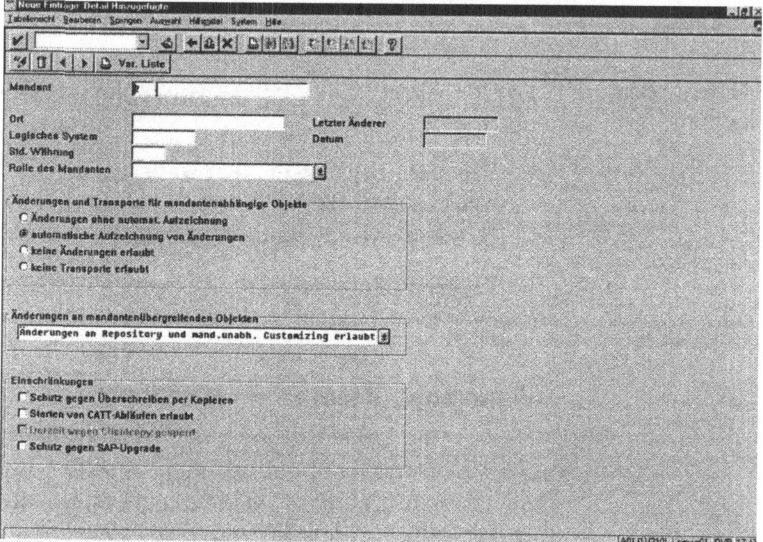

Zuerst muß jedoch eine **neue Mandantennummer** vergeben werden. Im nächsten Schritt werden alle relevanten Daten bezüglich des Neumandanten angelegt, wie z. B. Anrede, Adresse, Telefonnummer, Nationalitätenkennzeichen usw. Danach wird der Neumandant unter seiner zuvor zugeteilten Mandantennummer abgespeichert.

2.3.3.2   Quellmandant kopieren

Da die Abläufe, wie z. B. Rechnungsschreibung, Kontenaufbau etc., innerhalb aller Mandanten eines Landes gleich sind, können zur Vereinfachung des Anlegens bestehende Mandanten oder einzelne Tabellen der Mandanten in den neu angelegten Mandanten umkopiert werden (**sinnvoll ist, wenn dazu der Modellmandant 000 benutzt wird**).

Abb. 2.26
Mandanten kopieren

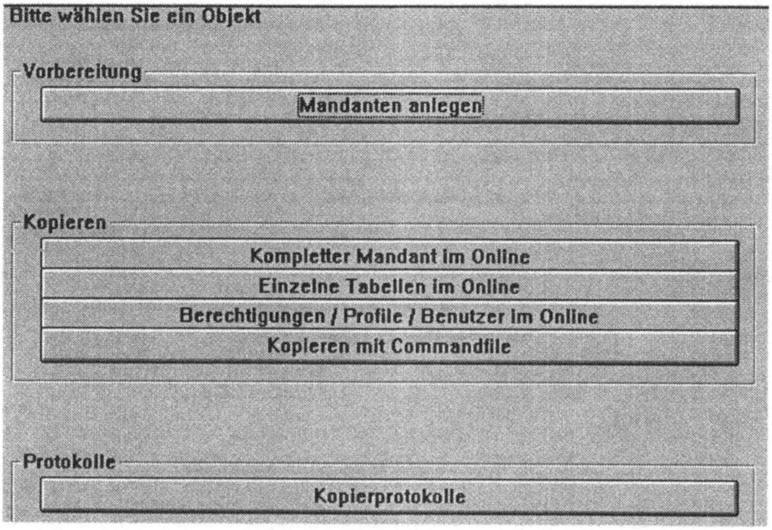

Dabei sind folgende **Schritte** abzuarbeiten:

- der Benutzer verläßt den aktuellen Mandanten und meldet sich unter der neuen Mandantennummer an;

- nach der Neuanmeldung sind folgende Menüpunkte anzuwählen: *„Werkzeuge* ⇨ *Business Engeneering* ⇨ *Customizing* ⇨ *Grundfunktionen* ⇨ *Mandant einrichten* ⇨ *Mandant kopieren"*.

Nun muß der Benutzer den zu kopierenden Mandanten und das Kopierziel wählen. Dabei hat er die Wahl, ob er den gesamten Mandanten kopieren möchte oder auch nur einzelne Tabellen. Die Unterstützung für das Kopieren erhält der Benutzer in Form eines Copy-Reports, **„RSCLICOP"** genannt.

Copy-Report

Achtung

Nachdem die Auswahl erfolgt ist, erscheint keine Sicherheitsabfrage!

Der Kopiervorgang wird sofort gestartet. Bei Abbruch des Kopiervorgangs erfolgt **kein „Un-Do"**, so wie es bei manchen Programmen der Fall ist.

Da beim **Kopieren** aller mandantenabhängigen Tabellen weit über 2000 Tabellen und Datenmengen zwischen 50 und 100 MB (Beispiel: Mandant der LIVE AG benötigt ca. 1 GB) kopiert werden, empfiehlt SAP, den Kopiervorgang als Hintergrundverarbeitung zu starten und **nicht „online"**!

Sollte dies aus technischen Gründen jedoch nicht möglich sein, ist zu beachten, daß ein Kopiervorgang mit ca. 3000 Tabellen mindestens 3 Stunden in Anspruch nimmt. Und dies auch nur, wenn R/3 auf einer leistungsstarken Maschine mit geringer Last läuft.

Weiterhin werden nach einem Online-Kopiervorgang mehrere Protokollmeldungen ausgegeben, die grundsätzlich ignoriert werden müssen. Danach die Funktion *„zurück"* oder den grünen Pfeil anwählen.

Beim **Kopieren** von Tabellen wird zunächst der gesamte Inhalt des Quellmandanten in den Hauptspeicher geladen, um danach über den für das System günstigsten Array-Insert (=Feldeintragungen) den Tabelleninhalt des Neumandanten aufzubauen. Tabellen bis zu einer Größe von 10 MB werden so problemlos und komplett kopiert.

Sollte die Tabelle im Neumandanten schon vorhanden sein, werden durch einen **Tabellenabgleich** nur die unterschiedlichen Einträge übernommen. So wird gewährleistet, daß die Tabelle im Neumandanten genau denselben Stand hat wie die Tabelle im Quellmandanten. Wurde die Tabelle aus irgendwelchen Gründen schon kopiert, wird dies beim Tabellenabgleich erkannt, und es wird überhaupt kein *„Up-Date"* der Quelltabelle durchgeführt.

Inhalt des Ausgabeprotokolls

Neben den allgemeinen Angaben zum Kopiervorgang erscheinen im Kopierprotokoll auch **Tabellenstatistiken**, die u. a. angeben:

- zu welcher Auslieferungsklasse die kopierte Tabelle gehört;
- zu welcher Entwicklungsklasse die Tabelle gehört;
- aus wieviel Einträgen die Quellmandantentabelle besteht;
- wieviele Inserts (= Einträge) im neuen Mandanten erforderlich sind;
- wieviele Up-Dates und/oder Reorganisationen durchgeführt wurden;
- wieviel zusätzlicher Speicherplatz die neue Tabelle benötigt und
- welchen gesamten zusätzlichen Platzbedarf in Kbytes der neue Mandant benötigt.

Anmerkung

Es wird hier nochmals darauf hingewiesen, daß Mandanten anlegen nicht gleich Mandanten einrichten ist! Um einen Mandanten einrichten zu können, muß dieser zunächst angelegt werden.

2.3.4   Werkzeug „Transport"

Wählt der Benutzer das Werkzeug *„Transport"* an, so hat er die Auswahl, ob er an einem Objekt Korrekturen vornehmen oder ein bestehendes Objekt in das Produktivsystem übernehmen möchte. Objekte werden als Basistabellen oder Tabellensichten abgebildet.

Das Transportsystem der SAP ist für den systemübergreifenden Transport von Anwendungen und Steuerdaten zuständig, z. B. für den Transport vom Entwicklungssystem in das Produktivsystem.

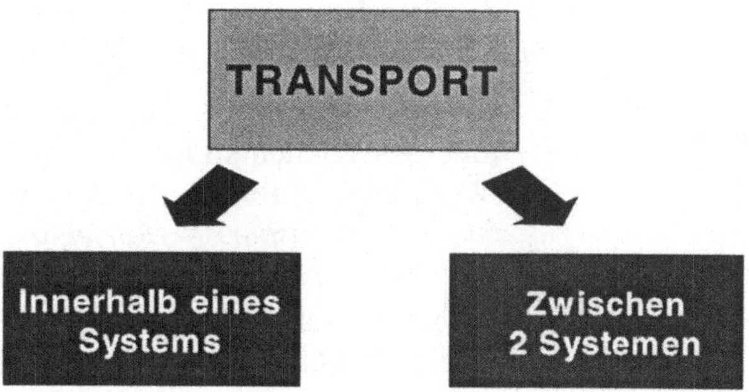

Abb. 2.27
Transport

Entwicklungsobjekte werden grundsätzlich mit den vom Transportsystem bereitgestellten Werkzeugen in das Produktivsystem übernommen. Das Transportsystem unterliegt darüber hinaus dem R/3-Berechtigungskonzept.

Versionsverwaltung und Transportprotokolle stellen sicher, daß jederzeit rekonstruierbar ist, welche Version des Produktivsystems zu welchem Zeitpunkt aktiv war. Dies ist entscheidend für die Revisionssicherheit des R/3-Systems. Benötigt wird es ebenso für einen Release-Wechsel.

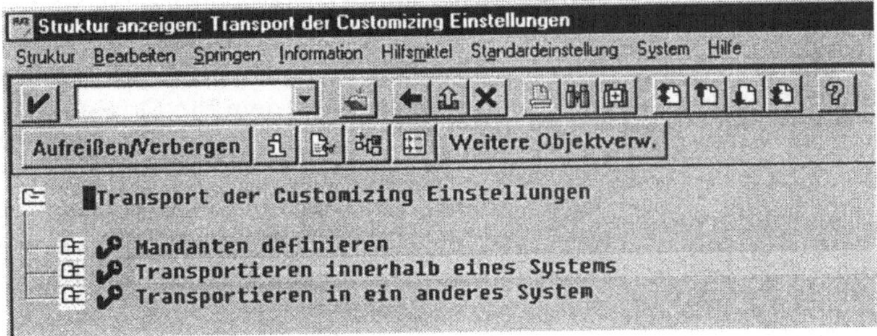

Abb. 2.28
Transportsystem

Transport der Einstellungen in das Produktivsystem

Die Systemeinstellungen können mit Hilfe des R/3-Transportsystems in das Produktivsystem des Benutzers übertragen werden. Dazu muß der Anschluß an das Transportsystem aktiviert werden. Den Anschluß findet man meist über das linke Pulldown-Menü einer Customizing-Transaktion.

Einzelne Anwendungen haben dagegen einen eigenen Arbeitsschritt mit dem Namen *„Transport"*.

Vorgehensweise

Möchte der Benutzer zum ersten Mal eine Anwendung *„produktiv"* setzen, so kann er den gesamten Produktionsvorbereitungsmandanten kopieren.

Sollen dagegen zu schon produktiven Anwendungen weitere Funktionen *„produktiv"* gesetzt werden, so muß folgendermaßen vorgegangen werden:

Korrekturnummer/ Transport

- über das nacheinanderfolgende Anwählen der Menüpunkte *„Werkzeuge ⇨ Business Engeneering ⇨ Customizing ⇨ Werkzeuge ⇨ Transport ⇨ Korrekturen"* muß der Benutzer eine sogenannte **„Korrekturnummer"** anlegen;

- in den Einstellungstransaktionen, aus denen der Benutzer Parameter übernehmen möchte, muß *„Transport"* angewählt werden;

- nun muß die zuvor angelegte Korrekturnummer eingegeben werden;

- danach markiert der Benutzer all diejenigen Einträge, die in das Produktivsystem transportiert werden sollen;

- danach Anwählen von *„Bearbeiten ⇨ Transport ⇨ in Korrektur aufnehmen ⇨ sichern"*. Es kann aber auch nur der Punkt *„sichern"* ausgewählt werden, wenn kein Transport zum jetzigen Zeitpunkt erfolgen und/oder das mögliche Verändern des Objektes durch Unbefugte verhindert werden soll;

- nun kann die Korrektur vom Benutzer in den neuen Zielmandanten transportiert werden.

Hinweise zum Transport in das Produktivsystem

Soll ein bestehendes Objekt bearbeitet werden, so muß man sich im System anmelden, in dem die Originale der Entwicklungsklasse abgelegt sind, denn nur Originale können bearbeitet werden.

Bei Erstellung eines neuen Objekts muß man sich im System anmelden, in dem die Originale der persönlich verwendeten Entwicklungsklasse abgelegt sind. Dies ist aber nie im Produktivsystem der Fall.

Ferner findet der Benutzer weiterführende Informationen zum Anlegen von Korrekturen sowie zum eigentlichen Transport in das Produktivsystem im Installationsleitfaden vor.

2.3.5   Werkzeug „Tabellenauswertungen"

Mit dem Werkzeug „Tabellenauswertungen" können Tabelleninhalte zwischen zwei Mandanten verglichen, Tabelleneinträge vom Vergleichsmandant in den Anmeldemandant kopiert (falls man das Berechtigungsobjekt S_TABU_CLI hat) und Tabelleneinträge im Anmeldemandant gelöscht sowie sog. Änderungsbelege ausgewertet werden.

Der Pfad zur Tabellenauswertung lautet: *„Werkzeuge ⇨ Business Engeneering ⇨ Customizing ⇨ Werkzeuge ⇨ Tabellenauswertungen".*

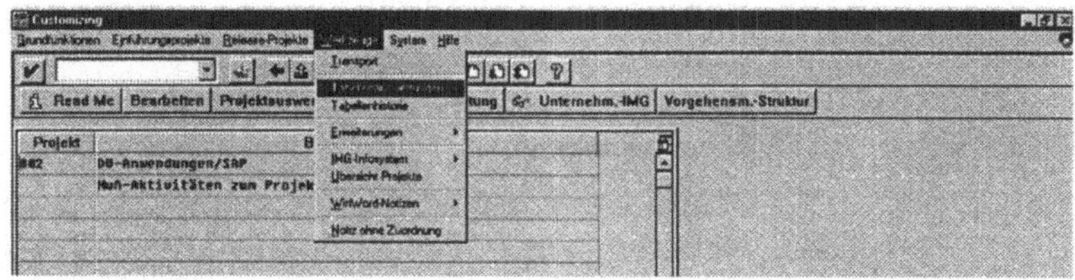

Abb. 2.29
Tabellen-
auswertungen

Tabellenreport

Es gibt Tabellenauswertungen zwischen zwei Mandanten innerhalb eines SAP-Systems und Tabellenauswertungen zwischen Mandanten zweier Systeme.

Wählt der Benutzer **Tabellenauswertungen**, so gelangt er in einen Bildschirm, der zur Erstellung eines Reports dient. In Tabellenauswertungen können ebenfalls Tabellen abgeglichen werden. Der Report verwirklicht umfassende Serviceleistungen für alle tabellenartigen Objekte.

2.3.5.1   Serviceleistungen

Hier können Objekte angezeigt, miteinander verglichen und gegeneinander abgeglichen werden. Hierzu stehen dem Benutzer verschiedene **Funktionen** zur Verfügung:

Servicefunktionen

- **Suchen**
  Ist der Name des Objektes unbekannt, so kann nach Eingabe eines generischen Namens und nach Wahl der Funktion „Suchen" das gewünschte Objekt aus einer Menge herausgefunden werden.

- **Anzeigen**

  Diese Funktion erzeugt ein Bild des gewünschten Objektes im Anmeldemandanten.

- **Vergleich**

  Mit Hilfe dieser Funktion kann eine Gegenüberstellung des Objektes im Anmeldemandanten mit dem Objekt in einem frei wählbaren Vergleichsmandanten erfolgen. Dabei werden unterschiedliche Feldinhalte hervorgehoben.

- **Abgleichen**

  Möchte der Benutzer es nicht nur beim Vergleich mehrerer Objekte belassen, so kann er mit Hilfe dieser Funktion Veränderungen vornehmen. Dabei werden die Daten des Objektes im Anmeldemandanten verändert.

- **Verändern**

  Einträge aus dem Objekt des Vergleichsmandanten werden übernommen. Auch können einzelne Feldinhalte kopiert werden.

2.3.5.2   Historienverwaltung

Das R/3-System bietet dem Benutzer die Möglichkeit an, alle Änderungen von Tabelleninhalten aufzuzeichnen. Jede Änderung eines Tabelleninhaltes erzeugt dabei einen **Änderungsbeleg**, der in die Tabellenprotokolldatenbank geschrieben wird. Inhalt des Änderungsbeleges sind u. a. Informationen über den Zeitpunkt der Änderung sowie der Name des Ändernden.

Sinn der Servicefunktionen

Durch die **Servicefunktionen** kann sich der Benutzer eine Liste aller Änderungsbelege des aktuellen Tages oder eines beliebigen anderen Zeitraumes erstellen lassen. Auch kann er sich eine Aufstellung für die Tabellen anzeigen lassen, für die Änderungsbelege geschrieben werden, also alle Tabellen mit Historienverwaltung.

Antwortzeiten von einigen Minuten sind normal, da die **Tabellenprotokolldatenbank** direkt über die Datenbankschnittstelle versorgt wird. Die Tabellenhistorie ermöglicht dem Benutzer nur eine technische Sicht in die SQL-Tabellen der Datenbank.

Verwaltung der Tabellenprotokolldatenbank

Folgende Funktionen unterstützen die Tabellenprotokolldatenbank:

- Vergleich der aktuellen Tabelleninhalte mit einem früheren Stand;

- Erstellung einer Liste aller Änderungsbelege für einen beliebigen Zeitraum;

- Ermittlung der Anzahl der Änderungsbelege nach Zeiträumen und Tabellen;

- Archivierung der ältesten Änderungsbelege;

- Löschung der ältesten Änderungsbelege.

Um Auswertungen durchzuführen, muß zuerst die automatische Aufzeichnung der Tabellenauswertung voreingestellt werden. Nur so kann das R/3-System für jede Änderung einen Änderungsbeleg erzeugen.

Alle Customizing-Tabellen sind standardmäßig auf automatische Aufzeichnung voreingestellt. Bei Änderungen der Voreinstellungen ändert man das Data-Dictionary. In diesem Fall muß bei SAP über das sog. OSS (siehe Kapitel 1.6.2) eine Änderungslizenz angefordert werden.

2.3.6   Globale Parameter

Mit Hilfe der Globalen Parameter ist der Benutzer in der Lage, für spezifische Mandanteneinstellungen Änderungen vorzunehmen, die dann in den einzelnen Modulen greifen.

Abb. 2.30 gibt einen Überblick über die einzelnen **Parameter**:

Abb. 2.30
Globale Parameter

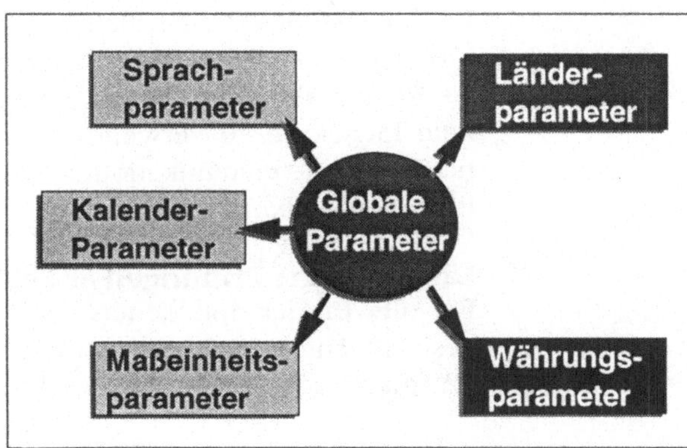

2.3.6.1   Länderparameter

Die Länderparameter unterteilen sich in Länder- und Regionaleinstellungen, wobei die Regionaleinstellungen nochmals diversifiziert werden (siehe Abb. 2.31).

Abb. 2.31
Länderparameter

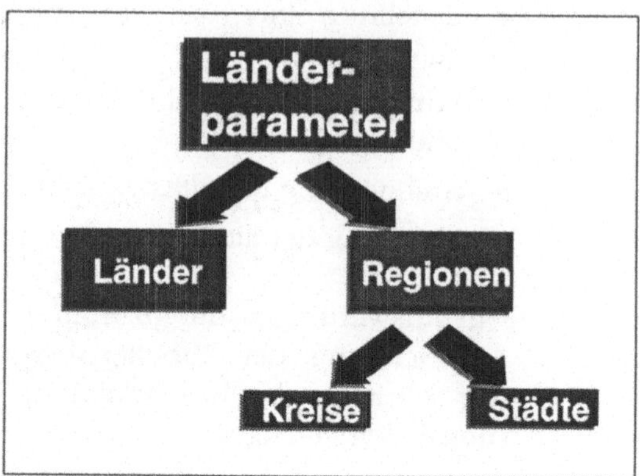

Länderaufnahme

Der User von R/3 muß alle Länder aufnehmen, mit denen sein Unternehmen Geschäftsbeziehungen unterhält. Für jedes Land benötigt er dabei folgende Informationen:

- allgemeine Daten
- Außenhandelseigenschaften
- weitere Prüfdaten

Diese Informationen werden dann bei der **Stammdatenpflege** geprüft:

- **Standardeinstellungen**
  In der SAP-Standardauslieferung sind alle Länder nach der internationalen **ISO-Norm** definiert. Die SAP empfiehlt den Usern, für alle zusätzlichen Einträge ebenfalls die internationale ISO-Norm zu verwenden, da ohne ISO-Norm bei internationalen Kommunikationen kein Datenaustausch verwirklicht werden kann.

- **Ländereigene Prüfungen erstellen**

Prüfregeln

  Für alle Länder, mit denen das Unternehmen des Benutzers geschäftliche Beziehungen unterhält, müssen Regeln für eine Prüfung der folgenden Daten aufgenommen werden:

  - Bankdaten
  - postalische Daten
  - Steuerdaten

Diese Daten werden ebenfalls bei der Stammdatenpflege geprüft.

Abb. 2.32
Länderversion

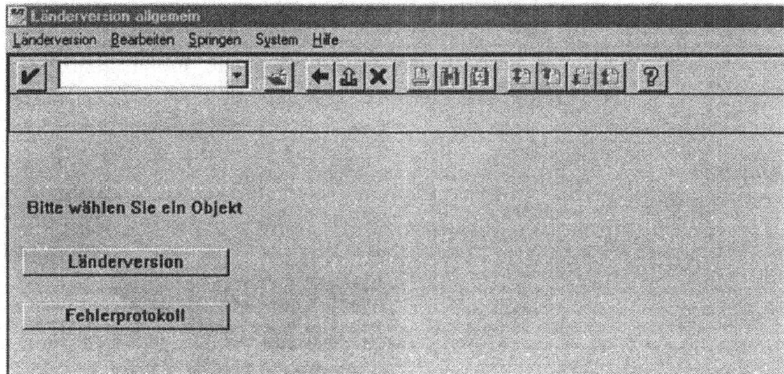

Auch bei der ländereigenen Prüfung empfiehlt die SAP die internationale ISO-Norm zu verwenden, da bei internationalen Kommunikationen kein Datenaustausch möglich ist, solange nicht nach der ISO-Norm vorgegangen wird (z. B. Zahlungsverkehr mit Banken).

Regionenaufnahme

Regionen sind in vielen Ländern der Welt ein wichtiger Bestandteil der Anschrift, so z. B. in den USA und in Kanada. In diesen Ländern benötigt man, z. B. für die richtige Preisfindung, bestimmte Steuersätze, die das SAP-System u. a. über folgende Parameter ermittelt:

- Region
- County = Kreis
- City = Stadt

In diesem Menüpunkt nimmt der Benutzer von R/3 die benötigten Regionen auf oder verwendet die schon vorgegebenen.

Beispiel zur Aufnahme von Regionen

Ein Neukunde aus Miami/Florida soll neu eingerichtet werden. Im Punkt *„Regionen"* der Länderparameter müßte nun folgendes eingegeben werden:

2.3.6.2   **Währungsparameter**

Der Währungsparameter unterteilt sich in zwei Einstellungen, den Währungscode und die Dezimalstellen. Bild 2.33 legt dies grafisch dar:

Abb. 2.33
Währungsparameter

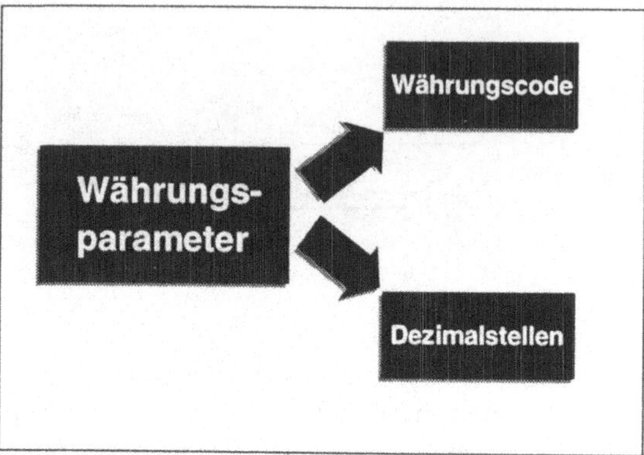

Im Unterpunkt **Währungscode** kann der Benutzer Einträge bzgl. der benötigten Währungen vornehmen, z. B. Abkürzung, Zahlencode usw.

Im Unterpunkt **Dezimalstellen** kann der Benutzer die Dezimalstellen einer Währung seinen Bedürfnissen exakt anpassen.

Beispiel:

* die Deutsche Mark hat für die Pfennigbeträge zwei Dezimalstellen hinter dem Komma (Standardeinstellung);
* der Kuwaitische Dinar hat dagegen drei Dezimalstellen hinter dem Komma;
* die Italienische Lira erlaubt überhaupt keine Dezimalstellen.

Standard-
einstellungen

In der SAP-Standardauslieferung sind die wichtigsten Währungen gemäß der internationalen ISO-Norm voreingestellt. Aus technischen Gründen gibt es aber auch sogenannte „Pseudowährungen" mit z. B. einer Dezimalstelle, die nicht gelöscht werden können.

2.3.6.3   Sprachparameter

Für alle Sprachen, mit denen im R/3-System gearbeitet werden soll, braucht der Benutzer Einträge in der Sprachtabelle.

In der SAP-Standardauslieferung sind nur die Sprachen für die Version eingestellt, die das Unternehmen bei SAP angefordert hat und die auf dem System der Firma installiert wurden.

Wird eine neue Sprache in die Tabelle eingetragen, so wird ihr Eintrag nur wirksam für die Sprachversion, die das Unternehmen gekauft hat. D. h. sollen Sprachen aufgenommen werden, die nicht schon bei der Installation bezahlt waren, müssen diese optional erworben werden.

2.3.6.4   Maßeinheitenparameter

Im SAP-System erfolgt die Führung von Maßeinheiten in allen Anwendungen zentral.

In der Standardauslieferung sind die **Maßeinheiten** gemäß dem internationalen Einheitensystem (SI) definiert. Firmeneigene Ausprägungen von Maßeinheiten sollten deswegen vermieden werden, da sie einen unternehmensübergreifenden Datenaustausch schier unmöglich machen.

2.3.6.5   Kalenderparameter

Im Menüpunkt „*SAP-Kalender*" können vom Benutzer mehrere Kalender gepflegt werden. Der Feiertags- und Fabrikkalender ist ein zentraler Baustein im R/3-System.

Er wird in vielen Bereichen, wie z. B. der Logistik, der Personalwirtschaft und der Fertigung, standardmäßig geführt.

SAP-Kalender

Das **Kalendersystem** besteht aus folgenden Komponenten:

- **Feiertage**
  Alle bekannten Feiertage aus In- und Ausland sind aufgeführt und können aktiviert werden. Auch können nicht aufgeführte Feiertage generiert werden.

- **Feiertagskalender**
  Alle bundesdeutschen Feiertage sind nach Bundesländern geordnet aufgeführt.

- **Fabrikkalender**
  Hier können z. B. Sonderurlaube, Sonderschichten eingetragen werden.

Der Einführungsleitfaden wird vom Benutzer optimal genutzt, indem man in **einem Modus** mit der Struktur arbeitet und von dort auch die Einstelltransaktionen aufruft und in einem **zweiten Modus** zu den einzelnen Arbeitsschritten des Einführungsleitfadens die Dokumentation liest.

2.4   R/3-Benutzer- und Berechtigungskonzept

2.4.1   Benutzerstammsatz

Ein Benutzer in R/3 wird vom System wie ein Datensatz geführt (dem Benutzerstammsatz), der sich aus Benutzerfestwerten und Profilen zusammensetzt:

Abb. 2.34
Benutzerstammsatz

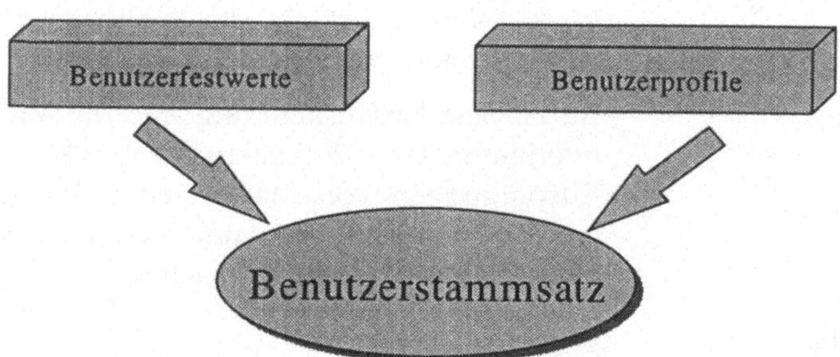

Vereinfacht läßt sich feststellen, daß in den Benutzerfestwerten Daten zum Benutzer selbst abgelegt sind, während in der Benutzerprofiltabelle die Berechtigungen zum Ausführen von R/3-Aktionen gespeichert sind (näheres zu den Berechtigungen unter Punkt 2.4.2).

Benutzerfestwerte

Die Benutzerfestwerte legen folgende Daten eines Benutzers fest:

- Benutzername und Paßwort
- Benutzeradresse (nur von dokumentarischem Wert) bestehend aus Abteilung, genutzter Kostenstelle etc.
- Parameter-Ids (auch Memory-Parameter genannt), die es ermöglichen, zu jedem vom Benutzer genutzten Bildschirmfeld Voreinstellungswerte zu setzen.

2.4.2   Berechtigungssystem

Möchte ein Benutzer eine bestimmte Aktion im SAP-System durchführen, wird zuerst im Benutzerstammsatz kontrolliert, ob der dafür nötige Berechtigungseintrag vorhanden ist. Erst danach wird die Berechtigung zum Arbeiten erteilt oder ggf. verweigert.

Man kann sich demnach eine Berechtigung als eine Folge von Werten, die in der Stammsatztabelle aufgeführt sind, vorstellen sowie die Berechtigungsprüfung als einen tabellarischen Vergleich der zur Ausführung erforderlichen Werte mit dem Eingetragenen.

Mandanten-abhängigkeit

Es bleibt zu erwähnen, daß Berechtigungen stets mandantenabhängig sind. Wer also die Berechtigungen zur Nutzung des Customizing Moduls im Mandant 000 besitzt, hat diese Privilegien nicht im Produktionsvorbereitungsmandanten oder in anderen.

2.4.2.1   Komplexe Berechtigungen

Eine komplexe Berechtigung setzt sich aus sog. Berechtigungsobjekten zusammen, die wiederum aus einer Zusammenfassung von bis zu 10 Berechtigungsfeldern bestehen.

Unter einem **Berechtigungsfeld** muß man sich hierbei die kleinstmögliche Einheit einer Berechtigung vorstellen, z. B. die Berechtigung, sich eine einzelne Tabelle im System anzeigen zu lassen.

Das **Berechtigungsobjekt** faßt mehrere dieser Feldberechtigungen zusammen und erlaubt sowohl das Anzeigen, Löschen oder Bearbeiten dieser Tabelle.

Eine **komplexe Berechtigung** faßt mehrere dieser Berechtigungsobjekte zusammen und gewährt z. B. einem Benutzer den Zugriff auf alle Tabellen, die mit einem bestimmten Konto verknüpft sind oder erlaubt die Bearbeitung aller erforderlichen Tabellen, die zur Pflege eines bestimmten Debitors nötig sind.

Berechtigungs-prüfung

Das System gibt den Zugriff zu einem bestimmten Objekt nur dann frei, wenn alle für den Aufruf notwendigen Feldberechtigungen in der komplexen Berechtigung eingetragen und somit vorhanden sind. Es findet demnach eine „UND-Prüfung" der Einträge (in Abb. 2.35 als Puzzle symbolisiert) statt.

2.4.2.2 **Einzelprofile**

Da die Vergabe komplexer Berechtigungen eine sehr unüber-
sichtliche und komplizierte Angelegenheit ist (man kann sich
vorstellen, wieviel Feldberechtigungen nötig sind, um alle Berechtigungen, die die Aufgabengebiete eines Arbeitsplatzes betreffen, abzudecken), werden Berechtigungsprofile zur Berechtigungsvergabe benutzt.

Abb. 2.35
Berechtigungsprofil

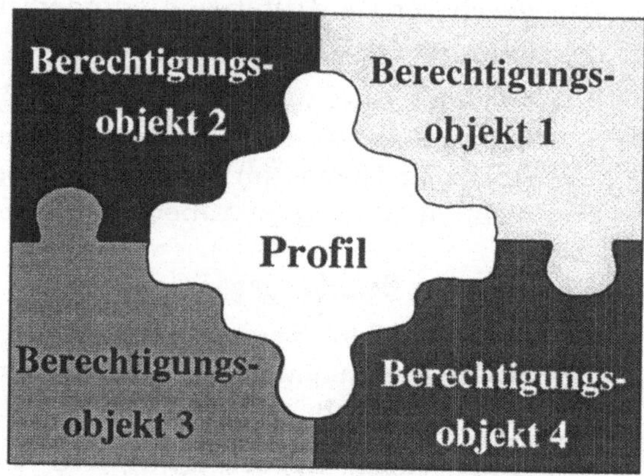

Ein Berechtigungsprofil faßt alle Einzelberechtigungen zusammen, die zur Durchführung von Arbeitsvorgängen nötig sind.

Standardprofile

So wurden Berechtigungsprofile für alle Aufgabengebiete in R/3
erstellt, beispielsweise erlaubt das **Standardprofil S_OC_ADMI**
einem Benutzer alle Verwaltungsaufgaben im SAPoffice zu übernehmen.

Leider wurde darauf verzichtet eine ausführliche Beschreibung
der Standardprofile mitzuliefern, die Auskunft über den Umfang
der erlaubten Aktionen geben, die mit der Profilzuweisung erfolgen.
Die Profilzuweisung mit Standardprofilen gerät meist zu einem
„Vabanquespiel", da in den seltensten Fällen die Zuweisung eines dieser Profile ausreicht, um einem Benutzer tatsächlich alle
Berechtigungen, die er für seine Arbeit benötigt, zuzuteilen.

2.4.2.3 Sammelprofile

Während ein Einzelprofil alle Berechtigungen zur Durchführung aller Aufgaben eines Arbeitsplatzes erteilt, ist das Sammelprofil für Benutzer gedacht, die mehrere Aufgabengebiete im System innehaben.

Abb. 2.36
Zusammensetzung des Sammelprofils

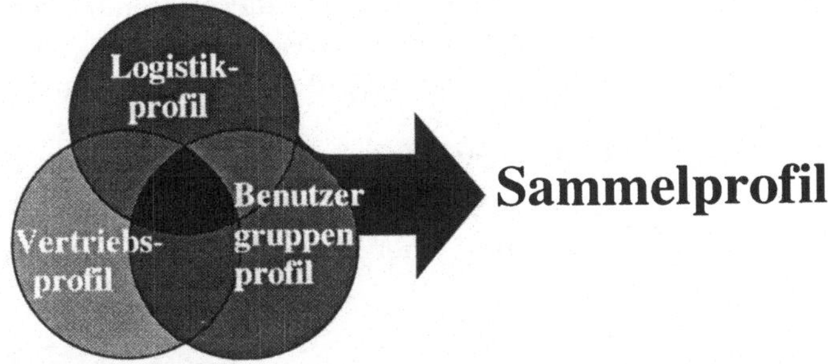

So müssen z. B. Mitarbeiter im Controlling Zugriff auf mehrere Systemmodule haben, da sich ihr Aufgabengebiet nicht auf die Kontrolle einer Betriebssparte beschränkt. Das zugehörige Sammelprofil faßt alle benötigten Einzelprofile zusammen und erteilt eine Komplettberechtigung zur Bearbeitung der zu überwachenden Arbeitsgebiete.

Berechtigungs-
prüfung bei Profilen

Um eine bestimmte Aktion im System durchzuführen, genügt es, wenn die Berechtigung hierzu in **einem** der Berechtigungsobjekte des Profils vorhanden ist. Vom System wird hierbei eine „Oder"-Prüfung aller im Profil eingetragenen Berechtigungen durchgeführt.

2.4.3 Aktivierungskonzept

Sicherheit

Das Aktivierungskonzept wurde geschaffen, um eine größtmögliche Datensicherheit im R/3 System zu gewährleisten. Es soll verhindert werden, daß sich ein Benutzer selbst ein Profil erstellt und im Benutzerstammsatz einträgt, so daß ihm die Möglichkeit des Zugriffs und der Manipulation an ihm sonst nicht zugänglichen Daten erlaubt wird.

Aktivierung bedeutet: Beenden der Bearbeitung und Freigabe der Änderungen. Eine nicht aktivierte Änderung kann zu einem späteren Zeitpunkt fortgesetzt werden; trotzdem bleibt die Konsistenz gewahrt.

Die erste Sicherheitsmaßnahme hierzu stellt die Einführung der Administrationsberechtigungen dar, die, wenn im Profil aufgenommen, nur Benutzern des Customizing oder Berechtigungsverwaltern (näheres hierzu: Punkt 2.4.3.2) die Möglichkeit gibt, Veränderungen an Benutzerstammsätzen vorzunehmen.

Um jedoch auch bei dieser Benutzergruppe Mißbrauch auszuschließen und Datensicherheit zu gewähren, wird die Profilteilung und die Aufgabendreiteilung genutzt.

2.4.3.1 Profilteilung

Im R/3-System sind alle Berechtigungsprofile doppelt vorhanden, nämlich in einer Pflege- und einer Aktivversion.

Abb. 2.37
Aktiv- und Pflegeprofile

Pflegeversion

Die Pflegeversion ist sozusagen die Entwicklungsstufe bei der Neueinführung eines Profils oder bei der nachträglichen Bearbeitung eines bereits vorhandenen Profils.

Hier werden neue Berechtigungsobjekte hinzugefügt oder entfernt, man könnte also von einer Art „Testversion" eines Profils sprechen, die aber, wenn erteilt, im System keine Wirksamkeit zeigt.

Aktivversion

Die Aktivversion ist das Profil, das nach der Bearbeitung tatsächlich in den Benutzerstammsatz eingetragen wird, also in der Tat eine Wirkung auf die Benutzeraktionen zeigt.

2.4.3.2 **Aufgabendreiteilung**

Die Aufgabendreiteilung besteht darin, die Bearbeitung und Zuteilung von Profilen auf drei Benutzer oder Benutzergruppen aufzuteilen:

Abb. 2.38
Aufgabendreiteilung
im Berechtigungs-
system

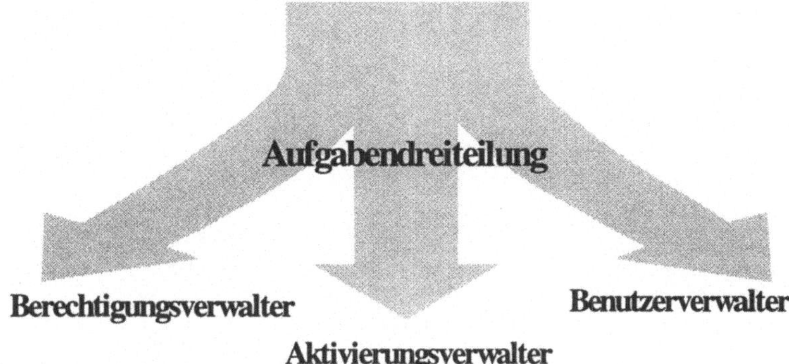

- Der **Berechtigungsverwalter** pflegt Profile, d. h. er entfernt Berechtigungen aus vorhandenen Profilen, fügt neue hinzu oder erstellt komplett neue Profile. Er besitzt nur die Berechtigung mit den Pflegeversionen zu arbeiten, nicht jedoch diese jemandem zuzuordnen.

- Der **Aktivierungsverwalter** besitzt keine Berechtigung zur Manipulation von Profilen, sondern lediglich das Recht, eine Pflegeversion in eine Aktivversion umzuwandeln, die dann Wirkung im System zeigen würde. Seine Aufgabe besteht demnach hauptsächlich in der Funktion und Sicherheitskontrolle der vom Berechtigungsverwalter erstellten Profile

- Der **Benutzerverwalter** trägt die vorher aktivierten Profile in den Benutzerstammsatz ein, hat also keine Möglichkeit, Profile zu verändern.

Der **Vorteil dieser Dreiteilung** liegt auf der Hand: Es wird ausgeschlossen, daß jemand ein überprivilegiertes Profil schafft, dieses sich oder anderen im System zuteilt und damit nicht vorgesehene Zugangsgenehmigungen erteilt.

3 Finanzbuchhaltung

3.1 Organisation und Konfiguration

Bei der Organisation und Konfiguration der Buchhaltung handelt es sich lediglich um das Customizing der Buchhaltung.

Da SAP ein Produkt geschaffen hat, das in jedem Bereich eingesetzt werden kann, ist es notwendig, jedes Modul so einzurichten, daß nur die Informationen, die für die Firma oder den Konzern von Interesse sind, bearbeitet und ausgewertet werden.

Dies wird aus dem **Werkzeuge-Menü** ausgeführt, das wie folgt aussieht:

Abb. 3.1
Menü Werkzeuge

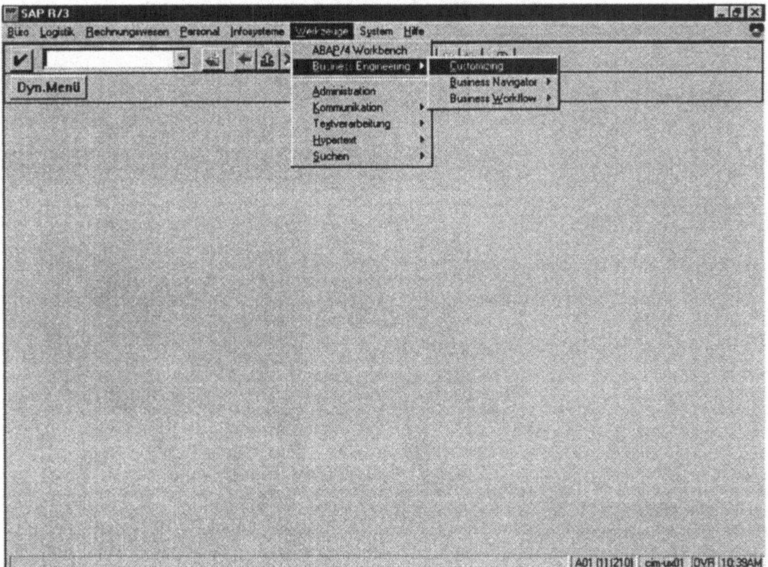

3.1.1 Organisationsstruktur der Buchhaltung

Die Organisationsstruktur der Buchhaltung besteht aus 3 Einheiten:

1. **dem Mandanten**
2. **der rechtlichen Organisationsstruktur**
3. **der internen Organisationsstruktur**

Mandant

Der Mandant steht in der Hierarchie ganz oben, d. h. alle Informationen, wie die Stammdaten, die hier abgelegt werden, können überall benutzt werden.

Die **rechtliche Organisationsstruktur** ist wie folgt aufgebaut:

1. **Buchungskreis**
2. **Kostenrechnungskreis**

Buchungskreis

Jeder Buchungskreis stellt eine selbständig bilanzierende Einheit dar. Auf der Ebene des Buchungskreises wird die vom Gesetzgeber geforderte Bilanz und GuV erstellt. Für jeden Mandanten können mehrere Buchungskreise eingerichtet werden, um die Buchhaltung mehrerer selbständiger Unternehmen gleichzeitig führen zu können. Eine weitere Untergliederung ist durch interne Organisationsstrukturen möglich.

Jeder Buchungskreis verwendet genau einen Kontenplan. Ein Kontenplan kann jedoch von mehreren Buchungskreisen benutzt werden:

Abb. 3.2
Buchungskreis
und Kontenpläne

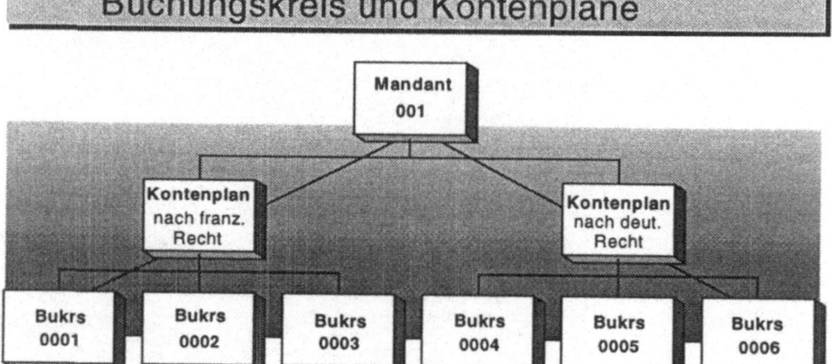

Durch folgende Schritte kann - vom Customizing-Menü aus - nach Auswahl von „*Unternehm.-IMG*" die nachfolgende Bildschirmmaske erreicht werden:

Abb. 3.3
Unternehmens-IMG

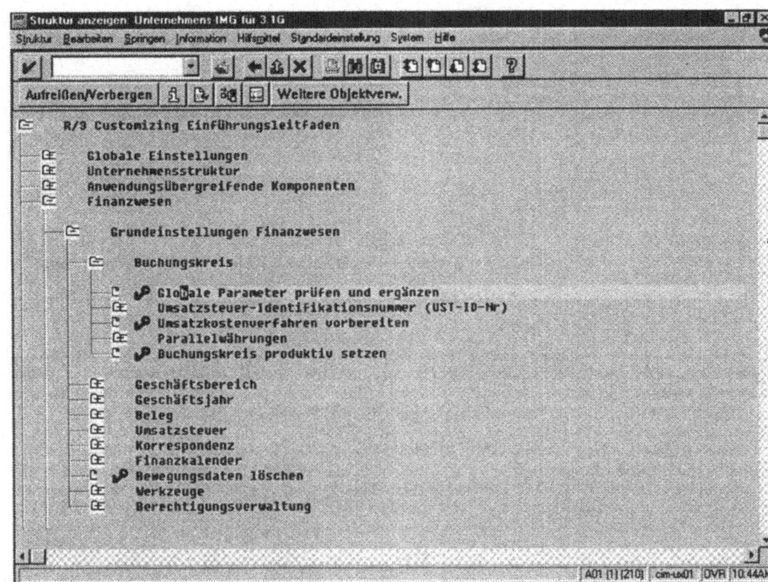

Am Ende erscheint folgende Bildschirmmaske:

Abb. 3.4
Buchungskreis
definieren

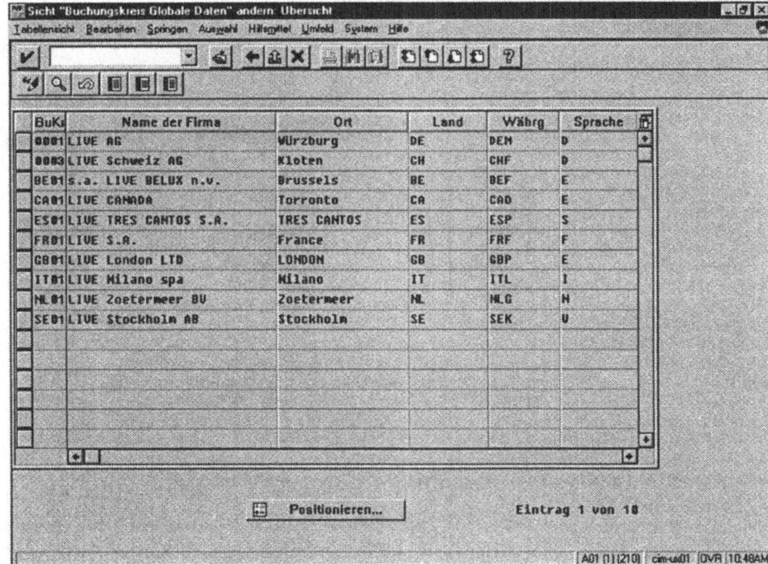

**Kostenrechnungs-
kreis**

Der Kostenrechnungskreis ist im Endeffekt nichts anderes als eine Kostenstelle, die beim Buchen von Aufträgen angegeben werden kann. Voraussetzung dafür ist, daß das Controlling-Modul bereits im Einsatz ist.

Buchungskreis und Kostenrechnungskreis müssen sich nicht entsprechen. Es gibt **zwei Möglichkeiten der Zuordnung**:

1.   Der Buchungskreis kann genau einem Kostenrechnungskreis zugeordnet werden;

2.   mehrere Buchungskreise können auf einen Kostenrechnungskreis verweisen.

**Interne
Organisationsstruktur**

Die interne Organistionsstruktur ist wie folgt aufgebaut:

1.   **Kreditkontrollbereich**

2.   **Geschäftsbereich**

3.   **Mahnbereich**

Der **Kreditkontrollbereich** bestimmt das **Kreditlimit** der Kreditoren. Die Buchungskreise sind diesem Kreditlimit unterstellt:

Abb. 3.5
Kreditkontrollbereiche
und Kreditlimit

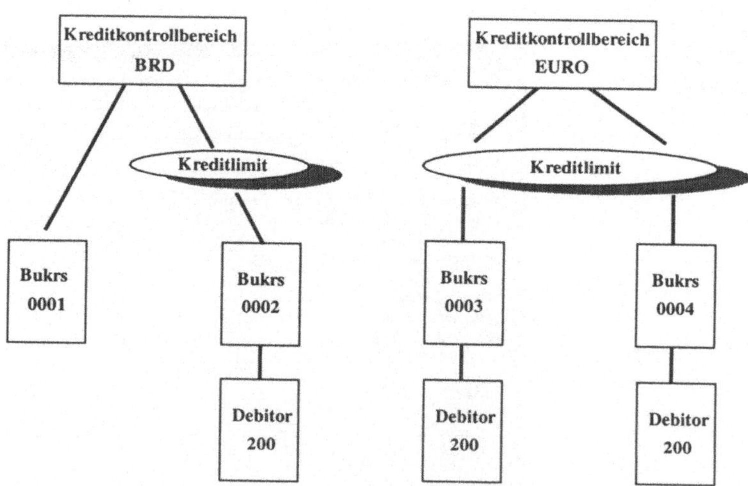

Das Kreditlimit kann buchungskreisübergreifend sein, muß aber nicht. Ist das Kreditlimit buchungskreisübergreifend, so wird der Kredit des Debitors im Kreditkontrollbereich **EURO** von Buchungskreis **0003** und **0004** addiert. Diese haben jedoch keinen Einfluß auf den Kreditkontrollbereich **BRD**.

Kredikontrollbereich
definieren

Durch folgende Schritte - vom Customizing-Menü aus - kann die unten angegebene Bildschirmmaske erreicht werden:

Unternehm.-IMG ⇨ Unternehmensstruktur ⇨ Strukturpflege ⇨ Definition ⇨ Finanzwesen ⇨ Kreditkontrollbereich pflegen

Es erscheint folgende Bildschirmmaske:

Abb. 3.6
Kredikontrollbereiche
ändern

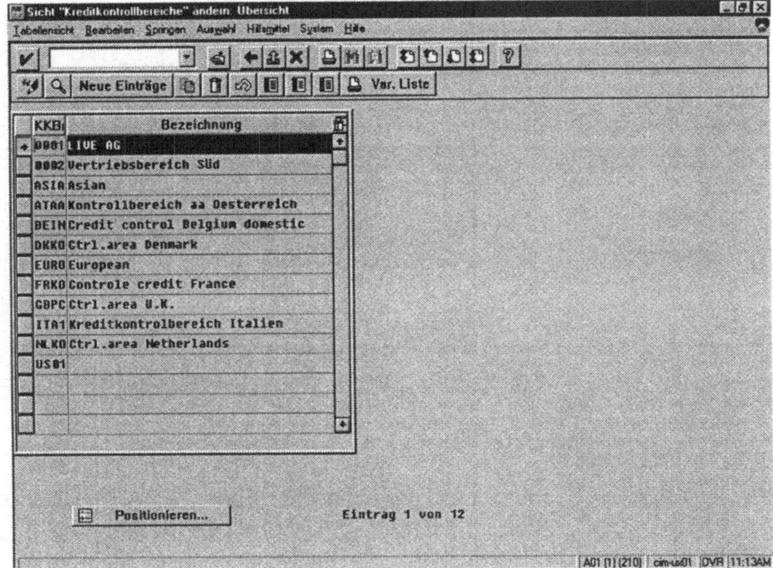

Ein **Geschäftsbereich** ist eine Organisationseinheit, unter der die Verkehrszahlen der Sachkonten für interne Auswertungszwecke getrennt geführt werden. In diesem Bereich kann intern die Bilanz sowie die Gewinn und Verlustrechnung erstellt werden. Der Geschäftsbereich hat somit keinen Außenwirkungscharakter.

Geschäftsbereich
definieren

Durch folgende Schritte - vom Customizing-Menü aus - kann die unten angegebene Bildschirmmaske erreicht werden:

Einstellungsmenü ⇨ Organisationsstruktur ⇨ Einrichtung ⇨ Rechnungswesen ⇨ Finanzwesen

Jetzt erscheint folgende Bildschirmmaske:

Abb. 3.7
Geschäftsbereiche
ändern

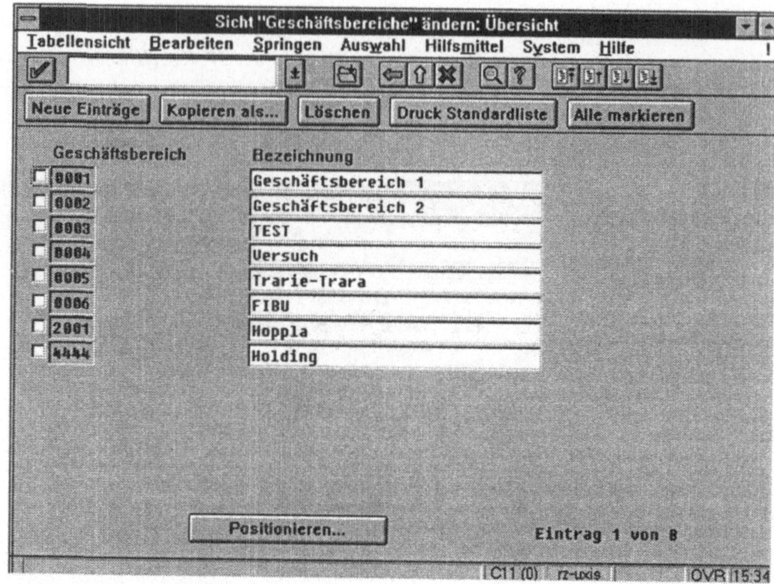

Mahnbereich

In der Regel wird das Mahnwesen pro Buchungskreis abgewikkelt. In diesem Fall ist das Einrichten von Mahnbereichen **nicht**
erforderlich.

Mahnbereiche werden verwendet, wenn für die Abwicklung des
Mahnwesens innerhalb eines Buchungskreises mehrere Organisationseinheiten zuständig sind. Diese Organisationseinheiten
bildet man im SAP-System durch Mahnbereiche ab.

3.1.2   Sachkontenstammdaten

Die Sachkontenstammdaten dienen zum Erfassen der Geschäftsvorfälle auf den Sachkonten und deren Verarbeitung. Alle Geschäftsvorfälle, die auf Sachkonten gebucht werden, werden
gleichzeitig im Hauptbuch fortgeschrieben.

Abb. 3.8
Aufbau der Sach-
kontenstammdaten

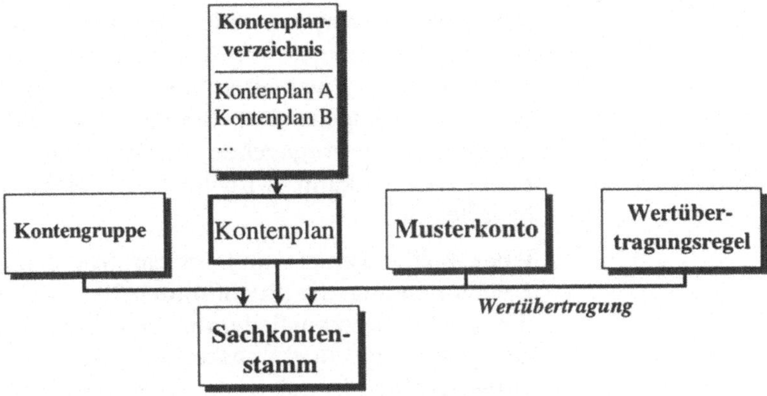

Auf den Sachkontenstamm nimmt der Kontenplan und die Kontengruppe direkten Einfluß. Der **Kontenplan** ist ein Verzeichnis
aller Sachkontenstammsätze, die in einem oder mehreren Buchungskreisen benötigt werden.

Kontenplan
definieren

Durch folgende Schritte - vom Customizing-Menü aus - kann die
unten angegebene Bildschirmmaske erreicht werden:

Unternehm.-IMG ⇨ *Finanzwesen* ⇨ *Hauptbuchhaltung* ⇨ *Sachkonten* ⇨ *Stammdaten* ⇨ *anlegen der Sachkonten* ⇨ *manuell
zweistufig (Alternative 4)* ⇨ *Kontenplanverzeichnis pflegen*

Abb. 3.9
Verzeichnis aller
Kontenpläne

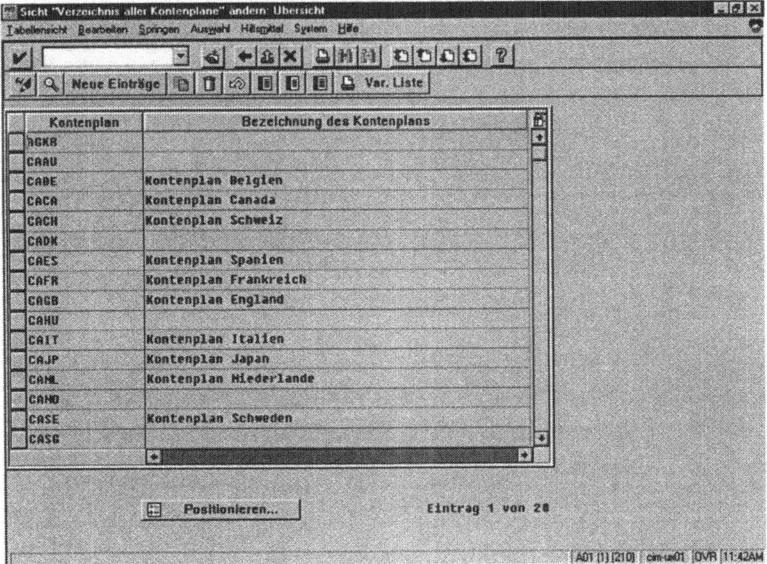

Die **Kontengruppe** ist eine Zusammenfassung von Eigenschaften, die das Anlegen von Stammsätzen steuert. Die Sachkontenstammdaten sind verteilt auf einen Kontenplanbereich und einen buchungskreisspezifischen Bereich; z. B. wird die Kontonummer im Kontenplan vorgegeben, die Währung, in der das Konto bebucht werden kann, wird im buchungskreisabhängigen Bereich festgelegt.

Jeder Buchungskreis muß einem Kontenplan zugeordnet sein. Bei Einrichtung der Buchführung für zwei Buchungskreise, die die gleiche Kontengliederung benutzen, reicht ein Kontenplan aus. Weisen die Buchungskreise jedoch unterschiedliche **Gliederungsstrukturen** auf (z. B. unterschiedliche Branchen), so sind zwei Kontenpläne einzurichten.

Die Kontengruppe hilft beim Anlegen von Stammsätzen und beim Vermeiden von Eingabefehlern. Dies wird durch die unterschiedliche Gestaltung der Bildschirmbilder erreicht. Sachkonten lassen sich nach Sachgebieten gruppieren, z. B. können alle Bankkonten, Postgirokonten und die Kasse zur Kontengruppe „Flüssige Mittel" zusammengefaßt werden. Über die Kontengruppe wird festgelegt, welche Felder relevant sind. Es kann ein Feldstatus zugeordnet werden, wie z. B. Mußfeld, Kannfeld oder ausgeblendetes Feld.

Feldstatus definieren

Durch folgende Schritte - vom Customizing-Menü aus - können die unten angegebenen Bildschirmmasken erreicht werden:

Unternehm.-IMG ⇨ Finanzwesen ⇨ Hauptbuchhaltung ⇨ Sachkonten ⇨ Stammdaten ⇨ anlegen der Sachkonten ⇨ manuell zweistufig (Alternative 4) ⇨ Musterkonten ⇨ Musterkonten anlegen

Abb. 3.10
Feldstatus

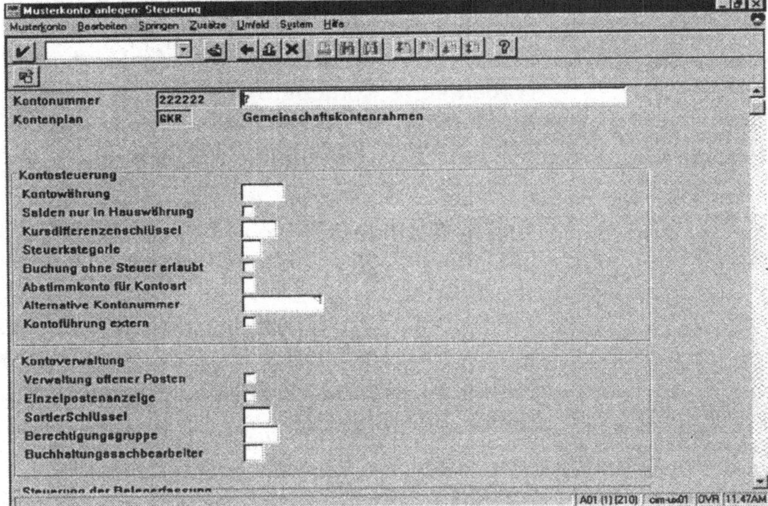

*Unternehm.-IMG ⇨ Finanzwesen ⇨ Hauptbuchhaltung ⇨ Sach-
konten ⇨ Stammdaten ⇨ anlegen der Sachkonten ⇨ manuell
zweistufig (Alternative 4) ⇨ Musterkonten ⇨ Verzeichnis der Re-
gelwerke pflegen*

Abb. 3.11
Regeln für
Musterkonten

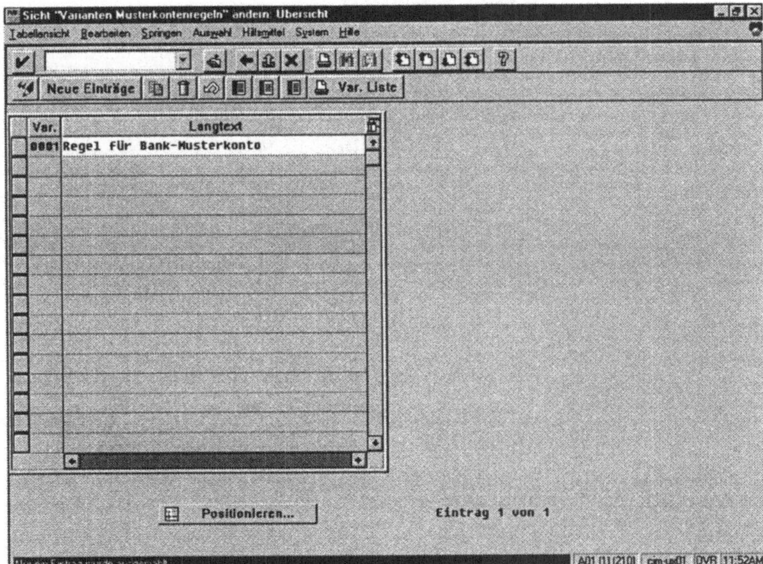

Die Vergabe der Kontonummern wird durch den Kontenrahmen bestimmt. So kann jeder Kontengruppe ein Nummernbereich zugeordnet werden, um Eingabefehler zu verhindern. SAP liefert vordefinierte Kontengruppen, die verwendet werden können. Im Kontenplan muß mindestens eine Kontengruppe angegeben werden. Kontengruppen können auch nachträglich verändert werden.

Kontengruppe definieren

Durch folgende Schritte - vom Customizing-Menü aus - kann die unten angegebene Bildschirmmaske erreicht werden:

Unternehm.-IMG ⇨ Finanzwesen ⇨ Hauptbuchhaltung ⇨ Sachkonten ⇨ Stammdaten ⇨ anlegen der Sachkonten ⇨ manuell zweistufig (Alternative 4) ⇨ Bildaufbau pro Kontengruppe definieren (Sachkonten)

Abb. 3.12
Kontengruppen
Sachkonten

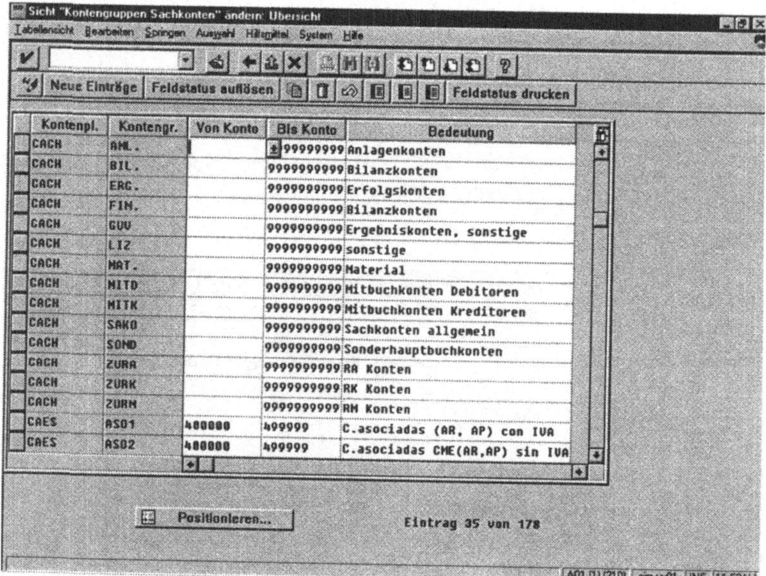

Kontenpl.	Kontengr.	Von Konto	Bis Konto	Bedeutung
CACH	AML.		99999999	Anlagenkonten
CACH	BIL.		9999999999	Bilanzkonten
CACH	ERG.		9999999999	Erfolgskonten
CACH	FIN.		9999999999	Bilanzkonten
CACH	GUU		9999999999	Ergebniskonten, sonstige
CACH	LIZ		9999999999	sonstige
CACH	MAT.		9999999999	Material
CACH	MITD		9999999999	Mitbuchkonten Debitoren
CACH	MITK		9999999999	Mitbuchkonten Kreditoren
CACH	SAKO		9999999999	Sachkonten allgemein
CACH	SOND		9999999999	Sonderhauptbuchkonten
CACH	ZURA		9999999999	RA Konten
CACH	ZURK		9999999999	RK Konten
CACH	ZURM		9999999999	RM Konten
CAES	ASO1	400000	499999	C.asociadas (AR, AP) con IVA
CAES	ASO2	400000	499999	C.asociadas CME(AR,AP) sin IVA

Im **buchungskreisspezifischen Bereich** werden nur die Informationen hinterlegt, die von Buchungskreis zu Buchungskreis unterschiedlich sind. Bei einem Kontenplan für Deutschland, Italien und Österreich wird man die Konten in der jeweiligen Währung anlegen.

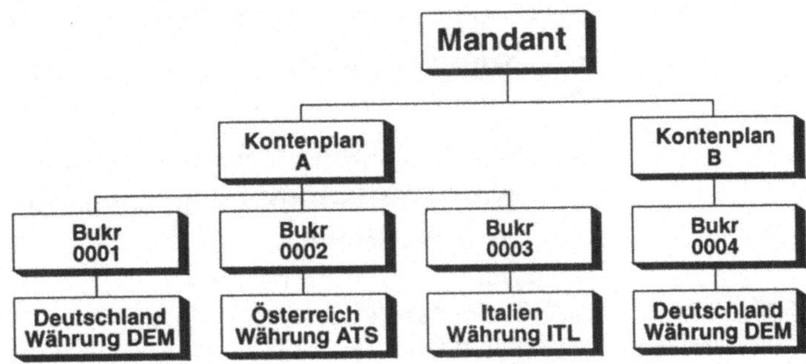

Abb. 3.13
Buchungskreis-
spezifische Bereiche

Wichtige buchungskreisspezifische Daten sind somit die **Währung**, die **Steuer** (Umsatzsteuer) und das **Abstimmkonto** (z. B. für Forderungen und Verbindlichkeiten). Über das Abstimmkonto ist es möglich, jederzeit eine Bilanz und eine GuV zu erstellen. Abstimmkonten können nicht manuell bebucht werden.

Weitere buchungskreisspezifische Informationen sind die Berechtigungen, die für jeden Sachkontenstammsatz vergeben werden können. Bei automatischen Buchungen können z. B. Gewinne oder Verluste aus Fremdwährungsumrechnungen (Kursdifferenzen) gemeint sein. Dafür richtet man Konten ein, die nur automatisch bebucht werden. Eine andere Festlegung im buchungskreisspezifischen Bereich ist die Kontoverwaltung.

Die Konten können verwaltet werden in Bezug auf:

- **Kontostandsanzeige** (immer verfügbar)

- **Offene-Posten-Verwaltung** (explizit vorgesehen)

- **Einzelpostenanzeige** (explizit vorgesehen)

3.1.2.1

Kreditoren- und Debitorenstammdaten

Da Kreditorenstammdaten nahezu äquivalent zu den Debitorenstammdaten sind, werden hier nur diese behandelt.

Debitoren-
stammdaten

Debitorenstammdaten sind die Daten, die für die Abwicklung der Geschäftsbeziehung mit dem Debitor benötigt werden (z. B. Adreßdaten, Zahlungsbedingungen). Sie steuern ferner das Erfassen der Geschäftsvorfälle auf einem Debitorenkonto und die Verarbeitung der gebuchten Daten.

Folgende Objekte nehmen Einfluß auf den **Debitorenstamm**:

- **Nummernkreis:** Nummernbereich, aus dem die Kontonummer für den Stammsatz zu wählen ist.
- **Kontengruppe:** Zusammenfassung von Eigenschaften.
- **Feldstatusdefinitionen:** bestimmen Status der Felder auf dem Bildschirm.

Abb. 3.14
Debitoren-/Kreditoren-stamm

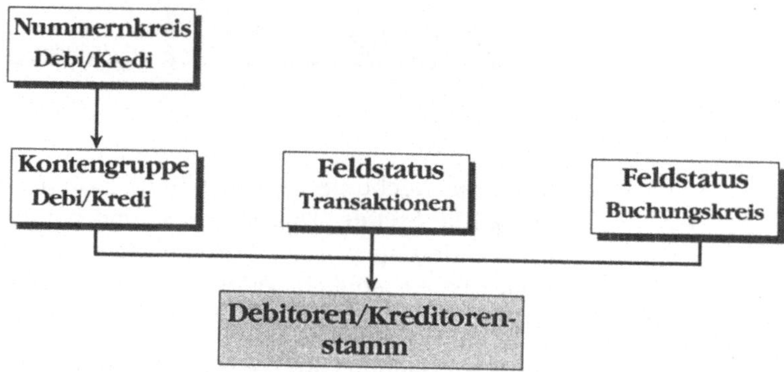

Anmerkung

Die Bildschirmmasken für die Konfiguration der Kreditor-/Debitorenstammdaten sind vom Prinzip gleich.

Um die notwendigen Einstellungen zu tätigen, erreicht man den Kreditor-/Debitorenstamm über den Unternehmens-IMG:

Abb. 3.15
Systemeinstieg:
Debitoren-/Kreditoren-stamm

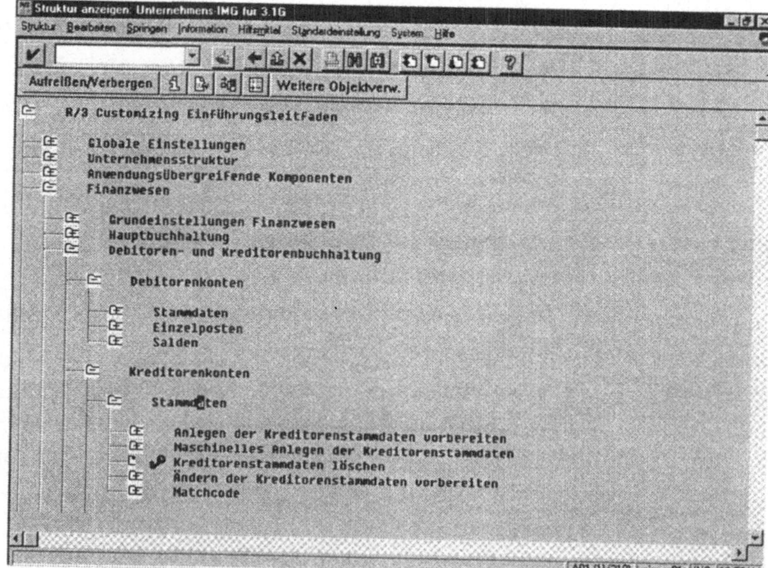

3.1.2.2	**Bankenstammdaten**

Die Bankenstammdaten werden im SAP-System zentral im Bankenverzeichnis abgelegt. Zu den Bankenstammdaten gehören unter anderem die Anschriftsdaten der Banken. Die Bankverbindung der Geschäftspartner wird im Debitoren- bzw. Kreditorenstammsatz hinterlegt. Angaben zu den eigenen Hausbanken werden separat gespeichert.

Swift-Code

Das Bankenverzeichnis wird vor allem für den maschinellen Zahlungsverkehr benötigt. Besonders wichtige Daten sind die Anschrift und der Swift-Code (Society for Worldwide Interbank Financial Telecommunication). Dieser Code identifiziert jede Bank ohne Angabe von Anschrift und Bankleitzahl. Postbankgirokonten sind speziell zu kennzeichnen. Nach Einführung des Systems wird das Bankenverzeichnis nur noch bei Bedarf gepflegt.

In den Debitoren- und Kreditorenstammsätzen benötigt das System für das Zahlungsprogramm Angaben über die eigenen Bankverbindungen; z. B. kann man im Kreditorenstammsatz bereits angeben, von welcher Hausbank die Zahlung erfolgen soll.

Bank-Id

Die Bankverbindungen werden pro Buchungskreis festgelegt. Zu jeder Bank wird eine frei definierbare Kurzbezeichnung (Bank-Id) angegeben. Zusätzlich ist zu jeder Bankverbindung das Bankland und die Bankleitzahl einzutragen.

Konto-Id

Wenn beim Zahlungsprogramm die Bankverbindungen benötigt werden, reicht es aus, die Bank-Id anzugeben. Die Bankkonten selbst müssen ebenfalls unter einer Kurzbezeichnung (**Konto-Id**) abgelegt werden, z. B. wird für ein Girokonto in Landeswährung die Abkürzung „GIRO" benutzt.

Natürlich ist es auch möglich, die Daten der Hausbanken zu ändern und evtl. eine Hausbank zu löschen.

3.1.2.3	**Matchcode**

Um einen Stammsatz oder ein Konto eindeutig zu identifizieren, benötigt man die Kontonummer.

Der Matchcode besteht aus einer Reihe von Stammsatzfeldern, die für einen Debitoren-/Kreditorenstammsatz im System gefüllt werden. Über diese Felder kann man den Stammsatz suchen. Der Matchcode ist somit ein alternativer Schlüssel zu den Stammsätzen, der zur Suche verwendet wird.

Die folgende Abbildung 3.16 zeigt die Objekte, die für einen Matchcode benötigt werden:

Abb. 3.16
Matchcode-Objekt

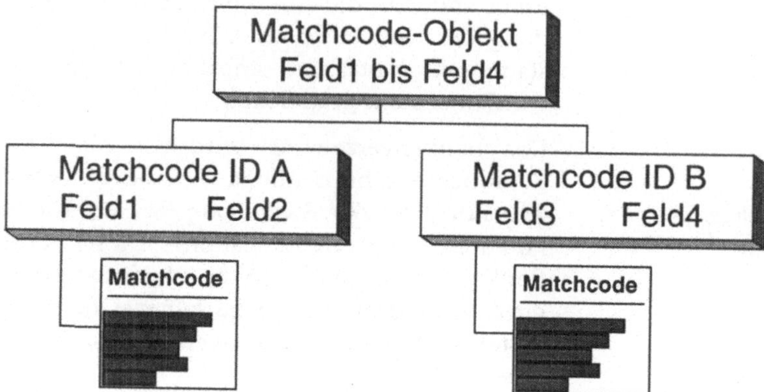

Das **Matchcode-Objekt** bestimmt, welche Datenbanktabellen und damit welche Felder grundsätzlich für die Matchcode-ID's erforderlich sind. Aus der Vielzahl dieser Felder werden für die Matchcode-ID's nur die gewünschten ausgesucht.

Die **Matchcode-ID** legt fest, welche Felder für den Matchcode gespeichert und ausgegeben werden.

3.2   Parameterpflege

3.2.1   Mitarbeiter und Berechtigungen

In der Finanzbuchhaltung des R/3-Systems besteht die Möglichkeit, die diversen Mitarbeiter zu gruppieren und mit entsprechenden Berechtigungsprofilen auszustatten. Dies ist nützlich, da das Berechtigungsprofil eines leitenden Angestellten oder eines Prokuristen sich in den meisten Fällen von dem eines „gewöhnlichen" Sachbearbeiters unterscheiden wird.

Die Vergabe von Berechtigungen dient dazu, den betriebswirtschaftlichen Bereich, den die Mitarbeiter bearbeiten dürfen, zu bestimmen und die einzelnen Bearbeitungsfunktionen detailliert zu definieren.

Als **vordefinierte Objekte** werden im System die jeweiligen Masken bezeichnet, in die die entsprechenden Werte eingegeben werden müssen, um eine Berechtigung wirksam zu machen. Werden einem vordefinierten Objekt keine Werte zugeordnet, so erhält der Mitarbeiter eine globale Berechtigung innerhalb dieser Funktionseinheit.

Folgende Objekte sind im Modul FI vordefiniert:

- **Stammdaten**
- **Belege**
- **Bilanzen**
- **Kreditkontrolldaten**
- **Zahlungsläufe und**
- **Mahnläufe**

Mehrere Berechtigungen eines Mitarbeiters werden in einem **Berechtigungsprofil** zusammengefaßt. Alle Berechtigungsprofile eines Bereiches werden wiederum einem **Benutzerstammsatz** zugeordnet:

Abb. 3.17
Berechtigungs-
hierarchie

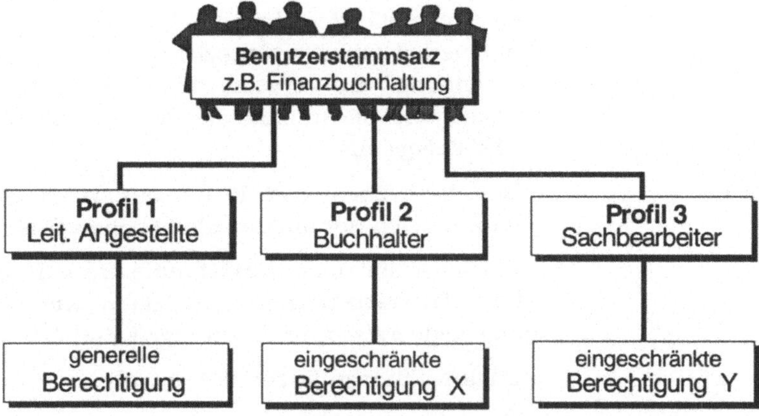

Besonders zu beachten ist die Tatsache, daß im System Berechtigungen auf einer oder mehreren voneinander unabhängigen Ebenen vergeben werden können. So kann z. B. der Zugriff auf Belege in Abhängigkeit von Buchungskreis, Geschäftsbereich, Belegart, Kontoart und Konto eingeschränkt werden.

Die Profile bestehen aus Berechtigungen, die für einen Arbeitsplatz zusammengefaßt wurden. Beispielsweise kann ein Profil für den Debitorenbereich und ein Profil für den Kreditorenbereich definiert sein. Bei der Systemeinführung werden dann die benötigten Profile erstellt und den Mitarbeitern zugeordnet.

Profile können den jeweiligen Anforderungen laufend angepaßt werden. Wurden Berechtigungen geändert, dann werden diese Änderungen für alle Profile wirksam, denen die Berechtigungen zugeordnet sind. Das beeinflußt wiederum das Tätigkeitsfeld der Mitarbeiter. Werden andererseits die Profile erweitert, greift man direkt auf den Arbeitsbereich aller Mitarbeiter zu, denen die Profile zugeordnet sind.

Die vertikale Ebene der Berechtigungsvergabe gliedert sich in drei Teile:

Ebenen der
Berechtigungsvergabe

- Vergabe von **generellen** Berechtigungen,
  z. B. Belege buchen;

- Vergabe von **organisatorischen** Berechtigungen,
  z. B. Buchen nur im Buchungskreis X und im Geschäftsbereich Y;

- Vergabe von **funktionalen** Berechtigungen,
  z. B. Buchen nur in den Konten 100000 bis 300000.

Die generelle Berechtigung entspricht in FI der Ebene des vordefinierten Objekts Finanzbuchhaltung, die organisatorische Berechtigung wird vergeben für Buchungskreise und Geschäftsbereiche und die funktionale Berechtigung wirkt sich auf Konten und Belege aus.

Beispiel

Wie diese Theorie im R/3 umgesetzt wird, soll ein Beispiel aus dem Bereich der funktionalen Ebene verdeutlichen:

Zunächst soll eine **funktionale Berechtigungsstruktur** (hier: eine **Toleranzgruppe**) geschaffen werden, der zunächst neu angelegte Mitarbeiter zuzuordnen sind.

Dazu wählt man folgende Menüfolge:

Finanzwesen ⇨ *Debitoren und Kreditoren* ⇨ *Geschäftsvorfälle* ⇨ *Zahlungseingang* ⇨ *Zahlungseingang manuell* ⇨ *Toleranzgruppen für Mitarbeiter definieren*

Man wählt entweder eine bereits vorhandene Toleranzgruppe aus und bearbeitet die entsprechenden Einträge, oder man klickt auf die Schaltfläche *Neue Einträge*.

In der erschienenen Eingabemaske sind Gruppenname, Buchungskreis, eventuelle Obergrenzen für Buchungsvorgänge sowie zulässige Zahlungsdifferenzen zu definieren.

Nachdem die Eingaben gesichert worden sind, kann über das Menü *Finanzwesen⇨ Debitoren und Kreditoren ⇨ Geschäftsvorfälle ⇨ Zahlungseingang ⇨ Zahlungseingang manuell ⇨ Benutzer Toleranzgruppe zuordnen* die Zuordnung erfolgen. Bei neu anzulegenden Mitarbeitern sind *Neue Einträge* vorzunehmen, indem man die Namen mit den gewünschten Toleranzgruppen versieht. Nach erfolgter Sicherung dieser Daten erscheinen die betreffenden Mitarbeiter mit den zugeordneten Toleranzgruppen im Übersichtsmenü.

Somit haben die Stammsätze dieser Mitarbeiter auf funktionaler Ebene die definierten Toleranzbereiche erhalten. Bei Überschreitung eines solchen Toleranzbereiches im Rahmen einer vorgenommenen Buchung wird vom System von nun an eine Fehlermeldung ausgegeben.

3.2.2   Geschäftsjahr und Buchungsperioden

Sehr oft stimmt das Geschäftsjahr einer Firma nicht mit dem Kalenderjahr überein. Daher muß das System dem Benutzer eine variable Definition von Geschäftsjahr und Buchungsperioden erlauben. Auch die den Jahresabschluß betreffenden Sonderperioden müssen Beachtung finden.
Im folgenden wird nun beschrieben, wie ein Geschäftsjahr zusammen mit den entsprechenden Buchungsperioden definiert und gepflegt wird.

Geschäftsjahr

Dazu wählt man im Einführungsleitfaden die Optionen *Finanzwesen ⇨ Grundeinstellungen des Finanzwesens ⇨ Geschäftsjahr ⇨ Geschäftsjahresvariante pflegen*. Es erscheint eine Übersicht über bereits angelegte Varianten. Um ein neues Geschäftsjahr hinzuzufügen, wählt man *Anlegen*. Nachdem der Name und die Kurzbeschreibung der Geschäftsjahresvariante eingegeben ist, wird abgefragt, ob das Geschäftsjahr dem *Kalenderjahr* entspricht oder *jahresabhängig* ist. In der Regel wird man aber jahresunabhängige Perioden definieren. Nach Eingabe der Anzahl Buchungs- und Sonderperioden klickt man auf die Schaltfläche *Perioden*, um nach der Eingabe des für die Variante gültigen Kalenderjahres schließlich die Maske der Periodendefinitionen zu erreichen. Bei jahresunabhängigen Varianten entfällt die Angabe des Kalenderjahres.

Jahresverschiebungs-Kennzahl

Um im Falle einer nicht **kalenderjahrabhängigen Variante** dem System effektiv mitteilen zu können, daß eine bestimmte Buchungsperiode in ein anderes Geschäftsjahr gehört, bedient man sich der sog. Jahresverschiebung.

Die **Jahresverschiebungs-Kennzahl** kann die Werte -1, 0 oder +1 erhalten. Soll bspw. ein Geschäftsjahr definiert werden, das den Zeitraum 16.04.95 bis 15.04.96 erfaßt und quartalsgerechte Buchungsperioden einschließt, so müssen im Buchungsjahr 1995 folgende Perioden definiert werden:

1. Periodenende am   15.07.95

2. Periodenende am   15.10.95

3. Periodenende am   31.12.95   (!)

4. Periodenende am   15.01.95 ⇨ Jahresverschiebung „-1"

5. Periodenende am   15.04.95 ⇨ Jahresverschiebung „-1"

Zu beachten ist generell, daß auf jeden Fall am 31.12. ein Periodenende definiert ist, auch wenn dieses Datum nicht einem gewünschten Periodenende entsprechen sollte.

Zurückgreifende Buchungsperioden werden mit der Jahresverschiebung „-1" definiert, wogegen vorausgreifende Perioden die Kennzahl „+1" erhalten. Alle übrigen Perioden erhalten die Kennzahl 0.

Buchungen in Schaltjahren

Damit die Buchungen auch in einem Schaltjahr die gewünschte Periode erreichen, muß nur dann eingegriffen werden, wenn das Geschäftsjahr vom Kalenderjahr abweicht. In diesem Fall wird für den Februar das Periodenende 29 eingegeben, sofern das Geschäftsjahr sich nicht mit dem Kalenderjahr deckt und die Perioden den Kalendermonaten entsprechen. Ist als Periodenende der 28. festgesetzt, so schreibt das System die am 29. Februar gebuchten Verkehrszahlen bereits in die nächste Periode, falls diese bebuchbar ist. Falls nicht, wird eine Fehlermeldung ausgegeben.

Sonderperioden

Die Einrichtung von Sonderperioden, die die Jahresabschlußperiode untergliedern, hängt nicht von der Definition des jeweiligen Geschäftsjahres ab. Durch die Aufteilung der letzten Buchungsperiode in mehrere Abschlußperioden ist es möglich, mehrere Nachtragsbilanzen zu erstellen.

Maximal können insgesamt 16 Perioden definiert werden. Da das Geschäftsjahr in der Regel 12 Buchungsperioden besitzt, können die übrigen 4 Perioden als Sonderperioden behandelt werden. Die gewünschte Anzahl der Sonderperioden ist im Rahmen der Eigenschaften eines Geschäftsjahres unbedingt anzugeben. Das System wird dann die gewünschte Anzahl Sonderperioden aus der Anzahl Buchungsperioden für Abschlußarbeiten heraustrennen.

Eine Buchung in die Sonderperioden setzt voraus, daß das Buchungsdatum in der letzten regulären Periode liegt. Desweiteren kann eine Buchung auf eine gewünschte Abschlußperiode nur erfolgen, wenn die Periodenkennziffer im Belegkopf im Feld *Periode* eingegeben wird.

Zuordnen der Geschäftsjahresvariante zum Buchungskreis

Um eine **Geschäftsjahresvariante** auch wirklich benutzen zu können, muß sie erst einem Buchungskreis zugeordnet werden. Hierzu wählt man aus dem Einführungsleitfaden heraus die Menüfolge: *Finanzwesen* ⇨ *Grundeinstellungen des Finanzwesens* ⇨ *Geschäftsjahr* ⇨ *Buchungskreis einer Geschäftsvariante zuordnen.*

Aus der Übersicht über die angelegten Buchungskreise wählt man den gewünschten Buchungskreis an und klickt auf die Schaltfläche *Detail.* Die Eigenschaften des Buchungskreises werden angezeigt. Nun gibt man im Feld *Geschäftsjahresvariante* der *Organisation der Buchhaltung* den Namen des geforderten Geschäftsjahres an und bestätigt bzw. sichert diese Änderung. Zur Überprüfung dient die Übersicht im Einstellungsmenü *Umfeld* ⇨ *Geschäftsjahr* ⇨ *Zuordn.* ⇨ *Bukrs/GJvar.* Hieraus ist zu ersehen, welcher Buchungskreis welches Geschäftsjahr umfaßt.

Öffnen der Buchungsperioden

Um die entsprechenden Perioden freizugeben oder auch für den Belegverkehr zu sperren, legt man im Einstellungsmenü *Geschäftsvorfälle* ⇨ *Buchungsperioden* das gewünschte Periodenintervall fest. Hierbei sind für jeden Buchungskreis die bebuchbaren Perioden anzugeben. Da jeder Buchungskreis einen Allgemeineintrag erfordert, muß in der Spalte der Kontoart (K) ein „+" eingegeben werden. In der Spalte Satzart wird festgelegt, ob die Konten zum Buchen von Buchhaltungsdaten (Satzart 0) oder von Plandaten (Satzart 1) geschlossen oder geöffnet werden sollen.

Die Zuordnung der Geschäftsjahresvariante zu einem Buchungskreis sowie die Öffnung der bebuchbaren Perioden sind auf jeden Fall durchzuführen. Ohne diese Maßnahmen kann keine Buchung erfolgen.

3.2.3   Zahlungsbedingungen und Skonti

Die Ermittlung der Fälligkeit im Zahlungsverkehr ist unerläßlich. Im folgenden werden die Möglichkeiten aufgezeigt, wie der Administrator im R/3 die gewünschten und erforderlichen Zahlungsbedingungen umsetzen kann, damit Fälligkeits- und Skontoberechnung ordnungsgemäß erfolgen können.

Basisdatum

Eine erste, wichtige Kenngröße ist hierbei das Basisdatum. Das Basisdatum ist, wie der Name vermuten läßt, der Grundbaustein der Fälligkeitsberechnung. Das System bedient sich prinzipiell folgender Formel:

$$\textbf{Fälligkeit = Basisdatum + Zahlungsziel}$$

Ist bspw. der 02.05. das ermittelte Basisdatum eines Postens und das betreffende Zahlungsziel 14 Tage mit 2 % Skonto, so wird das System die Buchung dieses Postens bis zum 16.05. mit Skontoabzug erlauben.

Das Basisdatum kann generell auf vier verschiedene Arten ermittelt werden:

Basisdatum ist
1. **Belegdatum**   oder
2. **Buchungsdatum**   oder
3. **Erfassungsdatum**   oder
4. **ohne Vorschlag** (= manuelle Eingabe während der Belegerfassung)

Zuschlagsmonate und Fester Tag

Das ermittelte Basisdatum kann nun anhand der Größen „Zuschlagsmonate" und „Fester Tag" noch verschoben werden. Die Option *Fester Tag* legt unabhängig vom Vorschlagswert das Basisdatum auf eine unveränderliche Größe fest.

Ist bspw. das vorgeschlagene Basisdatum das Belegdatum mit dem 02.05., das Datum *Fester Tag* aber besitzt den Wert 20, so wird das Basisdatum auf den 20.05. gesetzt. Da diese Größe nur für den jeweiligen Monat gilt, der aus dem vorgeschlagenen Basisdatum hervorgeht, bedient man sich der *Zuschlagsmonate* um weiter entferntere Daten erreichen zu können. Ist das nun ermittelte Basisdatum also der 20.05., aber im Feld *Zuschlagsmonate* steht der Wert 2, so wird das Basisdatum auf den 20.07. gesetzt.

Mit diesen Kennzahlen sind einfache Zahlungsbedingungen ohne Mühe implementierbar. Komplexere Strukturen mit verschachtelten Perioden verlangen eine weitere Größe: die Taggrenze.

Taggrenze

Folgender **Sachverhalt** soll realisiert werden:

- Rechnungserstellung zwischen 1. und 15. eines Monats;
- Bezahlung bis zum 31. des gleichen Monats: 3 % Skonto
- oder Bezahlung bis zum 15. des Folgemonats: 2 % Skonto;

- sowie bei Rechnungserstellung zw. 15. und 31. des Monats;
- Bezahlung bis 15. des Folgemonats: 3 % Skonto
- oder Bezahlung bis 31. des Folgemonats: 2 % Skonto,
- sonst rein netto.

Im Grunde handelt es sich nur um eine einzige Zahlungsbedingung, die von zwei vorgegebenen Zeiträumen abhängt. Um bessere Übersicht zu gewährleisten, kann man sich der Definition per *Taggrenze* bedienen. Dabei muß die Zahlungsbedingung zweimal angelegt werden: einmal mit der Taggrenze 15 und einmal mit der Taggrenze 31.

Die Implementierung in R/3 erfolgt über die Menüfolge *Finanzwesen* ⇨ *Debitoren- und Kreditorenbuchhaltung* ⇨ *Geschäftsvorfälle* ⇨ *Rechnungseingang/Gutschrifteingang* ⇨ *Zahlungsbedingungen pflegen* des Einführungsleitfadens. Dort erscheint zunächst eine Übersicht über bereits angelegte Zahlungsbedingungen. In unserem Beispiel wären jetzt also zwei namensgleiche Strukturen der Zahlungsbedingung folgendermaßen einzugeben: die erste Definition erhält im Feld *Taggrenze* den Eintrag 15 sowie die Bedingungen:

- 3,0 %   Fester Tag 31   Zuschlagsmonate 0
- 2,0 %   Fester Tag 15   Zuschlagsmonate 1
-                     Fester Tag 31   Zuschlagsmonate 1

Die letzte Bedingung ist notwendig, um den Tatbestand der Nettofälligkeit zu definieren.

Die zweite Definition mit der Taggrenze 31 erhält die Einträge:

- 3,0 %   Fester Tag 15   Zuschlagsmonate 1
- 2,0 %   Fester Tag 31   Zuschlagsmonate 1
-                     Fester Tag 15   Zuschlagsmonate 2

Sperrschlüssel und Zahlweg

Ergänzend sei angemerkt, daß die Felder „*Sperrschlüssel*" und „*Zahlweg*" Kontrolleinrichtungen sind. Durch entsprechende Eingabe im *Sperrschlüssel* kann ein Posten, der mit dieser Zahlungsbedingung abgewickelt wird, ein Sperrkennzeichen (Zur Zahlung frei - Zur Zahlung gesperrt - Rechnungsprüfung oder Konto übergehen) erhalten. Ein Eintrag im Feld Zahlweg setzt vordefinierte Größen voraus. Im allgemeinen wird es sich dabei im bargeldlosen Zahlungsverkehr um die verschiedenen Bankverbindungen einer Firma handeln. Wird kein Zahlweg explizit gewünscht, so wird der jeweilige Zahlweg aus den Stammdaten verwendet.

<table>
<tr><td>Skontobasis- und
Steuerbetrag</td><td>Der Skontobasisbetrag ist die Summe der Belegposten, die als skontorelevant erfaßt sind. Skontorelevant sind die Zeilen, die beim Buchen im Feld *ohne Skonto* keinen Eintrag erhalten. Für die Steuerbelegpositionen muß nun festgelegt werden, ob der Steuerbetrag skontorelevant ist oder nicht. Darum ist für jeden Buchungskreis ein entsprechender Eintrag im Feld *Skontobasis ist Nettowert* der *Globalen Parameter* im Einstellungsmenü notwendig. Bei Markierung dieser Option wird somit das System die Steuerzeilen nicht für die Ermittlung des Skontobasisbetrages heranziehen. Enthält ein Beleg mehrere Positionen für ein Kreditoren- oder Debitorenkonto, so ermittelt das System den anteiligen Basisbetrag pro Position. Die Positionen, in die der Basisbetrag bereits manuell eingegeben wurde, werden dabei nicht berücksichtigt.</td></tr>
</table>

3.2.4   Steuerkennzeichen

Länderspezifische Eigenheiten und Unterschiede erfordern in der Regel eine flexible, aber effektive Organisationsstruktur, auf die hier nicht näher eingegangen werden kann, die aber selbstverständlich in R/3 realisierbar ist.

Der folgende Abschnitt konzentriert sich daher auf das buchungstechnisch sehr wichtige Steuerkennzeichen. Dieses wird benutzt, um im Beleg den Umsatzsteuerbetrag zu prüfen, den Steuerbetrag auf Wunsch automatisch herauszurechnen, den nichtabzugsfähigen Vorsteueranteil zu errechnen, die Steuerart mit dem adressierten Steuerkonto abzustimmen und um das Steuerkonto selbst zu ermitteln.

Die Definition des Steuerkennzeichens erfordert hauptsächlich drei Angaben:

- **Steuerart**
- **Steuerprozentsatz**
- **Länderschlüssel**

<table>
<tr><td>Beispiel in R/3</td><td>Nachfolgend wird dargestellt wie die Definition eines Steuerkennzeichens im System vor sich geht: vom Einführungsleitfaden ausgehend gelangt man über die Menüs *Finanzwesen* ⇨ *Grundeinstellungen Finanzwesen* ⇨ *Umsatzsteuer* ⇨ *Berechnung* ⇨ *Umsatzsteuerkennzeichen definieren* in die Umgebung der Steuerkennzeichen. Nach der Auswahl eines Länderschlüssels kann ein Steuerkennzeichen angewählt werden.</td></tr>
</table>

Ist das Steuerkennzeichen bereits vorhanden, so werden die jeweiligen Eigenschaften angezeigt. Andernfalls erscheint eine Eingabemaske, mit der die entsprechenden Eigenschaften definiert werden können. Hierbei ist die Angabe der gewünschten Steuerart (meist Vor- oder Ausgangssteuer) unerläßlich. Zusätzlich kann das Steuerkennzeichen in einer dafür vorhandenen Textzeile näher beschrieben werden.

Werden diese Voreinstellungen bestätigt bzw. gesichert, erscheint die Eigenschaftsübersicht. Nun können die Steuerkonten, die das Kennzeichen später heranziehen soll, näher bestimmt werden. Dazu klickt man auf die Schaltfläche *Steuerkonten* und wählt den gewünschten Kontenplan aus. Anhand der im Kontenplan vorgesehenen und ausgewiesenen Steuerkonten wird der erfaßte oder errechnete Steuerbetrag dann auf die Steuerkonten gebucht, wobei die Größe *Steuerart* für die Auswahl des Kontos maßgebend ist. Eine Steuerart V (Vorsteuer) wird keine Buchung auf ein Ausgangssteuerkonto zulassen. Bei entsprechender Absicht wird eine Fehlermeldung ausgegeben.

Kalkulationsschema
Bei den Eigenschaften des Steuerkennzeichens erscheint auch ein Kalkulationsschema (Feld: *Schema*) der betreffenden Steuer. Hierbei handelt es sich um eine definierte Kenngröße, die folgende Informationen liefert:

- Was ist Basisbetrag?

- Welche Rechenregel wird zur Ermittlung des Basisbetrages angewendet (im Hundert, vom Hundert)?

- Welche Kontoseite muß bebucht werden?

- Soll ein möglicher Aufwand aus Steuern auf die Sachkonten- und Anlagenpositionen verteilt oder separat gebucht werden?

Die Steuertypen, die das System bei der Pflege der Steuerkennzeichen zur Auswahl stellt, ermittelt das System einzig und allein über den **Länderschlüssel**. Zu jedem Länderschlüssel ist dann das entsprechende Kalkulationsschema definiert, zu dem die Festlegungen zur Berechnung und Buchung der unterschiedlichen Steuertypen landesspezifisch getroffen wurden.

3.3 Debitoren- und Kreditorenstammdaten

Der Kreditorenstammsatz entspricht in seinem Aufbau im wesentlichen dem Debitorenstammsatz, weshalb sich die Erläuterungen im folgenden auf die Bearbeitung des Debitorenstammsatzes beschränken. Wichtige Unterschiede werden beim jeweiligen Thema erwähnt.

Funktion der Debitorenstammdaten

Debitorenstammdaten sind die Daten, die für die Geschäftsbeziehung mit dem Debitor benötigt werden. Sie steuern ferner den Buchungsvorgang (z. B. Zahlungsbedingungen) und die Verarbeitung der Buchungsdaten (z. B. Nr. des Abstimmkontos in der Hauptbuchhaltung).

Nutzung der Daten

Im Debitorenstammsatz sind alle kundenspezifischen Informationen enthalten. Für jeden Debitor wird ein Stammsatz angelegt, der sowohl von der Buchhaltung als auch vom Vertrieb genutzt wird. Der Kreditorenstammsatz wird entsprechend von der Buchhaltung und der Materialwirtschaft genutzt. Damit werden doppelte Datenbestände und folglich ein doppelter Arbeitsaufwand vermieden.

3.3.1 Organisation der Daten

Trotz des gemeinsamen Stammsatzes kann jeder Buchungskreis eigene Daten über Geschäftsbeziehungen zum Debitor speichern. Der Stammsatz wurde aufgeteilt in:

Abb. 3.18
Bereiche des Debitorenstammsatzes

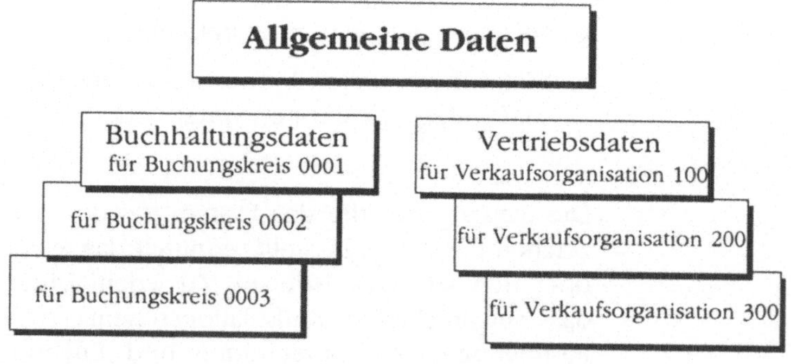

Allgemeine Daten

Daten, die für jeden Buchungskreis und jede Verkaufsorganisation innerhalb eines Unternehmens gelten, bspw. Name, Anschrift oder Sprache des Debitors.

Buchungskreisdaten

Daten, die für die einzelnen Buchungskreise relevant sind. Dazu gehören z. B. Kontonummer des Abstimmkontos oder Mahnverfahren.

Vertriebsbereichsdaten

Daten, die für die Verkaufsorganisation und Vertriebswege eines Unternehmens relevant sind. Daten zur Auftragsbearbeitung, Versanddaten und Rechnungsdaten werden beispielsweise in diesem Bereich gespeichert.

3.3.2   Daten des Stammsatzes

Der Debitorenstammsatz enthält folgende Daten:

Debitorenstammsatz

- Name, Adresse, Sprache, Telefon- und Faxnummer;
- Steuernummer;
- Bankverbindung für das Abbuchungsverfahren;
- Kontosteuerungsdaten (z. B. Nr. des Abstimmkontos);
- Vereinbarte Zahlwege und Zahlungsbedingungen;
- Mahndaten (z. B. Mahnart und Mahnstufe);
- Daten zur Auftragsbearbeitung, Versanddaten und Rechnungsdaten;
- Datumsangaben über den letzten Lauf des Mahn- und Verzinsungsprogramms.

Kreditorenstammsatz

- Name, Adresse, Sprache, Telefon- und Faxnummer;
- Steuernummer;
- Bankverbindung
- Kontosteuerungsdaten (z. B. Nr. des Abstimmkontos in der Hauptbuchhaltung);
- Vereinbarte Zahlwege und Zahlungsbedingungen;
- Einkaufsdaten, diese Daten werden benötigt, wenn das Modul MM eingesetzt ist

Besondere Felder des Debitorenstammsatzes

- **Suchbegriff**

Falls die Nummer des gesuchten Debitorenkontos nicht bekannt ist, kann man über einen Suchbegriff die Kontonummer herausfinden. Meist wird hierfür der signifikante Teil des Namens benutzt.

- **Abweichender Mahnempfänger**

  Wenn Mahnungen nicht an den Debitor gesendet werden sollen, gegen den die Forderung besteht, kann man hier die Kontonummer des abweichenden Mahnempfängers eintragen.

- **Abweichender Zahlungsregulierer**

  Im Debitorenstammsatz kann man die Kontonummer eines abweichenden Zahlungsregulierers eingeben. Die Bankeinzüge, Rücküberweisungen usw. werden dann über die Banken dieses Debitors abgewickelt.

- **Verrechnung zwischen Debitor und Kreditor**

  Wenn ein Geschäftspartner als Debitor und Kreditor geführt wird, kann man die offenen Posten durch das Zahlungs- und das Mahnprogramm miteinander verrechnen.

  Dazu muß folgendes beachtet werden:

  1. Es muß ein Debitoren- und Kreditorenstammsatz für den Kunden bzw. Lieferanten angelegt werden.

  2. Im Debitorenstammsatz muß die Kontonummer des Kreditors im Feld *Kreditor* eingegeben werden.

  3. Im Kreditorenstammsatz muß die Kontonummer des Debitors im Feld *Debitor* eingegeben werden.

  4. In beiden Stammsätzen muß das Feld *Verr.mit Kred.* bzw. *Verr.mit Debi.* angekreuzt werden.

- **Abstimmkonto**

  Um dem Grundsatz einer doppelten Buchführung zu genügen, muß hier die Nummer des Kontos im Hauptbuch angegeben werden (z. B. 140000 Forderungen im Inland). Somit ist gewährleistet, daß der Saldo der Sachkonten immer null ergibt. Dies ist eine Voraussetzung dafür, daß jederzeit eine Bilanz und die Gewinn- und Verlustrechnung erstellt werden kann.

Numerieren der Stammsätze

Jeder Stammsatz erhält eine eindeutige Nummer (Kontonummer), die zum Aufrufen des Stammsatzes und zum Buchen auf das Konto benutzt wird.

Folgende Möglichkeiten bestehen:

- **INTERNE Vergabe**: Nummernvergabe erfolgt durch das System. Beim Anlegen übergeht man die Eingabe der Kontonummer.

- **EXTERNE Vergabe**: Manuelle Eingabe der Kontonummer (es sind **alphanumerische Nummern** erlaubt).

Das System gewährleistet eine **eindeutige Nummernvergabe**. Ebenso wird das Konto in allen Buchungskreisen mit derselben Nummer geführt.

3.3.3   Anlegen eines Stammsatzes

Kreditorenstammsatz

Kreditorenstammsätze werden von verschiedenen Abteilungen benutzt, bevor ein Stammsatz angelegt wird, sollte man prüfen ob bereits ein Stammsatz existiert. Für die Suche nach einem Stammsatz kann man den Matchcode oder die Duplikatsprüfung verwenden.

Zum Anlegen eines Stammsatzes stehen folgende drei Möglichkeiten zur Verfügung:

1. **Stammsatz zentral anlegen**

2. **Stammsatz im Buchungskreis anlegen**

3. **Stammsatz mit Vorlage anlegen**

Stammsatz zentral anlegen

Einen Debitorenstammsatz zentral anlegen heißt, Daten, die von der Buchhaltung und vom Vertrieb benötigt werden, in einem Arbeitsschritt anlegen. Dieses Verfahren ist nur möglich, wenn man die Vertriebsanwendung (SD) installiert und konfiguriert hat.

Kreditorenstammsatz zentral anlegen

Ist das Modul MM installiert, wird ein Kreditorensammsatz wie folgt angelegt:

Stammdaten ⇨ Zentrale Pflege ⇨ Anlegen im Menü Kreditoren Es erscheint das Einstiegsbild, um den Kreditor anzulegen. Wird mit interner Nummervergabe gearbeitet, wird bei der Sicherung des Stammsatzes die Nummer vom System vergeben. Bei der externen Nummernvergabe muß die Kontonummer selbst eingegeben werden.

Nachdem die Kontengruppe eingegeben ist, drückt man [Enter]. Es erscheint das erste Bildschirmbild zum Erfassen des Kreditorenstammsatzes.

Dann muß die Dateneingabe erfolgen und mit [Enter] gelangt man in das nächste Eingabebild. Am Ende der Eingabe sind die Stammdaten zu sichern.

In der oberen linken Ecke wird angezeigt, für welchen Bereich die Daten angelegt werden.

Debitorenstammsatz im Buchungskreis anlegen

Entsprechend legt man ein **Debitorenstammsatz** nur für die Buchhaltung an, indem man die entsprechende Funktion wählt. Anstatt *Zentrale Pflege ⇨ Anlegen* einfach nur *Anlegen.*

Neu angelegte Stammsätze können auf andere Buchungskreise verteilt werden, hierzu müssen die Buchungskreise miteinander abgeglichen werden. Man wählt im Debitorenmenü:

Stammdaten ⇨ Abgleichen ⇨ Buchungskreise ⇨ senden.

Kreditorenstammsatz im Buchungskreis anlegen

Werden nur für die Buchhaltung Stammdaten angelegt, geht man wie folgt vor:

Stammdaten ⇨ Anlegen im Menü Kreditoren

Das Einstiegsbild erscheint. Nachdem Buchungskreis und Kontengruppe eingegeben ist, drückt man Enter. Es erscheint das erste Bildschirmbild, um die Stammdaten zu erfassen. Nachdem die Kreditorendaten eingegeben wurden, sind diese zu sichern.

Stammsatz mit Vorlage anlegen

Zum Anlegen eines Stammsatzes kann auch ein vorhandener Stammsatz als Vorlage verwendet werden. Das System kopiert die Stammdaten aus der Vorlage. Es werden jedoch nicht alle Daten übernommen. Die Übernahme ist von mehreren Faktoren abhängig:

- Das System übernimmt nur Daten, die nicht **debitorenspezifisch** sind, also z. B. keine Adresse oder Sperrkennzeichen.

- Für die Übernahme der Vorlagedaten ist ferner entscheidend, welche Daten man bereits für einen Debitor erfaßt hat. Grundsätzlich gilt: wenn bereits Daten gepflegt wurden, werden sie nicht durch Vorlagedaten überschrieben.

- Der User kann selbst bestimmen, welche Daten übernommen werden. Als Vorlage kann ein Kreditorenstammsatz aus einem Buchungskreis benutzt werden.

Daten aus der Vorlage sind **nur Vorschlagswerte,** die vor der Übernahme genau überprüft werden sollte!.

Vorgehensweise beim Anlegen eines Stammsatzes

Exemplarisch wird im folgenden die Vorgehensweise zum **Anlegen eines Stammsatzes** im Buchungskreis aufgeführt:

1. Wahl von *Stammdaten* ⇨ *Anlegen*.

   Das Einstiegsbild zum Anlegen des Debitors wird angezeigt.

2. Eingabe der Kontonummer bei externer Vergabe. Wenn mit interner Vergabe gearbeitet wird, muß die Eingabe übersprungen werden. Die Nummer wird vom System vergeben, sobald die Stammdaten gesichert sind.

3. Eingabe des Buchungskreises und der Kontengruppe mit Enter bestätigen.

   Das erste Bildschirmbild zum Erfassen der Stammdaten erscheint.

4. Eingabe der Debitorendaten in die aufeinanderfolgenden Masken. Mit Enter gelangt man jeweils in das nächste Eingabebild.

5. Sicherung der Stammdaten, indem man *Debitor* ⇨ *Sichern* wählt.

Konten pro Diverse (CpD)

Für Debitoren, mit denen nur einmal oder selten Geschäfte gemacht werden, kann ein besonderer Stammsatz angelegt werden. Mit Hilfe sogenannter **CpD-Konten** kann man **kundenspezifische Daten**, wie z. B.:

- Name, Adresse und Telefonnummer
- Bankverbindung

bei der Rechnungserfassung eingeben.

Auf diese Weise spart man Platz im Plattenlaufwerk, da man nicht für jeden Kunden, der nur ein einmaliges Geschäft tätigt, einen vollständigen Debitorenstammsatz anlegen muß.

„Kreditor anlegen"

Einen Kreditor legt man im System folgendermaßen an:

Felder, die mit einem Fragezeichen versehen sind, sind Mußfelder. Bei Feldern, die mit ⬇ gekennzeichnet sind, besteht die Möglichkeit, aus einer Liste auszuwählen.

Rechnungswesen ⇨ *Finanzwesen* ⇨ *Kreditoren* ⇨ *Stammdaten* ⇨ *Anlegen*

Einstieg Buchhaltung

Man gelangt auf *Einstieg Buchhaltung*; auf diesem Bild gibt man den Kreditor, den Buchungskreis und die Kontengruppe ein. Hier besteht die Auswahlmöglichkeit, einen Kreditor als Vorlage zu verwenden.

Anschrift	Nachdem die Daten mit ⌈Enter⌋ gesichert wurden, gelangt man in die Bildschirmmaske „Anschrift", hier müssen die Anschriftsdaten erfaßt werden. In dieser Maske werden Anrede, Name, Suchbegriff (Kurzbezeichnung), Straße, Ort, Postleitzahl, Land, Sprache, Telefon-1 und Telefax eingegeben. Bei Beendigung der Bildschirmmaske ⌈Enter⌋ drücken, es erscheint das nächste Bild.
Steuerung	In der Maske „Steuerung" kann angegeben werden, ob der Kreditor gleichzeitig Debitor ist. Durch Eingabe der Debitorennummer, kann zwischen beiden verrechnet werden. Wird das Feld leer gelassen, ist er nur Kreditor. Da der Kreditor umsatzsteuerpflichtig ist, muß das Feld Umsatzsteuer markiert werden. Die Ust-IdNr und die Branche können angegeben werden. Beendigung der Maske mit ⌈Enter⌋.
Zahlungsverkehr	In der Maske „Zahlungsverkehr" wird bei Land der Länderschlüssel, bei Bankschlüssel die Bankleitzahl und bei Bankkonto die Bankkontonummer des Lieferanten erfaßt. Durch ⌈Enter⌋ wird die Bankverbindung im Stammsatz vorgemerkt, ein erneutes ⌈Enter⌋ führt in die nächste Bildschirmmaske.
Kontoführung Buchhaltung	In der Maske „Kontoführung Buchhaltung" werden das Abstimmkonto, der SortSchlüssel, die Finanzdispogr. und das Zinskennzeichen erfaßt. Der SortSchlüssel steuert die Sortierfolge der Einzelposten des Kreditors. Beendigung der Maske mit ⌈Enter⌋.
Zahlungsverkehr Buchhaltung	In der Maske „Zahlungsverkehr Buchhaltung" werden die Zahlungsbedingungen eingegeben. Bei „Zahlungsbeding" wird der Schlüssel für die Skontoprozentsätze und die Zahlungsfristen eingegeben. Die Toleranzgruppe legt die Behandlung bei Zahlungsdifferenzen fest. „Zahlwege" bietet eine Auswahlmöglichkeit an, ob z. B. mit Scheck oder Überweisung bezahlt werden kann. Bei Hausbank wird die entsprechende Bank eingetragen. Beendigung mit ⌈Enter⌋.

Bei „Sachb.Buchh." können die Lieferanten einem bestimmten Sachbearbeiter zugeteilt werden.

Alle weiteren Felder und Masken sind optional zu belegen. Sämtliche Eingaben müssen nun gesichert werden. Die Sicherung nimmt man durch Anklicken von dem Button „**Ja**" oder durch

Anklicken des Buttons ⊡ vor. Zurück in das Kreditorenmenü gelangt man durch ⌈↑⌋.

3.3.4

Anzeigen eines Stammsatzes

Der Debitorenstammsatz wird sowohl von der Buchhaltung als auch vom Vertrieb benutzt. Man kann sich entweder die allgemeinen und die Buchungskreisdaten (Buchhaltungsdaten) oder aber den gesamten Debitorenstammsatz anzeigen lassen. Das Anzeigen eines Stammsatzes funktioniert folgendermaßen:

Vorgehensweise beim Anzeigen eines Stammsatzes

1. *Stammdaten (- Zentrale Pflege) ⇨ Anzeigen*

2. Eingabe der Kontonummer, des Buchungskreises und der Verkaufsorganisation.

3. Auf dem Einstiegsbild kann man direkt die Bilder ankreuzen, die man sehen will.

4. Mit [Enter] läßt man sich den Debitorenstammsatz anzeigen.

5. Verlassen der Anzeige mit *Debitor ⇨ Beenden*.

Zum Anlegen und Pflegen der Stammdaten stehen die folgenden Funktionen zur Verfügung:

Zusätzliche Funktionen in der Stammdatenpflege

- **Wechsel der Funktion**: Man kann, z. B. über *Debitor ⇨ Anzeigen* bzw. *Ändern*, aus der Anzeige- in die Änderungsfunktion wechseln.

- **Springen auf andere Bildschirmbilder**: Man kann auf das vorherige, auf das nächste oder gezielt auf ein bestimmtes Datenbild springen *(Springen)*.

- **Verwaltungsdaten, Sperrdaten und Löschvormerkungen**: Beim Kreditorenstammsatz können über den Menüleisteneintrag *Zusätze* verschiedene Funktionen angewählt werden.

  - *Verwaltungsdaten-Anzeige* von welchem Benutzer die Daten angelegt wurden.

  - *Sperrdaten-Anzeige*, ob das Konto gesperrt ist. Hier besteht zudem die Möglichkeit, Kennzeichen zum Sperren zu setzen oder zurückzunehmen, um diese Funktion einzusetzen, muß der Stammsatz jedoch zum Ändern aufgerufen sein.

  - *Löschvormerkungen-Anzeige* von Vormerkungen, um den Datensatz zu löschen. Außerdem können Kennzeichen zum Löschen gesetzt oder zurückgenommen werden. Um diese Funktion einzusetzen, muß der Stammsatz jedoch zum Ändern aufgerufen sein.

- **Springen in andere relevante Daten**: Man kann sich z. B. das Kreditlimit oder die Bankverbindung ansehen *(Umfeld)*.

- **Zahlwege und Mahnbereich**: Bei der Erfassung eines Debitorenstammsatzes kann man über *Zusätze* die möglichen Zahlwege für den Buchungskreis abfragen und aus der Anzeige auswählen.

- **Sichern des Stammsatzes** beim Kreditorenstammsatz haben Sie in jedem Bild die Möglichkeit die Daten zu sichern und auf das Einstiegsbild zurückzukehren.

- **Texte:** Über den Menüleisteneintrag *Zusätze* besteht die Möglichkeit, Texte zum Stammsatz zu erfassen.

- **Dokumente**: Über den Menüleisteneintrag *Zusätze* kann die Funktion Dokumente aufgerufen werden. Hier besteht die Möglichkeit, im System verfügbare Dokumente dem Datensatz zuzuordnen.

- **Adressversionen:** Verwaltung von Adressen in mehreren Schriften, vor allem in Ländern mit einer anderen Schrift.

- **Einkaufsdaten:** Über *Springen* ⇨ *Einkaufsorg. Daten* können die Einkaufsdaten und die Partnerrollen des Kreditors abgefragt werden.

- **Anzeige der Feld- und Kontoänderungen:** Über den Menüleisteneintrag *Umfeld* können Änderungen im Kreditorenstammsatz angezeigt werden.

- **Referiertes Konto:** Über den Menüleisteneintrag *Umfeld* kann die Funktion aufgerufen werden. Man hat die Möglichkeit, sich den Stammsatz zu einem Konto anzusehen, das im Kreditorenstammsatz angegeben ist. Ist Kreditor gleichzeitig Debitor kann man in den Debitorenstammsatz springen.

- **Bankverbindung:** Über den Menüleisteneintrag *Umfeld* hat man die Möglichkeit, sich die Stammdaten der Banken anzeigen zu lassen.

3.3.5 Ändern eines Stammsatzes

Mit Ausnahme von Kontonummer und Kontengruppe können alle Daten eines Debitorenstammsatzes geändert werden. Die Änderung eines Stammsatzes kann auch an Berechtigungen geknüpft sein. Daher werden möglicherweise einige Felder nicht zum Ändern angeboten.

Wie beim Anlegen kann man die **Daten**:

1. **zentral ändern** (allgemeine, Buchungskreis- und Vertriebs-/ Einkaufsdaten);

2. **aus Sicht der Buchhaltung ändern;**

3. Debitorenstammsatz: **aus Sicht des Vertriebs ändern** (Auftragsbearbeitungs-, Versand- und Rechnungsdaten).

4. Kreditorenstammsatz: **aus Sicht des Einkaufs ändern**

Die zur Verfügung stehenden Funktionen hängen von den Berechtigungen ab.

Ändern eines
Debitoren-
stammsatzes

Wie man einen Stammsatz im Menü Debitoren ändert, wird in den folgenden Punkten beschrieben:

1. *Stammdaten (- Zentrale Pflege)* ⇨ *Ändern*

2. Eingabe der Kontonummer, des Buchungskreises und der Verkaufsorganisation.

3. Ankreuzen der Daten, die man ändern will.

4. Mit (Enter) gelangt man auf das nächste Bildschirmbild.

5. Änderungen vornehmen.

6. Sichern der Änderungen mit *Debitor* ⇨ *Sichern.*

Ändern eines
Kreditoren-
stammsatzes

Wie man einen Stammsatz im Menü Kreditoren ändert, wird nachfolgend beschrieben:

1. *Stammdaten (- Zentrale Pflege)* ⇨ *Ändern.* Man gelangt in das Einstiegsbild.

2. Eingabe der Kontonummer und des Buchungskreises.

3. Markieren von Namen der Bilder des Kreditorenstammsatzes, der aufgerufen werden soll.

4. Mit (Enter) gelangt man in den nächsten Bildschirm. Die Stammdaten werden angezeigt.

5. Jetzt können die Daten überschrieben oder ergänzt werden.

Das System protokolliert jede Änderung, die man in den Debitor-/Kreditorenstammdaten vornimmt und erzeugt Änderungsbelege. Es speichert für jedes Feld den Zeitpunkt der Änderung, den Namen des Benutzers und den vorherigen Feldinhalt.

Über die Änderungsbelege kann man sich ansehen, welche Änderungen in einem Vorgang vorgenommen wurden.

Änderungen anzeigen	Die Änderungen kann man sich im Menü Debitoren wie folgt anzeigen lassen:

1. *Stammdaten ⇨ Änderungen anzeigen.*

2. Eingabe der Kontonummer und des Buchungskreises.

3. Mit `Enter` wird eine Liste mit den Arten der geänderten Felder angezeigt.

4. Wählen der Änderungen, die man sehen will.

5. Verlassen der Anzeige mit *Kontoänderung ⇨ Beenden.*

3.3.6   Sperren eines Debitorenkontos

In der Debitorenbuchhaltung kann man ein Debitorenkonto sperren, um zu verhindern, daß darauf gebucht wird. Dies ist zum Beispiel erforderlich, bevor man einen Debitorenstammsatz zum Löschen vormerkt.

Folgende Sperren kann man vergeben, wenn man über die Vertriebsanwendung (SD) verfügt:

Debitor-Sperre

- **Buchungssperre**
- **Auftragssperre**
- **Liefersperre**
- **Fakturasperre**

Kreditor-Sperre

- **Buchungssperre**
- **Einkaufssperre**

Sperren eines Kontos

Für eine **Liefersperre** müßte man z. B. die folgenden Schritte durchführen:

1. *Stammdaten ⇨ Zentrale Pflege ⇨ Sperren/Entsperren*

2. Eingabe der Kontonummer.

3. Ankreuzen der Buchungskreise für die Sperre.

4. Grund und Ziel der Sperrung (z. B. weil das Kreditlimit überzogen wurde, wird eine Liefersperre veranlaßt.)

5. Sichern der Eingaben mit *Debitor ⇨ Sichern.*

ACHTUNG !

Eine Kontosperrung sollte nur vorgenommen werden, wenn keine offenen Posten bestehen, damit der Saldo aller Konten null bleibt !

3.3.7   Kontoanalyse (Debitoren)

Das R/3-System bietet eine komfortable Methode, bestimmte Debitoren nach ihren Umsatzzahlen, offenen Posten und deren Zahlungsverhalten zu analysieren und danach zu beurteilen. Dies ist dann interessant, wenn z. B. ein Großauftrag ansteht und dieser Kunde schnell und einfach nach den o. g. Kriterien eingestuft werden soll.

Die Vorgehensweise dazu wird im folgenden beschrieben (auf der beiliegenden CD finden Sie dazu eine Screencam unter dem links angegebenen Namen):

„Konto_analyse"

1. *Rechnungswesen* ⇨ *Finanzbuchhaltung* ⇨ *Debitoren*

2. *Konto* ⇨ *Analyse*

3. Buchungskreis und Geschäftsjahr eingeben.

4. Nun kann man sich Einzelposten, Umsätze und durch

5. *Springen* ⇨ *Zahlungsverhalten* die gewünschten Daten anzeigen lassen.

3.3.8   Kundenbeurteilung

Nun folgt die Kundenbeurteilung, dazu sind folgende Schritte notwendig (auf der beiliegenden CD finden Sie dazu eine Screencam unter dem links angegebenen Namen):

„Beurteilung"

1. *Debitoren* ⇨ *Period.Arbeiten* ⇨ *Infosystem* ⇨ *Berichtsauswahl.*

2. *Debitoren* ⇨ *Infosystem* ⇨ *Konteninformationen* ⇨ *Zahlungsverhalten mit Prognose* oder *Überfälligkeitsanalyse*

3. Eingabe der Kriterien

4. System wertet Debitor aus.

Bei der Prognose von Debitoren geht das System nach betriebswirtschaftlichen Kriterien vor, z. B. Zahlungsverhalten usw.

3.3.9   Kreditoren-Saldenlisten erstellen

Um eine Disposition von Ausgangszahlungen zu erstellen oder ein Kontoverzeichnis von sämtlichen Kreditoren mit Anschrift und Bankdaten beispielsweise, ist es sinnvoll, sich eine Salden- bzw. Kreditorenliste zu erstellen.

„Saldenliste"

Um Saldenlisten zu erzeugen, sind folgende Schritte notwendig (auf der beiliegenden CD finden Sie dazu eine Screencam unter dem links angegebenen Namen):

1. *Rechnungswesen* ⇨ *Finanzwesen* ⇨ *Hauptbuch*

2. *Period. Arbeiten* ⇨ *Infosystem* ⇨ *Berichtsauswahl*

3. Pulldownmenü: *Infosystem* ⇨ *Konteninformationen* ⇨ *Saldenlisten.*

4. Jetzt noch den Sachkontenbereich eingeben und den Buchungskreis.

5. Nach *Ausführen* erhält man eine aussagekräftige Tabelle, aus der z. B. Währung, Sollvortrag, Vortragsperioden und Berichtsperioden einzusehen sind.

„Kontoverzeichnis"

Nachfolgend wird erklärt, wie ein Kontenverzeichnis angelegt werden kann (auf der beiliegenden CD finden Sie dazu eine Screencam unter dem links angegebenen Namen):

1. *Rechnungswesen* ⇨ *Finanzwesen* ⇨ *Kreditoren*

2. *Period. Arbeiten* ⇨ *Infosystem* ⇨ *Berichtsauswahl*

3. *Kreditor* ⇨ *Ordnungsmässigkeit* ⇨ *Stammdaten*

4. *Verzeichnis*

5. Nach der Eingabe des Kreditorenkontenbereichs und des Buchungskreises sind weitere Abgrenzungen möglich: Verzinsung, Quellensteuer, Bankdaten, um nur einige zu nennen.

6. Auf der nun erscheinenden Tabelle folgt eine sehr übersichtliche Darstellung der ausgewählten Daten.

3.3.10 Reportinglisten erstellen

Um eine Übersichtlichkeit unter den vielen Reports erhalten zu können, ist es möglich, sog. Reportinglisten zu erstellen. Diese Listen lassen sich nach unterschiedlichen Kriterien aufbauen. So ist es möglich, z. B. alle Reports aus dem Bereich RF auzuflisten, einen auszuwählen und diesen auch ausführen zu lassen.

Durch folgende Schritte ist eine solche Liste einfach zu erstellen:

1. *System* ⇨ *Dienste* ⇨ *Reporting*

2. Bei *Programm* ist der Reportname einzutragen.

3. Ist dieser nicht bekannt, kann durch das Betätigen der Pull-down - Taste eine weitere Selektionsmaske aufgerufen werden.

4. In dieser Maske nun den Begriff, in unserem Beispiel „RF", eintragen und den grünen Selektionsbutton drücken.

5. Es erscheint eine nach „RF" selektierte Liste von Reports.

Auf der beiliegenden CD finden Sie dazu eine Screencam unter dem links angegebenen Namen.

„Reportinglisten"

3.4 Debitoren-/ Kreditorenbuchhaltung

3.4.1 Abbildung von Geschäftsvorfällen

Im Modul „FI" wird jeder Geschäftsvorfall in Form eines Beleges abgespeichert. Jeder Beleg wird auf einem Massenspeicher-Medium (z. B. Festplatte) abgelegt und stellt somit das physische Äquivalent zu einem realen Ereignis dar. Ein Beleg muß demnach alle Daten enthalten, die einen operativen Vorgang genau beschreiben. Dies erfordert eine umfangreiche und flexible Belegstruktur, um alle Daten exakt festzuhalten.

Belegkennzeichen

Darüber hinaus muß sich jeder Beleg eindeutig von anderen Belegen unterscheiden, und er muß bestimmte Kennzeichen aufweisen, die ihn schnell wieder auffindbar machen. Um all diese Kriterien zu erfüllen, bietet das System zum einen den standardisierten Belegaufbau mit durchgängigen Buchungs- und Eingaberegeln und zum anderen eine Vielzahl individueller Parameter für eine zweckgerechte Belegerfassung.

3.4.1.1 Belegstruktur

Ein Beleg besteht grundlegend aus zwei Komponenten, aus dem **Belegkopf** und aus den **Belegpositionen**. Der Belegkopf beinhaltet die Daten, die den Beleg eindeutig beschreiben und für alle Belegpositionen gültig sind. Die wichtigsten sind:

Belegkopffelder

- **Belegnummer;** sie dient zur eindeutigen Identifikation des Beleges, wird entweder manuell oder vom System vergeben.

- **Belegart;** Art des Geschäftsvorfalls, wird zur Belegablage verwendet.

- **Belegdatum und Periode;** ordnet den Beleg bzw. den operativen Vorgang einer Rechnungsperiode zu, auch Rückbuchen in Vorperioden ist möglich sowie das Zuordnen zu Sonderperioden bei abweichendem Geschäftsjahr.

**Wichtige Felder
der Belegpositionen**

Die Belegpositionen beschreiben den erfaßten Vorgang mit den dazugehörenden Kontierungen. Die wichtigsten Daten bzw. Parameter innerhalb einer Belegposition sind folgende:

- **Buchungsschlüssel;** steuert zum einen die Art des erfaßten Vorgangs, vergleichbar mit der Belegart, und zum anderen die Vorgehensweise für das System beim Kontieren der Belegposition.

- **Konto;** das Konto, das mit der Belegposition bebucht werden soll: Debitoren-/Kreditorenkonten, Sachkonten oder Anlagenkonten.

- **Betrag;** der auf das jeweilige Konto gebucht werden soll.

- **Zahlungsbedingung;** spezifiziert die weitere Verarbeitungsweise der Belegposition für das System, Stichwort Fälligkeitsrechnung.

3.4.1.2   Abstimmkonten

**Nebenbuch- und
Hauptbuchkonten**

Wird ein Beleg auf ein Nebenbuchkonto (z. B. Debitoren- bzw. Kreditorenkonto) gebucht, so werden die Beträge simultan auf sogenannten Abstimmkonten mitgebucht. Abstimmkonten sind Hauptbuchkonten, die als Saldo immer die Summe der Salden aus den Nebenbuchkonten aufweisen müssen.

**Beispiele aus der
Debitorenbuchhaltung**

Beispiele für Abstimmkonten aus der Debitorenbuchhaltung sind:

- Inlandsforderungen

- Auslandsforderungen

- Forderungen an verbundene Unternehmen

**Beispiele aus der
Kreditorenbuchhaltung**

Analog dazu Beispiele aus der Kreditorenbuchhaltung:

- Inlandsverbindlichkeiten

- Auslandsverbindlichkeiten

- Verbindlichkeiten an verbundene Unternehmen

Integration

Abstimmkonten sorgen somit für die Integration der Nebenbuchhaltungen (Debitoren-/Kreditorenbuchhaltung) mit der Hauptbuchhaltung. Das Hauptbuch wird stetig und automatisch fortgeschrieben. Somit ist gewährleistet, daß jederzeit eine Bilanz erstellt werden kann.

3.4.1.3   **Mögliche Belege**

Die häufigsten Belege, die in der **Debitorenbuchhaltung** vorkommen, sind:

- Rechnungen an Kunden

- Gutschriften an Kunden

- Zahlungen von Kunden

Analog dazu in der **Kreditorenbuchhaltung**:

- Rechnungen von Lieferanten

- Gutschriften von Lieferanten

- Zahlungen an Lieferanten

Sonderhauptbuch-
vorgänge

Die genannten operativen Vorgänge, die jeweils das Erzeugen eines Belegs verursachen, werden **gewöhnliche Geschäftsvorfälle** oder gewöhnliche Vorgänge genannt. Das System bietet darüber hinaus die Möglichkeit, sogenannte Sonderhauptbuchvorgänge zu erfassen. Die wichtigsten Sonderhauptbuchvorgänge sind: Erhalten von Anzahlungen, Leisten von Anzahlungen, Besitzwechsel und Schuldwechsel. Für jeden dieser Geschäftsvorfälle ist im System eine Belegart hinterlegt. Außerdem können zusätzliche Belegarten bzw. Geschäftsvorfälle definiert werden.

3.4.2   **Erfassung von Geschäftsvorfällen**

Im Hauptmenü der Debitoren- bzw. Kreditorenbuchhaltung findet man unter dem Menüpunkt *Buchung* alle Funktionen, um die gewöhnlichen Vorgänge bzw. Sonderhauptbuchvorgänge zu erfassen. Um in dieses Hauptmenü zu gelangen, wählt man vom Basismenü des Systems folgende Menüpunkte aus: *Rechnungswesen* ➪ *Finanzwesen* ➪ *Debitoren* bzw. ➪ *Kreditoren.*

3.4.2.1   **Vorgehensweise der Erfassung**

Die **wichtigsten Schritte**, die man bei der Eingabe und Buchung eines Belegs vornehmen muß, sind folgende:

1. Man gibt den Belegkopf ein.

2. Man gibt die Belegpositionen ein (z. B. eine Debitoren- bzw. Kreditorenposition und eine Sachkontenposition). Wenn bspw. eine Debitorenrechnung gebucht werden soll, muß eine Sollbuchung für ein Debitorkonto und eine Habenbuchung für ein Umsatzkonto eingegeben werden, wobei hier einer Soll- bzw. Habenbuchung jeweils eine Belegposition entspricht.

3. Man korrigiert gegebenenfalls die erfaßten Belegpositionen.

4. Man kann den Beleg buchen, falls die Soll-Summe der Belegpositionen mit der Haben-Summe der Belegpositionen übereinstimmt, d. h. wenn der Saldo der Belegpositionen gleich Null ist.

Die beschriebene Vorgehensweise beim Erzeugen eines Belegs gilt für die Debitorenbuchhaltung wie auch für die Kreditorenbuchhaltung, man hat nur je nachdem Debitorenpositionen oder Kreditorenpositionen zu erfassen. Wichtig ist, daß jeder Beleg aus mindestens zwei Belegpositionen besteht, einer Debitoren-/ bzw. Kreditorenposition und einer Sachkontenposition.

3.4.2.1.1 Erfassen des Belegkopfs

Der Belegkopf enthält Daten, die den gesamten Beleg betreffen. Wenn das System in die Felder des Belegkopfs keine Daten automatisch vorgibt, müssen folgende Felder ausgefüllt werden:

- **Belegdatum und Periode**: Anhand des Datums wird ein Geschäftsvorfall einer Rechnungsperiode zugeordnet. Die Zuordnung zu einer Rechnungsperiode kann aber auch geändert werden, indem man im Feld Periode die vom Belegdatum abweichende Rechnungsperiode angibt.

- **Buchungsdatum**: Hier wird üblicherweise vom System das Systemdatum eingesetzt. Rück- sowie Vordatierung ist aber durchaus möglich.

- **Belegart**: Die Belegart dient zur Unterscheidung der Belege in einem Journal. Mit Hilfe der Belegart lassen sich die erfaßten Belege, z. B. nach Debitorenrechnungen oder Debitorengutschriften, sortieren. Die Belegart steuert darüber hinaus die Kontoarten, die beim Erfassen des Belegs bebucht werden dürfen. Erlaubte Kontoarten bei der Erfassung einer Debitorenrechnung sind z. B. nur Debitorkonten und Sachkonten (Umsatzkonten). Falls man die Nummer des Beleges manuell und nicht maschinell festlegen will, wird in der Belegart das erlaubte Belegnummernintervall definiert. In diesem Belegnummernintervall muß eine manuell eingegebene Belegnummer liegen.

- **Belegnummer**: Die Vergabe der Belegnummer erfolgt, je nach Belegart, entweder intern durch das System oder extern durch den Benutzer. Bei interner, also maschineller Vergabe der Belegnummer, sollte man sich diese Nummer merken, um später schnell wieder auf diesen Beleg zugreifen zu können.

- **Buchungskreis**: Ordnet den Beleg einem Buchungskreis zu.

- **Währung des Belegs**: Hier erfolgt die Währungsangabe, die für den Beleg gelten soll. Das System übernimmt den Währungskurs, der am Buchungsdatum gültig war; im Feld Umrechnungsdatum kann auch ein abweichendes Datum angegeben werden.

- **Verrechnungsgeschäftsbereich**: Hier ordnet man den Beleg einem Geschäftsbereich zu. Die Angabe, die man hier macht, gilt automatisch auch für die darauffolgenden Belegpositionen. Abweichende Geschäftsbereiche lassen sich innerhalb der Belegpositionen trotzdem noch angeben. Die Zuordnung zu Geschäftsbereichen dient zur buchungskreis-unabhängigen Erstellung von Geschäftsbereichsbilanzen.

Abb. 3.19
Belegkopf-
Erfassungsbild

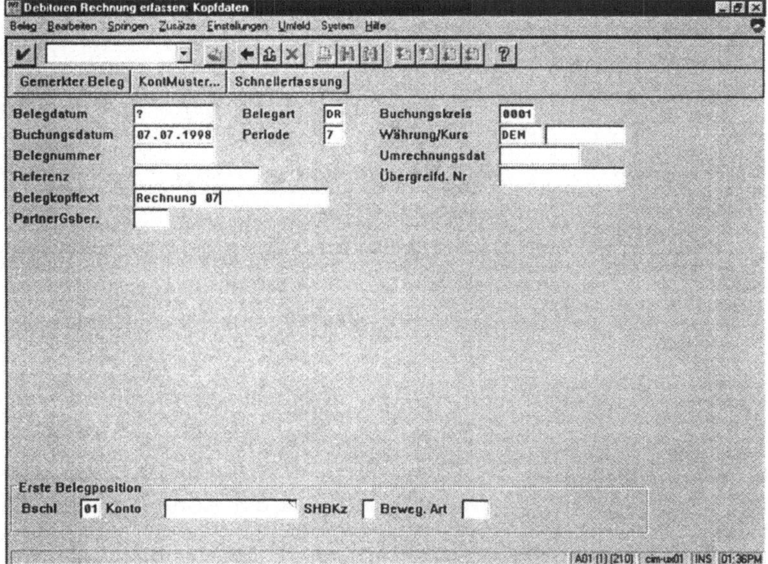

Erfassen der Belegpositionen

Nachdem der Belegkopf eingegeben ist, müssen die zugehörigen Belegpositionen erfaßt werden. In einem Beleg der Debitoren-/Kreditorenbuchhaltung sind drei Arten von Belegpositionen erlaubt:

Positionsarten

1. Debitoren- bzw. Kreditorenpositionen

2. Sachkontenpositionen

3. Anlagenpositionen (besitzen eine eher untergeordnete Rolle)

Spezifizierende
Felder

In der letzten Zeile der Belegkopfmaske befinden sich die Felder, die die Art der ersten Belegposition bestimmen. In der letzten Zeile des Bildschirmbildes für die erste Belegposition, befinden sich die Felder, die die Art der zweiten Belegposition bestimmen usw. Zunächst müssen also die Belegpositionen der Reihe nach erfaßt werden und zwar beginnend mit der ersten Belegposition.

Die wichtigsten Felder, die jeweils am Ende eines Bildschirmbildes zu finden sind und die die Art der nächsten Belegposition festlegen, sind folgende:

- **Buchungsschlüssel**

- **Konto**

Zusätzlich können, je nach Art ihres Benutzerstammsatzes und Konfiguration des Systems, folgende Felder vorhanden sein:

Konfigurations-
abhängige Felder

- **SHB-Kennzeichen** (Sonderhauptbuchkennzeichen bzw. Umsatzkennzeichen)

- **Neuer Buchungskreis** (für buchungskreisübergreifende Buchungen)

- **Bewegungsart** (für Bewegungen der Anlagenverwaltung)

Buchungsschlüssel

Im Feld **Buchungsschlüssel** ist ein zweistelliger Schlüssel einzugeben. Mit diesem Schlüssel wird festgelegt, wie die Belegposition vom System gebucht werden soll. Der Buchungsschlüssel steuert zusammen mit der Kontonummer, die im Feld Konto angegeben werden muß, die Verbuchung auf Belegpositionsebene. Im einzelnen steuert der Buchungsschlüssel folgendes:

- Die **erlaubte Kontoart** (z. B. Debitorenkonto, Kreditorenkonto, Sachkonto). Die erlaubte Kontoart muß mit einer der erlaubten Kontoarten, die in der Belegart definiert worden sind, übereinstimmen. Beispielsweise erlaubt die Belegart „DR" (Debitorenrechnung) nur ein Buchen auf Debitor- und Sachkonten. Mit dem einzugebenden Buchungsschlüssel kann man damit nur auf eine dieser beiden Kontoarten buchen.

- **Soll- oder Habenbuchung**; legt fest, wie der Betrag in der Belegposition auf das im Feld Konto anzugebende Konto verbucht werden soll.

- **Umsatzkennzeichen** (U, N, SHB-Vorgang)

- **Belegartenkreis**

- **Bildauswahl** (Erfassungsvorschrift beim Buchen)

Die wichtigsten Buchungsschlüssel für Debitorenpositionen sind:

- „01" Debitorenrechnung (erzeugt eine Soll-Buchung im Abstimmkonto, Zugang Forderungen)

- „11" Gutschrift an Debitor

- „15" Zahlung von Debitor (Zahlungseingang)

Die wichtigsten Buchungsschlüssel für Kreditorenpositionen sind:

- „31" Kreditorenrechnung (erzeugt eine Haben-Buchung im Abstimmkonto, Zugang Verbindlichkeiten)

- „21" Gutschrift von Kreditor

- „25" Zahlung an Kreditor (Zahlungsausgang)

Die wichtigsten Buchungsschlüssel für Sachkontenpositionen sind:

- „40" Soll-Buchung (erzeugt eine Soll-Buchung im angegebenen Sachkonto)

- „50" Haben-Buchung (erzeugt eine Haben-Buchung im angegebenen Sachkonto)

Die angegebenen Buchungsschlüssel gelten nur für die jeweiligen Debitor-/Kreditorkonten bzw. Sachkonten. Es kann also nicht ein Buchungsschlüssel für Sachkonten angegeben werden und damit ein Debitor-/ bzw. Kreditorkonto bebucht werden.

Es empfiehlt sich, die Belegpositionen für Debitoren bzw. für Kreditoren immer zuerst einzugeben. Auf diese Weise wird das Steuerkennzeichen automatisch von der Belegposition für Debitoren bzw. Kreditoren in die Sachkontenposition übertragen.

Nachdem der Buchungsschlüssel für die Belegposition eingegeben wurde, muß im Feld „Konto" das Konto angegeben werden, auf das die Belegposition gebucht werden soll. Falls zuerst mit den Debitoren- bzw. Kreditorenpositionen begonnen wird, muß hier die Kontonummer des Debitoren bzw. die Kontonummer des Kreditoren angegeben werden.

Buchungsschlüssel für Debitorenpositionen

Buchungsschlüssel für Kreditorenpositionen

Buchungsschlüssel für Sachkontenpositionen

Gültigkeit der Schlüssel

Konto

Wird daraufhin die Sachkontenposition erfaßt, muß die Sachkontonummer (z. B. 800000 für das Konto „Umsatzerlöse Inland/GKR") angegeben werden. Falls die gewünschte Kontonummer nicht bekannt ist, kann das betreffende Konto durch „Matchcode-Suche" ausfindig gemacht werden.

SHB-Kennzeichen

Mit den **Sonderhauptbuchkennzeichen** werden die Sonderhauptbuchvorgänge gebucht. Sonderhauptbuchvorgänge werden auf abweichende Abstimmkonten gebucht und in einer Bilanz separat ausgewiesen.

Bestätigen der Positionsspezifikation

Nachdem Buchungsschlüssel, Kontonummer und ggf. ein SHB-Vorgang angegeben wurde, kann mit [Enter] bestätigt werden. Daraufhin erscheint das Eingabe-Bildschirmbild für die Datenerfassung der gewünschten Belegposition. Welche Felder auf diesem Bildschirmbild für Positionsdaten angezeigt werden, hängt vom Buchungsschlüssel und dem Abstimmkonto des Debitors bzw. Kreditors ab.

3.4.2.2   Erfassen der Daten einer Debitorenposition

Für die Daten einer Debitorenposition sind nur Buchungsschlüssel, Konto und Betrag zwingend erforderlich. Darüber hinaus bietet das Datenerfassungsbild (siehe Abb. 3.20) weitere Felder an:

Felder des Datenerfassungsbildes

1. Felder für die **Umsatzsteuerbehandlung**: Sofern das Feld *„SteuerKZ"* angezeigt wird, muß das Umsatzsteuerkennzeichen für die Debitorenpositon eingegeben werden. Enthält der Beleg jedoch Positionen mit unterschiedlichen Steuersätzen, so gibt man in das Feld *„SteuerKZ"* lediglich „**"* ein (wird beim Maskeneinstieg vom System schon vorgeschlagen), die jeweiligen Teilbeträge werden dann in mehreren Schritten mit verschiedenen Steuersätzen bzw. Steuerkennzeichen in den Sachkontenpositionen erfaßt. Das System bucht daraufhin die anfallende Umsatzsteuer automatisch auf die jeweiligen Umsatzsteuerkonten.

2. Eine eventuell im Debitorenstammsatz angegebene **Zahlungsbedingung** wird vom System automatisch in die entsprechenden Felder der Debitorenposition übernommen. Diese Vorgaben können selbstverständlich geändert werden. Grundsätzlich können zwei Skontofristen und eine Nettofälligkeit angegeben werden. Ein im Feld Skontobasis eingegebener Betrag sorgt dafür, daß der gewährte Skontoabschlag

nicht vom Rechnungsbetrag ermittelt wird, sondern von dieser Skontobasis.

Durch Ankreuzen des Felds „*Ohne Skonto*" lassen sich einzelne Positionen von der Skontierung ausschließen. In das Feld Skontobetrag kann der absolute Skonto direkt eingegeben werden, die automatische Skontoerrechnung wird somit aufgehoben. Das Buchungsdatum wird als Basisdatum der Fälligkeitsberechnung herangezogen.

3. Felder für **Mahn- bzw. Zahlungskontrolldaten**

Abb. 3.20
Erfasungsbildschirm
Debitorenposition

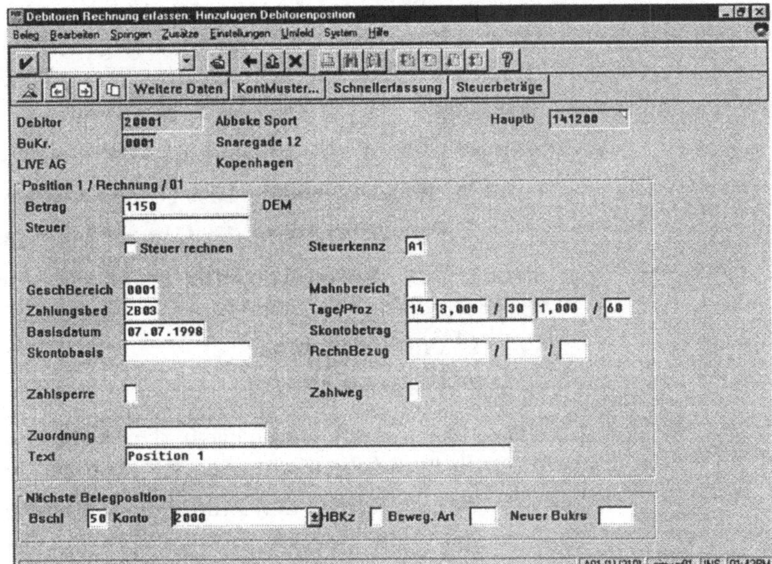

3.4.2.3   Erfassen der Daten einer Kreditorenposition

Für die Daten einer Kreditorenposition sind nur Buchungsschlüssel, Konto und Betrag zwingend erforderlich. Die weiteren wichtigen Felder, die angezeigt werden, sind identisch mit denen aus der Erfassung einer Debitorenposition. Zu beachten ist nur, daß im Feld SteuerKZ (falls angezeigt) nun keine Steuerkennzeichen für Umsatzsteuersätze anzugeben sind, sondern Steuerkennzeichen für Vorsteuersätze.

3.4.2.4   **Erfassen der Daten einer Sachkontenposition**

Welche Felder beim Erfassen einer Sachkontenposition angezeigt werden, hängt vom angegebenen Buchungsschlüssel und der Definition der Feldstatusgruppe im Sachkontenstamm des angegebenen Sachkontos ab. Für das Erfassen einer Sachkontenposition sind meist nur Eingaben in den Feldern Buchungsschlüssel, Konto, Betrag und Steuerkennzeichen erforderlich. Der Betrag kann entweder brutto (Umsatzsteuer inklusive) oder netto (ohne Umsatzsteuer) eingegeben werden.

Die Verarbeitung des Betragsfeldes hängt vom Umsatzsteuerbetrag und dem Umsatzsteuerkennzeichen ab. Da in der Debitoren-/Kreditorenbuchhaltung als Sachkonto meist ein Ertrags- bzw. Aufwandskonto als Sachkonto angegeben wird, sind die Sachkontenpositionen in den meisten Fällen umsatzsteuerpflichtig.

Steuerkennzeichen

Beispiele für Steuerkennzeichen, die in der Debitorenbuchhaltung sehr häufig zur Anwendung kommen, sind:

- **„A1" Ausgangssteuer 16% (Umsatzsteuersatz 16%)**
- **„A7" Ausgangssteuer 7% (Umsatzsteuersatz 7%)**

Analog dazu, nachfolgend die jeweiligen Vorsteuerkennzeichen in der Kreditorenbuchhaltung:

- **„V1" Vorsteuer 16%**
- **„V7" Vorsteuer 7%**

Automatische Umsatzsteuerberechnung

Wenn das System automatisch den Umsatzsteuerbetrag berechnen soll, muß folgendermaßen vorgegangen werden:

- in das *Betragsfeld* den Bruttobetrag eingeben;
- in das Feld *Steuerbetrag* das Markierungszeichen „*" eingeben;
- in das Feld *SteuerKZ* das jeweilige Steuerkennzeichen eingeben.

Danach müssen die Sachkontenposition mit (Enter) bestätigt werden. Daraufhin errechnet das System automatisch anhand des Steuerkennzeichens den Steuerbetrag, und im Feld Betrag wird der Nettobetrag eingesetzt.

Manuelle Umsatzsteuer

Soll der **Steuerbetrag** selbst angegeben werden, muß folgendermaßen vorgegangen werden:

- in das *Betragsfeld* den Nettobetrag eingeben;
- den Steuerbetrag in das gleichnamige Feld eingeben;

- in das Feld „SteuerKZ" das zugehörige Steuerkennzeichen eingeben.

Das System erlaubt die Erfassung von mehreren Sachkontenpositionen mit unterschiedlichen Steuersätzen. Um die Datenerfassung bei Sachkontenpositionen zu beschleunigen, kann man in eine Schnellerfassungsmaske springen (*Springen ⇨ Schnellerf. SachkPos*); dort können die zentralen Daten mehrerer Sachkontenpositionen tabellarisch eingegeben werden.

3.4.2.5	**Belegübersicht und Korrektur**

Nach Eingabe aller Debitor-/Kreditor- bzw. Sachkontenpositionen, bietet das System die Möglichkeit, in einer Belegübersicht Korrekturen am Belegkopf bzw. an den Belegpositionen vorzunehmen.

Belegübersicht

Dafür wählt man im Menü *Springen* den Menüpunkt *Belegübersicht* aus. In der Belegübersicht werden der Belegkopf und alle eingegebenen Belegpositionen auf einem Bildschirmbild zusammengestellt. Darüber hinaus wird die Soll-Summe und die Haben-Summe aller Belegpositionen angezeigt, die einzelnen Haben-Beträge werden mit einen Minuszeichen angegeben, die einzelnen Soll-Beträge werden ohne Vorzeichen geführt. Dadurch ist erkennbar, ob der Beleg verbucht werden kann; denn dafür müssen die Soll- und Haben-Summen gleich groß sein.

Änderungen an
Belegkopf und
Belegpositionen

Änderungen am **_Belegkopf_** werden durch Setzen des Cursors in das betreffende Belegkopfeld vorgenommen. Um eine Belegposition zu korrigieren, muß der Cursor auf die gewünschte Position gesetzt und im Menü *Springen* der Menüpunkt *Ausgew. Position* gewählt werden. Alternativ kann die Position *Ausgew. Position* zweimal kurz angeklickt werden, daraufhin verzweigt das System wieder in das Bildschirmbild für Positionsdatenerfassung. Nun können Korrekturen vorgenommen werden, wobei die Felder *Buchungsschlüssel Konto, SHBKz* und *NeuerBukr* nicht änderbar sind. Eine Belegposition kann gelöscht werden, indem im Betragsfeld Null eingetragen wird. Die Belegposition erscheint zwar weiterhin in der Belegübersicht, wird beim Buchen des Belegs aber nicht berücksichtigt.

Abb. 3.21
Belegübersicht

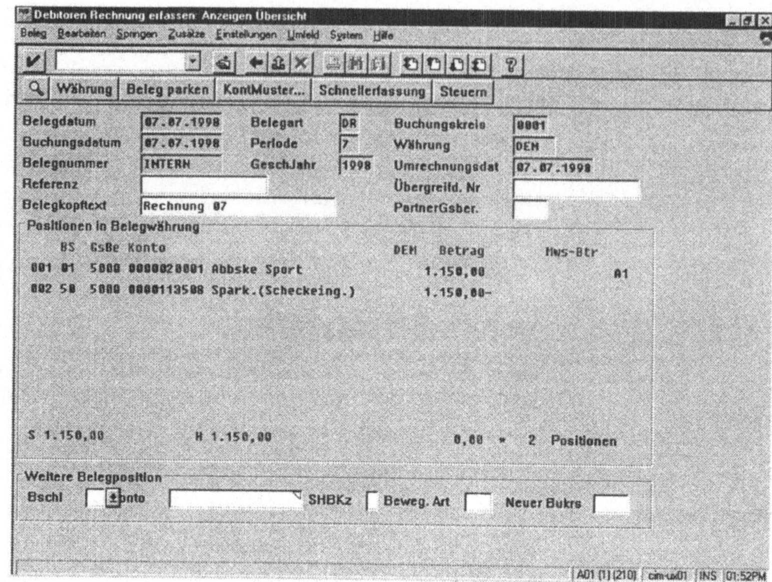

3.4.2.6   Buchung von Belegen

Wenn der Saldo aus Soll- und Haben-Summe der Belegpositionen gleich Null ist, kann das System den Beleg verbuchen. Dazu muß aus dem Menü *Beleg* der Menüpunkt *Buchen* ausgewählt werden. Beim Verbuchen eines Belegs werden die Debitoren-/Kreditorenkonten, deren Abstimmkonten und die angegebenen Sachkonten fortgeschrieben. Wenn der Saldo der Belegpositionen ungleich Null ist, müssen entweder Belegpositionen geändert, gelöscht oder hinzugefügt werden.

Merken unvollständiger Belege

Ein unvollständiger Beleg kann aber auch vom System vermerkt werden und zu einem späteren Zeitpunkt vervollständigt und verbucht werden. Hierfür muß aus dem Menü *Beleg* der Punkt *Merken* ausgewählt werden. Gemerkte Belege lassen sich mit der entsprechenden Funktion aus dem Menü *Bearbeiten* im Hauptmenü der Debitoren- bzw. Kreditorenbuchhaltung nachbearbeiten und vervollständigen bzw. mit der Funktion aus dem Menü *Buchung* (⇨ *Sonstige* ⇨ *Gemerkter Beleg*) buchen.

<table>
<tr><td>3.4.2.7</td><td>

Fallbeispiel: Belegerfassung

Im folgenden soll zusammenfassend an einem konkreten Geschäftsvorfall aus der Debitorenbuchhaltung die Vorgehensweise beim Belegerfassen und -verbuchen beschrieben werden.

Am 12.10. des laufenden Geschäftsjahres sei der folgende **Geschäftsvorfall** zu erfassen:

Ein Kunde (aus dem Inland) bezog am 10.10. des laufenden Geschäftsjahres Waren im Gesamtwert von 2220,- DM inkl. MwSt. Davon entfallen 1070,- DM auf Artikel, die mit 7% zu versteuern sind und 1150,- DM auf Artikel, die mit 16% zu versteuern sind. Als Zahlungsbedingung wurde folgendes vereinbart: 3% Skontoabzug innerhalb der ersten 14 Tage ab Buchungsdatum möglich, Ziel in 30 Tagen Netto ab Buchungsdatum.
</td></tr>
<tr><td>Erfassung des Geschäftsvorfalls</td><td>

Zunächst muß aus dem Menü *Buchung* in der Debitorenbuchhaltung der Menüpunkt *Rechnung* ausgewählt werden. Daraufhin erscheint das Bildschirmbild für die Erfassung des Belegkopfes. Folgende Belegkopffelder sind auszufüllen oder werden vom System schon vorgegeben:
</td></tr>
<tr><td>Belegkopf erfassen</td><td>

1. **Belegdatum**: Eingabe des Belegdatums 10.10. lfd. Jahr.

2. **Belegart**: Da es sich in unserem Beispiel um eine Debitorenrechnung handelt, wird vom System „DR" als Belegart eingetragen.

3. **Buchungskreis**: Angabe des vom Geschäftsvorfall betroffenen Buchungskreises.

4. **Buchungsdatum**: Hier wird vom System das aktuelle PC-Datum eingetragen, in unserem Beispiel müßte das der 12.10. lfd. Jahr sein.

5. **Belegnummer**: Soll die Vergabe der Belegnummer des zu erzeugenden Beleges vom System übernommen werden, wird in diesem Feld nichts eingetragen.
</td></tr>
<tr><td>Belegpositionen erfassen</td><td>

Am unteren Rand des Bildschirmbildes (siehe Abb. 3.22) sind die relevanten Felder, die die erste **Belegposition** des Beleges bestimmen, aufgeführt. Es ist folgendes in die Felder einzutragen (wenn das System nicht schon Vorgaben eingetragen hat):
</td></tr>
<tr><td>Debitorenposition erfassen</td><td>

1. **Bschl**: Buchungsschlüssel für die erste Belegposition. Hier wird vom System der Schlüssel 01 für eine Debitorenposition angegeben. Soll die Debitorenposition zuerst erfaßt werden, ist hier keine Eingabe notwendig.
</td></tr>
</table>

2. Konto: Die Debitorenposition erfassen, deswegen gibt man hier die Kontonummer des Debitors an.

Abb. 3.22
Neue Belegposition
anlegen

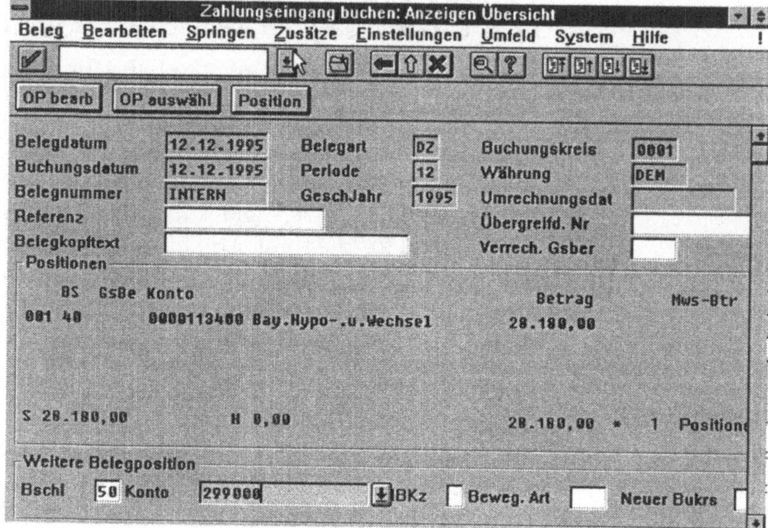

Bestätigung mit ⟨Enter⟩. Es erscheint der Datenerfassungs-Bildschirm der ersten Belegposition. Es sind folgende Felder auszufüllen:

1. **Betrag**: Angabe des Rechnung-Bruttobetrages, in unserem Beispiel 2300,- DM.

2. **SteuerKZ**: Da die Rechnung Posten mit verschiedenen Steuersätzen beinhaltet, muß man hier „*" angeben (wird vom System schon vorgeschlagen).

3. **Tage/Proz.**: In diesen Feldern wird die Zahlungsbedingung angegeben. Hier ist für unser Beispiel als erste und einzige Skontofrist 14 Tage einzutragen und im nächsten Feld der Skontosatz von 3,0%. Es existiert keine zweite Skontofrist, deshalb ist im folgenden Feld die Zahlungszielfrist anzugeben, hier 30 Tage. Die übrigen Felder der Zahlungsbedingung sind zu löschen.

1. Sachkontenposition
erfassen

Am unteren Rand des Datenerfassungs-Bildschirms der ersten Belegposition befinden sich die relevanten Felder, die die zweite Belegposition des Beleges bestimmen. In unserem Fall die **erste Sachkontenposition**. Dazu ist folgendes in die Felder einzutragen:

1. **Bschl**: Buchungsschlüssel für die zweite Belegposition (erste Sachkontenposition). In unserem Fall 50 für eine Sachkonten-Habenbuchung.
2. **Konto**: Kontonummer des Sachkontos Umsatzerlöse Inland. Im GKR-Kontenrahmen entspricht dies der Kontonummer 800000.

Bestätigung mit ⎡Enter⎤. Es erscheint der Datenerfassungs-Bildschirm der zweiten Belegposition (hier erste Sachkontenposition). Es sind folgende Felder auszufüllen:

1. **Betrag**: Eingabe des Bruttobetrages des ersten Rechnungspostens; in unserem Beispiel *1070,- DM*.
2. **Steuerbetrag**: Der Umsatzsteuerbetrag soll vom System errechnet werden, deshalb Eingabe von „*".
3. **SteuerKZ**: Der Umsatzsteuersatz des ersten Rechnungsposten ist 7%, deshalb Auswahl des Steuerkennzeichens „*A7*" (Ausgangsteuer 7%).

Bestätigung mit ⎡Enter⎤. Das System setzt nun im Feld Steuerbetrag „*70*" ein und erniedrigt den Bruttobetrag entsprechend.

2. Sachkontenposition erfassen	Für die Erfassung des **zweiten Rechnungspostens** wird äquivalent der Erfassung des ersten Rechnungspostens vorgegangen. Im Feld *Betrag* wird der Bruttowert *1150,- DM* und im Feld *Steuer-KZ* das Steuerkennzeichen „*A1*" für Umsatzsteuer 16% eingegeben.
Beleg buchen	Dann kann der Beleg gebucht werden. Zur Kontrolle der eingegebenen Positionen und deren Soll- bzw. Haben-Beträge ist es ratsam, vorher die Belegübersicht auszuwählen. Dann kann im Menü *Beleg* der Menüpunkt *Buchen* gewählt werden. Das System bestätigt das erfolgreiche Buchen des Beleges in der Statusleiste am unteren Bildschirmrand.

3.4.2.8   Hilfsmittel zur effizienten Datenerfassung

Die Erfassung von Belegen wird durch vielfältige Funktionen komfortabler und effizienter gestaltet:

- Setzen von Vorschlagswerten aus dem Debitor-/Kreditorstammsatz;
- Halten der Feldinhalte (Daten) über mehrere Erfassungsvorgänge;
- Schnellerfassung von Sachkontenpositionen;

- Matchcodes zur Kontenermittlung;

- Merken und Bearbeiten von unvollständigen Belegen;

- Dauerbuchungen bzw. maschinelle Buchungen (Datenträgeraustauschverfahren);

- Buchungskreisübergreifende Vorgänge, bei denen mehrere Buchungskreise automatisch bebucht werden.

Die genannten Funktionen sind entweder per Auswahl in der Menüleiste oder per Klick auf den entsprechenden Button in der Funktionsleiste (unterhalb der Menüleiste) aufzurufen.

3.4.2.9   Belege für Einmalkunden bzw. -lieferanten

CpD-Konten (**Conto pro diverse**) sollten für Kunden oder Lieferanten eingerichtet werden, von denen man selten oder nur einmal beliefert wird bzw. die man nur selten oder einmal beliefern muß. Es wird kein Debitoren-/Kreditorenstammsatz angelegt, stattdessen erfaßt man beim Buchen des jeweiligen Belegs den Namen und die Adresse.

Der Musterbeleg ist ein Referenzbeleg, der bestimmte Daten für die Erfassung vorschlägt. Es werden keine Verkehrszahlen fortgeschrieben, er dient nur als Datenquelle.

Durch den Musterbeleg werden im Gegensatz zum Buchhaltungsbeleg keine Verkehrszahlen fortgeschrieben. Er dient lediglich als Datenquelle für einen Buchhaltungsbeleg.

Die Buchung für Zahlungen, die regelmäßig, aber in unterschiedlicher Höhe anfallen, können durch Musterbelege erleichtert werden. Der Betrag, der sich von den vorhergehenden Belegen unterscheidet, muß immer erfaßt werden. Ein Musterbeleg kann, wie nachfolgend beschrieben, erstellt werden:

„Musterbelege erstellen"

1. Über *Rechnungswesen* ➪ *Finanzwesen* ➪ *Hauptbuch* gelangt man in das Hauptbuch. Von hier erreicht man über

2. *Buchung* ➪ *Referenzbelege* ➪ *Musterbeleg*

3. das Menü, um Musterbelege zu erstellen. „Buchen mit Referenzbelegen" ruft man durch

4. *Buchung* ➪ *Sachkontenbuchung* ➪ *Beleg* ➪ *Buchen mit Vorlage* auf.

Kopfdaten

Für die Erstellung eines Musterbelegs startes man in der Maske *Kopfdaten.* Hier werden das Belegdatum, der Buchungskreis, das Buchungsdatum, die Periode, das Steuerkennz, Steuer rechnen, Gesch.ber. und Text eingegeben oder durchgeführt. Das Buchungsdatum ist vom System vorgegeben, kann jedoch geändert werden. Das Umsatzsteuerkennzeichen wird benötigt, um den Steuerbetrag zu berechnen. Wird das Feld *Steuer rechnen* angeklickt, berechnet das System automatisch die Steuer. Bei „*Text*" sollte ein schlüssiger Buchungstext eingegeben werden. Es besteht jedoch auch die Möglichkeit, ein „+" einzutragen; in diesem Falle wird der Text vom vorhergehenden Bildschirmbild übernommen. Durch [Enter] werden die Eingaben gesichert und im Feld erscheint der Buchungstext.

Bei Verbuchung einer Habenposition muß im Feld *Bschl.* „50" eingetragen werden. Nachdem das Konto erfaßt wurde, drückt man [Enter]; es erscheint die Maske zur Erfassung der Sachkontenposition.

Hinzufügen Sachkontenposition

Das Hauptbuchkonto und der Buchungskreis werden automatisch übernommen. Im Betrag hat man die Möglichkeit, ein „*" einzutragen, der Betrag wird dann automatisch ermittelt. Im Text kann man erneut ein „+" eintragen und das System ermittelt den Buchungstext.

3.4.3   Buchung von Gutschriften

Bei der Buchung von Gutschriften ist ebenso nach der beschriebenen Vorgehensweise der Belegerfassung zu verfahren.

Zum Erfassen des Beleges wählt man Menü *Buchung (Debitoren-/Kreditorenbuchhaltung)* ⇨ *Gutschrift.* Man geht nun folgendermaßen vor:

1. Belegkopf erfassen (wie bei Rechnung, nur mit Belegart Gutschrift);

2. Buchungsschlüssel für Gutschrift angeben (für Debitoren- bzw. Kreditorenkonten);

3. Erfassen der Debitoren- bzw. Kreditorenpositionen;

4. Erfassen der Sachkontenpositionen (bei Debitoren Erlöskonto im Haben, bei Kreditoren Verbindlichkeiten im Soll);

5. Beleg buchen, wenn Saldo Soll-Haben gleich Null.

3.4.4   Offene Posten und deren Ausgleich

Offene Posten entstehen in der Debitorenbuchhaltung bspw. durch das Buchen einer Verkaufsrechnung, in der Kreditorenbuchhaltung entsprechend durch Buchen einer Einkaufsrechnung. Offene Posten werden durch Verbuchen eines Zahlungseingangs bzw. eines Zahlungsausgangs ausgeglichen.

Zur Anzeige von offenen Posten wählt man in der jeweiligen Buchhaltung das Menü *Konto* und den Menüpunkt *Posten anzeigen* aus. Nach Eingabe der Kontonummer des Debitoren bzw. des Kreditoren und des Buchungskreises, erhält man die gewünschte Information, die sich nun beliebig aufbereiten läßt. So ist bspw. die Anzeige aller offener Posten eines Konzerns nach den verschiedenen Debitor-/Kreditorkonten möglich:

Abb. 3.23
Liste der offenen Posten

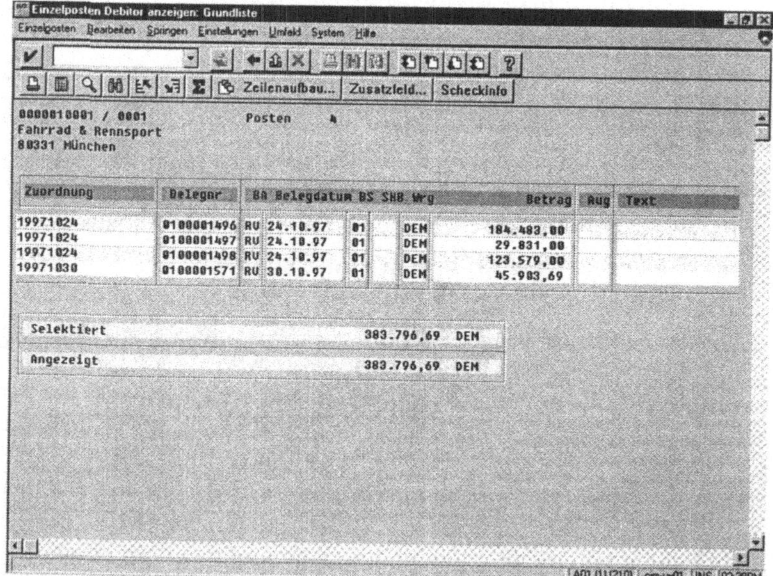

Ausgleichsvorgänge

Offene Posten bleiben solange als offen gekennzeichnet, bis sie vom System als ausgeglichen markiert werden. Das System bietet eine Reihe von Geschäftsvorfällen, die einen offenen Posten als ausgeglichen kennzeichnen. Diese Geschäftsvorfälle werden als Ausgleichsvorgänge bezeichnet.

Folgende Ausgleichsvorgänge sind in der Debitoren-/Kreditorenbuchhaltung als Standard definiert:

- Zahlungseingang
- Zahlungsausgang
- Gut- oder Lastschrift
- Umbuchung

Ausgleichsvorgänge erfassen

Um Ausgleichsvorgänge zu erfassen, wählt man zunächst folgende Menüpunkte an: *Buchung* ⇨ *sonstiges* ⇨ *Interne Umbuchung* ⇨ *mit Ausgleich*, dann Wahl einer der genannten Ausgleichsvorgänge und Bestätigung mit [Enter].

Abb. 3.24
Belegkopf Zahlungseingang anlegen

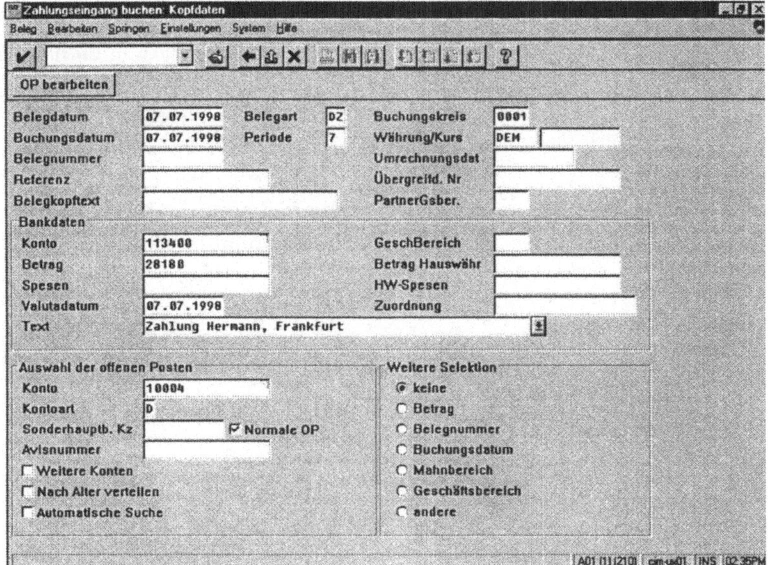

Folgende Schritte sind von nun an zur **Generierung des Ausgleichsbelegs** notwendig:

Ausgleichsbeleg erstellen

1. Eingabe des Belegkopfs.
2. Danach sind die Belegpositionen zu erfassen, wobei zunächst die Sachkontenposition eingegeben wird, d. h. hier erfolgt die Eingabe des Sachkontos, das den Ausgleichsvorgang auslöste. Geht z. B. von einem Debitor eine Zahlung auf das Bankkonto ein, so muß in der Sachkontenposition die Kontonummer des Bankkontos angegeben werden.

Daraufhin ist der Ausgleichsbetrag einzugeben, bspw. der überwiesene Betrag auf dieses Bankkonto. Debitoren- bzw. Kreditorenpositionen sind nicht zu erfassen, es sind jetzt lediglich die offenen Posten des Debitoren bzw. Kreditoren auszuwählen, die mit dem angegebenen Betrag ausgeglichen werden sollen. Dazu muß der Menüpunkt *Offene Posten ausw.* aus dem Menü *Bearbeiten* ausgewählt werden. Es wird ein Selektionsprogramm für die Wahl der offenen Posten gestartet, wobei nach nahezu sämtlichen Feldern des Belegkopfs oder der Belegpositionen selektiert werden kann. Dann können die ausgewählten offenen Posten bearbeitet werden, d. h. bestimmte Posten aktiviert, deaktiviert, Skonto aktiviert, deaktiviert oder Teilzahlungen bzw. Restposten eingegeben werden.

3. Entspricht die Summe der aktivierten offenen Posten dem Ausgleichsbetrag, kann der Ausgleichsbeleg gebucht werden. Kleindifferenzen können dabei automatisch dem Skontoaufwand bzw. -ertrag zugeschlagen werden. Bis zu welcher Höhe Differenzen vom System akzeptiert werden, ist im Benutzerstammsatz definiert. Ist eine komplette Zuordnung des Zahlungsbetrags nicht möglich, so kann auch eine Akontoposition in den Beleg mitaufgenommen werden.

Auslgeichsbeleg verbuchen

Beim Buchen des Ausgleichsbelegs werden vom System evtl. Korrekturbuchungen automatisch erzeugt; dazu gehören:

- Eventuelle Skontoaufwände bzw. -erträge
- Umsatzsteuerberichtigungen
- Gewinne/Verluste aus Über- bzw. Unterzahlungen oder aus Währungsdifferenzen

Abb. 3.25
Debitorenzahlung
zuordnen

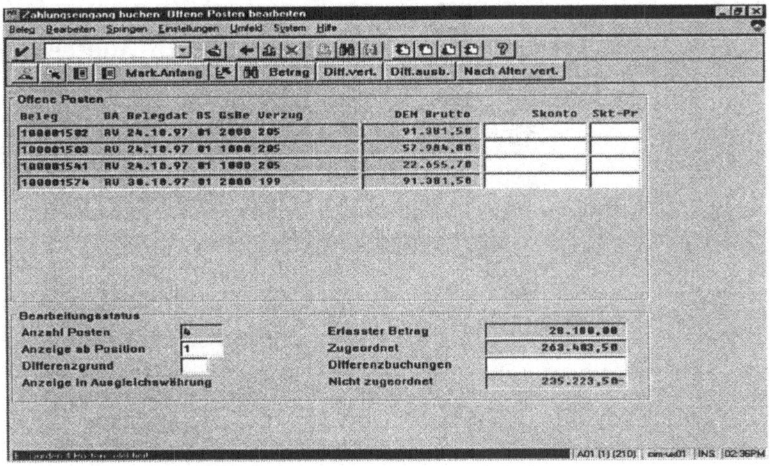

Es besteht die Möglichkeit, sich die genannten Korrekturbuchungen vor dem Buchen des Beleges ausweisen zu lassen. Dazu wählt man in der Belegübersicht aus dem Menü *Buchung* den Menüpunkt *Simulieren* (siehe Abb. 3.26). Es werden nun alle zusätzlichen Belegpositionen (bzw. Korrekturbuchungen), die vom System beim Buchen des Beleges gebucht werden würden, in die Belegübersicht mitaufgenommen.

Abb. 3.26
Beleg simulieren

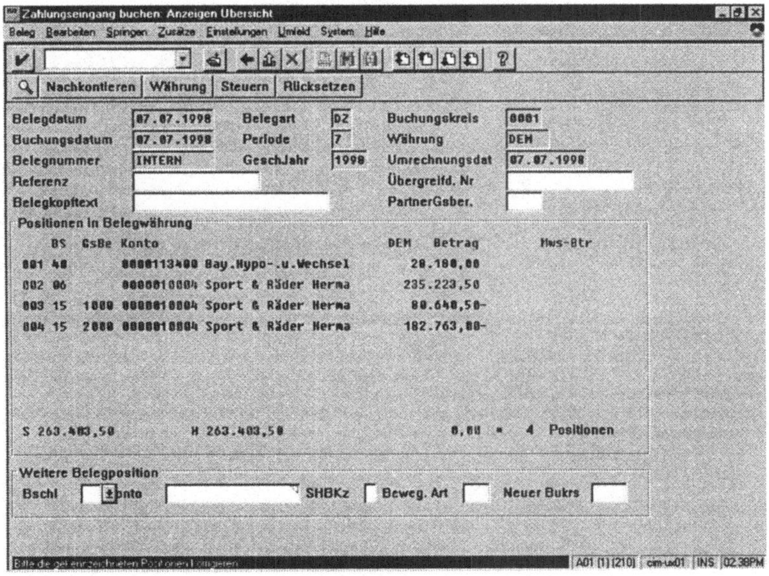

3.4.5	**Anzeige, Bearbeitung und Storno von Belegen**

Gebuchte Belege können durch Aufrufen der Funktion *Anzeigen* im Menü *Beleg* angezeigt werden. Dazu muß man, um den jeweiligen Beleg eindeutig zu spezifizieren, die Belegnummer, den Buchungskreis und das Geschäftsjahr angeben. Um einen gebuchten Beleg zu ändern, wird ähnlich vorgegangen: dazu muß lediglich der Punkt *Ändern* aus dem Menü *Beleg* ausgewählt werden. Welche Felder im Belegkopf bzw. in den Belegpositionen geändert werden dürfen, hängt davon ab, welche Änderungsregeln der Systemverwalter definiert hat und welche anderen SAP-Anwendungen installiert sind.

Wird eine **fehlerhafte Buchung** bzw. ein fehlerhafter Beleg eingegeben, kann dieser folgendermaßen **storniert** werden:

1. Auswahl des Punktes *Stornieren* im Menü *Beleg* der Debitoren-/Kreditorenbuchhaltung.

2. Eingabe der Belegnummer und Buchungskreises, des zu stornierenden Belegs.

3. Buchen des Belegs.

Das System generiert daraufhin einen Stornobeleg, bei dem die Soll- und Haben-Beträge des Orginalbelegs in den berührten Konten gegengebucht werden.

4 Anlagenbuchhaltung[1]

4.1

Funktionsumfang der
Anlagenbuchhaltung

Einführung

Die Applikation AM übernimmt innerhalb der Standardsoftware
R3 die Verwaltung und Kontrolle des Anlagevermögens. Der
Umfang der Anlagenbuchhaltung besteht aus drei Teilkompo-
nenten:

- klassische Anlagenbuchhaltung (AA)
- Investitionscontrolling[2]
- Technische Anlagenverwaltung und Instandhaltung[2]

Die Aufgabe der Komponente Anlagenbuchhaltung besteht darin, daß sie eine Anlage von der Bestellung ab oder dem ersten
Zugang oder einer sich im Bau befindlichen Anlage bis zum Abgang führt. Dabei werden in dieser Zeit verschiedene Werte für
die Abschreibung, Zinsen, Versicherungen etc. errechnet und in
vielfältiger Form, z. B. Online, auf Papier oder auf Datenträger
geschrieben. Auf diese Daten kann man beliebig oft und zu jeder
Zeit zurückgreifen (siehe Abb. 4.1).

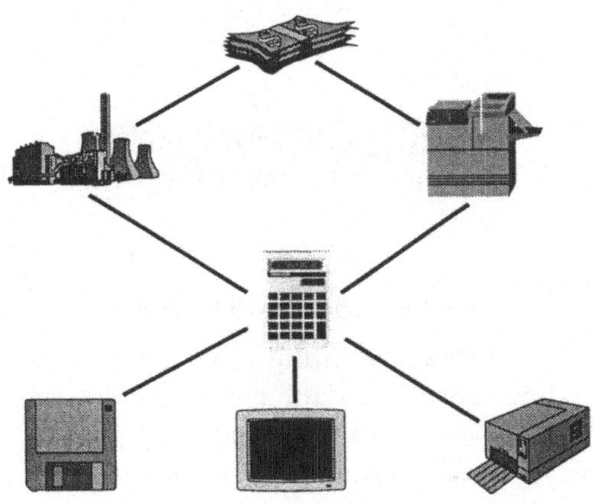

Abb. 4.1
Zentrale
Datenhaltung

---

1   Das Modul AM wird in der R/3-Releaseversion 2 1F vorgestellt (siehe auch
    Präsentationen und Videos auf der CD zum Buch)

2   Die Teilkomponenten „Investitionscontrolling" und „Technische Anlagen-
    verwaltung" werden in diesem Kapitel nicht weiter beschrieben, sondern nur
    die klassische Anlagenbuchhaltung

4.1.1   Integrationsbeziehungen

Im System R/3 können von anderen Applikationen Daten direkt
an die Anlagenbuchhaltung übergeben werden, z. B. kann der
Waren- bzw. Rechnungseingang eine Anlage direkt auf die Anla-
genbuchaltung kontieren.

Andererseits kann man von der Anlagenbuchhaltung an andere
Systeme Daten weitergeben, z. B. Abschreibungen und Zinsen
werden direkt an die Finanzbuchhaltung und an die Kostenrechnung weitergegeben.

**Integration erspart eine Doppelerfassung und Schnittstel-
lenprogramme** (siehe Abb. 4.2):

Abb. 4.2
Integration der
Anlagenbuchhaltung

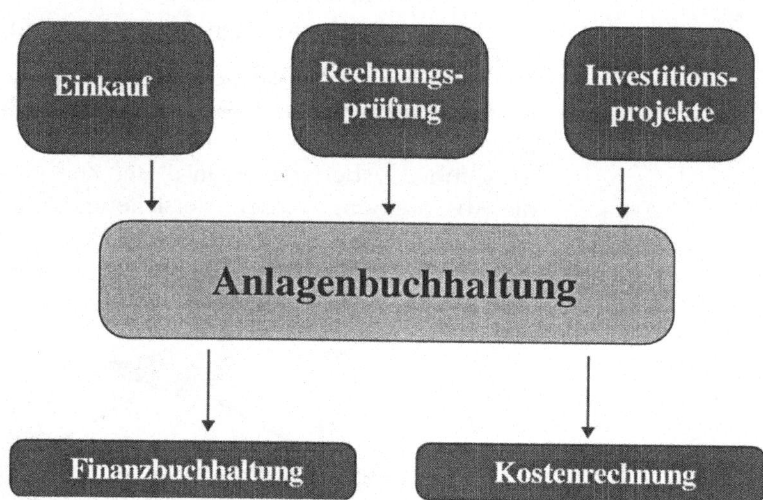

4.1.2   Bewertungsmöglichkeiten

Die Bewertung einer Anlage ist vom Zweck abhängig. Eine Anlage kann auf verschiedenste Weise bewertet werden, unterliegt
jedoch bestimmten gesetzlichen Vorschriften für die Bewertung,
z. B. denen der Handels- oder Steuerbilanz. Es gibt nicht nur
externe Bewertungsvorschriften, sondern auch interne Vorschriften, z. B. in der Konzern- oder der einfachen internen Bilanz.

Im System AM können beliebig viele solcher Bewertungsbereiche
auf einer Anlage geführt werden (technisch bis zu 99).

4.2 Organisationsstrukturen

4.2.1 Organisationseinheiten

Buchungskreis

„Buchungskreis.scm"

Im System AM muß kein neuer Buchungskreis eingegeben werden, sondern es wird der gleiche Buchungskreis wie in der Finanzbuchhaltung verwendet.

Um den Buchungskreis der Finanzbuchhaltung nutzen zu können, muß man diesen im Customizing um die anlagenbuchhalterischen Spezifikationen erweitern.

Den folgenden Status kann ein Buchungskreis in der Anlagenbuchhaltung annehmen:

- **Teststatus**
  (Altdatenübernahme oder Buchungen können verändert werden.)

- **Einführungsstatus**
  (Nur Altdaten erfassen und andern.)

- **Produktivstatus**
  (Nur noch Wertänderungen durch Buchungen möglich.)

Eine Anlage ist stets eindeutig einem Buchungskreis zugeordnet.

Geschäftsbereich

Wird in einem Unternehmen eine Geschäftsbilanz erstellt, so muß jede Anlage dem Geschäftsbereich zugeordnet werden. Jeder Zugang einer Anlage, Abschreibungen, Zinsen etc. und jeder Abgang durch Mehr- oder Mindererlösbuchungen wird auf dem Geschäftsbereich kontiert.

Werk

Was man unter einem Werk versteht, wird in der SAP-Komponente Logistiksystem definiert. In der Regel ist der Begriff Werk mit einer Betriebsstätte oder eine Niederlassung gleichzusetzen.

Für ein Unternehmen hat ein Werk keine buchhalterische Bedeutung, kann aber als Sortierkriterium für die Bewertung benutzt werden, d. h. es kann eine Anlage zeitabhängig einem Werk zugeordnet werden.

Kostenstelle

Die Kostenstelle ist ein genau abgegrenzter Bereich eines Unternehmens. Jede Anlage wird stets genau einer Kostenstelle zugeordnet. Verwenden mehrere Kostenstellen eine Anlage, so können die Kosten mittels der Kostenstellenrechnung auf die einzelnen abgegrenzten Bereiche umgerechnet werden. Verändert sich der Verteilungsschlüssel der verschiedenen Kostenstellen, so wird dies vom System erkannt und unterstützt.

4.2.2   Kontenplan

Jeder Buchungskreis benötigt einen Kontenplan, dieser wird in der Finanzbuchhaltung definiert. In der Anlagenbuchhaltung dient er ausschließlich der Kontofindung. Wichtig ist, daß jede Anlagenklasse (unbebaute, bebaute Grundstücke, Fuhrpark etc.) einen eigenen Kontozuordnungsschlüssel besitzt. In diesem Zuordnungsschlüssel definiert man die Hauptbuchkonten, die bei verschiedenen Transaktionen zu bebuchen sind.

4.2.3   Bewertungsplan

„Bewertungs-
plan.scm"

Länderspezifische
Bewertungspläne

Der Bewertungsplan umfaßt in einem Verzeichnis alle Bewertungsbereiche, die für ein Unternehmen in Frage kommen. Man kann die Eigenschaften der Bewertungsbereiche je Bewertungsplan festlegen (z. B. welche Bewertungen muß ich machen, welche möchte ich machen, was sollen diese beinhalten).

Jeder Buchungskreis, der in der Finanzbuchhaltung angelegt und für die Anlagenbuchhaltung erweitert wurde, muß auf genau einen Bewertungsplan verweisen. Ein Unternehmen sollte wegen der einheitlichen Bewertung nur wenige bzw. einen Bewertungsplan nutzen. Buchungskreise innerhalb eines Landes oder eines Wirtschaftsraumes mit gleicher Bewertungsvorschrift sollten ebenfalls nur einen Bewertungsplan benutzen.

Referenzbewertungspläne

Für jedes Land liefert SAP einen Bewertungsplan als Referenz aus. Man kann diese Referenzbewertungspläne nicht direkt verwenden, sondern man muß einen „aktiven" Bewertungsplan eröffnen. Dabei kann man aus den mitgelieferten Plänen die Bereiche, die man für seinen eigenen Bewertungsplan benötigt, herausnehmen.

4.2.4   Bewertungsbereich

„Bewertungs-
bereiche.scm"

Die Bewertung des Anlagevermögens ist vom Zweck abhängig, so wird z. B. für bilanzielle, kalkulatorische oder vermögenssteuerliche Belange bewertet. Wie ein Gegenstand bewertet wird, ist in den einzelnen Bewertungsbereichen festgelegt. Die Bewertungen sind durch die Bewertungsparameter einstellbar.

Die Gesamtheit der Bewertungsbereiche faßt man zu einem Bewertungsplan zusammen (siehe hierzu Punkt 4.2.3).

Die einzelnen Bewertungsbereiche kann man über einen zweistelligen Nummernschlüssel ansprechen. Für die Festlegung der einzelnen Abschreibungsparameter gibt es zwei Möglichkeiten:

a) in der Anlagenklasse

b) direkt im Anlagenstammsatz

Die Bewertungsbereiche, die zu einem Bewertungsplan zusammengestellt wurden, bezeichnet man als **echte Bewertungsbereiche**. Wird eine Bewertung des Vermögens mit diesen Bewertungsbereichen durchgeführt, so werden diese Werte permanent im System gespeichert.

Die berechneten Werte aus den Bewertungsbereichen müssen nicht unbedingt im System gespeichert werden. So gibt es die Möglichkeit, aus zwei echten einen **abgeleiteten Bewertungsbereich** aktuell zu berechnen (max. aus vier echten Bewertungsbereichen).

Die Unterstützung durch das System für eventuell aufzustellende Bilanzen, Auswertungen und bei der Wertfeldanzeige ist ebenso gewährleistet wie bei den echten Bewertungsbereichen. Im Rahmen der Integrationsbeziehung kann man die Abschreibungswerte auch in der Finanzbuchhaltung buchen.

Um abgeleitete Bewertungsbereiche einzurichten, gibt es gewisse Vorschriften, wie diese aus echten Bewertungsbereichen zusammengesetzt werden. Diese Aufbauregel eines abgeleiteten Bereiches erlauben Rechenvorschriften wie Addition und Subtraktion. Es ist auch möglich, Werte anteilig in einer solchen Rechnung zu integrieren.

Zu beachten!   Ein abgeleiteter Bereich mit dem Nummernschlüssel „03" kann aus den echten Bereichen „01" und „02" bestehen. Nicht aber aus den Bereichen „04" und „05".

Beispiel   **Rechenbsp.: 01 + 02 = 03**

d. h. Handelsrecht (01) + steuerlich zulässig (02) = Sonderposten (03).

Man kann aber auch einen Mittelwert berechnen lassen; d. h. man nimmt die Werte zweier Bereiche und errechnet daraus den Mittelwert (z. B. einen Mittelwert aus linearer und degressiver Abschreibung).

<table>
<tr><td>Eigenschaften eines
Bewertungsbereichs</td><td>

Da die einzelnen Bewertungsbereiche keine festen Eigenschaften haben, sind diese individuell festlegbar. Jeder Bereich hat die gleichen Ausprägungsmöglichkeiten. Solche Eigenschaften können sowohl im Bewertungsplan als auch in den Bewertungsbereichen eingegeben werden.

</td></tr>
</table>

Der **Leitbereich** stellt die Bewertungsbereiche dar; sie werden in den Bilanzen integriert:

- Diese Werte werden immer in der Finanzbuchhaltung mitgebucht.
- Dieser Bereich wird bei Altdatenübernahme als erster mit Daten gefüllt.
- Es ist keine Werte- bzw. Parameterübernahme aus anderen Bereichen möglich.
- Der Leitbereich muß die gleiche Währung besitzen wie der Buchungskreis.

<table>
<tr><td>Bewertungs-
planbezogene Aus-
prägungsmöglichkeit</td><td>

Jeder Bereich kann in verschiedenen Bewertungsplänen unterschiedliche Ausprägungen haben. Diese Veränderung der Eigenschaften kann man für jeden Bereich in einem Langtext dokumentieren, z. B.:

</td></tr>
</table>

- negative Restbuchwerte,
- Führen von bestimmten Werten (AHK, Zinsen, Normal-Abschreibung etc.),
- Buchen von Bestandswerten in die Finanzbuchhaltung.

<table>
<tr><td>Buchungskreis-
bezogene Ausprä-
gungsmöglichkeit</td><td>

Man hat auch die Möglichkeit, solche Eigenschaften für einen Buchungskreis festzulegen, z. B.:

</td></tr>
</table>

- Betragsangaben (Hier wird der Höchstwert für ein GWG eingegeben.).
- Angaben zur Vermögensbewertung (Sollte die Vermögensbewertung herangezogen werden?).
- Fremdwährung (Hier könnte man eingeben, ob ein Bereich mit einer Fremdwährung rechnen soll. Zugänge werden zum Tageskurs der Buchung umgerechnet.). Abschreibungen, Restwerte oder Umbuchungen werden direkt in Fremdwährung gerechnet.

SAP liefert mit dem System länderspezifische Bewertungspläne verschiedenster Bereiche aus (siehe hierzu Punkt 4.2.3).

Der **Standardbewertungsplan Deutschland** hat folgende Bereiche:

Standardbewertungs-
bereich

- Handelsrecht (01)
- Steuerliche Sonder-AfA zu handelsbilanziellen AHK (02)
- Sonderposten aufgrund steuerrechtlicher Sonderabschreibung (03)
- Vermögensbewertung (10)
- Steuerbilanz (15)
- Kalkulatorische Abschreibungen (20)

4.2.5   Berechtigungen

Daten und Werte von Anlagenklassen und Anlagenstammsätzen können durch **Berechtigungsvergabe** vor unberechtigten Zugriffen innerhalb einer Organisationseinheit geschützt werden.

SAP liefert einige Standardprofile für die Berechtigungen aus. Hierbei handelt es sich um Komplettberechtigungen (z. B. für Abteilungsleiter der Anlagenbuchhaltung) oder um Teilberechtigungen (z. B. für einen Anlagenbuchhalter, Anlagensachbearbeiter oder Einkäufer der Anlagenbuchhaltung).

Anlagensichten

Sofern ein Mitarbeiter nur am Rande mit der Anlagenbuchhaltung zu tun hat, kann man diesem eine eingeschränkte Sicht auf verschiedene Anlagendaten - innerhalb der Anlagenbuchhaltung - zuteilen. So kann man einem Steuersachbearbeiter Einsicht und Zugriff auf die Daten geben, die er für seine Zwecke benötigt.

Welche Felder und Bereiche aus einer Sicht bearbeitet werden können, legt die Anlagensicht fest.

SAP liefert sieben verschiedene Sichten aus; diese können reduziert, aber nicht erweitert werden.

7 vordefinierte
Sichten

Die vordefinierten Sichten sind:

- Altdaten
- Anlagenbuchhaltung
- Kalkulation
- Steuer
- Einkauf
- Technik
- Versicherung

4.3 Gliederung des Anlagevermögens

Im Modul AM wird ein strenger Gliederungsaufbau umgesetzt, der sich wie folgt aufbaut:

Gliederungsaufbau im AM-Modul

❶ Kontenzuordnung der Anlagenklasse zu den Hauptbuchkonten der Finanzbuchhaltung

❷ Anlagenklassen mit Anlagen

❸ Anlagenarten

❹ Anlagenübernummer

❺ Anlagenhauptnummer

❻ Anlagenunternummer

„Anlagensichten.scm"

In der Abbildung 4.3 sieht man den Zusammenhang der Anlagenklassen der Anlagenbuchhaltung und der Hauptbuchkonten der Finanzbuchhaltung:

Abb. 4.3
Anlagenklassen
in den Hauptbuch-
konten

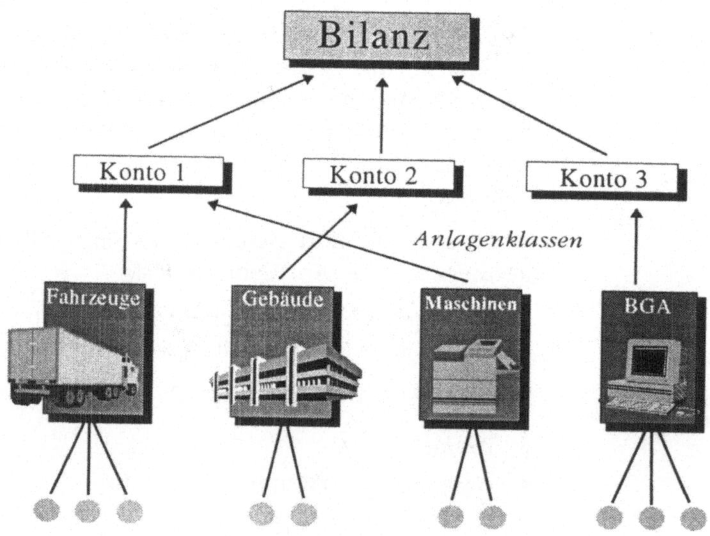

Anlagenstammsätze

4.3.1   Anlagenklassifizierung

Die entscheidenden Gründe für eine klare Anlagenklassifizierung sind:

Gründe für die Anlagenklassifizierung

- Möglichkeit zur klassenspezifischen Auswahl und Summation im Reporting;
- klassenspezifische Anpassung von Bildschirmmasken und Feldern;
- übersichtlichere Kontenzuordnung durch die Anlagenklasse;
- einfaches und sicheres Anlegen von Anlagenstammsätzen durch die Vorschlagswerte.

Vorschlagswerte sind Musterstammsätze, die sich auf den entsprechend aktivierten Bewertungsplan stützen. Die Gefahr hierbei ist, daß z. B. ein Sachbearbeiter beim Einrichten eines individuellen Anlagenstammsatzes aus Bequemlichkeit einen Vorschlagswert, der nicht exakt zutrifft, einfach übernimmt. Dies kann jedoch durch Festlegen der Mußeingabe im Customizing vermieden werden.

Anlegen einer Anlagenklasse

Im AM-Modul können die nachfolgenden Schritte durchgeführt werden:

Rechnungswesen ➪ *Anlagenwirtschaft* ➪ *Stammdaten* ➪ *Anlagenklasse anlegen*

„Anlagenklassen.scm"

Nun muß eine, ein- bis achtstellige Anlagenklassennummer vergeben (z. B. „3") und der entsprechende **Bewertungsplan** (z. B. „1DE" für Deutschland) ausgewählt werden.

Jetzt erscheinen weitere Eingabefelder, wie Konto-Zuordnung zur Finanzbuchhaltung, Bildaufbau der Anlagenklasse, und der in der Anlagenklasse zur Verfügung stehende **Nummernkreis**. Die Schlüssel hierfür und für die folgenden Eingabefelder sind im Customizing hinterlegt.

Zu beachten:

- Die Anlagenklassen sind buchungskreisübergreifend definiert.
- Der Bewertungsplan muß unter der Anlagenklasse angelegt werden, d. h. mehrere Bewertungspläne sind für eine Anlagenklasse möglich, wie in der Abb. 4.4 zu sehen ist.
- Gleiche Nummernkreise können von mehreren Anlagenklassen verwendet werden (Dies sollte aber vermieden werden, da die Übersichtlichkeit darunter leidet.).

Abb. 4.4
Anlagenklassen

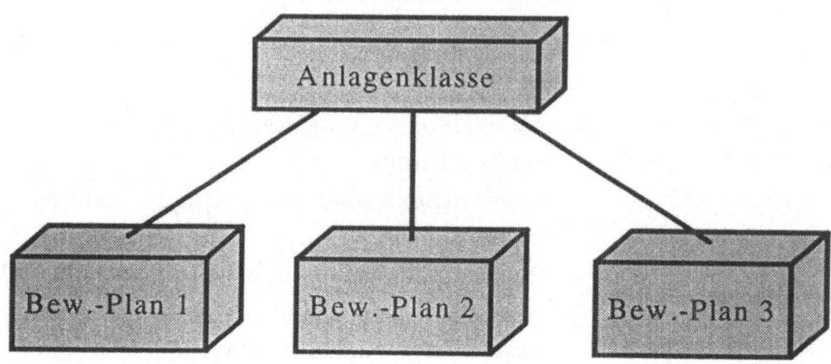

4.3.2 Anlagenarten und Zusammenfassungen

Es gibt verschiedene Anlagenarten im AM-Modul:

Anlagenarten

Immaterielle Anlagen: hier sollte die Bewegungsartengruppe „Anzahlungen" möglich sein. Das Simulieren des Buchwertes „Null" muß im Anforderungsbild des Anlagengitters festgelegt werden, weil normalerweise kein Abgang von diesen Anlagen verbucht wird.

Anlagen im Bau: bei dieser Anlagenart ist keine Normalabschreibung, sondern nur die steuerliche Sonderabschreibung möglich. Anzahlungen und negative Anschaffungs- und Herstellungskosten (z. B. für eine nachträgliche Gutschrift) sollten möglich sein.

„Anlagenarten und -vermögen.scm"

Geringwertige Wirtschaftsgüter: der Höchstbetrag für GWG´s muß in den buchungskreisspezifischen Bereichsangaben festgelegt werden.

Leasinganlagen: ein kalkulatorischer Zugang muß emuliert werden durch die Leasingartzuordnung im Anlagenstammsatz und der Leasingart im Customizing.

Finanzanlagen: hier sind keine planmäßigen Abschreibungen möglich.

Normalabschreibungen sind bei den **technischen Anlagen** möglich.

Ein **Wirtschaftsgut** besitzt eine zwölfstellige Hauptnummer und kann sich aus mehreren Teilanlagen, die wiederum eine vierstellige Unternummer besitzen, zusammensetzen.

Eine **Wirtschaftseinheit** ist eine Zusammenfassung von mehreren Wirtschaftsgütern. Ein Beispiel hierfür wäre eine Produktionslinie.

Mehrere Maschinen (Wirtschaftsgüter) werden zu einer Produktionslinie (Wirtschaftseinheit) zusammengefaßt:

Abb. 4.5
Wirtschaftseinheit

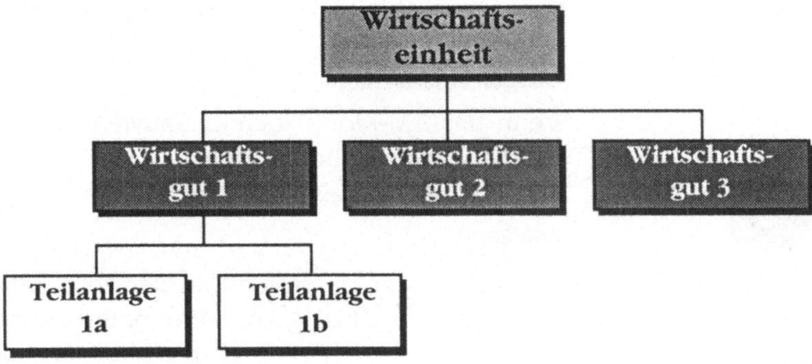

4.3.3 Stammdatenpflege

Der **Anlagenstammsatz** setzt sich zusammen aus den Allgemeinen Stammdaten und den Angaben zur Bewertung der Anlage.

Die Allgemeinen Stammdaten umfassen folgende Punkte:

Allgemeine
Stammdaten

- Allgemeine Angaben (z. B. Bezeichnung, Menge)
- Kontierungsangaben
- Buchungsinfos (z. B. Aktivierungsdatum)
- zeitliche Zuordnungen (z. B. Kostenstelle)
- Informationen zur Instandhaltung
- Angaben zur Vermögensverwaltung
- Grundstücksinformationen
- Leasingkonditionen
- Investitionsfördermaßnahmen
- Herkunftsdaten der Anlage
- Inventurdaten
- Versicherungsdaten
- Ordnungsbegriffe

Bewertung der Anlage

Die Angaben zur Bewertung der Anlage beinhalten:

- AfA-Schlüssel
- Nutzungsdauer
- Normal-AfA-Beginn
- Umstellungsjahr (degressive AfA ⇨ lineare Afa)
- Restwert (bis zu diesem Restwert soll abgeschrieben werden)

4.3.3.1   Anlegen einer Anlage

Wenn das AM-Modul bereits aktiviert ist, können die folgenden Schritte durchgeführt werden:

Rechnungswesen ⇨ *Anlagenwirtschaft* ⇨ *Stammdaten* ⇨ *Anlage anlegen*

„Anlagen ändern.scm"

Es erscheint ein Untermenü, in dem die Anlagenhaupt- und, falls notwendig, die Anlagenunternummer angegeben werden muß. Desweiteren muß der Buchungskreis und das Gültigkeitsdatum der Anlage eingetragen werden.

Nun erscheinen weitere Eingabefelder, die den Bestandteilen des Anlagenstammsatzes entsprechen. Die notwendigen Schlüssel für die Eingabefelder sind dem Customizing zu entnehmen.

Die **Bildauswahl** erfolgt über die Feldstatusgruppen der Anlagenklasse. Von den Feldstatusgruppen gibt es zwei Arten:

Feldstatusgruppen

- Stammdaten
- Bewertungsbereiche

Die **Hierarchie** hiervon sieht wie folgt aus:

Abb. 4.6
Feldhierarchien

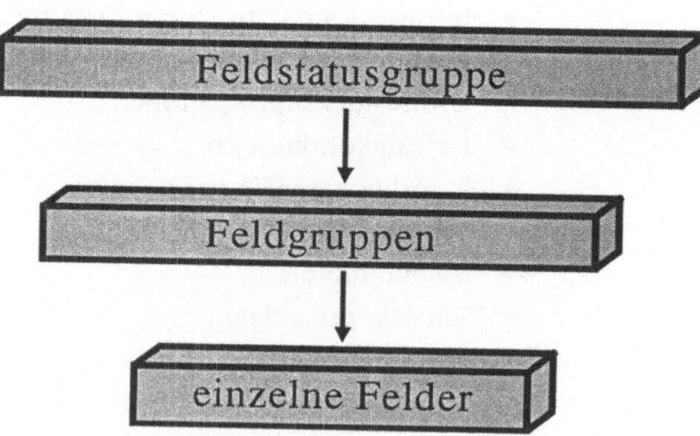

Bei der Definition der Feldstatusgruppe werden alle existierenden Feldgruppen vorgeschlagen und können einzeln gepflegt werden. Dabei können Festlegungen zur Bildauswahl, Pflegeebene und zur Kopierbarkeit über Referenz definiert werden.

Für jede Feldgruppe kann eine Pflegeebene festgelegt werden.

Folgende **Standardfeldstatusgruppen** sind im AM-Modul verfügbar:

- Abschreibung auf Unternummernebene
- wirtschaftsguteinheitliche Abschreibung
- klasseneinheitliche Abschreibung

Bei den Pflegeebenen gibt es wiederum drei Varianten im AM-Modul:

Pflegeebenen

- **Anlagenklasse:** hier wird die Anlagenklasse zur Pflege angeboten, die Haupt- und Unternummer angezeigt.
- **Hauptnummer:** hier wird nur die Hauptnummer zur Pflege angeboten.
- **Unternummer:** hier wird sowohl die Haupt- als auch die Unternummer zur Pflege angeboten.

Matchcodes

Auch im AM-Modul gibt es Matchcodes, unter denen Schlüssel für eine Suchhilfe zu verstehen sind:

- **Anlagenklasse** („A" für Suche nach Kontozuordnung/Anlagenklasse, „B" für Suche nach Bewertungsplan/AfA-Schlüssel)
- **Anlagenstammdaten** („A" für Suche nach Kontozuordnung/ Anlagenklasse, „B" für Suche über Abschreibungsschlüssel, „C" für Suche über Kostenstelle)

4.3.3.2 Deaktivieren/Sperren/Löschen von Anlagen

Das Ausscheiden eines Wirtschaftsgutes wird im AM-Modul durch die Option *„Deaktivieren"* unterstützt. Es sollte jedoch bedacht werden, daß deaktivierte Anlagen noch im nachfolgenden Geschäftsjahr zur Verfügung stehen sollten, damit diese Anlagen auch in der *„Entwicklung des Anlagevermögens"* dargestellt werden können.

Das **Löschen** eines Wirtschaftsgutes wird durch Setzen eines Löschkennzeichens und anschließendem physischen Löschen durch das Programm realisiert.

„Anlagen sperren-
löschen.scm"

Das **Sperren** eines Wirtschaftsgutes wird durch Setzen eines Sperrkennzeichens bewerkstelligt. Es kann dann kein Zugang auf diese Anlage gebucht werden. Jedoch sind Umbuchungen und Abgangsbuchungen auf gesperrte Anlagen möglich.

Im AM-Modul werden die folgenden Schritte durchgeführt:

Rechnungswesen ⇨ Anlagenwirtschaft ⇨ Stammdaten ⇨ Anlage sperren/löschen

Nun muß die Anlagenhauptnummer und evtl. die Anlagenunternummer sowie der Buchungskreis angegeben werden. Nachdem die Daten der entsprechend ausgewählten Anlage erscheinen, kann diese Anlage gesperrt oder mit einer Löschvormerkung versehen werden. Das Deaktivieren einer Anlage erfolgt auf die gleiche Weise; es muß nur zuvor ein Deaktivierungsdatum der Anlage angegeben werden.

4.4   Geschäftsvorfälle

In diesem Kapitel werden die wichtigsten Geschäftsvorfälle und deren Handhabung in der Anlagenbuchhaltung erläutert.

Zu den Anlagen (siehe hierzu Abb. 4.7) zählen z. B.:

Anlagenarten

- Anlagen im Bau
- Gebäude und Grundstücke
- Maschinen
- Geleaste Anlagen, z. B. Autos, Maschinen
- Patente, Lizenzen, Software
- Wertpapiere

Abb. 4.7
Anlagenarten

Vielfalt der Anlagenarten

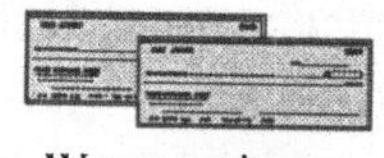

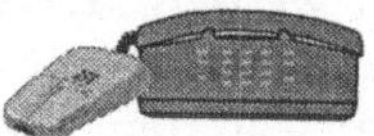
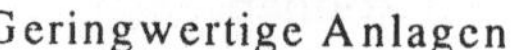

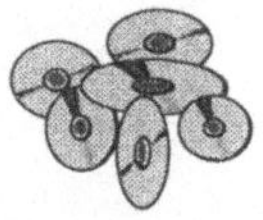

4.4.1 Anlagenzugang

Die Anlagenbuchhaltung ist so strukturiert, daß alle Vorgänge direkt in sie hinein gebucht werden können. Wird die Anlagenbuchhaltung allerdings integriert mit anderen Modulen eingesetzt, empfiehlt es sich, aus Gründen der Zeitersparnis und der Vereinfachung der Abwicklung, die Geschäftsvorfälle direkt in der auslösenden Abteilung zu erfassen.

Abteilungen, mit denen die Anlagenbuchhaltung zusammenarbeitet, sind:

- Finanzbuchhaltung (FI)
- Wareneingang/Rechnungsprüfung (MM)
- Lager (MM)
- Auftrags-/Projektabrechnung (CO-OPA)

Zugang aus Kauf

Ein Zugang aus Kauf kann auf zwei verschiedene Arten gebucht werden:

- **Zugang gegen Kreditor**
  Bei der Parallelverwendung von Anlagen- und Kreditorenbuchhaltung bietet es sich an, direkt „Anlage an Kreditor" zu buchen. Dadurch werden sowohl die Datenerfassung als auch mögliche Fehlerquellen auf ein Minimum reduziert. Wenn eine Belegart ausgewählt wurde, die Nettobuchungen zuläßt, werden vom System automatisch Skonto und Mehrwertsteuer abgezogen und der verbleibende Rechnungsbetrag auf der Anlage aktiviert.

- **Zugang gegen Verrechnungskonto**
  Wird die Anlagenbuchhaltung als alleiniges Modul eingesetzt, bietet sich folgendes Verfahren an: Buchung des eingegangenen Rechnungsbetrags auf ein Verrechnungskonto und spätere Verbuchung des Betrags, abzüglich Skonto und Mehrwertsteuer, auf das Anlagenkonto.

Zugang aus Kauf über Bestellung

Bei einem Zugang aus Kauf über Bestellung müssen mehrere zeitlich voneinander abhängige Arbeitsvorgänge beachtet werden:

- Bestellanforderung
- Anlage des Anlagenstammsatzes
- Erfassen der Bestellung
- Buchen des Wareneingangs
- Buchen des Rechnungsbetrags

Zugang aus dem Lager	Wenn ein Produkt erstellt wird, werden häufig Teile aus dem Lager benötigt. Wird die Anlagenbuchhaltung zusammen mit dem Material-Management (MM) eingesetzt, so können in einer Buchung die Bewegung im betreffenden Lager sowie die Buchung der Anschaffungs- bzw. Herstellkosten des Materials auf der Anlage erfaßt werden.
Zugang aus Eigenfertigung	Bei der Fertigstellung der Anlage werden die entstandenen Kosten auf die Anlage aktiviert. Da im Normalfall der Zugang aus Eigenfertigung mit der Auftragsabwicklung gekoppelt ist, muß nur noch „**Auftrag an Anlage**" gebucht werden.
Zugang von verbundenen Unternehmen	Hier bietet das System eine spezielle Technik, die die verbundenen Unternehmen als Einzelunternehmen betrachtet. Somit wird bei dem einen Unternehmen ein Zugang, bei dem anderen ein Abgang gebucht, im Konzern wird der Vorgang aber als Umbuchung dargestellt.

4.4.2 Anlagenabgang

Ein Abgang kann einen Voll- bzw. Teilabgang einer Anlage darstellen. Das System errechnet automatisch die auszubuchenden Beträge.

Abgang durch Verkauf mit Debitor	Wenn die Anlagenbuchhaltung zusammen mit der Finanzbuchhaltung eingesetzt wird, bietet das System die Möglichkeit, die Forderungsbuchung an den Debitor, die Erlösbuchung und den Anlagenabgang in einem Schritt zu buchen.
Abgang durch Verkauf ohne Debitor	Ohne Debitor bietet die Anlagenbuchhaltung eine eigene Transaktion an, die den Anlagenabgang automatisch bucht. Es muß allerdings darauf geachtet werden, daß eine Bewegungsart ausgewählt ist, die automatisch eine Erlösbuchung erzeugt, damit die Soll-/Habengleichheit bestehen bleibt.

Beim **Abgang durch Verschrottung** stellt die Anlagenbuchhaltung wie oben eine eigene Transaktion bereit. Die erzeugten Buchungen entsprechen denen unter „Abgang durch Verkauf ohne Debitor", allerdings wird hier keine Erlösbuchung, sondern eine Buchung „Verlust aus Anlagenabgang ohne Erlös" erzeugt.

Beim **Abgang an verbundene Unternehmen** bietet das System eine spezielle Technik, die die verbundenen Unternehmen als Einzelunternehmen betrachtet. Somit wird bei dem einen Unternehmen ein Zugang, bei dem anderen ein Abgang gebucht, im Konzern wird der Vorgang aber als Umbuchung dargestellt.

4.4.3   Anlagenumbuchungen

Umbuchung von
Anlage an Anlage

Ist für beide Anlagen der gleiche Buchungskreis definiert, so kann in einem Schritt von Anlage an Anlage gebucht werden. Es muß allerdings berücksichtigt werden, daß verbundene Bereiche auf die neue Anlage mitübernommen werden. Ist ein automatisches Umbuchen nicht möglich, müssen manuell ein Abgang und ein Zugang gebucht werden.

Eine Umbuchung zwischen verbundenen Unternehmen erfolgt synonym zu den Ausführungen unter Punkt 4.4.1: „Zugang von verbundenen Unternehmen" und Punkt 4.4.2: „Abgang an verbundene Unternehmen".

Aktivierung von
Anlagen im Bau

Eine Anlage im Bau kann aktiviert werden, indem sie auf eine aktive Anlage gebucht wird. Die Buchung entspricht der Buchung von Anlage an Anlage (Buchungskreis intern). Bei einer Vollumbuchung werden Anzahlungen, die im aktuellen Geschäftsjahr geleistet wurden, auf der Anlage im Bau storniert. Bei einem Teilabgang werden Anzahlungen ignoriert.

4.4.4   Sonstige Anlagenbuchungen

Anzahlungen auf
Anlagen im Bau

Anzahlungen stellen Zugänge auf Anlagen im Bau dar. Wie beim Zugang aus Kauf können diese über die Kreditorenbuchhaltung abgewickelt werden. Erfolgt die Schlußrechnung im selben Jahr wie die Anzahlungen, werden diese in voller Höhe auf der Anlage aktiviert. Erfolgt die Anzahlung nicht im gleichen Jahr, so werden nur die Differenzbeträge auf die Anlage aktiviert.

Nachaktivierungen

Nachaktivierungen stellen Korrekturbuchungen auf einer Anlage dar, wenn es im abgeschlossenen Geschäftsjahr versäumt wurde, Kosten, die mit der Beschaffung oder Montage verbunden waren, den Anschaffungs- und Herstellkosten der Anlage zuzuschlagen.

- **Bruttomethode**
  Hier können die historischen Abschreibungen angegeben werden.

- **Nettomethode**
  Wird der Buchungsbetrag um die historische Abschreibung vermindert, dann kann die Buchung ohne die Angabe der historischen Abschreibungswerte durchgeführt werden.

- **Buchen auf neue Stammsätze**
  Hierfür muß die Transaktion für die Erfassung von Altanlagen ausgewählt werden, die es ermöglicht, ein historisches Zugangsjahr anzugeben. Dieses wird benötigt, um die aktuelle Abschreibungrechnung weiterzuführen.

Zuschreibungen

Zuschreibungen sind Korrekturen, wenn in der Vergangenheit z. B. falsche Abschreibungsschlüssel oder eine falsch angesetzte Nutzungsdauer für eine Anlage gewählt wurden. Zuschreibungen erhöhen den Wert einer Anlage.

Zu beachten ist, daß in der Finanzbuchhaltung die Korrekturen auf dem Wertberichtigungskonto mitgebucht werden.

Übertragung von Rücklagen

Durch die Veräußerung von Maschinen können stille Reserven gebildet werden, sofern nicht im selben Jahr geeignete Neuanschaffungen getätigt werden.

Das System AM unterscheidet zwei Rücklagenübertragungswege:

- Rücklagenübertragung
- Rücklageneinstellung

Manuelle Abschreibungen

Normalerweise ermittelt das System anhand der ausgewählten Abschreibungsschlüssel die Abschreibungswerte. Diese Abschreibungswerte können aber manuell erhöht werden.

4.5 Integration

4.5.1 Integration im R/3

Im nachfolgenden Schaubild (siehe Abb. 4.8) ist dargestellt, mit welchen Modulen die Anlagenbuchhaltung zusammenarbeitet. Werden diese Module mit der Anlagenbuchhaltung integriert eingesetzt, so können die Vereinfachungen, die dieses System in seiner Gesamtheit bietet, voll ausgeschöpft werden. Viele Arbeitsabläufe, die mit der Anlagenbuchhaltung allein nur auf Umwegen lösbar wären, werden vom System automatisch oder in einer stark vereinfachten Form gelöst:

Abb. 4.8
R/3-Integration

R/3-Integration

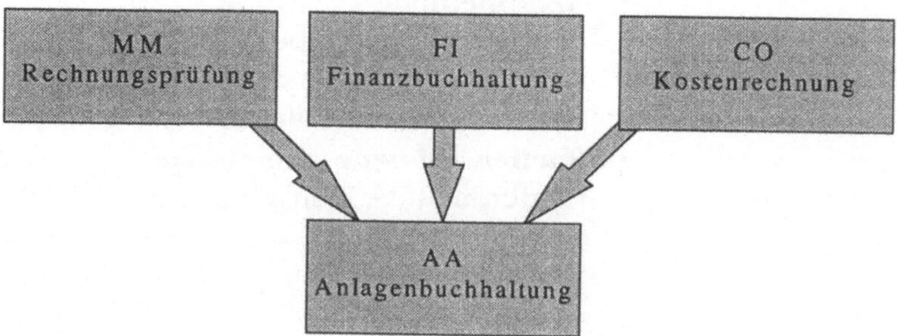

4.5.2 Integration mit MM

Ein Beispiel, wie sich die Integration bei der Anlagenbuchhaltung und im Material-Management (MM) auswirkt, zeigt folgendes Schaubild:

Abb. 4.9
MM-Integration

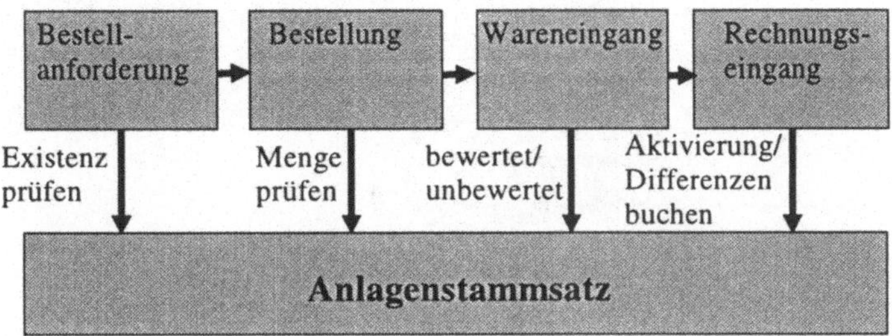

In diesem Beispiel muß der Anlagenbuchhalter nach Genehmigung der Bestellung einen Anlagenstammsatz anlegen. Erst wenn dieser angelegt ist, kann der Einkauf tätig werden und die Ware bestellen. Wird die Ware im Wareneingang angeliefert, kann, je nach Festlegung im Customizing der Materialwirtschaft, die Ware bewertet oder unbewertet gebucht werden. Unter bewertet versteht man, daß die Anlage direkt aktiviert wird. Unbewertet heißt, daß ein Verrechnungskonto zwischengeschaltet ist. Beim Rechnungseingang kann das System so eingerichtet werden, daß beim Wareneingang nichts gebucht wird und erst beim Rechnungseingang der Gesamtbetrag auf der Anlage aktiviert wird.

4.5.3 Integration mit FI

Das nachfolgende Beispiel zeigt einen Zugang aus Kauf mit Kreditor:

Zugang aus FI mit Kreditor

Die eingehende Rechnung wird als Investitionsrechnung erkannt und dem Anlagenbuchhalter weitergegeben. Dieser prüft, ob dafür ein Stammsatz existiert, andernfalls eröffnet er einen neuen Stammsatz und stattet diesen mit entsprechenden Bewertungsschlüsseln und den dazugehörigen Bilanzkonten aus. Die Anlagennummer wird auf der Rechnung vermerkt. Danach wird die Rechnung der Kreditorenbuchhaltung zugeführt, die die Rechnung eingibt und verbucht.

4.6 Abschreibung des Anlagevermögens

4.6.1 Berechnung der Abschreibung

„Rechenschlüssel.scm"

Steuerungskennzeichen des Abschreibungsschlüssels

Die Abschreibungsberechnung im System R/3 erfolgt durch sog. Steuerungsparameter. Diesen Steuerungsparametern werden explizit durch Schlüssel Werte zugeordnet.

Der **Abschreibungsschlüssel** ist Träger von allen Informationen, die zur Abschreibungsberechnung erforderlich sind. Er beinhaltet Steuerungskennzeichen für folgende Verfahren:

- Aussetzen der Normalabschreibung bei Sonderabschreibung
- Aussetzen von Zinsen bei nicht geplanter Abschreibung
- Zugänge **nur** im Aktivierungsjahr
- Abschreibung der Vergangenheit nicht neu berechnen
- Abschreibung der Vergangenheit mit bzw. ohne Storno neu berechnen

Desweiteren werden die internen Rechen- und Anhaltewertschlüssel über den Abschreibungsschlüssel der jeweiligen Abschreibungsmethode zugeordnet. Diese Zuordnung muß bei Normal- und Sonderabschreibungen herangezogen werden.

„Rechenschlüssel.scm"

Der **interne Rechenschlüssel** beschreibt das eigentliche Berechnungsverfahren für die jeweilige Abschreibungsmethode. Jedem Abschreibungsschlussel wird ein Rechenschlüssel zugeordnet. Die von SAP bereitgestellten Schlüssel haben durch ihre fest definierten Berechnungsverfahren Systemcharakter und sollten nicht verändert werden.

Anhaltewert

Für Anlagen, die nach dem planmäßigen Verlauf der Abschreibung über einen Restwert verfügen, besteht die Möglichkeit, diesen Wert, den sog. Anhaltewert, vor dem Abschreibungsende zu definieren. Die Zuordnung kann auf zwei Arten getroffen werden:

- durch die Zuordnung eines **Anhaltewertschlüssels** zu dem jeweiligen Abschreibungsschlüssel der Anlage;
- durch eine feste Eingabe eines **absoluten Schrottwertes** bei den bereichsspezifischen Anlagestammdaten.

„Anhaltewertschlüssel.scm"

Die **Anhaltewertschlüssel** können im Customizing der Anlagenbuchhaltung mit beliebigen Anhalteprozentsätzen definiert werden. Es besteht die Möglichkeit, diese Anhalteprozentsätze bestimmten Zugangsjahren oder dem Alter der Anlage zuzuordnen. Für das Berechnungsverfahren gibt es zwei verschiedene Festlegungen:

- Die Abschreibung wird ohne die Berücksichtigung des Anhaltewertes berechnet und endet beim Erreichen des Anhaltewertes. Dabei endet die Abschreibung vor dem Erreichen der geplanten Nutzungsdauer.

- Der errechnete Schrottwert wird am Anfang vom Bezugswert der Anlage abgezogen und bleibt als Restbuchwert am Ende der Nutzungsdauer enthalten.

4.6.2   Abschreibungsarten

Die **Normalabschreibung** berücksichtigt die normale Abnutzung bzw. den Werteverzehr einer Anlage. Die Berechnung der Abschreibungsbeträge erfolgt mit den nach Steuer- und Handelsrecht erlaubten Abschreibungsmethoden.

„Abschreibungen.scm"

Der Gesetzgeber sieht für bestimmte Anlagegüter **Sonderabschreibungen** vor. Sie dienen der wirtschaftspolitischen Steuerung. SAP liefert für die allgemein verbreiteten Verfahren die jeweiligen Abschreibungsschlüssel. Sie werden daher durch ihre Individualität nicht näher erläutert.

Außerplanmäßige Abschreibungen gehen über den normalen Gebrauch der Anlage hinaus. Sie kommen bei einer dauerhaften Wertminderung der Anlage, z. B. durch höhere Gewalt oder Umwelteinflüsse, in Betracht. Sie müssen daher individuell zugeordnet werden.

4.6.3   Abschreibungsmethoden

Lineare
Abschreibung

Bei der Anwendung der linearen Abschreibung sind die jährlichen Abschreibungsbeträge über die gesamte Nutzungsdauer gleich hoch:

- Verwendeter Abschreibungsschlüssel: **LINR**
- Interner Rechenschlüssel: **1020**
- Berechnungsverfahren: **Afa = Restwert / Restnutzungsdauer**

Im Zugangsjahr der Abschreibung gilt die sogenannte **Vereinfachungsregel**. Zugänge im zweiten Halbjahr werden mit einer halben Jahresabschreibung und Zugänge im ersten Halbjahr mit einer vollen Jahresabschreibung gerechnet.

Abb. 4.11
Lineare
Abschreibung

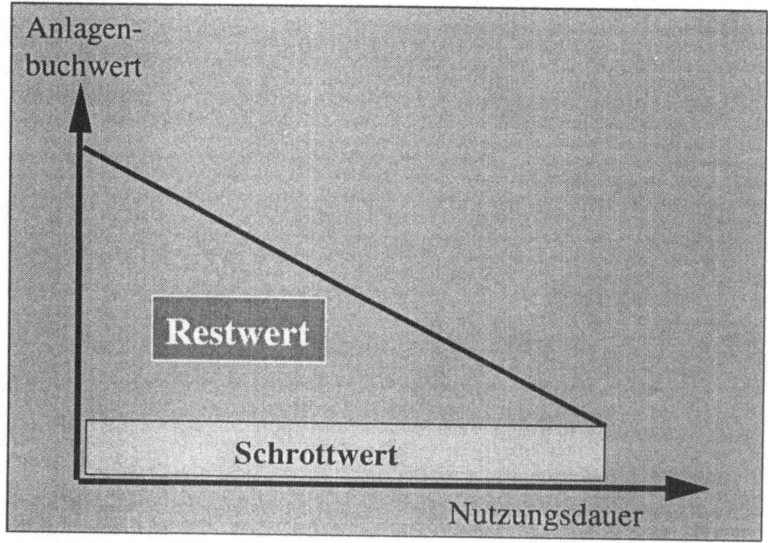

Degressiven
Abschreibung

Bei der Anwendung der degressiven Abschreibung verringern sich die jährlichen Abschreibungsbeträge mit Zunahme der Nutzungsdauer. Bei Neuanlagen - mit der Verwendung des Abschreibungsschlüssels „30" - kann mit dem dreifachen linearen Satz, aber höchstens 30% gerechnet werden.

„AfA-Schlüssel.scm"

- Verwendete Abschreibungsschlüssel: **DG20 / DG25 / DG30**

- Interne Rechenschlüssel: **2000 / 2010 / 2020**

- Berechnungsverfahren: **Afa = Restwert • 3 / Gesamtnutzungsdauer**

Im Zugangsjahr der Abschreibung gilt, wie bei der linearen Abschreibung, die Vereinfachungsregel.

Ist im Laufe der Nutzungsdauer die lineare Verteilung auf die Restnutzungsdauer größer als die degressive Abschreibung, wird auf die linare Abschreibung umgestellt.

Abb. 4.12
Degressive
Abschreibung

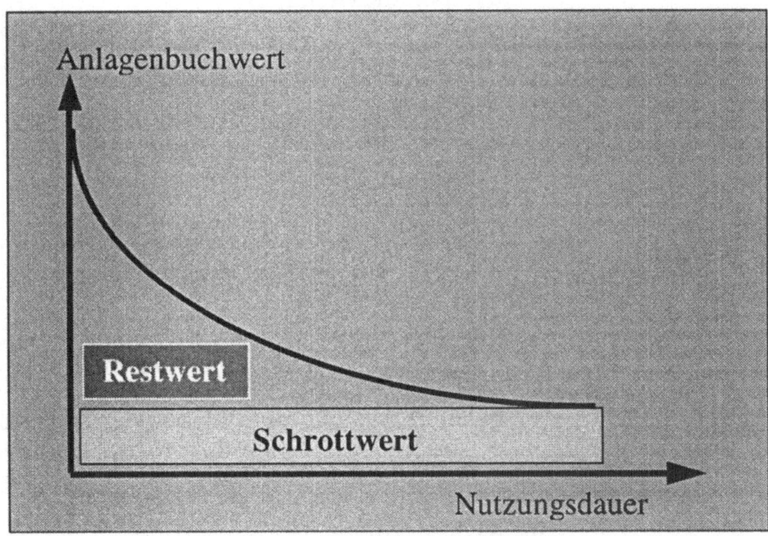

Lineare Gebäudeab-schreibung

Analog zu der linearen Abschreibung stellt das AM-Modul Abschreibungsschlüssel für die Abschreibung von Gebäuden zur Verfügung. Die Nutzungsdauer erstreckt sich über einen Zeitraum von 40 bzw. 50 Jahren, was einer jährlichen Abschreibung von 2,5 % bzw. 2 % entspricht.

- Verwendete Abschreibungsschlüssel: **GL20 / GL25**
- Interne Rechenschlüssel: **1210 / 120**
- Berechnungsverfahren: **Afa = Restwert / Restnutzungsdauer**

Die Abschreibung wird ab der Periode des ersten Zugangs gerechnet. Zugänge auf die Anlage führen zu einer Verlängerung der Abschreibungsdauer.

Degressive Gebäude-abschreibung

Die Höhe der degressiven Gebäudeabschreibungbeträge ist über den Zeitraum hinaus vom jeweiligen Gebäudetyp abhängig. Der entsprechende Abschreibungsschlüssel berücksichtigt diese Zuordnung.

- Verwendete Abschreibungsschlüssel: **DG35 / DG50 / DG70 / DG10**
- Interne Rechenschlüssel: **2710 / 2720 / 2770 / 2750**
- Berechnungsverfahren: **Abhängig vom Zeitraum und Gebäudetyp**

Im Zugangsjahr der Anlage wird eine ganze Jahresabschreibung gerechnet. Zugänge auf die Anlage führen zu einer Verlängerung der Abschreibungsdauer.

Vollabschreibung im Zugangsjahr

Die Vollabschreibung im Zugangsjahr dient der 100%-igen Abschreibung von geringwertigen Wirtschaftsgütern, den sogenannten GWG´s.

- Verwendete Abschreibungsschlüssel: **GWG**
- Interne Rechenschlüssel: **0010**
- Berechnungsverfahren: **100%ige Abschreibung im Zugangsjahr**

In nachfolgenden Jahren sind keine weiteren Zugänge mehr möglich.

Leistungs-
abschreibung

Die Leistungsabschreibung ist eine Abschreibungsmethode, bei der die Periodenabschreibung direkt mit der Ausbringungsmenge verknüpft wird. Dies kann z. B. bei Beschäftigungsschwankungen sinnvoll sein.

- Verwendete Abschreibungsschlüssel: **STCK/STCA/STCR**
- Interne Rechenschlüssel: **3010**
- Berechnungsverfahren: **Afa=Anschaffungswert / Gesamtausbringung • Periodenausbringung**

„AfA rechnen.scm"

Für die Berechnung der Periodenabschreibung muß die erwartete Ausbringungsmenge der Periode in dem jeweiligen Abschreibungsschlüssel erfaßt werden. Das Menü für die Erfassung wird über die nachfolgenden Menüpunkte erreicht:

Anlagenwirtschaft ⇨ Periodische Arbeiten ⇨ Abschreibung ⇨ Leistungsabhängige Abschreibung

Abb. 4.13
Leistungs-
abschreibung

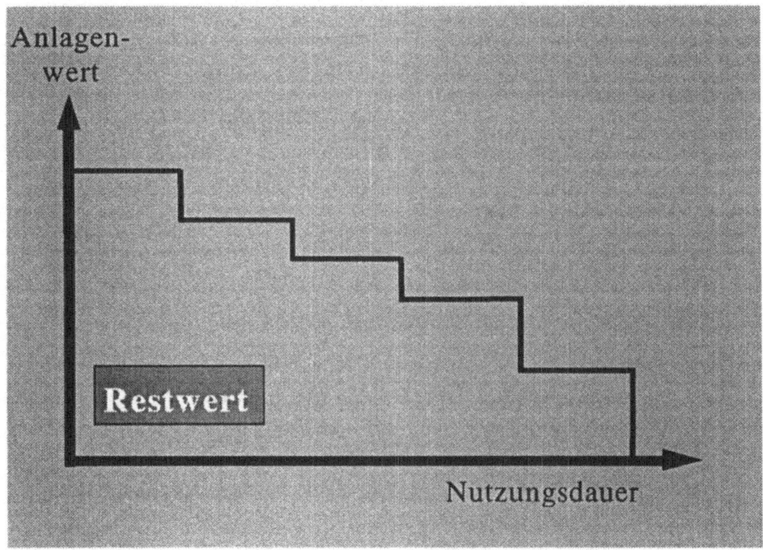

4.6.3   Abschreibungsbuchungen

Bestandsveränderungen an einer Anlage führen zu einer Veränderung der geplanten Abschreibung in der jeweiligen Periode. Die Wertberichtigungs- und Abschreibungskonten der Bilanz und der Gewinn- und Verlustrechnung werden jedoch nicht automatisch diesen Veränderungen angeglichen. Erst in einem periodischen Abschreibungsbuchungslauf erfolgt die eigentliche Buchung in der Finanzbuchhaltung. Der Buchungsrhythmus und die Kontierungsebene ist frei wählbar. Desweiteren kann bei dem angewandten Buchungsverfahren zwischen dem Nachhol- und dem Restverteilungsverfahren gewählt werden.

„Abschreibungen buchen.scm"

Die Maske ist über die folgenden Menüpunkte erreichbar:

Anlagenwirtschaft ⇨ Periodische Arbeiten ⇨ Abschreibung ⇨ Abschreibung neu rechnen

5   Kostenrechnung/Controlling

5.1   Grundlagen

5.1.1   Rechnungskreise

Das Rechnungswesen ist in zwei Rechnungskreise gegliedert. Rechnungskreis 1, die Finanz- und Betriebsbuchhaltung sowie Rechnungskreis 2, die Kosten- und Leistungsrechnung.

Abb. 5.1
Rechnungskreise

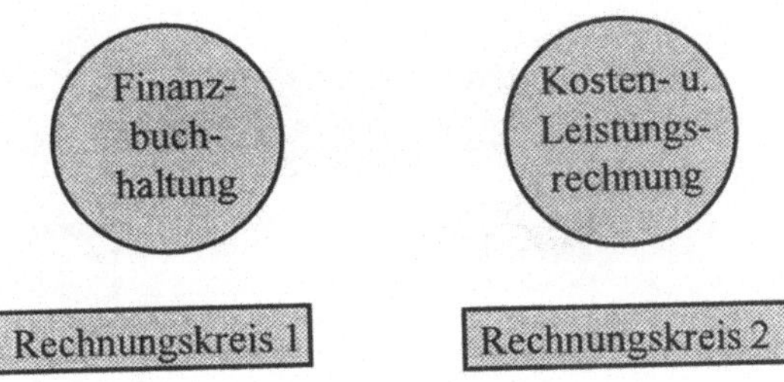

Inhalte des Rechnungskreises 1

Im Rechnungskreis 1 erfolgt die Buchung:

- der Aktiva und Passiva,
- der Aufwendungen und Erträge,
- der Salden auf Bilanzen.

Inhalte des Rechnungskreises 2

Im Rechnungskreis 2 erfolgt die Verbuchung der Kosten und Leistungen. Kosten sind rein betriebliche Aufwendungen, Leistungen rein betriebliche Erträge. Aufwendungen, die zugleich Kosten sind, bezeichnet man als betriebliche Aufwendungen bzw. Grundkosten (siehe Abb. 5.2). Grundkosten sind also die Kosten, die zur Aufrechterhaltung der Betriebsbereitschaft notwendig sind. Die kalkulatorischen Kosten, die ausschließlich in der Kosten- und Leistungsrechnung (KLR) verwendet werden, also im Rechnungskreis 2, dienen ausschließlich der Kalkulation und sind somit keine Aufwendungen (es findet somit kein Geldfluß statt). Sie stellen nur eine rein buchhalterische Größe dar.

**Abgrenzungs-
rechnung**

Die Abgrenzungsrechnung stellt die Verbindung zwischen Rechnungskreis 1 und Rechnungskreis 2 her. Es erfolgt die Abgrenzung zwischen betrieblichen Aufwendungen (Kosten), betrieblichen Erträgen (Leistungen) und betriebsneutralen Aufwendungen sowie betriebsneutralen Erträgen.

Abb. 5.2
Kosten und Aufwendungen

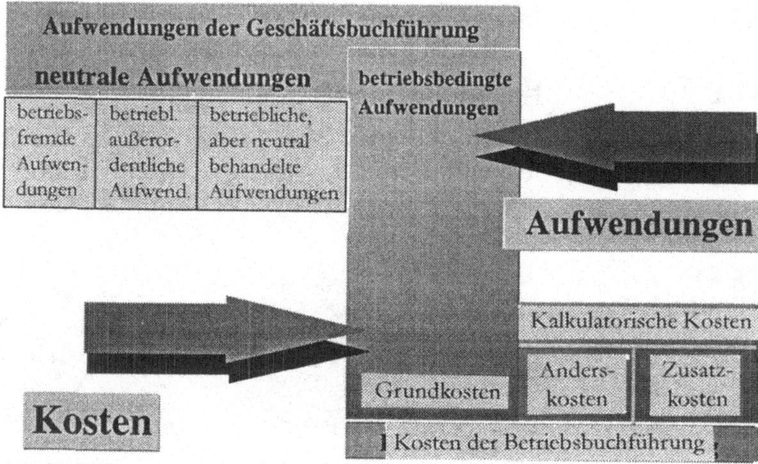

5.1.2   Informationsfluß innerhalb des Rechnungswesens

Der Informationsfluß innerhalb des Rechnungswesens ist in Abb. 5.3 dargestellt und wird ausschließlich erläutert:

Abb. 5.3
Informationsfluß
innerhalb des
Rechnungswesens

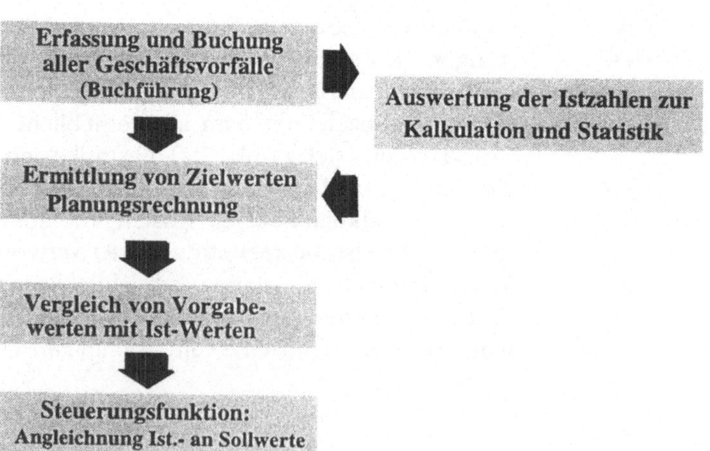

1. Erfassung der Geschäftsfälle auf den einzelnen Konten im Rahmen der Buchführung.

Vorkalkulation

2. Auswertung der Zahlen nach verschiedenen Gesichtspunkten, Ermittlung der Selbstkosten im Rahmen der Kalkulation sowie Ermittlung von Vergleichszahlen im Rahmen der betrieblichen Statistik.

Planungsrechnung

3. Ermittlung des Sollzustandes im Rahmen der Planungsrechnung (entspricht der Zielvorstellung der Geschäftsleitung bzw. des Unternehmens).

Nachkalkulation

4. Vergleich von Vorgabewerten der Kalkulation sowie der Planungsrechnung mit dem Istzustand (angefallene Kosten/ geplante Kosten).

5. Einleiten entsprechender Maßnahmen bei Abweichungen (Steuerfunktion), um Sollwerte an Istwerte anzugleichen.

5.1.3   Aufgabe der Kostenrechnung

Die Kostenrechnung erfüllt vielfache Zwecke, wobei sich folgende vier Hauptaufgabenbereiche zusammenfassen lassen:

Gewinnaufteilung

1. Aufteilung des Gesamtgewinnes oder -verlustes nach dessen Trägern, wie z. B. Produktgruppe, Produktionsstätte, Absatzbereich. Stellt ein Unternehmen mehrere Produkte her, wird durch die Kosten- und Leistungsrechnung (KLR) erst eine eindeutige Zuordnung des Gewinnes, den die einzelnen Produkte erwirtschaften, möglich. Ebenso ist eine Zuordnung nach Absatzgebieten möglich, d. h. Unternehmen A verkauft bspw. in der gesamten EG, macht aber den höchsten anteiligen Gewinn in Italien. Je nach Wunsch kann dies weiter gesplittet werden.

Trennung des Gesamtergebnisses

2. Trennung des Gesamtergebnisses, d. h. Splitten des Gesamtergebnisses und dessen Zuordnung zum Betrieb (betriebliches Ergebnis) sowie dem neutralen Ergebnis. Dies geschieht aufgrund der Tatsache, daß ein Unternehmen als Ganzes evtl. Gewinn macht (Unternehmensgewinn), jedoch aufgrund der KLR deutlich wird, daß der Betrieb bereichsspezifische Verluste macht. Dies ist z. B. bei großen Bauunternehmen der Fall, wenn der Betrieb schlecht läuft, das Unternehmen jedoch Mieterträge aus Immobilien in beachtlicher Höhe erzielt.

Kalkulationen

3. Ermittlung der Herstellkosten, Selbstkosten usw.: Angebote an Kunden sollten nur nach Kenntnis der betrieblichen Aufwendungen erfolgen. Um ein realistisches Angebot erstellen zu können, muß der Mittelverzehr zur Herstellung eines Produktes genau ermittelt werden. Dies geschieht im Rahmen der Kalkulation, die Teil der KLR ist. (Auf die einzelnen Kalkulationsarten wird später noch näher eingegangen.) Da es im Unternehmen nicht nur direkt den Kostenträgern (Kostenverursachern) zuordenbare Kosten (Einzelkosten) gibt, sondern auch Gemeinkosten (z. B. Energiekosten), müssen diese im Rahmen eines im BAB ermittelten Zuschlagsatzes den Kostenträgern zugeschlagen werden.

Unternehmensbeurteilung

4. Objektive Beurteilungen eines Unternehmens sind erst durch Kenntnis der Gewinnherkunft sowie der Kostenstruktur möglich, über die die Gesellschafter bzw. Unternehmer und der Vorstand aufgeklärt sein wollen.

5.1.4 Kostenartenrechnung

Die Kostenartenrechnung ist der 1. Schritt im Ablauf der Kostenrechnung. Es erfolgt keine Rechnung im eigentlichen Sinne mit Zahlen und Werten, stattdessen werden die Kosten erfaßt, gegliedert sowie den Kostenstellen und der Kostenträgerrechnung zugeordnet (siehe Abb. 5.4).

Kosteneindeutigkeit

Es ist darauf zu achten, daß eine eindeutige Zuordnung der Kosten möglich ist, d. h. zusammengesetzte Kosten müssen aufgesplittet werden. Dasselbe geschieht in der externen Buchhaltung, z. B. beim Kauf eines bebauten Grundstücks, wo der Gesamtwert gesplittet wird und auf die Konten Grundstücke sowie Gebäude gebucht wird.

Mengengerüst und Wertgerüst

1. Schritt: Ermittlung der Menge des verbrauchten Produktionsfaktors (Mengengerüst).

2. Schritt: Bewertung der Verbrauchsmenge (Wertgerüst).

Abb. 5.4
Transformationsfluß der Kostenarten zu den Kostenstellen und Kostenträgern

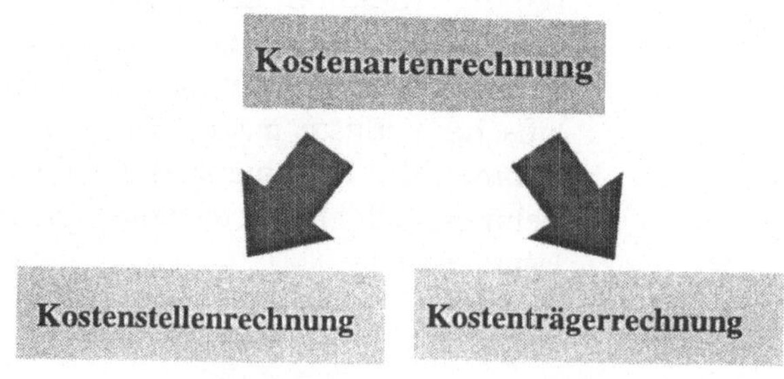

5.1.5

Kostenstellenrechnung

Die in der Kostenartenrechnung erfaßten Kosten werden in der Kostenstellenrechnung nach dem **Verursacherprinzip** weiterverrechnet. Eine Weiterverrechnung der Kostenarten auf die Produkte ist nur bei den Einzelkosten möglich, nicht jedoch bei den Gemeinkosten. Diese können nur dem Ort ihrer Entstehung zugeordnet werden.

Die Kostenstellen sind ein geschlossener Verantwortungsbereich, der in der Regel räumlich abgeschlossen ist, was jedoch nicht vorausgesetzt wird. Als Beispiele wären hier die Kostenstellen Versand, Fertigungsstellen o.ä. zu nennen.

BAB

Der BAB ist eine tabellarische Übersicht (vgl. Abb. 5.5) der Kostenarten, der Kostenstellen sowie der Verteilungsschlüssel der Gemeinkosten. In ihm werden die jeweiligen Zuschlagssätze für die Hauptkostenstellen und die einzelnen Kostenträger ermittelt.

Abb. 5.5
BAB-Beispiel

Beispiel eines einstufigen BAB's

Kostenarten		Verteilungs-grundlage	Verteilungs schlüssel	Kostenstellen			
Bezeichnung	DM			Material	Fertigung	Verwaltung	Vertrieb
Hilfs.-Betriebsstoff	20.000.-	Entnahmeschein		500.-	18000.-	1000.-	500.-
Hilfslöhne	4.000.-	Lohnlisten		1000.-	2500.-	100.-	400.-
Energiekosten	2.000.-	Verbrauch	2 : 16 : 1 :	200.-	1600.-	100.-	100.-
Gehälter	8.000.-	Gehaltslisten		500.-	1500.-	5000.-	1000.-
Sozialkosten	900.-	Zahl Beschäftigte	3 : 20 : 4 :	90.-	600.-	120.-	90.-
Instandhaltung	3.000.-	Anlagekartei		200.-	2500.-	200.-	100.-
Steuern, Beiträge	6.000.-	qm Fläche je Kst.	5 : 20 : 3 :	1000.-	4000.-	600.-	400.-
Büromaterial	500.-	Einzelbelege				400.-	50.-
Abschreibungen	10.000.-	Anlagekartei	10 : 50 : 30 :	1000.-	5000.-	3000.-	1000.-
Unternehmerlohn	3.200.-	Verhältniszahlen	1 : 4 : 2 :	400.-	1600.-	800.-	400.-
57.600.-				Summen	4900.-	37340.-	11320.-	4040.-
			Zuschläge auf :	Fertigungsstoffe	61250.-			
				Fertigungslöhne		24893.-		
Für Kalkulation !				Herstellkosten			128383.-	128383.-
				Zuschlagssätze	8%	150%	8,82%	3,15%

Aufgaben des BAB:

1. Transport der Gemeinkostenartensummen aus den Kostenkonten in die Kostenstellenkonten, d. h. die Gemeinkosten, die den Kostenträgern nicht direkt zuordenbar sind, verursachergerecht auf die Kostenstellen zu verteilen. Dies ermöglicht auch eine Kostenkontrolle in den einzelnen Kostenstellen durch das Controlling.

2. Errechnung der Gemeinkostenzuschläge aufgrund derer eine Kalkulation zur Ermittlung der Selbstkosten möglich wird.

3. Ermittlung von Vergleichszahlen zur Kontrolle der Kostenentwicklung in den einzelnen Kostenstellen. Hierdurch wird eine effektive Kontrolle der Kostenstruktur in den einzelnen Kostenstellen erst möglich.

5.1.6   Kostenträgerrechnung

„Kostenträger sind Leistungen, bei deren Erstellung Kosten verursacht werden."[1]

Leistungen können in Absatzleistungen (Marktleistungen) und innerbetriebliche Leistungen untergliedert werden. Produkte, Teile oder Dienste, die ein Unternehmen an ein anderes Unternehmen verkauft, stellen die **Absatzleistungen** da. Dies können fertige und unfertige Erzeugnisse, ein einzelner Auftrag oder eine Serie sein. Weiterhin unterscheidet man innerbetriebliche Leistungen (Innenaufträge), die entstehen, wenn ein Betrieb seine eigenen Produkte verbraucht.[2] Den Leistungseinheiten, die die Kostenträger darstellen, werden alle Kosten zugerechnet, die sie bei ihrer Erstellung verursacht haben.

Die Kostenträgerrechnung läßt sich, abhängig von ihrem Bezug und ihrem Ziel, in zwei Teile untergliedern: Kostenträgerstückrechnung und Kostenträgerzeitrechnung. Die Kostenträgerstückrechnung dient im wesentlichen zur Ermittlung des Stückerfolgs, indem der gesamte Werteverzehr pro Einheit (z. B. ein Stück) erfaßt wird. Zusätzlich dient sie der Kalkulation und wird somit als Vor-, Zwischen- und Nachkalkulation zeitbezogen eingesetzt. Die Aufgabe der Kostenträgerzeitrechnung „besteht darin, die Kosten, die eine Produktart oder eine Produktgruppe in einem bestimmten Zeitabschnitt (Monat-Jahr) verursacht haben, zu erfassen."[3] Stellt man diesen Kosten (Gesamtkosten) die entsprechenden (Gesamt-) Leistungen des gleichen Zeitraums gegenüber, so erhält man eine zeitraumbezogene Erfolgsrechnung, die auch kurzfristige Erfolgsrechnung genannt wird.

(Marginalien:) Innerbetriebliche Leistungen — Kostenträgerstückrechnung — Kostenträgerzeitrechnung

---

[1]   Birkner, K.: Kosten- und Leistungsrechnung, Berlin, 1996, S. 107

[2]   vgl. Macha, R.· Grundlagen der Kosten- und Leistungsrechnung, Frankfurt/Main, 1998, S.169

[3]   Michel, R./Torspecken, H.-D. Grundlagen der Kostenrechnung, Kostenrechnung 1, 3. Aufl, Munchen, 1989, S.138

Weitere Ausführungen zur Kostenträgerrechnung werden in den Kapitel 5.2ff gemacht, die die „Erfolgsrechnung" behandeln.

Aufgaben der Kostenträgerrechnung

Die Kostenträgerrechnung hat folgende Aufgaben:

- stück- oder zeitbezogene **Kostenermittlung** je Kostenträger;

- stück- oder zeitbezogene **Erfolgsermittlung** der Kostenträger durch Gegenüberstellung von Kosten und Erlösen;

- Informationsbereitstellung für die betriebliche Preispolitik; dadurch **Ermittlung der Preisunter-/Preisobergrenzen** und der **gewinnmaximalen Preise;**

- Informationsbereitstellung zur **Bewertung von Lagerbeständen** (fertige oder unfertige Erzeugnisse, aktivierbare Eigenleistungen);

- Informationsbereitstellung für die Programm- und Sortimentspolitik; unter Berücksichtigung der Erlöse und Kosten wird entschieden, welche Produkte/Kostenträger in welcher Anzahl produziert werden sollen;

- Informationsbereitstellung für die Beschaffungspolitik; Entscheidung über Fremdbezug oder Eigenfertigung von Zwischenprodukten.[1]

Hauptaufgabe der Kostenträgerrechnung

Als Hauptaufgabe der Kostenträgerrechnung wird jedoch die **Preisgestaltung** bzw. die **Preisfindung** angesehen. Der Angebotspreis bildet sich aus den errechneten Selbstkosten zuzüglich dem Gewinnzuschlag (siehe Abb. 5.6). Verschiedene Einflußfaktoren bestimmen den Angebotspreis, der auf den Selbstkosten basiert. Die Wahl des Kalkulationsverfahrens, die Preise der Einsatzfaktoren und die Geldentwertung spielen hierbei eine bedeutende Rolle.

Die Selbstkosten sind die Gesamtkosten der Herstellung eines Produktes, in ihnen sind sowohl die direkten Kosten (Einzel- und Sondereinzelkosten), als auch die anteiligen Gemeinkosten für Material, Fertigung, Verwaltung und Vertrieb enthalten.

In der Kostenträgerrechnung erfolgt eine **Verrechnung** der angefallenen Kosten auf die Kostenträger, wobei eine grundsätzliche Unterteilung in Einzel- und Gemeinkosten vorgenommen wird. Aufgrund der Kostenträgerrechnung wird eine Berechnung des Verbrauchs an Produktionsfaktoren, wie Arbeit und Material, möglich.

---

1   vgl. Birkner, K : Kosten- und Leistungsrechnung, Berlin, 1996, S. 108

Die zugeschlagenen Gemeinkosten - durch im BAB ermittelte Zuschlagssätze - zeigen, welchen Anteil der Kostenträger an den Gemeinkosten abdecken muß. Die Errechnung der Gemeinkostenzuschlagssätze sollte deshalb genauestens durchgeführt werden, da sonst eine evtl. nicht zu akzeptierende Preisdifferenz (=Wettbewerbsnachteil) zu den Mitbewerbern auftreten könnte.

Abb. 5.6
Ermittlung der Selbstkosten

		Einzelko.	Gemeinko.	Gesamtko.	
Fertigungsmaterial	Stoff A	200.-			Material-bereich
	Stoff B	300.-			
	Stoff C	400.-			
	MGK 12%		108.-		
Materialkosten gesamt		900.-	108.-	1008.-	
Fertigung I	Löhne	450.-			Fertigungs-bereich
	FGK 120%		540.-		
Fertigung II	Löhne	360.-			
	FGK 140%		504.-		
Fertigung III	Löhne	240.-			
	FGK		264.-		
Sondereinzelkosten d. F.	110%	52.-			
Fertigungskosten gesamt		1102.-	1308.-	2410.-	
Herstellkosten				3418.-	
Verwaltungs-GK 18%			615.-		Verwaltungs-bereich
Vertriebs-GK 12%			410.-		
Sondereinzelkosten d. V.		211.-			
Verwaltungs.-Vertriebskosten gesamt		211.-	1025.-	1236.-	
Selbstkosten				4654.-	

Gemeinkostenzuschläge

Es werden in den einzelnen Bereichen Material, Fertigung sowie Verwaltung und Vertrieb die im BAB ermittelten Gemeinkostenzuschläge des jeweiligen Bereichs eingerechnet.

Kalkulationsarten

Vorkalkulationen werden - auf der Grundlage von Normal-, Ist- und Plankosten - zur Realisierungsvorbereitung durchgeführt. Es werden Sollwerte ermittelt, die Vorgabecharakter besitzen (siehe Abb. 5.7).

Zwischenkalkulationen werden während der Leistungserstellung durchgeführt. Vor allem bei Großprojekten ist dies ratsam, um zu prüfen, ob die Kosten nicht „davonlaufen". Es wird die Differenz zwischen den Plankosten und den tatsächlich angefallenen Kosten errechnet.

Nachkalkulationen werden nach Ende der Leistungserstellung durchgeführt, um zu ermitteln, mit welchen Kosten die Leistungserstellung verbunden war.

D. h., ob die tatsächlich angefallenen Kosten höher, niedriger oder wie geplant ausgefallen sind.

Abb. 5.7
Kalkulationsarten

5.1.7   Voll- und Teilkostenrechnung

5.1.7.1   Vollkostenrechnung

Werden die gesamten Kosten, sowohl fixe als auch variable, die in einer Abrechnungsperiode angefallen sind, auf die produzierten und abgesetzten Kostenträger verteilt, so spricht man von der Vollkostenrechnung.

Unter **fixen Kosten** versteht man diejenigen Kosten, die unabhängig von der Produktionsmenge, in mehreren Abrechnungsperioden in annähernd gleicher Höhe anfallen. Sie sind unabhängig von der Beschäftigung und entstehen durch die Bereitstellung von betrieblichen Kapazitäten. **Variable Kosten** sind mengenabhängig und variieren bei Beschäftigungsveränderungen in einem bestimmten Verhältnis.

Abb. 5.8
Fixe u. variable
Kosten

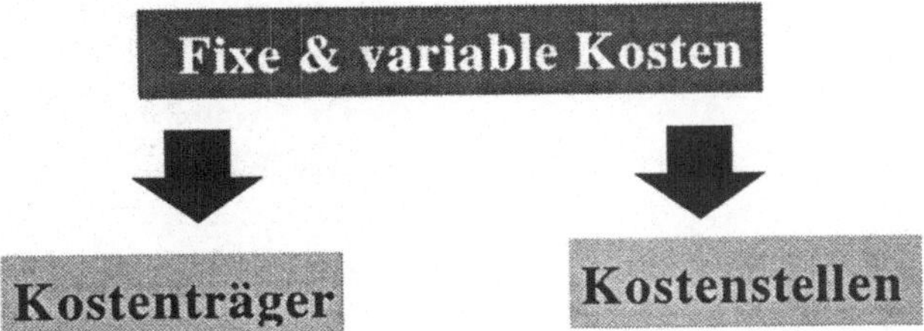

Die Mengenunabhängigkeit führt daher auch zu sogenannten **Remanenzkosten**. Bei abnehmendem Absatz und somit abnehmender Produktion bleiben die sogenannten Remanenzkosten gleich, da eine Anpassung der Kapazität nach unten evtl. nicht möglich ist bzw. nicht ratsam wäre, da in absehbarer Zeit die Produktion wieder steigt und die dann steigende Produktion mit der geringeren Kapazität nicht möglich wäre.

5.1.7.2 Teilkostenrechnung

Erfolgt die Kostenverrechnung nur zum Teil, so spricht man von einer Teilkostenrechnung. Dieses Prinzip der Zurechnung nennt sich auch Direct Costing. Hier werden **nur die variablen Kosten** verursachungsgerecht den Kostenträgern zugeordnet (siehe Abb. 5.9), während die Fixkosten global im Block in die kurzfristige Erfolgsrechnung (Kostenträgerzeitrechnung) übernommen werden.

Diese Rechnung muß unter Umgehung der Kostenträgerrechnung stattfinden, da hier alle Einzelkosten, also sowohl variable als auch fixe Kosten, berücksichtigt werden.

Abb. 5.9
Variable Kostenzurechnung

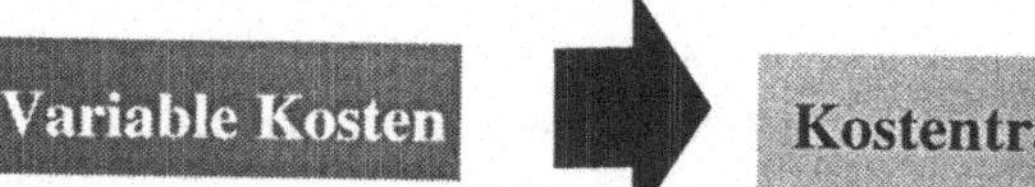

Aus der Subtraktion der direkten Vertriebskosten, der variablen und fixen Kosten von den Bruttoverkaufserlösen kann das Betriebsergebnis ermittelt werden (siehe Abb. 5.10):

Abb. 5.10
Berechnung des Betriebsergebnisses

Bruttoerlöse
\- direkte Vertriebskosten

Nettoerlöse
\- variable Kosten

Deckungsbeitrag
\- fixe Kosten

Betriebsergebnis
================

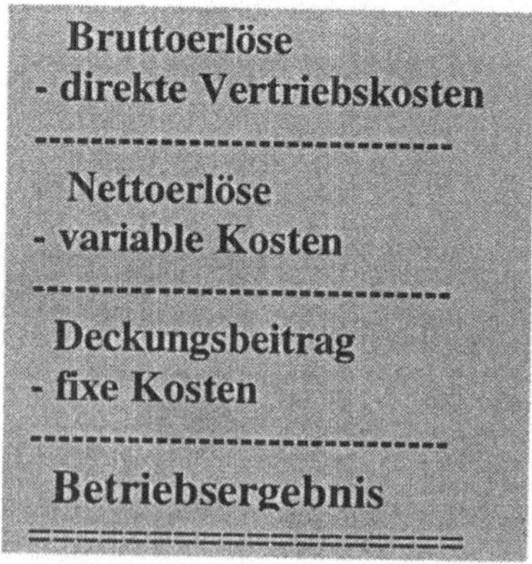

5.1.7.3 **Deckungsbeitrag**

Der Deckungsbeitrag eines Produktes gibt an, welchen Anteil das Produkt zur Deckung der **Fixkosten** beiträgt (siehe Abb. 5.11).

Abb. 5.11
Fixkostenbeitrag

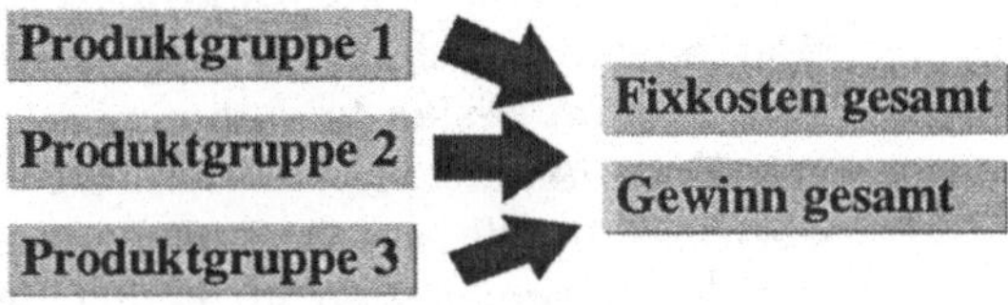

Fixkostenanteil

Solange der Deckungsbeitrag positiv ist, sollte das Produkt auch bei schlechter Nachfrage nicht eliminiert werden, da sonst dessen Anteil an der Fixkostendeckung von den anderen Produkten übernommen werden müßte. Ein Produkt, das auf lange Sicht hin einen negativen Deckungsbeitrag erzeugt, sollte jedoch aus strategischen Gründen durch ein neues Produkt ersetzt oder eliminiert werden.

5.1.8 **Controlling**

Das gesamte interne Rechnungswesen bzw. die in diesem vorgenommenen Berechnungen ermöglichen einen objektiveren **Überblick** über den Betrieb, Mittelverzehr der Leistungserstellung sowie den anteiligen Erfolg der Produkte am Gesamtergebnis.

Abb. 5.12
Controlling-System

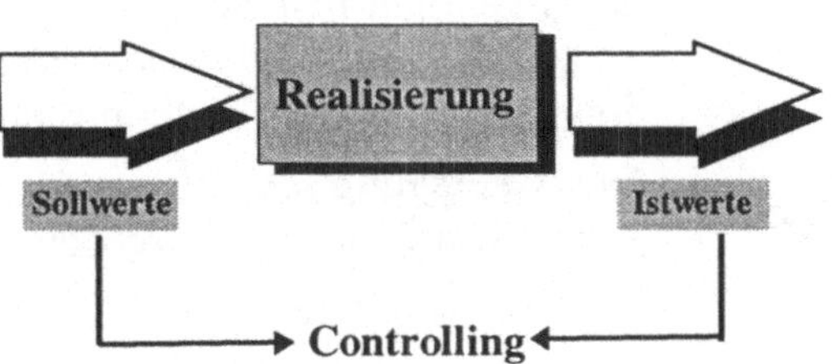

Überblicksfunktion

Kalkulationen ermöglichen die Wirtschaftlichkeitsprüfungen einzelner Abteilungen. Durch die Erstellung des BAB wird erkennbar, wie das Verhältnis von Einzel- zu Gemeinkosten ist. Aufgrund der Auswertung des BAB wird das Controlling seiner

Beratungsfunktion

Beratungsfunktion gerecht, indem Management-Maßnahmen vorgeschlagen werden.

Das Controlling ist also in erster Linie auf Zahlen aus der Betriebsbuchhaltung angewiesen, um seinen Funktionen als Informant und Berater des Managements sowie der einzelnen Abteilungsleiter nachzukommen.

Neutralität

Das Controlling sollte **neutral** sein, um seiner Beratungsfunktion objektiv nachkommen zu können. Die Praxis hat gezeigt, daß dies am besten im Rahmen einer Stabsstelle, direkt dem Management unterstellt, realisiert werden kann. Der Controller ist der *„verlängerte Arm des Chefs"* und hat somit die Berechtigung, auf alle Informationen im Betrieb und auf alle Daten des EDV-Systems zuzugreifen (siehe Abb. 5.13).

Abb. 5.13
Einbettung des
CO-Moduls in R/3

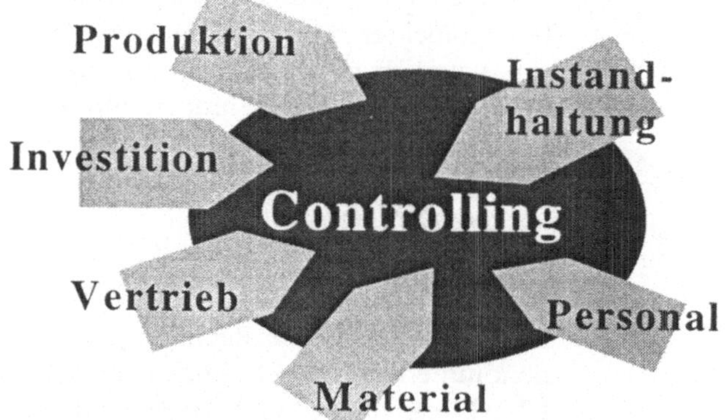

Die in der Einführung Kostenrechnung erwähnten **Kostenrechnungsverfahren** werden von SAP-R/3 weitgehend unterstützt. Dazu gehören Ist-Kostenrechnung, Normalkostenrechnung, Plankostenrechnung, Einzelkostenrechnung, Prozeßkostenrechnung sowie die Funktionskostenrechnung.

Gliederung der
Kostenrechnungs-
verfahren

Die Gliederung der Kostenrechnungsverfahren im R/3-System wird folgendermaßen vorgenommen:

- Kostenartenrechnung
- Kostenstellenrechnung
- Aufträge
- Projektkostencontrolling
- Prozeßkostenrechnung
- Produktkostenrechnung
- Ergebnis- und Marktsegmentrechnung
- Profitcenterrechnung

5.2   Kostenarten- und Kostenstellenrechnung

Zentraler Punkt im Modul CO (Controlling) sind die Kostenarten und Kostenstellen/Innenaufträge, die im R/3-System eng miteinander verknüpft sind. Aus diesem Grund soll im folgenden die Kostenarten- und Kostenstellenrechnung des SAP-Systems beleuchtet werden.

5.2.1   Kostenartenrechnung

Die Integrität des R/3-Systems wird in der Kostenartenrechnung verdeutlicht, denn die Sachkonten der Finanzbuchhaltung (Modul FI) stehen in engem Zusammenhang mit den Kostenarten. Dies liegt darin begründet, daß die Kostenrechnung aus Sicht des R/3-Systems als **Einkreissystem** aufgebaut ist. Unter einem Einkreissystem wird ein System verstanden, in dem kein zweiter Abrechnungskreis für die Kostenrechnung aufgebaut wird (primäre Kostenarten und die Erlösarten werden aus den Aufwandskonten der Gewinn- und Verlustrechnung übernommen). Damit es im gesamten Ablauf keinen Widerspruch gibt, müssen die **Organisationseinheiten** und **Strukturen** des Finanzwesens bekannt sein und beim Anlegen von Kostenarten berücksichtigt werden.

Bevor in die eigentliche Thematik eingestiegen wird, werden einige **Begriffserläuterungen** stattfinden.

Kontenplan

Ein vom Rechnungswesen definiertes Gliederungsschema, das mit der Aufzeichnung von Werten bzw. Wertströmen für eine ordnungsgemäße Rechnungslegung sorgt, nennt man Kontenplan. Ein operationaler Kontenplan wird von der Kosten- und Erlösartenrechnung und von dem Finanzwesen gemeinsam genutzt.

Buchungskreis

Die kleinste organisatorische Einheit des externen Rechnungswesens, für die eine vollständige in sich abgeschlossene Buchhaltung abgebildet werden kann, stellt der Buchungskreis dar.

Ein Buchungskreis kann immer nur einem Kontenplan zugeordnet werden. Während ein Kontenplan mehreren Buchungskreisen zugeordnet werden darf.

In der Kostenartenrechnung wird zwischen **primären** und **sekundären** Kostenarten unterschieden.

Primäre Kostenart

Eine kosten- bzw. erlösrelevante Position des Kontenplans nennt man eine primäre Kostenart (z. B. Personalkosten). Weiterhin muß für diese ein entsprechendes Sachkonto im Finanzwesen angelegt sein. Voraussetzung für das Anlegen einer solchen Kostenart ist die Bezeichnung als Sachkonto im Kontenplan. Weiterhin überprüft das SAP-System beim Anlegen einer primären Kostenart, ob ein entsprechendes Konto im Finanzwesen vorhanden ist.

Sekundäre Kostenart

Im Gegensatz zur primären Kostenart, darf beim Anlegen einer sekundären Kostenart das entsprechende Konto nicht im Finanzwesen vorhanden sein. Grund hierfür ist die Verwendung der Kostenarten bei der Abbildung des innerbetrieblichen Werteflusses (z. B. innerbetriebliche Leistungsverrechnung).

Anlegen Kostenart

Kostenarten (primäre und sekundäre) können über verschiedene Transaktionen der **Anwendung** CO angelegt werden:

Rechnungswesen ➪ *Controlling* ➪ *Kostenarten* ➪ *Stammdaten* ➪ *Kostenart* ➪ *Anlegen primär/Anlegen sekundär* oder

Rechnungswesen ➪ *Controlling* ➪ *Kostenstellen* ➪ *Stammdaten* ➪ *Kostenart* ➪ *Anlegen primär/Anlegen sekundär*

Neben den Transaktionen in der Anwendung gibt es auch im **Customizing** die Möglichkeit Kostenarten anzulegen.

Controlling ➪ *Gemeinkosten-Controlling* ➪ *Kosten- und Erlösartenrechnung* ➪ *Stammdaten* ➪ *Kostenart* ➪ *Kostenarten anlegen*

Unabhängig vom Einstieg ist das weitere Vorgehen zum Anlegen der Kostenarten, da alle Menüwege zur gleichen Transaktion führen. Im folgenden wird als Beispiel das Anlegen einer sekundären Kostenart aufgezeigt.

Auf dem Einstiegsbild muß zunächst eine Nummer für die anzulegende Kostenart eingegeben werden. Hier kann auch der Gültigkeitszeitraum festgelegt werden. Über die Drucktaste

[⌨ **Grundbild**] gelangt der Benutzer in das Grundbild zum Anlegen der sekundären Kostenart.

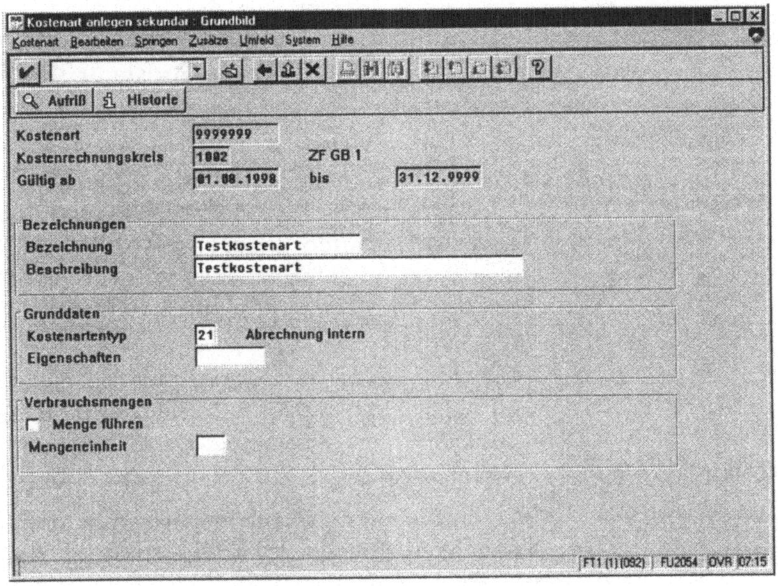

Abb. 5.14
Grundbild Kostenart
anlegen sekundär

In dieser Maske muß eine **Bezeichnung** für die Kostenart vergeben werden. Weiterhin wird als Mußeingabe ein Kostenartentyp gefordert.

Kostenartentyp

Der Kostenartentyp besitzt eine **technische Steuerfunktion** und bestimmt, ob eine Kostenart direkt oder indirekt bebucht werden darf. Unter einer **direkten Buchung** versteht man die Buchung eines festen Betrags auf ein Konto mit Angabe einer Kontonummer. Es handelt sich um eine **indirekte Buchung**, wenn die Kontonummer beim Buchungsvorgang nicht eingegeben werden kann und das Konto vom System automatisch ermittelt wird. Primäre Kostenarten können direkt bebucht werden, während alle sekundären Kostenarten nur indirekt bebucht werden können.

Für primäre und sekundäre Kostenarten stehen unterschiedliche Kostenartentypen zur Verfügung.

Das Feld **Eigenschaften** bei den Grunddaten kann dazu benutzt werden, eine Kostenart speziell zu charakterisieren. Diese Eigenschaften können innerhalb des Berichtswesens zu Auswertungen herangezogen werden.

Im Bereich **Verbrauchsmengen** kann durch Selektieren des Kennzeichens *„Menge führen"* festgelegt werden, ob auf der Kostenart auch noch eine Mengeneinheit mitgeführt wird.

Ist dieses Kennzeichen selektiert, muß eine Mengeneinheit angegeben werden. Nach dem Speichern der Einstellungen ist die Kostenart gesichert.

Kostenartengruppen

Gibt es gleichartige Kostenarten, können diese zu Kostenartengruppen zusammengefaßt werden. Kostenartengruppen stellen in vielen Bereichen eine Erleichterung dar, da nicht immer alle einzelnen Kostenarten angegeben werden müssen. Dies kann beispielsweise im Informationssystem der Fall sein, wenn über die Struktur der Kostenartengruppe die Zeilen eines Berichts definiert sind.

Kostenartengruppen können über die gleichen Menüwege (Anwendungsmenü und Customizing) wie die Kostenarten angelegt werden, nur daß anstatt Kostenart am Ende Kostenartengruppe gewählt wird.

Informationssystem

Das Informationssystem der Kostenartenrechnung bietet die Möglichkeit, Belege zu sichten und ein **Stammdatenverzeichnis** der Kostenarten, Kostenstellen und Aufträge aufzurufen. Weiterhin wird eine **Berichtsauswahl** an Kostenartenberichten zur Verfügung gestellt. Durch die darin enthaltenen Berichte können z. B. Zahlen des internen und externen Rechnungswesens miteinander verglichen werden. Reichen diese Berichte nicht aus, kann der Benutzer über den Report Painter und Report Writer eigens auf sich zugeschnittene Berichte erstellen und diese dann der Berichtsgruppe angliedern.

5.2.2   Kostenstellenrechnung

Eine organisatorische Einheit innerhalb eines Kostenrechnungskreises, die einen eindeutigen Ort der Kostenentstehung darstellt, wird als **Kostenstelle** bezeichnet.

Kostenrechnungskreis

Unter einem Kostenrechnungskreis versteht man eine organisatorische Einheit innerhalb eines Konzerns, für die eine in sich geschlossene, vollständige Kostenrechnung durchgeführt werden kann.

Bevor eine bzw. mehrere Kostenstellen angelegt werden, ist es notwendig, eine **hierarchische Kostenstellenstruktur** zu definieren (Standardhierarchie). Hintergrund ist der, daß im Sinne des Gemeinkostencontrollings Kostenstellen zu übergeordneten Entscheidungs-, Verantwortungs- und Steuerungseinheiten zusammengefaßt werden. In der Kostenstellenrechnung soll dieser Sachverhalt nachgebildet werden.

Pflegen der Standardhierarchie

Die Standardhierarchie der Kostenstellen wird im **Customizing** gepflegt.

Controlling ⇨ Gemeinkosten-Controlling ⇨ Kostenstellenrechnung ⇨ Stammdaten ⇨ Kostenstellen ⇨ Standardhierarchie pflegen

Die Standarhierarchie darf nicht nur aus einem Knoten bestehen, sondern sie muß auch Unterknoten enthalten, damit Kostenstellen zugeordnet werden können. Jede Standardhierarchie muß einem Kostenrechnungskreis zugeordnet werden.

Eine Kostenstelle kann entweder über die Anwendung oder über das Customizing angelegt werden.

Menüweg in der **Anwendung**:

Rechnungswesen ⇨ Controlling ⇨ Kostenstellen ⇨ Stammdaten ⇨ Kostenstelle anlegen

Menüpfad im **Customizing**:

Controlling ⇨ Gemeinkosten-Controlling ⇨ Kostenstellenrechnung ⇨ Stammdaten ⇨ Kostenstellen ⇨ Kostenstelle anlegen

Auf dem Einstiegsbild wird die Eingabe einer **Kostenstellennummer** gefordert. Zudem wird ebenfalls auf dieser Maske die **Gültigkeitsdauer** der Kostenstelle festgelegt.

Nach dem Betätigen der   -Taste erscheint die eigentliche Maske zum Pflegen der Kostenstellengrunddaten.

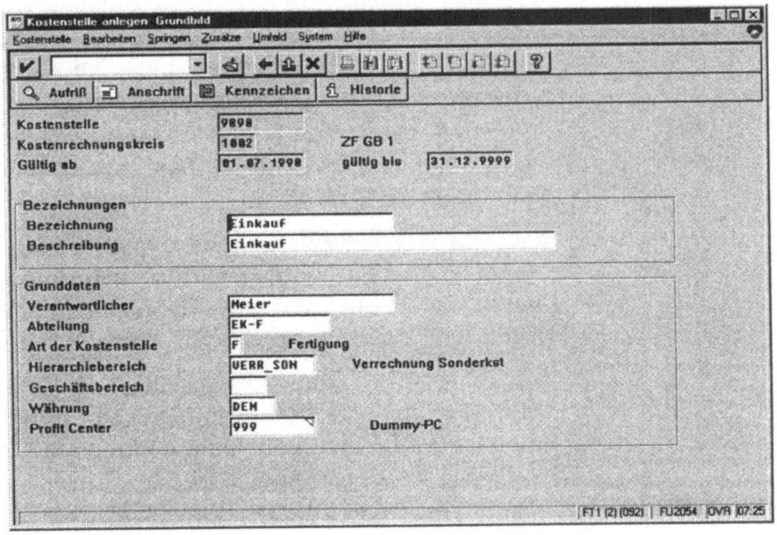

Abb. 5.15
Kostenstelle anlegen

Eine **Bezeichnung** für die Kostenstelle wird auf dieser Erfassungsmaske gefordert. Zusätzlich kann auch noch eine genauere **Beschreibung** dieser Stelle erfolgen.

Grunddaten

In dem Bereich Grunddaten werden einige Daten erfaßt, die beliebig veränderbar sind. Die Felder *„Hierarchiebereich"* (Zuordnung einer Kostenstelle zu einem Knoten der Standardhierarchie) und die *„Währung"* einer Kostenstelle dürfen nicht uneingeschränkt geändert werden.

In das Feld *„Verantwortlicher"* wird der Name des Kostenstellenverantwortlichen erfaßt. Dieses Feld kann theoretisch auf Tagesebene geändert werden.

Das Feld *„Abteilung"*, das die Abteilung enthält, zu der die Kostenstelle gehört, kann Auswertungen dienen. Wie der Verantwortliche kann auch dieses Feld auf Tagesebene geändert werden.

Durch das Feld *„Art der Kostenstelle"* wird eine Verbindung zwischen den Leistungsarten und der Kostenstelle geschaffen, weiterhin kann sie Auswertungen dienen. Im Stammsatz einer Leistungsart werden ein oder mehrere Kostenstellenarten hinterlegt. Die Leistungsart darf nur von Kostenstellen dieser Kostenstellenart erbracht werden. Gepflegt werden diese Kostenstellenarten im **Customizing**.

Controlling ⇨ Gemeinkosten-Controlling ⇨ Kostenstellenrechnung ⇨ Stammdaten ⇨ Kostenstellen ⇨ Kostenstellenart pflegen

Hierarchiebereich

Ein weiteres Mußfeld, das beim Anlegen einer Kostenstelle gefüllt werden muß, ist der Hierarchiebereich. Hierüber erfolgt die Zuordnung zur Standardhierarchie. Dieses Feld kann jederzeit geändert werden. Eine neue Einstellung überschreibt den alten Wert und ist auch rückwirkend gültig, da der Hierarchiebereich immer nur für den ganzen Existenzzeitraum einer Kostenstelle gepflegt werden kann.

Das Feld *„Geschäftsbereich"* muß nicht zwingend gepflegt werden. Wird im sonstigen R/3-System mit dem Feld Geschäftsbereich gearbeitet, das eine organisatorische Einheit für die interne Berichtserstattung darstellt, kann es hier gepflegt werden.

Die *„Währung"* einer Kostenstelle steht in der Regel in Verbindung mit dem Kostenrechnungskreis, dessen Währung beim Anlegen der Kostenstelle vorgeschlagen wird. Eine Änderung der Währung kann erfolgen, allerdings besitzt diese dann für die Dauer eines Geschäftsjahres ihre Gültigkeit.

Profit Center

Ist die Profit-Center-Rechnung aktiviert, kann in diesem Feld das Profitcenter eingegeben werden, für das die betreffende Kostenstelle gültig ist.

Nach Betätigen der Taste **Kennzeichen** erscheint ein Pop-Up, in dem **verschiedene Buchungsarten** gesperrt werden können (z. B. Obligofortschreibung, Erlöse Plan, etc.).

Eine Kostenstelle kann mehrmals für verschiedene Betrachtungszeiträume (Güligkeitsbereiche) angelegt werden, allerdings dürfen sich diese Zeitintervalle nicht überschneiden.

Informationssystem

Das Informationssystem der Kostenstellenrechnung bietet eine Fülle von Möglichkeiten. Es können die **Ist- und Obligo-Einzelposten** angezeigt werden. Als Selektionskriterien dienen Kostenstellen/-gruppen und Kostenarten/-gruppen, wobei zusätzlich noch der Buchungszeitraum genau eingegrenzt werden kann. Die Aufbereitung der Daten kann nach verschiedenen Gesichtspunkten mit und ohne Summen erfolgen.

Zusätzlich kann der Benutzer entweder bereits definierte Berichte aus dem Standardberichtsbaum oder eigen definierte Berichte ausführen.

Eine Verfolgung der Belege wird über eine gesonderte Transaktion ebenfalls zur Verfügung gestellt.

Die Stammdaten Kostenstellen, Kostenarten und Leistungsarten können über das Stammdatenverzeichnis angezeigt werden.

5.2.3   Leistungsarten und Leistungsartengruppen

Um eine innerbetriebliche Leistungsverrechnung durchführen zu können, werden **Leistungsarten** benötigt.

Innerbetriebliche Leistungsverrechnung

Werden die erbrachten betrieblichen Leistungen gemessen und manuell oder maschinell erfaßt und anschließend verrechnet, so spricht man von einer innerbetrieblichen Leistungsverrechnung. Um diese durchzuführen, müssen im R/3-System Leistungsarten angelegt werden, die die Maßgrößen für die Kostenverursachung darstellen und somit durch eine verursachungsgerechte Verrechnung die kostenmäßige Entlastung der Kostenstelle bewirken.

Die Ressourcen der leistenden Kostenstelle werden in Anspruch genommen, wenn die Leistungen der betreffenden Kostenstelle von einer anderen Kostenstelle, einem Auftrag usw. in Anspruch genommen wird.

Die „entnommene" Leistungsmenge erfolgt durch einen nach betriebswirtschaftlichen Gesichtspunkten ermittelten Verrechnungspreis (**Tarif**). Somit beschreiben Leistungsarten den mengenmäßigen Output einer Kostenstelle.

Die Leistungsart kann sowohl über die Anwendung als auch über das Customizing angelegt werden

Menüpfad in der **Anwendung**:

Rechnungswesen ⇨ *Controlling* ⇨ *Kostenstellen* ⇨ *Stammdaten* ⇨ *Leistungsart* ⇨ *anlegen*

Pfad im **Customizing**:

Controlling ⇨ *Gemeinkosten-Controlling* ⇨ *Kostenstellenrechnung* ⇨ *Stammdaten* ⇨ *Leistungsarten* ⇨ *Leistungsarten anlegen*

Auf dem Einstiegsbild legt der Benutzer den Namen der Leistungsart und den Gültigkeitszeitraum fest. Nach Betätigen der

Grundbild -Taste gelangt der Bediener in die Grunddatenerfassungsmaske der Leistungsart.

Abb. 5.16
Leistungsart
anlegen/ändern

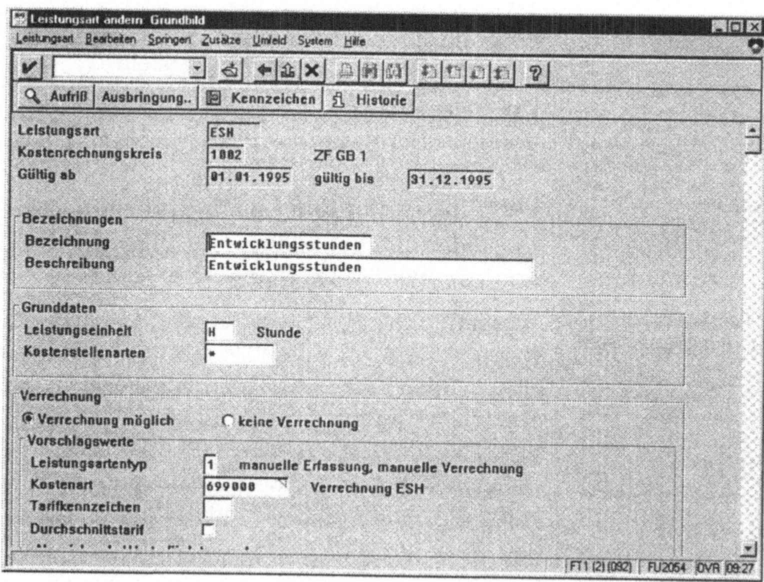

Die Leistungsart erhält eine Bezeichnung und, falls gewünscht, noch eine Beschreibung.

Die *„Einheit"* der Leistungsart muß ebenfalls angegeben werden. Nur in dieser Einheit können Leistungen verrechnet werden.

Im Feld *„Kostenstellenarten"* können entweder einzelne Kostenstellenarten oder ein (*) (alle Kostenstellenarten zugelassen) angegeben werden. Mit diesem Kennzeichen wird festgelegt, für welche Kostenstellenart eine Leistungsart als Sender und zur Planung in der innerbetrieblichen Leistungsverrechnung zugelassen ist.

Über den *„Leistungsartentyp"* wird gesteuert, ob und in welcher Weise eine Leistungsart verrechnet wird (z. B. direkt oder über Bezugsbasen).

Unter *„Kostenart"* wird die Verrechnungskostenart angegeben, über die die verrechenbaren Leistungsarten verrechnet werden. Die hier angegebene Kostenart muß als Sekundärkostenart mit dem Kostenartentyp „innerbetriebliche Leistungsverrechnung" angelegt sein.

Das *„Tarifkennzeichen"* gibt an, wie der Tarif einer Leistungsart auf einer Kostenstelle ermittelt wird (manuell oder in irgend einer Weise maschinell).

Über das Kennzeichen *„Durchschnittstarif"* kann gesteuert werden, ob der Tarif der Leistungsart über ein ganzes Geschäftsjahr konstant bleiben soll oder nicht.

Sollen die oben getätigten Einstellungen auch für die **Istdaten** gelten, müssen keine weiteren Einstellungen getätigt werden. Ist eine andere Verrechnung gewünscht, müssen Leistungsartentyp und Tarifkennzeichen bei *„Abweichende Werte für die Istverrechnung"* gesondert gepflegt werden.

Wie bei den Kostenarten und Kostenstellen besteht auch bei den Leistungsarten die Möglichkeit, Leistungsartengruppen anzulegen, die gleichartige Leistungsarten zusammenfassen.

Für die angelegten Leistungsarten können in Verbindung mit Kostenstellen manuell Tarife für Plan und Ist hinterlegt werden.

Rechnungswesen ⇨ Controlling ⇨ Kostenstellen ⇨ Planung ⇨ Leistungen/Tarife ändern

5.3   Aufträge

Die **innerbetrieblichen Aufträge** eines Unternehmens lassen sich nach zwei Gesichtspunkten klassifizieren:

- nach Controlling-Zielen

- nach Auftragsinhalten

5.3.1   Untergliederung nach Controlling-Zielen

Unter dem Gesichtspunkt der Untergliederung nach Controlling-Zielen werden **drei Auftragsformen** unterschieden:

- Einzelauftrag

- Dauerauftrag

- statistischer Auftrag

Einzelauftrag

Zeichnet sich eine Maßnahme durch ihre Einmaligkeit und ihre spezielle Laufzeit aus, wird dafür ein Einzelauftrag eröffnet, auf dem sämtliche anfallende Kosten gesammelt werden. Die Beplanung dieser Aufträge erfolgt oft stufenweise, da diese Daten vom technischen Planungsfortschritt bzw. Arbeitsfortschritt abhängen. Was die Weiterverrechnung der auf dem Auftrag angefallenen Istkosten betrifft, so erfolgt diese entweder im Monat des Kostenanfalls oder nach Abschluß des gesamten Auftrages. **Beispiele** für solche Einzelaufräge sind Konstruktions- und Entwicklungsaufträge oder Investitionsaufträge für eigenerstellte Anlagen.

Daueraufträge

Kehren Lieferungen und Leistungen immer wieder, so werden für deren Verrechnung Daueraufträge angelegt. Die Laufzeit dieser Aufträge beträgt oftmals mehrere Jahre. Durch die Daueraufträge wird ein kontinuierliches Controlling auf der Ebene kleinerer Leistungseinheiten als der Kostenstelle ermöglicht. Die auf diesem Auftrag gesammelten Istkosten werden monatlich abgerechnet. **Beispiele** für Daueraufträge sind Kleinreparaturen oder Wartungen von Kleininventar.

Statistische Aufträge

Um Kosten, die weder über die Kostenarten- noch über die Kostenstellenrechnung detailliert ausgewiesen werden, auswerten zu können, muß man sich eines anderen Instruments zur Auswertung bedienen: dem statistischen Auftrag. Sie ermöglichen eine Auswertung nach anderen Gesichtspunkten als in der Kostenstellenrechnung. Bei der Buchung von Belastungen auf eine Kostenstelle wird durch eine zusätzliche Kontierung auf den statistischen Auftrag erreicht, daß die Kosten statistisch auf den Auftrag fortgeschrieben werden, während die kostenwirksame

Kontierung auf der Kostenstelle erfolgt. Da der statistische Auftrag keine kostenwirksamen Kosten führt, erfolgt auch keine Abrechnung der Aufträge oder keine Bezuschlagung durch Gemeinkosten. Bspw. könnte für jedes Fahrzeug eines Fuhrparks ein statistischer Auftrag angelegt werden, um die Kosten pro Fahrzeug zu ermitteln.

5.3.2   Untergliederung nach Auftragsinhalten

Innenaufträge können für drei verschiedene **Zwecke** eingesetzt werden:

- Fertigungsaufträge

- Investitionsaufträge

- Gemeinkostenaufträge

Fertigungsaufträge

Ist das Modul MM (Materialwirtschaft) oder PP (Produktionsplanung) nicht im Einsatz, oder werden keine Stücklisten oder Arbeitspläne genutzt, können Innenaufträge auch als Fertigungsaufträge angelegt werden. Die auf diesen Auftrag gebuchten Beträge stammen aus unterschiedlichen Datenquellen.

Abb. 5.17
Wert- und Mengen-
datenquellen eines
Fertigungsauftrages

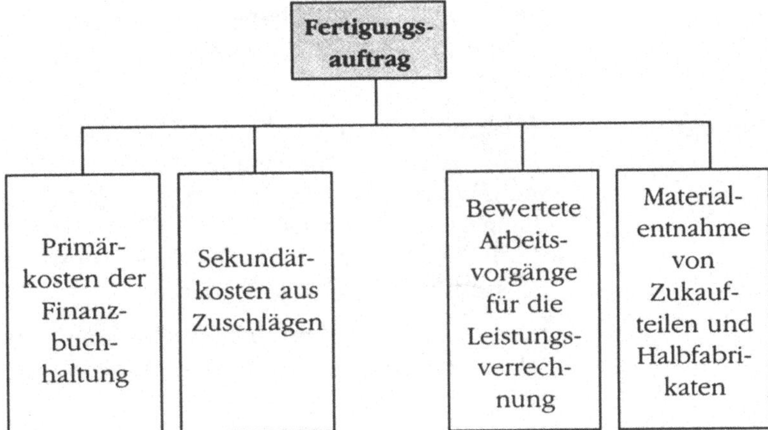

Investitionsaufträge

Investitionsmaßnahmen können parallel als CO-Innenaufträge und als buchhalterische Anlagen im Bau verwaltet werden. Die CO-Innenaufträge nennen sich dann Investitionsaufträge. Über sie können aktivierende Instandhaltungsmaßnahmen (z. B. Austausch eines Motors) abgewickelt werden, und es kann eine kostenmäßige Verfolgung der selbsterstellten Anlagen erfolgen.

Um einen Auftrag als Investitionsmaßnahme zu definieren, muß ihm ein Investitionsprofil zugeordnet werden. Zusätzlich kann beim Anlegen eines Investitionsauftrages eine Anlage im Bau angelegt werden. Die angefallenen Kosten dieses Auftrags werden am Jahresende bzw. nach Auftragsausführung an die entsprechende Anlage umgebucht.

Gemeinkostenaufträge   Aufträge, auf denen für ein Wirtschaftsgut oder eine betriebliche Maßnahme anfallende Plan- und Istkosten gesammelt werden sollen, nennt man Gemeinkostenaufträge. Diese Auftragsform unterscheidet nochmals zwischen Aufträgen zur reinen Objektkontrolle (z. B. Messeaufträge) und produktiven, wertschöpfenden, aber nicht aktivierbaren Aufträgen (z. B. Reparaturaufträgen).

5.3.3   Auftragsstammdaten

Auftragsnummer   Jeder im System angelegte Auftrag wird durch eine **eindeutige Nummer** identifiziert mit der er angelegt und abgespeichert wird. Diese Nummer stammt aus einem Nummernkreis, der im **Customizing** für die entsprechende Auftragsart angelegt wird.

Controlling ⇨ Gemeinkostencontrolling ⇨ Gemeinkostenaufträge ⇨ Auftragsstammdaten ⇨ Nummernkreise für Aufträge pflegen

Auftragsart   Hinsichtlich ihrer Verwendung (Durchführung des Auftrags) und Verarbeitung der Aufträge im System werden Aufträge in der sog. Auftragsart unterschieden. Eine Auftragsart, die mandantenabhängig ist, beinhaltet eine Vielzahl von Steuerinformationen (z. B. Statusverwaltung). Die einzelnen Auftragsarten müssen im **Customizing** angelegt werden.

Controlling ⇨ Gemeinkosten-Controlling ⇨ Gemeinkostenaufträge ⇨ Auftragsstammdaten ⇨ Auftragsarten definieren

Abb. 5.18
Auftragsarten pflegen

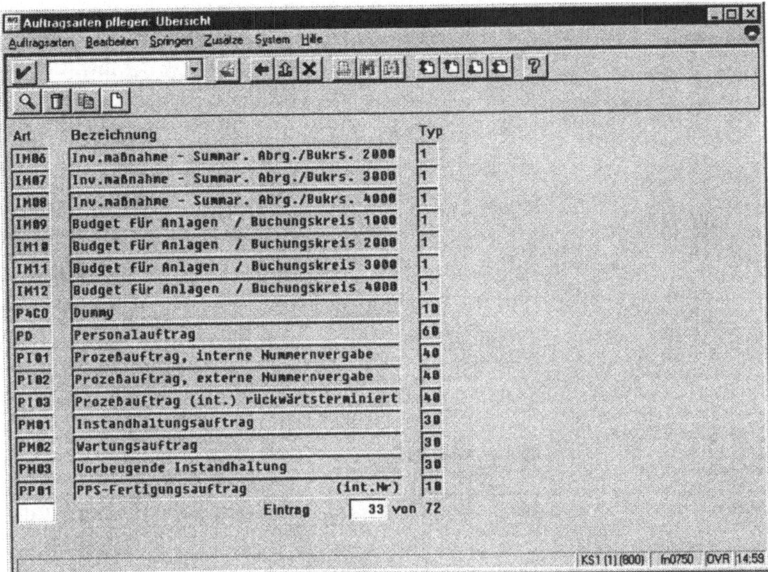

Statusverwaltung

Jeder Auftrag besitzt einen eigenen **Lebenszyklus**, der mit der Auftragseröffnung beginnt und mit dem Abschluß endet. Im Verlauf des „Lebens" eines Auftrages durchläuft er verschiedene Phasen, in denen bestimmte Dinge mit ihm geschehen.

Damit verhindert wird, daß z. B. nach der Auftragseröffnung bereits Istbuchungen auf ihn gebucht werden, obwohl er noch nicht freigegeben ist, gibt es die Statusverwaltung. Unterschieden wird zwischen dem **Systemstatus** und dem **Anwenderstatus**. Der Systemstatus ist bereits festgelegt, während der Anwenderstatus über die allgemeine SAP-Statusverwaltung individuell an die Bedürfnisse und Abläufe des Unternehmens angepaßt werden kann. Der Systemstatus ist in vier Phasen unterteilt:

Phasen des Systemstatus

- Eröffnet

- Freigegeben

- Technisch abgeschlossen

- Abgeschlossen

Diese vier Stati korrespondieren mit denen in den anderen Anwendungen bzw. Modulen des R/3-Systems.

Betriebswirtschaftliche Vorgänge

Aktionen, die einen Auftrag in irgendeiner Art und Weise verändern, wurden im R/3-System als sog. betriebswirtschaftliche Vorgänge definiert.

Sie charakterisieren die einzelnen möglichen Aktionen, die der Benutzer durchführen kann. Wird eine solche Aktion angestoßen, wird vom System überprüft, ob diese anhand des momentan aktuellen Status (System- und Anwenderstatus) überhaupt ausgeführt werden darf.

Alt- und Fremddatenübernahme

Wird die Auftragsabrechnung neu eingeführt oder läuft sie parallel noch auf einem Altsystem, so besteht die Möglichkeit, Aufträge externer Systeme über eine entsprechende Schnittstelle ins R/3-System zu übernehmen. Dies kann mit Hilfe der Anwendungskomponente EIS des Unternehmenscontrollings erfolgen. Allerdings muß das Fremdsystem die Daten in einer fest vorgegebenen Struktur bereitstellen.

5.3.4 Beispielauftrag

Im folgenden soll ein Gemeinkostenauftrag als Beispiel gezeigt werden.

Abb. 5.19
Grunddaten:
Auftrag anzeigen

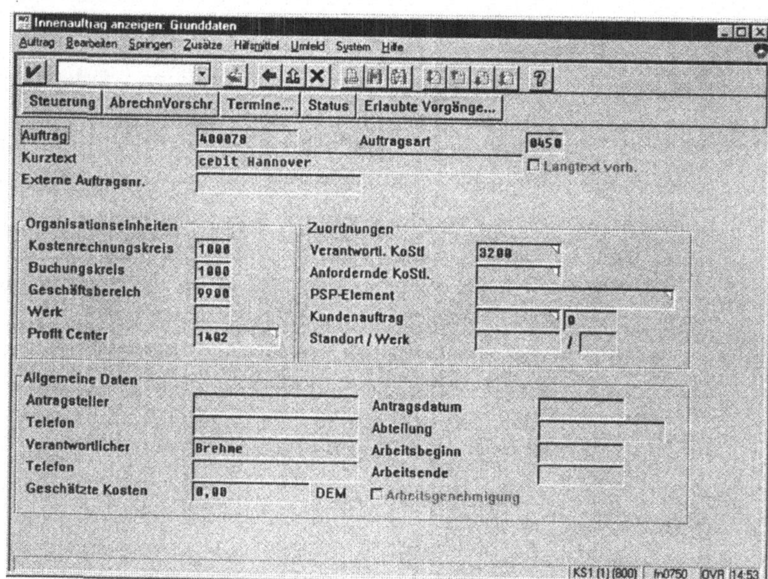

In den **Grunddaten** des Auftrags erfolgt die Zuordnung zu den wichtigen Organisationseinheiten des SAP R/3-Systems (z. B. Kostenrechnungskreis, Buchungskreis).

Zusätzlich können verschiedene **informative Daten** hier hinterlegt werden (z. B. Name des Antragstellers oder des Verantwortlichen, geschätzte Kosten).

Steuerung

Hinter der Drucktaste **Steuerung** verbergen sich die Statuseinstellungen (System- und Anwenderstatus), **allgemeine Parameter**, wie das Investitionsprofil, das gefüllt werden muß, wenn ein Investitionsauftrag angelegt werden soll. Weiterhin können noch **Daten zur Auftragsabrechnung** hinterlegt werden (Kostenart, Kostenstelle und Sachkonto).

Über die Drucktaste **Erlaubte Vorgänge...** können alle möglichen **betriebswirtschaftlichen Vorgänge** aufgerufen werden mit der Information, ob sie beim derzeitigen Status des Auftrags ausgeführt werden können oder nicht.

5.4 Kostenträgerrechnung

Wie bereits erwähnt, dient die Kostenträgerrechnung dazu, alle im Unternehmen angefallenen Kosten den Leistungseinheiten des Betriebes (z. B. Erzeugnisse, Aufträge) zuzurechnen.

Die Kostenträgerrechnung bedient sich der Ergebnisse der Produktkalkulation (Kapitel 5.5).

5.4.1 Kostenträgerrechnung im Zeitablauf

Die Kostenträgerrechnung beinhaltet drei Stufen:

- Vorkalkulation

- mitlaufende Kalkulation

- Nachkalkulation

Vorkalkulation

Um die Plankosten pro Auftrag zu ermitteln, wird die Vorkalkulation verwendet. Um die dispositiven Abweichungen zu ermitteln, kann die Auftragsvorkalkulation mit der Plankalkulation zum Material verglichen werden.

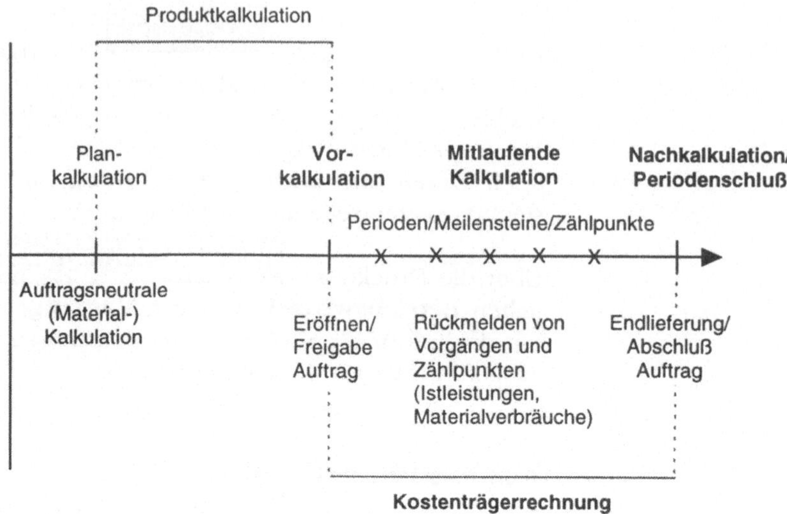

Mitlaufende Kalkulation	Die mitlaufende Kalkulation kommt zur Sammlung der Kosten für die erbrachten Eigen- und Fremdleistungen und eingesetzten Materialien bei jeder relevanten Buchung zur Anwendung. Sie ermöglicht weiterhin einen Einblick in die bis zu einem bestimmten Zeitpunkt entstandenen Kosten. Der Anwender stellt hiermit sicher, daß jede CO-relevante Buchung einer Kostenart und einem Kostenträger zugeordnet ist.
Nachkalkulation	Damit der Auftrag am Ende einer Periode ausgewertet werden kann, gibt es die Nachkalkulation. In der Regel wird sie in der Form eines Periodenabschlusses durchgeführt.

5.4.2 Kostenträger

Folgende Objekte können als **Kostenträger** fungieren:

- allgemeine Kostenträger
- Produkte
- Aufträge
- Kostenträgerhierarchie
- Projekt
- Netzplan

| **5.4.2.1** | **Kostenträger allgemein** |

Unter allgemeinen Kostenträgern werden **immaterielle Güter** und **Dienstleistungen** verstanden. In der Kostenträgerrechnung werden sie über eine Identnummer geführt.

Folgende Aktionen können mit diesen Kostenträgern ausgeführt werden:

- Ermittlung von Plan- und Istkosten;
- Weiterleitung von Istkosten an andere Objekte im SAP-System (z. B. Sachkonto);
- Analyse von Plan- und Istkosten.

| **5.4.2.2** | **Produkt** |

Über eine **Erzeugniskalkulation** wird die Kostenträgerrechnung für die Materialien durchgeführt.

Diese Kalkulation dient zu folgendem:

- Feststellung der Höhe der auftragsneutralen Kosten pro Produkt;
- Optimierung der Herstellkosten des Produktes durch Vergleichskalkulation;
- Lieferung von Basisinformationen für folgende Funktionen:
  - Vergleiche zwischen Kalkulation und Auftrag
  - Abweichungsermittlung
  - Deckungsbeitragsrechnung
  - Bestandsbewertung

| **5.4.2.3** | **Auftrag** |

Über Aufträge werden **innerbetriebliche Leistungen** abgewikkelt. Die Kostenträgerrechnung wird auf der Auftragsebene zu folgenden Zwecken verwendet:

- Feststellung der Höhe der auftragsbezogenen Kosten;
- Ermöglichung der Bewertung des Bestandes an Ware in Arbeit pro Auftrag;
- Optimierung der auftragsbezogenen Kosten.

Abweichungen pro Auftrag werden für Fertigungsaufträge, Serienaufträge und Prozeßaufträge ermittelt und an die Ergebnisrechnung weitergegeben. Gibt es einen rückgemeldeten Ausschuß, kann dieser ebenfalls durch die Abweichungsermittlung bewertet werden.

Kundenaufträge

Kundenaufträge dienen zur Abrechnung von **externen Leistungen**. Für einem Kundenauftrag können z. B. Fertigungs- und Prozeßaufträge erzeugt werden. Die Kostenträgerrechnung beinhaltet dann nicht nur die direkt zuordenbaren Auftragskosten, sondern auch die Kosten, die in der Fertigung entstehen.

Kosten und Erlöse von Kundenauftrag und Fertigungsauftrag können - wegen der fehlenden direkten Beziehung - erst im CO-PA miteinander verglichen werden.

5.4.2.4   Kostenträgerhierarchie

Gibt es Istkosten, die keinem Auftrag zugeordnet werden können, erfolgt die Fertigungsabwicklung über ein **Projekt** oder eine **Kostenträgerhierarchie**.

Abb. 5.21
Kostenträger-
hierarchie

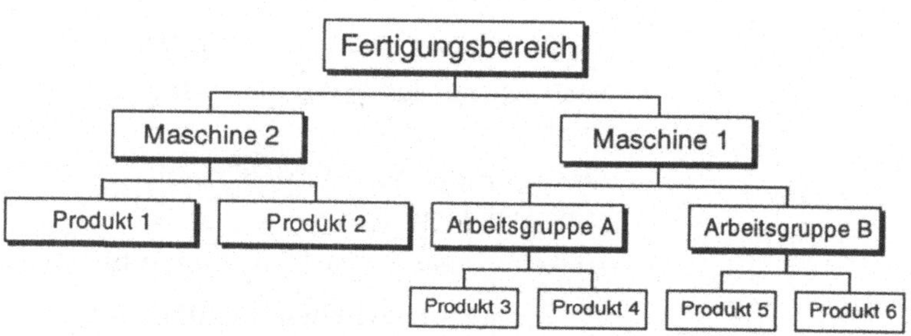

In der Kostenträgerhierarchie werden für jede Ebene Kostenträger-Identnummern vergeben. Jeder Ebene sind bestimmte Istkosten zugeordnet. Die Hierarchiestruktur wird stufenweise definiert, man beginnt mit der obersten Ebene und definiert diese als Hierarchieanfang. In den weiteren Ebenen wird ein Verweis auf die übergeordnete Ebene angegeben. Auf der untersten Ebene werden Materialnummern zugeordnet.

5.4.2.5   Projekt

Komplexe Vorhaben werden über Projekte abgebildet. Der Projektstrukturplan (PSP) gliedert das Projekt schrittweise über die einzelnen Ebenen in Strukturelemente. Diese Elemente werden als PSP-Elemente bezeichnet. Pro PSP-Element können Plan- und Istkosten ermittelt sowie Erlöse kontiert werden.

PSP-Elemente

Im Projektsystem unterscheidet man zwischen **Aufbauplanung** und **Ablaufplanung**.

Die Aufbauplanung wird mit dem Projektstrukturplan realisiert. Hier werden Strukturen für die Organisation und Steuerung des Projekts festgelegt und das Projekt in hierarchisch angeordnete Strukturelemente gegliedert (siehe nachfolgende Abb. 5.22).

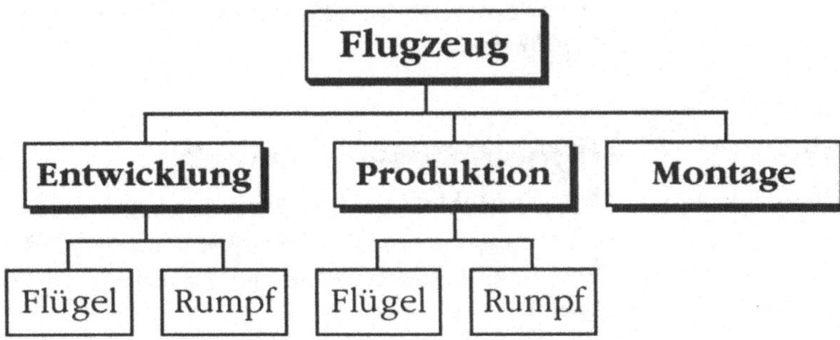

Abb. 5.22
Aufbauplanung durch
Projektstrukturplan

Die Ablaufplanung wird mit dem **Netzplan** realisiert. Dabei werden die Elemente aus der Aufbauplanung (PSP-Elemente) in zeitlicher Reihenfolge gegliedert.

5.4.2.6

Netzplan

Ein Netzplan legt fest, welche **Aufgaben** in welcher **Reihenfolge** zu welchem **Termin** durchgeführt werden sollen. In der Kostenträgerrechnung dient er der Ermittlung von Plan- und Istkosten eines Auftrags.

Komponenten
des Netzplans

Der Netzplan besteht aus folgenden Komponenten:

- Kopfdaten

- Vorgängen

- Anordnungsbeziehungen

Kopfdaten

Der Netzplan wird als Basis für die Ablaufplanung eines Projekts verwendet. Er kann einem Projekt, einem Projektstrukturplanelement oder einem Kundenauftrag zugeordnet sein. Diese Zuordnung wird im Netzplankopf vorgenommen. Weitere Daten im Netzplankopf sind der Status sowie Termine und die Beschreibung des Netzplans.

Vorgänge

Vorgänge, die einem Netzplan zugeordnet werden, lassen sich unterteilen in eigenbearbeitete und fremdbearbeitete Vorgänge. Die Art des Vorgangs wird über den Steuerschlüssel definiert.

Eigenbearbeitete Vorgänge sind Vorgänge, die im eigenen Unternehmen durchgeführt werden, für **fremdbearbeitete Vorgänge** werden bei der Sicherung der Daten automatisch Bestellanforderungen erstellt. Kosten, die während der Durchführung eines Netzplans anfallen, können mit Kostenvorgängen geplant werden (z. B. Versicherungsbeiträge, Beratungshonorare, Lizenzgebühren).

5.5   Produktkostenrechnung

Die Produktkostenrechnung des SAP-Systems unterteilt sich im wesentlichen in die **Erzeugnis-** und die **Einzelkalkulation**. Die Einzelkalkulation bildet die Grundlage für die **Bauteilkalkulation**.

Abb. 5.23
Hierarchie des Produktkostencontrollings im SAP R/3-System

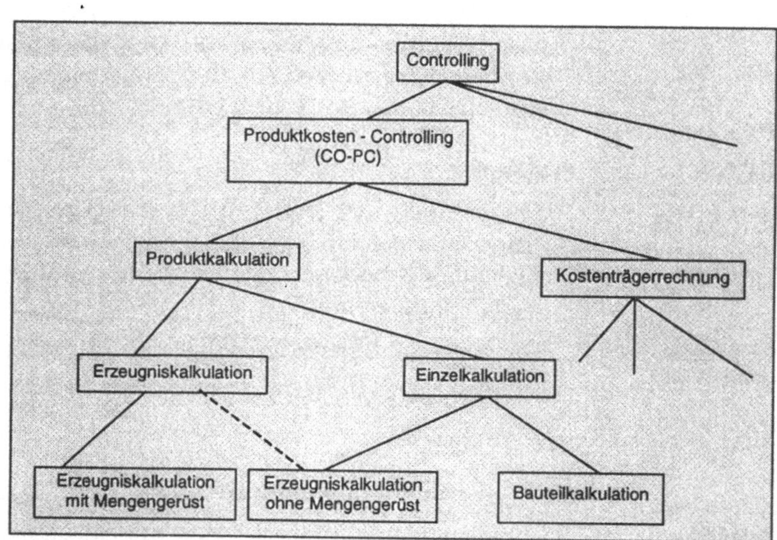

Einzelkalkulation

Über die Einzelkalkulation können Kosten pro Materialkomponente und pro Eigenleistung geplant werden. Sie wird u. a. dazu verwendet, kalkulationsrelevante Daten aus einem SAP-fremden System zu übernehmen.

Bauteilkalkulation

Durch die Bauteilkalkulation können Kosten ohne den Zugriff auf Stücklisten, Wartungspläne, Netzpläne und Arbeitspläne ermittelt werden.

Erfolgt die Kalkulation auf Basis der Daten der Produktionsplanung (PP), handelt es sich um eine **Erzeugniskalkulation mit Mengengerüst**.

Falls die Kalkulation anhand von Daten erfolgt, die in einer Kalkulation manuell eingegeben werden, handelt es sich um eine **Erzeugniskalkulation ohne Mengengerüst**.

Aufgrund der Modulüberschneidung der benötigten Daten ordnet sich die Erzeugniskalkulation sowohl zur Produktionsplanung (**PP**) als auch zum Controlling (**CO**) ein.

Grundsätzlich lassen sich Erzeugniskalkulationen mit und ohne Mengengerüst und Bauteilkalkulationen anlegen. Die Kalkulationsergebnisse können im Informationssystem abgerufen und verschiedenartig dargestellt werden.

Nur die Erzeugniskalkulation mit Mengengerüst erfüllt prinzipiell die Anforderungen einer automatisierten (Vor)kalkulation. Erzeugniskalkulation ohne Mengengerüst und Einzelkalkulation erfordern einen großen manuellen Aufwand.

5.5.1   Erzeugniskalkulation

5.5.1.1   Erzeugniskalkulation mit Mengengerüst

Die Erzeugniskalkulation mit Mengengerüst benötigt Daten aus den Bereichen Produktionsplanung (**PP**), Materialwirtschaft (**MM**) und Controlling (**CO**) des R/3- Systems. D. h. es müssen technische und kaufmännische Daten im System vorhanden sein.

„welcome" (HTML)

Den praktischen Einsatz der CO-Fertigungsauftragskalkulation zur Erstellung von Kalkulationen für Aufträge (mit Mengengerüst) zeigt eine ausführliche **Fallstudie**, die auf der beiliegenden CD unter dem Kapitel „05-CO" mit der Startdatei „**welcome**" als HTML-Präsentation mit Videosequenzen beiliegt.

Wie bereits erwähnt, ist die Erzeugniskalkulation sowohl in der Produktionsplanung als auch im Controlling verfügbar. Daraus ergeben sich die verschiedenen **Menüpfade**, um die Erzeugniskalkulation zu erreichen:

Rechnungswesen ⇨ *Controlling* ⇨ *Produktkost.Rechnung* ⇨ *Erzeugniskalkulation (für CO)*

Logistik ⇨ *Produktion* ⇨ *Erzeugniskalkulation (für PP)*

Zeitliche Erstellung

Erzeugniskalkulationen werden zu **verschiedenen Zeitpunkten** im Laufe des Geschäftsjahres erstellt:

- am Anfang des Geschäftsjahres oder der neuen Saison;
- während des Geschäftsjahres;
- vor der Bilanzerstellung.

Kalkulationsvarianten

Diese Termine und auch der Zweck der Kalkulation werden über sogenannte Kalkulationsvarianten unterschieden. In der Standardauslieferung sind die Kalkulationsvarianten **Plankalkulation, Sollkalkulation, Aktuelle Kalkulation** und **Inventurkalkulation** enthalten. Andere Kalkulationsvarianten können im Customizing der Produktkalkulation eingestellt werden.

Controlling ➪ Produktkosten-Controlling ➪ Produktkalkulation ➪ Erzeugniskalkulation mit Mengengerüst ➪ Kalkulationsvarianten festlegen

Plankalkulation

In der Regel wird eine Plankalkulation am **Anfang eines Geschäftsjahres** oder einer **neuen Saison** erstellt. Die Plankalkulation ist dann für das ganze Jahr bzw. die ganze Saison gültig.

Die Standardpreisermittlung dient dazu, einen Standardpreis für Materialien mit dem Preissteuerungskennzeichen "S" (Standard) in diesem Zeitraum zu ermitteln. Wenn die Plankalkulation vorgemerkt wird, übernimmt das System den über die Plankalkulation ermittelten Preis als zukünftigen Standardpreis in die Kalkulationssicht des Materialstammsatzes. Dieser Preis ist somit für die interne Materialbewertung aktiv. Er kann beispielsweise zur Bewertung einer Materialkomponente in der Kalkulation herangezogen werden. Wenn die Plankalkulation freigegeben wird, übernimmt das System das Ergebnis der Plankalkulation als **Standardpreis in den Materialstammsatz** des Materials.

Dieser Preis ist somit für die Finanzbuchhaltung aktiv und wird zur **Bewertung des Materials** bis zur nächsten Freigabe einer Plankalkulation verwendet. In diesem Zeitraum werden alle Bewegungen von eigengefertigten Produkten in der Logistik mit dem Standardpreis (d. h. den Ergebnissen der Plankalkulation) bewertet. Wird ein Material mit Standardpreissteuerung beispielsweise an das Lager abgeliefert, dann werden Bestände dieses Materials mit dem über die Plankalkulation ermittelten Standardpreis bewertet.

Verwendung der Plankalkulation	Die Ergebnisse der Plankalkulation können auch verwendet werden, um zu ermitteln, welche Abweichungen aufgetreten, wieviel Ausschuß produziert und wieviel Ware sich in Arbeit befindet. Diese Angaben sind pro Fertigungsauftrag bzw. Serienauftrag am Ende der Buchungsperiode ermittelbar.

Die Plankalkulation sollte während eines Zeitraumes **nicht geändert** werden. Die Kalkulationsergebnisse bleiben somit konstant und lassen Preisschwankungen und Änderungen in der Fertigungsstruktur im Laufe des Planungszeitraums außer Betracht.

Sollkalkulation

Die Sollkalkulation kann verwendet werden, um die Herstellkosten eines Materials im Laufe des Geschäftsjahres zu ermitteln. Eine Sollkalkulation wird beispielsweise erstellt, wenn sich innerhalb der Planungsperiode die Basisdaten (z. B. geänderte Losgröße) für die Kalkulation geändert haben. In der Sollkalkulation wird das aktuelle Mengengerüst mit denselben Preisen wie in der Plankalkulation bewertet.

Informationssystem

Im Informationssystem können die Ergebnisse der Sollkalkulation mit den Ergebnissen der Plankalkulation verglichen werden, um die Auswirkungen von Änderungen in der Fertigungsstruktur auf die Kosten festzustellen.

Rechnungswesen ⇨ Controlling ⇨ Erzeugniskalkulation ⇨ Infosystem ⇨ Berichtsauswahl

Verwendung der Plankalkulation

Für die **kurzfristige Planung** kann die Sollkalkulation die Plankalkulation ersetzen. Für die Erfolgskontrolle und die Abweichungsermittlung dient die Plankalkulation nach wie vor als Grundlage.

Die Ergebnisse der Sollkalkulation können in den Materialstammsatz als **Planpreis** (*Planpreis 1, 2* und *3*) übernommen werden. Dieser Planpreis wird somit für die interne Materialbewertung aktiv und kann als Basis für die Bewertung des Materials in der Erzeugniskalkulation dienen.

Aktuelle Kalkulation

Der Verwendungszweck der aktuellen Kalkulation besteht darin, die Herstellkosten eines Materials im Laufe des Geschäftsjahres zu ermitteln. Eine aktuelle Kalkulation kann für bestimmte Entscheidungsfälle jederzeit erstellt werden. Sie bewertet das aktuelle Mengengerüst mit den aktuellen Preisen.

Informationssystem

Im Informationssystem sind die Ergebnisse der aktuellen Kalkulation mit den Ergebnissen der Sollkalkulation vergleichbar, um die Auswirkungen von Preisänderungen auf die Kosten festzustellen.

Verwendung der aktuellen Kalkulation

Die Ergebnisse der aktuellen Kalkulation können in den Materialstammsatz als Planpreis (*Planpreis 1, 2* und *3*) übernommen werden. Der durch die aktuelle Kalkulation ermittelte Planpreis kann als Basis für eine Bewertung des Materials in der Erzeugniskalkulation dienen.

Inventurkalkulation

Die Inventurkalkulation wird verwendet, um Wertansätze für die steuerrechtliche und handelsrechtliche Bestandsbewertung zu ermitteln. Kurz vor der Bilanzerstellung kann eine Inventurkalkulation durchgeführt werden, um die Materialien im Bestand für die Handels- und Steuerbilanz zu bewerten. Sie berücksichtigt die Materialpreise, die in der Materialwirtschaft (MM) hinterlegt sind und die Tarife für die Eigenleistungen, die im Controlling (CO) geplant bzw. ermittelt werden.

Die Erzeugniskalkulation mit Mengengerüst greift, wie anfangs schon erwähnt, auf Daten in der Produktionsplanung PP, in der Materialwirtschaft MM und im Controlling CO des R/3-Systems zu.

Unabhängig von der Kalkulationsvariante erfolgt die Kalkulation auf folgende Weise bzw. in folgenden Schritten:

1. Aufbau des Mengengerüsts (Stückliste und Arbeitsplan)

2. Bewertung des Mengengerüsts und Ermittlung der Gemeinkostenzuschläge

3. Speicherung der Kalkulation

Anlegen einer Erzeugniskalkulation mit Mengengerüst

Um eine Erzeugniskalkulation mit Mengengerüst anzulegen, können folgende Pfade gewählt werden:

Rechnungswesen ⇨ *Controlling* ⇨ *Produktkostenrechnung* ⇨ *Erzeugniskalkulation* ⇨ *Kalkulation* ⇨ *Mit Mengengerüst* ⇨ *anlegen*

oder:

Logistik ⇨ *Produktion* ⇨ *Erzeugniskalkulation* ⇨ *Kalkulation* ⇨ *Mit Mengengerüst* ⇨ *anlegen*

Abb. 5.24
Materialkalkulation
anlegen

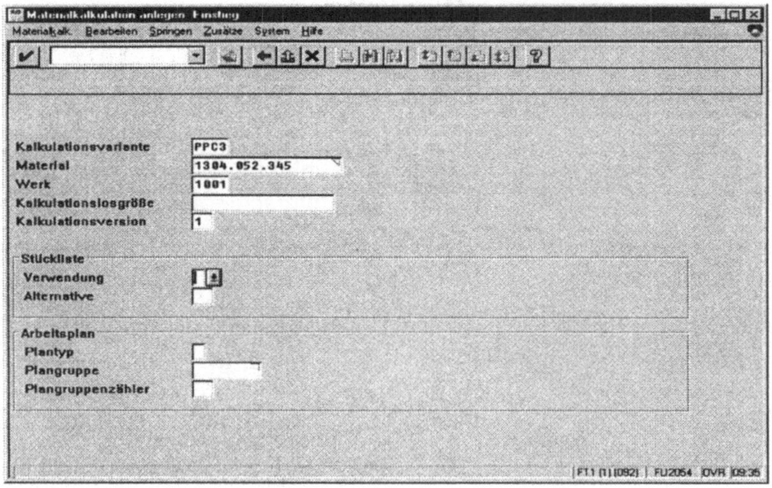

Kalkulationsvariante	Die Kalkulationsvariante kennzeichnet den Schlüssel, der festlegt, wie eine Kalkulation durchgeführt und bewertet wird. Sämtliche Steuerungsdaten für die Kalkulation sind hier zusammengefaßt. In der Erzeugniskalkulation bestimmt die Kalkulationsvariante, wie die Stücklisten und der Arbeitsplan zum Aufbau des Mengengerüsts selektiert werden, welche Preise selektiert werden, um das Mengengerüst zu bewerten und wie die Gemeinkostenzuschläge ermittelt werden.
Kalkulationsversion	Mit der Kalkulationsversion wird festgelegt, welche Kalkulation zum selben Material mit unterschiedlichen Mengengerüsten benutzt wird.
Kalkulationslosgröße	Mit der Kalkulationslosgröße wird die zu kalkulierende Losgröße bestimmt. Wenn keine Losgröße angegeben wird, übernimmt das System die Kalkulationslosgröße aus der Kalkulationssicht des Materialstammsatzes.
Stückliste und Arbeitsplan	Über die Spezifizierung von Stückliste und Arbeitsplan können weitere Details zur Erzeugniskalkulation festgelegt werden.
Stücklistenverwendung	Zur **Stückliste** bestehen Vorgabemöglichkeiten für Verwendung und Alternative. Die (Stücklisten-) Verwendung ist ein Schlüssel, der festlegt, in welchem Unternehmensbereich die Stückliste verwendet werden kann (z. B. Konstruktion, Fertigung, ...), vorausgesetzt entsprechende Stücklisten werden im System gepflegt.

**Stücklisten-
alternativen**

Ein und dasselbe Erzeugnis kann bspw. aufgrund unterschiedlicher Herstellungsverfahren für verschiedene Losgrößenbereiche durch mehrere (Stücklisten-) Alternativen (siehe hierzu Kapitel 7.2.4) abgebildet werden. Diese alternativen Stücklisten werden in einer Mehrfachstückliste zusammengefaßt. Alternativen werden separat für unterschiedliche Stücklistenverwendungen gepflegt.

Arbeitsplan

Für den Arbeitsplan können Plantyp, Plangruppe und Plangruppenzähler spezifiziert werden. Es werden die **Plantypen** Normalarbeitsplan, Standardarbeitsplan, Linienplan, Standardlinienplan, Standardnetz und Grobplanungsprofil unterschieden. In einer **Plangruppe** können Pläne für unterschiedliche Losgrößenbereiche zusammengefaßt werden. Der **Plangruppenzähler** identifiziert einen Plan in einer Plangruppe. Zusammen mit der Plangruppe legt der Plangruppenzähler eindeutig einen Arbeitsplan fest.

Nach Eingabe dieser Daten und Betätigen der (Enter)-Taste wird das Dialogfenster **Steuerungsdaten** sichtbar:

Abb. 5.25
Dialogfenster mit
Steuerungsdaten

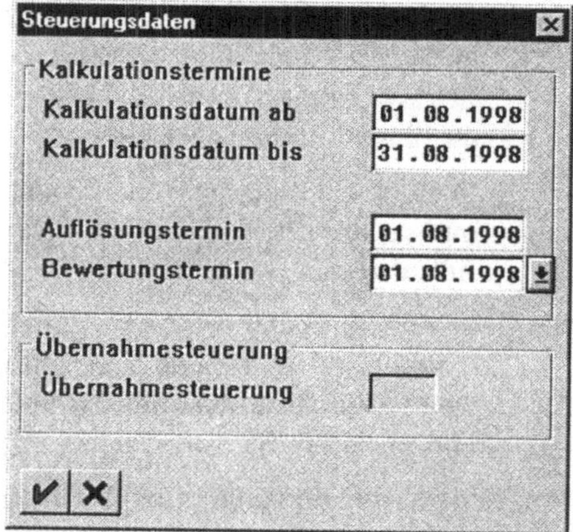

Die vorgeschlagenen Kalkulationstermine und ggf. die Übernahmesteuerung sollten überprüft werden. Anschließend wird das Material kalkuliert.

Manuelle Kalkulation

Die manuelle Kalkulation ist als Ergänzung zur Erzeugniskalkulation mit Mengengerüst vorgesehen. Im Customizing des Produktkosten-Controllings wird bestimmt, ob eine vorhandene manuelle Kalkulation bei der Materialbewertung berücksichtigt wird.

Einsatzgebiet

Sie wird eingesetzt, falls einzelne **Positionen nicht** in Stückliste oder Arbeitsplan **erfaßt** sind. So z. B. Kosten für Materialien, für die noch keine Stückliste definiert worden ist; Kosten für Arbeitsfolgen, für die noch kein Arbeitsplan definiert worden ist oder eine explizite Berücksichtigung von Sondereinzelkosten der Fertigung. Es können jedoch nur Kosten auf Kostenelemente-ebene verändert werden, d. h. Einzelpositionen sind nicht einzugeben. Damit die Ergebnisse der manuellen Kalkulation zu den Ergebnissen der maschinellen Kalkulation addiert werden können, müssen die Einträge im Einstiegsbild der manuellen Kalkulation mit denen der maschinellen Kalkulation übereinstimmen.

5.5.1.2   Erzeugniskalkulation ohne Mengengerüst

Die Erzeugniskalkulation ohne Mengengerüst ermöglicht folgende Funktionen :

Funktionen

- Planung der Kosten für Rohstoffe, Eigenleistungen und Fremdleistungen in Form einer Einzelkalkulation;

- Zuordnung der Gemeinkosten im Fertigungs- und Materialbereich zu einem Produkt;

- Zuordnung der ermittelten Kosten zu Kostenelementen und Speicherung in dieser Form;

- gegliederte Anzeige der Materialeinsatzkosten für Halbfabrikate nach Kostenelementen.

Datenzugriff

Die Erzeugniskalkulation ohne Mengengerüst greift auf Daten in der Materialwirtschaft MM (z. B. Dienstleistungstarif) und auf Daten im Controlling CO (z. B. Wert eines Bauteils) des R/3-Systems zu.

Anlegen einer Erzeugniskalkulation ohne Mengengerüst

Die Vorgaben der Erzeugniskalkulation ohne Mengengerüst, d. h. ohne Zugriff auf Stückliste und Arbeitsplan, sind den Vorgaben der Kalkulation mit Mengengerüst sehr ähnlich. Auszufüllende **Mußfelder** sind **Kalkulationsvariante, Material** und **Werk**. Darüber hinaus wird der Kalkulationszeitraum vorgegeben. Das Tagesdatum als „Ab-Zeitpunkt" wird fakultativ vorgegeben, kann aber geändert werden; das „Bis-Datum" wird standardmäßig auf 31.12.9999 gesetzt, kann aber auch angepaßt werden.

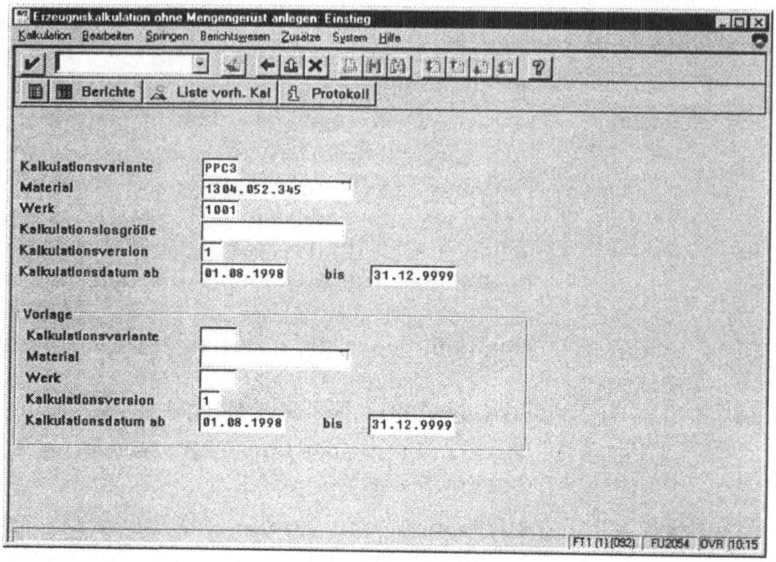

Abb. 5.26
Erzeugniskalkulation
ohne Mengengerüst
anlegen

Im unteren Teil der Bildschirmmaske besteht die Möglichkeit, eine Vorlage-Kalkulation auszuwählen. Die vorgegebenen Daten können übernommen oder modifiziert werden.

5.5.2   Bauteilkalkulation

Die Bauteilkalkulation, wie auch die Erzeugniskalkulation ohne Mengengerüst, benutzen die Funktionalität der Einzelkalkulation.

Einzelkalkulation

Die Einzelkalkulation ist ein Werkzeug zur Kostenplanung und Preisbildung. Über die Einzelkalkulation können die Kosten für verschiedene Objekte geplant werden. Für manche Objekte können die Kosten nur über die Einzelkalkulation geplant werden (z. B. Kostenträger-Identnummer, Fertigungsauftrag im Controlling). Die Kalkulationswerte können sich entweder auf die Gesamtlaufzeit des Objektes oder auf ein bestimmtes Geschäftsjahr beziehen.

Die Einzelkalkulation hat den **Vorteil**, daß die Kosten nicht nur auf Kostenartenebene, sondern auch pro Materialkomponente und pro Eigenleistung geplant werden können. Es kann auch eine Losgröße eingetragen und die Auswirkung der Losgrößenänderung auf die einzelnen Kalkulationspositionen überprüft werden.

In der Einzelkalkulation können folgende Bezugsobjekte angelegt werden:

Bezugsobjekte

- Material (Erzeugniskalkulation ohne Mengengerüst)

- Kostenträger-Identnummer

- Fertigungsauftrag im Controlling (CO-Fertigungsauftrag)

- Verkaufsbelegposition (Anfrage, Angebot, Kundenauftrag)

- Projekt (PSP-Element) Projekt-Struktur-Plan

- Innenauftrag

- Primärkostenart

- andere Bauteile

Um Mißverständnissen vorzubeugen: Eine für sich eigenständige Funktion Einzelkalkulation existiert im Release 3.0 noch nicht !

Die Bauteilkalkulation erlaubt es, Produktkosten ohne Zugriff auf Stücklisten und Arbeitspläne zu ermitteln und die Kosten zur Erbringung einer Leistung ohne Zugriff auf Netzpläne, Wartungspläne oder Arbeitspläne zu ermitteln. Folgender Pfad führt zur Bauteilkalkulation:

Rechnungswesen ⇨ Controlling ⇨ Produktkosten ⇨ Rechnung ⇨ Bauteilkalkulation

Einsatzmöglichkeiten

Die **Bauteilkalkulation** kann im R/3-System auf folgende Weise eingesetzt werden:

1. Als Tabellenkalkulation ohne Zugriff auf Daten im R/3-System

2. Als Tabellenkalkulation mit Zugriff auf Daten im R/3-System

3. Als Position (Bauteil) in einer weiteren Kalkulation im R/3-System

4. Als Vorlage bei der Planung von bestimmten Bezugsobjekten im R/3-System

5.5.3   Visualisierung der Kalkulationsergebnisse

Zur Visualisierung sämtlicher durch das System erstellten Berichte bietet R/3 das Informationssystem an. Um Berichte zur Kalkulation abzurufen, ist folgender **Pfad** notwendig:

Infosysteme ⇨ Rechnungswesen ⇨ Produktkosten ⇨ Produktkalkulation ⇨ Erzeugniskalkulation bzw. *⇨ Bauteilkalkulation*

Erzeugniskalkulation

Mit den Standardberichten im Informationssystem werden die über die Erzeugniskalkulation ermittelten Kosten in folgenden Formen angezeigt:

- als Kostenelemente
- als Kostenarten
- als Einzelnachweis
- als Einzelnachweis gemäß der Fertigungsstruktur (bewertete Strukturstückliste)

Objekte

Zusätzlich können folgende Objekte verglichen werden:

- zwei Erzeugniskalkulationen
- Auftrag und Erzeugniskalkulation
- zwei Aufträge

Mit den Standardberichten im Informationssystem werden die über die **Bauteilkalkulation** ermittelten Kosten in folgenden Formen angezeigt:

- Kostenarten/Herkunft
- Kalkulationspositionen

Mit weiteren Standardberichten zur Bauteilkalkulation können

- Bauteile gesucht werden,
- die Verwendung von Bauteilen ermittelt werden und
- die Kalkulationspositionen eines Bauteils, das mehrere Bauteile enthält, hierarchisch dargestellt (mehrstufige Auflösung) werden.

Die Berichte zur Erzeugniskalkulation und zur Bauteilkalkulation können aus **Berichtsbäumen** im Informationssystem selektiert werden.

Abb. 5.27
Berichtsbaum der
Erzeugniskalkulation

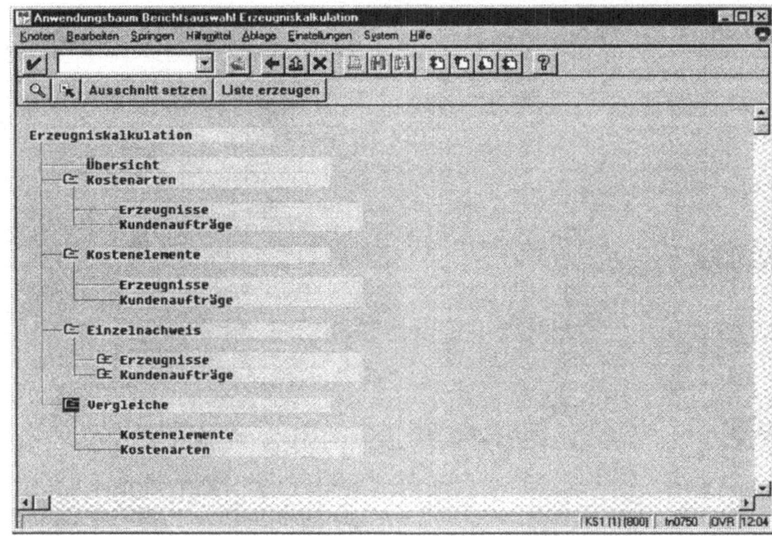

Menüpfad, über den der Berichtsbaum erreicht werden kann:

Infosysteme ⇨ Rechnungswesen ⇨ Produktkosten ⇨ Produktkalkulation ⇨ Erzeugniskalkulation ⇨ Infosystem ⇨ Berichtsauswahl

Abb. 5.28
Berichtsbaum der
Bauteilkalkulation

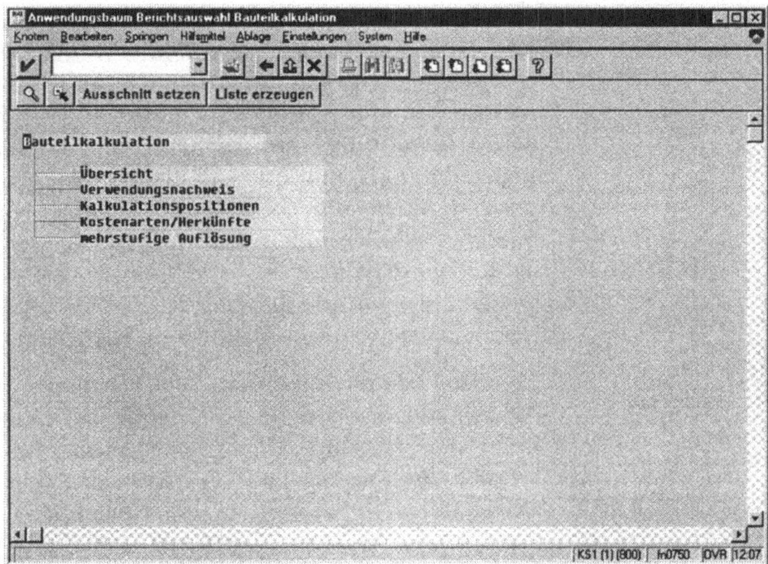

Der Berichtsbaum der Bauteilkalulation wird vom Anwender über folgenden Menüweg erreicht:

Infosysteme ⇨ *Rechnungswesen* ⇨ *Produktkosten* ⇨ *Produktkalkulation* ⇨ *Bauteilkalkulation* ⇨ *Infosystem* ⇨ *Berichtsauswahl*

Übersicht: Bauteile

Weiterhin bietet sich dem Benutzer die Möglichkeit, eine Liste aller vorhandenen Kalkulationen zu einem Bauteil aufzurufen.

Infosysteme ⇨ *Rechnungswesen* ⇨ *Produktkosten* ⇨ *Produktkalkulation* ⇨ *Bauteilkalkulation* ⇨ *Infosystem* ⇨ *Übersicht Bauteile*

5.6 Ergebnisrechnung

Die Ergebnis- und Marktsegmentrechnung (CO-PA) des R/3-Systems ist in das Modul **CO** (Controlling) integriert. Mit diesem System ist der Benutzer in der Lage, die Beurteilung von Marktsegmenten, nach verschiedenen Gesichtspunkten gegliedert, vorzunehmen.

Ein leistungsfähiges Controlling wird durch die **modulare** und **durchgängige** Integration des R/3-Systems gewährleistet, da die Ergebnisrechnung vollständig in den integrierten Wertefluß der verschiedenen Module mit eingebunden ist.

Formen der Ergebnisrechnung

Die Ergebnisermittlung erfolgt nach dem **Umsatzkostenverfahren**. Weiterhin können zwei Formen der Ergebnisrechnung ausgewählt werden: die kalkulatorische und die buchhalterische Ergebnisrechnung. Kosten und Erlöse werden in der **kalkulatorischen Ergebnisrechnung** nach frei definierbaren Wertfeldern gegliedert und zum Teil auf der Basis kalkulatorischer Ansätze gebucht; d. h. abgegrenzte und kalkulatorische Werte können gebucht werden, die nicht mit der Finanzbuchhaltung abgestimmt werden können. Die **buchhalterische Ergebnisrechnung** hingegen gliedert die Kosten und Erlöse in Kontenform und bucht diese nach buchhalterischem Wertansatz.

Zum einfacheren Verständnis der folgenden Kapitel werden eingangs einige SAP-spezifische Begriffe erläutert, die nach Meinung des Verfassers zum weiteren Verständnis der Ausführungen notwendig sind, wobei kein Anspruch auf Vollständigkeit erhoben wird.

5.6.1 Begriffserläuterungen

Der Begriff **Objekt** wird im R/3-System universell genutzt. Ein Objekt bezeichnet jede „Sache", die im R/3 angelegt und gepflegt werden kann. Objekte können beispielsweise sein: Materialien, Fertigungsaufträge, Projekte etc.

Ein **Mandant** ist eine für sich handelsrechtlich, organisatorisch und datentechnisch abgeschlossene Einheit innerhalb des R/3-Systems mit getrennten Stammsätzen und einem eigenständigen Satz von Tabellen.

Unter einem **Buchungskreis** - im Sinn von SAP - versteht man die kleinste organisatorische Einheit des externen Rechnungswesens, die das Unternehmen aus der Sicht der Finanzbuchhaltung gliedert und für die eine vollständige, in sich abgeschlossene Buchhaltung abgebildet werden kann (einschließlich der Erstellung aller Nachweise für einen gesetzlichen Einzelabschluß).

Ein **Kostenrechnungskreis** ist eine organisatorische Einheit innerhalb eines Konzerns, für die eine vollständige, in sich geschlossene Kostenrechnung durchgeführt werden kann.

Der **Ergebnisbereich** gliedert das Unternehmen aus Sicht der Ergebnisrechnung und stellt eine organisatorische Einheit des Rechnungswesens dar. Weiterhin ist er als ein Teil eines Konzerns anzusehen, für den eine einheitliche Segmentierung des Absatzmarktes vorliegt.

Die klassifizierenden Merkmale (z. B. Artikel, Kundengruppe, Vertriebsbereich) des Ergebnisbereichs mit ihren Merkmalsausprägungen stellen die **Ergebnisobjekte** dar. Ein Ergebnisobjekt wird manchmal auch als Segment bezeichnet.

Unter **Customizing** versteht man eine Methode, die Werkzeuge für Systemeinstellungen und deren Dokumentation zur Verfügung stellt. Diese Methode soll den Anwender bei Einführung und Erweiterung des R/3-Systems unterstützen. Zugleich stellt das Customizing auch Werkzeuge für den Release-Wechsel und den System-Upgrade zur Verfügung. Weiterhin läßt sich das System R/3 über das Customizing an die unternehmensspezifischen Bedürfnisse anpassen (keine Modifikation der Standardfunktionen).

5.6.2

Benötigte Stammdaten

Ein zentraler Begriff in der Ergebnisrechnung ist der **Ergebnisbereich** mit seinen **Merkmalen** und **Wertfeldern**. Er „stellt eine organisatorische Einheit eines Unternehmens dar, für die eine einheitliche Struktur bzw. Segmentierung des Absatzmarktes vorliegt".[1]

Merkmale bilden die **charakterisierenden Felder** des Ergebnisbereichs, nach denen die Daten in der Ergebnis- und Marktsegmentrechnung ausgewertet werden können. Standardmäßig sind schon einige Merkmale in jedem Ergebnisbereich enthalten, von denen die SAP AG annimmt, daß diese häufig gebraucht werden. Zusätzlich zu den festen Merkmalen lassen sich bis zu **30 Merkmale** definieren, die dann die spezifischen Controllinganforderungen der einzelnen Firmen abdecken sollen.

Um die zu berichtenden Werte bzw. Mengen in der kalkulatorischen Ergebnisrechnung abbilden zu können, werden **Wertfelder** benötigt. In der buchhalterischen Ergebnisrechnung erfolgt die Erfassung der Werte auf Kontenebene.

Zuordnung der Organisationseinheiten

Damit die Daten aus den anderen Modulen bzw. aus Fremdanwendungen richtig eingegliedert werden können, gibt es eine Zuordnung der organisatorischen Begriffe Buchungs- und Kostenrechnungskreis zum Ergebnisbereich. Der **Ergebnisbereich** leitet sich aus dem **Kostenrechnungskreis** ab. Mehrere Kostenrechnungskreise können einem Ergebnisbereich zugewiesen werden. Der Kostenrechnungskreis wiederum ist aus dem **Buchungskreis** ableitbar und dieser Kostenrechnungskreis bezieht seine Daten aus mehreren Buchungskreisen.

Anlegen Ergebnisbereich

Um einen **Ergebnisbereich** anzulegen, muß der Benutzer im Customizing folgenden **Menüpfad** wählen:

Controlling ⇨ Ergebnis- und Marktsegmentrechnung ⇨ Grundeinstellungen ⇨ Ergebnisbereich pflegen

Der Ergebnisbereich ist in die zwei Bereiche **Attribute** und **Datenstrukturen** untergliedert. Die Customizing-Einstellungen des Ergebnisbereichs sind **mandantenunabhängig**, wobei in jedem Mandanten die Attribute des Ergebnisbereichs neu angelegt werden müssen.

---

1   SAP AG [Hrsg] Schulungsunterlagen Ergebnis- und Marktsegmentrechnung AC605, Release 3 1G, Walldorf 1997, S 2-3

Attribute

Auf dem Einstiegsbild wird ein **4-stelliger Name** für den Ergebnisbereich vergeben. Zuerst müssen die Attribute des Ergebnisbereichs gepflegt werden. Dazu muß bei Teilobjekt *„Attribute"* ausgewählt werden und anschließend die Drucktaste

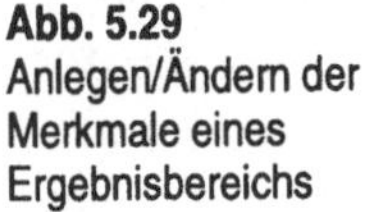

betätigt werden. Hier wird die **Währung** und die **Geschäftsjahresvariante** eingestellt. Die Währung ist für alle Buchungen bestimmend, d. h. alle Buchungen der Ergebnisrechnung werden in die hier eingestellte Währung umgerechnet. Die Geschäftsjahresvariante legt für den Ergebnisbereich die **Anzahl** der **Buchungsperioden** im Geschäftsjahr fest. Wird die kalkulatorische Ergebnisrechnung eingesetzt, so muß unter bestimmten Voraussetzungen die Geschäftsjahresvariante des Ergebnisbereichs mit der des Kostenrechnungskreises identisch sein. Jedoch müssen die beiden Geschäftsjahresvarianten bei Einsatz der buchhalterischen Ergebnisrechnung immer gleich sein.

Nachdem die Attribute gespeichert sind, müssen die Datenstrukturen angelegt werden.

Zu den **Datenstrukturen** gehören die Merkmale und Wertfelder. Zuerst werden die Merkmale definiert.

Abb. 5.29
Anlegen/Ändern der
Merkmale eines
Ergebnisbereichs

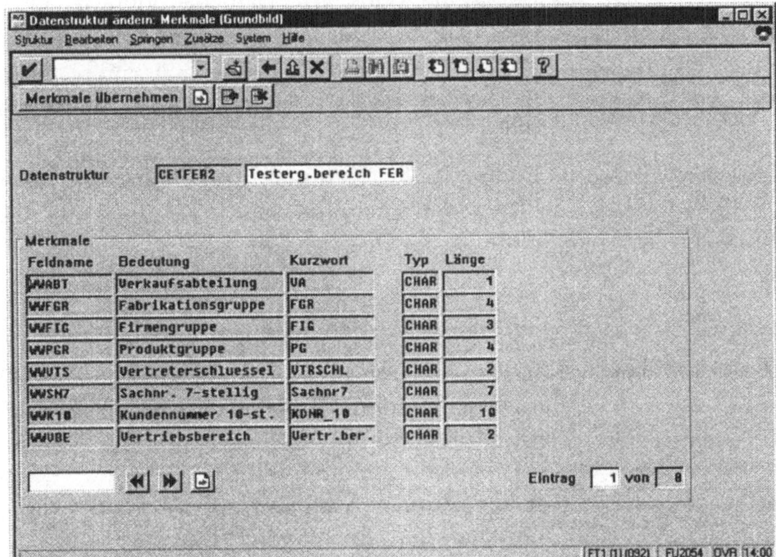

Definition Merkmale

Über den Button **Merkmale übernehmen** läßt sich der **Feldkatalog** der bereits definierten Merkmale aufrufen. Hier bietet sich dem Benutzer die Möglichkeit ein bzw. mehrere Merkmale auszuwählen und diese in den zu definierenden Ergebnisbereich zu übernehmen. Falls diese Fixmerkmale nicht ausreichend sind, kann sich der Benutzer **eigene Merkmale definieren**, die nur in der Ergebnisrechnung verwendet werden können. Für solche Felder gibt es folgende **Namenskonventionen**: die Feldlänge beträgt fünf Zeichen und die ersten zwei Stellen müssen ein „W" sein („WWXXX", wobei „XXX" vom Benutzer vergeben werden kann). Der Inhalt der selbstdefinierten Felder kann entweder direkt bei der Buchung gefüllt werden oder aus R/3-Stammdatentabellen gezogen werden (genauere Erläuterung erfolgt unten). Nachdem die Merkmale des Ergebnisbereichs definiert sind, können die Wertfelder gepflegt werden.

Definition Wertfelder

Um von der Merkmalsübersicht in die Wertfelderübersicht zu wechseln, ist ein Betätigen der ⏎-Taste notwendig. Analog zur Definition der Merkmale gibt es auch in dieser Übersicht einen **Feldkatalog**, der die bereits definierten Wertfelder beinhaltet (Taste **Wertfelder übernehm.**).
Zur Vermeidung von Namenskonflikten müssen manuell eingegebene Wertfelder vier oder fünf Zeichen lang sein und mit „VV" beginnen. Weiterhin muß über einen Radio-Button kenntlich gemacht werden, ob es sich um ein Mengen- oder Wertfeld handelt.

Aktivierung und Generierung

Nachdem die Merkmale und Wertfelder definiert wurden, muß eine Speicherung erfolgen. Im Anschluß daran wird über das Menü

Struktur ⇨ Aktivieren

der Ergebnisbereich aktiviert und generiert.

Stammdatentabellen

Zu beachten ist, daß für alle eigendefinierten Merkmale Tabellen angelegt werden (Tabellen T25xx). Diese müssen gepflegt und mit Werten gefüllt werden, damit eine Überprüfung bei z. B. der Einzelpostenbuchung stattfinden kann. Das Pflegen dieser Tabellen kann, je nach Anzahl der Merkmalsausprägungen, zu einem enormen Zeitaufwand führen.

Merkmalsableitung	Wie bereits erwähnt, können eigendefinierte Merkmale aus bestehenden Merkmalen abgeleitet werden, sofern sie nicht anderweitig mit Merkmalswerten gefüllt werden. Zwischen den meisten Merkmalen der Ergebnisrechnung bzw. des einzelnen Ergebnisbereichs bestehen in der Regel logische Abhängigkeiten, die im R/3-System durch sog. Merkmalsableitungen genutzt werden können. Prinzipiell stehen zwei verschiedene Möglichkeiten zur Verfügung, um Merkmale abzuleiten.

Ableitungsstrukturen und -regeln

Über Ableitungsstrukturen und Ableitungsregeln bietet sich eine Möglichkeit. Zuerst müssen für die eigendefinierten Merkmale Ableitungsstrukturen angelegt werden. Diese beschreiben, welche Merkmale (Zielfelder) von welchen anderen Merkmalen (Quellfelder) abgeleitet werden. Aus maximal drei Quellmerkmalen können bis zu fünf Zielmerkmale abgeleitet werden. Als Quellfelder können bereits abgeleitete Merkmale und mit Werten gefüllte Merkmale verwendet werden. Damit es keinen Konflikt gibt, wenn aus bereits abgeleiteten Merkmalen neue abgeleitet werden, gibt es eine Reihenfolgennummer in der Ableitungsstruktur, die die richtige Reihenfolge regelt.

Ableitungsstrukturen bilden die Grundlage für die Ableitungsregeln. In den **Ableitungsregeln** wird beschrieben, welche Zielmerkmalswerte aus welchen Quellmerkmalswerten abgeleitet werden. Ableitungsregeln werden immer für ein bestimmtes Zeitintervall gepflegt, um flexibel auf z. B. Strukturveränderungen reagieren zu können.

Ableitungstabellen

Über Ableitungtabellen können Felder aus Stammdatentabellen in die Merkmalswerte des Ergebnisbereichs aufgenommen werden. Voraussetzung dabei ist allerdings, daß das übernommene Merkmal der Stammdatentabelle kein Schlüsselfeld dieser Tabelle ist. Zusätzlich müssen die Schlüsselfelder der Vorlagentabelle als Merkmale im Ergebnisbereich enthalten sein. Die Stammdatentabelle darf weiterhin nur fünf Schlüsselfelder besitzen.

Das Anlegen der Ableitungsstrukturen erfolgt im **Customizing** des CO-PA unter dem Pfad:

Ableitungsstrukturen anlegen

Controlling ⇨ *Ergebnis- und Marktsegmentrechnung* ⇨ *Stammdaten* ⇨ *Merkmale* ⇨ *Merkmalsableitung* ⇨ *Ableitungsstrukturen festlegen*

Nach dem Betätigen der ⬛-Taste vor *„Ableitungsstrukturen festlegen"* erscheint ein Dialogfenster, in dem der Benutzer auswählen kann, ob er anlegen, ändern oder anzeigen der Ableitungsstrukturen möchte.

Durch Positionieren des Cursors auf der gewünschten Aktion und Drücken des [Q Auswählen] -Buttons gelangt der Bediener zur gewünschten Transaktion. Wird *„anlegen"* gewählt, muß der Benutzer eine dreistellige Bezeichnung für die Ableitungsstruktur vergeben. Diese kann numerisch oder alphanumerisch sein. Eine Kurzbezeichnung für die betreffende Struktur muß ebenfalls noch vergeben werden. Durch Betätigen der [Enter]-Taste wird die **Erfassungsmaske** zum Aufbau der Struktur angezeigt.

Abb. 5.30
Erfassungsmaske
Ableitungsstruktur
anlegen

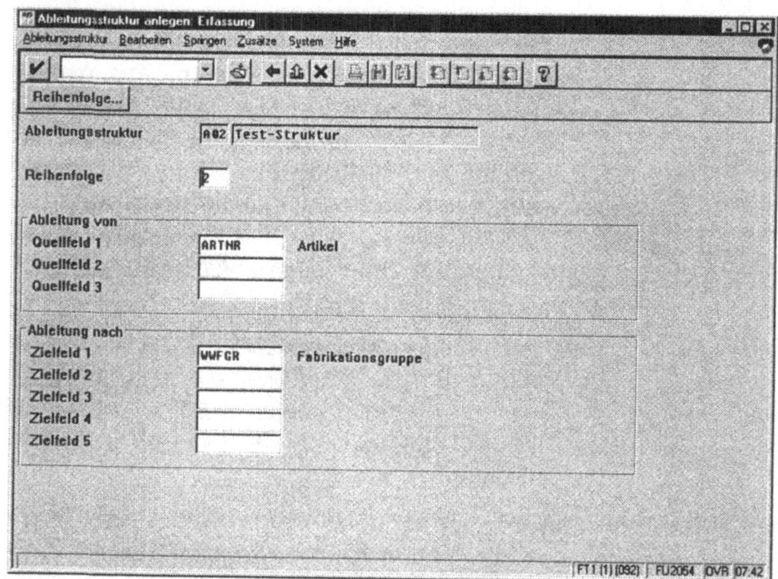

Reihenfolge

Zur Regelung der richtigen Reihenfolge der Ableitungen muß das Feld *„Reihenfolge"* ausgefüllt werden. Falls als Quellfeld ein Merkmal verwendet wird, das in einer anderen Ableitungsstruktur aus einem anderen Merkmal abgeleitet wurde, so ist es erforderlich, daß die erste Struktur eine kleinere Reihenfolgennummer besitzt als die zweite.

Quellfelder

Als Feldauswahl bei den Quellfeldern erscheint eine Liste, die alle **eigendefinierten** Felder des Ergebnisbereichs und **zusätzliche Merkmale** enthält. Positioniert der Benutzer den Cursor auf das gewünschte Feld und drückt die [Auswählen]-Taste, so wird das betreffende Merkmal als Quellfeld übernommen.

Bis zu drei verschiedene Merkmale können ausgewählt werden. Bei der Festlegung des/der Zielfeldes/-er ist das Vorgehen analog. Nachdem alle Quell- und Zielfelder ausgewählt wurden, muß die Ableitungsstruktur über die [icon]-Taste gesichert werden.

Ableitungsregeln anlegen

Damit ist die Grundlage für die Ableitungsregeln geschaffen. Die Ableitungsregeln werden allerdings nicht im Customizing, sondern im Anwendungsmenü gepflegt:

Rechnungswesen ⇨ Controlling ⇨ Ergebnisrechnung ⇨ Stammdaten ⇨ Ableitungsregeln ⇨ anlegen/ändern/anzeigen

Abb. 5.31
Erfassungsmaske
Anlegen/Ändern der
Ableitungsregel

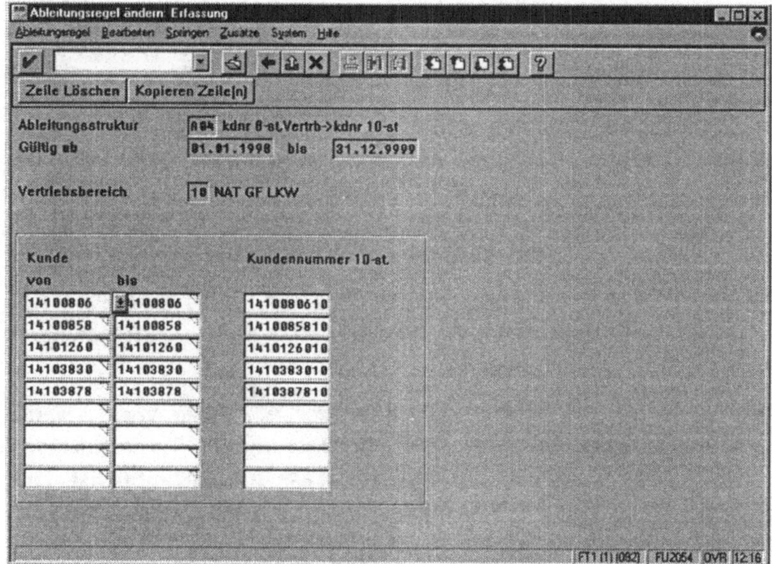

Wird der Menüpunkt *„anlegen"* gewählt, können Ableitungsregeln angelegt werden. Bei *„Ableitungsregel zur Ableitungsstruktur"* muß der Bediener den **Namen** der Ableitungsstruktur angeben, für die er eine Regel aufstellen möchte. Über das **Gültigkeitsdatum** kann die Zeitspanne gepflegt werden, für die diese Regel ihre Gültigkeit behalten soll. Ist die Ergebnisrechnung bereits aktiv, so empfiehlt es sich, den Gültigkeitszeitraum nicht in die Vergangenheit zu datieren, da sonst sämtliche Vergangenheitsdaten nicht mehr korrekt sind. Nach dem Betätigen der Enter -Taste erscheint, je nach Komplexität der Ableitungsstruktur, entweder gleich die Eingabemaske (bei nur einem Quellfeld)

oder ein Pop-Up, das die Eingabe eines bzw. zweier Werte verlangt (bei zwei bzw. drei Quellfeldern). Die Erfassungsmaske beim Anlegen und Ändern der Ableitungsregel ist jeweils identisch.

Die Ableitungsstruktur der hier gezeigten Ableitungsregel besteht aus zwei Quellfeldern und einem Zielfeld. Das Merkmal „*Vertriebsbereich*" wurde im vorher erschienenen Pop-Up bereits eingegeben. Nachdem die benötigten Merkmalswerte eingegeben wurden, kann die Ableitungsregel gespeichert werden.

Falls es sich um eine **Ableitungsstruktur** handelt, die aus **zwei** bzw. **drei Quellfeldern** besteht, und der Benutzer noch andere Merkmalswerte für das erste Quellfeld pflegen möchte, so muß er über den Menüpunkt „*anlegen*" operieren. Besteht nur ein Quellfeld, lassen sich über die Transaktion „*ändern*" alle weiteren Einträge pflegen.

Ableitungstabellen

Die Ableitung von Merkmalen über Ableitungsstrukturen und -regeln stellt eine Möglichkeit dar; über die Ableitungstabellen bietet sich dem Benutzer eine weitere Möglichkeit, nicht übergebene Merkmale mit Werten zu füllen. Die Pflege der Ableitungstabellen erfolgt im **Customizing** unter folgendem Menüpfad:

Controlling ⇨ Ergebnis- und Marktsegmentrechnung ⇨ Stammdaten ⇨ Merkmale ⇨ Merkmalsableitung ⇨ Ableitungstabellen pflegen

Durch Betätigen der ![]-Taste vor „*Ableitungstabellen pflegen*" gelangt der Benutzer in die Transaktion, die für das Anlegen bzw. Ändern der Tabellen zuständig ist. Um neue Ableitungstabellen anlegen zu können, muß der Benutzer den Button **Neue Einträge** drücken.

Abb. 5.32
Erfassungsmaske
Ableitungstabellen

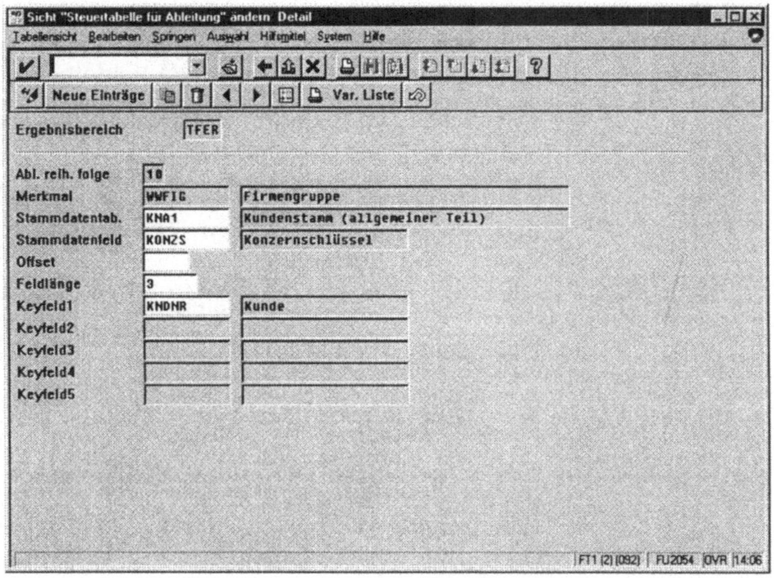

Ableitungsreihenfolge

Das Feld Ableitungsreihenfolge gibt die Reihenfolge der Bearbeitung der Ableitungstabellen an. Die Beachtung der Reihenfolge ist nur dann notwendig, wenn z. B. aus einem abgeleiteten Merkmal in einer anderen Tabelle ein Keyfeld wird. Ist dies der Fall, muß die Tabelle, die das Merkmal ableitet, eine niedrigere Nummer erhalten als die Tabelle, in der das Merkmal als Keyfeld benutzt wird.

Das abzuleitende Merkmal wird in das Feld „*Merkmal*" gestellt. Über eine Auswahlliste erhält der Benutzer u. a. die eigendefinierten Merkmale des Ergebnisbereichs.

In das Feld „*Stammdatentabelle*" kann eine R/3-Stammdatentabelle eingetragen werden, die zur Merkmalsableitung herangezogen werden kann; d. h. die ein Feld enthält, das abgeleitet werden soll. Allerdings muß die Stammdatentabelle gewisse **Restriktionen** erfüllen: Die Tabelle darf **maximal fünf Schlüsselfelder** besitzen, die durch Merkmale des Ergebnisbereichs abgedeckt werden müssen.

Das Quellfeld der Stammdatentabelle wird in das Feld „*Stammdatenfeld*" eingetragen, wobei zu beachten ist, daß dieses Feld kein Schlüsselfeld der Tabelle ist.

Der **Offset** des Quellfeldteils, der in das abzuleitende Merkmal übernommen wird, wird in das Feld „*Offset*" geschrieben. Ein Offset von n bedeutet, daß n Positionen des Quellfeldes übersprungen werden sollen; d. h. das Zeichen ab der Position n+1´ wird als erstes Zeichen in das Zielfeld übernommen.

In welcher Länge der Quellfeldteil in das Zielfeld übernommen werden soll, wird durch das Feld *„Feldlänge"* bestimmt.

Soll der Inhalt des ganzen Feldes in ein Zielfeld gebracht werden, müssen in den Feldern *„Offset"* und *„Feldlänge"* keine Angaben gemacht werden.

Die Keyfelder 1-5 beinhalten die Schlüsselfelder der Stammdatentabelle, die ebenfalls durch Merkmale des Ergebnisbereichs abgedeckt sein müssen.

Wenn alle notwendigen Felder gefüllt sind, dann muß die Ableitungstabelle gesichert werden.

Bewertung

In der **kalkulatorischen Ergebnisrechnung** besteht für den Benutzer die Möglichkeit, Werte in der Ergebnisrechnung zu buchen, die zum Zeitpunkt des Kundenauftrageingangs oder der Faktura noch nicht bekannt sind (z. B. Skonti, Provisionen, Standardherstellkosten). Da diese Werte jedoch für die Auswertung des Verkaufsvorganges interessant sein können, kann eine kalkulatorische Ermittlung erfolgen.

Seitens des R/3-Systems werden drei Methoden unterstützt, um die unterschiedlichen Bewertungen durchzuführen: Bewertung über **Konditionen** und **Kalkulationsschema**, Bewertung über **Erzeugniskalkulation** und Bewertung über **Customer-Exit**.

In der Planung ist das Instrumentarium der Bewertung ebenfalls verfügbar, wenn z. B. erwartete Absatzmengen mit der Plankalkulation bewertet werden können.

5.6.3   Istdatenbuchungen

Die **Integrität** des SAP R/3-Systems durch modulübergreifenden Datenaustausch und Wertefluß kommt auch der Ergebnisrechnung zugute, falls die benötigten Module eingesetzt werden. Bei allen primären und ergebnisrelevanten Buchungen bzw. Vorgängen aus den Modulen **SD** (Kundenauftrag), **MM** (Rechnungseingang, Bestellung) und **FI** (Sachkontenbuchung) werden Kontierungen auf Ergebnisobjekte unterstützt. Was den sekundären Sektor anbelangt, können innerbetriebliche Leistungen auf Ergebnisobjekte kontiert, Kostenstellenkosten auf Ergebnisobjekt umgelegt werden. Weiterhin bietet sich die Möglichkeit, Aufträge, Projekte und Kostenträger an Ergebnisobjekte abzurechnen.

Sollen aus dem Modul SD Daten in irgendeiner Weise in die Ergebnisrechnung übernommen werden, muß der Ergebnisbereich, in dem die Fakturadaten gebucht werden sollen, vollständig definiert, generiert und aktiviert sein. Zusätzlich muß dieser im Kostenrechnungskreis aktiv sein.

Die **Aktivierung** des Ergebnisbereichs im Kostenrechnungskreis wird über folgenden Menüpfad des **Customizing** getätigt:

Unternehmensstruktur ⇨ *Zuordnung* ⇨ *Controlling* ⇨ *Kostenrechnungskreis* ⇨ *Ergebnisbereich zuordnen*

Übernahme Kundenauftragseingang

Liegt zwischen dem Kundenauftrag und dessen Fakturierung eine gewisse Zeitstrecke, ist es für das Unternehmen oft von Wichtigkeit, auffällige Konstellationen, die sich auf das Ergebnis bzw. die Ergebnisentwicklung auswirken, frühzeitig zu erkennen. Durch die Integration aller Module bietet SAP die Möglichkeit, Kundenauftragseingänge bewertet in das CO-PA zu übernehmen.

Ist diese Funktionalität vom Anwender gewünscht, wird bei jedem Anlegen und Ändern eines Kundenauftrags online in der Ergebnisrechnung pro Auftragsposition ein Einzelposten geschrieben.

Bei der Fortschreibung der Daten muß berücksichtigt werden bzw. muß sich der Anwender im Klaren darüber sein, daß der Auftragseingang in der Ergebnisrechnung immer in der Periode des Entstehens gebucht wird. Dies ist besonders dann von Bedeutung, wenn ein Auftragseingang mit einer bestimmten Stückzahl gebucht wurde und die Stückzahl in einer darauffolgenden Periode bspw. erhöht wird. Die Differenz zwischen alter und neuer Stückzahl wird dann in der neuen Periode fortgeschrieben.

Übernahme Fakturadaten

Neben der Übernahme der Kundenauftragsdaten können die Fakturadaten ebenfalls in die Ergebnisrechnung übernommen werden. Der Transfer der Werte aus den Fakturen erfolgt **online** bei der Fakturabuchung. Im Fakturabeleg sind die Erlöse, die bei der Fakturierung durch das operierende Logistiksystem unter Verwendung eines Preisfindungsmechanismus ermittelt wurden, enthalten. Fallen Erlösschmälerungen (z. B. Skonti, Rabatte) an, erfolgt ebenfalls eine Übernahme dieser Daten in den Beleg. Weiterhin können der **Einstandspreis** (bei Handelsware) bzw. die **Herstellkostensumme** (bei Eigenfertigung) errechnet werden. Die Merkmalsfelder *„Kunden-* und *Artikelnummer"* werden auf jeden Fall in die Ergebnisrechnung übernommen.

Weitere Merkmale werden, soweit auf dem Beleg vorhanden, direkt überführt oder über die Merkmalsableitungen ermittelt, damit das Ergebnisobjekt so gut wie möglich ausgefüllt wird. Wird die Online-Übernahme der Fakturadaten ausgewählt, dann wird bei jeder angelegten Rechnung im Vertriebssystem SD ein Einzelposten in der Ergebnisrechnung erzeugt.

Eine **Nachbuchung** in die Ergebnisrechnung der bereits vorhandenen Fakturadaten im Vertriebssystem ist ebenfalls möglich.

Um eine **Verbindung** zwischen dem Vertriebssystem **SD** und der **Ergebnis- und Marktsegmentrechnung** herzustellen, damit die Daten transferiert werden können, müssen im Customizing einige Einstellungen getätigt werden.

Zuordnung von Wertfeldern

Im Vertriebssystem SD sind alle Erlöse, Erlösschmälerungen und sonstige Werte in sog. Konditionen gespeichert, die mit den Wertfeldern des Ergebnisbereichs in Verbindung gebracht werden müssen. Um die Werte aus dem SD in die Wertfelder der Ergebnisrechnung zu übernehmen, muß über das **Customizing** eine Zuordnung erfolgen:

Controlling ⇨ *Ergebnis- und Marktsegmentrechnung* ⇨ *Istbuchungen* ⇨ *SD-Schnittstelle* ⇨ *Wertfelder zuordnen*

Seitens SD werden nur bestimmte, als Konditionen angelegte, Wertfelder übernommen. Es werden Sachkonten, die im CO mit dem Kostenartentyp 11 (Erlösart) oder 12 (Erlösschmälerung) angelegt sind, übernommen. Weiterhin werden als statistsch gekennzeichnete Konditionen, z. B. Verrechnungswert, ebenfalls übernommen.

Zuordnung von Mengenfeldern

Sind im Ergebnisbereich neben den Wertfeldern auch Mengenfelder definiert, die mit Mengen aus den Fakturen gefüllt werden sollen, besteht ebenfalls die Möglichkeit einer Zuordnung der Mengenfelder des Ergebnisbereichs zu den Mengenfeldern des Vertriebssystems über das **Customizing**:

Controlling ⇨ *Ergebnis- und Marktsegmentrechnung* ⇨ *Istbuchungen* ⇨ *SD-Schnittstelle* ⇨ *Mengenfelder zuordnen*

Kostenstellenumlage

Damit eine geschlossene Ergebnisrechnung erstellt werden kann - alle in der Kostenstellenrechnung angefallene Kosten werden in die Ergebnisrechnung übertragen - existiert die Möglichkeit, Kostenstellenkosten über eine sog. Umlage an die Ergebnisrechnung zu übermitteln.

Über sogenannte **Zyklen**, die im Customizing definiert werden, werden die Sender-/Empfängerbeziehungen sowie die Umlageregeln festgelegt. Ein Zyklus besteht aus einem bzw. mehreren Segmenten. Ein **Segment** beinhaltet einen bzw. mehrere Sender, deren dazugehörigen Empfänger und die Verteilungsregeln. Ein solcher Zyklus hat als Bezugsbasen *entweder* Werte aus der kalkulatorischen *oder* aus der buchhalterischen Ergebnisrechnung.

Die Umlage der Kosten ist sowohl im Ist als auch im Plan verfügbar.

Anlegen eines Zyklus

Ein Zyklus und die dazugehörigen Segmente werden im **Customizing** unter folgendem Menü definiert:

Controlling ⇨ *Ergebnis- und Marktsegmentrechnung* ⇨ *Istbuchungen* ⇨ *Aufbau der Kostenstellenkostenumlage festlegen*

Im Einstiegsbild muß der Benutzer einen 6-stelligen Namen für den Zyklus und das Anfangsdatum definieren. Das Anfangsdatum beschreibt den frühestmöglichen Gültigkeitszeitpunkt für diesen Zyklus. Durch Betätigen der Enter-Taste gelangt der Bediener in die Erfassungsmaske *„Zyklus anlegen"*.

Abb. 5.33
Erfassungsmaske
Zyklus anlegen

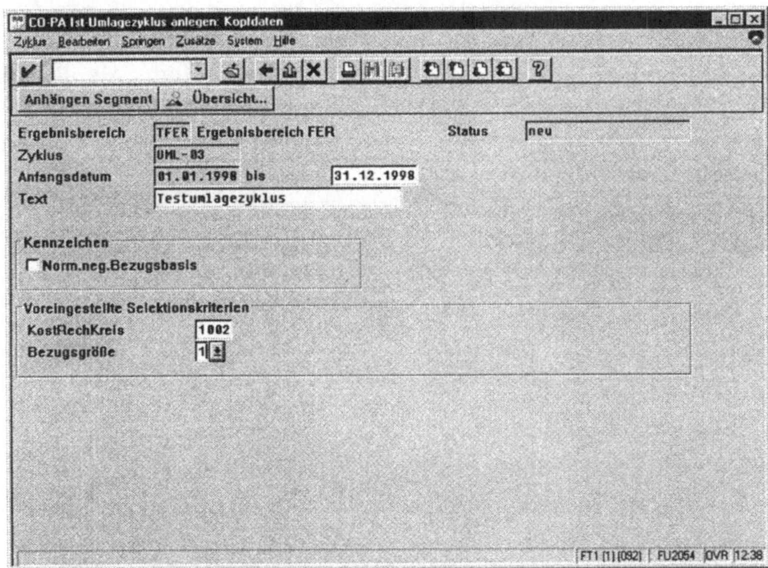

In dieser Maske kann der Anwender durch das **Endedatum** den **Gültigkeitsraum** für diesen Zyklus bestimmen und es muß ein **Erläuterungstext** angegeben werden. Als Kostenrechnungskreis wird jener angegeben, dem der gewünschte Ergebnisbereich angegliedert ist. Die Bezugsgröße gibt an, ob sich der Zyklus auf die kalkulatorische oder die buchhalterische Ergebnisrechnung bezieht.

Tab. 5.1
Unterteilung
der Bezugsgröße

Bezugsgröße	Bezeichnung
1	kalkulatorische Ergebnisrechnung
2	buchhalterische Ergebnisrechnung

Nach dem Speichern des Zyklus können über die Drucktaste

Segment anlegen

Anhängen Segment neue Segmente angelegt werden. In der Erfassungsmaske zum Anlegen eines Segmentes muß dem Segment zuerst ein Name und eine Beschreibung (optional) zugewiesen werden. Als nächstes Feld ist die *„Umlagekostenart"* zu füllen. Die Umlagekostenart muß als **Sekundärkostenart** mit dem **Kostenartentyp 42** (Umlagekostenart) angelegt werden. Zur Übernahme der variablen und fixen Kostenstellenkosten muß das *„Wertfeld fix"* und das *„Wertfeld variabel"* gefüllt werden, das jeweils mit dem gewünschten Wertfeld des betreffenden Ergebnisbereichs korrespondiert. Als Feldauswahl stehen alle Wertfelder des betreffenden Ergebnisbereichs zur Verfügung.

Abb. 5.34
Erfassungsmaske
Segment anle-
gen/ändern

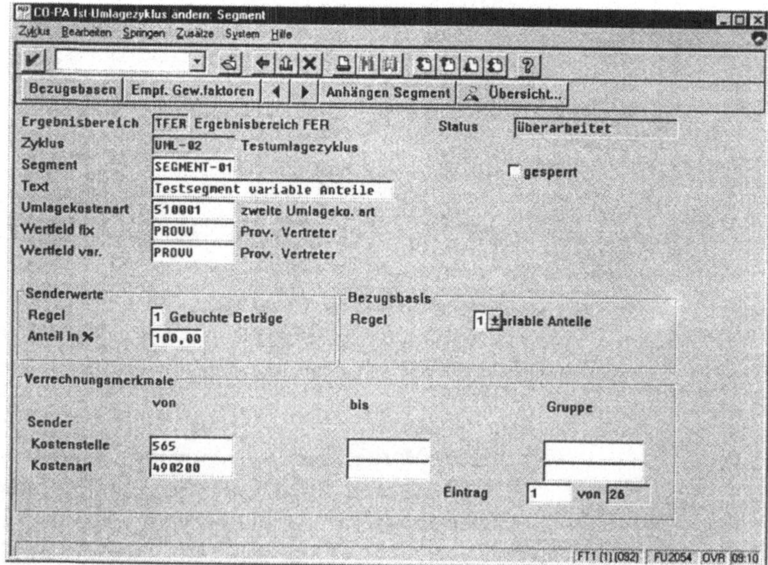

Sendereinstellungen

Die Senderkostenstellen werden durch die Umlagekostenart im Zyklus entlastet. Der Sender jedes Segments wird durch **drei Werte** definiert: **Kostenstelle** oder Kostenstellengruppe, **Kostenart** oder Kostenartengruppe und dem **Senderwert**. Über die Regel im Senderwert läßt sich bestimmen, ob gebuchte (1) oder feste Beträge (2) oder feste Tarife (3) vom Sender umgelegt werden sollen. Das Feld *„Anteil in %"* gibt den Prozentanteil des Senderwertes an, um den der Sender entlastet werden soll. Trägt der Anwender einen Wert kleiner 100 Prozent ein, verbleibt ein Restwert auf der sendenden Kostenstelle.

Empfängereinstellungen

Der Empfänger der Kostenstellenkosten wird durch eine **Kombination von Merkmalen** beschrieben. Er wird um den Betrag belastet, um den der Sender entlastet wird. Um von der Pflege der Senderwerte zur Pflege der Empfängerwerte zu wechseln, ist

ein Drücken der ⬚-Taste notwendig. Dadurch wird im Bereich *„Verrechnungsmerkmale"* von den Senderdaten zu den Empfängerdaten gewechselt. Durch mehrmaliges Betätigen der oben beschriebenen Taste werden alle Merkmale des Empfängers angezeigt. Der Anwender trägt bei den entscheidenden Merkmalen die entsprechenden Werte ein. Die **Aufteilung der Kosten** kann auf Basis von variablen Anteilen (1), festen Beträgen (2), festen Prozentsätzen (3) oder festen Anteilen (4) erfolgen und wird im Bereich *„Bezugsbasis"* über das Feld *„Regel"* ausgewählt. Aus der angegebenen Merkmalskombination des Empfängers leiten sich die Kombinationen für die Verteilung der Kosten ab.

Ausführen der Umlage

Die Umlage der Kosten erfolgt nicht automatisch, sondern muß händisch angestoßen werden. Im **Ist** erfolgt dies über das Menü:

Rechnungswesen ⇨ *Controlling* ⇨ *Ergebnisrechnung* ⇨ *Istbuchungen* ⇨ *Umlage Kostenstellen*

Im **Plan** lautet der Menüpfad:

Rechnungswesen ⇨ *Controlling* ⇨ *Ergebnisrechnung* ⇨ *Planung* ⇨ *Umlage Kostenstellen*

Neben der Datenübernahme aus dem Modul SD und der Kostenstellenumlage können auch noch Aufträge und Projekte auf die Ergebnisobjekte abgerechnet werden. Zur Abrechnung stehen Innenaufträge (Modul CO), Kundenaufträge (Modul SD), Projekte (Modul PS), Instandhaltungsaufträge (Modul PM) sowie Fertigungs- und Serienaufträge mit Produktionskostensammlern (System PP) zur Verfügung.

Unter **Innenaufträgen** versteht man Aufträge, die zur Planung, Sammlung und Abrechnung der Kosten innerbetrieblicher Maßnahmen und Aufgaben dienen. Die anfallenden Kosten werden zunächst auf dem Auftrag kontiert und nach Abschluß der Maßnahme auf die betroffenen Ergebnisobjekte abgerechnet.

Instandhaltungsauftrag

An einem **technischen Objekt** (z. B. einer Produktionsmaschine) kann ein Schaden oder eine Fehlfunktion auftreten, der/die beseitigt werden muß. Ein Instandhaltungsauftrag dient dazu, die erforderliche schadensregulierende Maßnahmen zu planen, deren Ausführung zu überwachen und die anfallenden Kosten zu sammeln.

Fertigungsauftrag

Zur Verrechnung innerbetrieblicher Leistungen eines Unternehmens werden Fertigungsaufträge verwendet. Diese werden erteilt, um die Produktion zu steuern und zu überwachen (welches Material, welche Ressource, wann etc.).

Auftragsabrechnung

Damit ein Auftrag oder ein Projekt an ein Ergebnisobjekt abgerechnet werden kann, müssen vorher einige Einstellungen getätigt werden. Für den betreffenden Auftrag bzw. das betreffende Projekt muß eine **Abrechnungsvorschrift** gepflegt werden, die ein Ergebnisobjekt als Empfänger deklariert. Diese Einstellung ist im Customizing im Abrechnungsprofil des jeweiligen Auftrags bzw. Projekts vorzunehmen.

Das **Abrechnungsprofil** enthält ebenso Angaben über das Abrechnungsschema und das Ergebnisschema. Die Verknüpfung zwischen Auftrag und Abrechnungsprofil erfolgt über die Auftragsart, die beim Anlegen eines Auftrages angegeben werden muß.

Um verschiedene Kostenartengruppen weiter verrechnen zu können, werden im **Abrechnungsschema** je nach Empfängertyp (z. B. Auftrag, Sachkonto, Kostenstelle, etc.) verschiedene Kostenarten bestimmt, auf die die aufgelaufenen Kosten der Kostenart bzw. Kostenartengruppe umverteilt werden sollen.

Das **Ergebnisschema** bestimmt, welche Kostenartengruppe welchem Wertfeld des Ergebnisbereichs zugeordnet ist. Es kann zwischen den variablen und fixen Kosten und der Summe aus beiden unterschieden werden.

Werden die Aufträge ins CO-PA abgerechnet, so erfolgt die **Kontierung** auf ein Ergebnisobjekt, das über die Abrechnungsvorschrift und das Ergebnisschema festgelegt wurde.

Aus jeder Aktion entsteht ein **Einzelposten** in der Ergebnis- und Marktsegmentrechnung.

Anzeige Einzelposten

Der Benutzer kann sich diesen Einzelposten entweder über das **Informationssystem** oder über die **Istbuchungen** der Ergebnis- und Marktsegmentrechnung anzeigen lassen:

Rechnungswesen ⇨ *Controlling* ⇨ *Ergebnisrechnung* ⇨ *Istbuchungen* ⇨ *Einzelposten anzeigen*

oder:

Rechnungswesen ⇨ *Controlling* ⇨ *Informationssystem* ⇨ *Einzelposten anzeigen* ⇨ *Ist*

Damit die Abrechnung der Aufträge auf Ergebnisobjekte erfolgen kann, sind zusätzlich zu den oben genannten Einstellungen der zu **bearbeitende Ergebnisbereich** und der **entsprechende Kostenrechnungskreis** zu **setzen**. Diese beiden Aktionen müssen im **Customizing** erfolgen.

Controlling ⇨ *Ergebnis- und Marktsegmentrechnung* ⇨ *Grundeinstellungen* ⇨ *Ergebnisbereich setzen bzw. Kostenrechnungskreis setzen*

Direktkontierung aus FI

Durch die hohe Integrität des R/3-Systems können Erlöse, Erlösschmälerungen und Kosten über das Modul FI direkt auf Ergebnisobjekte der Ergebnis- und Marktsegmentrechnung kontiert werden. Die Funktion *„Beleg buchen"* aus dem Modul FI bietet die Möglichkeit, **direkt** auf ein Ergebnisobjekt zu kontieren. Hierbei ist allerdings zu beachten, daß diese Kontierung nur selektierbar ist, wenn im Customizing des Moduls FI die notwendigen Einstellungen dazu getätigt werden.

Diese Kontierungsfunktion bietet die Möglichkeit, Erlösschmälerungen oder Istkosten, die zu einem späteren Zeitpunkt anfallen, als der Periodenabschluß stattfindet, noch auf das zugehörige Ergebnisobjekt zu buchen. Dadurch werden Beträge, die zunächst kalkulatorisch angesetzt wurden (z. B. Jahresboni, Frachtkosten), um die realen Werte ergänzt.

Durch das im Customizing des FI festgelegte **Ergebnisschema** erfolgt die Zuordnung von Kostenarten bzw. -gruppen zu Feldern der Ergebnisrechnung.

Wie bei der Auftragsabrechnung wird pro Buchung bzw. Kontierung ein Einzelposten in der Ergebnisrechnung geschrieben. Als Anzeigemöglichkeiten bieten sich dieselben, wie bereits in der beschriebenen Auftragsabrechnung an.

Leistungsverrechnung aus CO

Als letzte Möglichkeit der Datenübernahme bzw. Kontierung steht die Leistungsverrechnung aus CO zur Verfügung. Hierbei erfolgt eine **direkte Verrechnung** der innerbetrieblichen Leistungen an die Ergebnisobjekte. Der **Vorteil** dieser Vorgehensweise ist, daß bestimmte Leistungen ohne Umweg über eine Kostenstelle oder einen Auftrag direkt gebucht werden können. Die geleistete Menge wird erfaßt und mit den Planpreisen der betreffenden Leistungsart bewertet. Die sendende Kostenstelle wird mit dem daraus errechneten Betrag entlastet, während das empfangende Ergebnisobjekt belastet wird.

Fremddatenübernahme

Wird nicht das gesamte SAP R/3-System eingesetzt, stellt die Anwendung CO-PA eine Schnittstelle für die Übernahme externer Daten bereit. Ist z. B. das Modul SD nicht im Einsatz, müssen die Kundenauftragseingänge bzw. die Fakturadaten aus einem Fremdsystem übernommen werden. Die von SAP zur Verfügung gestellten **Schnittstelle** leitet die Daten aus der Fremddatenübernahme **direkt** an die entsprechenden Dateien der **Ergebnisrechnung** weiter. Diese Schnittstelle zur Datenübernahme ist allerdings nicht nur zur Übernahme von Vertriebsdaten gedacht, sondern für jede Art von Fremddaten benutzbar.

Für diese Fremddatenübernahme muß kein Batch-Input-Programm geschrieben werden, da dies von SAP bereitgestellt wird. Um die Fremddatenübernahme auszuführen, müssen einige Einstellungen im **Customizing** der Ergebnis- und Marktsegmentrechnung getätigt werden.

Vorgangsart für Fremddatenübernahme

Zu Beginn muß eine neue Vorgangsart, die später die Daten der Fremddatenübernahme kennzeichnet, angelegt werden.

Controlling ⇨ Ergebnis- und Marktsegmentrechnung ⇨ Stammdaten ⇨ Vorgangsarten definieren

Damit die angelegte Vorgangsart verwendet werden kann, d. h. eine Möglichkeit der Vergabe von Belegnummern, muß mindestens ein **Nummernkreis** dafür gepflegt werden. Dies geschieht ebenfalls im **Customizing**.

Controlling ⇨ Ergebnis- und Marktsegmentrechnung ⇨ Istbuchungen ⇨ Nummernvergabe für Istbuchungen einrichten

Strukturdefinition

Danach können die eigentlichen Einstellungen für die Fremddatenübernahme getätigt werden. Als erstes ist es notwendig, die Struktur der Daten zu definieren, die übernommen werden sollen.

Das Fremdsystem muß die importierten Daten exakt in dieser Struktur bereitstellen. Der Menüpfad im **Customizing** lautet wie folgt:

Controlling ⇨ *Ergebnis- und Marktsegmentrechnung* ⇨ *Werkzeuge* ⇨ *Fremddatenübernahme* ⇨ *Struktur externer Daten definieren*

Es besteht hier die Möglichkeit, entweder die Beispielstruktur von SAP zu verändern, oder eine neue Struktur als interne Tabelle mit dem Tabellentyp „INTTAB" anzulegen. Wird eine neue Struktur angelegt, ist zu beachten, daß die Felder **Vorgangsart, Buchungskreis** und ein **Datumsfeld** darin enthalten sind.

Abb. 5.35
Definieren der externen Struktur

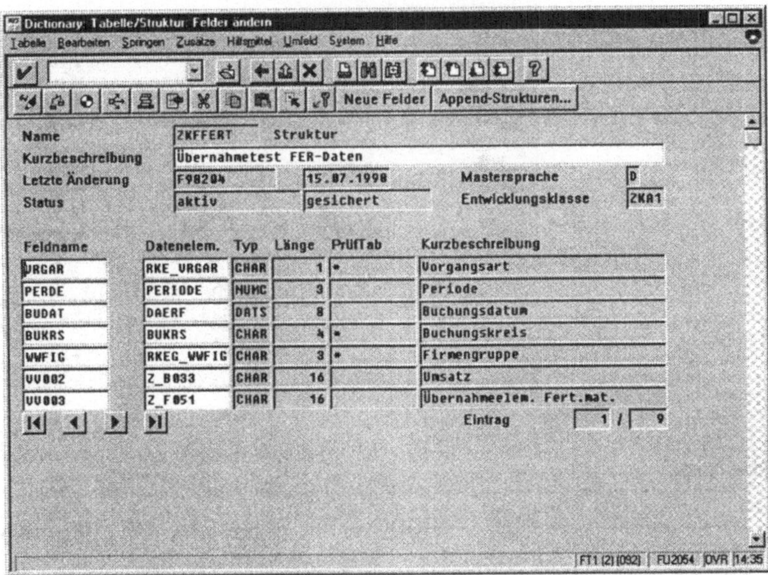

Definition Zuordnungsgruppe

Nach dem Aufstellen der externen Struktur muß eine Zuordnungsgruppe definiert werden. Diese verknüpft die Tabelle der externen Struktur mit einem Ergebnisbereich und somit mit einer Einzelpostentabelle, da pro Ergebnisbereich eine gesonderte Tabelle für Einzelposten generiert wird. Die Zuordnungsgruppe wird im **Customizing** unter folgendem Strukturpunkt definiert:

Controlling ⇨ *Ergebnis- und Marktsegmentrechnung* ⇨ *Werkzeuge* ⇨ *Fremddatenübernahme* ⇨ *Zuordnungsgruppe definieren*

Feldzuordnung

Damit eine Verbindung der einzelnen Felder (Merkmale und Wertfelder) des Ergebnisbereichs mit den Feldern der externen Struktur hergestellt wird, muß im Customizing die Feldzuordnung gepflegt werden.

Controlling ⇨ Ergebnis- und Marktsegmentrechnung ⇨ Werkzeuge ⇨ Fremddatenübernahme ⇨ Feldzuordnung festlegen

Abb. 5.36
Erfassungsmaske
Feldzuordnung
festlegen

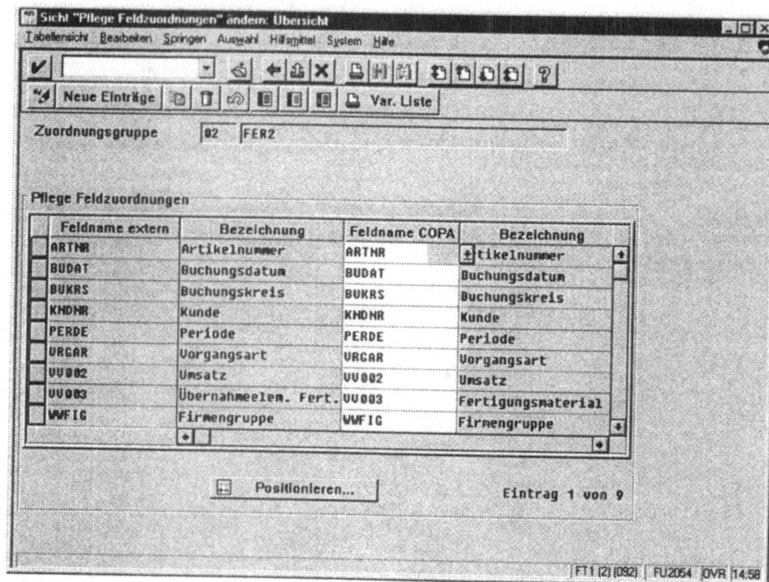

Fremddatenübernahme

Das eigentliche Anstoßen der Datenübernahme erfolgt im Anwendungsmenü der Ergebnisrechnung.

Rechnungswesen ⇨ Controlling ⇨ Ergebnisrechnung ⇨ Istbuchungen ⇨ Fremddatenübernahme

Die bereitgestellte Datei, die die Fremddaten zur Übernahme beinhaltet, muß im **sequentiellen Format** vorliegen, damit SAP diese verarbeiten kann. Um das Übernahmeprogramm zu starten, ist die Eingabe der Zuordnungsgruppe und des vollständigen Pfadnamens und Dateinamens des bereitgestellten Datenbestandes vorzunehmen. Weiterhin muß der Benutzer einen Namen für die **Fehlerdatei** vergeben, in die während der Verarbeitung die fehlerhaften Sätze eingestellt werden. Im Unterschied zu einer regulären Batch-Input-Verarbeitung erfolgt bei der Erkennung von falschen oder fehlenden Daten kein Programmabbruch, sondern eine Zurückschreibung der fehlerhaften Sätze auf den sequentiellen Datenbestand oder in eine Batch-Input-Mappe.

Während des Einspielens der Fremddaten wird ein **Fehlerprotokoll** erzeugt, auf dem die aufgetretenen Fehler festgeschrieben werden. Nach Bereinigung der Fehler können die Sätze erneut abgespielt werden.

Falls für den Ergebnisbereich, in den die Daten übernommen werden, Merkmalsableitungen und eine Bewertung gepflegt sind, so greifen diese Einstellungen auch bei der Fremddatenübernahme.

Manuelle Datenerfassung

In der Regel erfolgt die Einspielung der Daten in die Ergebnisrechnung maschinell. Falls jedoch bspw. Korrekturbuchungen anstehen, besteht die Möglichkeit der manuellen Datenerfassung. Bei Buchung der Daten über die manuelle Erfassung stehen die Merkmalsableitungen des Ergebnisbereichs und die Bewertung zur Verfügung. Im Gegensatz zur maschinellen Bearbeitung erfolgen diese Funktionen nicht automatisch, sondern müssen vom Benutzer manuell angestoßen werden.

5.6.4   Ermittlung der Planung

Die Planung der Ergebnis- und Marktsegmentrechnung bietet eine Fülle von Möglichkeiten an, wie die Planung konkret vorgenommen werden kann. Soll ein Ergebnisobjekt beplant werden, für das bereits eine Planung vorhanden ist und weiterhin für niedrigere Aggregationszustände bereits Planungen getätigt wurden, so werden die bereits vorhandenen Daten derselben Ebene berücksichtigt und die Planung der darunterliegenden Objekte bottom-up aufsummiert. Dadurch ist es möglich, die Planungsebene frei zu wählen, da von allen Ebenen aus auf denselben Datenbestand zugegriffen wird.

Planversionen

Weiterhin kann der Benutzer verschiedene Planversionen beplanen, wodurch unterschiedliche Plandaten für das gleiche Objekt parallel im System geführt werden können. Die Erfassungsmaske (Planungslayout) zur Eingabe der Plandaten kann über das Customizing frei gestaltet werden.

Automatische Bewertung

In der Planung steht zudem eine automatische Bewertung der Plandaten zur Verfügung, die bspw., abhängig von der geplanten Absatzmenge, die Erlöse, Erlösschmälerungen und die Herstellkosten bestimmt.

Prognosemodelle

Aufgrund vorhandener **Referenzdaten** (Vergangenheitsdaten) können Planwerte mit unterschiedlichen Trendmodellen prognostiziert werden. Unterstützt werden verschiedene Prognosemodelle, wie z. B. **Konstant-, Trend- und Saisonmodelle**, die mit ihren Prognoseparametern in sog. Prognoseprofilen im Customizing gepflegt werden.

Maschinelle Planung

Neben der manuellen Planung bietet sich zusätzlich die maschinelle Planung an, die allerdings nicht alle Funktionen der manuellen Planung, jedoch weitere Funktionalitäten anbietet. Dazu gehört das **Kopieren von Istdaten** in Plandaten bzw. das Kopieren zwischen einzelnen Planversionen sowie die **Top-Down-Verteilung** der Daten auf eine detailliertere Planungsebene. Einzelne Planungsfunktionen, die manuell möglich sind, können über die maschinelle Bearbeitung auf den Gesamtplan angewendet werden. Sämtliche Funktionalitäten der Planung werden, ausgehend von folgendem Menüpunkt, gestartet:

Rechnungswesen ⇨ Controlling ⇨ Ergebnisrechnung ⇨ Planung

Planungslayout

Bevor der Benutzer mit der eigentlichen manuellen Planung starten kann, ist es erforderlich, ein Planungslayout im Customizing zu definieren. Mit dem Planungslayout wird der Aufbau des Planungsbildschirms bzw. der Erfassungsmaske festgelegt. Dies betrifft sowohl die Positionierung der Eingabefelder (Wertfelder), als auch die Planungsebene. Die Definition erfolgt über folgenden Pfad im **Customizing**:

Controlling ⇨ Ergebnis- und Marktsegmentrechnung ⇨ Planung ⇨ Manuelle Planung ⇨ Planungslayout definieren

Abb. 5.37
Planungslayout
anlegen/ändern

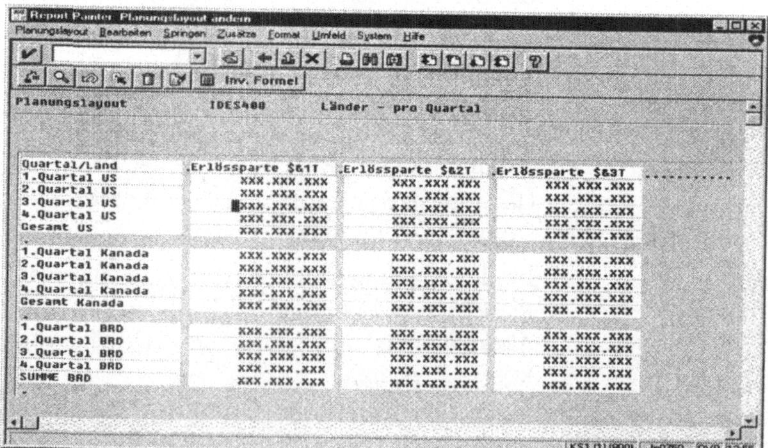

Aufbau des Planungslayouts

Das Planungslayout besteht aus **Schlüssel-** (rote Überschrift) **und Wertspalten** (schwarze Überschrift) und aus einem Kopfbereich. Die Schlüsselspalte kann durch ein einzelnes Merkmal definiert werden, wobei es zulässig ist, daß mehrere Schlüsselspalten nebeneinander definiert sind. Es kann aber auch jede einzelne Zeile des Planungslayouts individuell geplant werden (Einsteuerung von Merkmal, Wertfeld oder einer Formel). Die Wertspalten bestehen aus den Komponenten Wertfeldern, Merkmalen, Attributen oder Formeln. Durch die Angaben im Kopfbereich werden die zu beplanenden Ergebnisobjekte beschrieben.

Bei der Definition des Planungslayouts können die Merkmalsfelder **Version, Vorgangsart** (nur bei der kalkulatorischen Ergebnisrechnung) und **Plan-/Istkennzeichen** als normale Merkmale verwendet werden. Dadurch erhält der Bediener die Möglichkeit, z. B. mehrere Planversionen gleichzeitig anzuzeigen bzw. zu beplanen oder Istdaten als Informationsquelle bei der Planung mit einzublenden. Zu beachten hinsichtlich des Feldes Vorgangsart ist allerdings, daß nur zwei der vorgegebenen Vorgangsarten beplant werden können, während die selbst angelegten ohne Ausnahme zur Planung herangezogen werden können.

Rechenzeilen und -spalten

Zusätzlich zu den eigentlichen Planungsspalten können Rechenzeilen oder Rechenspalten definiert werden. Für deren Benutzung gibt es zwei Möglichkeiten: entweder es werden die Rechenfelder aus den eigentlichen Planungswerten ermittelt, oder es werden bereits gerechnete Werte eingegeben, um die entsprechenden Wertfelder daraus ermitteln zu können.

Planerprofil

Optional kann in der Planung der Ergebnis- und Marktsegmentrechnung ein sog. Planerprofil eingesetzt werden, anhand dessen gewisse Voreinstellungen für die manuelle Planung getroffen werden können. Beispielsweise kann eine Zuordnung von Planerprofil und Planungslayout erfolgen, wodurch der Ablauf der Planung beeinflußt wird. Weiterhin kann das Planerprofil einer Berechtigungsgruppe zugeordnet werden, somit ist es nicht für jeden Benutzer zugänglich. Durch eine Kombination von Berechtigungsgruppe und nicht überschreibbarer Vorparametrisierung (einmal festgelegte Variablen dürfen nicht mehr geändert werden) kann eine detaillierte Berechtigungsvergabe für die Plandatenerfassung an die Benutzer erfolgen. Das Planerprofil wird über das **Customizing** gepflegt.

Controlling ⇨ Ergebnis- und Marktsegmentrechnung ⇨ Planung ⇨ manuelle Planung ⇨ Planerprofile definieren

Abb. 5.38
Planerprofile
ändern

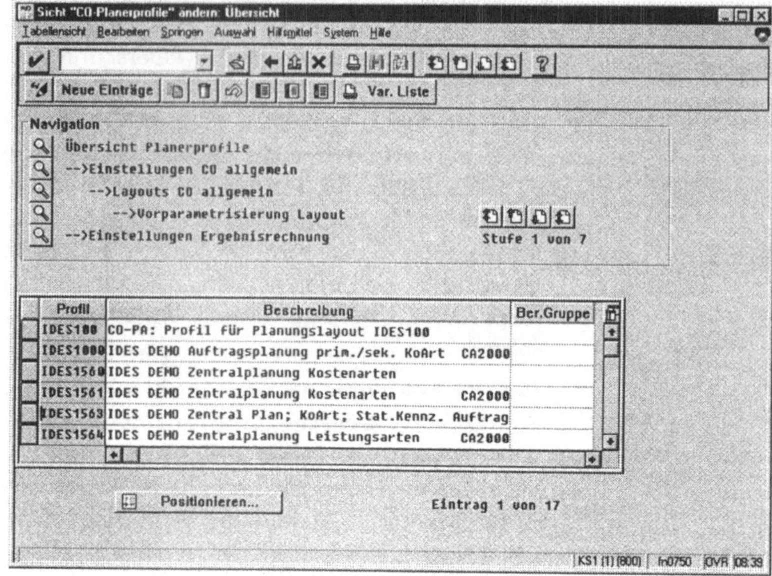

Durch Markieren eines Profils mit der linken Maustaste in der ersten Spalte und anschließendem Drücken der [Taste]-Taste vor *„Einstellungen Ergebnisrechnung"* gelangt der Benutzer in die Erfassungsmaske der Grundeinstellungen für die Ergebnisrechnung (bzgl. des Planerprofils).

Abb. 5.39
Erfassungsmaske:
Grundeinstellungen
für CO-PA ändern

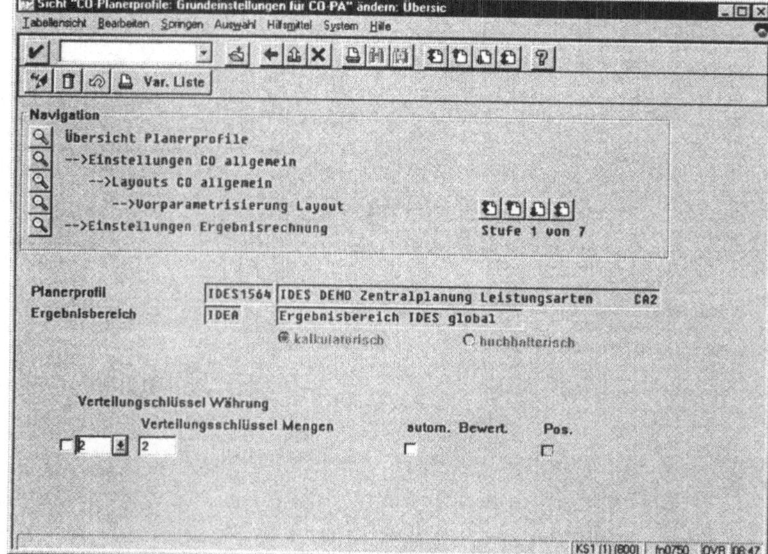

In der Erfassungsmaske der Grundeinstellungen für CO-PA erfolgt die **Zuordnung** zwischen **Ergebnisbereich** und **Planerprofil**. Weiterhin läßt sich durch Auswählen des Kennzeichens *„automatische Bewertung"* festlegen, ob diese gewünscht wird oder nicht (nur für die kalkulatorische Ergebnisrechnung relevant). Als letztes kann der Verteilungsschlüssel für Währungen und Mengen angegeben werden.

Durch Drücken der   -Taste erhält der Benutzer weitere Einstellungsoptionen des Planerprofils, wie z. B. die Vorparametrisierung des Layouts.

Durchführung der Planung

Sind alle Einstellungen für die Planung im Customizing getätigt, kann über das Anwendungsmenü der Ergebnis- und Marktsegmentrechnung mit der eigentlichen Planung begonnen werden.

Rechnungwesen ⇨ *Controlling* ⇨ *Ergebnisrechnung* ⇨ *Planung* ⇨ *Plandaten ändern*

Auf dem Einstiegsbild muß das entsprechende **Planungslayout** ausgewählt werden. Dies entfällt jedoch, wenn der Bediener mit einem Planerprofil arbeitet. In der Merkmalübersicht, deren aufgezeigte Merkmale sich aus dem Planungslayout ergeben, kann der Benutzer nun eine endgültige Bestimmung des zu beplanenden Ergebnisobjekts vornehmen, indem er Merkmalswerte eingibt.

Der Bediener kann bei der eigentlichen Erfassung der Planzahlen zwischen zwei Darstellungen wählen: **Übersichtsbild** und **Periodenbild**. Das Übersichtsbild, das mit der Drucktaste   aufgerufen wird, beinhaltet die vom Benutzer definierte Erfassungsmaske (Planungslayout). Das Periodenbild wird durch Betätigen der   -Taste aufgerufen. Darunter versteht SAP eine Art Planungslayout, das sämtliche Perioden in den Zeilen darstellt und die ursprünglichen (ausgehend vom Übersichtsbild) Zeilendimensionen im Kopfbereich ergänzt.

Maschinelle Bearbeitung eines Gesamtplans

Neben der oben betrachteten manuellen Planung wird die maschinelle Bearbeitung des Gesamtplans angeboten, dies ermöglicht, eine Vielzahl von bereits geplanten Ergebnisobjekten maschinell zu bearbeiten.

Es stehen die Funktionen Gesamtplan kopieren, Gesamtplan ändern, Gesamtplan löschen, Prognose durchführen und Top-Down-Verteilung durchführen zur Verfügung. Alle Funktionen können sowohl im Hintergrund als auch online ablaufen.

Über die Funktion *„Gesamtplan kopieren"* bietet sich die Möglichkeit, bereits vorhandene Referenzdaten in Plandaten zu kopieren.

Will der Benutzer für mehrere Objekte bereits vorhandene Plandaten ändern, muß er die Funktion *„Gesamtplan ändern"* auswählen.

Sollen die Planzahlen auf Null gesetzt werden, muß der Bediener die Funktion *„Gesamtplan löschen"* selektieren. Löschen bedeutet aber kein Löschen der Sätze aus der Datenbank.

Damit für mehrere Objekte Planwerte anhand des angegebenen Prognoseprofils prognostiziert werden können, wurde die Funktion *„Prognose durchführen"* geschaffen. Mit Bezug auf vorhandene Referenzdaten werden die zu prognostizierenden Plandaten erzeugt.

Über die Funktion *„Top-Down-Verteilung"* können Daten von einer höheren Planungsebene auf darunterliegende Ebenen verteilt werden. Die Verteilung findet analog zu den vorhandenen Referenzdaten statt und kann entweder nach kumulierten Periodenwerten, um Schwankungen zu vermeiden, oder periodengenau durchgeführt werden. Als Referenzdaten können sowohl Istdaten als auch Plandaten herangezogen werden.

Über folgenden **Menüpfad** können alle Funktionen der **Gesamtplanung** aufgerufen werden:

Rechnungswesen ⇨ *Controlling* ⇨ *Ergebnisrechnung* ⇨ *Planung* ⇨ *Gesamtplanung kopieren/Prognose/Top-Down/ändern/löschen*

Stellvertretend für alle fünf Bearbeitungsmöglichkeiten eines Gesamtplans soll die Funktion *„Gesamtplan kopieren"* näher erläutert werden.

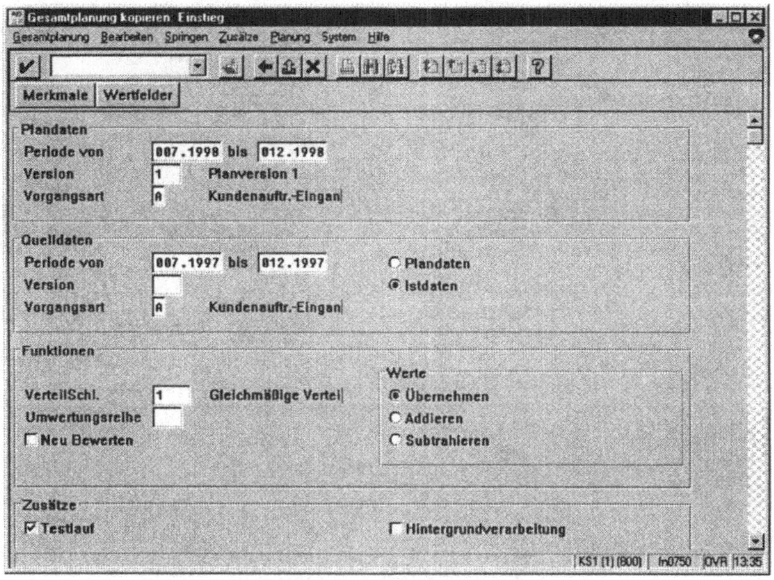

Abb. 5.40
Erfassungsmaske:
Gesamtplan kopieren

Plandaten

In dem Abschnitt „*Plandaten*" werden die zu planenden Buchungsperioden angegeben. Weiterhin muß der Benutzer die Planversion und die Vorgangsart selektieren, in die bzw. mit der die kopierten Daten übernommen werden sollen.

Quelldaten

Im Abschnitt „*Quelldaten*" werden die Referenzdaten genauer spezifiziert. Zunächst muß festgelegt werden, aus welchen Perioden die Referenzdaten kopiert werden sollen. Über die Radiobuttons kann der Benutzer auswählen, ob er als Referenz Ist- oder Plandaten möchte. Falls Plandaten ausgewählt wurden, wird die Eingabe einer Planversion gefordert, aus der die Daten selektiert werden sollen

Funktionen

In dem Bereich „*Funktionen*" können die Werte durch die Angabe eines Verteilungsschlüssels neu auf die Perioden verteilt werden. Im Feld „*Umwertungsreihe*" können Wertfelder mit Zu- und Abschlagsprozentsätzen korrigiert werden. Im obigen Beispiel könnte der Plan für Juli-Dezember 1998 aus den um 7% erhöhten Istdaten aufgebaut werden. Die individuellen und möglichen Umwertungsreihen und die Verteilungsschlüssel legt der Benutzer im **Customizing** fest.

Controlling ⇨ *Ergebnis- und Marktsegmentrechnung* ⇨ *Planung* ⇨ *Planungshilfen* ⇨ *Verteilungsschlüssel bzw. Umwertungsreihen festlegen*

Automatische Bewertung	Soll eine automatische Bewertung der Wertfelder erfolgen, ist es notwendig, das Feld *„Neu Bewerten"* zu selektieren. Bei *„Werte"* legt der Bediener fest, wie die zu kopierenden Daten in die Planversion behandelt werden sollen. Die Referenzdaten können entweder zu den schon vorhandenen Daten addiert oder subtrahiert werden oder der vorhandene Plan kann komplett mit Referenzdaten überschrieben werden (Übernehmen).
Zusätze	Im Bereich *„Zusätze"* kann ausgewählt werden, ob ein Lauf mit Datenbank-Update oder ohne Datenbankveränderungen stattfindet (Testlauf). Bei einer großen Anzahl von kopierenden Objekten empfiehlt es sich, die Hintergrundverarbeitung zu wählen, da dann das System nicht so enorm belastet wird.
Fremddaten-übernahme	Wie bereits bei den Istdaten können auch in der Planung Daten aus einem Fremdsystem übernommen werden. Die Einstellungen zur Datenstruktur, zur Zuordnungsgruppe und zur Feldzuordnung erfolgen analog der Fremddatenübernahme für Istdaten. Gestartet wird die Datenübernahme über das Menü

Rechnungswesen ⇨ *Controlling* ⇨ *Ergebnisrechnung* ⇨ *Planung* ⇨ *Fremddatenübernahme*

Umlage Plankosten-stellen	Wird in der Kostenstellenrechnung auf Kostenstellen geplant, besteht die Möglichkeit, diese geplanten Kosten mit der gleichen Funktion wie im Ist in die Ergebnisrechnung zu übernehmen.

5.6.5   Visualisierung der Ergebnisrechnung

Um die in der Ergebnisrechnung gesammelten Daten auswerten zu können, stellt das System CO-PA ein **dialogorientiertes Informationssystem** zur Verfügung, welches in der Lage ist, alle in einem Ergebnisbereich enthaltenen Merkmale bzw. deren Werte zu analysieren.

Rechenschema	In der Ergebnisrechnung gibt es eine Fülle von **Kennzahlen**, die ausgewertet werden sollen. Diese Kennzahlen lassen sich entweder eins zu eins aus den entsprechenden Wertfeldern ermitteln oder sie werden in irgendeiner Weise aus den bereits bekannten Kennzahlen errechnet. Das Modul CO-PA besitzt ein Rechenschema, das über das **Customizing** gepflegt werden kann und als Formelsammlung für alle Auswertungen (Berichte) dient.

Controlling ⇨ *Ergebnis- und Marktsegmentrechnung* ⇨ *Infosystem* ⇨ *Berichtsbestandteile* ⇨ *Rechenschema definieren*

Die aufgestellten Formeln werden als Elemente des Rechenschemas bezeichnet. Jede Formel, die sich hinter den Elementen verbirgt, kann entweder aus Wertfeldern des Ergebnisbereichs oder aus bereits definierten Elementen des gleichen Rechenschemas bestehen.

Nach Ausführen des Menüpfades im Customizing kann ein neues Rechenschema angelegt werden oder ein vorhandenes erweitert werden. Über die Taste **Neue Einträge** kann ein **neues Rechenschema angelegt** werden. Ist der Benutzer schon eine Stufe tiefer, d. h. hat er bereits ein Rechenschema ausgewählt, kann er über die gleiche Taste neue Elemente des Rechenschemas anlegen. Um ein vorhandenes Rechenschema oder ein vorhandenes Element zu bearbeiten, muß die -Taste (Detail) bedient werden.

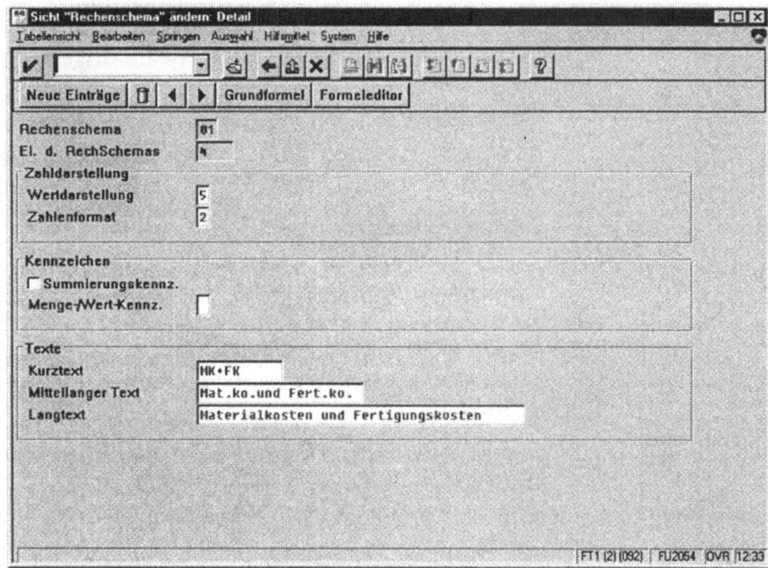

Abb. 5.41
Element eines Rechenschemas anlegen/ändern

Elementnummer

Für das entsprechende Rechenschemaelement muß eine Elementnummer vergeben werden. Diese darf zwischen **1** und **9000** liegen, während die Datenbankfelder (Ergebnisbereichfelder) allen Rechenschematas gleichermaßen zugeordnet sind und Elementnummern von 9001 und 9999 für sich reserviert haben.

Zahlenformat

Beim Anlegen eines neuen Elements für das Rechenschema hat der Benutzer die Möglichkeit, Texte zu hinterlegen und, falls gewünscht, Ausgabeformate pro Element anzugeben.

Im Bereich „*Zahlendarstellung*" läßt sich die „*Wertdarstellung*" (z. B. in Tausend DM) und das „*Zahlenformat*" angeben (z. B. mit oder ohne Nachkommastellen).

In dem Abschnitt „*Texte*" verlangt das System eine Bezeichnung für das jeweils neue Element, wobei die Eingaben bei „*Kurztext*" und „*Mittellanger Text*" als Mußfelder definiert sind.

Formeln

Um die Formeln zu definieren, die sich hinter den Elementen verbergen, gibt es zwei Möglichkeiten. Handelt es sich nur um **Additionen** und **Subtraktionen**, sollte der Menüpunkt bzw. die Drucktaste Grundformel ausgewählt werden. In dem erscheinenden Pop-Up in Listenform können alle zu addierenden und oder subtrahierenden Elemente eingetragen werden. Über die Funktionstaste Ausw. Einträge werden alle in Frage kommenden Elemente zur Auswahl angeboten.

Beinhaltet die zu hinterlegende Formel Rechenoperationen, die über die Addition und Subtraktion hinausgehen, ist es erforderlich den Formeleditor zu benutzen (Drucktaste Formeleditor).

Berichte

Das **Informationssystem** der Ergebnis- und Marktsegmentrechnung zieht zur Auswertung der Daten hauptsächlich Berichte heran, wobei R/3 zwei verschiedene Berichtsarten anbietet. Zum einen der **Ad-hoc-Bericht**, der sich zur Analyse der Daten nach irgendwelchen Besonderheiten und Auffälligkeiten eignet. Zum anderen der **Bericht mit Formular**, bei dem der Bildschirmaufbau vom Benutzer gestaltet werden kann. Diese Art ist besonders zum Drucken von Berichten geeignet.

Anlegen von Berichten

Der Bediener kann zum Anlegen der Berichte entweder über das Customizing oder über das Anwendungsmenü des CO-PA einsteigen.

Menüweg in der **Anwendung**:

Rechnungswesen ⇨ *Controlling* ⇨ *Ergebnisrechnung* ⇨ *Informationssystem* ⇨ *Bericht definieren* ⇨ *anlegen/ändern/anzeigen*

Pfad im **Customizing**:

Controlling ⇨ Ergebnis- und Marktsegmentrechnung ⇨ Infosystem ⇨ Bericht ⇨ Ergebnisbericht anlegen

Bericht mit Formular

Ist ein Bericht mit Formular gewünscht, läßt sich das Formular ebenso wie der Bericht im Customizing und im Anwendungsmenü anlegen. Das Formular wird mit dem von SAP entwickelten **Report-Painter** erstellt. Das Formular kann in verschiedenen Dimensionen gewählt werden, z. B. einkoordinatig mit oder ohne Kennzahl oder zweikoordinatig mit Kennzahl.

Die Funktionalität der Recherche an dieser Stelle würde den Rahmen sprengen, in dem dieses Kapitel gehalten werden soll. Genauere und tiefergreifende Informationen findet der Leser in der Online-Dokumentation zum allgemeinen Recherchebuch, da die Recherche von SAP nicht nur in dem Modul CO verwendet wird.

Im **Anwendungsmenü**:

Rechnungswesen ⇨ Controlling ⇨ Ergebnisrechnung ⇨ Informationssystem ⇨ Bericht definieren ⇨ anlegen/ändern/anzeigen ⇨ Umfeld ⇨ Formular ⇨ anlegen/ändern/anzeigen

Im **Customizing**:

Controlling ⇨ Ergebnis- und Marktsegmentrechnung ⇨ Infosystem ⇨ Berichtsbestandteile ⇨ Formulare für das Infosystem definieren

Spezifische Einstellungen

Bei der Erstellung der Berichte bzw. bei der Änderung kann bzw. muß der Benutzer allerdings noch eine CO-PA spezifische Einstellung tätigen. Da in dieser Anwendung das Datenvolumen sehr groß werden kann und Daten ebenfalls auf ein hohes Niveau verdichtet werden können, ist es notwendig, in dem Bericht über das **Menü**

Zusätze ⇨ Verdichtungsebenen

einzustellen, ob aktuelle Daten oder nur Daten des letzten Aufbaus der Verdichtungsebene angezeigt werden sollen. Weiterhin kann eingestellt werden, wie sich der Bericht beim Ausführen verhalten soll, falls die getroffene Einstellung bezüglich der auszuwertenden Daten nicht vorliegt (Keine Meldung, Warnung, Fehlermeldung). Diese Einstellung sollte sehr genau getroffen werden, da es Konstellationen gibt, in denen die betreffenden Berichte nicht mehr online ausgeführt werden können.

Neben der Anzeige in Berichtsform gibt es die **Einzelposten-liste**, die alle im System gebuchten Einzelposten in Listenform darstellt. Es besteht die Möglichkeit, sowohl **Plandaten** als auch **Istdaten** anzeigen zu lassen.

Einzelpostenlayout
definieren

In dem Einzelpostenlayout, das im Standard mitausgeliefert wird, sind alle möglichen anzuzeigenden Felder ausgewählt. Angesichts der Listenbreite von 254 Zeichen werden am Bildschirm aber nur einige wenige Spalten angezeigt. Allerdings bietet sich dem Benutzer die Möglichkeit, über das **Customizing eigen definierte Einzelpostenlayouts** zu erstellen.

Controlling ⇨ *Ergebnis- und Marktsegmentrechnung* ⇨ *Infosystem* ⇨ *Berichtsbestandteile* ⇨ *Einzelpostenlayout festlegen*

Achtung:

Das Layout ist vom Ergebnisbereich abhängig.

Nach Vergabe eines Namens für das neu anzulegende Layout befindet sich der Benutzer im **Report Painter** von R/3. Über die Drucktaste ⬛ (Element definieren) kann der Benutzer weitere Spalten anlegen. Nach Betätigen dieser Taste erscheinen die möglichen auszuwählenden Merkmale in einem Pop-Up. Nachdem alle gewünschten Spalten durch den Bediener definiert wurden, kann das Layout gespeichert werden.

Der Aufruf der Einzelpostenliste kann über verschiedene Transaktionen der **Anwendung CO-PA** (*Rechnungswesen* ⇨ *Controlling* ⇨ *Ergebnisrechnung*) erfolgen:

- *Istbuchungen* ⇨ *Einzelposten anzeigen*

- *Informationssystem* ⇨ *Einzelposten anzeigen* ⇨ *Ist*

- *Informationssystem* ⇨ *Einzelposten anzeigen* ⇨ *Plan*

- *Plandaten ändern* ⇨ *Zusätze* ⇨ *Einzelpostennachweis*

Im Bereich **Layout** der Einstiegsmaske *„Einzelposten anzeigen"* kann vom Bediener das gewünschte Layout ausgewählt werden.

5.6.6 Werkzeuge

Unter den Bereich Werkzeuge der Ergebnis- und Marktsegmentrechnung fällt die Verwendung von Verdichtungsebenen.

Unter **Verdichtungsebenen** versteht SAP eine Aggregierung der Daten auf verschiedenen vorher bestimmten Stufen. Diese Verdichtung der Daten wird in einer gewissen Weise gesichert und bereitgestellt (Erläuterung folgt später).

Beim Aufruf einer Auswertung, die eine gewisse Verdichtung der Daten verlangt, muß der gesamte Datenbestand gelesen werden. Da jede Buchung in der Ergebnisrechnung einen Einzelposten zur Folge hat, kann der zu lesende Datenbestand sehr groß sein und somit ein Performance-Problem entstehen. Aus diesem Grund wurden die Verdichtungsebenen geschaffen. Die Merkmale eines jeden Ergebnisbereichs lassen theoretisch eine Vielzahl von möglichen Datenverdichtungen zu. In der betrieblichen Praxis hat sich allerdings gezeigt, daß sich die ständig genutzten Auswertungen auf eine überschaubare Menge reduzieren lassen. Für diese häufig geplanten Auswertungen können Verdichtungsebenen angelegt werden.

Definition der Verdichtungsebene

Die Definition der Verdichtungsebenen erfolgt über das **Customizing**.

Controlling ⇨ *Ergebnis- und Marktsegmentrechnung* ⇨ *Werkzeuge* ⇨ *Verdichtungsebenen definieren*

Anlegen neuer Verdichtungsebenen

Über die Taste **Neue Einträge** kann eine neue Verdichtungsebene mit entsprechender Stufennummer und Bezeichnung angelegt werden. Über das Selektionskriterium *„Merkmale"* kann angegeben werden, über welche Merkmale mit welchem Merkmalswert verdichtet werden soll.

Wird die Definition der Verdichtungsebene gesichert, erfolgt eine Generierung von zwei Tabellen (Keytabelle und Summentabelle) im Data Dictionary. Diese Tabellen enthalten nur die für die jeweilige Verdichtung benötigten Felder.

Jede Verdichtungsebene ist mit einem Status versehen, der Auskunft über die Benutzung dieser Ebene gibt. Prinzipiell gibt es drei Verdichtungsebenen:

- **Neu anzulegen** (temporärer Status, der vor dem Sichern der Verdichtungsebenen aktiv ist; es wurden noch keine Data Dictionary Tabellen angelegt)

- **Aktiv, ohne Daten** (noch keine Verwendung durch die Anwendung möglich, da die Tabellen noch keine Daten enthalten)

- **Aktiv** (Verwendung durch die Anwendung möglich)

Verdichtungsebenen finden ihre Anwendung nicht nur im Berichtswesen, sondern auch in der Dialog- und Gesamtplanung. Weiterhin können sie als Bezugsbasis bei der Kostenstellenumlage verwendet werden.

5.7   Profit-Center

Ein Profit-Center ist ein ergebnisverantwortlicher Teilbereich eines Unternehmens. Ziel des Profit-Center ist es, Teilbereiche eines Unternehmens zu analysieren und wie selbständig am Markt operierende Einheiten erscheinen zu lassen.

Um einen solchen Überblick zu erhalten, wird jeder ergebnisrelevante Geschäftsvorfall online auf die Profit-Center abgebildet. Somit werden Lieferungs- und Leistungsflüsse innerhalb eines Unternehmens zwischen Profit-Centern transformiert.

Vorteile des Profit-Centers

Die Hauptvorteile, die durch die Einführung von Profit-Center entstehen, sind:

- leistungsbezogenere Entlohnung
- höheres Kostenbewußtsein
- bessere Information von Führungskräften
- Aufdecken von Schwachstellen im Unternehmen
- verstärktes Gewinnstreben
- Betrachtung aller Kosten

Voraussetzungen

Voraussetzung für die Einrichtung eines Profit-Center ist, daß das Unternehmen über ein aussagefähiges Berichtssystem verfügt sowie über eine Ergebnisrechnung, die Umsätze und Kosten verursachungsgemäß zuordnen kann. Außerdem müssen alle Geschäftsvorgänge mit der EDV erfaßt werden und die Rechner möglichst vernetzt sein, so daß auf alle Daten unmittelbar zugegriffen werden kann.

Kriterien der Profit-Centerbildung

Profit-Center können nach folgenden Kriterien gebildet werden:

- Verkaufsgebiete
- Kundengruppen
- Vertriebswege
- Produktgruppen

5.7.1   Profit-Center-Rechnungen und -Hierarchien

Es gibt zwei Arten von Profit-Center-Rechnungen:

1. Kalkulatorische Profit-Center-Rechnungen

Sie ermöglichen die Ergebnisdarstellung in der Systematik einer Herstellkostenschichtung.

2. Buchhalterische Profit-Center-Rechnungen

Die Darstellung ist sachkontenorientiert und entspricht daher dem formalen Gliederungsprinzip der Finanzbuchhaltung. Es existiert ein einheitliches Berichtsschema, welches eine kostenartenbezogene Abstimmung der Daten des internen und des externen Rechnungswesen ermöglicht.

Aktivieren eines Profit-Centers

Jedes Profit-Center ist einem Kostenrechnungskreis zugeordnet, was man als sachkontenorientierte Darstellungsform bezeichnet. Die Übernahme der Daten in die Profit-Center-Rechnungen geschieht in Form der ursprünglich kontierten Sachkontennummer.

Werden gleiche Kontenpläne, gleiche Geschäftsjahresvarianten und eine einheitliche Währung verwendet, ist eine Übernahme von Daten möglich.

Dummy-Profit-Center

Sollten Daten vorhanden sein, die den bestehenden Profit-Centern nicht ordnungsgemäß zugewiesen werden können, so werden diese dem sogenannten Dummy-Profit-Center zugeordnet. Es wird damit eine Vollständigkeit der Daten gewährleistet. Später besteht die Möglichkeit, diese Daten auf echte Profit-Center umzulegen.

Profit-Center-Hierarchien

Profit-Center sind in größeren Firmen hierarchisch aufgebaut. Es können mehrere Profit-Center auf einer Hierarchie sein, genauso existieren über- und untergeordnete Profit-Center (siehe Abb. 5.42).

Abb. 5.42
Standardhierarchie

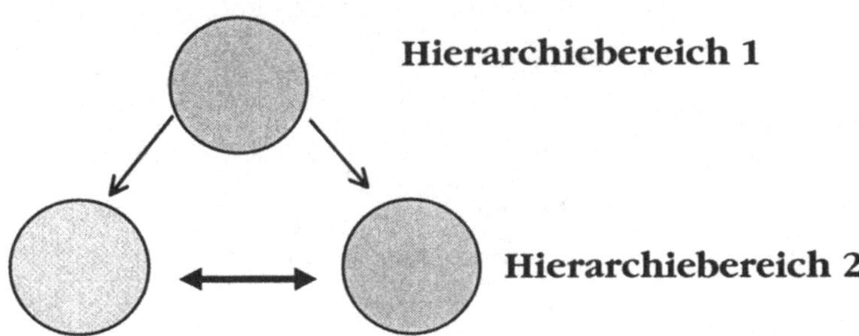

Anlegen der Profit-Center-Hierarchie

Profit-Center, die demselben Kostenrechnungskreis zugeordnet sind, werden in mindestens einer hierarchischen Struktur zusammengefaßt. Somit werden Auswertungen über Profit-Center-Bereiche im Reporting möglich.

Für die Pflege von Profit-Center-Hierarchien gilt die Beschreibung der Erlös- und Kostenartenhierarchien analog. Zusätzlich zur Standardhierarchie können beliebig viele andere Hierarchien aufgebaut werden. Die Zuordnung von Einzelwerten zu den Endknoten erfolgt in der Hierarchiepflege mit Doppelklick auf den Endknoten und Eingabe der einzelnen Profit-Center.

Teilbäume einer Hierarchie können in andere Hierarchien eingebaut werden. D. h. auch, wenn ein Teilbaum in einer Hierarchie geändert wird, ist diese Änderung automatisch in allen Hierarchien, in denen dieser Teilbaum vorkommt, wirksam.

5.7.2   Stammdaten

Stammdaten enthalten Informationen über:

- den zugeordneten Kostenrechnungskreis;
- den zugehörigen Hierarchiebereich;
- Adressdaten;
- Kommunikationsdaten;
- die für den Profit-Center verantwortliche Person.

Anlegen des Profit-Centers

Um einen Profit-Center anzulegen, ist folgendermaßen vorzugehen:

Im ersten Bild des Feldes Vorlage werden die Grunddaten des Profit-Centers eingegeben. Zu den Grunddaten zählt das Eingeben der für das Profit-Center verantwortlichen Person sowie die Bestimmung des Kostenrechnungskreises auf ein Profit-Center. Außerdem muß noch die Standardhierarchie und das Zeitintervall, in dem das Profit-Center gültig ist, bestimmt werden.

Angegeben werden muß ferner auch, ob es sich um ein normales Profit-Center oder um ein Dummy-Profit-Center handelt.

Zuordnungen

Dem Profit-Center können folgende Faktoren als **Stammdaten** zugeordnet werden:

- Material
- Kostenstelle
- Kundenauftrag
- innerbetrieblicher Auftrag

Zuordnung von
Material

Die Stammdaten des Materials sind unterteilt in Vertriebsdaten und Werkdaten. Die Zuordnung von Material ist notwendig, um die Bestandsveränderungen zu erkennen. Bei Kundenaufträgen müssen die dafür benötigten Materialien erkannt werden.

Zuordnung von
Kostenstellen

Alle **primären Kosten** aus der Finanzbuchhaltung sowie die **sekundären Verrechnungen** innerhalb der Kostenstellenrechnung können mit der Profit-Center-Rechnung abgebildet werden.

Es muß überprüft werden, ob der Kostenrechnungskreis der Kostenstelle mit dem Kostenrechnungskreis des Profit-Centers übereinstimmt, bevor die Daten dem Grunddatenbild des Profit-Centers zugewiesen werden.

Zuordnung von
Innenaufträgen

Aus dem Buchungskreis des Auftrages wird der Kostenrechnungskreis abgeleitet und bei der Zuordnung berücksichtigt. Hiermit können die aus der Finanzbuchhaltung kommenden Gemeinkosten im Rechnungswesen analysiert werden. Es muß überprüft werden, ob der Kostenrechnungskreis der Kostenstelle mit dem Kostenrechnungskreis des Profit-Centers übereinstimmt, bevor die Daten dem Grunddatenbild des Profit-Centers zugewiesen werden.

Zuordnung von
Kundenaufträgen

.Die Kundenaufträge werden dem Profit-Center zugewiesen, da für das Profit-Center die Verkaufserlöse interessant sind.

Der Kundenauftrag wird in der logischen Reihenfolge: *Kundenauftrag* ⇨ *Lieferschein* ⇨ *Warenausgang* ⇨ *Faktura* behandelt. Über eine Fakturaschnittstelle werden die Erlöse übernommen.

Die aktuelle Zuordnungen von ergebnisrelevanten Objekten zu Kundenaufträgen geschieht über folgende Kostenträger:

- Anlagen
- Kostenträger
- Ergebnisobjekt
- Projekte

Zuordnung von
Anlagen

Die Abbildung von Mehr- und Mindererlösen auf Profit-Center beim **Anlagenverkauf** mit Erlös geschieht durch Zuordnung einer Kostenstelle oder eines innerbetrieblichen Auftrages im Anlagenstammsatz. Das dafür geeignete Profit-Center muß im Kostenstellenstammsatz angegeben werden.

Zuordnung von Kostenträgern	Die Kostenträger werden zur Zeit in der Produktkostenrechnung verwendet. Der Kostenträger dient dort zur Sammlung und Aufnahme von Kosten, die Objekten auf einer feineren Ebene nicht zugeordnet werden können.
Zuordnung von Ergebnisobjekten	Der Ergebnisrechnung werden die Ergebnisobjekte zugeordnet. Das Ergebnisobjekt bezeichnet eine gewisse Merkmalskombination, die als Nummer abgebildet wird.
Zuordnung von Projekten	Der Projektdefinition wird das Profit-Center zugeordnet. Dort sind auch die Angaben zu Buchungs- und Kostenrechnungskreis zu finden.

5.7.3   Istdaten

Unter Istdaten versteht man, daß anfallende Kosten und Erlöse auf einem Profit-Center erfaßt werden. Die Erfassung wird über die erweiterte Hauptbuchhaltung realisiert.

Dies wird auch als **„Extended General Ledger"** bezeichnet. Voraussetzung ist, daß über das Einstellmenü ein Ledger für die Profit-Center-Rechnung generiert wurde.

Jede Faktura besitzt eine Zuordnung zu einem Profit-Center über die Verbindung: *Kundenauftrag* ⇨ *Lieferschein* ⇨ *Faktura*. Der Kundenauftrag wird somit bis in die Faktura durchgereicht.

Erlöse Die Erlöse werden durch einen Preisfindungsmechanismus ermittelt, wobei nur durch ein Konto repräsentierte Werte in ein Profit-Center übernommen werden. Bei dem Konto muß es sich allerdings um ein Erlösartenkonto handeln.

Die Daten, die aus der Finanzbuchhaltung kommen, werden auf das Profit-Center kontiert. Die Daten für das Profit-Center werden in den eigens dafür angelegte Ledger übernommen.

Primärkosten Die Erfassung der Primärkosten auf ein Profit-Center kann somit ohne zusätzlichen Aufwand geschehen. Das Kontierungsbild ist das gleiche wie in einem gewöhnlichen Geschäftsablauf.

Sekundärkosten Bei den **innerbetrieblichen Verrechnungen** findet gleichzeitig eine Verrechnung zwischen den zugeordneten Profit-Centern statt (siehe Abb. 5.43):

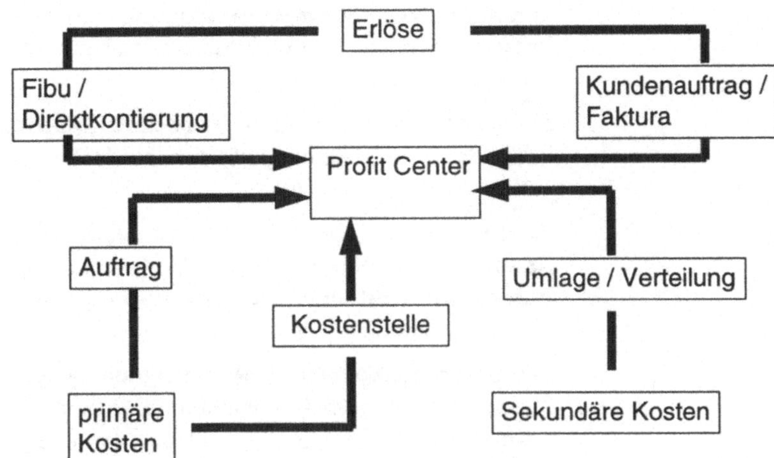

Es muß, wie auch bei den primären Kosten, kein zusätzlicher Erfassungsaufwand betrieben werden, da die Kosten automatisch auf das Profit-Center abgebildet werden. Es ist unbedingt notwendig, alle sekundären Kosten auf die einzelnen Profit-Center abzubilden.

5.7.4   Profit - Center - Planung

Die Profit-Center-Planung gehört zur Gesamtunternehmensplanung. Es wird innerhalb der Planung zwischen Erlösarten und Kostenarten unterschieden.

Es ist Aufgabe der Profit-Center-Planung Einzelkosten, Gemeinkosten und Erlöse in erfolgsverantwortlichen Einheiten zusammenzufassen. Dabei ist es unbedingt erforderlich, betriebswirtschaftliche als auch technische Anforderungen in der Planung zu berücksichtigen.

Die Profit-Center-Planung ist Element der kurzfristigen **Unternehmensplanung**. Es werden somit folgende Teilpläne erstellt:

Planarten

- Absatzplan
- Produktionsplan
- Kostenplan
- Umsatzplan

Der **Absatzplan** ist wichtig für die kurzfristige Unternehmensplanung. Vom Vertriebscontrolling wird festgelegt, wieviel Mengeneinheiten in einem bestimmten Zeitraum am Markt abgesetzt werden sollen.

Die Daten werden an die **Produktionsplanung** weitergeleitet, die dann die Plankapazitäten und Planleistungen darauf abstimmt.

Zusammen mit dem Absatzplan wird ein Plan erstellt, der die Kapazitäten und die Menge der benötigten Roh-, Hilfs- und Betriebsstoffe ermittelt. Das Ergebnis wird an die Kostenplanung weitergeleitet.

Die **Kostenplanung** muß geeignete Kapazitäten in Form von Leistungseinheiten bereitstellen. Die Berechnungen des Produktionsplanes gehen von den Daten des Absatzplanes aus. Es werden hier die voraussichtlichen Kosten geplant. Die Leistungseinheiten, die erstellt werden sollen, werden hier auch geplant.

Die Kostenplanung sowie die Absatzplanung ist Ausgangspunkt für die **Umsatzplanung**. Durch die verschiedenen Pläne können nun die Erlöse ermittelt und die Plandeckungsbeträge abgeleitet werden. Hierfür werden die Kosten des Kostenplans und des Absatzplans herangezogen.

5.7.5 Berichtswesen

Es werden alle Buchungen, die sich auf das Betriebsergebnis auswirken, erfaßt. Diese Daten können dann einzeln, wie auch zusammen analysiert werden. Die Rückmeldung von Informationen und von Vorschauwerten an das Management bezeichnet man als Berichtswesen.

Man unterscheidet drei **Arten von Berichten** (siehe Abb. 5.44):

Abb. 5.44
Berichtsarten

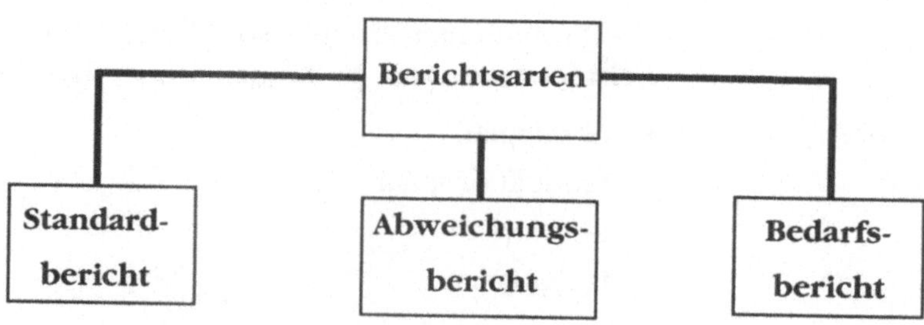

Wenn ein Bericht regelmäßig geschrieben wird, spricht man von einem **Standardbericht**. Er wird nach einem festgelegten Schema gestaltet und wird meistens an die gleichen Empfänger geschickt. Dabei wird immer die gleiche Anzahl von Informationen an den Empfänger übermittelt. Man spricht von einer vollständigen Berichterstattung, da das Management offiziell über alles informiert wird.

Es gibt aktuelle Geschehnisse, die es erfordern, daß das Management informiert wird; z. B. wenn Vorgaben nicht erreicht bzw. die erlaubten Toleranzgrenzen weit überschritten werden, wird ein **Abweichungsbericht** erstellt.

Es werden hier auch bedeutsame Routinefälle übernommen, die dann je nach Notwendigkeit von dem Berichtsempfänger angefordert werden können.

Sollte das Informationsmaterial des Standardberichtes oder des Abweichungsberichtes nicht ausreichen, so kann ein **Bedarfsbericht** angefordert werden. Bedarfsberichte sind sehr genau, behandeln ein Thema detailliert und sind deshalb meist umfangreich.

Gestaltung von
Berichten

Bei der Gestaltung von Berichten ist folgendes zu beachten:

- **Format,** z. B. immer DIN A4
- **Gliederung,** z. B. Inhaltsverzeichnis, Zusammenfassung
- **Darstellungen**
  - Tabellen
  - Schaubilder
  - Kennzahlen
  - Verbale Erläuterungen

Informationsabfrage

Der Benutzer kann mit Hilfe des Computers auf die Informationen der Datenbasis zugreifen. Unter Datenbasis versteht man z. B. die Dateien, in denen sämtliche Geschäftsvorgänge abgespeichert sind.

Unterstützt wird er dabei von Abfrage- bzw. Dialogsprachen. Solche Systeme werden als Management-Informations-Systeme bezeichnet und erweitern die Möglichkeiten der Informationsbeschaffung erheblich.

6 Materialwirtschaft

6.1 Einkauf

Der Einkauf wurde im SAP-System als Komponente innerhalb des Moduls MM (Materialwirtschaft) realisiert. Es werden sowohl die Verantwortlichen als auch die SachbearbeiterInnen innerhalb des Bereichs Einkauf unterstützt, indem viele Bearbeitungsvorgänge automatisiert werden können. Dies geschieht zum einen dadurch, daß alle für den Beschaffungsprozess notwendigen Belege mit dem System erstellt und bearbeitet werden können, zum anderen dadurch, daß die Möglichkeit besteht, Auswertungen zu sämtlichen einkaufsrelevanten Aktivitäten zu erzeugen. Der Einkauf greift hierzu auf Stammdaten, z. B. Material- und Lieferantenstammdaten, zurück und bietet ebenfalls die Möglichkeit, Auswertungen über diese Einkaufsdaten zu erstellen.

6.1.1 Aufgaben des Einkaufs

Die Hauptaufgaben des Einkaufs bestehen aus:

1. Beschaffung von Werkstoffen, Waren und Dienstleistungen sowie Betriebsmitteln, die für die Leistungserstellung erforderlich sind.

2. Ermittlung der für die Bedarfsdeckung optimalen Bezugsquellen (d. h. Lieferanten und Rahmenverträge), unter Berücksichtigung ökonomischer Zielsetzungen.

3. Kontrolle der Einhaltung von Liefer- und Zahlungsterminen.

Eine effiziente Bearbeitung dieser Aufgabenstellungen setzt jedoch voraus, daß der Einkauf auch auf Daten, die von anderen Bereichen genutzt werden, zugreifen kann. Hierzu wurden Übergänge zu anderen Modulen geschaffen, was u. a. Mehrfachspeicherung von Daten verhindert und den Datenbestand - regelmäßige Pflege vorausgesetzt - stets auf aktuellstem Niveau hält.

Übergänge zu anderen Modulen

Übergänge bestehen z. B. zum Vertrieb, dessen Bedarf direkt an den Einkauf übergeben werden kann, zum Controlling, das der Zuordnung von Bestellungen zu Kostenstellen Rechnung trägt, sowie zum Finanzwesen, das auf die Daten der Lieferanten zugreift und buchhalterische Daten zur Verfügung stellt. Andererseits greifen auch andere Komponenten innerhalb des Moduls MM, wie z. B. die Bestandsführung, die Disposition oder die Rechnungsprüfung, auf die vom Einkauf genutzten Daten zu.

6.1.2   Beschaffungszyklus

Die Beschaffung von Gütern gliedert sich in mehrere Abschnitte, die in Abb. 6.1 dargestellt werden:

Abb. 6.1
Beschaffungszyklus

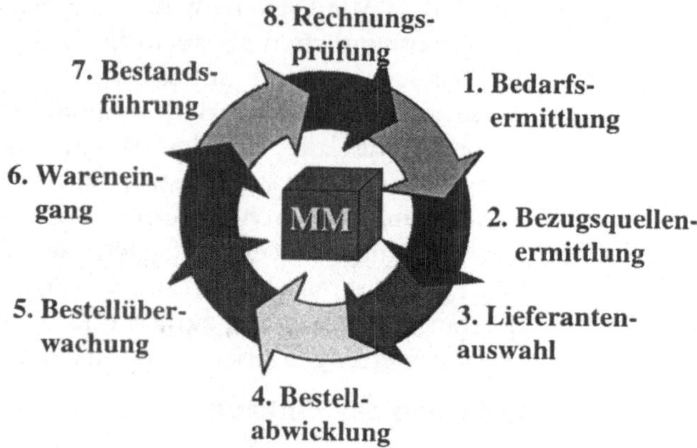

Bedarfsermittlung

Die Bedarfsermittlung, als auslösende Phase des Beschaffungszyklus, erfolgt im SAP-System sowohl automatisch im Rahmen der Disposition als auch durch die einzelnen Fachabteilungen. Eine automatische Bedarfsermittlung setzt jedoch voraus, daß das Material im Materialstammsatz gepflegt ist. Nur so ist das System fähig, eingestellte Meldebestände mit den aktuellen Beständen zu vergleichen und ggf. Bestellanforderungen automatisch zu erzeugen bzw. den Bedarf zu melden.

Bezugsquellen-ermittlung

Die Ermittlung der für die Bedarfsdeckung möglichen Bezugsquellen und die Lieferantenauswahl werden durch Auswertung historischer Daten und bestehender Rahmenverträge erleichtert. Zusätzlich berücksichtigt das System definierte Quotierungen und Daten aus Infosätzen und dem Orderbuch. Sind die möglichen Bezugsquellen ermittelt, unterstützt das System die Erstellung von Anfragen. Es beschleunigt die Übermittlung der Daten, indem es die Möglichkeit offeriert, die Daten auf elektronischem Weg direkt zum Lieferanten zu übermitteln.

Die gesamte **Abwicklung einer Bestellung**, d. h. die Erstellung der für die Beschaffung notwendigen Belege, kann nun gestützt auf Bestellanforderungen, Angebote und Rahmenverträge realisiert werden. Bei der Erzeugung von Bestellungen besteht auch die Möglichkeit, diese automatisch durch das System generieren zu lassen.

Bestellüberwachung

Eine Überwachung der Einhaltung von Fristen, z. B. Angebots- oder Lieferfristen, kann durch das System unter Berücksichtigung vorgegebener Wiedervorlagefristen ebenfalls vorgenommen werden. Sind einzelne Fristen überschritten, erzeugt das System eine Meldung und bietet die Möglichkeit Mahnungen, entsprechend der einzelnen Mahnstufen, zu erstellen. Neben dieser Überwachungsfunktion kann der aktuelle Status sämtlicher einkaufsrelevanter Belege, wie z. B. Bestellanforderungen, Angebote und Bestellungen, abgerufen werden.

Wareneingang

Durch die Eingabe der Bestellnummer kann der Wareneingang bestätigt werden. Als Reaktion hierauf werden die entsprechenden Bestellpositionen als geliefert erkannt, was sich auf den Status der Bestellung und auf die Bestellüberwachung auswirkt. Wurde das Material zur Erhöhung des Lagerbestandes bestellt, was voraussetzt, daß das Material im Materialstamm definiert ist, wird der Bestand sofort aktualisiert.

Rechnungsprüfung

Die den Einkaufszyklus abschließende Rechnungsprüfung wird durch den Zugriff auf Bestell- und Wareneingangsdaten erleichtert, indem der Rechnungsprüfer auf Abweichungen in der Leistungserfüllung des Lieferanten hingewiesen wird.

6.1.3   Organisationsebenen

Durch die Beziehungen der organisatorischen Einheiten im R/3-System ist die folgende Unternehmensstruktur vorgegeben:

Abb. 6.2
Unternehmens-
struktur in R/3
(Quelle: On-Line-
Dokumentation des
R/3-Systems)

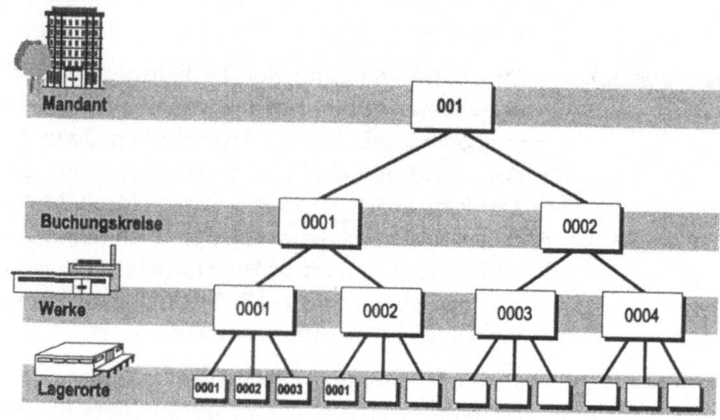

Der hierarchische Aufbau zeigt auf der obersten Stufe den Mandanten, der mehrere Buchungskreise umfassen kann. Einem Buchungskreis können mehrere Werke zugeordnet sein, die wiederum verschiedene Lagerorte umfassen können.

Zu beachten ist die Nummerierung der Werke über alle Buchungskreise, d. h. Werke zweier Buchungskreise können nicht dieselbe Nummer tragen.

Vergleicht man diese Hierachie mit dem Beispiel eines großen Konzerns, so sieht man unmittelbar die Parallelen:

Abb. 6.3
Beispiel einer Unter-
nehmensstruktur

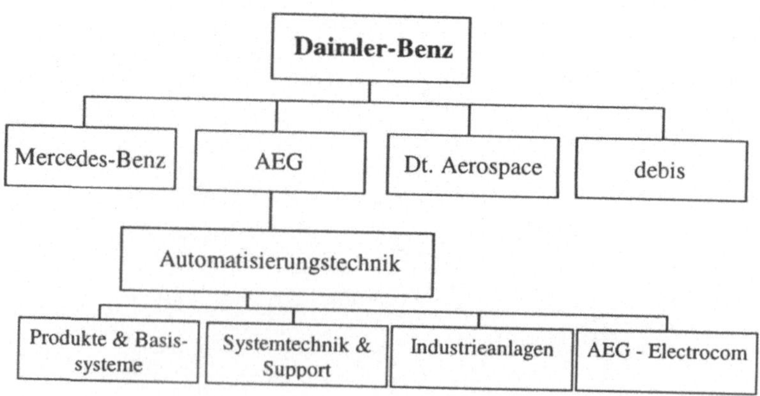

Es wäre theoretisch denkbar, diesen Beispielkonzern in einem Mandanten zusammenzuführen. Angesichts der Konzernverschachtelung werden die Mandanten eher auf der zweiten Stufe der Hierarchie gebildet, also z. B. bei AEG als Mandant mit dem Buchungskreis AEG Electrocom und einem Werk in Konstanz, das wiederum diverse Lagerorte unterhält.

Spezielle Organisationsebenen innerhalb der R/3-Unternehmensstruktur bilden die Einkaufsorganisation und die Einkäufergruppe.

Einkaufsorganisation

Die Einkaufsorganisation, die stets einem Buchungskreis zugeordnet ist, ist verantwortlich für die Beschaffung der benötigten Güter eines oder mehrerer Werke. Sie ist Dritten gegenüber rechtlich für alle Einkaufsvorgänge verantwortlich und handelt allgemeine Einkaufskonditionen aus. Innerhalb der Einkaufsorganisation bilden Einkäufergruppen die operativen Einheiten.

Um die **Unternehmensstruktur im Materialstamm** wiederzugeben, wird dieser in sechs Ebenen unterteilt. Diese bilden eine stufenweise Hierarchie vom gesamten Unternehmen bis hinab zum einzelnen Lagertyp.

In den Ebenen wird sowohl der Geltungsbereich der erfaßten Daten als auch ihre Bedeutung auf immer kleinere Einheiten eingeschränkt.

Die folgende Übersicht zeigt die Ebenen des R/3-Systems, ihre **betriebswirtschaftlichen Entsprechungen** und die enthaltenen **Materialdaten** mit Beispielen:

Ebene des R/3-Systems	betriebswirtschaftliche Entsprechung	Geltungsbereich der Materialdaten	Beispiele
Mandant	Konzern	gesamtes Unternehmen	Materialklasse, Basismengeneinheit, Materialkurztexte
Werk	Produktionsstätte, Außenstelle, Filiale	zu einem Werk gehörende Lagerorte	Dispositions- und Prognosedaten
Lagerort	Lagerplätze innerhalb eines Werkes	ein bestimmter Lagerort	Lagerortbestände
Verkaufsorganisation	Verkaufsorganisation	vertriebsrelevante Materialdaten	Verkäufergruppe, Mindestauftragsmenge, Mindestliefermenge
Lagernummer	Lagerhaltungssystem	gesamtes Lagersystem	Palettierung, Ein-/Auslagerung
Lagertyp	Teillager mit spezifischer Lagertechnik/ Funktion	spezifischer Lagertyp	Festplatz, minimale/maximale Lagerplatzmengen

Die Informationen zur Verwaltung eines Materials sind in einem Datensatz abgelegt, dem Materialstammsatz. Sämtliche einzelnen Materialstammsätze bilden folglich den gesamten Materialstamm.

6.1.4 Einkaufsstammdaten

Der Einkauf greift hauptsächlich auf die nachfolgend erläuterten Informationsquellen zu:

6.1.4.1   Materialstammdaten

Der Materialstamm enthält sämtliche Daten, die für die Beschreibung eines Materials notwendig sind. Hierzu gehören z. B. die Materialnummer und -bezeichnung, Daten über die Konstruktion sowie die zuständige Einkaufsorganisation, aber auch Mengeneinheiten, Melde- und Sicherheitsbestände sowie Preise und Bewertungen.

Verwendung des Materialstamms

Im SAP-Logistiksystem wird der Materialstamm für eine Vielzahl abteilungsspezifischer Funktionen genutzt. Die folgende Tabelle gibt eine schnelle Übersicht über die Abteilungsfunktionen, die auf den Materialstamm zugreifen:

Tab. 6.2
Abteilungsfunktionen

Abteilung	Einkauf	Bestands-führung	Rechnungs-prüfung	Vertrieb	Produktions-planung und -steuerung
Funktion	Bestell-abwicklung	Waren-bewegungs-buchungen	Rechnungs-buchung	Auftrags-abwicklung	Bedarfs-planung, Terminierung
Aktivität	Einkaufsin-formations-verwaltung	Inventur-abwicklung	Preis-änderungen		Arbeits-vorbereitung

Hieraus ist leicht ersichtlich, welch gewichtige Rolle der Materialstamm und dessen Pflege für das gesamte Unternehmen spielt. Die daraus resultierenden unterschiedlichen Sichtweisen der Fachbereiche auf den Materialstammsatz ergeben sich wie folgt:

Abb. 6.4
Sichten auf einen Materialstammsatz (Quelle: On-Line-Dokumentation des R/3-Systems)

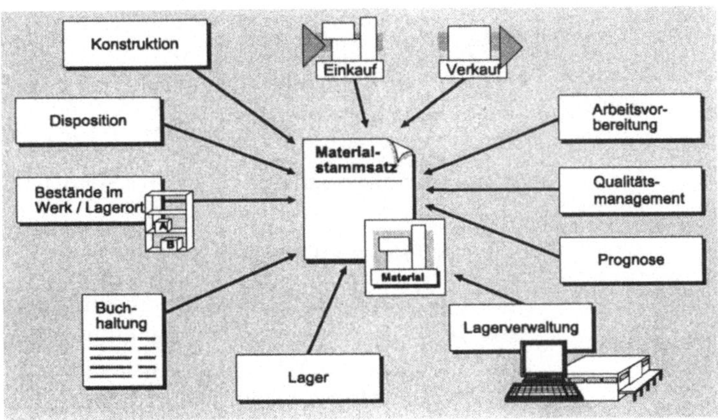

Aus dieser zentralen Rolle der Materialdaten leitet sich der hierarchische Aufbau des Materialstamms ab, in dem sich die Organisationsstruktur des Unternehmens widerspiegelt.

Die Struktur der **Informationsspeicherung** innerhalb des Materialstamms ist analog zur Abbildung der Unternehmensstruktur (siehe Abb. 6.2) im SAP-System realisiert. Hierbei werden allgemeingültige Daten auf Mandantenebene, Daten, die für einzelne Betriebsstätten gültig sind, auf Werksebene und für einzelne Läger gültige Daten, auf Lagerortebene gespeichert. Durch diese Datenorganisation wird erreicht, daß Daten nicht mehrfach abgelegt werden müssen.

Anlegen eines
Materialstammsatzes

Bei der Anlage neuer Materialstammsätze werden die Materialien nach verschiedenen Kriterien gruppiert, um ihre Verwaltung zu vereinfachen. Die Zuordnung nach Materialart und Branche erfüllt bei der späteren Verwaltung der Stammsätze Steuerungsfunktionen und ist daher zwingend vorgeschrieben.

Dem Material wird die Materialart, die Branche und ein Profil zugeordnet.

Materialarten

Das Material wird einer Materialart zugeordnet, um die Verwaltung vieler Materialien eines Betriebes durch Gruppenbildung zu erleichtern.

Die richtige Zuordnung des Materials zur Materialart ist wichtig, da SAP-Steuerungsfunktionen davon abhängen und daher eine spätere Änderung nur in bestimmten Fällen möglich ist, z. B. wenn noch keine Bestände zu dem Material eingepflegt wurden.

Die **Wahl der Materialart** hat Einfluß auf:

- die Art der Nummernvergabe (intern/extern),
- den Nummernkreis der Materialnummer,
- die folgenden Bildschirmmasken zur Dateneingabe,
- die Beschaffungsart (Eigen- oder Fremdbezug),
- die fachbereichsspezifischen Datensichten,

die zur Pflege angeboten werden.

Zudem bestimmt die Materialart zusammen mit dem Werk über die **Bestandsführungspflicht** eines Materials, d. h. ob Mengenänderungen im Materialstammsatz und Wertänderungen auf den Bestandskonten der Finanzbuchhaltung fortgeschrieben werden.

Folgende Tabelle gibt eine Übersicht über die im **R/3-Standardsystem** verwalteten **Materialarten**:

Materialart	R/3-Bezeichnung	Definition
Dienstleistungen	DIEN	werden fremdbeschafft und nicht gelagert
Fertigerzeugnisse	FERT	werden selbst hergestellt und enthalten daher keine Einkaufsdaten
Halbfabrikate	HALB	Fremd- und Eigenbezug mit Weiterverarbeitung, daher auch Arbeitsvorbereitungsdaten
Handelswaren	HAWA	Fremdbezug und Weiterverkauf, daher Einkaufs- und Verkaufsdaten
Hilfs-/Betriebsstoffe	HIBE	gehen in die Produktion ein ⇨ nur Einkaufsdaten
Nichtlagermaterial	NLAG	wird sofort verbraucht
Rohstoffe	ROH	Fremdbezug und Weiterverarbeitung ⇨ nur Einkaufsdaten
unbewertetes Material	UNBW	wird nur mengen-, nicht wertmäßig geführt

Neben der Zuordnung zu einer Materialart wird das Material einer Branche zugeordnet, d. h. einem Industriezweig, was gleichfalls beim Anlegen des Materialstammsatzes geschehen muß.

Ebenso wie bei der Materialart hat das Datum „*Branche*" Steuerungsfunktionen im SAP-System und kann daher nach der Zuordnung nicht mehr geändert werden!

Im Standardsystem werden die Branchen Anlagenbau, Chemie, Maschinenbau und Pharmazie unterschieden.

Profile sind Konfigurationsinformationen zur leichteren Pflege der Datenobjekte. Sie stellen Standardwerte dar, die bei der Datenpflege stets ähnlicher Konstellation anfallen.

Für die Materialstammsätze gibt es Profile für Dispositions- und Prognosedaten, in denen Festwerte und Vorschlagswerte definiert werden. Beide werden in das jeweilige Datenbild übernommen, Festwerte können jedoch im Vergleich zu den Vorschlagswerten nicht geändert werden.

Anzeige eines Materialstammsatzes

Die Anzeige eines Materialstammsatzes kann vom Systemmenü ausgehend über die Menüpunkte

Logistik ⇨ *Materialwirtschaft* ⇨ *Materialstamm* ⇨ *Material* ⇨ *Anzeigen*

erreicht werden.

Nun kann die Materialnummer eingegeben oder das Material über Matchcode, durch Drücken der Taste F4, ermittelt werden. Mit Enter wird die Eingabe abgeschlossen und der Materialstammsatz angezeigt.

Sollte es nötig sein, einen Materialstammsatz zu erstellen oder zu ergänzen, können die entsprechenden Eingabebildschirme über

Logistik ⇨ *Materialwirtschaft* ⇨ *Materialstamm* ⇨ *Material* ⇨ *Anlegen allgemein.*

erreicht werden.

Wenn das Material bereits erfaßt ist oder eine externe Nummernvergabe vorgesehen ist, muß die Materialnummer einge-geben werden, andernfalls weist das System dem Material automatisch eine Nummer zu. In einer **Sichtenauswahl** können ein oder mehrere Fachbereiche ausgewählt werden, denen entsprechende Eingabebildschirme folgen (siehe Abb. 6.5):

Abb. 6.5
Material anlegen:
Sichtenauswahl

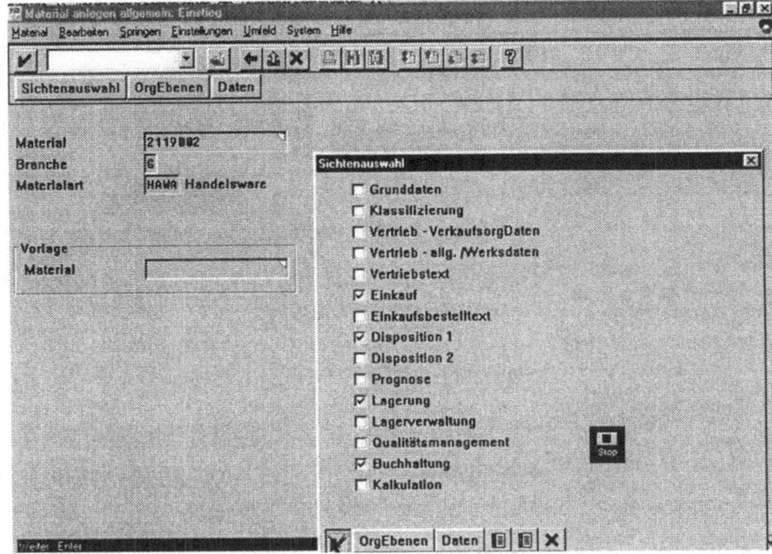

Nach Eingabe sämtlicher Daten können die Datensätze mit ⌷F11⌷ gespeichert werden.

Beispiel

Das Material **2119002** (Rennradlenker, Modell: Triathlon) soll in das Sortiment als Handelsware aufgenommen werden. Der anfängliche Einkaufspreis soll 18,95 DM betragen. Der Lenker ist 0,79 kg schwer und 0,56 m breit. Er soll mit manuellem Meldebestand geführt werden, wobei ein Sicherheitsbestand von 20 Stück und ein Meldebestand von 30 Stück festgelegt ist. Die fixe Losgröße soll 20 Stück betragen.

Dazu muß dieses Material im Materialstamm angelegt werden, wobei die Aufnahme dieses Artikels in Bezug auf Materialart und Branche angelegt werden mit Hilfe der Sichten: Einkauf, Disposition 1, Lagerung und Buchhaltung erfolgt.

Die entsprechenden Eingabebildschirme werden erreicht über:

Logistik ⇨ *Materialwirtschaft* ⇨ *Materialstamm* ⇨ *Material* ⇨ *Anlegen allgemein* ⇨ *sofort*

„Material.scm"

Material anlegen:
Einstieg

Material: Geben Sie die neue, siebenstellige Materialnummer ein.

Branche: Der Fahrradlenker soll der Branche Großhandel zugeordnet werden.

Materialart: Der Artikel ist als Handelsware anzulegen. Um fortzufahren gehen Sie zur

Sichtenauswahl

Markieren Sie die Sichten bzw. Fachbereiche, die Sie pflegen wollen und drücken Sie

OrgEbenen ,

um weiter in die Organisationsebenen zu gelangen.

Material anlegen:
Organisationsebenen

Werk: Geben Sie die Organisationsebene ein, für die Sie den Artikel pflegen wollen.

Lagerort: Geben Sie den Lagerort ein, in dem der Artikel gelagert werden soll und klicken Sie auf ✔ .

Dispoprofil: Hier können Sie einen Schlüssel angeben, der vom Materialstammsatz unabhängige Dispositionsparameter enthält.

Lassen Sie dieses Feld bitte leer.

Material anlegen:
Einkauf

Material: Geben Sie den Materialkurztext für das Material ein und springen Sie mit der ⏎ zum nächsten Feld.

Basismengeneinheit: Der Artikel wird in Stück geführt. (Wenn Sie sich die Eingabemöglichkeiten anzeigen lassen, können Sie mit dem Button blättern.)

Einkäufergruppe: Tragen Sie die Einkäufergruppe ein, die für die Beschaffung des Materials verantwortlich ist.

Warengruppe: Ordnen Sie das Material der Warengruppe Handelsware-Ersatzteile zu.

Einkaufswerteschlüssel: Wählen Sie den Schlüssel, der die gültigen Mahntage und Toleranzgrenzen des Materials für den Einkauf bestimmt.

Durch zweimaliges Klicken auf ✔ gelangen Sie zur nächsten Maske (siehe Abb. 6.6).

Abb. 6.6
Material anlegen:
Einkauf

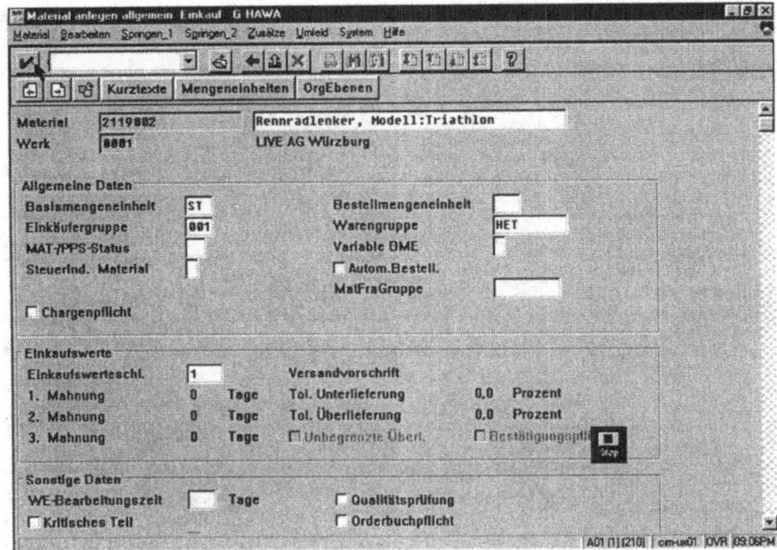

Material anlegen:
Disposition 1

Basismengeneinheit: Die Rennradlenker werden in Stück angegeben.

Einkäufergruppe: Die Einkaufgruppe HAWA ist für die Beschaffung dieses Materials zuständig.

Dispomerkmal: Hiermit wird festgelegt, wie das Material disponiert wird. Für Handelsware ist „manueller Meldebestand" als Dispositionslosgröße festgelegt. Wählen Sie dieses Kennzeichen aus.

Meldebestand: Tragen Sie den Meldebestand ein.

Disponent: Wählen Sie den Disponenten aus, der für die Disposition des Materials zuständig ist.

Dispolosgröße: Geben Sie die Dispolosgröße ein.

Feste Losgröße: Geben Sie die feste Losgröße ein und klicken Sie zweimal auf (siehe Abb. 6.7).

Abb. 6.7
Material anlegen:
Disposition 1

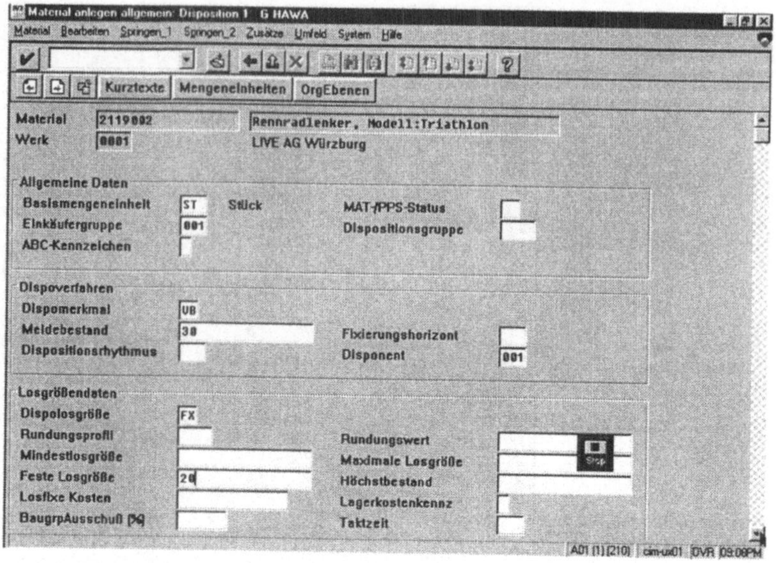

Planlieferzeit: Die geplante Lieferzeit für dieses Material wird auf 2 Tage geschätzt.

Horizontschlüssel: Tragen Sie den Horizontschlüssel 001 ein.

Sicherheitsbestand: Geben Sie den Sicherheitsbestand ein.

Material anlegen:
Lagerung

Bruttogewicht: Geben Sie das Bruttogewicht des Artikels ein

Gewichtseinheit: Wählen Sie als Gewichtseinheit „Kilogramm".

Größe/Abmessung: Geben Sie die Größe des Artikels in Meter ein und klicken Sie auf ☑ .

Material anlegen:
Buchhaltung

Bewertungsklasse: Über die Bewertungsklasse ordnen Sie das Material einer Gruppe von Sachkonten zu. Die Bewertungsklasse bestimmt die Sachkonten, die bei einer Warenbewegung fortgeschrieben werden. Sie dient somit der automatischen Kontenfindung.

Geben Sie die Bewertungsklasse für die Handelsware-Ersatzteile (3105) ein.

Preissteuerung: Hier kann festgelegt werden, ob das Material zum Standardpreis oder zum gleitenden Durchschnittspreis bewertet wird. Der gleitende Durchschnittspreis ist durch die Warengruppe schon voreingestellt. Behalten Sie diesen bei.

Gleitender Preis: Tragen Sie den Einkaufspreis für den Artikel ein. Sichern Sie das Material und kehren durch zweimaliges klicken auf Beenden in das Hauptmenü zurück (siehe Abb. 6.8).

Abb. 6.8
Material anlegen:
Buchhaltung

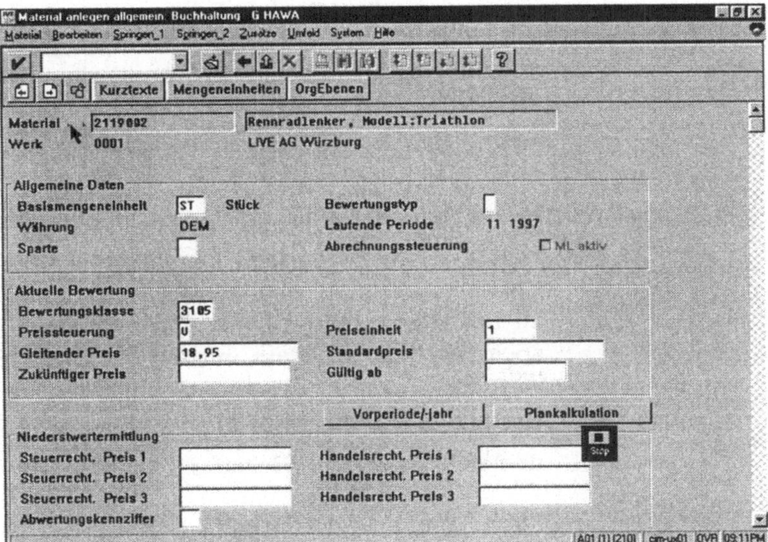

6.1.4.2 Lieferantenstammdaten

Der Lieferantenstamm enthält sämtliche Daten, die für den Umgang mit dem Lieferanten benötigt werden. Hierzu gehören z. B. die Kontonummer des Lieferanten, der Name und die Anschrift, Kontaktpersonen, Bankverbindungen, Mindestbestellwerte und die in Verbindung mit diesem Lieferanten gültigen allgemeinen Zahlungsbedingungen.

Auch hier ist die Struktur der Informationsspeicherung nach gewissen Kriterien organisiert. Die Daten werden nach allgemeinen Daten, Buchhaltungsdaten (Kreditorendaten) und Einkaufsdaten unterschieden. So ist es möglich, Lieferantenstammsätze, die sowohl vom Einkauf als auch von der Buchhaltung genutzt werden, beiden zugänglich zu machen.

Um einen Lieferantenstammsatz anzulegen, können die entsprechenden Eingabemasken vom Einkaufsmenü aus über

Stammdaten ⇨ *Lieferant* ⇨ *Einkauf* ⇨ *Anlegen*

aufgerufen werden.

Nach Eingabe der Einkaufsorganisation und Zuordnung des Lieferanten zu einer Kontengruppe können, nach Drücken der Enter-Taste, die Lieferantendaten eingegeben werden.

Wenn alle obligatorischen Felder ordnungsgemäß ausgefüllt sind, erscheint nach erneutem Drücken der Enter-Taste das Bild Einkaufsdaten, wo die einkaufsspezifischen Daten erfaßt werden können.

Anschließend kann der Datensatz mit F11 gesichert werden.

CpD-Lieferanten

Lieferanten, die lediglich einmalig oder sehr unregelmäßig zur Lieferung von Materialien beauftragt werden, können in einem CpD-Stammsatz abgelegt werden. Um die Anzahl der CpD-Sätze zu begrenzen, dürfen keine lieferantenspezifischen Daten abgespeichert werden. Diese müssen bei jeder Aktion erneut erfaßt werden.

Um sich einen Überblick über wichtige Informationen zu einzelnen Lieferanten zu verschaffen, können über die Menüpunkte

Stammdaten ⇨ *Lieferant* ⇨ *Listanzeigen*

und anschließender Eingabe von Auswahlkriterien, Lieferantenverzeichnisse angezeigt werden.

Das System offeriert die Möglichkeit, Lieferanten entweder für alle Werke, für einzelne Werke oder auch nur für einzelne Materialien zu sperren. Dies kann vom Einkaufsmenü, sollte es sich um Sperrung für ein oder mehrere Werke handeln, oder vom Orderbuch aus, handelt es sich um ein einzelnes Material, erfolgen.

Einkaufsstammdaten gliedern sich in Einkaufsinfosatz, Orderbuch und Quotierung (siehe hierzu Kapitel 6.1.6.1.2).

6.1.4.3

Einkaufsinfosatz

Der Einkaufsinfosatz stellt die Quelle dar, die von einem Einkäufer genutzt werden kann, um mögliche Lieferanten zu einem Material, respektive die von einem Lieferanten bereits bezogenen oder offerierten Materialien, zu ermitteln. Ferner gehen weitere einkaufsrelevante Daten, wie die Nummer der letzten Bestellung, Bestellmengeneinheit, Preisverlauf, Planlieferzeit, die Anzahl erfolgter Mahnungen an den Lieferanten, als auch das Ergebnis des Lieferanten aus der letzten Lieferantenbeurteilung, daraus hervor. Die meisten dieser Daten werden bei der Anlage von Bestellungen als Vorschlagsdaten benutzt. Erfaßte Konditionen gelten jedoch als Stammkonditionen bei Bestellungen. Auswertungen zu Infosätzen können ebenfalls erstellt werden. So offeriert das System z. B. die Möglichkeit, Preise verschiedener Lieferanten zu vergleichen oder die Bestellpreisentwicklung eines Materials anzuzeigen. Infosätze zu einem Lieferanten können bei der Erzeugung von Einkaufsbelegen automatisch angelegt werden.

Zu den **Daten eines Einkaufsinfosatzes** zählen:

Infosatz-Daten

- **allgemeine Daten**: Daten, die für jede Einkaufsorganisation, jedes Werk gültig sind, z. B. Ursprungsdaten, Mahnstufen, Bestellmengeneinheit.

- **Organisationsdaten**: z. B. Preise und Konditionen für die zuständige Einkaufsorganisation bzw. ein Werk.

Texte im Infosatz

- **Infonotiz**: Interner Vermerk (wird nicht ausgedruckt).

- **Bestelltext**: Dient zur Beschreibung der Bestellposition (wird ausgedruckt).

- **Kurztext**: Für Material mit Materialstammsatz wird der Kurztext aus diesem übernommen; für Material ohne Materialstammsatz wird der Kurztext im Infosatz erfaßt und ausgedruckt.

„Einkaufsinfosatz.scm"

Die Pflege von Einkaufsinfosätzen wird über folgende Menüfolge realisiert:

Infosatz mit Materialstammsatz anlegen

1. *Stammdaten* ⇨ *Infosatz* ⇨ *Anlegen*: das Einstiegsbild wird angezeigt.
2. Folgende Angaben machen: Lieferantennummer; Materialnummer; Organisationsdaten (Werkschlüssel, Einkaufsorganisation)

Nach (Enter) erscheint das allgemeine Datenbild.

3. Die allgemeinen Daten eingeben oder diese ändern, falls schon vorgeschlagen: Lieferantendaten; Bestellmengeneinheit; Ursprungsdaten (z. B. die Zolltarifnummer, Ursprungsland)
4. Daten zur Einkaufsorganisation eingeben, falls eine ausgewählt wurde.
5. Im Feld „Nettopreis" den Nettopreis pro Einheit angeben; dieser Preis berücksichtigt nur Rabatte/Zuschläge des Lieferanten, jedoch keine Skontogewährung.
6. Dann *Springen* ⇨ *Texte* und die Textübersicht wird angezeigt. Hier kann die Infonotiz oder der Einkaufsbestelltext eingegeben werden.
7. Infosatz mit (F11) sichern.

Zur **Überwachung von Infosätzen** wird vorgeschlagen:

Infosätze ändern

1. *Stammdaten* ⇨ *Infosatz* ⇨ *Ändern.*
2. Im Einstiegsfeld entweder die Infosatznummer oder die Felder „Lieferant" und „Material" auswählen.
3. Nach (Enter) erscheint das Bild, auf dem die allgemeinen Daten änderbar sind.
4. Nach Eingabe der Änderungen (Enter); auf dem nächsten Bild können die Einkauforganisationsdaten geändert werden.
5. Dann wieder (Enter), um in das Textbild zu verzweigen.
6. Änderungen mit (F11) sichern.

Infosätze sind nicht sofort löschbar, sondern nur mit einem Löschkennzeichen vormerkbar. Erst in einem Reorganisationslauf werden gekennzeichnete Infosätze gelöscht; hier die Menüfolge:

Infosatz löschen

1. *Stammdaten* ⇨ *Infosatz* ⇨ *Zum Löschen vormerken.*
2. Im Einstiegsbild die Nummer des Infosatzes oder die Felder „Lieferant" und „Material" auswählen.
3. Nach (Enter) zeigt das System den Infosatz an.
4. Entweder das Feld *„Kompletter Infosatz"* oder *„Einkaufsorganisation"* markieren, um dieses zu löschen.
5. (F11), um die Löschvormerkungen zu sichern.

Konditionen bei Infosätzen

Konditionen werden zur **Ermittlung des effektiven Nettopreises** bei Bestellung verwendet. Die Stammkonditionen sind die in den Infosätzen festgelegten Konditionen. Auf der Basis dieser Konditionen erfolgt bei Bestellungen die Ermittlung des effektiven Nettopreises.

Zur einfacheren Erfassung von Konditionen schlägt das System sämtliche bereits vordefinierte Konditionen vor:

1. *Zusätze* ⇨ *Konditionen.* Wenn bereits Konditionen vorhanden sind, dann den gewünschten Gültigkeitszeitraum mit F2 wählen oder einen neuen mit F7 anlegen. Dann erscheinen die Konditionen.
2. Dann *Bearbeiten* ⇨ *Zusatzkonditionen vorschlagen.*
3. Bei den Konditionen, die für die Position angegeben sind, die gewünschten Beträge/Prozentsätze erfassen.
4. Um nicht benötigte Konditionen aus der Liste zu streichen, *Bearbeiten* ⇨ *Wiederherstellen* wählen. Sämtliche Konditionen ohne Betragsangaben (Leerzeichen) und mit dem Betrag 0 werden aus der Liste gelöscht.
5. Infosatz mit F11 sichern.

Preise aktualisieren

Mit der Funktion *Stammdaten* ⇨ *Infosatz* ⇨ *Folgefunktionen* ⇨ *Preis setzen* können die Netto- bzw. Effektivpreise in mehreren Infosätzen aktualisiert werden. Das System berechnet die Preise aus den gültigen Konditionen.

6.1.4.4   Orderbuch

Inhalt des Orderbuches

Das Orderbuch enthält die innerhalb eines vorgegebenen Zeitraums für ein Material möglichen Lieferanten. Lieferfristen und Kontrakte werden berücksichtigt und tragen zur automatischen Bezugsquellenermittlung bei.

Es wird auf Werksebene gepflegt und bietet die Möglichkeit, eine Bezugsquelle für einen bestimmten Zeitraum als fest oder gesperrt zu definieren. Neben der Angabe einzelner Materialien, können auch ganze Warengruppen, sollten sich Rahmenverträge (siehe Abschnitt Rahmenverträge) auf Warengruppen beziehen, im Orderbuch definiert sein. Bei dieser Vorgehensweise ist es lediglich notwendig, die Materialien zu sperren, die aus der entsprechenden Warengruppe nicht bestellt bzw. die Materialien freizugeben, die aus einer für das Orderbuch gesperrten Warengruppe bestellt werden dürfen.

Um die Richtigkeit der Orderbucheinträge zu kontrollieren, bietet das System die Möglichkeit einer **Bezugsquellensimulation**. Hierbei können sämtliche Ermittlungsquellen, wie Einkaufsinfosätze, Rahmenverträge etc., zur Bezugsquellensimulation herangezogen werden, oder es kann eine Simulation unter Ausschluß dieser Quellen erzeugt werden.

Ist in einem Werk Orderbuchpflicht definiert, können nur Materialien bestellt werden, für die ein Orderbuchsatz existiert.

Jede Bezugsquelle wird durch einen Orderbuchsatz im Orderbuch definiert; es bestehen die nachfolgenden Anlagemöglichkeiten:

Bezugsquellenanlage

- Definition einer Bezugsquelle als fest, d. h. die betreffende Bezugsquelle gilt für einen vorgegebenen Zeitraum als bevorzugte Bezugsquelle.
- Definition einer Bezugsquelle als gesperrt.
- Ermittlung der effektiven Bezugsquelle, d. h. der Bezugsquelle, die zu einem gegebenen Zeitpunkt die bevorzugten Bezugsmöglichkeiten darstellt.

Pflege eines Orderbuches

Ein Orderbuch kann auf verschiedene Arten gepflegt werden:

- **manuell**: Diese Methode empfiehlt sich, wenn zahlreiche Änderungen oder neue Einträge im Orderbuch vorgenommen werden müssen.
- **von einem Rahmenvertrag**: Bei diesem Verfahren kann eine Rahmenvertragsposition in das Orderbuch übernommen werden, wenn ein Rahmenvertrag angelegt oder geändert wird.
- **von einem Infosatz aus**: Hier kann ein Lieferant im Orderbuch erfaßt werden, wenn ein Einkaufsinfosatz angelegt oder geändert wird.
- **automatisch**: Das Orderbuch eines Materials kann vom System erzeugt werden.

Orderbuch manuell anlegen

Die manuelle Anlage eines Orderbuches wird in folgenden Schritten vollzogen:

1. *Stammdaten* ➪ *Orderbuch* ➪ *Pflegen*. Das Einstiegsbild erscheint.
2. Die Material- und Werksnummer eingeben und (Enter), um das Übersichtsbild des Orderbuchs anzuzeigen.
3. Erfassen der einzelnen Orderbuchsätze. Hierzu sind folgende Daten je Orderbuchsatz einzugeben:
   - **Gültigkeitszeitraum**
   - **Kenndaten der Bezugsquelle**: Nummer des Lieferanten/Einkaufsorganisation bzw. Nummer des Rahmenvertrags (Lieferplan oder Kontrakt).

- **Feste Bezugsquelle**: Ein „x" in der Spalte „Fix" eingeben, um eine Bezugsquelle als fest zu definieren. Der Lieferant bzw. Rahmenvertrag wird vor anderen Bezugsquellen in dem jeweiligen Gültigkeitszeitraum immer bevorzugt.
- **Gesperrte Bezugsquelle**: Hier „x" in der Spalte „Gsp" eingeben, um eine Bezugsquelle als gesperrt zu definieren.
4. Sichern des Orderbuches mit [F11].

Die weiteren Möglichkeiten, um ein Orderbuch zu erstellen, werden hier nicht behandelt.

Ein **Orderbuchsatz** kann aus folgenden Gründen **unwirksam** sein:

- Der Gültigkeitszeitraum ist abgelaufen.
- Die Rahmenvertragsposition wurde gelöscht.
- Der Infosatz wurde gelöscht.
- Der Lieferantenstammsatz wurde gelöscht.

Löschen von Orderbuchsätzen

Es folgt der **Bearbeitungsweg zum Löschen**:

1. Im Pflegemodus die Orderbuchsätze anzeigen lassen.
2. Den oder die zu löschenden Orderbuchsätze markieren.
3. *Bearbeiten* ⇨ *Löschen*.
4. Dann „*ja*" im Dialogfenster wählen, um den Löschvorgang zu bestätigen.
5. Das Orderbuch mit [F11] sichern.

Um ein **Orderbuch zu überwachen**, können folgende Schritte durchgeführt werden:

Orderbuch anzeigen

1. *Stammdaten* ⇨ *Orderbuch* ⇨ *Anzeigen*. Das Einstiegsbild für das Orderbuch erscheint.
2. Die Material- und Werksnummer eingeben und [Enter], um das Übersichtsbild anzuzeigen.
3. Wenn die Orderbuchsätze ab einem bestimmten Datum erscheinen sollen, wählt man *Bearbeiten* ⇨ *Positionieren*. Im Dialogfenster zunächst angeben, ab welchem Gültigkeitszeitraum die Orderbuchsätze angezeigt werden sollen. Nach [Enter] werden die Sätze angezeigt.
4. Zu den ausgewählten Orderbuchsätzen können Einzelheiten angezeigt werden. Die gewünschten Orderbuchsätze markieren und *Springen* ⇨ *Detail* wählen.

<table>
<tr><td>

Orderbuch mehrerer
Materialien anzeigen

</td><td>

Das **Orderbuch sämtlicher Materialien** kann aufgelistet werden. Darüber hinaus kann man das Orderbuch von der Liste aus pflegen:

1. *Stammdaten ⇨ Orderbuch ⇨ Listanzeigen ⇨ Zum Material.*

2. Das Intervall der Materialnummer bzw. den Werkschlüssel eingeben, deren Orderbuchsätze angezeigt werden sollen.

3. Nach F8 wird die Liste der ausgewählten Orderbuchsätze angezeigt.

Der Lieferanten- bzw. Materialstammsatz - auf den sich der markierte Orderbuchsatz bezieht - wird angezeigt, indem F7 bzw. F8 gedrückt wird.

Möchte man den Orderbuchsatz ändern, dann sollte hierzu F2 gewählt werden. Es wird der gewählte Orderbuchsatz angezeigt.

</td></tr>
</table>

6.1.5   Einkaufsmenü

Sämtliche Aktivitäten innerhalb des Einkaufs gehen vom Einkaufsmenü aus. Es kann innerhalb des Systemmenüs durch Anklicken der Menüpunkte (siehe Abb. 6.9):

Logistik ⇨ Materialwirtschaft ⇨ Einkauf

erreicht werden. Es ist so aufgebaut, daß die einzelnen Menüpunkte den jeweiligen Einkaufsbelegen entsprechen.

Abb. 6.9
Einkaufsmenü

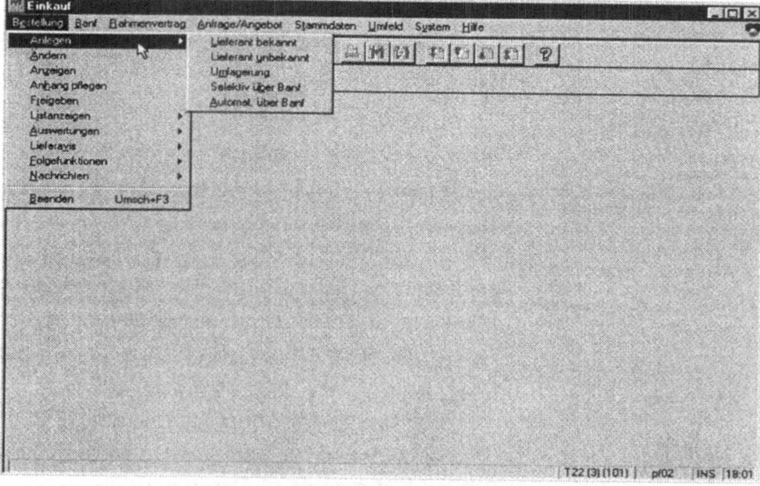

Die **Standardfunktionen** innerhalb eines jeden Untermenüs sind: Anlegen, Ändern und Anzeigen von Einkaufsbelegen, Listanzeigen zur Erstellung und Anzeige von Auswertungen zum Einkauf, Folgefunktionen für nicht im Umfang des Einkaufs enthaltene Funktionen, wie Waren- und Rechnungsprüfung sowie Nachrichten für die Ausgabe der Belege auf dem jeweiligen Ausgabemedium.

Das Einkaufsmenü kann von Untermenüs aus jederzeit durch Drücken von F15 erreicht werden.

Die im Einkauf verwendeten Belegarten sind im einzelnen:

Belegarten

- **Bestellanforderung (Banf)**

- **Anfrage**

- **Angebot**

- **Bestellung**

- **Kontrakt** (gegliedert in Mengen- und Wertkontrakt)

- **Lieferplan**

Das Menü „Stammdaten" enthält Funktionen zum Anlegen und Anzeigen von Einkaufsinfosatzdaten, Lieferantendaten und Einkaufsstammdaten.

Nummernkreise

Hierbei sei erwähnt, daß innerhalb des R/3-Systems sämtliche Belege einem Nummernkreis zugeordnet sind, wobei die Belege entweder automatisch oder manuell numeriert werden können.

6.1.5.1 Struktur eines Einkaufsbelegs

Ein Einkaufsbeleg ist in den Belegkopf und den Bereich der einzelnen Positionen untergliedert, wobei der Belegkopf die für den gesamten Beleg geltenden Informationen, wie z. B. Lieferantendaten sowie Zahlungs- und Lieferdaten enthält, während die einzelnen Positionen die zu beschaffenden Güter darstellen. Für jede Position innerhalb eines Einkaufsbeleges besteht die Möglichkeit, Zusatzdaten, wie die der Position zuzuordnende Kostenstelle oder das zu bebuchende Sachkonto, zu erfassen.

Erfassung eines Einkaufsbeleges

Der Ablauf der Erfassung eines Einkaufsbeleges ist hierbei folgender:

1. **Einstiegsebene**
   Hier werden die Kopfdaten sowie Vorschlagsdaten für die einzelnen Positionen erfaßt.

2. Positionsübersicht

Es können relevante Kopf- und Positionsdaten angezeigt und für die spätere Bearbeitung markiert werden. Die Markierung erfolgt durch Ankreuzen oder Anwahl der Menüpunkte *Bearbeiten* ⇨ *Markieren*. Von der Positionsübersicht aus besteht ebenfalls die Möglichkeit in das Kopfdetailbild zu verzweigen, indem F14 gedrückt wird.

3. Positionsdetailbild

In die Anzeige der Positionsdetaildaten kann über die Menüpunkte *Position* ⇨ *Detail* verzweigt werden. Hier werden Informationen zur Beschaffung des Materials angezeigt.

4. Zusatzdaten

Markierte Positionen können durch Anklicken des Menüpunktes *Position* angezeigt werden.

Sämtliche Positionen von Einkaufsbelegen können mit Bezug zu bereits bestehenden Einkaufsbelegen erfaßt werden, indem der Menüpunkt

Anlegen ⇨ *Anlegen mit Bezug* angewählt wird.

6.1.5.2 Beschaffung innerhalb des R/3-Systems

Grundsätzlich ist bei jeder Beschaffung festzulegen, ob das zu beschaffende Material für das Lager, was zur Erhöhung der Lagerbestände führt, oder für den Verbrauch bestimmt ist. Hieraus ergeben sich unterschiedliche organisatorische Abläufe:

Beschaffung für das Lager

Ware, die für das Lager bestimmt ist, muß im Materialstamm definiert sein. Sie muß jedoch nicht kontiert werden, d. h. keiner Kostenstelle zugeordnet werden, da bei jeder Warenbewegung die Buchung auf den entsprechenden Bestands- bzw. Verbrauchskonten sowie die Aktualisierung der Bestandsdaten im Materialstamm automatisch erfolgt.

Beschaffung für den Verbrauch

Wird die Ware hingegen für den Verbrauch beschafft, ist ein Materialstammsatz nicht zwingend erforderlich. Die Bestellung muß aber, da die Ware mit dem Wareneingang als bereits verbraucht gilt, sofort einer Kostenstelle zugeordnet (kontiert) werden. Innerhalb eines Einkaufsbelegs kann es somit zu kontierende und nicht zu kontierende Positionen geben. Eine Kontierung ist für Bestellanforderungen, Rahmenverträge und Bestellungen möglich.

Innerhalb der Beschaffung gibt es verschiedene **Beschaffungs-formen**: Die einmalige Bestellung und die Beschaffung über Rahmenvertrag, der Kontrakt mit anschließenden Abrufbestellungen sowie der Lieferplan mit Lieferplaneinteilungen.

6.1.6   Einkaufsbelege

6.1.6.1   Bestellanforderung (Banf)

Wie bereits zu Beginn dieses Kapitels erwähnt, legen Bestellanforderungen den Beginn eines Beschaffungszyklus fest. Bestellanforderungen („Banf") sind interne Belege, die einen Bedarf definieren und den Einkauf veranlassen, eine Bestellung zu erzeugen oder einen Rahmenvertrag mit einem Lieferanten zu schließen. Sie können automatisch durch die Komponente *„Verbrauchsgesteuerte Disposition"*, die auf Verbrauchsstatistik, Bestandsführung und Prognosen zurückgreift, durch Fachabteilungen oder direkt im Einkauf erzeugt werden.

Anlagemöglichkeiten

Die Bestellanforderungen werden entweder über Disposition oder direkt angelegt (siehe Abb. 6.10):

- **über Disposition**: Die R/3-Komponente schlägt die zu bestellenden Materialien vor und orientiert sich dabei an zurückliegenden Verbräuchen und vorhandenen Lagerbeständen. Bestellmenge und Liefertermin werden durch die Komponente automatisch ermittelt.

- **direkt**: In der anfordernden Abteilung wird eine Bestellanforderung manuell erfaßt.

Die Person, die die Bestellung anlegt, bestimmt, was in welcher Menge zu welchem Termin bestellt werden soll. Die Eingabebildschirme für das manuelle Anlegen von Bestellanforderungen können über:

Bestellanforderungen ➪ Anlegen

erreicht werden (siehe Abb. 6.10).

„Banf.scm"

Abb. 6.10
Positionsübersicht
Banf

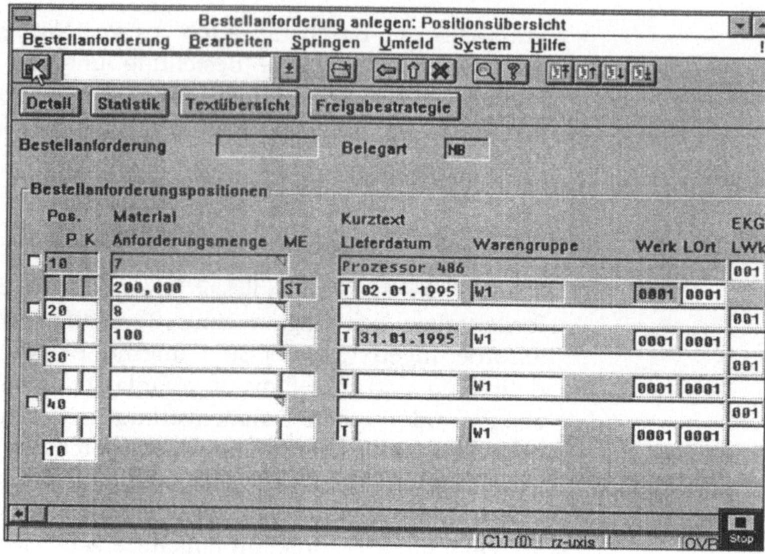

Nach Eingabe der Belegart, z. B. „NB" für Normalbestellung oder „RV" für Rahmenvertrag und ggf. einer „Banf-Nr." können Vorschlagsdaten eingegeben werden, die innerhalb dieser Bestellanforderungen für alle Positionen vorgeschlagen werden. Wird als Belegart RV angegeben, dann wird der Einkauf veranlaßt, einen Rahmenvertrag zu schließen.

Sollen Bestellanforderungen über bereits bestehende Vorlagen angelegt werden, muß die ausgewählte Bestellanforderung lediglich über die Menüfolge *Bestellanforderung* ⇨ *Anlegen*, dann *Bestellanforderung* ⇨ *Vorlage* kopiert und anschließend die benötigten Positionen in den neuen Beleg übernommen werden. Die anschließende Vorgehensweise geschieht in folgenden Schritten:

In der Positionsübersicht, in die durch Drücken der Eingabetaste verzweigt werden kann, sind die positionsspezifischen Daten, wie Materialnummer, Menge etc., einzugeben. Selbstverständlich besteht auch hier die Möglichkeit (über die Menüpunkte *Springen* ⇨ *Detail*) Detaildaten einzugeben.

6.1.6.1.1 Ermittlung von Bezugsquellen

Das System stützt sich bei der Ermittlung der Bezugsquelle auf Quotierungen, Orderbuch, Rahmenverträge und Infosätze. Wird bei einer entsprechenden Informationsquelle ein Eintrag gefunden, wird er vorgeschlagen, ansonsten wird auf die darunterliegende Quelle zugegriffen.

Bezugsquellen-
zuordnung

Eine Bezugsquelle wird systemgestützt vorgeschlagen, sofern der Lieferant im System definiert ist. Um eine Bezugsquelle einer Bestellanforderung zuzuordnen, müssen die Menüpunkte:

Bearbeiten ➪ *Bezugsquelle zuordn.*

gewählt werden (siehe Abb. 6.11). Im Anschluß an diese Eingabe ermittelt das System die in Frage kommenden Bezugsquellen. Bei mehreren möglichen Bezugsquellen wird ein Dialogfenster geöffnet, aus der die Gewünschte ausgewählt werden kann.

Sammelzuordnung

Um eine Sammelzuordnung mehrerer Bestellanforderungen zu Bezugsquellen in einem Arbeitsschritt zu erstellen, muß nach der Abspeicherung der Bestellanforderung über die Menüpunkte

Bestellanforderung ➪ *Folgefunktionen* ➪ *Zuordnen* bzw. *Zuordn. u. bearbeit.*

zum entsprechenden Eingabebildschirm verzweigt werden. Hier müssen die zu bearbeitenden Bestellanforderungen selektiert und danach weiterbearbeitet werden.

Der Vorteil dieses Verfahrens besteht darin, daß die Zuordnung einer Reihe von Bestellanforderungen in einem Arbeitsgang möglich ist (siehe Abb. 6.11):

Abb. 6.11
Bezugsweg zu Banf
zuordnen

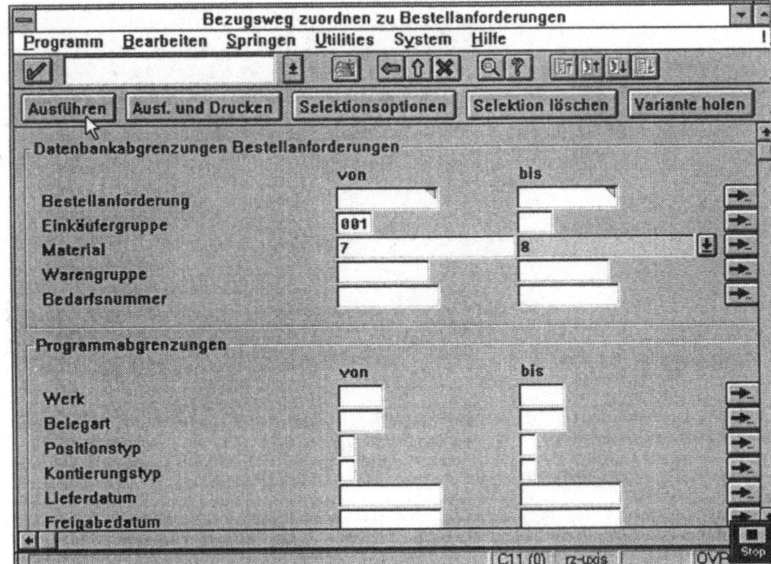

„Banf" gesammelt zuordnen

1. *Banf ⇨ Folgefunktionen ⇨ Zuordnen.*
   Es erscheint das Selektionsbild.
2. Die Selektionskriterien für die zuzuordnenden Banf eingeben. Jetzt z. B. den Schlüssel einer bestimmten Einkäufergruppe eintragen, damit sämtliche Banf ausgegeben werden, die der Einkäufergruppe zugeordnet sind.
   Mit F8 erhält man die Liste der zuzuordnenden „Banf".
3. Die „Banf" markieren über das Markierungsmenü (*Bearbeiten ⇨ Markieren*), indem alle oder blockweise Banf markiert werden oder einzeln, indem der Cursor auf die entsprechende Banf gestellt und F9 gedrückt wird.
4. Dann *Bearbeiten ⇨ Bezugsquelle zuordn.* auswählen, um mögliche Bezugsquellen zu ermitteln. Das System weist für jedes angeforderte Material in der Liste die möglichen Bezugsquellen aus.
5. Gibt es mehr als eine Bezugsquelle, mit F2 die gewünschte Bezugsquelle selektieren.

Abb. 6.12
Übersicht
Bezugsquellen

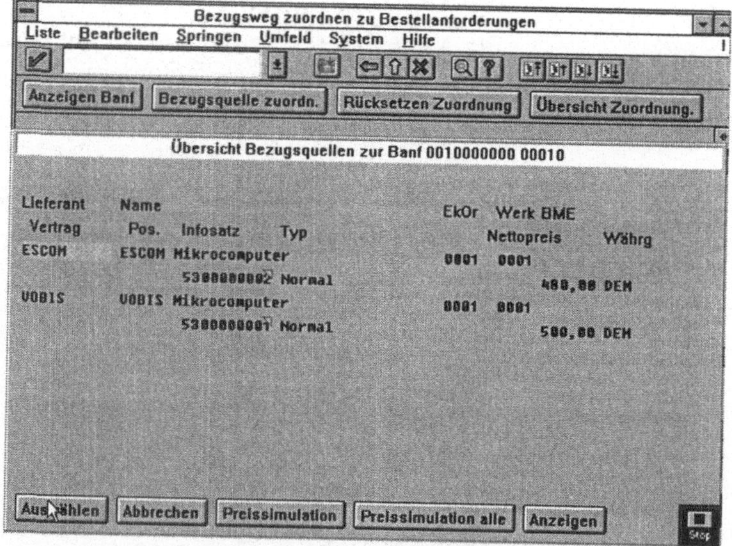

Nachdem alle „Banf" markiert und bearbeitet sind, erscheint die Bezugsquelle jeweils unterhalb der zugeordneten Banf.

6. Mit F17 kann eine Übersicht über die zugeordneten Banf angezeigt werden (siehe Abb. 6.12).

Soll die Bestellanforderung für ein Material angelegt werden, das keinen Materialstammsatz hat, müssen zusätzliche Daten, wie Kontierungstyp, Kontierung sowie die materialspezifischen Daten, eingegeben werden.

Kontierungstyp
Der Kontierungstyp legt hierbei fest, welcher Kategorie (Kostenstelle, Kundenauftrag) die Kontierung angehört, welche Konten bei Waren- bzw. Rechnungseingang zu bebuchen sind und welche Daten für die Kontierung bereitzustellen sind.

Bei der **Änderung von Bestellanforderungen** muß beachtet werden, durch wen, d. h. Fachabteilung oder Disposition, die Bestellanforderung erstellt wurde, ob eine Bestellung bereits erfolgte und ob sie bei genehmigungspflichtigen Bestellanforderungen bereits freigegeben wurde.

Zur Änderung einer Bestellanforderung müssen die Menüpunkte *Bestellanforderung ⇨ Ändern* angewählt und die Nummer der zu ändernden Bestellanforderung eingegeben werden.

Nun können über den Menüpunkt *Bearbeiten* Positionen erfaßt oder bereits erfaßte gelöscht werden. Detailinformationen zu markierten Positionen können über *Springen ⇨ Detail* ebenfalls geändert werden.

Nach der Sicherung der Änderung hält das System sämtliche Änderungsdaten in einem Protokoll fest.

Freigabe von Bestellanforderungen
Bevor nun Positionen einer Bestellanforderung bestellt werden können, müssen sie ggf. noch freigegeben werden. Dies hängt von Freigabebedingungen ab, die z. B. durch den Bestellwert, die Warengröße oder den Kontierungstyp festgelegt sind. Unter **Freigabe** wird hier ein Genehmigungsverfahren verstanden, das, je nach Unternehmensvorgaben, in unterschiedliche Freigabestrategien (wie z. B. die Anzahl und Reihenfolge der Freigabestellen) unterteilt wird. Erst wenn sämtliche Instanzen durchlaufen und die Positionen vom jeweiligen Sachbearbeiter freigegeben wurden, können Anfrage oder eine Bestellung zur entsprechenden Position erzeugt werden. Informationen zum Freigabestatus oder der Freigabestrategie können über *Springen ⇨ Freigabe-Infos* und Auswahl entsprechender Untermenüpunkte abgefragt werden.

R/3 bietet neben der Pflege auch die Möglichkeit der **Überwachung und Auswertung von Bestellanforderungen**. Auswertungen können zu einer Vielzahl einkaufsrelevanter Daten, wie Materialnummer, Kontierung etc., erstellt werden und liefern so einen vielseitigen Überblick über sämtliche Aktivitäten. Die Überwachung bietet u. a. auch die Möglichkeit, vom Einkauf unbearbeitet gelassene Bestellanforderungen diesem nach einer definierten Wiedervorlagezeit erneut vorzulegen.

6.1.6.1.2   Quotierung

Soll ein bestimmtes Material abwechselnd von verschiedenen Bezugsquellen bezogen werden, so können die einzelnen Bezugsquellen mit einer Quote versehen werden. Die **Quote** gibt an, welcher Anteil des anfallenden Bedarfs von welcher Bezugsquelle beschafft werden soll. Das heißt, wenn es eine Quotierung für ein Material gibt, wird sie bei der Bezugsquellenermittlung berücksichtigt. Eine Quotierung wird für einen spezifischen Zeitraum vereinbart.

Die Quotierung gibt Auskunft über den maximalen Anteil am Gesamtbedarf, der einem Lieferanten zugeordnet werden soll. So ist eine automatische Zuordnung des Bedarfs zu wechselnden Bezugsquellen möglich.

Die Ermittlung einer Bezugsquelle erfolgt durch die Errechnung einer Quotenzahl nach folgender Formel:

Quotenzahl

$$\text{Quotenzahl} = \frac{\text{quotierteMenge} + \text{Quotenbasismenge}}{\text{Quote}}$$

Die **quotierte Menge** enthält die akkumulierte, vom Lieferanten bereits bezogene Menge.

Soll zu einer bestehenden Quotierung eine neue Bezugsquelle hinzugefügt werden, besteht die Möglichkeit, dem neuen Lieferanten über die Eingabe einer **Quotenbasismenge**, quasi eine fiktive quotierte Menge zuzuordnen. Durch diese Möglichkeit wird umgangen, daß alle Bedarfe dem neuen Lieferanten zugeordnet werden.

Quote

Die Quote wird als Ganzzahl eingegeben und stellt den einem Lieferanten zugeordneten Anteil am Bedarf dar.

Der Lieferant, dessen Quotenzahl am niedrigsten ist, bekommt die nächste Bestellung zugewiesen. Hierbei ist jedoch zu beachten, daß Bestellpositionen bei zu geringen Kapazitäten eines Lieferanten nicht gesplittet werden können.

Eine Quotierung wird für einen spezifischen Zeitraum vereinbart. Für jede Bezugsquelle wird eine Quotierungsposition innerhalb des Zeitraums angelegt; hier die Menüfolge:

Quotierung für ein Material definieren

1. *Stammdaten* ⇨ *Quotierung* ⇨ *Pflegen.*
2. Die Material- und Werksnummer eingeben und (Enter), um das Übersichtsbild der Quotierungszeiträume anzuzeigen.
3. Einen Gültigkeitszeitraum für die Quotierung und das Datum eingeben, bis wann die Quotierung gültig ist. Das Anfangsdatum wird vom System berechnet; dann (Enter).
4. Quotierung markieren und (F7), um die Positionsübersicht der Quotierung anzuzeigen.
5. Quotierungsposition für jede Bezugsquelle erfassen, die in der Quotierung definiert werden soll. Dazu müssen folgende Daten eingegeben werden:
   - **Beschaffungsart**: Eine Quotierung kann Fremdbeschaffung oder Eigenfertigung vorsehen. „F" für Fremdbeschaffung in der Spalte B eingeben.
   - **Sonderbeschaffungsart**: Z. B. „K" in der Spalte S eingeben, wenn eine Konsignationsvereinbarung für das Material mit dem Lieferanten existiert.
   - **Lieferantennummer**
   - **Beschaffungswerk**: Schlüssel des Werkes.
   - **Quote**: In der Spalte Quote für jede Position die gewünschte Quote eingeben. Die Quote legt fest, welcher Anteil eines anfallenden Bedarfs von der Bezugsquelle beschafft werden soll. Angenommen, eine Quotierung enthält zwei Bezugsquellen und die Quote 1 wurde für beide Bezugsquellen eingegeben, so wird jeder Bezugsquelle 50% des anfallenden Bedarfs zugeordnet.
6. Dann (Enter); die prozentuale Verteilung der Quoten wird automatisch vom System berechnet und angezeigt.
7. Quotierung mit (F11) sichern; das System ordnet der Quotierungsposition automatisch eine Nummer zu.

Als zusätzliches Kriterium zur Bezugsquellenermittlung stehen **Stammkonditionen**, die der Ermittlung des effektiven Preises dienen sowie die **Lieferantenbeurteilung** zur Verfügung.

6.1.6.1.3   Überwachung von Quotierungen

Die Überwachung von Quotierungen erreicht man über die Menüfolge:

Quotierung anzeigen

1. *Stammdaten ⇨ Quotierung ⇨ Anzeigen.* Das Einstiegsbild für die Quotierung erscheint.
2. Material- und Werksnummer eingeben und (Enter), um das Übersichtsbild anzuzeigen.
3. Die einzelnen Quotierungssätze einer Quotierung erscheinen, nachdem eine Quotierung markiert und (F7) gedrückt wurde.

Quotierung mehrerer Materialien anzeigen

Die **Quotierung sämtlicher Materialien** kann aufgelistet und von der Liste aus gepflegt werden:

1. *Stammdaten ⇨ Quotierung ⇨ Listanzeigen ⇨ Zum Material.*
2. Das Intervall der Materialnummer bzw. den Werkschlüssel eingeben, deren Quotierungspositionen man anzeigen will. Nach (F8) wird die Liste der ausgewählten Quotierungspositionen dargestellt; den Materialstammsatz anzeigen mit (F7). Soll der Lieferantenstammsatz einer Quotierungsposition angezeigt werden, den Cursor auf die Quotierungsposition stellen und (F8) drücken.
3. Die Quotierungsposition markieren, die geändert bzw. gepflegt werden soll und (F6) drücken.

6.1.6.2   Anfragen und Angebote

Definition Anfrage

Eine Anfrage stellt eine Aufforderung an einen Lieferanten dar, ein Angebot über die Lieferung eines oder mehrerer Materialien zu machen. Der Lieferant wird insbesondere gebeten, Angaben über Preis und Liefermöglichkeiten des Materials zu machen sowie seine Konditionen im Angebot festzuhalten.

Abgesehen von den Lieferantendaten, die in einer Bestellanforderung nicht zwingend vorgeschrieben sind, enthält eine Anfrage gegenüber einer Bestellanforderung lediglich einige zusätzliche anfragerelevante Daten, wie die für das Angebot einzuhaltende Angebots- und Bewerbungsfrist.

Die Struktur einer Anfrage entspricht der allgemeinen Struktur eines Einkaufsbeleges. Sie enthält einen Belegkopf, in dem die für die Anfrage relevanten Daten eingegeben werden können und Positionen, die die Angaben zum Material enthalten. Zusätzlich können positionsbezogene Texte erfaßt werden.

Anfragen anlegen

Die Anfrage kann entweder manuell, mit Bezug auf eine Vorlage oder automatisch, durch Zuordnung einer Bestellanforderung, erstellt werden. Für die Lieferantenauswahl stehen Infosätze, zu denen Auswertungen generiert werden können und das Orderbuch zur Verfügung.

Sollen die Anfragen automatisch, durch Zuordnung von Bestellanforderungen erstellt werden, müssen die entsprechenden (bereits freigegebenen) Bestellanforderungen ausgewählt werden. Der Bildschirm zur Eingabe der Selektionskriterien kann über die Menüpunkte:

Bestellanforderung ⇨ Folgefunktionen ⇨ Zuordn. und bearbeit.

erreicht werden. Nach Auflistung der Bestellanforderungen auf dem Bildschirm können diese entweder den Anfragen oder Bestellungen zugeordnet werden. Im Anschluß daran kann der Einkaufsbeleg erzeugt werden.

Die Menüs zur manuellen Erfassung von Anfragen und Angeboten sind über:

Anfrage/Angebot ⇨ Anfrage ⇨ Anlegen

„Anfrage.scm"

zu erreichen (siehe Abb. 6.13).

Abb. 6.13
Anfrage anlegen

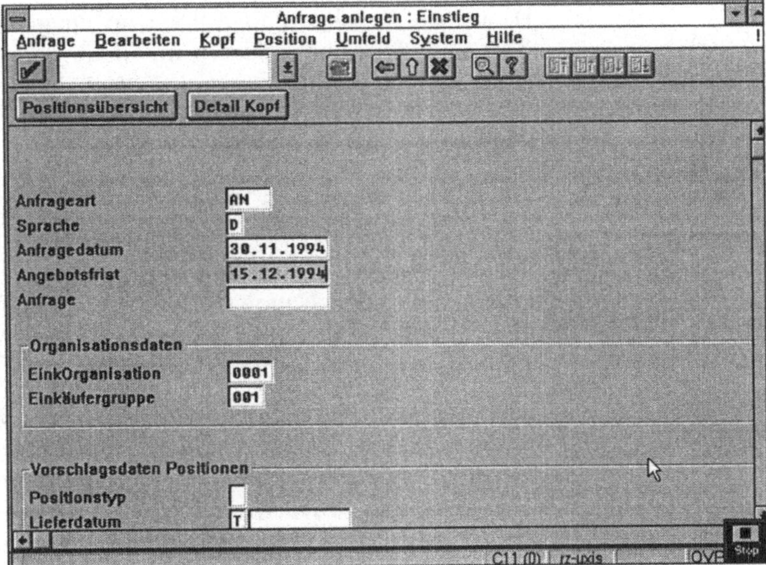

Schon in der Anfrage besteht die Möglichkeit, zu Positionen Lieferzeiten festzulegen, d. h. eine Einteilung zu erstellen, an die sich der Lieferant halten muß.

Nach Erfassung sämtlicher Anfragedaten und Festlegung der Anfrage zu den einzelnen Lieferanten kann die Belegausgabe über Drucker oder EDI-/Telex (siehe hierzu Kapitel 11) erfolgen.

Ändern von Anfragen

Sämtliche im System erfaßten Anfragen können, ebenso wie Bestellanforderungen, nachträglich geändert werden. Hierzu müssen lediglich die Anfragenummer und ggf. die Submissionsnummer, welche die Anfrage zu einer bestimmten Ausschreibung zuordnet, bekannt sein.

Das **Änderungsbild** zu einer Anfrage wird über

Anfrage ⇨ Ändern erreicht.

Auch für die Änderung von Anfragen erstellt das System ein Protokoll, aus dem sämtliche Änderungsdaten hervorgehen.

Angebote

Gehen auf eine Ausschreibung die Angebote ein, können diese in das System eingegeben und über einen **Preisspiegel** miteinander verglichen werden. Mittels dieses Preisspiegels, worin die einzelnen Angebote positionsweise miteinander verglichen werden, ist es möglich, den günstigsten Lieferanten für eine Position sowie einen Mittelwertpreis für die Materialien zu ermitteln.

Da in R/3 Angebot und Anfrage in einem Beleg realisiert wurden, sind die Angebotsdaten innerhalb der zugehörigen Anfrage zu erfassen. Der entsprechende Eingabebildschirm kann über:

Anfrage/Angebot ⇨ Angebot ⇨ Pflegen

erreicht werden, wo die entsprechenden Daten direkt im Detailbild der entsprechenden Positionen erfaßt werden können.

„Angebot.scm"

Bei den Preisen ist zwischen Nettopreis und Bruttopreis zu unterscheiden. Der Nettopreis enthält lediglich normale Rabatte oder Zuschläge des Lieferanten, währenddessen Skonti sowie Steuern nicht in diesem Preis enthalten sind.

Preise und Konditionen

Soll der Bruttopreis erfaßt werden, müssen Konditionen zur jeweiligen Position erfaßt werden. Sind diese bereits im System enthalten, ermittelt das System aus dem Bruttopreis automatisch den Nettopreis. Dies ist erforderlich, da nur so ein objektiver Preisvergleich zwischen den einzelnen Angeboten vorgenommen werden kann.

Konditionen können entweder im Belegkopf, dann sind sie für den gesamten Einkaufsbeleg gültig oder lediglich für eine bestimmte Position erfaßt werden. Sämtliche Zu- oder Abschläge des Lieferanten werden in einem Kalkulationsschema erfaßt. Das Kalkulationsschema legt fest, wie der Nettopreis errechnet wird, d. h. in welcher Reihenfolge die Konditionsarten berechnet werden, und ob entsprechende Zwischensummen angezeigt werden.

Das System berücksichtigt ebenfalls, wenn die Mengeneinheit des Lieferanten nicht mit der intern geführten Mengeneinheit übereinstimmt. Diese Diskrepanz kann, sollte ein entsprechender Umrechnungsfaktor nicht schon im System definiert sein, durch Eingabe des Faktors auf Positionsebene korrigiert werden.

Nach Angabe des für den Lieferanten gültigen Steuerkennzeichens kann entschieden werden, ob das Angebot des Lieferanten in einem Einkaufsinfosatz gespeichert werden soll oder nicht. Hier kann ebenfalls definiert werden, ob das Angebot lediglich auf Einkaufsorganisationsebene oder auf Werksebene Gültigkeit haben soll. Nach Anlage des Einkaufsinfosatzes steht dieser bis zu seiner Löschung zur Verfügung und kann bei der Anlage von Bestellungen vom System berücksichtigt werden.

Angebote vergleichen

Um Angebote miteinander zu vergleichen, kann ein Preisspiegel erzeugt werden. Zu beachten ist hierbei, daß ein korrekter Preisvergleich nur dann möglich ist, wenn die eingegangenen Angebote für alle Positionen erfaßt wurden. Die Eingabemaske zur Erzeugung eines **Preisspiegels** kann über die Menüpunkte:

Anfrage/Angebot ⇨ Angebot ⇨ Preisspiegel

erreicht werden. Auf dieser Ebene können die entsprechenden Selektionskriterien eingegeben werden.

„Preis.scm"

Durch die Auswahl von **Mittelwertangebot** oder **Minimalwertangebot** kann eine zusätzliche Spalte erzeugt werden, in der ein Durchschnittspreis bzw. der günstigste Preis zu einem entsprechenden Material angezeigt wird. Sämtliche Preise werden im Preisspiegel als prozentuale Veränderung zu einer Basisgröße, die entweder der höchste, der niedrigste oder der mittlere Preis sein kann, angezeigt. Die Anzeige des Preises erfolgt in der internen Basismengeneinheit, die im Materialstammsatz abgelegt ist.

Um einen **Marktpreis**, der als Bewertungsgrundlage bei der Lieferantenbeurteilung dienen kann, festzuhalten, kann ein entsprechender Preis innerhalb des Preisspiegels als Marktpreis definiert und abgespeichert werden. Nachdem der Lieferant ermittelt wurde, können über die Menüpunkte

Anfrage/Angebot ⇨ *Angebot* ⇨ *Pflegen*

und durch anschließende Angabe der Anfragenummer die Angebote markiert werden, für die eine **Absage** erzeugt werden soll. Die Absagen werden dann automatisch erzeugt und können über das eingestellte Ausgabemedium an den Lieferanten weitergeleitet werden.

Anfragen und Angebote überwachen

Auch zu Anfragen und Angeboten besteht die Möglichkeit, Auswertungen zu erzeugen. Diese können, ebenso wie die Auswertungen zu Bestellanforderungen, nach diversen Kriterien eingeschränkt werden.

6.1.6.3   **Bestellungen**

Eine Bestellung ist eine rechtlich wirksame Willenserklärung, die einen Lieferanten auffordert, die bestellten Güter zu festgelegten Bedingungen zu liefern. Eine Bestellung enthält Lieferantendaten, das bestellte Material, Menge, Preis, Liefertermin und Lieferbedingungen sowie die für diese Bestellung geltenden Zahlungsbedingungen.

Innerhalb des R/3-Systems legt eine Bestellung fest, ob das Material für das Lager oder den Verbrauch bestimmt ist. Der Aufbau einer Bestellung entspricht dem SAP-typischen Aufbau eines Einkaufsbelegs.

Der **Positionstyp**, der pro Position festgelegt werden kann, definiert, ob Rechnungs- oder Wareneingang erforderlich ist, Materialnummer und/oder Kontierung erforderlich ist und ob das Material lagerhaltig geführt werden soll.

Positionstypen

Standardmäßig stehen folgende Positionstypen zur Verfügung:

- **Normal**   für die externe Warenbeschaffung
- **Konsignation**   für die Erhöhung des Konsignationslagerbestandes
- **Streckenbestellung**   für die Lieferung der Ware an einen Dritten (Kunden)
- **Umlagerungsbestellung**   für die Lieferung aus dem Lager eines anderen Werkes
- **Text**   für die positionsbezogenen Texte

„Bestellung.scm"

Abb. 6.14
Bestellung anlegen

Um eine Bestellung anzulegen, müssen die Menüpunkte:

Bestellung ⇨ Anlegen

sowie ggf. zusätzlich *„Lieferant bekannt/unbekannt"* gewählt werden (siehe Abb. 6.14).

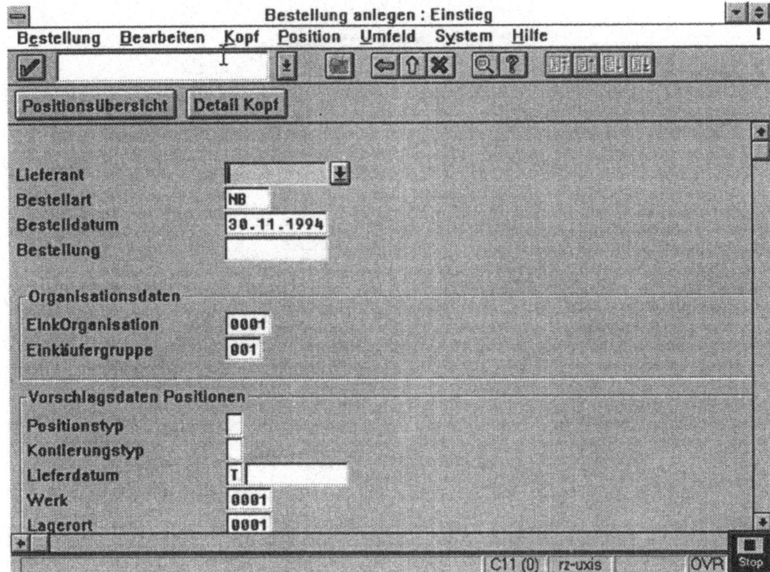

Ist der Lieferant unbekannt, kann eine Zuordnung der Bestellposition zu einem möglichen Lieferanten durch das System vorgeschlagen werden. Hierzu muß das Feld *Bezugsquellenfindung* im Einstiegsbild markiert werden oder auf Positionsebene über die Menüpunkte

Bearbeiten ⇨ Bezugsquelle zuordn.

in das entsprechende Dialogfenster verzweigt werden.

Bestellungen können auch über Vorlagen angelegt werden. Vorlagen können hierbei Anfragen, Angebote, bereits bestehende Bestellungen und Rahmenverträge sein.

Bei beiden Anlagearten wird vom System eine dem entsprechenden Beleg zugeordnete Nummer verlangt. Nach Eingabe dieser Nummer wird in den Vorlagebeleg verzweigt, aus dem entweder alle Positionen oder lediglich markierte übernommen werden können (siehe Abb. 6.15). Die weitere Vorgehensweise entspricht dann weitestgehend der Vorgehensweise bei der Anlage von Anfragen.

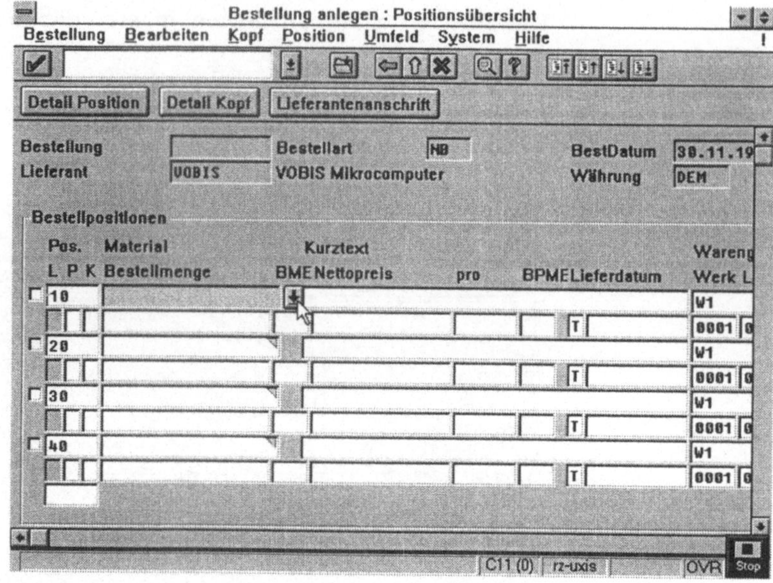

Im folgenden werden einige Sonderfälle, die bei der Anlage von Bestellungen auftreten können, erläutert:

Kontierung

Wird eine Bestellung für den Verbrauch angelegt, ist eine Kontierung obligatorisch. In diesem Fall wird zu jeder Bestellposition eine Kontierung vom System vorgeschlagen, die übernommen oder überschrieben werden kann. Die Kontierung kann als Zuordnung zu einer oder mehreren Kostenstelle(n) erfolgen. Bei der Zuordnung einer Bestellposition zu mehreren Kostenstellen kann zwischen prozentualer und betragsmäßiger Zuordnung der Bestellkosten sowie zwischen proportionaler und auffüllender Zuordnung, für den Fall von Teillieferungen der Bestellposition, gewählt werden.

Analog zu bisher erläuterten Einkaufsbelegen müssen bei abweichenden Mengeneinheiten entsprechende Umrechnungsfaktoren eingegeben werden, sofern diese nicht schon im Einkaufsinfosatz zum Material und Lieferanten erfaßt sind. Diese Umrechnungsfaktoren können im Positionsdetailbild zu den einzelnen Positionen erfaßt werden.

Eine Bestellung enthält Angaben über Versand und Lieferung. Hierzu gehören die Angabe der für die Bestellung geltenden Incoterms, international anerkannter Lieferbedingungen sowie die Angabe von Versandvorschriften (z. B. Verpackungsvorschriften) für die zu liefernde Ware. Ferner können Liefervorschriften als Kopf- oder Positionstexte erfaßt werden.

Die wareneingangsbezogene Rechnungsprüfung kann gewählt werden, wenn die Lieferung einer Ware in Form mehrerer Teillieferungen erfolgt. Bei dieser Fakturierungsart muß eine Lieferung erfolgen, bevor die Rechnung im System erfaßt werden kann.

Preise und Konditionen

Wird eine Ware in einem Unternehmen sowohl eigengefertigt als auch extern beschafft, kann es aus kalkulatorischen Gründen erforderlich sein, das Material mit verschiedenen **Preisen** zu bewerten. Dies kann durch Angabe einer Bewertungsart geschehen, was jedoch erfordert, daß das Material im Materialstamm definiert ist.

Effektivpreis

Der Effektivpreis einer Ware, der dem Preis entspricht, in dem sämtliche Zu- und Abschläge eingerechnet sind, kann durch die Eingabe von Bestellkonditionen ermittelt werden. Bei der Anlage von Konditionen für eine Bestellung kann auf voreingestellte Konditionsarten zurückgegriffen werden, die vom System automatisch an der richtigen Stelle des Konditionsschemas eingefügt werden. Die weitere Vorgehensweise entspricht der bei der Anlage von Anfragen bereits beschriebenen.

Bei der Preisangabe kann eine **Preis-Mengen-Staffel** berücksichtigt werden, und es können Preisabweichungen sowie Schätzpreise eingegeben werden. Eine Preisabweichung ist erforderlich, wenn der angegebene Preis nicht dem im Materialstammsatz des Materials spezifizierten Preis entspricht. Bei Rechnungsstellung in Fremdwährung kann ein Fremdwährungsbetrag eingegeben werden, der dann entsprechend dem von der Systemverwaltung eingestellten Umrechnungskurs in die Hauswährung umgerechnet wird.

Bestellungen ändern

Bei Bedarf besteht die Möglichkeit, Bestellungen zu ändern, zu stornieren oder zu löschen. Hierbei ist jedoch zu prüfen, ob der Lieferant die Bestellung bereits erhalten oder die Ware bereits geliefert hat, ob bereits ein Rechnungseingang erfolgte oder die Verbindlichkeit bereits beglichen wurde. Ist das der Fall, sind Änderungen nur noch in begrenztem Umfang möglich.

Bestellüberwachung

Im Rahmen der Bestellüberwachung können Statistikdaten zum Bestellkopf, der Informationen über die gesamte Bestellung enthält, sowie Statistikdaten zu den einzelnen Bestellpositionen angezeigt werden.

In der Bestellentwicklung werden sämtliche Daten zu den einzelnen Bestellpositionen fortgeschrieben. Hier können Daten über bereits erfolgte Waren- und Rechnungseingänge sowie Detaildaten zu den einzelnen Bestellpositionen abgerufen werden. Die entsprechenden Datenausgaben können über

Position ⇨ Statistik ⇨ Bestellentwicklung

veranlaßt werden.

Erledigte und stornierte Bestellungen werden vom System deaktiviert. Sie werden beim nächsten Archivierungslauf durch die Systemverwaltung auf einem separaten Datenträger abgelegt.

6.1.6.4 Rahmenverträge

Rahmenverträge sind längerfristige Vereinbarungen mit Lieferanten, bestimmte Materialien zu festgelegten Konditionen zu liefern. Sie werden in **Kontrakte** und **Lieferpläne** unterschieden; Kontrakte wiederum in Mengenkontrakt, Wertkontrakt und Konsignationskontrakt.

Beim **Mengenkontrakt** wird eine Vereinbarung mit einem Lieferanten dahingehend getroffen, daß die im Vertrag näher spezifizierten Materialien bis zum Erreichen einer bestimmten Abnahmemenge zu festgelegten Konditionen geliefert werden. Die Dauer des Kontrakts wird ebenfalls durch die vereinbarte Laufzeit begrenzt, in der die Bestellmenge erreicht werden muß.

Der **Wertkontrakt** erfüllt betriebswirtschaftlich denselben Zweck wie der Mengenkontrakt, lediglich ist das Kriterium für die Erfüllung des Kontrakts durch das Erreichen eines bestimmten Bestellwertes festgelegt. Bestellungen zu Kontrakten werden Abrufbestellungen genannt.

6.1.6.4.1 Anlage von Kontrakten

Beim Anlegen von Kontrakten kann unterschiedlich vorgegangen werden. Folgende Möglichkeiten stehen zur Wahl:

Vorgehensmöglichkeiten beim Anlegen von Kontrakten

- manuell
- über Vorlage

  Als Kopiervorlage könnte man verwenden:

  - Bestellanforderungen
  - Anfragen/Angebote
  - andere Kontrakte

Man kann auch beide Möglichkeiten gemischt verwenden: In diesem Fall nutzt man einen Beleg als Vorlage und ändert oder ergänzt dann gewünschte Positionen nach Bedarf.

Zusätzlich zu den bei der Anlage sonstiger Einkaufsbelege erforderlichen Daten muß bei der Erfassung eines Kontrakts entschieden werden, ob es sich um einen Mengen- oder Wertkontrakt handelt. Im **Kopfdatenbild** (siehe Abb. 6.16) wird die Laufzeit des Kontrakts festgehalten, die für den gesamten Beleg gültig ist, währenddessen Zielmenge, Preis und Materialdaten als positionsbezogene Daten eingegeben werden. Um Abrufbestellungen anzulegen, muß der Kontrakt jedoch - sollte Orderbuchplicht innerhalb der Unternehmung eingestellt sein - zuerst im Orderbuch gepflegt werden.

Abb. 6.16
Kopfdaten von
Kontrakt anlegen

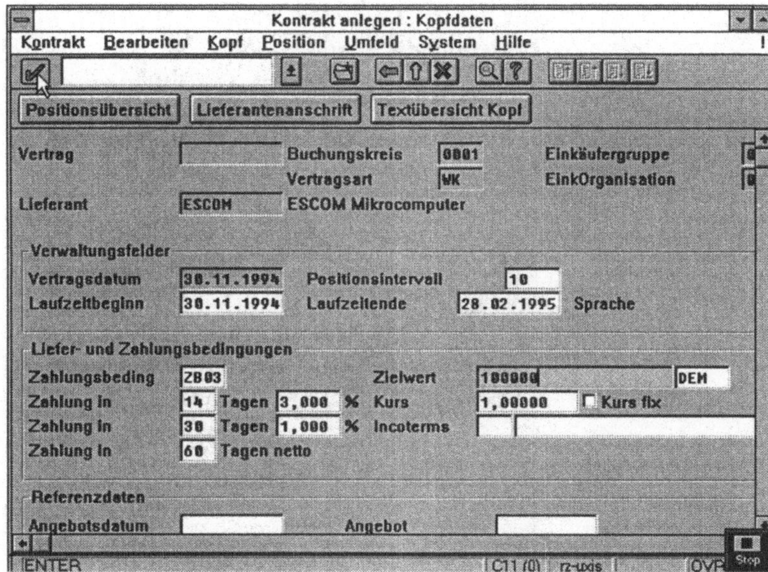

Positions- und
Kontierungstypen

Besonderheiten bei der Anlage von Kontrakten stellen die Positionstypen M (Material unbekannt) und W (Wert und Menge unbekannt) sowie der Kontierungstyp U (Kontierung unbekannt) dar. Während der Positionstyp M bei den Kontraktarten Mengen- und Wertkontrakt Verwendung finden kann, darf der Positionstyp W nur für Wertkontrakte verwendet werden. Der **Positionstyp M** wird z. B. für Materialien benötigt, die gleichartig sind, einen gleichen Preis haben und sich nur im Detail unterscheiden.

Um nun nicht alle Materialien erfassen zu müssen, reicht es aus, die entsprechende Materialnummer in der Abrufbestellung anzugeben. Der **Positionstyp W** findet dann Verwendung, wenn die zu bestellenden Materialien einer Materialgruppe angehören und die genaue Angabe des Materials erst bei Bestellung erfolgen kann.

Bei Abrufbestellungen zu diesem Positionstyp müssen deshalb zu jeder Bestellposition genaue Angaben zum Material gemacht werden. Der **Kontierungstyp U** (Kontierung unbekannt) kann für Kontraktpositionen verwendet werden, zu denen bei Abschluß des Kontrakts noch keine Kontierung bzw. Kostenstelle zugeordnet werden konnte.

Preisermittlung und Konditionen bei Kontrakten

Die Konditionen bei Kontrakten enthalten im Gegensatz zu Konditionen bei Anfragen und Bestellungen lediglich den Zeitraum, für den sie Gültigkeit haben. Sie stellen für die folgenden Abrufbestellungen Stammkonditionen dar, auf deren Basis die Effektivpreisermittlung erfolgt. Der Effektivpreis in der Abrufbestellung kann sich jedoch vom Effektivpreis des Kontrakts unterscheiden, wenn als Basis eine **Preis-Mengen-Staffel** (siehe Abb. 6.17) zu berücksichtigen ist.

Abb. 6.17
Preis-Mengen-
Staffeln

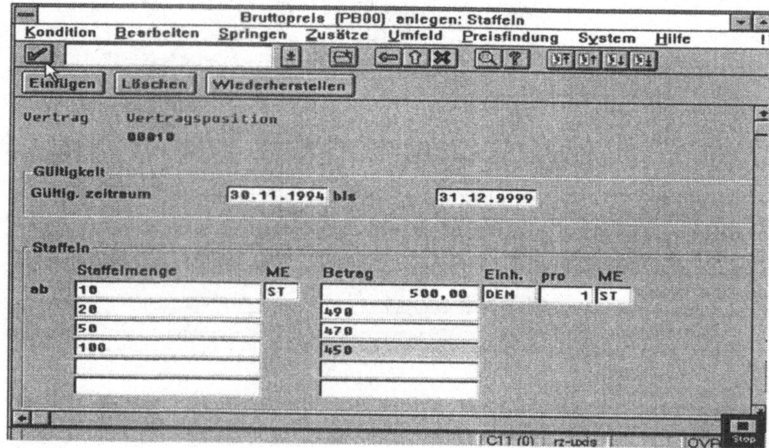

6.1.6.4.2   Lieferpläne

Lieferpläne stellen eine besondere Ausprägungsform des Rahmenvertrags dar. Die grundsätzlichen Vertragsdaten entsprechen denen bei einem Mengenkontrakt vereinbarten. Eine Abrufbestellung ist jedoch nicht mehr notwendig, da beim Lieferplan nur noch Einteilungen erzeugt werden, die dem Lieferanten die Liefermenge sowie den genauen Lieferzeitpunkt mitteilen.

Der Lieferplan weist Ähnlichkeiten mit einem Mengenkontrakt auf: Er enthält die Zielmenge eines bei einem Lieferanten zu bestellenden Materials sowie den Preis. Für jedes Material oder jede Dienstleistung, die beschafft werden soll, ist eine Lieferplanposition anzulegen; zu jeder Lieferplanposition müssen Einteilungen erfaßt werden.

Bei Beschaffung über Lieferplan erhält der Lieferant einen Lieferplanabruf (z. B. einen Lieferabruf), keine Einzelbestellung oder einen Kontraktabruf. Der Abruf spezifiziert die Daten zum letzten Wareneingang sowie Liefermenge, -datum und -uhrzeit für die noch zu liefernde Menge, d. h. die Einteilungen. Eine Einteilung kann feste und geplante Liefertermine enthalten.

Bei Lieferplänen kann ohne oder mit Abrufdokumentation gearbeitet werden. Das Arbeiten mit dieser Dokumentation hat den Vorteil, daß man die an einen Lieferanten übermittelten gültigen Abrufe innerhalb eines Zeitraums jederzeit anzeigen kann.

Beim Arbeiten mit Lieferplänen ohne Abrufdokumentation werden die aktuellen Einteilungen automatisch über das Nachrichtensteuerungsprogramm ausgegeben. Bei Verwendung von Lieferplänen mit Abrufdokumentation können die Einteilungen intern beliebig geändert werden. Sobald die Einteilungen zu einer Position endgültigen Charakter annehmen und an den Lieferanten übermittelt werden sollen, erzeugt man einen Lieferabruf. Die Übermittlung der Informationen an den Lieferanten wird durch diesen Lieferabruf angestoßen und die Informationen werden im System festgehalten, so daß jederzeit nachvollziehbar ist, wann genau welche Informationen an einen Lieferanten geschickt wurden.

Die Beschaffung über Lieferpläne bietet eine Reihe wesentlicher Vorteile:

Vorteile der
Beschaffung
über Lieferplan

- **weniger Bearbeitungszeit und Papiervorgänge**: Eine Lieferplaneinteilung kann eine Vielzahl von Bestellungen oder Kontraktabrufen ersetzen.

- **geringe Lagerbestände**: Durch die Vorgabe des genauen Lieferzeitpunkts sind Just-in-time-Lieferungen (JIT) möglich, die es wiederum erlauben, nur geringe Bestände vorzuhalten.

- **kürzere Vorlaufzeiten für den Lieferanten**: Da der Lieferant nicht die Gesamtbestellmenge des Lieferplans durch eine einzige Lieferung bereitstellen muß, sondern entsprechend den Einteilungen liefern kann, verkürzen sich für ihn die Vorlaufzeiten der einzelnen Lieferungen.

- **automatische Erstellung von Lieferplaneinteilungen durch die Disposition**: Voraussetzung: Der Einkauf muß mit Hilfe von Quotierung und Orderbuch einen Lieferplan als eindeutige Bezugsquelle zuordnen.

Anlage von Lieferplänen

Die Vorgehensweise bei der Anlage von Lieferplänen entspricht der Vorgehensweise bei der Anlage von Kontrakten. Um einen Lieferplan manuell anzulegen, müssen die Menüpunkte

Rahmenvertrag ⇨ *Lieferplan* ⇨ *Anlegen*

angewählt werden.

Fixierungszeiträume

Eine Besonderheit bei der Anlage von Lieferplänen stellt die Festlegung von Fixierungszeiträumen dar, die den Verbindlichkeitsgrad von Einteilungen festlegen. Innerhalb des Fixierungszeitraums 1, des Produktionsfreigabezeitraums, gelten Einteilungen als verbindlich. Der Fixierungszeitraum 2, auch Materialfreigabezeitraum genannt, ermächtigt den Lieferanten zur Beschaffung der Materialien, die für die Fertigung der Waren benötigt werden. Er hat einen geringeren Verbindlichkeitsgrad als der Fixierungszeitraum 1. In den Fixierungszeitraum 3 fallen alle Liefertermine, die außerhalb der ersten beiden Fixierungszeiträume liegen. Sämtliche Fixierungszeiträume werden, in Tagen beginnend, ab dem Tagesdatum festgelegt.

Um **Lieferplaneinteilungen** zu erfassen, müssen die Menüpunkte:

Rahmenvertrag ⇨ *Lieferplan* ⇨ *Folgefunktionen* ⇨ *Lieferplaneinteilungen*

angewählt werden. Nach Eingabe der Lieferplannummer können die Positionen ausgewählt werden, für die eine Einteilung erstellt werden soll.

Sämtliche Lieferplaneinteilungen können kumuliert und innerhalb des erzeugten Belegs als kumulierte Menge ausgegeben werden. Dies erleichtert den Überblick über den aktuellen Status des Lieferplans.

Eine Abweichung zwischen der kumulierten Menge des Systems und der kumulierten Menge des Lieferanten, die durch Über- oder Unterlieferungen entstanden sein kann, kann ggf. berichtigt werden.

6.1.6.4.3   Änderung, Sperre und Überwachung

Änderung

Bedarf es einer Änderung an einem bestehenden Rahmenvertrag, muß unter bestimmten Aspekten beachtet werden, daß diese nur in eingeschränktem Umfang vorgenommen werden kann. So können z. B. neu einzugebende Liefermengen nicht kleiner als bereits gelieferte Mengen sein.

Können die Änderungen am Beleg jedoch vollzogen werden, erstellt das System automatisch einen Änderungsbeleg, der dem Lieferanten über das ausgewählte Ausgabemedium zugeleitet werden kann. Sämtliche Änderungen eines Rahmenvertrags werden protokolliert.

Sperre

Um Positionen von Rahmenverträgen für Bestellungen zu sperren, müssen folgende Menüpunkte angewählt werden:

Rahmenvertrag ⇨ Ändern

und nach Markierung der entsprechenden Positionen:

Markieren ⇨ Sperren.

Die Sperre bleibt dann so lange im System, bis sie zurückgesetzt wird.

Überwachung

Bei der Überwachung von Rahmenverträgen ist die Anzeige der Bestellentwicklung zu einem Kontrakt interessant. Das System zeigt dabei sämtliche relevanten Abrufbestelldaten an und bietet die Möglichkeit, Wareneingänge sowie Rechnungseingänge und -werte zu einzelnen Abrufbestellungen anzuzeigen. Auswertungen zu Rahmenverträgen können ebenfalls erzeugt werden. Die entsprechende Vorgehensweise ist analog der Vorgehensweise bei der Erstellung von Auswertungen zu anderen Einkaufsbelegen.

6.1.7   **Materialdisposition**

Die Disposition gibt den Zeitpunkt und die Höhe des Bedarfs eines Materials vor. Sie tritt als deterministische Disposition (auf Stücklisten und externen Bedarf zurückgreifend) innerhalb der Produktionsplanung und als verbrauchsgesteuerte Disposition, unter Berücksichtigung zurückliegender Verbrauchswerte, innerhalb der Materialwirtschaft auf.

Die **Dispositionsverfahren**, die einzelnen Materialstammsätzen zugeordnet sind, erzeugen Meldungen bzw. Bestellanforderungen aufgrund der im Materialstammsatz vorgegebenen Kriterien. Diese können das Erreichen des Meldebestands oder eines Bestellzeitpunkts, ermittelt auf der Basis eines Prognosemodells, sein. Beispiele für Prognosemodelle sind das Konstant-, das Trend- und das Saisonmodell.

Bestellmengen-ermittlung

Die Ermittlung der Bestellmenge erfolgt über ein Losgrößenverfahren, das vom Disponenten festgelegt wird. Es wird zwischen **statischen**, **periodischen** und **dynamischen** Losgrößenverfahren unterschieden.

Statische Losgrößenverfahren

Bei statischen Verfahren werden nur feste Losgrößen ohne Berücksichtigung des künftigen Bedarfs festgestellt. Innerhalb dieses Verfahrens wird nach exakter Losgröße, die der Fehlmenge entspricht, fester Losgröße und „Auffüllen bis zum Höchstbestand" unterschieden.

Periodische Losgrößenverfahren

Bei periodischen Verfahren wird der Gesamtbedarf, der für eine bestimmte Zeitperiode anfällt, zu einem Los zusammengefaßt, welches dann der Bestellmenge entspricht.

Dynamische Losgrößenverfahren

Dynamische Verfahren unterstützen den Einkäufer bei der Ermittlung der optimalen Bestellmenge, d. h. der Bestellmenge, bei der optimale Lager- und Beschaffungskosten erreicht werden. Innerhalb dieser Verfahren wird nach dem Verfahren der **gleitenden Losgröße** und der **dynamischen Planungsrechnung** unterschieden. In beiden Fällen werden die Bedarfe akkumuliert. Beim Verfahren der gleitenden Losgröße geschieht das solange, bis eine minimale Gesamtkostensumme, die sich aus Lager- und Bestellkosten zusammensetzt, erreicht wird. Bei der dynamischen Planungsrechnung hingegen werden von einem Unterdeckungstermin ausgehend, die Bedarfe solange akkumuliert bis die zusätzlichen Lagerkosten größer als die auflagefixen Bestellkosten sind.

Toleranzen

Toleranzen, wie **Mindestlosgröße** und **maximale Losgröße** sowie **Rundungswerte**, werden bei der Ermittlung der Bestellmenge ebenfalls berücksichtigt.

Festlegung des Liefertermins

Die Festlegung des Liefertermins erfolgt aufgrund definierter Kriterien, wie Freigabetermin, Planlieferzeit und Wareneingangsbearbeitungszeit, ebenfalls automatisch.

Die Materialdisposition (Materialbedarfsplanung) und die Bestandsführung gehören zu den Bereichen der Materialwirtschaft, die den Materialbestand steuern (siehe hierzu Abb. 6.18):

Abb. 6.18
Verbindungen der Bestandsführung und der Materialdisposition zur Steuerung des Materialbestands

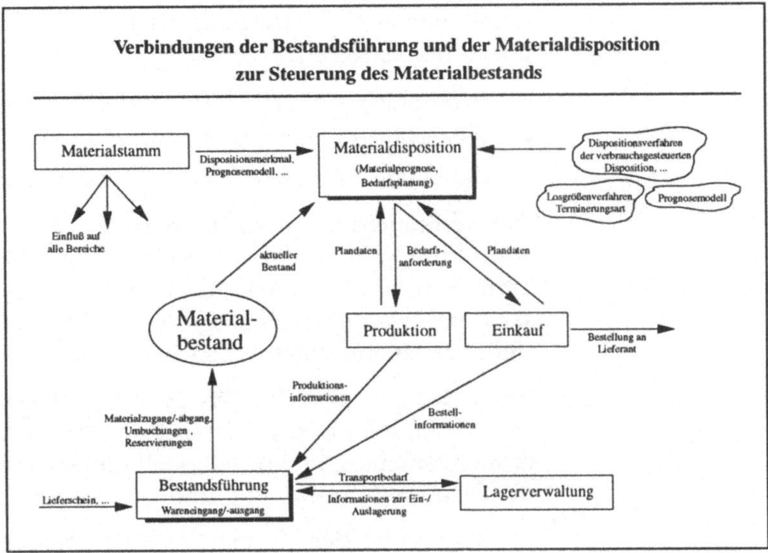

Materialdisposition

Die Materialdisposition (Bedarfsanforderung) ermittelt in Abhängigkeit von den Materialstammdaten, vom aktuellen Materialbestand und von den Plandaten der Produktion bzw. des Einkaufs den Bedarf eines Materials. Das für die Disposition benötigte Dispositionsverfahren (z. B. ein Verfahren der verbrauchsgesteuerten Disposition) sowie das Losgrößenverfahren, die Terminierungsart und das Prognosemodell werden durch die Stammdaten des jeweiligen Materials festgelegt. Bei der Durchführung der Materialdisposition wird auf die zur Verfügung stehenden Verfahren und Modelle zugegriffen.

Das Ergebnis der Materialdisposition wird an die Produktion bzw. an den Einkauf weitergeleitet, um eine entsprechende Produktion bzw. Bestellung zu veranlassen.

Bestandsführung

Die Bestandsführung verändert den aktuellen Materialbestand durch das Verbuchen von Materialzu- und -abgängen, durch Umbuchungen oder durch Reservierungen. Einen Einfluß auf die Bestandsführung haben in diesem Zusammenhang die Materialstammdaten, die Produktion, der Einkauf, der Warenein- und -ausgang sowie die Lagerverwaltung.

Die verbrauchsgesteuerte Disposition wird, wie die Leitteileplanung und die plangesteuerte Disposition, für die Materialdisposition verwendet. Bei ihr handelt es sich um einen Sam-
melbegriff für Verfahren, die sich am Verbrauch des Materials
orientieren und vorwiegend für die nachfolgenden Materialdis-
positionen eingesetzt werden:

- Materialdisposition in Bereichen ohne eigene Fertigung
- Materialdisposition von B- und C-Teilen (ABC-Analyse)
- Materialdisposition von Hilfs- und Betriebsstoffen

Die verbrauchsgesteuerte Disposition ermittelt, in Abhängigkeit
vom ausgewählten Verfahren, welches Material zu welchem
Termin in welcher Menge benötigt wird. Bei der Ermittlung dieser Daten werden auch Losgrößenverfahren und - je nach Dispositionsverfahren - auch Prognosen verwendet.

Beim *Anlegen/Ändern* eines Materials im Materialstamm, erfolgt
die Verknüpfung zum jeweiligen Dispositionsverfahren, Losgrößenverfahren, Prognosemodell und zu weiteren Daten, die für
die Disposition notwendig sind.

Die Ergebnisse der Materialdisposition mit verbrauchsgesteuerten
Dispositionsverfahren können in Form einer **Dispositionsliste**
oder einer Bestands-/Bedarfsübersicht angezeigt und bearbeitet
werden. In Abhängigkeit von den Ergebnissen erfolgt die Erstellung von Bestellvorschlägen (Bedarfsanforderungen) für den
Einkauf bzw. für die Produktion.

Bei den **Dispositionsverfahren der verbrauchsgesteuerten
Disposition** handelt es sich um die manuelle bzw. maschinelle
Bestellpunktdisposition und um die stochastische Disposition.
Die Abb. 6.19 zeigt die Einordnung dieser Verfahren in die bei
der Materialdisposition zur Verfügung stehenden Verfahren.

Abb. 6.19
Dispositionsverfahren
bei der Material-
disposition

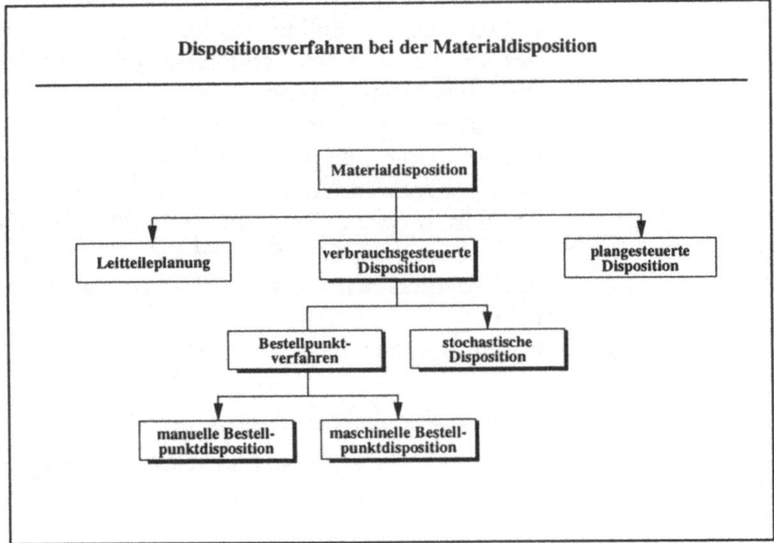

Bei den **Bestellpunktverfahren** wird der verfügbare Bestand
eines Materials mit dessen Meldebestand verglichen. Wenn dabei
der verfügbare Bestand den Meldebestand unterschreitet, kommt
es zur Generierung eines Bestellvorschlags. In diesem Zusammenhang wird auch der Sicherheitsbestand, das Losgrößenverfahren, die Plandaten aus Produktion bzw. Einkauf und die
Vorwärtsterminierung mitberücksichtigt.

Die **maschinelle Bestellpunktdisposition** unterscheidet sich
zur manuellen dadurch, daß sie nicht den im Materialstamm festgelegten Melde- und Sicherheitsbestand verwendet, sondern diese Bestände durch bisherige Verbrauchswerte ermittelt.

Bei der **stochastischen Disposition** wird in regelmäßigen Abständen (Tage, Wochen, Monate oder Buchhaltungsperioden)
maschinell mit Hilfe eines Prognoseverfahrens der zukünftige
Materialbedarf ermittelt. Dieser Materialbedarf wird dann mit dem
verfügbaren Bestand verglichen. Wird hierbei eine Unterdeckung
festgestellt, kommt es zur Erzeugung eines Bestellvorschlags. In
diesem Zusammenhang wird, wie bei den Bestellpunktverfahren,
der Sicherheitsbestand, das Losgrößenverfahren und die Plandaten aus der Produktion bzw. Einkauf berücksichtigt. Bei der
Terminierung hingegen handelt es sich um die Rückwärsterminierung.

Bei den zur Verfügung stehenden Losgrößenverfahren handelt es sich um verschiedene **statische, periodische** und **optimierende Losgrößenverfahren**. Die Abb. 6.20 zeigt einen Überblick über diese Verfahren. Bei der maschinellen Bestellpunktdisposition und der stochastischen Disposition können dabei alle Verfahren angewendet werden. Bei der manuellen Bestellpunktdisposition hingegen sind nur statische Verfahren erlaubt. Hierbei ist zu beachten, daß dies nicht durch das System überprüft wird und so nicht zu den gewünschten Ergebnissen der Materialdisposition führen kann.

Abb. 6.20
Losgrößenverfahren
bei der Material-
disposition

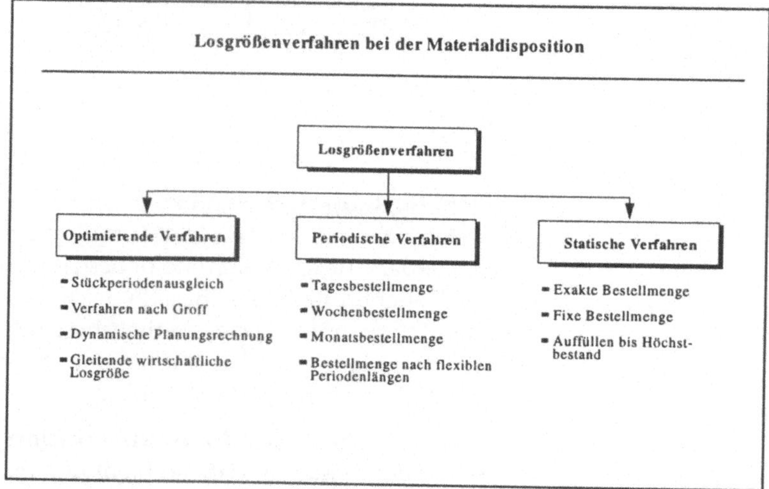

Prognosemodelle

Bei den Prognosemodellen handelt es sich um das **Konstant-, Trend-, Saison-** und **Trend-/Saisonmodell**. Hinter diesen Modellen verbergen sich verschiedene **Prognoseverfahren**. Einen Überblick über diese Verfahren zeigt die Abb. 6.21.

Die Auswahl eines Verfahrens ist abhängig von dem Bedarfsverlauf eines Materials und kann manuell oder maschinell erfolgen. Der Bedarfsverlauf ergibt sich hierbei aus den Bedarfswerten der vergangenen Perioden.

Abb. 6.21
Prognoseverfahren für
die Materialprognose

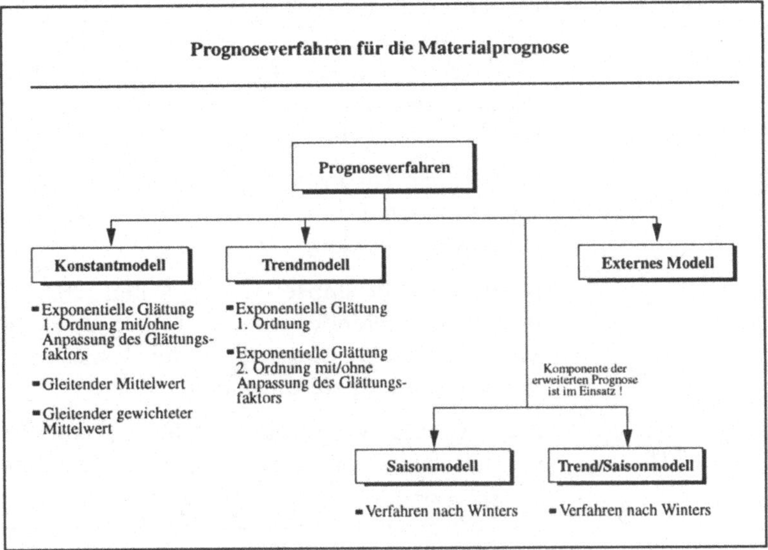

6.1.7.1 Voraussetzung für die Materialdisposition

Um für ein Material eine Disposition mit einem verbrauchsgesteuerten Verfahren durchführen zu können, müssen zuvor im
Materialstamm die dafür notwendigen Daten dem Material zugeordnet werden. In der Regel erfolgt die Zuordnung der Daten
beim Anlegen eines Materials.

Bei den betroffenen Sichten handelt es sich um **Disposition 1**,
Disposition 2, **Disposition 3** und **Prognose**.

Disposition 1

In der Sicht Disposition 1 müssen die Grunddaten, die noch
nicht vorhanden sind, eingegeben werden. Dies betrifft vor allem
das Dispositionsmerkmal und die Dispositionsgruppe. Im Feld
Dispositionsmerkmal erfolgt die Zuordnung des Materials zu dem
gewünschten Dispositionsverfahren. In Abhängigkeit von den
Grunddaten erfolgt die weitere Eingabe für die allgemeinen Daten und Losgrößendaten. Eine Eingabe in einem Feld kann dabei
weitere Eingaben notwendig machen. Betroffene Felder werden
in diesem Zusammenhang farblich hervorgehoben. Diese Vorgehensweise ist für eine korrekte Eingabe unumgänglich, jedoch
kann sie auch sehr verwirrend sein. Bei den restlichen Sichten
erfolgt, wenn erforderlich, die Eingabe in ähnlicher Weise.

Disposition 2

In der Sicht Disposition 2 können neben den Grunddaten auch Daten für die Prognoseverarbeitung und die Bedarfsauflösung eingegeben werden. Eine Eingabe in diese Sicht ist evtl. nur dann notwendig, wenn ein Dispositionsverfahren ausgewählt wurde, welches Prognosen für die Disposition verwendet.

Disposition 3

In der Sicht Disposition 3 können ebenfalls Grunddaten und zusätzlich noch Daten für die weitere Verrechnung dem Material zugeordnet werden.

Prognose

In der Sicht Prognose werden Daten erfaßt, die für die Materialprognose verwendet werden. Neben den Grunddaten handelt es sich hierbei um Daten über die Anzahl der gewünschten Perioden und um Steuerungsdaten.

Beispiel: Wasserpumpe

Anhand einer Wasserpumpe, die als Handelsware bezogen wird, soll nun die Zuordung der notwendigen Daten erläutert werden. Die Wasserpumpe soll dabei durch die maschinelle Bestellpunktdisposition disponiert und der monatliche Bedarf durch ein Trendmodell prognostiziert werden. Die Prognose wird manuell initialisiert mit einer Bedarfsteigerung von 10 Pumpen/Monat und einem Grundbedarf von 100 Pumpen. Bei der Prognose soll der monatliche Bedarf für die nächsten 12 Monate ermittelt werden. Als Lieferzeit werden 5 Tage veranschlagt. Der Lieferbereitschaftsgrad des eigenen Lagers beträgt ca. 5%. Der Meldebestand ist bei 10 Wasserpumpen erreicht.

In der Sicht Disposition 1 müssen aufgrund dieser Angaben nachfolgende Daten eingegeben werden. Die Erfassung der Materialbezeichnung und der Basismengeneinheit ist dabei nur notwendig, wenn zum ersten Mal Daten zur Wasserpumpe erfaßt werden:

- Materialbezeichnung   =   „Wasserpumpe"
- Basismengeneinheit   =   „St" für Stück
- Dispositionsmerkmal   =   „VM" für masch. Bestellpunktdisp.
- Dispositionsgruppe   =   z. B. „0000" für keine Vorplanung
- Disponent   =   z. B. „001" für Disponent 1
- Horizontschlüssel   =   z. B. „001" für Horizontschlüssel 1
- Dispolosgröße   =   „MB" für Monatslosgröße
- Meldebestand   =   „10"
- Planlieferzeit   =   „5"

Abb. 6.22
Sicht: Disposition 1

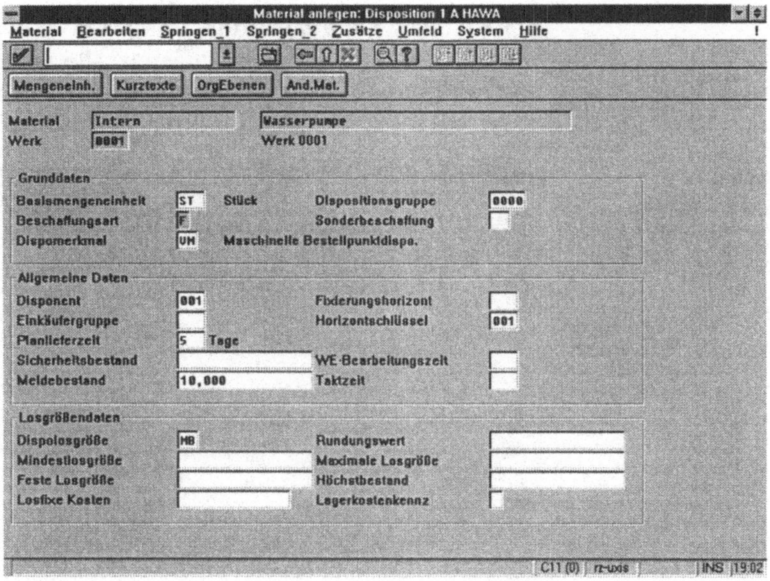

Nach der Eingabe der Daten in der Sicht Disposition 1 müssen Daten in der Sicht Disposition 2 und Prognose eingegeben werden.

Abb. 6.23
Sicht: Disposition 2

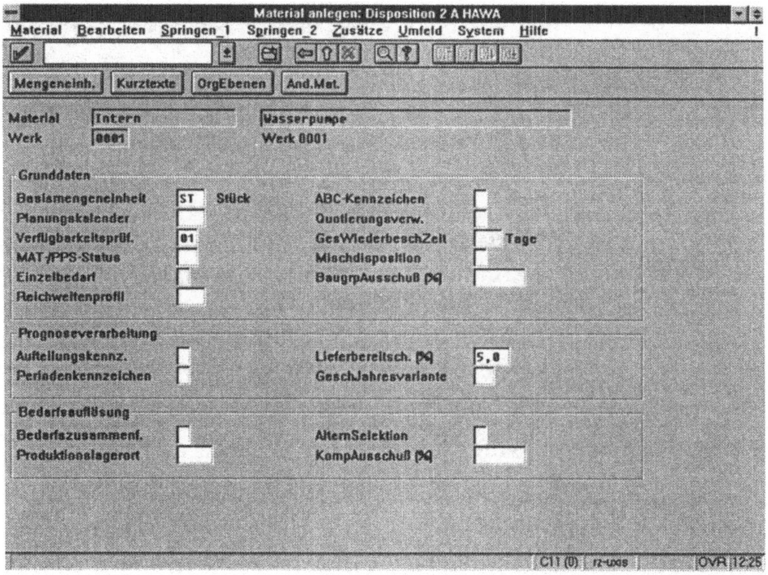

In der Sicht **Disposition 2** ist es nur notwendig, den Liefer-
bereitschaftgrad von 5% zu erfassen. Die weiteren Daten wurden
bereits durch das System vorgegeben.

Abb. 6.24
Sicht: Prognose

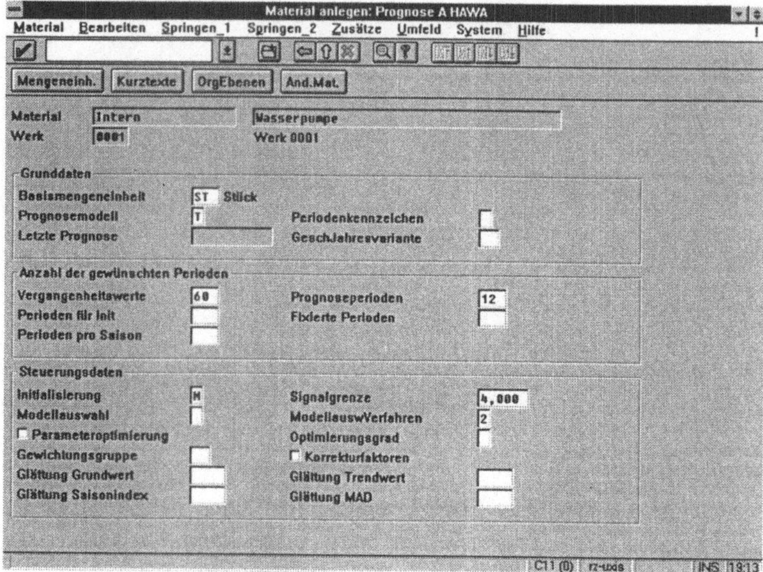

In der Sicht **Prognose** müssen die folgenden Daten eingegeben
bzw. geändert werden:

- Prognosemodell   = „T" für Trendmodell
- Initialisierung   = „M" für manuell

Die Anzahl der Prognoseperioden wurde bereits systemseitig
vorgegeben. Dies gilt auch für die anderen angegebenen Daten.
Aufgrund des Trendmodells können weitere Daten in einem zusätzlichen Fenster erfaßt werden. Bezogen auf unser Beispiel
handelt es sich vor allem um den Grundwert „100" (Bestellmenge
in der Periode 0) und um dem Trendwert „10" (Menge, um die
der Grundwert pro Periode erhöht wird). Der Grundwert wurde
dabei angenommen.

6.1.7.2   Durchführung einer Materialdisposition

Die Materialdisposition bietet eine Vielzahl von Durchführungsmöglichkeiten an. Diese können in 3 Hauptmöglichkeiten zusammengefaßt werden:

1) **Bedarfsplanung ohne Prognosen**

2) **Bedarfsplanung mit Prognosen**
(Initialisierung durch das System)

3) **Bedarfsplanung mit Prognosen**
(Initialisierung durch den Benutzer)

Die Festlegung der Hauptmöglichkeiten erfolgt im Materialstamm durch das Dispositionsmerkmal (Sicht: Disposition 1) und durch die Prognoseinitialisierung (Sicht: Prognose). Die weiteren Möglichkeiten sind dann abhängig von den getroffenen Entscheidungen bei der Materialdisposition. Die Abb. 6.25 zeigt hierzu einen Überblick:

Abb. 6.25
Möglichkeiten der
Materialdisposition

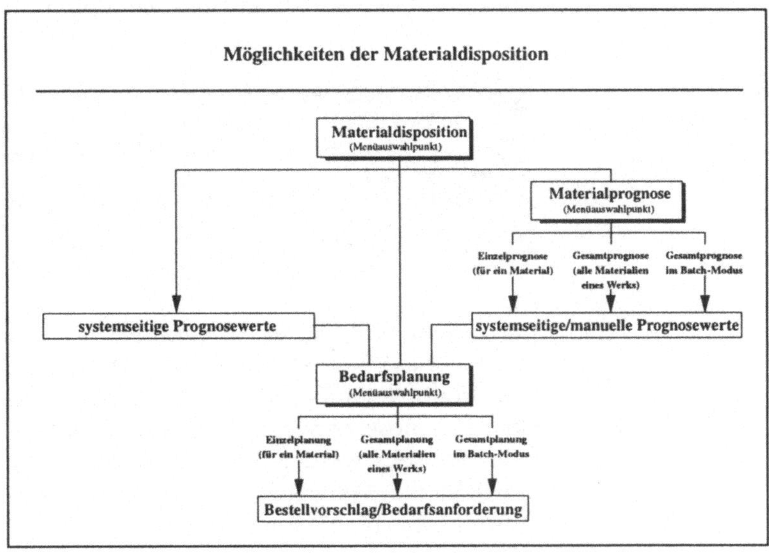

Die Materialprognose und die Bedarfsplanung erscheinen bei der Auswahl des Menüpunktes *„Materialdisposition"* als weitere Menüpunkte (siehe Abb. 6.26). Die Auswahl der Materialprognose ist nur notwendig für Materialien, deren Prognose manuell initialisiert wird oder wenn Änderungen von systemseitigen Prognosen notwendig sind.

In diesem Zusammenhang muß die Materialprognose vor der Durchführung der Bedarfsplanung erfolgen. Bei Materialien mit systemseitiger Initialisierung der Prognose kann hingegen die Bedarfsplanung sofort durchgeführt werden.

Der Weg zur Bedarfsplanung und Materialprognose führt über *Logistik ⇨ Materialwirtschaft ⇨ Materialdisposition*.

Abb. 6.26
Menüweg zur Materialprognose/Bedarfsplanung

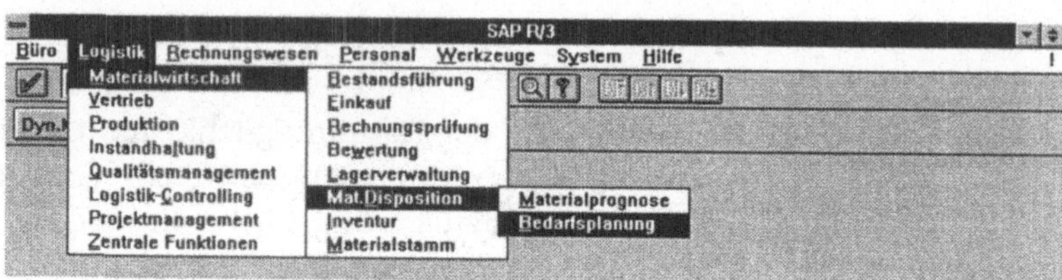

Nach der Auswahl der **Materialprognose** erhält man ein neues Fenster mit den nachfolgenden Menüpunkten.

Abb. 6.27
Fenster Materialprognose

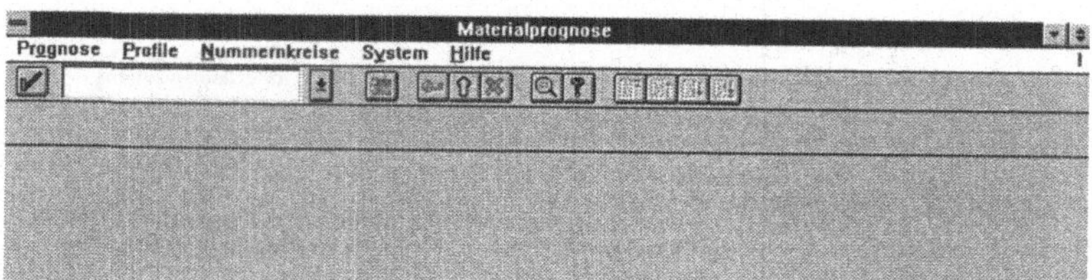

Unter dem Menüpunkt „**Prognose**" können die Möglichkeiten der Materialprognose angewendet werden. Unter „Profile" können Prognoseprofile, die als Eingabehilfe bei der Durchführung einer Prognose verwendet werden, angelegt, angezeigt, geändert oder gelöscht werden. Der Menüpunkt „**Nummernkreise**" ermöglicht die Verwaltung des Nummernkreises für Prognoseparameter bzw. für Prognosewerte.

Die Durchführung einer Materialprognose wird nun anhand des Beispiels aus dem Punkt 6.1.7.1 in Verbindung mit der Einzelprognose erläutert. Nachdem die Einzelprognose als Durchführungsart ausgewählt und Materialnummer sowie die Schlüsselnummer für ein Werk eingegeben wurden, erscheint nachfolgendes Fenster (siehe Abb. 6.20). In diesem Fenster wird die Prognose durch das Drücken des Buttons „*Ausführen*" bzw. über die Menüpunkte „*Bearbeiten*" ⇨ „*Ausführen*" gestartet.

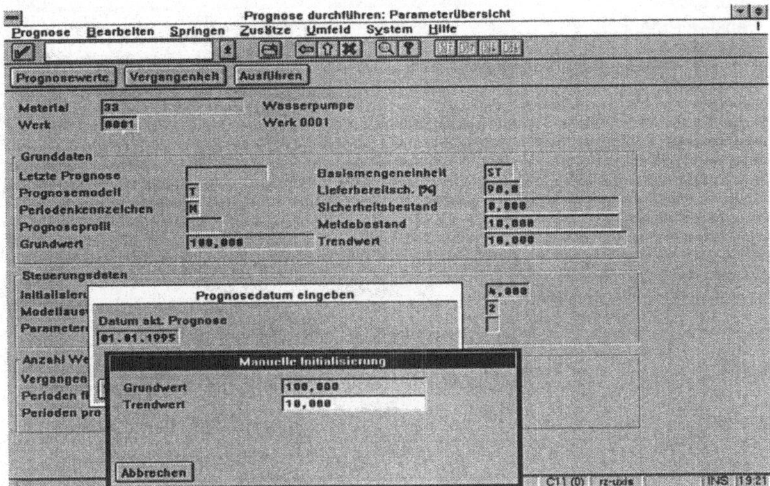

Abb. 6.28
Fenster: Prognose-
durchführung

Nach dem Drücken des Buttons bzw. nach der Menüauswahl muß in einem weiteren Fenster das aktuelle Prognosedatum eingegeben werden. Da es sich im vorliegenden Beispiel um eine monatliche Prognose handelt, wird der erste Tag des aktuellen Monats angegeben.

Wurde der Grundwert und der Trendwert beim Anlegen des Materials noch nicht erfaßt, so kann die Eingabe dieser Werte im Fenster *„Manuelle Initialisierung"* erfolgen. Nach der Eingabe des Grundwertes „100" und des Trendwertes „10", laut Beispiel, wird das Prognoseergebnis am Bildschirm angezeigt (siehe Abb. 6.29). Wurden hingegen diese Werte bereits erfaßt, so werden diese im Fenster *„Manuelle Initialisierung"* angezeigt und können dort geändert oder bestätigt werden.

Es ist zu beachten, daß das Prognoseergebnis den zuvor festgelegten Lieferbereitschaftsgrad (Prozentsatz, mit dem der Bedarf durch den Lagerbestand gedeckt wird) noch nicht berücksichtigt, da es sich hierbei um eine Initalisierung der Prognose handelt und noch kein Lagerbestand vorhanden ist.

Unter dem Menüpunkt *„Prognose"* erhält man zusätzlich die Möglichkeit, sich dieses Prognoseergebnis auch grafisch am Bildschirm anzeigen zu lassen (siehe Abb. 6.29).

Abb. 6.29
Fenster: Prognose-
ergebnis

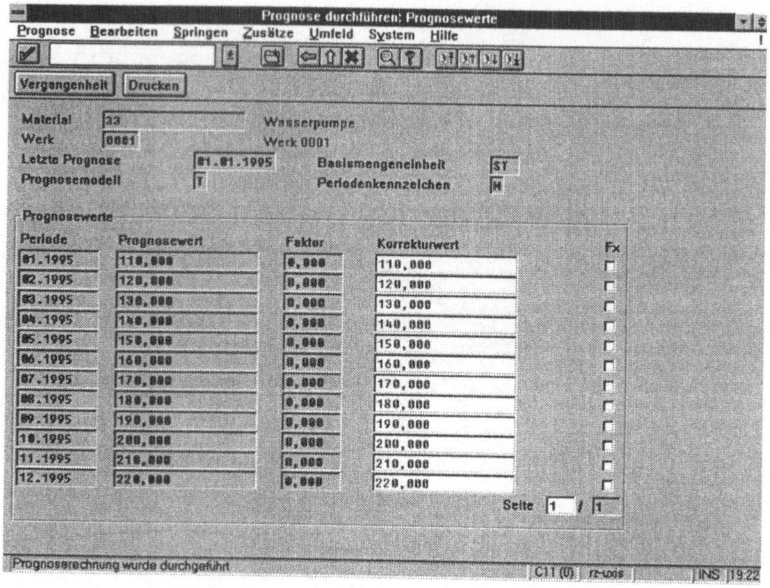

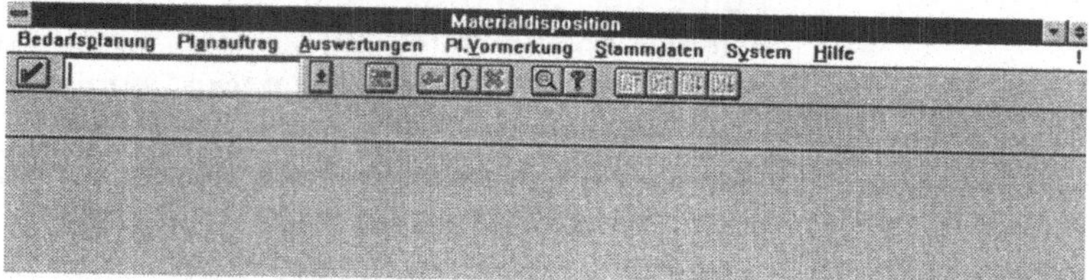

Um diese Werte bei der Bedarfsplanung zu verwenden, ist vor
dem Verlassen dieses Fensters das Speichern der Werte notwendig. Nach der Auswahl der *„Bedarfsplanung"* erhält man ein
neues Fenster mit den nachfolgenden Menüpunkten.

Abb. 6.30
Fenster: Bedarfs-
planung

Unter dem Menüpunkt *Bedarfsplanung* können die Möglichkeiten der Bedarfsplanung angewendet werden. Der Menüpunkt
Planauftrag bietet Möglichkeiten zum Bearbeiten und Anzeigen
von Planaufträgen.

Unter *Auswertungen* können die Ergebnisse der Bedarfsplanung
in Form einer Dispositionsliste bzw. einer Bestands- und Be-
darfsübersicht angezeigt werden. Bei *Pl.Vormerkung* können
Planungsvormerkungen bearbeitet und angezeigt werden. Unter
Stammdaten können Daten zu Seriennummern, zum Planungskalender und zu Quoten gepflegt werden, die für die Materialdisposition evtl. notwendig sind.

Aufbauend auf der Materialprognose, mit dem Beispiel aus dem Punkt 6.1.7.1, wird nun die Bedarfsplanung in Form einer Einzelplanung erläutert. Nach der Auswahl der *„Einzelplanung"* erscheint auf dem Bildschirm das nachfolgende Dialogfenster (siehe Abb. 6.31). Nach der Eingabe der Materialnummer und der Schlüsselnummer eines Werks werden die Steuerungsparameter für die Disposition durch das System vorgegeben. Diese Parameter können daraufhin abgeändert werden.

Wird der Steuerungsparameter für den Ablauf (*„Ergebnis anz."*) ausgewählt, so wird nach der Disposition das Ergebnis am Bildschirm angezeigt. Wird dieser Parameter nicht ausgewählt, so wird das Ende der Bedarfsplanung durch das Verschwinden der Parameterbeschreibung angezeigt. Das Ergebnis kann unter dem Menüpunkt *Auswertungen* im Fenster der Bedarfsplanung (siehe Abb. 6.31) angezeigt werden.

Abb. 6.31
Fenster: MRP-
Einzelplanung

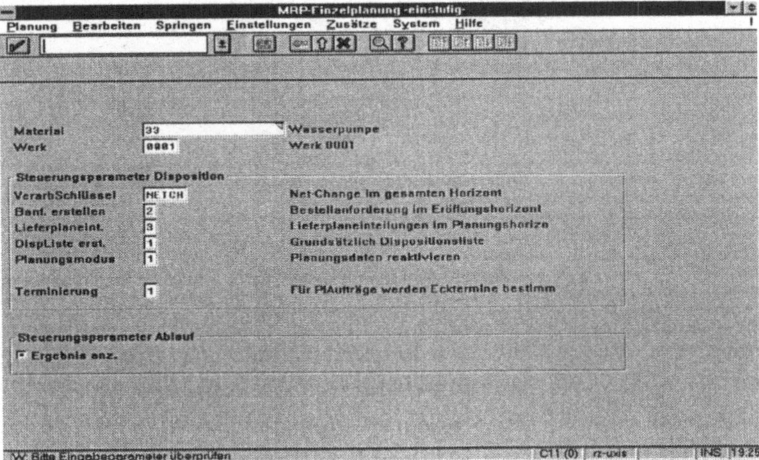

6.1.7.3   Ergebnis der Materialdisposition

Bei dem Ergebnis der Materialdisposition handelt es sich, wie bereits erwähnt, um die **Dispositionsliste** bzw. **Bestand-/Bedarfsübersicht**, aber auch um **Ausnahmemeldungen**, die während der Disposition erstellt wurden. Solche Ausnahmemeldungen treten auf bei Terminverzug, bei einem Unterterminierungs- oder Stornierungsvorschlag sowie bei Unterschreitung des Sicherheitsbestandes.

Bei der auf das Beispiel angewandten Materialdisposition ergab sich nach Beendigung der Bedarfsplanung nachfolgendes Ergebnis (siehe Abb. 6.32). Es traten keine Ausnahmemeldungen auf. Nach der Überprüfung und Speicherung des Ergebnisses kann nun durch den Einkauf die entsprechende Bestellung in die Wege geleitet werden.

Abb. 6.32
Fenster:
Dispositionsliste

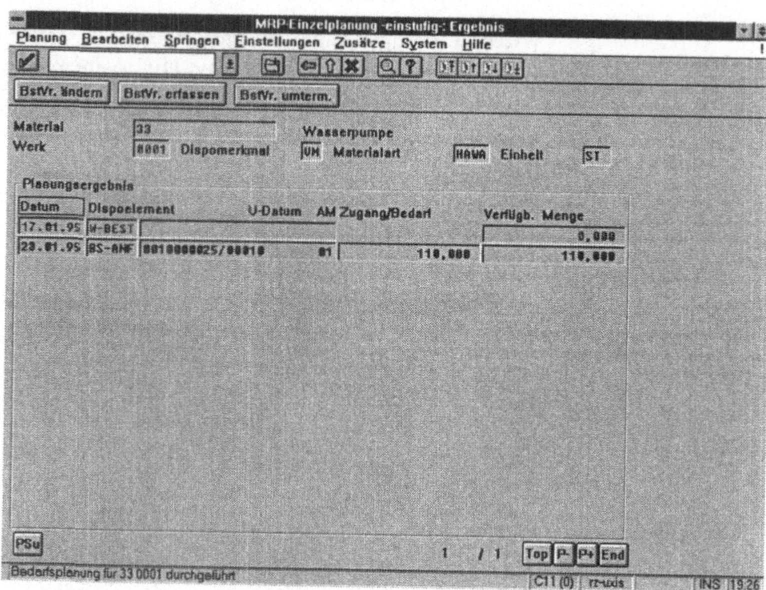

6.1.8   Auswertungen im Einkauf

Grundsätzlich können Auswertungen in den jeweiligen Menüs der Einkaufsbelege erzeugt werden. Dort werden, nach Anwahl des entsprechenden Einkaufsbelegs und des Menüpunktes *Listanzeigen*, die möglichen Selektionskriterien und Listumfangsparameter aufgelistet, nach denen eine Auswertung erstellt und deren Ausgabe eingeschränkt werden kann.

Sollen allgemeine Auswertungen erzeugt werden, das sind Auswertungen über bestimmte Einkaufsbelege, jedoch variabel summiert und aufgebaut werden, kann vom Einkaufsmenü aus über die Menüpunkte:

Bestellung ⇨ Auswertungen ⇨ Allg. Auswertungen

zum Einstiegsbild variabler Auswertungen, verzweigt werden.

Hier werden die Hauptselektionskriterien angezeigt, nach denen die Auswertung erfolgt. Nach Auswahl einer Gruppe, über die die Auswertung erstellt werden soll, kann durch Angabe der Belegart sowie weiterer Daten, wie z. B. des Zeitraums, der Umfang der Auswertung eingeschränkt werden. Nachdem alle Daten eingegeben wurden, kann die Grundliste, die vom System als Ergebnis der Auswertung angezeigt wird, mit Hilfe des Menüs *Einstellungen* und der darauffolgenden Untermenüs individuell gestaltet werden.

Bestellwertanalyse

Die Komponente Einkauf bietet über die Menüfolge

Bestellung ⇨ Auswertungen ⇨ Bestellwertanalyse

die Möglichkeit, Summenanalysen, ABC-Analysen, Analysen mit Vergleichsperiode oder Häufigkeitsanalysen durchzuführen, wobei die Möglichkeit besteht, mehrere Analysen in einem Arbeitsgang durchzuführen.

Summenanalyse und ABC-Analyse

Eine Summenanalyse gibt Auskunft darüber, wie hoch der Bestellwert bei einem bestimmten Lieferanten im Auswertungszeitraum war. In der Folge einer Summenanalyse können zu allen berechneten Summen Einteilungen nach dem ABC-Analysemodell durchgeführt werden, die sämtliche Positionen in Kategorien der Stufen **A** (sehr wichtig) bis **C** (minder wichtig) einstuft. Die Standardverteilung, die bei ABC-Analysen zugrunde liegt, wird vom System mit 70 : 20 : 10 vorgegeben.

Analyse mit Vergleichsperiode

Die im System ebenfalls implementierte Analyse mit Vergleichsperiode offeriert die Möglichkeit, Analysen einzelner Bereiche über zwei Zeiträume hinweg zu erzeugen.

Häufigkeitsanalyse

Eine Häufigkeitsanalyse gibt Aufschluß darüber, wie hoch die Einkaufsbestellwerte bei einzelnen Einkaufsorganisationen waren. Hierzu können durch Eingabe von Nettowerten bis zu vier Intervalle definiert werden, denen die anschließenden Ergebnisse zugeordnet werden.

6.1.9 Konsignation

Die Konsignation ist eine Geschäftsform, bei der ein Lieferant einen Materialbestand im Lager des Kunden auf eigene Kosten unterhält. Die Waren bleiben bis zur Entnahme aus dem Konsignationslager Eigentum des Lieferanten und werden erst mit Entnahme zum aktuellen Preis des Lieferanten bewertet. Die Warenentnahmen werden dem Lieferanten periodisch, z. B. monatlich, mitgeteilt und lösen damit eine Rechnungsstellung aus.

R/3 bietet die Möglichkeit, Waren sowohl im Konsignationsbestand als auch im Eigenbestand zu führen. Die Bestände der Konsignationsläger gehen jedoch, mit Ausnahme der in der Qualitätsprüfung befindlichen Ware, mit in die Berechnung des frei verfügbaren Bestands ein. Sollten mehrere Lieferanten Konsignationsläger mit denselben Materialien in der Unternehmung führen, so ist es möglich, sämtliche Lagerbestände zu ermitteln und bei Entnahme alle Materialien mit den jeweiligen Preisen der Lieferanten zu bewerten. Dies erleichtert die Bezugsquellenermittlung, da so der günstigste Lieferant für Konsignationslagermaterial ermittelt werden kann.

Um ein Material als Konsignationsmaterial anlegen zu können, müssen zuerst die Konsignationspreisdaten eingegeben werden. Dies geschieht dadurch, daß ein Materialstammsatz für das entsprechende Werk angelegt und der Konsignationspreis in diesem Materialstammsatz gepflegt wird. Die Bestandsdaten für das Material werden dann vom System automatisch verwaltet.

Positionstyp K

Bei der Anlage von Bestellanforderungen, Rahmenverträgen und Bestellungen muß im Unterschied zur bereits beschriebenen Beleganlage lediglich das Feld *Positionstyp* mit einem „K" versehen werden. Die weitere Erfassung geschieht analog zu der bereits bei der Anlage anderer Einkaufsbelege beschriebenen.

Wareneingänge zu Konsignationslägern können mit und ohne Bestellung erfolgen. Eine entsprechende Erhöhung des Lagerbestandes wird über die Komponente Bestandsführung erfaßt. Sollen nun die **Konsignationsverbindlichkeiten** beglichen werden, muß zuerst über die Menüfolge

Weiterverarbeitung ⇨ *KonsiVerb*

aus dem Rechnungsprüfungsmenü eine Liste, der für die ausgewählten Selektionskriterien zutreffenden Konsignationsverbindlichkeiten erstellt werden.

Die weitere Buchung der Konsignationsverbindlichkeiten wird dann über die Menüpunkte

Belegbearbeitung ⇨ *Rechnung hinzufügen*

eingeleitet. Mit Sicherung der eingegebenen Daten wird der Beleg gebucht und die Finanzbuchhaltung zur Begleichung des Betrags angewiesen.

| 6.1.10 | **Lieferantenbeurteilung** |

Die Lieferantenbeurteilung unterstützt die Verantwortlichen und SachbearbeiterInnen im Einkauf bei einer objektiven Beurteilung der Leistungen von Lieferanten, die der jeweiligen Einkaufsorganisation zugeordnet sind. Sie kann für einen oder mehrere Lieferanten durchgeführt werden, wobei die Möglichkeit besteht, Beurteilungen über Batchbetrieb in regelmäßigen Abständen automatisch zu erzeugen.

Hauptkriterien

Lieferantenbeurteilungen werden auf der Basis von vordefinierten Hauptkriterien durchgeführt, die standardmäßig

- Preis
- Lieferung
- Qualität und
- Service umfassen.

Aus diesen Hauptkriterien setzt sich eine Note zusammen, die zwischen 1 und 100 Punkten liegt. R/3 bietet die Möglichkeit, bis zu 99 Hauptkriterien zu pflegen sowie eine individuelle Gewichtung der einzelnen Hauptkriterien zu definieren. Die Hauptkriterien setzen sich wiederum aus bis zu 20 Teilkriterien zusammen, die in die Note des jeweiligen Hauptkriteriums einfließen.

Teilkriterien

Die Noten für die Teilkriterien können automatisch, teilautomatisch und manuell entstehen. Bei automatischer Generierung greift das System auf bereits vorhandene Daten, z. B. Einkaufsinfosätze sowie Daten des Qualitätsmanagements zurück, wogegen bei teilautomatischer Generierung auf Daten der Einkaufsinfosätze zurückgegriffen wird, die von dem oder der zuständigen MitarbeiterIn für einzelne Materialien gepflegt wurden. Bei manueller Eingabe wird die Note für ein ganzes Teilkriterium manuell erfaßt.

Den einzelnen **Hauptkriterien** sind standardmäßig folgende **Teilkriterien** zugeordnet:

• **Preis**	Preisentwicklung, Preisniveau
• **Qualität**	Qualitätsaudit, WE-Prüfungen, Reklamationen aus der Produktion
• **Lieferung**	Liefertermintreue, Mengentreue, Versandvorschrift
• **Service**	Teilautomatische Kriterien: Zuverlässigkeit, Kundendienst, Innovation

Aus diesen Teilkriterien wird die Note für die jeweiligen Hauptkriterien errechnet.

Werden teilautomatische Noten für ein Material gepflegt, gehen diese Noten automatisch mit in eine Lieferantenbeurteilung ein. Sind keine Noten gepflegt, greift das System lediglich auf die verfügbaren Daten zur Ermittlung automatischer Kriterien zurück.

Um eine **Lieferantenbeurteilung** durchzuführen, müssen folgende Menüpunkte angewählt werden:

Stammdaten ⇨ *Lieferantenbeurteilung* ⇨ *Pflegen*

Nachdem der Schlüssel für die Einkaufsorganisation und des zu beurteilenden Lieferanten eingegeben wurde, wird nach Drücken der ⌈Enter⌉-Taste in die Übersicht der Lieferantenbeurteilung verzweigt, in welcher die für die Einkaufsorganisation gepflegten Hauptkriterien angezeigt werden. Nach Eingabe des **Gewichtungsschlüssels** für die einzelnen Hauptkriterien kann über Anwahl der Menüpunkte

Bearbeiten ⇨ *Auto.Neubeurteilung*

die Gesamtnote des Lieferanten ermittelt werden.

Nach einer Beurteilung besteht die Möglichkeit, die Daten, auf deren Basis die Note für ein Teilkriterium ermittelt wurden, in einem Protokoll anzuzeigen.

Selbstverständlich können auch Neubewertungen für einzelne Hauptkriterien erzeugt werden, ohne eine Gesamtnote zu erzeugen.

Automatische
Neubeurteilung

Soll die Veränderung der Noten gegenüber einer vorherigen Beurteilung angezeigt werden, kann dies über die Funktion *Automatische Neubeurteilung* erfolgen. Über diese Funktion kann ebenfalls eine Liste erzeugt werden, die sämtliche Lieferanten umfaßt, für die seit einem einzugebenden Zeitpunkt keine Neubeurteilung mehr durchgeführt wurde. Für eine Vergleichsbeurteilung werden nur die automatischen und teilautomatischen Noten neu ermittelt, wogegen die manuell erfaßten Noten unverändert in die Beurteilung eingehen, was gewährleistet, daß das Bild der Lieferantennote nicht verzerrt wiedergegeben wird.

Nach Überprüfung der alten und neuen Noten kann die neue Beurteilung gesichert werden, um als Basis für eine nächste dienen zu können.

6.1.10.1 Systeminterne Notenberechnung

Gesamtnote

Die Ermittlung der Gesamtnote sowie der Noten für die Hauptkriterien erfolgt auf der Basis von eingegebenen Gewichtungsfaktoren. Die Gewichtungsanteile der Hauptkriterien für die Ermittlung der Gesamtnote werden neben den jeweiligen Hauptkriterien als Prozentwert angezeigt. Hierzu rechnet das System die eingegebenen Gewichtungsfaktoren für jedes Kriterium in einen Prozentwert um. Wird nun eine Lieferantenbeurteilung gestartet, errechnet das System anhand dieser Prozentsätze die Gesamtnote sowie die Noten für die Hauptkriterien, indem die darunterliegenden Noten entsprechend ihrem prozentualen Anteil in die Beurteilung einbezogen werden.

Teilnoten

Die Ermittlung der Noten für die vollautomatischen **Teilkriterien** hingegen erfolgt aufgrund von Steuerparametern, die im Rahmen der Systemeinstellungen gepflegt werden. Diese Steuerparameter beinhalten Punktvorgaben für die Bewertung prozentualer Abweichungen von Soll- oder Durchschnittswerten, die der Ermittlung einer, für eine einzelne Lieferung bzw. Qualitätsprüfung geltenden Note als Grundlage dienen. Die so ermittelte Einzelnote wird im Anschluß geglättet, d. h. in einem bestimmten Verhältnis in die bereits bestehende Note eingerechnet und trägt so zur Fortschreibung der Note des Teilkriteriums bei.

Sonderfälle bei der Ermittlung der Noten für Teilkriterien werden auch hier beachtet. So besteht z. B. bei der Ermittlung des Preisniveaus eines Lieferanten die Möglichkeit, die Benotung zu beeinflussen, wenn es für ein Material nur einen Lieferanten gibt. Dies kann dann verhindern, daß ein monopolistischer Anbieter aufgrund eines fehlenden Marktpreises eine gute Benotung für seine Preise erhält.

Werden Noten für **Teilkriterien teilautomatisch** ermittelt, so müssen die zur Ermittlung heranzuziehenden Daten zuerst auf Infosatzebene eingegeben, d. h. für jedes einzubeziehende Material manuell erfaßt werden. Wird dann eine Beurteilung gestartet, ermittelt das System den Durchschnitt der Einzelnoten, der die Note für das Teilkriterium darstellt.

6.1.10.2 Auswertungen über Lieferantenbeurteilungen

Das R/3-System offeriert die Möglichkeit, Auswertungen zu bereits bestehenden Lieferantenbeurteilungen zu erzeugen. Über diese Auswertungen sind zum Beispiel Aussagen darüber möglich, welcher Lieferant in Bezug auf alle Materialien, bestimmte

Warengruppen oder auch nur ein Material am besten abgeschnitten hat. Ferner sind sowohl Auswertungen bezüglich einzelner Hauptkriterien als auch Beurteilungsvergleiche, die die allgemeine Beurteilung eines Lieferanten mit seiner Beurteilung im Bezug auf nur ein bestimmtes, von ihm geliefertes Material vergleicht, durchzuführbar.

Auswertungen erzeugen

Um Auswertungen zu erzeugen, müssen die Menüpunkte

Stammdaten ⇨ Lieferantenbeurteilung ⇨ Listanzeigen

angewählt werden.

Im Anschluß an diese Wahl werden die Auswertungen:

- Hitliste der Lieferantenbeurteilung,
- Beurteilung zur Material- bzw. Materialgruppe,
- alle Lieferanten, die keine Beurteilung haben sowie
- alle Lieferanten, die seit einem bestimmten Datum nicht mehr beurteilt wurden

angeboten.

Um einen **Beurteilungsvergleich** (siehe Abb. 6.33) zu erzeugen, müssen die Menüpunkte

Stammdaten ⇨ Lieferantenbeurteilung ⇨ Beurt.Vergleich

angewählt werden.

Um Auswertungen zu erstellen, müssen die Intervalle der Daten eingegeben werden, auf die sich die Auswertung beziehen soll sowie eine Einschränkung der Listumfangsparameter vorgenommen werden. Nach der Eingabe einer Vergleichsebene oder eines Stichdatums kann die Auswertung gestartet werden.

Hitliste der Lieferantenbeurteilung

Eine Besonderheit bei der Anzeige von Auswertungen weisen Hitlisten auf. Hier wird ein zusätzliches Feld generiert, das die Abweichung der einzelnen Lieferanten vom Mittelwert anzeigt. Dies ist vor allem dann von Interesse, wenn sich die Auswertung auf bestimmte Materialien bezieht.

Abb. 6.33
Materialvergleich

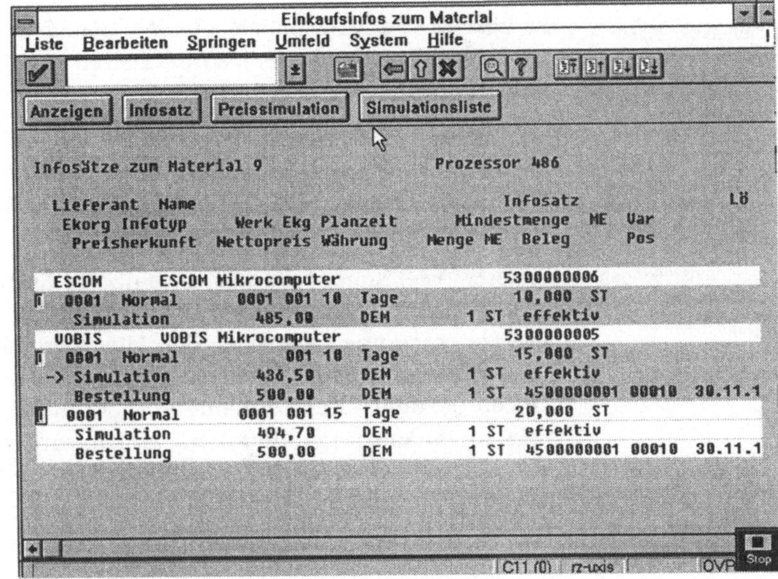

6.1.10.3   Systemeinstellungen

SAP geht davon aus, daß die Systemeinstellungen zur Lieferantenbeurteilung von der jeweiligen Einkaufsorganisation gepflegt werden. Um eine individuell zugeschnittene Beurteilung oder Auswertung erzeugen zu können, bedarf es einiger Einstellungen, die in das Gebiet der Systemsteuerung fallen. Zu beachten ist, daß es Systemeinstellungen geben kann, die für alle Einkaufsorganisationen gelten und welche, die nur für eine oder mehrere Einkaufsorganisationen gültig sind. **Allgemeine Einstellungen** sind der Gewichtungschlüssel, Kriterien, Listumfang sowie der inhaltliche Umfang der Hitliste. Werden für einzelne Einkaufsorganisationen **individuelle Einstellungen** getroffen, hier sind Steuerungsparameter, Beurteilungskriterien, Gewichtungsschlüssel und Punktewerte als automatische Teilkriterien möglich, gelten diese vor den allgemeinen Einstellungen.

Gewichtungsschlüssel

Zusätzlich zu den vorgegebenen Gewichtungsschlüsseln 01, der sämtliche Kriterien gleich und 02, der die Kriterien Preis, Qualität, Lieferung und Service im Verhältnis 5:3:2:1 bewertet, können weitere Gewichtungsschlüssel definiert werden.

Kriterien einstellen

Es besteht die Möglichkeit, zu den bereits existierenden Hauptkriterien bis zu 99 weitere zu definieren und die jeweiligen Teilkriterien dazu festzulegen.

Der Inhalt von Hitlisten wird über die Listumfangsparameter und die Eingabe der anzuzeigenden Daten bestimmt, wobei zusätzliche Listen erzeugt und deren Umfang individuell eingeschränkt werden können.

Systemeinstellungen pro Einkaufsorganisation

Systemeinstellungen, die nur für einzelne Einkaufsorganisationen gelten, stellen ebenfalls wesentliche Merkmale zur Beeinflussung von Lieferantenbeurteilungen dar. Hier werden Glättungsfaktoren zur Einbindung neuer Daten in bestehende Beurteilungen, Toleranzen bezüglich der Termintreue, Zuordnungen von Hauptkriterien zu Einkaufsorganisationen, einkaufsorganisationsspezifische Gewichtungsschlüssel der Hauptkriterien und vieles mehr gepflegt.

Hinweis

Vor Aufbau eines umfangreichen Lieferantenbeurteilungssystems sollten diese Parameter unbedingt mit den im Einkauf Verantwortlichen besprochen und entsprechend eingerichtet werden.

6.2   Bestandsführung

6.2.1   Aufgaben der Bestandsführung

Zu den Aufgaben der Bestandsführung (Komp. IM) gehören:

- Erfassung aller Materialbewegungen in Wareneingang, Qualitätskontrolle, Lager;

- mengen- und wertmäßige Führung der Materialbestände;

- Erstellung von Belegen, die die Grundlagen für die Mengen- und Wertfortschreibung bilden und gleichzeitig als Nachweis für die Bewegungen dienen;

- die Planung, Erfassung und der Nachweis von Warenbewegungen;

- das Bestandscontrolling und

- Unterstützung der Inventur.

Mit der Realisierung dieser Aufgaben sind die Voraussetzungen gegeben, die Aufgaben der Bestandsführung im Sinne einer vorausschauenden Disposition zu erweitern und zwar durch:

- Anpassung des verfügbaren Bestandes anhand der aktuellen Bedarfs- und Bestandssituation und, wenn nötig, durch Generierung von Planvormerkungen für das Material;

- Fortschreiben der statistischen Daten über die Verbrauchsentwicklung als Ausgangsbasis für statistische Bedarfsvorhersageverfahren.

Im folgenden soll anhand von einigen Beispielen der Einsatz dieses Moduls gezeigt werden. Es kann und soll keine Bedienungsanleitung darstellen, sondern nur einen Überblick über die Möglichkeiten in diesem Bereich des SAP-Systems gewähren. Als Bedienungsanleitung sei auf die SAP-Dokumentation verwiesen.

6.2.2   Warenbewegungen

Zunächst ist zu definieren, was sich hinter dem Begriff Warenbewegung verbirgt; man versteht darunter:

Definition

- Wareneingang

- Warenausgang

- Umlagerung

- Umbuchung

Zu jeder einzelnen dieser Bewegungen bietet das SAP-System noch eine Vielzahl von feineren Untergliederungen. Da sich diese in der Anwendung lediglich in ihrer Bewegungsartnummer unterscheiden, soll hier nur auf einige ausgewählte näher eingegangen werden.

6.2.3 Belegkonzept

Wie auch in jeder konventionellen (nicht EDV-gestützten) Bestandsführung, wird auch im R/3-System für jede Materialbewegung ein Beleg erzeugt. Auch hier gilt:

Keine Buchung ohne Beleg!

Dabei gibt es zwei Arten von Belegen:

Belegarten

* den **Materialbeleg**:
  er wird bei jeder Bewegung erzeugt und
* den **Buchhaltungsbeleg**:
  er wird nur erzeugt, wenn die Bewegung Auswirkungen auf die Buchhaltung hat.

Wichtig !

Wurde ein Beleg gebucht, kann er nicht mehr verändert werden, sondern muß mit einem neuen Beleg storniert werden.

6.2.4 Materialinformationen

Das Modul IM bietet folgende Informationen zu einem Material an:

* Auflistung von gebuchten Materialbelegen
* Bedarfs-/Bestandslisten zu einem Material
* Lagerbestandslisten
* Liste stornierter Materialbelege

Am folgenden Beispiel soll näher betrachtet werden, wie man Informationen über den Lagerbestand eines Materials erhält:

Über

Logistik ⇨ *Materialwirtschaft* ⇨ *Bestandsführung* ⇨ *Umfeld* ⇨ *Bestand* ⇨ *Bestandsübersicht*

erhält man folgendes Einstiegsbild:

Abb. 6.34
Einstieg:
Bestandsübersicht

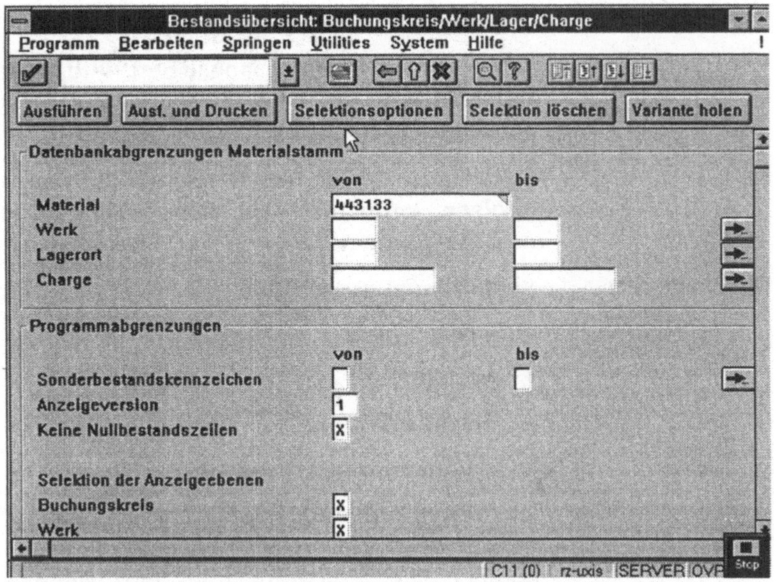

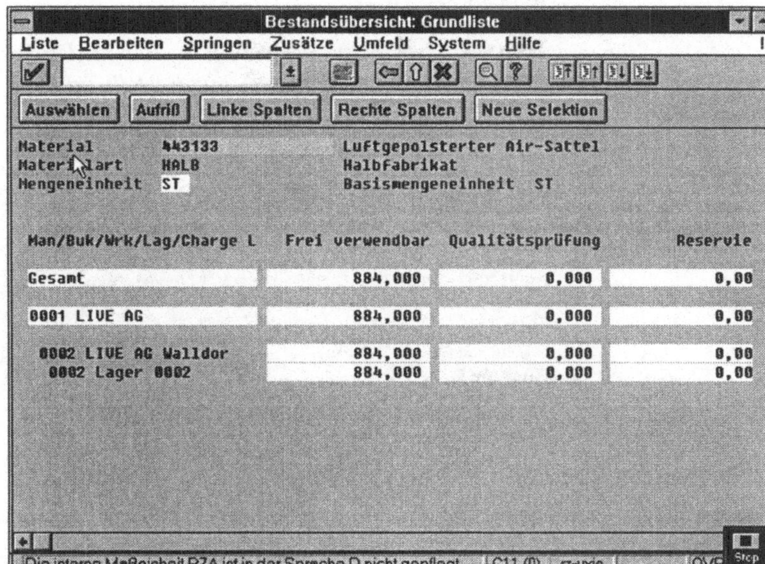

Nach Eingabe der Materialnummer (mit den übrigen Eingaben
kann man die Anzeige einschränken) erhält man die folgende
Auflistung der Bestände dieses Materials:

Abb. 6.35
Grundliste

6.2.5   **Wareneingang zur Bestellung**

Sobald Ware am Lager angeliefert wird, muß diese von der Bestandsführung als Wareneingang gebucht werden. Erst danach kann die Ware wirklich eingelagert werden.

Da Lieferungen normalerweise immer aufgrund einer Bestellung erfolgen, kann man sich beim Wareneingang hierauf beziehen und die Rahmendaten von dort übernehmen.

Bestimmungsorte

Als Bestimmungsorte kommen folgende in Frage:

- Lager

- Verbrauch

- Qualitätsprüfung

- Wareneingangssperrbestand

Die ersten drei erklären sich von selbst, der Wareneingangssperrbestand dient dazu, eine Lieferung unter Vorbehalt anzunehmen, jedoch noch nicht fest einzulagern.

Auch hier gilt wieder, daß das R/3-System noch eine Vielzahl von feineren Bewegungsarten kennt, diese unterscheiden sich im Schlüssel der Bewegungsart.

Ablauf einer Wareneingangsbuchung

In der Praxis läuft die Buchung eines Wareneingangs folgendermaßen ab: Über

Logistik ⇨ Materialwirtschaft ⇨ Bestandsführung ⇨ Warenbewegung ⇨ Wareneingang ⇨ Zur Bestellung

gelangt man in folgendes Einstiegsbild:

Abb. 6.36
Einstieg: Wareneingang zur Bestellung

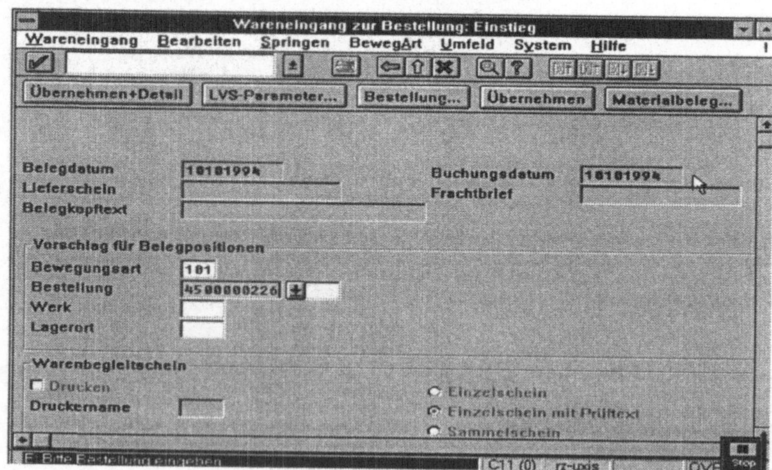

Nach Eingabe der Bewegungsart und der Bestellung, auf die sich der Eingang beziehen soll, muß man die Positionen der Bestellung anwählen, die geliefert wurden. Im darauf erscheinenden Bildschirm muß die tatsächlich gelieferte Menge eingegeben und *„Buchen"* angewählt werden:

Abb. 6.37
Wareneingang zur
Bestellung (Details)

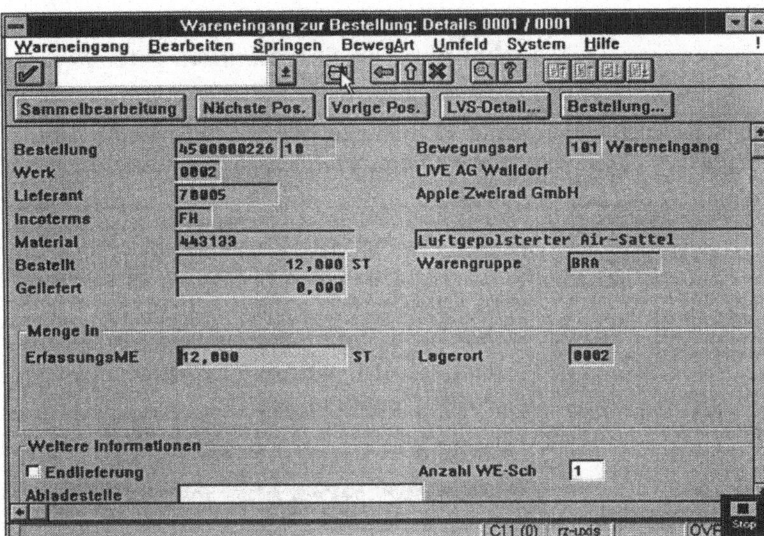

Wurde die gesamte Menge geliefert, wird die entsprechende Position der Bestellung gelöscht. Ansonsten bleibt der noch zu liefernde Teil bestehen. Will man anzeigen, daß keine Restlieferung mehr erwartet wird, obwohl nicht die gesamte Menge geliefert wurde, hat man die Möglichkeit *„Endlieferung"* zu markieren.

Sobald *„Buchen"* angewählt wurde, wird für das System die Ware angenommen, daraufhin wird ein Transportbedarf (siehe hierzu Punkt 6.3.5) generiert, worauf die Ware physisch eingelagert wird.

6.2.6   Warenausgang

Auch ein Warenausgang muß dem System mitgeteilt werden. Als Bestimmungsorte kommen dabei in Frage:

Bestimmungsorte

- Kunden
- Produktion
- Sonstige interne Verwendung
- Rücklieferungen an Lieferanten

Rücklieferungen an Lieferanten kommen nur in Frage, wenn ein Mangel an der Ware festgestellt wurde.

Normalerweise wird ein Warenausgang schon einige Zeit vor der eigentlichen physischen Bewegung geplant, damit sich die Produktion darauf einstellen kann.

Reservierungen   Durch Reservierungen kann ein Material zu einem bestimmten Zeitpunkt für einen bestimmten Zweck bereitgehalten werden.

„Reservierung.scm"

Über

Logistik ⇨ *Materialwirtschaft* ⇨ *Bestandsführung* ⇨ *Reservierung* ⇨ *Anlegen*

gelangt man in ein Einstiegsbild, in dem die geplante Bewegungsart (im Beispiel Verbrauch für Verkauf 251) sowie der geplante Liefertermin ausgewählt wird. Nach Anwahl von *„neue Position"* wird zur Eingabe der Kostenstelle aufgefordert (hier: Verkauf Inland). Wurde auch diese eingegeben, gelangt man zu folgender Eingabemaske:

Abb. 6.38
Reservierung anlegen

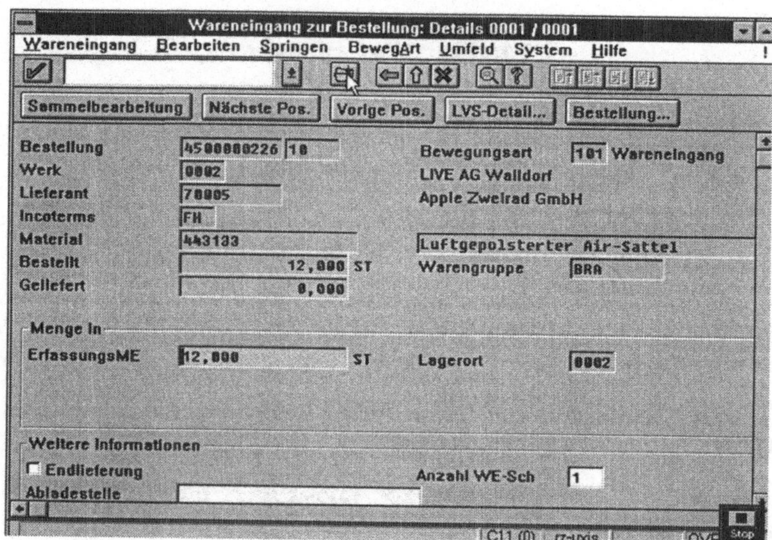

Es wird nun festgelegt, wieviel von welchem Material reserviert werden soll. Durch Anwählen von *„Buchen"* wird die Reservierung abgeschlossen.

Der **Warenausgang** erfolgt dann abschließend über:

Logistik ⇨ Materialwirtschaft ⇨ Bestandsführung ⇨ Warenausgang

Zum vorherbestimmten Liefertermin muß dann nur noch auf die Reservierung Bezug genommen und gebucht werden, daraufhin ist für das System die Ware nicht mehr im Bestand. Automatisch wird dabei ein Transportbedarf erzeugt.

Abb. 6.39
Vorlage:
Reservierung

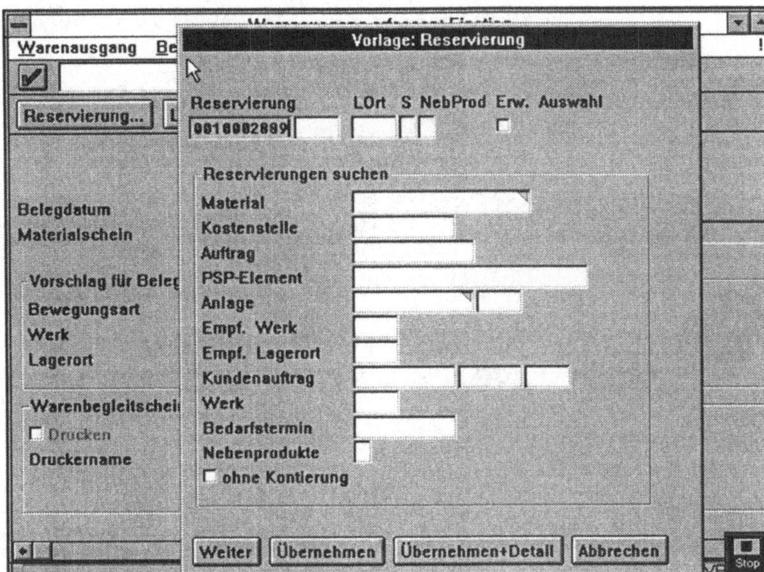

Weiterhin besteht die Möglichkeit, die entsprechende Reservierung suchen zu lassen.

6.2.7   Umbuchung / Umlagerung

Bei **Umbuchungen** findet keine wirkliche Umlagerung statt, die Bestände werden lediglich in den Büchern verändert. Verliert Ware bspw. durch Lagerung an Qualität, so muß sie einer anderen Handelsklasse zugeordnet werden. Es erfolgt lediglich eine Umbuchung von einem an ein anderes Material.

Bei **Umlagerungen** handelt es sich zwar um physische Bewegungen, jedoch nur innerhalb eines Unternehmens, daher sind sie getrennt von Warenein/-ausgängen zu betrachten.

Da diese Bewegungen bis auf die Bewegungsnummer gleich wie Ein/Ausgänge behandelt werden, wird auf ein Beispiel mit Screenshots verzichtet.

Sonstige Waren-
bewegungen

Als sonstige Bewegungen seien noch erwähnt:

- Zu/Abgänge in den Qualitätsprüfbestand

- Verschrottung/Vernichtung aus dem frei verwendbaren Bestand

Letztere ist z. B. notwendig, um „Ladenhüter" aus den Büchern zu tilgen oder Bruch von Ware zu verbuchen.

6.2.8   Bestandscontrolling

Ebenfalls zur Materialwirtschaft gehört das Bestandscontrolling. Es bietet umfangreiche Analysefunktionen, mit welchen auf einfache Weise jene Materialen ermittelt werden können, die eine hohe Kapitalbindung, einen ineffizienten Bestandsanteil, eine Überreichweite oder eine lange Periode ohne Verbrauch aufweisen und die somit einer genaueren Überprüfung bedürfen. In dieses Modul gelangt man über:

„Bestands-
controlling.scm"

Logistik ➪ *Controlling* ➪ *Bestandscontrolling* ➪ *Belegauswertungen*

Analysefunktionen

Die **ABC-Analyse** (Verbrauchswert) ermöglicht einen Überblick darüber, welche Materialien in welchem Umfang verbraucht werden. Hierzu werden die Materialien in A-, B- und C-Kategorien eingeteilt, wobei A-Materialien mit dem höchsten, B die mit mittleren und C die mit niedrigen Verbrauchswerten sind.

Um eine solche Analyse durchzuführen, muß erst angegeben werden, über welchen Bereich eines Betriebes diese erfolgen soll. Im folgenden Beispiel dient ein Werk als Basis:

Abb. 6.40
ABC-Analyse
(Verbrauchswerte)

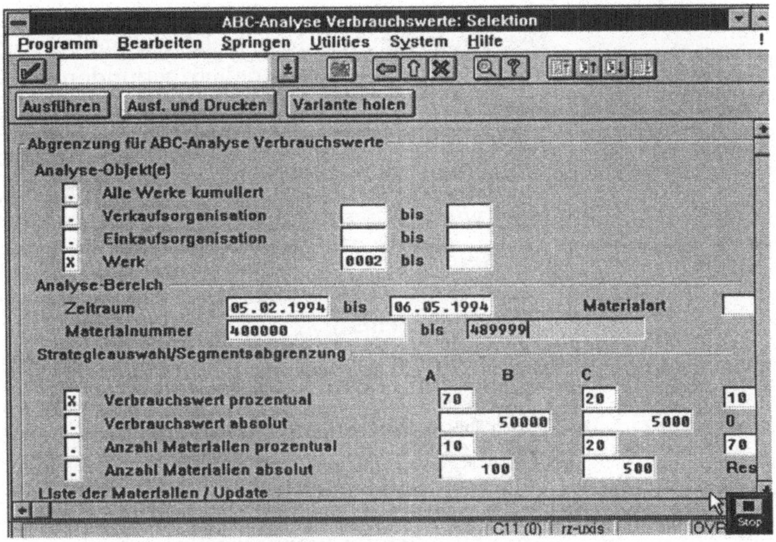

Desweiteren müssen der Zeitraum sowie die Materialien, für die die Analyse durchgeführt werden soll, festgelegt werden. Im unteren Bereich kann bestimmt werden, wie die ABC-Kategorien festgelegt werden sollen.

Wählt man danach *„Ausführen"* an, erhält man eine Liste der Materialien mit dem Zusatz A, B oder C.

Will man feststellen, wie stark sich diese Kennzeichen verändert haben, bietet SAP die Möglichkeiten der **graphischen Darstellung**:

Abb. 6.41
Präsentationsgrafik:
ABC-Analyse

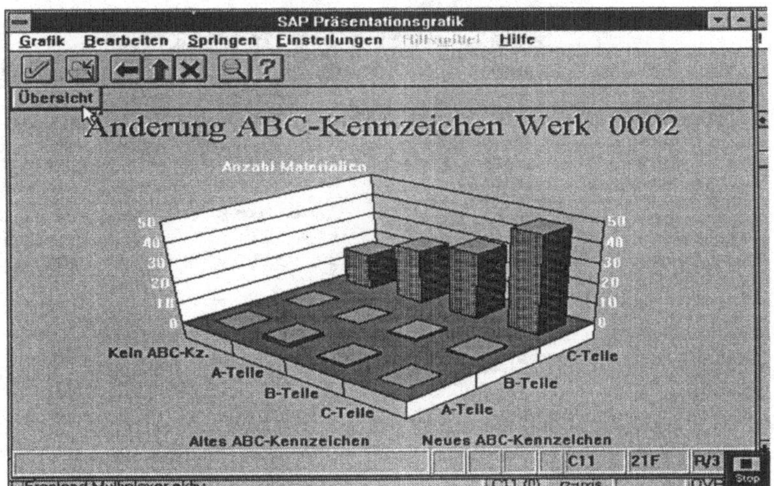

Diese Analyse stellt fest, welcher Anteil des gesamten Bestandswertes in welchen Materialien gebunden ist. Damit ist es leicht, Materialien mit hoher Kapitalbindung festzustellen.

Die **Lagerbodensatz-Analyse** gibt an, welcher Teil des Lagerbestandes innerhalb eines bestimmten Zeitraumes nicht mehr bewegt wurde. Dies ist wichtig, um Überbestände festzustellen.

Die **Reichweiten-Analyse** zeigt, wie lange der Lagerbestand bei einem durchschnittlichen Tagesverbrauch ausreicht, um die Produktion zu sichern.

Die **Lagerhüter-Analyse** gibt an, welche Materialien seit einem bestimmten Zeitpunkt nicht mehr gebraucht wurden.

Die **Umschlagshäufigkeits-Analyse** stellt dar, wie oft ein durchschnittlicher Lagerbestand umgeschlagen wurde. Die Umschlagshäufigkeit ergibt sich aus dem Quotienten von kumuliertem Verbrauch und mittleren Bestand:

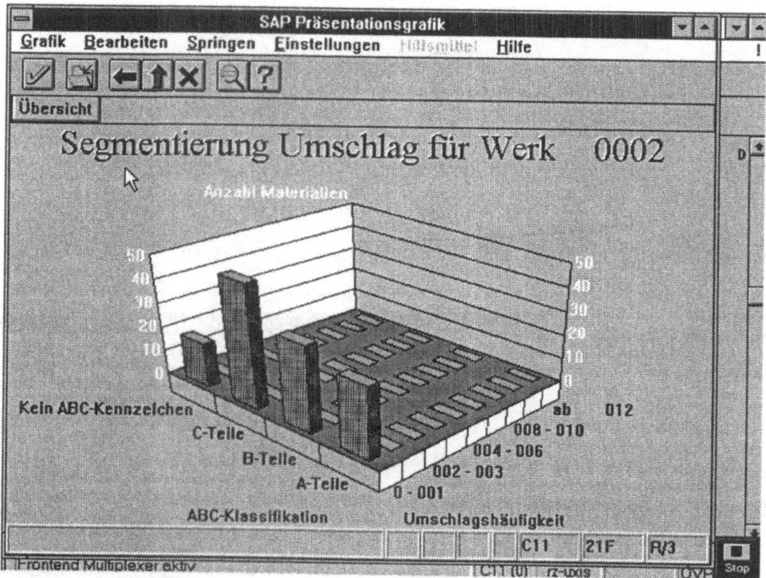

Abb. 6.42
Präsentationsgrafik:
Lagerumschlag

6.2.9	**Materialbewertung**

Zu den Aufgaben der Materialbewertung gehören:

Aufgaben

- Feststellung des aktuellen Bestandswertes;

- Anpassung der eingetragenen Materialpreise an die aktuellen Marktpreise;

- Durchführung von Umbewertungen, z. B. wenn Ware durch lange Lagerzeit an Wert verliert;

- Durchführung der Inventur;

- Bilanzbewertung.

Im folgenden sollen einige **Besonderheiten im R/3-System** herausgestellt werden:

Preissteuerung

Zur Preissteuerung sei vermerkt, daß es im SAP-System zwei Arten von Preisen gibt, die zur Bewertung eines Materials verwendet werden können.

Verwendet man den **Standardpreis**, erfolgen alle Bestandsbuchungen zum Standardpreis, der im Materialstammsatz fest eingetragen ist. Preisabweichungen bei einer Bestellung/Lieferung werden auf Preisdifferenzkonten gebucht. Dadurch lassen sich Preisänderungen sehr gut überwachen.

Verwendet man den **gleitenden Durchschnittspreis** werden alle Zugänge mit ihrem Zugangswert gebucht. Der Preis im Materialstammsatz wird dabei automatisch angepaßt.

6.2.10	**Rechnungsprüfung**

Zweck der Rechnungsprüfung

Würde man bei allen Wareneingängen ohne Kontrolle die Menge buchen und bezahlen, die auf dem Lieferschein ausgewiesen ist, könnte nicht festgestellt werden, ob die Lieferung überhaupt in Preis und Menge mit der Bestellung übereinstimmt. Aus diesem Grund haben alle Unternehmen eine spezielle Abteilung, die Rechnungsprüfung.

Auch das R/3-System bietet hierfür eine Unterstützung an:

Ablauf einer Rechnungsprüfung

Über

Logistik ⇨ Materialwirtschaft ⇨ Rechungsprüfung

gelangt man in das Modul Rechnungsprüfung.

Um eine Rechnung zu prüfen, wählt man *„Rechnung hinzufü-gen"* an, daraufhin gelangt man zu folgendem Einstiegsbild:

Abb. 6.43
Rechnungen prüfen

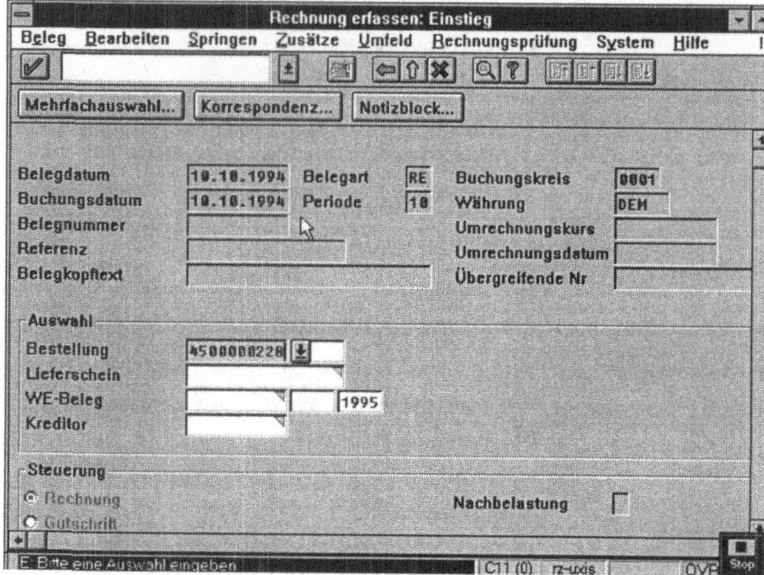

Hier muß Beleg und Buchungsdatum eingegeben werden sowie die Nummer der Rechnung, die geprüft werden soll.

Abb. 6.44
Kreditorenerfassung

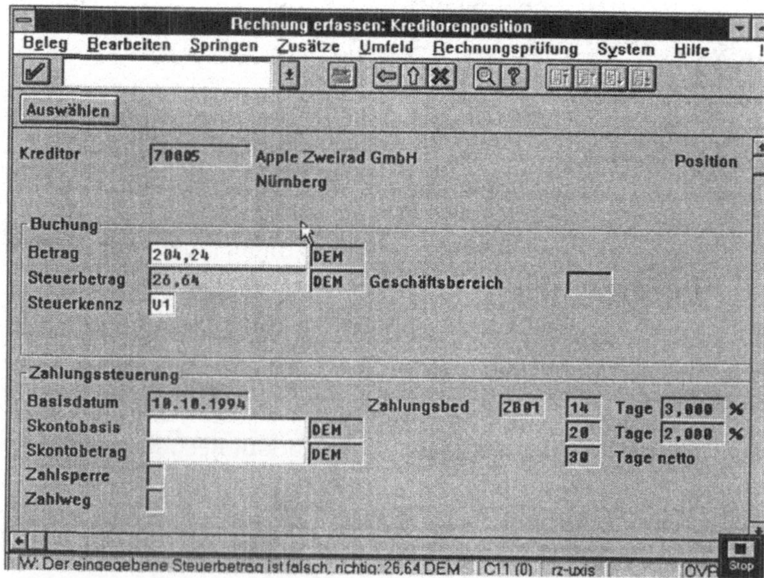

In dem daraufhin erscheinenden Bild muß der Rechnungsbetrag des Lieferscheins eingetragen werden.

Hinweis

Hierbei wäre es wünschenswert, wenn SAP in Zukunft hier wahlweise die Möglichkeit anbieten würde, den Betrag Brutto oder Netto eingeben zu können.

Danach muß man auswählen, auf welche Positionen der Bestellung sich die Rechnung bezieht.

Sobald man nun „*Buchen*" anwählt, erfährt man, ob die eingegangene Rechnung korrekt war oder nicht.

Liegt die **Abweichung** innerhalb eingestellter **Toleranzen,** wird die Buchung trotzdem durchgeführt, die Rechnung aber automatisch vom System zur Zahlung gesperrt. Sie muß dann (z. B. nach Eingang einer noch ausstehenden Lieferung) von Hand entsperrt werden.

Bemerkung

Insgesamt machen die Module des R/3-Systems einen weitgehend ausgereiften Eindruck.

Es wäre jedoch von Vorteil, wenn konsequenter die Möglichkeit **Nummern nach bestimmten Kriterien** zu bestimmen, verfolgt werden würde. So gibt es Eingabefelder für **Materialnummern,** bei denen es möglich ist, auch nach Schlagwort zu suchen; an anderer Stelle fehlt dieser Service.

Bei anderen Nummern, so z. B. Buchungskreisen, bietet das System zwar die Möglichkeit nach Namen zu suchen, doch selbst bei der Eingabe des Namens aus der R/3-Dokumentation wurde keine Nummer gefunden; dieser **Mangel wurde an mehreren Stellen gefunden.**

6.3   Lagerverwaltung

Mit dem Lagerverwaltungssystem können komplexe Lagerstrukturen definiert und verwaltet werden. Die einzelnen Teilläger können als chaotisch organisierte oder als Festplatzläger verwaltet werden. Dabei werden unterschiedliche Ein- und Auslagerungsstrategien sowie eine Gefahrstoffabwicklung unterstützt. Mit Hilfe der Lagerverwaltung (Komponente WM) wird innerhalb des Systems R/3 die komplette Lagerverwaltung abgewickelt.

Diese umfaßt

Inhalte der Lagerverwaltung

- die Definition und Verwaltung der Lagerplätze,

- die Kontrolle aller Lagerbewegungen,

- die Inventur pro Lagerplatz,

- die Anbindung an die Systeme SD und PPS.

Sämtliche Warenein- und -ausgänge und Umlagerungen innerhalb der Läger werden vom Lagerverwaltungssystem (LVS) kontrolliert und abgewickelt. Das LVS erstellt aufgrund eines Transportbedarfs (z. B. durch einen Warenausgang durch das Vertriebssystem) einen Transportauftrag, über den die Ware dann physisch ausgelagert werden kann. Für sämtliche Warenbewegungen werden die notwendigen Begleitpapiere automatisch ausgedruckt, somit bleiben alle Bewegungen nachvollziehbar.

6.3.1   Erfassung von Stammdaten

Bevor mit dem WM-System eine Verwaltung des Lagers möglich ist, muß dieses zunächst komplett im System abgebildet werden, d. h. die Struktur des Lagers und die Informationen über die zu lagernden Materialien müssen erfaßt werden.

6.3.1.1   Lagerstruktur

Der Lagerkomplex als solcher wird im System unter einer **Lagernummer** geführt. Innerhalb dieses Lagerkomplexes, mit z. B. der Lagernummer 0001, wird das Lager in **Lagertypen** unterteilt.

Folgende Übersicht (Abb. 6.45) erläutert die Aufteilung einer Lagernummer in verschiedene Lagertypen:

Abb. 6.45
Physische Abbildung
der Lagerstruktur im
WM-System

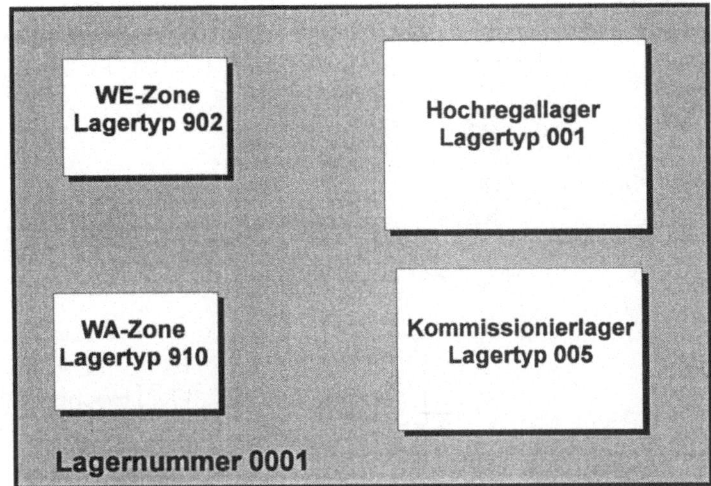

Jeder **Lagertyp** besteht wiederum aus einer bestimmten Anzahl von Lagerplätzen. Lagerplätze sind die kleinste vom System her ansprechbare Einheit eines Lagers. Die Adressierung eines Lagerplatzes erfolgt z. B. bei Hochregallagern über eine dreidimensionale Koordinate (z. B. 10-01-02, Gasse 10 - Säule 01 - Ebene 02). Lagerplätze mit gleichen Eigenschaften können in Lagerbereichen zusammengefaßt werden. Zu diesen Eigenschaften gehören z. B. Lagerplätze mit Materialien, die häufig umgeschlagen werden (Schnelldreher) und somit auf einen Lagerplatz nahe der WE-Zone bzw. WA-Zone gelagert werden sollten, um lange Kommissionierwege zu verhindern. Auf einem Lagerplatz können eine bestimmte Anzahl von **Quants** gelagert werden. Quants sind die kleinste ansprechbare Mengeneinheit innerhalb von R/3 (siehe Abb. 6.46):

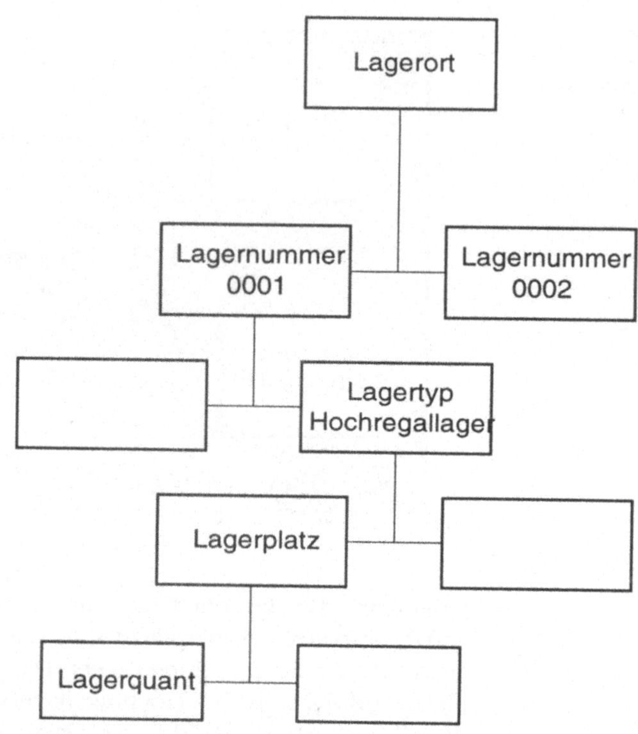

6.3.1.2   Customizing-Einstellungen

Jede Hierarchieebene innerhalb der Struktur kann über die Customizingfunktion verschiedenen Eigenschaften belegt werden:

Werkzeuge ⇨ *Customizing* ⇨ *Systemeinstellung* ⇨ *Materialwirtschaft* ⇨ *Lagerverwaltung*

Hier werden im System für jede Lagernummer Vorschlagswerte und Steuerkennzeichen vergeben. Diese betreffen z. B. Mengeneinheiten, Nummernkreise, Kommissioniertechnik und Behandlung von Inventurdifferenzen.

Ebenso werden die Eigenschaften für Lagertypen festgelegt:

Eigenschaften für
Lagertypen

- Strategien für Ein- und Auslagerung
- Kapazitätsprüfungen
- Quittierungspflichten
- Nullkontrolle
- Sperr- und Inventurkennzeichen

Auch für die Lagerplätze müssen innerhalb des Customizings Behandlungsvorschriften hinterlegt werden:

Behandlungs-vorschriften

- Zuordnung zu einen Lagerbereich
- Lagerplatztyp
- maximales Gewicht
- Brandabschnitt
- Sperrkennzeichen (Lagerplatz gesperrt, z. B. wegen Reparatur)
- Quantinformationen (Datum der Einlagerung, Wareneingangsnummer etc.)

6.3.1.3   Auswertungen

Für die ordnungsgemäße Verwaltung der Läger sind eine Vielzahl an Informationen notwendig. Über die Auswahl von

Stammdaten ⇨ Lagerplatz ⇨ Auswertungen

erhält man Informationen über (siehe Abb. 6.47):

- Lagerstruktur
- gelagertes Material
- Auslastungsgrad
- Lagerbestand
- leere Lagerplätze
- Gefahrstoffe

Abb. 6.47
Lagerplatz-
informationen

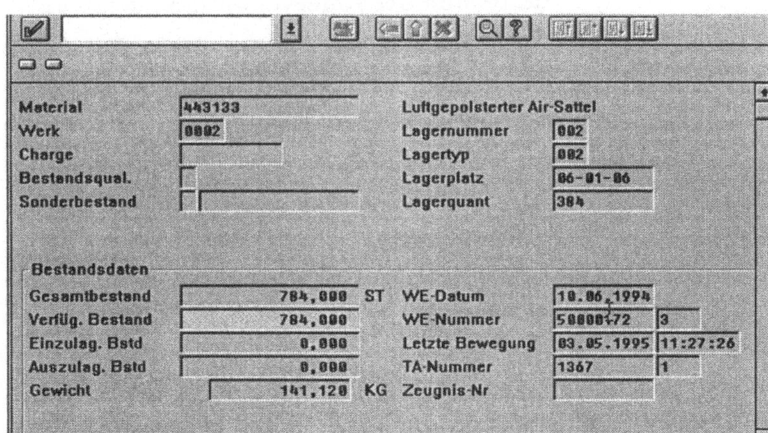

In diesem Menü ist es weiterhin möglich, einzelne Lagerplätze bzw. Lagerbereiche wegen Reparatur, Inventur etc. für Ein- oder Auslagerungen zu sperren (siehe Abb. 6.48).

Abb. 6.48
Lagerplätze sperren

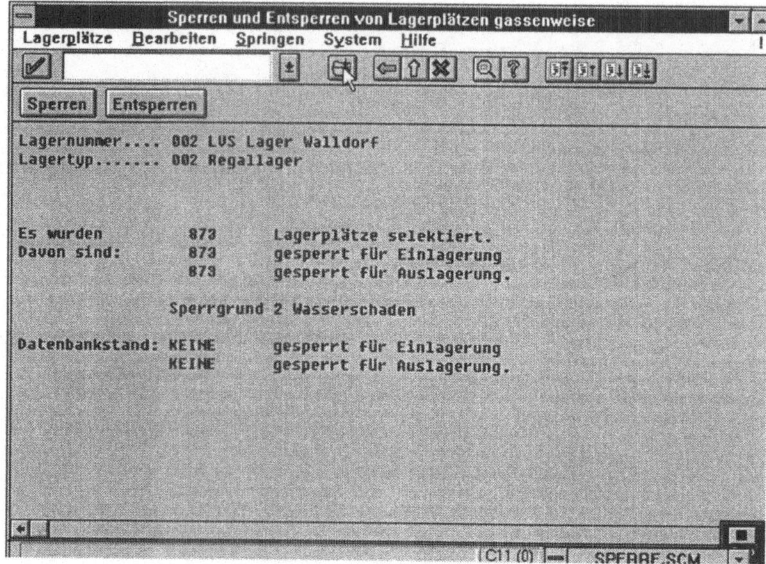

6.3.2 Schnittstellen zu anderen Arbeitsgebieten

Die Lagerverwaltung ist innerhalb eines Unternehmens für die komplette Verwaltung aller Läger verantwortlich. Zu den **Hauptaufgaben der Lagerverwaltung** gehören:

- Wareneingang
- Identifizierung und Sortierung der Waren
- Einlagerung auf Lagerplätzen
- Überwachung der gelagerten Materialien
- Kommisionierung
- Verpackung
- Verladung und Versand
- Inventur

Aus diesen Aufgabenstellungen ergeben sich Berührungspunkte mit anderen R/3-Komponenten, wie z. B. SD (Vertrieb) oder IM (Bestandsführung). Dieser Informationsaustausch geschieht entweder Online oder über Batch-Läufe zum Ende eines Arbeitstages.

<table>
<tr><td>

6.3.3

</td><td>

Lagerstrategien im Lagerverwaltungssystem

In das Lagerverwaltungssystem gelangt man über:

Werkzeuge ➪ *Customizing* ➪ *Einstellungsmenü* ➪ *Logistik* ➪ *Materialwirtschaft* ➪ *Lagerverwaltung*

Hier muß festgelegt werden, nach welchen Kriterien ein Ein- oder Auslagerplatz gesucht wird. Nur durch Hinterlegung der Strategie im Materialstammsatz ist eine reibungslose, schnelle und automatische Abwicklung aller Lagerbewegungen gewährleistet. Allerdings ist immer die Möglichkeit gegeben, Vorschläge, die das System anhand einer Strategie vorgibt, manuell abzuändern und evtl. Gegebenheiten anzupassen.

</td></tr>
</table>

Beim Einlagern einer Ware steht im Normalfall der Vorlagerplatz (Lagerplatz, von dem die Ware genommen wird) fest. Dieser wird in der Regel der Schnittstellenlagertyp Wareneingang sein. Der Nachlagerplatz muß erst noch gesucht werden. Dazu ist im System zuerst die Lagertypfindung zu hinterlegen. Für jedes Material können bis zu 10 Lagertypen hinterlegt werden, die das System nacheinander nach freien Lagerkapazitäten durchsucht. Um die Eingabe zu vereinfachen, bietet das System die Möglichkeit, Materialien zu Gruppen zusammenzufassen und diese Gruppen in die gleichen Lagertypen einzulagern.

Weiterhin ist es möglich, einer Bewegungsart eine Strategie zur Lagertypfindung zu hinterlegen, z. B. bei Bewegungsart 102 (*Wareneingang zur Bestellung*).

Hat das System einen Lagertyp für das Material gefunden, wird anschließend nach einem geeigneten Lagerplatz für die Ware gesucht.

Unabhängig von der Einlagerungsstrategie existieren im System zwei weitere Faktoren, die die Einlagerung beeinflussen:

- **Lagerbereich**
- **Lagerplatztyp**

Wie oben bereits beschrieben ist es möglich, Lagerplätze in bestimmte Bereiche zusammenzufassen. Auf diese Art und Weise können sogenannte „**Schnelldreher**" im vorderen Lagerbereich und „**Langsamdreher**" im hinteren Lagerbereich eingelagert werden.

Lagerplatztyp

In einem Lager sind in der Regel nicht alle Lagerplätze gleich groß. Über den Lagerplatztyp wird im SAP-System für jeden Lagerplatz hinterlegt, welche Lagereinheiten auf diesem Platz abgelegt werden dürfen. Jeder Lagereinheit werden verschiedene Lagertypen zugewiesen. Über diese Verknüpfung erkennt das System beim Einlagern, auf welchen Lagerplatz der einzulagernde Einheitentyp eingelagert werden kann und sucht solange im betreffenden Lagertyp, bis ein freier Lagerplatz gefunden wurde.

Die Festlegung der Auslagerungsstrategie erfolgt analog der **Einlagerungsstrategie**. Zuerst wird vom System ein passender Lagertyp aufgrund der im Materialstammsatz hinterlegten Informationen selektiert. Anschließend wird in diesem Lagertyp nach geeigneten Lagerquants gesucht und die Materialien dann ausgelagert.

6.3.3.1   Einlagerungsstrategien

Folgende **Strategien** sind möglich:

- Manueller Platz

- Blocklager

- Freilager

- Festplatz

- Nächster Platz

- Zulagerung

- Lagereinheitentyp

Manueller Platz

In diesem Fall wird vom System der Lagerplatz nicht automatisch vergeben. Vielmehr muß der Anwender bei der Transportauftragserstellung einen Nachlagertyp manuell eingeben.

Blocklager

Materialien, die in großen Mengen vorkommen und dadurch auch viel an Lagerplatz beanspruchen, werden in der Regel in einem Blocklager gelagert. Die Befehlsfolge hierfür lautet:

Strategien ⇨ *Einlagerungsstrategien* ⇨ *Blocklager*

Die **Vorteile eines Blocklagers** sind:

- geringer Platzbedarf

- hohe Übersichtlichkeit

- schneller Zugriff

Im System kann die Einteilung eines Blocklagers frei gewählt werden. Normalerweise wird eine Zeile eines Blockes als Ordnungsmerkmal (Lagerplatz) benutzt.

Im Blocklager ist es möglich, verschiedene Lagereinheitentypen gleichzeitig auf einem Platz zu verwalten. Dabei werden die verschiedenen Abmessungen, z. B. die der Paletten, vom System her berücksichtigt. Allerdings ist eine Mischbelegung von Materialien auf einem Lagerplatz in gleichen Lagereinheitentypen normalerweise nicht gewünscht. Das System berücksichtigt dies und läßt eine Mischbelegung nicht zu.

Sperren von Lager-platz

Es ist möglich, einen Lagerplatz für Einlagerungen zu sperren, um zuerst den Lagerplatz durch Auslagerung ganz zu leeren.

Hierzu stehen **zwei Möglichkeiten** zur Verfügung:

- Nach der ersten Auslagerung von einem Lagerplatz wird der Platz für weitere Einlagerungen gesperrt bis der Bestand durch Auslagerungen auf Null gesunken ist. Sollte ein Mangel an Lagerplatz auftreten, ist eine manuelle Freigabe jederzeit möglich.

- Es ist auch möglich eine Zeitschranke zu definieren. Nach einer einzugebenden Anzahl von Tagen wird eine Einlagerungssperre aktiv. Diese bleibt solange erhalten, bis ein Nullbestand auf diesem Lagerplatz erreicht wird.

Freilager

Die Menüfolge zum Freilager lautet:

Strategien ⇨ Einlagerstrategien ⇨ Freilager

Ein Freilager stellt einen Lagertyp dar, bei dem pro Lagerbereich nur ein Lagerplatz definiert wird. Auf diesem Lagerplatz ist eine Mischbelegung von Quants möglich.

Festplatzzuordnung

Die Menüfolge zum **Fixplatz** lautet:

Strategien ⇨ Einlagerstrategien ⇨ Fixplatz

Wird diese Einlagerungsstrategie im Materialstammsatz hinterlegt, wird das Material immer auf diesem dort angegebenen Ort eingelagert. Zum Einsatz kommt diese Strategie meist dort, wo eine manuelle Kommissionierung erfolgt.

Nächster leerer Platz

Die Menüfolge zum Leerplatz lautet:

Strategien ⇨ *Einlagerstrategien* ⇨ *Leerplatz*

Bei dieser Einlagerungsstrategie schlägt das System automatisch den nächsten leeren Lagerplatz vor. Diese Strategie unterstützt die Einlagerung in chaotisch organisierte Läger mit artikelreiner Lagerung, wie z. B. in Hochregallägern.

Zulagerung

Die Menüfolge zur Zulagerung lautet:

Strategien ⇨ *Einlagerstrategien* ⇨ *Zulagerung*

Bei dieser Einlagerungsstrategie versucht das System für das einzulagernde Material einen Lagerplatz zu finden, auf dem die Ware bereits vorkommt. Dies ist allerdings immer nur dann möglich, wenn auf diesem Lagerplatz genügend Restkapazität vorhanden ist. Ist dies nicht der Fall, sucht das System nach der Strategie „*Nächster leerer Platz*" den nächsten leeren Lagerplatz. Bei dieser Strategie wird allerdings das FIFO-Prinzip verletzt. Aus diesem Grund empfiehlt sich diese Methode nur bei Platzmangel im Lager.

Platz nach Lagereinheitentyp suchen

Die Menüfolge zu **Paletten** lautet:

Strategien ⇨ *Einlagerstrategien* ⇨ *Paletten*

Das R/3-System unterstützt die Möglichkeit, verschiedene Lagereinheitentypen zu verwalten. Ein Regallager ist in der Regel in verschiedene Regalabschnitte unterteilt. In diese Abschnitte dürfen normalerweise gleichzeitig nur gleiche Lagereinheitentypen (z. B. Europaletten) eingelagert werden. Durch die verschiedenen Ausmaße der Lagereinheitentypen ist die maximale Anzahl der Quants pro Regalabschnitt unterschiedlich. Die mögliche Kombination aus Lagereinheitentyp und maximaler Anzahl von Quants müssen dem System bekannt sein, um diese Strategie zum Einlagern zu verwenden.

Die verschiedenen **Einlagerungsstrategien** werden im R/3-System von verschiedenen Faktoren beeinflußt, die mit dazu beitragen, daß das System bei der Einlagerung genau nach den vom Benutzer definierten Regeln vorgeht.

Durch diese vielfältigen Möglichkeiten ist eine weitgehend optimale Anpassung an verschiedene **Lagerungsgegebenheiten** möglich:

- Lagertypen
- Lagerbereiche
- Lagerplatztypen
- Quereinlagerung
- Kapazitätsprüfung

Lagertypen, Lagerbereiche und Lagerplatztypen wurden bereits im Kapitel Lagerstrategien (siehe hierzu Punkt 6.3.3) angesprochen.

Quereinlagerung

Die Menüfolge zur Quereinlagerung lautet:

Lagerverwaltung ⇨ Strategien ⇨ Quereinlagerung

Bei Quereinlagerung kann dem System eine feste Variable übergeben werden, die die Suche, z. B. nach leeren Plätzen, beeinflußt. Zum Beispiel ist es sinnvoll, in einem Regallager zuerst alle vorderen Fächer jedes Regalganges zu füllen, anstatt zuerst einen Regalgang komplett zu befüllen und dann den nächsten Regalgang.

Kapazitätsprüfung

Bei der Kapazitätsprüfung wird überprüft, ob das maximal zulässige Gewicht, z. B. pro Lagerplatz, überschritten wird oder die Anzahl von Quants im Lagerplatz überschritten wird.

6.3.3.2   Auslagerungsstrategien

Das R/3-System kennt verschiedene **Auslagerungsstrategien**:

„A"	zuerst Anbruchslagereinheiten
„F"	FIFO, First In First Out
„L"	LIFO, Last In First Out
„M"	Auslagerungsvorschlag nach Menge
„_"	Strenges FIFO über alle Lagertypen

Die Menüfolge zum **Anbruch** lautet:

Strategien ⇨ Auslagerstrategien ⇨ Anbruch

<table>
<tr><td>First In First Out
(FIFO)</td><td>Bei dieser Strategie wird das Prinzip First In First Out (FIFO) zugunsten einer Lageroptimierung gebrochen. Die Anzahl der Anbruchslagereinheiten innerhalb eines Lagertyps wird so gering wie möglich gehalten.

Bei der Ermittlung des **Auslagerungsplatzes** geht das System folgendermaßen vor:

Entspricht oder übersteigt die Anforderungsmenge die Menge einer Standardlagereinheit, lagert das System eine Standardlagereinheit aus. Sind keine Standardlagereinheiten vorhanden, lagert das System Anbruchseinheiten aus. Ist die Anforderungsmenge geringer als die Menge einer Standardlagereinheit, werden Anbruchslagereinheiten ausgelagert. Sind keine Anbruchslagereinheiten vorhanden, werden volle Lagereinheitentypen angebrochen. Bei der Suchreihenfolge nach vollen Lagereinheitentypen geht das System nach dem FIFO-Prinzip vor.</td></tr>
<tr><td>FIFO
(First In First Out)</td><td>Die Menüfolge zu FIFO lautet:

Strategien ⇨ Auslagerstrategien ⇨ FIFO

Bei dieser Auslagerungsstrategie lagert das System bei einer Anforderung das älteste Quant eines Materials aus. Als Bezugsdatum wird das Wareneingangsdatum aus der Bestandsführung herangezogen.</td></tr>
<tr><td>LIFO (Last In First
Out)</td><td>Die Menüfolge zu LIFO lautet:

Strategien ⇨ Auslagerstrategien ⇨ LIFO

In manchen Branchen wird das FIFO Prinzip bewußt nicht angewandt, z. B. in der Baustoffbranche wird das neu einzulagernde Material immer auf bereits gelagertem Material gelagert. Bei einer Entnahme nach den FIFO-Prinzip müßte nun die obere Ware weggeräumt werden und die unten liegende Ware zuerst ausgelagert werden. Durch das LIFO-Prinzip wird dieser Umstand umgangen.</td></tr>
<tr><td>Auslagerungsvor-
schlag nach Menge</td><td>Die Menüfolge zur Auslagerung nach Mengen lautet:

Strategien ⇨ Auslagerstrategien ⇨ Groß/Klein

(Auf diesen Unterpunkt wird in Punkt 6.3.8 eingegangen.)</td></tr>
</table>

Strenges FIFO über alle Lagertypen

Die Menüfolge zum strengen FIFO lautet:

Strategien ⇨ *Auslagerstrategien* ⇨ *Strenges FIFO*

Bei den bisher beschriebenen Auslagerungsstrategien geht man davon aus, daß pro Lagertyp genau eine Auslagerungsstrategie hinterlegt ist. Diese lagertypbezogene Vorgehensweise ist jedoch nicht in allen Branchen praktikabel. Aus diesem Grund ist es im Modul WM möglich, über alle Quants innerhalb einer Lagernummer zu suchen. In diesem Fall werden nicht einzelne Lagertypen durchsucht, sondern das System schlägt das älteste Quant innerhalb des Lagers zur Auslagerung vor. Bei der Suche über das gesamte Lager werden Lagerstrategien, die für einzelne Lagertypen vereinbart wurden, ignoriert, da dies zu Widersprüchlichkeiten führen würde.

Beim Auslagern von vollentnahmepflichtigen Lagertypen kann es zu Restmengen kommen, die nicht kommissioniert werden können. Diese Mengen werden über eine **Rückposition** auf einen Lagerplatz zurückgelagert.

Rücklagerungsplätze

Man unterscheidet drei verschiedene Methoden zur Findung des Rücklagerplatzes:

- Das Material bleibt auf dem Nachlagerplatz.

- Das Material wird auf den Vonlagerplatz zurückgelagert.

- Die Rücklagerung erfolgt auf einen neuen Lagerplatz, der nach der Einlagerungsstrategie für diesen Lagertyp gesucht wird.

6.3.4   Warenbewegungen

Im WM-System unterscheidet man grundsätzlich zwischen zwei verschiedenen Warenbewegungen:

- Bewegungen, die nur innerhalb des Lagers vorgenommen werden (z. B. Umlagerungen im Lager).

- Bewegungen, an denen andere Komponenten beteiligt sind (z. B. Warenausgang aufgrund einer Kundenbestellung).

6.3.4.1   Warenbewegungsarten

Im Falle eines **Wareneinganges** werden Waren von einem Lieferanten aufgrund einer Bestellung oder aus der Produktion angeliefert. In beiden Fällen wird der Bestand an Material erhöht.

Beim **Warenausgang** werden Waren entweder an einen Kunden versandt oder in der Produktion verbraucht, in beiden Fällen wird der Bestand an Waren gemindert.

Umbuchungen von Materialien sind nicht immer mit einer physischen Umlagerung verbunden. Mittels Umbuchungen ist z. B. eine Änderung der Bestandsqualifikation möglich oder eine Übernahme von Waren aus dem Konsignationslager in den eigenen Bestand. Im Kapitel Bestandsführung finden sich hierzu weitere Informationen.

Im R/3-System werden in der Komponente IM (Bestandsführung) die Bestände mengen- und wertmäßig geführt.

Schnittstellen-
lagertypen

Über den Schnittstellenlagertyp erfolgt der Datenaustausch zwischen LVS und Bestandsführung. Bei einer Bestandsbuchung im IM-System erfolgt dort eine summarische Fortschreibung der Bestände. Gleichzeitig wird die jeweilige Menge auf den entsprechenden Schnittstellenlagertyp im WM-System gebucht. Somit ist sichergestellt, daß die Bestände in beiden Systemen übereinstimmen.

Im WM-System werden sämtliche Lagerbewegungen über **Transportaufträge** durchgeführt. Bei jeder Lagerbewegung ist es notwendig anzugeben, woher die Ware ausgelagert werden soll (Vorlagerplatz) und wohin sie gebracht werden soll (Nachlagerplatz). Z. B. wird Ware vom Wareneingang (Vorlagerplatz) in das Hochregallager (Nachlagerplatz) gebracht; dort wird die Ware physisch eingelagert. Bei diesem Vorgang hat mengenmäßig keine Änderung stattgefunden; innerhalb des Lagers wurde lediglich eine Umlagerung durchgeführt und der Schnittstellenlagertyp ausgeglichen.

6.3.4.2   Auslösen von Lagerbewegungen

Grundsätzlich unterscheidet man zwei Arten von Lagerbewegungen, je nachdem welche Komponente die Lagerbewegung auslöst.

Buchung im
IM-System

Eine Bestandsbuchung erfolgt zuerst im IM-System bei

- Wareneingang aufgrund einer Bestellung

- Warenausgang an eine Kostenstelle (in die Produktion)

Wareneingang zu
einer Bestellung

Trifft zu einer Bestellung Ware ein, wird diese als Wareneingang im IM-System gebucht.

Dazu ist die entsprechende Bewegungsart für die Transaktion *„Wareneingang zu Bestellung"*, die im System definiert ist, auszuwählen. Durch diese Bewegungsart erhält die Ware als Lagerort, der beim Einbuchen notwendig ist, den Schnittstellenlagerplatz Wareneingang zugewiesen. Der Bestand der Ware wird im IM-System durch die Einbuchung der Ware fortgeschrieben, und der Bestand im WM-System wird durch die Zubuchung auf den Schnittstellenlagerplatz angeglichen. Somit ist in beiden Systemen der Bestand an Waren immer gleich.

Im WM-System wird durch den Wareneingang in die Wareneingangszone ein **Transportbedarf** erzeugt. Über die Transportbedarfe wird im System ein **Transportauftrag** erstellt, der die physischen Bewegungen im Lager anstößt. Mittels dieses Belegs wird die Ware vom Schnittstellenlagerplatz im Wareneingang nach der für das Material hinterlegten Einlagerungsstrategie auf den Nachlagerplatz gebracht. Die Einlagerung wird quittiert und der Vorgang somit abgeschlossen.

Wareneingang im
Qualitätsprüfbestand/
Umbuchung

Bei Anlieferung von Waren von einer Fremdfirma wird in der Regel ein Teil der Waren zuerst in der **Qualitätsprüfung** geprüft.

Auch hier erfolgt die Behandlung analog zu einem Wareneingang zur Bestellung. Allerdings bekommt die Ware als Bestandsart „*Q*" gesetzt. Dies bedeutet, daß die Ware zwar physisch vorhanden ist, der Bestand aber nicht zum freien, verfügbaren Bestand gehört.

Wenn die Qualitätsprüfung keine Beanstandung erbringt, muß der Bestand freigegeben werden. Dies geschieht durch eine Umbuchung. Dabei erstellt das System zwei Buchungen auf dem Schnittstellenlagerplatz für die Umbuchung; eine mit negativer Menge des Materials mit der Bestandsqualifikation „*Q*", um die Ware auszubuchen und eine Buchung mit positiver Menge und der Bestandsqualifikation „_", um die Ware in den freien Bestand wieder einzubuchen. Aufgrund dieser Umbuchungsanweisung wird im WM-System ein Transportbedarf ausgelöst, der die Ware vom Schnittstellenlagerplatz in das La-gerinnere bringt. Befindet sich ein Teil der Ware bereits dort, geschieht die Umlagerung am Lagerplatz, d. h. es ist keine physische Bewegung der Ware mehr notwendig.

Bypass-Verfahren

Das Bypass-Verfahren ermöglicht das schnelle Durchschleusen der Ware vom Wareneingang direkt zum Warenausgang, ohne daß eine Einlagerung notwendig ist. Diese Verfahrensweise ist immer dann anzuwenden, wenn für eine bestimmte Ware ein Warenausgang vorgesehen ist, z. B. durch eine Lieferung an einen Kunden oder durch eine Materialanforderung der Produktion, wenn kein freier Bestand im Lager verfügbar ist. In diesem Fall wird das Material in eine Fehlteiletabelle eingetragen. Sind die entsprechenden Kennzeichen in der Bewegungsart gesetzt, überprüft das System bei einem Transportauftrag zur Einlagerung, ob das Material in der Fehlteiletabelle geführt wird.

Ist dies der Fall, wird die Ware nicht in das Lagerinnere eingelagert, sondern auf den Nachlagerplatz, der in der Fehlteiletabelle hinterlegt wird. Durch diese Strategie werden zeitaufwendige Ein- und Auslagerungen umgangen, und die Ware kann schneller zur Verfügung gestellt werden.

Warenausgang an Kostenstelle

Bei einem Warenausgang an eine Kostenstelle wird die Bestandsveränderung wiederum zuerst im IM-System gebucht. Das System erstellt automatisch einen Transportbedarf. Das Material wird mit negativer Menge auf den Schnittstellenlagerplatz Warenausgang gebucht.

Im WM-System werden aufgrund der Transportbedarfe Transportaufträge erzeugt, um die Ware physisch vom Lagerinnern, dem Vonlagerplatz, in die Warenausgangszone zu bringen. Der Vonlagerplatz wird vom System automatisch ermittelt, kann aber jederzeit geändert werden. Das System erstellt analog zum Einlagern für jeden Vonlagerplatz eine Transportauftragsposition. Ist die Auslagerung aufgrund der Transportaufträge physisch durchgeführt, wird sie vom Ausführenden quittiert und der Vorgang ist somit abgeschlossen.

Analog zu den Vorgängen beim Wareneingang ist der Bestand auch beim Warenausgang und somit in beiden Systemen immer gleich.

Buchung im WM-System

Bei folgenden Lagerbewegungen wird die Bestandsveränderung erst im **WM-System** gebucht und dann an die Bestandsführung weitergegeben:

- Warenausgang für Lieferungen aus Bestellungen

- Wareneingang aus Produktion

Warenausgang aufgrund einer Bestellung

Der Vertrieb erzeugt im Modul SD von SAP-R/3 über die Lieferung an einen Kunden einen Transportbedarf im WM-System. Dieser Lieferbeleg ersetzt in diesem Fall den Transportbedarf. Aufgrund der Angaben auf dem Transportauftrag wird die Ware auf einen Schnittstellenlagerplatz *„Warenausgänge für Lieferungen"* gebracht.

Wareneingang aus der Produktion

Bei fortlaufenden Wareneingängen aus der Produktion möchte man vermeiden, daß jeder Wareneingang einzeln im Bestandsführungssystem (IM) gebucht werden muß. Aus diesem Grund werden zunächst im LVS-System zu jedem Wareneingang aus der Produktion Transportaufträge erzeugt. Durch diese Transportaufträge wird auf dem Schnittstellenlagerplatz *„Wareneingang aus Produktion"* jeweils eine negative Mengenbuchung und auf dem Nachlagerplatz im Lagerinnen eine positive Mengenbuchung erzeugt.

Zu einem frei bestimmbaren Zeitpunkt wird ein Batchlauf angestoßen, der die Daten des Schnittstellenlagertyps (Mengen und Materialart) ausliest und die Verwendungsfunktion *„Buchen Wareneingang zum Fertigungsauftrag"* anstößt. Dadurch wird der Bestand in der Bestandsführung aktualisiert und der Schnittstellenlagerplatz ausgeglichen.

Differenzen-Schnittstellenlagertyp

Über diesen Schnittstellenlagertyp werden Bestandsdifferenzen ausgebucht. Diese können z. B. durch Fehlmengen oder Beschädigung herbeigeführt werden. Sind die Differenzen geklärt, werden die Differenzen über eine Differenzenbuchung im WM-System über das IM-System ausgeglichen und der aktuelle Bestand wieder angeglichen.

6.3.5   Transportbedarf

Wie im vorigen Kapitel bereits beschrieben, wird ein Transportbedarf (TB) aufgrund einer im Lagerverwaltungssystem WM oder eines der angeschlossenen SAP-Komponenten (z. B. IM) angestoßenen Lagerbewegung erzeugt. In einem Transportbedarf werden alle relevanten Daten für eine Lagerbewegung festgehalten:

- Was soll bewegt werden?

- Wie groß ist die Menge?

- Wer hat den TB ausgelöst?

- Was ist schon abgearbeitet?

Normalerweise geschieht die Abarbeitung eines TB automatisch. Allerdings können die in der Praxis auftretenden Sonderfälle berücksichtigt werden.

Durch die Anwahl von:

Lagerverwaltung ⇨ TransBedarf ⇨ Ändern

können folgende Eigenschaften eines Transportbedarfs vor der Weiterverarbeitung geändert werden:

Eigenschaften eines Transportbedarfs

- Langtext

- Bedarfsnummer

- Transportpriorität

- Plandatum / -zeit

- Lagerplatzkoordinaten

- Transportbedarfsmenge

- Alternative Mengeneinheit

- Bestandsqualifikation

- Löschen von Transportbedarfen

6.3.6   Transportauftrag

Der Transportbedarf aus dem vorherigen Kapitel enthält die Information über die geplante Lagerbewegung. Der Transportauftrag hingegen enthält die Informationen über den physischen Transport einer Ware. Transportaufträge werden in der Regel direkt nach der Erstellung auf einem Drucker im Lager ausgegeben und somit ohne Zeitverlust kommissioniert.

Transportauftrag anlegen

Die Menüfolge zum Anlegen eines Transportauftrages lautet (siehe Abb. 6.49):

Lagerverwaltung ⇨ Transportauftrag ⇨ Anlegen

Über die notwendigen Angaben der Lagernummer etc. in der Maske werden dem Anwender alle offenen Transportbedarfspositionen, die der Selektierung entsprechen, angezeigt. Der Anwender kann hier jetzt einzelne Position von der Weiterverarbeitung ausschließen oder alle offenen Transportbedarfspositionen zu Transportbedarfen weiterverarbeiten lassen. Für jede Position des Transportbedarfs wird mindestens eine Position auf dem Transportauftrag erzeugt.

Mehrere Transportauftragspositionen werden pro Transportbedarfsposition erzeugt, wenn die Ware von oder auf mehreren verschiedenen Lagerplätzen pro Material ein-/ausgelagert werden muß. Das System sucht die Lagerplätze nach der im Materialstamm hinterlegten Auslagerungsstrategie (siehe hierzu Punkt 6.3.3.2) automatisch.

Auf einem Transportbedarf befinden sich **Informationen** über

- Materialnummer

- Menge

- Vonlagerplatz

- Nachlagerplatz

Abb. 6.49
Transportauftrag
anlegen

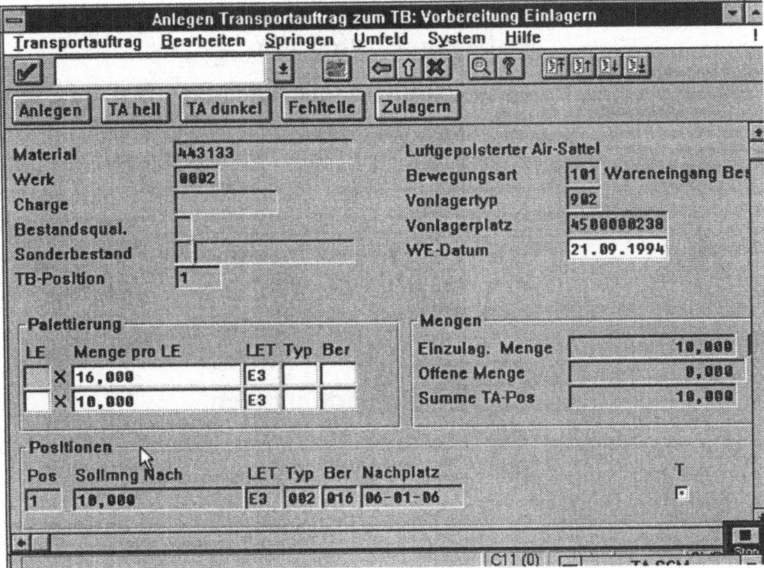

Für die Endverarbeitung der Transportaufträge bestehen für den Anwender zwei Möglichkeiten:

Entweder läuft die Buchung und die Verarbeitung zur Erzeugung des Transportauftrags im Hintergrund, also **dunkel**, oder im Vordergrund mit der Möglichkeit, vom System vorgeschlagene Werte zu ändern, also **hell**, ab.

Verarbeitungsprozeß „dunkel"

Bei der Wahl von „dunkel" werden dem Benutzer nur eventuelle Fehler angezeigt, ansonsten geschieht die Verarbeitung im Hintergrund. Bei erfolgreichem Abschluß aller Transaktionen zeigt das System die Nummer des eben erzeugten Transportauftrags an. Wenn das Kennzeichen für sofortigen Druck gesetzt ist, werden für den Lageristen alle Transportauftragspositionen ausgedruckt.

Verarbeitungsprozeß „hell"

Wenn der Verarbeitungsprozeß „hell" abläuft, hat man als Benutzer die Möglichkeit, Vorgaben, die das System macht, zu ändern. Das System schlägt z. B. eine entsprechende Palettierung für das zu bewegende Material vor, sofern im Materialstammsatz die entsprechenden Angaben eingepflegt wurden. Für alle bearbeiteten Positionen erstellt das System sogenannte Arbeitspositionen.

Wenn alle Positionen bearbeitet wurden, wird der endgültige Transportauftrag mit *Transportauftrag ⇨ Buchen* im System erstellt und die Nummer ausgegeben.

Quittierung eines TA

Es besteht die Möglichkeit, eine beliebige Bewegungsart bzw. für beliebige Lagertypen eine Quittierungspflicht des ausführenden Lageristen zu setzen. Bei der Quittierung des Transportauftrags wird die korrekte Ein- bzw. Auslagerung durch den Ausführenden bestätigt. Eventuelle Differenzen zwischen körperlicher und buchmäßiger Menge werden bei der Quittierung automatisch auf den sogenannten Differenzen-Schnittstellenlagertyp ausgebucht (siehe hierzu Punkt 6.3.4.1).

6.3.7   Kommissioniertechniken

Der Vonlagerplatz kann durch drei verschiedene Kommissioniertechniken vom System ermittelt werden:

- Festplatzkommissionierung

- Chaotische Kommissionierung

- Groß- / Kleinmengenkommissionierung

Festplatzkommissionierung

Bei dieser Art der Kommissionierung wird kein Transportauftrag erstellt, da das System die Lagerorte der auf dem Lieferbeleg angeforderten Waren direkt aus dem Materialstammsatz entnimmt. Waren, für die das Kennzeichen für Festplatzkommissionierung gesetzt wurde, werden immer nur auf diese festen Lagerplätze ein- und ausgelagert. Der Schnittstellenlagertyp wird bei dieser Art der Kommissionierung nicht angesprochen, da die Ware direkt vom Vonlagerplatz ausgelagert wird.

Chaotische Kommissionierung

Diese Kommissioniertechnik wird immer dann angewandt, wenn die Ware aus einem chaotisch organisierten Lager entnommen wird.

Die Vorlagerplätze werden vom System aufgrund der vorgegeben Auslagerungsstrategie ermittelt. Dabei wird die Auslagerung entweder aus dem Reservelager oder dem Kommissionierlager vorgenommen und die Ware mittels Transportauftrag, der in diesem Fall als Kommissionierliste verwendet wird, vom Lagerinnern auf den entsprechenden Schnittstellenlagertyp ausgelagert.

Bei der anschließenden Warenausgangsbuchung im IM-System wird der Bestand auf dem Schittstellenlagerplatz mitausgebucht und somit wieder ein einheitlicher Bestand in beiden Systemen erreicht.

Groß- und Kleinmengenkommissionierung

Bei dieser Technik der Kommissionierung wird, je nach Anforderungsmenge, eine der beiden Techniken der Kommissionierung angewandt. Im Feld *Manipulationsmenge* im Materialstammsatz wird hinterlegt, ab welcher Menge die Festplatzkommissionierung für **Kleinmengen** oder chaotische Kommissionierung für **Großmengen** angewandt wird. Der weitere Ablauf geschieht dann analog zu den oben beschriebenen Verfahren.

6.3.8   Inventurverfahren

Jedes Unternehmen ist gesetzlich verpflichtet, einmal pro Jahr für den gesamten Lagerbestand eine Inventur durchzuführen. Hierzu gibt es unterschiedliche **Verfahren**, die auch im R/3-System unterstützt werden:

- **Stichtagsinventur**

- **Permanente Stichtagsinventur**

- **Permanente Inventur durch Einlagerung**

- **Permanente Inventur durch Nullkontrolle**

Je nachdem wie das Lager organisiert ist, sind einige der Verfahren sinnvoll oder weniger sinnvoll. Hier ist eine Absprache mit einem Wirtschaftsprufer bzw. Inventurverantwortlichen unbedingt anzuraten!

Im System ist es möglich, für jeden Lagertyp eine andere Inventurmethode zu hinterlegen.

Wird bei einer Inventur eine Differenz zwischen Soll und Ist-Bestand festgestellt, wird die Differenz auf den Schnittstellenlagertyp für Differenzen gebucht und in der Bestandsführung zu einem späteren Zeitpunkt ausgebucht. Ist ein Lagerplatz gezählt, werden die Inventurdaten des Lagerplatzes und des gezählten Quants gespeichert und ein entsprechendes Inventurkennzeichen gesetzt.

Stichtagsinventur

Bei dieser Methode der Inventur wird zu einem bestimmten Tag im Jahr (meist zum Ende eines Geschäftsjahres) das gesamte Lager gezählt. Diese Art der Inventur birgt allerdings eine Menge an Nachteilen, z. B. Produktionsausfall durch Sperrung der zu zählenden Materialien, sehr personalintensiv etc. Bevor eine Stichtagsinventur durchgeführt werden kann, müssen alle Transportaufträge quittiert zurückgemeldet sein, um richtige Ergebnisse zu erzielen.

Dann werden im System die Lagerplätze gesperrt, um eine Zu- oder Auslagerung während des Zählvorgangs zu vermeiden. Nach der physischen Bestandsaufnahme und der Erfassung im System werden eventuelle Differenzen ausgebucht und die Lagerplätze wieder freigegeben.

Permanente Stichtagsinventur

Durch die permanente Stichtagsinventur verteilt sich die Inventur über das gesamte Jahr. Bei dieser Art von Inventur können Leerlaufzeiten (Betriebsurlaub etc.) dazu genutzt werden, die Inventur durchzuführen. Außerdem erhält man über das ganze Jahr verteilt ständig Rückmeldung über Übereinstimmung von Buchbestand und tatsächlichem Bestand. Während des Zählvorgangs auf den Lagerplätzen sind diese gesperrt und erhalten den Status *„Inventur aktiv"*. Nach der physischen Aufnahme und der Aufnahme der Ergebnisse in das System und der Ausbuchung der Differenzen erhalten die entsprechenden Lagerplätze den Status *„gezählt"*. Die Lagerplätze werden wieder freigegeben.

Permanente Inventur durch Einlagerung

Bei diesem System wird lediglich beim ersten Einlagerungsvorgang und dessen Quittierung im Geschäftsjahr das Inventurkennzeichen gesetzt. Durch die **lückenlose Nachweisbarkeit der Bewegungen** auf diesem Lagerplatz durch Transportaufträge ist während des Jahres keine weitere Inventur notwendig.

Dieses Verfahren setzt voraus, daß alle Transportaufträge archiviert werden. Da bei diesem Verfahren Lagerplätze, die während eines Jahres nicht angegriffen werden, ungezählt bleiben, empfiehlt es sich, für diesen Lagertyp zusätzlich noch ein Kennzeichen für Stichtagsinventur zu setzen. Damit ist sichergestellt, daß alle Lagerplätze eines Lagertyps einmal pro Jahr, wie es der Gesetzgeber fordert, physisch aufgenommen wurden.

Permanente Inventur durch Nullkontrolle

Um eine maximale Bestandssicherheit in einem zu gewährleisten, genügt eine Inventur einmal pro Jahr nicht. Wenn die Nullkontrolle für einen Lagerplatz gesetzt ist, überprüft das System bei jeder Auslagerung, ob durch diesen Vorgang der Bestand auf diesem **Platz auf Null** zurückgeht. Ist dies der Fall, wird auf dem Transportauftragsbeleg ein entsprechender Hinweis angedruckt. Wird die Auslagerung quittiert, muß zusätzlich die **Kontrolle auf Nullbestand** quittiert werden.

Verbleibt noch Ware auf dem Lagerplatz, wird dieser Bestand erfaßt und über Differenzenschnittstelle ausgebucht. Dadurch wird der Bestand sowohl in der Bestandsführung als auch im Lagerverwaltungssystem angeglichen. Der Lagerplatz erhält den Inventurstatus *„gezählt"* und die Inventurdaten werden fortgeschrieben.

Bei dieser Art der Bestandsaufnahme ist darauf zu achten, daß Transportauftragserstellung, physischer Transport und die Quittierung zeitlich in einem engen Rahmen geschehen, um genaue Ergebnisse zu erzielen. Bei einer Mischbelegung eines Lagerplatzes mit verschiedenen Materialien ist die Methode nicht sehr sinnvoll.

Da es durchaus vorkommen kann, daß für einen Lagerplatz während eines Geschäftsjahres vom System keine Nullkontrolle angefordert wird, ist es notwendig, als zusätzlichen Inventurtyp für diesen Lagertyp die Stichtagsinventur festzulegen.

Manuelle Nullkontrolle

Die Nullkontrolle kann auch manuell angefordert werden. Dies wird dann notwendig, wenn der Lagerist nach der Auslagerung einen Nullbestand meldet, das System für diesen Lagerplatz aber keine Nullkontrolle vorgeschrieben hat. Auch in diesem Fall muß die Bestandsdifferenz ausgebucht werden.

7 Fertigungswirtschaft

7.1   Grundlagen

Aufgaben der Produktionsplanung und -steuerung

Die **Produktionsplanung und -steuerung (PPS)** ist eine der ältesten und umfangreichsten EDV-Anwendungen im Industriebetrieb und für ein Unternehmen eine der wichtigsten. Die Marktstellung eines Unternehmens hängt in erster Linie von der Qualität, Funktionalität und Innovation seiner Produkte ab. Das allein kann aber nicht ausschlaggebend sein, denn auch Unternehmen mit hochwertigen Produkten verschwinden vom Markt. Es gibt also noch einen weiteren, entscheidenden Einfluß für das Gedeihen eines Unternehmens, nämlich die Organisation des Güterflusses. Auffällig ist, daß florierende Unternehmen eine straffe Organisation des logistischen Flusses vom Lieferanten bis hin zum Kunden besitzen; sie verwenden besonders gute PPS-Systeme. Die Produktionsplanung und -steuerung befaßt sich mit der Organisation aller Vorgänge, die beim Güterfluß durch die Produktion zu planen und zu steuern sind.

Jeder Industriebetrieb stellt Produkte aus den drei Elementarfaktoren Material, Personal und Betriebsmittel her. Die Aufgabe der PPS ist es nun, diese Elementarfaktoren terminlich und mengenmäßig zu koordinieren. Die Optimierung einzelner Elemente kann kaum zu einem Optimum führen, da bei einer Optimierung der Beschaffungsteile z. B. vorausgesetzt werden muß, daß Personal- und Maschinenkapazitäten in beliebiger Menge zur Verfügung stehen. Daraus wird erkenntlich, daß es wichtiger ist, die drei Elementarfaktoren gemeinsam zu planen und zu optimieren.

Forderungen an PPS-Systeme

Aus den Aufgaben, die ein PPS-System zu erfüllen hat, lassen sich 5 wichtige Forderungen ableiten:

1. Simultane Planung der Elementarfaktoren
Wer zuerst das Material, anschließend die Kapazität und danach die Werkzeuge plant, muß entweder das Material, die Kapazität oder die Werkzeuge im Überfluß planen, weil sonst die sukzessive Planung nur zu Sonderfällen und Eilaufträgen führen würde.

Man plant also in allen Ressourcen Puffer ein und verlängert so die Durchlaufzeit um ein Vielfaches.

Sobald andererseits einer der Elementarfaktoren in zu geringer Menge oder zu spät bereitgestellt wird, entstehen bei allen anderen Elementarfaktoren Gemeinkosten (Brach-, Liege- und Wartezeiten). Es kommt im Industriebetrieb weniger darauf an, daß die Planung eines Faktors mit großer Genauigkeit erfolgt - vielmehr ist es wichtig, jederzeit das Zusammenspiel planerisch zu erfassen. In jeder Planungs- und Steuerungsphase müssen Material und Kapazität gleichzeitig geplant und überwacht werden.

2. **Grundprinzip der knappen Mengenplanung**
Sobald einer der Elementarfaktoren in zu hoher Menge oder zu früh verfügbar ist, entstehen ebenfalls vermeidbare Gemeinkosten. Ein PPS-System muß also aufzeigen, welche Elementarfaktoren in zu großer Menge eingeplant werden.

3. **Grundprinzip der knappen Terminplanung**
Ungenauigkeiten in der Mengenplanung können durch kleine Sicherheitsreserven aufgefangen werden. Terminliche Ungenauigkeiten dagegen verlängern die Durchlaufzeit. Just-in-time ist hier das Schlagwort. Die Terminabweichung eines Arbeitsgangs kann sich auf alle noch nicht bearbeiteten Arbeitsgänge und Baugruppen eines Kundenauftragsnetzes auswirken. Eine Terminabweichung hat viel krassere Konsequenzen als eine Verbrauchsabweichung und muß somit bei einem PPS-System mit Vorrang behandelt werden. Wer seinen Informationsfluß straffen will, muß möglichst knapp planen. Alle Puffer verzögern den Güter- und Informationsfluß.

4. **Echtzeitplanung**
Im kommerziellen Bereich ist unter Echtzeitplanung zu verstehen, daß Ereignisse in ihren direkten und indirekten Folgen möglichst zeitnah verbucht werden. Es genügt nicht, einen Auftrag im Dialog zu stornieren; auch die anderen Aufträge, die jetzt vorgezogen werden können, müssen möglichst zeitnah umterminiert werden, was bedeutet, daß die PPS-Datenbank stets aktuelle Daten enthalten muß. Batchläufe reichen dafür nicht mehr aus.

5. Abteilungsübergreifende Planung

Ziel ist es, daß alle Abteilungen zeitgleich ihren Auftrag erledigen können. Wenn jeder wartet, bis er an der Reihe ist, ist die Verweilzeit riesig (z. B. Arbeiten mit Karteien).

Hier sieht man den Vorteil, wenn alle Daten an jedem Arbeitsplatz verfügbar sind, und somit die Auftragsbearbeitung gestrafft und möglichst parallelisiert werden kann.

Ziele von PPS-Systemen

Befragungen unter PPS-Anwendern haben bestätigt, daß die Verringerung der Durchlaufzeit, die Reduzierung der Lagerbestände, die Steigerung der Termintreue und eine Verbesserung der Kapazitätsauslastung zu den wichtigsten Zielen zählen. Diese vier Ziele stehen auch im engsten Zusammenhang, da die Änderung einer Zielsetzung Einfluß auf alle Größen hat. Alle Bereiche müssen also gemeinsam geplant und ein individuelles Gleichgewicht festgelegt werden.

Notwendigkeit von PPS-Systemen

Zur EDV-gestützten Produktionsplanung und -steuerung gibt es in naher Zukunft keine Alternative. Der Markt fordert von den Unternehmen hohe Variantenvielfalt, kurze Lieferzeiten, ständige Produktinnovationen und hohe Produktqualität. Das führt zu immer größerem Datenvolumen und zu erhöhtem Planungs- und Steuerungsaufwand.

Struktur von PPS-Systemen

In den PPS-Systemen der 3. Generation sind die betrieblichen Funktionen eng miteinander verzahnt. Die PPS hat die Aufgabe, die Informationen zwischen allen Funktionen in allen Richtungen schnell auszutauschen.

PPS-Systeme der 1. Generation versuchten in Teilbereichen optimale Lösungen zu errechnen.

PPS-Systeme der 3. Generation basieren auf denselben betriebswirtschaftlichen Methoden. Heute weiß man aber, daß Insellösungen zwar Teiloptima schaffen, aber das Gesamtoptimum eventuell schwächen. Der Algorithmus, der für einen Betrieb die optimale Lösung findet, ist noch nicht erfunden.

7.1.1   Material

Unter Material versteht man beim System R/3 Erzeugnisse, Baugruppen, Rohstoffe, Einsatzstoffe und Dienstleistungen.

Ausgehend vom Eröffnungsbildschirm des R/3-Systems gelangt man in das Einstiegsbild für die Produktionsstammdaten wie folgt:

Logistik ⇨ Produktion ⇨ Stammdaten

Die **Datenstruktur** ist flexibel aufgebaut, um einen hohen Grad an Anpassungsfähigkeit zu erreichen. Jede Abteilung kann die für sie notwendigen Daten im Materialstamm hinterlegen. Die Daten sind entsprechend der Organisationsebenen zugeteilt.

So können:

- allgemeine Daten, die im gesamten Unternehmen gültig sind (z. B. Materialnummer);

- auf Werkebene (Produktionsstätten) Fertigungsdaten sowie die entsprechende Stückliste und der gültige Arbeitsplan;

- auf Ebene von Lagerorten (z. B. Materialbestandsdaten)

- sowie Vertriebsdaten der einzelnen Verkaufs- und Vertriebsorganisation

gepflegt werden.

Zugriffsberechtigung

Die Zugriffsberechtigungen können an jeden einzelnen Anwender je Organisationsebene und Tätigkeit vergeben werden (Anlegen, Anzeigen, Ändern).

Materialart

Die Materialart teilt das Material in Gruppen ein, um keine unnötigen Datenmengen im Materialstammsatz „mitschleifen" zu müssen. Sie kann unternehmensspezifisch angepaßt werden und steuert u. a. die Beschaffungsart (Eigen- oder Fremdfertigung) und welche Fachbereiche den Materialstammsatz pflegen können.

Vorlagen

Beim Anlegen eines neuen Materials kann ein bestehender Materialstammsatz als Vorlage benutzt werden. Es können gewünschte Fachbereiche und Organisationsebenen vorher als Benutzer definiert werden.

7.1.2   Stücklisten

„Stückliste"

Die Stückliste (siehe hierzu Abschnitt 7.2.4) ist die Beschreibung von Produktionsstrukturen und bildet die zentrale Basis zur Planung von Materialbedarf und Erzeugniskalkulationen.

Aus dem Eröffnungsbildschirm des R/3-Systems gelangt man in das Einstiegsbild für die Stücklisten über:

Logistik ⇨ Produktion ⇨ Stammdaten ⇨ Stücklisten.

Stücklistenformen

Folgende Stücklistenformen sind möglich:

- Einfache Stückliste

- Variantenstückliste

- Mehrfachstückliste

- Kundenauftragsstückliste

- Frei konfigurierbare Stückliste (ab Release 3.0)

Der Aufbau einer Stückliste enthält mindestens folgende Parameter:

Stücklistenaufbau

- **Stücklistenkopf** enthält Angaben über Werke und Gültigkeitsdauer;

- **Stücklistenposition** beschreibt verschiedene sogenannte Positionen, welche weitere zugehörigen Daten enthalten (z. B. Nichtlagerpositionen enthält Einkaufsdaten).

Stücklistenpflege

Die Stücklistenpflege erfolgt gewöhnlich durch die PP-Stücklistenverwaltung, sie kann aber auch aus einem CAD-System heraus erfolgen. Sollten bei einer Änderung Zusatzinformationen benötigt werden, erscheint beim Anwender das entsprechende Bild.

Eine bereits bestehende Stückliste kann als Vorlage dienen.

Die **Darstellung zur Auswertung** kann auf dem Bildschirm u. a. auch als grafische Stückliste erfolgen und entsprechend ausgedruckt werden; Abb. 7.1 zeigt ein Beispiel für die Baukastenansicht:

Abb. 7.1
Stückliste
(Baukastenansicht)

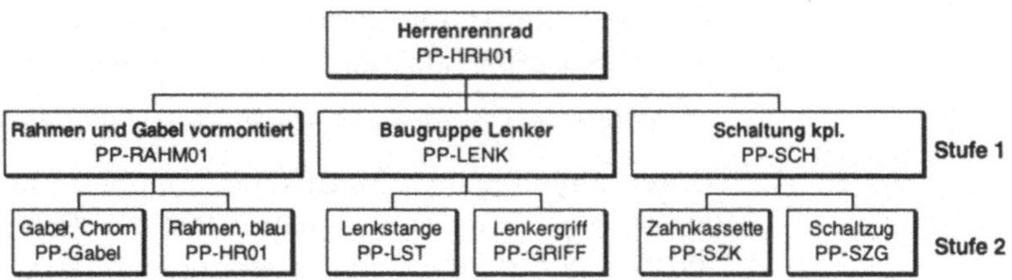

7.1.3   Arbeitsplatz

Unter einem Arbeitsplatz versteht man einen Ort, an dem eine Arbeit durchgeführt wird. Dies können Maschinen, Personen, Fertigungsstraßen oder Montagearbeitsplätze sein. Der Arbeitsplatz bildet die Grundlage zur Pflege von Arbeitsvorgängen in Arbeitsplänen. Über den Eröffnungsbildschirm der SAP-Sitzung gelangt man in das Einstiegsbild für die Arbeitsplätze folgendermaßen:

Logistik ⇨ Produktion ⇨ Stammdaten ⇨ Arbeitsplätze.

Die Arbeitsplätze enthalten Daten, die die Terminierung, die Kalkulation und die Kapazitätsrechnung steuern. Die Standardformeln können über das Customizing eingestellt und jederzeit erweitert werden.

Verbindung zur
Kostenstelle

Bei der Pflege von Arbeitsplatzdaten weist der Planer dem Arbeitsplatz eine Kostenstelle zu (Verbindung zwischen Kostenrechnung und PPS-System).

Dem Arbeitsplatz kann eine beliebige Anzahl von **Kapazitäten** zugeordnet werden. Diese sind die Basis für die Funktionen der Kapazitätenplanung und Fertigungssteuerung. So lassen sich jederzeit die Auslastung der Maschinen und des Personals feststellen (Reservekapazität).

7.1.4   Arbeitsplan

Im R/3-Arbeitsplan werden nicht nur die einzelnen Fertigungsschritte dokumentiert, sondern auch die benötigten Ressourcen, wie Materialkapazität, Fertigungshilfsmittel und die Qualitätsanforderungen. Der Arbeitsplan bildet die Grundlage für die Erzeugniskalkulation, Auftragsabwicklung, Terminierung, Fertigungssteuerung und die Kapazitätenrechnung.

Aus dem Eröffnungsbildschirm des R/3-Systems gelangt man in das Einstiegsbild für die Arbeitspläne wie folgt:

Logistik ⇨ Produktion ⇨ Stammdaten ⇨ Arbeitspläne.

Unter einheitlicher Oberfläche erlauben die Arbeitspläne eine einfache Beschreibung linearer Fertigungsabläufe sowie komplexer bzw. gesplitteter oder überlappender Strukturen.

Man unterscheidet dabei:
- Normalarbeitsplan (materialbezogen)
- Standardarbeitsplan

Die Arbeitspläne werden werkstattbezogen gepflegt.

Arbeitsvorgang	Der Arbeitsvorgang ist ein einzelner Schritt in einem Arbeitsplan. Er besteht aus folgenden Daten:

- **Arbeitsplatz**
- **Steuerschlüssel** (legt fest, ob der Vorgang kalkuliert und die Kapazitätenbelastung ermittelt werden soll. Weiterhin legt er fest, ob der Vorgang zurückgemeldet werden soll.)
- **Vorgangsbeschreibung** (kurze Anweisungstexte)
- **Vorgabewerte** (werden manuell gepflegt oder können über die automatische Vorgabezeitermittlung errechnet werden.)

Als **Folgen** bezeichnet man den Ablauf der Vorgänge eines Arbeitsplanes. Dadurch lassen sich netzartige Fertigungsprozesse einfach abbilden.

Arten von Folgen	Man unterscheidet:

- Stammfolge (lineare Fertigung)
- Parallele Folge (parallele Fertigungsprozesse)
- Alternative Folge (kann bei Kapazitätenüberlastung auf eine alternative Maschinenfolge ausweichen)

Auswertungsfunktion	Vorgang bzw. Übersichtslisten werden im Customizing in Layout und Inhalt individuell an den Benutzer angepaßt.

7.1.5   Dokumente

Mit dem Dokumentenverwaltungssystem können jegliche Arten von Dokumenten beschrieben, verwaltet und visualisiert werden. So können z. B. durch Verknüpfen oder durch Suchfunktionen einem einzelnen Material oder Fertigungsschritt entsprechende Dokumente (z. B. Zeichnungsänderungen, Nachrichten oder Anweisungen) zugeordnet und so die entsprechenden Stellen informiert werden.

Das Visualisieren erfolgt durch Einbinden beliebiger Standardformate (z. B. *.tif, *.dxf) in das SAP-Format.

7.1.6   Fertigungshilfsmittel

Fertigungshilfsmittel sind Werkzeuge aller Art, z. B. auch NC-Programme oder Vorrichtungen, Meß- und Prüfmittel. Ihr Einsatz ist aus dem Materialstammsatz, aus dem Dokument oder aus einem eigenen Fertigungshilfsmittelstammsatz ersichtlich. Ausgehend vom Eröffnungsbildschirm der SAP-Sitzung gelangt man in das Einstiegsbild für die Fertigungshilfsmittel wie folgt (siehe Abb. 7.2):

Logistik ⇨ Produktion ⇨ Stammdaten ⇨ FertHilfsmittel.

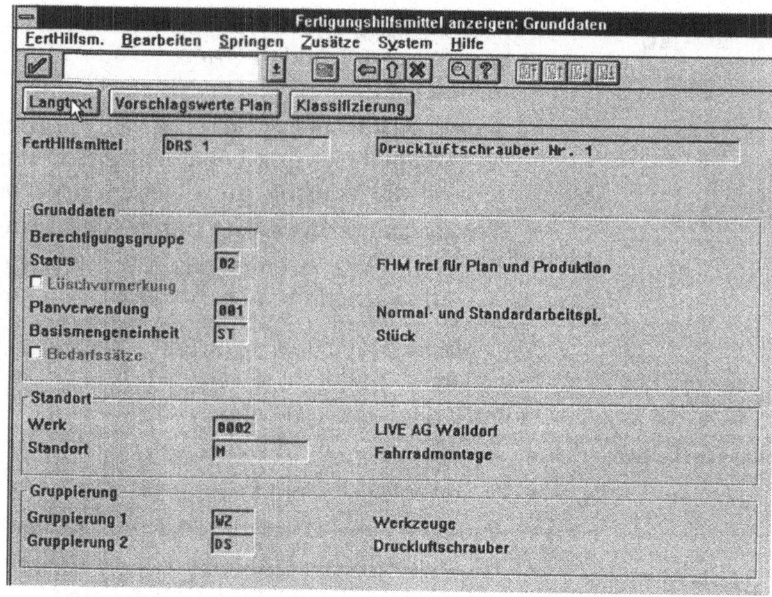

Abb. 7.2
Fertigungshilfsmittel

7.1.7   Prüfplan und Prüfmerkmale

Die Aufgabe des **Prüfplans** liegt in der Festlegung der Prüfvorgänge sowie der je Prüfvorgang zu prüfenden Merkmale und der zu verwendenden Prüfmittel.

Der Prüfplan (siehe hierzu Kapitel 7.7) ist mit dem Arbeitsplan in der Fertigung verwandt.

Planzuordnung

Prüfpläne werden den zu prüfenden Materialien zugeordnet. Darüber hinaus kann man sie je nach Prüflosherkunft auch noch Lieferanten oder Kunden zuordnen. Man kann einen bestimmten Prüfplan auch mehreren Materialien und mehreren Lieferanten oder Kunden zuordnen.

Planverwendung

Prüfpläne gelten für bestimmte Verwendungszwecke, wie z. B. für Wareneingangsprüfungen oder für Erstmusterprüfungen. Zu einem Material kann es daher verschiedene Prüfpläne geben, die sich durch ihre Verwendungen oder Zuordnungen unterscheiden.

Weitere Unterteilungen des Prüfplanes sind:

* **Materialprüfplan** (ist dem zu prüfenden Material zugeordnet);

* **Individualprüfplan** (legt den Prüfumfang für Material in Beziehung zu einem Lieferanten oder Kunden fest);

- **Familienprüfplan** (beinhaltet Prüfung einer Teilefamilie zusätzlich mit Toleranzen für Beziehungen untereinander).

Ein **Prüfmerkmal** (siehe hierzu Kapitel 7.7) beschreibt, was zu prüfen ist. Es definiert die Prüfanforderungen für Materialien, Teile und Erzeugnisse.

Dynamisierung

Durch die Analyse der Prüfhistorie werden Lieferanten oder Prozesse mit schlechter Qualität intensiver überwacht als Lieferanten oder Prozesse mit ständig verbesserter Qualität.

7.1.8   CAD Integration

Die CAD Funktionsbibliothek gestattet die Anbindung grafischer Fremdsysteme an das R/3 System.

Koppelung
CAD-PPS

Durch eine **Schnittstelle** zwischen SAP-R/3 und einem CAD-System ist ein engeres Zusammenspiel zwischen Konstruktion und Fertigung möglich. Schnellere Reaktion auf Kundenwünsche und eine Verkürzung der Entwicklungszeiten erhöhen die Flexibilität einer Unternehmung.

Das bedeutet:

- Zugriff auf Grunddaten des PPS-Systems, die Materialstückliste oder die Dokumentenverwaltung;

- während der Erstellung einer Zusammenbauzeichnung im CAD überprüft das angeschlossene R/3-System automatisch die Stückliste auf die Verfügbarkeit des gewählten Materials;
- Anbindung der Dokumentenverwaltung an das CAD-System.

7.1.9   Vorgabewertermittlung (CAP)

Mit der Vorgabewertermittlung können Werte und/oder Formeln in Arbeitsplänen automatisch erzeugt werden. Die Funktionen der CAP (**C**omputer **A**ided **P**lanning) bestehen aus zwei zentralen Elementen:

- Automatische Arbeitsplangenerierung (ab Release 3.0)
- Automatische Vorgabewertermittlung (Einmal in Tabellen hinterlegte Werte und Formeln können schnell zusammengefaßt, kombiniert und neuen Arbeitsplätzen zugeordnet werden.)

In die CAP-Vorgabewertermittlung gelangt man über:

Logistik ⇨ Produktion ⇨ Stammdaten ⇨ CAP-Vorgabewerte.

7.1.10   **Änderungsdienst**

Der Änderungsdienst erlaubt die zentrale Verwaltung und Steuerung von Änderungen an Grunddaten (z. B. Stücklisten, Prüfplänen oder Arbeitsplänen).

Einsatzmöglichkeiten   Er kann für folgende Objekte genutzt werden:

- Material
- Dokument
- Stückliste
- Plan

Aus dem Eröffnungsbildschirm der SAP-Sitzung gelangt man in das Einstiegsbild für den Änderungsdienst wie folgt:

Logistik ⇨ Produktion ⇨ Stammdaten ⇨ Änderungsdienst.

7.2   Absatz- und Produktionsgrobplanung

Planungskonzept   **Manufactoring Resource Planning (MRP)** ist ein Planungskonzept, das international anerkannt und verwendet wird. Die Absatz- und Produktionsgrobplanung im Modul PP ist somit ein Bestandteil dieses Konzeptes. Die Absatz- und Produktionsgrobplanung steht zwischen den Modulen der Absatz- und Ergebnisplanung und der Produktionsplanung.

Aufgaben der SOP   Mit Hilfe der **Absatz- und Produktionsgrobplanung (SOP)** sollen die mittel- bis langfristigen Absatzmengen festgelegt und die zur Verwirklichung dieses Absatzes notwendigen Schritte grob geplant werden (d. h. es findet eine grobe Abschätzung der Realisierbarkeit der Pläne statt).

7.2.1   Grobplanung

7.2.1.1   Einordnung in den Planungsprozeß

Während die Geschäfts- und Ergebnisplanung für das gesamte Unternehmen oder für eine bestimmte Region des Unternehmens durchgeführt wird, gilt die Absatz-und Produktionsgrobplanung nur für Produktgruppen (siehe Abb. 7.3). Aus der Absatz- und Produktionsgrobplanung gehen die Produktionsplanung und, nach der Stücklistenauflösung, die Bedarfsplanung für die Produktion hervor.

Abb. 7.3
Planungsebenen im
Planungsprozeß

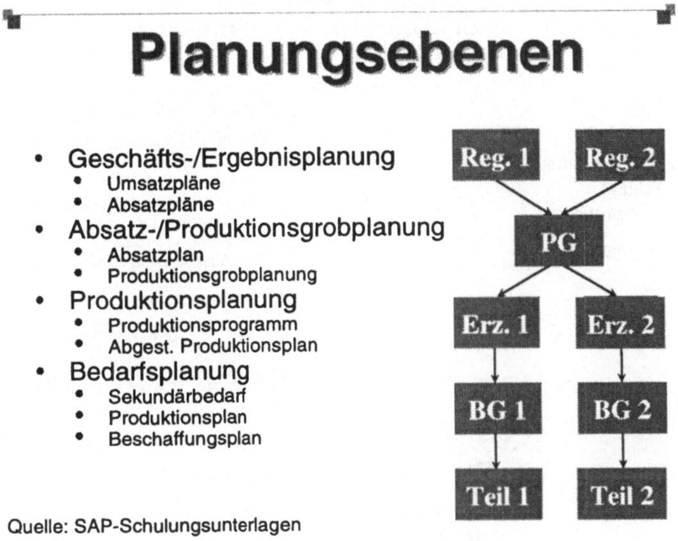

Planungsebenen

- Geschäfts-/Ergebnisplanung
  - Umsatzpläne
  - Absatzpläne
- Absatz-/Produktionsgrobplanung
  - Absatzplan
  - Produktionsgrobplanung
- Produktionsplanung
  - Produktionsprogramm
  - Abgest. Produktionsplan
- Bedarfsplanung
  - Sekundärbedarf
  - Produktionsplan
  - Beschaffungsplan

Quelle: SAP-Schulungsunterlagen

7.2.1.2   Vorlauf zur Absatz- und Produktionsgrobplanung

Vor der Durchführung der Absatzplanung müssen folgende Fragen beantwortet werden:

- Wie wird sich die Gesamtnachfrage entwickeln?

- Welchen Marktanteil kann der planende Betrieb erreichen?

- Entspricht die gegenwärtige Kapazität diesem Marktanteil?

- Welche Absatzmengen ergeben sich für die einzelnen Jahresperioden?

- Auf welchen Betrag soll der langfristig zu erwartende Durchschnittsertrag festgelegt werden?

Mit der Beantwortung dieser Fragen kann der Absatzplan erstellt werden.

7.2.1.3   Wesen der Absatz- und Produktionsgrobplanung

Im Rahmen der Absatz- und Produktionsgrobplanung werden die lang- und mittelfristigen Absatzmengen festgelegt (siehe Abb. 7.4). Die nötige Materialbeschaffung, die zur Verfügung stehenden Kapazitäten und die zu erstellende Leistung können zu erheblichen Fertigungsengpässen führen. Deshalb ist es sinnvoll, die Absatz- und Produktionsgrobplanung einer detaillierten Produktionsplanung zugrunde zu legen.

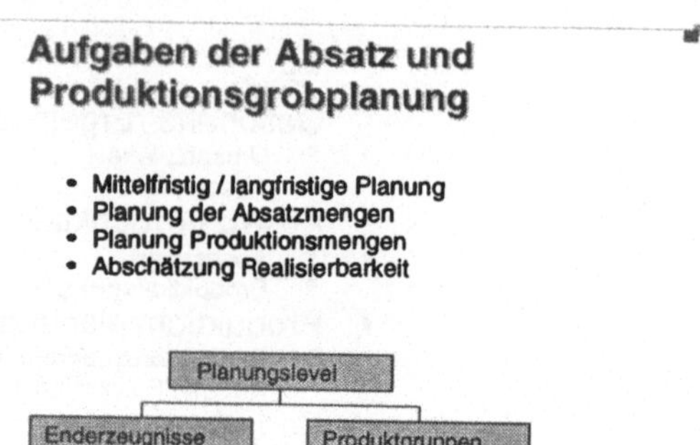

Abb. 7.4
Aufgaben der
Absatz- und Produktionsplanung
(Quelle: R/3-Schulungsunterlagen)

Aufgrund der Fülle der Daten werden die benötigten Produktionsaktivitäten grob geplant, d. h. es wird vorerst keine detaillierte Planung über Stücklistenauflösung und Arbeitsplanterminierung erstellt. Das Ziel dieser Planung ist es vielmehr, die Realisierbarkeit der aufgestellten Pläne abzuschätzen.

Dabei bietet die Absatz- und Produktionsgrobplanung die Möglichkeit, die Planung für Produktgruppen oder für Enderzeugnisse durchzuführen.

7.2.2   Absatzplan

Der Ausgangspunkt der Planung bildet die Ermittlung der Absatzmengen für zukünftige Perioden. Für die Planungsdatengewinnung können unterschiedliche Verfahren (siehe Abb. 7.5) verwendet werden:

• manuelle Eingabe der Absatzmengen;

• maschinelle Prognose der Absatzmengen auf Basis von Vergangenheitswerten;

• Übernahme der Absatzmengen aus der monetär orientierten Ergebnis- und Marktsegmentrechnung (CO-PA);

• Übernahme der Absatzmengen aus dem Vertriebsinformationssystem (SD-IS);

• Übernahme aus einem externen System.

Abb. 7.5
Absatzgrobplanung
anlegen

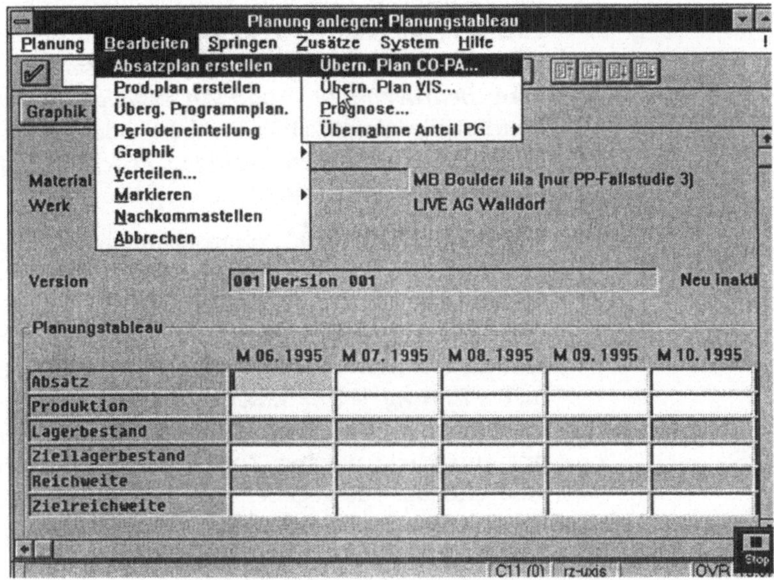

Die Ergebnisse der Absatz- und Produktionsgrobplanung können auf die Produktgruppenmitglieder aufgeteilt werden (**Disaggregation**) und an die Produktionsplanung übergeben werden.

Fallbeispiele:
„PPGB01.scm" und
„PPMRP01.scm"

Anlegen einer inaktiven Absatz- und Produktionsgrobplanung

Die folgenden **zwei Fallbeispiele** sollen die Vorgehensweise zum Anlegen und Ändern einer Grobplanung erläutern und den Ablauf schildern. Diese Fallbeispiele sind auf der beiliegenden CD-ROM unter den Namen „**PPGB01**" (**Anlegen einer inaktiven Absatz- und Produktionsgrobplanung**) und „**PPMRP01**" (**Ändern eines Absatzgrobplanes**) als Screencams zu finden.

Die Screencam „**PPGB01**" beschreibt, wie eine inaktive Absatz- und Produktionsgrobplanung angelegt wird. Hierzu muß der Absatzplan als Absatzgrobplan in das Produktionsmodul übergeben werden. Dazu wählt man *Logistik* ⇨ *Produktion* ⇨ *Absatz/Grobplanung*. Nun befindet man sich im Menü „Absatz- und Produktionsplanung", wo *Planung* ⇨ *Für Material* ⇨ *Anlegen* ausgewählt werden muß. Daraufhin ist eine Materialnummer einzugeben und das dazugehörige Werk auszuwählen. Nach Bestätigung der Angaben ist im Feld „Definition Version" eine Version und die zugehörige Bezeichnung einzutragen. Dann sind die Eingaben wie gewohnt abzuschließen.

Im nächsten Schritt wird die Produktionsgrobplanung angelegt. Hierzu trägt man im Feld „Absatz" die gewünschten Werte ein. Um den Produktionsplan aus dem Absatzplan zu erstellen, wählt man *Bearbeiten* ⇨ *Prod.Plan erstellen* ⇨ *Absatzsynchron*. Nun werden die Absatzzahlen in die Produktion so übernommen wie sie zuvor angegeben wurden. Abschließend können nun die Plandaten gesichert werden.

Ändern eines Absatzgrobplanes

Das File **„PPMRP01"** veranschaulicht, wie ein Absatzgrobplan verändert werden kann. Auch hierzu muß der Absatzplan als Absatzgrobplan in das Produktionsmodul übergeben werden. Über den Pfad *Logistik* ⇨ *Produktion* ⇨ *Absatz/Grobplanung* gelangt man in das Menü „Absatz- und Produktionsplanung". Hier wählt man *Planung* ⇨ *Für Material* ⇨ *Ändern*. Nun müssen wiederum Material und Werk angegeben und das Steuerfeld „Aktive Version" angeklickt werden. Nun können die gewünschten Werte im Feld „Absatz" eingegeben werden. Auch in diesem Fallbeispiel werden die Daten aus dem Absatzgrobplan an den Produktionsgrobplan übergeben, indem man *Bearbeiten* ⇨ *Prod.Plan erstellen* ⇨ *Absatzsynchron* wählt. Zuletzt werden die Plandaten gesichert.

7.2.2.1 Produktgruppen

In der Absatz- und Produktionsgrobplanung besteht die Möglichkeit, verschiedene Materialien zu einer Gruppe (eine Produktgruppe) zusammenzufassen und somit die Planung auf der Ebene von Produktgruppen zu konsolidieren. Im Rahmen der Produktgruppenverwaltung werden beliebige Materialien zu Produktgruppen gegliedert. Die Produktgruppenstruktur kann mehrstufig sein und damit beliebige Produktgruppenhierarchien darstellen (siehe Abb. 7.6).

Abb. 7.6
Produktgruppen-
hierarchie

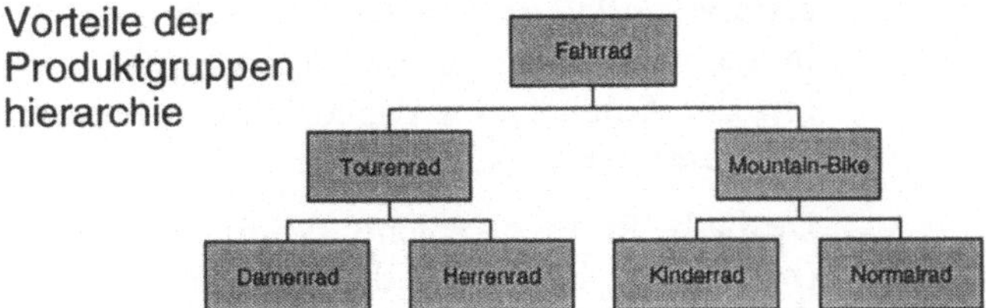

- Alternative Produktgruppenhierarchien
- Umrechnung zw. beliebigen Mengeneinheiten
- Korrektrufaktoren für Aggregation
- Anteilsfaktoren für Disaggregation
- Werksübergreifende Zuordnung
- Fertigungsversionfestlegung
- Komfortable Top-Down-Pflege

Quelle: SAP-Schulungsunterlagen

Darüber hinaus kann ein Material mehreren Produktgruppen zugeordnet werden. Es ist möglich, alternative Produktgruppenhierarchien zu erstellen.

Durch die Möglichkeit Produktgruppen werksübergreifend zu definieren und zu planen, können Materialien aus verschiedenen Werken Bestandteil einer Produktgruppe sein. Das Ermitteln der geplanten Absatzmengen bildet die Grundlage der Planung. Diese Angaben ermöglichen es, die Produktionsmengen zu bestimmen. Die daraus resultierenden Ergebnisse können an die Produktionsplanung weitergegeben werden.

Abb. 7.7
Aufbau einer
Produktgruppe

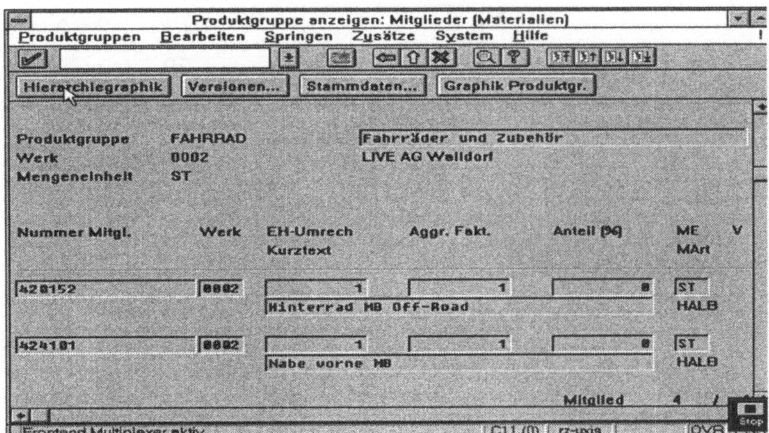

Wichtige Daten für die Produktgruppenstruktur (siehe Abb. 7.7) sind zum einen die Mengenrelationen zwischen der Produktgruppe und dem jeweiligen Mitglied (z. B. Produktgruppe wird in Tonnen dargestellt und das Mitglied in Stück) und zum anderen der Anteilsfaktor des jeweiligen Produktgruppenmitglieds an der gesamten Produktgruppe.

Deshalb können solche Gruppen ein- oder mehrstufig sein (mehrstufig bedeutet, daß die Gruppe als Mitglieder Gruppen enthält). Die letzte Ebene der Produktgruppe muß ein Material sein.

| 7.2.2.2 | **Produktionsgrobplan** |

Es gibt drei Möglichkeiten aus dem Absatzplan den Produktionsgrobplan zu erstellen. Dabei wird die Produktionsplanung nach verschiedenen Daten des Absatzplanes ausgerichtet.

Diese Daten müssen **absatzsynchron** gehalten werden, damit sie den **Ziellagerbestand** und die **Zielreichweite** exakt vorhalten.

Die Mengen und Termine werden dabei exakt übernommen. Das System errechnet aus den Zielangaben automatisch die notwendigen Produktionsmengen für die entsprechenden Perioden.

Abb. 7.8
Beispiel für die Umsetzung des Absatzplans
(Quelle: R/3-Schulungsunterlagen)

Vom Absatzplan zur Produktionsgrobplanung

Via. Ziellagerbestand

	W29	W30	W31	W32
Absatz	50	70	220	250
Produktion	60	70	250	250
Ziellagerbestand	10	10	40	40

In der oben gezeigten Abbildung 7.8 wird deutlich, daß sich die Produktion nach dem Absatz und nach dem gewünschten Ziellagerbestand richtet.

7.2.2.3

Zweck der
Disaggregation

Disaggregation

Unter der Disaggregation ist die Splittung der Prozesse zu verstehen, d. h. daß die Planung grob begonnen und anschließend verfeinert wird. Der Absatzplan des Mitglieds ist schließlich das Resultat der Aggregation. Die Disaggregation kann für den Absatzplan und den Produktionsgrobplan gemacht werden, außerdem können aktive und inaktive Versionen der Planung verwendet werden.

Je nach Auswahl kann die Disaggregation für alle oder einzelne Mitglieder gemacht werden (Komplett-/Teildisaggregation). Die Durchführung kann als Einzel- oder Sammeldisaggregation bearbeitet werden (siehe Abb. 7.9).

Abb. 7.9
Disaggregation

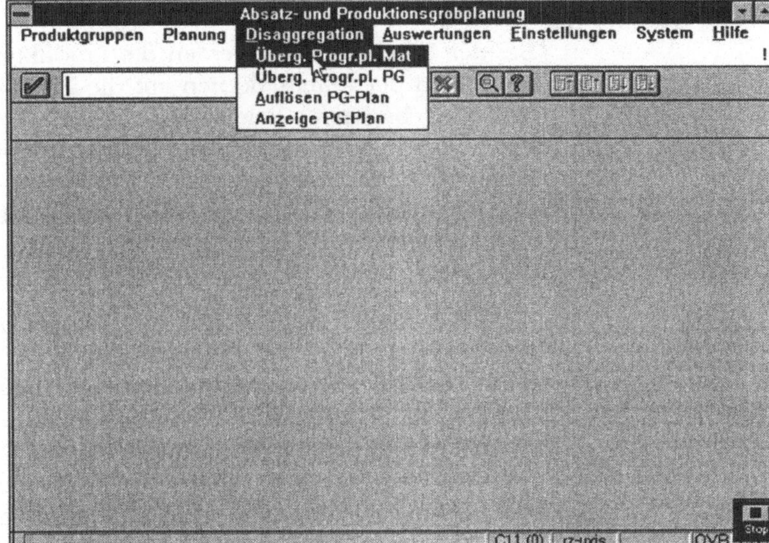

Das Ziel der Absatz- und Produktionsgrobplanung ist es, die Durchführbarkeit der Planung zumindest grob zu überprüfen. Der Absatzplan und der Produktionsgrobplan können damit als Vorgabe für die nachfolgenden Planungsebenen (Produktionsplanung, Materialbedarfsplanung) herangezogen werden. Zu diesem Zweck ist es möglich, die Produktgruppenpläne automatisch auf die Produktgruppenmitglieder „herunterzubrechen". Diesen Vorgang nennt man **Disaggregation (TOP-DOWN)**. Es ist aber auch möglich, von den Produktgruppenmitgliedern auf die gesamte Produktgruppe zu schließen. Dieses Verfahren nennt man **Aggregation (BOTTOM-UP):**

Abb. 7.10
Vorgehensweise
bei der Planung

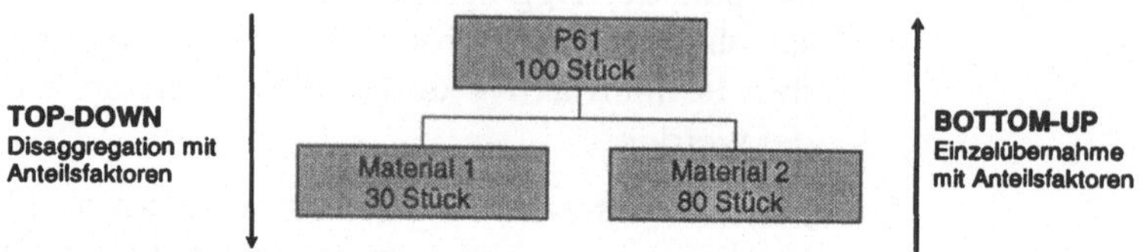

Bei der Disaggregation werden die Produktgruppenmengen entsprechend der Anteilsfaktoren auf die Produktgruppenmitglieder heruntergebrochen. Gleichzeitig mit dieser sachlichen Disaggregation kann auch eine zeitliche Disaggregation erfolgen. So ist es möglich, die auf Wochen- oder Monatsbasis aufgestellten Pläne auf Tage herunterzubrechen. Als Aufteilungsschlüssel kann hierzu die Anzahl der Arbeitstage in der jeweiligen Periode verwendet werden.

Ein **Fallbeispiel** zur Disaggregation findet man im nachfolgenden Abschnitt 7.2.3.1 zur Programmplanung. Die Disaggregation bildet im Beispiel zur Programmplanung einen wesentlichen Bestandteil. Die zugehörige Screencam ist unter der Bezeichnung **PPGB02** (Programmplanung/Disaggregation) aufrufbar. Ein weiteres Beispiel findet man unter dem Filenamen **PPMRP02** (siehe auch Kapitel 7.2.8 Fallbeispiele „Programmplanung", „MRP2-Lauf").

Fallbeispiele:
„PPGB02.scm" und
„PPMRP02.scm"

7.2.3   Produktionsplanung

Im Rahmen der Produktionsplanung werden die grundlegenden Entscheidungen über die operative Nutzung der Produktionsressourcen getroffen.

Hauptaufgaben

Die Produktionsplanung hat drei Hauptaufgaben:

- Auswahl der Planungs- und Fertigungsstrategie
- Festlegung der Bedarfsmengen und Liefertermine
- Festlegung des Produktionsplans für Leitteile

7.2.3.1   Programmplanung

In der Programmplanung werden die Bedarfsmengen und die Liefertermine für die Enderzeugnisse und die wichtigen Baugruppen festgelegt. Das Produktionsprogramm kann entweder direkt als Primärbedarf vom Disponenten erstellt werden oder auf vorgelagerten Planungsergebnissen aufbauen. So können z. B. die Ergebnisse der Produktionsgrobplanung die Basis für die Programmplanung bilden.

Neben der Mengen- und Terminplanung wird im Rahmen der Programmplanung die Strategie bestimmt, mit der ein Erzeugnis geplant und gefertigt bzw. beschafft wird. Drei Planungsstrategien stehen zur Verfügung:

- Anonyme Lagerfertigung
- Kundeneinzelfertigung
- Losfertigung für Kunden- und Lageraufträge

Darüber hinaus wird im Rahmen der Programmplanung festgelegt, nach welcher Vorplanungsstrategie die auftragsorientierte Fertigung abgewickelt werden soll.

Zur Programmplanung findet man anbei zwei Beispiele, die vom eigentlichen Ablauf fast identisch sind, aber mit unterschiedlichen Daten durchgeführt wurden, da sie zu unterschiedlichen Fallstudien gehören.

Fallbeispiele:
„PPGB02.scm" und
„PPMRP02.scm"

Im folgenden wird auf die Vorgehensweise im Fallbeispiel **PPGB02** eingegangen und der Ablauf geschildert. Der im Beispiel **PPGB01** erstellte Produktionsplan soll an die Programmplanung übergeben werden. Hierzu ist der Pfad *Disaggregation ⇨ Überg. Progr.pl.Mat* auszuwählen, um in die nächste Maske zu gelangen.   Dann muß das Material und das Werk eingegeben werden. Im Feld „Datum" ist der erste Tag des ersten Planungsmonats einzugeben und die gewünschte Bedarfsart sowie die zugehörige Version auszuwählen.

Im vorliegenden Fallbeispiel wurde in der Gruppe „Übergabestrategie und -zeitraum" die Strategie „Produktionsplan Material(ien) direkt" markiert und die Checkbox „Verbuchung dunkel" ausgeschaltet. Nun kann man auf „Übergabe ausführen" klicken. Man erhält in der Statuszeile eine Meldung, daß die Übergabe erfolgt ist. Dann gelangt man in das Bild „Planprimärbedarf ändern: Positionsbild zweizeilig". Hier können die Ergebnisse der Grobplanung weiter spezifiziert werden.

So kann im Feld „VRV - Verrechnungskennzeichen Vorplanungsbedarfe" gesteuert werden, mit welchen konkreten Bedarfen die
Planprimärbedarfe verrechnet werden sollen. In den anderen
Feldern können weitere Einstellungen vorgenommen werden.
Anschließend müssen die Eingaben bestätigt werden, und die
angezeigte Warnung wird ignoriert, indem man nochmals bestätigt.

Im Feld „Planmenge" sind die aufsummierten geplanten Produktionszahlen ersichtlich. Zunächst markiert man eine Zeile und
klickt auf die Schaltfläche „Einteilungen". In diesem Bild werden
die folgenden Monate mit „M" dargestellt. Nun soll die sog.
Disaggregation stattfinden, d. h. die Verfeinerung der Einteilung.
Im vorliegenden Beispiel wird die Planung für den nächsten
Monat auf Tage umverteilt. Hierzu ist der erste Monat in der
Spalte „S" mit einem Mausklick zu markieren und dann *Bearbeiten ⇨ Aufteilung über Zeit* zu wählen. In dem Bild „Aufteilung
Zeitraum" muß die Aufteilung auf Tage gesetzt werden. Dem
Aufteilungsgrad zufolge, muß auch das Datum im entsprechenden Format angegeben werden. Die Einteilung erfolgt gleichmäßig, es wird jedoch berücksichtigt, wieviele Arbeitstage eine Woche laut Fabrikkalender hat. Als Ergebnis erhält man eine Planung, die entsprechend der zeitlichen Nähe zum Produktionstermin durchgeplant worden ist. Die Planung ist somit abgeschlossen und kann jetzt gesichert werden.

7.2.3.2   **Primärbedarfsverwaltung**

Primärbedarfe dienen der auftragsneutralen Vorplanung der Produktion.

Neben der manuellen Primärbedarfspflege kann der Disponent
im Rahmen einer integrierten Planung auf die Ergebnisse vorgelagerter Planungsstufen zurückgreifen. Durch den Bezug auf
übergeordnete Planungsstufen ist so eine kontinuierliche Verfeinerung und Abstimmung errechenbar.

Folgende **Vorlagen** können zur Primärbedarfspflege benutzt
werden:

- Absatzplanung für das Erzeugnis

- Maschinell ermittelte Prognose aus der Absatzplanung

- Produktionsgrobplan für das Erzeugnis

- Primärbedarf für ein beliebiges Erzeugnis

Die Primärbedarfe können in beliebigen Zeitrastern geplant werden, wobei unterschiedliche Zeitraster miteinander kombinierbar sind. Dies eröffnet dem Disponenten die Möglichkeit, das Produktionsprogramm für die nähere Zukunft, z. B. in Wochen, für die weitere Zukunft oder in Monaten, zu planen. Die automatische Aufteilung von Primärbedarfen von einem gröberen Zeitraster in ein feineres Zeitraster erweist sich insbesondere bei einer rollierenden Planung als vorteilhaft.

7.2.3.3   Leitteileplanung

In der MPS-Planung (Planung von Leitteilen) werden die Teile oder Erzeugnisse, die die Wertschöpfung im Unternehmen in hohem Maße beeinflussen oder kritische Ressourcen belegen, als Leitteile gekennzeichnet und mit erhöhter Aufmerksamkeit geplant. Leitteile können sowohl Enderzeugnisse als auch Baugruppen oder Rohmaterialien sein. In einem separaten Planungslauf werden nur die Leitteile geplant.

7.2.3.4   Standortübergreifende Produktionsplanung

Das PP-System gewährleistet auch für die Produktion eines Artikels an verschiedenen Standorten oder bei ausgelagerter Komponentenvorfertigung einen reibungslosen Material- und Informationsfluß zwischen den beteiligten Standorten bzw. Werken.

Charakteristisch für diese Art der Planung ist die Produktion an verschieden Standorten, wobei die Planung, Überwachung und Auslieferung **zentral** erfolgt. Bei der Verteilung der Produktionsmengen auf die unterschiedlichen Standorte kann der Planer mit Beschaffungsquotierungen pro Artikel arbeiten.

7.2.3.5   Distribution Requirements Planing

Die Internationalisierung der Märkte erfordert zunehmend leistungsfähigere Distributionssysteme. So ist es vielfach schon aus Gründen der geographischen Entfernung nicht mehr möglich, den Kunden unmittelbar vom Produktionsstandort aus zu beliefern. Vor diesem Hintergrund gehen viele Unternehmen dazu über, ihre Kunden über Distributionslager oder Distributionszentren, die von Produktionswerken versorgt werden, zu beliefern.

Das PP-System ist in seinem planerischen und operativen Komponenten so ausgerichtet, daß firmen- und länderübergreifende Produktions- und Distributionseinheiten komfortabel abgebildet werden können.

Distributionsläger können firmen- oder länderübergreifend als Werke definiert werden. Sie stellen damit eine disponierende Einheit dar, für die eine Bedarfsplanung durchgeführt wird. Dieses Verfahren hat den Vorteil, daß für einen Artikel, je nach Distributionslager, unterschiedliche Distributionsstrategien angewendet werden können.

Die Versorgung der Distributionsläger aus den Produktionswerken erfolgt unter Nutzung der Einkaufs- und Vertriebsfunktionen aus den Systemen MM und SD.

Auswertungen auf Produktgruppen- und Enderzeugnisebene geben dem Planer jederzeit einen Überblick über alle beteiligten Produktionsstätten und Distributionsläger.

7.2.4   Stücklisten

Stücklisten, wie auch Arbeitspläne, sind die Informationsträger in einem Fertigungsbetrieb. Sie stellen die zentralen Stammdaten für die Produktionsplanung und -steuerung dar. Gleichwohl benötigen Stücklisten und Arbeitspläne Basisinformationen aus der Materialwirtschaft, Konstruktion, Controlling und Personalwirtschaft. Umgekehrt geben sie Informationen an andere Bereiche ab: Konstruktion, Normenstelle, Arbeitsvorbereitung, Terminplanung, Materialbedarfsermittlung, Fertigungsauftragsverwaltung, Fertigungssteuerung, Montage, Einkauf (Bestellanforderung), Kostenrechnung (Kalkulation) etc.[1]

Dabei benötigen alle diese Abteilungen die Unterlagen in verschiedenen Ausführungen und Zusammensetzungen. Die CIM-Modulvielfalt von SAP bietet hierfür optimale Voraussetzungen.

Die folgenden Abschnitte sollen einen Überblick über die Stücklisten in der Theorie und im SAP-System geben. Dabei wird auf die konkreten Aufgaben, die unterschiedlichen Arten und den Aufbau von Stücklisten eingegangen. An einem konkreten Beispiel soll das Anlegen, Ändern und die Auswertung von Stücklisten im System R/3 verdeutlicht werden.

Stücklistendefinition   Eine Stückliste beschreibt die Zusammensetzung der Produkte aus den einzelnen Komponenten. Sie enthält die Menge aller Baugruppen, Teile und Werkstoffe, die für die Herstellung einer Einheit des Erzeugnisses notwendig sind.

---

[1]   vgl. Roschmann, K.: Fertigungssteuerung, Hanser Verlag, Munchen, 1980, S. 30-35

Die **Stückliste** ist:[1]

- Ausgangsbasis zur Ermittlung des Bedarfs an Baugruppen, Teilen, Rohmaterial und deren Disposition;

- Bereitstellungs- und Entnahmebeleg;

- Grundlage zur Terminierung des Fertigungs- und Beschaffungsvorganges;

- Dokumentation der konstruierten bzw. gelieferten Erzeugnisse (Voraussetzung für weitere Auswertungen, wie z. B. Ersatzteillisten, Materialliste, Typenübersichten oder Einkaufslisten).

In der folgenden Darstellung sind den Unternehmensfunktionen die entsprechenden **Stücklistenaufgaben** zugeordnet:[2]

Tab. 7.1
Aufgaben von
Stücklisten

1   vgl. Hackstein, R.: Produktionsplanung und -steuerung (PPS), VDI-Verlag, Dusseldorf, 1984, S. 134

2   vgl. ebenda, S. 135

Klassifizierung von
Stücklisten

Das Stücklistenwesen ist in vielen Betrieben historisch gewachsen. Daher gibt es viele verschiedene Stücklisten im Hinblick auf Aufbau und Inhalt. Es soll ein kurzer Überblick über die verschiedenen Stücklistentypen gegeben werden.

7.2.4.1   Stücklistenarten

Für die Unterteilung von Stücklisten gibt es verschiedene Möglichkeiten. Einerseits gibt es die Unterscheidung nach **Art des Aufbaus** einer Stückliste und andererseits nach **Art der Verwendung**:[1]

Strukturlose
Stücklisten

* **Aufzählungsstückliste**
  Die Baugruppen[2] Eigen- und Kaufteile aller niederen Ebenen eines Erzeugnisses werden ohne Strukturierung (Zuordnung) dargestellt. Diese Stücklistenart ist als Produktübersicht hilfreich.

* **Mengenstückliste**
  Stückliste, die nur die Eigen- und Kaufteile aller niederen Ebenen eines Erzeugnisses oder einer Gruppe enthält. Die Mengenstückliste ist oft Grundlage für die Kalkulation.

Strukturierte
Stücklisten

* **Strukturstückliste**
  Eigenschaften gleichen deren der Aufzählungsstückliste, wobei die Darstellung in strukturierter Form erfolgt. Diese Strukturierung kann z. B. durch Einrückungen, Zahlenangaben oder Pfeile erreicht werden.

* **Baukastenstückliste**
  Die Baukastenstückliste dient als Basis für die Datenspeicherung. Es werden nur die Gruppen bzw. die Eigen- und Kaufteile der nächsten Ebene ohne Strukturierung dargestellt. Dennoch zählt sie zu den strukturierten Stücklisten.

* **Baukastenstrukturstückliste**
  Sie ist eine unvollständige Strukturstückliste, in der die Gruppen nicht weiter untergliedert sind, für die eine Baukastenstückliste vorhanden ist.

---

1   vgl Hackstein, R. a a.O., S. 136ff und Roschmann, K.: Fertigungssteuerung, Hanser Verlag, Munchen, 1980, S. 30 ff

2   Definition Baugruppe: in sich geschlossener aus zwei oder mehr Teilen und/oder Gruppen niederer Ordnung bestehender Gegenstand.

- **Variantenstückliste**
  Hierbei handelt es sich um eine Zusammenfassung mehrerer Stücklisten auf einem Vordruck, um verschiedene Erzeugnisse oder Gruppen, mit einem in der Regel hohen Anteil identischer Bestandteile, gemeinsam aufführen zu können. In diese Kategorie fallen die Endform-Gleichteil-Stückliste, die Komplexstückliste, die Grund- und Plus-/Minus-Stückliste und die Typenstückliste.

Stücklisten, die sich nach der **Verwendungsart** unterscheiden, sind bspw.:[1]

Unterscheidung nach
Art der Verwendung

- Konstruktionsstückliste

- Fertigungsstückliste

- Bedarfsermittlungsstückliste

- Montagestückliste

- Ersatzteilstückliste

7.2.4.2   Stücklistenarten im R/3-System

SAP stellt für die unterschiedlichen Einsatzgebiete verschiedene Typen von Stücklisten bereit. Bestimmte Typen sind analog zur Literatur, andere bieten neue Ansätze und Einsatzmöglichkeiten. Im System R/3 gibt es zwei verschiedene Möglichkeiten die Stücklistenarten zu unterscheiden: **„Stücklisten mit Objektbezug"** und **„Technische Typen"**.

Zu den Stücklisten mit Objektbezug zählen:

Stücklisten mit
Objektbezug

- **Materialstückliste**
  Die Materialstückliste ist der klassische Stücklistentyp. Sie stellt den Aufbau von Erzeugnissen dar. Dem Benutzer bleibt es überlassen, ob er die Materialstückliste in strukturierter oder unstrukturierter Form realisiert.

- **Equipmentstückliste**
  Dieser Stücklistentyp wird verwendet, um den strukturierten Aufbau einer Maschine zu beschreiben und um die Ersatzteile für Instandhaltungszwecke einer Maschine zuzuordnen.

- **Dokumentenstückliste**
  Mit der Dokumentenstückliste will SAP die Stücklistentechnik einem ganz anderen Bereich zugänglich machen. Die Dokumentenverwaltung im Rahmen der Konstruktion, Verwaltung und Dokumentation und sicherlich auch der Bürokommuni-

---

[1]   vgl. Hackstein, a.a.O., S. 136

kation, soll mit Stücklisten strukturiert werden. Ein Dokument kann sich mehrstufig aus vielen anderen Dokumenten zusammensetzen, z. B. aus technischen Zeichnungen, Schriftstücken und Fotos.

Technische Typen

Technische Typen klassifizieren Stücklisten, die ein Erzeugnis oder ähnliches durch eine gemeinsame Stücklistengruppe beschreiben. Die Einteilung der Stücklisten hinsichtlich der Abbildung von Produktvarianten und Fertigungsalternativen erfolgt durch das System. Erst nachdem für z. B. eine Materialstückliste eine weitere Alternative hinzugefügt bzw. zu einer bereits erstellten Stückliste eine Variante angelegt wird, legt das Programm den technischen Typ fest.

- **Einfache Stückliste**
  Einem Material wird eine fest definierte Stückliste zugeordnet. Diese einfache Stückliste wird verwendet, wenn es zu dem Produkt keine Varianten gibt und das Produkt immer nach dem gleichen Produktionsverfahren gefertigt wird. Die einfache Stückliste läßt sich mit der Strukturstückliste und der Baukastenstückliste aus der Literatur vergleichen, da sie nur die Gruppen und Einzelteile der nächst niederen Ebene enthält.

- **Variantenstückliste**
  Mehrere ähnliche Materialien können mit Hilfe einer gemeinsamen Stücklistenstruktur abgebildet werden. Wie die einfache Stückliste, so ist auch die Variantenstückliste aus der Literatur bekannt. Wird im System R/3 zu einer Stückliste eines Materials eine Variante angelegt, so kennzeichnet sie das System automatisch als Variantenstückliste.

- **Mehrfachstückliste**
  Ein Erzeugnis kann in Abhängigkeit von der zu fertigenden Menge (Losgröße) in alternativer Materialzusammensetzung produziert werden. Es wird mehrfach durch alternative Stücklisten dargestellt. Werden im System R/3 zu einem Material mehrere Alternativen angelegt, dann wird die Stückliste als Mehrfachstückliste gekennzeichnet.

Seit Release 3.0 gibt es die **„konfigurierbare Stückliste"**. Auf der Basis von Beziehungswissen wird automatisch eine Stücklistenstruktur konfiguriert. Anwendung findet dieser Typ bei komplexen Variantenstrukturen oder bei verfahrensabhängigen Stücklistenkonfigurationen in der Prozeßindustrie.

7.2.4.3

Verwendung der Stückliste in R/3

Im folgenden soll an einem einfachen Beispiel das prinzipielle Anlegen, Ändern und Auswerten einer Stückliste im SAP-System verdeutlicht werden. Es soll eine **Materialstückliste** zum Produkt *„Osterhase"* angelegt werden. Der „Osterhase" setzt sich dabei aus den Materialien „Kakao", „Milch", „Fett" und „Zucker" zusammen.

Produktbeispiel: *„Osterhase"*

Zu beachten sind die Wechselwirkungen mit anderen Bereichen. So ist es erforderlich, die für die Stückliste benötigten Materialien bereits in der Stammdatenverwaltung anzulegen/zu pflegen. Dabei ist darauf zu achten, daß die Gültigkeit des Materialstammes zumindest den Gültigkeitsbereich der Stückliste abdeckt.

7.2.4.3.1

Anlegen

Um zu der Einstiegsmaske für Stücklisten zu gelangen, muß man, ausgehend vom SAP-Hauptmenü, folgende Auswahl treffen:

Logistik ⇨ *Produktion* ⇨ *Stammdaten* ⇨ *Stücklisten*

„Stückliste"

Man befindet sich nun in der Stücklistenübersicht. Um eine Materialstückliste anzulegen, muß man *Stückliste* ⇨ *Materialstückliste* ⇨ *Anlegen* auswählen. Es erscheint die Einstiegsmaske *„Materialstückliste anlegen "*:

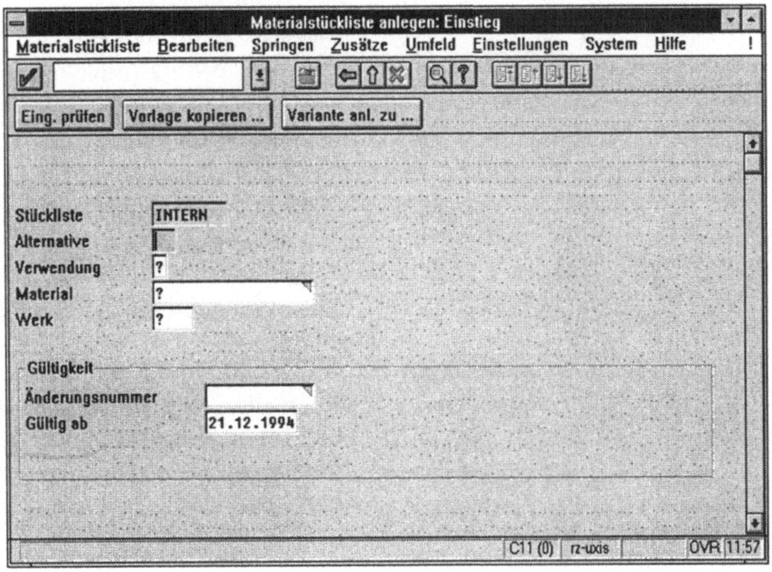

Abb. 7.11
Einstiegsmaske:
Materialstückliste
anlegen

Erläuterung der
Eingabefelder

Stückliste: (Stücklistennummer) „*INTERN*" deutet an, daß die Nummer vom System vergeben wird. Die Vergabe erfolgt innerhalb eines festgelegten Nummernkreises (Customizing).

Alternative: Identifikation einer Stückliste innerhalb einer Stücklistengruppe (z. B. Alternative einer Mehrfachstückliste). Wenn der Benutzer keine Eingabe macht, erfolgt die Vergabe durch das System. Dieses Feld ist vor allem bei einer Mehrfachstückliste wichtig.

Verwendung: Festlegung des Bereiches, in dem die Stückliste gelten soll. Wenn z. B. „*Fertigung*" ausgewählt wird, können auf Positionsebene nur bestimmte Kennzeichen (fertigungsrelevante) gepflegt werden.

Mit F4 erhält man sämtliche Eingabemöglichkeiten.

Material: Festlegung des Materials, zu dem die Stückliste angelegt werden soll. Es sind wiederum die Einstellungen im Customizing zu beachten. Es gibt u. a. die Möglichkeit, Materialien für eine Stückliste nicht zuzulassen.

Hilfreich kann die Suche über Matchcode F4 sein. Es werden folgende Möglichkeiten zum Selektieren angeboten:

- Materialnummer
- Klasse
- Produkthierarchie
- Vertriebsrelevante Daten

Werk: Die räumliche Gültigkeit der Stückliste wird festgelegt.

Änderungsnummer: Wenn eine Eingabe erfolgt, kann die Stückliste nur unter Angabe einer solchen Änderungsnummer geändert bzw. erweitert werden (historienpflichtig).

Gültig ab: Festlegung des zeitlichen Gültigkeitsbereiches. Falls im Customizing kein Standardwert festgelegt ist, schlägt das System das aktuelle Datum vor.

Beispiel „*Osterhase*"   In den Feldern „*Stückliste*" und „*Alternative*" sowie in „Gültigkeit" sind keine Eingaben notwendig. Das System regelt die Vergabe selbst.

Im Feld „*Verwendung*" erhält man mit F4 die Eingabemöglichkeiten und kann z. B. „*Fertigung*" auswählen. Die Eingabe des Materials läßt sich mit dem Matchcode einfach realisieren: F4 ⇨ Suche Materialnummer über Bezeichnung *(M)* ⇨ „*Osterhase*"; die entsprechende Materialnummer wird automatisch eingetragen. Im Feld „*Werk*" kann man wiederum mit F4 die Eingabemöglichkeit abrufen und ein gültiges Werk auswählen.

Wenn in der Einstiegsmaske die Eingabe bestätigt wird (z. B. mit der Return-Taste), erfolgt eine Prüfung durch das System. Wenn die Daten in Ordnung sind, wird automatisch das Sammelerfassungsbild **„*Neue Positionen*"** aufgerufen. Dieser Bildschirm kann je nach Stücklistentyp ein anderes Aussehen haben. Die Abbildung 7.12 zeigt die Bildschirmmaske für die Erfassung einer einfachen Materialstückliste:

Abb. 7.12
Sammelerfassungsbild „Neue Position"

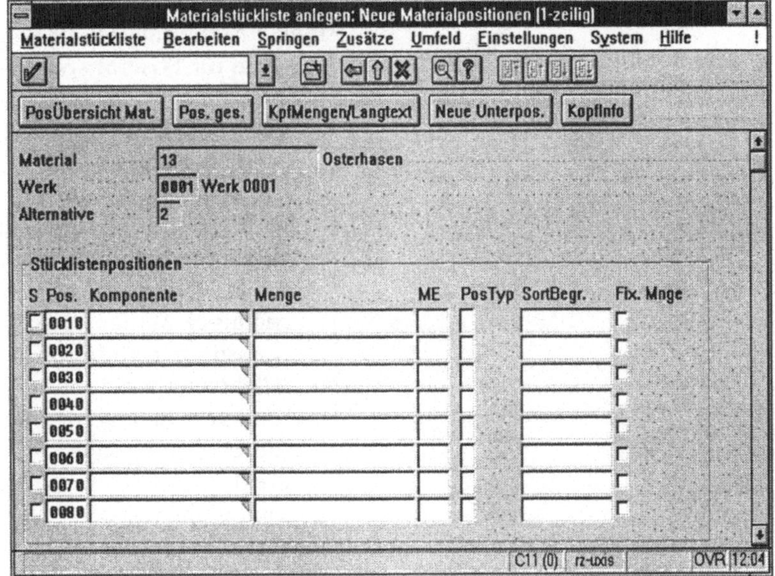

<table>
<tr><td>Erläuterung der
Eingabefelder</td><td>S:</td><td>Wenn dieses Selektionskennzeichen gesetzt ist, wird das entsprechende Objekt für die weitere Verarbeitung markiert.</td></tr>
</table>

Pos: Nummer der Stücklistenposition (Vorschlag vom System, der geändert werden kann). Durch diese Nummer wird eine Komponente innerhalb der Stückliste geordnet.

Komponente: Eingabe der Materialnummer oder Dokumentennummer. Dieses Material bzw. Dokument ist dann als Bestandteil des Erzeugnisses erfaßt. Mit der Materialnummer wird die Verbindung zum Materialstammsatz hergestellt (analog Dokumentennummer ⇨ Verbindung zum Dokumentenstammsatz).

Menge: Eingabe der Menge, mit der die Komponente in die Stückliste und damit in das Erzeugnis, eingeht.

ME: Gibt die Einheit der Komponente an.

PosTyp: (Positionstyp) Mit dem Positionstyp können spezielle Daten verarbeitet und weitere spezielle Systemaktivitäten gesteuert werden.
Beispiele für Positionstypen sind:

R Rohmaßposition; auf Basis der angegebenen Rohmaße werden automatisch die Verbrauchsmengen berechnet.

L Lagerposition (lagerhaltige Komponenten); Bedarfsplanung leitet Maßnahmen ein, damit Material zum richtigen Zeitpunkt, in richtiger Menge, am richtigen Ort, kostengünstig zur Verfügung steht.

N Nichtlagerposition; Verbindung zum MM-Einkauf; Erzeugen einer Bestellanforderung durch den Einkauf.

T Textposition; es können Texte aller Art hinterlegt werden (ohne operative Funktionalität).

SortBegr.:   (Sortierbegriff) Dies ist ein frei definierbarer Begriff, nach dem die Komponenten angezeigt werden können.

Fix.Menge: Dieses Kennzeichen (entweder ja oder nein) definiert, daß die Komponentenmenge konstant ist, d. h. sie ist unabhängig von der produzierten Menge.

Beispiel „*Osterhase*"

In dem Feld „Komponente" müssen die Rohstoffe („Kakao", „Milch", „Fett" und „Zucker") des Osterhasen als verschiedene Positionen eingegeben werden. Diese müssen vorher als Material erfaßt sein. Die jeweilige Menge und die Mengeneinheit (Liter, Kilogramm - ebenfalls wieder von den Einstellungen abbhängig) werden in den entsprechenden Feldern eingegeben. In der Spalte „*SortBegr.*" und „*Fix.Menge*" sind für dieses einfache Beispiel keine Eingaben notwendig.

Bemerkungen zum Erfassen von Stücklistenpositionen

- Eine neue Position kann erst hinzugefügt werden, wenn von der aktuellen Position alle obligatorischen Daten eingegeben wurden. Diese sind je Positionstyp unterschiedlich (Bsp.: Bei einer Rohmaßposition müssen die Rohmaße gepflegt werden).
- In der Positionsübersicht (erreichbar mit dem Button „*PosÜbersichtMat.*") ist zusätzlich der Kurztext der Komponenten und die Gültigkeit sichtbar.
- **Unterpositionen** erfassen:
  Falls es im Customizing festgelegt ist, können für Positionen zusätzlich Unterpositionen erfaßt werden. Hierzu sind folgende Arbeitsschritte notwendig: Position(en) markieren (das entsprechende Feld „S" aktivieren), dann *Bearbeiten ⇨ Neue Unterposition* auswählen. In der Unterposition besteht die Möglichkeit der detaillierten Komponentenbeschreibung, z. B. Einbauorte einzelner Komponenten im PC. Eine Unterposition hat in der Stückliste keine operative Bedeutung.

Mit einem Doppelklick auf die Eingabefelder erhält man meist noch genauere Informationen zu den eingegeben Daten.

7.2.4.3.2   Ändern

Durch verschiedene technische oder wirtschaftliche Ereignisse können Änderungen an Stücklisten notwendig werden. So kann bspw. das Erkennen eines Fehlers oder der Einsatz von billigeren Rohstoffen zu Änderungen auf Seiten der Konstruktion führen.

Im SAP-System können Stücklisten mit Historie oder ohne Historie geändert werden (siehe auch Feld *„Änderungsnummer"* in der Erfassungsmaske *„Materialstückliste anlegen"*).

Änderungen, die nachzuweisen sind, werden mit Historie durchgeführt. Der Zustand der Stückliste vor der Änderung wird in einem Änderungsstammsatz gespeichert. Dadurch sind die Änderungen der Objekte lückenlos nachweisbar. Im Änderungsmodus ist auch das Löschen einer Stückliste möglich.

Materialstückliste ändern

Um eine **Materialstückliste zu ändern,** geht man wie folgt vor:

1. **Ändern starten**: Vom Menübild der Stücklisten ausgehend, wählt man *Stückliste ⇨ Materialstückliste ⇨ Ändern.*

2. **Daten auf dem Einstiegsbild pflegen** (bei der Änderung ohne Historie entfällt die Angabe einer Änderungsnummer).

3. **Daten pflegen**: Positionen ändern, hinzufügen, löschen; Unterpositionen ändern, hinzufügen, löschen; Kopfdaten ändern.

4. **Daten überprüfen und buchen**.

7.2.4.3.3   Auswerten

Der Hauptzweck einer Auswertung ist zumeist die **Stücklistenauflösung**. Durch die Auflösung der Erzeugnisse und Gruppen in die Bestandteile wird der **Bedarf der Teile (Materialverwendung)** ermittelt.[1] Dabei können einzelne Komponenten wieder eine Baugruppe darstellen. Die Stücklistenauflösung ist somit i. d. R. ein mehrstufiger Prozeß.

Wie bei den Stücklisten kann auch die Materialverwendung in Baukasten-, Struktur- und Mengenübersichtsmaterialverwendung unterteilt werden.

---

[1]   vgl. Roschmann, K.. Fertigungssteuerung, a.a O , S. 43

Das **R/3-Stücklistensystem** unterstützt zur Zeit folgende Auswertungen:

- Stücklistenauflösung als mehrstufiger Baukasten, mehrstufige Strukturübersicht sowie Mengenübersicht.
- Einstufige Materialverwendung sowie die Mengenübersicht der Materialverwendung.

Es gibt vielfältige Auswertungsformen für eine Stückliste. Über verschiedene Selektionskriterien können die Auswertungen eingeschränkt (Beispiel: konstruktions- oder fertigungsrelevant) werden. Damit erhält man eine Ausgabeliste zu genau definierten Bedingungen.

Fallbeispiele zu Stücklisten im Kapitel 7.5 „Fertigungssteuerung"

Fallbeispiele zu den Stücklisten sind dem Kapitel 7.5 „Fertigungssteuerung" entnehmbar. Dort wird beschrieben, wie Stücklisten angelegt und geändert werden. In dem Kapitel zur Fertigungssteuerung im Modul PP & QM wird außerdem auf die Stücklistenauflösung eingegangen.

7.2.5   Fallbeispiele

Im Bereich der Absatz- und Produktionsgrobplanung werden zwei Fallstudien durchgespielt, die den Inhalt dieses Kapitels nochmals verdeutlichen und als praxisorientierte Beispiele dienen. Das erste Beispiel behandelt die Grobplanung. Im zweiten Beispiel wird ein MRP2-Lauf dargestellt, wobei jedoch nur der Lauf bis zur Erfassung der Bestellung gezeigt wird. Die Beispiele greifen zum Teil in andere Module über, um den Ablauf zu verdeutlichen. In der Praxis wird es daher selten vorkommen, daß ein solches Beispiel von nur einem Sachbearbeiter komplett durchgeführt wird.

7.2.5.1   Grobplanung

Die Fallstudie der Grobplanung zeigt einen kompletten Planungslauf inclusive des Ergebnisvergleichs und des Übertrags des Szenarios in das Einkaufsinformationssystem. Die gesamte Grobplanung ist in 6 Teile gegliedert. Die Screencams sind ebenfalls in diese Teilbereiche unterteilt.

Fallbeispiel: „PPGB01.scm"

Den ersten Teil der Grobplanung findet man unter **PPGB01** als Screencam. Sie beschreibt, wie eine inaktive Absatz- und Produktionsgrobplanung angelegt wird. Hierzu muß der Absatzplan als Absatzgrobplan in das Produktionsmodul übergeben werden.

Dazu wählt man *Logistik* ⇨ *Produktion* ⇨ *Absatz/Grobplanung.* Nun befindet man sich im Menü „Absatz- und Produktionsplanung", wo man *Planung* ⇨ *Für Material* ⇨ *Anlegen* wählt. Daraufhin ist eine Materialnummer einzugeben und das dazugehörige Werk auszuwählen. Nachdem man die Angaben bestätigt hat, trägt man im Feld „Definition Version" eine Version und die zugehörige Bezeichnung ein und schließt die Eingaben wie gewohnt ab. Im nächsten Schritt wird die Produktionsgrobplanung angelegt. Hierzu trägt man im Feld „Absatz" die gewünschten Werte ein. Um den Produktionsplan aus dem Absatzplan zu erstellen, wählt man *Bearbeiten* ⇨ *Prod.Plan erstellen* ⇨ *Absatzsynchron.*

Nun werden die Absatzzahlen in die Produktion so übernommen, wie sie zuvor angegeben wurden. Abschließend können die Plandaten gesichert werden.

Fallbeispiel:
„PPGB02.scm"

Der im Beispiel PPGB01 erstellte Produktionsplan soll in der zweiten Screencam **PPGB02** an die Programmplanung übergeben werden. Man wählt den Pfad *Disaggregation* ⇨ *Überg. Progr.pl.Mat,* um in die nächste Maske zu gelangen und das Material sowie das Werk aus. Im Feld „Datum" ist der erste Tag des ersten Planungsmonats einzugeben und die gewünschte Bedarfsart sowie die zugehörige Version auszuwählen.

Im vorliegenden Fallbeispiel wurde in der Gruppe „Übergabestrategie und -zeitraum" die Strategie „Produktionsplan Material(ien) direkt" markiert und die Checkbox „Verbuchung dunkel" ausgeschaltet. Nun kann man auf „Übergabe ausführen" klicken und erhält in der Statuszeile eine Meldung, daß die Übergabe erfolgt ist. Dann gelangt man in das Bild „Planprimärbedarf ändern: Positionsbild zweizeilig". Hier können die Ergebnisse der Grobplanung weiter spezifiziert werden. So kann im Feld „VRV - Verrechnungskennzeichen Vorplanungsbedarfe" gesteuert werden, mit welchen konkreten Bedarfen die Planprimärbedarfe verrechnet werden sollen. In den anderen Feldern können weitere Einstellungen vorgenommen werden. Anschließend sind die Eingaben zu bestätigen und die angezeigte Warnung mit einer nochmaligen Bestätigung zu übergehen.

Im Feld Planmenge stehen nun die aufsummierten, geplanten Produktionszahlen. Zunächst markiert man die Zeile und klickt auf die Schaltfläche „Einteilungen". In diesem Bild werden die folgenden Monate mit „M" dargestellt. Nun soll die sogenannte Disaggregation stattfinden, d. h. die Verfeinerung der Einteilung.

Im Beispiel wird die Planung für den nächsten Monat auf Tage umverteilt. Hierzu markiert man den ersten Monat in der Spalte „S" mit einem Mausklick und wählt dann *Bearbeiten* ⇨ *Aufteilung über Zeit*. In dem Bild „Aufteilung Zeitraum" muß die Aufteilung auf Tage gesetzt werden. Dem Aufteilungsgrad zufolge, muß auch das Datum im entsprechenden Format angegeben werden. Die Einteilung erfolgt gleichmäßig, es wird jedoch berücksichtigt, wieviele Arbeitstage eine Woche laut Fabrikkalender hat. Als Ergebnis erhält man eine Planung, die entsprechend der zeitlichen Nähe zum Produktionstermin durchgeplant worden ist. Die Planung ist somit abgeschlossen und kann jetzt gesichert werden.

Fallbeispiel:
„PPGB02.scm"

Im dritten Abschnitt **PPGB03** soll ein inaktives Planungsszenario angelegt werden. Über *Logistik* ⇨ *Produktion* ⇨ *Produktionsplanung* ⇨ *Langfristplanung* gelangt man in das Langfristplanungsmenü. In diesem Menü muß *Szenario* ⇨ *Anlegen* gewählt und ein Planungsszenario mit entsprechender Beschreibung angegeben werden. Anschließend muß die Eingabe bestätigt werden. In dem Bild „Planungsszenario anlegen - Steuerungsdaten" können verschiedene Angaben gemacht und verändert werden. So kann bspw. der Status des Szenarios, der Planungszeitraum, der Anfangsbestand und die aktive Version gewählt werden.

Weiterhin können im Bereich Logistik-Controlling zusätzliche Einstellungen für **Controllingauswertungen** vorgenommen werden. Man wählt „Planprimärbedarf", um in das Bild „zugeordnete Planprimärversion" zu gelangen. Dort angelangt, klickt man auf das Feld „neuer Eintrag". Nach Eingabe „00" (00 steht für Bedarfsplan), klickt man auf „Übernehmen". Anschließend ist das Werk einzugeben, für das die Planung gelten soll und erneut Bestätigung von „Neuer Eintrag". Danach bestätigt man die Eingabe mit „Übernehmen" und wählt „Freigeben und sichern" an. Die nun folgende Frage im Pop Up-Fenster beantwortet man mit „Ja", und die Planungsvormerkungen im darauffolgenden Fenster werden mit „Sofort" angelegt. Im nachfolgenden Bild „Disposition" werden die Anzahl der aufgebauten Planvormerkungen, die Nummer des neuangelegten Planungsszenarios und die insgesamt erzeugten Planungsvormerkungen angezeigt.

Fallbeispiel:
„PPGB04.scm"

Im vierten Abschnitt erfolgt ein Bedarfslauf für die Langfristplanung. Die dazugehörige Screencam findet man unter **PPGB04**, hierzu ist zu wählen: *Langfristplanung* ⇨ *Einzelpl. mehrstufig*. Die Eingaben für das Planungsszenario sind bereits vorhanden, jedoch können weitere Parameter gesetzt werden.

So sollte der Verarbeitungsschlüssel für die Disposition auf Veränderungsplanung im gesamten Horizont (NETCH) eingestellt sein und das Kennzeichen von „Dispo-Liste erstellen" und „Terminierung" auf „1" gesetzt sein. Als „Planungsmodus" wählt man „3", um eine vollkommen neue Planung durchzuführen. Wenn bei „Steuerungsparameter Ablauf" die Markierung „Ergebnis anzeigen" gelöscht wird, werden die Dipositionsliste sowie die erzeugten Bestellvorschläge vom System ohne Anzeige automatisch gespeichert. Wenn die Einstellungen abgeschlossen sind, bestätigt man die Eingabe. Die anschließend erscheinende Warnung zur Überprüfung der Eingabeparameter übergeht man wiederum, indem man die „Bestätigen"-Schaltfläche drückt.

Fallbeispiel:
„PPGB05.scm"

Nachdem die Planung abgeschlossen ist, kann ein Vergleich der Resultate aus der Langfristplanung erfolgen. In der Screencam **PPGB05** findet man den aufgezeichneten Ablauf. Hierzu muß zunächst vom Menü der Langfristplanung aus *Auswertungen* ⇨ *PlSituation Material* angewählt werden. Um die Auswertung zu erhalten, müssen die Eingabefelder gepflegt werden. In den Feldern „Planungsszenario" und „Layout" muß eine entsprechende Wahl vorgenommen werden (beim Layout ist in unserem Beispiel *SAPMPS* zu wählen). Die Felder „Werk" und „Material" sind bereits mit den vorher verwendeten Werten belegt. Um einen Vergleich durchführen zu können, muß in der Gruppe „Vergleich mit" eine Markierung gesetzt werden. Im Beispiel wird die Markierung auf „Planungssituation" gesetzt und die Eingabe bestätigt. Man erhält daraufhin Vergleichswerte zwischen Planungsszenario und der operativen Planungssituation. Zur Auflistung der Differenzen wählt man den Pfad *Bearbeiten* ⇨ *Differenzen*.

Fallbeispiel:
„PPGB05.scm"

Die letzte Screencam **PPGB06** des Fallbeispiels der Grobplanung stellt die Übertragung von Bedarfen aus dem Szenario in das Einkaufsinformationssystem dar. Um die Bedarfe übertragen zu können, ruft man *Auswertungen* ⇨ *Einkaufsinfosystem* ⇨ *Daten aufbauen* auf. Das Eingabefeld „Planungsszenario" ist bereits ausgefüllt. Im Feld „Version Info-Struktur" ist ebenfalls die Nummer des neuen Szenarios einzugeben. Im Anschluß daran markiert man „Bewertungspreis" und entfernt die Markierung an „Testmodus". Nach Quittierung der Informationsmeldung, daß eine neue Version angelegt wurde, ist nochmals zu bestätigen. Nun wählt man die Schaltfläche „Ausführen" an. Daraufhin ist im Bild „Einkaufsinfosystem aus Langfristplanung aufbauen" ersichtlich, wieviel Materialien an das Einkaufsinfosystem übergeben worden sind. Diese Fallstudie ist somit abgeschlossen.

Die logische Fortsetzung des PP-Ablaufs erfolgt mit der Auftragsfreigabe der Buchung der Warenbewegungen und der Rückmeldung.

7.2.5.2

MRP2-Lauf

Das Fallbeispiel zum MRP2-Lauf ist ebenfalls in mehrere Teile untergliedert. Hierzu existieren vier Screencams, die unter den Namen PPMRP01 bis PPMRP04 zu finden sind.

Fallbeispiel:
„PPMRP01.scm"

Das File **PPMRP01** veranschaulicht, wie ein Absatzgrobplan verändert werden kann. Auch hierzu muß der Absatzplan als Absatzgrobplan in das Produktionsmodul übergeben werden. Über den Pfad *Logistik* ⇨ *Produktion* ⇨ *Absatz/Grobplanung* gelangt man in das Menü „Absatz- und Produktionsplanung".

Hier wählt man *Planung* ⇨ *Für Material* ⇨ *Ändern*. Nun müssen wiederum Material und Werk angegeben und das Steuerfeld „Aktive Version" angeklickt werden. Nun können die gewünschten Werte im Feld „Absatz" eingegeben werden. Auch in diesem Fallbeispiel werden die Daten aus dem Absatzgrobplan an den Produktionsgrobplan übergeben, indem *Bearbeiten* ⇨ *Prod.Plan erstellen* ⇨ *Absatzsynchron* gewählt wird. Zuletzt werden die Plandaten gesichert.

Fallbeispiel:
„PPMRP02.scm"

Im zweiten Abschnitt wird der erstellte Produktionsplan an die Programmplanung übergeben. Um der Screencam **PPMRP02** folgen zu können, wählt man zunächst den Pfad *Disaggregation* ⇨ *Überg.Progr.pl.Mat.*, um in das nächste Bild zu gelangen. Hier gibt man die Materialnummer, das Werk, den ersten Tag des ersten Planungsmonats sowie die Bedarfsart und die Version an. Auch in diesem Beispiel wurde in der Gruppe „Übergabestrategie und -zeitraum" die Strategie „Produktionsplan Material(ien) direkt" gewählt und die Markierung „Verbuchung dunkel" gelöscht. Nachdem diese Einstellungen getroffen wurden, klickt man mit der Maus auf „Übergabe ausführen". Man gelangt nun automatisch in das Bild „Planprimärbedarf ändern: Positionsbild zweizeilig". Hier können die Ergebnisse der Grobplanung weiter spezifiziert werden (siehe auch Beispiel PPGB02). Es ist die Schaltfläche „Bestätigen" zu drücken und die auftretende Warnung zu übergehen, indem nochmals bestätigt wird. Dann ist auf „Einteilungen" zu klicken; auf diesem Bild werden die nächsten Monate mit dem Periodenkennzeichen „M" für Monat dargestellt.

Die Einteilung soll nun verfeinert werden. Zunächst soll eine neue Aufteilung auf Wochen erfolgen. Dazu markiert man den ersten Monat in der Spalte „S" mit einem Mausklick und wählt *Bearbeiten ⇨ Aufteilung über Zeit*. In dem daraufhin eingeblendeten Fenster wählt man das zugehörige Periodenkennzeichen und den Zeitraum sowie das Aufteilungskennzeichen aus. Wenn diese Angaben gemacht wurden, drückt man die Schaltfläche „Bestätigen". Die Einteilung erfolgt gleichmäßig, wobei jedoch berücksichtigt wird, wieviele Arbeitstage eine Woche laut Fabrikkalender hat. Nun erfolgt nochmals eine genauere Disaggregation, indem die Wochen auf Tage aufgeteilt werden. Die Vorgehensweise hierzu ist identisch mit der soeben erklärten Vorgehensweise. Nach dieser weiteren Aufteilung ist die Programmplanung in unserem Beispiel abgeschlossen und kann gesichert werden.

Fallbeispiel:
„PPMRP03.scm"

Die Screencam **PPMRP03** beschreibt, wie eine Materialbedarfsplanung durchgeführt wird. Über den *Pfad Logistik ⇨ Produktion ⇨ Bedarfsplanung* gelangt man in das Bedarfsplanungsmenü. Zunächst soll anhand der Bedarfs-/Bestandsliste die erfolgte Übergabe gezeigt werden. Dazu wählt man *Auswertungen ⇨ Bedarfs/Best.Liste* und markiert die gewünschte Material- und Werksnummer. Nachdem die aktuelle Bedarfs-/Bestandsliste angezeigt wurde, kann diese wieder verlassen werden.

Nun muß in das Einstiegsbild der Bedarfsplanung gewechselt werden, indem man den Pfad *Bedarfsplanung ⇨ Einzelpl. mehrstufig* wählt. Hier muß wiederum die Materialnummer und das Werk angegeben sowie das Feld „Ergebnis anzeigen" aktiviert werden. Nachdem diese Einstellungen getroffen wurden, bestätigt man die Eingabe. Wenn nochmals das Steuerfeld „Bestätigen" gedrückt wird, erhält man das Ergebnis der Planung. Jedem Planbedarf ist jetzt ein Planauftrag zugeordnet worden. Da die Planung in diesem Fall nur für das Enderzeugnis durchgeführt wurde, kann die Planung über *Planung ⇨ Sichern ⇨ Weiter* auch für die Sekundärmaterialien durchgeführt werden.

Nach einiger Zeit wird ein Pop Up-Fenster mit der Bezeichnung „Nächster Haltepunkt" eingeblendet, wo man „weiter ohne Haltepunkt" anklickt und danach die Schaltfläche „Weiter" drückt. Nach einer Wartezeit erhält man das Planungsprotokoll mit der Laufzeitstatistik.

Fallbeispiel:
„PPMRP04.scm"

Die vierte Screencam des MRP2-Laufs **PPMRP04** zeigt, wie die Materialien laut Bedarfsplan bestellt werden. So wurden durch den vorherigen Planungslauf nach einem Lagerabgleich bereits automatisch entsprechende Bestellanforderungen erzeugt. Diese müssen den zuständigen Lieferanten zugeordnet und in Bestellungen umgewandelt werden. Über *Logistik* ⇨ *Materialwirtschaft* ⇨ *Einkauf* gelangt man in das Einkaufsmenü und über *Banf* ⇨ *Folgefunktionen* ⇨ *Zuordnen* ins Einstiegsbild zur Zuordnung der Bestellanforderungen. Hier muß man die Einkäufergruppe und das Material wählen. Daraufhin drückt man die Schaltfläche „Ausführen", um die Anzeige zu starten. Nun müssen die Bestellanforderungen einem Stammlieferanten zugeordnet werden, indem die gewünschte Position gekennzeichnet und „Bezugsquelle zuordnen" gewählt wird. Die gefundenen Infosätze werden unter der jeweiligen Position eingeblendet (es ist empfehlenswert die Nummer des Lieferanten zu notieren). Nun können die gewünschten Sätze gesichert werden.

Vom Einkaufsmenü aus geht man über den Pfad *Banf* ⇨ *Folgefunktionen* ⇨ *Bestellung anlegen* ⇨ *Selektiv über Banf* in das Bild zur Umwandlung der Bestellanforderungen. Wiederum ist die Einkäufergruppe anzugeben und die Schaltfläche „Ausführen" zu drücken. Jetzt erhält man eine Aufstellung aller Lieferanten, für die bereits zugeordnete Bestellanforderungen existieren.

Wandelt man nun für den gewünschten Lieferanten die Bestellanforderung in eine Bestellung um, indem man einen Doppelklick auf die jeweilige Zeile unterhalb des Lieferanten ausführt, werden im folgenden Fenster die Kopfdaten der Bestellung festgelegt. Die „Bestätigen"-Taste ist zu drücken, nachdem man die gewünschten Eingaben getroffen hat. Nun wählt man die gewünschte Position, indem man mit einem Mausklick markiert. Zuletzt drückt man die Schaltfläche „Übernehmen + Detail", dann kann die Bestellung gesichert werden.

7.2.5.3 Anlegen von Stammdaten

„index" (HTML)

Den praktischen Einsatz zur Anlage von Stammdaten für die **Stückliste**, den **Arbeitsplatz** und die **Fertigungshilfsmittel** zeigt eine komplexe **Fallstudie**, die auf der beiliegenden CD unter dem Kapitel „07 Fertigung/Stammdaten" mit der Startdatei **„index"** als HTML-Präsentation mit Videosequenzen beiliegt.

Fazit zur Absatz- u.
Produktionsplanung

Der große Vorteil des SAP-Systems R/3 liegt darin, daß klassische CIM-Anwendungen, die früher über aufwendige Schnittstellen mit dem PPS-System verbunden werden mußten, im PP-System als anwendungsübergreifende Funktionen integriert sind. Die Daten müssen, soweit möglich, nur einmal erfaßt und in der gemeinsamen Datenbank abgespeichert werden. Das spart Zeit bei der Datenerfassung.

Durch die wechselseitigen Einflußmöglichkeiten von Partnermodulen auf die von PP initiierten Stücklisten (Materialdisposition, Bestellanforderung, Kalkulation etc.) werden die Datenstrukturen widerspruchsfrei in unternehmensglobalen Datenbanken geführt. Die Informationen sind deshalb aktuell und bereichsübergreifend (Berechtigung vorausgesetzt) verfügbar. SAP-Stücklisten unterstützen damit den wesentlichen CIM-Grundgedanken und damit die Anforderungen unseres Informationszeitalters.

Übersichtlichkeit

Aufgrund des Funktionsumfanges und der vielen Wahlmöglichkeiten leidet allerdings die Übersichtlichkeit. Das Zusammenspiel mit anderen Modulen setzt wesentliche bereichsübergreifende Kenntnisse voraus. Wünschenswert wäre ein „*Verbergen*" von nicht so wichtigen Informationen. Für Experten stellen diese sicher eine wesentliche Arbeitserleichterung dar, für Laien dagegen stiften sie Verwirrung und Orientierungslosigkeit.

Warum also nicht in einem Menü verstecken oder noch mehr benutzerspezifische Einstellungen ermöglichen?

Zuordnung zu Funktionstasten

Desweiteren ist die Zuordnung zu den Funktionstasten nicht immer einheitlich. SAP arbeitet mit 24 Funktionstasten, die sich häufig in der Funktion ändern!

7.3   Produktions-/Materialbedarfsplanung

Das SAP-System bedient sich im Bereich der Produktionsplanung- und Steuerung des sogenannten MRPII-Konzepts. Im Gegensatz zu den traditionellen PPS-Systemen, die erst die Programmplanung als erste Planungsstufe einstellen, werden innerhalb des MRPII-Konzepts (siehe Abb. 7.13) alle Vorgänge berücksichtigt, die den Leistungserstellungsprozeß eines Unternehmens beeinflussen.

Abb. 7.13
MRPII-Konzept

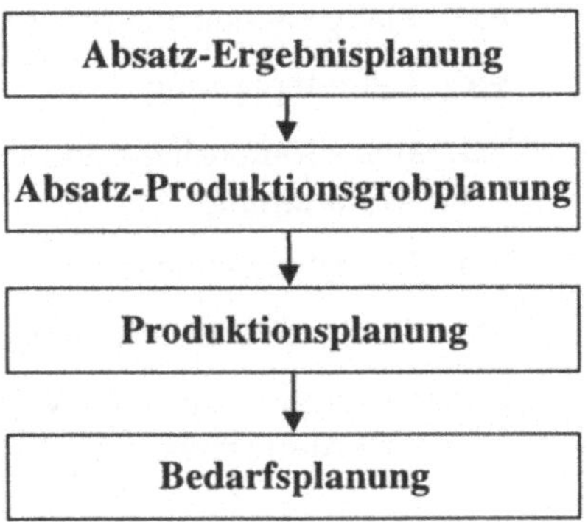

Hervorzuheben ist, daß die Prüfung der Ressourcenbelastung nicht erst in der Phase der Fertigungsteuerung möglich ist, sondern bereits in der Grobplanung zur Verfügung steht. Darüber hinaus kann die Verläßlichkeit der Planungsdaten mit Hilfe der integrierten Verfügbarkeitsprüfung nach ATP-Logik (Available-To-Promise) gewährleistet werden, wobei die einzelnen Planungsstufen als Teilpläne betrachtet werden können.

7.3.1   Stammdatenpflege

7.3.1.1   Pflege von Dispositionsparametern

Um in der Lage zu sein, Dispositionen durchzuführen, müssen zuerst die Parameter im Materialstammsatz gepflegt werden, die das System zur Disposition benötigt.

Hierzu kann man wie folgt vorgehen:

- Ausgehend vom Menüfenster des Materialstammes im MM-Modul wählt man ⇨ *Material* ⇨ *Anlegen allgemein*.
- Eintragen der Materialart und Materialbranche, dann `Enter`.

- Im Dialogfenster zur Sichtenauswahl Markierung von Disposition 1-3 und `Enter`.

- Ausfüllen der notwendigen Felder in nachfolgenden Datenbildern 1-3 und anschließend ⇨ *Material* ⇨ *Sichern.*

Im Materialstammsatz muß durch Spezialisierung des sogenannten Dispositionsmerkmals festgelegt werden, nach welchem Dispositionsverfahren das Material disponiert werden soll.

Dispositions-
verfahren

Die wichtigsten Dispositionsverfahren sind:

PD   Plangesteuerte Disposition

MO   Leitteileplanung

VB   Bestellpunktdisposition (mit manueller
Bestimmung)

VM   Bestellpunktdisposition (mit maschineller Best.)

VV   Stochastische Disposition

Danach müssen die vom Verfahren abhängigen Parameter eingegeben werden (siehe Abb. 7.14):

Abb. 7.14
Dispositions-
merkmale

Merkmal Parameter	VB	VM	VV	PD	M*
Sicherheits-bestand	*	*	*	*	*
Meldebestand	+	+	-	-	-
Prognosedaten	*	+	+	*	*
Lieferbereit-schaftsgrad	-	+	*	*	*
Aufteilungs-kennzeichen	-	-	*	*	*
Fixierungs-horizont	-	-	-	*	+

+	Eingabe erforderlich
*	Kanneingabe
-	Eingabe nicht sinnvoll

7.3.1.2   Parameter zur Losgrößenberechnung für Profil und Seriennummer

Nach der Bestimmung des Dispositionsverfahrens und der abhängigen Parameter ist festzulegen, nach welchem Verfahren das System bei der Disposition die Losgrößen (Bestell- und Fertigungsmengen) berechnen soll.

Profil ist ein Satz von Informationen zum Konfigurieren bestimmter Objekte. Es enthält Standardinformationen, die immer wieder benötigt werden und der Erleichterung der Verwaltung von Objekten dienen.

In einem **Profil** wird folgendes festgelegt:

- welche Felder beim Erfassen der Objektdateien mit Werten gefüllt werden;

- mit welchen Werten diese Felder gefüllt werden;

- welche dieser Werte überschrieben werden können (Vorschlagswerte) und welche nicht (Festwerte).

Profile kann man mit folgenden Funktionen bearbeiten:

- Profil anlegen
- Profil anzeigen
- Profil ändern
- Profil löschen

Um diese Funktionen ausführen zu können, muß man aus der Materialstammdatenverwaltung die folgende Auswahl aus dem Menübild des Materialstammes treffen:

Profil ⇨ Dispositionsprofil ⇨ gewünschte Funktion

Mit der Seriennummer wird eine Fertigungseinheit versehen, um ihr einen festgelegten Termin für die Stücklistenauflösung zuzuordnen. Mittels Seriennummer kann ein einheitlicher Auflösungstermin für alle Stücklistenstufen festgelegt werden. Diesen Termin nennt man **Bruttotermin**, der in der Seriennummer festgehalten wird. Die Seriennummer kann sowohl beim Erstellen des Planprimär- oder Kundenprimärbedarfs oder des Kundenauftrags als auch manuell eingegeben oder geändert werden.

Dafür muß man, ausgehend vom Menü der Bedarfsplanung, *Stammdaten ⇨ Seriennummer ⇨ gewünschte Funktion* anwählen.

7.3.1.3

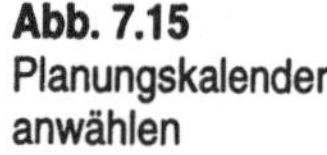
Zwecke des PPS-
Planungskalenders

Pflege des PPS-Planungskalenders

PPS-Planungskalender sind dazu bestimmt, flexible Perioden für die Produktions- und Materialbedarfsplanung festzulegen.

Erstens kann der Gesamtplanprimärbedarf einer bestimmten Periode (z. B. 1 Jahr) gemäß der Periodenvorgaben im Planungskalender aufgeteilt werden. Zweitens ist es möglich, flexible Perioden für ein periodisches Losgrößenverfahren im Rahmen der Leitteile- und Bedarfsplanung festzulegen. Hierzu werden die Bestellvorschläge, die innerhalb der im Planungskalender definierten Periode anfallen, zu einer Losgröße zusammengefaßt. Drittens gibt es die Möglichkeit, die Perioden des Planungskalenders für die Periodensummen-Auswertung in der Bedarfs-/Bestandsliste zu verwenden.

Um einen Planungskalender zu pflegen, anzulegen, zu ändern usw., muß man vom Bedarfsplanungsmenü folgendes auswählen (siehe Abb. 7.15):

Stammdaten ➪ Planungskalender ➪ gewünschte Funktion.

Abb. 7.15
Planungskalender
anwählen

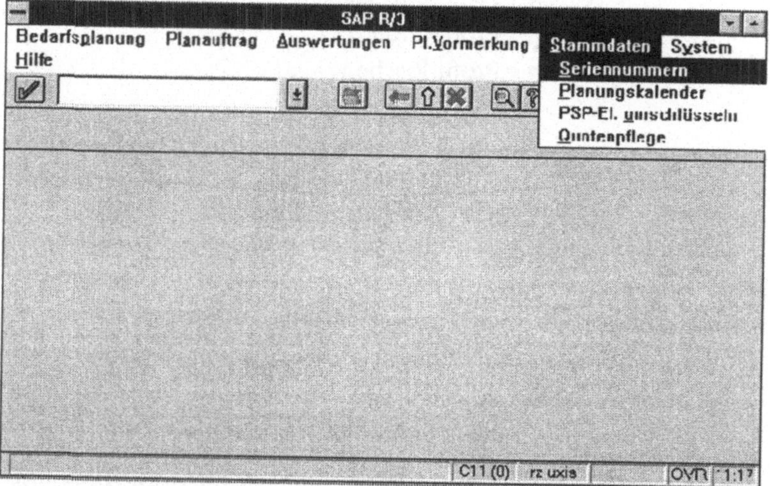

7.3.2   Produktionsplanung

Die Produktionsplanung hat die Aufgabe, grundlegende Entscheidungen über die operative und effiziente Nutzung der Produktressourcen bereitzustellen. Die Produktionsplanung beinhaltet Programmplanung und Produktionsprogramme für Leitteile.

7.3.2.1   **Programmplanung**

Die Programmplanung beschäftigt sich vor allem mit der Festlegung von Bedarfsmengen und Lieferterminen für Enderzeugnisse und wichtige Baugruppen. Das Produktionsprogramm resultiert somit aus der Programmplanung. Im R/3-System *„Bedarfsart"* muß eine Planungs- und Verrechnungsstrategie ausgewählt werden, mit der das Produktionsprogramm erstellt werden soll.

Planungsstrategien der Programmplanung

Im SAP-System stehen dem Benutzer grundsätzlich drei Arten der Planung zur Verfügung:

- Anonyme Lagerfertigung

- Kundeneinzelfertigung

- Losfertigung für Kunden- und Lageraufträge

Anonyme Lagerfertigung

Anonyme Lagerfertigung ist besonders ratsam bei Massenfertigung, denn hier findet der Verkauf ab Lager statt. Die voraussichtlichen Absatzmengen werden durch anonyme Planprimärbedarfe vorgeplant. In der anschließenden Bedarfsplanung wird der Produktionsplan erstellt und auf Lager gefertigt. Diese Planung kann als **Nettoplanung** durchgeführt werden, wobei eine Abstimmung mit dem Lagerbestand, den Zu- und Abgängen erfolgt. Bei der **Bruttoplanung** dagegen erfolgt eine Prüfung gegenüber der erwarteten Planaufträge, Bestellanforderungen usw.

Kundeneinzelfertigung

Losfertigung für Kunden- und Lageraufträge

Für die Kundeneinzelfertigung z. B. erfolgt die Übernahme der Kundenaufträge aus dem Vertriebssystem direkt als Bedarf für die Fertigung. Außerdem können Kundenaufträge direkt im PP-System erfaßt werden. Die Losfertigung für Kunden- und Lageraufträge sieht vor, daß mehrere Kundenbedarfe als gemeinsames Los gefertigt werden können.

Vorplanungsmöglichkeiten für kundenauftragsorientierte Fertigung

Für kundenauftragsorientierte Fertigung gibt es im übrigen folgende Vorplanungsmöglichkeiten. Bei der Vorplanung und Bedarfsverrechnung geht es darum, durch die Vorplanung die Fertigung anzustoßen und nötige Baugruppen und Rohmaterialien im voraus zu beschaffen bzw. zu produzieren, bevor Kundenaufträge vorliegen, wenn die Fertigungszeit im Verhältnis zur marktüblichen Lieferzeit relativ lang ist. Die **Vorplanung mit Endmontage** erfolgt z. B. durch die Eingabe von Planprimärbedarfen auf Enderzeugnisebene (siehe Abb. 7.16). Bei der Vorplanung ohne Endmontage erfolgt die Beschaffung von Rohmaterialien und die Fertigung von Baugruppen nur bis zur festgelegten Fertigungsstufe.

Die **Vorplanung mit Vorplanungsmaterial** sorgt dafür, daß für ähnliche Erzeugnisse die gleichen Teile mit Hilfe eines Vorplanungsmaterials vorgeplant werden. Wenn sich für häufig benötigte Baugruppen leichter eine Bedarfsprognose erstellen läßt als auf Enderzeugnisebene, ist es sinnvoll, die **Vorplanung auf Baugruppenebene** durchzuführen. Kundenaufträge müssen zu diesem Zeitpunkt noch nicht vorhanden sein.

Nachfolgend sind die **Planungsstrategien** im R/3-System zusammenfassend dargestellt:

Abb. 7.16
Planungsstrategien

Planungsart	Bezeichnung im System
Anonyme Lagerfertigung	LSF
Vorplanung mit Endmontage	VSF
Vorplanung ohne Endmontage	VSE
Vorplanung mit Vorplanungsmaterial	VSEF
Vorplanung auf Baugruppenebene	VSFB
Losfertigung	VSF

Verwaltung von
Planprimärbedarfen

Die Vorplanung wird mit Hilfe von Planprimärbedarfen durchgeführt. Ein **Planprimärbedarf** besteht aus einer Planmenge und einem Termin oder aus einer Planmenge, die in einem Zeitintervall auf einzelne Termine aufgeteilt wird.

Funktionen der Planprimärbedarfsverwaltung

Welche Funktionen bietet die Planprimärbedarfsverwaltung?

- Man kann zwischen verschiedenen Bedarfsarten wählen. Die Bedarfsarten sind im Customizing durch die Planungsstrategie vorgegeben.

- Es ist möglich, unterschiedliche Parameter für das Anlegen, Anzeigen und Ändern der Vorplanung als Bedarfsparameter einzugeben.

- Vorlagen aus Absatz- oder Produktionsgrobplanung können übernommen, Planprimärbedarfsversionen eines beliebigen Materials oder die Prognose der aktuellen Vorplanung können benutzt werden.

- Eine bestimmte Planmenge innerhalb eines Intervalls kann auf kleinere Perioden aufgeteilt werden.

- Der Planungskalender kann genutzt werden, um, wenn nötig, die Zeitintervalle und Bedarfstermine nach betrieblichen Bedürfnissen auszurichten.
- Eine Anzeige des Planungswertes für den aktuellen Primärbedarf ist möglich.

Um sich die Arbeit bei der Pflege des Produktionsprogramms leichter zu machen, kann man diverse **Bedarfsparameter** für die Funktionen *„Vorplanung anlegen"*, *„Vorplanung ändern"*, *„Vorplanung anzeigen"* und die Auswertung der Programmplanung benutzerspezifisch voreinstellen.

Um dies zu bewerkstelligen, wählt man, ausgehend vom Einstiegsfenster der Vorplanung, ⇨ *Einstellungen* ⇨ *Bedarfsparameter* und gibt die gewünschten Parameter ein. Unter anderem können, durch die zur Auswahl stehenden Vorlagearten, die Ergebnisse vorgelagerter Planungen (siehe Abb. 7.17) genutzt werden.

Abb. 7.17
Planvorlagen

Anlegen eines
Planprimärbedarfs

Beim Anlegen eines Planprimärbedarfs wählt man (siehe Abb. 7.18):

Programmplanung ⇨ *Vorplanung* ⇨ *anlegen.*

Anschließend sind die gewünschten Positionen einzugeben:
- Zur Übernahme von Vorlagen: Drücken der Taste *„Vorlage"*; man erhält das Fenster *„Vorlage kopieren"*.
- Zur Aufteilung nach Planungskalendern: ausgehend vom Einteilungsbild der Primärbedarfspflege wählt man *Planungskalender* ⇨ *Anlegen Planperioden.*

Um eine **Vorplanung zu ändern**, wählt man, ausgehend vom Menü der *Programmplanung* ⇨ *Vorplanung* ⇨ *ändern* (siehe Abb. 7.18). Anschließend müssen die gewünschten Komponenten eingegeben werden. Hier besteht die Wahl zwischen verschiedenen Versionen eines Materials.

Zum **Anzeigen einer Vorplanung** wählt man: *Vorplanung* ⇨ *anzeigen*. Um sich den Wert der Vorplanung, gemäß des im Materialstammsatz gepflegten Preises, anzeigen zu lassen, drückt man im Anzeigemodus der Programmplanung die Taste *Wertanzeige*.

Für die **Auswertung der Vorplanung** geht man wie folgt vor: ausgehend vom Fenster der Programmplanung anklicken:

Auswertungen ⇨ *Gesamtbed.anzeigen*.

Abb. 7.18
Vorplanung

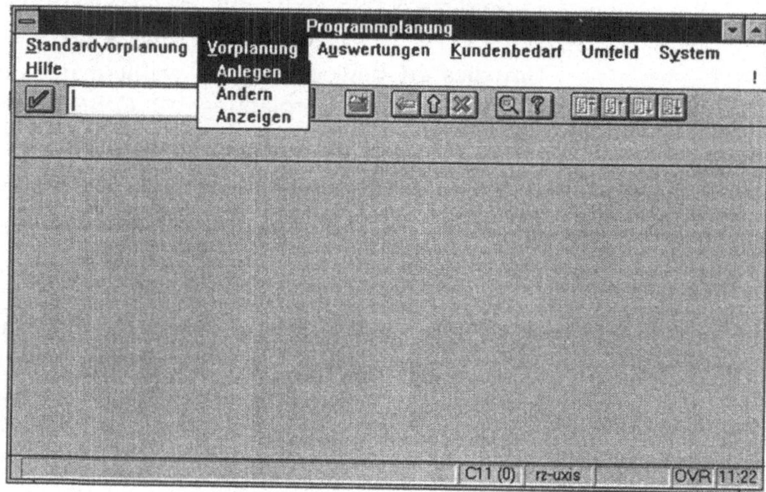

Verwaltung des
Kundenprimärbedarfs

Kundenprimärbedarfe dienen der Darstellung von Kundenaufträgen im System. Wie bei den Planprimärbedarfen werden die Planungsstrategien als Bedarfsarten eingetragen.

Wenn ein Kundenprimärbedarf angelegt werden soll, wählt man, ausgehend vom Menü Programmplanung (siehe Abb. 7.19):

Kundenbedarf ⇨ *Anlegen.*

Anschließend werden die gewünschten Daten (Wunschlieferdatum, Bedarfsart, Auslieferungswerk) eingegeben. Der Kundenbedarf wird im System als Verkaufsbeleg gespeichert. Beim Sichern findet eine automatische Verfügbarkeitsprüfung statt. Wenn ein Kundenbedarf teilweise oder gar nicht lieferbar ist, erscheint automatisch das Fenster *„Kundenprimärbedarf-Verfügbarkeitskontrolle"*.

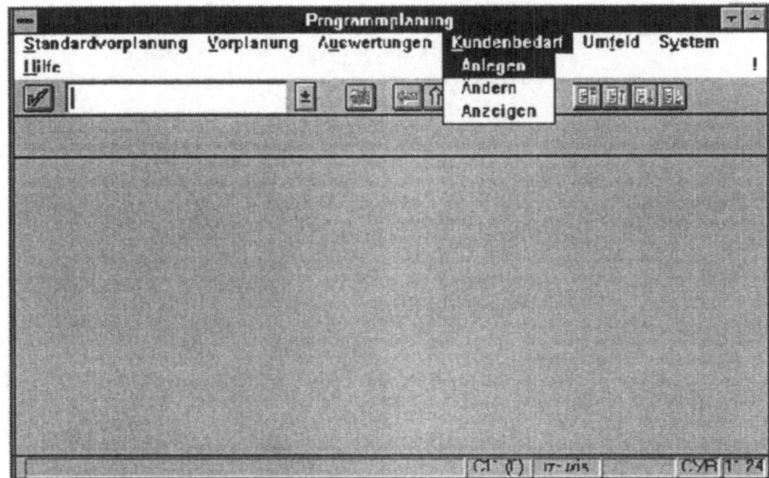

Abb. 7.19
Kundenbedarf

Im Fenster „*Reaktion im Verkaufsbeleg*" kann zwischen folgenden Liefervorschlägen gewählt werden:

- **Einmallieferung zum Wunschliefertermin**: Es wird überprüft, ob das Wunschlieferdatum eingehalten werden kann (Bearbeiten ⇨ Einmallieferung).

- **Vollständige Lieferung**: Es wird festgestellt, ob zu einem beliebigen zukünftigen Termin ausreichend Bestand für eine vollständige Lieferung vorhanden ist *(Bearbeiten ⇨ Vollieferung)*.

- **Liefervorschlag**: Es findet eine Überprüfung statt, ob und zu welchen Terminen Teillieferungen möglich sind. Aufgrund der geplanten Zu- und Abgänge auf der Zeitachse werden Teillieferungen zu verschiedenen Terminen vorgeschlagen *(Bearbeiten ⇨ Liefervorschlag)*.

Wenn ein Kundenbedarf geändert oder gelöscht werden soll, wählt man

Kundenbedarf ⇨ Ändern oder *Primärbedarf ⇨ Löschen*.

7.3.2.2	**Leitteileplanung**

Als Leitteile werden in der Leitteileplanung (MPS-Planung) die Teile oder Erzeugnisse bezeichnet, die „im hohen Maße die Wertschöpfung des Unternehmens beeinflussen oder kritische Ressourcen belegen". Leitteile können Enderzeugnisse, Baugruppen oder Rohmaterialien darstellen.

Funktionen zur Leitteileplanung

Das R/3-System verfügt über mehrere Funktionen zur Leitteileplanung; u. a. sind dies folgende:

- **Separater Planungslauf für Leitteile**
  Für die unmittelbar darunterliegenden Stücklisten können Sekundärbedarfe erzeugt werden, ohne daß in die weitere Stücklistenstruktur eingegriffen wird. Folglich kann man den Produktionsplan ändern, ohne globale Auswirkung.

- **Fixierungshorizont**
  Der Produktionsplan für Leitteile kann bis zu einem bestimmten Datum (Horizont) vor maschinellen Änderungen geschützt werden.

- **Interaktive Leitteileplanung**
  Hiermit können die Ergebnisse des maschinellen Planungslaufs für Leitteile bequem bearbeitet werden.

- **Auswertungslayout für die Leitteileplanung**
  Dem Benutzer stehen MPRII-Standard-Auswertungen zur Verfügung, die im Einstellungsmenü der Leitteileplanung weiter spezifiziert werden können.

Die Leitteileplanung kann man auf zwei Arten durchführen. Die Planung für ein einzelnes Material heißt **Einzelplanung**. Die Planung für ein bestimmtes Werk, in dem alle zu planenden Leitteile disponiert werden, nennt man **Gesamtplanung**.

Durchführung der Gesamtplanung für Leitteile

Um die Gesamtplanung für Leitteile einzuleiten, wählt man, ausgehend vom Menübild der Disposition, *Leitteile ⇨ Gesamtplanung*. Anschließend muß das gewünschte Werk angegeben werden, um in den Bereich *„Steuerungsparameter Disposition"* zu gelangen, wo weitere Parameter eingegeben werden. Um danach den Planungslauf zu starten, drückt man (Enter). So erhält man die Statistik über die Informationen zum Planungslauf, Ausnahmesituationen und Abbrüche.

Durchführung der einstufigen Einzelplanung für Leitteile

Soll die einstufige Einzelplanung durchgeführt werden, wählt man, ausgehend vom Menübild der Leitteileplanung, *Leitteile ⇨ Einzelpl. einstufig* (siehe Abb. 7.20).

Vom nächsten Fenster aus gelangt man nach der Eingabe der Materialnummer des Leitteils in den Bereich *„Steuerungsparameter Disposition"*, wo verschiedene Parameter für den Ablauf eingegeben werden können. Nach Beendigung der Eingabe schließt man mit *Einstellungen ⇨ Parameter Sichern*. Das Ergebnis kann gedruckt werden über *Planung ⇨ drucken*.

Abb. 7.20
Leitteileplanung

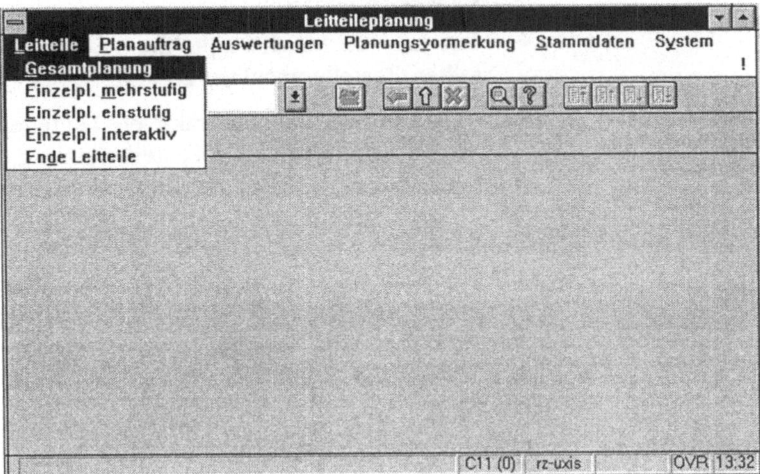

Diese Planung ist empfehlenswert, wenn die Planung mit besonderer Aufmerksamkeit durchgeführt wird und die Auswirkung der Leitteileplanung auf die folgenden Stücklistenstufen überprüft werden soll.

Bei dieser Art von Planung erfolgt die Auflösung der Stückliste des Leitteils, und Sekundärbedarfe für Baugruppen und Komponenten werden erzeugt. Man kann die Planung im ganzen Verlauf verfolgen, wobei noch zu planende Materialien als **Haltepunkte** angezeigt werden. Ausgehend vom Menübild der Leitteileplanung wählt man *Leitteile ⇨ Einzelpl. mehrstufig*. Nach der Eingabe der Materialnummer des Leitteils gelangt man, wie in den vorhergehenden Fällen, in den Bereich *„Steuerungsparameter Disposition"*, wo weitere Parameter eingegeben werden können. Die Sicherung erfolgt durch *Einstellungen ⇨ Parameter Sichern*. Die Weiterplanung kann nach Wunsch mit Haltepunkten oder ohne Haltepunkte erfolgen; diese ist erreichbar über das Dialogfenster *„nächster Haltepunkt"*.

Interaktive Leitteileplanung

Die interaktive Leitteileplanung soll das Planungsergebnis überprüfen und bezüglich der Leitteile eine Feinabstimmung durchführen, die im Fixierungshorizont vor maschinellen Änderungen geschützt sind. Nachfolgend sind einige der Möglichkeiten, die die Leitteileplanung bietet, aufgeführt:

- Man kann Bestellvorschläge für eigen- und fremdbeschaffte Materialien erfassen.

- Man hat die Möglichkeit, die vom Leitteile-Planungslauf erstellten Bestellvorschläge zu ändern oder umzuterminieren.

Durchführen der interaktiven Leitteileplanung

Zum Durchführen der interaktiven Leitteileplanung wählt man, ausgehend vom Menü der Leitteileplanung, *Leitteile ➪ Einzelpl. interaktiv*. Nach der Eingabe der Materialnummer gelangt man in den Bereich *Steuerungsparameter* zur weiteren Eingabe, an deren Ende die Sicherung steht. Wenn die Dispositionsrechnung durchgeführt werden soll, wählt man *Planungslauf ➪ Disp.-Rechnung*; für die ATP-Mengenberechnung *Springen ➪ ATP-Menge berechnen*. Darüber hinaus besteht die Möglichkeit, in dem Menübild Bestellvorschläge zu verwalten (Ändern, Löschen).

Auswertung für die Leitteileplanung

Für die Leitteileplanung sind spezielle Auswertungen vorgesehen. Das Ergebnis des letzten Planungslaufs wird im Bereich der Materialbedarfsplanung im **Planungsergebnis** festgehalten. Aus der **Planungssituation** kann man die Bedarfs-/Bestandssituation ersehen.

Um sich z. B. das **Planungsergebnis für ein Material** anzuschauen, wählt man aus dem Menü der Leitteileplanung ➪ *Auswertungen ➪ Planungsergebnis ➪ zum Material*. Im Einstiegsbild *„Planungsergebnis"* muß die Materialnummer eingegeben werden. Um sich zusätzliche Materialdaten anzeigen zu lassen, wählt man *Sicht ➪ Großer Kopf*. Die Lagerbestände eines Materials sind ebenfalls anzeigbar über *Springen ➪ Lagerbestände*. Planungsergebnisse sind selbsverständlich ausdruckbar.

Die Anzeige *„Planungsergebnis zum Disponent"* ermöglicht es, mehrere Planungsergebnisse zu einem Werk und zu einem Disponenten zu wählen. Dies veranlaßt man vom Menübild der Disposition durch *Auswertungen ➪ Planungsergebnis ➪ Zum Disponenten*. Die Vorgehensweise bei der Planungssituation ist analog der des Planungsergebnisses. Die Basis hierzu bildet ebenfalls die Bedarfs-/Bestandsliste der Materialbedarfsplanung.

7.3.3   **Materialbedarfsplanung**

Die wichtigste Aufgabe der Materialbedarfsplanung ist die Sicherstellung der Materialverfügbarkeit, d. h. für Betrieb und für den Vertrieb die nötigen Bedarfsmengen pünktlich zu beschaffen. Das beinhaltet die ständige Kontrolle der Bestände und die automatische Generierung von Bestellvorschlägen für den Einkauf und die Fertigung.

7.3.3.1   **Verarbeitungsschritte des Planungslaufs**

Bei einem Planungslauf innerhalb der Materialbedarfsplanung des SAP-R/3-Systems werden verschiedene Verarbeitungsschritte durchlaufen, die an unternehmensspezifische Anforderungen angepaßt werden können. Die wichtigsten Schritte sind:

- Nettobedarfsrechnung

- Losgrößenrechnung, Ausschußberechnung

- Terminierung

- Ermittlung des Sekundärbedarfs

- Ermittlung des Bestellvorschlags

- Ausnahmemeldungen, Umterminierungsprüfung

- Lagerortdisposition

- Werkübergreifende Planung

Nettobedarfs-
rechnung

Bei der Nettobedarfsrechnung findet der Planungslauf auf der Werksebene statt. Die Nettobedarfsrechnung erfolgt in **drei Schritten**:

1. Ermittlung des verfügbaren Bestandes

2. Ermittlung der eingeplanten Zugänge

3. Ermittlung der Unterdeckungsmenge

Außerdem kann im **Materialstammsatz** festgelegt werden, nach welcher Planungsstrategie die Nettobedarfsrechnung durchgeführt werden soll. Grundsätzlich stehen zwei Arten der Materialbedarfsplanung zur Verfügung:

- Plangesteuerte Disposition

- Verbrauchsgesteuerte Disposition (Bestellpunktdisposition; stochastische Disposition)

Die **plangesteuerte Disposition** prüft, ob jeder exakte Bedarf und jeder Prognosebedarf pro Bedarfstermin durch Lagerbestand/Zugänge gedeckt ist. Der verfügbare Bestand ergibt sich wie aus Abb. 7.21 ersichtlich wird:

Abb. 7.21
Plangesteuerte
Disposition

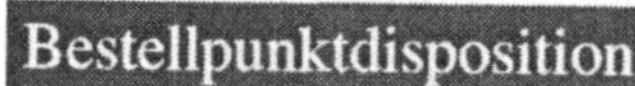

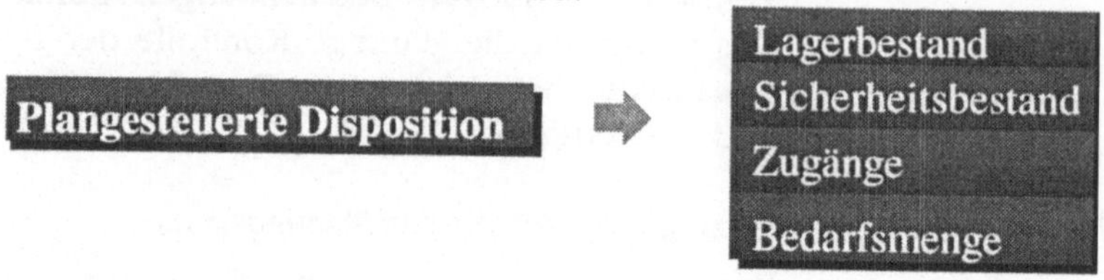

Die Unterdeckungsmenge, die vom System fortan festgehalten wird, entsteht, wenn die Bedarfsmenge größer ist als die Bestands- oder die Zugangsmenge.

Bei der **Bestellpunktdisposition** errechnet sich der verfügbare Bestand folgendermaßen:

Abb. 7.22
Bestellpunkt-
disposition

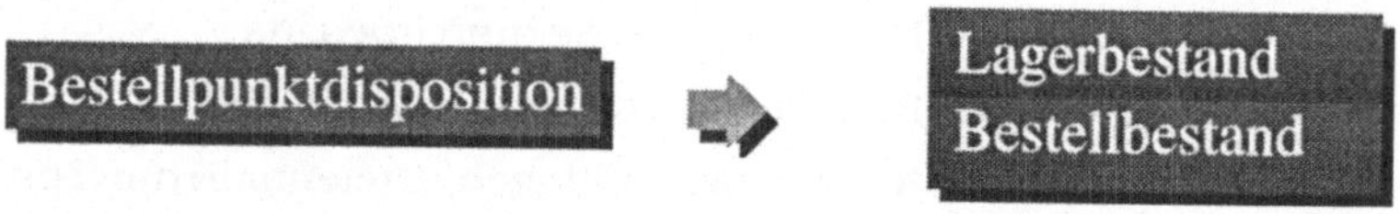

Falls der verfügbare Bestand kleiner als der Meldebestand ist, ergibt sich die Unterdeckungsmenge als Differenz zwischen Meldebestand und verfügbarem Lagerbestand.

Die **stochastische Disposition** nimmt als Grundlage die Prognose des Gesamtbedarfs. Der verfügbare Bestand wird wie folgt bestimmt:

Abb. 7.23
Stochastische
Disposition

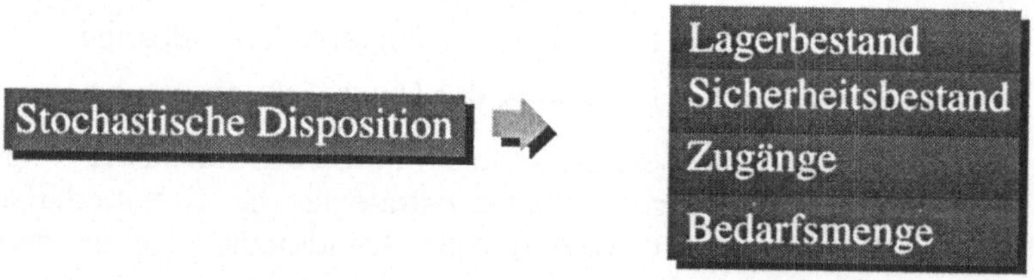

Die Unterdeckung ist erreicht, wenn die Bedarfsmengen größer sind als die Zugänge.

Losgrößen-
berechnung

Die Unterdeckungsmengen, die während der Nettobedarfsrechnung ermittelt wurden, mussen nun durch Zugänge gedeckt werden. Durch die Losgrößenberechnung bestimmt das System die Höhe dieser Zugange.

Die Losgrößenberechnung bedient sich dreier Methoden:

- Statische Losgrößenverfahren

- Periodische Losgrößenverfahren

- Optimierende Losgrößenverfahren

Die Wahl, wie die Losgrößen ermittelt werden, legt man bei der Materialstammsatzpflege fest.

Abb. 7.24
Einstellung der
Losgrößen

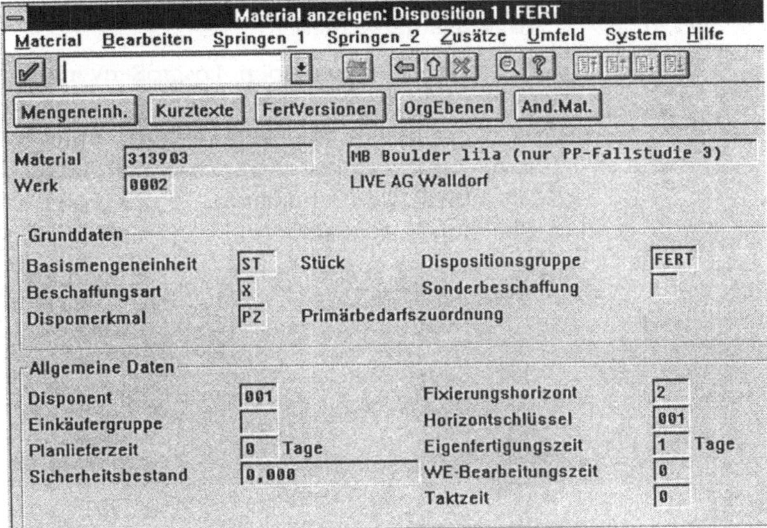

Statische Losgrößenverfahren haben unter anderem das Verfahren der **exakten Losgröße** zur Verfügung. Dabei setzt das System gerade die Unterdeckungsmenge, die sich aus der Differenz zwischen Bedarf und Lagerbestand ergibt, in die Berechnungen ein, wobei die Planung tagesgenau erfolgt. Das Verfahren **feste Losgröße** ist sinnvoll, wenn die Losgröße für ein Material berechnet werden soll, das technische Besonderheiten aufweist (z. B. Plattengröße, Tankinhalte). Es ist aber zu beachten, daß im Materialstammsatz im Feld „*Feste Größe*" die Bestellmenge eingetragen werden muß, die bei Unterdeckung beschafft oder gefertigt werden soll. Für die Unterdeckung gilt das Kriterium der festen Losgröße.

Bei **periodischen Losgrößenverfahren** werden mehrere Bedarfsmengen innerhalb eines Zeitraumes zu einer Losgröße zusammengefaßt. Als Periodenlängen können Tage, Wochen, Monate oder freidefinierbare Perioden nach dem Planungskalender gewählt werden. Der Liefertermin wird standardmäßig auf den ersten Bedarfstermin der Periode gesetzt.

Im Gegensatz zu den oben genannten Verfahren werden bei **optimierenden Losgrößenverfahren** die Kosten, die durch die Lagerhaltung sowie das Rüsten oder den Einkaufsvorgang entstehen, berücksichtigt. Das Ziel ist, die Losgröße so zu wählen, daß minimale Gesamtkosten entstehen. Die Gesamtkosten bestehen aus losgrößenfixen Kosten (Rüst- oder Bestellkosten) und Lagerhaltungskosten.

Bei allen optimierenden Losgrößenverfahren ist der Ausgangspunkt der erste aus der Nettobedarfsrechnung ermittelte Unterdeckungstermin. Das Verfahren des **Stück-Perioden-Ausgleichs** geht von der klassischen Losgrößenformel aus, die besagt, daß bei einem Kostenminimum die Lagerkosten gleich den losgrößenfixen Kosten sind.

Abb. 7.25
Stück-Perioden-
Ausgleich

Bedarfstermin	Bedarfsmenge	Losgröße	losgrößenfixe Kosten	Lagerkosten	gesamte Lagerkosten
09.08.1993	1000	1000	100	0	0
15.08.1993	1000	2000		38.36	38.36
22.08.1993	1000	3000		76.71	115.07
30.08.1993	1000	4000		105.07	168.78

Die günstigste Losgröße im Beispiel liegt bei 2000 Stück.

Bei der **dynamischen Planungsrechnung** faßt das System, ausgehend vom Unterdeckungstermin, Bedarfsmengen zu einem Los zusammen, bis die aktuellen anfallenden Lagerkosten größer als die losgrößenfixen Kosten sind.

Abb. 7.26
Dynamische
Planungsrechnung

Bedarfstermin	Bedarfsmenge	Losgröße	losgrößenfixe Kosten	Lagerkosten
09.08.1993	1000	1000	100	0
15.08.1993	1000	2000		38.36
22.08.1993	1000	3000		76.71
30.08.1993	1000	4000		105.07

Die günstigste Losgröße ist in diesem Fall 3000 Stück.

Terminierung

Durch die Nettobedarfsplanung wurden die Unterdeckungsmengen und -termine, bei der Losgrößenrechnung die Losgrößen, die zur Bedarfsdeckung notwendig sind, errechnet. Die Terminierung hat die Aufgabe, Fertigungs- und Beschaffungstermine für eigengefertigte und fremdbeschaffte Materialien festzulegen. Die Terminierung bei Eigenfertigung beinhaltet zwei nacheinanderfolgende Stufen:

- Bestimmung der Auftragseoktermine
- Durchlaufterminierung

**Rückwärts-
terminierung**

Ecktermine können einerseits durch Rückwärsterminierung bestimmt werden. In dem Fall sind die Bedarfstermine in der Zukunft bekannt. Der Eckendtermin wird dadurch ermittelt, daß die Wareneingangsbearbeitungszeit vom Bedarfstermin abgezogen wird. Vom Eckendtermin rechnet das System um die Eigenfertigungszeit zurück, um den Eckstarttermin zu bestimmen.

**Vorwärts-
terminierung**

Andererseits können Termine durch Vorwärsterminierung bestimmt werden, wobei als Eckstarttermin das aktuelle Datum eingesetzt wird. Zum aktuellen Datum addiert das System die Eigenfertigungszeit und ermittelt damit den Eckendtermin. Der Dispositionstermin, zu dem das Material zur Verfügung steht, wird durch Addition der Wareneingangsbearbeitungszeit zum Eckendtermin bestimmt.

**Durchlauf-
terminierung**

Im Rahmen der Durchlaufterminierung werden die genauen Fertigungszeiten (Produktionsstart- und Produktionsendtermin für eigengefertigte Materialien) festgelegt und gleichzeitig Kapazitätsbelastungssätze erzeugt. Die Art der Terminierung kann im Einstiegsbild des Planungslaufs gesteuert werden (siehe Abb. 7.27):

Abb. 7.27
Einstiegsbild des
Planungslaufs

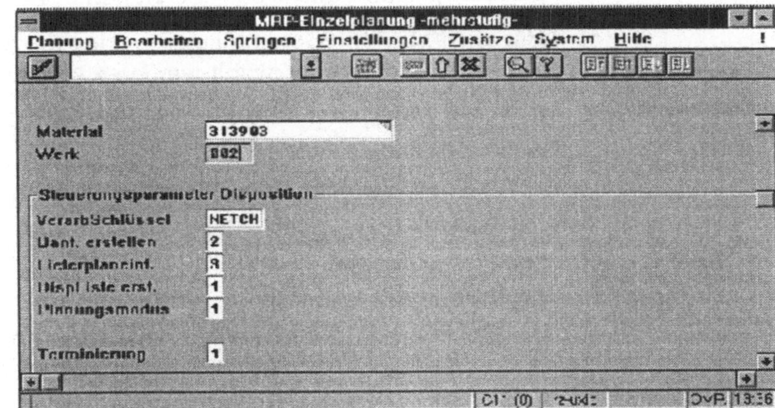

<table>
<tr><td>

Terminierung bei
Fremdbeschaffung

</td><td>

Im Rahmen der Terminierung bei Fremdbeschaffung, bei der ausschließlich die Ecktermine bestimmt werden, gibt es wiederum die Möglichkeit der **Rückwärtsterminierung,** wobei vom Dispositionstermin die Wareneingangsbearbeitungszeit, Planlieferzeit und Bearbeitungszeit für den Einkauf abgezogen werden, um den Freigabetermin für die Bestellanforderung zu ermitteln. Die **Vorwärtsterminierung** bestimmt, ausgehend vom Unterdeckungstermin, den Termin, an dem das Material zur Verfügung stehen soll. Diese Art der Terminierung wird oft in der Bestellpunktdisposition angewendet.

</td></tr>
<tr><td>

Sekundärbedarfs-
ermittlung

</td><td>

Im nächsten Schritt der Materialbedarfsplanung erfolgt die Sekundärbedarfsermittlung, deren Ziel ist es, für eigengefertigte Baugruppen die Einsatzmengen der benötigten Komponenten und Baugruppen zu bestimmen. Die Sekundärbedarfsermittlung verläuft in zwei Phasen:

- Auflösung der Stückliste und Übernahme der fertigungsrelevanten Positionen in den Planauftrag;

- der Sekundärbedarf, der die Menge und den Bedarfstermin der Komponente enthält, wird für diese Positionen ermittelt.

Als Sekundärbedarfstermin erhält man den Eckstarttermin des bedarfsverursachenden Planauftrags. Damit die Komponenten nicht zu früh bereitgestellt werden, wird der Sekundärbedarfstermin vom Eckstarttermin aus um die Nachlaufzeit in die Zukunft verschoben.

</td></tr>
<tr><td>

Durchführung der
Materialbedarfs-
planung

</td><td>

Im folgenden wird die eigentliche Durchführung der Materialbedarfsplanung vorgestellt mit den restlichen Punkten des Planungslaufs, wie Bestellvorschläge, Ausnahmemeldungen, Lagerortdisposition und werksübergreifende Disposition.

Hat man sich für Gesamtplanung oder Einzelplanung entschieden, kann weiterhin gewählt werden zwischen:

</td></tr>
<tr><td>

Art des Planungs-
laufs

</td><td>

- Neuplanung
- Veränderungsplanung
- Veränderungsplanung im Planungshorizont

Nach der **Neuplanung** werden alle Materialien für ein Werk geplant. Dies empfiehlt sich, wenn durch technische Fehler die Konsistenz der Daten nicht gewährleistet ist. Der Nachteil dabei ist, daß alle betroffenen und nicht betroffenen Materialien geplant werden, dadurch entsteht eine hohe Rechnerbelastung.

</td></tr>
</table>

Üblich im SAP-System ist die **Veränderungsplanung** (auch Net-Change-Planung genannt). Bei der Art von Planung werden nur die Materialien geplant, die eine dispositionsrelevante Änderung erfahren haben. Außerdem kann die Planung in z. B. kurzen Intervallen durchgeführt und mit aktuellem Planungsergebnis gearbeitet werden.

Veränderungs-
planung mit
Planungshorizont

Die Veränderungsplanung mit Planungshorizont ermöglicht weitere Verkürzungen des Planungslaufs, d. h. es werden nur die Materialien disponiert, die innerhalb des Planungshorizonts geplant wurden.

Die Art des Planungslaufs kann im Einstiegsmenü der Planung im Feld durch „*Verarb.Schlüssel*" ausgewählt werden.

Arten von
Bestellvorschlägen

Im R/3-System werden drei Arten der Bestellvorschläge unterschieden:

- Planaufträge

- Bestellanforderungen

- Lieferplaneinteilungen

Im Falle von Eigenfertigung erstellt das System grundsätzlich Planaufträge, bei Fremdbeschaffung Bestellanforderungen (Banf) oder Lieferplaneinteilungen (wenn für ein Material ein Lieferplan und im Orderbuch ein dispositionsrelevanter Eintrag besteht). Zum Durchführen der Planung können im Bereich „*Erstellungs-kennzeichen für Bestellanforderungen*" folgende einstellbaren Möglichkeiten gewählt werden:

- grundsätzlich Planaufträge erzeugen;

- grundsätzlich Bestellanforderungen erzeugen;

- innerhalb des Eröffnunghorizonts Bestellanforderungen und außerhalb Planaufträge erzeugen (der Eröffnungshorizont ist über Customizing einstellbar und stellt einen Zeitpuffer dar, um Planaufträge in Bestellanforderungen umzusetzen).

Im Bereich der Erstellungskennzeichen für Lieferplaneinteilungen hat man die Möglichkeit, vom System Lieferplaneinteilungen erzeugen zu lassen.

Ferner steht im System die Funktion zur Verfügung, Dispositionslisten erstellen zu lassen, die mit „*Erstellungskennzeichen für Dispositionslisten*" angestoßen werden kann.

Ähnlich wie in der Leitteileplanung kann man sich für die **einstufige Einzelplanung** entscheiden. Das bedeutet, daß die Planung ohne Stücklistenauflösung verläuft und somit nur eine Stufe geplant wird. Ausgehend vom Menü der Disposition wählt man *Bedarfsplanung ➪ Einzelpl. einstufig* (siehe Abb. 7.28).

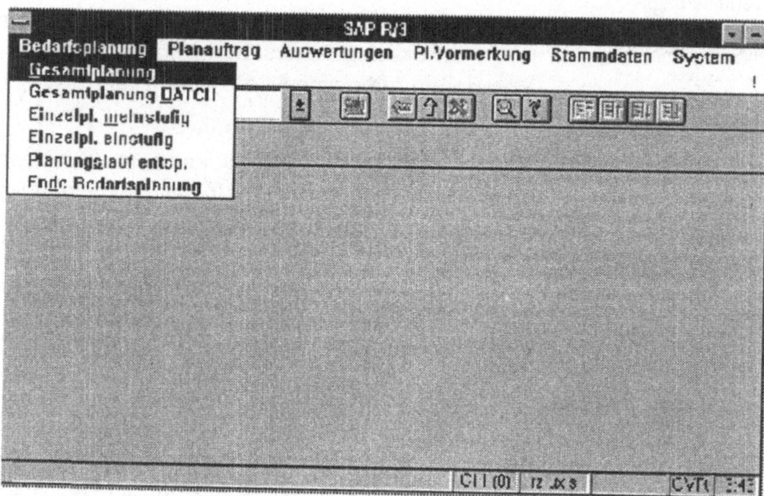

Abb. 7.28
Anlegen der
Bedarfsplanung

Im Bereich *„Steuerungsparameter Disposition"* können weitere Parameter eingegeben werden. Um eine **mehrstufige Einzelplanung** durchzuführen, geht man im Menübild der Disposition auf *Bedarfsplanung ➪ Einzelpl. mehrstufig*, ebenso bestehen weitere Eingabemöglichkeiten im Bereich *„Steuerungsparameter Disposition"*. Wie in der Leitteileplanung kann man zwischen *„Weiterplanen mit Haltepunkt"* oder *„Weiterplanen ohne Haltepunkt"* entscheiden.

Die **Gesamtplanung** ist durchführbar über *Bedarfsplanung ➪ Gesamtplanung*.

7.3.3.2   **Ergebnis der Planung**

Das Ergebnis der Materialbedarfsplanung ist aus der Dispositionsliste (siehe Abb. 7.29) und aus der Bedarfs-/Bestandsliste zu ersehen. Obwohl sie inhaltlich gleich sind, spiegelt die Dispositionsliste die Planungssituation zum Planungszeitpunkt wider. Die Bedarfs-/Bestandsliste stellt die aktuelle Bestands-/Bedarfssituation dar und dient als bequemes Instrument, um den aktuellen Bestand zu überwachen.

Abb. 7.29
Dispositionsliste

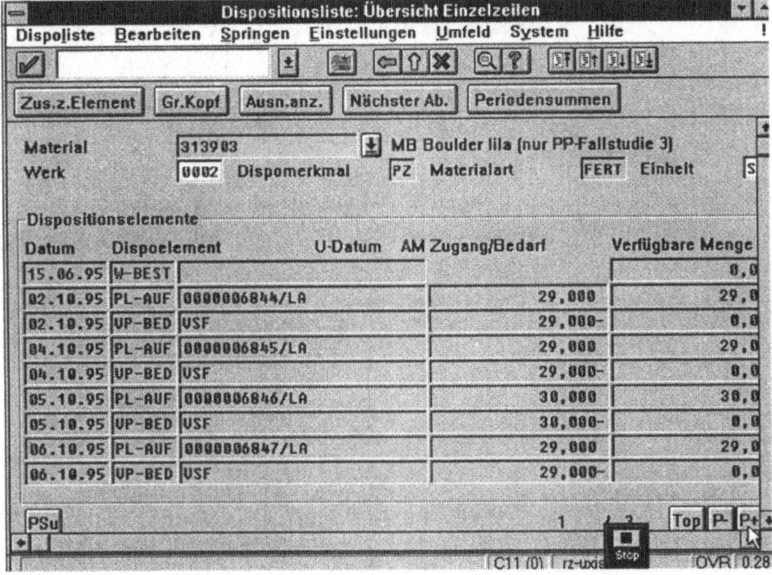

Um sich die Dispositionsliste anzeigen zu lassen, wählt man, ausgehend vom Einstiegsbild der Bedarfsplanung, *Auswertungen* ⇨ *Dispositionsliste* bzw. *Bedarfs-/Bestandsliste*. Anschließend sind die Mußfelder auszufüllen.

7.4 Kapazitätsplanung im R/3-System

Die Kapazitätsplanung setzt sich im Wesentlichen aus der Durchlaufterminierung, der Kapazitätsbedarfsrechnung und deren Minimierung zusammen.

Die **Produktionsprogrammplanungsaktivität** steht im Bereich der PPS am Anfang der Prozeßkette. Dieser schließt sich die **Mengenplanung** an, auf deren Basis die Kapazitätsplanung beruht.

Abb. 7.30
Stellung der Kapazitätsplanung im Stufenkonzept der PPS

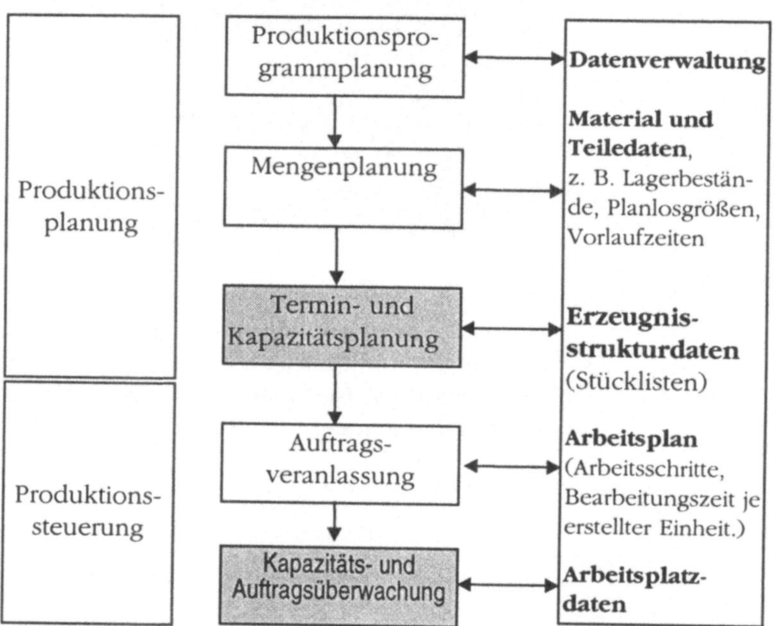

Fertigungsaufträge

Auf Basis von Fertigungsaufträgen, die verschiedene Planungsebenen betreffen, kann ein **Kapazitätsabgleich** vollzogen werden, der zum Ziel hat, die Kapazitäten möglichst gut und gleichmäßig auszulasten, kurze Durchlaufzeiten zu ermöglichen, die Bestände niedrig zu halten und dabei eine hohe Termintreue zu gewährleisten. Diese Ziele sind zum Teil gegenläufig, so hat eine hohe Auslastung der Kapazitäten im Regelfall hohe Bestände zur Folge. Die Kapazitäts- und Auftragsüberwachung gliedert sich auf in die Auftragsfortschrittsüberwachung sowie die Kapazitätsüberwachung.

7.4.1   Grundbegriffe

Kapazität

Unter einer Kapazität versteht man eine Ressource, deren Angebot über einen vorgegebenen Zeitraum geplant wird. Kapazitäten können im Gegensatz zu anderen Ressourcen, wie Finanzen, Material oder Fertigungshilfsmittel, nicht abgespeichert werden, da sich die Kapazitätsverwendbarkeit von Plan zu Plan verändert. Kapazitäten bilden das Leistungsvermögen ab.

Kapazitätsplanung

Die Kapazitätsplanung ist ein zentraler Baustein innerhalb des SAP-Systems. Ihre Funktionen werden u. a. in folgenden Modulen verwendet:

- Produktionsplanung und -steuerung
- Instandhaltung
- Qualitätssicherung
- Projektsystem

Da sämtliche Module Realtime-Anwendungen sind, werden Mengen und Werte direkt gesichert.

Aufträge bilden den Mittelpunkt der Kapazitätsplanung. Sie liefern die Ecktermine für die Kapazitätsterminierung und werden erstellt als :

- Planaufträge in der Materialbedarfsplanung
- Fertigungsaufträge in der Fertigungssteuerung
- Instandhaltungsaufträge in der Instandhaltung
- Prüfaufträge im Qualitätsmanagment
- Netzpläne im Projektsystem

Kapazitätsarten

Abhängig von der Art des Arbeitsplatzes existieren verschiedene Kapazitätsarten. So kann z. B. eine Maschine in der Fertigungssteuerung oder auch eine Gruppe von Konstrukteuren im Projektsystem eine Kapazität darstellen.

Die **Kapazitätsplanung** besteht aus den Komponenten Sichtendefinition, Benutzungsoberfläche und aus einer Funktionsbibliothek.

Sichtendefinition

Da unterschiedliche Benutzer der Kapazitätsplanung unterschiedliche Anforderungen an das System stellen, können über das Customizing sog. Anforderungsprofile erstellt werden, die individuell auf den Anwender zugeschnitten sind. Ergebnisse der Kapazitätsplanung können in tabellarischer Form oder als Grafik ausgegeben werden. Hier stehen u. a. Balken-, Linien- oder Ganttdiagramme zur Verfügung.

Funktionsbibliothek

Die Funktionsbibliothek umfaßt u. a.:

* Die Auswertung des Kapazitätsangebots am Arbeitsplatz mit Verdichtungsmöglichkeiten über Arbeitsplatzhierarchien.
* Das Terminieren von Fertigungsaufträgen mit Zeitelementen, Arbeitsplatzformeln, Verteilungsfunktionen und Reduzierungsmaßnahmen.
* Die Berechnung des Kapazitätsbedarfs mittels Verteilungsfunktion über die Vorgangsdauer.
* Die Belastungsanalyse des Kapazitätsbedarfs von Plan und Fertigungsaufträgen mittels diverser Gruppierungen, Sortierungen und Verdichtungen.

**Kapazitätsaus-
wertung**

Mittels einer Datenbasis, die sich aus Grunddaten wie Materialstämmen, Arbeitsplänen und Arbeitsplätzen zusammensetzt, wird die Möglichkeit geschaffen, die Kapazitätsangebote sowie die Kapazitätsbedarfe abzubilden. Die Gegenüberstellung der Angebote und Bedarfe führt zur Kapazitätsauswertung.

Kapazitätsangebot

Das Kapazitätsangebot muß zunächst ermittelt werden. Es bezieht sich auf das Leistungsvermögen einer Kapazität und wird durch die Faktoren Arbeitsbeginn und Arbeitsende, Pausendauer, technische und organisatorische Störungen, den Nutzungsgrad einer Kapazität und die Anzahl der Einzelkapazitäten, aus denen sich eine Kapazität zusammensetzt, bestimmt (siehe Abb. 7.31).

Abb. 7.31
Kapazitätsangebot
mit der Dimension
Zeit

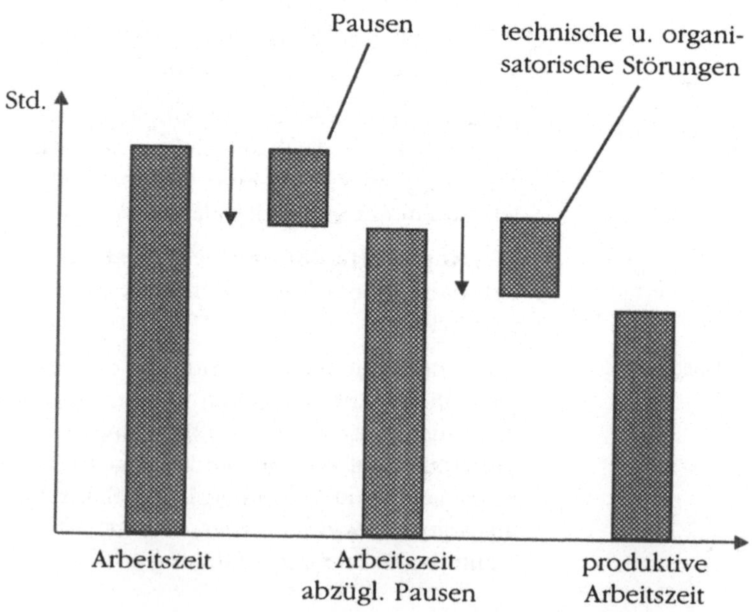

Um eine Kapazität in der Terminierung als Terminierungsbasis zu nutzen, muß das Kapazitätsangebot die Dimension „Zeit" besitzen. Ein Kapazitätsangebot mit zeitlicher Gültigkeit wird auch als Angebotsintervall bezeichnet. Wird kein Angebotsintervall definiert, gilt das Standardangebot. Hierfür müssen Daten, wie Arbeitsbeginn und Arbeitsende, Pausendauer, Nutzungsgrad der Kapazität und die Anzahl der Einzelkapazitäten, gesondert gepflegt werden, damit das System die Einsatzzeit und das Kapazitätsangebot in der Basismengeneinheit der Kapazität errechnen kann.

7.4.2 Schichtprogramm

Typische Folgen von Schichtdefinitionen können mittels eines Schichtprogramms zur Vereinfachung arbeitsplatzübergreifend definiert werden. Dadurch muß z. B. bei Verschiebung der Arbeitszeiten in einem Fertigungsbereich nur das entsprechende Schichtprogramm (siehe Abb. 7.32) geändert werden, das Kapazitätsangebot wird dann für jede Kapazität automatisch mitgeändert.

Abb. 7.32
Schichtprogramm

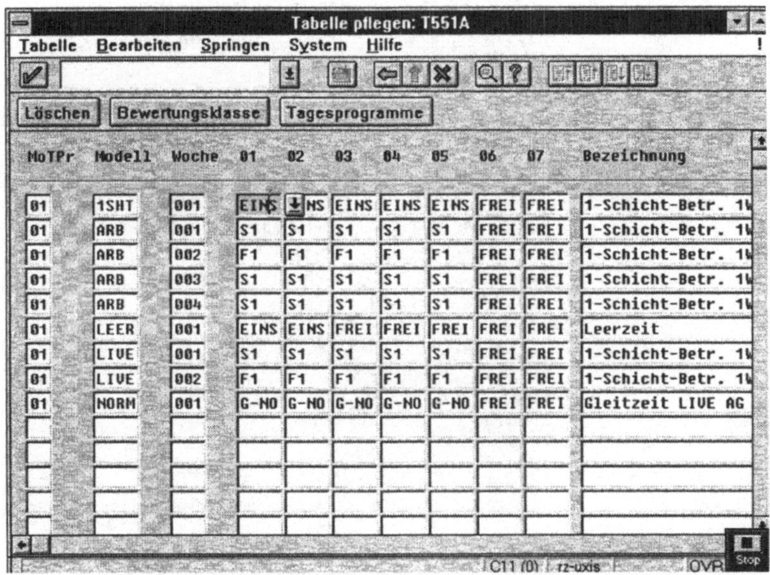

MoTPr	Modell	Woche	01	02	03	04	05	06	07	Bezeichnung
01	1SHT	001	EINS	EINS	EINS	EINS	EINS	FREI	FREI	1-Schicht-Betr. 1W
01	ARB	001	S1	S1	S1	S1	S1	FREI	FREI	1-Schicht-Betr. 1W
01	ARB	002	F1	F1	F1	F1	F1	FREI	FREI	1-Schicht-Betr. 1W
01	ARB	003	S1	S1	S1	S1	S1	FREI	FREI	1-Schicht-Betr. 1W
01	ARB	004	S1	S1	S1	S1	S1	FREI	FREI	1-Schicht-Betr. 1W
01	LEER	001	EINS	EINS	FREI	FREI	FREI	FREI	FREI	Leerzeit
01	LIVE	001	S1	S1	S1	S1	S1	FREI	FREI	1-Schicht-Betr. 1W
01	LIVE	002	F1	F1	F1	F1	F1	FREI	FREI	1-Schicht-Betr. 1W
01	NORM	001	G-NO	G-NO	G-NO	G-NO	G-NO	FREI	FREI	Gleitzeit LIVE AG

Zeitliche Gültigkeiten für Tagesprogramme werden in der Schichtdefinition gepflegt, die (siehe Abb. 7.33), wie das Schichtprogramm auch, eine Tabelle darstellt.

Abb. 7.33
Schichtdefinition

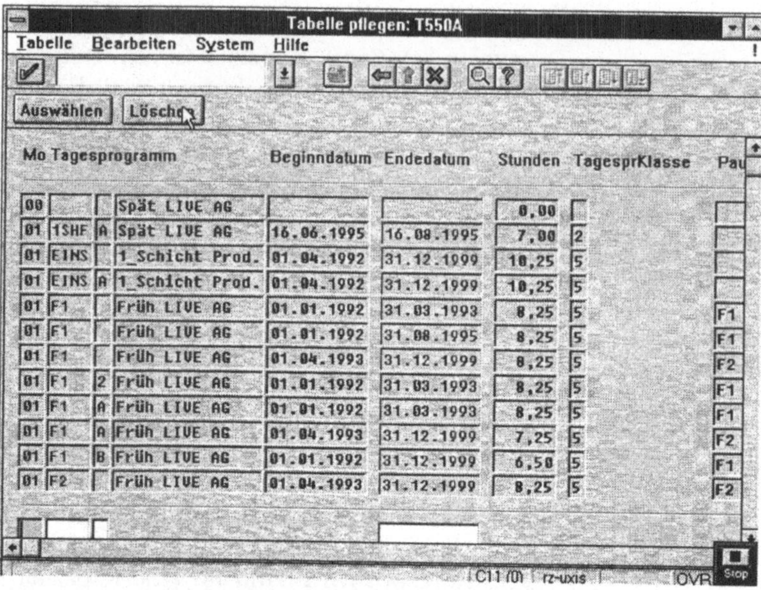

Abb. 7.34
Tagesprogramm

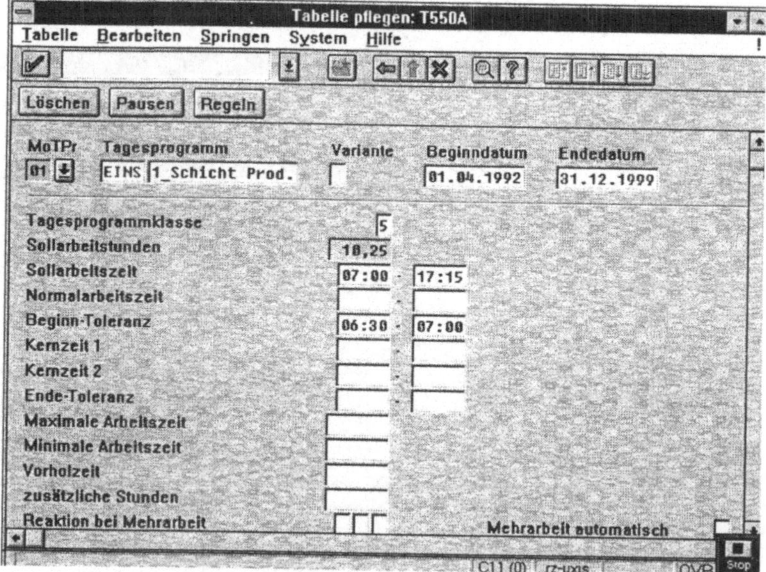

Das **Tagesprogramm** (siehe Abb. 7.34) ist von der Schichtdefinition aus einzusehen und ggf. zu verändern. Es bildet die täglichen Einsatzzeiten einer Schicht ab. Für jedes Tagesprogramm können mehrere Varianten definiert werden. Pausen, Toleranzen, die maximale/minimale Arbeitszeit sowie die Reaktion bei Mehrarbeit werden hier festgehalten.

Arbeitsplatz-hierarchien

Arbeitsplätze können in einer **Arbeitsplatzhierarchie** zusammengefaßt werden (siehe Kapitel PM-Instandhaltung). Mit Hilfe von Arbeitsplatzhierarchien hat man die Möglichkeit, das Kapazitätsangebot und den Kapazitätsbedarf von untergeordneten Arbeitsplätzen auf übergeordnete Hierarchien zu verdichten, d. h. die Summe der Angebote der untergeordneten Arbeitsplätze bildet das Angebot des Hierarchiearbeitsplatzes. Dasselbe gilt für die Bedarfe.

Die Spitze der Hierarchie stellt einen Auswertungsarbeitsplatz dar. Verdichtungen (siehe Abb. 7.35) auf diesen Arbeitsplatz ermöglichen es, die Belastung einer gesamten Arbeitsgruppe zu betrachten.

Abb. 7.35
Hierarchie-verdichtung

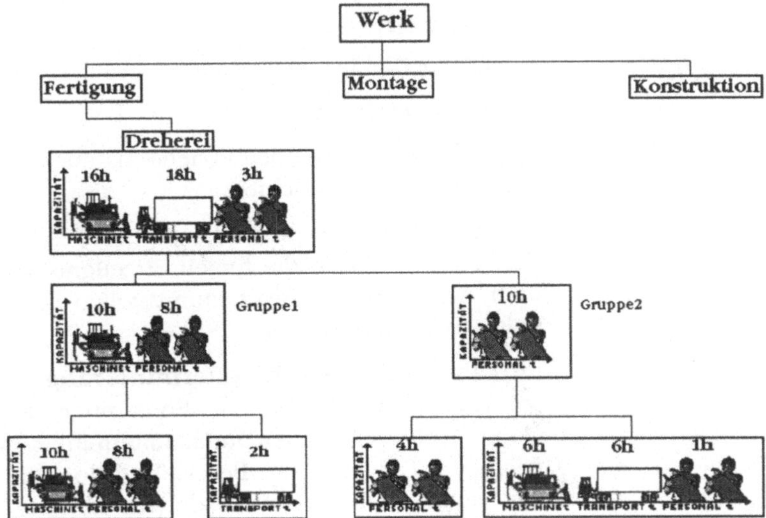

Verdichtungsarten

Es gibt zwei Verdichtungsarten: Die **statische Verdichtung**, bei der das Angebot bereits bei der Pflege der Kapazität verdichtet wird, und die **dynamische Verdichtung**. Hier wird erst bei der Kapazitätsplanung verdichtet.

Die statische Verdichtung ist aufgrund der höheren Verarbeitungsgeschwindigkeit der dynamischen vorzuziehen. Allerdings hat sie den Nachteil, daß sich bei einer Änderung des Kapazitätsangebotes eines untergeordneten Arbeitsplatzes, das des übergeordneten nicht automatisch mitverändert, wie dies bei dynamischer Verdichtung der Fall ist.

7.4.3   Terminierung

Die Ecktermine für die Terminierung werden in der Materialbedarfsplanung ermittelt. Die zu terminierenden Aufträge sind Planaufträge, Fertigungsaufträge, Instandhaltungsaufträge und Netzpläne. Anhand eines Wunschlieferdatums, das über den Vertrieb ermittelt wird, erfolgt eine Rückwärtsterminierung.

Beschaffungs-relevante Zeiten

Als beschaffungsrelevante Zeiten kommen die Beschaffungszeit sowie die Durchlaufzeit in Frage. Die **Beschaffungszeit** wird durch die Faktoren:

- Einkaufsorganisation,

- Wiederbeschaffungszeiten,

- Lieferantenverhalten,

- Lagerorganisation und

- innerbetrieblichen Transport

eindeutig bestimmt.

Es sind sowohl innerbetriebliche als auch außerbetriebliche Gegebenheiten zu betrachten.

Die **Durchlaufzeit** stellt die zweite beschaffungsrelevante Zeit dar. Es ist die Zeit, die für ein Erzeugnis von der Bereitstellung über die einzelnen Bearbeitungsstellen bis hin zum letzten Arbeitsgang benötigt wird.

Im Rahmen der **Durchlaufterminierung** werden früheste bzw. spätestmögliche Anfangs- u. Endtermine der einzelnen Arbeitsgänge festgestellt. Die Durchlaufterminierung versteht sich als wichtiges Teilgebiet der Beschaffungslogistik und darf nicht isoliert durchgeführt werden, sondern ist stets im Zusammenhang mit der Kapazitätsbedarfsrechnung vorzunehmen.

Arten der Terminierung im R/3-Logistiksystem

Das R/3-Logistiksystem kennt verschiedene Arten der Terminierung:

- In der Materialbedarfsplanung werden die Ecktermine eines Planauftrages für jede Stücklistenstufe ermittelt. Hierzu dienen die Eigenfertigungszeiten im Materialstamm. Die Planungsgenauigkeit erfolgt tagesgenau.

- Im Vertrieb werden die Ecktermine eines Kundenauftrages ermittelt, wie z. B. Verpackungs-/Ladetermin, Transporttermin, Versandtermin. Hierzu wird der vom Kunden angegebene Wunschliefertermin verwendet, um eine Rückwärtsterminierung durchzuführen.

- Die Terminierung in der Kapazitätsplanung setzt auf den Eckterminen auf, die entweder in der Materialbedarfsplanung ermittelt worden sind oder vom Benutzer manuell eingegeben wurden. Die zu terminierenden Aufträge sind Planaufträge, Fertigungsaufträge, Prozeßaufträge, Instandhaltungsaufträge, PD-Aufträge (dies sind Aufträge, die die Personalplanung und Personalentwicklung betreffen) sowie Netzpläne.

Elemente der Terminierung

Folgende Elemente werden in der Terminierung unterschieden:

- Vorgänge, die die einzelnen Ablaufschritte in einem Auftrag beschreiben.

- Anordnungsbeziehungen, die festlegen, in welcher Reihenfolge die Vorgänge ausgeführt werden sollen.

Für die Terminierung von Plan- und Fertigungsaufträgen sind andere Elemente ausschlaggebend als für die Terminierung von Netzplänen, Instandhaltungsaufträgen, Prozeßaufträgen und PD-Aufträgen.

Anordnungs-beziehungen

Anordnungsbeziehungen werden mittels der Termine der Vorgangsabschnitte für Plan und Fertigungsaufträge vom System ermittelt, müssen bei den Netzplänen aber gesondert gepflegt werden. Bei den Instandhaltungsaufträgen werden die Anordnungsbeziehungen ebenfalls vom System generiert.

Vorgangsabschnitte

Vorgangsabschnitte (vgl. Abb. 7.36), aus denen das System Termine für die Ermittlung der Anordnungsbeziehungen bei Plan- und Fertigungsaufträgen ermittelt, sind:

- Wartezeit (Zeit zwischen Transport und Beginn der Durchführung)

- Rüstzeit (Arbeitsplatz vorbereiten)

- Bearbeitungszeit (Bearbeitung des Werkstücks)

- Abrüstzeit (Arbeitsplatz aufräumen, Werkzeug versorgen)

- Liegezeit (prozessbedingte Liegezeit, z. B. Abkühlen des Werkstücks)

Dabei bildet die Summe aus Rüstzeit, Bearbeitungszeit und Abrüstzeit die **Durchführungszeit** des Auftrages.

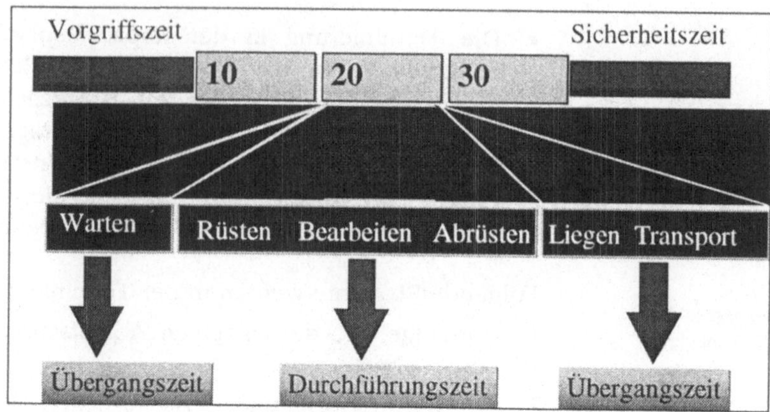

Abb. 7.36
Relevante Zeiten bei
Plan- u. Fertigungs-
aufträgen

Die Anordnungsbeziehungen werden durch interne Nummernvergabe vom System gebildet und stehen als Platzhalter für die
Transportzeiten, die ein Werkstück von einer „Bearbeitungsstati-
on" zur nächsten für sich beansprucht.

Die Wartezeit, die Transportzeit sowie die prozeßbedingte Liegezeit sind Zeiten, die pro Vorgang gepflegt werden können.

Die Dauer für Rüsten, Bearbeiten und Abrüsten wird über eine
Formel aus dem Arbeitsplatz berechnet.

Bei Fertigungs- u. Planaufträgen werden außerdem Vorgriffs- und
Sicherheitszeiten berücksichtigt.

Vorgiffs- und
Sicherheitszeit

Die **Vorgriffszeit** stellt die Zeit zwischen Eckstarttermin und
dem terminierten Start eines Auftrages in Arbeitstagen dar (Puffer). Die **Sicherheitszeit** ist die Zeit zwischen dem terminierten
Ende und dem Endecktermin eines Auftrages.

Eckstarttermin   ⟶   terminierter Start
24.05.1998   28.05.1998

Vorgriffszeit: 5 Tage

Die Vorgänge in Netzplänen, Instandhaltungsaufträgen, Prozeßaufträgen und PD-Aufträgen (sog. Eigenbearbeitungsvorgänge)
werden nicht in Vorgangsabschnitte unterteilt, wie das z. B. bei
den Vorgängen in Plan- und Fertigungsaufträgen der Fall ist. Die
Dauer der Vorgänge wird hierbei über eine Formel aus dem Arbeitsplatz berechnet.

Strategien zur Ver-
kürzung der Durch-
laufzeiten

Bei der **Losteilung** wird die Auftragsmenge des Loses in mehrere kleine Aufträge aufgeteilt. Die Bearbeitungszeit für die kleineren Lose verkürzt sich gegenüber dem Gesamtauftrag, die Rüstzeit vervielfacht sich.

Unter **Arbeitsgangsplitting** versteht man die Trennung des Auftrages bei nur einem Arbeitsgang. Der Arbeitsgang wird an mehreren Arbeitsplätzen parallel durchgeführt. Neben den sachlichen Voraussetzungen muß auch die Rechtfertigung für die höheren Rüstkosten gegeben sein.

Bei der **Überlappung** wird die Durchlaufzeit durch zeitlich parallele Durchführung mehrerer Arbeitsgänge verkürzt. Nach der Bearbeitung eines Werkstückes an einem Arbeitsplatz wird es zum nächsten Arbeitsplatz transportiert; der nächste Arbeitsgang kann gestartet werden, ohne abzuwarten, bis alle Werkstücke am ersten Arbeitsplatz bearbeitet sind.

Weitere Verkürzungen der Durchlaufzeit sind möglich durch **Überlappung des Rüstens** des Arbeitsplatzes. Die zusätzlich entstehenden Kosten müssen sich aber hierbei rechtfertigen lassen.

Die Durchlaufzeit kann verkürzt werden, indem man auf ein Fertigungsverfahren ausweicht, das höhere Kosten, aber kürzere Belegungszeit beansprucht, wenn sich die Kostenerhöhung durch eine Zeitminderung ausreichend kompensieren läßt.

Reduzierungs-
strategien

Im Rahmen der **Übergangszeitverkürzung** kann sowohl die Transport-, aber auch die Liegezeit des Werkstücks verkürzt werden.

Eine **Rüstzeitminimierung** wird durch Optimierungen der Belegungsreihenfolge erreicht.

Die **Familienfertigung** faßt mehrere Aufträge mit gleichen oder ähnlichen Fertigungsverfahren mit den Zielen der Verminderung des Rüstzeitbedarfes, dem Einsatz eines besseren Fertigungsverfahrens, geringeren Transporterfordernissen oder des Erreichens eines höheren Leistungsgrades durch Lernkurvenentwicklung zusammen.

R/3 unterstützt die Verfahren der Wartezeitreduzierung, Splitting, Überlappung, Transportzeitverkürzung sowie der Reduzierung der Auftragspuffer. Jede dieser Strategien kann einem Arbeitsgang zugewiesen werden. Eine andere Reduzierungsstrategie kommt bei Netzplänen und Instandhaltungsaufträgen zum Einsatz, hierbei werden die Zeiten prozentweise reduziert.

7.4.4	**Kapazitätsbedarf**

Der Kapazitätsbedarf muß für das Rüsten, Bearbeiten und Abrüsten im Kapazitätsbild des Arbeitsplatzes gepflegt werden. Im Rahmen der Terminierung errechnet das System aus den abgelegten Formeln den **Gesamtbedarf** des Vorgangs.

Verteilung des Bedarfes

Der Bedarf muß nach der Berechnung auf die gesamte Vorgangsdauer verteilt werden. Über einen Verteilungsschlüssel, der im Kapazitätsbild des Arbeitsplatzes gepflegt wird, wird die Art der Verteilung gesteuert. Der Verteilungsschlüssel besteht aus einer **Verteilungsstrategie**, die Lage, Basis und Art der Verteilung festlegt. Die **Lage** besagt, ob der Bedarf zwischen den frühesten oder den spätesten Terminen eines Vorgangs verteilt wird, die **Basis** bestimmt den zugrundegelegten Kalender (Fabrikkalender, Gregorianischer Kalender oder Verteilung nach der Einsatzzeit) und die **Art** gibt an, wie die Stützwerte der Verteilungsfunktion interpretiert werden sollen. Ebenfalls im Verteilungsschlüssel enthalten ist die Verteilungsfunktion, die eine Reihe von Stützwerten (prozentuale Zeit und Bedarfswerte) enthält. Die Stützwerte geben an, bis zu welchem Zeitpunkt welcher Bedarf eingelastet sein muß. Zwei Verteilungsarten sind zu unterscheiden:

- Verteilung nach Zeitpunkt
  (Die Bedarfseinlastung erfolgt genau zu dem Zeitpunkt, der durch den prozentualen Zeitwert bestimmt ist.)

- Verteilung nach Funktion
  (Mittels linearer Interpolation wird zwischen den Stützstellen der Bedarf eingelastet.)

Kapazitätsbedarfsrechnung

Die Berechnung des Kapazitätsbedarfs erfolgt in der Kapazitätsbedarfsrechnung, die auf einen definierten Zeitraum angewendet genau diesen Bedarf als Summe der Bedarfe aus den anstehenden und teilrückgemeldeten Aufträgen bildet.

Der Vorgang hierzu stellt sich in etwa wie folgt dar: Wenn ein Fertigungsauftrag angelegt wird, wird das zu produzierende Gut festgesetzt. Über eine Stücklistenauflösung, eine Funktion der Materialbedarfsplanung, wird die Menge der anzufertigenden Baugruppen und Einzelteile bekanntgegeben.

Zu jedem Bauteil existieren Arbeitspläne. Aus Datenstrukturen, wie der Arbeitsgangdatei oder der Arbeitsplatzdatei, kann das System sowohl die Reihenfolge der Bearbeitungsvorgänge sowie deren Zuordnung zu den vorhandenen Kapazitäten und die zeitliche Beanspruchung an den Kapazitäten ermitteln.

Die Kapazitätsbedarfsberechnung wird im SAP-System mit Hilfe von Formeln, die zur Berechnung des Bedarfs eines Vorgangs für jeden der drei Vorgangsabschnitte - Rüsten, Bearbeiten und Abrüsten (außerdem für Netzpläne und Instandhaltungsaufträge eine Formel zur Berechnung des Gesamtbedarfs) - im Customizing abgelegt.

Die Berechnung des Kapazitätsbedarfes erlaubt allerdings noch keine Aussagen darüber, wie sich der Kapazitätsbedarf über die gesamte Vorgangsdauer verteilt. Dies geschieht erst im Rahmen der Kapazitätsplanung über einen kapazitätsartenabhängigen Verteilungsschlüssel des dort eingestellten Periodenrasters.

7.4.5   Kapazitätsentlastung

Rückmeldungen

Werden Fertigungsaufträge rückgemeldet, wird der Restkapazitätsbedarf auf „0" gesetzt.

Im Fall der Teilrückmeldung muß der Kapazitätsbedarf anhand der Restmenge neu berechnet werden. Die Formeln für die Rüstzeit werden bei einer einmal erfolgten Teilrückmeldung nicht mehr berücksichtigt. Die Verteilung muß durch den Verteilungsschlüssel neu interpretiert werden. Hierzu wird der Fertigstellungsgrad berechnet:

Fertigstellungsgrad = 1 - (Restbedarf/Gesamtbedarf) • 100 %

Aus der Verteilungsfunktion kann mit Hilfe des Fertigstellungsgrades ermittelt werden, welcher Anteil der Vorgangsdauer bereits vergangen sein muß. Der errechnete Anteil der vergangenen Vorgangsdauer bildet über eine Nullpunktverschiebung die Basis der neuen Verteilungsfunktion.

7.4.6   Kapazitätsauswertung

Im Mittelpunkt der Kapazitätsplanung steht die Auswertung. In der Auswertung kann man Angebote und Bedarfe der verschiedenen Kapazitätsarten gegenüberstellen, um die Belastung von Arbeitsplätzen oder Maschinen zu kontrollieren oder um beispielsweise einzusehen, welche Aufträge an welcher Kapazität Bedarf haben.

Ist der **Bedarf** über einen festen Planungshorizont erst einmal berechnet, kann über ebendieses Raster bereits eine Kapazitätsauswertung stattfinden.

Die Kapazitätsauswertung ist Entscheidungsgrundlage für den Kapazitätsplaner.

Die Differenz zwischen Kapazitätsangebot und Kapazitätsbedarf bestimmt den Nutzungsgrad einer Kapazität im Zeitraum XY. Liegt dieser unter 100 %, können theoretisch noch weitere Aufträge dieser Kapazität eingelastet werden, ist der Nutzungsgrad höher als 100 %, besteht also eine Überlast an dieser Kapazität.

Anhand der in der Kapazitätsauswertung ermittelten Daten, die die Dimension „Zeit" besitzen, kann der Auftrag den Kapazitäten eingelastet werden, dies geschieht durch Freigabe eines Fertigungsauftrages. Eine Entlastung der Kapazität hingegen findet statt bei der Rückmeldung bzw. Teilrückmeldung von Aufträgen. Bei der Teilrückmeldung wird der Restkapazitätsbedarf anhand der Restmenge neu berechnet, wobei eine evtl. hinterlegte Formel für die Rüstzeit nicht mehr zur Berechnung herangezogen wird.

Die Kapazitätsauswertung dient dazu, daß sich der Planer eine Übersicht über den Einlastungsgrad der Einzelkapazitätsbedarfe (siehe Abb. 7.40) verschaffen kann.

Über *Logistik* ⇨ *Produktion* ⇨ *Kapazitätsplanung* gelangt man in das Hauptmenue. Hier kann man über *Auswertung* ⇨ *Arbeitsplatz* ⇨ *Aufträge* die Belastung einzelner Aufträge an den selektierten Arbeitsplätzen (siehe Abb. 7.37) über mehrere Perioden hinweg einsehen.

Abb. 7.37
Selektion der
Arbeitsplätze

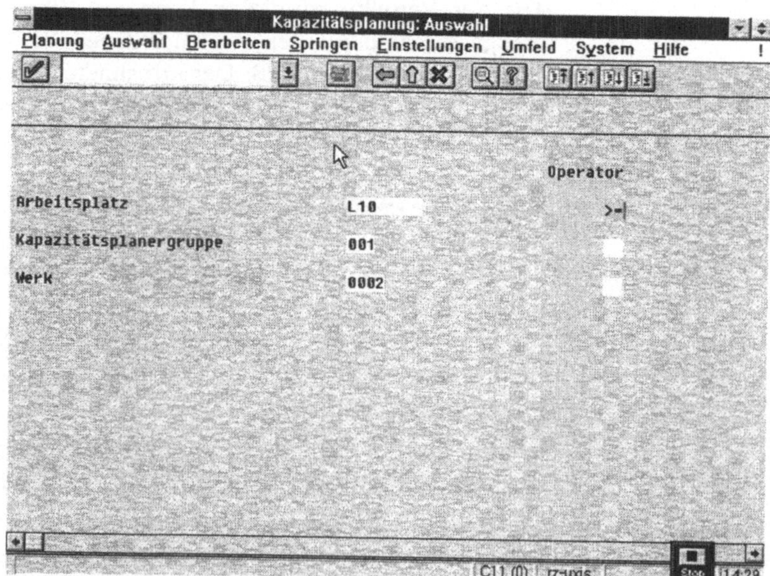

Kapazitätsübersicht
der Aufträge

Nach der Selektion der Arbeitsplätze (≥ L10) erhält man das Bild der Kapazitätsdetailliste. Hier werden die einzelnen Aufträge angezeigt, die in den ausgewählten Perioden Bedarf an den Arbeitsplätzen haben.

Über *Planung* ⇨ *Profile* ⇨ *Einstellungsprofil* (siehe Abb. 7.38) hat man die Möglichkeit, das Periodenraster zu verändern und so die tagesgenaue Auftragseinlastung zu sehen.

Abb. 7.38
Einstellungsprofil

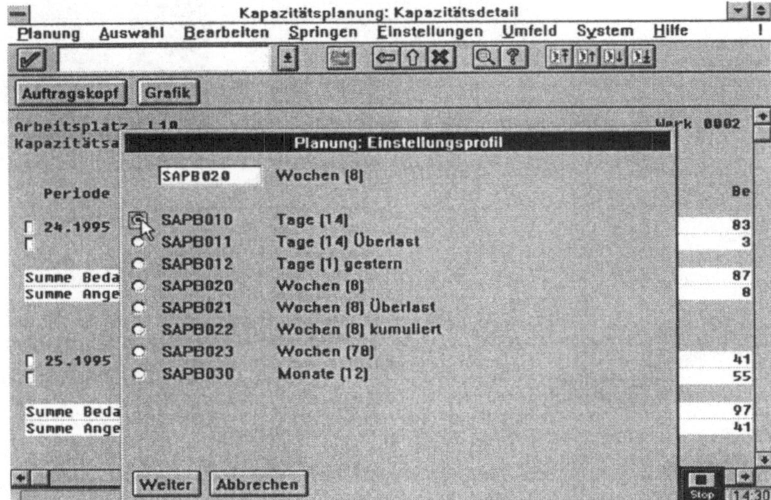

Die Auftragseinlastung ist auch graphisch - hier in Form von 3D-Balkendiagrammen - anzeigbar:

Abb. 7.39
Auftragseinlastung
Arbeitsplatz L10

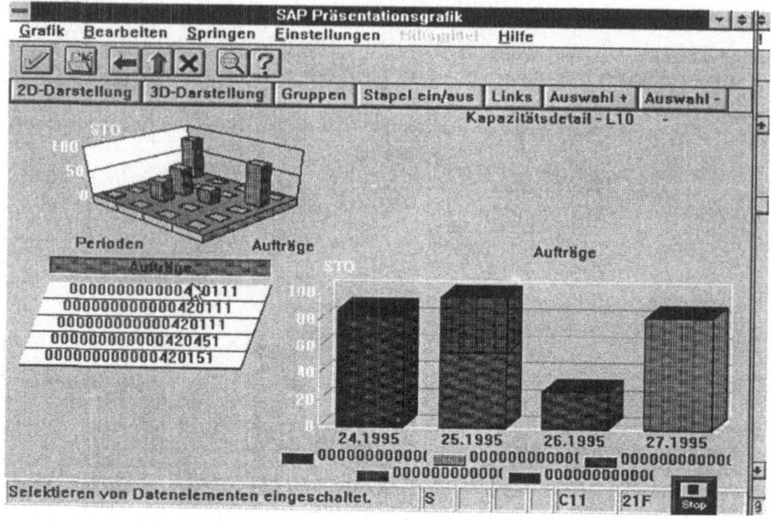

Kapazitätsplanung
nach Belastung

Nach dem Einstieg in die Kapazitätsplanung wählt man *Arbeitsplatz* ⇨ *Belastung* und selektiert einen Arbeitsplatz (L11). Über *Einstellungen* ⇨ *Allgemein* wird die kumulierte Darstellung aktiviert, die die Angebote und Bedarfe periodisch aufsummiert.

Damit ist feststellbar, bis zu welchem Zeitpunkt der Bedarf am selektierten Arbeitsplatz abgebaut werden kann. Der markierte Bereich (siehe Abb. 7.40) signalisiert Überlast, d. h. Belastung über 100%. Es werden alle Aufträge zur Kapazitätsplanung herangezogen, die über den Betrachtungszeitraum (8 Wochen ab dem Tagesdatum) Bedarf am ausgewählten Arbeitsplatz haben.

Abb. 7.40
Standardübersicht:
kumulierte
Darstellung (L11)

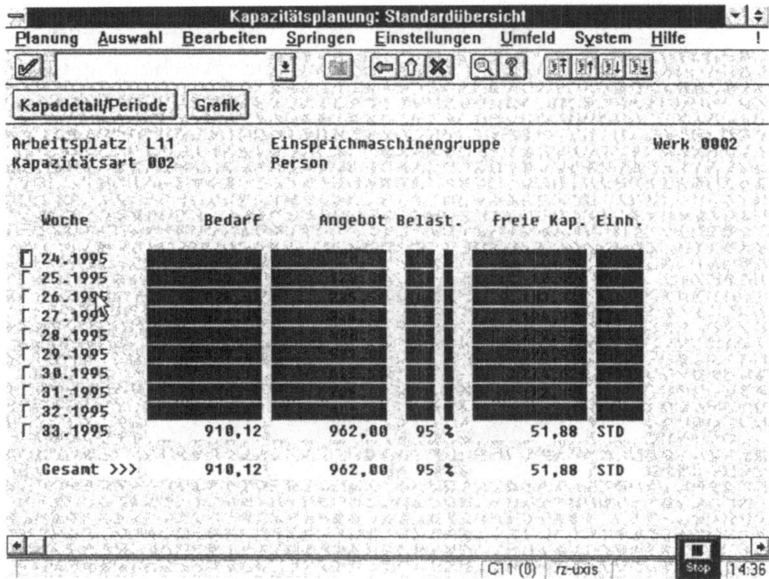

Die Basismengeneinheit der vorliegenden Kapazitätsart ist Stunde, die freie Kapazität bildet die Anzahl der Stunden ab, an denen noch kein Bedarf eingelastet wurde. Dies ist ein negativer Wert im Falle der Überlast.

Nach Änderung des Graphikprofils in Liniendarstellung kann man den zeitlichen Verlauf als Durchlaufdiagramm darstellen:

Abb. 7.41
Kumulierte Darstellung als Durchlaufdiagramm

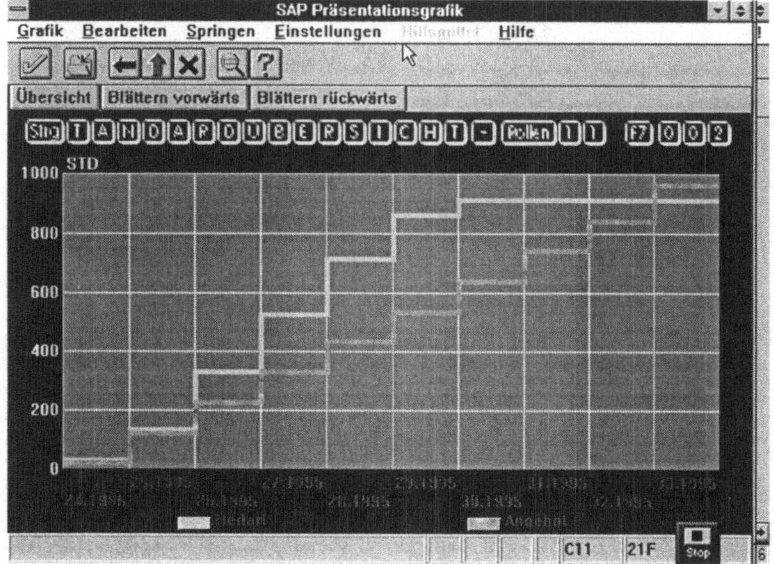

Man erkennt, bei der momentanen Auftragslage kann die Überlast erst zur 33. Kalenderwoche abgebaut werden. Um festzustellen, wie sich der Bedarf zum Angebot verhält, wenn z. B. die
Anzahl der Einzelkapazitäten verdoppelt wird, springt man über
Umfeld ⇨ *Kapazität* in das Kapazitätsbild des Arbeitsplatzes:

Abb. 7.42
Kapazitätsbild
Arbeitsplatz

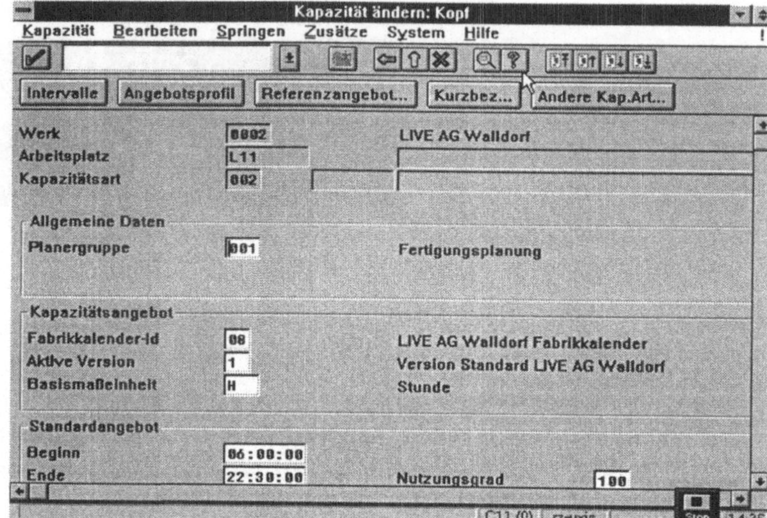

Von hier aus kann man in das Angebotsintervall (siehe Schichtdefinition) springen und dort die Anzahl der Einzelkapazitäten
festlegen:

Abb. 7.43
Angebotsintervall
einfügen

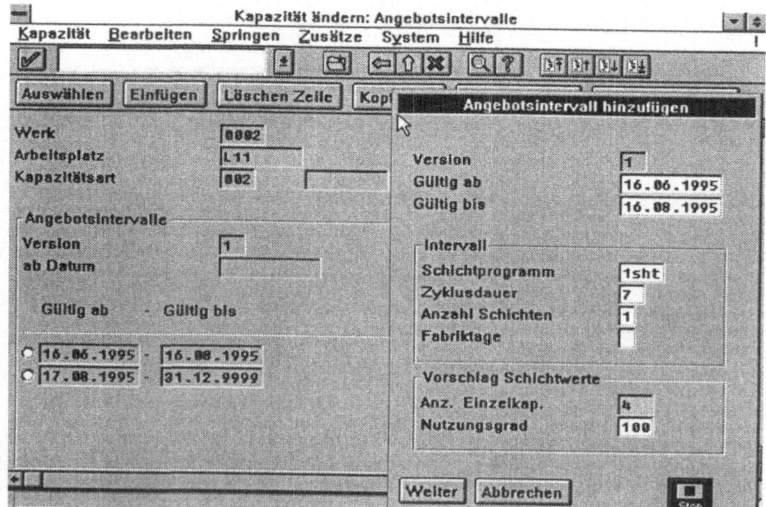

Nach Sicherung des Angebotsintervalls erfolgt der Rücksprung in die Standardübersicht, in der die Daten mittels Doppelklick der linken Maustaste in der Übersicht über „Auffrischen" aufgrund der asynchronen Verbuchung aktualisiert werden müssen. Man sieht, daß keine Überlast mehr auftritt:

Abb. 7.44
Belastung
Arbeitsplatz L11

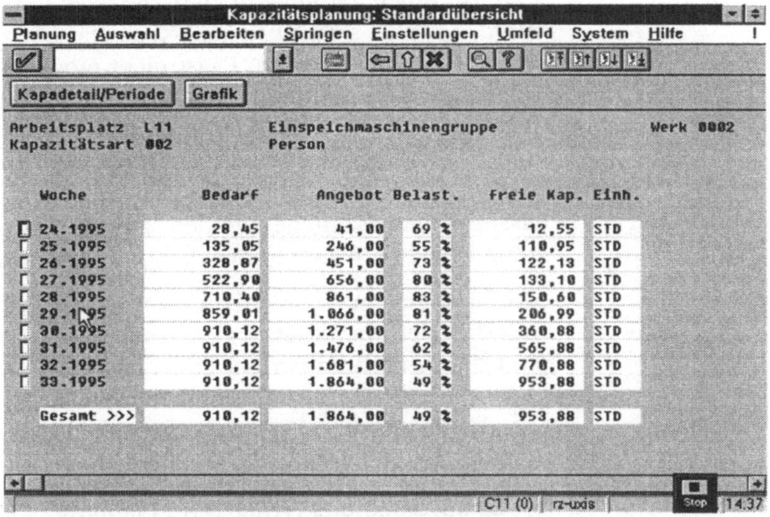

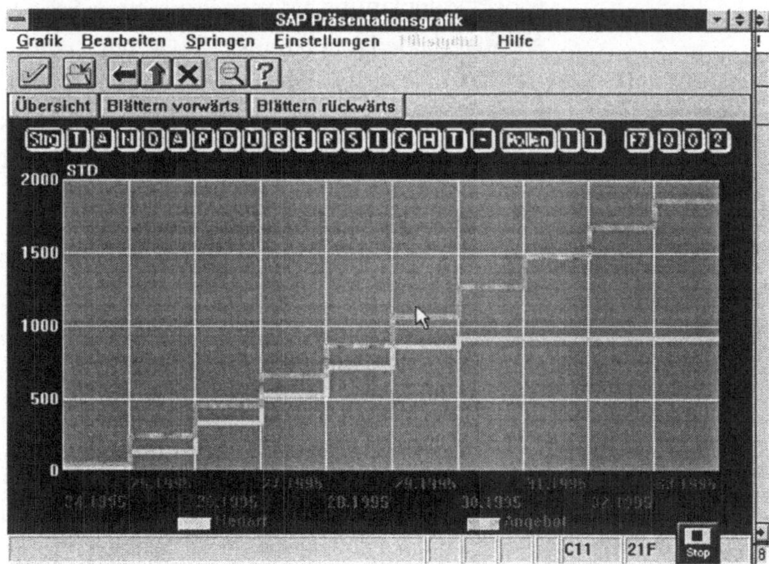

Abb. 7.45
Belastung
Arbeitsplatz L11
(Graphik)

In der dazugehörigen Graphik (siehe Abb. 7.45) erkennt man, daß der Bedarf zu jedem Zeitpunkt abgebaut werden kann.

7.4.7   Kapazitätsabgleich

Um einen möglichst exakten Kapazitätsabgleich zu gewährleisten, sollte ein fester Betrachtungszeitraum bekannt sein.

Der dem Kapazitätsangebot gegenüberzustellende Kapazitätsbedarf ist durch terminierte und freigegebene Aufträge klar definiert, so daß sich über die Kapazitätsbedarfsrechnung exakte Werte bestimmen lassen. Es ist nicht möglich, eine Planungsperiode von einem Zeitpunkt ausgehend ganz zu überblicken, denn bspw. der Ausfall von Maschinen ist nur mit statistischen Methoden in etwa vorhersagbar; das Produktionsprogramm stellt keine statische Struktur dar, auf die sich das Management 100%ig verlassen kann. Aufträge werden aus dem Programm eliminiert, neue kommen während des Planungszeitraums dazu.

Um das System an die Betriebsrealität anzunähern, ist es notwendig, den Kapazitätsabgleich auf verschiedenen Planungsebenen durchzuführen, wobei folgende Planungsebenen unterschieden werden:

Planungsebenen

- Absatz und Produktionsprogrammplanung (Sales and Operations Planning SOP)

- Langfristplanung (Long Term Planning LTP)

- Leitteileplanung (Master Production Schedule MPS)

- Materialbedarfsplanung (Material Requirements Planning MRP)

- Serienfertigung (Repetitive Manufacturing REM)

- Fertigungssteuerung (Shop Floor Control SFC)

7.5   Fertigungssteuerung

7.5.1   Grundlagen

Die Fertigungssteuerung setzt auf den Ergebnissen aus der Planung auf und setzt sie in der Fertigung um. Sie benutzt den Fertigungsauftrag als zentrales Steuerinstrument bei der Durchführung der Fertigung.

Fertigungsauftrag

Ein Fertigungsauftrag ist ein Auftrag, der an die Fertigung eines Betriebes gegeben wird, mit dem Ziel der Erstellung eines Materials oder der Erbringung einer Leistung.

Er beinhaltet u. a. Vorgänge, Materialkomponenten, Fertigungshilfsmittel und Kostendaten.

Ein Fertigungsauftrag kann durch Einbringung der PLAN- sowie der IST-Daten alle fertigungsrelevanten Faktoren beschreiben und damit überwachen.

Fertigungsaufträge werden eingesetzt zur

- Steuerung,
- Überwachung,
- Kostenermittlung und als Controllinginstrument in der Kostenrechnung.

7.5.1.1   Wirkungsgebiete

Fertigungsaufträge haben, bedingt durch ihre Zusammensetzung, einen sehr großen Einflußbereich. Sie haben auf folgende Bereiche Auswirkungen:

Auswirkungen

- Fertigung/Montage
  - Zeiten
  - Steuerdaten
  - Texte
  - Fertigungshilfsmittel
  - Material
  - Qualitätssicherung

- Terminierung
  - Starttermin
  - Endtermin

- Arbeitsplatz
  - Personalkapazität
  - Maschinenkapazität

- Kalkulation
  - Materialkosten
  - Materialgemeinkosten
  - Fertigungskosten
  - Fertigungsgemeinkosten

Wird ein neuer Fertigungsauftrag angelegt, so werden im allgemeinen folgende **Aktionen** ausgeführt:

- Übernahme der Vorgänge und Folgen eines Arbeitsplanes
- Übernahme der Stücklistenpositionen durch Auflösung derselben
- Reservierung von am Lager befindlichen Stücklistenpositionen
- Ermittlung der Plankosten

- Erzeugung der Belastungssätze für Arbeitsplatzkapazität und Fertigungshilfsmittel
- Erzeugung von Bestellanforderungen für Fremdbearbeitung oder Fremdbezug

7.5.1.2   Bestandteile

Ein Fertigungsauftrag hat folgende Bestandteile:

- Auftragskopf
- Vorgang
- Folge
- Komponente
- Fertigungshilfsmittel

Auftragskopf

Der Auftragskopf beinhaltet allgemeine Daten zu dem zu fertigenden Material. So sind im Auftragskopf Angaben über die zu fertigende Menge, den erwarteten Ausschuß, die prozentuale Unter- und Überlieferung, die Terminierungsart sowie die Eckstart- bzw. Eckendtermine und die Pufferzeiten zu machen.

Vorgang

Unter einem Vorgang versteht man einen zur Erstellung des Materials notwendigen Arbeitsschritt. Alle Vorgänge werden sequentiell abgearbeitet.

Folge

Eine Folge faßt eine Gruppe von Vorgängen innerhalb eines Auftrages zusammen. Folgen werden netzartig miteinander verbunden, so daß Vorgänger- und Nachfolgerbeziehungen, eine Stammfolge und dazu alternative und parallele Folgen entstehen.

Komponente

Ein Objekt, das mit einer Objektnummer innerhalb einer Stückliste geführt wird, bezeichnet man als Komponente. Bspw. stellt ein Material, das mit der Materialnummer in der Stückliste angegeben wird, eine Komponente dar.

Fertigungshilfsmittel

Fertigungshilfsmittel (FHM) sind Maschinen und Vorrichtungen, die zur Erstellung des Materials beitragen oder dazu dienen, die Funktionstüchtigkeit, Beschaffenheit und Qualität eines Materials zu prüfen.

7.5.2   Phasen der Fertigungssteuerung

Die Abwicklung eines Auftrages gliedert sich in **drei Phasen**:

- Auftragseröffnung
- Auftragsabwicklung
- Auftragsabschluß

| 7.5.2.1 | **Auftragseröffnung** |

Das R/3-System bietet zwei Möglichkeiten zur Eröffnung eines Fertigungsauftrages.

Durch eine integrierte Produktionsplanung und -steuerung ist es möglich, Fertigungsaufträge durch direkte Umsetzung von Planaufträgen aus der Materialbedarfsplanung zu erzeugen.

Für Sonderaufträge oder Aufträge ohne Planauftrag besteht die Möglichkeit der manuellen Eröffnung.

| 7.5.2.1.1 | Umsetzung der Planaufträge |

Die häufigste und auch schnellste Art einen Fertigungsauftrag anzulegen, ist die Übernahme eines Planauftrages aus der Materialbedarfsplanung.

Hierzu sind die Menüpunkte *Auftrag* ⇨ *Anlegen* ⇨ *Mit Planauftrag* anzuwählen, um auf das Einstiegsbild zur Umsetzung zu gelangen.

Nun muß die **Nummer des Planauftrages** und die **Auftragsart des Fertigungsauftrages** angegeben werden.

Das System ermittelt den Planauftrag und übergibt an den Fertigungsauftrag die Positionen:

- Bedarfsmenge
- Start- und End- bzw. Liefertermin
- Materialnummer
- Materialkomponenten

Fallstudie:
Fertigungsauftrag
„ausplan.exe",
„umfrplan.exe",
„analys.exe"

Danach wird ein zum Material gültiger Arbeitsplan ermittelt und ebenfalls überstellt.

Die übernommenen Daten können nun geprüft und dem Fertigungsauftrag entsprechend geändert werden. Es ist notwendig, sofort den Fertigungsauftrag abzuspeichern, da das System den Planauftrag nach der Übernahme löscht und somit eine erneute Übernahme der Daten nicht möglich ist. Eine **Fallstudie** zum Fertigungsauftrag befindet sich mit den Dateien „ausplan", „umfrplan" und „analys" auf der beiliegenden CD.

7.5.2.1.2   Manuelle Eröffnung

Bei der manuellen Eröffnung existiert, im Gegensatz zur Umsetzung von Planaufträgen, kein Auftrag aus der Materialbedarfsplanung. Dies kann bedingt durch eine Sonderfertigung oder Einzelanfertigung auftreten.

Die manuelle Eröffnung verbirgt sich im Menü *Auftrag* ⇨ *Anlegen* ⇨ *Mit Material* (siehe Abb. 7.46).

„Fertigungsauftrag"

Dort wird man aufgefordert, die **Materialnummer**, das **Werk** und die **Auftragsart** anzugeben oder aus den entsprechenden Auswahltabellen auszuwählen. Wurde bei der Auftragsart die Auftragsart mit externer Nummernvergabe (PP02) gewählt, so muß die Auftragsnummer in das Feld „Auftrag" eingegeben werden.

PP01/PP02

R/3 vergibt bei der Auftragsart „**PP01**" selbständig fortlaufende Nummern für Fertigungsaufträge, d. h. es wird ein (system-)interner Nummernkreis verwendet. Die Auftragsart „**PP02**" hingegen erlaubt die benutzerdefinierte Vergabe von Auftragsnummern und verwendet somit einen (system-)externen Nummernkreis.

Abb. 7.46
Einstiegsbild bei
manuellem Anlegen

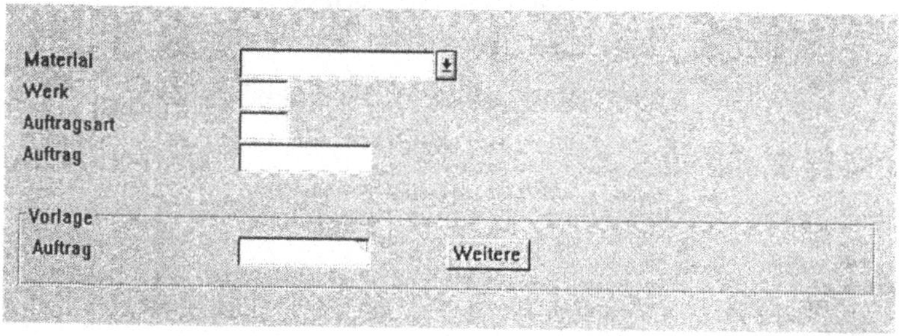

Durch Betätigen der Taste  [✔] gelangt man in den zentralen Auftragskopf des Fertigungsauftrages.

Während des Wechsels in den Auftragskopf (bei der manuellen Erstellung) bzw. dem Sichern und Umsetzen der Planaufträge werden im Hintergrund die Arbeitspläne ausgewählt und damit die Vorgangs- und Fertigungshilfsmitteldaten übernommen und die Stücklisten aufgelöst.

7.5.2.1.3

Zentraler Auftragskopf

Im „Auftragskopf zentral" werden alle komponenten- und folgen-relevanten, allgemeinen Auftragsdaten gespeichert.

Abb. 7.47
Auftragskopf zentral

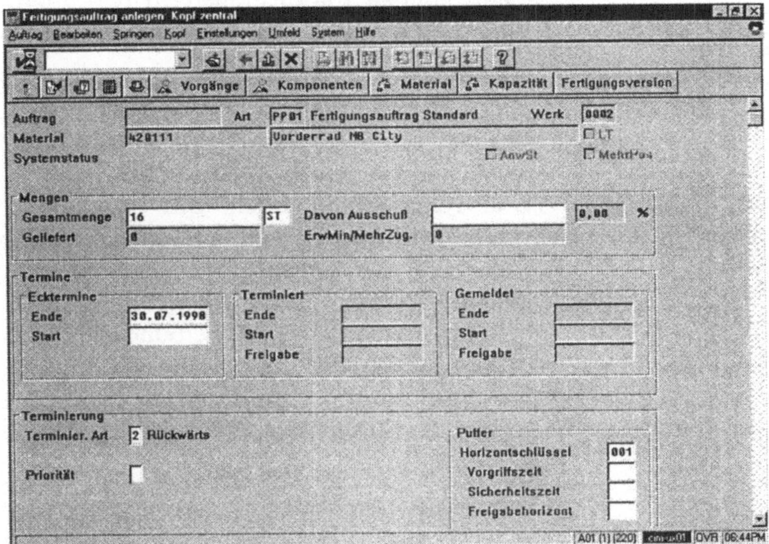

Im zentralen Auftragskopf werden die zu produzierende Gesamtmenge, der Eckstart- oder der Eckendtermin, die entsprechende Terminierungsart und optional der anteilige Ausschuß angegeben:

- Der Eckendtermin muß in der Form von TT.MM.JJJJ angegeben werden.

- Im Customizing ist die Terminierungsart uber die Auftragsart bereits auf „Rückwärts" voreingestellt.

- Der Horizontschlüssel ist von vornherein mit „001" festgelegt im Feld Puffer.

- Eventuell auftretende Warnmeldungen werden einfach übergangen.

Weitere **Kopfdaten** findet man in den Menüpunkten:

- Kopf ⇨ Wareneingang/Bewertung
- Kopf ⇨ Zuordnung
- Kopf ⇨ Stammdaten
- Kopf ⇨ Termine/Mengen

Dort sind u. a. Über- und Unterlieferungen, Angaben zur Anlieferung und Charge sowie zum Lagerort untergebracht. Weitere Angaben dienen der Zuordnung zu Disponenten, Fertigungssteuerung, Geschäftsbereiche und Profit-Center. Innerhalb der Stammdaten können Informationen zu den zugrundeliegenden Stücklisten und Arbeitsplänen erhalten bleiben.

Verfügbarkeitsprüfung und Terminierung

Nachdem im zentralen Auftragskopf die Mengen und Termine eingetragen wurden, können die Angaben durch [Enter] bestätigt werden. Das System prüft nun Verfügbarkeit von Fertigungshilfmitteln sowie von Materialkomponenten und führt gleichzeitig eine Terminierung durch. Das bedeutet, daß bei einer **Rückwärtsterminierung** der Eckstarttermin anhand der Vorgangsdauer und den entsprechenden Übergangszeiten retrograd ermittelt wird. Bei einem Terminkonflikt (z. B. durch einen zu frühen Eckendtermin, damit verbunden wäre ein Eckstarttermin in der Vergangenheit) versucht das System durch Optimierung die Durchlaufzeit zu verringern. Bleibt dieser Versuch ohne Erfolg, so wird der Eckendtermin entsprechend angepaßt.

Bei einer **Vorwärtsterminierung** wird, ausgehend vom Eckstarttermin, der Eckendtermin progressiv ermittelt. Hierbei treten selten Schwierigkeiten auf, da der Eckendtermin vom System frei errechnet werden kann.

Nachträgliche Terminierung

Sollen die Termine auch nach einer Terminierung verändert werden, so kann über den Menüpunkt *Kopf ⇨ Terminänderung ⇨ Termine ermittelt* bzw. *⇨ Ecktermine* der entsprechende Termin zum Ändern angewählt werden. Der Fertigungsauftrag darf, um Termine ändern zu können, noch nicht freigegeben worden sein. Nachdem die gewünschten Änderungen vorgenommen wurden, muß der Auftrag neu terminiert werden. Dies ist durch den Menüpunkt *Auftrag ⇨ Funktion ⇨ Terminieren* möglich.

7.5.2.1.4   Planselektion

Bei diesem Vorgang werden die eingegebenen Daten durch das System auf Korrektheit geprüft und nach einem geeigneten Arbeitsplan für das bereits vorhandene Material gesucht. Die Planselektion erfolgt manuell, da im Customizing zur Auftragsart „PP01" schon eingestellt ist. D. h. das System bietet alle Normalarbeitspläne, deren Materialnummern vorhandenen sind, zur Selektion an. Zunächst wird ein Arbeitsplan in entsprechender Landessprache (z. B. deutsche Sprache bei German Version) gewählt und mit [Enter] bestätigt.

Danach erscheint ein Pop Up-Fenster, das verneint wird, um auf die Alternativenselektion zu verzichten.

Sobald ein Arbeitsplan gefunden worden ist, prüft das System die Einbindung in die Kostenrechnung und ob die Materialien und Fertigungshilfsmittel verfügbar sind. Diese Vorgänge der Überprüfung sind jeweils im Customizing zur Auftragsart „PP01" zugeordnet. Schließlich wird die Terminierung durchgeführt, wobei auftretende Warnmeldungen einfach mit ⬅ übergangen werden; auf diese Weise kommt man zurück zum vorherigen Menü (Abb. 7.48):

Abb. 7.48
Planselektion

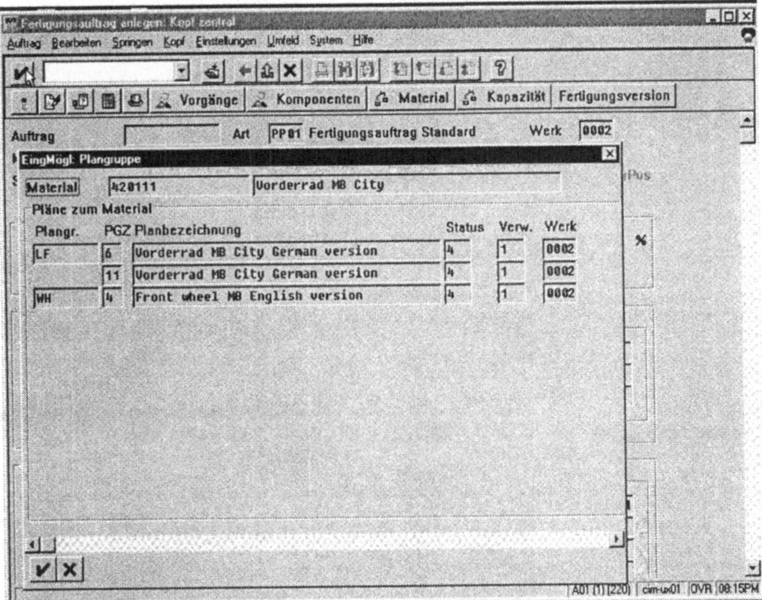

7.5.2.1.5

Manuelle Änderungen

Innerhalb des Fertigungsauftrages ist es jederzeit möglich, Änderungen vorzunehmen. Damit kann ein Fertigungsauftrag durch Veränderung der Werte aus den Arbeitsplänen und Stücklisten individuell gestaltet werden. Die Komponenten und Vorgänge des Auftrages sind über die Komponenten- bzw. Vorgangsübersicht zugänglich. Dort ist die entsprechende Position zu markieren und anschließend für Vorgänge aus dem Menü *Vorgänge,* für Komponenten aus dem Menü *Komponenten,* der gewünschte Punkt auszuwählen.

**Vorgangsdaten
ändern**

Für Änderungen an Vorgängen steht dem Benutzer eine breite
Palette an Auswahlpunkten zur Verfügung. Über den Menüpunkt *Vorgang* innerhalb der **Vorgangsübersicht** (siehe Abb.
7.49) können Veränderungen bzw. Informationen durch folgende
Unterpunkte gemacht bzw. erhalten werden:

- allgemeine Sicht
- Vorgabewerte
- Übergangszeiten
- Fremdbearbeitung
- Vorgabewertermittlung
- Splittung
- Überlappung
- Vorgangstermine
- Benutzerdaten
- Untervorgang terminliche Lage
- Mengen/Leistungen
- Termine rückgemeldet

Es können somit alle von einem Planauftrag übernommenen
Vorgangswerte individuell verändert und dem jeweiligen Auftrag
angepaßt werden, unabhängig vom zugrundeliegenden Planauftrag.

Abb. 7.49
Vorgangsübersicht

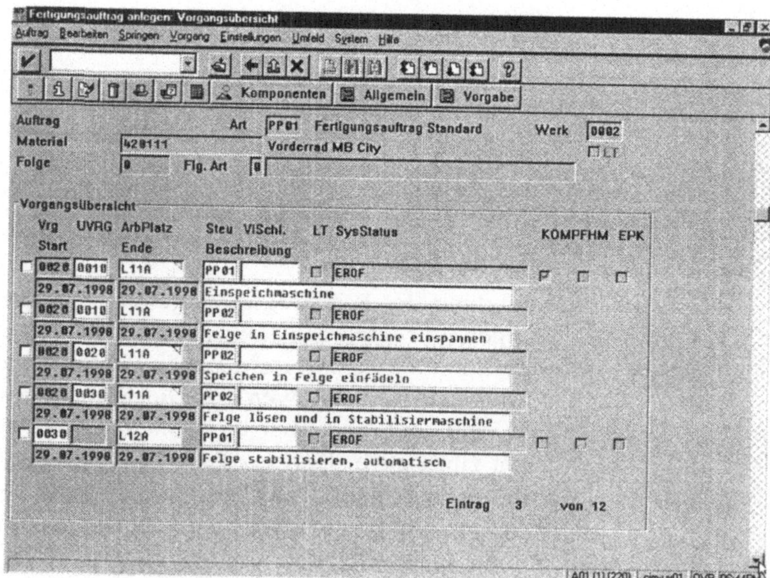

Analog zur Vorgangsbearbeitung ist es möglich, Komponentendaten zu ändern, selbst hinzuzufügen und zu löschen.

In der Vorgangsübersicht werden die einzelnen Vorgänge aufgelistet. Jeder Vorgang besitzt zwei Zeilen. In der ersten Zeile kann man jeden Vorgang in der Art, wie er auch im Arbeitsplan angelegt worden ist, erkennen. Die zweite Zeile zeigt die Daten für Start- und Endtermin des Vorgangs und den Systemstatus an.

Über den Systemstatus kann man den Zustand des Vorgangs erkennen, z. B. „*EROF*" steht für „*eröffnet*". Die letzte Spalte der Zeile gibt an, ob Materialkomponenten oder Fertigungshilfsmittel dem Vorgang zugeordnet sind. Hat ein Vorgang den Steuerschlüssel „*PPMS*", so ist eine spätere Meilensteinrückmeldung möglich.

Veränderung von Komponenten

Änderungen an Komponentendaten werden in der Komponentenübersicht (siehe Abb. 7.50) vollzogen. Dort wird die Komponente markiert. Dann erfolgt die Auswahl aus folgenden Unterpunkten des Menupunktes *Komponente*:

- allgemeine Daten
- Rohteildaten
- Einkaufsdaten
- Textposition
- Verfügbarkeit Material
- Status

Abb. 7.50
Komponentenübersicht

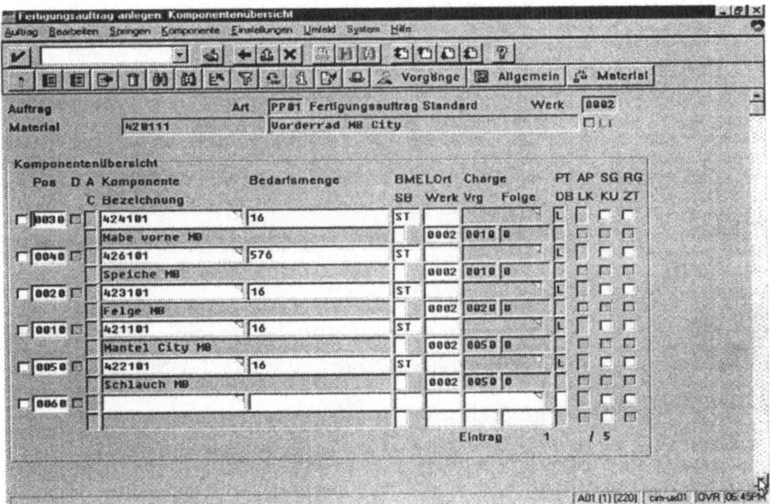

„Komponenten.scm"

In der Komponentenübersicht werden die einzelnen Komponenten identisch wie in der Stückliste aufgelistet. In der zweiten Zeile jeder Komponente steht die Zuordnung zu den jeweiligen Vorgängen.

Beim Hinzufügen von Komponenten ist zu beachten, daß man zuerst in die Vorgangsübersicht wechselt, dort den Vorgang markiert, bei dem eine Komponente hinzugefügt werden soll und anschließend über die Menüpunkte *Vorgang ⇨ Komp. zum Vorgang* die Komponente einträgt. Nur so ist eine korrekte Zuordnung der Komponente zum Vorgang gewährleistet.

Die Kosten des Fertigungsauftrages lassen sich durch Auswahl über die Menüpunkte *Springen ⇨ Kosten ⇨ Schichtung* anzeigen.

Hier werden Rohstoffe, Fertigungslöhne sowie Gemeinkosten der Materialien und der Fertigung ausgewiesen.

Abb. 7.51
Kostenelemente

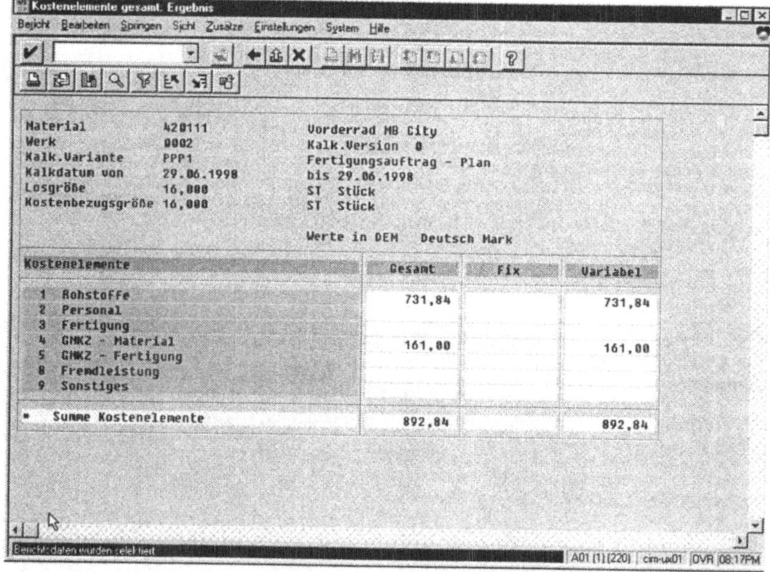

„Kostenelemente"

Mit Hilfe eines Gantt-Diagramms läßt sich die Terminierung des Fertigungsauftrages optisch darstellen. Zunächst muß die Kostenaufstellung mit [↥] beendet werden.

7.5.2.1.6

Graphische Präsentation

Für einen Planer ist es nützlich, seine Vorgänge graphisch aufbereitet zu präsentieren oder für eigene Zwecke eine anschauliche Darstellung des Auftragsablaufes präsent zu haben. Grafische Präsentationen sind meist effektiver als reine Zahlenkolonnen, sie ermöglichen damit einen schnellen Überblick über die aktuelle Terminsituation eines Auftrages.

„Gantt" und „Objektübersicht"

R/3 besitzt hierzu ein Grafikmodul, das anschauliche Grafiken erstellen kann. Dieses Grafikmodul ist über den Menüpunkt *Springen* ⇨ *Grafik* ⇨ *Gantt-Grafik* innerhalb des Auftragskopfes zentral zugänglich (siehe Abb. 7.52).

Im Diagramm werden die Vorgänge gemäß ihrer zeitlichen Lage angezeigt. Um eine bessere Darstellung zu erhalten, wird empfohlen, unter dem Menüpunkt *Zeiteinheit* ⇨ *Minute* auszuwählen. Durch Anklicken der Button **Legende** erhält man eine detaillierte Erläuterung über die Bedeutung der verschiedenen Farben.

Es ist deutlich erkennbar, daß die Weitergabe der Vorgänge zeitlich aufeinander abgestimmt ist (Prinzip der Fließfertigung). Dadurch ist der früheste und späteste Anfangstermin erkennbar. Um wieder in die Komponentenübersicht zu gelangen, drückt man auf ⬅ Die Aufforderung „Abfrage" muß mit „ja" beantwortet werden.

Abb. 7.52
Gantt-Diagramm

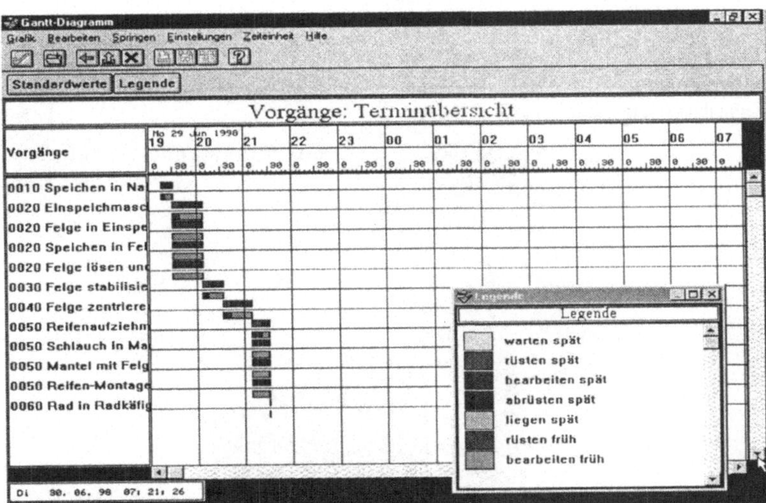

Bevor man mit der Bearbeitung fortfährt, muß der Fertigungsauftrag über den Pfad *Auftrag⇔ Funktionen ⇨ Terminieren* terminiert werden.

7.5.2.1.7 Abschluß der Auftragseröffnung

Wurden alle Anpassungen des Auftrages vorgenommen, muß der Fertigungsauftrag gesichert werden.

Eine Auftragsspeicherung kann über das ![] Symbol oder über die Menüpunkte *Auftrag ⇨ Sichern* durchgeführt werden.

Hierbei werden im Hintergrund alle grundlegenden Prüfungen nochmals durchgeführt. So wird der Auftrag erneut terminiert, die Verfügbarkeit der Komponenten und der Fertigungshilfsmittel wird geprüft, eine Auftragskalkulation wird durchgeführt und für Komponenten, die fremdbearbeitet werden, erzeugt das System Bestellanforderungen für den Einkauf.

7.5.2.2 Auftragsabwicklung

Zur Phase der Auftragsabwicklung zählen speziell folgende Funktionen (siehe Abb. 7.53):

* Auftragsfreigabe
* Materialentnahmen
* Rückmeldungen
* Lagerzugang

Abb. 7.53
Ablauf einer Auftragsabwicklung

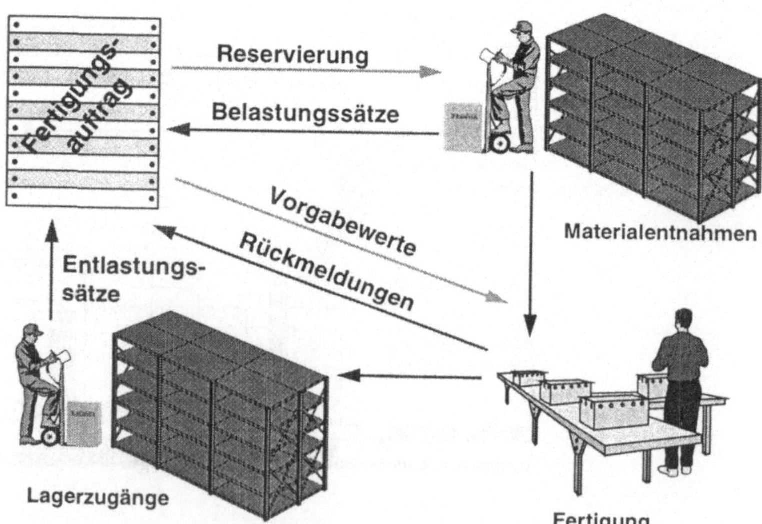

7.5.2.2.1   Auftragsfreigabe

Alle Aufträge, die neu angelegt und gespeichert worden sind, haben automatisch den Status „eröffnet".

Um einen Auftrag zu produzieren, muß er zuerst „freigegeben" werden. Das bedeutet, daß durch die Auftragsfreigabe der erstellte Fertigungsauftrag an die Produktion weitergereicht wird.

Ist ein Auftrag noch nicht freigegeben, so können

- erzeugte Reservierungen für Material rein dispositiven Charakter besitzen. Es werden noch keine Veränderungen am verfügbaren und reservierten Bestand im Materialstammsatz ausgeführt.

- keine Rückmeldungen für den Auftrag durchgeführt werden.

- keine Auftragspapiere gedruckt werden.

- keine Lagerbewegungen durchgeführt werden.

Anlege-/Änderungsmodus   Fertigungsaufträge können im Anlege- und Änderungsmodus freigegeben werden, indem die Menüpunkte *Auftrag* ⇨ *Funktionen* ⇨ *Freigeben* angewählt werden. Der Fertigungsauftrag hat nach dem Sichern den Status „freigegeben". Durch die Freigabe ändert sich der Status der Vorgänge von „*EROF*" auf „*FREI*".

7.5.2.2.2   Materialentnahmen

Um eine Materialentnahme vorzunehmen, muß der Fertigungsauftrag den Status „*freigegeben*" oder „*teilfreigegeben*" haben.

Auswirkungen   Eine Materialentnahme am Lager erzeugt folgende Aktionen:

- Erzeugung eines Materialbeleges als Nachweis für Bewegung

- Fortschreibung der Bestandsmengen

- Fortschreibung der Bestands-/Verbrauchskonten und der Bestandswerte im Materialstammsatz

Durch die Erstellung eines Fertigungsauftrages wird automatisch eine Reservierung der dort angegebenen Materialkomponenten erzeugt.

Eine Entnahme der Materialkomponente bewirkt im Auftrag eine Fortschreibung der Istkosten in Höhe der Komponente nach Kostenart und Herkunft.

Zum Verbuchen einer Materialentnahme geht man wie folgt vor:

Warenausgang buchen

- Ausgehend vom Einstiegsbild wählt man Logistik ⇨ Materialwirtschaft ⇨ Bestandsführung.

- Danach klickt man auf den Button *Warenausgang* und anschließend auf *Zum Auftrag*.

- Eingabe der Auftragsnummer und das Werk im Dialogfenster.

- Bestätigung der Eingabe mit Button *Übernehmen*.

- Folglich gelangt man in das Fenster *Warenausgang erfassen: Übersicht.*

- Sicherung des Warenausgangs und automatischer Rücksprung in das Menü *Warenausgang erfassen: Einstieg.*

- Belegnummer notieren u. zurückkehren in das Hauptmenü.

(Eine ausführlichere Beschreibung der Verbuchung ist im Modul MM zu finden.)

Die Vorgehensweise der Verbuchung von **Bestandsveränderungen** in das Lagerverwaltungssystem ist folgendermaßen durchzuführen.

Transportauftrag verbuchen

1. Gehe über den Pfad *Logistik ⇨ Materialwirtschaft ⇨ Lagerverwaltung*, um in das Menü Lagerverwaltung zu gelangen.

2. Wähle danach *TransAuftrag ⇨ Anlegen ⇨ Zum Materialbeleg.*

3. Eingabe der Daten in den folgenden Feldern: *Materialbeleg, MatBelegJahr, Hell/Dunkel.*

4. Beachte dabei, daß durch die Eingabe des Buchstabens „D" im Feld *Hell/Dunkel* die Verbuchung des Transportauftrags im Hintergrund ausgeführt wird.

5. Bestätigung der Eingabe mit ☑ und Rückkehr in das Hauptmenü.

7.5.2.2.3   Rückmeldungen

Unter einer Rückmeldung versteht man eine Meldung der Produktion an den Fertigungsauftrag in Höhe der Istdaten (siehe Abb. 7.54).

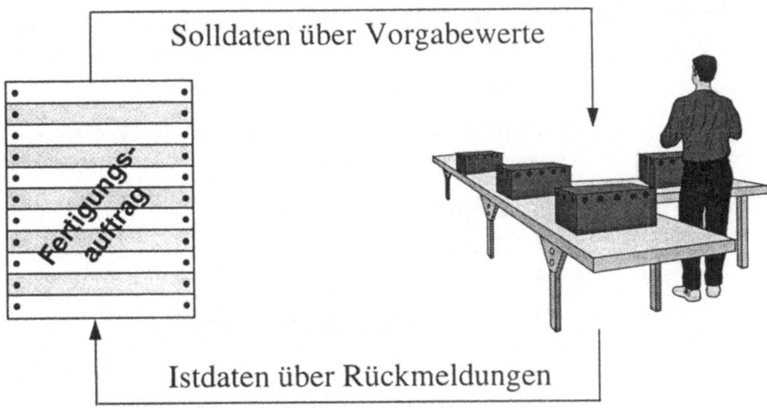

Abb. 7.54
Datenaustausch:
Fertigungsauftrag -
Produktion

Eine Rückmeldung dokumentiert somit den aktuellen Stand der Vorgänge und Untervorgange. Sie dient der Auftragsüberwachung in Bezug auf Zeiten und Mengen.

Rückmeldungen geben an

- welche Mengen als Gutmenge und als Ausschußmenge an einem Vorgang angefallen sind;

- welche Zeiten benötigt wurden, um die geforderten Mengen zu produzieren;

- welcher Arbeitsplatz den Vorgang bearbeitet hat;

- welche Mitarbeiter an dem Arbeitsplatz gearbeitet haben.

Manuelle
Rückmeldungsarten

SAP-R/3 ermöglicht fünf Arten von manuellen Rückmeldungen:

- Einzelrückmeldung

- Sammelrückmeldung

- Standardrückmeldung

- Meilensteinruckmeldung

- Summenrückmeldung

Im Rahmen dieser Ausführungen werden nur die beiden gängigsten Rückmeldungsarten, die **Einzelrückmeldung** und **Standardrückmeldung**, erläutert.

Zum Erfassen von Rückmeldungen wählt man aus dem Bereich Fertigungsauftrag *Rückmeldung* und anschließend ⇨ *Einzelerfassung*.

Einzelrückmeldung

Bei der Einzelerfassung ist *Erfassen* anzugeben und anschließend die Auftrags-, Folge- und Vorgangsnummer einzugeben, um den Vorgang eindeutig zu identifizieren

Danach besteht über das Menü *Springen* die Möglichkeit, folgende Daten rückzumelden:

- Mengen/Leistungen
- Termine
- Personaldaten
- Mengen/Leistungen/Prognose

Zur Rückmeldung von Mengen, Leistungen und Terminen ist das Bildschirmbild *Istdaten* am zweckmäßigsten, da hier alle drei Bereiche auf einem Bildschirm dargestellt werden. Hierfür wählt man *Springen* ⇨ *Istdaten* und sichert anschließend die Rückmeldung (siehe Abb. 7.55).

Abb. 7.55
Rückmeldung von
Mengen/Leistungen

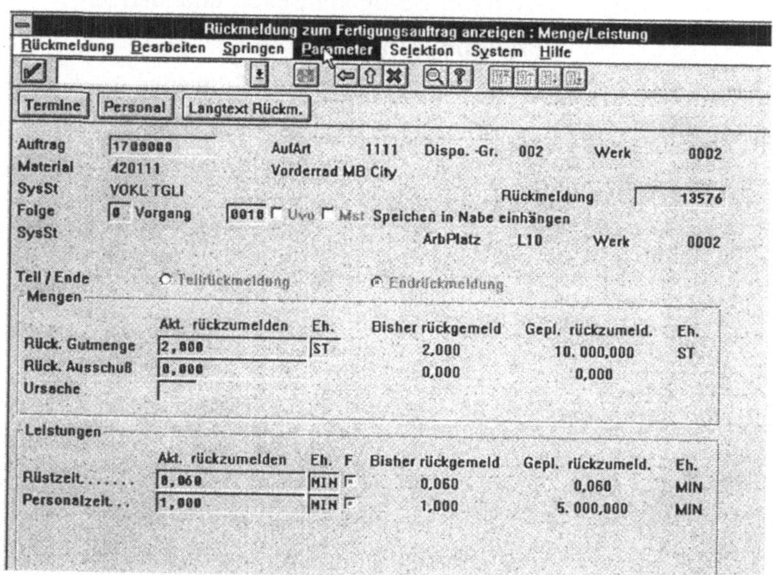

Die Standardrückmeldung gehört zu den Sonderformen der Rückmeldungen. Sie meldet die vorgegebenen Planwerte als Istwerte zurück.

**Standard-
rückmeldung**

Zur Erfassung einer Standardrückmeldung geht man folgendermaßen vor:

- Auswahl der Menüeinträge *Rückmeldung* ⇨ *Erfassen*.

- Eingabe der Auftragsnummer.

- Markierung des rückzumeldenden Vorgangs auf dem Vor-
  gangsübersichtsbild.

- Sicherung der Rückmeldung. Durch das Sichern werden nun
  die Planwerte als Istwerte übernommen.

Es ist zu beachten, daß man über die Standardrückmeldung immer nur einen Vorgang rückmelden kann.

**Rückmeldung
stornieren**

Jede erfaßte oder automatisch erzeugte Rückmeldung kann vollständig storniert werden.

Die **Stornierung** wird folgendermaßen erreicht:

- Auswahl von Rückmeldung ⇨ Stornieren.

- Angabe der Rückmeldenummer, die beim Anlegen erzeugt
  wurde oder Angabe der Auftragsnummer und Auswahl des
  Vorgangs aus den entsprechenden Listbildern mit abschlie-
  ßender Rückmeldung.

- Überprüfung der zu stornierenden Daten anhand des Detail-
  bildes.

- Durch Sichern der Stornierung wird die Rückmeldung storniert.

Eine Stornierung kann nur durch erneutes Erfassen der Daten
rückgängig gemacht werden.

**Offenheit des
PP-Moduls**

Im Rahmen der CIM-Konzepte mit den Bestandteilen CAD, CAM,
CAP und CAQ ist es unumgänglich, auch ein PPS-System an solche Systeme anzubinden. Da das PP-Modul als ein offenes System ausgelegt wurde, ist es somit möglich, mit anderen technischen Systemen in kommunikative Verbindung zu treten.

**Rückmeldungen
automatisieren**

Somit können u. a. auch Rückmeldungen automatisch über den
BDE/MDE-Kanal erzeugt werden, ohne daß eine manuelle Erfassung der Daten notwendig ist.

Mit Hilfe von Barcode-Lesegeräten und barcodefähigen Druckern
können innerhalb der manuellen Erfassung Arbeitserleichterun-
gen geschaffen werden.

R/3 bietet die Möglichkeit, über nachfolgende Kommunikationskanäle in bidirektionaler Richtung einen Informationsaustausch vorzunehmen:

- BDE/MDE
(Betriebsdatenerfassung/Maschinendatenerfassung)
Hierüber können Anwesenheitszeit, Betriebsdaten und Maschinendaten für die Module PP und HR erfaßt werden.

- DNC
(Distributed Numerical Control oder auch Direct Numerical Control)
Über diesen Kanal können Informationen vom R/3-System an eine untergelagerte DNC- oder Fertigungshilfsmittelverwaltung übergeben werden.

- Transportsteuerung
Dieser Kanal kann Transportanforderungen an Transportsysteme im Produktionsbereich übermitteln.

- Prozeßvisualisierung
Hierüber können Stamm- und Bewegungsdaten mit Prozeßsteuerungs- und Prozeßvisualisierungssystemen ausgetauscht werden.

- Meßdatenerfassung
Über die Verbindung zur Meßdatenerfassung können Informationen zu Prüfvorgängen an automatische Erfassungssysteme für das Modul QM bereitgestellt werden.

- Technische Optimierung
Dieser Kanal dient der Anbindung von bspw. Verschnittoptimierungssystemen oder anderen technischen Optimierungssytemen an das PP-Modul.

Kosten analysieren

Nach der Rückmeldung ist es möglich, die Istkosten des Auftrags manuell berechnen zu lassen. Vorgehensweise:

1. Wähle den Pfad *Auftrag* ⇨ *Ändern* und gib die Auftragsnummer ein.

2. Eingabe mit ✔ bestätigen.

3. Wähle dann *Auftrag* ⇨ *Funktionen* ⇨ *Ermitteln Kosten*.

4. Wechsle anschließend über *Springen* ⇨ *Kosten* ⇨ *Analyse* in die Anzeige der Kosten.

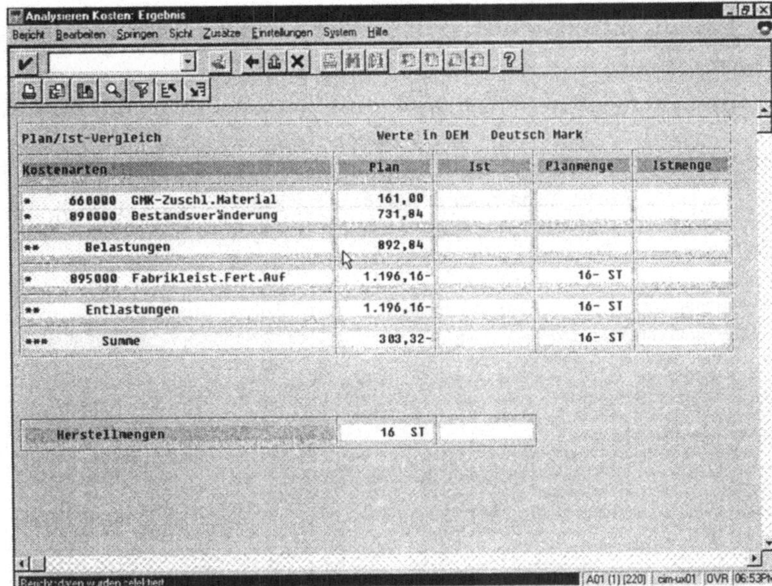

Plan/Ist-Vergleich	Werte in DEM Deutsch Mark			
Kostenarten	Plan	Ist	Planmenge	Istmenge
• 660000 GMK-Zuschl.Material	161,00			
• 890000 Bestandsveränderung	731,84			
•• Belastungen	892,84			
• 895000 Fabrikleist.Fert.Auf	1.196,16-		16- ST	
•• Entlastungen	1.196,16-		16- ST	
••• Summe	303,32-		16- ST	
Herstellmengen	16 ST			

Nun erhält man eine Übersicht über die Plan- und Istkosten des Auftrags.

7.5.2.2.4 Lagerzugang

Nach erfolgter Produktion eines Materials wird dieses am Lager abgeliefert und als Lagerzugang verbucht.

Zur Verwaltung von allgemeinen **Lagerzugangsdaten** steht im Auftragskopf der Teil Wareneingang/Bewertung zur Verfügung. Dieser Teil des Auftragskopfes ist über die Menüeinträge *Kopf* ⇨ *Wareneingang/Bewert.* zugänglich. Dort sind die Unter-/Überlieferungssätze, Kennzeichen für Qualitätsprüfung, Wareneingang und Endlieferung sowie der Lagerort untergebracht.

Bei der **Ablieferung** des gefertigten Materials prüft das System zunächst, ob ein Wareneingang für den Fertigungsauftrag zulässig ist. Danach wird kontrolliert, ob sich die abgelieferte Menge innerhalb der Unter-/Überlieferungstoleranzen, die im Auftragskopf angegeben wurde, befindet. Ist dies nicht der Fall, so wird eine Warn- bzw. eine Fehlermeldung ausgegeben.

Auswirkungen auf Materialstamm

Eine korrekte Ablieferung verändert im Materialstamm den Gesamtbestand des Materials, den Gesamtwert sowie den gleitenden Preis. Vorgenannte Positionen werden automatisch mit dem Ergebnis aus der Multiplikation von abgelieferter Menge und Standardpreis verrechnet.

<table>
<tr><td>Auswirkungen auf
Fertigungsauftrag</td><td>Im **Fertigungsauftrag** werden die gemeldete Menge, der gemeldete Endtermin und der Auftragsstatus verändert. Die gemeldete Menge wird um die Ablieferung erhöht, der gemeldete Endtermin erhält das Datum der Ablieferung, der Auftragsstatus wird solange auf *„Teilgeliefert"* gesetzt, bis die gelieferte Menge innerhalb der Toleranzgrenzen liegt. Danach erfolgt eine Statusänderung auf *„Endgeliefert"*, wobei noch Wareneingangsbuchungen von Restmengen erlaubt sind.</td></tr>
<tr><td>Verbuchen von
Wareneingängen</td><td>Das Verbuchen von Wareneingängen wird im Modul MM abgehandelt.</td></tr>
</table>

Die Verbuchung der Wareneingänge muß nach der Rückmeldung erfolgen. Dabei verbucht der Wareneingang die Lieferung des Fertigerzeugnisses an das Lager. Die Vorgehensweise ist analog der zum Warenausgang.

Die Menüfolge bis zur Verbuchung lautet:

1. *Logistik* ⇨ *Materialwirtschaft* ⇨ *Bestandsführung*.

2. Dort muß *Warenbewegung* ⇨ *Wareneingang* ⇨ *Zum Auftrag* ausgewählt werden, um Wareneingänge zu verbuchen.

3. Eingabe der Daten in die entsprechenden Felder.

4. *Bewegungsart, Auftrag, Werk* und *Lagerort*, wobei der Zahlenschlüssel für die Bewegung „zum Auftrag in das Lager" ist.

5. Danach folgt *Transportauftrag verbuchen* wie beim Warenausgang.

6. Sichern und Rückkehr in das Hauptmenü.

7.5.2.3   Auftragsabschluß

Die letzte Phase der Fertigungssteuerung bildet der Auftragsabschluß.

<table>
<tr><td>Abrechnung</td><td>Durch die Abrechnung eines Auftrages werden die angefallenen Istkosten, bspw. material- oder kundenauftragsbezogen, abgerechnet. Den Belastungen werden dabei automatisch die Entlastungen gegenübergestellt.</td></tr>
</table>

Zur Ausführung einer Abrechnung müssen folgende **Abrechnungsparameter** gepflegt oder übernommen werden:

- Abrechnungsart

- Abrechnungsempfänger

- Abrechnungsanteil

Abrechnungsart

Über Abrechnungsparameter wird die Art der Abrechnung festgelegt. So ist es möglich, eine **Gesamtabrechnung**, d. h. alle angefallenen Kosten des Auftrages werden abgerechnet oder eine **periodische Abrechnung**, d. h. die Kosten werden periodengerecht abgerechnet, zu erzeugen.

Abrechungs-
empfänger

Desweiteren wird der Empfänger der Abrechnung festgelegt; dies können sein:

- ein Material

- eine Kostenstelle

- ein Innenauftrag

- ein Kundenauftrag

- ein Projekt

- ein Netzplan

- eine Anlage

Es ist auch möglich, mehrere Abrechnungsempfanger gleichzeitig anzugeben.

Über den **Abrechnungsanteil** sind die Kosten prozentual auf einzelne Abrechnungsempfänger verteilbar.

Standardeinstellun-
gen für Abrech-
nungsparameter

Das System hat als Standardeinstellungen fur die Abrechnungsparameter:

- eine Kontierung an das Material;

- einen Abrechnungsanteil von 100%;

- als Abrechnungsart „Gesamtabrechnung".

Zum **Aufrufen der Abrechnungsparameter** geht man wie folgt vor:

1. Öffnen des Fertigungsauftrags

2. Fertigungsauftrag abrechnen über den Pfad *Logistik* ⇨ *Produktion* ⇨ *Fertigungssteuerung* und weiter über Auftrag ⇨ Ändern.

Fertigungsauftrag
abrechnen

Das **Abrechnen eines Fertigungsauftrages** wird folgendermaßen realisiert:

1. Wahl von *Umfeld* ⇨ *Abrechnen* ⇨ *Einzelverarbeitung*.

2. Man gelangt dann in das Einstiegsbild der Abrechnung.

3. Angabe der Nummer des Fertigungsauftrages.

4. Eintrag von Geschäftsjahr und Periode.

5. Bezugsdatum wird vom System automatisch ermittelt.

6. Im Feld *Ablaufsteuerung* kann der Vorgang durch Markieren von Testlauf simuliert werden.

7. Zum Ausführen drückt man auf den Button mit dem Schlüsselsymbol.

Abrechnen von
Ausschuß

Fällt in einem Fertigungsauftrag Ausschuß an, so würde bei einem Abrechnungsanteil von 100% und nur einem Abrechnungsempfänger der **Ausschuß** zu 100% dem Abrechnungsempfänger belastet. Dieser genannte Fall entspricht der Standardeinstellung, wobei der Abrechnungsempfänger das Materialkonto darstellt.

Soll der Ausschuß einem gesonderten Empfänger belastet werden, so ist in den Abrechnungsparametern ein weiterer Abrechnungsempfänger mit einem anzugebenden Ausschußprozentsatz als Abrechnungsanteil anzugeben.

Der Abrechnungsanteil für den ersten Empfänger ist um den angegebenen Ausschußprozentsatz zu verringern, so daß die Gesamtabrechnungsanteile wiederum 100% ergeben.

7.5.3   Fertigungsinformationssystem

7.5.3.1   Funktion

Produktionsplanungssysteme haben zur Aufgabe, sämtliche Aktivitäten im Produktionsbereich so aufeinander abzustimmen, damit die vier Hauptziele:

Ziele von Produkti-
onsplanungssysteme

- kurze Durchlaufzeiten,

- hohe Termintreue,

- niedrige Bestände,

- gute Kapazitätsauslastung,

erfüllt werden können.

Das **SFIS (Shop Floor Information System)** bietet die Möglichkeit, diese Zielkriterien zu kontrollieren, um rechtzeitig zu reagieren. Es ist Bestandteil des Logistikinformationssystems, zu dem das Vertriebsinformationssystem und das Bestandscontrolling gehören. Die Datenanalyse wird als Standardanalyse oder als flexible Analyse ausgeführt.

7.5.3.2   Grundbegriffe

Datenbasis

Die Datenbasis im Fertigungsinformationssystem wird aus Informationen gebildet, die in der Fertigungssteuerung vorhanden sind, also Daten, die in der operativen Anwendung anfallen, wie bei Freigabe eines Fertigungsauftrages, Teilrückmeldung eines Auftrags oder Lieferung an das Lager.

Informationsstrukturen

Die wichtigsten dieser Daten werden in Informationsstrukturen fortgeschrieben. Dabei definiert eine Fertigungsinformationsstruktur eine Gruppe von Informationen, die für die Auswertung von Daten aus der Fertigungssteuerung genutzt wird. Es gibt die Fortschreibung, die synchron zur Belegverbuchung verläuft (V1-Verbuchung) und die asynchron verlaufende Fortschreibung (V2-Verbuchung). Wann die Fortschreibung erfolgen soll, wird im Einstellungsmenü des Logistik-Controllings festgelegt.

Eine Informationsstruktur besteht aus drei Teilen:

- Merkmalen, das sind Informationen, die sich zur Verdichtung eignen, wie Werk, Arbeitsplatz, Material.

- Kennzahlen, betriebswirtschaftlich interessierende Werte, wie die Wartezeitabweichung oder die Durchführungszeit eines Auftrags.

- Periodizität, die den Zeitbezug zur jeweiligen Informationsstruktur darstellt.

Arten von Informationsstrukturen

Es existieren zwei Arten von Informationsstrukturen:

- Standardinformationsstrukturen, die im SAP-System bereits enthalten sind und signifikante Kennzahlen zu den entsprechenden Strukturen beinhalten.

- Auswerteinformationsstrukturen, die eine Sicht auf eine oder mehrere bereits existierende Strukturen definieren und vom Anwender selber zusammengestellt werden können.

Die Auswerteinformationsstrukturen bilden zusammen mit den Standardinformationsstrukturen die Basis für flexible Analysen (vgl. Abb. 7.57).

**Abb. 7.57
Auswerte-
informationsstruktur**

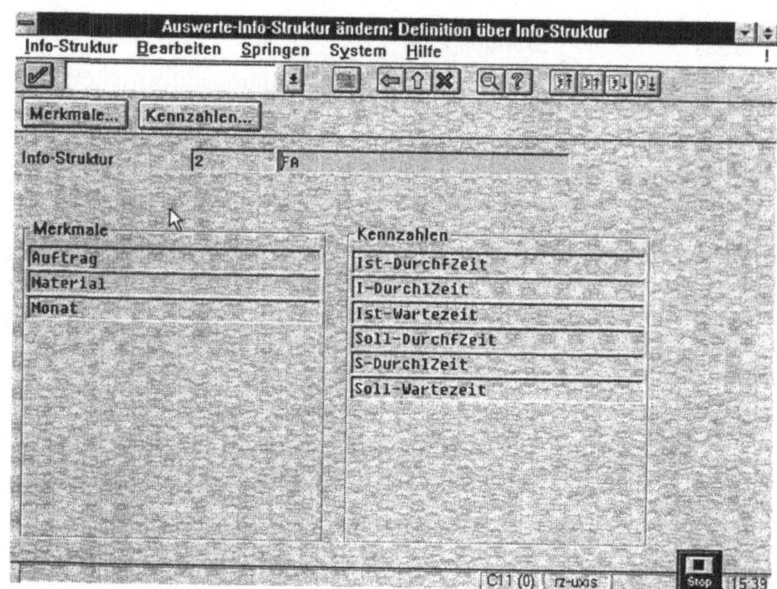

Mit Standardinformationsstrukturen werden Standardanalysendurchgeführt. Mittels Pick-up-Technik können Kennzahlen frei zusammengestellt werden. Zur Auswahl stehen über 50 Kennzahlen.

Standardinforma-
tionsstrukturen

Man unterscheidet zwischen vier Standardinformationsstrukturen:

- S021 Fertigungsauftrag

- S022 Vorgang

- S023 Material

- S024 Arbeitsplatz

Aufrißfunktion

Man hat die Möglichkeit, nach den Merkmalen, die verdichtete Daten enthalten, aufzureißen, d. h. den Grad der Informationstiefe zu variieren.

Eine Reihe **weiterer Funktionen** sind im Fertigungsinformationssystem enthalten. So z. B.:

- Summenkurve

- ABC-Analyse

- Klassifikation

- Hitliste

- Vorjahresvergleich bei der Arbeitsplatz- und Materialanalyse

- Gantt- und Durchlaufdiagramm bei der Vorgangs- und Fertigungsauftragsanalyse

Es lassen sich zusätzliche Detailinformationen zum Arbeitsplatz, Material und zu den Fertigungsaufträgen anzeigen.

Benutzerkreis

Das SFIS stellt detaillierte Informationen für den Sachbearbeiter, wie auch verdichtete Informationen für das Management bereit.

Die **Kennzahlensuche** erleichtert das Auffinden von Kennzahlen, wenn z. B. der Transaktionscode nicht bekannt ist.

Formen der Kennzahlensuche

Es werden drei Formen der Kennzahlensuche unterschieden:

- über Textelemente; hier werden ein oder mehrere Begriffe angegeben, die in der Beschreibung einer Kennzahl enthalten sind. Die Begriffe können logisch verknüpft werden.

- über Klassifizierung; hier werden Merkmale eines Klassifizierungsschemas ausgewählt. Alle Kennzahlen, die in den Merkmalen enthalten sind, werden angezeigt.

- über Infosets; innerhalb eines Info-Sets sind Kennzahlen enthalten, die zueinander in einer logischen Beziehung stehen. Info-Sets (siehe Abb. 7.58) können auch vom Anwender zusammengestellt werden. Info-Sets enthalten entweder Kennzahlen oder aber andere Info-Sets.

Abb. 7.58
Kennzahlensuche
Infoset

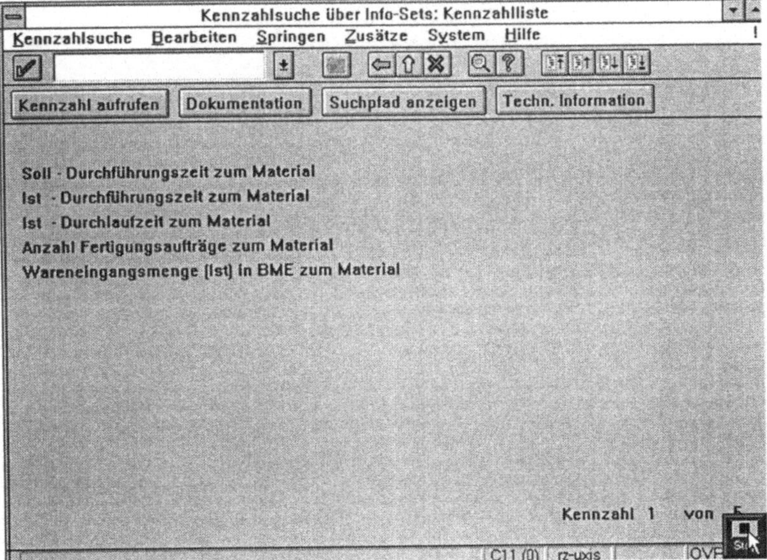

Zu jedem Info-Set gibt es ein Protokoll, in dem die Nummern der einzelnen Kennzahlen sowie die dazugehörigen Standardinformationsstrukturen abgebildet werden:

Abb. 7.59
Protokoll eines Info-Sets

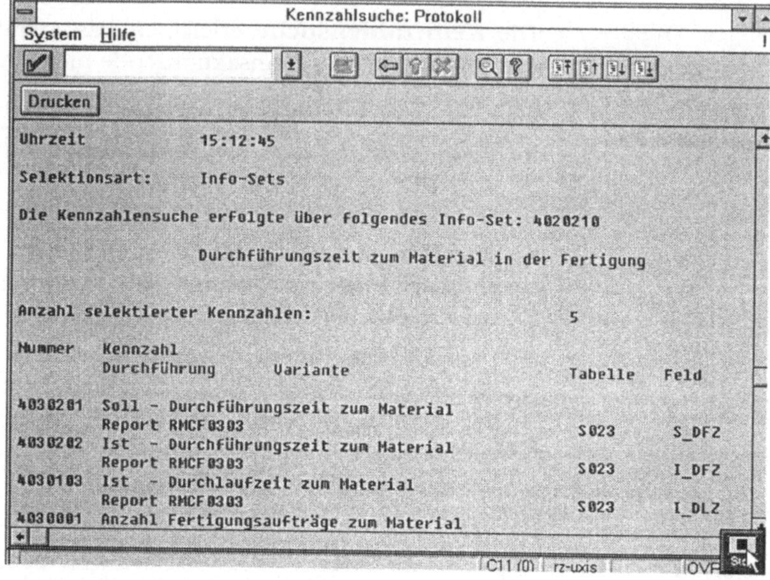

7.6 Erzeugniskalkulation

Die Arbeit mit der Erzeugniskalkulation setzt gründliche Kenntnisse der Stücklisten, der Arbeitsplätze und Arbeitspläne voraus. Kenntnisse der Kostenstellenrechnung tragen ebenfalls zum besseren Verständnis bei.

Grundlagen der Kostenträgerrechnung

Die **Kostenträgerrechnung** als Teilbereich der Kostenrechnung klärt die Frage: „Wofür sind Kosten entstanden?" Sie rechnet hierfür die angefallenen Kosten den Erzeugnissen, Erzeugnisgruppen oder Aufträgen eines Unternehmens zu.

Zwecke der Kostenträgerrechnung

Die Kostenträgerrechnung hat die Aufgaben:

- der Feststellung der Kosten für betriebliche Leistungseinheiten;

- der Optimierung der Herstellkosten eines Produktes;

- der Ermittlung der Preisuntergrenze eines Produktes;

- der Bewertung von Beständen an Fertig-/Unfertigerzeugnissen;

- der Gegenüberstellung von Kosten und Erlösen eines Kostenträgers.

Die erstellten Leistungseinheiten eines Betriebes werden **Kostenträger** genannt. Dies können im allgemeinen ein Produkt, ein Auftrag oder eine hierarchische Struktur sein.

Kostenträger im SAP-System

SAP-R/3 unterscheidet drei Arten von Kostenträgern:

- Objekte im SAP-Logistiksystem (z. B. Material, Fertigungsauftrag, Netzplan, Kundenauftrag, Instandhaltungsauftrag, Projekte)

- Objekte im SAP-Controllingsystem (z. B. Material, CO-Fertigungsauftrag, Innenauftrag, Kostenträger-Identnum-mer)

- Verdichtungsobjekte

7.6.1 Durchführen einer Erzeugniskalkulation

Datenbasis einer Erzeugniskalkulation

Eine Erzeugniskalkulation basiert auf Daten aus verschiedenen Bereichen eines Betriebes. Dabei sind die Bereiche Produktionsplanung und -steuerung, Kostenstellenrechnung und Materialwirtschaft zu nennen.

Um eine Kalkulation aufzubauen, müssen folgende Daten zugrundeliegen:

- technische Daten
- kaufmännische Daten

Mengengerüst

Technische Daten, auch Mengengerüst genannt, werden aus der Stückliste, dem Arbeitsplan und dem Arbeitsplatz ermittelt. Sie geben den mengenmäßigen Anteil an den Berechnungen an.

Wertgerüst

Kaufmännische Daten, auch Wertgerüst genannt, werden aus dem Materialstamm, den Tarifen, der verlängerten Werkbank (Fremdbearbeitung) und der Gemeinkostenbezuschlagung entnommen.

Die Erzeugniskalkulation benötigt für ihre Berechnungen diverse Daten. Hierzu werden aus den Stücklisten Materialeinsatzmengen, aus den Arbeitsplänen Vorgabezeiten, aus dem Materialstamm Materialpreise und aus der Kostenstellenrechnung Leistungstarife herangezogen. Die Zusammenführung dieser genannten Daten erfolgt innerhalb eines Kalkulationsschemas.

Kalkulationsarten

Die Erzeugniskalkulation in R/3 sieht folgende Kalkulationsarten vor (siehe Abb. 7.60):

- Plankalkulation
- Vorkalkulation
- Sollkalkulation
- aktuelle Kalkulation
- Inventurkalkulation

Abb. 7.60
Plankalkulation als
zentrales Instrument

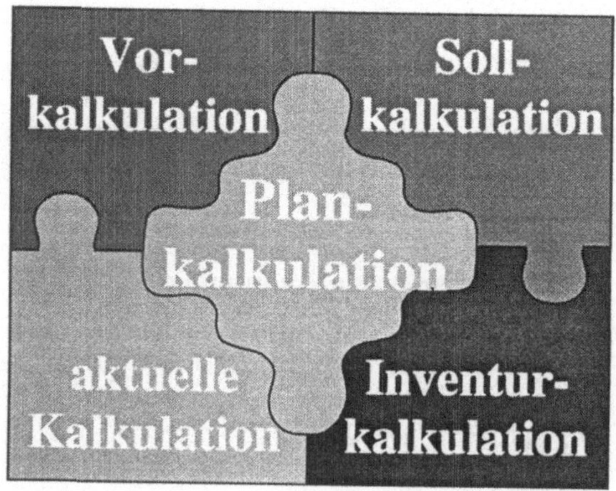

Die **Plankalkulation** stellt das zentrale Kalkulationsinstrument in der Erzeugniskalkulation dar.

Ziel der Plankalkulation ist es, die geplanten Herstellkosten eines Produktes für eine Planungsperiode zu ermitteln. Die ermittelten Herstellkosten werden zur Festlegung des Material-Standardpreises herangezogen.

Zweck der **Vorkalkulation** ist es, die Vorabermittlung der Herstellkosten eines Produktes durchzuführen. Die Produkte der Vorkalkulation nehmen nicht an der Plankalkulation teil, da sie noch nicht im Produktionsprogramm aufgenommen wurden. Eine Vorkalkulation wird bei der Entwicklung neuer Stücklisten, Produktionsverfahren oder neuer Produkte eingesetzt.

Die **Sollkalkulation** errechnet auf der Basis der Plankalkulation mit einem veränderten Mengengerüst die Herstellkostenabweichungen gegenüber der Plankalkulation. Änderungen des Mengengerüstes können aufgrund von Stücklistenänderungen aus der Konstruktion oder durch Arbeitsplanänderungen durch die Arbeitsvorbereitung entstehen.

Die **aktuelle Kalkulation** basiert ebenfalls auf der Plankalkulation, im Gegensatz zur Sollkalkulation wurde hier eine Veränderung des Mengengerüstes und des Wertansatzes vorgenommen. Diese Form der Kalkulation dient der Ermittlung der aktuellen Herstellkosten. So werden die Herstellkosten von Halb- und Fertigprodukten aufgrund von abgewerteten Einsatzmaterialpreisen berechnet. Sie wird i. d. R. am Bilanzstichtag eingesetzt.

7.6.1.1   Struktur einer Erzeugniskalkulation

Die Struktur einer Erzeugniskalkulation wird in **Steuerungstabellen** abgelegt. Diese sind im Customizing über die Menüfolge *Werkzeuge* ⇨ *Customizing* ⇨ *Logistik* ⇨ *Produktion* ⇨ *Produktkostenrechnung* ⇨ *Kalkulation* erreichbar.

Zuordnungstabellen

Mit Hilfe der Zuordnungstabellen werden die Kostenelemente der Kalkulation aufgebaut. Hierbei bildet das Elementeschema ein zentrales Objekt, welches erweitert oder neu angelegt werden kann. Über die Menüfolge *Werkzeuge* ⇨ *Customizing* ⇨ *Logistik* ⇨ *Produktion* ⇨ *Produktkostenrechnung* ⇨ *Kostenelemente* können die Zuordnungstabellen angezeigt werden.

Zur Kalkulation von Materialien gibt es zwei verschiedene Kalkulationsschemen, die nach Erzeugnistiefe unterscheiden. So wird zur Kalkulation von Material, dessen Komponenten keine Baugruppen enthalten, die **einstufige Erzeugniskalkulation** verwendet.

Materialien, bei denen Baugruppen verarbeitet werden, kalkuliert man über die **Standardkalkulation**. Dabei werden die Kosten der darunterliegenden Kalkulationen von unten nach oben verrechnet (siehe Abb. 7.61).

Abb. 7.61
Standardkalkulations-
schema

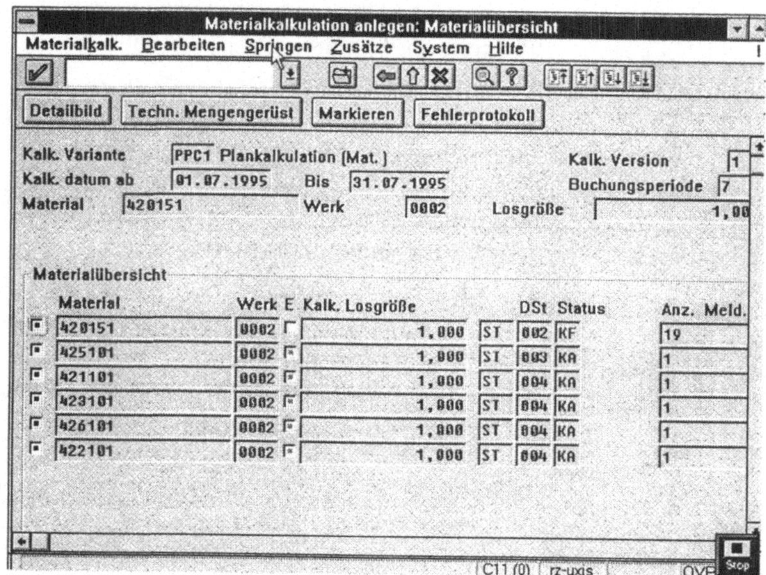

7.6.1.2   **Kostenermittlung**

Eine Kalkulation enthält drei Arten von Grunddaten, die zur Berechnung der Herstellkosten vorhanden sein müssen.

Grunddaten der
Kalkulation

Diese Grunddaten sind:

- Materialkosten

- Fertigungskosten

- Gemeinkosten

7.6.1.2.1

Materialkostenermittlung

Grundlage der Materialkosten sind der **Materialstamm** und die **Stückliste**. Der Materialstamm trägt den wertmäßigen, die Stückliste den mengenmäßigen Anteil zur Berechnung bei.

Um eine Erzeugniskalkulation erstellen zu können, müssen eine Stückliste und die Materialstämme für die Komponenten der Stückliste angelegt sein. Ist dies nicht der Fall, so müssen die fehlenden Informationsquellen angelegt werden.

„Erzeugniskalkulation"

Eine Erzeugniskalkulation legt man über die Menupunkte:

Logistik ⇨ *Produktion* ⇨ *Erzeugniskalkulation* ⇨ *Kostenträger* ⇨ *Material* ⇨ *Anlegen* an.

Es ist möglich, für ein Material verschiedene Kalkulationen anzulegen, indem sog. Versionsnummern vergeben werden. Zur Kalkulation müssen Losgröße, Werk und die Materialnummer angegeben werden.

Das System ermittelt nun die notwendigen Kalkulationsdaten automatisch und verzweigt danach in ein Listbild der Kalkulation (siehe Abb. 7.62).

Abb. 7.62
Listbild einer
einstufigen
Einzelkalkulation

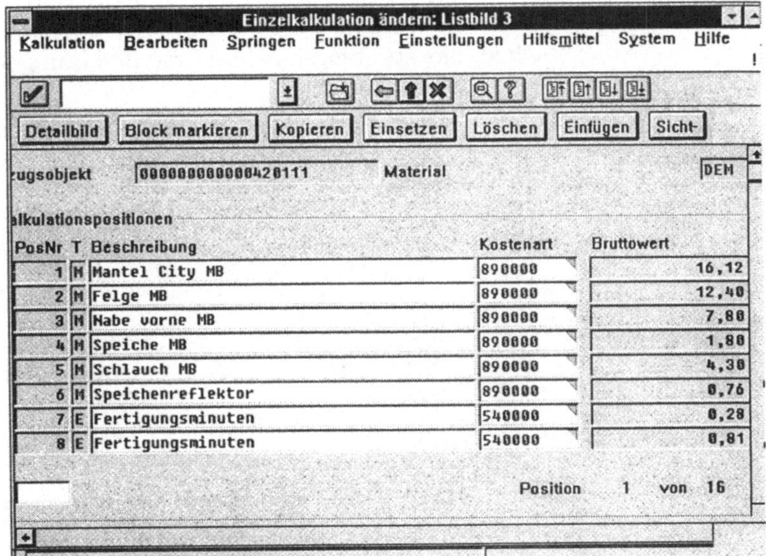

7.6.1.2.2   Fertigungskosten

Die Fertigungskosten werden, wie in obiger Abbildung angezeigt, bei der Erstellung der Kalkulation automatisch ermittelt. Hierzu werden Daten aus der Kostenstellenrechnung, dem Arbeitsplan und dem Arbeitsplatz herangezogen.

Voraussetzung dafür ist jedoch, daß ein Arbeitsplan und die passenden Arbeitsplätze existieren, da sonst keine Berechnung durchgeführt werden kann.

Aus der Kostenstellenrechnung wird ein Kostensatz, der die Höhe der Kosten an dem Arbeitsplatz angibt, selektiert. Der Arbeitsplatz steuert mit der Planzeit, die aus der Vorgabezeit und einem Nutzungsgrad zusammengesetzt ist, einen Teil der Bearbeitungszeit. Als Ergänzung zur Planzeit wird eine Produktionsmenge aus dem Arbeitsplan herangezogen.

Die angegebenen Werte werden miteinander verrechnet und ermitteln somit die Fertigungskosten.

7.6.1.2.3   Gemeinkostenermittlung

Die Material- und Fertigungsgemeinkosten können in der Erzeugniskalkulation über Zuschläge errechnet werden.

Zur Gemeinkostenermittlung muß ein **Kalkulationsschema** angegeben werden (siehe Abb. 7.63). Dort werden die Zuschlagssätze, die Zuschlagsbasis und die Entlastungen angegeben.

Abb. 7.63
Kalkulationsschema

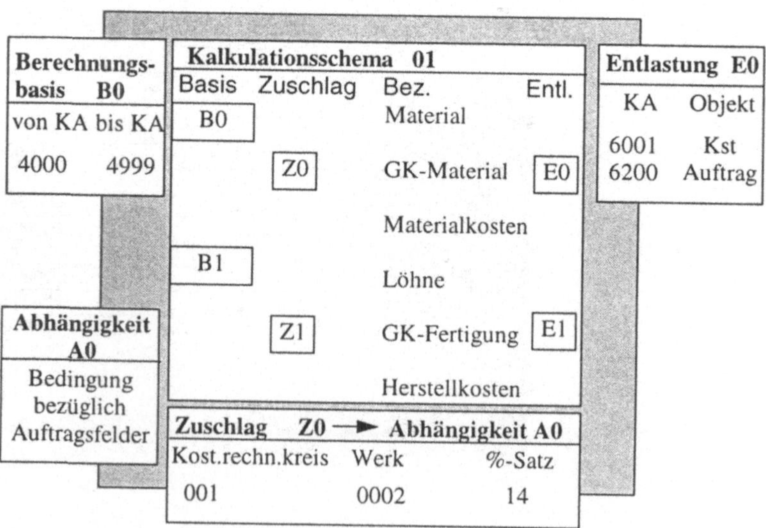

„Kalkulationsschema"

Kalkulationsschemen (vgl. Abb. 7.61) sind über die Menüpunkte:

Werkzeuge ⇨ Customizing ⇨ Einstellungsmenü ⇨ Logistik ⇨ Produktion ⇨ Produktkostenrechnung ⇨ Kostenelemente

verfügbar.

Hier werden die sogenannten Zuordnungstabellen gepflegt, in denen für jede Kostenart die Basis anhand von Kostenartenintervallen angegeben werden kann.

In dem abgebildeten Kalkulationsschema (siehe Abb. 7.63) besitzt das Material die Berechnungsbasis „B0". In der Tabelle der Berechnungsbasis „B0" ist ein Kostenartenintervall eingetragen, das die Kostenarten für das Material angibt.

Die **Materialgemeinkosten** werden über den Zuschlag „Z0" in Abhängigkeit von „A0" berechnet. Die Entlastung „E0" ist den Materialgemeinkosten zugeordnet und wird auf die in der Entlastungstabelle eingetragenen Objekte angewandt.

Zum Pflegen von Gemeinkostensätzen können über das Customizing der Produktkalkulation die Menüpunkte *Umfeld ⇨ GMK-Zuschlag pflegen* angewählt und die Zuschläge geändert werden.

7.6.2   Kalkulationsabschluß

Durch den Kalkulationsabschluß wird der ermittelte Materialpreis als Standardpreis im Kalkulationssegment bzw. im Buchhaltungssegment des Materialstammes fortgeschrieben.

Der Kalkulationsabschluß wird untergliedert in vier Vorgänge:

Schritte des Kalkulationsabschlusses

- Vormerkung erlauben
- Vormerkung durchführen
- Freigabe erlauben
- Freigabe durchführen

Mit der Aktion „**Vormerkung erlauben**" werden die organisatorischen und kalkulatorischen Daten der Fortschreibung festgelegt. Die Vormerkung beinhaltet den Buchungskreis, die zukünftige Periode, das Geschäftsjahr und die Bewertungsvariante.

Die Vormerkung findet man unter den Menüpunkten *Logistik ⇨ Produktion ⇨ Erzeugniskalkulation ⇨ Org.Maßnahmen ⇨ Freigabe ⇨ Vormerkung erlauben.*

Vormerkung durchführen

Nachdem eine Erlaubnis für eine Vormerkung erzeugt wurde, kann die Vormerkung durchgeführt werden. Dabei werden die Kalkulationsergebnisse als **zukünftiger** Standardpreis im Materialstamm geführt. Für einzelne Materialien kann die Vormerkung über die Menüpunkte *Logistik* ⇨ *Produktion* ⇨ *Erzeugniskalkulation* ⇨ *Kostenträger* ⇨ *Material* ⇨ *Vormerken* durchgeführt werden. Eine abschließende Sicherung ist nötig, da sonst kein Eintrag im Materialstamm vorgenommen wird.

Freigabe erlauben

Ziel einer Plankalkulation ist die Ermittlung eines neuen Standardpreises für eine Planperiode. Um eine Vormerkung im Buchhaltungssegment des Materialstamms wirksam werden zu lassen, muß eine Freigabe erfolgen. Somit wird mit dieser Maßnahme für jeden Buchungskreis die Kalkulationsperiode festgelegt, die bei der Freigabe verwendet wird. Ein Erlauben der Freigabe kann unter den Menüpunkten

Logistik ⇨ *Produktion* ⇨ *Erzeugniskalkulation* ⇨ *Org.Maßnahmen* ⇨ *Freigabe erlauben*

erfolgen.

Freigabe durchführen

Nach der Erlaubnis zur Freigabe folgt die Durchführung. Hierbei wird der durch die Vormerkung als zukünftiger Standardpreis abgelegte Wert als Standardpreis eingetragen. Sobald eine Freigabe in einem Buchungskreis erfolgt, dürfen keine Änderungen an den Kalkulationsvormerkungen oder eine erneute Durchführung der Kalkulationsvormerkung erfolgen.

Eine Freigabe für einzelne Materialien kann über die Menüpunkte

Logistik ⇨ *Produktion* ⇨ *Erzeugniskalkulation* ⇨ *Kostenträger* ⇨ *Material* ⇨ *Freigeben*

erfolgen.

7.7 Qualitätsmanagement (QM)

QM-System

„Wenn der Kunde zurückkommt und nicht das Produkt, so nennt man das Qualität". Aus diesem Satz lassen sich die Aufgaben des **QM** bereits erahnen: die gesamten Maßnahmen der Qualitätssicherung aus den verschiedensten Abteilungen (z. B. Entwicklung, Planung, Einkauf, Fertigung usw.) ergeben das QM-System.

Aufgaben des QM-Systems

Das QM-System ist in der Produktionsplanung, Materialwirtschaft, Instandhaltung und dem Vertrieb als Bestandteil enthalten. Im Modul QM existieren die Hauptgruppen:

- Qualitätsplanung
- Qualitätsprüfung
- Qualitätslenkung

ISO-Normen

Das QM - Modul entspricht in den wesentlichen Teilen der **ISO 9004** und **EN 29000**.

Als Hilfe steht dem Anwender ein Leitfaden zur Verfügung (IMG), in dem Informationen über die Einstellungen des QM aufgerufen werden können. Er ist über die Befehlsfolge *Werkzeuge* ⇨ *Hypertext* ⇨ *Anzeigen* erreichbar.

ISO-Normenreihe

Die **Normen** der **ISO 9000 ff.** dienen der Darstellung der Zusammenhänge der QM-Elemente und bilden die Grundlage zum Aufbau eines QM-Systems. Von den fünf verschiedenen Normen können jedoch nur jeweils drei verwendet werden.

Die **ISO 9000** legt die Handhabung des Regelwerks fest und hat hauptsächlich das Erfüllen der Qualitätsanforderungen, Erwerben des Vertrauens der Unternehmensleitung und die Sicherstellung des Vertrauens gegenüber dem Kunden zum Ziel.

Die **ISO 9001** enthält Beschaffung, Produktentwicklung, Produktion, Marketing, Kundendienst usw. und ist somit am umfangreichsten.

Die **9002-Normen** sind für einen Produktionsbetrieb anwendbar (Beschreibung der Beschaffung, Herstellung usw.).

Die **ISO 9003** beschreibt nur die Endprüfung.

Die **ISO 9004** soll der Umsetzung der Normen in einem Unternehmen dienen. Somit gibt sie Hinweise zum Auf- und Ausbau eines QM-Systems.

Die **Normierung** ist aus vielen Gründen unumgänglich; nachfolgend sind einige Punkte aufgeführt, aus denen die Gründe für eine Normierung ersichtlich werden:

Normierungszwecke

- Festlegung der Qualitätspolitik;
- Erfüllung der Verträge;
- Qualitätssicherung beigestellter Produkte;
- richtiger Umgang mit den Qualitätsaufzeichnungen;
- Überprüfung der Wirksamkeit des Systems;
- Betreuung des Kunden;
- Überwachung der Eignung der Prozesse;
- Zuordnung der Produkte zu den Herstellungsphasen;
- Sicherstellung der Qualität der Produkte;
- Qualitätskontrolle in der Herstellung;
- Verwendung von Prüfmitteln;
- Lieferung fehlerfreier Produkte;
- sinnvolle Handhabung der Dokumente;
- Einkauf von Produkten nach festgelegten Kriterien;
- Kennzeichnung des Prüfstandes;
- Verhinderung des Einsatzes fehlerhafter Produkte;
- Vermeidung von Fehlern (keine Wiederholungsfehler);
- Qualitätssicherung bei der Lagerung.

7.7.1   QM - spezifische Grunddaten

„Auswahlmengen.scm" und „Grunddaten.scm"

Die spezifischen Grunddaten bzw. Stammdaten umfassen die Prüfkataloge, Prüfmethoden, Prüfmerkmale und die Dynamisierung. Sie sind von zentraler Bedeutung für die Qualitätssicherung und tragen erheblich zur Erleichterung und Standardisierung der Prüfplanung bei. Die Grunddaten bilden die Bausteine für den Aufbau von Prüfplänen. Die Prüfkataloge, Prüfmethoden und Prüfmerkmale können mehrsprachig im System gepflegt werden.

Prüfmittel

Zu den Grunddaten des Prüfplans gehören auch die Prüfmittel. Für ihre Beschreibung zieht man die allgemeinen Fertigungshilfsmittel heran, die je nach Anwendungsaufgabe als Equipment, Material, Dokument oder sonstiges Fertigungshilfsmittel definiert werden können.

Versionen

Auch im Modul QM besteht die Möglichkeit, verschiedene Versionen von Stammdaten zu führen (d. h. die Stammdaten müssen nicht in einer einzigen Ausführung vorliegen).

„Prüfmerkmal.scm"

Wenn eine Version eines schon bestehenden Stammsatzes angelegt werden soll, wählt man *Prüfmethode* ⇨ *Version anlegen* und für Merkmale *Prüfmerkmale* ⇨ *Version anlegen*. Danach geht man im Dialogfeld weiter. Die Eingabe des Stammsatzes kann durch direkte Eingabe, Suche über den Matchcode oder Suche über *-Eingabe erfolgen. Nach dieser ist (F5) und später (F11) zum Speichern auszuwählen.

Ersetzen von
Versionen

Alte Versionen von verwendeten Stammsätzen können ersetzt werden. Hier muß in einem Dialogfeld die Frage „*alte Pläne durch neue ersetzen*" mit „*JA*" beantwortet werden.

„Prüfmethode.scm"

Alle gültigen Versionen können angezeigt werden, indem man *Zusätze* ⇨ *Zeitachse* anwählt. Die angezeigten gültigen Versionen stehen in zeitlich sortierter Reihenfolge. Mit (F2) kann die jeweilige Version des Stammsatzes angezeigt werden, auf der sich der Cursor gerade befindet.

Historienführung

Die Historienführung bietet die Möglichkeit, im QM-System alle Änderungen, die an Stammsätzen vorgenommen werden, zu dokumentieren. Wenn eine Änderung mit Historie vorgenommen wird, legt das System für den Stammsatz eine neue Version mit gleichem Gültigkeitsstand an. Sobald eine neue Version existiert, wird die alte zu einer historischen Version. Alte Versionen können generell durch neue ersetzt werden. Wenn man ohne Historie arbeitet, wird keine neue Version bei einer Veränderung erstellt.

Feldhistorie

Über den Befehl *Zusätze* ⇨ *Feldhistorie* kann für alle Felder, an denen eine Änderung vorgenommen worden ist, eine Feldhistorie angezeigt werden, die die Änderungen dokumentiert.

Kopiervorlage

Damit eine schnellere und einfachere Erfassung möglich ist, verwendet man am besten die Kopiervorlage. So besteht die Möglichkeit, die Kopiervorlage beim Anlegen einer neuen Version sowie eines bestehenden Stammsatzes bei der Verwendung eines Prüfmerkmals im Prüfplan zu verwenden.

Abb. 7.64
Grunddaten

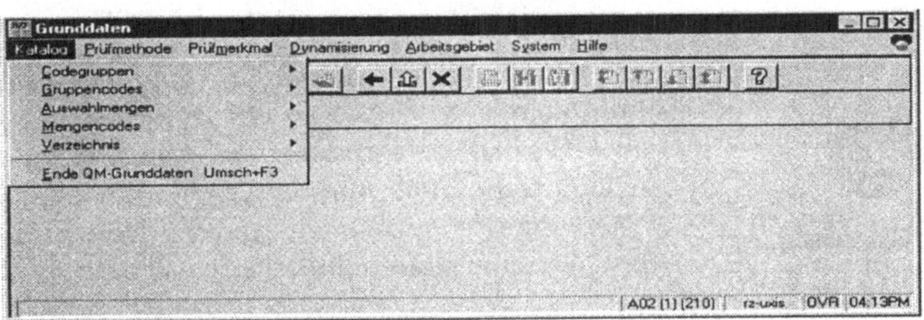

7.7.1.1 Prüfkataloge

Die textliche Beschreibung von Sachverhalten, z. B. bei der Erfassung von Prüfergebnissen zu qualitativen Prüfmerkmalen, birgt die Gefahr, daß gleiche Sachverhalte unterschiedlich benannt werden. Durch die hierarchisch aufgebauten Kataloge, z. B. für Merkmalsausprägungen, Fehlerarten, Fehlerursachen, Maßnahmen oder Verwendungsentscheide, wird die einheitliche Definition der Begriffe ermöglicht und die Erfassung und spätere Auswertung der Daten erleichtert. Die Katalogarten können über die Customizing – Funktion gepflegt werden.

Innerhalb eines Kataloges werden die Begriffe mittels vierstelliger **Gruppencodes** definiert und diese wiederum zu achtstelligen **Codegruppen** zusammengefaßt.

„Auswahl-
mengen.scm"

Desweiteren können Gruppencodes aus einer oder mehreren Codegruppen zusammengefaßt werden. Eine Auswahlmenge stellt den Vorrat an möglichen Anworten (**Mengencodes**) auf eine qualitative Frage dar. Auswahlmengen können standardmäßig nur für die Katalogarten Merkmalsausprägungen und Verwendungsentscheide angelegt werden.

„Mengencodes.scm"

Bei allen zu einer Auswahlmenge gehörenden Merkmalsausprägungen sind die Zusatzinformationen „A annehmen" oder „R zurückweisen" sowie eine Fehlerklasse hinterlegt. Auswahlmengen zu Verwendungsentscheiden enthalten neben den Zusatzinformationen „A annehmen" oder „R zurückweisen" Vorschlagswerte für die Qualitätskennzahl (Lieferantenbewertung) und für automatische Folgeaktionen.

Die Pflege der Kataloge sollte bei den Codegruppen beginnen und mit der Pflege der Mengencodes enden.

„Gcodes.scm" und
„Codespflege.scm"

Über *Katalog* ⇨ *Verzeichnis* können die kompletten Einträge, unterteilt nach Codegruppen und Auswahlmenge, nochmals eingesehen werden.

7.7.1.2 Prüfmethoden

„Prüfmethode.scm"

In Prüfmethoden werden die Verfahren festgelegt, nach denen Prüfungen ablaufen. Eine **Prüfmethode** beschreibt somit, wie ein Merkmal zu prüfen ist. Die Prüfmethoden werden Prüfmerkmalen zugeordnet und erhalten automatisch vom System das Verwendungskennzeichen gesetzt. Dieses Kennzeichen ist beim Löschen einer Prüfmethode zu beachten.

Desweiteren ist beim Anlegen der Prüfmethode darauf zu achten, daß der **Status** richtig gesetzt wird, z. B. „2" für „freigegeben".

Versionen

Zentrale Verwendungsnachweise und Ersetzungsfunktionen helfen bei der Pflege der Prüfmethoden. Die Dokumentation der Änderungen wird durch eine **Versionsverwaltung** sichergestellt.

7.7.1.3 Stammprüfmerkmale

Ein Prüfmerkmal beschreibt, was zu prüfen ist. Es definiert die Prüfanforderungen für Materialien, Teile und Erzeugnisse.

Klassifizierung und Versionen

Das **Klassifizierungssystem** unterstützt die systematische Definition sowie die effiziente Suche und Wiederverwendung von Stammprüfmerkmalen. Eine **Versionsverwaltung** sichert die Dokumentation von Änderungen.

Sind Stammprüfmerkmale mit dem **Kennzeichen „vollständig gepflegt"** versehen, können sie als Bausteine in Prüfplänen verwendet werden. Gebraucht man sie auf diese Weise, dann stehen zentrale Verwendungsnachweise und Ersetzungsfunktionen für die Pflege der Prüfpläne zur Verfügung. Hierzu wird vom System automatisch nach der Zuordnung des Stammprüfmerkmals zum Prüfplan das Verwendungskennzeichen gesetzt. Ist das Kennzeichen „vollständig gepflegt" nicht gesetzt, kann das Stammprüfmerkmal auch als Kopiervorlage für Prüfplanmerkmale dienen.

7.7.1.4 Dynamisierung

Ein wichtiger Teil der Prüfabwicklung ist die automatische Ermittlung von Stichproben. Als Grunddaten für die Stichprobenermittlung dienen die **Stichprobenverfahren** und **Dynamisierungsregeln**.

Dynamisierung bedeutet allgemein, daß die Stichproben einer Prüfung nicht generell feststehen, sondern abhängig von der Qualitätslage gesteuert werden. Folglich werden Lieferanten oder Prozesse mit schlechter Qualitätslage intensiver geprüft als solche mit guter oder immer besserer Qualitätslage.

„Stichprobenplan.scm"

Stichprobenpläne werden als eigene Stammsätze - losgelöst vom Stichprobenverfahren – im System abgelegt. Grundlage zur Erstellung eines Stichprobenplans ist z. B. eine AQL- oder LTPD-Tabelle.

„Stichproben-
verfahren.scm"

Standardmäßig gibt es die **Prüfschärfen** *verschärft, normal* und *reduziert.* Mittels der Customizing – Funktion können diese Standardwerte abgeändert werden.

Das Stichprobenverfahren legt fest, auf welche Art der Stichprobenumfang ermittelt und in welcher Form das Prüfmerkmal bewertet wird.

Stichprobenarten

Folgende Stichprobenarten sind im Standard unterstützt:

- **100%-Prüfung;**

- **prozentuale Stichprobe;**

- **feste Stichprobe;**

- **Stichprobe nach Stichprobenplan.**

Dynamisierungs-
regeln

Mit Hilfe von Stichprobenverfahren und Dynamisierungsregeln wird der Prüfumfang an die aktuelle Qualitätslage   angepaßt. Dynamisierungsregeln gelten entweder einheitlich für alle Prüfmerkmale eines Plans (**losweise Dynamisierung**) oder individuell für bestimmte Prüfmerkmale (**merkmalsweise Dynamisierung**). Der Stichprobenumfang kann dabei zwischen 100%-Prüfung und Prüfverzicht (Skip) in beliebigen Stufen variieren; ein Wechsel zwischen verschiedenen Prüfschärfen eines Stichprobenplans ist möglich.

Abb. 7.65
Beispiel zur
Dynamisierung

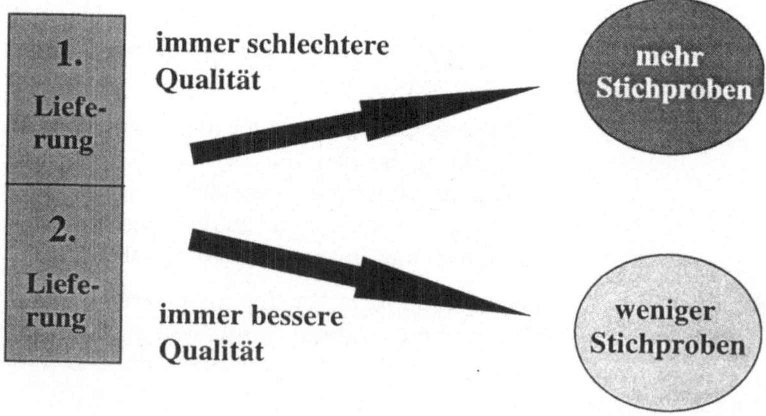

7.7.2   Prüfplanung

7.7.2.1   Prüplan

„Prüfplan.scm"

Planzuordung

Planverwendung

„Wareneingangs-
buch.scm"

Prüfplanstruktur

Die Aufgabe des Prüfplans liegt in der Festlegung der Prüfvorgänge sowie der je Prüfvorgang zu prüfenden Merkmale und der zu verwendenden Prüfmittel.

Der Prüfplan ist mit dem Arbeitsplan in der Fertigung verwandt.

Prüfpläne werden den zu prüfenden Materialien oder, je nach Prüflosherkunft, Lieferanten oder Kunden zugeordnet. Man kann einen bestimmten Prüfplan auch mehreren Materialien und mehreren Lieferanten oder Kunden zuordnen.

Prüfpläne gelten für bestimmte Verwendungszwecke, wie z. B. für Wareneingangsprüfungen oder für Erstmusterprüfungen. Zu einem Material kann es daher verschiedene Prüfpläne geben, die sich durch ihre Verwendungen oder Zuordnungen unterscheiden.

Für Prüfungen in der Fertigung entfällt die Pflege von Prüfplänen. Die Prüfmerkmale werden im Arbeitsplan hinterlegt, entweder in den Fertigungsvorgängen selbst oder in eigens für die Prüfung vorgesehenen Vorgängen.

Auch die Prüfpläne sind an den zentralen **Änderungsdienst** für z. B. Materialstämme, Stücklisten usw., angeschlossen. Ein Änderungsstammsatz enthält neben der Änderungsnummer und dem Änderungstext eine Liste der betroffenen Stammsätze und das Datum, ab dem die Anderung wirksam werden soll.

Der Prüfplan gliedert sich im Wesentlichen in die Elemente Prüfplankopf, Prüfvorgang, Prüfmerkmal und Prüfmittel.

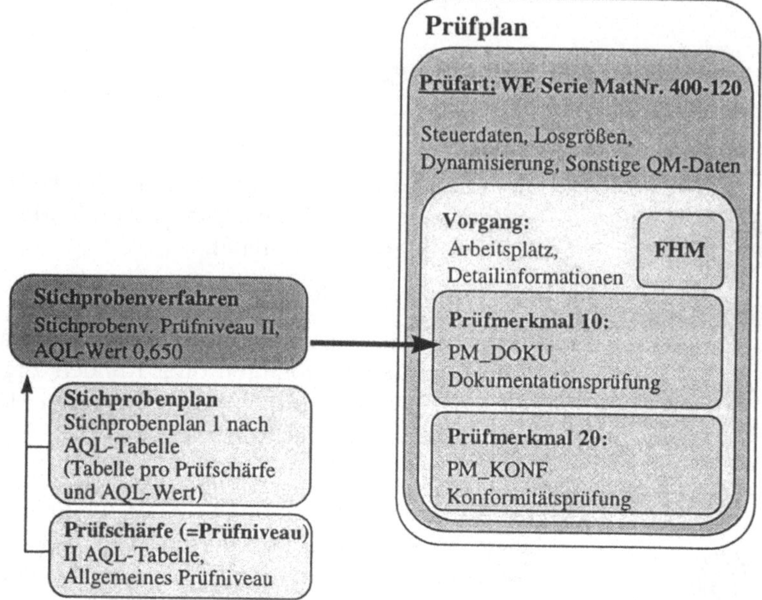

Abb. 7.66
Beispiel für einen
Prüfplanaufbau

Wie aus der Abbildung 7.66 zu ersehen ist, kann ein Prüfplan somit mehrere Prüfarten, eine Prüfart mehrere Prüfvorgänge und ein Prüfvorgang mehrere Prüfmerkmale besitzen.

Innerhalb der **Prüfart** sind

- die Dynamisierung, die zur Ermittlung des Prüfumfangs bei Prüfloserzeugung benötigt wird;
- die Prüfmerkmale;
- die Prüfmethode;
- der Arbeitsplatz (zur Prüfung für die Kalkulation, Terminierung und Kapazitätsplanung);
- die Fertigungshilfsmittel (FHM);
- die quantitativen Daten;
- allgemeine Daten

hinterlegt.

Anlegen eines
Prüfplans

Die Erstellung des Prüfplans zu einer Materialnummer kann durch das Kopieren eines vorhandenen, gleichartigen Prüfplans, eines Standardplans, der z. B. für die Materialgruppe Dichtungsringe angelegt wurde oder mittels im Customizing hinterlegter Profile, vereinfacht werden.

Nach dem Kopieren müssen evtl. zusätzlich benötigte oder nicht benötigte Prüfmerkmale gepflegt werden. Zudem sollten die Dynamisierungskriterien, die Prüfmethoden, die Probenahmetexte wie auch die Steuerkennzeichen pro Prufmerkmal überprüft und ggf. gepflegt werden.

Damit die Zuordnung der Prüfart (z. B. Serienprüfung) entspechend der Qualitätslage, die im Q-Infosatz fortgeschrieben wird, erfolgen kann, muß im Kopfbild zur Prüfart die entsprechende Planverwendung (z. B. 5 Wareneingang) angegeben werden.

7.7.2.2 QM-Sicht im Materialstamm

Ist eine Qualitätsprüfung für eine Materialnummer durchzuführen, muß die dazugehörige QM-Sicht im Materialstamm gepflegt werden.

Abb. 7.67
Beispiel für einen Materialstamm – QM-Sicht

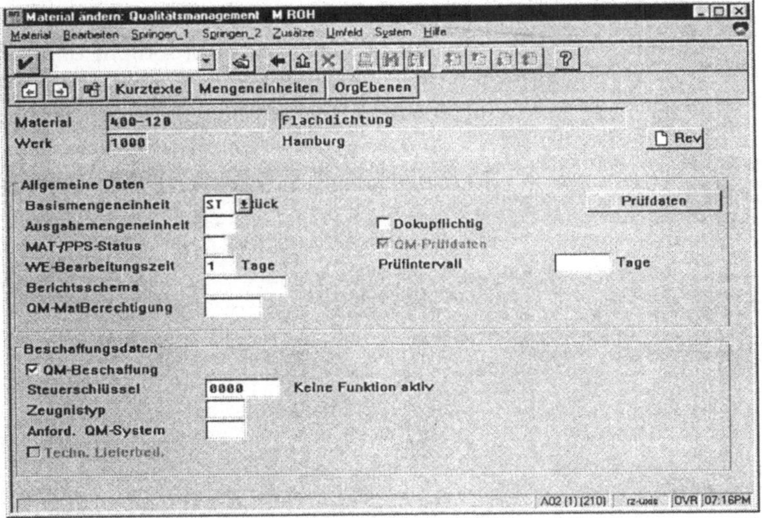

„Infosatz anlegen.scm"

Im Einstiegsbild werden allgemeine Daten wie „Dokumentationspflicht" und die „QM-Prüfdaten" sowie die „Beschaffungsdaten" gepflegt. Die „Beschaffungsdaten" beziehen sich auf den Q-Info-Satz.

In der QM-Sicht im Materialstamm werden die Prufarten 01, 0101, 0102 gepflegt und aktiviert (siehe Abb. 7.68). Auch die Pflege dieser Einstellungen kann z. B. durch das Kopieren von einer vorhandenen Materialnummer oder durch Customizingvorgaben wesentlich vereinfacht werden.

Abb. 7.68
Beispiel für
QM-Prüfdaten

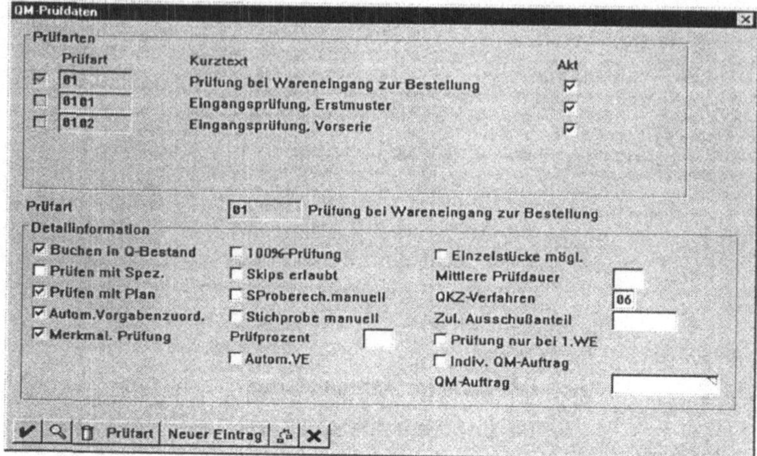

7.7.2.3

Qalitätsmanagement in der Beschaffung

Ist eine Qualitätssicherungsvereinbarung oder eine Lieferanten-
freigabe für ein Material erforderlich, dann wird ein Qualitätsin-
formationssatz (Q-Infosatz) angelegt. Der Q-Infosatz steuert die
weitere Bearbeitung des Materials.

Abb. 7.69
Q-Infosatz

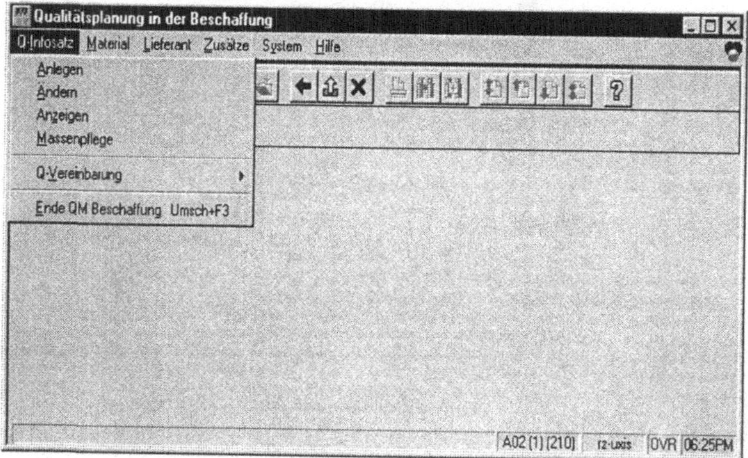

Mit der Pflege dieser Daten wird eine „Material-Lieferant-
Beziehung" angelegt.

Anwendung

Bei der Erstellung einer Anfrage oder Bestellung etc. prüft das
System, ob ein Q-Infosatz für eine Material-Lieferant-Kombi-
nation erforderlich und vorhanden ist und ob eine Freigabe der
Bestellung erfolgen kann.

Unabhängig vom Q-Infosatz checkt das System, ob der Lieferant und die Material-Lieferant-Kombination für Wareneingänge, Bestellungen oder Anfragen gesperrt oder freigegeben sind. Diese Überprüfung hängt von dem Steuerkennzeichen für die Beschaffung im Materialstammsatz ab.

Im Q-Infosatz kann ein Statusschema für die Freigabe der Lieferbeziehungen und ein zur Material-Lieferant-Kombination vorhandenes QM-System angegeben werden. Zudem kann festgelegt werden, ob die Wareneingangsprüfung deaktiviert oder eine Wareneingangsprüfung und/oder Abnahmeprüfung durchgeführt werden soll.

7.7.3   Qualitätsprüfungen

Die Qualitätsprüfung ist ein wesentlicher Bestandteil des Qualitätsmanagements. Sie stützt sich auf die Vorgaben der Qualitätsplanung und liefert essentielle Informationen für die Qualitätslenkung.

Die Qualitätsprüfung erfolgt anhand von Prüflosen für bestimmte Materialnummern.

7.7.3.1   Prüflosabwicklung

Die Prüflosabwicklung kann auf zwei Arten erfolgen:

Prüflosabwicklung mit Prüfplan

Bei der **Verwendung eines Prüfplans** wählt das System den zum Material und zur Prüflosherkunft passenden Prüfplan anhand der QM-Beschaffungsdaten aus. Ist eine merkmalsbezogene Ergebniserfassung vorgesehen, ermittelt das System zu allen im Plan enthaltenen Prüfmerkmalen die Stichprobenumfänge anhand der Qualitätslage. Für den anschließenden Druck der Arbeitspapiere, wie Probeziehanweisungen, Prüfanweisungen u. a., wie auch für die spätere Erfassung der Prüfergebnisse und Fehlerdaten bilden die Prüfvorgaben die Grundlage. Abschließend wird der Verwendungsentscheid getroffen, die Qualitätskennzahl ermittelt sowie die Qualitätslage fortgeschrieben. Zusätzlich können noch Folgeaktionen angestoßen werden.

Prüflosabwicklung ohne Prüfplan

Wird **kein Prüfplan** verwendet, dann wird lediglich ein Prüflos angelegt, und es muß eine Stichprobe vorgegeben werden. Bei der Bearbeitung des Prüfloses werden die Fehlerdaten erfaßt und abschließend der Verwendungsentscheid getroffen, in welchem auch die Qulitätskennzahl vorgegeben werden muß. Folgeaktionen können auch hier angestoßen werden.

7.7.3.2   **Prüflos**

Prüflose erfüllen im Qualitätsmanagement von ihrer Erzeugung bis zur Archivierung unterschiedliche Funktionen. Nachdem ein Prüflos erzeugt worden ist, dokumentiert es zunächst eine Prüfanforderung, mit der ein Zustand eingetreten ist, der die Durchführung einer Prüfung verlangt. Die bei der Prüfung erfaßten Prüfergebnisse werden im Prüflossatz abgelegt. Der Zugriff auf die einzelnen Prüfergebnisse erfolgt immer über das Prüflos. Der Verwendungsentscheid für das Prüflos beendet die Prüfung und wird mit dem Prüflos abgelegt.

Funktionen des Prüfloses

„Prüflosanzeige.scm"

Ein Prüflos wird bei der Wareneingangsbuchung (siehe Abb. 7.70) pro Materialnummer angelegt. Während der gesamten Materialprüfung wird mit der Prüflosnummer gearbeitet.

Über die Prüflosnummer können die zugehörige Materialnummer, Serialnummer(n), Chargennummer, der Einkaufsbeleg, die Einkaufsbelegposition, der Materialbeleg, der Lagerort, das Werk usw. eingesehen werden.

Abb. 7.70
Prüflos

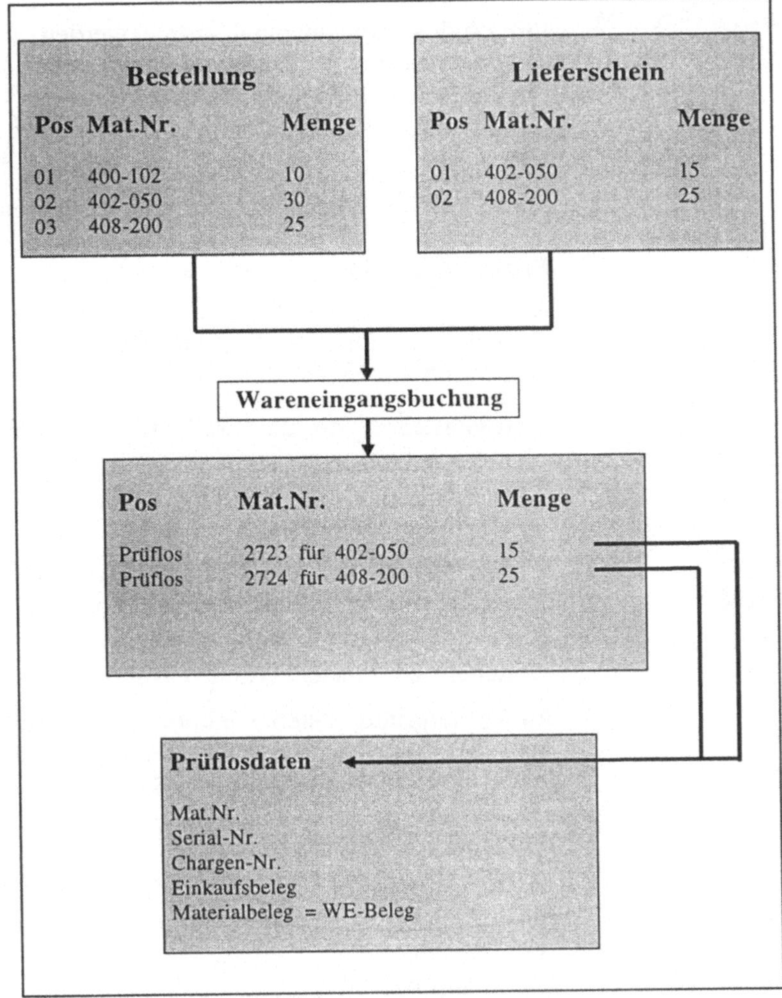

Der **Status des Prüfloses** zeigt, wieweit die Prüflosbearbeitung fortgeschritten ist. Neben dem Systemstatus kann ein Anwenderstatus definiert werden, mit welchem z. B. die unternehmensspezifische Prüfabwicklung abgebildet wird.

Voraussetzungen

Wenn ein Prüflos automatisch aggregiert werden soll, muß die QM-Sicht im Materialstamm gepflegt sowie das Kennzeichen „aktiv" für die jeweilige Prüfart gesetzt sein. Zusatzlich muß zur jeweiligen Bewegungsart, z. B. 101 für den Wareneingang, eine Prüflosherkunft im Customizing gepflegt werden.

Manuelle Erzeugung eines Loses	Ein Prüflos kann manuell erstellt werden, indem man im QM *Prüfabwicklung* ⇨ *Prüflos anlegen* wählt und dort das gewünschte Material angibt. Nach Anwahl des Buttons „*Losdaten*", müssen die herkunftsbezogenen Daten eingegeben werden.

Als nächstes muß dem Material ein Prüfplan zugeordnet werden und abschließend der Stichprobenumfang ermittelt werden.

7.7.4   Prüfergebnisse

Art und Umfang der Prüfergebnisse werden durch die Erreichung verschiedener Ziele der Qualitätsprüfung bestimmt.
Ziele können beispielsweise sein:

Ziele der Qualitätsprüfung

„Prüfergebnis.scm"

- festzustellen, ob die Produkte den Qualitätsanforderungen entsprechen;

- zu beurteilen, ob Produkte verwendet werden können (Verwendungsnachweis);

- die Qualität von Produkten, Anlagen oder Prozessen festzustellen und zu dokumentieren (Audit);

- die Fähigkeit von Prozessen, Maschinen oder Fertigungshilfsmitteln zu ermitteln (Fähigkeitsuntersuchungen).

Im Vordergrund stehen Funktionen zur Bearbeitung von Merkmals- und Probenergebnissen. Merkmals- bzw. Probenergebnisse lassen sich erfassen, anzeigen und ändern.

7.7.4.1   Erfassung von Merkmalsergebnissen

Merkmalsbezogene Ergebnisse werden entsprechend der Vorgaben im Prüfplan (Steuerkennzeichen des Prüfmerkmals) erfaßt und bewertet.

Wird während der Prüfung festgestellt, daß zusätzliche Merkmale erforderlich sind, die noch nicht im Prüfplan enthalten sind, können diese nachträglich bei der Ergebniserfassung zum Prüfplan ergänzt werden.

Man unterscheidet zwischen:

- Muß-Merkmalen, die bei der Ergebniserfassung auf jeden Fall bearbeitet werden müssen,

- Kann-Merkmalen oder im Skip-befindlichen Merkmalen, deren Bearbeitung unterlassen werden kann und

- bedingten Merkmalen, die geprüft werden müssen, je nachdem, ob das zugehörige Leitmerkmal angenommen oder zurückgewiesen wurde.

Abb. 7.71
Beispiel für
das Ergebnis-
erfassungsmenü

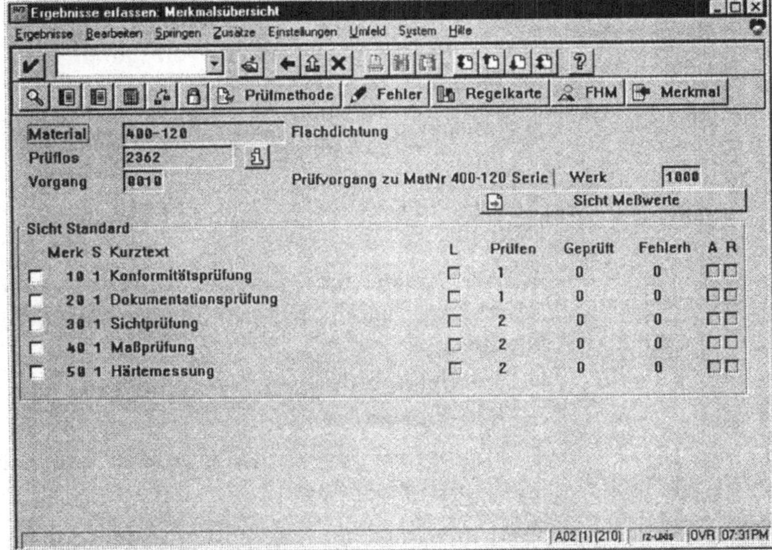

Zu folgenden Merkmalstypen kann man Prüfergebnisse rückmelden:

Merkmalstypen

- Quantitative Merkmale (Erfassung von Meßwerten);

- Qualitative Merkmale mit Attributen (Erfassung von Ausprägungscodes);

- Alternativmerkmale (Erfassung einer Annahme oder Rückweisung).

Je nachdem, wie detailliert die Prüfergebnisse notiert werden sollen, kann man unter mehreren Erfassungsformen wählen:

Erfassungsformen

- Summarische Werte je Prüfmerkmal;

- Klassierte Ergebnisse mehrerer Messungen je Prüfmerkmal (Anzahl Werte innerhalb von Werteklassen);

- Einzelwerte mehrerer Messungen je Prüfmerkmal. Dies ist sinnvoll bei der Prüfung von Materialien, denen Serialnummern zugeordnet sind.

Nach der Ergebniserfassung wird jedes Prüfmerkmal mit einer Annahme oder Rückweisung bewertet und abgeschlossen.

Nachträgliche Änderungen bereits abgeschlossener Merkmale sind zwar erlaubt, solange kein Verwendungsentscheid zum Prüflos getroffen wurde, das System dokumentiert aber alle Änderungen durch Änderungsbelege.

Bewertungsmodi

Auf der Ebene der Merkmalswerte und Werteklassen stehen folgende Bewertungsmodi zur Verfügung:

- Manuelle Bewertung;

- Entscheid anhand des Toleranzbereichs quantitativer Merkmale;

- Entscheid anhand des Ausprüfungscodes qualitativer Merkmale.

Auf der Ebene der Merkmale kommen weitere Bewertungsmodi hinzu. Sie dienen zur Abbildung von Stichprobenanweisungen für die

- Variablenprüfung mit einseitig oder zweiseitig begrenztem Toleranzbereich;

- Attributprüfung nach der Anzahl fehlerhafter Einheiten oder der Anzahl Fehler.

Fehleranteile

Nach Abschluß der Ergebniserfassung ermittelt das System zu allen Merkmalen die Anteile fehlerhafter Einheiten und errechnet daraus den Anteil fehlerhafter Einheiten im Prüflos. Diese Fehleranteile können zur Ermittlung der Qualitätskennzahl des Prüfloses herangezogen werden.

7.7.4.2 Fehlererfassung

Die Fehlererfassung kann beim Prüfen mit und ohne Prüfplan erfolgen. Liegt ein Prüfplan vor, können die erfaßten Fehler einem darin enthaltenen Prüfvorgang oder Prüfmerkmal zugeordnet werden.

Zu einem Prüflos können somit sowohl Merkmalsergebnisse als auch Fehlerdaten rückgemeldet werden.

Fehlerdatensätze können folgende Informationen enthalten:

- Fehlerart

- Fehlerort

- Fehlerursache

- Maßnahme

- Fehlerbewertung

Diese Informationen werden mit Hilfe von katalogisierten Begriffen eindeutig beschrieben und durch Texte ergänzt.

Je nach Detaillierungsgrad bei der Fehlererfassung unterscheidet man zwischen der

- summarischen Erfassung der Anzahl Fehler je Fehlerart und der

- individuellen Erfassung aller Einzelfehler, eventuell mit Serialnummern der Prüflinge.

Fehlerdatensätze kann man bei Bedarf in Form von Qualitätsmeldungen bearbeiten.

<table>
<tr><td>

7.7.4.3

„Verwendungs-
entscheid.scm"

Änderung eines
Verwendungs-
entscheides

</td><td>

Prüfabschluß und Verwendungsentscheid

Nachdem die Ergebniserfassung abgeschlossen oder die Prüfung abgebrochen wurde, trifft der Prüfer bzw. ein dazu Berechtigter den Verwendungsentscheid für das Prüflos. Danach sind die Prüfergebnisse nicht mehr änderbar. Unter der Voraussetzung, daß keine Prüfmerkmale rückgewiesen wurden, kann das System den Verwendungsentscheid auch automatisch treffen.

Die Ergebnisse zu einem Pruflos können nicht mehr geändert werden, wenn der Verwendungsentscheid einmal getroffen wurde. Zur Änderung des Verwendungsentscheides existiert die Änderung mit und ohne Historie. Bei der Änderung mit Historie erzeugt das System einen Änderungsbeleg, bei der Änderung ohne Historie entfällt der Änderungsbeleg.

</td></tr>
</table>

Abb. 7.72
Beispiel für Verwendungsentscheid erfassen

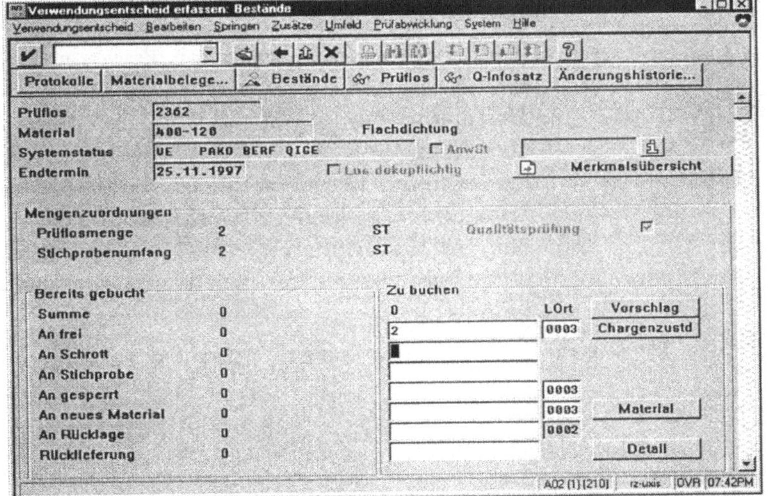

Bei der Bestandsbuchung ist zu beachten, daß serialnummernpflichtiges Material nur „an frei" oder „an gesperrt" gebucht werden kann. Wird serialnummernpflichtiges Material bei der Prüfung verwendet, so ist es empfehlenswert, daß man in diesem Bild die restlichen Bestandsbuchungsoptionen ausblendet. Aus dem gesperrten Bestand kann nach dem Treffen des Verwendungsentscheids eine Rücklieferung, eine Schrottbuchung usw. erfolgen.

Qualitätskennzahl

Beim Treffen des Verwendungsentscheids ermittelt das System eine Qualitätskennzahl für das Prüflos nach einem im Materialstamm vorgegebenen Verfahren. Die Kennzahl ergibt sich beispielsweise aus

- dem Code des Verwendungsentscheids;
- dem Fehleranteil im Los;
- den Fehleranteilen der Merkmale.

Qualitätslage

Ebenfalls aktualisiert das System die Qualitätslage für das betreffende Material entsprechend den Bewertungen der Prüfmerkmale bzw. des Prüfloses. Die Qualitätslage ist ein Datensatz, der die Prüfstufen aller Merkmale für das nächste Prüflos entsprechend der im Prüfplan genannten Dynamisierungsregel festlegt. Sie wird in Bezug auf das Material und den zum Prüflos gehörenden Prüfplan aktualisiert; je nach Herkunft des Prüfloses ist nach zusätzlichen Kriterien, wie z. B. nach Lieferanten, weiter aufzuschlüsseln.

7.7.5   Qualitätslenkung

Die im QM-Modul enthaltene Komponente „**Qualitätsmeldungen**" ist ein Erfassungs-, Informations- und Steuerungssystem zur Abwicklung von Problemfällen, insbesondere von Meldungen über mangelnde Qualität von Produkten oder Dienstleistungen.

„QM-Meldung.scm"

Dies können innerbetriebliche Störmeldungen und externe Reklamationen gegenüber Lieferanten oder seitens der Kunden sein. Mit Hilfe unterschiedlicher Qualitätsmeldungsarten werden solche betriebswirtschaftlichen Sichten auseinandergehalten.

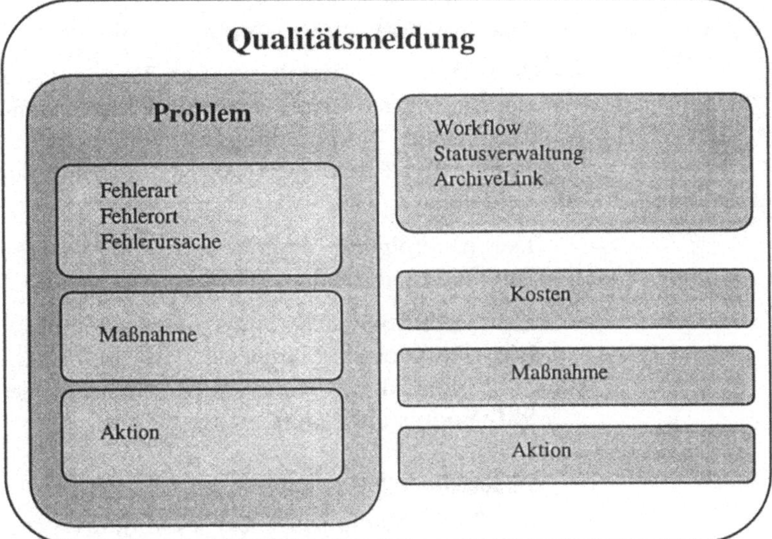

Qualitätsmeldungen unterstützen somit die Dokumentation der
Probleme, die Diagnose der Fehler, die Abwicklung der Maßnahmen und die Abrechnung der Kosten. Sie sind an die Qualitätsprüfung im Modul QM sowie an die allgemeine Nachrichtensteuerung und an die Workflow-Komponente des SAP-Systems
angeschlossen.

7.7.6

„QM-Präsentation"

QM-Anwendungsbeispiel

Der komplette Ablauf von der Erstellung der Grunddaten über die Ergebniserfassung mit anschließendem Prüfabschluß und Treffen des Verwendungsentscheides ist als Microsoft Power-Point 7.0 - Präsentation auf der diesem Buch beiliegenden CD enthalten.

Der nachfolgend beschriebene Fall wurde im SAP R/3 IDES-Mandanten abgebildet.

Mit diesem Beispiel können bei weitem nicht alle Möglichkeiten des QM-Moduls dargestellt werden. Es soll lediglich als Motivation dienen und schlaglichtartig die Mächtigkeit dieses SAP-Moduls aufzeigen.

7.7.6.1

Fallbeschreibung

Im Werk Hamburg eines Motorenherstellers wird ein neuer Hochleistungsmotor entwickelt. Dazu wird eine neue Flach-dichtung benötigt, die einer hohen Druckanforderung genügen soll.

In der Abteilung Qualitätswesen wurde für dieses Material eine Prüfanweisung geschrieben, die als Dokument vorliegt und aus der die benötigten Prüfdaten entnommen und im R/3-System abgebildet werden können.

Das Material wird vom **Lieferant 1003**:

Gußwerke GmbH
Daimler-Str. 77a
70321 Stuttgart

hergestellt.

Die Materialdaten lauten:

Materialdaten

```
Material-Nr.:            400-120      Flachdichtung

Werk:                    1000         Hamburg

Einkäufergruppe:         001

Einkaufsorganisation:    1

Lager:                   003          WE-Lager-Fertigung

Lieferant:               1003
```

Da diese speziell angefertigten Flachdichtungen bisher in keinem eigenen Produkt eingesetzt wurden, muß eine neue Material-Lieferantenbeziehung und somit auch ein neues Statusschema für den Lieferungsablauf definiert werden.

Der Lieferungsablauf (entspricht dem Statusschema):

Lieferungsablauf

- Lieferbeziehung wird eröffnet
- Erstmuster
- Nullserie
- Serie

Der **Ablauf** kann wie folgt beschrieben werden:

Nur wenn die Erstmusterprüfung geprüft und als korrekt abgenommen wurde, wird der Status „Erstmuster" gesetzt.

Der Status „Nullserie" wird erst nach Korrektheit der Nullserie gesetzt.

Die Serie erhält diesen Status, wenn die erste Serie geprüft und als „in Ordnung" abgelegt wird. Der Status bleibt anschließend auf Serie.

Für dieses Fallbeispiel mußten folgende **Grunddaten** gepflegt werden:

„Grunddaten.scm"

•Kataloge 1 und 9	
•Auswahlmengen für die Katalogart 1	
•Prüfmethode	
•Prüfmerkmale	
•Konformitätsprüfung	qualitativ
Dokumentationsprüfung	qualitativ
Sichtprüfung	qualitativ, vollständig gepflegt
Maßprüfung	qualitativ
Härtemessung	quantitativ
•Prüfpläne	für n=1, N=beliebig mit c=0
•Stichprobenverfahren	für S-2 und n=1, N=beliebig mit c=0

Alle anderen benötigten Grundeinstellungen konnten aus den Voreinstellungen übernommen werden.

7.7.6..2   Prüfplanung

Im Beispiel sind die Prüfarten pro Status Erstmuster, Nullserie und Serie verschieden. Somit ist es erforderlich, daß für jeden Status eine eigene Prüfart mit der entsprechenden Planverwendung für den **Prüfplan** 400-120 angelegt wird.

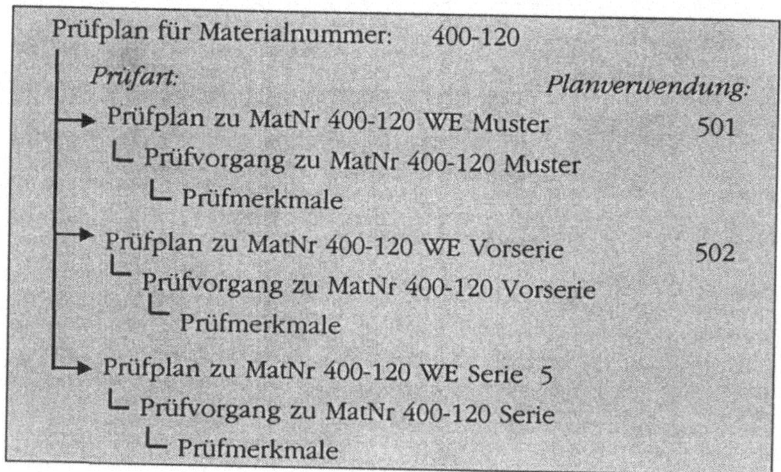

„Prüfplan.scm"

Fertigungshilfsmittel

Als Fertigungshilfsmittel wurden speziell für diesen Fall die „Leuchtlupe" und das „IRHD-Härtemeßgerät" als neues Fertigungshilfsmittel-Material und die „Zeichnung" als Dokument angelegt. Das Fertigungshilfsmittel „Meßmittel" war bereits im System vorgegeben.

Mit der „Zeichnung" als Fertigungshilfsmittel-Dokument soll beispielhaft gezeigt werden, daß Firmen, die z. B. ihre Prüfanweisungen als Worddokumente vorliegen haben, diese ohne großen organisatorischen oder zeitlichen Aufwand über das System dem Prüfer zur Verfügung stellen können. Hiermit kann die Pflege der Prüfmethode oder auch des Probenahmetextes entfallen.

VOR-300	Meßmittel	MatArt FHMI
VOR-301	Leuchtlupe	MatArt FHMI
VOR-302	IRHD-Härtemeßgerät	MatArt FHMI
FHM400-120	Zeichnung	Dokument

„QM-Meldung.scm"

Die weiteren Einstellungen für die QM-Sicht im Materialstamm sowie die QM-Einstellungen in der Beschaffung sind aus der Erläuterung des QM-Moduls im Kapitel 7.7 zu entnehmen.

Abschließend erfolgt die Ergebniserfassung und der anschliessende Prüfabschluß mit Treffen des Verwendungsentscheides sowie die Durchführung der Qualitätslenkung in Form einer Qualitätsmeldung.

8   Instandhaltung[1]

Definition

PM steht für „**Plant Maintenance**" und bedeutet **Maschinen-bzw. Betriebsinstandhaltung.**

Die Instandhaltung (IH) setzt sich aus der

- **Inspektion** (Feststellung des Istzustandes)
- **Wartung** (Bewahrung des Sollzustandes)
- **Instandsetzung** (Wiederherstellung des Sollzustandes)

zusammen.

Aufbau

Die Instandhaltung läßt sich weiter untergliedern in:

- **Anlagenstrukturierung**
- **Objektverbindung und -vernetzung**
- **IH-Stücklisten**
- **IH-Arbeitspläne**
- **IH-Meldungen**
- **IH-Aufträge**
- **IH-Historie**
- **Wartungsplanung**

Im folgenden werden die Elemente der Instandhaltung näher spezifiziert und an Beispielen verdeutlicht.

8.1   Anlagenstrukturierung

8.1.1   Definition Technischer Strukturen

Aufbauvorschrift

Um Technische Referenzplätze und Technische Plätze anlegen zu können, muß eine Struktur definiert werden, nach deren Muster die Plätze hierarchisch aufgebaut werden können.

Hierfür wird das sog. **Strukturkennzeichen** benötigt, das einen generischen Aufbau besitzt.

---

1   Das Modul PM wird in der R/3-Releaseversion 2.1F vorgestellt (siehe auch Prasentationen und Videos auf der CD zum Buch)

Sein **Zweck** ist:

- das Festlegen und Kontrollieren der Platznummer;
- der optische Aufbau von Hierarchieebenen;
- das Ausnützen der automatischen Systemfunktionen.

Anlegen eines Strukturkennzeichens

Für das Strukturkennzeichen kann maximal eine fünfstellige Nummer eingegeben werden (Identifikationsnummer).

Vorgehensweise:

Werkzeuge ⇨ Customizing ⇨ Logistik ⇨ Instandhaltung ⇨ Stammdaten ⇨ Technische Objekte ⇨ Technische Plätze ⇨ Strukturkennzeichen

Bereits eingegebene Strukturen werden an dieser Stelle angezeigt. Eine neue Struktur kann nach dem Anklicken von *„neue Einträge"* vergeben werden.

In der Editionsmaske können **Zeichen,** wie:

„**X**" für alphanumerisch

„**N**" für numerisch

„**-**" (Bindestrich) für die Trennung in einzelne Hierarchieebenen und

„**/**" (Schrägstrich) für weitere Unterteilungen

verwendet werden.

Beispiel

Strukturkennzeichen   FB „Firmenbereiche"
Editionsmaske   XX - X - XNN - X - NN
Hierarchieebenen   1   2   3   4   5

Abb. 8.1
Eingabebild für
neue Einträge

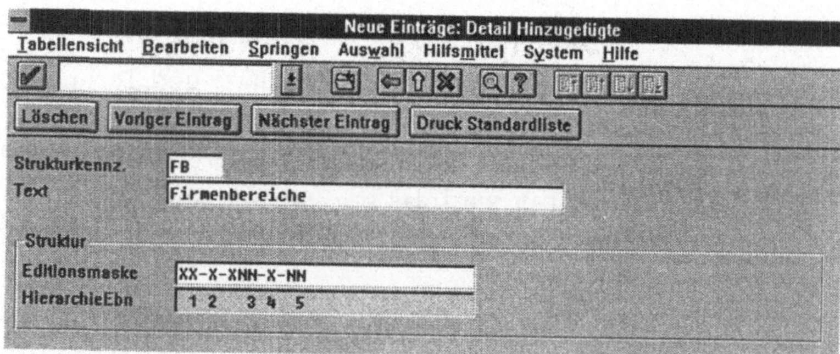

Der **Technische Platz Drehbereich 1** hat also folgenden Aufbau:

Bezeichnung:	**Platznummer:**
Technischer Bereich	TB
Produktion	TB - P
Fertigungsstelle 2	TB - P - F02
Dreherei	TB - P - F02 - D
Drehbereich 1	TB - P - F02 - D - 01

8.1.2   Definition von Technischen Plätzen

Ein **Technischer Referenzplatz** ist für die Verwaltung von „echten" Technischen Plätzen gedacht; er ist somit nur eine Eingabehilfe. Referenzplätze werden in Stammsätzen verwaltet, die alle Daten der zugeordneten Technischen Plätze enthalten. Nur die platzspezifischen Daten sind beim Anlegen eines Technischen Platzes über einen Referenplatz getrennt davon einzugeben (siehe Abb. 8.2).

8.1.2.1   Anlage eines Stammsatzes für einen Technischen Referenzplatz

Um einen Stammsatz für einen Technischen Referenzplatz anzulegen, müssen folgende Voraussetzungen erfüllt sein:

- die Anlagenstruktur muß bereits definiert sein;

- die Tabelleneinstellung für die Strukturierung der Technischen Plätze muß durch die Customizing - Funktion vorgenommen werden;

- die gewünschte Hierarchieebene muß bekannt sein (wobei das Top-Down-Prinzip gilt).

Referenzplatz anlegen

Wenn die Voraussetzungen erfüllt sind, kann der Technische Referenzplatz im System PM angelegt werden. Vom Einstiegsbild ausgehend geschieht dies über das Anwählen von:

Logistik ⇨ *Instandhaltung* ⇨ *Technische Objekte* ⇨ *Referenzplatz* ⇨ *Anlegen*

An dieser Stelle muß die Referenzplatznummer sowie das Strukturkennzeichen eingetragen werden. Nachdem `Enter` gedrückt wurde, gelangt man zur Eingabe für die IH-Daten.

Nach der Dateneingabe sollte der neu angelegte Referenzplatz gesichert werden.

8.1.2.2

Anlage eines Stammsatzes für einen Technischen Platz

Der Stammsatz des Technischen Platzes sollte neben den Instandhaltungsdaten und einer eventuellen Klassifizierung auch die Standortdaten und alles Notwendige über den Equipmenteinsatz enthalten.

Der Technische Platz kann auf zwei Arten angelegt werden:

- mit Benutzung eines Technischen Referenzplatzes (siehe Abb. 8.2);

- ohne Benutzung eines Technischen Referenzplatzes.

Abb. 8.2
Anlegen eines Technischen Platzes unter Benutzung eines Technischen Referenzplatzes

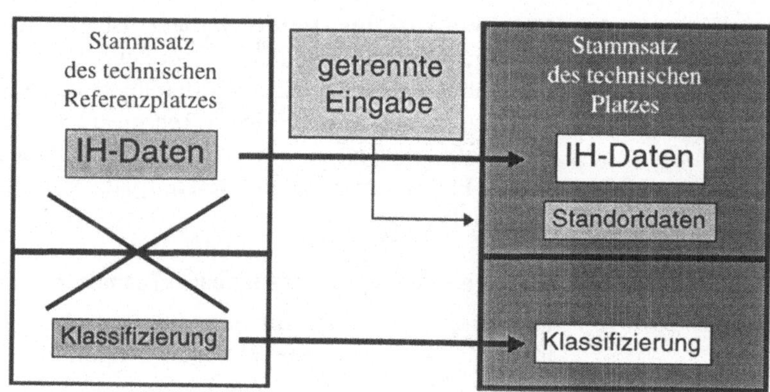

Technischen Platz anlegen

Um einen Stammsatz anzulegen, muß folgendermaßen vorgegangen werden:

Logistik ⇨ *Instandhaltung* ⇨ *Technische Objekte* ⇨ *Technischer Platz* ⇨ *Anlegen*

Auf diesem Einstiegsbild muß die Nummer des Technischen Platzes eingegeben werden (Achtung: Hierarchischen Aufbau beachten).

Beispiel

Der Technische Platz „Dreherei" soll angelegt werden (siehe auch „Technische Strukturen" definieren):

Platznummer: *TB - P - F02 - D*

Nun kann ein Referenzplatz als Vorlage eingegeben werden bzw., wenn bereits vorhanden, ein entsprechender Technischer Platz. Nach dem Bestätigen mit (Enter) können die **Standortdaten** und die **Instandhaltungsdaten** festgelegt werden.

8.1.2.3

Listerfassungsarten

Listerfassung von Stammsätzen Technischer (Referenz-) Plätze

Es gibt folgende Möglichkeiten der Listerfassung:

- einfache Listerfassung
- Listerfassung über die Kopiervorlage
- Referenzplatz als Vorlage benutzen

Die Menüfolge für die einfache Listerfassung lautet:

Einfache
Listerfassung

Logistik ⇨ Instandhaltung ⇨ Technische Objekte ⇨ Technischer Platz ⇨ Listbearbeitung ⇨ Anlegen

Auf dem Listerfassungsbild muß das Strukturkennzeichen angewählt werden. Danach erscheint die Editionsmaske mit den Hierarchieebenen. Nun können die gewünschten Technischen Platznummern in den darunterliegenden Zeilen eingegeben werden.

Listerfassung mit
Kopiervorlage

Diese Listerfassungsart ist vorteilhaft, wenn bereits eine ähnliche Platzstruktur existiert, die als Vorlage für die neue Struktur dienen soll.

Abb. 8.3
Anlegen einer neuen
Platzstruktur mit Hilfe
der Kopiervorlage

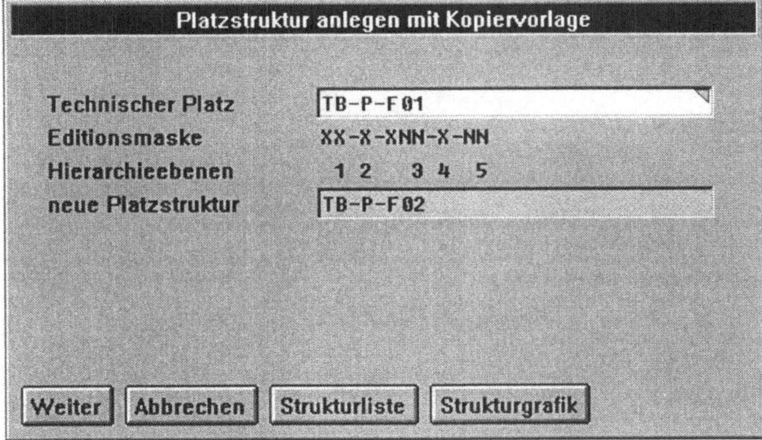

Das Anwählen ist identisch mit der Vorgehensweise bei der einfachen Listerfassung. Nach der Eingabe des Strukturkennzeichens:

Bearbeiten ⇨ Kopiervorlage

anwählen.

Im Dialogfenster (siehe Abb. 8.3) muß die Nummer des Vorlage-
platzes und die Nummer des „neuen Technischen Platzes" eingegeben werden, wobei der neue Platz den obersten Technischen
Platz in der zu erstellenden Struktur darstellt.

Wie bei der Listerfassung mit Kopiervorlage muß auch bei dieser
Art des Anlegens vorgegangen werden. Dazu stellt man den Cursor auf den vorbereiteten Technischen Platz, dessen Nummer geändert werden soll. Die Eingabe:

Bearbeiten ⇨ *Struktur ändern*

muß getätigt werden.

Im Dialogfenster kann anschließend die Nummer abgeändert
und das Feld *„ersetzen"* angeklickt werden. Nachdem ⌑Enter⌑ gedrückt wurde, ist die alte Nummer ausgewechselt.

8.1.3 Definition von Equipments

Ein Equipment ist ein eigenständig instandzuhaltendes, technisches Wirtschaftsgut, das als Teil einer technischen Anlage eingebaut sein kann.

Allerdings sind weitere Definitionen zugelassen. So stellen folgende Beispiele Equipments dar:

- Produktionsmittel

- Fertigungshilfsmittel

- Transportmittel

- Prüf- und Meßmittel

Equipmentstammsätze sind nötig:

- bei der Pflege individueller Daten über dieses Equipment
  (z. B. Baujahr des Objekts, Garantiedaten und Daten über
  den Equipmenteinsatz);

- wenn an dem Objekt IH-Maßnahmen durchzuführen sind;

- zum Nachweis bereits durchgeführter IH-Maßnahmen;

- zur Ansammlung und Auswertung von technischen Daten;

- bei der Kostenverfolgung für die IH-Maßnahmen und

- bei der Verfolgung der Einsatzzeiten.

8.1.3.1

Voraussetzungen

Anlage eines Equipmentstammsatzes

Es muß bekannt sein, ob die Equipmentnummern

- intern durch das System oder

- extern durch manuelle Eingabe des Benutzers

vergeben werden.

Equipment anlegen

Sind die Voraussetzungen erfüllt, kann mit dem Anlegen der Equipmentstammsätze begonnen werden. Dazu muß folgendermaßen vorgegangen werden:

Logistik ⇨ Instandhaltung ⇨ Technische Objekte ⇨ Equipment ⇨ Anlegen

Auf dem Einstiegsbild *„Equipment anlegen"* ist eventuell die Equipmentnummer einzugeben. Ein anderes Equipment kann für das zu erstellende Equipment als Vorlage herangezogen werden.

Im folgenden werden allgemeine Daten eingegeben, wie z. B.:

- Equipmentart

- Größe und

- Gewicht des Objektes

Ebenso können die Bezugs- und Herstellungsdaten, wie z. B. Lieferanten, Anschaffungsdaten und -werte (Hersteller und Baujahr der Equipments), verwendet werden.

Neben den allgemeinen Daten sind die Standort- und IH-Daten von Wichtigkeit. Sie geben Auskunft über:

Standort- und
IH-Daten

- das Standortwerk

- den Standort

- den Arbeitsplatz

- die ABC - Kennzeichen

- die Kontierung

- das IH - Planungswerk

- die IH-Planergruppe

Nach den Eingaben, die im Normalfall nicht immer vollständig ausgefüllt werden können, sollte der Stammsatz gesichert werden.

8.1.3.2   **Änderung und Anzeige des Equipmentstammsatzes**

Um einen Equipmentstammsatz zu ändern, geht man vom Bild **Technische Objekte** wie folgt vor:

Ändern des Equipmentstammsatzes

Equipment ⇨ Ändern

Alle gewünschten Änderungen können durch diese Funktion ausgeführt werden. Das Anwählen der allgemeinen Daten, IH-Daten und Standortdaten geschieht wie unter „Equipmentstammsatz anlegen" (Punkt 8.1.3.1) beschrieben.

Anzeige des Equipmentstammsatzes

Das Anzeigen eines Equipmenstammsatzes ist ausführbar über:

Equipment ⇨ Anzeigen

Nach Eingabe der Stammsatznummer und des Gültigkeitsdatums können die gesuchten Daten dieses Zeitraums angezeigt werden.

Anzeige der Einsatzliste

Um die Einsatzliste anzuzeigen, muß man anwählen:

Zusätze ⇨ Einsatzzeitliste

Mit Hilfe der Funktionstasten können die Einsätze bezüglich der

- Standortdaten
- Instandhaltungsdaten
- Vertriebsdaten

auf den Bildschirm gebracht werden.

8.1.4   **Verwaltung von Equipments auf Technischen Plätzen**

Durch das Anlegen von Technischen Plätzen im System wurden automatisch mögliche Einbauorte für die Equipments bestimmt. Wie Stammsätze für Equipments angelegt werden, wurde bereits im vorangegangenen Kapitel beschrieben.

An dieser Stelle wird nun davon ausgegangen, daß für Technische Plätze und Equipments Stammsätze angelegt sind, so daß nur noch eine Verbindung der Stammsätze erfolgen muß.

Die Verbindung wird durch den *Einbau, Ausbau* oder *Austausch* von Equipments auf den Technischen Plätzen realisiert. Das geschieht über die Objektstammsätze.

Möglichkeiten im
Stammsatz des
Technischen Platzes

- Auf dem Platz ist noch kein Equipment **eingebaut**, und es sollen ein oder mehrere Equipments mit Technischen Plätzen verbunden werden.

- Auf einem Technischen Platz sind mehrere Equipments bereits eingebaut und ein bzw. mehrere sollen **ausgebaut** werden.

- Auf einem Technischen Platz sind wiederum mehrere Equipments eingebaut, die aufgrund von Mängeln ausgebaut oder **ausgetauscht** werden sollen.

8.1.4.1   Aufbau platzbezogener Verbindungen

Die platzbezogene Verbindung läßt sich in Einbau, Ausbau und Austausch untergliedern.

Einbau

Angenommen, es ist ein Einbau mehrerer Equipments erlaubt, dann geht man beim Einbau folgendermaßen vor:

Logistik ⇨ Instandhaltung ⇨ Technische Objekte ⇨ Technischer Platz ⇨ Ändern

Auf dem Einstiegsbild *„Technischer Platz ändern"* sollte man die Nummer des Technischen Platzes angeben, auf dem die Equipments eingebaut werden sollen. Danach kann entweder die Funktionstaste *„Standortdaten"* oder *„IH-Daten"* gewählt werden.

Zusätze ⇨ Equipment Einbau

In der erscheinenden Tabelle können die einzubauenden Equipments angegeben werden (siehe Abb. 8.4):

Abb. 8.4
Equipments vom
Technischen Platz
ausgehend einbauen

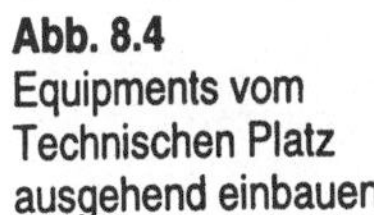

·Nach der Eingabe wird der Einbau mit der Funktionstaste *Merken* vorgemerkt.

Der **Einbau** kann über das Anwählen von:

Zusätze ⇨ *Umbauprotokoll*

angezeigt werden.

Abgeschlossen wird der Vorgang durch das Sichern. Damit ist eine Verbindung zwischen einem Technischen Platz und einem oder mehreren Equipments hergestellt (siehe Abb. 8.7).

Ausbau

Nun wird davon ausgegangen, daß bereits Equipments auf einem Technischen Platz eingebaut sind. Die Vorgehensweise ist bis zum Einstiegsbild ***Technischer Platz ändern: Einstieg*** völlig identisch mit dem Einbau von Equipments (siehe Abb. 8.7).

Nachdem zu den Standort- oder IH-Daten gesprungen wurde, wird mit:

Zusätze ⇨ *Equipment-Ausbau*

die Liste der eingebauten Equipments angezeigt (siehe Abb. 8.5). Durch Markieren und anschließendes *Merken* ist das markierte Equipment für den Ausbau vorgemerkt. Über das Umbauprotokoll kann der Ausbau nachvollzogen werden.

Der vorgenommene Ausbau sollte im Anschluß daran gesichert werden, um einem Datenverlust vorzubeugen.

Abb. 8.5
Technischer Platz:
Equipments
ausbauen

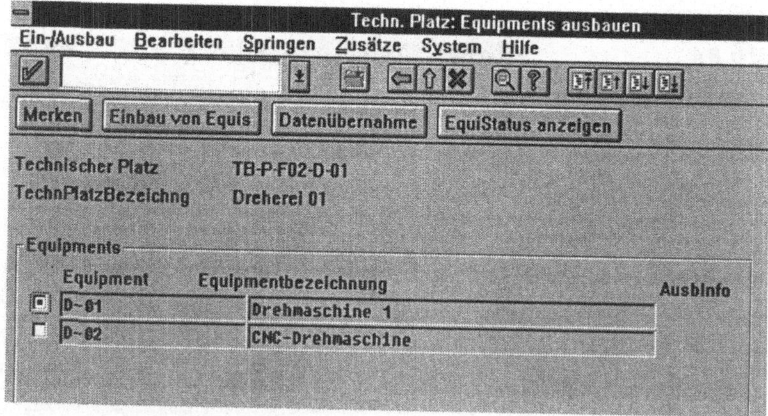

Austausch

Die Anweisungen sind bis zum Bild ***Technischer Platz ändern: IH-Daten*** identisch mit dem Einbau von Equipments. Daran anschließend wird mit der Funktion *Ausbau der Equipments,* wie unter Ausbau beschrieben, fortgesetzt.

Das System fragt nach dem Merken des Ausbaus, ob die Bearbeitung mit dem **Equipment-Einbau** fortgesetzt werden soll (siehe Abb. 8.6).

Soll also ein Equipment ausgebaut und ein anderes an seine Stelle eingesetzt werden, muß hier „Ja" gewählt werden:

Abb. 8.6
Dialogfenster: Ein-/
Ausbau (Austausch)

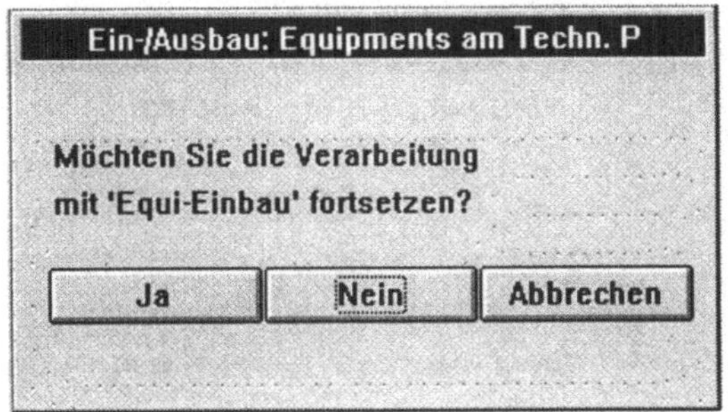

Es kann nun, wie beim normalen Einbau von Equipments, ein oder mehrere Equipment(s) zum Einbau angegeben werden.

Abb. 8.7
Ein/Ausbau im
Stammsatz des
Technischen Platzes

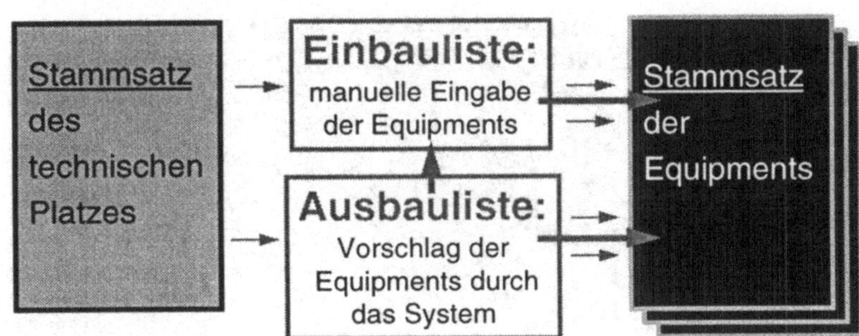

8.1.4.2   **Aufbau equipmentbezogener Verbindungen**

An dieser Stelle wird vorausgesetzt, daß im System PM bereits Stammsätze von Technischen Plätzen und Equipments angelegt sind.

Mit Anwählen von

Logistik ⇨ Instandhaltung ⇨ Technische Objekte ⇨ Equipment ⇨ Ändern

gelangt man zum Einstiegsbild für das Equipment. Hier muß die Nummer des Equipments eingegeben werden, das **ein-** oder **ausgebaut** werden soll.

Equipment einbauen

Über:

Zusätze ⇨ Ein-/Ausbau

gelangt man direkt auf das Bild ***Equipment: Ein-/Ausbau am Technischen Platz***. Nun muß der Einbau markiert und die Nummer des Technischen Platzes eingegeben werden (siehe Abb. 8.8).

Um den **Einbau** vorzunehmen, ist

Ein-/Ausbau ⇨ Merken

zu wählen und die Eingaben zu sichern.

Abb. 8.8
Equipment: Ein-/Ausbau am Technischen Platz

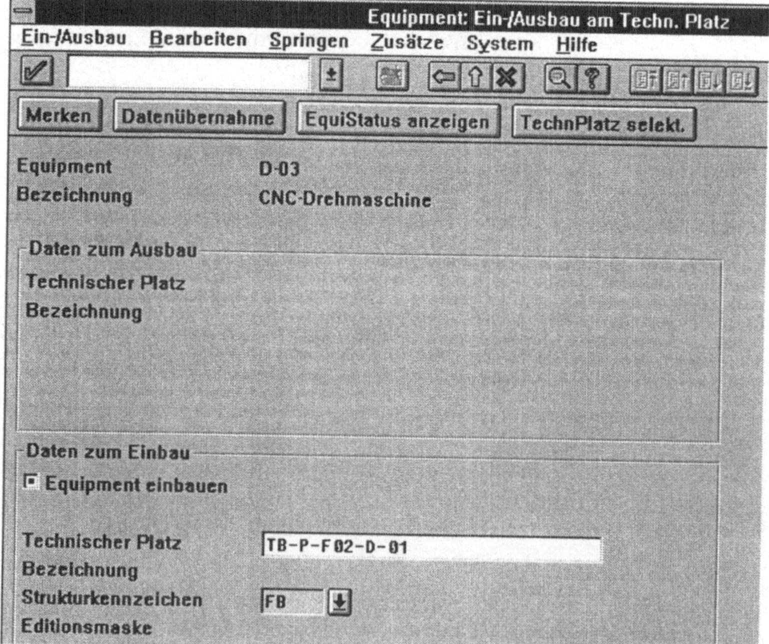

Equipment ausbauen

Das Anwählen geschieht beim **Ausbau** wie beim Einbau des Equipments. Allerdings ist hier das eingebaute Equipment automatisch für den Ausbau gekennzeichnet.

So muß nur noch

Ein-/Ausbau ⇨ *Merken*

angewählt und die Änderung anschließend gesichert werden.

Die einzige Besonderheit hierbei ist, daß der sofortige Einbau auf dem neuen Platz markiert wird und die neue Technische Platznummer angegeben wird (siehe Abb. 8.9). Dies kann z. B. über den Matchcode geschehen.

Nach dem Vormerken muß diese Änderung gesichert werden. Über die Ein-/Ausbau-Funktion werden Verbindungen zwischen den Stammsätzen von Equipment und Technischem Platz erstellt.

Wenn mehrere solcher Verbindungen hergestellt werden, dann spricht man von einer **senkrechten Objektstruktur**. Diese kann sich auch über Baugruppen erstrecken.

Abb. 8.9
Ein-/Ausbau im
Stammsatz des
Equipments

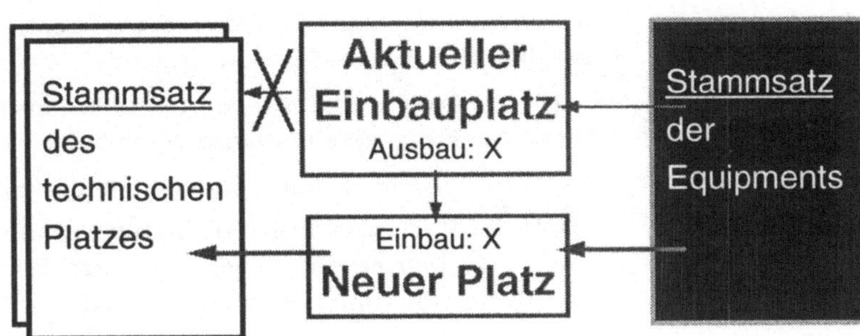

8.2   Objektverbindung und -vernetzung

Im Rahmen einer computergestützten Instandhaltung ist eine gute **Anlagenstrukturierung** sehr sinnvoll. Wie die Strukturierung dabei aussieht, hängt von der Art der Unternehmung und ihren Anlagen ab. Im System PM gibt es deshalb unterschiedliche Strukturierungsmöglichkeiten.

Vertikale Strukturierung

Die vertikale Strukturierung, auch hierarchische Strukturierung genannt, bietet eine Untergliederung in Technische Plätze und Equipments. Hierbei kann unter einem Technischen Platz ein weiterer Technischer Platz definiert sein. Im Top-Down-Prinzip entsteht so eine vertikale Hierarchie (siehe Punkt 8.1).

Horizontale Strukturierung

Die zweite Möglichkeit der Strukturierung ist die horizontale Struktur. In ihr werden die Querverbindungen sichtbar gemacht, die zwischen unterschiedlichen technischen Einheiten entstehen können. Durch solche Verbindungen können ganze Objektnetze erzeugt werden, wenn diese sich zwischen verschiedenen Systemarten erstrecken. Eine solche Verbindung wäre z. B. zwischen einem Versorgungs- und einem Produktionssystem möglich.

Die Herstellung von **Objektverbindungen** ist aus nachfolgenden Gründen notwendig bzw. ratsam:

Gründe für Objektverbindungen

- Die Analyse von Störungen bei betroffenen Objekten und ihren Nachfolgeobjekten wird vereinfacht.

- Vorgeschaltete Systeme können leichter erkannt werden.

- Bei der Planung von IH-Maßnahmen kann jederzeit ein durch Störung betroffenes Objekt ausgemacht und entsprechende Gegenmaßnahmen eingeleitet werden.

Dabei unterscheidet man zwei Arten von Objektverbindungen:

- **Gerichtete Verbindungen**
  Wenn das Medium, das von einem ersten zu einem zweiten System geleitet wird, sich nur in einer einzigen Richtung bewegt, wird es gerichtet genannt.

- **Ungerichtete Verbindungen**
  Wenn das Medium in einer Verbindung einmal von Objekt 1 zu Objekt 2 und ein anderes Mal von Objekt 2 zu Objekt 1 geleitet werden kann, liegt eine ungerichtete Verbindung vor.

Der Objektverbindungsstammsatz beinhaltet folgende Daten:

Merkmale von Objektverbindungen

- **Daten zur Objektverbindung**
  (z. B. die Nummer und Bezeichnung der Verbindung)
- **Daten über die verbundenen Objekte**
  (z. B. Technische Plätze oder Equipments)
- **Daten über die nähere Beschreibung der Verbindung**

Zusätzlich können folgende, weitergehende Daten aufgenommen werden:

- mehrsprachige Texte
- Klassifizierungsdaten
- Daten aus Dokumentationen

8.2.1   Verbinden von Technischen Plätzen

Um Verbindungen zwischen Technischen Plätzen zu erfassen, sollte die Struktur der Unternehmung genauestens bekannt sein.

Erfassen einer Verbindung

Damit eine Verbindung angelegt werden kann, muß folgendermaßen vorgegangen werden:

Logistik ➪ Instandhaltung ➪ Technische Objekte ➪ Technischer Platz ➪ Objektverbindung ➪ Anlegen

Nach diesem Vorgang gelangt man auf das Bild ***Objektverbindung anlegen: Einstieg.*** Es wäre möglich, daß die Nummer der Verbindung extern vergeben wird. In diesem Fall muß sie auf dem Einstiegsbild angegeben werden, andernfalls übernimmt dies das System. Nach dem Speichern wird die Nummer auf dem Bildschirm mitgeteilt.

Wurde die Verbindung angewählt, können Daten eingegeben werden. Dazu gehört im ersten Abschnitt der **Kurztext** wie auch die **Nummer des Netzes**.

Im zweiten Abschnitt werden die Technischen Plätze, zwischen denen die Verbindung liegt, eingegeben.

Im letzten Abschnitt kann das Medium und die Richtung der Verbindung bestimmt werden. Nachdem alle wichtigen Daten über die Verbindung eingegeben wurden, sollte der Stammsatz gespeichert werden mit:

Objektverbindung ➪ Sichern

8.2.2   Änderung, Anzeige und Löschen von Verbindungen

Verbindung ändern

Damit eine bestehende Verbindung geändert werden kann, geht man folgendermaßen vor:

Logistik ⇨ Instandhaltung ⇨ Technische Objekte ⇨ Technischer Platz ⇨ Objektverbindung ⇨ Ändern

Im nun erscheinenden Einstiegsbild muß die Nummer der Objektverbindung eingegeben werden.

Mit der Änderungsfunktion *Objektverbindung ändern* ist es möglich, alle vorhandenen Daten dieser Objektverbindung zu ändern. Dazu kann wie bei der Erfassung der Verbindung vorgegangen werden. Genauso verhält es sich mit dem Sichern der Änderungen.

Verbindung anzeigen

Das Anwählen geschieht wie beim Ändern von Verbindungen. Allerdings wird statt *Ändern* die Funktion *Anzeigen* gewählt. Im Einstiegsbild wird die Nummer der Objektverbindung eingegeben. Nach dem Drücken von (Enter) wird die Verbindung angezeigt.

Verbindung löschen

Um Objektverbindungen zu löschen, muß man auf das Bild *„Objektverbindung ändern: Technische Plätze"* gelangen (Vorgehensweise entspricht der unter *„Verbindung ändern"* genannten).

Damit die Verbindung gelöscht wird,

Objektverbindung ⇨ Löschen

anwählen. Bei der folgenden Sicherheitsabfrage ist mit *„Ja"* der Löschvorgang zu bestätigen oder mit *„Nein"* die Funktion abzubrechen.

8.2.3   Verbinden und Änderung von Equipments

Dieser Punkt beschreibt, wie Equipments miteinander verbunden werden können. Damit die Verbindung von Equipments sinnvoll erfaßt wird, sollte deren Gesamtstruktur genau bekannt sein. Spätere Änderungen konnen sich weitreichend auf andere Equipments auswirken.

Anwählen der
Objektverbindung

Die Menüfolge zur Objektverbindung lautet:

Logistik ⇨ Instandhaltung ⇨ Technische Objekte ⇨ Equipment ⇨ Objektverbindung ⇨ Anlegen

Wie bei den Technischen Plätzen kann auch bei den Equipments eine externe oder interne Nummernvergabe vorliegen. Es sollte deswegen bei externer Nummernvergabe darauf geachtet werden, die Nummern nach einem einheitlichen System zu verteilen.

Zum Bild ***Objektverbindung anlegen: Equipments*** gelangt man nach dem Drücken von (Enter).

Hier können alle Daten eingegeben werden, die für diese neue Objektverbindung gelten sollen, wie z. B. ein Kurztext, das zugehörige Objektnetz und seine Nummer, die durch diese Verbindung betroffenen Equipments und die Richtung der Verbindung. Die Datensicherung erfolgt mit:

Objektverbindung ⇨ *Sichern.*

Nach dem Sichern wird mitgeteilt, daß eine neue Objektverbindung angelegt wurde. Bei interner Nummernvergabe wird auch die Objektnummer am Bildschirm ausgegeben.

Equipmentverbindung ändern

Um Equipmentverbindungen zu ändern, ist folgende Menüfolge anzuwählen:

Logistik ⇨ *Instandhaltung* ⇨ *Technische Objekte* ⇨ *Equipments* ⇨ *Objektverbindung* ⇨ *Ändern*

Nach Eingabe der Nummer und Bestätigen mit (Enter), erscheint das Bild ***Objektverbindung ändern: Equipments*** auf dem Bildschirm. Nach dem Ändern oder Ergänzen von Daten wird der Stammsatz mit

Objektverbindung ⇨ *Sichern*

gespeichert.

8.3 Stücklisten

In einer Stückliste sind alle Bestandteile eines Technischen Objektes, einer Baugruppe oder eines Materials aufgeführt (weitere Informationen zu Stücklisten sind Kapitel 7.2.4 zu entnehmen).

Arten von Stücklisten

- **Einfache Stücklisten**

  Bei einfachen Stücklisten ist einem Technischen Objekt, einer Baugruppe oder einem Material eine einfache Stückliste zugeordnet.

- **Variantenstückliste**

  Diese Stücklisten sind mehreren Equipments zugeordnet. Sie unterscheiden sich nur in wenigen Positionen.

- **Mehrfachstücklisten**

  Mehrfachstücklisten sind eine komplexe Art von Stücklisten, die einem Objekt zugeordnet werden. Diese Art von Stücklisten sind für die Instandhaltung nicht relevant.

8.3.1 Verwendung und Zuordnung von Stücklisten

Stücklisten können als Strukturbeschreibung und zur Ersatzteilzuordnung verwendet werden.

Mit Hilfe der **Strukturbeschreibung** kann man aufgetretene Störungen leichter lokalisieren, indem man die vorkommenden Bestandteile systematisch untersucht.

Mit Hilfe der **Ersatzteilzuordnung** lassen sich die Materialien und Ersatzteile bei der Durchführung von IH-Aufträgen besser planen.

Bei der **direkten Zuordnung** werden einer Stückliste ein oder mehrere Equipments direkt zugeordnet (siehe Abb. 8.10):

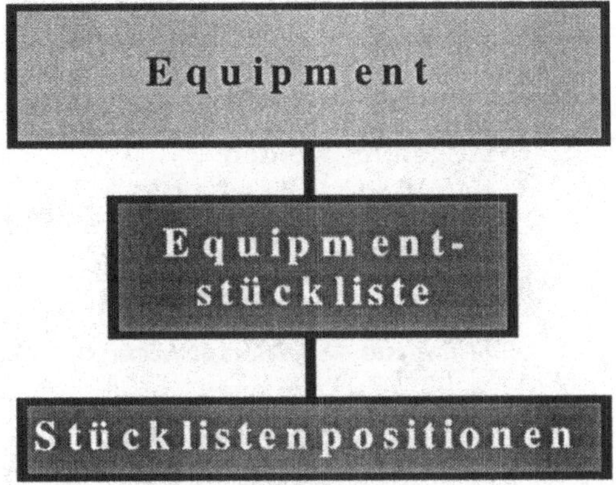

Abb. 8.10
Direkte Stücklisten-
zuordnung

Bei der **indirekten Zuordnung** wird einem Material eine Stückliste zugeordnet. Auf diese Stückliste kann jedes Equipment zugreifen, das aus diesem Material besteht (siehe Abb. 8.11):

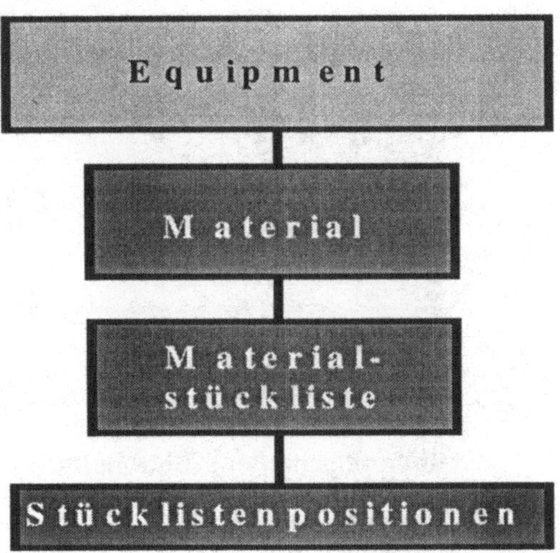

Abb. 8.11
Indirekte Stücklisten-
zuordnung

8.3.2   Pflege von Instandhaltungsstücklisten

Instandhaltungsstücklisten können mit oder ohne Vorlage angelegt werden.

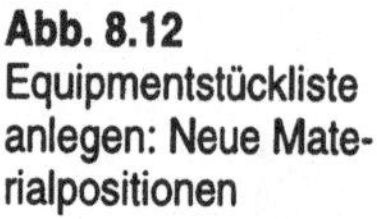
Anlegen von Instandhaltungsstücklisten ohne Vorlage

Um eine Stückliste zu generieren, muß zunächst folgender Schritt ausgeführt werden:

Logistik ⇨ Instandhaltung ⇨ Technische Objekte ⇨ Stückliste ⇨ Equipmentstückliste ⇨ Anlegen
oder:
Stückliste ⇨ Materialstückliste ⇨ Anlegen

Wichtig ist, daß auf dem Einstiegsbild die richtige Stücklistenverwendung eingetragen wird. Über die Online-Hilfe kann man verschiedene Verwendungsarten auswählen. Hier muß *„Instandhaltung"* auf jeden Fall ausgewählt werden; *„Kalkulation"* und *„Ersatzteile"* können zusätzlich ausgewählt werden.

Wenn alle gewünschten Eingaben erfolgt sind, (Enter) drücken; anschließend gelangt man zu nachfolgendem Bildschirmbild:

Abb. 8.12
Equipmentstückliste anlegen: Neue Materialpositionen

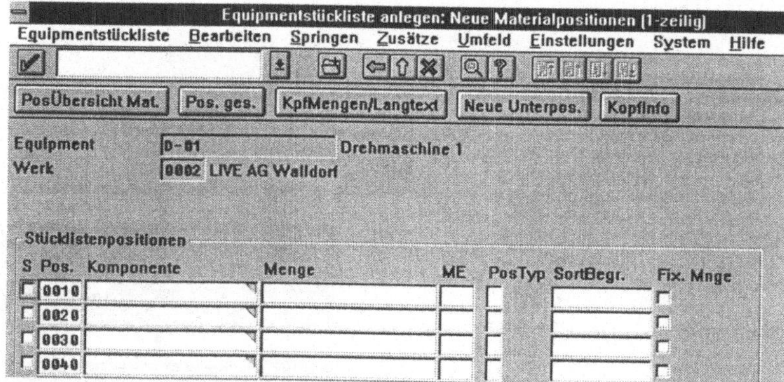

Von diesem Bild aus kann man jetzt, wenn nötig mit der Online-Hilfe, die Stücklistenpositionen eingeben. Außerdem kann man über verschiedene Buttons Informationen abrufen bzw. erfassen. Jetzt kann man die neue Stückliste sichern, indem man

Equipmentstückliste ⇨ Sichern

oder:

Materialstückliste ⇨ Sichern

anwählt.

Anlegen von Instand-
haltungsstücklisten
mit Vorlage

Man geht, wie vorher beschrieben, auf das Einstiegsbild, macht die gewünschten Eingaben und kann dann über

Materialstückliste ⇨ *Vorlage kopieren*

oder:

Equipmentstückliste ⇨ *Vorlage kopieren* ⇨ *MaterialStl.kop.*

oder:

Equipmentstückliste ⇨ *Vorlage kopieren* ⇨ *EquipmentStl.kop.*

vorgehen.

Über ein Dialogfeld gelangt man auf eine bestehende Stückliste. Dort kann man die Positionen markieren, die man kopieren möchte. Anschließend wählt man:

Bearbeiten ⇨ *Übernehmen*

Von jetzt an kann, wie beim Anlegen ohne Vorlage, weitergearbeitet werden.

Variantenstückliste
anlegen

Das Anlegen von Variantenstücklisten unterscheidet sich nur im folgenden durch das Anlegen von Stücklisten mit Vorlage:

Equipmentstückliste ⇨ *Variante anl. zu*

oder

Materialstückliste ⇨ *Variante anl. zu*

Weitere Informationen und ausführlichere Funktionsbeschreibungen sind Kapitel 7.2 (Absatz- und Produktionsgrobplanung) zu entnehmen.

8.4   Instandhaltungsarbeitspläne

Durch IH-Arbeitspläne werden aufeinanderfolgende Tätigkeiten für Inspektionen, Wartungen und Instandsetzungen, die an einem technischen Objekt zu bestimmten Zeiten durchgeführt werden sollen, beschrieben. IH-Arbeitspläne enthalten Informationen über die einzelnen Arbeitsschritte, die dafür benötigte Zeit und die Ressourcen.

8.4.1   **Verwendung von Instandhaltungsarbeitsplänen**

IH-Arbeitspläne können verwendet werden für

- die planmäßige Instandhaltung oder

- die laufende Instandhaltung.

Bei der **planmäßigen Instandhaltung** ist der Arbeitsumfang und der Termin der IH-Arbeiten planbar.

IH-Arbeitspläne für die **laufende Instandhaltung** sind aufgrund der Inspektionsbefunde nach Bedarf verwendbar.

IH-Arbeitspläne bieten Hilfe beim:

- **Standardisieren von Arbeitsabläufen.**

  Mit IH-Arbeitsplänen kann man Tätigkeiten zentral definieren.

- **Effektiven Planen von IH-Arbeiten.**

  Bei wiederkehrenden IH-Tätigkeiten kann man IH-Arbeitspläne verwenden, damit die Tätigkeiten nicht jedesmal neu geplant werden müssen.

- **Erstellen von Wartungsplänen.**

  Man kann sich beim Erstellen von Wartungsplänen auf IH-Arbeitspläne beziehen.

- **Zeitsparenden Bearbeiten von IH-Aufträgen.**

  In der Vorgangsliste des IH-Auftrags kann man den IH-Arbeitsplan auflösen.

8.4.2   **Instandhaltungs-Arbeitsplantypen**

Es gibt zwei Arten von IH-Arbeitsplänen:

- **Equipmentplan**

  Der Equipmentplan ist für ein bestimmtes Equipment gedacht. Mit ihm kann man die IH-Arbeiten für das Equipment zentral definieren und verwalten. Mit seiner Hilfe lassen sich Wartungspläne und Instandhaltungsaufträge vorbereiten.

- **Instandhaltungsanleitung**

  Die IH-Anleitung ist für allgemeine Instandhaltungsarbeiten, die sich nicht auf ein bestimmtes technisches Objekt beziehen, vorgesehen. Mit ihr lassen sich die Abfolgen von IH-Arbeiten zentral definieren und verwalten. Wartungspläne und Instandhaltungsaufträge können mit ihr vorbereitet und Equipmentpläne mit geringererem Aufwand angelegt werden.

Plangruppen

IH-Arbeitspläne mit denselben oder ähnlichen IH-Abläufen werden in sogenannten Plangruppen zusammengefaßt. Sie bekommen innerhalb einer Gruppe einen Plangruppenzähler zugewiesen. Die Nummern für die IH-Anleitungen können intern sowie extern vergeben werden. Einem Equipmentplan kann die Nummer nur intern zugewiesen werden.

8.4.3   Aufbau von Instandhaltungs-Arbeitsplänen

Ein IH-Arbeitsplan enthält folgende Elemente:

- **Vorgänge**

  Sie beschreiben die einzelnen Arbeitsschritte, die durchzuführen sind und enthalten Steuerungsinformationen. Im Vorgangstext können die Arbeiten in Textform beschrieben werden. Der Steuerschlüssel besagt wie der Vorgang durchgeführt werden soll.

- **Untervorgänge**

  Untervorgänge sind eine Untergliederung der Vorgänge. Man verwendet Untervorgänge, wenn dem Vorgang mehrere Arbeitsplätze zugeteilt sind oder wenn Mitarbeiter mit unterschiedlicher Qualifikation am Vorgang beteiligt sind.

- **Materialien**

  Die benötigten Materialien stehen im Vorgang. Man kann sie diesem durch die Stücklistenpositionen angeben.

- **Wartungspakete**

  Um die Zeiten der Durchführung richtig zuordnen zu können, braucht man Wartungspakete.

Es gibt zwei Möglichkeiten, um Vorgänge und Untervorgänge auszuführen:

- Bei der **Eigenbearbeitung** wird der Vorgang/Untervorgang von eigenen Mitarbeitern ausgeführt.
- Der Vorgang/Untervorgang wird bei der **Fremdbearbeitung** von einer anderen Firma ausgeführt.

8.4.4   Stammdaten

IH-Arbeitspläne sind Stammdaten und greifen auf andere Stammdaten zu; hierzu zählen:

- **Equipmentstammsätze**
  Beim Anlegen eines Equipmentplans werden Daten und die Stückliste aus dem Equipmentstammsatz übernommen.

- **Materialstammsätze**
  Wird im Kopf des IH-Arbeitsplans eine Baugruppe angegeben, werden die Daten der Baugruppe aus dem Materialstammsatz übernommen.

- **Arbeitsplatzstammsätze**
  Das System übernimmt Daten aus dem Arbeitsplatzstammsatz, wenn dem IH-Arbeitsplan ein Arbeitsplatz zugewiesen wurde.

- **Stücklistenstammsätze**
  Es können einzelne Stücklistenpositionen den Vorgängen des IH-Arbeitsplans zugeordnet werden.

- **Einkaufsinformationsdatensätze**
  Wird ein Vorgang fremdbearbeitet, so benötigt man Informationen über den Lieferanten und dessen Material. Diese stehen in den Einkaufsinformationsdatensätzen.

- **Kreditorenstammsätze**
  Informationen über den Kreditor sind in den Kreditorenstammsätzen enthalten.

- **Wartungsstrategien**
  Dem IH-Arbeitsplan kann eine Wartungsstrategie zugeordnet werden.

8.4.5   Anlage von Instandhaltungsarbeitsplänen

Um einen IH-Arbeitsplan anzulegen, wählt man:

Logistik ⇨ *Instandhaltung* ⇨ *Arbeitsplanung* ⇨ *Arbeitspläne* ⇨
Arbeitspläne Equi
oder: *Anleitungen* ⇨ *Anlegen*

Nun können die gewünschten Eingaben getätigt werden. Mit ⟨Enter⟩ gelangt man auf das Kopfdatenbild, in dem die gewünschten Eingaben gemacht werden, und danach muß gesichert werden (siehe Abb. 8.13):

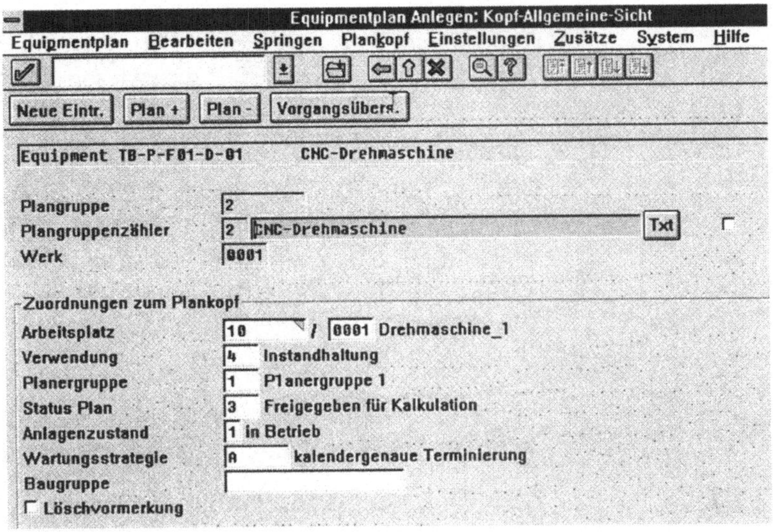

Abb. 8.13
Kopf-Allgemeine-
Sicht

Equipmentplan Anlegen: Kopf-Allgemeine-Sicht

Equipmentplan   Bearbeiten   Springen   Plankopf   Einstellungen   Zusätze   System   Hilfe

Neue Eintr.   Plan +   Plan -   Vorgangsübers.

Equipment TB-P-F01-D-01   CNC-Drehmaschine

Plangruppe   2
Plangruppenzähler   2   CNC-Drehmaschine   Txt
Werk   0001

Zuordnungen zum Plankopf

Arbeitsplatz   10   / 0001 Drehmaschine_1
Verwendung   4   Instandhaltung
Planergruppe   1   Planergruppe 1
Status Plan   3   Freigegeben für Kalkulation
Anlagenzustand   1 in Betrieb
Wartungsstrategie   A   kalendergenaue Terminierung
Baugruppe
☐ Löschvormerkung

Um Vorgänge und Untervorgänge anzugeben, geht man folgendermaßen vor:

Vom Kopfdatenbild aus ist die Vorgangsübersicht anzuwählen, dann Eingabe der gewünschten Vorgänge/Untervorgänge, wobei diese mit einem entsprechenden Steuerschlüssel (siehe Abb. 8.14) versehen werden müssen.

Nun können Vorgänge ausgewählt und als Eigenbearbeitung oder Fremdbearbeitung durchgeführt werden. Hierzu muß von der Vorgangsübersicht ausgehend entweder *Eigenbearbeitung* oder *Fremdbearbeitung* gewählt werden. Dann kann die Dateneingabe erfolgen. Mit der Option *Zurück* gelangt man wieder in die Vorgangsübersicht.

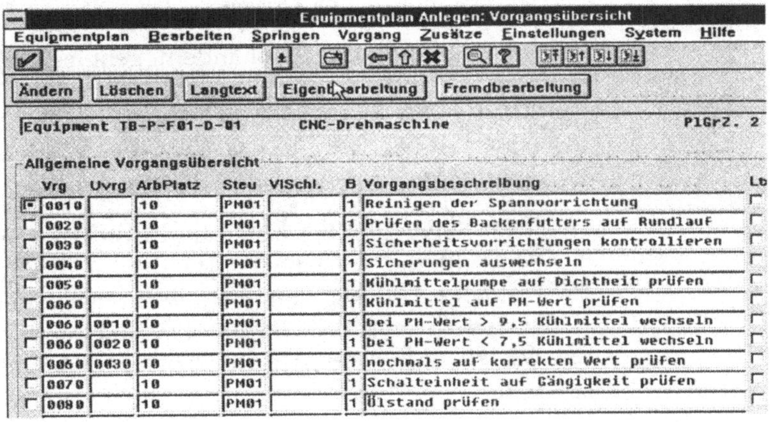

Abb. 8.14
Vorgangsübersicht -
Vorgänge anlegen

Equipmentplan Anlegen: Vorgangsübersicht

Equipmentplan   Bearbeiten   Springen   Vorgang   Zusätze   Einstellungen   System   Hilfe

Ändern   Löschen   Langtext   Eigenbearbeitung   Fremdbearbeitung

Equipment TB-P-F01-D-01   CNC-Drehmaschine   PlGr2. 2

Allgemeine Vorgangsübersicht

Vrg	Uvrg	ArbPlatz	Steu	VlSchl.	B	Vorgangsbeschreibung	Lt
0010		10	PM01		1	Reinigen der Spannvorrichtung	☐
0020		10	PM01		1	Prüfen des Backenfutters auf Rundlauf	☐
0030		10	PM01		1	Sicherheitsvorrichtungen kontrollieren	☐
0040		10	PM01		1	Sicherungen auswechseln	☐
0050		10	PM01		1	Kühlmittelpumpe auf Dichtheit prüfen	☐
0060		10	PM01		1	Kühlmittel auf PH-Wert prüfen	☐
0060	0010	10	PM01		1	bei PH-Wert > 9,5 Kühlmittel wechseln	☐
0060	0020	10	PM01		1	bei PH-Wert < 7,5 Kühlmittel wechseln	☐
0060	0030	10	PM01		1	nochmals auf korrekten Wert prüfen	☐
0070		10	PM01		1	Schalteinheit auf Gängigkeit prüfen	☐
0090		10	PM01		1	Ölstand prüfen	☐

Um Materialien zuzuordnen, ist folgendermaßen vorzugehen: Vorgänge, denen Material zugewiesen werden soll, markieren. Von der Vorgangsübersicht gelangt man mit

Springen ⇨ *Materialkomponentenübersicht*

auf das Bild *Materialkomponentenübersicht*. Die gewünschten Eingaben sind zu tätigen und zu sichern. Um Wartungspakete zuzuordnen, geht man folgendermaßen vor: Markieren der Vorgänge, denen Wartungspakete zugeordnet werden sollen. Von der Vorgangsübersicht aus gelangt man mit

Springen ⇨ *Wartungspaketübersicht*

auf das Bild *Wartungspaketübersicht*, dann ist die Zuordnung der Wartungspakete vorzunehmen und abschließend zu sichern.

8.4.6   Änderung von Instandhaltungsarbeitsplänen

IH-Arbeitspläne können mit und ohne Änderungshistorie geändert werden.

Ändern ohne Historie

Beim Ändern ohne Historie wird die Änderung nicht dokumentiert. Im Einstiegsbild darf keine Änderungsnummer eingegeben werden.

Ändern mit Historie

Beim Ändern mit Historie wird die Änderung dokumentiert. Im Einstiegsbild muß die Änderungsnummer angegeben weden. Die Änderung gilt ab dem Gültigkeitsdatum der Änderungsnummer. Der Änderungsstammsatz wird mit der Änderungsnummer identifiziert. Im Änderungsstammsatz werden die Änderungen beschrieben und das Gültigkeitsdatum eingegeben. Zum Anlegen eines Änderungsstammsatzes wählt man:

Logistik ⇨ *Zentrale Funktionen* ⇨ *Änderungsdienst* ⇨ *Änderungsstammsatz* ⇨ *Anlegen*

Um einen Arbeitsplan zu ändern, geht man folgendermaßen vor:

Arbeitspläne ⇨ *Arbeitspläne Equi*
oder:
Arbeitspläne Anleitungen ⇨ *Ändern*

Nach Eintragung der Daten und Drücken von ⟨Enter⟩ erscheint eine Warnung, die mitteilt, daß das Gültigkeitsdatum überschrieben wird. Drücken von ⟨Enter⟩, wenn man damit einverstanden ist, ansonsten muß die Eingabe geändert werden durch Markierung des zu ändernden IH-Arbeitsplans und entsprechender Änderung.

Zum schnelleren Anlegen eines IH-Arbeitsplans kann ein anderer IH-Arbeitsplan als Vorlage dienen. Dann ist folgende Vorgehensweise einzuschlagen:

IH-Arbeitspläne mit Hilfe einer Vorlage ändern

1. Start aus dem Einstiegsbild des anzulegenden IH-Arbeitsplans (siehe IH-Arbeitspläne anlegen).

2. Eingabe der IH-Arbeitsplan-Nr. und der benötigten Daten ohne [Enter] zu drücken. Nun verwendet man die Vorlage, indem man *Vorlage kopieren* anwählt.

3. In dem erscheinenden Dialogfenster muß der Typ des gewünschten IH-Arbeitsplans angegeben und markiert werden; diesen mit [Enter] bestätigen.

4. Im Dialogfenster können die Selektionskriterien für die Vorlage eingegeben werden.

5. Mit [Enter] gelangt man auf ein weiteres Dialogfenster, in dem die IH-Arbeitspläne, die den Kriterien entsprechen, angezeigt werden. Es ist der gewünschte IH-Arbeitsplan auszuwählen.

6. Die Daten werden nun im *Kopf-Allgemeine Sicht* des neuen IH-Arbeitsplans angezeigt. Mit [Enter] werden diese kopiert. Hier sind ggf. Änderungen und eine abschließende Sicherung vorzunehmen.

8.5　Instandhaltungsmeldung

Für ungeplante Maßnahmen werden IH-Meldungen angelegt. IH-Meldungen beschreiben

- die Störung oder

- den Mangelzustand

einer Anlage.

Arten von IH-Meldungen

Es gibt drei verschiedene Arten der IH-Meldung:

- Störmeldung

- Tätigkeitsmeldung

- IH-Anforderung

Diese werden wie folgt angelegt:

Instandhaltung ⇨ *Logistik* ⇨ *IH-Abwicklung*

Nun gelangt man auf das Bild *IH-Abwicklung*. Hier wählt man:

IH-Meldung ⇨ *Anlegen speziell* ⇨ *Störmeldung, Tätigkeitsmeldung* oder *IH-Anforderung*

8.5.1   Störmeldung

Eine Störmeldung wird aufgrund einer Störung angelegt. Sie beschreibt den Ist-Zustand des Objektes. Mit ihr wird eine Maßnahme angefordert, die den Sollzustand wiederherstellen soll.

Im Bild *„Instandhaltungsmeldung anlegen: Störmeldung"* (siehe Abb. 8.15) können die noch fehlenden Eingaben vorgenommen werden:

Abb. 8.15
IH-Meldung anlegen:
Störmeldung

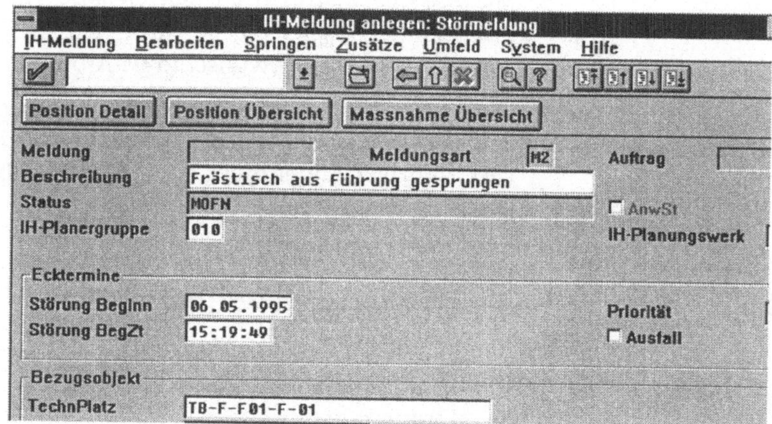

Bei den Störmeldungen sind zwei **Sonderfälle** zu beachten:

- **Störmeldung ohne Bezugsobjekt**
  In diesem Fall wird die Störmeldung normal angelegt, jedoch das Bezugsobjekt freigelassen. Sollte das Bezugsobjekt im nachhinein bekannt werden, wird dieses mit *Störmeldung ändern* erfaßt.
- **Störmeldung nach Behebung der Störung**
  Manche Störungen erfordern eine sofortige Behebung des Schadens. Diese Störungen werden erst nach Beseitigung der Störung als Meldung erfaßt.

8.5.2   Tätigkeitsmeldung

Tätigkeitsmeldungen werden erst nach Durchführung einer Tätigkeit angelegt. In diese Meldungen gehen technische Daten ein, die bereits bei der Durchführung bekannt waren. Die Tätigkeitsmeldung kann man auch als Inspektionsbefund bezeichnen (siehe Abb. 8.16).

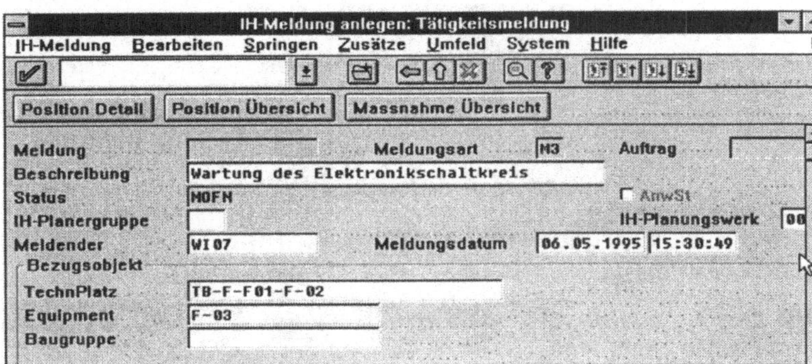

Abb. 8.16
IH-Meldung anlegen:
Tätigkeitsmeldung

8.5.3   Instandhaltungsanforderung

Die IH-Anforderung bedarf bestimmter Maßnahmen. Sie wird im Normalfall für Investitionen verwendet (siehe Abb. 8.17).

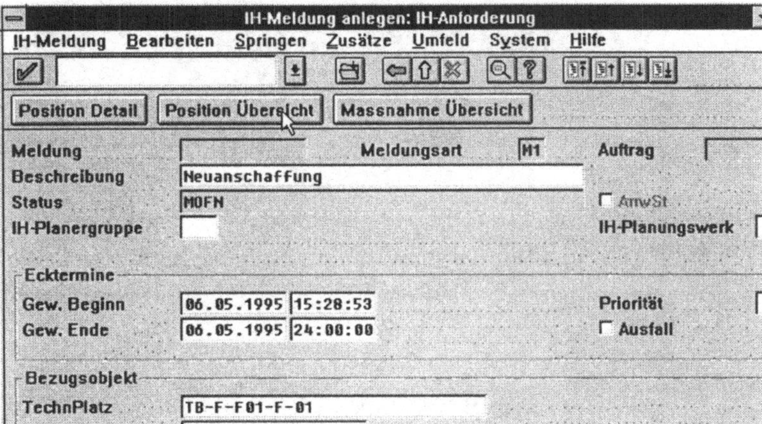

Abb. 8.17
IH-Meldung anlegen:
IH-Anforderung

Meldungspositionen

In Meldungspositionen werden, soweit bekannt, technische Einzelheiten festgehalten. In ihnen werden Schadensursache und Schadensbild erfaßt. Während der Durchführung der Maßnahme können Änderungen vorgenommen werden.

Wird z. B. während der Durchführung festgestellt, daß eine andere Schadensursache als ursprünglich angenommen vorliegt, kann diese geändert werden.

Die Positionsdaten werden in dem dafür vorgesehenen Block erfaßt. Werden später weitere Positionen angefordert, sollten diese nicht im Gesamten eingegeben, sondern einzeln erfaßt werden. Dies kann man über

Neuer Eintrag ⇨ Position

bewerkstelligen. Es besteht hier die Möglichkeit, eine Positionsliste anzeigen zu lassen. Dazu muß man

Springen ⇨ Position ⇨ Übersicht

anwählen (siehe Abb. 8.18).

Abb. 8.18
Positionsliste

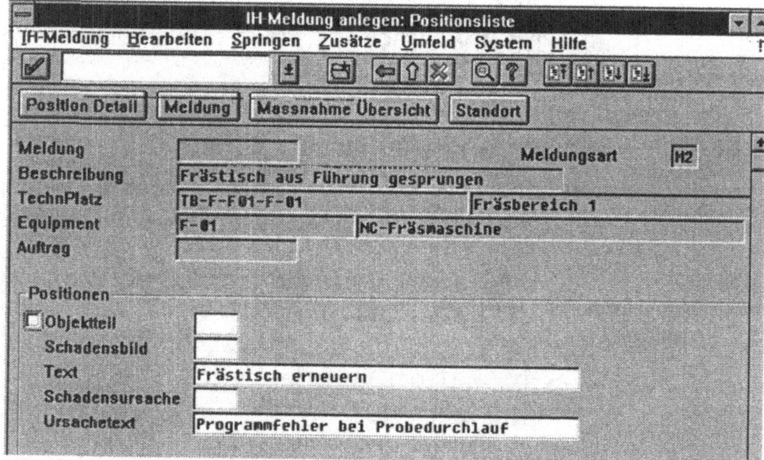

Maßnahmen

Maßnahmen dienen hauptsächlich der Dokumentation. In ihnen wird festgehalten, welche Schritte eingeleitet werden sollen (siehe Abb. 8.19).

Abb. 8.19
Maßnahmen

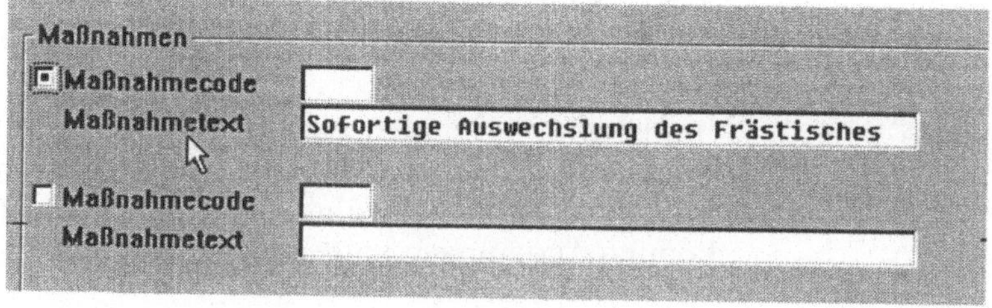

<table>
<tr><td>

8.5.4

</td><td>

Graphische Darstellung der Ausfallzeit

</td></tr>
</table>

Über die Selektionsliste besteht die Möglichkeit, sich die Ausfallzeit graphisch anzeigen zu lassen. Man markiert die gewünschten IH-Meldungen und wählt die *Terminübersicht* aus.

Die Graphik wird über die Selektionsliste angezeigt. Hierzu gibt man in dieser die gewünschten Daten an, die für die IH-Meldungen relevant sind. Dies geschieht über:

Bearbeiten ⇨ alle markieren ⇨ Springen ⇨ Termingraphik.

<table>
<tr><td>

8.5.5

Vorgangsabhängige
Statusverwaltung

</td><td>

Statusverwaltung

</td></tr>
</table>

Bei der vorgangsabhängigen Statusverwaltung ist ersichtlich, in welchem Stadium sich die IH-Meldung befindet und welche Schritte noch durchzuführen sind. Während der Bearbeitung der IH-Meldung ändert sich der Status laufend. Dies hängt vom aktuellen Stand der IH-Meldung ab.

Im System PM kann man sich den Status anzeigen lassen. Vom Meldungskopf ausgehend wählt man

Zusätze ⇨ Status

und gelangt damit auf das Bild **Statusanzeige** (siehe Abb. 8.20):

Abb. 8.20
Statusanzeige

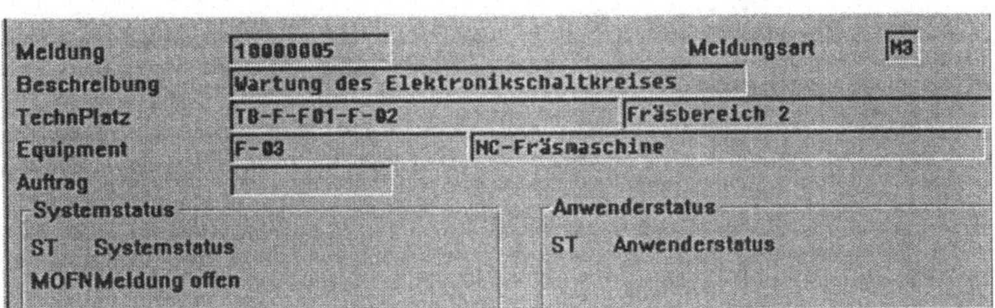

Nun erscheint der Anwender- und Systemstatus. Aus dem letzteren ist ablesbar, in welchem Stadium sich die IH-Meldung zur Zeit befindet.

Variable Status-
verwaltung

Der variable Status ist vom System voreingestellt. Das Customizing hat jedoch die Möglichkeit, den Status unternehmensspezifisch einzurichten.

8.5.6   IH-Meldung und IH-Auftrag

Einem IH-Auftrag können mehrere IH-Meldungen zugeordnet werden, jedoch nicht mehrere IH-Aufträge einer IH-Meldung.

Dafür gibt es verschiedene Möglichkeiten:

- **IH-Meldung einem bestehenden IH-Auftrag zuordnen**
  Hier kann man auf zwei Arten vorgehen:
  - Man kann die Nummer des bestehenden IH-Auftrages in die IH-Meldung eingeben.
  - Der IH-Auftrag kann bearbeitet und die Nummer der IH-Meldung eingegeben werden.

- **IH-Auftrag einer IH-Meldung zuordnen**
  Auch hier kann man auf zwei Arten vorgehen:
  - Der IH-Auftrag wird durch die Funktion „IH-Meldung ändern" angelegt, wobei die Zuordnung automatisch erfolgt.
  - Es wird ein IH-Auftrag angelegt und ihm die IH-Meldung zugeordnet.

IH-Meldung in Auftrag geben

Bei der **aktiven Auftragsabwicklung** wird eine IH-Meldung angelegt, die einen IH-Auftrag nach sich zieht. Ist der IH-Auftrag angelegt, kann die IH-Meldung in Arbeit gegeben werden. Hierzu wählt man:

Logistik ⇨ Instandhaltung ⇨ IH-Abwicklung ⇨ Meldung ⇨ ändern

Man gelangt auf das Einstiegsbild, in dem die Meldungsnummer eingegeben werden muß. Dann ist die Funktion *Meldung* anzuklicken.

Mit:

IH-Meldung ⇨ Funktionen ⇨ In Arbeit geben

kann diese Meldung in Arbeit gegeben werden.

Existiert in einem Unternehmen **keine Auftragsabwicklung**, werden sämtliche Daten, die für den IH-Auftrag vorgesehen sind, in eine IH-Meldung geschrieben. Es entsteht kein gesonderter IH-Auftrag.

IH-Meldung zurückstellen

Eine IH-Meldung kann zurückgestellt werden; dies ist jedoch nur möglich, wenn der IH-Auftrag noch nicht weiter bearbeitet wurde.

Entscheidet man sich für eine Rückstellung, muß das Datum, an dem die IH-Meldung weiter bearbeitet werden soll, bereits feststehen. Hierzu wählt man

Logistik ⇨ *Instandhaltung* ⇨ *IH-Abwicklung* ⇨ *ändern*

und gibt die Meldungsnummer ein. Nach Wahl der Funktion *Meldung* erscheint der Meldungskopf. Mit

IH-Meldung ⇨ *Funktionen* ⇨ *zurückstellen*

kann die Funktion zurückgestellt werden.

IH-Meldung löschen   Es besteht die Möglichkeit, eine IH-Meldung zu löschen. Dieser Schritt kann jedoch nur ausgeführt werden, wenn die IH-Meldung noch nicht weiter bearbeitet wurde. Ist die IH-Meldung bereits in Arbeit gegeben oder wurde ihr ein IH-Auftrag zugewiesen, besteht die Möglichkeit einer IH-Meldung nicht mehr.

8.6   Instandhaltungsauftrag

Müssen IH-Maßnahmen an einem technischen Objekt durchgeführt werden, werden diese mit der IH-Meldung angefordert. Durch den daraufhin eröffneten IH-Auftrag werden sie detailliert geplant und ihre Durchführung überwacht. Im IH-Auftrag wird gezielt auf die Instandsetzungsarbeiten eingegangen.

8.6.1   Erstellen eines Instandhaltungsauftrags

Ein IH-Auftrag kann auf **vier Arten** erstellt werden:

* **zu einer IH-Meldung**
  Anfallende IH-Maßnahmen in einer IH-Meldung können durch einen IH-Auftrag geplant und ausgeführt werden.

Vorgehensweise   *Logistik* ⇨ *Instandhaltung* ⇨ *IH-Abwicklung* ⇨ *Aufträge* ⇨ *Anlegen zur Meldung*

Es ist die Auftragsart und -nummer der IH-Meldung einzugeben. Mit [Enter] gelangt man auf das Kopfdatenbild, in dem die übernommenen Daten angezeigt werden (siehe Abb. 8.21). Es können nun weitere Daten eingegeben und abschließend gesichert werden.

Abb. 8.21
Kopf zentral

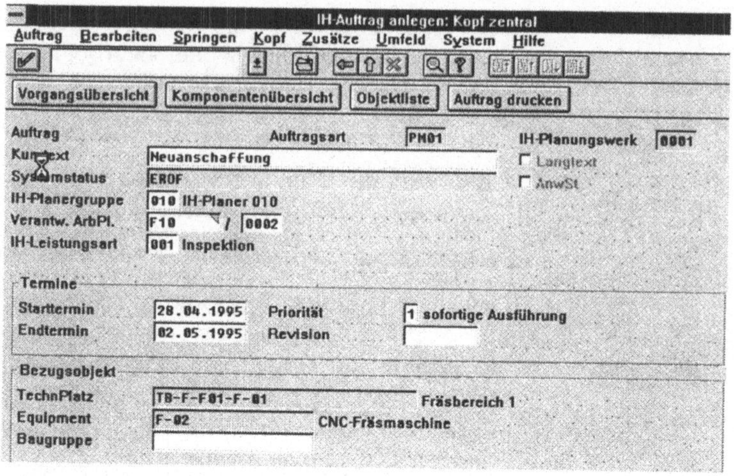

- **aus einer IH-Meldung heraus**
  Um Zeit zu sparen, kann sofort aus einer IH-Meldung heraus ein IH-Auftrag erstellt werden. Von der IH-Meldung ausgehend wählt man:

  IH-Meldung ⇨ Funktionen ⇨ Auftrag ⇨ Anlegen zur Meldung

  Man gelangt auf das Einstiegsbild des IH-Auftrags, in dem die gewünschten Eintragungen gemacht werden können. Mit Enter gelangt man auf das Bild *Kopf zentral*. Die gewünschten Daten sind einzugeben und zu sichern.

- **als selbständiger IH-Auftrag**
  Liegt eine Störung an einem technischen Objekt vor, so muß nicht erst eine IH-Meldung abgewartet werden, sondern es kann sofort ein IH-Auftrag erstellt werden. Die dazugehörige IH-Meldung kann zu einem späteren Zeitpunkt erstellt werden.

Vorgehensweise

Logistik ⇨ Instandhaltung ⇨ IH-Abwicklung ⇨ Aufträge ⇨ Anlegen

Zunächst muß das Einstiegsbild ausgefüllt werden. Mit Enter gelangt man auf das Kopfdatenbild, in dem die übernommenen Daten ersichtlich werden. Nun können weitere Daten eingegeben und der IH-Auftrag gesichert werden.

- **automatisch aus einem Wartungsplan**
  (siehe Punkt 8.7)

8.6.1.1   **Objektliste**

Mit Hilfe der Objektliste stellt man eine Verbindung zwischen dem IH-Auftrag und der IH-Meldung oder dem technischen Objekt her. Gibt man bei der Erstellung eines IH-Auftrags ein technisches Objekt an, so stellt dieses das Bezugsobjekt für den IH-Auftrag dar. Wird bei der Erstellung eines IH-Auftrags eine IH-Meldung angegeben, so wird dessen Bezugsobjekt als Bezugsobjekt in den IH-Auftrag übernommen.

Vorgehensweise

Vom Kopfdatenbild aus wählt man die Objektliste an und macht die gewünschten Eingaben (siehe Abb. 8.22). Mit

Springen ⇨ Zurück

kommt man auf das Kopfdatenbild zurück.

Abb. 8.22
Objektliste im Auftrag -
Objekte eingeben

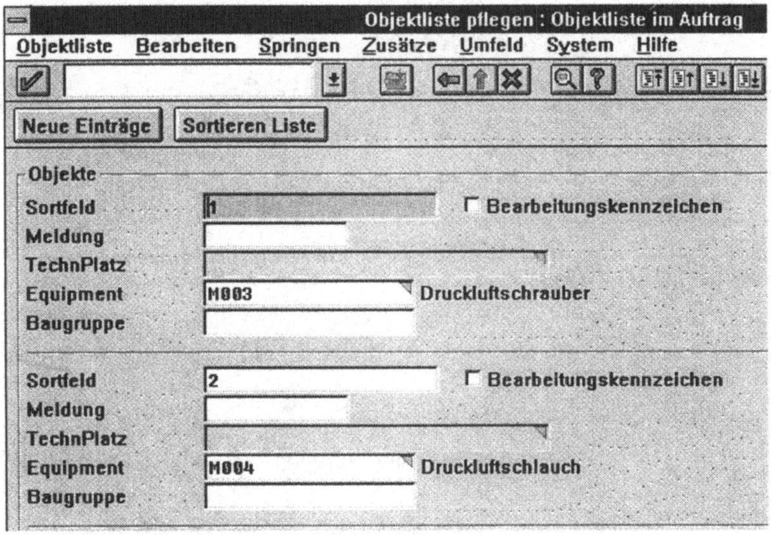

8.6.1.2   **Arbeitsvorbereitung**

IH-Maßnahmen müssen oft im voraus und sehr detailliert geplant werden, damit die Ausfallzeit oder die Zeit, in der das technische Objekt nur bedingt zur Verfügung steht, minimiert werden kann.

Um die einzelnen Arbeiten zu beschreiben, verwendet man:

- **Vorgänge**
  Mit den Vorgängen werden die einzelnen Arbeitsschritte beschrieben.

- **Untervorgänge**
  Werden für einen Vorgang mehrere Arbeitsplätze benötigt, so kann man den Vorgang in Untervorgänge gliedern. Die Kapazität der Arbeitsplätze in den Untervorgängen kann geplant werden, jedoch können Untervorgänge nicht eigenständig terminiert werden, sondern sie übernehmen die Terminierung des Vorgangs.

Detaillierungsebene

Vorgänge und Untervorgänge kann man auf verschiedenen Detaillierungsebenen planen.

- **Schnellerfassung**
  Im Kopfdatenbild werden die Daten eines Vorgangs eingegeben.

- **Umfangreiche Aufträge ohne detaillierte Planung**
  Vorgänge auf Vorgangsliste eingeben.

Vorgehensweise

Vom Kopfdatenbild ausgehend gelangt man mit

Springen ⇨ *Vorgangsübersicht*

auf die Vorgangsübersicht. Hier werden die Vorgänge eingetragen und gesichert (siehe Abb. 8.23). Mit

Springen ⇨ *Zurück*

kommt man auf das Kopfdatenbild zurück.

- **Aufträge mit detaillierter Planung**
  Hierzu stehen die Vorgangsübersicht und die Vorgangsdetailbilder zur Verfügung.

Vorgehensweise

Vom Bild *Vorgangsübersicht* ⇨ *Eigenbearbeitung* ⇨ *Fremdbearbeitung* oder *Vorgangstermine* anwählen.

Abb. 8.23
Vorgangsübersicht

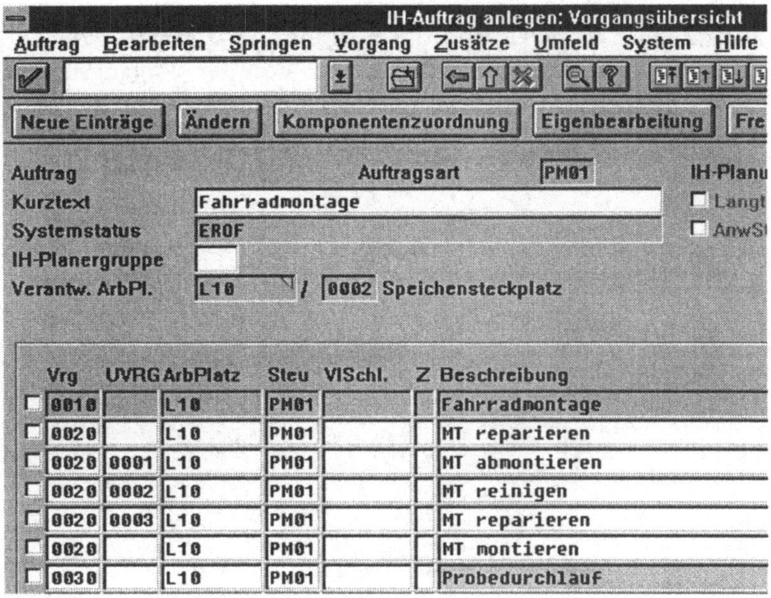

IH-Auftrag anlegen: Vorgangsübersicht

Auftrag   Bearbeiten   Springen   Vorgang   Zusätze   Umfeld   System   Hilfe

Neue Einträge | Ändern | Komponentenzuordnung | Eigenbearbeitung | Fre

Auftrag		Auftragsart	PM01	IH-Planu
Kurztext	Fahrradmontage			☐ Langt
Systemstatus	EROF			☐ AnwS
IH-Planergruppe				
Verantw. ArbPl.	L10	/ 0002 Speichensteckplatz		

	Vrg	UVRG	ArbPlatz	Steu	VISchl.	Z	Beschreibung
☐	0010		L10	PM01			Fahrradmontage
☐	0020		L10	PM01			MT reparieren
☐	0020	0001	L10	PM01			MT abmontieren
☐	0020	0002	L10	PM01			MT reinigen
☐	0020	0003	L10	PM01			MT reparieren
☐	0020		L10	PM01			MT montieren
☐	0030		L10	PM01			Probedurchlauf

8.6.1.3   **Aktionspunkte**

Für die Vorgänge können folgende Aktionspunkte ausgeführt
werden:

- **Angeben der Baugruppe**
  Vom Detailbild ausgehend gibt man den gewünschten Vorgängen die Baugruppe im entsprechenden Feld ein.

- **Beschreiben der Arbeitsschritte**
  Die einzelnen Arbeitsschritte können in Textform angegeben
  werden.

- **Zuordnen der Arbeitsplätze**
  Eingabe des entspechenden Arbeitsplatzes auf der Vorgangsübersicht oder dem Vorgangsdetailbild.

- **Angabe des Steuerschlüssels**
  Der Steuerschlüssel gibt an, wie der Vorgang behandelt werden soll. Die dabei zu wählende Vorgehensweise entspricht
  der im Punkt „Zuordnen der Arbeitsplätze".

- **Planen der Materialien**
  Es können nur den Vorgängen Materialien zugeordnet werden, nicht aber den Untervorgängen. Man kann **Lagermate-
  rialien**, **Nichtlagermaterialien** und **Rohmaterialien** zuordnen.

Vorgehensweise

Es sind die Vorgänge auszuwählen, denen Materialien zugeordnet werden sollen. Von der Vorgangsübersicht ausgehend wählt man die *Komponentenzuordnung* an; dann sind die gewünschten Eingaben (siehe Abb. 8.24.) zu tätigen. Um die Einkaufsdaten für Nichtlagermaterialien einzugeben, wählt man:

Komponentenübersicht ⇨ Einkauf

Es sind die gewünschten Eingaben zu machen. Mit [Enter] gelangt man auf die Komponentenübersicht zurück.

Abb. 8.24
Vorgang Komponentenzuordnung

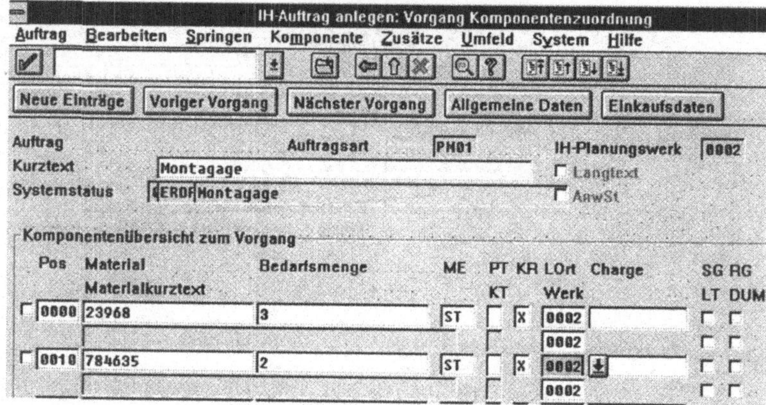

Materialien können im eröffneten sowie freigegebenen IH-Auftrag gelöscht werden.

Auswirkungen

- **Eröffneter IH-Auftrag:** Materialsposition wird gelöscht.
- **Freigegebener IH-Auftrag:** Material wird als gelöscht gekennzeichnet, jedoch zu Dokumentationszwecken weiter angezeigt.

8.6.2   Kalkulation eines IH-Auftrags

Bei der Ausführung eines IH-Auftrags können Kosten anfallen. Diese können kalkuliert werden, wenn dem Vorgang ein entsprechender Steuerschlüssel zugewiesen wurde.

Kosten anzeigen lassen

Nach Sicherung des IH-Auftrags: Vom Kopfdatenbild ausgehend wählt man:

Springen ⇨ Kostenübersicht ⇨ Analysieren Kosten ⇨ Ergebnis

Vor Sicherung des IH-Auftrags: Vom Kopfdatenbild ausgehend wählt man:

Auftrag ⇨ *Funktionen* ⇨ *Ermitteln Kosten*

Die Kosten werden nun vom System kalkuliert. Mit

Springen ⇨ *Kostenübersicht*

können die Kosten angezeigt werden.

IH-Auftrag auf
Zielkonten

Der IH-Auftrag kann auf folgende Zielkonten abgerechnet werden:

- **Kostenstellen**
- **Auftrag**
- **Projekt**
- **Anlage**

Vom Kopfdatenbild aus wählt man:

Kopf ⇨ *Abrechnungsvorschrift*

Die vom System vorgegebenen Abrechnungsvorschriften müssen überprüft und ggf. geändert werden.

8.6.3   Terminierung eines IH-Auftrags

Anhand der Terminierung können die konkreten Ausführungstermine und der Kapazitätsbedarf ermittelt werden. Dazu benötigt das System folgende Daten:

- **Eckdaten**
  Die Eckdaten werden auf dem Kopfdatenbild eingegeben.
- **Terminierungsart**
  Vorwärts terminieren: Der Starttermin wird angegeben.
  Eckdaten: Starttermin
  Zum Tagesdatum terminieren: IH-Auftrag wird am gleichen Tag ausgeführt.
  Eckdaten: Start-Endtermin
  Rückwärts terminieren: Der Endtermin wird angegeben.
  Eckdaten: Endtermin
- **Steuerschlüssel**
  Der Steuerschlüssel besagt, ob der IH-Auftrag terminiert werden soll.
- **Terminierungsdaten**
  Die Terminierungsdaten geben die Durchführungsdauer an. Diese können vom System errechnet oder manuell eingegeben werden.

- **Terminierungseinschränkungen**
  Die Terminierungseinschränkungen werden auf dem Terminierungsbild angegeben.
- **Arbeitsplatz**
  Das System errechnet die Kapazität des Arbeitsvorgangs.

8.6.4   Freigabe eines IH-Auftrags

Wurde die Planung abgeschlossen, kann der IH-Auftrag freigegeben werden, damit mit der Durchführung der IH-Tätigkeiten begonnen werden kann. Folgende IH-Tätigkeiten können nun durchgeführt werden:

- **Drucken der Arbeitspapiere**
  Zu den Arbeitspapieren gehören:
  Steuerkarte: dient dem verantwortlichen Instandhalter als Übersicht;
  Laufkarte: dient dem ausführenden Mitarbeiter als Übersicht;
  Materialbereitstellungsliste: für den Lageristen, um die Materialien bereitzustellen;
  Materialentnahmeschein: für den Mitarbeiter, um die Materialien aus dem Lager zu holen.
- **Materialien aus dem Lager entnehmen**
- **Rückmeldungen**
- **Maßnahmen abschließen**

8.6.5   Arbeitsvorbereitung

IH-Arbeitspläne können als Grundlage für einen IH-Auftrag dienen. Der gewünschte IH-Arbeitsplan wird selektiert und in den IH-Auftrag eingebunden. Nun kann der IH-Arbeitsplan an den IH-Auftrag angepaßt werden.

Um den gewünschten IH-Arbeitsplan zu selektieren, wählt man vom Kopfdatenbild des IH-Auftrags ausgehend:

Zusätze ⇨ *Arbeitsplan* ⇨ *Sel. Equipmentplan oder Sel. IH-Anleitung*

Dann Auswahl des gewünschten IH-Arbeitsplans; man gelangt wieder auf das Kopfdatenbild und kann den IH-Arbeitsplan ggf. auf der Vorgangsübersicht des IH-Auftrags ändern.

Arbeitsvorbereitung mit Stücklisten	Dem IH-Auftrag können folgende Positionen der Stückliste zugeordnet werden. Diese Zuordnungen haben verschiedene Auswirkungen:

- **Lagerpositionen**
  Lagerpositionen werden reserviert und können bei Bedarf aus dem Lager entnommen werden.
- **Nichtlagerpositionen**
  Es wird eine Bestellanforderung erzeugt und die Materialien bestellt. Bei der Lieferung werden die Kosten direkt auf den IH-Auftrag gebucht.
- **Rohmaßpositionen**
  Rohmaßpositionen haben die gleichen Auswirkungen wie die Lagerpositionen.

Vorgehensweise

Es sind die gewünschten Vorgänge zu markieren, denen Materialien zugeordnet werden sollen und dann Auswahl von

Vorgang ➪ Komponentenübersicht

und Markieren der benötigten Materialien. Es werden die entsprechenden Materialien angezeigt, die ggf. abgeändert werden können.

8.6.6 Instandhaltungsrückmeldung

Bei der Instandhaltungsrückmeldung wird zwischen Teilrückmeldung und Endrückmeldung unterschieden. Die Rückmeldungen dienen zur Ergänzung der IH-Meldungen. Ihre Daten werden in die IH-Historie geschrieben. Eine Rückmeldung kann bewirken, daß eine neue offene Meldung entsteht.

Teilrückmeldung

Die Teilrückmeldung wird während der Durchführung der Maßnahme ausgeführt. Es kommen Rückmeldungen bis die Maßnahme abgeschlossen ist.

Endrückmeldung

Die Endrückmeldung wird nach Abschluß der Maßnahme ausgeführt. Erst wenn die Endrückmeldung angelegt ist, erhält der IH-Auftrag den Status *„Endrückgemeldet"*.

IH-Meldung abschließen

Um eine lückenlose Historie zu erhalten, muß jede Meldung abgeschlossen werden. Diese kann jedoch erst dann abgeschlossen werden, wenn sämtliche Daten vorhanden sind. Im System PM werden IH-Meldung, IH-Auftrag und Rückmeldung in die **IH-Historie** eingestellt. Zur Entscheidungsfindung bei Neu- bzw. Ersatzinvestitionen kann man der IH-Historie wichtige Informationen entnehmen.

Arten der Instand-
haltungshistorie

Die Instandhaltungshistorie setzt sich aus folgenden Historien zusammen:

- **Befundhistorie**

  In ihr stehen die Daten der IH-Meldungen. Sie ist ein wichtiger Bestandteil der späteren Auswertung. Hier sind die technischen Daten eines Objektes enthalten. Aus ihr ist ersichtlich, welches Objekt, wie lange, welche Störung aufwies und welche Maßnahmen getroffen wurden, um diese Störung zu beseitigen.

- **Einsatzhistorie**

  In ihr sind die Stammdaten eines Objektes gespeichert. Ferner enthält sie Einsatzdaten.

- **Auftragshistorie**

  In ihr stehen die Abwicklungsdaten.

Die Auswertung der Daten erfolgt mittels der Befundhistorie und der Einsatzhistorie.

Die **Schwachstellenanalyse** wird durchgeführt, um etwaige Schwachstellen zu finden und diese zu beheben. Sie ist ein wichtiges Kriterium, um Kosten einzusparen und Maschinenausfällen vorzubeugen.

Planungsgrundlage

Die IH-Meldungen bzw. IH-Historie sind wichtige Bestandteile der Planung. Aus ihnen wird ersichtlich, welche Störungen immer wieder auftreten, so daß man vorbeugende Maßnahmen treffen kann.

8.7 Wartungsplanung

8.7.1 Planungsprämissen

Die Wartungsplanung ist für die regelmäßigen Instandhaltungsmaßnahmen verantwortlich.

Die Wartungsplanung ist demnach die Planung einer vorbeugenden Instandhaltung, die in regelmäßigen Abständen wiederholt werden soll.

Folgende Gründe rechtfertigen eine vorbeugende Instandhaltung:

- **Qualitätssicherung**
  Einwandfreie Produkte können nur auf gut laufenden Maschinen produziert werden.

- **Kostenvermeidung**
  Durch Produktionsausfälle können hohe Kosten entstehen, wie z. B. Konventionalstrafen. Außerdem ist die Instandsetzung von Maschinen meistens teurer, als wenn man den Ausfall durch Wartung im voraus vermieden hätte.

- **Empfehlungen durch den Hersteller**
  Um eine Maschine möglichst lange im Produktionsprozeß zu halten, muß man sie ordnungsgemäß warten, dazu können Empfehlungen des Herstellers hilfreich sein. Auch wenn es um Garantieansprüche geht, muß man eine ordnungsgemäße Wartung nachweisen.

- **Rechtliche Vorschriften**
  Unter rechtliche Vorschriften fallen alle gesetzlichen Vorgaben, wie z. B. TÜV-Vorgaben.

- **Umweltschutzanforderungen**
  Wenn in Anlagen Filter eingebaut sind, müssen diese in regelmäßigen Abständen ausgewechselt werden.

Fragestellungen, die bei der Planung von Wartungsmaßnahmen auftreten:

- Wo möchte man vorbeugende Wartungsmaßnahmen durchführen?
- Welche Maßnahmen sollen durchgeführt werden?
- Wie oft (in welchen Zeitabständen) sollen diese Vorgänge ausgeführt werden?
- Wie sollen diese Wartungsmaßnahmen in einem Wartungsplan zusammengestellt werden?

Kriterien zur Festlegung des Wartungszeitpunktes:

- **Wartung in regelmäßigen Zeitabständen**
  Darunter versteht man die Wartung, die unabhängig von anderen Faktoren in regelmäßigen Zeitabständen wiederholt werden soll.

- **Wartung nach einer bestimmten Leistung**
  Hierbei soll die Maschine nach einer bestimmten produzierten Menge gewartet werden (Bsp.: Kilometer beim Auto).

- **Wartung nach einer bestimmten Laufzeit**
  Bei Maschinen, deren Leistung nicht gemessen werden kann, kann man den Wartungszeitpunkt über eine Maschinenlaufzeit festlegen.

Es ist auch eine Mischung aus den oben aufgeführten Punkten denkbar, wie z. B. im Falle eines Autos, das nach einer bestimmten Kilometerzahl oder spätestens nach einem Jahr gewartet werden soll.

Kriterien im
R/3-System

Man muß beachten, daß im Release 2.1 F nur die Wartungsplanung in bestimmten Zeitabständen möglich ist. Die Wartungsplanung nach anderen Kriterien soll in den folgenden Releases verwirklicht werden.

In der Wartungsplanung greifen mehrere Elemente ineinander; das nachfolgende Bild soll einen Überblick über die Bestandteile geben:

Abb. 8.25
Übersicht über die
Bestandteile der
Wartungsplanung

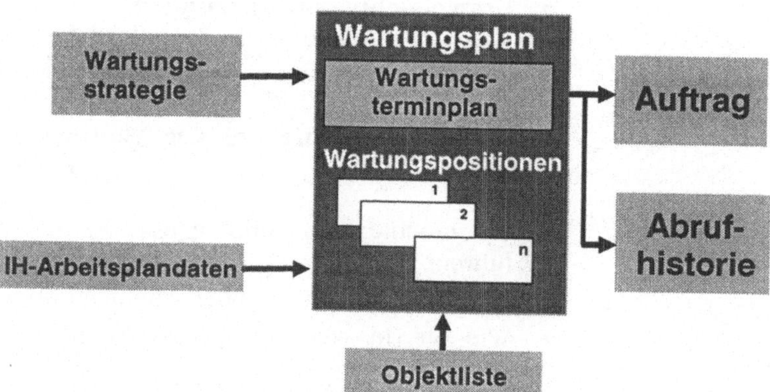

8.7.2   Wartungsstrategien

Wartungsstrategien enthalten allgemeine Terminierungsregeln. Ihnen können beliebig viele Wartungspläne und Wartungspositionen zugeordnet werden. Diese Wartungsstrategien bauen sich aus Strategiekopf und Wartungspaketen auf.

Der **Strategiekopf** enthält die allgemeinen Strategiedaten, wie z. B. Eröffnungshorizont, Fabrikkalender oder Zeiteinheit.

In den **Wartungspaketen** werden die Zeitzyklen festgelegt, in denen Wartungstätigkeiten durchgeführt werden sollen. Das bringt für den Anwender die Vorteile:

Vorteile von
Wartungspaketen

- Wartungspläne können schneller erstellt werden, da man nicht jedesmal die allgemeinen Informationen eingeben muß.

- Terminierungsregeln sind einfach änderbar, d. h. es muß nur in der Strategie die gewünschte Information geändert werden.

8.7.2.1

Anlage und Änderung von Wartungsstrategien

Vom Einstiegsbild in die Wartungsplanung muß man:

Wartungsstrategien ⇨ *Wartungsstragegien pflegen*

anwählen.

Wenn bisher nur eine Strategie vorhanden ist, gelangt man direkt in diese vorhandene Strategie. Man kann sie sofort ändern. Um eine **andere Strategie** anlegen zu können, muß man mit dem Pfeil der Menüleiste auf das vorherige Bildschirmbild.

Jetzt gelangt man über das Feld *„Neue Einträge"* in einen neuen Strategiekopf. Um eine Strategie zu ändern, markiert man die auf dem Einstiegsbild zu ändernde Strategie und wählt *„Detail"* an.

Nach der Eingabe der gewünschten Daten, wie z. B. in Abb. 8.26, kann man die Strategie abspeichern oder direkt Wartungspakete (siehe Punkt 8.7.3.2) anlegen.

Abb. 8.26
Sicht „Wartungs-
strategien" ändern:
Detail

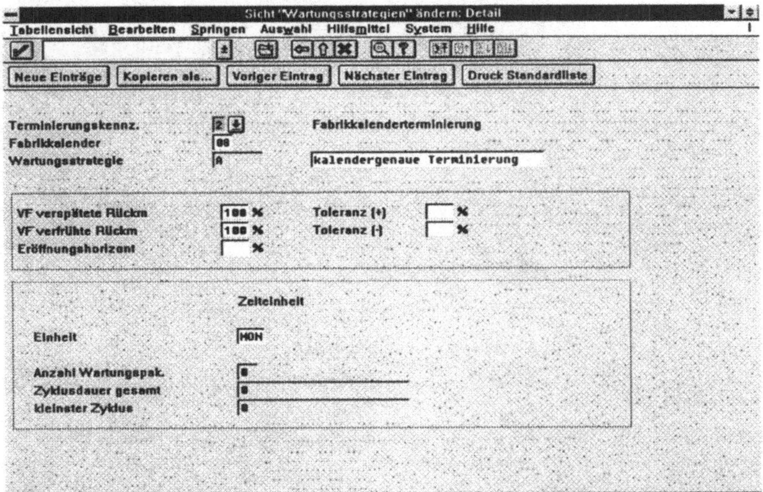

8.7.2.2   Anlage und Änderung von Wartungspaketen

Um im Modul PM in der Wartungsplanung arbeiten zu können, muß man zunächst in den Bereich Wartungsplanung wechseln. Dazu sind folgende Schritte notwendig:

Logistik ⇨ Instandhaltung ⇨ Wartungsplanung

Von diesem Punkt wird im folgenden ausgegangen (siehe Abb. 8.27).

Abb. 8.27
Ausgangspunkt der
Wartungsplanung

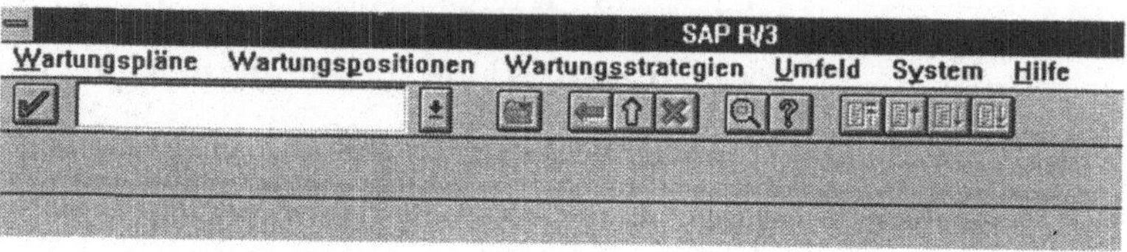

Aus dem Strategiekopf der gewünschten Wartungsstrategie wählt man

Tabellensicht ⇨ Pakete ⇨ Stratkopf aus.

Ausgefüllte Wartungspakete könnten folgendermaßen aussehen:

Abb. 8.28
Sicht „Wartungs-
strategie" ändern:
Übersicht

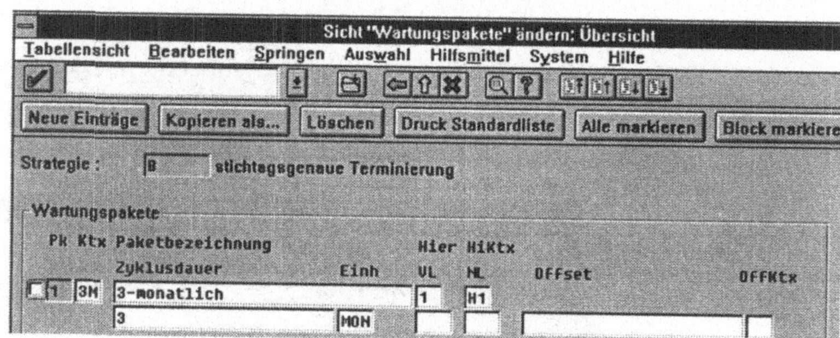

Die schwarze Beschriftung ist für die erste Zeile und die blaue für die zweite Zeile eines Wartungspaketes gültig.

Abkürzungen:

„Pk"	Paketnummer
„Ktx"	Kurtztext
„Einh"	Einheit
„Hier"	Hierarchie
„HiKtx"	Hierarchiekurztext
„VL"	Vorlauf
„NL"	Nachlauf

Achtung !

Bei der **Änderung von Wartungspaketen** ist zu beachten:

- Wartungspakete müssen immer nach dem letzten Eintrag angefügt werden.
- Die Numerierung von Wartungspaketen darf nicht geändert werden.

Ist die Eingabe beendet, muß man über

Tabellenansicht ⇨ Sichern die erfaßten Daten sichern.

8.7.2.3

Anzeige von Wartungsstrategien

Um alle Einzelheiten, speziell aus dem Strategiekopf einer Wartungsstrategie, einsehen zu können, muß man die Strategie über:

Wartungsstrategien ⇨ Strategie anzeigen

aufrufen. Jetzt muß man die gewünschte Strategie auswählen und über *Detail* anzeigen lassen.

Grafikdarstellung

Möchte man nur die grafische Darstellung der Wartungspakete, kann man über

Wartungsstrategien ⇨ Grafik folgende Grafik erhalten:

Abb. 8.29
Grafik: Wartungs-
strategie

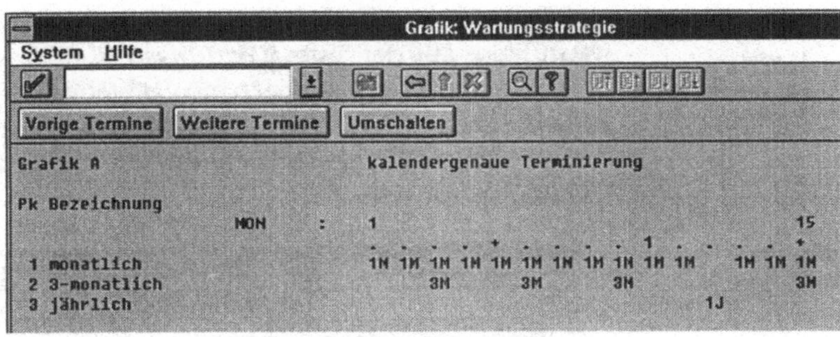

8.7.2.4

Verwendungsnachweis von Wartungsstrategien

Wenn man eine Wartungsstrategie löschen möchte, darf diese in keinem Wartungsplan mehr vorhanden sein. In R/3-PM gibt es die Möglichkeit, alle Wartungspläne anzeigen zu lassen, in denen die Wartungsstrategie noch verwendet wird.

Vorgehensweise

Wartungsstrategien ⇨ Verwendungsnachweis

Gewünschte Strategie auswählen und über *Ausführen* die Verwendungen anzeigen lassen.

8.7.3   Wartungsplan

Wartungspläne vereinigen sämtliche Informationen, die zur Erstellung einer Wartungsplanung notwendig sind. Aus diesen Informationen werden die Termine errechnet und die IH-Aufträge erstellt.

Wartungspläne bestehen aus Wartungspositionen, die die zu wartenden Objekte beinhalten (siehe Punkt 8.7.3.2 „**Wartungspositionen**" und Punkt 8.7.3.3 „**Objektliste**") und dem Punkt 8.7.3.4 **Wartungsterminplan**, der alle Terminparameter zusammenfaßt.

8.7.3.1   Anlage von Wartungsplänen

Zum Anlegen von Wartungsplänen muß man zunächst über:

Wartungspläne ⇨ *Wartungspläne anlegen* zum Einstiegsbild kommen.

Hier muß nur die gewünschte Strategie eingegeben werden, da die Nummernvergabe intern geregelt ist. Anschließend gelangt man mit ⌷Enter⌷ auf die Seite „*Wartungsplan anlegen: Positionsdaten*".

Auf dieser Seite kann man die Mußfelder mit der Online-Hilfe ausfüllen. Mit der Taste *Wartungspositionen* gelangt man auf eine Bildschirmseite, auf der man bestehende Wartungspositionen (siehe Punkt 8.7.3.2 „Wartungspositionen") eintragen oder eine neue anlegen kann (siehe Abb. 8.30). Danach muß man den Wartungsplan sichern.

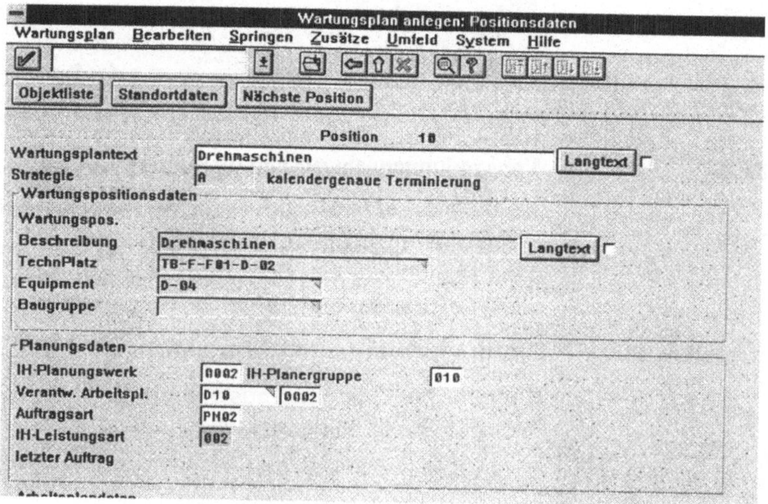

Abb. 8.30
Wartungsplan
anlegen:
Positionsdaten

8.7.3.2 **Wartungspositionen**

Eine Wartungsposition beinhaltet ein Objekt, das gewartet werden soll. Es können folgende **Elemente als Objekte** zugeordnet werden:

- **Technische Plätze**
- **Equipments**
- **Baugruppen**

Inhalte einer Wartungsposition

Zu den Inhalten einer Wartungsposition zählen:

- **Positionsdaten**
  Unter Positionsdaten versteht man die Positionsbeschreibung (d. h. Positionsname), das Bezugsobjekt und die Strategie.
- **Planungsdaten**
  Hier stehen die Informationen wo geplant, vorbereitet wird und von wem koordiniert wird.
- **IH-Arbeitsplandaten**
  Sie beinhalten die Tätigkeiten, die ausgeführt werden sollen.
- **Wartungsplandaten**
  Aus ihnen wird ersichtlich, welchem Wartungsplan die Wartungsposition zugeordnet ist.
- **Allgemeine Daten**
  Sie beinhalten die Standort-, Abrechnungsdaten und evtl. eine Objektliste.

Anlage von Wartungspositionen

Zum Anlegen von Wartungspositionen muß man auf dem Bildschirmbild, das man über

Wartungspositionen ⇨ Wartungsposition anlegen

erreicht, die gewünschte Strategie eingeben. Auch hier ist die Nummernvergabe, wie bei den Wartungsplänen, wenn nicht anders vom Customizing eingestellt, intern geregelt. Außerdem muß das gewünschte Objekt angegeben werden. Anschließend kann [Enter] gedrückt werden.

Auf dem darauf folgenden Bildschirmbild (siehe Abb. 8.31) kann man die Mußfelder mit der Online-Hilfe ausfüllen und die Wartungsposition sichern.

Eine Wartungsposition kann auch in einem Wartungsplan (siehe Punkt 8.7.3.1 „Anlegen von Wartungsplänen") angelegt werden.

IH-Arbeitsplan
zuordnen

Einen **IH-Arbeitsplan** (siehe Punkt 8.4 „IH-Arbeitspläne") kann man über

Springen ⇨ Arbeitsplan ⇨ Equipmentpla. auswähl. einfügen.

Abb. 8.31
Wartungsposition
anlegen:
Positionsdaten

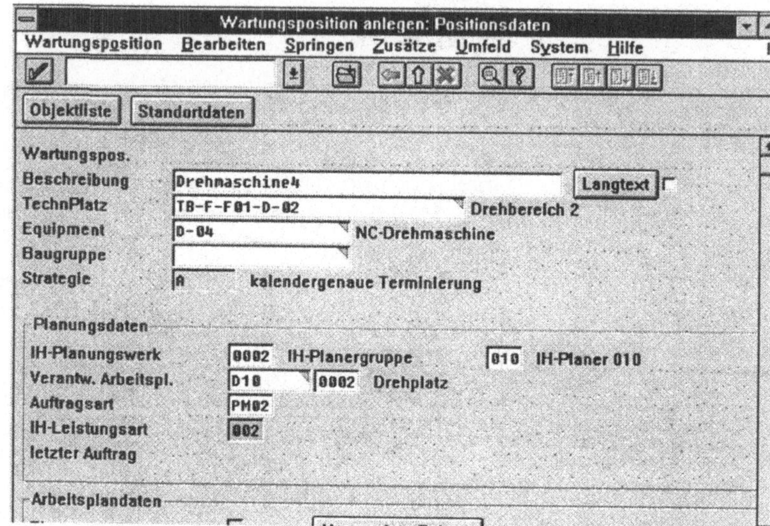

8.7.3.3   Objektliste

Einer Wartungsposition können über eine Objektliste beliebig viele weitere Objekte zugeordnet werden. Die im IH-Arbeitsplan festgelegten auszuführenden Tätigkeiten werden auf die zugeordneten Objekte übertragen. Bei der Terminierung wird für die gesamte Wartungsposition (inklusive den Objekten der Objektlisten) ein IH-Auftrag erstellt. Das führt zu nachfolgenden **Vorteilen**:

- Man kann mehrere gleichartige Objekte zusammenfassen und erspart sich so jede Menge Erfassungsaufwand.
- Da man logische Gruppen gebildet hat, kann man die Bearbeitungszeit von IH-Aufträgen verkürzen.

Anlegen einer
Objektliste

Von einer Wartungsposition aus kann man über *„Objektliste"* nachfolgendes Bildschirmbild erreichen:

Abb. 8.32
Objektliste pflegen

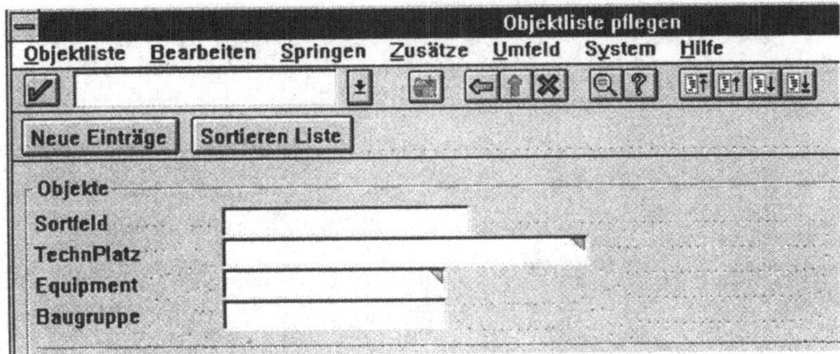

Hier können die gewünschten Objekte angelegt werden. Dazu muß lediglich das Kennzeichen angegeben werden. Alle weiteren Informationen werden aus der Wartungsposition bzw. aus den Stammdaten des Objektes übernommen.

8.7.3.4 Wartungsterminplan

Der Wartungsterminplan beinhaltet:

- **Wartungsstrategie**
  Alle Informationen, die aus der Strategie wichtig sind, werden in diesem Bereich des Terminplans zusammengefaßt.
- **Spezielle Terminierungsparameter**
  In diesem Bereich werden Informationen, wie Starttermin und letzte Rückmeldung, zusammengestellt.
- **Terminierungsobjekte**
  Hier werden die wartungsobjektspezifischen Parameter berücksichtigt.

8.7.4 Terminierung

Wenn der Wartungsplan fertig ist, kann man ihn terminieren. Dazu muß man

Wartungspläne ⇨ *Terminieren* auswählen.

Jetzt kann man die Nummer des zu terminierenden Wartungsplans eingeben und dann [Enter] drücken.

Anschließend kann man den Wartungsplan über

Bearbeiten ⇨ *Terminieren* terminieren.

**Instandhaltungs-
auftrag**

Im Bereich der Wartungsplanung wird der IH-Auftrag bei der Terminierung automatisch für jede Wartungsposition erstellt. Es kann aber auch durch die Freigabe eines Fälligkeitsdatums in der Abrufhistorie ein IH-Auftrag manuell erstellt werden. Genauere Informationen sind dem Kapitel Instandhaltungsaufträge zu entnehmen (siehe Punkt 8.6 „IH-Aufträge").

Abrufhistorie

In der Abrufhistorie werden der aktuelle Stand und alle Aktionen, die nach der ersten Terminierung eines Wartungsplans vorgenommen werden, aufgezeichnet.

9 Vertriebssystem

Branchenneutrale
Gesamtlösung

Das **R/3-Vertriebssystem SD (Sales and Distribution)** bietet eine branchenneutrale Gesamtlösung für die Bereiche: Verkauf, Versand, Vertriebsunterstützung, Fakturierung und Außenhandel.

Die drei Hauptpunkte, die der integrierte Baustein SD erfüllt, sind:

- die Optimierung von anfallenden Aufgaben und Anforderungen innerhalb des Vertriebs;

- die Optimierung der Verfolgung von Informationen entlang der logischen Kette;

- die Schaffung der Voraussetzungen, die notwendig sind, um schnell und flexibel auf Marktbedürfnisse zu reagieren.

Abb. 9.1
Einstiegspfad in das
Vertriebssystem SD

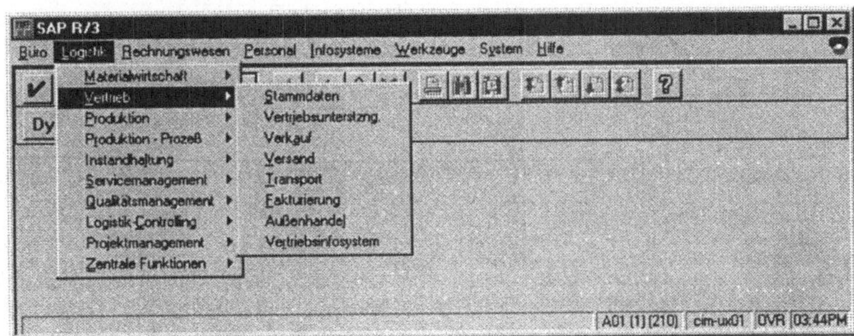

9.1 Organisationsstrukturen

Die Organisationsstrukturen innerhalb von R/3 dienen der Abbildung des Aufbaus von Unternehmen im System. Sie stellen das Gerüst für weitere Abläufe und Vorgänge dar. Stammdaten werden bspw. in Abhängigkeit dieser Organisationsstrukturen im System abgelegt.

Mandant

Das übergeordnete Element aller Organisationsstrukturen ist der Mandant. Ein Mandant entspricht einem Konzern. Dieser kann sich bspw. aus mehreren Tochterfirmen zusammensetzen. Innerhalb eines Mandanten wird auf dieselbe Datenbasis zugegriffen.

So werden z. B. Kundenadressen nur in Abhängigkeit des Mandanten abgelegt.

Innerhalb des Vertriebs sind insbesondere folgende Strukturen von Bedeutung:

- die Vertriebsorganisation
- die Verkaufsorganisation (Innenorganisation)
- die Versandorganisation

9.1.1 Vertriebsorganisation (Außenorganisation)

Die Vertriebsorganisation gliedert sich in drei Organisationselemente:

- Verkaufsorganisation
- Vertriebsweg
- Sparte

Verkaufsorganisation

Die Verkaufsorganisation bildet eine verkaufende Einheit im rechtlichen Sinne ab. Sie ist bspw. gegenüber dem Kunden für Regreßansprüche und Produkthaftung verantwortlich. Über die Verkaufsorganisation kann eine regionale Untergliederung des Marktes, z. B. in die Bereiche Süd und Nord, berücksichtigt werden.

Vertriebsweg

Der Vertriebsweg beinhaltet den Vertriebskanal bzw. die Absatzschiene, über die der Markt versorgt wird. Der Einsatz unterschiedlicher Vertriebskanäle ermöglicht eine optimale Versorgung des Marktes und der Kunden. Ein Vertriebskanal wäre bspw. der Vertrieb über Großhändler, an Großkunden oder Endverbraucher.

Sparte

Die Sparte bildet einen Bereich des Produktspektrums ab. Ein Produktspektrum, das die Bereiche Fahrrad und Automobil enthält, hätte demnach genau zwei Sparten. Jedes Material wird genau einer Sparte zugeordnet. So gehört bspw. ein Fahrradöl in die Sparte Fahrrad.

Die Kombination dieser drei Organisationselemente wird als **Vertriebsbereich** bezeichnet.

Innerhalb eines Vertriebsbereiches werden alle vertriebsrelevanten Daten eines Kunden definiert. So werden im Bereich der Stammdaten z. B. die Versandbedingungen und die zugrundeliegende Preisliste definiert.

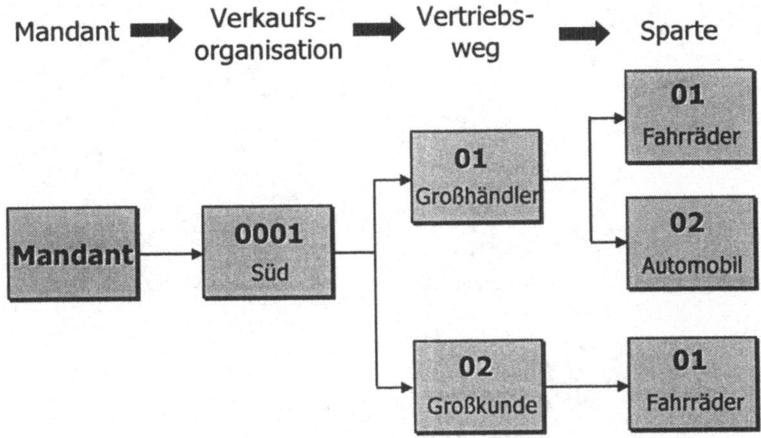

Ein **Vertriebsbereich** würde hier bspw. aus allen Großhändlern (01) bestehen, die in die Verkaufsorganisation Süd (0001) fallen und im Bereich Fahrräder (01) Produkte beziehen.

9.1.2   Verkaufsorganisation (Innenorganisation)

Die Innenorganisation, innerhalb von Akquisition und Verkauf, gliedert sich in die drei Organisationselemente:

- Verkaufsbüro
- Verkäufergruppe
- Verkäufer

Verkaufsbüro

Das Verkaufsbüro stellt die räumliche Komponente der Innenorganisation dar. Jede Verkaufsniederlassung eines Unternehmens wird als Verkaufsbüro im System dargestellt.

Verkäufergruppe

Die Verkäufergruppe bildet die Einteilung der Verkäufer ab. So kann bspw. für jede Sparte eine Verkäufergruppe zuständig sein. Zu jeder Verkäufergruppe gehört eine bestimmte Anzahl von Verkäufern.

Verkäufer

Dem Organisationselement Verkäufer ist jedes Individuum, das im Verkauf tätig ist, zuzuordnen. Die Zuordnung eines Verkäufers zu einer Verkäufergruppe und einem Verkaufsbüro erfolgt über den Benutzerstammsatz.

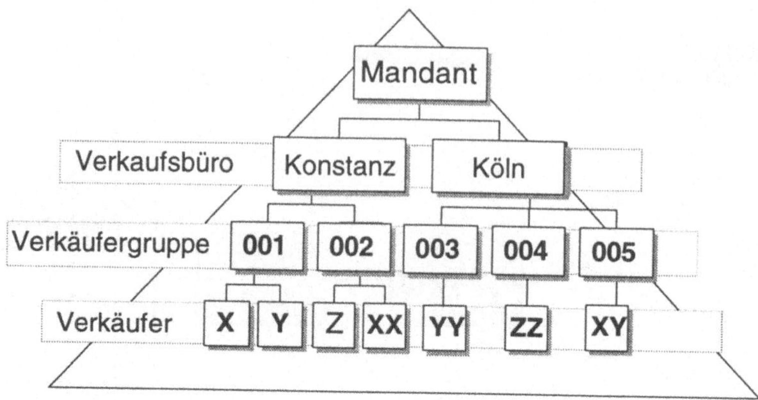

Abb. 9.3
Verkaufsorganisation

In diesem Beispiel bestünde eine Niederlassung in Konstanz aus zwei Verkäufergruppen, denen jeweils zwei Verkäufer zugeordnet sind.

9.1.3   Versandorganisation

Die Versandorganisation (siehe Abb. 9.4) gliedert sich in zwei Organisationselemente: Versand- und Ladestellen:

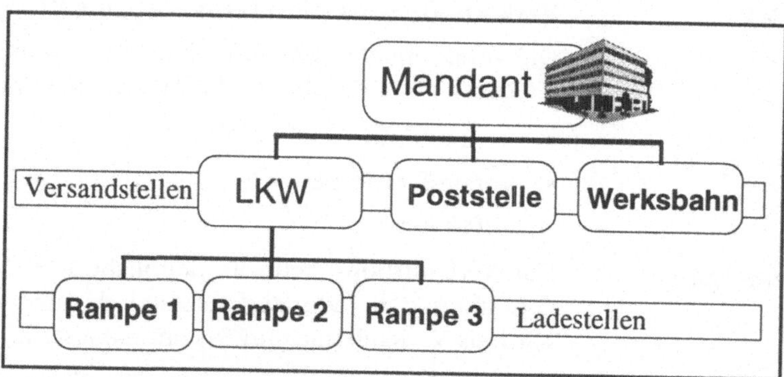

Abb. 9.4
Versandorganisation

Versandstelle

Die Versandstelle stellt einen räumlichen Ort innerhalb eines Werkes dar, der die Warenlieferungen bearbeitet. Für den Bearbeitungsvorgang ist genau eine Versandstelle zuständig, z. B. die Poststelle oder ein LKW.

Ladestelle

Die Ladestellen beinhalten die technische Ausstattung einer Versandstelle.

So können bspw. zu einer Versandstelle mehrere Rampen gehören, von denen eine mit einem Gabelstapler und eine andere mit einem Kran ausgestattet ist.

9.1.4 **Verknüpfung der Organisationseinheiten**

Durch die Verknüpfung der Organisationseinheiten (siehe Abb. 9.5) wird der Aufbau des Gesamtunternehmens im R/3-System dargestellt:

- **Buchungskreis**
  Bilanzierende Einheit im Sinne einer rechtlich selbständigen Firma. Er stellt ein zentrales Organisationselement der Finanzbuchhaltung dar.

- **Werk**
  Produktionsstätte oder einfach die Zusammenfassung räumlich nahe zusammenliegender Orte mit Materialbestand (= Lagerorte). Das Werk bildet eine disponierende und bestandsführende Einheit und ist somit zentrales Organisationselement der Materialwirtschaft.

Abb. 9.5
Organisations-
einheiten

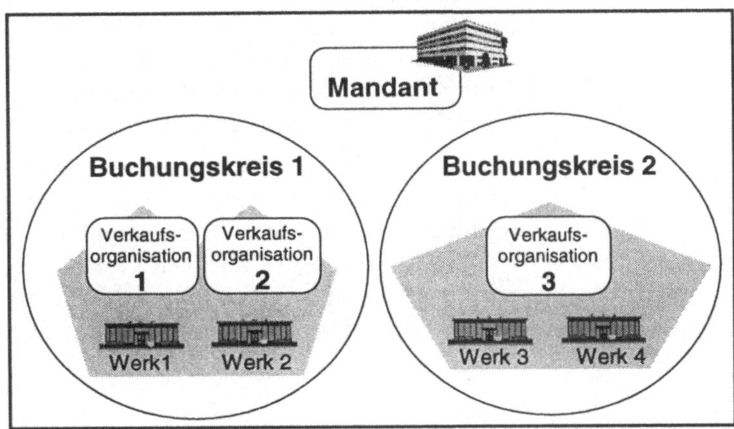

9.1.5 **Geschäftsarten**

Besonders im Vertrieb sind die unterschiedlichsten Abwicklungsformen vertreten. Daher muß es möglich sein, in den Vertriebsbelegen sowohl einfache Geschäftsvorgänge, die keiner weiteren Klärung bedürfen, als auch komplexe Anforderungen unter der Berücksichtigung von branchenspezifischen Anforderungen darzustellen.

Um diese verschiedenen **Geschäftsvorgänge** im System SD zu behandeln, werden sog. Geschäftsarten mit unterschiedlicher Funktionalität definiert (siehe Abb. 9.6).

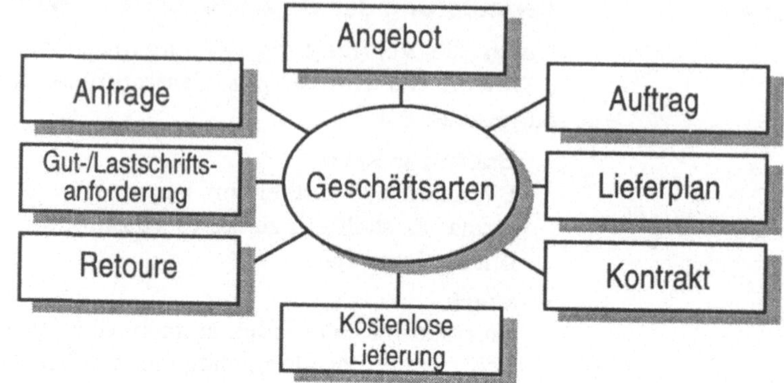

Abb. 9.6
Standardversion der Geschäftsarten des Verkaufs

Analog dazu werden auch im Versand und in der Fakturierung Geschäftsarten unterschieden, die diese entsprechend ergänzen.

Die Geschäftsarten (siehe Abb. 9.6) werden in **Vertriebsbelegen** für Vertriebsunterstützung, Verkauf, Versand und Fakturierung abgebildet. Kundenkontakte, Anfragen, Angebote, Aufträge, Lieferungen und Fakturen enthalten jeweils alle relevanten Informationen zu einem Geschäftsvorgang und seinem Status.

Der Geschäftsvorgang wird durch **sechs Vertriebsbelege** (siehe Abb. 9.7) dargestellt. Jeder Vertriebsbeleg enthält die relevanten Informationen, die zur Bearbeitung des Geschäftsvorfalls notwendig sind. Sie „verknüpfen" quasi die einzelnen Vorgänge: Verschiedene Mitarbeiter können die einzelnen Belege bearbeiten und bekommen hierfür alle notwendigen Daten an die Hand.

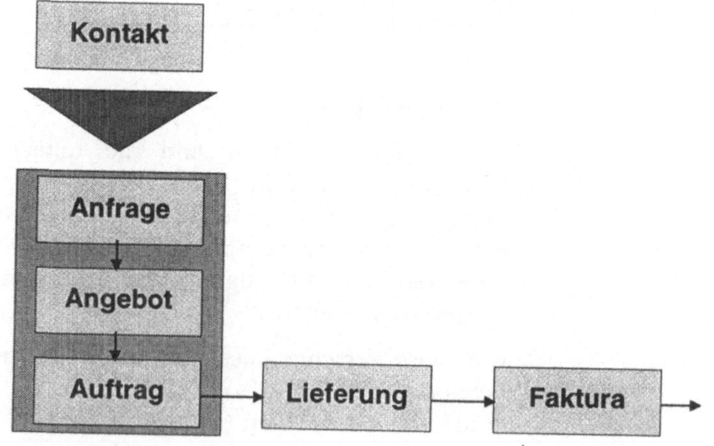

Abb. 9.7
Sechs Stufen eines Geschäftsvorganges

Nach Abschluß der Bearbeitung wird der Beleg an den nächsten Mitarbeiter „weitergereicht". Dieses Verfahren hat außerdem den Vorteil, daß gleichbleibende Daten nur einmal eingegeben werden müssen.

9.1.6 Belegstruktur

Vertriebsbeleg

Vertriebsbelege besitzen eine bestimmte Struktur, um alle für einen Geschäftsvorfall relevanten Daten festhalten zu können. Eine Ausnahme bilden die Kundenkontakte, da in der Kundenbetreuung andere Anforderungen bestehen als in der Verkaufsabwicklung.

Die Struktur von Vertriebsbelegen unterteilt sich in **Kopfdaten, Positionsdaten** und **Einteilungsdaten**.

Abb. 9.8
Belegaufbau

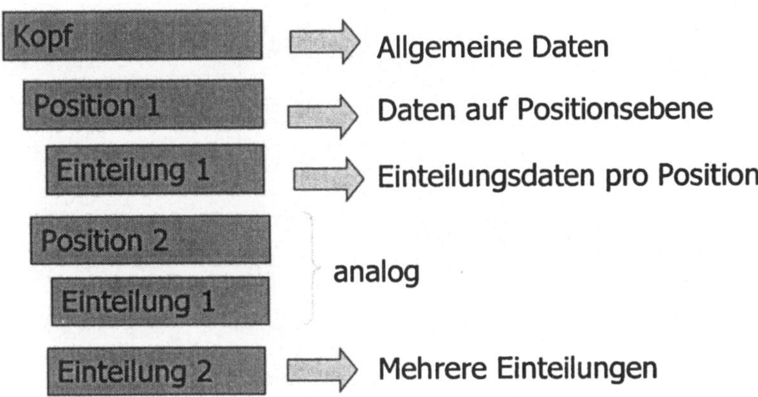

- **Kopfdaten**
  Allgemeine Daten, die für den gesamten Beleg gelten.

Abb. 9.9
Kopfdaten

Dazu gehören z. B.:

- Nummer des Auftraggebers
- Nummer des Warenempfängers und Regulierers
  (im Detailbild)
- Belegwährung und Kurs
- Preiselemente für den gesamten Beleg
- Lieferdatum und Versandstelle
- Bestelldaten
- Angaben zu den Geschäftspartnern (im Detailbild)

- **Positionsdaten**

  Daten zu Waren und Dienstleistungen, die nur für eine bestimmte Position gültig sind. Die Positionsdaten können entweder einzeilig oder zweizeilig erfaßt werden. In folgender
  Abbildung 9.10 ist die zweizeilige Erfassung dargestellt.

Abb. 9.10
Positionsdaten

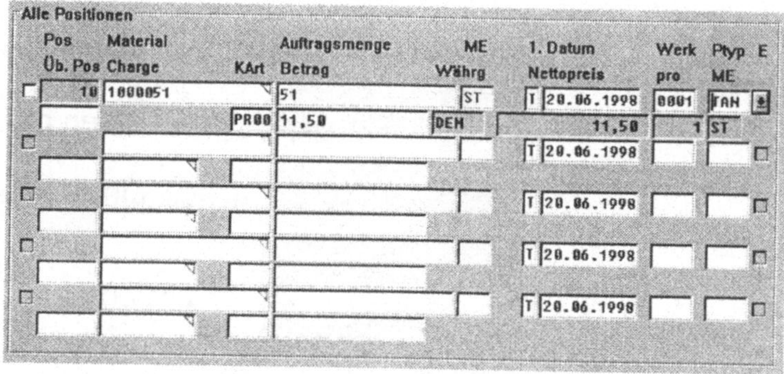

Zu den Positionsdaten zählen z. B.:

- Materialnummer
- Zielmenge bei Rahmenverträgen
- Nummer des Warenempfängers und des Regulierers (auf
  Positionsebene in Detailansicht können diese Gruppen
  pro Position abweichend angegeben werden)
- Preiselemente für die einzelnen Positionen

- **Einteilungsdaten**

  Eine Position besteht aus einer oder mehreren Einteilungen.
  Die Einteilungen enthalten alle Daten, die zur Belieferung
  benötigt werden.

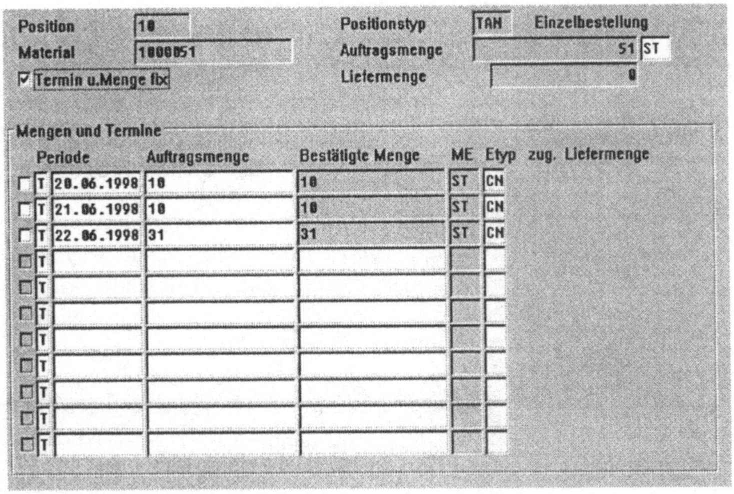

Abb. 9.11
Einteilungsdaten

Die Lieferung einer Position erfolgt gelegentlich nicht als Ge-
samtlieferung an einem bestimmten Liefertermin, sondern
wird abgestuft in Mengen und Terminen geliefert. Mit den
Einteilungsdaten kann genau festgelegt werden, welche Mengen des Gesamtauftrags an welchen Terminen geliefert werden sollen. Desweiteren können Termin und Menge als fixe
Liefervereinbarung festgelegt werden.

Zusätzlich besteht die Möglichkeit, **Detailbilder** der Übersichtsbilder anzeigen zu lassen. Das kann entweder auf Kopfebene mit
allgemeinen Daten oder auf Positionsebene mit speziellen Daten
zu den Belegpositionen erfolgen. Dies geschieht über die Detail-
icons in der Menüleiste:

Abb. 9.12
Detailbilder auf Kopf-
ebene zu Kaufmann
und Partner;

Detailbilder auf Posi-
tionsebene zu Kauf-
mann, Einteilung,
Kondition und Konfi-
guration

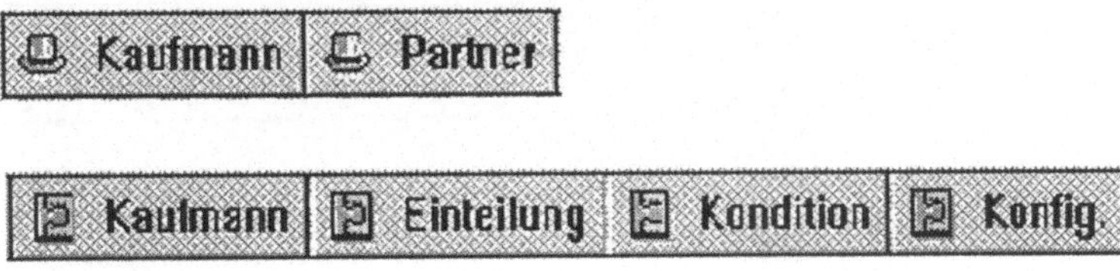

9.2 Stammdaten

Stammdaten sind Daten, auf welche das System automatisch bei der Vorgangsbearbeitung zurückgreift. In den Stammdaten sind alle Informationen hinterlegt, die unabhängig von einem bestimmten Vorgang gelten. Es gibt Stammdaten zu Geschäftspartnern, Materialien, Konditionen, Steuern, Sortimenten etc. Um Datenredundanzen zu vermeiden, werden die Stammsätze an zentraler Stelle innerhalb des R/3-Systems definiert. Ein Stammsatz wird durch eine innerhalb des R/3-Systems eindeutige Nummer identifiziert. Eine solche Nummer ist bspw. die Materialnummer oder die Kundennummer.

Abb. 9.13
Einstiegspfad zur Bearbeitung von Stammdaten

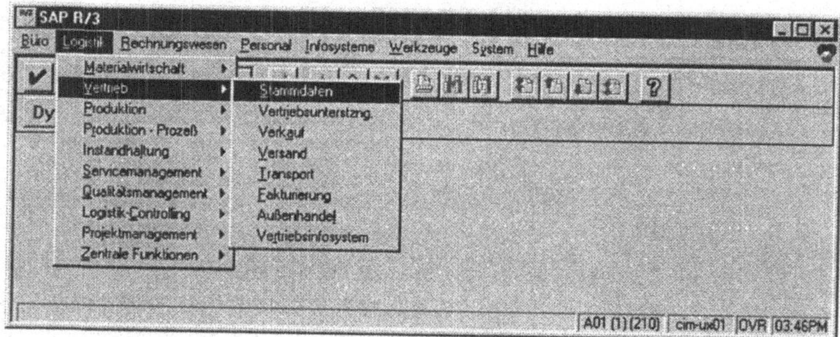

Zur Bearbeitung der Stammsätze stehen die Funktionen *anlegen*, *ändern* und *anzeigen* zur Verfügung.

Zur Erfassungshilfe kann beim Anlegen eines neuen Stammsatzes auf einen schon bestehenden Stammsatz referenziert werden. Dies erleichtert die Neuerfassung, da die auszufüllenden Werte mit denen des schon vorhandenen Satzes gefüllt werden und lediglich bei einer Abweichung vom Anwender manuell eingetragen werden müssen.

Abb. 9.14
Menüleiste des Bereiches Stammdaten

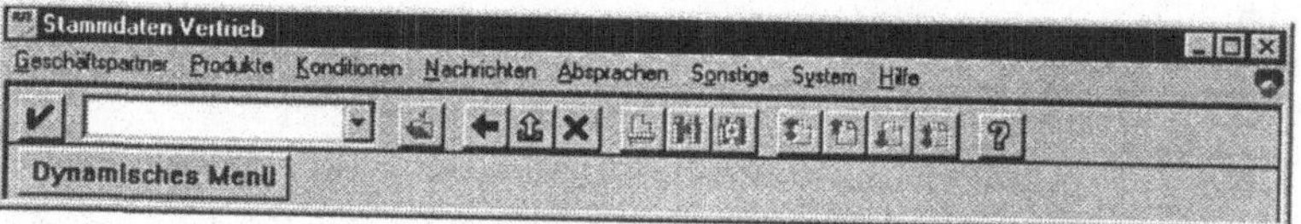

Innerhalb des Vertriebs wird auf folgende Stammdaten (siehe Abb. 9.14) bei der Vorgangsbearbeitung zurückgegriffen:

* Geschäftspartnerstammsätze

* Materialstammsätze

* Konditionenstammsätze

9.2.1   Geschäftspartner

Innerhalb ihrer Geschäftstätigkeit hat eine Firma mit verschiedenen juristischen und natürlichen Personen zu tun. Ein Kunde bestellt Ware, der zuständige Vertriebssachbearbeiter bearbeitet die Bestellung und die Geschäftsvorgänge, der Spediteur befördert die Ware ordnungsgemäß zu dem Kunden.

Jede Rolle, die eine juristische bzw. natürliche Person einnehmen kann, wird innerhalb des R/3-Systems in Geschäftspartnern abgebildet.

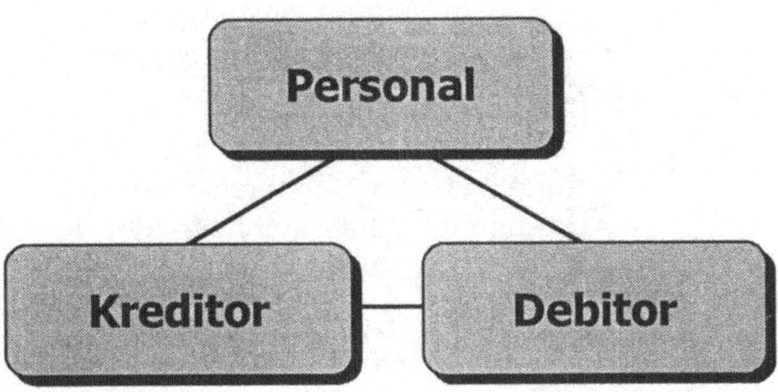

Abb. 9.15
Geschäftspartner

9.2.1.1   Personal

Unter Personal versteht man Mitarbeiter des eigenen Unternehmens. Für jeden Mitarbeiter wird im Modul HR ein Personalstammsatz angelegt. Bei Anlage des Stammsatzes wird eine innerhalb des Systems eindeutige Personalnummer vergeben. Über diese Nummer kann im Vertrieb auf den Personalstammsatz zugegriffen werden. Verwaltet und gepflegt werden die Stammsätze von der Personalwirtschaft (HR).

9.2.1.2   Kreditoren

Kreditoren sind Geschäftspartner, die mit der Firma in Kontakt stehen und von denen eine Lieferung oder Leistung erbracht wird.

Für jeden Kreditor wird im Modul FI ein Kreditorstammsatz angelegt. Bei Anlage dieses Stammsatzes wird eine innerhalb des Systems eindeutige Kreditornummer vergeben. Über die Nummer kann bspw. im Vertrieb auf den Kreditorstammsatz zugegriffen werden. Die Buchhaltung (FI) verwaltet und pflegt diese Stammsätze.

9.2.1.3   Debitoren

Debitoren sind Geschäftspartner, die mit der Firma in Kontakt stehen und die von der Firma eine Lieferung oder eine Leistung erwarten.

Für jeden Debitor wird im Modul SD ein Debitorenstammsatz angelegt. Bei Anlage dieses Stammsatzes wird eine innerhalb des Systems eindeutige Debitornummer vergeben. Über diese Nummer kann dann bspw. bei der Auftragsbearbeitung auf den Debitorenstammsatz zugegriffen werden. Diese Stammsätze werden von dem Vertrieb verwaltet und gepflegt.

Ist ein Geschäftspartner gleichzeitig Debitor und Kreditor, dies ist bspw. dann der Fall, wenn ein Kunde sowohl Ware bezieht als auch liefert, kann die Verknüpfung hergestellt werden, indem innerhalb des Debitorenstammsatzes die entsprechende Kreditorennummer und innerhalb des Kreditorenstammsatzes die entsprechende Debitorennummer eingetragen wird.

Innerhalb eines Debitoren wird nach den unterschiedlichen Rollen unterschieden, welche er einnimmt. So kann es bei einer komplexen Unternehmensstruktur der Fall sein, daß sich Waren- und Rechnungsempfänger unterscheiden. Dies ist bspw. der Fall, wenn ein Kunde mehrere Fertigungsstätten betreibt, die Rechnungsbegleichung aber immer in derselben Zentrale getätigt wird. Innerhalb des R/3-Systems unterscheidet man folgende **Partnerrollen**:

- Auftraggeber
- Warenempfänger
- Rechnungsempfänger
- Regulierer

Abb. 9.16
Einstiegspfad zum Anlegen eines Auftraggebers

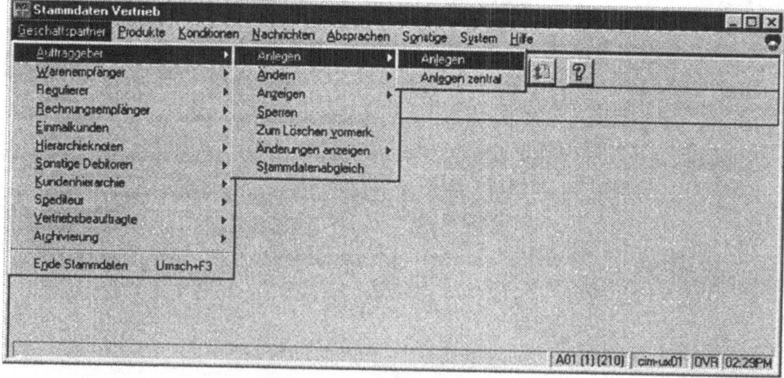

Auftraggeber

Für die Partnerrolle „Auftraggeber" benötigt man die Verkaufszahlen, z. B. die Zuordnung zu einer gültigen Preisliste oder die Zuordnung zu einem Verkaufsbüro. Da in den meisten Fällen der Auftraggeber gleichzeitig auch Warenempfänger, Rechnungsempfänger und Regulierer ist, umfaßt die Funktion „Auftraggeber" im R/3-System die Daten zu allen Rollen.

Warenempfänger

Zum Anlegen des Warenempfängers benötigt man die Daten zum Versand, z. B. die Abladestellen oder die Warenempfangszeiten.

Rechnungsempfänger

Die Daten für den Dokumentendruck, die Adressen oder Informationen zum elektronischen Datenaustausch bspw. werden für den Rechnungsempfänger benötigt.

Regulierer

Zur Anlage des Regulierers benötigt man z. B. die Daten zur Festlegung der Rechnungstermine oder die Kontoverbindung.

Auf den **Debitorenstammsatz** (siehe Abb. 9.16) greift neben dem Vertrieb auch die Buchhaltung zu. Um Datenredundanzen zu vermeiden, werden alle Daten sowohl die buchhalterischen als auch die vertriebsspezifischen in einem Stammsatz hinterlegt. Daher besteht der Stammsatz aus:

- **Allgemeinen Daten:**
  z. B. Anschrift, Kommunikation. Diese Daten werden lediglich durch die Kundennummer identifiziert, sie gelten sowohl für die Buchhaltung als auch für den Betrieb. Die Pflege der Daten ist von der Buchhaltung oder vom Vertrieb aus möglich.

- **Vertriebsdaten:**
  z. B. Informationen zur Preisfindung oder zur Belieferung. Diese Daten sind nur im Vertrieb relevant, sie gelten jeweils für einen Vertriebsbereich und werden vom Vertrieb gepflegt.

- **Buchungskreisspezifische Daten:**
  z. B. Kontoführung, Zahlungsverkehr, Korrespondenz, Versicherung. Sie sind für die Buchhaltung von Bedeutung. Diese Daten gelten jeweils für einen Buchungskreis und werden von der Buchhaltung gepflegt.

Abb. 9.17
Debitorenstammsatz

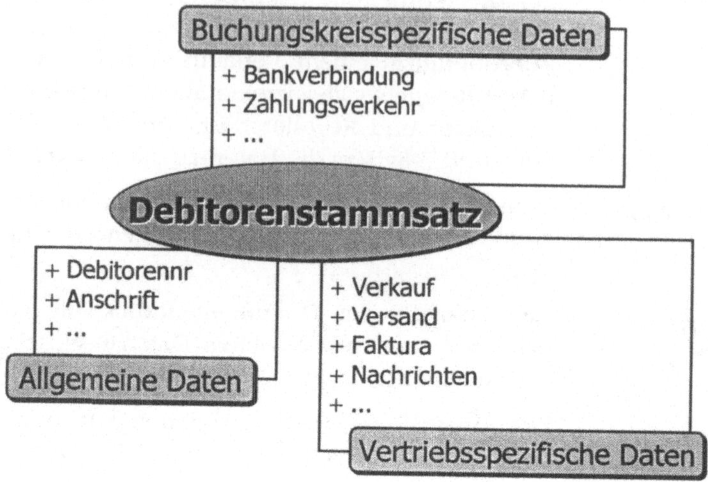

Einmalkunden

Nicht für jeden Kunden muß ein eigener Stammsatz angelegt werden. Für einmalige oder sehr seltene Geschäftsbeziehungen mit einem Kunden steht ein **reduzierter Sammelstammsatz** (siehe Abb. 9.18) zur Verfügung: für sog. **Einmalkunden = CPD** („Conto pro Diverse").

Abb. 9.18
Reduzierter
Kundenstammsatz

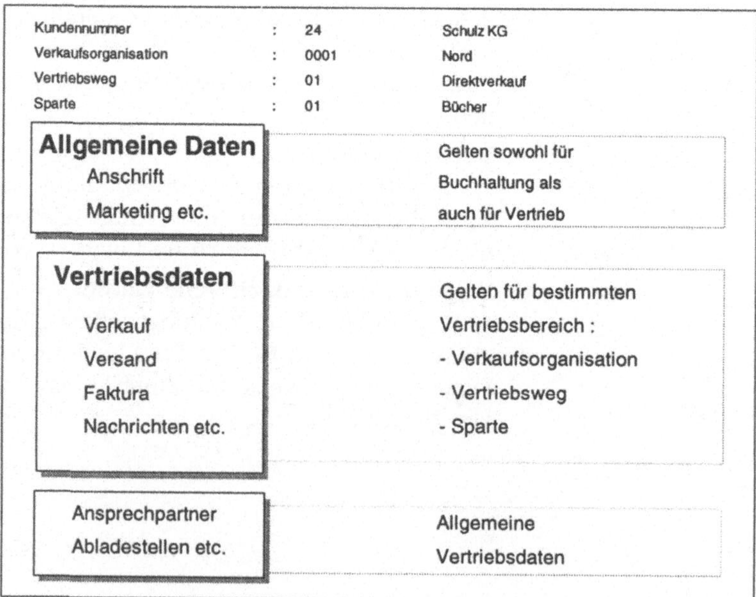

Ansprechpartner eines Kunden können im Debitorenstammsatz hinterlegt werden. Für sie muß nicht extra ein eigener Stammsatz angelegt werden. Soll ein Ansprechpartnerstammsatz angelegt werden, so ist dies im Rahmen der Vertriebsunterstützung möglich.

Fallstudie:
Debitor anlegen

Die **Firma „Zweirad Stadtler"** soll als neuer Kunde im System hinterlegt werden. Es wird ein Debitorenstammsatz angelegt. Der neue Kunde ist als Großhändler in der Sparte Fahrräder tätig.

„Debitor.scm"

Funktionsüberblick:

Logistik ⇨ *Vertrieb* ⇨ *Stammdaten* ⇨ *Geschäftspartner* ⇨ *Auftraggeber* ⇨ *Anlegen* ⇨ *Anlegen*

Es erscheint die Maske *„Einstieg Vertriebsbereich"*. Dort kann man den Vertriebsbereich für den Kunden festlegen. Folgende Felder sind auszufüllen:

- Debitor
- Verkaufsorganisation
- Vertriebsweg
- Sparte
- Kontengruppe

Um einen Debitorenstammsatz anzulegen und dabei die Kopierfunktion zu nutzen, können in die Felder *Vorlage* die Daten des Stammsatzes eingegeben werden. Dies ist bspw. sinnvoll, wenn ein Debitor innerhalb mehrerer Sparten tätig ist. In diesem Fall müssen zwei Debitorenstammsätze angelegt werden. Beim zweiten Stammsatz kann das Anlegen durch die Kopierfunktion wesentlich beschleunigt und erleichtert werden.

Nach dem Ausfüllen der Felder muß man den Button ✔ betätigen, und man gelangt in die Maske *Anschrift*.

In dieser Maske kann man die Daten zu der Anschrift des Debitors hinterlegen. In das Feld *Suchbegriff* kann ein Kürzel oder etwas ähnliches eingegeben werden, um den Kunden bei Suchvorgängen leichter zu finden.

Nach dem Ausfüllen der Felder den Button ✔ betätigen, und man gelangt in die Maske *Steuerung*.

In dieser Maske müssen vom Vertrieb nur folgende Felder ausgefüllt werden:

- Umsatzsteuer
- Transportzone
- Ust-Id.Nr.

Nach dem Ausfüllen der Felder muß man den Button betätigen und gelangt in die Maske *Marketing*.

In dieser Maske können Daten zum Marketing hinterlegt werden. Es müssen jedoch vom Vertrieb aus keine Felder ausgefüllt werden.

Man kann über den Button in die Maske *Abladestellen* springen. Hat der Kunde mehrere Abladestellen, so können diese hier hinterlegt werden. Der Debitor Stadtler hat nur eine Abladestelle, daher ist diese Maske nicht relevant.

Durch Betätigen des Buttons gelangt man in die Maske *Ansprechpartner*, in der der Ansprechpartner hinterlegt werden kann. Alternativ können diese Daten auch im Rahmen der Vertriebsunterstützung im System angelegt werden.

Über den Button gelangt man in die Maske *Verkauf Vertriebsbereich 1*.

Hier sind folgende Felder ausfüllbar:

- Kundenbezirk
- Verkaufsbüro
- Verkäufergruppe
- Kundengruppe
- Währung
- Auftr.Wahrsch. (Auftragswahrscheinlichkeit)

Desweiteren sind in dieser Maske die Daten zur Preisfindung zu hinterlegen:

- Preisgruppe
- Kundenschema
- Preisliste
- StatGruppeKunde

Nach Ausfüllen der Felder und Betätigung des Buttons gelangt man in die Maske *Versand Vertriebsbereich 1*.

Im Abschnitt *Versand* müssen folgende Daten eingegeben werden:

- Lieferpriorität
- Versandbedingungen
- Auslieferungswerk
- AuftrZusammenführung
- Chargensplit erlaubt

Im Abschnitt *Teillieferungen* sind folgende Felder auszufüllen:

- Komplettlieferung
- Teillieferungen/Pos
- Max. Teillieferung (Vom System wird hier die Anzahl 9 vorgeschlagen, dieses Feld kann jedoch überschrieben werden.)

Im Abschnitt *Allgemeine Transportdaten* ist das Feld *Transportzone* relevant.

Nach Ausfüllen der Felder und Betätigung des Buttons ✔ gelangt man in die Maske *Fakturieren Vertriebsbereich*.

Im Abschnitt *Faktura* werden folgende Felder gefüllt:

- RechnungsNachb.
- Bonus
- Preisfindung
- RechTermine (Hier wird der Fabrikkalender hinterlegt, auf welchen sich die Termine beziehen.)
- ReListen Termine (Fabrikkalender wird hinterlegt, auf den sich die Termine beziehen.)

Im Abschnitt *Liefer- und Zahlungsbedingungen* sind folgende Felder mit Daten zu versehen:

- Incoterms (Der Text muß manuell eingetragen werden, auch wenn er im System hinterlegt ist.)
- Zahlungsbeding.

Im Abschnitt *Buchhaltung* wird das Feld *KontGruppe* (=Kontengruppe, der die Erlöse zuzuordnen sind) gepflegt.

Nach Ausfüllen der Felder und Betätigung des Buttons ✔ gelangt man in die Maske *Steuern Vertriebsbereich 1*.

Hier wird das Feld *Steuerklassifikation* ausgefüllt.

Durch zweimaliges Betätigen des Buttons gelangt man in die Maske *Nachrichten Vertriebsbereich*. Hier werden sämtliche Felder vom System vorgeschlagen.

Nach Bestätigung mit dem Button gelangt man in die Maske *Partnerrollen Vertriebsbereich 1*. Hier werden ebenfalls alle Felder vom System vorgegeben.

Nach Drücken des Buttons erscheint eine Abfrage, ob der Debitor gesichert werden soll. Durch Bestätigung der Anfrage mit „Ja" wird der Debitor angelegt.

9.2.2   Material

Unter Material faßt das R/3-Systems **Produkte und Dienstleistungen** zusammen. Auf die Materialstammsätze greifen unterschiedliche R/3-Module zu. Im Vertrieb werden bspw. bei der Anfrage, beim Auftrag und bei der Rechnung die Materialstammsätze benötigt.

Materialien werden in verschiedene Materialarten unterteilt, damit wird ein Material genau einer Materialart zugeordnet. In der Standardversion sind im R/3-System folgende Materialarten möglich:

Materialart

- Handelsware

- Nichtlagerware

- Dienstleistungen

- Verpackungsmaterial

- Sonstige Materialien

Abb. 9.19
Einstiegspfad zum
Anlegen eines
Materialstammsatzes

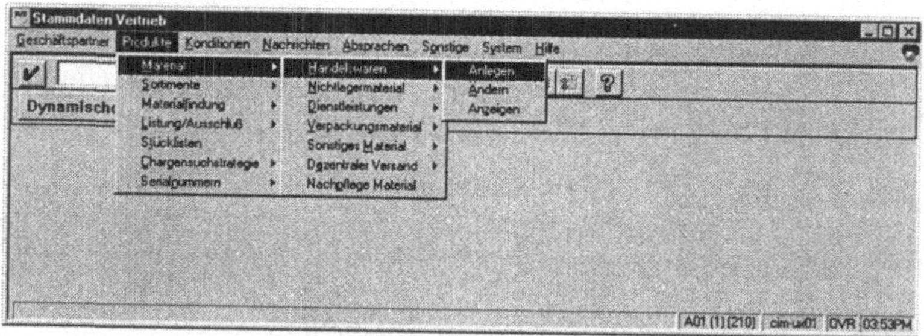

Zur **Handelsware** zählen Materialien, die von der Firma eingekauft und unbearbeitet weiterverkauft werden. Sie werden im R/3-System mit dem Schlüssel „HAWA" gefuhrt.

Zur **Nichtlagerware** zählen Materialien, die physisch auf Lager liegen, jedoch bestandsmäßig nicht geführt werden. Sie werden im R/3-System mit dem Schlüssel „NLAG" geführt.

Zu den immateriellen Gütern zählen die **Dienstleistungen**, bei denen Produktion und Verbrauch zeitlich zusammenfallen, bspw. Versicherungsleistungen. Sie werden im R/3-System mit dem Schlüssel „DIEN" geführt.

Verpackungsmaterial sind alle Materialien, die zur Verpackung der zu verkaufenden Güter benötigt werden. Sie werden im R/3-System mit dem Schlüssel „VERP" geführt.

Zu **sonstigen Materialien** zählen Materialien, die keiner Standardmaterialart zugehören. Mit dieser Funktion können zusätzliche Materialarten gepflegt werden. Beim Anlegen eines Materialstammsatzes muß bei diesem Einstieg auf dem ersten Datenbild eine Materialart angegeben werden. Beim Anlegen eines Materialstammsatzes kann die entsprechende Funktion ausgewählt werden.

Branche

Zusätzlich besteht die Möglichkeit, ein Material (unabhängig von der Materialart) einer Branche zuzuordnen. So können branchenspezifische Anforderungen berücksichtigt werden.

Im Materialstamm wird eine **Basismengeneinheit** hinterlegt. Diese Basismengeneinheit kann über Umrechnungsfaktoren in andere Mengeneinheiten umgerechnet werden. So entspricht bspw. 1000 Gramm einem Kilogramm.

Abb. 9.20
Mengeneinheiten

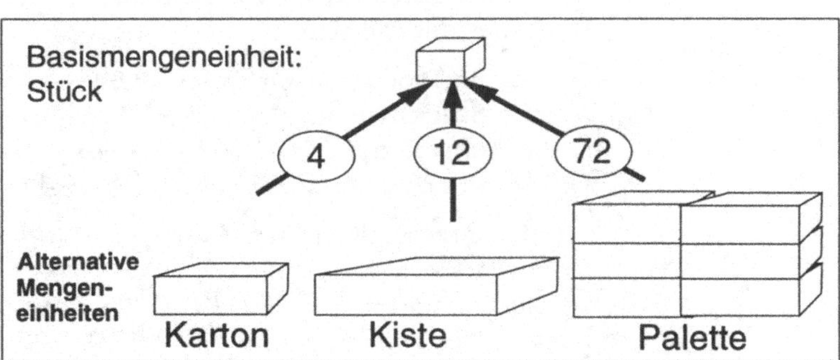

Ebenso kann im Materialstammsatz für jeden Vertriebsbereich eine **Mindestauftrags-** und eine **Mindestauflagemenge** hinterlegt werden. Damit kann ermöglicht werden, daß die Mindestauftragsmenge bei Großhändlern höher ist als die bei Endverbrauchern.

Produkthierarchie

Oft ist es sinnvoll Materialien zu gruppieren. Dies ermöglicht bspw. eine gemeinsame Preisfindung. Eine Gruppierungsart ist über die schon erwähnte Einteilung in die Materialarten gegeben. Zusätzlich können Materialien in eine 3-stufige Produkthierarchie unterteilt werden. Der Aufbau dieser Hierarchie orientiert sich an bestimmten Merkmalen der Materialien.

Abb. 9.21
Produkthierarchie

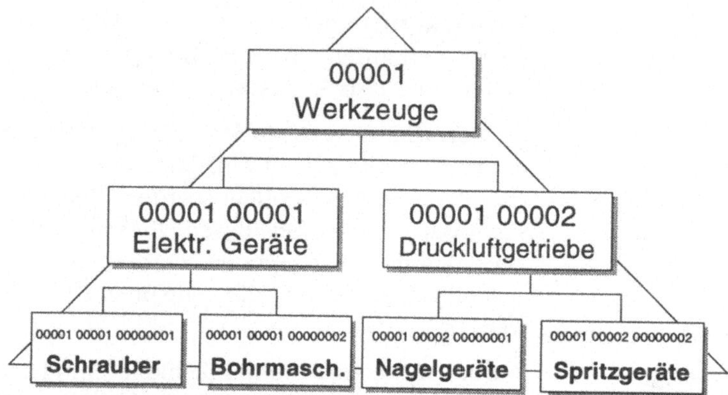

Über ein **Statuskennzeichen** kann definiert werden, welchen Status das Material momentan innerhalb des Vertriebs hat. So kann bspw. gesteuert werden, daß Materialien für die Anfrage freigegeben sind, zur Auftragserstellung jedoch nicht zugelassen sind. Dies kann bspw. während der Entwicklungsphase eines Produktes der Fall sein.

Besteht ein Produkt aus mehreren Materialien, so wird im Modul PP eine **Stückliste** angelegt. Diese zu verwalten und zu pflegen ist die Aufgabe der Produktionsplanung. Innerhalb des Vertriebs wird im Kundenauftrag die hinterlegte Stückliste aufgelöst.

Auf den **Materialstammsatz** greifen neben dem Vertrieb auch andere Module, wie z. B. der Einkauf, zu. Um Datenredundanzen zu vermeiden, werden alle Daten in einem Stammsatz hinterlegt. Die Verantwortung der Pflege von modulspezifischen Daten liegt beim jeweiligen Fachbereich. So ist für die vertriebsspezifischen Daten der Vertrieb zuständig. Die Anlage eines Stammsatzes kann zentral oder dezentral erfolgen. Bei der zentralen Anlage müssen die Sichten, die angelegt werden sollen, ausgewählt werden. Ein vollständiger Materialstammsatz besteht aus:

- **Allgemeinen Daten**
  z. B. Materialnummer, Materialbezeichnung, Mengeneinheiten. Diese Daten gelten für alle Sichten, d. h. für alle Bereiche, die auf den Materialstammsatz zugreifen.

- **Vertriebsspezifischen Daten**
  z. B. Auslieferungswerk, Verkaufstexte, Versanddaten, Mindestauftrags- und -liefermenge. Diese Daten werden in Abhängigkeit von der Verkaufsorganisation und dem Vertriebsweg hinterlegt.

- **Werksspezifischen Daten**
  z. B. Herstellkosten, Exportdaten, Dispositionsprofile. Diese Daten werden in Abhängigkeit von einem Werk hinterlegt. Sie sind Informationen für Disposition und Fertigung.

- **Lagerortspezifischen Daten**
  z. B. Temperaturbedingungen, Raumbedingungen. Diese Daten sind Informationen zur Lagerung und Bestandsführung.

Abb. 9.22
Materialstammsatz

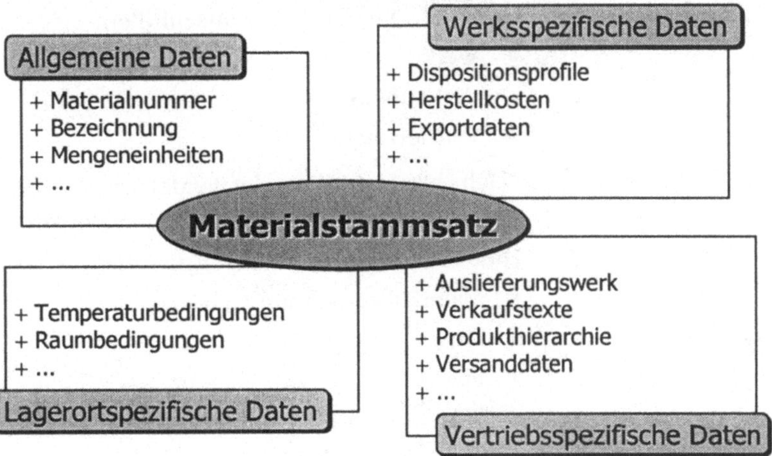

Fallstudie: Material-
stammsatz anlegen

„Material.scm"

Für das Produkt „Ökoöl" soll ein Stammsatz angelegt werden. Das Öl soll vorerst nur an Großhändler verkauft werden. In den einzelnen Sichten können für den jeweiligen Vertriebsweg unterschiedliche Daten erfaßt werden.

Zum Anlegen der Handelsware wählt man den folgenden Pfad:

Logistik ⇨ Vertrieb ⇨ Stammdaten ⇨ Produkte ⇨ Material ⇨ Handelswaren ⇨ Anlegen

In der Einstiegsmaske können die Felder „*Material*" und „*Bran-che*" ausgefüllt werden. Das Feld „Material" kann vorerst unausgefüllt bleiben. In diesem Falle wird die Materialnummer bei Anlegen des Stammsatzes automatisch vom System vergeben. Will man die Kopierfunktion nutzen, so kann in das Vorlagefeld die Materialnummer eines bestehenden Stammsatzes eingetragen werden.

Nach dem Ausfüllen der Felder muß der Button  betätigt werden, und man gelangt in die Maske „*Sichtenauswahl*".

Hier können die Sichten markiert werden; im Falle des „Ökooils" sind dies folgende Sichten:

- Vertrieb – Verkaufsorg. Daten
- Vertrieb – allg. /Werkdaten
- Vertriebstext

Nach dem Ausfüllen der Felder ist der Button zu betätigen, und man gelangt in die Maske „*Organisationsebenen*".

Es sind folgende Felder auszufüllen:

- Werk
- Verkaufsorg.
- Vertriebsweg

Nach dem Ausfüllen der Felder und Betätigung des Buttons erreicht man die Maske „*Vertrieb – Verkauforg. Daten*".

Hier sind folgende Felder auszufüllen:

- Materialbezeichnung
- Basismengeneinheit
- Sparte
- Warengruppe
- Auslieferungswerk
- Skontofähig
- Produkthierarchie

Durch Scrollen der Maske werden die nachfolgenden Felder sichtbar:

- Steuerklassifikation
- Mindestauftragsmenge
- Mindestliefermenge

Diese werden ebenfalls mit Daten versehen.

Danach Betätigung des Buttons [✔], und man gelangt in die Maske „*Vertrieb – allg./Werksdaten*".

Hier werden folgende Felder ausgefüllt:

- Basismengeneinheit
- Bruttogewicht
- Nettogewicht
- Verfügbarkeitsprüf.
- Transportgruppe
- Ladegruppe

Nach Bestätigung erreicht man die Maske „*Vertriebstext*", in der materialspezifische Texte eingegeben werden können.

Nach Betätigung des Buttons [✔] erscheint eine Abfrage, ob das Material gesichert werden soll. Nach Bestätigung der Meldung mit „Ja" wird der Materialstammsatz angelegt. Sollte zu Beginn keine Materialnummer angegeben sein, so wird diese jetzt vom System vergeben. Man sieht die vergebene Nummer in der unteren Statuszeile (blaues Feld) der Maske.

Ergänzende Funktionen zum Materialstammsatz

Es besteht die Möglichkeit, im System **Sortimente** zu hinterlegen. Dies ist bspw. sinnvoll, wenn bestimmte Materialkombinationen oft verkauft werden. Im Sortiment kann neben der Materialnummer der einzelnen Produkte auch eine Vorschlagsmenge hinterlegt werden.

Bei der Auftragserfassung kann dann auf ein Sortiment referenziert werden.

Kunden-Material-Satz

Zu Materialien kann ein Kunden-Material-Satz hinterlegt werden. In diesem können kundenindividuelle Daten, wie die Kunden-Materialnummer und -bezeichnung und spezielle Lieferdaten und –toleranzen, hinterlegt werden. Bei der Auftragserfassung werden die Daten aus dem Kunden-Material-Satz vor den allgemein gültigen Daten berücksichtigt.

Materialfindung

Die Funktion der Materialfindung ist in der Standardversion von R/3 von den Kriterien Vertriebsbereich und Material abhängig. Die Materialfindung ermöglicht es, in den Vertriebsbelegen ein Material nach externen Kriterien vom System suchen zu lassen. Wichtig ist hier, daß das Material nicht über die Materialnummer identifiziert, sondern über einen anderen Schlüssel angegeben wird. Dieser Schlüssel kann bspw. die EAN- oder die Kunden-materialnummer sein. Das System sucht bei Angabe des externen Schlüssels dann den jeweiligen richtigen Materialstammsatz und benutzt bei der weiteren Bearbeitung diese Daten. Die Vorgaben zur Materialfindung gelten für einen beliebigen Zeitraum.

Materialsubstitution

Für die Funktion Materialsubstitution werden in der Standardversion von R/3 die Kriterien Vertriebsbereich und Material benötigt. Die Materialsubstitution ermöglicht es, ein Material in den Vertriebsbelegen automatisch vom System durch ein anderes Material zu ersetzen (substituieren). Die Vorgaben zur Materialsubstitution werden zuvor im R/3-Modul SD hinterlegt und gelten für einen beliebigen Zeitraum. Die Materialsubstitution kann z. B. im Zuge einer Werbeaktion sinnvoll sein.

Materiallistung

Die Materiallistungsfunktion greift auf die Kriterien Material und Kunde zurück. Durch die Materiallistung ist hinterlegt, welche Materialien von einem bestimmten Kunden bezogen werden können. Dieses Listing gilt für einen beliebigen Zeitraum. Wird in einem Verkaufsbeleg (bspw. im Auftrag) ein Material verwendet, welches nicht in der Materiallistung enthalten ist, wird diese Position vom System abgelehnt.

Materialausschluß

Die Funktion des Materialausschlusses ist analog der Materiallistung in der Standardversion von den Kriterien Material und Kunde abhängig und ggf. für einen beliebigen Zeitraum gültig. Durch den Materialausschuß kann festgelegt werden, welche Materialien ein bestimmter Kunde nicht beziehen darf. Wird in einem Verkaufsbeleg (bspw. im Angebot) ein Material verwendet, welches im Materialausschuß enthalten ist, wird diese Position vom System abgelehnt.

9.2.3 Konditionen

Mit der sog. **Konditionstechnik** steht ein flexibles Instrument zur Preisgestaltung zur Verfügung. Es können sowohl einfache Preisstrukturen als auch komplexe Zusammenhänge dargestellt werden.

Abb. 9.23
Einstiegspfad zum
Bearbeiten von
Konditionen

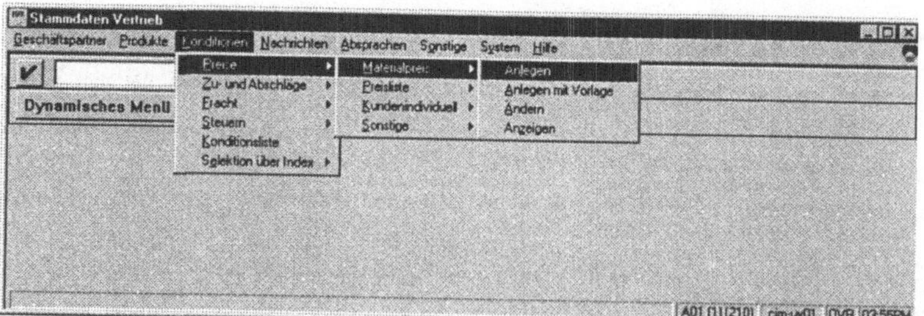

Konditionen können auf beliebigen Vereinbarungsebenen festgelegt werden. In der Standardversion werden zur Festlegung von Preisen, Zu- und Abschlägen die in der Praxis üblichen Ebenen vordefiniert. Preise können z. B. zu einem Material, in einer Preisliste oder kundenindividuell hinterlegt werden. Zu- und Abschläge können vom Kunden, vom Material, von der Kunden- oder Materialgruppe sowie von Kombinationen dieser Kriterien abhängen.

Unter Konditionen – siehe nachfolgende Abb. 9.24 - versteht man innerhalb des R/3-Systems **Preise, Zu- und Abschläge**.

Abb. 9.24
Konditionen

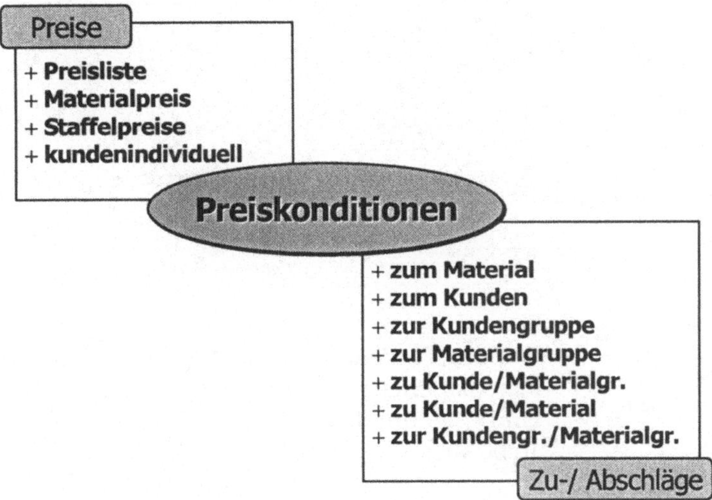

Mit Hilfe von Konditionen können einfache Preise und auch komplexe Zusammenhänge dargestellt werden. Die Konditionssätze werden in der Standardversion in den oben abgebildeten Ebenen hinterlegt. Zusätzlich zum Standard besteht die Möglichkeit, die vorgegebenen Abhängigkeiten zu erweitern und so eine individuelle Preisgestaltung zu realisieren.

Preisfindung

In den Kategorien Auftrag und Faktura greift das R/3-System im Rahmen der Preisfindung auf die hinterlegten Konditionssätze zurück und berechnet nach einem vorgegebenen Schema den Preis sowie Zu- und Abschläge. Diese errechneten Werte können dann von dem jeweiligen Sachbearbeiter manuell geändert werden.

Jeder Konditionssatz gilt für einen beliebigen **Gültigkeitszeitraum**. So können bspw. Messepreislisten angelegt werden, auf die nur im Messezeitraum zurückgegriffen wird.

Zu einem Material können **Staffelpreise** angelegt werden.

Abb. 9.25
Staffelpreise

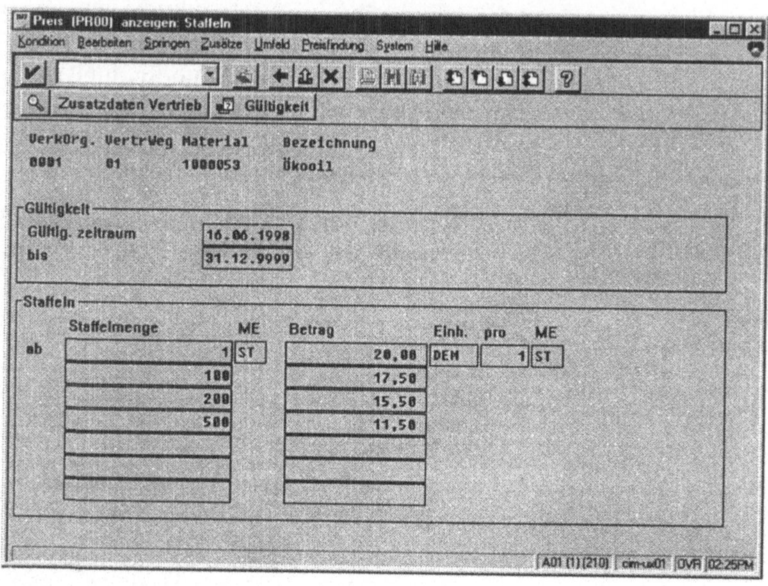

Fallstudie:
Staffelpreise
anlegen / ändern

Für das Produkt „Ökooil" soll ein Staffelpreis angelegt werden. Materialnummer: 1000053 Verkaufsorganisation: 0001 (Deutschland) Vertriebsweg: 01 (Großhändler) Gültigkeitszeitraum: 16.06.1998 – 31.12.1999

„Staffel.scm"

Funktionsüberblick:

Logistik ⇨ *Vertrieb* ⇨ *Stammdaten* ⇨ *Konditionen* ⇨ *Preise* ⇨ *Materialpreis* ⇨ *Ändern*

In der Maske werden folgende Felder ausgefüllt:

- Verk.organisation
- Vertriebsweg
- Material (Materialnummer)
- Gültig am (Das System gibt das Tagesdatum vor, dieses kann jedoch überschrieben werden.)

Man kann sich den bisherigen Materialpreis anzeigen lassen. Durch das Anklicken des Buttons „Staffeln" gelangt man in die Maske, in der die Staffelpreise hinterlegt werden.

Die Felder „Gültig. Zeitraum" und „bis" werden ausgefüllt. Desweiteren werden die Felder zu den Staffelpreisen ausgefüllt.

Durch Betätigen des Buttons ![] werden die Staffelpreise gesichert.

Preiserhöhungen

Sollen mehrere Preise einheitlich um einen bestimmten Prozentsatz erhöht werden, so kann dies in einem Schritt erfolgen.

Verkaufssteuern werden über Konditionssätze im R/3-System abgebildet. Sie sind ebenfalls für einen beliebigen Zeitraum gültig.

9.3   Vertriebsunterstützung

Die Vertriebsunterstützung ist ein Werkzeug zum Sammeln von Daten und Informationen, die Mitarbeitern der Abteilung Vertrieb Auskunft geben über die gegenwärtige Situation in Bezug auf Kunden und Produkte sowie Wettbewerb zu anderen Firmen.

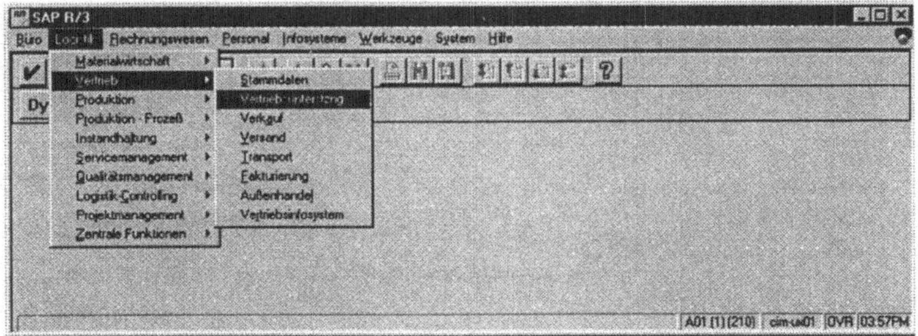

Abb. 9.26
Einstiegspfad
in die Vertriebs-
unterstützung

Die Vertriebsunterstützung stellt ein wertvolles Instrument dar, das die Mitarbeiter hauptsächlich bei der Akquisition und Kundenbetreuung unterstützt.

Es werden **Informationen** gesammelt und gepflegt zu bspw.:

- Kunden
- Interessenten
- Ansprechpartner
- Kundenkontakte
- Wettbewerber, Wettbewerbsprodukte
- Vertriebspartner, Vertriebsbeauftragte

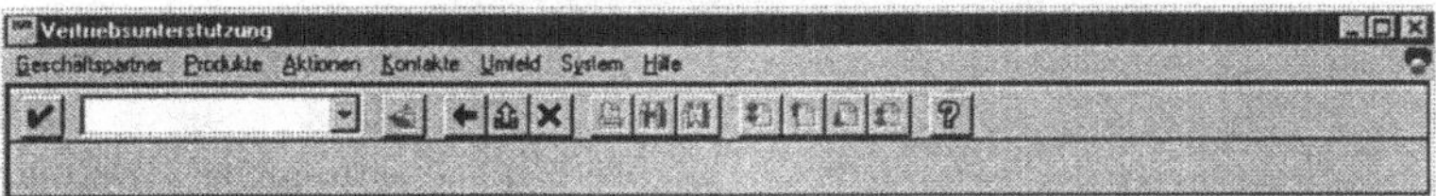

Abb. 9.27
Menüleiste der Ver-
triebsunterstützung

Der Mitarbeiter kann jederzeit, z. B. bei der Kundenbetreuung, auf die im System hinterlegten Informationen zurückgreifen. Ergänzend bietet R/3 die Möglichkeit, im Rahmen der Vertriebsunterstützung, Mailing-Aktionen durchzuführen. Mit einer solchen Aktion kann bspw. das Versenden von Produktinformationen organisiert werden.

Die Vertriebsunterstützung nutzt die innerhalb des Vertriebssystems hinterlegten Stammsätze und gewinnt zudem Informationen über die operativen Vorgänge innerhalb von Verkauf, Versand und Fakturierung. Ebenso fließen Informationen von der Vertriebsunterstützung wieder zurück.

Abb. 9.28
Vertriebsunter-
stützung
(Quelle: On-Line-
Dokumentation des
R/3-Systems)

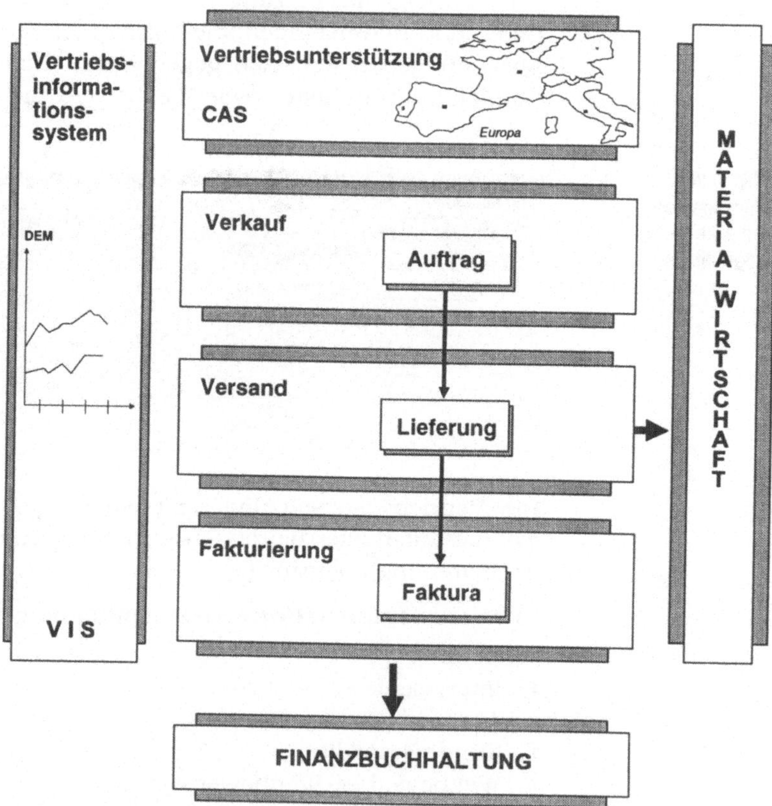

Ziel der Vertriebsunterstützung ist es, den Vertriebsmitarbeitern im Innen- und Außendienst aktuelle Informationen zur Verfügung zu stellen. Schwerpunkte dabei sind: individuelle Verkaufsförderung, interne und externe Kommunikation und Beurteilung der Wettbewerber und ihrer Produkte.

Die Aufgabe der Daten- und Informationsgewinnung besteht in der Erfassung von entsprechender Korrespondenz, (ein- und ausgehende) Vertriebsbelegen und Interessenten- bzw. Kundenreaktionen auf verschiedene Aktionen der Werbung und des Mailings.

Hilfreiche Unterstützung bietet hierbei das Vertriebsinformationssystem (VIS), das mit dem **CAS** (**C**omputer **A**ided **S**elling) in direkter Verbindung steht und Informationen liefert zur Ergreifung von Maßnahmen, die aus Sicht von **S**ales & **D**istribution notwendig sind (Zurechtlegen von Strategien).

Es besteht eine gute Auswertbarkeit der Daten für alle autorisierten Vertriebsmitarbeiter, da die gesammelten Informationen in strukturierter Form im System hinterlegt sind.

Die Marketing-Stammdaten (siehe Abb. 9.28) stellen hierbei die Basis dar, auf der die Vertriebsunterstützung aufbaut. Sie sind die zusammengetragenen Informationen über Kunden, Wettbewerber und Produkte, wobei eine weitere Strukturierung möglich ist (explizite Angaben über den Ansprechpartner eines Kunden etc.). Die Produktinformationen beschränken sich nicht auf eigene Produkte, sie umfassen auch Daten zu Produkten von Wettbewerbern.

Abb. 9.29
Marketingdaten

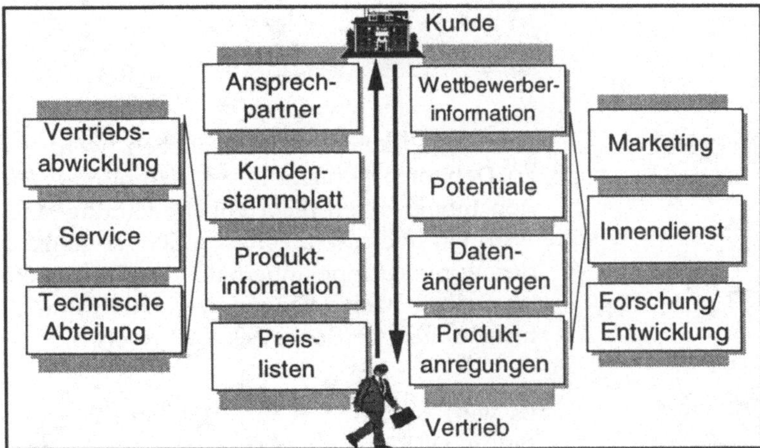

Von sehr großer Wichtigkeit ist die Aktualität der Stammdaten, deshalb ist die Verwaltung entsprechender Daten ein zentraler Bestandteil der Vertriebsunterstützung.

9.3.1 Vertriebspartner, Vertriebsbeauftragte

Vertriebspartner und Vertriebsbeauftragte repräsentieren das Unternehmen nach außen; Vertriebsbeauftragte sind Mitarbeiter des eigenen Unternehmens. Vertriebspartner sind externe Mitarbeiter des Unternehmens, bspw. ein Beratungspartner oder ein Handelsvertreter. Vertriebsbeauftragte werden im Modul HR des R/3-Systems verwaltet. Für Vertriebspartner wird ein eigener Stammsatz angelegt. Für Vertriebsbeauftragte ist innerhalb von R/3 eine eigene Kontengruppe hinterlegt.

9.3.2 Kunden, Interessenten, Ansprechpartner

Kundenstammsatz

Das Anlegen eines Kundenstammsatzes entspricht dem Anlegen eines Debitorenstammsatzes innerhalb der SD-Stammdaten. Im Rahmen der Vertriebsunterstützung werden im besonderen die Marketingdaten gepflegt.

Abb. 9.30
Einstiegspfad zur Bearbeitung von Stammdaten

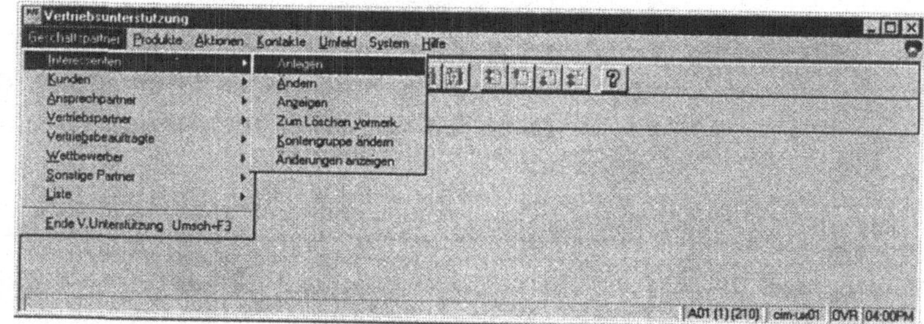

Interessent

Um einen Interessenten anzulegen, werden dieselben Daten wie zu Debitoren gepflegt mit Ausnahme der Datenbilder, die für einen Interessenten nicht von Bedeutung sind, z. B. Fakturierung. Wird ein Interessent zum Kunden, so kann durch eine Änderung der Kontengruppe innerhalb des Interessentenstammsatzes dies im System nachvollzogen werden. Eventuell noch fehlende Informationen werden anschließend ergänzt.

Fallbeispiel:

„Interessent_anlegen.scm"

Es wird ein **Interessent angelegt**, der von der Verkaufsorganisation Deutschland betreut, als Großkunde und in die Sparte „Fahrräder" eingestuft wird. Die mit einem Fragezeichen versehenen Felder sind Muß-Felder; sie können aber durch das Customizing geändert werden.

Ansprechpartner

Um Informationen zu Ansprechpartnern zu sammeln, gibt es innerhalb des R/3-Systems zwei Möglichkeiten. Die erste ist das Anlegen eines Ansprechpartners innerhalb des Debitorenstammsatzes. Die zweite besteht darin, einen separaten Ansprechpartnerstammsatz anzulegen. Dieser Ansprechpartner wird dann dem entsprechenden Kunden zugeordnet.

Fallbeispiel:

„Ansprechpartner_
anlegen.scm"

Zu einem vorhandenen Kunden (hier: Scholz & Friends) wird ein neuer **Ansprechpartner angelegt**. Verschiedenste Daten können abgelegt werden, bspw. Besuchsrhythmus, Erreichbarkeit des Ansprechpartners, seine Privatadresse, persönliche Vorlieben (z. B. wichtig als „Opener" bei einem Verkaufsgespräch, bei Werbegeschenken).

9.3.3 Kundenkontakte

Informationen, die sich aus einem Kontakt mit einem Kunden ergeben, werden innerhalb der Vertriebsunterstützung in strukturierter Form im System abgelegt.

Abb. 9.31
Kunde als zentrales
Glied im Verbund der
Vertriebsaktivitäten

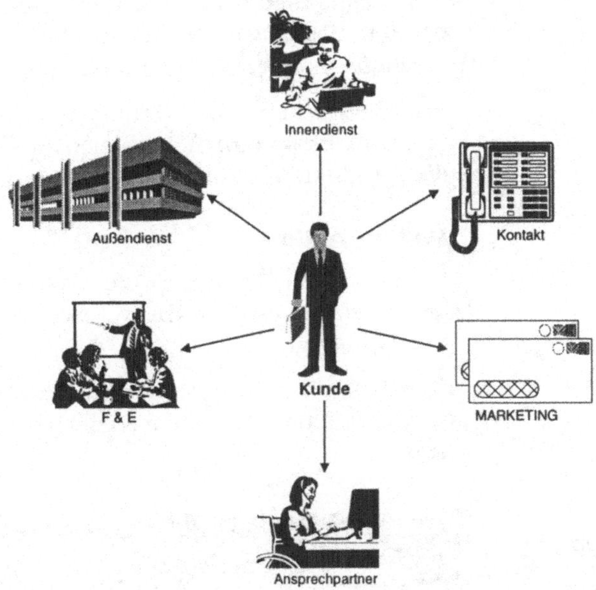

Kontaktart

Dabei ist die Kontaktart sehr wichtig (siehe Abb. 9.31). In der Standardversion sind die Kontaktarten Besuch, Telefonat und Brief vorgesehen. Andere Kontaktarten können vom Benutzer im Rahmen des Customizing definiert werden. Abhängig von der Kontaktart müssen verschiedene Daten eingetragen werden.

Abb. 9.32
Kontaktarten inner-
halb der Vertriebs-
unterstützung

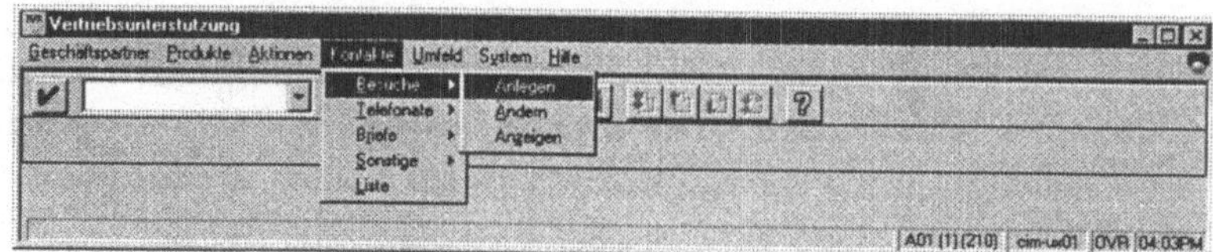

Kontaktbearbeitung

Zur Kontaktbearbeitung werden neben der Kundennummer, der Ansprechpartner und den organisatorischen Daten (z. B. Verkaufsorganisation, Verkäufergruppe) auch der Zeitpunkt des Kontaktes, der Kontaktgrund und das Kontaktergebnis hinterlegt. Es können zudem Folgeaktivitäten, wie z. B. die Zusendung von Informationsmaterial, eingetragen werden. Jeder Kontaktsatz unterliegt einem **Berechtigungsschutz**. So können nur berechtigte Personen diesen anzeigen und ändern.

9.3.4   Wettbewerber und ihre Produkte

Die Daten zu Wettbewerbern werden in eigenen Stammsätzen hinterlegt. Zudem können über Texte Informationen gesammelt werden. Die Daten zu Produkten von Wettbewerbern werden ebenfalls in eigenen Stammsätzen hinterlegt.

Das Beobachten von Wettbewerbern und ihren Produkten ermöglicht bspw. einen Vergleich zwischen dem Erfolg der eigenen Produkte und den Wettbewerbsprodukten.

9.3.5   Mailing-Aktion

In der Standardversion ist die Mailing-Aktion als eine Möglichkeit des Organisierens von bspw. Versenden von Produktinformationen hinterlegt.

Ein Mailing kann aus einem Anschreiben und Anlagen bestehen. Zudem können zu einem Mailing Folgeaktionen hinterlegt werden.

Abb. 9.33
Mailing-Aktion

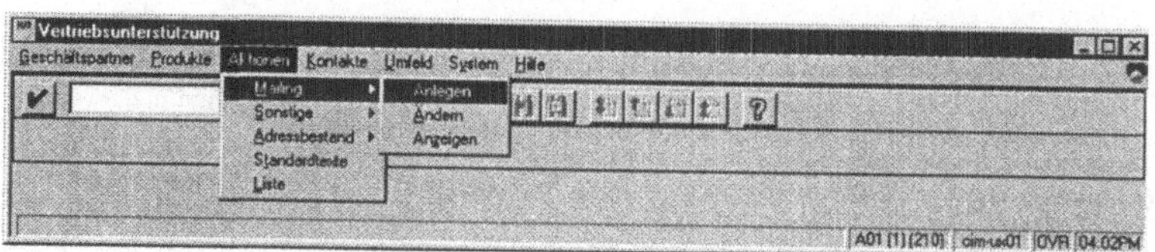

Benötigt werden für die Mailing-Aktion:

- Adressen und Stammdaten der Empfänger;

- Inhalt und Aussehen des Anschreibens;

- die Anlagen pro Adressat; sollen Produkte oder ähnliches mitversand werden so müssen die Stammsätze dazu im System hinterlegt sein;

- ein Debitorenstammsatz des eigenen Unternehmens als Auftraggeber zur Zuordnung der entstehenden Kosten;

- Konditionssätze zur Nachrichtenart „MAAK" (die Mailing-Aktion gehört zu dieser Nachrichtenart).

Diese Daten werden innerhalb des Anlegens der Mailing-Aktion miteinander verknüpft.

Fallbeispiel:

„Mailing_an-legen.scm"

Im Beispiel sollen die Kunden mit der Kundennummer 10000 bis 10010 (denkbar sind alle von R/3 zur Verfügung gestellten Selektionskriterien) angeschrieben werden und auf ein aktuelles Angebot hingewiesen werden. Es wird zunächst der Text erfaßt, wobei auf Textbausteine, wie Grußformeln oder personalisierte Anredeformeln, zurückgegriffen werden kann.

Der Text muß mit dem Mailing verknüpft werden. Es besteht die Möglichkeit einer Wiedervorlage, um für den Vertrieb Listen zu generieren, anhand derer eine Woche nach Aussendung des Mailings telefonisch nachgefaßt wird.

9.3.6   Kommunikation

Wichtig für den Vertrieb sowohl für das Unternehmen als auch für den Außendienst ist es, stets auf eine aktuelle Informationsbasis zurückgreifen zu können.

Um dies zu gewährleisten, muß der Informationsaustausch gut funktionieren:

- Anschluß an das R/3-System über einen Laptop bzw. eine stationäre Workstation oder über ein Mobilfunknetz mit Hilfe eines Laptops.

- Die Komponente R/Mail zur Weiterleitung von Mitteilungen.

- Nutzung von Telekommunikationsdiensten, wie z. B. Telefax, Teletex oder EDI.

- Ausdruck von Dokumenten.

9.4   Verkauf

Das System SD erfüllt die verschiedensten Anforderungen im Bereich der Anfrage-, Angebots- und Kundenauftragsbearbeitung:

- Bearbeitung und Überwachung von Anfragen, Angeboten, Aufträgen und Rahmenverträgen;
- Kopierfunktion und Positionsvorschlag bei Auftragserfassung;
- Reduzierte Datenerfassung durch die Integration der Prozesse in andere R/3-Module;
- Frei wählbare Belegarten für alle Verkaufsvorgänge, die bei Bedarf individuell konfiguriert werden können;
- Verfügbarkeitsprüfung des Materialangebots;
- Versandterminierung, um termingerechte Lieferungen zu garantieren;
- Versandstellen- und Retourenermittlung;
- Automatische Ermittlung von Preisen, Zu- und Abschlägen sowie Steuern für einen Geschäftsvorfall und Steuerermittlung in Haus- und Fremdwährung;
- Geringes Kreditrisiko durch umfassende Funktionalität im Bereich Kreditmanagement;
- Erstellen der Handelspapiere.

Durch die SD-Verkaufsabwicklung besteht die Möglichkeit, sowohl einfache als auch komplexe Geschäftsvorfälle abzuwicklen. Es kann eine unternehmensspezifische Anpassung an individuelle Anforderungen vorgenommen werden. Andere R/3-Anwendungen wie Finanzbuchhaltung, Produktionsplanung, Service-Management, Projekt-Management, Materialwirtschaft und Qualitätsmanagement sind integriert. Das gewährleistet eine gründliche Abwicklung aller Geschäftsvorgänge.

9.4.1 Anfrage und Angebot

Die Aktivitäten der Vorverkaufsphase werden mit Hilfe von Anfragen und Angeboten im System SD festgehalten. Ein Auftragszyklus kann entweder mit dem Auftrag selbst beginnen oder mit einer vorausgehenden Anfrage bzw. einem Angebot. Anfragen des Kunden und Angebote an den Kunden können erfaßt, verwaltet und überwacht werden. Die beiden Belegarten ermöglichen es somit, alle wichtigen verkaufsbezogenen Informationen zu speichern. Für die optimale Bedienung des Marktes können so die Akquisitionsaktivitäten geplant und gesteuert werden.

Das Erstellen von Anfragen und Angeboten bedeutet für einen Betrieb Mehraufwand. Die Informationen müssen zunächst eingegeben und dann regelmäßig gepflegt werden.

Abb. 9.35
Anwendungsbereiche
von Anfrage und
Angebot

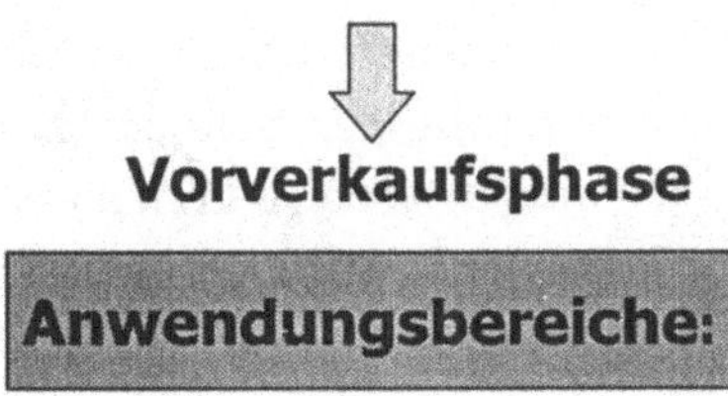

Dennoch gibt es sinnvolle Gründe (siehe Abb. 9.35) für den Einsatz dieser Belege:

- Werden Produkte mit kleinem Umfang, jedoch von hohem Wert verkauft, so rechtfertigt der Gewinn normalerweise den Zusatzaufwand.

- Beim Verkauf von Konsumgütern kann die Vorverkaufsphase als Grundlage für das Aushandeln von größeren Verträgen dienen.

- Bei Geschäftskontakten mit Behörden oder großen Organisationen sollte der Verkaufszyklus für wiederkehrende Angebote festgehalten werden.

- Die Effektivität des Planungsprozesses kann bspw. anhand der Erfolgsrate der Angebots-Auftrags-Umwandlung pro Verkäufer analysiert werden.

Anfrage

Dabei umfaßt der Funktionsumfang der Anfrage folgende Momente:

- Eingabe von bestimmten Produkten
- zusätzliche Beschreibung der Produkte durch Textposition
- automatische Preisfindung
- manuelle Prüfung der Verfügbarkeit
- Listenansicht offener Anfragen

Angebot

Der Funktionsumfang des Angebots stellt sich wie folgt dar:

- Eingabe von bestimmten Produkten
- zusätzliche Beschreibung der Produkte durch Textposition
- automatische Preisfindung
- manuelle Prüfung der Verfügbarkeit
- Prüfung der Auftragswahrscheinlichkeit
- Angebot von Alternativprodukten
- materialabhängige Preiskonditionen und Versandvorlaufzeiten
- Listenansicht offener Angebote

Fallstudie:
Erstellen eines
Angebots

Situation:

Großkunde Stadtler, Debitorennr. 11083, möchte ein Angebot über 200 Stück Ökooil und 400 Stück Standardoil.
Materialnr. Ökooil: 1000053
Materialnr. Standardoil: 1000057
Gültigkeitszeitraum: 16.06. - 30.06.1998
Wunschliefertermin: 27.06.1998

„Anfrage.scm"

Funktionsüberblick:

Logistik ⇨ *Vertrieb* ⇨ *Verkauf* ⇨ *Angebot* ⇨ *Anlegen*

In der folgenden Maske werden folgende Daten eingetragen:

- Angebotsart
- Verkaufsorganisation
- Vertriebsweg
- Sparte

Die restlichen Felder werden vom System automatisch ausgefüllt. Die Maske wird mit dem Button „einzeilige Erfassung" bzw. „zweizeilige Erfassung" bestätigt.

Es folgt die Eingabe der **Kopfdaten**:
- Nummer des Auftraggebers
- Gültigkeitszeitraum von
- Gültigkeitszeitraum bis
- Wunschlieferdatum des Kunden

Dann müssen die **Positionsdaten** eingegeben werden:
- Nummern der gewünschten Materialien
- Mengenangabe zu den Materialien

Das Angebot wird nun gesichert und die Angebotserfassung verlassen.

Ein Angebot stellt eine rechtlich verbindliche Aussage an den Kunden dar. In einem Angebot werden daher die Materialspezifikation, Preise, Lieferzeiten und -konditionen angegeben. Die erfaßten Anfragen und Angebote können in einer **Liste** angezeigt werden:

Listenansicht

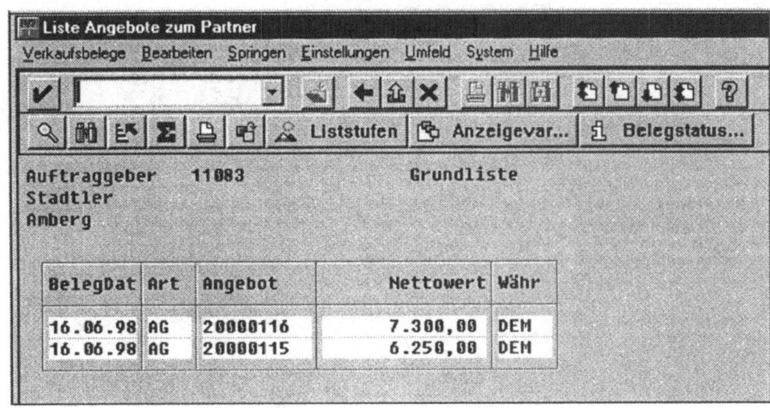

Abb. 9.36
Liste zu bearbeitender Anfragen

Analog dazu gestaltet sich die Listenanzeige offener Anfragen.

9.4.2   Auftrag

Zur Auftragserfassung und -bearbeitung stehen verschiedene, auf die jeweilige Situation zugeschnittene, Techniken bereit. Im einfachsten Fall wird ein Auftrag mit mehreren Positionen auf nur einer Bildschirmmaske erfaßt. Die Daten zu Geschäftspartner, Materialien und Preisen werden aus den zugehörigen Stammsätzen oder einem referenzierten Verkaufsbeleg vorgeschlagen:

Datenquellen bei der Auftragserfassung

- Aus dem Stammsatz des Auftraggebers resultieren u. a. Daten über Geschäftspartner bezüglich Auslieferung, Dokumentendruck und Regulierung.

- Daten zur Preisfindung, Steuerermittlung, Versandterminierung und Regulierung ergeben sich aus den Stammsätzen der betroffenen Geschäftspartner.

- Informationen für die Preisfindung, Steuerermittlung, Gewichts- und Volumenbestimmung, Verfügbarkeitsprüfung, Versandterminierung und -steuerung werden aus den Materialstammsätzen übernommen.

R/3 bietet die Möglichkeit, die Vorschlagsdaten aus Stammsätzen zu ändern. Beispielsweise können Preisabschläge für ein bestimmtes Intervall oder Zahlungsbedingungen und Liefertermine manuell geändert werden.

Auftragsbelegarten

Es gibt verschiedene Arten von Auftragsbelegen:

- Normaler Terminauftrag
- Sofortauftrag
- Barverkauf

Sofortauftrag und Barverkauf stellen eine Sonderform der Auftragsbelege dar. Beim **Sofortauftrag** holt der Kunde die Ware sofort ab, oder sie wird noch am gleichen Tag geliefert. Die Rechnung wird jedoch erst zu einem späteren Zeitpunkt erzeugt.

Beim **Barverkauf** wird die Waren ebenfalls sofort abgeholt. Es wird bereits bei Auftragserfassung eine Lieferung erzeugt und eine Barverkaufsrechnung erzeugt.

Die am häufigsten vorkommende Form stellt der **normale Terminauftrag** dar. Abb. 9.37 zeigt die wichtigsten Funktionen bei Auftragserfassung:

Abb. 9.37
Funktionen bei
Auftragserfassung

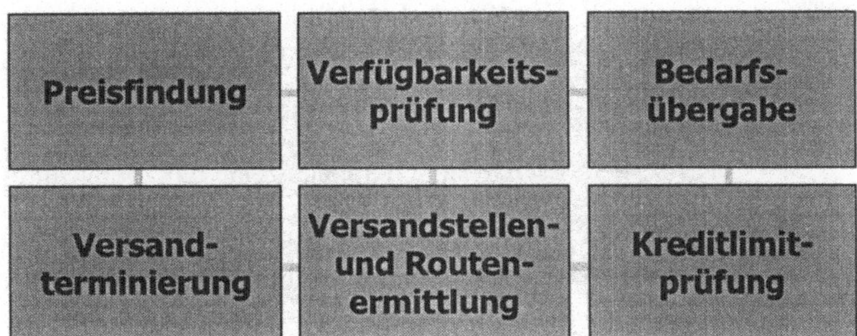

Eine Liste der unvollständigen Verkaufsbelege (siehe Abb. 9.38) gibt Aufschluß darüber, welche Aufträge oder Angebote ergänzt werden müssen. Erst wenn alle fehlenden Daten eingegeben wurden, können die Folgeaktivitäten, wie Belieferung und Fakturierung, durchgeführt werden.

Abb. 9.38
Unvollständig-
keitsprotokoll

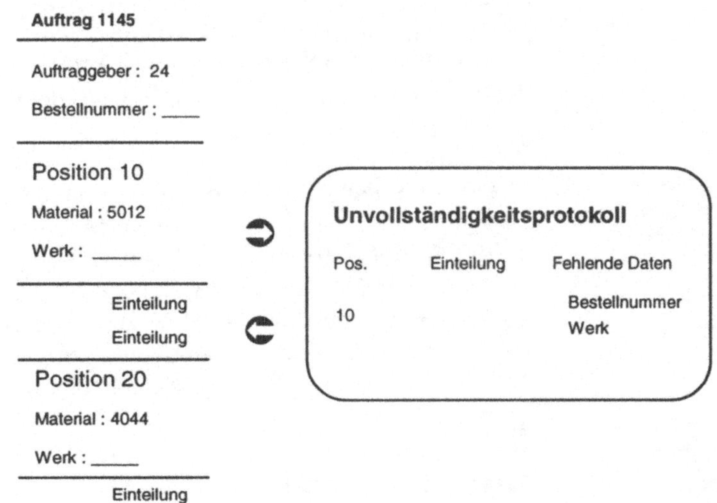

Fallbeispiel:

„Auftrag1.scm"

Szenario:

1. Es soll ein Auftrag für den Kunden „Capetown Sports Center" aus Kapstadt erstellt werden. Dieser bestellt 5 Fahrräder vom Typ „Journey" und 5 vom Typ „Wild Gigant".

2. Der Kunde hat sich kurzfristig entschlossen, 10 anstatt 5 Fahrräder vom Typ „Journey" zu bestellen. Da noch keine Lieferung angelegt worden ist, kann der Auftrag ohne Probleme geändert werden.

3. Es hat sich herausgestellt, daß der Kunde „Capetown Sports Center" bei anderen Fahrradhändlern des öfteren mit seinen Zahlungen im Rückstand war. Da die LIVE AG zunächst weitere Informationen über den Debitoren einholen will, soll der Auftrag für den Versand gesperrt werden.

4. Eine Überprüfung des Kunden hat ergeben, daß der Kunde in näherer Zukunft nicht zahlungsfähig sein wird. Daher soll der bestehende Auftrag gelöscht werden.

9.4.2.1

Kopierfunktion

Als **Erfassungshilfe** dient die Kopierfunktion für Verkaufsbelege. Falls ein Auftrag aufgrund eines Angebots erfaßt wird, kann dieses Angebot kopiert werden. Es werden alle vorgangsspezifischen Daten in den Auftrag übernommen. Sie können ergänzt oder verändert werden. Als Referenz wird die Nummer des vorangegangenen Belegs angegeben. Erfassungsaufwand und Fehleranfälligkeit durch manuelle Eingaben sind so minimiert.

Fallstudie:
Terminauftrag mit
Kopierfunktion

Situation:
Großkunde Stadtler war mit dem Angebot über 200 Stk. Ökooil und 400 Stk. Standardoil einverstanden und möchte nun die Lieferung der Ware in Auftrag geben. Dazu wird in der Auftragserfassung Bezug auf das vorangegangene Angebot genommen. Damit auf das richtige Angebot zurückgegriffen wird, ist die Listenansicht der offenen Angebote empfehlenswert (vgl. Abb. 9.36). Das betreffende Angebot hat die Belegnummer 20000115 vom 16.06.98.

„Auftrag2.scm"

Funktionsüberblick:

Logistik ⇨ Vertrieb ⇨ Verkauf

Funktionsanwendung:

In der nun vorliegenden Maske werden folgende Daten eingetragen:

* Auftragsartsart
* Verkaufsorganisation
* Vertriebsweg
* Sparte

Durch Betätigen des Buttons **Auf Angebot...** kann nun das dazugehörige Angebot als Referenz genutzt werden. Dazu muß die Nummer des Angebots eingegeben werden und mit *Übernehmen* bestätigt werden.

Durch die Kopierfunktion werden alle Daten, die bereits im vorangegangenen Angebot erfaßt wurden, automatisch in den Auftragsbeleg übernommen. Lediglich die Bestellnummer und das Bestelldatum müssen noch eingetragen werden. Ansonsten können Änderungen an den vorliegenden Daten vorgenommen werden.

Der Auftrag wird nun gesichert und die Auftragserfassung verlassen.

9.4.2.2 Positionsvorschlag über Sortiment

Bei der Auftrags- und Angebotserfassung kann ein **Positionsvorschlag** aufgrund eines zuvor zusammengestellten Sortiments erfolgen. Man kann den Vorschlag der Materialien unverändert übernehmen oder nur bestimmte Materialien auswählen. Falls im Sortiment Mengenangaben gemacht wurden, können diese übernommen werden.

Ein Sortiment kann entweder mit der Sortimentsnummer oder über einen Suchbegriff mit Hilfe eines **Matchcodes** aufgerufen werden. Zusätzlich kann ein kundenindividuelles Sortiment definiert werden, das bei der Auftragserfassung vorgeschlagen wird:

Abb. 9.39
Positionsvorschlag
über Sortiment

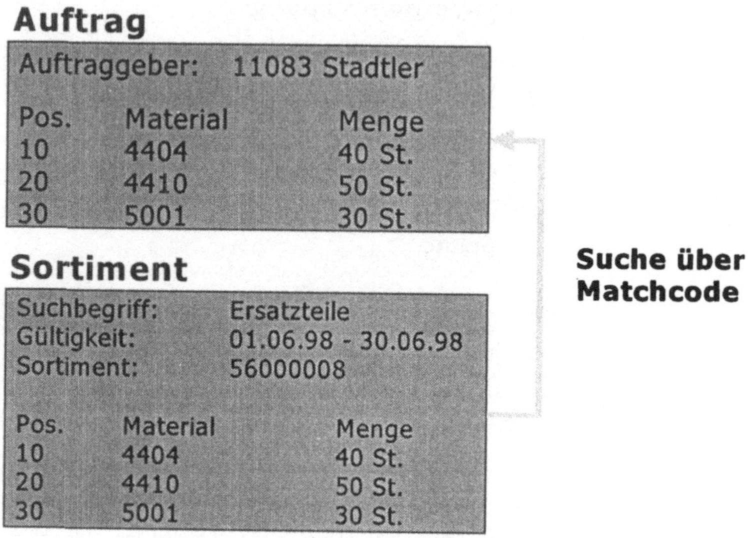

Auftrag

Auftraggeber: 11083 Stadtler

Pos.	Material	Menge
10	4404	40 St.
20	4410	50 St.
30	5001	30 St.

Sortiment

Suchbegriff: Ersatzteile
Gültigkeit: 01.06.98 - 30.06.98
Sortiment: 56000008

Pos.	Material	Menge
10	4404	40 St.
20	4410	50 St.
30	5001	30 St.

**Suche über
Matchcode**

9.4.2.3

Auftragserfassung aus Bestellersicht

Falls ein Kunde mit seiner eigenen Materialnummer Waren bestellt, wird der Auftrag aus Bestellersicht erfaßt. Voraussetzung ist, daß vorher eine entsprechende **Kunden-Material-Information** definiert wurde. Anstelle der firmeneigenen wird dann die kundenindividuelle Materialnummer angegeben. Das System erkennt automatisch den Zusammenhang zwischen der Materialnummer des Bestellers und dem eigenen Materialstammsatz.

Abb. 9.40
Auftragserfassung
aus Bestellersicht

Auftrag

Auftraggeber: 11083   Fa. Stadtler

Kundenmaterial	Bezeichnung	Menge
SO 1070	Naturöl	200
SO 1075	Normalöl	400

Kunden-Material-Info

Verkaufsorg.:   001 Nord
Vertriebsweg: 01 Lagerverkauf
Kunde: 11083 Fa. Stadtler

Material	Bezeichung
1000053	Ökooil
1000057	Standardoil

Kundenindividuelle Daten

Material	Bezeichung
SO 1070	Naturöl
SO 1075	Normalöl

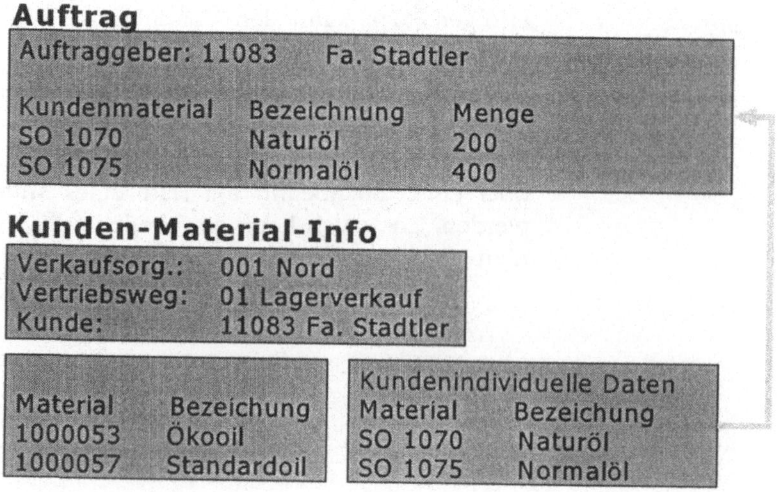

9.4.2.4   Rahmenverträge

In Rahmenverträgen wird eine Vereinbarung mit einem Kunden zur Abnahme von Waren oder Dienstleistungen in einer bestimmten Menge oder einem bestimmten Wert für einen definierten Gültigkeitszeitraum hinterlegt.

Das System SD unterstützt die Rahmenvertragsarten Kontrakt und Lieferplan in unterschiedlichen Ausprägungen. **Kontrakte** enthalten nur Mengen- und Preisvereinbarungen, erst mit den Aufträgen zu einem Kontrakt werden die genauen Auftragsmengen spezifiziert. Im **Lieferplan** sind Liefermengen und Lieferdaten bereits bekannt.

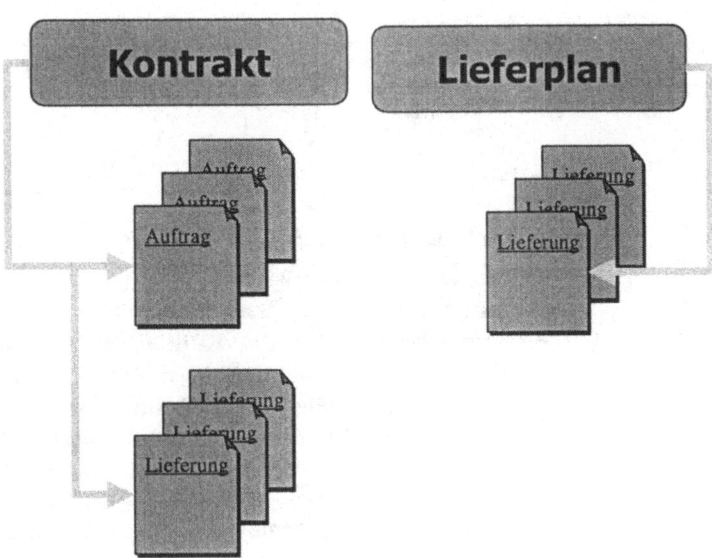

Abb. 9.41
Rahmenverträge

9.4.2.5   Kontrakt

Zur Erstellung und Bearbeitung von Kontrakten stehen dem Benutzer eigene Techniken zur Verfügung. In Kontrakten werden zunächst nur Preis- und Mengenvereinbarungen hinterlegt. Die relevanten Liefer- und Versanddaten werden zum Zeitpunkt des Kundenabrufs in sogenannten **Abrufaufträgen** zu Kontrakten ergänzt. Abrufaufträge werden wie normale Kundenaufträge bearbeitet. Aus den Abrufaufträgen werden zum Fälligkeitstermin Lieferungen erzeugt, um den Versand der Materialien durchzuführen (siehe Abb. 9.41).

9.4.2.6 Lieferplan

Auch zur Erfassung und Bearbeitung von Lieferplänen bietet das System SD geeignete Techniken (siehe Abb. 9.42). Dabei stehen dem Anwender die gleichen Routinen wie im Auftrag, z. B. Preisfindung oder Verfügbarkeitsprüfung, zur Verfügung.

Abb. 9.42
Lieferplan

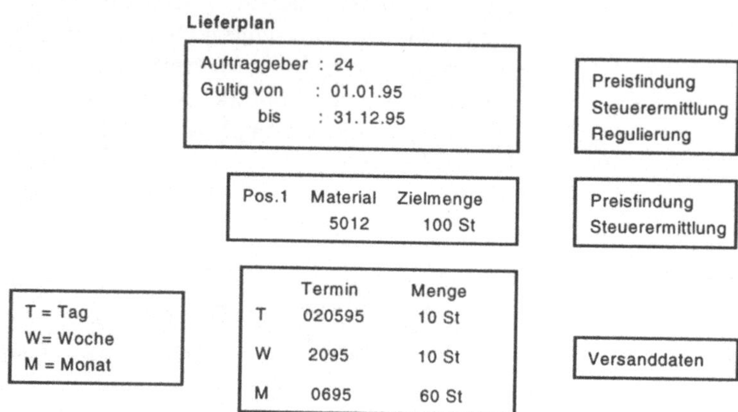

9.4.2.7 Versandterminierung

Bei der Auftragserfassung führt das System SD automatisch die Terminierung der Versandaktivitäten durch. Ausgehend vom Wunschlieferdatum des Kunden ermittelt das System in Abhängigkeit von Warenempfänger, Route, Versandstelle und Material das Materialbereitstellungsdatum. Zu diesem Termin muß mit den Versandaktivitäten, wie Kommissionieren und Packen, begonnen werden. Bei der Terminierung können Transit-, Lade- und Richtzeit sowie Transportdispositionszeit für die Bereitstellung der Transportmittel berücksichtigt werden.

Abb. 9.43
Vorwärts-
terminierung
(Quelle: On-Line-
Dokumentation des
R/3-Systems)

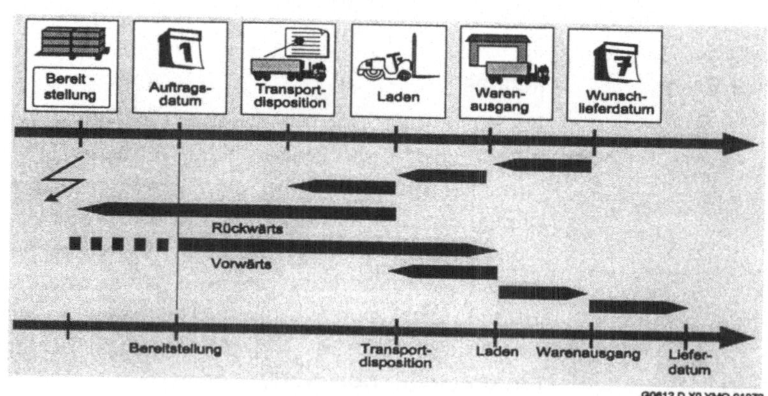

9.4.2.8

Verfügbarkeitsprüfung

Versandterminierung und Verfügbarkeitsprüfung hängen voneinander ab:

Auf Basis des Wunschlieferdatums des Kunden prüft das System, ob zum ermittelten Bereitstellungsdatum das Material in gewünschter Menge verfügbar ist (siehe Abb. 9.44).

Abb. 9.44
Verfügbarkeits-
kontrolle
(Quelle: On-Line-
Dokumentation des
R/3-Systems)

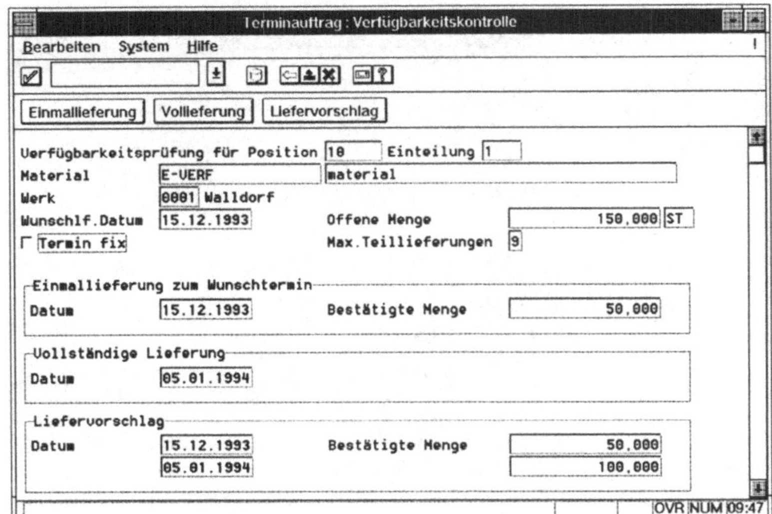

Ist dies nicht der Fall, so ermittelt das System automatisch den Termin, zu dem das Material wieder verfügbar sein wird und zu welchem Zeitpunkt die Ware beim Kunden eintrifft. Der Anwender erhält Liefervorschläge zur Auswahl.

Fallstudie:

„Bestand.scm"

Szenario:
Da in nächster Zukunft der Auftrag eines Kunden über eine größere Anzahl des Fahrrads „Journey" zu erwarten ist, möchte man sich über den aktuellen Lagerbestand informieren.

(Hierfür werden in der Screencam zwei Möglichkeiten angeboten.)

9.4.2.9   **Bedarfsübergabe**

Mit der Verfügbarkeitsprüfung kann auch eine Bedarfsübergabe an die Materialwirtschaft erfolgen.

Durch die Integration des R/3-Systems erfolgt der erforderliche Informationsaustausch zwischen dem System SD und dem System MM oder PP automatisch. Der Bedarf wird in Form von Einzel- oder Sammelbedarfen gemeldet. In der Materialwirtschaft bzw. der Produktionsplanung wird anhand der Bedarfe entweder der Einkauf oder die Fertigung angestoßen.

Abb. 9.45
Bedarfsübergabe
(Quelle: On-Line-
Dokumentation des
R/3-Systems)

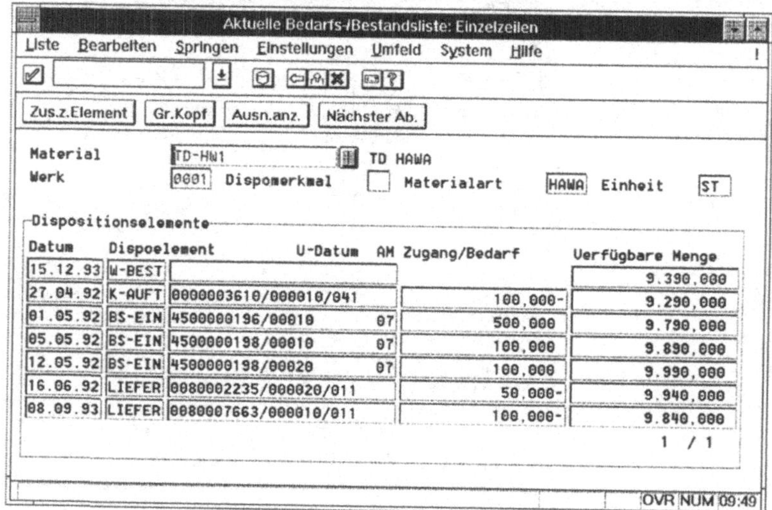

Falls für einen Auftrag eine Liefersperre besteht, z. B. wegen einer Überschreitung des Kreditlimits, kann auch die Bedarfsübergabe gesperrt werden. In Abhängigkeit von der Geschäftsart wird dazu automatisch eine Sperre der Bedarfsübergabe gesetzt. Erst wenn die Liefersperre manuell zurückgenommen wird, erfolgt die Bedarfsmeldung.

Rückstandsauflösung   Auftragspositionen, die aufgrund mangelnder Verfügbarkeit nicht bestätigt werden konnten, werden mit Hilfe der Rückstandsauflösung weiterbearbeitet.

Falls die veränderte Verfügbarkeitssituation eine Belieferung zuläßt, kann mit Hilfe der Rückstandsauflösung direkt die Bestätigung der Aufträge vorgenommen werden.

9.4.2.10

Vorgang der
Preisfindung

Preisfindung und Kalkulationsschema

Die Preisfindung findet im System SD auf Basis der zuvor definierten Preise, Zu- und Abschläge automatisch statt. Ohne Eingriff des Anwenders werden die momentan gültigen Preise und relevanten Zu- und Abschläge für einen Geschäftsvorfall ermittelt. Manuelle Änderungen und Ergänzungen im konkreten Einzelfall sind selbstverständlich möglich. Die Preisfindung kann sowohl in Angeboten und Aufträgen als auch in Fakturen stattfinden.

Bedeutung des
Kalkulationsschemas

Das Kalkulationsschema stellt das Regelwerk für die Preisfindung dar. Hier wird festgelegt, welche Preise, Zu- und Abschläge zu ermitteln sind und in welcher Weise sie im Beleg anzuordnen sind. Das bedeutet, daß z. B. zunächst ein Materialpreis gesucht und von diesem ein Rabatt abgezogen wird. Es werden die Positionswerte und anschließend der daraus resultierende Gesamtauftragswert berechnet. Dabei können beliebige Zwischensummen gebildet werden, die wiederum Basis für Zu- und Abschläge sein können.

Darüber hinaus werden die Bedingungen festgelegt, unter denen die Preise, Zu- und Abschläge jeweils gültig sind. Zum Beispiel ist im Standardsystem festgelegt, daß bei der Suche nach dem Materialpreis zunächst ein kundenindividueller Preis, dann ein Preislistenpreis und schließlich ein materialabhängiger Preis berücksichtigt werden soll. Sobald ein gültiger Preis gefunden wurde, der alle Bedingungen erfüllt, ist die Suche beendet. Der Preis wird in Angebot, Auftrag oder Faktura übernommen.

Abb. 9.46
Kalkulationsschema

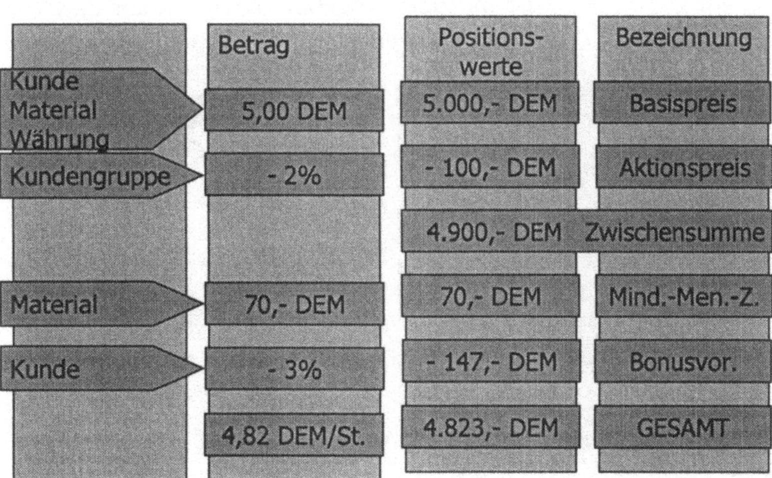

Steuern

Ziel der **Steuerermittlung** ist es, die Mehrwertsteuer oder andere Verkaufssteuern, die für einen Vorgang anfallen, automatisch zu ermitteln. In Abhängigkeit der Kriterien für die Steuerermittlung ergeben sich die Steuerbeträge der Positionen und des gesamten Beleges. Diese Steuerbeträge werden auf Belegebene pro Steuersatz kumuliert.

Kreditlimitprüfung

Durch den Verzicht auf eine sofortige Bezahlung beim Verkauf von Waren und Dienstleitungen übernimmt ein Unternehmen gegenüber dem Abnehmer eine **Finanzierungsfunktion**. Mit der Festlegung eines kundenspezifischen Kreditlimits können die Risiken dieser absatzbezogenen Kreditgewährung begrenzt werden. Bei der Auftragsbearbeitung erfolgt darum eine Überwachung des eingeräumten Kreditlimits.

Falls das noch offene Kreditlimit überschritten wird, sind in Abhängigkeit der Verkaufsbelegart unterschiedliche Systemreaktionen möglich.

In dieser Fallstudie wird, wie schon im Abschnitt Anfrage und Angebot erwähnt, mittels Folgefunktion aus einer Anfrage ein Angebot und aus dem Angebot ein Auftrag erstellt.

Fallstudie:

„Folge.scm"

Szenario:

Der Kunde „Scholz and Friends" richtet eine Anfrage an die LIVE AG. Er möchte ein Angebot über 10 Mountain-Bikes vom Typ „Wallinger High Tech" einholen. Nachdem die Anfrage erfaßt wurde, muß diese in ein Angebot umgewandelt werden. Dabei kann die Anfrage in das Angebot kopiert werden. Unser Kunde ist mit dem Angebot einverstanden und erteilt uns den entsprechenden Auftrag.

9.5   Versand

Durch die Integration der Komponente Verkauf und Versand im SD-Modul wird die Abwicklung der Aufgaben des Versands automatisiert und die Vorbereitung für den Anwender vereinfacht.

Wenn z. B. eine Lieferung mit Bezug auf einen Auftrag erstellt wird, werden die versandrelevanten Daten des Auftrags in die Lieferung übernommen. Lieferungen können auch ohne Bezug auf einen Auftrag erstellt werden. In diesem Fall werden die Daten aus dem Stammdatensatz übernommen, aus dem Kundenstammsatz für den Warenempfänger, aus dem Materialstammsatz für die Lieferpositionen.

Die Lieferungen sind die Grundlagen für die Folgefunktionen, wie Warenausgang, Druck der Versandpapiere und Fakturierung.

9.5.1   Struktur der Vesandbelege

Der Versandbeleg besteht aus einem Belegkopf und Belegpositionen. Im **Belegkopf** werden die allgemeinen Daten erfaßt:

- Versandstelle
- Warenausgangsdatum
- Anlieferdatum
- Gewichte und Volumina der gesamten Lieferung
- Nummer des Auftraggebers und Warenempfängers

In den **Belegpositionen** sind spezifische Daten zu finden:

- Materialnummer
- Liefermenge
- Werks- und Lagerortangaben
- Kommissionierdatum
- Gewichte und Volumina der einzelnen Positionen

Übersichts- und Detailsichtbilder

Die Daten können durch Übersichtsbilder oder Detailbilder betrachtet werden.

Die **Übersichtsbilder** enthalten u. a. folgende Daten:

- **Gewicht**
  Für jede Lieferposition werden Bruttogewicht und Volumen angezeigt.

- **Kommissionierung**
  Für jede Lieferposition werden die kommissionierte Menge und die Werks- und Lagerortangaben angezeigt.

- **Liefergrad**
  Für jede Lieferposition wird die offene Menge angezeigt.

Die **Detailbilder** informieren über:

- **Transport**
  Die Nummer des Warenempfängers, die Abladestelle, der Liefertermin, die Route und das Ladedatum werden angezeigt.

- **Partner**
  Die Nummer des Auftraggebers und des Warenempfängers werden angezeigt.

- **Status**
  Der Arbeitsfortschritt der Lieferposition, die Auftragsnummer, offene Auftragsmenge und bereits gelieferte Menge werden angezeigt.

9.5.2   Datenherkunft der Versandbelege

Stammdatensätze

Wenn eine Lieferung erstellt wird, kann dies mit Bezug oder ohne Bezug auf einen Auftrag geschehen. Beim Anlegen ohne Bezug werden die Daten aus den Stammdatensätzen übernommen.

- **Kundenstammsatz**
  Daraus werden die Daten zum Warenempfänger übertragen.

- **Materialstammsatz**
  Daraus werden die Daten zu den Lieferpositionen übertragen.

Falls die Lieferung mit Bezug auf einen Auftrag erstellt werden muß, werden die Daten aus dem Auftrag übernommen. Aus einem Auftrag werden mehrere Lieferungen erstellt, falls die Versandkriterien (z. B. die Warenempfänger) nicht identisch sind.

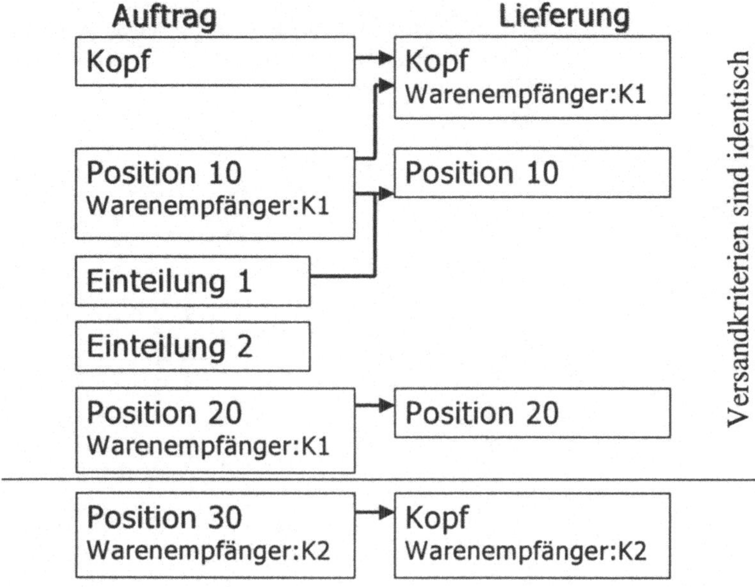

Abb.9.47
Datenherkunft der Versandbelege bei Anlegen mit Bezug auf einen Auftrag

9.5.3   Erstellung und Bearbeitung von Lieferungen

In der Lieferung werden alle für Warenbereitstellung und Auslieferung benötigten Daten festgehalten. Für die Erstellung der Lieferung stehen dem Benutzer im System SD verschiedene Möglichkeiten zu Verfügung:

- Erstellung einzelner Lieferungen gezielt für einen Auftrag;
- Erstellung aller fälligen Lieferungen;
- Erstellung unabhängiger Lieferungen ohne Bezugnahme auf einen Auftrag.

Bei der Erstellung einer Lieferung wendet das System unterschiedliche Routinen und Prüfungen an, um die Vollständigkeit und Korrektheit der Lieferdaten sicherzustellen. Manuelle Eingriffe aus dispositiven Gründen sind auch im nachhinein auf den entsprechenden Detailbildern einer Lieferung möglich.

Es wird sichergestellt, daß:

- die Liefermenge einer Position ermittelt wird;
- die Verfügbarkeit des Materials geprüft wird;
- die Gewichte und das Volumen berechnet werden;
- die Liefersituation des Auftrags und die getroffenen Teillieferungsvereinbarungen überprüft werden.

Wenn eine Lieferung erstellt wird, wird der Auftrag aktualisiert. Der Lieferstatus auf Kopf- und Positionsebene wird fortgeschrieben.

Abb.9.48
Fortschreibung des Lieferstatus in Kundenaufträgen

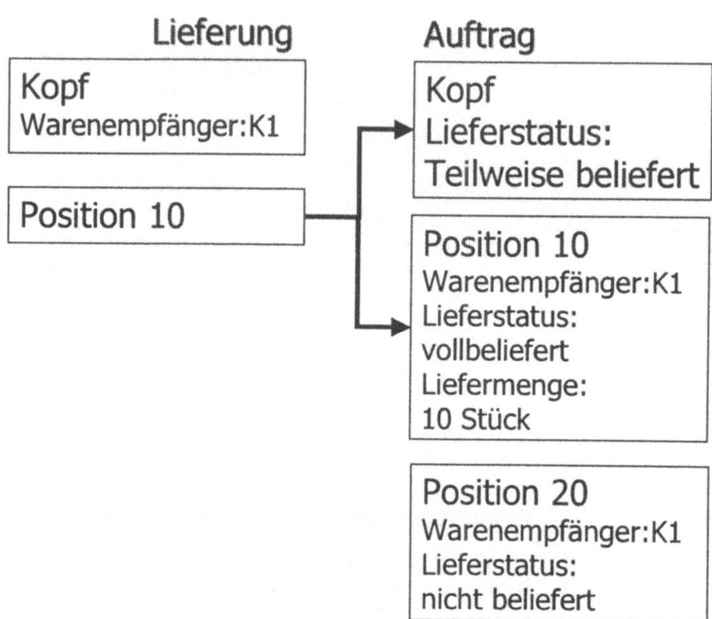

Mit der folgenden Fallstudie kann das Anlegen einer Einzellieferung vervollständigt und veranschaulicht werden.

Fallstudie:
Einzellieferung anlegen

„Einzellieferung.scm"

Szenario:

Ein Kunde möchte aus dem Lager sofort 10 Sportlenkräder mitnehmen. Dieser Auslieferung liegt demzufolge kein Auftrag zugrunde, so daß eine Einzellieferung ohne Bezug auf einen Auftrag erstellt werden muß.

Funktionsüberblick:

Logistik ⇨ *Vertrieb* ⇨ *Versand*

Lieferung ⇨ *Anlegen*

Für diese Fallstudie muß man erst einen Auftrag erstellen (siehe „Auftrag erstellen" im Verkauf), dann wird automatisch vom System in der ersten Maske eine Auftragsnummer vorgeschlagen.

Falls diese Nummer übereinstimmt, soll **Kommission.** gewählt werden. Dann gelangt man in die zweite Maske. In dieser Maske soll man die **Pickmengen** eingeben, z. B. 10 Stück und die Lieferung speichern.

„Liefervorrat.scm"

Szenario:
Es sollen sämtliche noch ausstehende Lieferungen bearbeitet werden.

9.5.4 Versandstellen

Für jede Lieferung ist genau eine Versandstelle zuständig. Versandstellen sind eigenständige organisatorische Einheiten, die für die Bearbeitung und Überwachung der Lieferungen sowie die anschließende Warenausgabe verantwortlich sind.

Die Versandstelle kann automatisch vom System ermittelt werden, wenn die Versandbedingungen, die Ladegruppe und das Auslieferungswerk bekannt sind.

Im folgenden Schaubild (Abb. 9.49) wird als Beispiel aufgrund der Versandbedingung 01, der Ladegruppe KRAN und dem Werk 001, die Versandstelle 001 für die entsprechende Position ausgewählt:

Abb. 9.49
Versandstellen-
ermittlung
(Quelle: On-Line-
Dokumentation des
R/3-Systems)

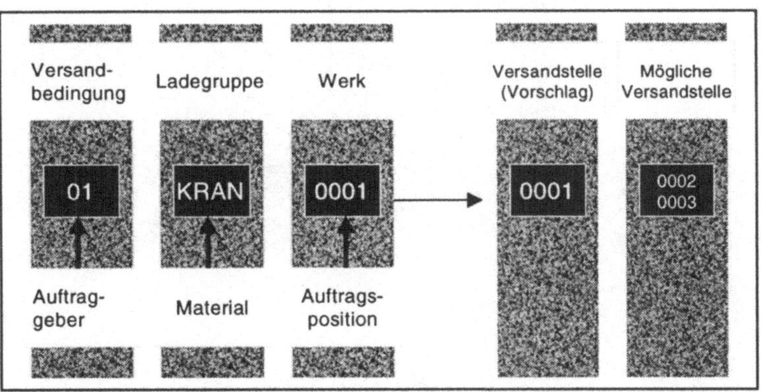

9.5.5 Routenermittlung

Der Transportweg und die Transportmittel werden durch die Route festgelegt. Diese beiden Faktoren beeinflussen auch die Transportterminierung.

Für jede Auftragsposition kann eine Route ermittelt werden. Die Routenermittlung hängt von folgenden Einflußfaktoren ab:

- Land- und Abgangszone der Versandstelle
- Versandbedingungen aus dem Auftrag
- Land- und Transportzone des Warenempfängers

In der Lieferung kann eine Neuermittlung der Route vorgenommen werden. Diese Neuermittlung kann sinnvoll sein, weil erst zu diesem Zeitpunkt das exakte Gewicht der Lieferung bekannt ist. Durch Aufsplittung in Teillieferungen kann das Gewicht derart reduziert werden, daß ein anderes Transportmittel eingesetzt werden kann.

9.5.6   Kommissionierung

Die auszuliefernden Waren müssen termingerecht kommissioniert, d. h. für den Versand bereitgestellt werden. Dazu werden die Materialien aus dem Lager in eine Kommissionier- oder Versandzone gebracht (siehe Abb. 9.50).

Abb. 9.50
Kommissionierung
(Quelle: On-Line-
Dokumentation des
R/3-Systems)

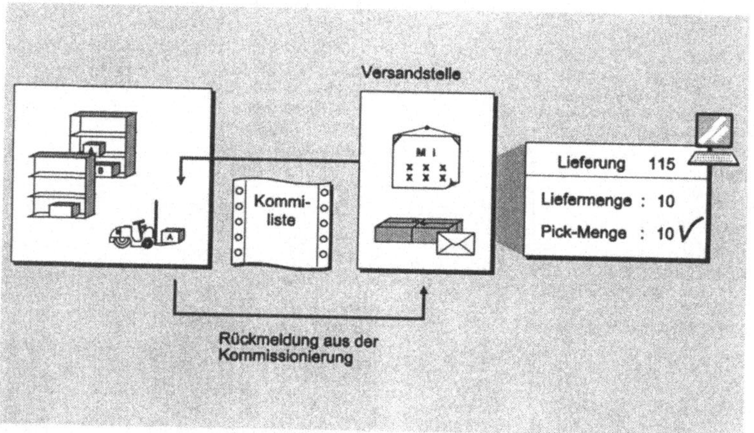

Der **Kommissionierlagerort** einer Lieferposition kann automatisch ermittelt werden. Dies erfolgt in Abhängigkeit von Versandstelle, Werk und Raumbedingungen, die für die Lagerung des Materials gelten. Der Auftragssachbearbeiter verfügt in der Regel über diese Daten nicht. Deswegen wird in der Versandstelle bei der Lieferungserstellung darüber entschieden.

Einzel-
kommissionierliste

Nachdem der Lagerort, die Vesandstelle und die Raumbedingungen bekannt sind, kann die Kommissionierung weiter bearbeitet werden. Für eine Lieferung kann z. B. eine Einzelkommissionierliste ausgedruck werden. Diese ist die Basis der Kommissionierung, falls das Modul MM-WM nicht im Einsatz ist. In der Kommissionierliste werden folgenden Daten gedruckt:

- Lieferungsnummer
- Druckdatum
- Bereitstellungsort
- Route
- Versandstelle
- lieferndes Werk und Lager
- Kommissionier- und Ladedatum
- Nummer und Adresse des Warenempfängers
- Bruttogewicht und Volumen der gesamten Lieferung
- Lagerplatz
- Artikelnummer
- Artikelkurztext
- Liefermenge in der Basismengeneinheit

Diese Liste ist einem Lagerort zugeordnet. Falls mehrere Lagerorte verlangt werden, fängt die Liste jeweils mit einer neuen Seite an. Sie wird immer innerhalb der zuständigen Versandstelle erstellt, wobei durch die Drucksteuerung z. B. bestimmt werden kann, in welcher Sprache sie gedruckt werden soll.

Zum Abschluß der Kommissionierung werden die bereitgestellten Mengen zurückgemeldet. Bei Fehlmengen kann nachkommissioniert oder die Liefermenge reduziert werden.

9.5.7 Verpacken

Verpacken wird als Teil der Lieferungs- und Transportbearbeitung von System unterstützt. Die Ware kann während der Bearbeitung der Lieferung verpackt werden. Beim Verpacken stehen

Versandelemente

verschiedene Materialien zur Verfügung, sog. Versandelemente. Versandelemente können mehrere Waren und andere Versandelemente beinhalten. Sie sind die Versandeinheiten und sind mit eigenständigen Nummern als Belege im System abgelegt. Das System unterstützt auch die Möglichkeit, Versandelemente einer Lieferung zuzuordnen, ohne darin Positionen konkret zu verpacken. In diesem Fall wird von freien Versandelementen gesprochen.

**Aufbau von
Versandelementen**

Analog zum Auftrag und zur Lieferung besteht ein Versandelement in einer Lieferung aus einem Versandelementkopf und mehreren Versandelementpositionen.

Der **Versandelementkopf** enthält allgemeine Daten, wie z. B. Versandelementnummer, Versandhilfsmittel, Eigengewicht, Eigenvolumen, zulässiges Gewicht, zulässiges Volumen, Werk, Lager, Positionstyp, Versandelementtyp.

Die **Versandelementpositionen** werden in einer Übersicht dargestellt, bei der der Inhalt eines Vesandelementes gezeigt wird. Da Versandelemente andere Versandelemente beinhalten können, wird durch diese Übersicht eine Darstellung der Verpackungsstufe ermöglicht. Die Verpackungsstufen werden mit dem Symbol „*" erklärt.

Fallstudie:
Verpackung

Mit der folgenden Fallstudie kann man die Informationen zur Verpackung unter Versand veranschaulichen.

Funktionsüberblick:

Logistik ⇨ *Vertrieb* ⇨ *Versand*

Lieferung ⇨ *Anlegen*

„Verpack1.scm"

Für diese Fallstudie muß man erst einen Auftrag erstellen (siehe „Auftrag erstellen" im Verkauf), dann wird automatisch vom System in der ersten Maske eine Auftragsnummer vorgeschlagen.

Falls diese Nummer übereinstimmt, soll | **Kommission.** | gewählt werden. Dann gelangt man in die zweite Maske.

Abb. 9.51
Lieferung bearbeiten

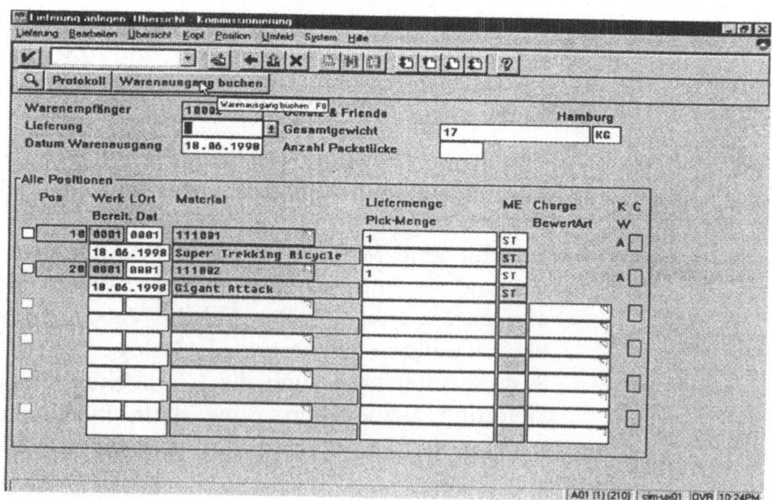

Mit *Bearbeiten* ⇨ *Verpacken* gelangt man in die dritte Maske. In dieser Maske kann man die Nummer der Versandhilfsmittel eingeben.

Abb. 9.52
Versandhilfsnummer

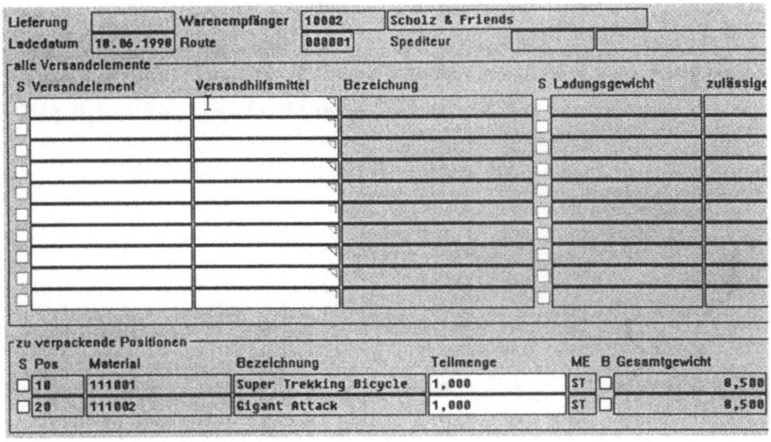

Lieferung		Warenempfänger	10002	Scholz & Friends	
Ladedatum	18.06.1998	Route	000001	Spediteur	

alle Versandelemente

S	Versandelement	Versandhilfsmittel	Bezeichung	S	Ladungsgewicht	zulässige
☐				☐		
☐				☐		
☐				☐		
☐				☐		
☐				☐		
☐				☐		
☐				☐		
☐				☐		
☐				☐		
☐				☐		

zu verpackende Positionen

S	Pos	Material	Bezeichnung	Teilmenge	ME	B	Gesamtgewicht
☐	10	111001	Super Trekking Bicycle	1,000	ST	☐	8,500
☐	20	111002	Gigant Attack	1,000	ST	☐	8,500

Nachdem die Versandhilfsmittel eingegeben wurden, kann man mit dem Button `VSE allg.` die Versandelemente und die Bezeichnung veranschaulichen. Dann können die Materialien verpackt werden. Dafür muß man das Kontrollkästchen des Materials und des Versandelementes auswählen und mit dem Button `Verpacken` den Vorgang ausführen.

Abb. 9.53
Inhalt des Versandelementes

Versandelement	4000000565		8000000	Holzkiste		
Gesamtgewicht	25,200	KG	Gesamtvolumen	11,600	M3	
Ladungsgewicht	17,700		Ladungsvolumen	6		
zulässiges Gewicht	150		zulässiges Volumen	0		
Eigengewicht	7,500	KG	Eigenvolumen	5,600	M3	
Länge/Breite/Höhe	0,000	0,000	0,000			
Status	☐ Inhalt					

Inhalt eines Versandelementes

S	Stufe	Material	T	Identifikation	Teilmenge	ME	Bezeichnung
☐	*	800003	A	00000000004000000561			Karton
☐	**	8000006	A	00000000004000000563			Übersee Fahrradfolie
☐	***	111001		000010	1,000	ST	Super Trekking Bicycle
☐	*	800003	A	00000000004000000562			Karton
☐	**	8000006	A	00000000004000000564			Übersee Fahrradfolie
☐	***	111002		000020	1,000	ST	Gigant Attack

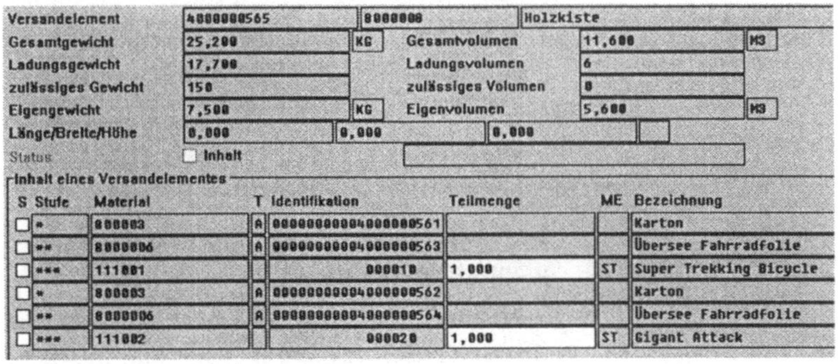

Hier muß man die Reihenfolge berücksichtigen, damit die Ware in die richtige Form verpackt wird. Wenn die oberste Verpakkungsstufe erreicht wird, kann man den Inhalt des Versandelementes, in unserer Fallstudie „Holzkiste", betrachten. Mit dem Button ← (2 mal bestätigen) kann man zur dritten Maske zurückkehren und die Lieferung speichern.

9.5.8   **Warenausgang**

Sobald die Ware das eigene Werk verläßt, sind die Aktivitäten der Versandabteilung abgeschlossen.

Mit dem Warenausgang gilt die Lieferung als abgeschlossen, darüber hinaus werden die Informationen des erfolgten Warenausgangs im zugrundeliegenden Auftrag festgehalten. Die Lieferung wird in den Arbeitsvorrat für die Fakturierung aufgenommen. Die Rechnungserstellung kann erfolgen.

9.6   Fakturierung

Die Fakturierung bildet den Abschluß eines Geschäftsvorfalls im Vertrieb. So wird bei der Fakturierung auf die Daten des Verkaufs und des Versands zurückgegriffen und die fakturarelevanten Daten, z. B. zu Mengen und Preisen, automatisch aus den Vorgängerbelegen in die Faktura aufgenommen. Mit der Fakturierung werden die erforderlichen Daten an die Finanzbuchhaltung und die Ergebnisrechnung übergeben.

9.6.1   **Erstellungs- und Abrechnungsformen**

Erstellungsformen

Zur Erstellung der Faktura stehen zwei Techniken zur Verfügung:

- Die Faktura wird gezielt für eine Lieferung bzw. einen Auftrag erstellt. Dazu muß die Lieferungs- bzw. Auftragsnummer explizit angegeben werden (siehe Fallstudie *Faktura anlegen*).

- Die Faktura wird für mehrere Aufträge bzw. Lieferungen über einen längeren Zeitraum hinweg erstellt.

Abrechnungsformen

Mit dem System SD können unterschiedliche Abrechnungsformen realisiert werden (siehe Abb. 9.54-9.56):

- **Separate Rechnung:** Für jede Lieferung wird eine separate Rechnung erzeugt.

- **Sammelrechnung:** Alle Aufträge bzw. Lieferungen einer Periode werden in einer sog. Sammelrechnung zusammengefaßt. Die Perioden sind hierbei frei wählbar.

- **Rechnungssplit:** Nach bestimmten Kriterien werden für einen Auftrag bzw. eine Lieferung mehrere Rechnungen erzeugt.

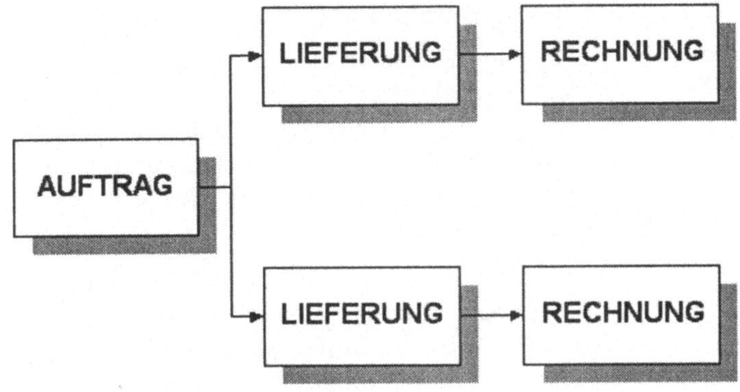

Abb. 9.54
Abrechnungsform:
Separate Rechnung
pro Lieferung

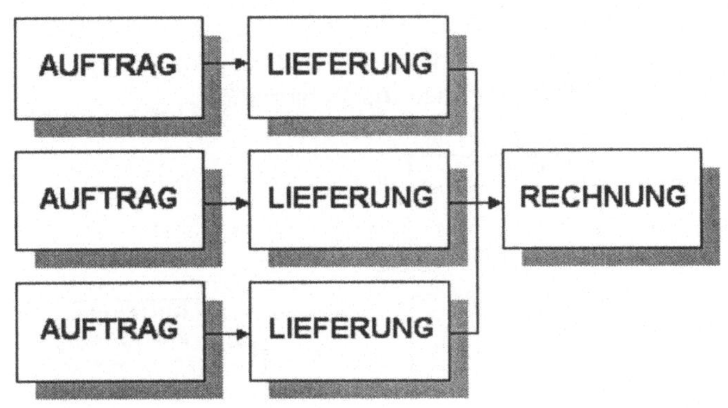

Abb. 9.55
Abrechnungsform:
Sammelrechnung
(frei definierbare
Periode)

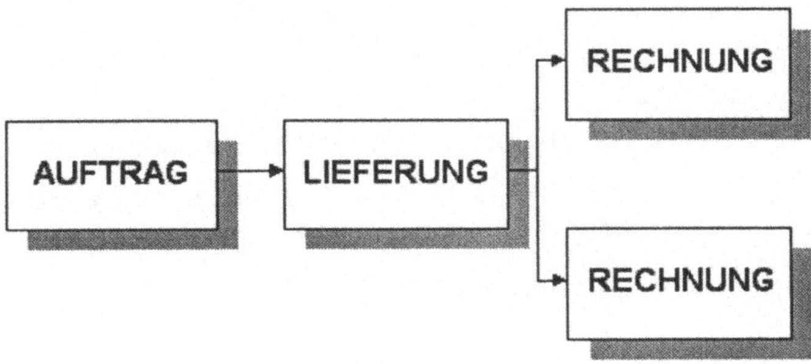

Abb. 9.56
Abrechnungsform:
Mehrere Rechnungen
für eine Lieferung

9.6.2   Reklamationsbearbeitung, Gut- und Lastschrift

Retoure

Der Kunde reklamiert eine Warenlieferung. Die Ware kann beim Kunden abgeholt werden. Bei berechtigter Reklamation wird dem Kunden der beanstandete Wert gutgeschrieben. Diese Gutschrift wird aufgrund des Retourenauftrags erstellt, der in der Verkaufsabteilung erfaßt wurde und alle Informationen der Reklamation enthält.

Gutschrift

Falls der Kunde eine Gutschrift, z. B. aufgrund einer Lieferverzögerung, fordert, wird diese Anforderung in der Verkaufsabteilung erfaßt. Die Gutschriftsanforderung ist zunächst für die Fakturierung gesperrt. Sobald über die Höhe der Gutschrift endgültig entschieden ist, kann die Sperre zurückgenommen und die Gutschrift erstellt werden. Die Daten werden an die Finanzbuchhaltung übergeben.

Lastschrift

Analog erfolgt die Bearbeitung einer Lastschrift an den Kunden. Der Lastschriftswert wird als Forderung an den Kunden in der Finanzbuchhaltung behandelt.

Abb.9.57
Gut- und
Lastschriften

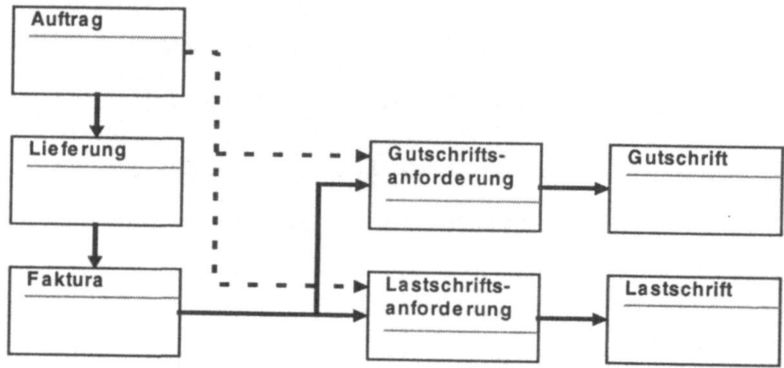

Fallstudie:
Faktura anlegen

„Faktura_an-
legen.scm"

1. Im Hauptmenü müssen nacheinander die Menüpunkte:

   Logistik ⇨ *Vertrieb* ⇨ *Fakturierung* angewählt werden, um in das Menü der Fakturierung zu gelangen. Dort ist anzugeben:

   Faktura ⇨ *Anlegen*.

2. Einmal muß in ein leeres Belegfeld und anschließend auf ⬛ geklickt werden, um in das Folgemenü zu gelangen.

3. Folgende Eingaben können getätigt werden:

- *Fakturadatum ab ... bis ...*
  Eingabe des Zeitraums, der die Geschäftsvorgänge, die in die Faktura aufgenommen werden sollen, abgrenzt.

- *Fakturaart*
  Auswahl einer der vorgegebenen Fakturaarten (z. B. Rechnung).

- *Auftraggeber*
  Eingabe der Kundennummer des Auftraggebers.

- *Empfangsland*

- *Sortierkriterium*

- *Zu selektierende Belege*
  Eine oder mehrere der aufgeführten Belegarten ist durch einfaches Anklicken auszuwählen.

In diesem Beispiel ist als Auftraggeber der Kunde Stadtler mit der Kundennummer 11083 auszuwählen. Bei Kenntnis der Kundennummer ist das Feld *Auftraggeber* anzuklicken und im folgenden Fenster als *Suchbegriff* ein „*S*" einzutragen. Man erhält sodann eine Liste aller im System vorhandenen Kunden, deren Nach- bzw. Firmenname mit einem S beginnt.

Als zu selektierenden Beleg wählt man *Auftragsbez..*

4. Anklicken des Buttons [Fakturav. anz.] Es werden alle Geschäftsvorfälle den ausgewählten Kunden betreffend aufgelistet.

5. Durch Doppelklick auf einen der Einträge werden die einzelnen Fakturapositionen aufgelistet. Durch Selektion einer oder mehrerer der aufgeführten Positionen können weitere Einzelheiten, wie z. B. Konditionen, eingesehen werden.

6. Über die Taste [F3] gelangt man in das vorherige Menü zurück und kann nun mit [F11] bzw. die Faktura sichern. Damit ist die Faktura angelegt.

Fallstudie:
Faktura stornieren

Es kann vorkommen, daß nach Anlegen einer Faktura bemerkt würde, daß z. B. ein Fehler aufgetreten ist oder noch weitere Belege hinzugekommen sind, die in der Faktura aufgenommen werden können. In diesem Fall hat man die Möglichkeit, eine Faktura zu stornieren.

„Faktura_stor-
nieren.scm"

1. Im Hauptmenü sind nacheinander die Menüpunkte:

   Logistik ⇨ *Vertrieb* ⇨ *Fakturierung* auszuwählen, um in das Menü der Fakturierung zu gelangen. Dort ist anzugeben:

   Faktura ⇨ *Stornieren.*

2. Der gewünschte Beleg ist zu selektieren und der Button Ausführen zu betätigen.

3. Durch einfaches Anklicken werden die erzeugten Fakturen gekennzeichnet und mit Betätigen der Taste F11 bzw. des Buttons der Vorgang gesichert. Damit ist die Faktura storniert.

Fallbeispiel:
Fakturadaten
anzeigen

„Fakturadaten.scm"

Szenario:
In diesem Fallbeispiel wird gezeigt, was es für Möglichkeiten gibt, Fakturen übersichtlich darzustellen. Selektionen, z. B. nach Datum oder Regulierer, sind am effizientesten.

Fallbeispiel:
Fakturavorrat bear-
beiten

„Fakturavorrat_be-
arbeiten.scm"

Szenario:
Diese Beispiel zeigt, wie ein Vorrat an Fakturen bearbeitet werden kann. Anstehende Fakturen kann man sich nach unterschiedlichen Kriterien anzeigen lassen (z. B. summiert auf einen Kunden bezogen). Nach dem Sichern der Fakturen erscheint eine Fehlermeldung, die darauf zurückzuführen ist, daß die Waren noch nicht ausgeliefert wurden. Es wurden also keine Rechnungen erstellt.

Fallbeispiel:
Kostenlose Lieferung

„kostenlose_
Lieferung.scm"

Szenario:
Um die Fakturierung zu umgehen, besteht auch die Möglichkeit, eine Lieferung (bereits im Verkauf) als kostenlos anzulegen. Eine solche Lieferung erscheint nicht in der Fakturierung.

9.6.3 Bonusabwicklung

Bonusabsprache

Ein Bonus ist ein Rabatt, der einem Kunden oder Geschäftspartner in Abhängigkeit seines Umsatzes gewährt wird. Hierzu können folgende Daten festgelegt werden:

- der Empfänger der Bonusauszahlung;

- die Kriterien, die der Bonusabwicklung zugrunde liegen;

- der Gültigkeitszeitraum.

Die Höhe der Boni können in sog. Konditionssätzen auf beliebigen Ebenen, wie z. B. Kunden, Kundenhierarchie oder Kunden/Material, abgelegt werden. Auf diese Art werden komplexere Boni für ganze Einkaufsverbände abgewickelt. Es kann eine Staffelung vorgenommen werden, damit Kunden mit hohen Umsätzen höhere Boni erhalten als Kunden mit niedrigeren Umsätzen.

Abrechnung von Bonusabsprachen

Alle für die Bonusabwicklung relevanten Fakturen werden automatisch überwacht. Anhand der in diesen Fakturen enthaltenen Daten wird ein Gesamtbonuswert errechnet. Zur Abrechnung der Bonusabwicklung erhält der Kunde oder Geschäftspartner eine Gutschrift in Höhe des errechneten Gesamtbonuswertes.

9.7 Außenhandel

Die Globalisierung der Weltwirtschaftsmärkte stellt hohe Anforderungen an die Unternehmen. Es werden weltweit offene Märkte und freie internationale Handelsaktivitäten angestrebt, was zur Folge hat, daß sich Unternehmen mehr denn je in den Bereichen Einkauf, Produktion und Vertrieb auf internationalen Märkten behaupten müssen.

Der Erfolg des Wettbewerbs in internationalen Märkten hängt u. a. von der Einhaltung zahlreicher Außenhandelsvorschriften ab, deren Inhalte einem kontinuierlichen Wandel unterliegen.

Definition

Außenhandel ist die Unterhaltung von Handelsbeziehungen im Inland und über Landesgrenzen hinaus. Dabei muß auf die Einhaltung internationaler Rechte und Gesetze geachtet werden. SD unterscheidet in die Kategorien europaweit und weltweit, da, wie später folgt (siehe Abwicklung im Außenhandelsgeschehen), in Wirtschaftsräume (Wirtschaftsblöcke) unterteilt wird.

Außenhandels-
klassifizierungen

Drei Außenhandelsklassifizierungen stehen zur Verfügung:

- **grundsätzlich verboten** (Aus- bzw. Einfuhr von Gütern ist generell untersagt);

- **nur mit besonderer Genehmigung** (Aus- und Einfuhr von Gütern nur unter besonderen Bedingungen erlaubt);

- **genehmigungsfrei** (Aus- und Einfuhr von Gütern ist uneingeschränkt erlaubt).

Durch Außenhandelsaktivitäten werden die Module **Materialwirtschaft** und **Finanzbuchhaltung** beeinflußt, da eine Datenübergabe aufgrund von Bestands- und Kapitalveränderung erfolgt.

Durch diese modulübergreifenden Aktivitäten müssen zahlreiche Funktionalitäten (siehe Abb. 9.58) unterstützt werden. Das R/3-System bietet hierzu folgende **Leistungsmerkmale**, die in ihrem Menüsystem aufgerissen in Abb. 9.59 zusammengefaßt sind:

- effiziente Abwicklung von Import- und Exportvorgängen;

- effektive Ausfuhrabwicklung unter Berücksichtigung der dazu notwendigen Ausfuhrbestimmungen;

- automatisches Verfahren für Meldungen an die Behörden;

- Verwendung von EDI- und ALE-Funktionen;

- komfortable Präferenzabwicklung.

Abb. 9.58
Funktionalitäten des
Außenhandels

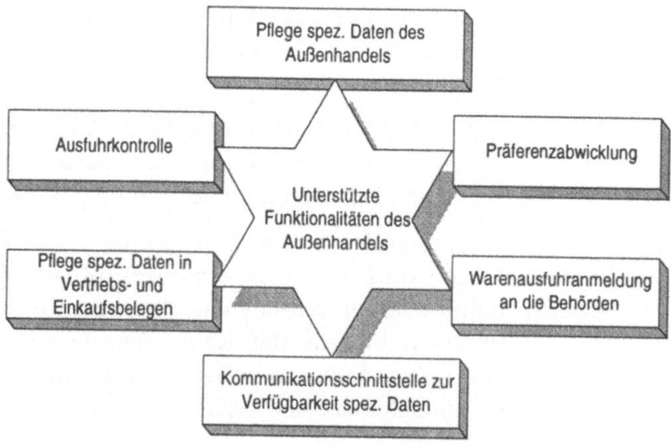

Abb. 9.59
Menüsystem:
Außenhandel

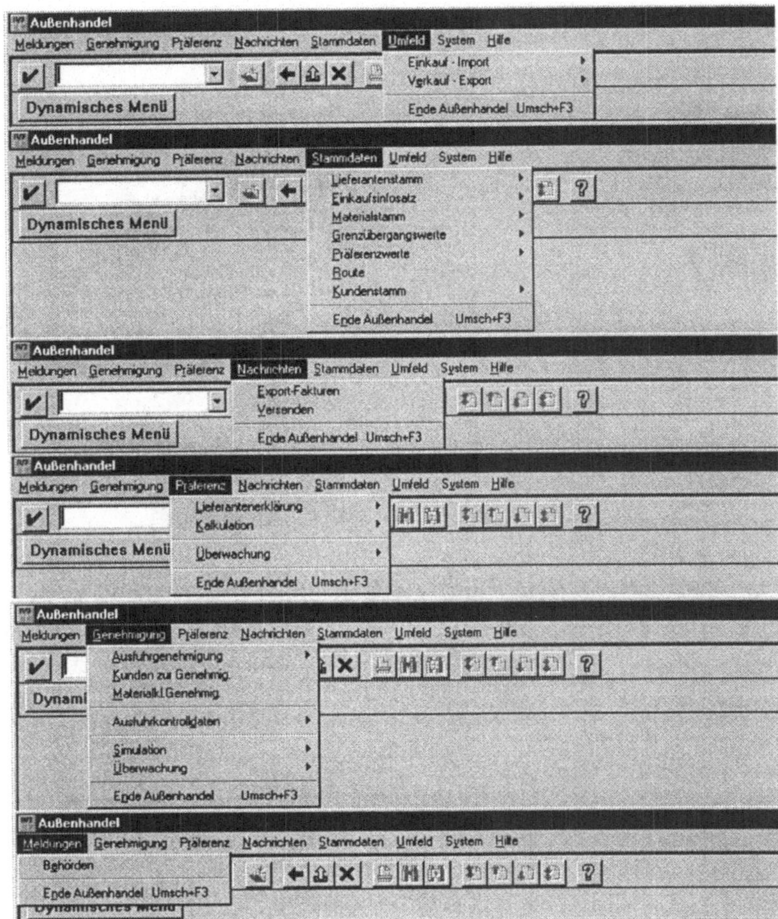

9.7.1 Im- und Export

Länder, mit denen ein Unternehmen Handelsbeziehungen unterhält, können in der Regel bestimmten **Wirtschaftsblöcken**, d. h.
Zusammenschlüssen verschiedener Länder zu einer Wirtschafts-
union, zugeordnet werden. Im System SD sind folgende Wirtschaftsblöcke – zusätzlich Japan - berücksichtigt (siehe Abb.
9.60) :

- ASEAN (Association of South East Asian Nations)

- EFTA (European Free Trade Area)

- EU (Europäische Union)

- NAFTA (North American Free Trade Area)

- MERCOSUR (<u>Mer</u>cado <u>C</u>ommun del <u>Sur</u>) = gemeinsame Märkte des Südens)

Abb. 9.60
Wirtschaftsräume
und ihrer Vertreter
(eine Auswahl)

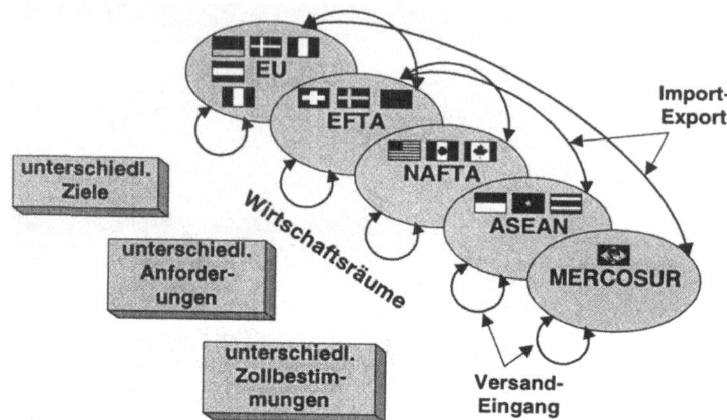

Da das R/3-System für den weltweiten Einsatz konzipiert ist, sind daher die bis dato gültigen Gesetze und Vorschriften integriert. Ein Außenhandelssystem muß jedoch zu mehr fähig sein als die wachsende Anzahl von Exportvorschriften zu verwalten. Das betreffende System muß auch für zukünftige Wirtschaftsräume offen sein.

Bei der Handelsabwicklung (siehe Abb. 9.61) innerhalb eines Wirtschaftsblockes spricht man von (Waren-) Versendung und (Waren-) Eingang; über die Grenzen eines Wirtschaftsblockes hinaus spricht man von Ex- und Import.

Abb. 9.61
Import- und
Exportabwicklung

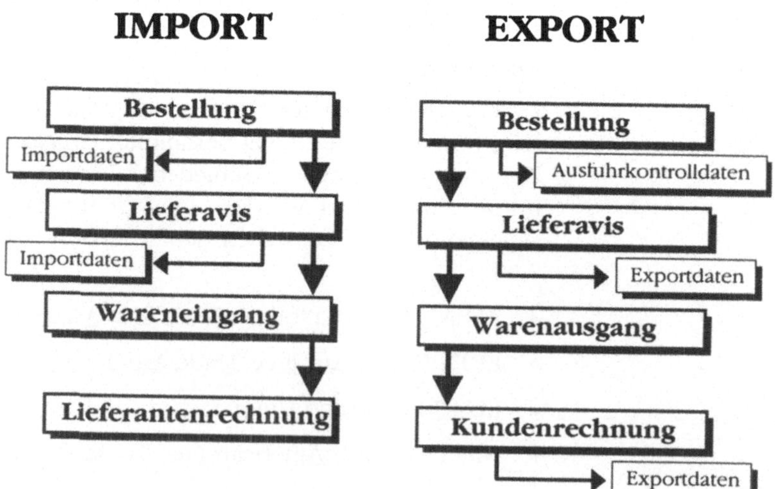

9.7.2   Automatische Ausfuhrkontrolle

Aus Gründen der nationalen Sicherheit trifft jedes Land Maßnahmen, um den eigenen Außenhandel zu kontrollieren. Das System SD ermittelt automatisch, ob die Ausfuhr einer bestimmten Ware aufgrund der besagten Maßnahmen möglich ist, ob hierzu Genehmigungen notwendig sind und falls ja, ob diese bereits vorliegen.

Ebenso erfolgt die automatische Ermittlung, ob ein Export in den folgenden Fällen erlaubt ist (siehe Abb. 9.62):

Prüfungskriterien der automatischen Ausfuhrkontrolle

* für ein bestimmtes Land (z. B. ob dieses unter einem Embargo steht);
* für einen bestimmten Kunden (z. B. ob dieser Kunde auf einer Boykottliste wie der TDO-Liste steht);
* für bestimmte Produkte;
* zu einem bestimmten Zeitpunkt.

Gesetzliche Grundlagen

Als Basis für die Ermittlung dieser Daten dienen die im System bereits integrierten Rechtsvorschriften, die den Export in den jeweiligen Ländern regeln. Zu diesen Vorschriften gehören für Deutschland geltend das Außenwirtschaftsgesetz (AWG) und die Außenwirtschaftsverordnung (AWV).

Aufgrund der Tatsache, daß sich die gesetzlichen Vorschriften einem ständigen Wandel unterziehen, muß die Außenhandelsabwicklung im System SD entsprechend flexibel gestaltet sein, d. h. es muß gewährleistet sein, neue Vorschriften zu integrieren bzw. bestehende zu bearbeiten.

Abb. 9.62
Automatische
Ausfuhrkontrolle

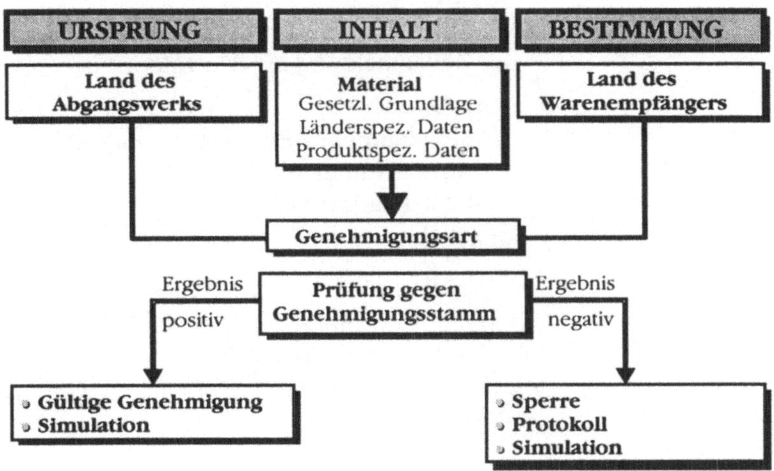

9.7.3   **Meldung an die Behörden**

Alle für den Export bestimmten Warensendungen müssen erfaßt und an die Behörden weitergeleitet werden. Der Grund hierfür liegt vor allem im Bestreben der Behörden, grenzüberschreitende Warensendungen festzuhalten und unter Berücksichtigung der verschiedenen Wirtschaftsräume statistisch zu erfassen.

Funktionsablauf

Der hierzu notwendige Funktionsablauf gestaltet sich wie folgt:

- Alle für eine Meldung erforderlichen Daten werden automatisch vom R/3-System gesammelt. Dabei werden die Daten der Wareneingänge den Importdaten hinzugefügt, die Daten der Kundenrechnungen den Exportdaten.

- Anhand aller in Frage kommenden Fakturen und Einkaufsbelege wird eine Selektion nach individuellen Kriterien vorgenommen.

- Aufgrund der in den selektierten Belegen enthaltenen Daten wird eine Meldung erstellt.

Die Behörden streben hierzu ein weltweit einheitliches Meldeverfahren an, das bislang jedoch noch nicht realisiert wurde. Daher wurden in das R/3-System folgende Meldeverfahren integriert:

Meldeverfahren

- **Europäische Union**
  - INTRASTAT
  - EXTRASTAT
  - KOBRA

- **Japan**
  - MITI
  - Zollanmeldung für den Import

- **NAFTA**
  - SED (Shipper's Export Declaration)
  - AERP (Automated Export Reporting Procedure)
  - HMF (Harbor Maintenance Free)

- **Schweiz**
  - VAR

Die Meldungen umfassen u. a. Angaben über Art der Geschäfte, Bestimmungsland, Art der Beförderung, Gewicht etc. und werden in einheitlicher Form, d. h. auf Diskette oder Papier, weitergeleitet.

Präferenzabkommen

Unter Präferenzabkommen versteht man Handelsvereinbarungen zwischen einzelnen Ländern, die sich gegenseitig günstigere Zölle zusichern. Waren, die unter solch ein Präferenzabkommen fallen, können im System SD verwaltet werden. Die zur Produktion dieser Waren verwendeten Komponenten können aufgrund von Stücklisten nach ihrer Präferenzberechtigung klassifiziert werden.

Alle innerhalb der Europäischen Union geltenden Gesetze, die gegenwärtig für die Präferenzabwicklung verwendet werden, sind im System SD integriert. Je nach Bedarf können weitere Vorschriften hinzugefügt bzw. entfernt werden. Ebenso können Vorschriften zu Präferenzabkommen zwischen Geschäftspartnern in das System aufgenommen werden, die keinem EU-Mitgliedsstaat angehören.

Die **Präferenzkalkulation** dient der Ermittlung des Ursprungsnachweises eigengefertigter Produkte. Dazu werden anhand einer Stückliste alle zur Produktion des eigengefertigten Produktes verwendeten Komponenten ihrer Herkunft nach als Ursprungsware oder nicht Ursprungsware bewertet. Aufgrund der bestehenden Präferenzabkommen zwischen den einzelnen Ländern wird für das eigengefertigte Produkt ein Preis ermittelt, der als Mindestverkaufspreis anzusehen ist, um für den Zoll als präferenzberechtigt anerkannt zu werden.

Das Ergebnis dieser Präferenzkalkulation wird in einem sog. Konditionssatz abgelegt und zur Preisfindung bzw. zur Festlegung der Präferenzen, die einem Kunden gewährt werden, verwendet.

9.7.4 Schnittstelle zu anderen Systemen

Das R/3-System bietet Schnittstellen zu (Partner-) Systemen und beschleunigt so die Außenhandelsabwicklung. Bewährt haben sich hierbei (siehe Abb. 9.63):

- EDI (Electronic Data Interchange)
- ALE (Application Link Enabling)

Kommunikations-möglichkeiten

Diese beiden Funktionen unterstützen folgende Kommunikationsmöglichkeiten:

- die Erzeugung wichtiger Außenhandelsdokumente, wie T1-, T2- und EUR1-Dokumente;
- die Anbindung an andere Systeme;
- das Versenden einer EDI-Nachricht an ein Subsystem.

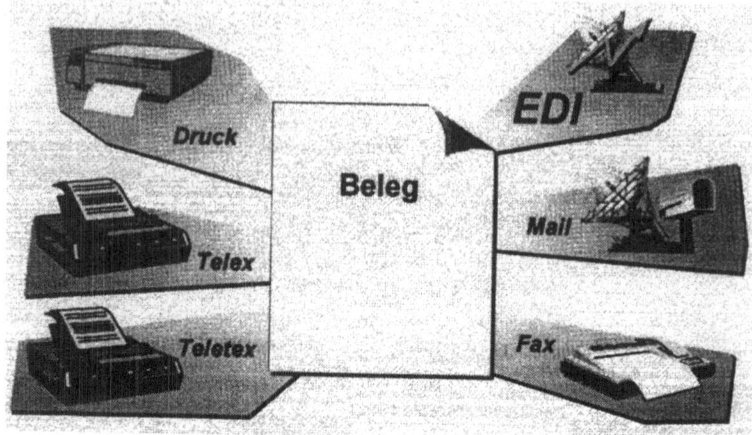

Neben EDI gibt es weitere Methoden der Nachrichtenübermitt-
lung, wie z. B. Ausdrucke, Fax, E-Mail etc., die die Vorteile von
EDI jedoch nicht überbieten können. Diese sind:

Vorteile von EDI

- Nachrichteneingänge werden vom System unmittelbar in das
  R/3-Format konvertiert und in Zwischenbelegen (sog. Idocs)
  zwischengespeichert.

- Die Idocs werden direkt in die R/3-Anwendung übernommen.

- Der in der Nachricht gewünschte Vorgang wird sofort erzeugt.

- Sollte während des Funktionsablaufes ein Fehler auftreten,
  wird der zuständige Sachbearbeiter per E-Mail über die Ursache desselben informiert.

9.7.5 Fallstudie: Genehmigung simulieren

Genehmigungsdaten sind gespeichert in einer eigens dafür angelegten Datenbank. Unter Verwendung des Genehmigungs-
stammes lassen sich diese Datensätze strukturiert pflegen. Der
Umgang bzw. das Pflegen dieses Genehmigungsstammsatzes besteht aus dem Anlegen, Ändern, Anzeigen und Löschen von Sät-
zen.

Der Vorgang einer Warenausfuhr kann vollständig simuliert werden. Es wird dabei überprüft, ob die Ausfuhr in ein bestimmtes
Land, an einen bestimmten Kunden, mit bestimmten Produkten,

zu einem bestimmten Zeitpunkt rechtlich einwandfrei auf Basis der gegenwärtigen gesetzlichen Bestimmungen ist.

„Genehmigung_simulation.scm"

1. Im Hauptmenü sind nacheinander die Menüpunkte:

   Logistik ⇨ *Vertrieb* ⇨ *Außenhandel* zu wählen,

   um in das Menü der Fakturierung zu gelangen. Dort ist auszuwählen:

   Genehmigung ⇨ *Simulation* ⇨ *Ausfuhrkontrolle*.

2. Folgende Eingaben können getätigt werden:

   - Werk des Exporteurs   Werk, in dem die zu exportierende Ware hergestellt wird.

   - Partner-Identifikation   Empfänger der Ware

   - Materialnummer   Kunden-Nr. des Auftraggebers

   - Wert   Wert der Ware

   - Währung   Währung des Warenwertes

   - Exportdatum

   - Geschäftsart

   - Verkaufsbelegnummer

   - Zahlungsbedingungen

Im Fallbeispiel ist als Werk des Exporteurs Würzburg auszuwählen und als Partner-Identifikation der Geschäftspartner Ararat in Ankara. Bei Unkenntnis des Namens oder der Kunden-Nr. kann man sich - wie im Fallbeispiel vorgegeben - mit dem Suchbegriff „*" eine Liste aller vorhanden Geschäftspartner anzeigen lassen und den entsprechenden per Doppelklick auswählen.

Die Warennummer gehört zu einem Fahrrad mit Namen Rinora Super Trekking, dessen Wert fiktiv mit 1500 DM angegeben ist.

3. Mit [F8] bzw. ✔ wird die Simulation gestartet.

4. Das folgende Fenster zeigt neben Positions- und Warennummer auch den Status der Ausfuhrgenehmigung. Dieser ist analog zu den allgemein gebräuchlichen Signalfarben einer Verkehrsampel abzulesen:

- Rot   Es trat ein Fehler auf, der den Export verhindert.

- Gelb   Es trat ein Fehler auf, der den Export zwar nicht verhindert, ihn aber erschweren bzw. behindern kann.

- Grün   Es traten keine Fehler auf. Ein Export ist uneingeschränkt möglich.

5. Durch Doppelklicken auf das besagte Ampelsymbol erhält man eine Liste aller simulierten Vorgänge und Überprüfungen, deren Erfolg ebenfalls durch die Signalfarben einer Verkehrsampel dargestellt wird.

6. Durch Doppelklicken auf diese Ampel werden die einzelnen Fehlerpunkte detailliert aufgelistet. Damit ist die Simulation beendet.

9.8   Vertriebsinformationssystem

Das Vertriebsinformationssystem ist ein Bestandteil des zum SAP-R/3-System gehörenden Vertriebsmoduls (SD). Es ist im wesentlichen dafür ausgelegt, Führungskräften Informationen über den Vertrieb graphisch oder tabellarisch aufzubereiten, wobei der Benutzer den Grad der Informationstiefe selbst bestimmen kann. Desweiteren ist das Vertriebsinformationssystem (VIS) Bestandteil des Logistikinformationssystems (LIS), das u. a. auch das Einkaufs- und Fertigungsinformationssystem beinhaltet.

Die Gesamtheit des **Vertriebsmoduls mit seinen Teilen**

- SD-Grundfunktionen und Stammdaten

- SD-Verkauf

- SD-Versand

- SD-Fakturierung

- SD-Preisfindung und Konditionen

spielt eine große Rolle bei den zu erstellenden Auswertungen des Teils SD-Vertriebsinformationssystem.

Das Vertriebsinformationssystem läßt sich im wesentlichen in drei Teile untergliedern: die **Standardanalysen**, die **flexiblen Analysen** und die **Planung**.

Datenbasis des VIS

Die Datenbasis für diese drei Teile sind die sog. Informationsstrukturen, von denen es zwei verschiedene Arten gibt (Standard-Informationsstrukturen und Auswertestrukturen). Diese Strukturen sind in einer Art Datenbank abgelegt, in der alle wichtigen Vorgänge und Informationen, die bei der Vertriebsabwicklung entstehen, automatisch fortgeschrieben werden (z. B. bei der Erstellung von Angeboten und Aufträgen). Sie beinhalten drei Informationstypen (vgl. Abb. 9.64):

Abb. 9.64
Inhalt der Informationsstrukturen

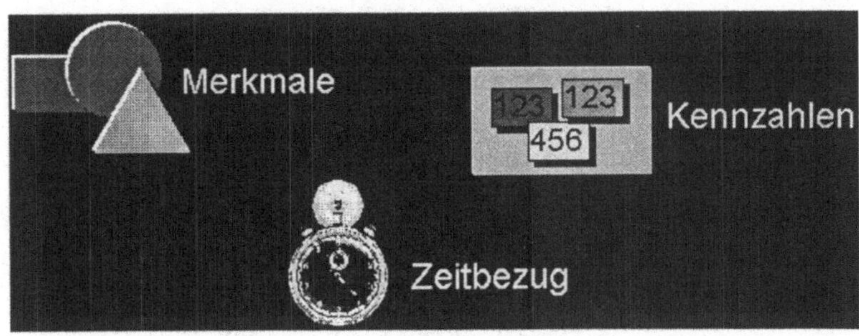

9.8.1   Merkmale, Kennzahlen und Periodizität

Merkmale kann man als Informationen deklarieren, die sich zur Verdichtung eignen. Im R/3-Vertriebsinformationssystem sind unterschiedliche Merkmale festgelegt (z. B. Vertriebsweg, Material).

SAP hat zu jedem Merkmal eine sog. **Merkmalsausprägung** erstellt:

Abb. 9.65
Merkmalsausprägungen

Zu jedem Merkmal gibt es sog.
Merkmalsausprägungen

Merkmal: Verkaufsorganisation

Unterteilung:
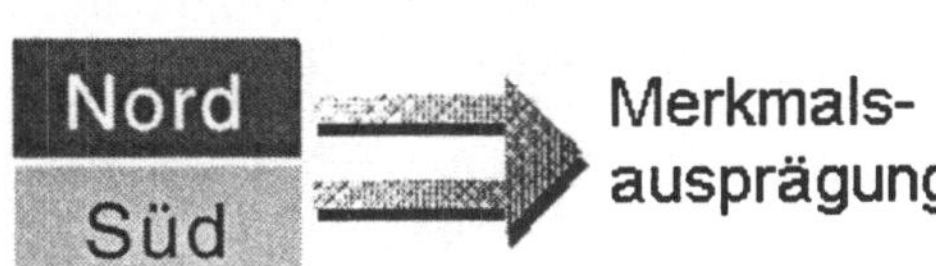

Kennzahlen enthalten Daten, die betriebswirtschaftlich interessant sind und aus einer Datenbank gelesen werden (z. B. Auftragseingang, Umsatz). Die Merkmale bilden zu ihnen die dazugehörigen Schlüssel.

Da zu jeder Kennzahl Werte gehören, können sie am besten von den Merkmalen unterschieden werden, weil Kennzahlen in irgendeiner Weise meßbare Größen darstellen (z. B. meßbar in einer Währungseinheit oder einer Gewichtsklasse).

Jeder Informationsstruktur bzw. den darin enthaltenen Kennzahlen und Merkmalen wird ein bestimmter Zeitbezug (**Periodizität**) zugeordnet (z. B. Jahr, Monat, Tag).

Die Werte der Kennzahlen werden für jedes Merkmal in dieser Informationsstruktur periodisch kumuliert (z. B. Januar 1998 betrug der Umsatz 100.000 DM, im Februar 1998 betrug der Umsatz 98.000 DM; der hier zugeordnete Zeitbezug ist der Monat).

9.8.2   Arten von Informationsstrukturen

R/3 unterscheidet im wesentlichen zwei Arten von Informationsstrukturen:

* Standard-Informationsstrukturen
* Auswertestrukturen

In beiden Arten der Informationsstrukturen sind Merkmale und Kennzahlen zusammengestellt.

Standard-Informationsstrukturen

Es werden im Standard sechs Standard-Informationsstrukturen mit dem VIS ausgeliefert. Sie enthalten von den 50 unterschiedlichen Kennzahlen jeweils jene, die thematisch zu der entsprechenden Struktur gehören und für sie aussagekräftig sind.

Die Standard-Informationsstrukturen sind in einer Datenbank abgelegt. Diese Strukturen werden ständig mit neu entstandenen Daten aus der Vertriebsabwicklung fortgeschrieben. Die Datenbasis für die Standardanalysen und die Planung bilden die Standard-Informationsstrukturen.

Auswertestrukturen

Die Auswertestrukturen können vom Benutzer selbst definiert werden, d. h. Merkmale und Kennzahlen können selbst zusammengestellt werden und stellen somit eine vom Benutzer selbst festgelegte Sicht dar.

Diese Art von Strukturen wird nicht mit neu entstandenen Daten fortgeschrieben.

Bezug der Informationsstrukturen

Sie können sich auf ein oder mehrere Standard- Informationsstrukturen oder Auswertestrukturen beziehen. Einen anderen Bezug stellen auch beliebige Data-Dictionary-Strukturen dar (z. B. Belegdatei). Die Datenbasis für die flexiblen Analysen bilden, neben den Standard-Informationsstrukturen, die Auswertestrukturen.

9.8.3   Standardanalysen

Die Standardanalysen stellen, neben den flexiblen Analysen, eine Form der Datenauswertung dar.

Der Datenumfang, der ausgewertet werden soll und der Detaillierungsgrad, kann vom Benutzer durch unterschiedliche Funktionen und Selektionsmöglichkeiten bestimmt werden.

Standardanalysen können nach sechs verschiedenen Kriterien durchgeführt werden:

Kriterien für die Standardanalyse

- Kunde

- Material

- Verkaufsorganisation

- Versandstelle

- Vertriebsbeauftragter

- Verkaufsbüro

Um eine Standardanalyse auszuführen, geht man wie folgt vor:

1. Im SAP-R/3-Einstiegsbild ist der Menüpunkt *„Logistik-Vertrieb-Vertriebsinformationssystem"* anzuwählen.

2. Damit ist der Menüpunkt *„Standardanalyse"* und die gewünschte Analyse (z. B. Kundenanalyse, Materialanalyse) und der Menüpunkt *„Neue Selection"* anzuklicken. Man befindet sich nun im folgenden Einstiegsbild (siehe Abb. 9.66):

Kundenanalyse Selektion
Kundenanalyse Bearbeiten Springen Sicht Zusätze Einstellungen System Hilfe

Selektionsoptionen   SelektVers.   Benutzereinst.   Standardaufriß

Merkmale
  Auftraggeber   bis
  Material   bis
  Verkaufsorg.   bis
  Vertriebsweg   bis
  Sparte   bis

Analysezeitraum
  Periode   05.1998   bis   07.1998

Parameter
  Analysewährung
  Exception

[A01 (1) (210)]   cim-ux01   [OVR] 08:38AM

3. Hier besteht die Möglichkeit, die einzelnen Merkmale gezielt
    anzugeben oder diese Zeilen auszulassen. Der Analysezeit-
    raum wird vom System automatisch festgelegt (falls jedoch für
    diesen Zeitraum keine Daten vorhanden sind, muß er geän-
    dert werden). Die Angabe der Analysewährung kann optional
    erfolgen.

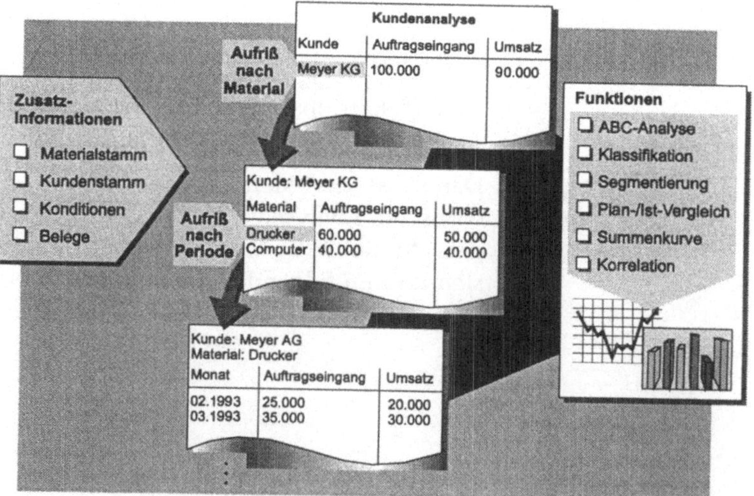

Bei der Standardanalyse wird nach zwei Listenarten, der Grund- und Aufrißliste, unterschieden.

9.8.3.1   Grundliste

Über die Grundliste kann sich der Benutzer gemäß der zuvor gewählten Selektionskriterien einen Überblick über die Merkmalsausprägungen zu den Kennzahlen anzeigen lassen (Die Merkmalsausprägungen bei der Kundenanalyse sind die Kunden; zu den einzelnen Kunden werden dann die Kennzahlen, wie z. B. Umsatz, angezeigt.).

Die Kennzahlen, die jeweils bei den verschiedenen Analysen erscheinen, können über den Menüpunkt der *Analyseform-Einstellungen* (z. B. *Kundenanalyse-Einstellungen*) ausgewählt werden.

Abb. 9.68
Anzeige der
Grundliste

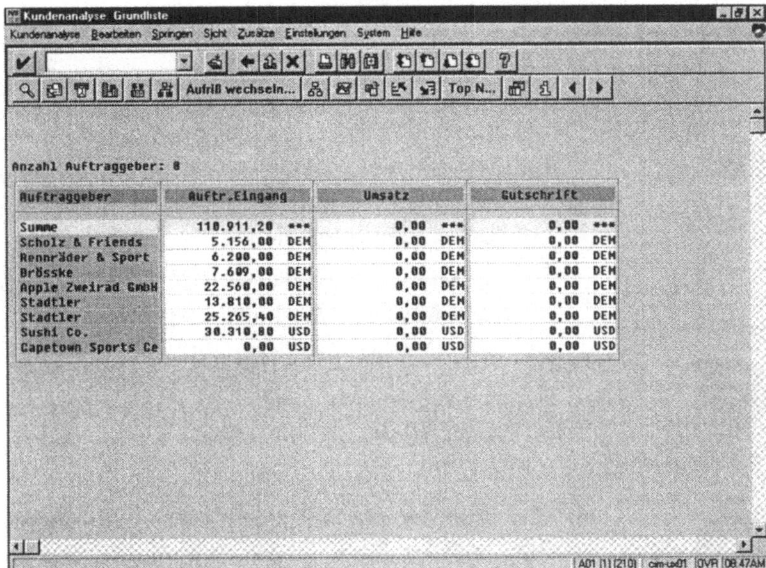

9.8.3.2   Aufrißliste

Über die Aufrißliste erhält der Benutzer die Möglichkeit, sich eine bestimmte Merkmalsausprägung (z. B. Kunde Meyer) in Hinblick auf ein Merkmal (z. B. Verkaufsorganisation) detaillierter anzeigen zu lassen (siehe Abb. 9.69):

Abb. 9.69
Beispiel eines
Aufrisses

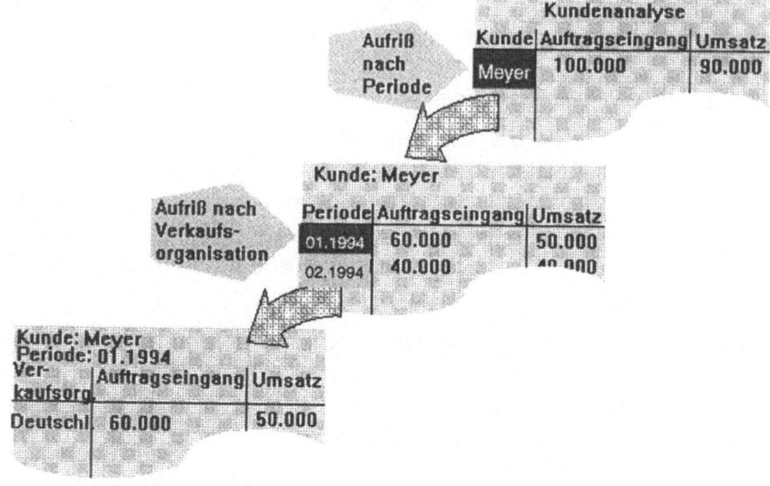

Abb. 9.69
Beispiel eines
Aufrisses

Die Stufen, nach denen aufgerissen werden kann, entsprechen der Anzahl der Merkmale der Standard-Informationsstruktur, die der jeweiligen Analyse zugrunde liegt. Die Reihenfolge nach der aufgerissen wird, erfolgt entweder über einen bereits voreingestellten Analysepfad, dem sog. Standardaufriß, oder wird vom Benutzer selbst bestimmt.

Fallstudien:
Durchführung eines
Standardaufrisses

„Standardaufriß.scm"

*„Benutzerdef_Auf-
riß.scm"*

*„Standard-
analyse.scm"*

Ein **Standardaufriß** wird durchgeführt, indem der Cursor auf der gewünschten Merkmalsausprägung (z. B. Kunde Meyer) positioniert wird und dann die Taste „Auswählen" betätigt wird (oder Menü: *Sicht ⇨ Standardaufriß*). Eine Wiederholung ist solange möglich bis das Ende des Analysepfades erreicht ist, d. h. keine weiteren Merkmale in der relevanten Informationsstruktur mehr vorhanden sind.

Ein **benutzerdefinierter Aufriß** wird angezeigt, wenn der Cursor auf der Merkmalsausprägung, zu der Detailinformation gewünscht wird, positioniert wird. Dann muß im Menü *„Sicht ⇨ Aufreißen nach"* das Merkmal gewählt werden, nach dem aufgerissen werden soll.

Szenario:
Auftragseingang von allen Großkunden in den alten Bundesländern anzeigen und graphisch darstellen lassen (Zeitraum: Sept. 97 - Nov. 97). Zudem werden standard- und benutzerdefinierte Aufrisse gezeigt.

9.8.3.3   Weitere Funktionen

Für alle Listenstufen, die durch solch einen Aufriß entstanden sind, stehen eine Reihe von weiteren Funktionen zur Verfügung, die im Menü *„Bearbeiten"* enthalten sind:

Abb. 9.70
Analyse-Funktionen

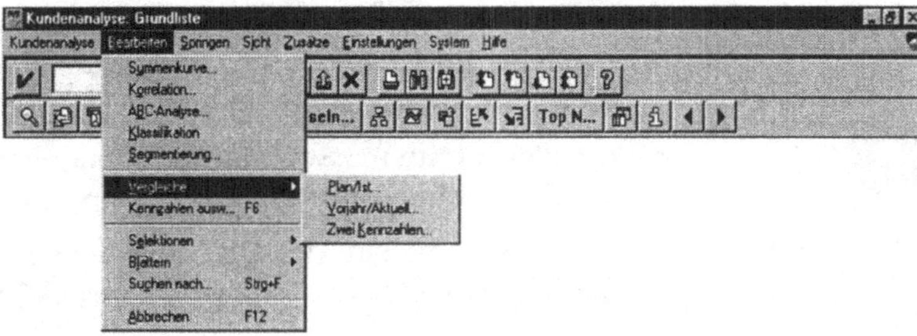

Alle enthaltenen Funktionen können mit Hilfe von *SAP-Graphik* graphisch am Bildschirm dargestellt werden.

9.8.3.3.1   Summenkurve

Der Benutzer hat die Möglichkeit, sich die Daten bezüglich einer Kennzahl in Form einer Summenkurve anzeigen zu lassen.

Die Summenkurve wird projiziert, wenn

- der Cursor auf der Kennzahl positioniert wird, für die eine Summenkurve erstellt werden soll und

- das Menü *„Bearbeiten-Summenkurve"* gewählt wird.

Abb. 9.71
Summenkurve

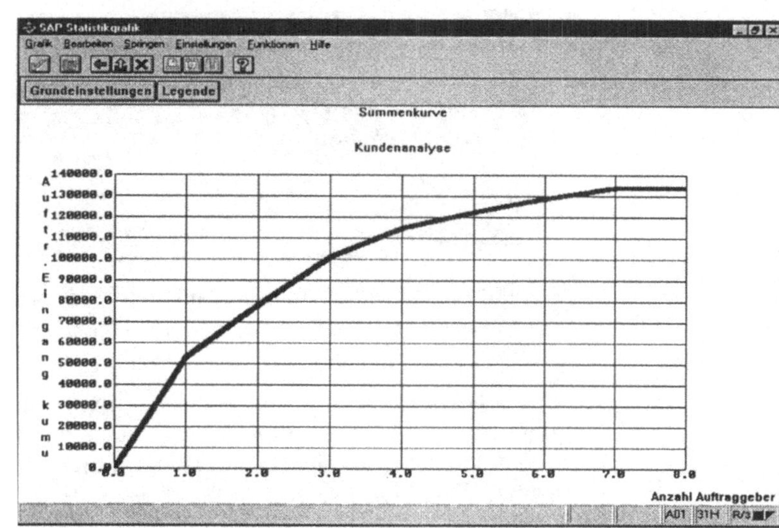

„Summenkurve.scm"

9.8.3.3.2

Korrelationskurve

Die Korrelationskurve stellt Wechselbeziehungen und Zusammenhänge bzgl. mehrerer Kennzahlen dar.

Eine Korrelationskurve wird dargestellt,

- wenn das Menü *„Bearbeiten-Korrelation"* gewählt wird. Hier erscheint ein Dialogfenster, in dem die Kennzahlen der aktuellen Liste angezeigt werden;

- aus dieser Liste müssen nun die Kennzahlen gewählt werden, aus denen eine Korrelationskurve erstellt werden soll;

- nach dem Drücken der OK-Taste wird die Korrelationskurve für die ausgewählten Kennzahlen angezeigt.

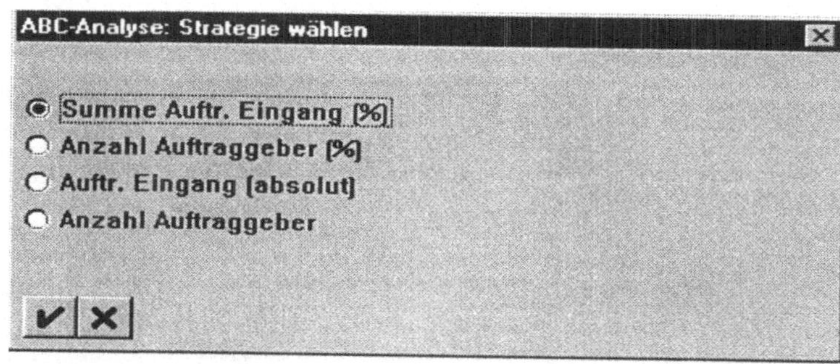

„Korrelation.scm"

9.8.3.3.3

ABC-Analyse

Die ABC-Analyse klassifiziert die Wichtigkeit von bestimmten Merkmalsausprägungen in Hinblick auf bestimmte Kennzahlen.

Eine ABC-Analyse wird erstellt, wenn

- der Cursor auf der Kennzahl positioniert wird, die als Kriterium für die Analyse dient;

- danach wird das Menü *„Bearbeiten-ABC-Analyse"* gewählt. Hier erscheint ein Dialogfenster, in dem die vier Strategien für die Durchführung angezeigt werden;

Abb. 9.72
ABC-Strategien

- dann wird eine Strategie, nach der die Analyse durchgeführt werden soll, gewählt.

Das Ergebnis erscheint, je nach gewählter Einstellung, zuerst als Graphik oder in Form einer Liste. Wenn das Ergebnis als erstes in Form einer Graphik erscheint, kann sich der Benutzer mittels der Schaltflächen am rechten Rand der SAP-Graphik ebenfalls die Listenarten anzeigen lassen.

Für die ABC-Analyse gibt es **zwei Arten von Listen**:

- Übersicht Segmente
- Liste A-, B- oder C-Segment

Abb. 9.73
Graphik einer
ABC-Analyse

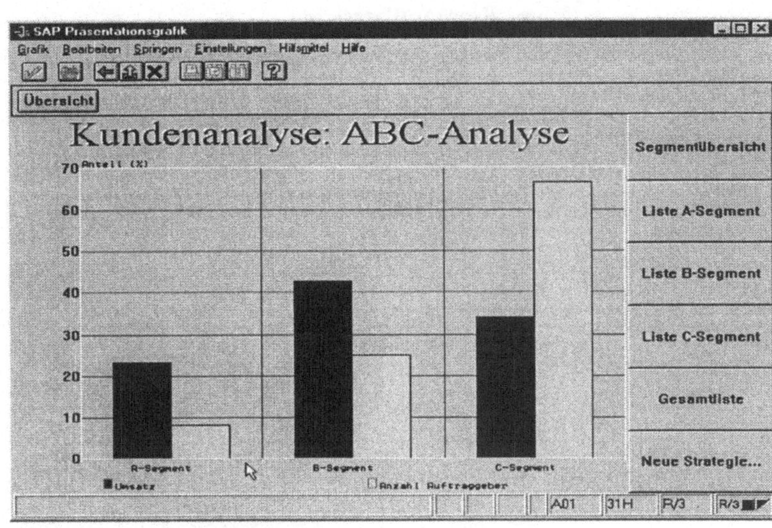

Fallbeispiel:
ABC-Analyse

„ABC-Analyse.scm"

Szenario:

ABC-Analyse von allen deutschen Großkunden/Vereinen der Sparte Fahrräder. Der Analysezeitraum soll die letzten 12 Monate umfassen, der Kunde ist das Merkmal und die Kennzahl ist der Umsatz.

9.8.3.3.4

Klassifikation

Die Klassifikation teilt die Merkmalsausprägungen einer Kennzahl in Klassen ein. Die Festlegung der Klassengrenzen und die Anzahl der Klassen wird automatisch vom System übernommen. Sie können jedoch auch vom Benutzer selbst definiert werden.

Die Klassengrenzen werden vom System je nach Datenlage festgelegt. Es sind vom System standardmäßig sechs Klassen vorgesehen. Eine Klassifikation wird durchgeführt, wenn

- der Cursor auf der Kennzahl (bzw. Kennzahlspalte) positioniert wird, die für die Klassifikation herangezogen werden soll;

- danach das Menü *„Bearbeiten-Klassifikation"* gewählt wird.

Das Ergebnis erscheint je nach gewählter Einstellung zuerst als Graphik oder in Form einer Liste. Für die Klassifikation gibt es **zwei Listenarten**:

- Klassenübersicht

- Klassenliste (Detailinformationen zu einer bestimmten Klasse)

Abb. 9.74
Kunden-Klassifikation

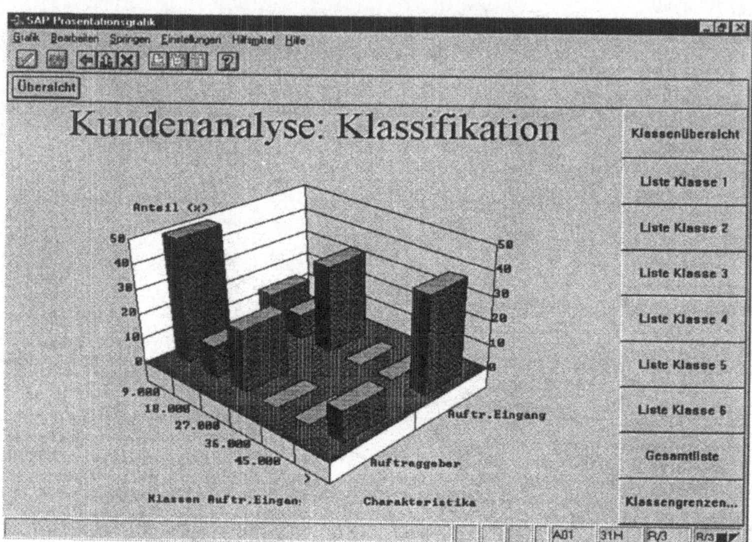

9.8.3.3.5   Segmentierung

Die Merkmalsausprägungen zweier Kennzahlen können mit Hilfe der Segmentierung in Klassen eingeteilt werden.

Eine Segmentierung wird durchgeführt, wenn

- das Menü *„Bearbeiten-Segmentierung"* gewählt wird. Hier erscheint ein Dialogfenster, in dem alle Kennzahlen der aktuellen Liste angezeigt werden.

- dann zwei Kennzahlen ausgewählt werden und [Enter] gedrückt wird.

Das Ergebnis erscheint je nach gewählter Einstellung zuerst als Graphik oder in Form einer Liste.

Für die Segmentierung gibt es **zwei Arten von Listen**:

- Übersicht Segmente

- Segmentliste

Fallstudie:
Segmentierung

„seg.scm"

Abb. 9.75
Segmentübersicht

Funktionsüberblick:

Logistik ➪ *Vertrieb* ➪ *Vertriebsinfosystem*

Standardanalysen ➪ *Verkaufsorganisation*

Analog zur Fallstudie ABC-Analyse wird erst eine Grundliste erzeugt. Von der Tabelle Verkaufsorganisationen wird die Verkaufsorganisation Deutschland ausgewählt und mit der Funktion *Sicht* ➪ *Aufreißen nach* Material weiter aufgerissen. Mit der Funktion *Bearbeiten* ➪ *Segmentierung* erhält man die „Segmentübersicht-Material":

Auftr.Eingang	AuftrEingMnge						Summe
	0	16	24	32	40	>	
20.000	1	3	3	1	1	1	10
40.000	0	1	1	0	0	0	2
60.000	0	0	0	0	0	1	1
80.000	0	0	0	0	0	0	0
100.000	0	0	0	0	0	0	0
>	0	0	0	0	0	1	1
Summe	1	4	4	1	1	3	

Dann werden die Klassengrenzen mit dem Button **Klassengrenzen** angepaßt, da die Distribution der Daten in der Grafik gesucht wird. Im vorliegenden Fall wird der Auftragseingang näher untersucht. Nach der Bestätigung erhält man eine grafische Darstellung der Tabelle.

Abb. 9.76
Grafik einer
Segmentierung

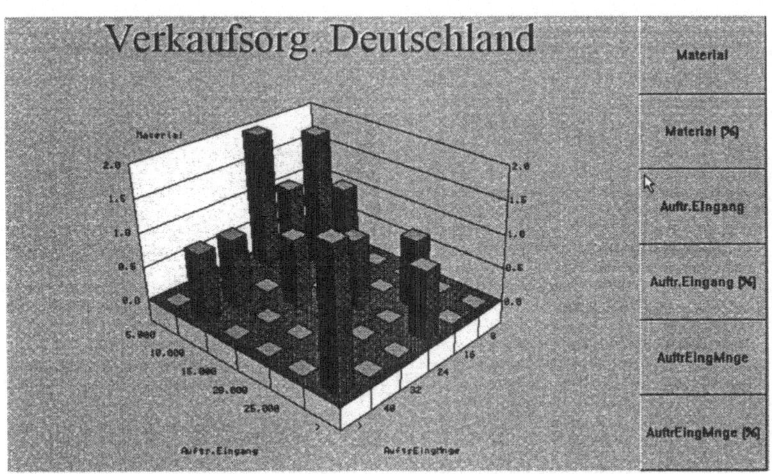

Mit den Tasten rechts der Grafik kann man die Ansichten ändern, z. B. nach Material oder Auftragseingang. Mit diesen Auswahlbuttons werden die Ansichten näher betrachtet.

9.8.3.3.6   Plan-/Ist-Vergleich

Mit Hilfe des Plan-/Ist-Vergleiches können Plan- und Ist-Daten einer Kennzahl gegenübergestellt werden.

Ein Plan-/Ist-Vergleich wird erstellt, wenn

- der Cursor auf der für den Plan-/Ist-Vergleich relevanten Kennzahl positioniert ist.

- Danach wird das Menü *„Bearbeiten-Vergleiche-Plan-/Ist-Vergleich"* gewählt. Hier erscheint ein Dialogfenster, in dem die Planungsversion einzugeben ist.

- Durch Drücken der *„Weiter-Taste"* wird der Vorgang abgeschlossen, es erscheint der Plan-Ist-Vergleich; die Differenz wird in einer Währung und in Prozent angegeben.

9.8.3.3.7   Vorjahr-/Aktuell-Vergleich

Der Vergleich Vorjahr-/Aktuell stellt die Werte einer Kennzahl des Vorjahres der des aktuellen Jahres gegenüber.

Ein Vorjahr-/Aktuell-Vergleich wird erstellt, wenn

- der Cursor auf der für den Vergleich relevanten Kennzahl positioniert ist.

- Danach wird das Menü *„Bearbeiten-Vergleiche-Vorjahr-/Aktuell-Vergleich"* gewählt.

Abb. 9.77
Vorjahresvergleich

„Vorjahresvergleich.scm"

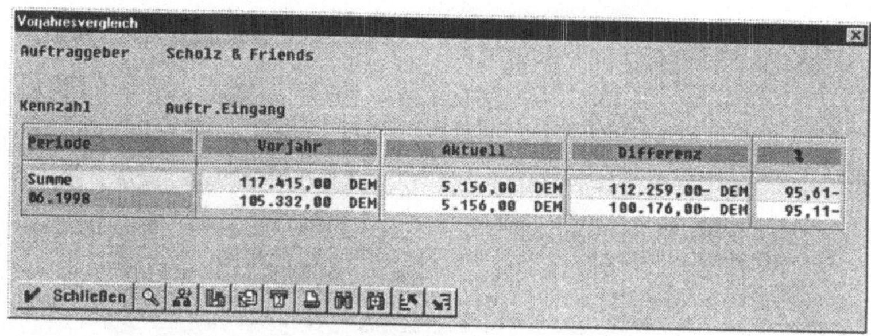

Vorjahresvergleich

Auftraggeber	Scholz & Friends			
Kennzahl	Auftr.Eingang			
Periode	**Vorjahr**	**Aktuell**	**Differenz**	**%**
Summe	117.415,00 DEM	5.156,00 DEM	112.259,00- DEM	95,61-
06.1998	105.332,00 DEM	5.156,00 DEM	100.176,00- DEM	95,11-

Die Gegenüberstellung erfolgt in der Geldeinheit und prozentual.

9.8.3.3.8 Vergleich zweier Kennzahlen

Bei diesem Verfahren werden die Werte zweier Kennzahlen gegenübergestellt.

Ein Vergleich zweier Kennzahlen wird erstellt, wenn

- der Cursor auf einer Kennzahl (Kennzahlspalte) positioniert ist.
- Danach wird das Menü *„Bearbeiten-Vergleiche-zweier Kennzahlen"* gewählt. Hier erscheint ein Dialogfenster mit allen Kennzahlen.
- Zwei Kennzahlen müssen ausgewählt werden und die Taste *„weiter"* betätigt werden.

Der Vergleich erfolgt ebenfalls in Geldeinheiten und prozentual.

9.8.4 Flexible Analysen

Die flexiblen Analysen bieten dem Benutzer im Vergleich zu den Standardanalysen die Möglichkeit, die Auswertungen auf seine persönlichen Bedürfnisse abgestimmt auszuführen.

Das bedeutet, er kann den Grad der Informationstiefe, die Aussagekräftigkeit und den Umfang der Analyse selbst bestimmen. So können hier zum Beispiel sowohl detaillierte Daten für einen Sachbearbeiter als auch eine komprimierte Datenaufarbeitung als Übersicht für das Management erstellt werden. Nach dem Ausführen der Analyse wird im ***REPORT WRITER*** ein Bericht generiert. Dieser Bericht kann in seinem Layout ebenso individuell gestaltet werden. Es besteht außerdem die Möglichkeit, den Bericht im *REPORT WRITER* weiterzubearbeiten. Es können bestimmte Zeilen unterdrückt, von der Anzeige ausgeschlossen, Texte und Kommentare angefügt oder das Layout nochmals verändert werden.

Datenquelle
Alle Informationen, die in der Vertriebsabwicklung vorhanden sind, bilden die Datenbasis für das Vertriebsinformationssystem. Die Daten aus den operativen Anwendungen, wie z. B. das Erstellen von Aufträgen, werden in den sog. Informationsstrukturen (Statistikdateien) fortgeschrieben.

Datenbasis
Die flexiblen Analysen greifen bei der Auswertung auf die schon erwähnten Informationsstrukturen zurück. Es gibt zwei Arten dieser Statistikdateien:

- Standard-Informationsstrukturen (siehe Kapitel 9.8.3)
- Auswertestrukturen (selbst definierbare Informationsstruktur)

9.8.4.1 Auswertestrukturen

Auswertestrukturen liefern, zusammen mit den Standard-Informationsstrukturen, die erfaßten Daten und Informationen, die benötigt werden, um eine Auswertung durchzuführen.

Das besondere an der Auswertestruktur ist, das der Benutzer sie **selbst definieren** kann, d. h. er kann sich die gewünschten Merkmale und Kennzahlen individuell zusammenstellen (siehe Abb. 9.78). In einer solchen Struktur werden keine Daten fortgeschrieben, denn sie stellen nur eine individuelle Sicht auf bestimmte bestehende Strukturen dar (z. B. eine Standard-Informationsstruktur).

Eine Auswertestruktur kann sich auf eine oder mehrere Informationsstrukturen beziehen.

Zur Auswahl stehen:

- **Standard-Informationsstrukturen**
- beliebige **Data-Dictionary-Strukturen** (z. B. Belegdateien)
- bereits bestehende **Auswertestrukturen**

Die für eine solche Analyse selbst definierten Auswertestrukturen können sich dabei auf eine beliebige Data-Dictionary-Struktur oder auf eine oder mehrere Informationsstrukturen beziehen. Das Erstellen einer Auswertestruktur ist durch einfache **„Pick-Up-Technik“** möglich:

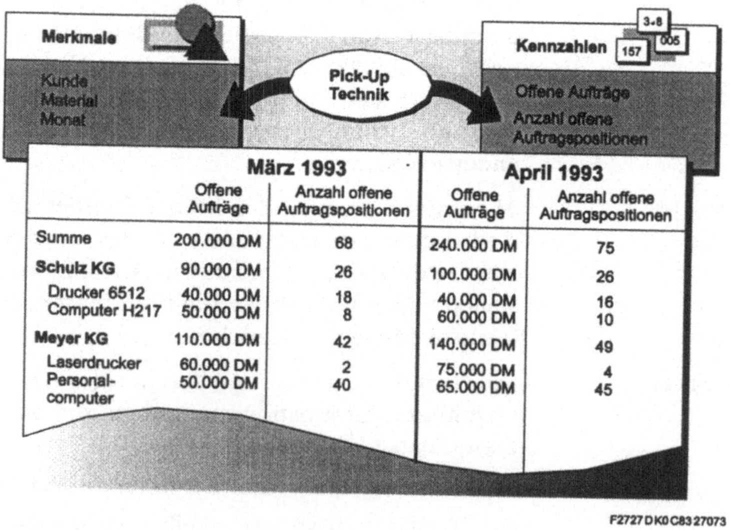
Merkmale
Kunde
Material
Monat
Pick-Up Technik
Kennzahlen
3.8
157
005
Offene Aufträge
Anzahl offene Auftragspositionen
März 1993
April 1993
Offene Aufträge
Anzahl offene Auftragspositionen
Offene Aufträge
Anzahl offene Auftragspositionen
Summe 200.000 DM 68 240.000 DM 75
Schulz KG 90.000 DM 26 100.000 DM 26
Drucker 6512 40.000 DM 18 40.000 DM 16
Computer H217 50.000 DM 8 60.000 DM 10
Meyer KG 110.000 DM 42 140.000 DM 49
Laserdrucker 60.000 DM 2 75.000 DM 4
Personal-computer 50.000 DM 40 65.000 DM 45
F2727DK0C8327073

Abb. 9.78 Pick-Up-Technik (Quelle: On-Line-Dokumentation des R/3-Systems)

9.8.4.1.1

Anlage der Auswertestruktur

Wenn eine Auswertestruktur angelegt werden soll, so wählt man ausgehend vom Menü *„Vertriebsinformationssystem"*:

Flexible Analysen ⇨ *Auswertestruktur* ⇨ *Anlegen*

Dann erhält man folgendes Bild:

Abb. 9.79
Einstiegsmenü:
Auswertestruktur
anlegen

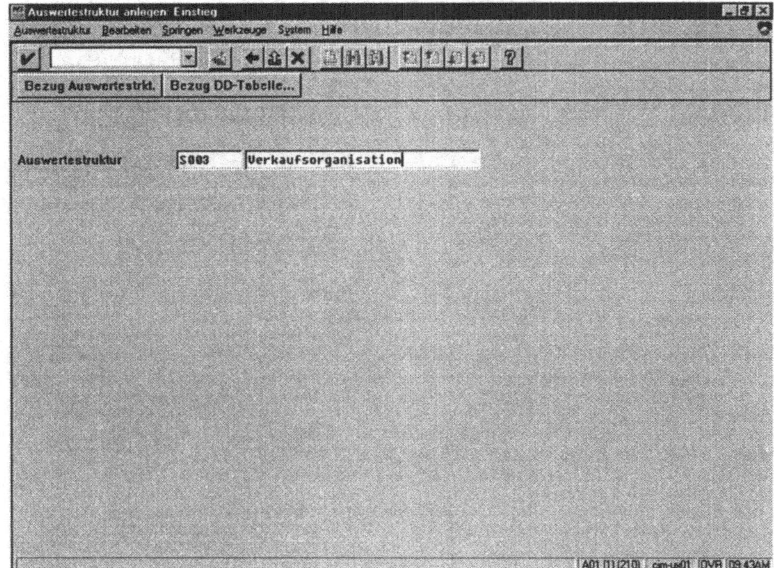

Im Feld *„Auswertestruktur"* wird der Name der anzulegenden Informationsstruktur eingegeben; im darauffolgenden Feld eine nähere Beschreibung.

Nun kann ausgewählt werden, auf welche bereits bestehende Informationsstruktur oder Data-Dictionary-Struktur (DDIC-Struktur) sich die Auswertestruktur beziehen soll.

Achtung !

Soll sich die Auswertestruktur auf mehrere Informationsstrukturen beziehen, so müssen die gewählten Merkmale auch in allen Strukturen enthalten sein, da sonst für die bestehenden Kennzahlen keine Daten für das in einer Struktur fehlende Merkmal ermittelt werden können.

Auswählen von
Merkmalen und
Kennzahlen

Nach dem Betätigen der OK-Taste erscheint ein Bildschirmelement (siehe Abb. 9.80), in dem durch Anklicken der Taste *„Merkmale"* (oder *„Kennzahlen"*) eine Auswahlliste aufgerufen werden kann.

In dieser Auswahlliste sind rechts alle zur Verfügung stehenden Informationsstrukturen und links alle **Merkmale** (oder **Kennzahlen**) der gewählten Informationsstruktur, auf die sich die Auswertestruktur beziehen soll, aufgeführt. Die Auswahl von Merkmalen oder Kennzahlen erfordert dieselbe Vorgehensweise, deshalb werden diese beiden Arbeitsschritte in einem erklärt.

Abb. 9.80
Auswahlliste:
Merkmale und
Kennzahlen

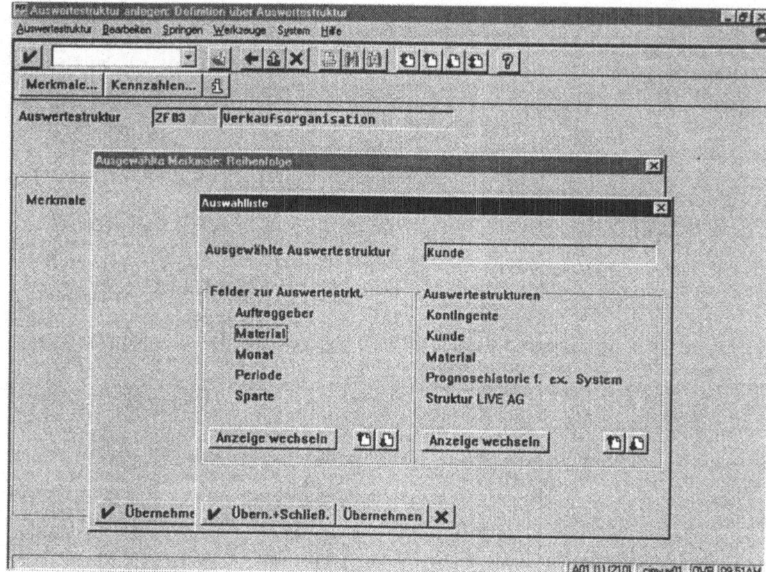

Informationsstruktur
mit Bezug anlegen

Eine Informationsstruktur mit Bezug ist folgendermaßen anzulegen:

- Um die Felder zu der gewünschten Auswertestruktur zu erhalten, muß eine der aufgeführten Auswertestrukturen (siehe Abb. 9.80) ausgewählt werden (durch Doppelklick auf die gewählte Auswertestruktur).

- Nun erscheint auf der linken Hälfte die Auflistung (in diesem Fall der Kennzahlen) der Felder zur Auswertestruktur.

- Die Kennzahlen (oder Merkmale) können einzeln angeklickt und durch die Taste *„Übernehmen"* Auswertestruktur hinzugefügt (die gewählten Felder werden mit einem „*" gekennzeichnet) werden oder

- es kann durch bestimmte Tasten, wie z. B. $\boxed{\text{F7}}$, ein ganzer Block markiert werden.

Dies geschieht durch Markieren des ersten Elements des Blocks, Drücken der Taste (F7) und durch Wiederholen dieses Vorgangs beim letzten Element des Blocks. Diese Funktionstastenliste erhält man, wenn irgendwo im obigen Bild mit der rechten Maustaste angeklickt wurde.

Ist die Auswahl der Kennzahlen abgeschlossen, drückt man *„Übernehmen und Schließen"* und erhält eine Auflistung der getroffenen Auswahl. Dasselbe kann mit den Merkmalen durchgeführt werden. Danach sieht man in der Auflistung links die Merkmale und rechts die Kennzahlen abgebildet. In diesem Fenster kann die Auswahl noch verändert werden, z. B. neue Felder hinzugefügt, die Reihenfolge geändert und Felder gelöscht werden.

Veränderung der getroffenen Auswahl

Zuerst muß das Feld, das verschoben werden soll, dann die Stelle, an der es eingefügt werden soll, markiert werden (mit der Taste (F9) oder *„Markieren"*-Taste); dann Wahl der Taste *„Verschieben"*.

Nochmals die Funktion *„Auswahlliste"* anklicken, und man erhält erneut die Auswahlliste der Felder und Auswertestrukturen, auf die nach Wunsch zugegriffen werden kann.

Das Löschen von Feldern wird dadurch erreicht, indem man das gewünschte Feld markiert und die Funktion *„löschen"* wählt.

Anlage mit Bezug auf eine Data-Dictionary-Struktur

Im Einstiegsbild ist *„Bezug DDIC-Struktur"* zu wählen. Im darauffolgenden Fenster kann der Name einer DDIC-Tabelle angegeben werden und im Eingabefeld *„Tabelle"* der Name der DDIC-Struktur, auf die sich die Auswerte-Informationsstruktur beziehen soll; dann Drücken der OK-Taste.

Die Merkmale und Kennzahlen können nun genauso im Abschnitt **Auswertestrukturen mit Bezug auf Informationsstruktur** ausgewählt werden. Auch die Auswahlliste ist identisch zu bearbeiten.

9.8.4.1.2   Generierung von Auswertestrukturen

Zunächst muß die erstellte Auswertestruktur bearbeitet werden. Dazu wählt man aus dem Menü den Befehl:

Auswertestruktur ➪ Generieren

und gelangt somit in das Einstiegsbild zurück.

Auswertestruktur ändern

Soll eine Auswertestruktur geändert werden, wählt man:

Flexible Analysen ⇨ *Auswertestruktur* ⇨ *Ändern*

Dann befindet man sich im Einstiegsbild, in dem der Name der zu ändernden Struktur eingegeben werden kann. Nach Betätigen der OK-Taste können, wie beim Anlegen einer Auswerte-Informationsstruktur, die Merkmale und Kennzahlen bearbeitet werden.

Auswertestruktur anzeigen

Um eine Auswertestruktur anzuzeigen, wählt man vom Menü des Vertriebsinformationssystems

Flexible Analysen ⇨ *Auswertestruktur* ⇨ *Anzeigen*

und gelangt somit ins Einstiegsbild. Hier ist der Name der Struktur einzugeben, die angezeigt werden soll.

Auswertestruktur löschen

Hier geht man zuerst wie beim Änderungsvorgang vor:

Flexible Analysen ⇨ *Auswertestruktur* ⇨ *Ändern*

Im Einstiegsbild ist im Feld „*Auswertestruktur*" der Name der zu löschenden Auswertestruktur anzugeben. Dann wählt man:

Auswertestruktur ⇨ *Löschen*

9.8.4.2 Auswertungen

Wie schon erwähnt, bilden die Auswertestrukturen und die Standard-Informationsstrukturen die Datenbasis für die flexiblen Analysen, im weiteren Auswertungen genannt.

Abb. 9.81
Auswertungen

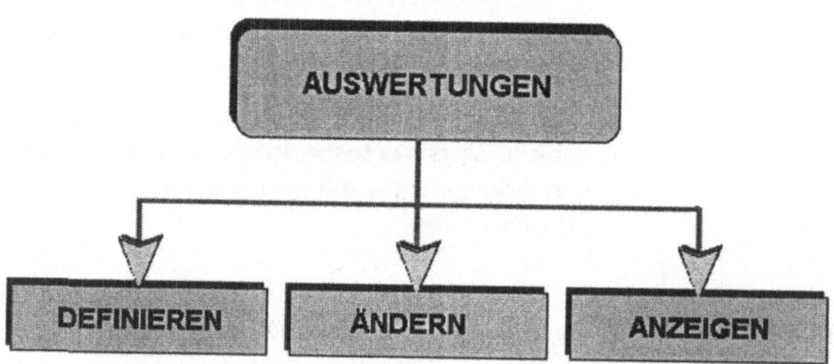

Eine Auswertung muß zuerst, basierend auf einer Auswertestruktur oder einer Standard-Informationsstruktur, definiert werden. Man spricht hier auch von der Generierung eines Reports.

Anschließend kann erst die Auswertung ausgeführt, angezeigt, und geändert werden.

<table>
<tr><td>9.8.4.2.1</td><td>

Definition einer Auswertung

Bei der Definition müssen folgende Eigenschaften festgelegt werden:

1. **Datenquelle**, auf die sich die Auswertung beziehen soll (z. B. Informationsstruktur);

2. **Kennzahlen**, die ausgewertet werden sollen;

3. **Merkmale** (zur Verdichtung der Kennzahlen) und

4. **Layout** des Berichts.

</td></tr>
</table>

Definition anlegen

Um die Definition einer Auswertung anzulegen, wählt man die Menüpunkte:

Flexible Analysen ⇨ Auswertung ⇨ Definition ⇨ Anlegen

Im Feld *„Auswertestruktur"* des Einstiegsbildes gibt man den Namen der Informationsstruktur an, auf die sich die Auswertung beziehen soll. Eine solche kann, wie bereits erwähnt, eine Standard-Informationsstruktur oder eine Auswertestruktur sein.

Nun gibt man im Feld *„Auswertung"* den Namen ein, den die Auswertung erhalten soll mit einer näheren Beschreibung. Dieser Name darf aber maximal 4 alphanumerische Zeichen lang sein.

Optional kann auch eine bereits bestehende Auswertung als Vorlage benutzt werden. Wenn eine Vorlage benutzt werden soll, gibt man im Eingabefeld *„Vorlage"* den Namen der als Vorlage dienenden Auswertung an.

Dann betätigt man die OK-Taste, um ins Definitionsbild zu gelangen, in dem wieder die Merkmale und Kennzahlen für die Auswertung zusammengestellt werden können.

Abb. 9.82
Auswerte-Definition
anlegen

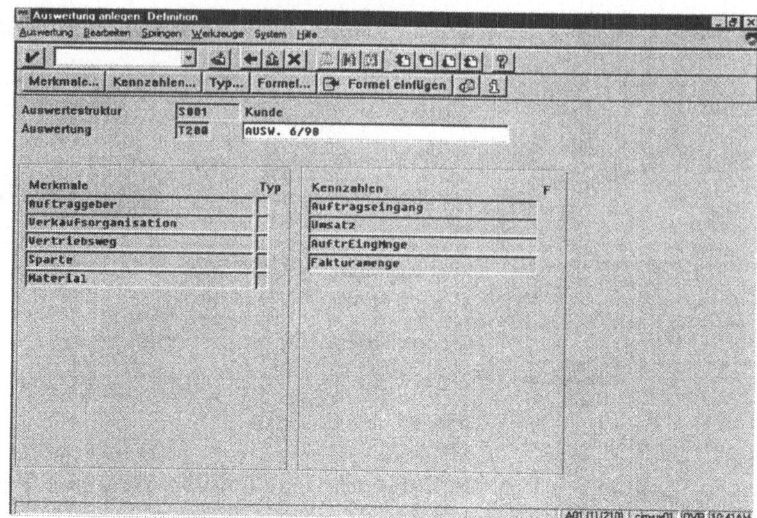

Die Auswahl der Kennzahlen und Merkmale entspricht der Vorgehensweise bei der Anlage von **Auswertestrukturen.**

Achtung !

Hier wird die Reihenfolge der Anzeige der Merkmale und Kennzahlen im späteren Bericht festgelegt.

**Flexibles Layout
durch verschiedene
Anzeigetypen**

Sind alle Kennzahlen und Merkmale ausgewählt, kann man den
Anzeigetyp festlegen. Jedoch wird dieser nur für Merkmale festgelegt.

Das Layout des Berichts kann individuell gestaltet werden. Dazu
stehen vier verschiedene Anzeigetypen zur Verfügung. Für jedes
ausgewählte Merkmal kann man einen Anzeigetyp festlegen.

Zur Auswahl stehen:

- **Normalanzeige (Typ 1)**

  Bei diesem Anzeigetyp werden die Merkmale in der Reihenfolge der Selektion aufgeführt:

Abb. 9.83
Spaltenvergleich
des Merkmals pro
Kennzahl **(Typ1)**

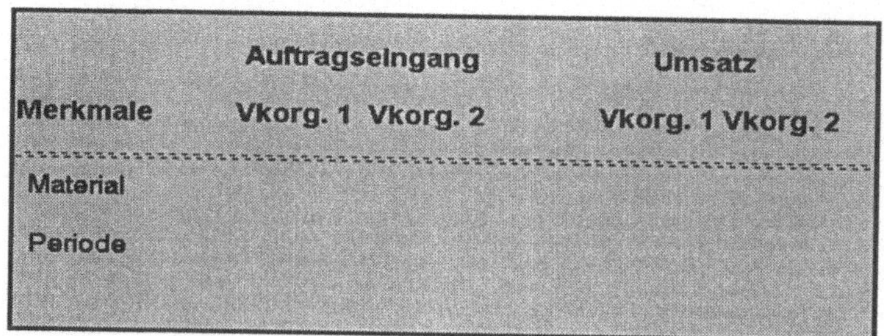

Hier wird ein Spaltenvergleich des Merkmals Verkaufsorganisation pro Kennzahl („Umsatz/Auftragseingang") erstellt. Dieser **Typ 1** kann nur für ein Merkmal ausgewählt werden.

• **Normalanzeige (Typ 2)**

Abb. 9.84
Spaltenvergleich der
Kennzahlen für das
Merkmal **(Typ 2)**

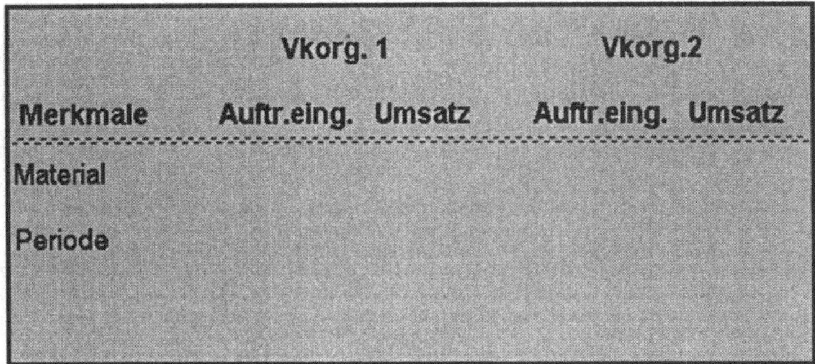

Hier wird ein Spaltenvergleich der Kennzahlen (Umsatz/Auftragseingang) für das mit **Typ 2** belegte Merkmal „Verkaufsorganisation" erstellt. Dieser Typ kann nur für ein Merkmal ausgewählt werden.

• **Normalanzeige (Typ 3)**

Anzeige nur in
Selektion **(Typ 3)**

Das mit Typ 3 versehene Merkmal dient nur zur Datenauswahl beim Ausführen der Auswertung. Es wird in der Ausgabeliste nicht aufgeführt.

Um ein Merkmal für einen bestimmten Anzeigetyp festzulegen, muß das gewünschte Merkmal markiert und die Funktion *„Typ"* gewählt werden. Im daraufhin erscheinenden Dialogfenster kann dann zwischen den verschiedenen Anzeigetypen gewählt werden.

Bei der Wahl von **Typ 1** oder **Typ 2** muß zusätzlich die Anzahl der Spaltenwiederholungen eingegeben werden. Vom System wird standardmäßig „**2**" eingestellt, die Auswahl der Spaltenwiederholungen liegt aber zwischen „**2**" und „**12**"!

Es können auch neue Kennzahlen für Auswertungen definiert werden, in dem man bereits bestehende Kennzahlen bspw. miteinander multipliziert oder voneinander subtrahiert.

Formel definieren

Soll eine Formel definiert werden, muß folgende Vorgehensweise gewählt werden:

Der Cursor muß sich innerhalb der Kennzahlenauflistung befinden, dann muß die Funktion *„Formel einfügen"* gewählt werden. Daraufhin erscheint ein Dialogfenster, in dem die Formel eingegeben werden kann.

Abb. 9.85
Maske für
Formel einfügen

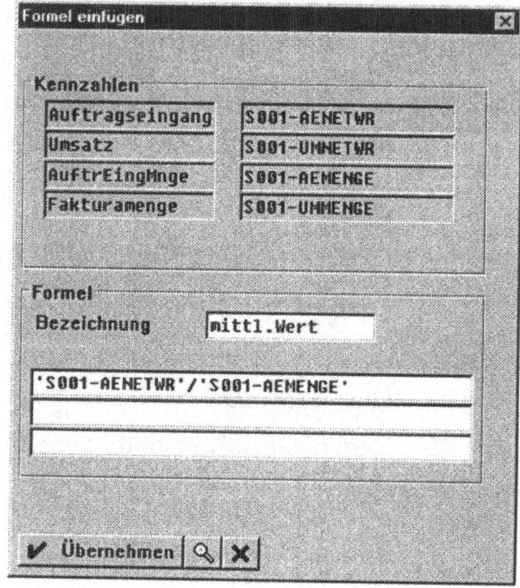

In diesem Dialogfenster (siehe Abb. 9.85) werden alle ausgewählten Kennzahlen mit ihren entsprechenden Kürzeln aufgeführt.

Im unteren Teil sind die Bezeichnung der **Formel** (diese Bezeichnung erscheint in der Liste der Kennzahlen und im späteren Bericht) und die eigentliche Formel einzugeben.

Um eine der Kennzahlen in die Formel mitaufzunehmen, positioniert man den Cursor auf der Kennzahl und klickt die Funktion *„Auswählen"* an. Das entsprechende Kürzel wird in die Formelzeile übernommen.

Bei **manueller Eingabe** der Kürzel müssen diese in Hochkomma *„SOO1-AEMENGE"* angegeben werden.

Nach dem Betätigen der *„Übernehmen"*-Taste wird die Bezeichnung in die Kennzahlenliste übernommen. Alle durch eine Formel ermittelten Kennzahlen werden mit einem Häkchen gekennzeichnet.

Layoutkontrolle

Es ist möglich, sich den erstellten Bericht zur Kontrolle anzeigen zu lassen. Dieser Bericht erscheint dann aber nur schematisch ohne eingegebene Daten. Um nun eine **Layoutkontrolle** (siehe Abb. 9.86) durchzuführen, wählt man die Funktion *„Bearbeiten ⇨ Layout ⇨ Layoutkontrolle"* im Menü des Vertriebsinformationssystems.

Abb. 9.86
Layoutkontrolle

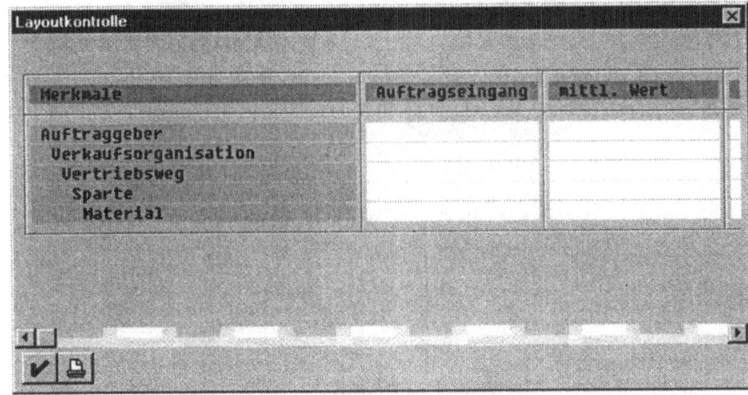

9.8.4.2.2   Generierung von Auswertungen

Die nun erstellte Auswertung muß zuerst wieder generiert werden. Dazu wählt man:

Auswertung ⇨ generieren

Im Einstiegsbild zurück, erhält man die Rückmeldung, daß die Auswertung generiert wurde.

Falls die Auswertung noch nicht generiert wurde, erhält man eine Abfrage, ob das System die Auswertung generieren soll. Diese Meldung sollte man mit „Ja" beantworten, da sonst die gesamte Auswertung nicht gespeichert ist.

9.8.4.2.3   Ausführung von Auswertungen

Da die Auswertung generiert ist, kann sie ausgeführt und ausgedruckt werden.

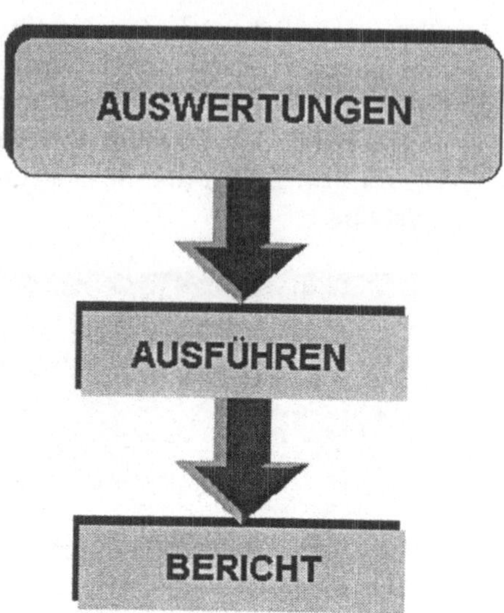

Es gibt zwei Möglichkeiten der Ausführung: mit und ohne Selektion (Auswahlkriterien).

Auswertung mit Selektion

Ausgehend vom Menü des Vertriebsinformationssystems wählt man:

Flexible Analysen ⇨ *Auswertung* ⇨ *Ausführen*

1. Im Feld *„Auswertestruktur"* des Einstiegsbildes gibt man den Namen der Informationsstruktur an, auf die sich die Auswertung bezieht.

2. Im Feld *„Auswertung"* ist der Name der Auswertung einzutragen, die ausgeführt werden soll.

3. Nach Wahl der Funktion *„Ausführen"* eröffnet sich ein Selektionsbildschirm.

4. Nun können durch die Angabe von Merkmalsausprägungen die in der Definition angegebenen Merkmale weiter eingeschränkt werden.

5. Die gewünschten Selektionskriterien sind einfach oder in Form von „Sets" anzugeben.

Sets

Sets fassen bestimmte vergleichbare Werte zusammen, z. B. kann man verschiedene Kunden aus einem Bundesland zusammenfassen, evtl. zu einem Set „Verkaufsgebiet Baden/Württemberg".

Somit ist eine individuelle Organisation, z. B. der Verkaufsgebiete, möglich. Diese Art der Gruppierung ist für jedes Merkmal gültig und bietet eine Möglichkeit, die Vertriebsinformationen aus einer individuellen Sicht zu betrachten. Darüber hinaus können genutzt werden:

Zusätzliche
Möglichkeiten

- *„Ergebnisse permanent speichern"* - ist dieses Feld angewählt, werden die selektierten Daten permanent gespeichert.

- **Name der gespeicherten Daten** - falls das Kennzeichen *„Ergebnisse permanent speichern"* gesetzt ist, kann in diesem Feld ein Name für die zu speichernden Daten eingegeben werden.

- **Kennwort** - diese Eingabe ist optional und erfordert sicher keine weitere Erläuterung.

- **Bericht ausgeben** - dieses Feld ist mit einem „x" vorbesetzt, dies bedeutet, daß die Liste direkt nach der Selektion aufbereitet und angezeigt wird.

Mit dem Befehl *„Ausführen"* wird die gewählte Auswertung ausgeführt. Damit verzweigt man in den **Report Writer** (siehe Abb. 9.88) und kann den Bericht weiterbearbeiten.

Abb. 9.88
S001-Auswertungs-
ergebnis anzeigen

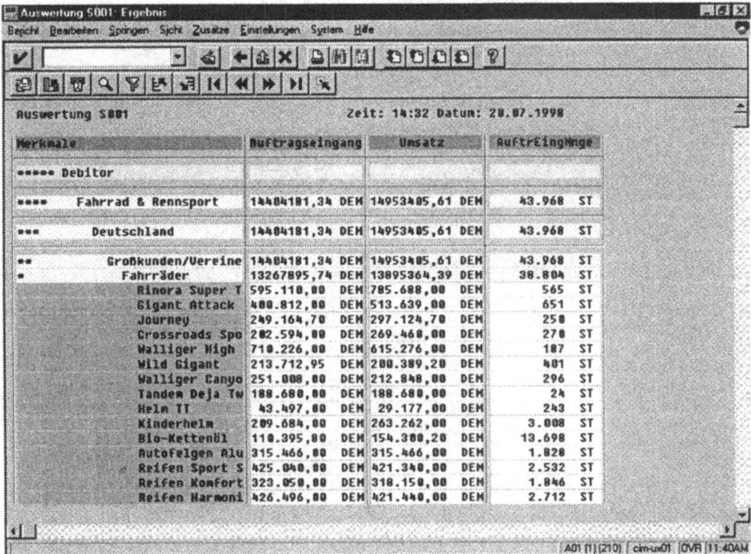

<table>
<tr><td>Auswertung
ohne Selektion</td><td>Eine Auswertung ohne Selektion ist nur dann möglich, wenn die Auswertung zuvor bereits ausgeführt wurde und die Daten durch Setzen des *„Ergebnisse permanent speichern"* Feldes gesichert wurden.</td></tr>
</table>

Um die Auswertung nun ohne Selektion durchzuführen, wählt man wieder:

Flexible Analysen ⇨ *Auswertung* ⇨ *Ausführen*

und erhält wiederum das Einstiegsbild. Hier muß der Name der Informationsstruktur eingegeben werden, auf die sich die Auswertung bezieht und der Name der Auswertung selbst.

Nun wählt man *„Ausführen ohne Selektion"* und erhält ein Aufforderungsbild. Dort gibt man im Feld *„Name der gespeicherten Daten"* den Dateinamen der gesicherten Daten an. Falls ein Kennwort angegeben wurde, muß dieses ebenfalls eingegeben werden.

<table>
<tr><td>**Abb. 9.89**
S001-Auswertungs-
ergebnis ausgeben</td><td>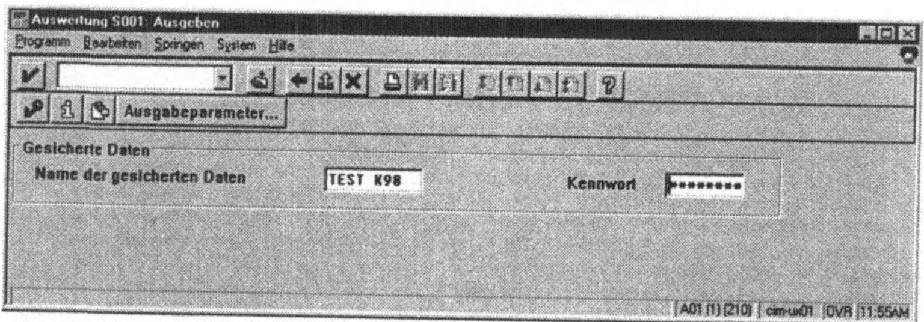</td></tr>
</table>

Zusätzlich stehen **weitere Parameter zur Auswahl** des Ausgabemediums, des Ausgabeformats und des Dateiformats zur Verfügung:

<table>
<tr><td>Ausgabemedium</td><td>**„0"**   Ausgabe erfolgt über Bildschirm oder Drucker.</td></tr>
</table>

„1"   Ausgabe erfolgt über eine Textdatei auf dem Applikationsserver (Rechner, auf dem das SAP-System läuft).

„2"   Hier erfolgt die Ausgabe auf dem Präsentationsserver (auf dem Rechner, auf dem gerade gearbeitet wird), damit hat man die Möglichkeit, den Bericht auf dem PC abzuspeichern und dort weiterzuverarbeiten.
Diese Kennzeichnung ist nur sinnvoll, wenn auf den Präsentationsserver (Ausgabemedium 2) ausgegeben werden soll, da dieser Parameter das Format der Datei festlegt, in die der Bericht exportiert werden soll.

„**3**" Bildschirm/Abteilungsdrucker

„**4**" Excel

„**5**" Datenübergabe an EIS (Executive Information System)

„**6**" Übergabe in SAP Memory in HTML-Format

Ausgabeformat

„**0**" Der Bericht wird in Listformat ausgegeben (Ausgabe entspricht der auf dem Bildschirm).

„**1**" Ausgabe des Berichts in Tabellenformat - dieses Format dient dazu, Daten mit externen Programmen auszutauschen. Formatierungszeichen werden hier weggelassen, deshalb kann es nicht auf dem Bildschirm angezeigt werden.

„**2**" Excelformat

„**3**" HTML-Format

Es werden folgende **Dateiformate** unterstützt: ASCII (ASC), Binär (BIN), Dbase (DBF), ASCII mit IBM-Codepage Konvertierung (DOS), Tabellenkalkulation (WK1), Datentabelle ASCII mit Spaltentabulator (DAT).

Zusätzliche Funktionen

Mit dem Menüpunkt *„Spingen"* kann ein Variantenkatalog angezeigt, bereits erstellte Varianten angezeigt und selbst erstellte Varianten gesichert werden.

Mit dem Menüpunkt *„Utilities"* besteht die Möglichkeit, eine Datenbankstatistik und eine Testhilfe einzuschalten.

Nach Nutzung aller gewünschten Eingabemöglichkeiten wählt man die Funktion *„Ausführen"*, um die Auswertung zu starten. Auch hier wird in den **Report Writer** verzweigt, und der Bericht wird nun je nach Ausgabemedium ausgegeben.

9.8.5   Planung

Die Planung innerhalb des Vertriebsinformationssystems ist ein Hilfsmittel zur Entscheidungsfindung für Entscheidungsbefugte eines Unternehmens. Hier ist es möglich, Plandaten zu erzeugen oder die Plandaten mit den tatsächlich angefallenen Daten (Istdaten) zu vergleichen. Diese Daten können dann zur besseren Veranschaulichung grafisch aufbereitet werden.

Grundlage für die Erfassung der Plandaten sind wiederum die Standard-Informationsstrukturen. Somit ist gewährleistet, daß Plandaten auf derselben Ebene erfaßt werden, wie die auf der die Istdaten der laufenden Vertriebsabwicklung gesammelt und kumuliert wurden.

Um jedoch die Bedeutung und die Notwendigkeit der Planung innerhalb eines Unternehmens zu verstehen, ist es erforderlich, zuerst auf allgemeine Zusammensetzung und Bedeutung der Planung einzugehen.

Die Zukunft eines Unternehmens ist nicht nur auf innerbetriebliche Daten (Erfahrungen, Vergangenheitsdaten) zurückzuführen. Deshalb müssen in eine Planung eine Reihe außerbetrieblicher Einflußfaktoren, wie z. B. Konkurrenzsituation, Markt, Politik, Gesellschaft etc. einfließen (siehe Abb. 9.90). Gleichzeitig werden auch die Unternehmensziele (bspw. Gewinnung größerer Marktanteile durch neue Produktpaletten) berücksichtigt, woraus der zielgerichtet Charakter der Planung ersichtlich wird. Dies alles macht deutlich, daß alles, was mit dem zu planenden Objekt in Zusammenhang steht, bis in das kleinste Detail durchdacht werden muß.

Abb. 9.90
Einfußfaktoren
einer Planung

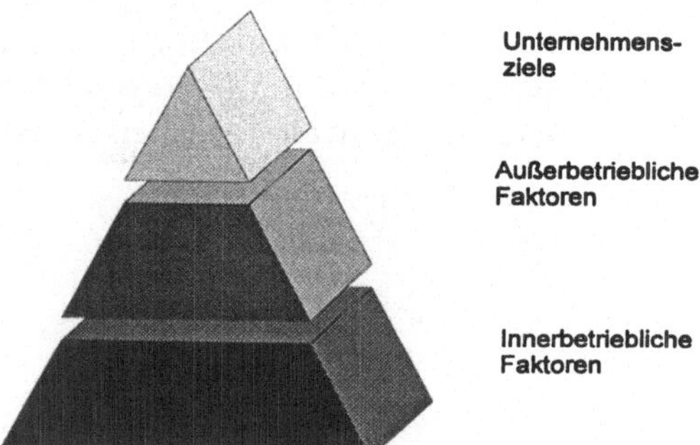

Dieses Vorgehen bringt einem Unternehmen enorme Vorteile, da so unvorhergesehene Ereignisse seltener auftreten, wenn nicht sogar annähernd ausgeschaltet werden. Das Unternehmen stellt sich somit auf die Zukunft ein.

Die Planung ist Bestandteil des **Regelkreismodells** (siehe Abb. 9.91); zuerst werden Ziele formuliert. Die Planung befaßt sich damit, wie diese Ziele zu erreichen sind. Entsprechend werden die Pläne realisiert. Anschließend erfolgt eine Kontrolle, ob das Ergebnis mit der Planung übereinstimmt, dann wird ggf. eine neue Zielsetzung formuliert.

Abb. 9.91
Regelkreismodell

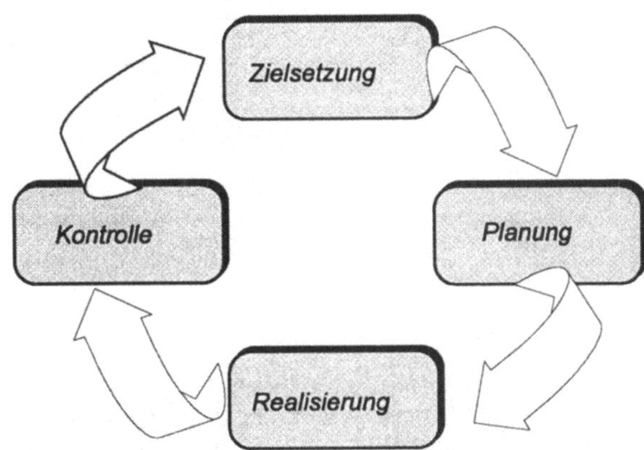

Eine Planung hat selbstverständlich Auswirkungen: es werden bspw. neue Mitarbeiter eingestellt und/oder Anlagegüter angeschafft. U. U. werden bindende Verträge mit Kunden und Lieferanten eingegangen. Da diese Aktivitäten sehr kapitalintensiv sind, entscheidet somit die Planung *maßgeblich* über den Erfolg bzw. Mißerfolg eines Unternehmens in der Zukunft.

9.8.5.1 Planungsdimensionen und -sichten

Basis für die Erstellung von Plandaten im R/3-System sind die Standard-Informationsstrukturen. Somit können zu jeder Standard-Informationsstruktur Plandaten für **Kennzahlen** (meßbare Größen, wie Umsatz, Auftragseingang etc.) zu **Merkmalen** (identifizierende Größen, wie Kunde, Verkaufsorganisation etc.) über mehrere Perioden hinweg erfaßt werden.

Eine Planung besteht aus vier Dimensionen:

- **Kennzahlen**
- **Merkmalen**
- **Perioden**
- **Planversionen**

Zu jeder Standard-Informationsstruktur (S001 - S006) besteht die Möglichkeit, 999 verschiedene Planversionen anzulegen (siehe Abb. 9.92):

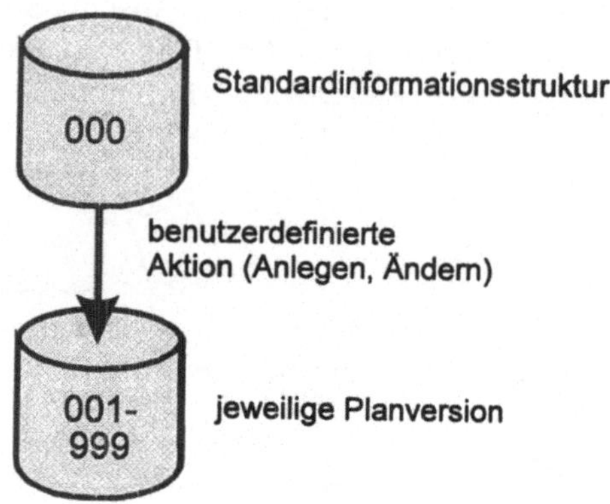

In der Planversion „000" steht die jeweilige Standard-Informationsstruktur; diese bleibt auch durch benutzerdefinierte Aktionen, wie z. B. Ändern einer Planversion, unberührt. Somit ist gewährleistet, daß beim Anlegen einer neuer Planversion wieder auf die „jungfräuliche" Standard-Informationsstruktur zurückgegriffen wird.

Warum sind jedoch überhaupt verschiedene Planversionen für denselben Sachverhalt nötig? Zum einen existieren Planzahlen, die den Vorstellungen der Geschäftsleitung entsprechen. Zum anderen gibt es Schätzungen von veschiedenen Außenmitarbeitern. Außerdem bietet R/3 weitere Prognosemodelle an, die alle verschiedene Planzahlen „produzieren".

Innerhalb der R/3-Planung wird zwischen zwei verschiedenen Planungssichten unterschieden: der Kennzahlensicht und der Merkmalssicht.

Planungssichten

Bei der **Kennzahlensicht** wird für genau eine Kennzahl und mehrere Merkmalsausprägungen über mehrere Perioden hinweg geplant. Das heißt, es wird beispielsweise für mehrere Kunden der Umsatz für die nächsten 10 Monate geplant. Somit ist es möglich, die Umsätze der verschiedenen Kunden zu vergleichen.

Anders sieht es bei der **Merkmalssicht** aus: hier werden zu einer bestimmten Merkmalsausprägung mehrere Kennzahlen über mehrere Perioden geplant. Das heißt, es werden bspw. für einen bestimmten Kunden der Auftragseingang, der Umsatz und die Retouren für die nächsten 10 Monate geplant. Dies ermöglicht dann einen gesamten Überblick über den speziellen Kunden.

Es ist jedoch auch möglich, innerhalb einer Planung die Planungssicht unter dem Menü „*Sicht*" zu wechseln. Dort können andere Kennzahlen und Merkmale ausgewählt werden, und es kann zur jeweils anderen Sicht gewechselt werden.

9.8.5.2   **Plantableau**

Im Plantableau werden alle Plandaten erfaßt und bearbeitet.

Um zum Plantableau zu gelangen, muß entweder eine Planversion angelegt, angezeigt oder geändert werden. Das Plantableau gliedert sich in den Kopfbereich und die Eingabematrix. Das Plantableau sieht - je nach Planungssicht - unterschiedlich aus. Im Kopfbereich stehen jedoch bei beiden Sichten die Informationen, die für die gesamte Planung gelten, wie z. B. die Merkmalsausprägung. Innerhalb der Eingabematrix stehen die einzelnen Plandaten für die verschiedenen Perioden (siehe Abb. 9.93):

Abb. 9.93
Plantableau bei
Merkmalssicht

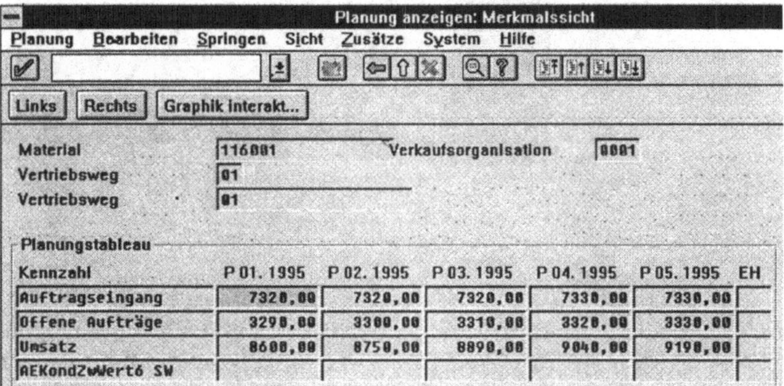

Kennzahl	P 01.1995	P 02.1995	P 03.1995	P 04.1995	P 05.1995	EH
Auftragseingang	7320,00	7320,00	7320,00	7330,00	7330,00	
Offene Aufträge	3290,00	3300,00	3310,00	3320,00	3330,00	
Umsatz	8600,00	8750,00	8890,00	9040,00	9190,00	
AEKondZwWert6 SW						

9.8.5.2.1   Anzeige von Planungen

Um sich eine bereits angelegte Planversion anzeigen zu lassen, muß folgendermaßen vorgegangen werden:

1. Menü „*Planung anzeigen*"

2. Eingabe der Standard-Informationsstruktur und Planversion

3. Eingabe der Merkmalsausprägung

4. Auswahl der Kennzahl(en), die angezeigt werden soll(en)

Das **Plantableau** kann grafisch veranschaulicht werden, indem das Feld *„Interaktive Grafik"* im Plantableau angeklickt wird (siehe Abb. 9.94):

Abb. 9.94
Interaktive Grafik
einer Planung

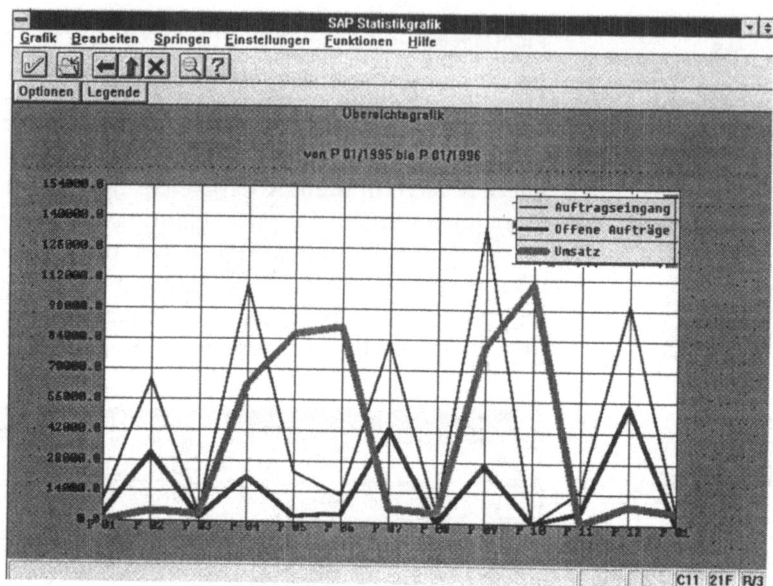

9.8.5.2.2   Änderung von Planungen

Änderungen einer Planung müssen wiederum im Plantableau vorgenommen werden. Um zum Plantableau einer bereits angelegten Planversion zu gelangen, muß im Menü *„Planung"* der Menüpunkt *„Planung ändern"* ausgewählt werden. Der restliche Vorgang ist analog zur Vorgangsweise *„Planung anzeigen"*.

Manuelle Änderung

Die einfachste Methode, eine Planung zu ändern, ist das manuelle Überschreiben der einzelnen Planwerte.

Bei der manuellen Änderung kann der Anwender zusätzlich die **„Verteil-Funktion"** des Plantableaus nutzen, indem die Plandaten nicht für jede einzelne Periode geändert werden müssen. Mit dieser Eingabehilfe ist es bspw. möglich, einen gewünschten Wert einer Kennzahl (z. B. Auftragseingang) über 12 Perioden hinweg zu verteilen. Durch Anklicken des Softkeys *„Verteilen"* (oder Menü *„Bearbeiten ⇨ Verteilen")* wird in ein Dialogfenster verzweigt. Dieses Dialogfenster gliedert sich in einen Kopfteil und eine Eingabematrix. Alle Angaben, die im Kopfteil gemacht werden, gelten für die gesamte Eingabematrix.

So können im Kopfteil Angaben darüber gemacht werden, ab welcher Periode und über wieviele Perioden hinweg „verteilt" werden soll. Zusätzlich kann ein Operator eingegeben werden (4 Grundrechenarten), mit dem die Werte verteilt werden sollen. In der Eingabematrix hingegen werden zu jeder Kennzahl Angaben gemacht, die jedoch nur für diese spezielle Kennzahl gelten.

Änderung über die interaktive Grafik

Neben der manuellen Änderung bietet SAP noch die Möglichkeit einer Änderung mittels „interaktiver Grafik" an. Wie der Name schon sagt, können hier Änderungen innerhalb einer Grafik vorgenommen werden. Zur Grafik wird entweder über das Menü „*Bearbeiten* ⇨ *Grafik interaktiv*" oder durch Anklicken des Softkeys „*interakt.Grafik*" verzweigt.

Zuerst wird ein Dialogfenster geöffnet, in dem die Kennzahl, die geändert werden soll, ausgewählt wird. Anschließend erscheinen zwei Grafiken: die **Statistikgrafik**, die einen Überblick über den gesamten Planhorizont gibt und die **Präsentationsgrafik**, in der, in sehr anschaulicher Weise, Ausschnitte des Plantableaus gezeigt werden.

Die Manipulation der Planwerte muß in der Präsentationsgrafik vorgenommen werden. Hierbei sind zwei Varianten möglich: Änderung mittels analogem oder digitalem Modifizieren. Die jeweilige Variante kann über das Menü „*Bearbeiten*" eingestellt werden.

Um mit **analogem Modifizieren** Werte zu verändern, wird das entsprechende Diagrammobjekt (*Kennzahl für eine Periode*) angeklickt und mit gedrückter Maustaste in die gewünschte Höhe verschoben.

Eine genauere Änderung kann mit dem **digitalen Modifizieren** erreicht werden: durch einen Doppelklick auf das entsprechende Diagrammobjekt öffnet sich ein Fenster mit dem genauen Wert der Kennzahl, der überschrieben werden kann.

Die Vornahme der Änderungen in der interaktiven Grafik ist ein sehr schönes Hilfsmittel, da eine grafische Veranschaulichung zu einer besseren Vorstellung des Sachverhalts dienen kann.

9.8.5.2.3   ### Erstellen von Planungen

Um eine neue Planversion zu einer Standard-Informations-struktur zu erstellen, muß aus dem Menü *„Planung"* der Me-nüpunkt *„Planung erstellen"* ausgewählt werden. Zum Plan-tableau wird, analog dem Vorgehen *„Planung anzeigen"*, ver-zweigt.

Plandaten können erzeugt werden durch:

* manuelle Eingabe der Planwerte
* verschiedene Prognosemodelle
* Übernahme von Vergangenheits-/Istdaten

Bei der manuellen Eingabe werden die jeweiligen Planzahlen, basierend auf Schätzungen oder Erfahrungen, in das Plantableau eingegeben und unter der entsprechenden Planversion abgelegt.

R/3 unterstützt vier Prognosegrundmodelle (siehe Abb. 9.95):

Prognosemodelle

* Das **Konstantmodell** eignet sich, wenn die Zeitreihe um ei-nen Durchschnittswert statistisch schwankt.
* Das **Trendmodell** empfiehlt sich, wenn die Zeitreihe um ei-nen Durchschnittswert, der stetig fällt oder steigt, schwankt.
* Das **Saisonmodell** wird eingesetzt, wenn ein gleichbleiben-der saisonaler Verlauf vorliegt.
* Das **Trend-Saison-Modell** sollte gewählt werden, wenn eine Mischung aus Trend- und Saisonmodell vorliegt.

Abb. 9.95
Grundmodelle
für die Prognose

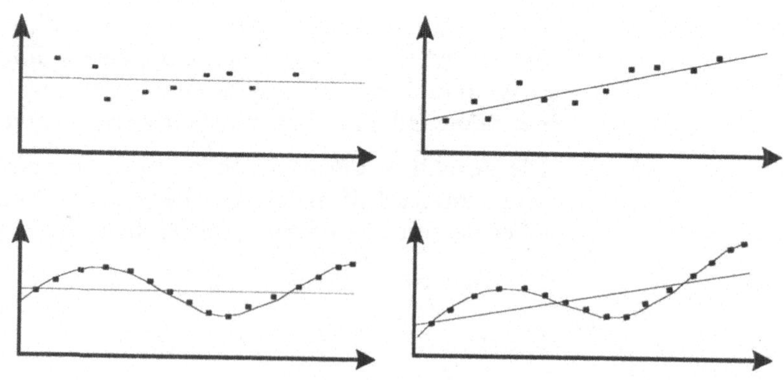

Beim **Konstantmodell** kann zwischen dem Modell des gleitenden Mittelwerts (Quotient aus Vergangenheitsdaten und Anzahl der Perioden) und dem Modell des gewichteten gleitenden Mittelwerts gewählt werden. Bei dem Modell des gewichteten gleitenden Mittelwerts geht man davon aus, daß die älteren Zeitreihenwerte nicht so stark in die Prognose eingehen sollen wie die jüngsten, aktuellsten Werte. Somit ist es nötig, zusätzlich einen Gewichtungsfaktor anzugeben.

Beim **Trendmodell** kann zwischen dem Modell der exponentiellen Glättung 1. Ordnung und dem Modell der exponentiellen Glättung 2. Ordnung gewählt werden.

Hierbei ist es erforderlich, dem System einen *Alpha-Faktor*, zuständig für die Glättung des Grundwertes, und einen *Beta-Faktor*, der für die Ermittlung des Trendwertes notwendig ist, zu übergeben.

Das **Saisonmodell** verwendet das Verfahren nach Winters. Hierbei muß dem System ein *Alpha-Faktor* (für die Glättung des Grundwertes), ein *Gamma-Faktor* (zur Ermittlung des Saisonindex) sowie die Anzahl der Perioden pro Saison übergeben werden.

Das **Trend-Saison-Modell** verwendet wiederum das Modell der exponentiellen Glättung 1. Ordnung. Dem Modell müssen *Alpha-*, *Beta-* und *Gammafaktor* sowie die Anzahl der Perioden pro Saison übergeben werden.

Anwendung der Prognose

Ausgehend vom Plantableau wird durch Drücken des Softkeys *„Prognose"* (oder Menü *„Bearbeiten* ⇨ *Prognose"*) in ein Dialogfenster verzweigt, in dem man sich für ein Prognosemodell entscheiden und die Modellparameter (*Alpha-*, *Betafaktor* etc.) festlegen muß.

Es besteht die Möglichkeit, die Vergangenheitsdaten anzeigen zu lassen und diese ggf. zu ändern (damit bspw. „Ausrutscher" in der Prognose unberücksichtigt bleiben).

Weiß der Anwender nicht, welches Modell er nehmen soll (unbekannte Zeitreihe), so kann er dies über eine automatische Modellauswahl, in der die Zeitreihe vom System untersucht wird, in Erfahrung bringen.

Durch Drücken des Softkeys *„Prognose durchf."* werden die Prognosewerte ermittelt (siehe Abb. 9.96):

Abb. 9.96
Prognoseergebnisse
einer Planung

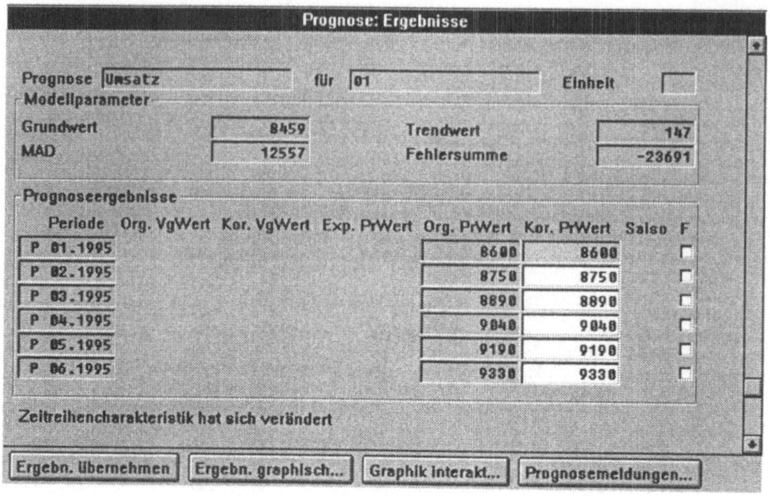

Die Felder „*MAD*" (mean absolute deviation = Mittlere absolute Abweichung) und „*Fehlersumme*" im Kopfbereich geben die Güte der Prognose an. Die ermittelten Prognoseergebnisse können in den Feldern „*Kor.PrWert*" (korrigierter Prognosewert) nachträglich noch korrigiert werden.

Als Schwachpunkt ist jedoch zu nennen, daß hier der Softkey „*Abbrechen*" fehlt und der Anwender somit gezwungen ist, dieses Ergebnis zu übernehmen.

Anmerkung

Die Prognose innerhalb der Planung des Vertriebsinformationssystems darf nur als **Hilfsmittel für die Planung** verstanden werden. Bei den einzelnen Prognosemodellen bewirkt eine geringe Variation der zu übergebenden Faktoren (Alpha-, Beta- und Gammafaktoren) enorme Unterschiede in den Prognoseergebnissen. So erhält man bspw. bei einer Änderung von nur 0,1 beim Gammafaktor (Saisonindex) Prognoseergebnisse, die über 100% vom alten Wert abweichen. Das heißt, dem Anwender ist mit diesem Prognosemodul nur geholfen, wenn er weiß, wie diese Faktoren im einzelnen zu wählen sind. Dies bedeutet, daß der Anwender nach wie vor ein „Händchen" für die Einschätzung der Zukunft braucht; dies wird ihm und soll ihm durch das R/3-Prognose-Modul jedenfalls nicht abgenommen werden.

Ein weiterer großer Schwachpunkt im Prognosemodul des R/3-Systems ist, daß bisher nur die internen Faktoren, d. h. die Standard-Informationsstrukturen, die auf historischen Werten der Zeitreihe beruhen, in der Prognose berücksichtigt werden.

10 Personalwirtschaft

10.1 Personalstammdatenverwaltung

Das System R/3 unterstützt den Anwender in den Bereichen der personalwirtschaftlichen Abläufe: von Personalplanung und Bewerberverwaltung, über Personaladministration und -abrechnung bis zur qualitativen Personalentwicklung.

Einsatzvarianten

Mit dem Personalwirtschaftsmodul HR erhält der User Einzelkomponenten, die sowohl einzeln als auch im Verbund mit Fremdsystemen einsetzbar sind. Der modulare Aufbau gestattet einen stufenweisen Einsatz.

HR-Komponenten

Das **Modul HR** setzt sich aus den folgenden Komponenten zusammen:

- **HR-ORG** Organisation und Planung
- **HR-P&C** Planung und Controlling
- **HR-PAD** Personaladministration
- **HR-TIM** Zeitwirtschaft
- **HR-TRV** Reisekosten
- **HR-PAY** Personalabrechnung

Die **Personalstammdatenverwaltung** ermöglicht die Erfassung, Pflege, Speicherung und Verwaltung aller personenbezogenen Daten.

Informationstypen

Die Daten zu einer Person werden nach sachlichen, fachlichen und inhaltlichen Gesichtspunkten in einzelnen Informationstypen (siehe Abb. 10.1) zusammengefaßt:

Abb. 10.1
Infotypen

<table>
<tr><td>

**Personalstamm-
datenstruktur**

</td><td colspan="3">

Die verschiedenen Informationstypen werden nun anhand von einigen Anwendungsbeispielen verdeutlicht (siehe Tab. 10.1):

</td></tr>
<tr><td>

Tab. 10.1
Beispiele von
Informationstypen

</td><td>

**Informations-
typen:**

</td><td colspan="2">

**Anwendungs-
beispiele:**

</td></tr>
<tr><td></td><td>Organisatorische
Zuordnung</td><td>Planstelle | Organisations-
einheit | Stelle</td><td></td></tr>
</table>

Informationstypen	Anwendungsbeispiele		
Organisatorische Zuordnung	Planstelle	Organisationseinheit	Stelle
Daten zur Person	aktueller Name	Geburtsname	
Urlaubsanspruch	Tarifurlaub	Schwerbeh. Urlaub	Zusatzurlaub
Anschrift	ständiger Wohnsitz	zweiter Wohnsitz	Heimatanschrift
Arbeitszeit	Schicht	Zeiterfassung	Arbeitsstd.
Basisbezüge	Änderung der Eingruppierung	Tariferhöhung	Änderung der Bezüge
wiederkehrende Be-/Abzüge	Fahrkostenzuschuß	Mieteinbehaltung Werkswohnung	
Familie	Ehegatte	Kind	Erziehungsberechtigte(r)
Ausbildung	Schulbildung	Studium	Kurse/ Seminare
Qualifikationen	erlernter Beruf	Sprachkenntnisse	
Vollmachten	Prokura	Geschäftsführer	Bankvollmacht
Betriebsint. Daten	Gebäude	Dienstwagen	
Zeiterfassung	Zeitausweisnummer	Dienstgangberechtigung	Zutrittsberechtigung

Die **Infotypen** sind als Dialogmasken realisiert, an die - aufgrund der Unternehmensorganisation - unterschiedliche Informationsanforderungen bestehen,

Kann- und Mußfelder

Die Infotypen bestehen aus Kann- und Mußfeldern. Die Mußfelder sind jeweils mit einem Fragezeichen gekennzeichnet. Das bedeutet, daß für diese Felder eine Eingabe erfolgen muß. Werden keine Daten in die Mußfelder eingegeben, kann der Infotyp nicht abgespeichert werden. Das System verweigert das Speichern, weil Mußfelder einen Feldinhalt verlangen.

Vorlagefelder

Felder, die die gleiche Farbe wie der Bildschirmhintergrund besitzen, sind nicht eingabebereit. Diese Felder beinhalten in der Regel Informationen, die bereits bei einem anderen Infotyp eingegeben wurden.

10.1.1 Personalmaßnahmen

R/3 unterscheidet folgende acht Arten von Personalmaßnahmen (siehe Abb. 10.2): Einstellung, Organisatorischer Wechsel, Übernahme (Aktive), Übernahme (Rentner), Änderung der Bezüge, Vorruhestand/Pensionierung, Austritt und Wiedereintritt ins Unternehmen, wobei im folgenden beispielhaft die Einstellung eines neuen Mitarbeiters gezeigt wird.

Abb. 10.2
Personalmaßnahmen

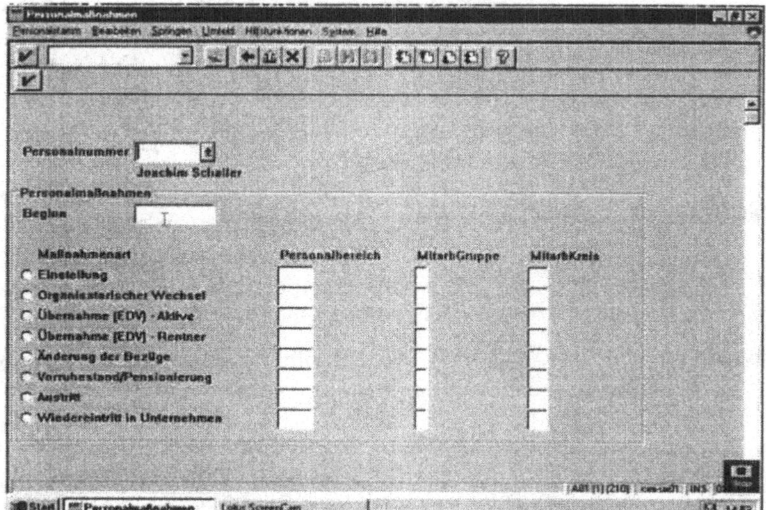

10.1.2   **Einstellung eines neuen Mitarbeiters**

Folgende Daten sind über die Einstellung eines neuen Mitarbeiters bekannt:

„PM_1_1.scm"

Organisatorische Zuordnung:

Eintrittsdatum	01. des nächsten Monats
Firma	LIVE AG Würzburg (Personalbereich 0001)
Tätigkeit	Informations-Sachbearbeiter

Personalien:

Name	Joachim Schaller
Geburtsdaten	07.06.1972 in Ulm
Nationalität / Konfession	Deutsch / EV
Familienstand	Ledig
Adresse	Schürmann-Hoster-Weg 4, 78467 Konstanz

Vetrtragsbestandteile:

Tarifl. Einstufung	Tarifgehalt: V/7 Tarifliche Zulage: 20 % Freiw. Zulage: 500,00 DM
Probezeit	6 Monate
Arbeitszeit	Gleitzeit, keine Zeiterfassung

Über die Menüfolge

Funktionsanwendung

Personal ⇨ *PersAdministration* ⇨ *Personalstamm* ⇨ *Personalmaßnahmen*

gelangt man in die Einstiegsmaske zur Durchführung einer Personalmaßnahme.

Personalnummer

Für die Einstellung ist dieses Feld leer zu lassen, da die Nummernvergabe intern erfolgt, d. h. es wird später automatisch eine Personalnummer vom System (in Abhängigkeit vom Personalbereich) vergeben.

Beginn

Das Eintrittsdatum ist hier anzugeben.

Die folgenden Eingaben können sofort oder auch nach der Verzweigung zum Infotypen 0000 gemacht werden. Zum Start der entsprechenden Personalmaßnahme aus den zur Auswahl stehenden Optionen ist *„Einstellung"* auszuwählen.

Personalmaßnahmen (vgl. Abbildung 10.3)

Personalbereich  Wähle den entsprechenden Personalbereich aus.

MitarbGruppe  Suche die entsprechende Mitarbeitergruppe für Frau Schulz heraus (*Aktive*).

MitarbKreis Wähle den Mitarbeiterkreis für Angestellte aus.

Die folgenden Feldbeschreibungen stellen nur die Mindesteingaben dar. Die Voreinstellungen können ansonsten jeweils übernommen werden.

Durch Betätigen von Ausführen ![] gelangt man in die Maske: *Maßnahmen anlegen*.

Nach der Verzweigung in den Infotypen 0000 sieht man die vorher gemachten Angaben aufbereitet (ansonsten sind hier die oben genannten Daten einzugeben).

Abb. 10.3
Maßnahme anlegen

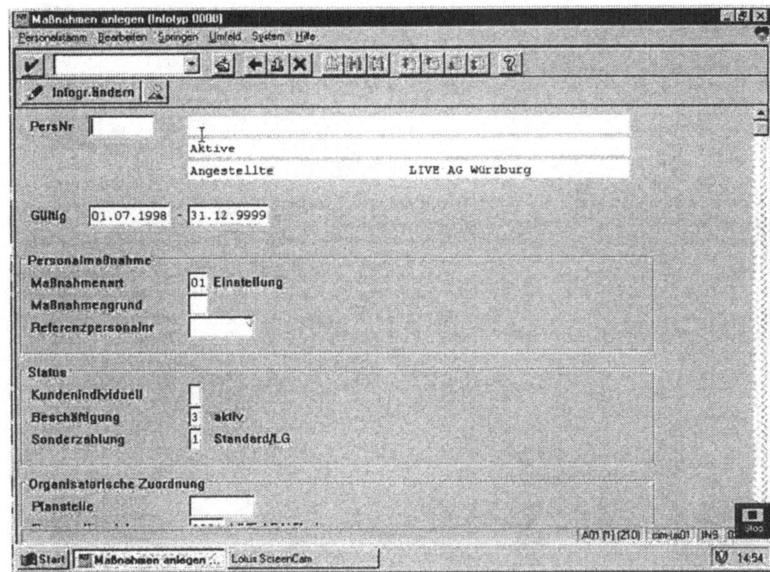

Nun muß diese Angabe gesichert ![] werden. Daraufhin gelangt man zum Infotypen 0002 (Daten zur Person).

Daten zur Person (Infotyp 0002)
(vgl. Abb. 10.4)

Das Gültigkeitsdatum wird mit dem Eintrittsdatum belegt.

 Alle Möglichkeiten der Anredeformen können angezeigt und entsprechend ausgewählt werden.

Hier ist der Nachname des neuen Mitarbeiters einzugeben.

Hier ist der Vorname einzugeben.

Das Geburtsdatum kann in der Form TTMMJJ oder in „Langform" (TT.MM.JJJJ) eingegeben werden.

Der Geburtsort kann, da bekannt, angegeben werden.

 Die Sprache „*D*" wird vom System vorgeschlagen und kann ggf. geändert werden.

 Das Geburtsland ist, da bekannt, anzugeben.

 Die Nationalität ist zwingend anzugeben und wird für Länderkennzeichen in anderen Infotypen (0006, 0009) vorgetragen.

 Der Familienstand muß angegeben werden.

Die möglichen Konfessionsangaben sind der Pickliste zu entnehmen.

Abb. 10.4
Daten zur Person

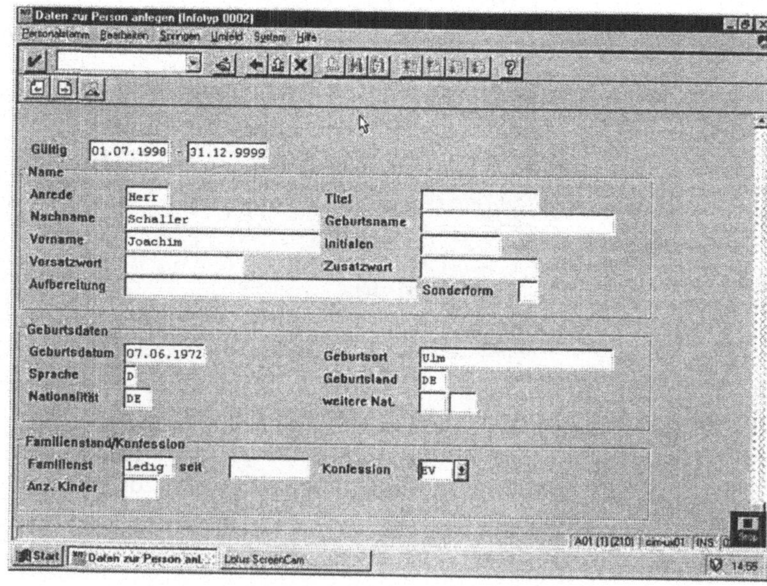

Durch Enter  kann die Eingabe überprüft werden, anschließend ist sie mit  abzuspeichern.

Daraufhin gelangt man zum Infotypen 0001. Die bereits gefüllten Felder werden über die Daten des Infotypen 0000 gesteuert.

Organisatorische Zuordnung (Infotyp 0001)
(vgl. Abb. 10.5)

 Die eingepflegten Teilbereiche für den Personalbereich sind über die Pickliste abzufragen. Es findet allerdings im Personalbereich 0001 keine Unterteilung in Teilbereiche statt, so daß hier keine Eingabe vorgenommen wird.

 Die möglichen Geschäftsbereiche, die durch die FiBu angelegt werden, sind aus der Pickliste auszuwählen. Es ist der entsprechende Eintrag für Würzburg auszuwählen.

Der Abrechnungskreis wird, je nach Pflege (Customizing von Tabellen + Merkmal), vorgeschlagen, kann aber überschrieben werden.

Über diese Felder kann die Berechtigung des Zugriffs auf die Mitarbeiterdaten geregelt werden. Standardmäßig ist die Sachbearbeitergruppe dem Personalbereich zugeordnet und erhält deshalb den Wert *0001*. Die möglichen Sachbearbeiter für die verschiedenen Teilbereiche können der Pickliste entnommen werden. Für Angestellte ist in der LIVE AG Frau Schmitt, Yvonne (*002*), zuständig.

Der Eintrag erfolgt automatisch nach Betätigen von .

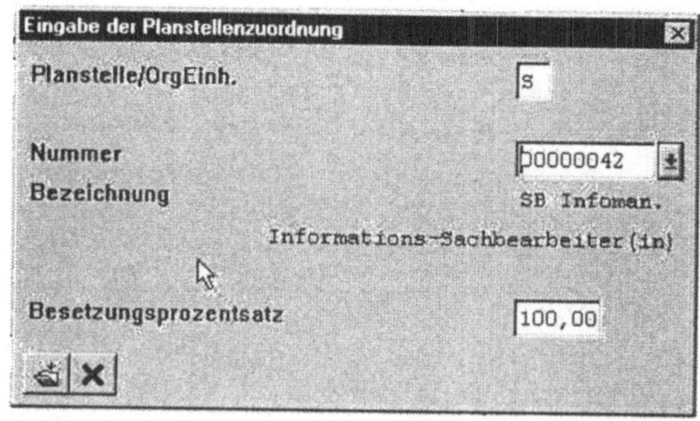

Durch Betätigen von Enter  kann die Eingabe überprüft werden, um sie anschließend mit  abzuspeichern. Daraufhin verzweigt die Maßnahme bei Integration mit HR-ORG zur Planstellenzuordnung.

Eingabe der Planstellenzuordnung (0001)
(vgl. Abbildung 10.6)

Der Vorschlag zur Art des verknüpften Objekts ist zu übernehmen (*Planstelle= S*).

Die Nummernsuche ist in den allgemeinen Bearbeitungshinweisen beschrieben. Es ist die Planstellennummer für einen Informationssachbearbeiter auszuwählen.

Abb. 10.6
Eingabe der Planstellenzuordnung

 speichert diese Verknüpfung. Eventuell auftretende Warnungen oder Hinweise können mit **✔** bzw. **✖** übergangen werden.

Nachdem diese Eingaben gesichert wurden, erscheint der Infotyp 0006.

Anschriften (Infotyp 0006)
(vgl. Abb. 10.7)

In der gewohnten Form sind die Straße und Hausnummer einzutragen.

Im ersten Feld ist die Postleitzahl in gültiger Form einzutragen, daneben, im zweiten Feld, der Wohnort.

Der Länderschlüssel wird durch den Infotypen 0002 vorgegeben. Je nach Wohnsitz könnte dieser eventuell abgeändert werden.

Abb. 10.7
Anschriften

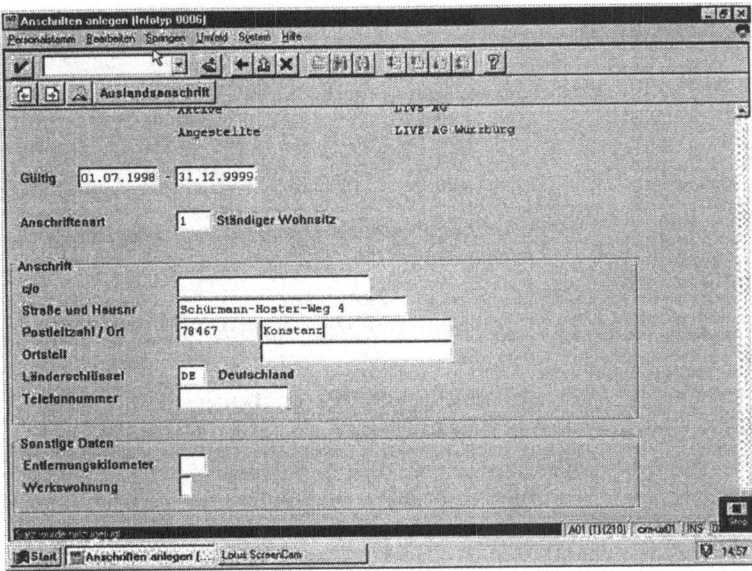

Nach dem Speichern folgt als nächster Infotyp 0007 für die Zuordnung der Schicht und der Arbeitszeit.

Sollarbeitszeit (Infotyp 0007)
(vgl. Abb. 10.8)

Arbeitszeitplanregel  Hier wird der Arbeitszeitplan für die vertraglich vereinbarte Arbeitszeit ausgewählt.

Durch Betätigen von Enter werden die Angaben zur Arbeitszeit bei 100% Arbeitszeitanteil automatisch gefüllt.

Abb. 10.8
Sollarbeitszeit

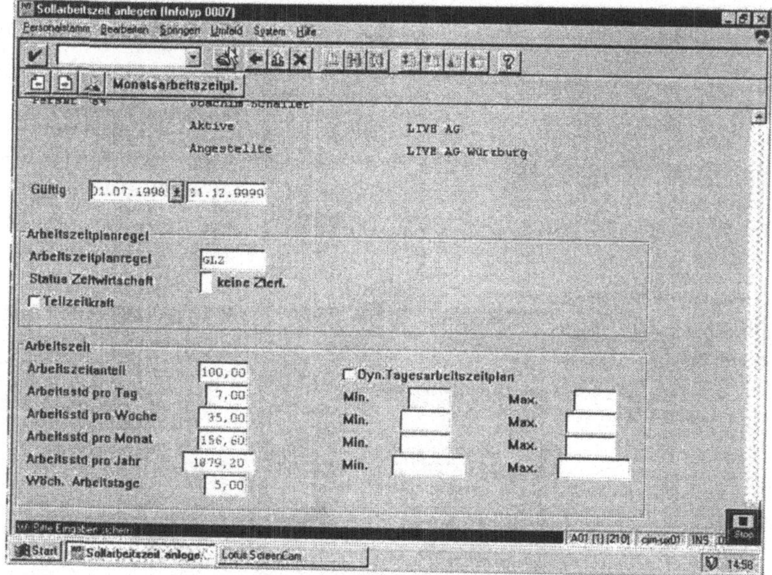

Nach dem Sichern können die Basisbezüge angegeben werden.

Basisbezüge (Infotyp 0008)
(vgl. Abb. 10.9)

Tarifgruppe/Stufe  Diese Angaben können aus der Pickliste ausgewählt werden. Im ersten Feld ist die Gruppe, im zweiten Feld die Stufe anzugeben. Bei Auswahl über die Pickliste im Tarifgruppenfeld ist die Stufe im nächsten Feld linksbündig nachzutragen.

Lohnarten  Die vorgeschlagenen Lohnarten werden über den Mitarbeiterkreis gesteuert. Sie können in der Regel übernommen werden.

Tarifgehalt Hier wird keine Angabe benötigt (s. u.).

Tarifliche Zulage (%)	Hier ist unter Anzahl der entsprechende Prozentsatz einzugeben.
Freiw. Zulage (DM)	Hier ist unter DEM MTL der entsprechende Betrag einzugeben.

Durch das Betätigen von Enter ✔ wird automatisch der Betrag des Tarifgehalts hinzugefügt sowie der Betrag der tariflichen Zulage berechnet und mit der freiwilligen Zulage zum Gesamtbetrag summiert.

Abb. 10.9
Basisbezüge

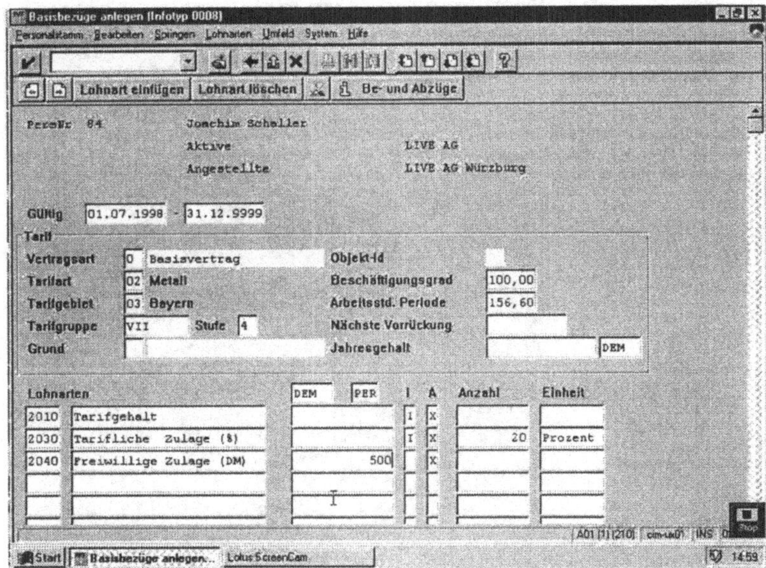

Nach dem Sichern 🖪 wird der nächste Infotyp 0009 (Bankverbindung) durch Bestätigen von 🔲 übergangen, da der einzustellende Mitarbeiter noch keine Angaben bzw. Unterlagen über bestehende Bankverbindungen gemacht hat. Es folgen die Infotypen

- 0010 (Vermögensbildung),
- 0012 (Steuerdaten D),
- 0013 (Sozialversicherung D) und
- 0020 (DÜVO),

welche aus gleichem Grunde übergangen 🔲 werden.

Als nächstes folgt **Vertragsbestandteile (Infotyp 0016)**
(vgl. Abb. 10.10)

Vertragsart    Die vorgegebene Art *„unbefristet"* kann übernommen werden.

Probezeit    Als erstes ist die Anzahl und danach über ⬇ die Einheit (*012* für Monate) einzutragen.

Abb. 10.10
Vertragsbestandteile

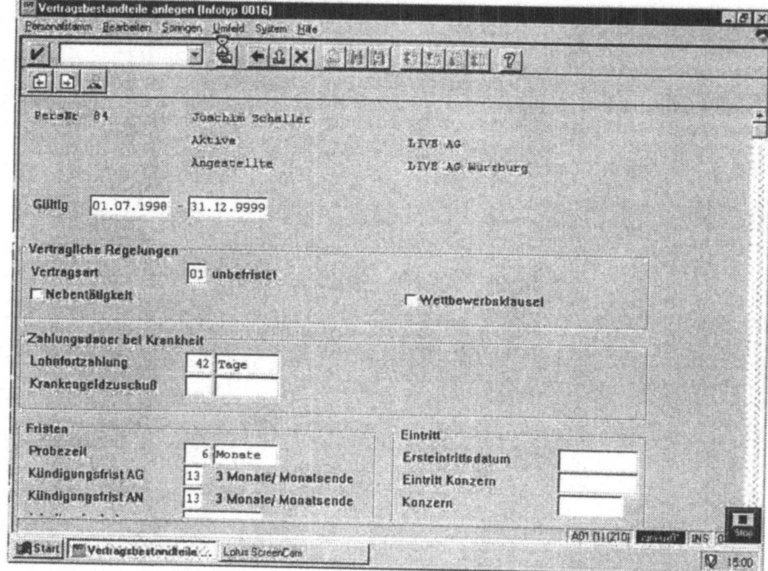

Diese Angaben sind zu sichern ⬚ Der nachfolgende Termin (Infotyp 0019), der „dynamisch" wegen des Ablaufs der Probezeit erscheint, wird ebenso bearbeitet.

Terminverfolgung (Infotyp 0019)

Terminart    Die Terminart (*Ablauf Probezeit*) kann übernommen werden.

Erinnerungsdatum   Entweder ist hier ein konkretes Erinnerungsdatum einzugeben, oder

Vor-/Nachlaufzeit    unter Vor-/Nachlaufzeit ist zuerst die Anzahl einzutragen (z. B. *1*) und im nächsten Feld die gewünschte Einheit dazu auszuwählen (z. B. *012* für Monate). Damit wird durch Betätigen von ✔ das Feld Erinnerungsdatum automatisch gefüllt.

Danach ist dieser Infotyp zu sichern 🖫 Der Tarifurlaub (Infotyp 0005) errechnet sich nach den Vorgaben, d. h. er kann ebenso ohne Änderung gesichert werden.

Nach nochmaligem Sichern 🖫 gelangt man wieder in das Einstiegsmenü.

Personalakte

Um die Eingaben zu überprüfen, kann man sich abschließend die Personalakte der betreffenden Person ansehen. In ihr stehen sämtliche persönlichen Daten, aber auch alle organisatorischen Daten.

Kritische Beurteilung

Störend erscheint das vorgeschriebene, dauernde **Abspeichern**. Man muß nach fast jeder Seite „sichern". Dadurch ist kein Schritt zurück möglich. Besser wäre es, die Daten erst einmal zwischenzuspeichern und erst am Ende der Einstellung eine endgültige Abspeicherung vorzunehmen. Somit wären „Rückschritte" während der Einstellung eines Mitarbeiters möglich.

10.2 Zeitwirtschaft

Bisher wird die Zeitwirtschaft noch durch Stempelkarten versorgt, die ggf. manuell nachgetragen werden müssen. Der damit verbundene **Verwaltungsaufwand** ist zu hoch. Dieser Verwaltungsaufwand wird noch vergrößert durch die flexible Arbeitszeitgestaltung, die eine Vielzahl von differenten Beginn- und Endzeiten des Arbeitstages mit sich bringt. Hier wird die Notwendigkeit EDV-unterstützter Systeme deutlich, die zur Erfassung, Auswertung und Verwaltung verwendet werden.

Die gängigsten Anforderungen an eine Zeitauswertung lauten:

Anforderungen an Zeitauswertung

- flexibler Aufbau und leichte Anpassungsmöglichkeiten;
- Editiermöglichkeiten fehlerhafter Zeitbuchungen;
- Datenaustausch mit der Zeiterfassung (Datenerfassung), Anbindung an andere Komponenten innerhalb des System.

Flexibler Aufbau und leichte Anpassungsmöglichkeiten bedeuten, daß die Software an den jeweiligen betriebsspezifischen Aufgaben und benutzerspezifischen Einstellungen angepaßt werden kann.

10.2.1   Zeitauswertung im System HR

Die Zeitauswertung kann auf verschiedene Arten erfolgen. Prinzipiell gibt es zwei Möglichkeiten der Zeitauswertung/-erfassung (siehe Abb. 10.11):

Abb. 10.11
Erfassungsvarianten
in HR

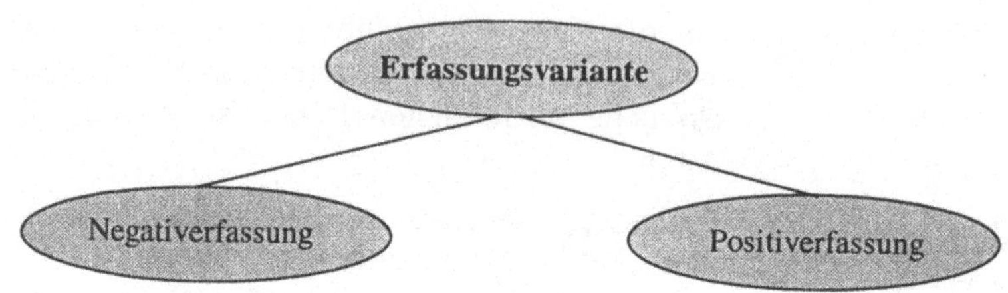

Negativerfassung

Die Negativerfassung beinhaltet den Feiertagskalender, den Arbeitszeitplan (Schichtplan) und die Erfassung von Bewegungsdaten. Es werden nur die Abweichungen

- Abwesenheit (Urlaub, Krankheit)
- Rufbereitschaft
- besondere Anwesenheiten (Seminar, Dienstreise)
- Mehrarbeit

von einem vordefinierten Arbeitszeitplan manuell erfaßt werden.

Dadurch entsteht der Nachteil, daß die Zeitauswertung (Zeitdaten) zu keinem Zeitpunkt auf dem aktuellen Stand ist. Dieser Umstand favorisiert die Positiverfassung in der Praxis.

Positiverfassung

Die Positiverfassung bewertet die erfaßten Arbeitszeiten (Kommen/Gehen). Durch hohe Flexibilisierung der Arbeitszeit wird der Schichtplan nur noch als Zeitrahmen vorgegeben, d. h. geplante und tatsächliche Arbeitszeiten (Mehrarbeit oder Gleitzeitguthaben) werden gegenübergestellt und Abweichungen errechnet.

Das heißt, in der Positiverfassung werden zusätzlich zu den **Abwesenheiten** auch die entsprechenden **Anwesenheiten** eines Mitarbeiters erfaßt. Diese Erfassung erfolgt meist über vorgelagerte Zeiterfassungssysteme. In der Praxis können Mischformen beider Zeiterfassungssysteme auftreten.

Die Positiverfassung ergänzt somit die Negativerfassung um die Erfassung der Anwesenheitszeiten (Kommt-/Geht-Zeiten).

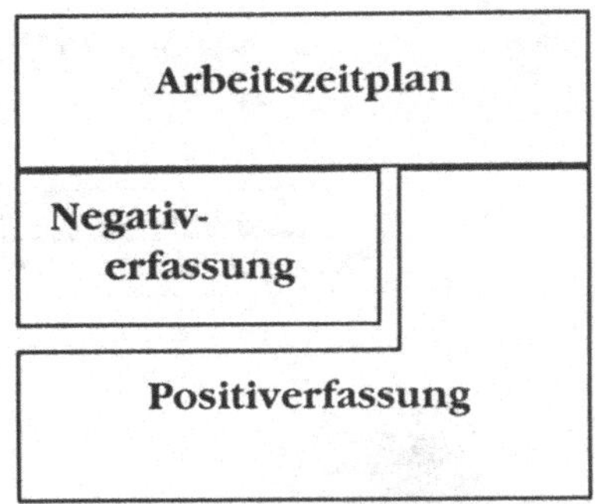

Abb. 10.12
Die drei Bausteine
der Zeitwirtschaft

Die Daten der jeweiligen Erfassungsart (Positiv-/Negativerfassung) werden anschließend an

- Lohn- und Gehalt
- Reporting (Statistische Auswertung, Aktualisierung von Daten)
- Zeitnachweis für Mitarbeiter
- Zeiterfassungsterminal

weitergeleitet.

10.2.2 Anbindung an vorgelagerte Systeme

Nachfolgend werden die Anbindungsmöglichkeiten und der Datenaustausch der HR-Zeitwirtschaft an Systeme wie Zeiterfassungsterminal, Lohn- und Gehaltsabrechnung und das Umfeld der Zeitwirtschaft näher erläutert.

Upload/Download

Es erfolgt ein **Upload** der Daten von den Zeiterfassungsterminals zur HR-Zeitwirtschaft. Hier werden die Daten verarbeitet; die Auswertungsergebnisse, sogenannte Ministämme, werden über einen **Download** wieder zu den Zeiterfassungsterminals geschickt. Der Austausch erfolgt über die **Schnittstelle** (siehe Abb. 10.13). An den Zeiterfassungsterminals können die Mitarbeiter ihre aktuellen Daten zu Urlaub, Gleitzeit etc. abfragen.

Abb. 10.13
Prinzip der
Anbindung über
Schnittstelle

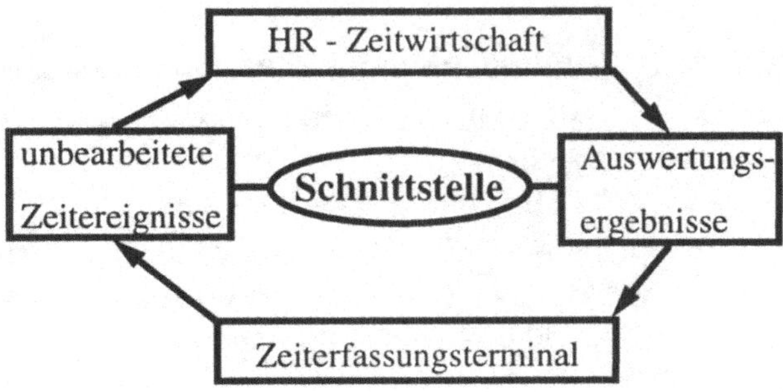

Dieser Up- und Download erfolgt über eine interne Schnittstelle und ist für den Mitarbeiter nicht sichtbar.

Abb. 10.14
Datenaustausch

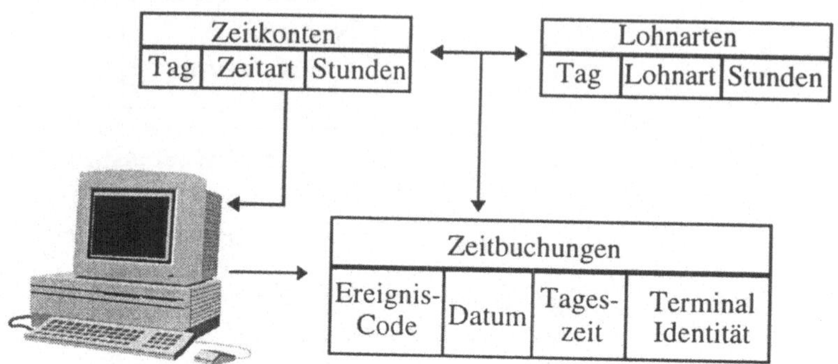

In Abb. 10.14 ist der Datenfluß zwischen den verschiedenen Ereignissen zu sehen. Es erfolgt ein Austausch von Daten von der HR-Zeitwirtschaft zu den Zeiterfassungsterminals. Weiter werden Daten von den Lohnarten an die HR-Zeitwirtschaft weitergegeben.

Daten für die
Anbindung

Notwendige Daten eines Satzes für den **Upload** sind:

- Datum
- Uhrzeit
- Ausweisnummer bzw. Personalnummer
- Satzart (Kommen, Gehen etc.)

Über den **Download** werden folgende Daten an die Zeiterfassungsterminals weitergegeben:

- Ausweisnummer
- Zutrittsberechtigung
- Dienstgangberechtigung
- Informationen (Salden, Urlaub etc.)

10.2.2.1   Unterscheidung Zeiterfassungssystem - Zeitwirtschaft

Aufgaben des Zeiterfassungssystems (Zeiterfassungsterminal) sind:

Zeiterfassungs-
terminal

- Erfassen der Zeitereignisse;
- Übermitteln der Zeitereignisse zur Schnittstelle;
- Übermitteln der errechneten Salden von der Schnittstelle zu den Zeiterfassungsterminals.

Die Erfassung der Zeitereignisse erfolgt durch Einlesen der Daten mit einer Magnetkarte am Zeiterfassungsterminal. Diese Daten werden dann zur HR-Zeitwirtschaft weitergereicht (siehe Abb. 10.13).

Aufgaben der Zeitwirtschaft sind:

- Übermitteln der Zeitereignisse von der Schnittstelle zur Zeitwirtschaft;
- Verarbeiten der Zeitereignisse;
- Editieren der Zeitereignisse;
- Übermitteln der Salden an die Schnittstelle.

In der HR-Zeitwirtschaft werden die erfaßten Zeitereignisse ausgewertet. Auftretende Fehler (z. B. fehlerhafter Lesevorgang, Mitarbeiter hat Kommenbuchung vergessen) werden mittels Auswertungen ausgedruckt und können nach Absprache mit dem entsprechenden Mitarbeiter editiert werden.

Durch die nachfolgende Grafik soll der Zusammenhang und das **Umfeld der Zeitwirtschaft** genauer erläutert werden (Abb. 10.15):

Abb. 10.15
Zeitwirtschaft

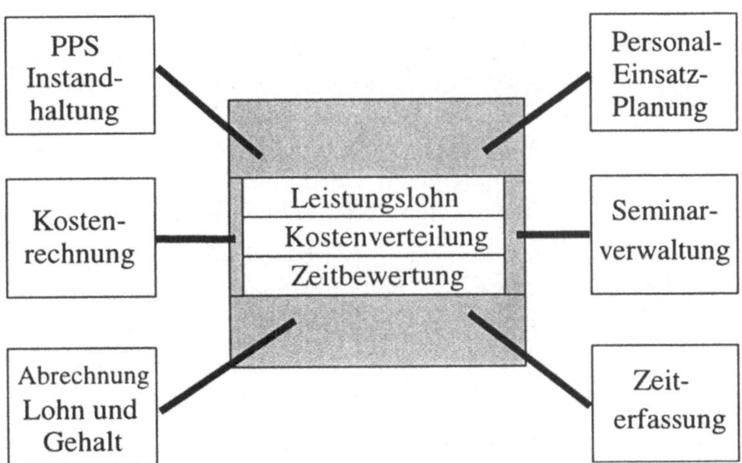

Das Umfeld der Zeitwirtschaft wird durch die sechs angegebenen Module/Anwendungen bestimmt (siehe Abb. 10.15). So sind die Module „Zeiterfassung", „Seminarverwaltung", „Personal-Einsatzplanung" sowie „Lohn und Gehalt" durch den gesamten Bereich betroffen, wohingegen die Kostenrechnung, PPS-Instandhaltung nur auf Teilbereiche zugreift. Hier stellt die Lohn- und Gehaltsabrechnung einen Sonderfall dar, da sie sowohl auf das Gesamte als auch auf den speziellen Teil der Zeitbewertung zugreift.

10.2.2.2   **Lohn- und Gehaltsabrechnung**

Die Versorgung der Lohn- und Gehaltsabrechnung erfolgt über die in dem *„RPTIME00-Modul"* gebildeten Lohnarten. Dabei stellt die interne **Tabelle ZL** die Schnittstelle dar (siehe Abb. 10.16). In der Lohn- und Gehaltsabrechnung muß nun die mit den Lohnarten der Zeitauswertung gefüllte Tabelle ZL gelesen werden. Relevant für die Lohn- und Gehaltsabrechnung sind die aus den An- und Abwesenheiten generierten Lohnarten.

Hierbei kann eingestellt werden, ob z. B. ein Gleitzeitminus vom Gehalt abgezogen wird bzw. der Negativ-Saldo in die nächste Periode (Monat) übernommen wird.

Abb. 10.16
Tabelle ZL

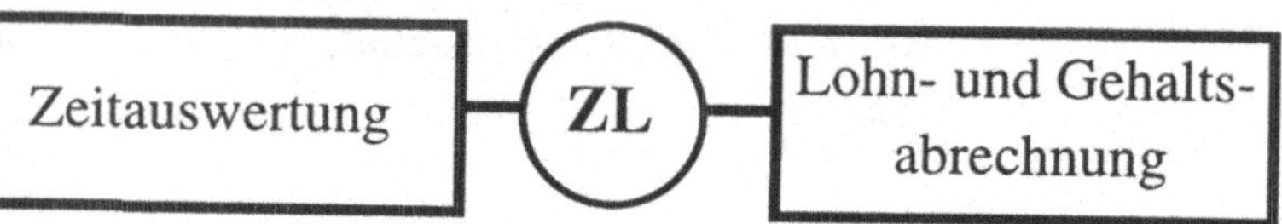

In der Abb. 10.16 ist der Datentausch über die Schnittstelle ZL graphisch dargestellt. Die mit dem *„RPTIME00"* errechneten Salden und Lohnarten können als **Zeitnachweisformular** für die Mitarbeiter ausgedruckt werden. Das heißt, der Mitarbeiter bekommt einen Ausdruck, den er abgleichen und bei eventuell fehlerhaften Zeiten reklamieren kann.

Versorgung einer fremden Lohn- und Gehaltsabrechnung

Mit dem Report *„RPTEZL100"* kann man sich die Daten aus der internen Tabelle besorgen. Die in der Zeitauswertung gebildeten Lohnarten werden auf ein sequentielles Dataset geschrieben, das die fremde Lohn- und Gehaltsabrechnung liest.

10.2.3   **Zeittypen**

In diesem Punkt soll auf die verschiedenen Zeittypen, wie Schichtplan, Tagesprogramm, Pausenregelung und Gleitzeitaufbau, genauer eingegangen werden.

10.2.3.1

Arbeitszeitplan (Schichtplan)

Der Arbeitszeitplan (Schichtplan) ist der zentrale Baustein der Zeitwirtschaft, da hier explizit definiert wird, ob und wie an einem Kalendertag gearbeitet wird. Es wird festgelegt, wie ein Arbeitstag zu entgelten und bei Abwesenheit zu verfahren ist.
Ein Arbeitszeitplan ist wie folgt aufgebaut:

Abb. 10.17
Umfeld eines
Arbeitzeitplans
(Schichtplan)

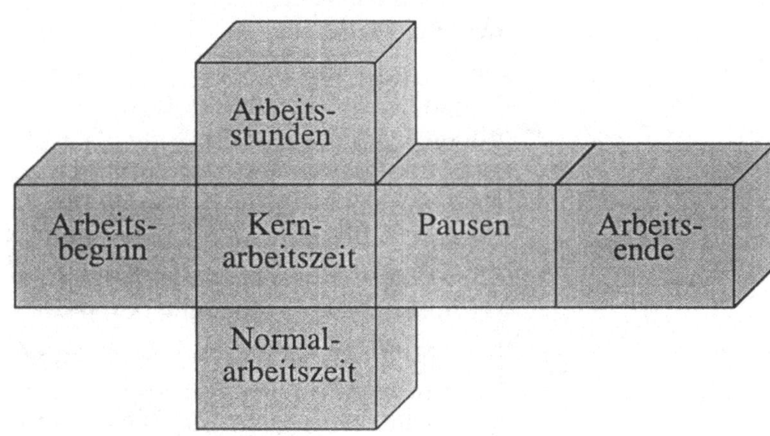

Kernzeiten

Ein Schichtplan wird durch die Arbeitszeit bestimmt. Im Zentrum steht die Kernzeit. In dieser Zeit muß jeder Mitarbeiter am Arbeitsplatz sein. Ein Schichtplan enthält z. B. Schichtarten, wie Frühschicht, Spätschicht, aber auch die normale Arbeitszeit. Der Schichtplan legt den Arbeitszeitrahmen einer Arbeitswoche fest. Die Arbeitszeiten, Pausen, Sollarbeitszeit usw., die der Schichtplan enthält, werden vom Tagesprogramm vorgegeben.

Fallbeispiel:
Sollplan prüfen

Der Sollplan eines Mitarbeiters soll überprüft werden, das bedeutet eine Prüfung und Ausgabe aller relevanten Daten dieses Mitarbeiters.

Funktionsüberblick:

Personal ⇨ *Planung* ⇨ *Personaleinsatz* ⇨ *Einsatzplanung*
Zusätze ⇨ *Mitarbeiterauswahl* ⇨ *OrgStruktur einschr.*

Sollplan bearbeiten:
Bearbeiten ⇨ *Einsatzplan prüfen*

Hinweis

Eine Prüfung ist nur im aktuellen Monat möglich, da das System nur auf diese Weise aktuelle Daten verarbeiten kann.

1. Im Menü *Personal* ⇨ *Planung* auswählen.

2. Über die Menüfolge
Personaleinsatz ⇨ *Einsatzplanung* gelangt der Anwender in das Einstiegsmenü zur Personaleinsatzplanung.

Organisationseinheit
Es ist nun die Organisationseinheit einzugeben. Bei Unkenntnis kann sie auch über die Pick-Liste 🔽 ausgewählt werden.

Zeitraum
3. Nachdem das Feld „Anderer Zeitraum" angeklickt worden ist, muß der gewünschte Zeitraum eingegeben werden.

   Durch (Enter) oder ☑ wird die Eingabe geprüft und automatisch eine Einsatzgruppe ergänzt.
   Um auch die untergeordneten Organisationseinheiten zu aktivieren, muß die Auswahl von Organisationseinheitein zur Einsatzplanung aufgerufen werden. Dies erreicht man über *Zusätze* ⇨ *Mitarbeiterauswahl* ⇨ *Orgstruktur Einschr.*

4. Über Doppelklick oder markieren und 🔍 werden die Organisationseinheiten ausgewählt. Alternativ können über 📋 alle Organisationseinheiten ausgewählt werden.

5. Die gesamten Markierungen kann man über Doppelklick auf die Organisationseinheit oder 📋 wieder zurücknehmen.
   Durch (Enter) oder ☑ werden die Eingaben übernommen.

Sollplan pflegen
6. Über die Schaltfläche [✎ **Sollplan bearbeiten**] erreicht man die Plantafel zur Sollplanpflege. Außerdem wird dabei ein Fenster zum Bedarfsausgleich geöffnet.

Sollplan prüfen
Über *Bearbeiten* ⇨ *Einsatzplan prüfen* oder durch einen Klick auf den Button 🔍 wird eine Prüfung des Sollplanes durchgeführt.

Hinweis
Sind bei der Prüfung Fehler aufgetreten, muß der Anwender sich vergewissern, ob er sich im Sollplan des aktuellen Monats befindet.

Ergebnisselektion
7. Es öffnet sich ein Fenster zur Ergebnisselektion. Durch Klikken auf das Pluszeichen (wie im Explorer von Win95©) kann die Struktur weiter aufgesplittet werden.

Lohn-und Zeitarten
8. Nun ist der gewünschte Mitarbeiter zu markieren. Durch einen Doppelklick werden die gesamten Lohn-und Zeitarten aktiviert. Markierungen werden gelb angezeigt (Abb. 10.18).

Abb. 10.18
Ergebnisse
selektieren

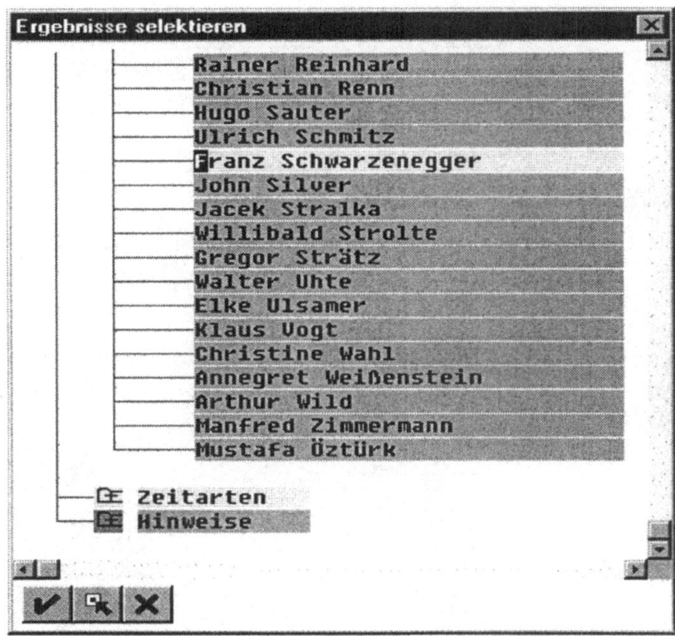

Daten anzeigen

10. Über 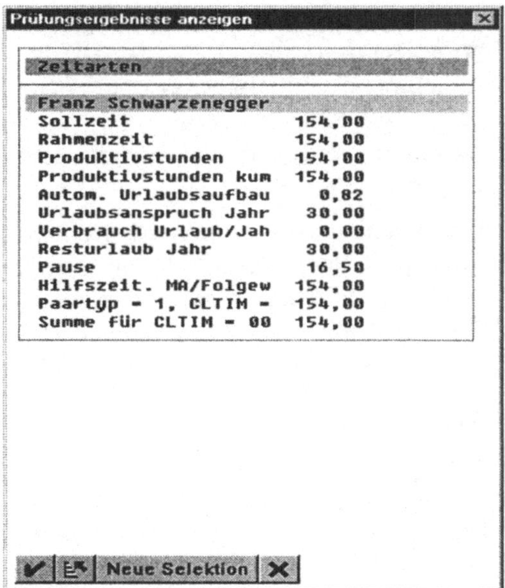 werden die ausgewählten Daten angezeigt. Je nach Sollplan und Abteilung des gewählten Mitarbeiters ist die Anzeige abweichend von dem folgenden Beispiel.

Abb. 10.19
Prüfungsergebnisse
anzeigen

11. Über `Neue Selektion` kann eine neue Auswahl getroffen werden. Über ☑ oder ☒ wird die Prüfung verlassen und zum Sollplan zurückgekehrt.

10.2.3.2 Tagesprogramm

Das Tagesprogramm beinhaltet sämtliche den Arbeitszeitrahmen betreffende Zeiten. Zum besseren Verständnis ein Beispiel, wie ein Tagesprogramm aussehen könnte (Abb. 10.20):

Abb. 10.20
Übersicht:
Tagesprogramme

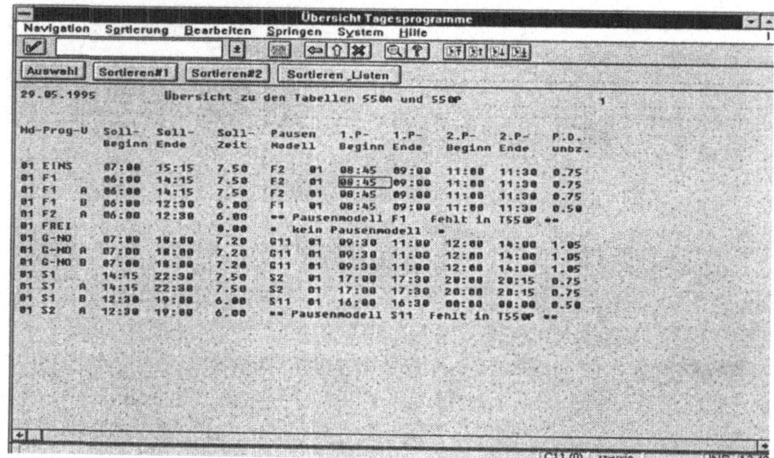

Die Übersicht aller Tagesprogramme (hier ein Beispiel aus der LIVE-AG) ist zeilenweise zu lesen. Vorne steht der entsprechende Schichtplan (z. B. EINS, F1), aus dem die entsprechenden Zeitdaten, wie Sollzeit, Pausen usw., zu entnehmen sind. Die Pausenzeiten werden in Pausenmodellen erfaßt und entsprechend eingefügt.

Gleitzeitaufbau

Die Sollarbeitszeit wird auch Kernarbeitszeit genannt. Um die Arbeitszeit kann zusätzlich ein Arbeitszeitbeginn bzw. ein Arbeitszeitende definiert werden. Kommt der Mitarbeiter bspw. vor der Sollarbeitszeit, wird eine **Gleitzeit** aufgebaut. Diese Gleitzeit kann der Mitarbeiter später wieder abbauen, z. B. durch Urlaub.

10.2.3.3 Arbeitspausenplan

R/3 legt die Pausen unabhängig von den Tagesprogrammen fest. Das hat den Vorteil, daß in einem Tagesprogramm bis zu 99 Pausen eingebunden werden können. Ferner sind Arbeitspausenpläne (Pausenmodelle) mehrfach verwendbar.

Bei den Pausen gibt es verschiedene Arten:

Pausenarten

- die **fixe Pause:** zwischen 09:15 und 09:30 liegt eine Pause von exakt 0,25 Stunden;

- die **variable Pause:** im Zeitraum von 11:00 bis 13:30 liegt eine Pause von 0,5 Stunden;

- die **dynamische Pause:** nach 4 Stunden, bezogen auf den Beginn des Tagesarbeitszeitplans, liegt eine Pause von 0,75 Stunden. Die dynamische Pause ist variabel, da sie sich auf die Kommen-Buchung des Mitarbeiters bezieht.

Außerdem kann die Pause noch als bezahlt oder unbezahlt definiert werden.

Gegenüberstellung von alten und neuen Begriffen

Im R/3-System wird von „alten" Begriffen Abstand genommen. An dieser Stelle soll nun eine kurze Aufzählung der wichtigsten Änderungen nicht fehlen:

Tab. 10.3
HR-Begriffswechsel

Neuer Begriff	Abkürzung	Alter Begriff
Monatsarbeitszeitplan	Monats-AZP	Schichtplan für einen bestimmten Zeitraum
Arbeitszeitplanregel	AZP-Regel	Schichtplan, ganz generell
Tagesarbeitszeitplan	TagesAZP	Tagesprogramm
Tagesprogrammklasse	TagesAZPKlasse	Tagesarbeitszeitplanklasse

10.2.4 Arbeitszeitplan

In den Arbeitszeitplänen ist die Zeitgestaltung eines Unternehmens abgebildet. In ihnen sind die Arbeits- und Pausenzeiten von Gruppen von Mitarbeitern hinterlegt. Hinter dem Konzept der Arbeitszeitpläne stehen mehrere Elemente, die sich miteinander variieren lassen und die zusammengefaßt die Arbeits- und Pausenzeiten, die man in dem Unternehmen hat, abbilden.

Im R/3-System hinterlegt man die Arbeitszeiten nicht individuell für jeden Mitarbeiter, sondern ordnet die einzelnen Elemente der Arbeitszeitpläne **Gruppierungen von Mitarbeiterkreisen und Personalteilbereichen** zu. Auf diese Weise spart man viel Erfassungsaufwand.

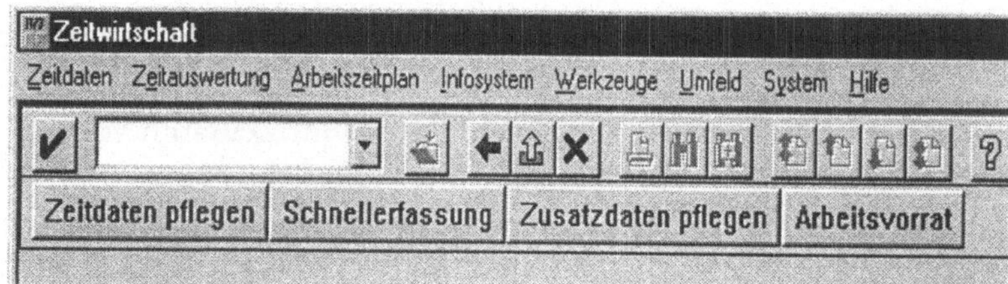

10.2.4.1   Elemente des Arbeitszeitplanes

Im folgenden werden die wichtigsten Elemente der Arbeitszeitpläne vorgestellt:

- Die kleinste Einheit der Arbeitszeitpläne ist der Tagesarbeitszeitplan. In den Tagesarbeitszeitplänen werden die erlaubten
  Arbeits- und Pausenzeiten (Arbeitspausenplan) für einen beliebigen Arbeitstag hinterlegt und die arbeitsfreien Tage definiert.

- In jedem Arbeitszeitmodell gibt es einen Wechsel zwischen
  arbeitsfreien Tagen und Tagen, an denen gearbeitet wird (z.
  B. Mo-Fr = Arbeit, Sa+So = frei). Dieser Wechsel wiederholt
  sich periodisch über einen bestimmten Zeitraum (z. B. eine
  Woche). Die periodische Abfolge von Tagesarbeitszeitplänen
  für beliebige Arbeitstage und Tagesarbeitszeitplänen für arbeitsfreie Tage wird in dem Periodenarbeitszeitplan festgelegt.

- Ein Periodenarbeitszeitplan wird in der Arbeitszeitplanregel
  näher spezifiziert. Unter anderem wird er darin einem Feiertagskalender zugeordnet und kann so kalendermonatsgetreu
  abgerollt werden.

- Durch das Abrollen der Arbeitszeitplanregel auf den Kalender
  generiert das System den Monatsarbeitszeitplan. Er ist die
  Basis für die konkreten Arbeitszeiten von Mitarbeitergruppierungen und einzelnen Mitarbeitern.

Arbeitszeitplanregel

Mit der Arbeitszeitplanregel können die Bezugsdaten für den Periodenarbeitszeitplan und weitere Eigenschaften festgelegt werden. Aus der Arbeitszeitplanregel generiert das System den **Monatsarbeitszeitplan**. Die Arbeitszeitplanregel kann man sehr
flexibel verwenden. Aus einem Periodenarbeitszeitplan können
verschiedene Arbeitszeitplanregeln erzeugt werden:

- Bei der Darstellung einer dreizügigen Wechselschicht z. B. bildet ein einziger Periodenarbeitszeitplan die Grundlage für drei Arbeitszeitplanregeln. Die Frühschicht, die Spätschicht und die Nachtschicht unterscheiden sich dann lediglich durch unterschiedliche Aufsetzpunkte für den Periodenarbeitszeitplan.

- Man nutzt einen Periodenarbeitszeitplan für beliebig viele Feiertagskalender. Bei der Generierung des Monatsarbeitszeitplans berücksichtigt das System den in der Arbeitszeitplanregel hinterlegten Feiertagskalender.

Monatsarbeitszeitplan pflegen

Die Vorgehensweise, um Daten des Monatsarbeitszeitplanes zu pflegen, lautet:

1. Man wählt den Menüpfad *Personal* ⇨ *Zeitwirtschaft* ⇨ *Arbeitszeitplan* ⇨ *Ändern*. Man befindet sich nun auf dem Bild *Monatsarbeitszeitplan ändern*.

2. Man bestimmt den zu pflegenden Arbeitszeitplan näher, indem die Eingaben in den folgenden Feldern gemacht werden:

   - Gruppierung der Mitarbeiterkreise

   - Feiertagskalender

   - Gruppierung der Personalteilbereiche

   - Arbeitszeitplanregel.

3. Es muß außerdem im Format MMJJJJ der Zeitraum eingegeben werden, für den die Daten zu ändern sind.

4. Man läßt sich über die Funktion *Ändern* den Arbeitszeitplan im Pflegemodus anzeigen.
   Ergebnis: Die Arbeitszeitplandaten für die angegebene Gruppierung werden im Pflegemodus angezeigt und können dort geändert werden. Für jeden Tag kann man die folgenden vier Felder pflegen:

   - Feiertagsklasse (Anzeige nur, wenn der angegebene Tag ein Feiertag ist)

   - Tagestyp

   - Tagesarbeitszeitplan

   - Variante eines Tagesarbeitszeitplanes

5. **Auf Monatsebene** kann man die Daten durch Überschreiben der Werte für Tagesarbeitszeitplan, Tagestyp sowie ggf. anderer Feldwerte tageweise pflegen. Über einen Doppelklick auf einen bestimmten Tag zeigt das System den Tagearbeitszeitplan für diesen Tag an.

Auf **Wochenebene** stehen die gleichen Optionen wie auf Monatsebene zur Verfügung. Über einen Doppelklick auf Woche zeigt das System den Wochenarbeitszeitplan für diese Woche an. Auf **Tagesebene** zeigt das System den vollständigen Tagesarbeitszeitplan an. Die Pflege von Daten ist auf diesem Weg nicht möglich. Über die Eingabe des entsprechenden Datums kann auf den Tagesarbeitszeitplan eines anderen Tages zugegriffen werden. Informationen dazu, wie zwischen den verschiedenen Ebenen navigiert werden kann, findet man in *Navigieren zwischen den verschiedenen Ebenen des Arbeitszeitplanes* .

Hinweis

Die Feiertagsklasse kann nur für solche Tage gepflegt werden, die im System als Feiertage definiert sind. Mit der R/3-HR-Schichtplanungkomponente hat man die Möglichkeit, einen Zielplan zu organisieren, zu dem jeder Zeitabschnitt angelegt werden kann. Man kann nach Bedarf die Schichten planen unter Berücksichtigung aller Kriterien einschließlich Abwesenheiten wegen Urlaub oder Krankheiten.

Je nach der Einstellung im Customizing muß für den Mitarbeiter u. U. ein entsprechendes Kontingent vorhanden sein, um für ihn einen Abwesenheitssatz erfassen zu können. Andernfalls gibt das System eine Warn- bzw. Fehlermeldung aus, d. h. der Satz kann nicht ohne weiteres gesichert werden. Da der Monatsarbeitszeitplan die Basis sämtlicher Berechnungen darstellt, sollte man es vermeiden, einen bereits bestehenden Arbeitszeitplan erneut anzulegen.

Änderungen im Monatsarbeitszeitplan machen Neuberechnungen im Bereich der Abwesenheiten und Mehrarbeiten erforderlich, darüber hinaus muß evtl. eine Rückrechnung für die Personalabrechnung durchgeführt werden.

Monatsarbeitszeit-
plan anzeigen

Vorgehensweise, um einen Monatsarbeitszeitplan anzuzeigen (siehe Abb.10.14):

Abb. 10.22
Einstieg:
Arbeitszeitplan
anzeigen

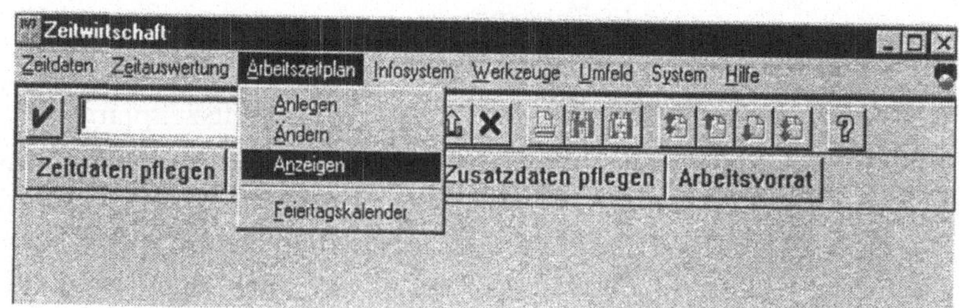

Man wählt den Menüpfad *Personal* ⇨ *Zeitwirtschaft* ⇨ *Arbeitszeitplan* ⇨ *Anzeigen* und befindet sich auf dem Bild *Monatsarbeitszeitplan* anzeigen.

1. Es soll der Arbeitszeitplan angezeigt werden. Es müssen Eingaben in den folgenden Feldern gemacht werden:

   - Gruppierung der Mitarbeiterkreise

   - Feiertagskalender

   - Gruppierung der Personalteilbereiche

   - Arbeitszeitplanregel

2. Es soll außerdem im Format MMJJJJ der Zeitraum angezeigt werden, für den Daten angegeben sind.

3. Über die Funktion *Anzeigen* wird der Arbeitszeitplan angezeigt.

Ergebnis

Die Monatarbeitszeitplandaten für die angegebenen Gruppierungen erscheinen im Anzeigemodus. Für jeden Tag werden vier Felder - *Feiertagsklasse* (Anzeige nur, wenn der angegebene Tag ein Feiertag ist) *Tagestyp, Tagesarbeitszeitplan, Variante eines Tagesarbeitszeitplanes* - angezeigt, die man jedoch in diesem Modus nicht pflegen kann.

Navigieren zwischen den verschiedenen Ebenen des Arbeitszeitplanes

Bei der Pflege bzw. Anzeige von Arbeitszeitplänen über das Menü *Arbeitszeitplan* verzweigt man automatisch zunächst auf die Monatsebene. Man kann jedoch beliebig zwischen den Ebenen Monat, Woche und Tag navigieren. Darüber hinaus hat man die Möglichkeit, sich Arbeitszeitpläne für andere Monate als den auf dem Selektionsbild angegebenen Monat anzeigen zu lassen.

Es folgt die Vorgehensweise, um zwischen den verschiedenen Ebenen des Arbeitszeitplanes zu navigieren:

- Navigieren von Monatsebene auf Wochenebene

- Navigieren von Monatsebene auf Tagesebene

- Blättern auf gleicher Ebene
  Man wählt den Menüpfad *Springen* ⇨ *Nächster Monat* bzw. *Voriger Monat*, um sich die Arbeitszeitpläne für nachfolgende bzw. vorangehende Monate anzeigen zu lassen. Rückkehr zur nächsthöheren Ebene mit (F3) oder über den Menüpfad *Springen* ⇨ *Zurück*.

- Rückkehr zum Selektionsbild Arbeitszeitplan
  Ein persönlicher Arbeitszeitplan zeigt den genauen Arbeitszeitplan eines ausgewählten Mitarbeiters an.

Alle Mitarbeiterzeitdaten werden zentral mit der R/3-Zeitwirtschaft verwaltet. Das bedeutet, daß nicht nur die geplanten Arbeitszeiten direkt an die Zeitwirtschaftkomponente weitergegeben werden, sondern auch kurze Änderungen, wie z. B. Krankheiten oder Mehrarbeit.

10.2.4.2   **Erfassen von Zeitdaten**

Die Zeiterfassung ermöglicht es, die Personalzeiten der Mitarbeiter (z. B. geleistete Arbeitszeit, Urlaub, Dienstreisen, Vertretungen) nach verschiedenen Methoden zu erfassen, wobei die Zeitdaten im Stunden- oder Uhrzeitformat sowie mit Angaben zu einer Kontierung für andere Anwendungen des R/3-Systems erfaßt werden können.

Abb. 10.23
Einstieg:
Zeitdaten pflegen

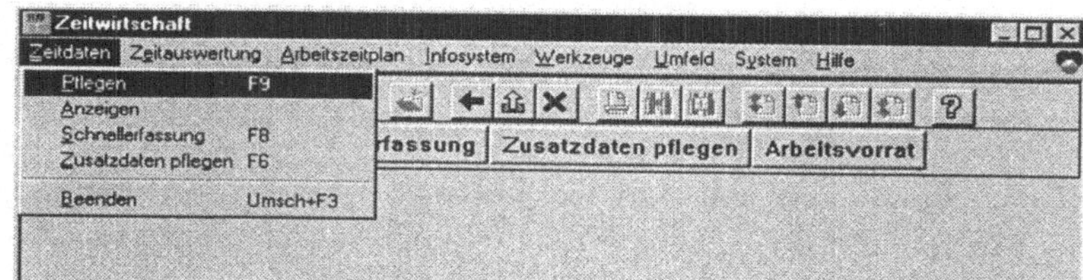

Grundsätzlich gibt es zwei verschiedene Methoden, die Zeitdaten der Mitarbeiter in das R/3-System zu übertragen:

1. Erfassung von Abweichungen von dem Arbeitszeitplan

Bei dieser Methode werden nur die Zeitdaten des Mitarbeiters erfaßt, die eine Abweichung von dem zugeordneten Arbeitszeitplan des Mitarbeiters darstellen. Hier vermerkt man aktuelle Daten, wie z. B. die Krankheit eines Mitarbeiters, und trägt den Jahresurlaub des Mitarbeiters ein.

2. Zusätzliche Erfassung der Istzeiten

Bei dieser Methode werden nicht nur die Abweichungen vom Arbeitszeitplan erfaßt, sondern auch alle Anwesenheitszeiten (Istzeiten), in denen der Mitarbeiter für das Unternehmen arbeitet. Es gibt zwei Verfahren, die Istzeiten zu erfassen:

Automatisierte
Erfassung

-   Bei diesem Verfahren werden die Istzeiten über vorgelagerte Zeiterfassungssysteme erfaßt und in das R/3-System hochgeladen. Mit den Zeiterfassungssystemen lassen die Mitarbeiter ihre Anfangs- und Endezeiten (Istzeiten) durch die Verwendung eines Zeitausweises elektronisch erfassen. Diese Daten werden dann in das R/3-System eingespeist und dort durch die Zeitauswertung verarbeitet.

Manuelle Erfassung

- Es ist aber nicht zwingend notwendig, ein Zeiterfassungssystem zu verwenden, um die Istzeiten der Mitarbeiter zu dokumentieren. Die Istzeiten können auch manuell über den Infotyp Anwesenheiten (2002) gepflegt werden, wobei die Zeiten im Uhrzeit- oder im Stundenformat erfaßt werden können. Neben diesen Methoden der Zeiterfassung gibt es eine Reihe von Varianten und Sonderformen, die abhängig von den spezifischen Anforderungen an die Zeitwirtschaft eingesetzt werden können.

10.2.4.2.1 Allgemeine Anwesenheiten pflegen

Die Erfassungsmaske für allgemeine Anwesenheiten wird für Anwesenheitszeiten (z. B. Dienstreisen) verwendet, die von keinem Kontingent abgetragen werden können. Direkt auf der Erfassungsmaske können die ermittelten Abrechnungstage und -stunden für eine Anwesenheit überprüft werden.

Vorgehensweise, um allgemeine Anwesenheiten über den Infotyp *Anwesenheiten (2002)* zu pflegen:

Anwesenheiten über Infotyp Anwesenheiten (2002) pflegen

1. Es soll der Infotyp *Anwesenheiten* (2002) selektiert werden.

2. Man wählt einen Subtyp aus, der eine allgemeine Anwesenheit beschreibt.

3. Angabe eines Zeitraums.

4. Man wählt einen Bearbeitungsmodus aus.

5. Den Gültigkeitszeitraum des Datensatzes auswählen; ihn ggf. korrigieren.

6. Die Dauer der Anwesenheit angeben. Hierzu stehen die folgenden Möglichkeiten zur Verfügung.

   - *Pflegen von ganztägigen Anwesenheiten:* Wenn man keine zusätzlichen Angaben vermerken möchte, kann man den Datensatz direkt abspeichern.

   - *Pflegen von untertägigen Anwesenheiten:* man gibt entweder eine Uhrzeit und/oder eine Zeitdauer an.

   - Bei der Angabe von nur einer Uhrzeit wird die andere anhand der Angaben aus dem Persönlichen Arbeitszeitplan des Mitarbeiters ermittelt. Gibt man nur eine Zeitdauer an, berechnet das System, abhängig von den Einstellungen des Customizings, unter Umständen die Anwesenheitsstunden ab der Beginnuhrzeit des zugeordneten Tagesarbeitszeitplans.

7. Man setzt das Vortageskennzeichen, wenn der Satz dem Vortag zuzuordnen ist.

8. Bei Bedarf kann eine Lohnart oder Angaben für eine abweichende Bezahlung hinterlegt werden.

9. Man pflegt bei Bedarf die Rechnungswesen-/Logistikvorgaben, um die Anwesenheitsdaten in andere Applikationen des R/3-Systems zu integrieren. Informationen über die Leistungsverrechnung und die Kostenzuordnung findet man in dem Kapitel Integration mit dem Controlling.

10. Man wählt Datenfreigabe und überprüft die Abrechnungstage und -stunden.

11. Die Eingaben müssen gesichert werden.

10.2.4.2.2 Erfassen von Abwesenheiten

Im Infotyp *Abwesenheiten* (2001) können Fehlzeiten von Mitarbeitern erfaßt werden. Im HR-System ist ein Mitarbeiter abwesend, wenn er seine im Persönlichen Arbeitszeitplan hinterlegte Sollarbeitszeit nicht erfüllt. Abwesenheiten untergliedern sich in Abwesenheitsarten. Eine Abwesenheitsart bildet einen Subtyp des Infotyps *Abwesenheiten* (2001).

Dieser Infotyp hat die Besonderheit, daß für Gruppen von Subtypen unterschiedliche Erfassungsmasken aktiv sind, damit spezielle Daten zu den Abwesenheiten hinterlegt werden können.

Im R/3-Standard gibt es Erfassungsmasken:

- für allgemeine Abwesenheiten (siehe Abb. 10.24),
- für Abwesenheiten mit Kontingentabtragung,
- für Abwesenheiten, die eine Arbeitsunfähgigkeit betreffen.

Je nachdem, ob eine allgemeine Abwesenheit, eine Abwesenheit mit Kontingentabtragung, eine Arbeitsunfähigkeit oder ein Urlaub erfaßt werden soll, sind in diesem Infotyp unterschiedliche Erfassungsmasken aktiv. Dort können spezielle Daten zu Abwesenheiten hinterlegt werden. Ebenso werden unterschiedliche Funktionen aktiv, wenn man eine ganztägige oder eine untertägige Abwesenheit pflegt.

Abb. 10.24
Einstieg:
Abwesenheiten

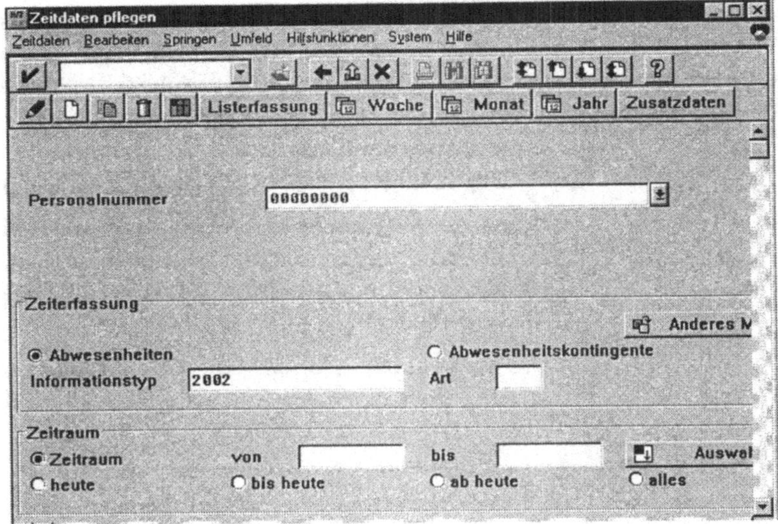

Abhängig von den Einstellungen des Customizings können Abwesenheiten mit Uhrzeiten (z. B. 10:00 - 12:00 Uhr) oder mit Stunden (z. B. 2 Stunden) erfaßt werden.

Ob für einen Mitarbeiter Stunden oder Uhrzeiten erfaßt werden, kann z. B. abhängen von:

- dem Status der Zeitwirtschaft des Mitarbeiters (Infotyp *Sollarbeitszeit* (0007))

- der Arbeitszeitplanregel, nach der ein Mitarbeiter arbeitet (Infotyp *Sollarbeitszeit* (0007))

- dem Personalbereich, Personalteilbereich etc., dem der Mitarbeiter zugeordnet ist (Infotyp *Organisatorische Zuordnung* (0001))

Ebenso ist es von den Einstellungen des Customizing abhängig, ob das System bei einer Stundenerfassung automatisch auch Uhrzeiten hinzugeneriert. Urlaub über den Infotyp *Abwesenheiten* (2001) erfassen *„Besondere Abwesenheitsarten mit Kontingentabtragung"*, die den Urlaub betreffen. Urlaubsabwesenheiten können aus Kontingenten abgetragen werden, die in zwei unterschiedlichen Infotypen hinterlegt sind:

Beispiel: Urlaub/
Fortbildungsurlaub

1. Ein Tarifurlaub z. B. trägt Kontingente ab, die für den Mitarbeiter im Infotyp *Urlaubsanspruch* (0005) hinterlegt worden sind.

2. Urlaubskontingente, die z. B. über geleistete Arbeit aufgebaut werden, werden aus dem Infotyp *Abwesenheitskontingente* (2006) abgetragen. Aus welchem Kontingent eine Urlaubsabwesenheit abgetragen wird, ist abhängig von der verwendeten Abwesenheitsart und den Einstellungen im Customizing. Die Abtragung kann auch manuell gesteuert werden.

Wenn ein Mitarbeiter einen Urlaub gegen Geld abgelten möchte, erfaßt man diesen Sachverhalt über den Infotyp *Abgeltungen* (0083). In diesem Arbeitsablauf wird die Pflege von ganztägigen Abwesenheitssätzen beschrieben.

Die Vorgehensweise, um eine Urlaubsabwesenheit für einen Mitarbeiter über den Infotyp *Abwesenheiten* (2001) zu pflegen (siehe Abb 10.24) ist folgendermaßen:

1. Es soll der Infotyp *Abwesenheiten (2001)* selektiert werden und im Subtyp eine *Abwesenheitsart* eingetragen werden, die einen Urlaub betrifft.

2. Ein Zeitraum ist anzugeben.

3. Ein Bearbeitungsmodus muß ausgewählt werden.

4. Der Gültigkeitszeitraum des Datensatzes ist zu überprüfen und ggf. zu korrigieren. Je nach den Einstellungen im Customizing gibt das System eine Warn- oder Fehlermeldung aus, wenn das Beginn- oder Endedatum des Datensatzes an einem arbeitsfreien Tag liegt.

5. Man wählt `Enter`. Das System berechnet automatisch die Werte aller wesentlichen Felder der Erfassungsmaske. Wenn das Abwesenheitskontingent des Mitarbeiters für die Erfassung des Urlaubs nicht ausreicht, weist das System mit einer entsprechenden Fehlermeldung darauf hin.

10.2.4.3   Auswerten von Zeitdaten

Auswertungen können nur über die Menüleiste bearbeitet werden. Dazu muß „*Umfeld*" und im Untermenü „*Auswertungen*" angewählt werden.

Grundlagen der Zeitauswertung

Unter dem Begriff **Zeitauswertung** wird im HR-System die Auswertung der Personalzeiten der Mitarbeiter über ein speziell entwickeltes Programm verstanden. Die Zeitauswertung bildet Salden und Lohnarten, schreibt Zeitkontingente fort und dient der Überprüfung von Arbeitszeitordnungen.

Die Anwesenheitszeiten der Mitarbeiter kann man im Hinblick auf eine spätere Zeitauswertung auf zwei Arten erfassen. Zum einen kann man, wenn mit der Zeitauswertung gearbeitet wird, vorgelagerte Zeiterfassungsgeräte im Einsatz haben. Mit diesen Geräten erfassen die Mitarbeiter elektronisch ihre Anfangs- und Endezeiten durch die Verwendung eines Zeitausweises. Diese **Zeitereignisse** werden dann in das HR-System eingespeist und dort durch die Zeitauswertung verarbeitet. Die Anwesenheitszeiten der Mitarbeiter können aber auch manuell über den Infotyp *Anwesenheiten (2002)* erfaßt werden. Ebenso besteht die Möglichkeit, auch wenn keine Anwesenheitszeiten erfaßt werden, eine Zeitauswertung durchzuführen.

Die Zeitauswertung ermöglicht die Auswertung und den Vergleich der Soll- und Istinformationen durch das Bereitstellen der Istinformationen über die erfaßten Zeitdaten „An- und Abwesenheiten". Da sowohl die Stammdaten als auch die für die einzelnen Tage gültigen Tagesarbeitszeitpläne nur im Zeitwirtschaftssystem vorhanden sind, ist das externe Zeiterfassungssystem nicht in der Lage, Auswertungen vorzunehmen. Auf diese Weise wird sichergestellt, daß bei nachträglichen Änderungen eine erneute Auswertung erfolgt. Die Aufgaben und Funktionen des externen Zeiterfassungssystems und des R/3-Systems werden getrennt in:

<table><tr><td>Aufgaben und Funktionen des externen Zeiterfassungssystems</td><td>

- Erfassung von Zeitereignissen;
- Weiterleitung von Zeitereignissen an die Schnittstelle;
- Weiterleitung von Ministammsätzen von der Schnittstelle an das Zeiterfassungsterminal.
</td></tr><tr><td>Aufgaben und Funktionen des R/3-Systems</td><td>

- Abholung von Zeitereignissen von der Schnittstelle;
- Verarbeitung von Zeitereignissen;
- Korrektur und Ergänzung von Zeitereignissen;
- Übertragung ausgewerteter Salden vom Zeitwirtschaftssystem an die Schnittstelle.
</td></tr><tr><td>Verarbeitung von Zeitdaten für die Zeitauswertung</td><td>

Die Verarbeitung von Daten für die Zeitauswertung erfolgt über die folgenden Schritte:

1. Manuelle Pflege der Infotypen der Zeitwirtschaft. (Wichtige Informationen über die Infotypen und die dazugehörenden Arbeitsabläufe enthält das Kapitel 4.2.2 Zeiterfassung in der Zeitwirtschaft.)
</td></tr></table>

2. Bei Einsatz eines Zeiterfassungssystems: Hochladen der Daten von einem Zeiterfassungssystem in das Personalwirtschaftssystem, Auswertung der Daten und Herunterladen in das Zeiterfassungssystem.

3. Ausführung des *Zeitauswertungsreports (RPTIME00)* zur Auswertung der Zeitdaten für die einzelnen Mitarbeiter. Über die Regelverarbeitung der Zeitauswertung werden Zeitsalden, Zeitkontingente und Zeitlohnarten gebildet. In der Regel wird der Zeitauswertungsreport automatisch über einen Batch-Nachtlauf gestartet.

4. Bearbeitung der durch die Zeitauswertung ermittelten Daten über die Funktion *Arbeitsvorrat Zeitwirtschaft*. Ermittlung und Korrektur nach evtl. bei der Zeitauswertung aufgetretenen Fehler.

5. Nochmaliges Ausführen des Zeitauswertungsreports nach Abschluß der Korrekturen. Detaillierte Informationen zu den beschriebenen Schritten findet man in *Arbeitsvorrat Zeitwirtschaft* sowie in *Weitere Arbeiten im Umfeld der Zeitauswertung*.

Arbeitsvorrat Zeitwirtschaft

Mit dem Arbeitsvorrat Zeitwirtschaft erhält man ein umfassendes Instrument zur Kontrolle, Korrektur und Dokumentation der ausgewerteten Zeitdaten. Vom Einstiegsbild des *Arbeitsvorrat Zeitwirtschaft* aus kann man die wichtigsten Aufgaben durchführen, die im Rahmen der Zeitauswertung anfallen. Alle wesentlichen Funktionen und Informationen, die man als Sachbearbeiter für die Zeiterfassung zur Nachbearbeitung der Zeitdaten benötigt, stehen auf einer einzigen Oberfläche über Drucktasten direkt zur Verfügung. Folgende Aufgabenbereiche kann man durch den *Arbeitsvorrat Zeitwirtschaft* erreichen:

- Korrektur der bei der Zeitauswertung ermittelten Fehler;

- Vergleichen der nachgewiesenen Zeiten eines Mitarbeiters mit seinen Sollvorgaben durch einen **Zeitabgleich**;

- Übersicht über alle relevanten Zeitdaten eines Mitarbeiters mit dem **Zeitbeleg**;

- Überprüfung der **Anwesenheit** von Mitarbeitern zu einem bestimmten Zeitpunkt des Tages;

- Ausgabe der wichtigsten Ergebnisse der Zeitauswertung in einer komprimierten Form mit dem **Zeitnachweisformular** und der **Zeitsaldenübersicht**;

- Überprüfung der aktuellen, durch die Zeitauswertung ermittelten **Zeitsalden.**

Neben den auf die Zeitauswertung bezogenen Funktionen und Auswertungen hat man die Möglichkeit, sich über die Sollarbeitszeiten der Mitarbeiter zu informieren. Über das Menü *Arbeitszeit* erhält man folgende Informationen:
Persönlicher Arbeitszeitplan eines Mitarbeiters sowie Anzeige aller relevanten Zeitinfotypen; **Zeitinfotypsätze** für einzelne Mitarbeiter (über Wochen-/Monats-/Jahreskalender) und den **Monatsarbeitszeitplan.**

10.2.4.4 Fallbeispiel: Jahreskalender ändern

Als Beispiel für eine **Abwesenheitsart** soll für einen Mitarbeiter der Urlaub im Jahreskalender eingetragen werden.

Der Jahreskalender des R/3-Moduls HR ist eine pflegefähige Jahresfehlzeitenkarte. Viele Unternehmen führen derartige Aufzeichnungen noch immer von Hand. Aus ihnen gehen z. B. Abwesenheiten in der Vergangenheit (Urlaub, Krankheit) hervor. Ferner besteht die Möglichkeit, beliebig viele Abwesenheiten der Zukunft zu erfassen.

Funktionsüberblick:

Personal ⇨ *Zeitwirtschaft* ⇨ *Zeitdaten* ⇨ *Pflegen*

Infotyp: Jahreskalender (2050)

1. Im Menü *Personal* ⇨ *Zeitwirtschaft* auswählen.
2. Über Menüfolge *Zeitdaten* ⇨ *Pflegen* gelangt der Anwender in die Einstiegsmaske zur Pflege der Zeitdaten.
3. Im Feld *Personalnummer* ist die gewünschte Personalnummer einzugeben. Bei Unkenntnis kann optional über Eingabemöglichkeiten (durch Angabe des Nachnamens) oder über die Matchcode-Auswahl = n.<Name> der gewünschte Mitarbeiter selektiert werden. Diese Option wird über die Pick-Liste ▣ ausgeführt.
4. Das Feld *Zeitraum von – bis* beschreibt den Zeitraum, der geändert werden soll. Hier ist der erste Tag des gewünschten Jahres einzutragen. Wird kein Datum eingegeben, beginnt der Jahreskalender mit dem aktuellen Monat. Optional kann das Datum auch mit Hilfe der Pick-Liste ▣ gewählt werden.
5. Über den Button 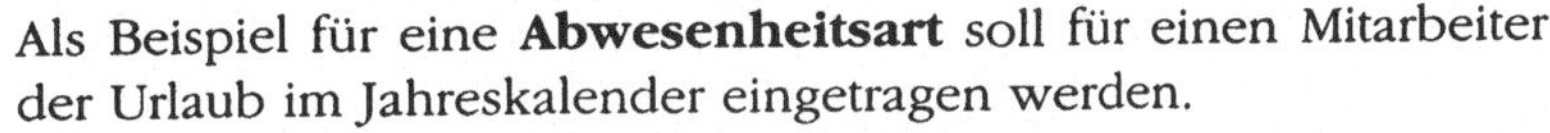 gelangt der Anwender direkt in den Infotypen Jahreskalender. Jetzt kann in das Jahresbild der gewählten Person die jeweilige Abwesenheit eingetragen

werden. Über die Pick-Liste 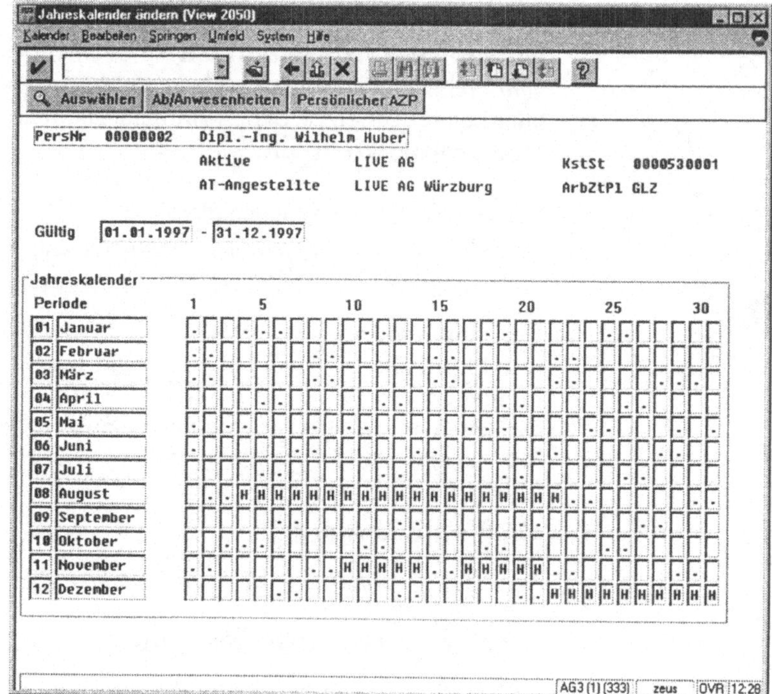 werden die verschiedenen Abwesenheitsarten aufgerufen und angezeigt.

Abb. 10.25
Jahreskalender
ändern

6. Sind die Abwesenheiten eingetragen, wird mit 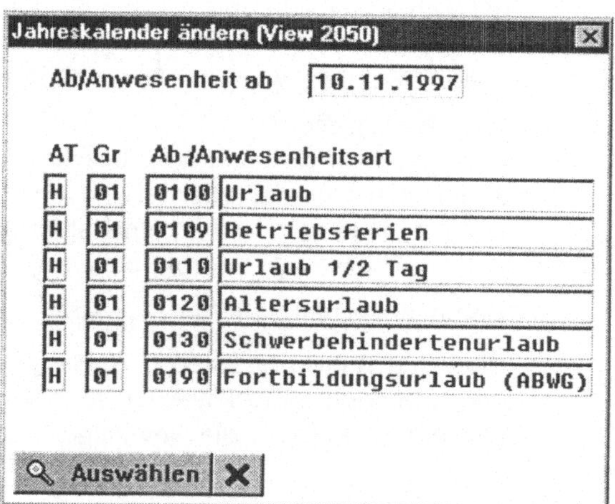 abgespeichert. Nun erscheint ein Pop-Up-Fenster:

Abb. 10.26
Pop-Up-
Abwesenheitsart

Abwesenheitsart

Der Anwender muß jetzt für den gewählten Zeitraum die entsprechende Abwesenheitsart auswählen (Doppelklick oder **Auswählen**).

7. Nun befindet man sich wieder im Jahreskalender mit der Meldung, daß der ausgewählte Datensatz geändert wurde.

8. Durch Anklicken des Menü-Buttons *Zurück* ← gelangt man wieder in das Einstiegsmenü.

Anwesenheiten

Anwesenheiten sind Abwesenheiten in betrieblichem Auftrag, also Zeiten, während der ein Mitarbeiter nicht seiner üblichen Beschäftigung nachgeht. Anwesenheiten sind auch außerhalb der Arbeitszeit möglich.

Unter dem Pflegen von Anwesenheiten versteht man Buchungen (z. B. Kommen-/Gehenbuchungen), die der Mitarbeiter an den Zeiterfassungsterminals vornimmt. Sollten fehlerhafte bzw. unvollständige Buchungen ins HR-System geladen worden sein, können diese hier korrigiert bzw. hinzugefügt werden.

Der einfachste Weg um Daten, wie Urlaub, Krankheit etc., zu erfassen, ist die **Schnellerfassung**:

Abb. 10.27
Schnellerfassung

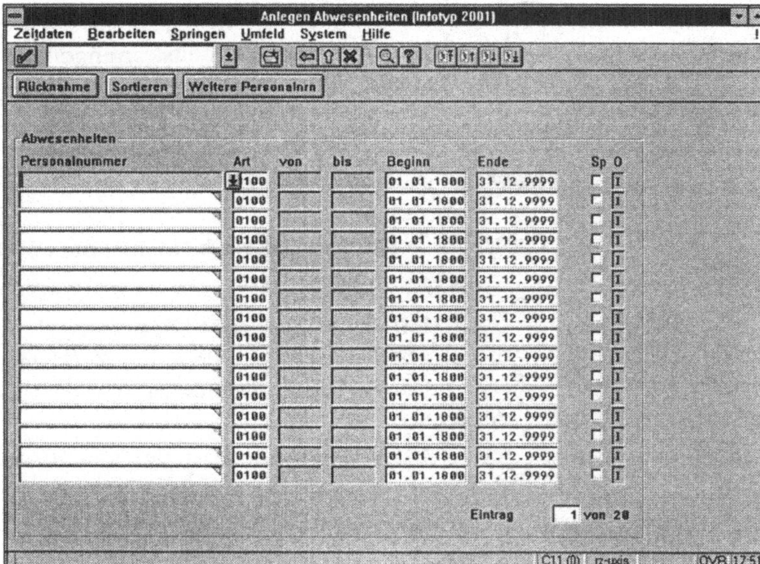

Hier können mehrere Zeiterfassungen auf einmal vorgenommen werden. Die personalnummerbetreffende Abwesenheitsart (Urlaub, Krankheit usw.) wird in das Feld „*Art*" eingetragen.

In die Felder *„von/bis"* können Uhrzeiten eingetragen werden, falls es sich nur um stündliche Abwesenheiten handelt. Die Felder *„Beginn/Ende"* werden durch eine Vorselektion eingestellt. Diese Daten werden genauso wie *„von/bis"* anschließend angezeigt, können übernommen oder aber verändert werden.

Ab- und Anwesenheitskürzel werden als Kürzel von einem Zeichen Länge dargestellt.

- Inaktive Zeiten werden mit Sonderzeichen, bspw. mit „_", gekennzeichnet; die Felder werden als nicht eingabebereit abgeblendet.

- Kleinbuchstaben, bspw. „h" oder „k" stehen für untertägige Ab- und Anwesenheiten, die sich nicht über den ganzen Arbeitstag erstrecken.

- Ein Stern „*" bezeichnet einen Platzhalter für mehrere Ab- und Anwesenheiten an einem Tag.

- Jeder Punkt entspricht einem arbeitsfreien Tag laut Schichtplan.

10.2.4.5   Fallbeispiel: Anwesenheitskontingente anlegen

Die folgende Fallstudie beschreibt, wie bei einem Mitarbeiter **Mehrarbeit** angelegt wird.

Hinweis

Das Anlegen von Anwesenheitskontingenten findet nur bei der Positiverfassung Anwendung.

Funktionsüberblick:

Personal ⇨ Zeitwirtschaft ⇨ Zeitdaten ⇨ Pflegen

Infotyp: Anwesenheitskontingente (2007)

1. Im Menü *Personal ⇨ Zeitwirtschaft* auswählen.
2. Über Menüfolge *Zeitdaten ⇨ Pflegen* gelangt der Anwender in die Einstiegsmaske zur Pflege der Zeitdaten.
3. Das Feld *Personalnummer* ist wie in Abschnitt 10.2.4.3 zu bedienen.
4. Im Feld *Informationstyp* ist der gewünschte Infotyp anzugeben. Ist dieser nicht bekannt, kann über die Pick-Liste ▣ ausgewählt werden. Im Beispiel ist der Infotyp 2007 anzuwenden.
5. Über *Anlegen* ▯ gelangt der Anwender anschließend in den Infotypen und kann die gewünschten Daten eingeben, wobei die folgenden Feldbeschreibungen nur die Mindest-

eingaben darstellen. Ansonsten können die Voreinstellungen jeweils übernommen werden.

Anwesenheitskontingente anlegen (Infotyp 2007)
(vgl. Abb. 10.28)

Gültig

Hier ist die Gültigkeitsdauer des Datensatzes einzugeben.

Typ

Auswählen der entsprechenden Kontingentart aus der Pick-Liste.

Anzahl

Hier ist die Stundenanzahl der Mehrarbeit **insgesamt** einzutragen.

MehrVerrechnungsart

Auswahl des Verrechnungsschlüssels aus der Pick-Liste

Abb. 10.28
Anwesenheitskontin-
gente anlegen

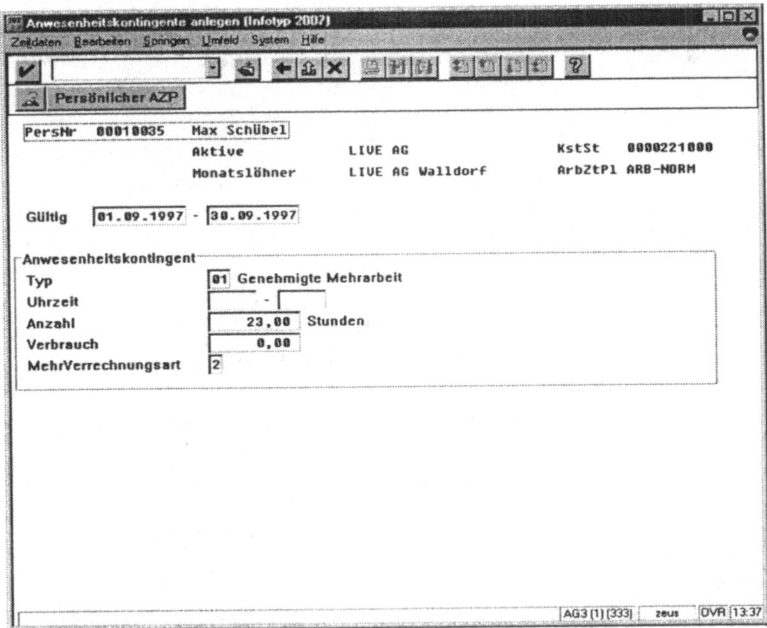

6. Danach sind die Angaben dieses Infotypen abzuspeichern. Über *Beenden* gelangt man wieder in das Einstiegsmenü.

Anmerkung

Bei Negativzeiterfassung wird das Kontingent über den Infotypen 2002 *„Anwesenheiten"* abgetragen.

10.3   Lohn- und Gehaltsabrechnung

Die Lohn- und Gehaltsabrechnung befaßt sich im weitesten Sinne mit der Errechnung des Entgeltes für geleistete Arbeit pro Mitarbeiter. Die Errechnung des Entgeltes erfolgt in zwei Hauptschritten:

- **die Errechnung des Bruttoentgeltes**
- **die Errechnung des Nettoentgeltes**

Das Brutto- und Nettoentgelt setzt sich aus verschiedenen Be- und Abzügen, die einem Mitarbeiter während einer Abrechnungsperiode angerechnet werden, zusammen. Im System R/3 fließen diese Be- und Abzüge mit Hilfe von Lohn- und Gehaltsarten in die Berechnung des Arbeitsentgeltes ein.

Bruttoentgelt

Lohn- und
Gehaltsarten

Bruttozusammen-
fassungen

Das Bruttoentgelt eines Mitarbeiters wird aus den verschiedenen Lohn- und Gehaltsarten gebildet. Mögliche Lohn- und Gehaltsarten, die das Bruttoentgelt eines Mitarbeiters erhöhen, sind: Urlaubsgeld, Weihnachtsgeld, Zulagen, Fahrtkostenzuschuß etc.; während folgende Lohn- und Gehaltsarten das Bruttoentgelt mindern: Werkswohnung, Betriebskindergarten oder ähnliche Leistungen des Arbeitgebers. Ob solche Leistungen das zu versteuernde Einkommen des Mitarbeiters erhöhen oder mindern, hängt von den gesetzlichen Bestimmungen des jeweiligen Landes ab. Wie oben schon erwähnt, können verschiedene Bruttozusammenfassungen gebildet werden (siehe Abb. 10.29). Sinnvolle Bruttozusammenfassungen sind z. B.

- **Steuerbrutto**
- **Sozialversicherungsbrutto**

Außerdem können auch betriebsinterne Brutti gebildet werden. Denkbar wären hier Bemessungsgrundlagen für die Berechnung des Weihnachts- oder Urlaubsgeldes.

Abb. 10.29
Bruttozusammen-
fassungen

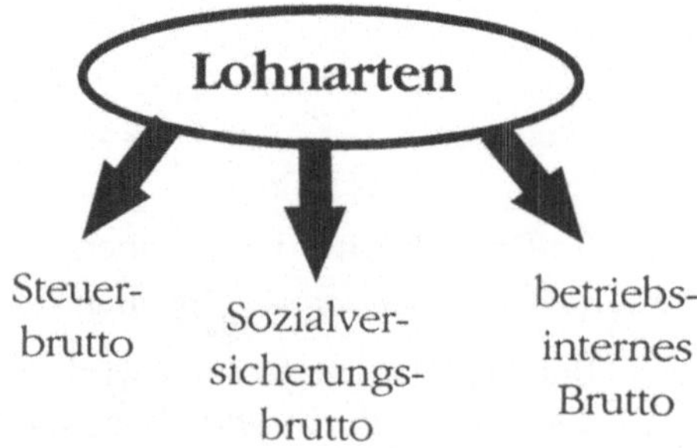

Nettoentgelt

Das Nettoentgelt wird auch als Auszahlungsbetrag bezeichnet. In die Berechnung des Nettoentgeltes fließen, je nach länderspezifischen Einstellungen, verschiedene Einflußgrößen, wie z. B. Steuern oder Sozialversicherungsbeiträge, die sich von Land zu Land unterscheiden können, ein. In Abhängigkeit von diesen länderspezifischen Einstellungen errechnet sich das Nettoentgelt aus verschiedenen Bruttowerten. Aus diesem Grund werden verschiedene Summen gebildet, die für die spätere Abrechnung benötigt werden.

10.3.1 Lohn- und Gehaltsabrechnung unter R/3

Im R/3-Personalwirtschaftssystem HR wird die Lohn- und Gehaltsabrechnung mit Hilfe von Reporten, Schemen und Tabellen realisiert (siehe Abb. 10.30).

Abb. 10.30
Gehaltsabrechnung
unter R/3

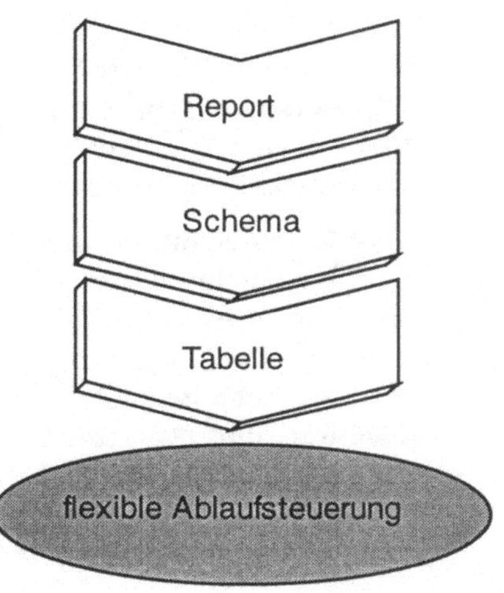

Report

Der Report beinhaltet keine länderspezifischen Daten. Dies bedeutet, daß er nur den Bruttoteil einer Abrechnung durchführen kann. Der länderspezifische Nettoteil muß explizit für jedes Land angegeben werden. Neben vordefinierten Reporten, wie z. B. Deutschland, Großbritannien, Frankreich, USA, Kanada, gibt es zusätzlich noch einen **Basisreport** aus dem eigene Länderreporte entwickelt werden können, die jeweils den steuer- und sozialversicherungsrechtlichen Ansprüchen des entsprechenden Landes genügen. Mit Hilfe dieser Basisreports kann man für jedes beliebige Land einen Abrechnungsreport erstellen.

Schema

Das Schema sorgt dafür, daß alle für die Abrechnung benötigten Informationen eingeholt werden, um die Lohn- und Gehaltsabrechnung für einen bestimmten Mitarbeiter durchzuführen. Jedem Report stehen verschiedene Schemen zur Verfügung, z. B. gibt es für den Report Deutschland standardmäßig zwei Schemen, „Deutschland allgemein" und „Deutschland Öffentlicher Dienst". Vom Benutzer können neue Schemen für seine persönlichen, unternehmensindividuellen Anforderungen erstellt werden. Dieses Schema nennt man **„leeres Schema"**, mit ihm können Abrechnungen für jedes beliebige Land realisiert werden. Im R/3-Abrechnungssystem gibt es außerdem noch vordefinierte Schemen, diese Schemen nennt man **Standardschemen**; das sind neben Deutschland und Deutschland Öffentlicher Dienst auch Belgien, Dänemark, Frankreich, Großbritannien, Niederlande, Österreich, Schweiz, Spanien, USA und Kanada.

Tabellen

Tabellen beinhalten alle Informationen, die die Abrechnung eines bestimmten Mitarbeiters betreffen. Das Schema holt sich aus verschiedenen Tabellen alle benötigten Informationen eines Mitarbeiters, wie z. B. Lohn- und Gehaltsarten, Abrechnungshäufigkeit, Abrechnungskreis etc.

Flexible Ablaufsteuerung

Diese Unterteilung der Aufgaben im Report, Schema und Tabelle im R/3-Abrechnungssystem (siehe Abb. 10.30) hat den großen Vorteil, daß es im Gegensatz zu anderen Abrechnungsprogrammen, die eine Anpassung meist nur in „fest verdrahteter Form" zulassen, sehr flexibel ist. Dies hat zur Folge, daß die Ablaufsteuerung und Abrechnungsanpassung allein durch die Pflege von Tabellen an die Bedürfnisse des Unternehmens angepaßt werden kann. Komplizierte Programmänderungen oder Programmierungen sind im System R/3 nicht notwendig.

Ein Nachteil allerdings ist hierbei der **hohe Pflegeaufwand** aufgrund der vielen Tabellen und die Unübersichtlichkeit, die schnell entsteht, wenn man versucht, sich durch die verschiedenen Tabellen „durchzuklicken".

10.3.2 Abrechnungsanpassung

Da alle Anwender der HR-Lohn- und Gehaltsabrechnung unterschiedliche Bedürfnisse haben, ist die Abrechnungsanpassung unabdingbar, um das System R/3 auf die persönlichen Anforderungen jedes einzelnen Unternehmens einzustellen.

<table>
<tr><td>10.3.2.1</td><td>

Lohnartenschlüsselung

Mit Hilfe der Lohnartenschlüsselung kann der Anwender die Lohn- und Gehaltsarten auf seine Bedürfnisse zuschneiden. Er kann sich demnach verschiedene Be- und Abzüge, also Lohnarten definieren, von denen er meint, sie seien für sein Unternehmen notwendig. Die Definition dieser Lohnarten erfolgt in den Tabellen T512W und T511. Im System R/3 unterscheidet man zwei verschiedene Lohn- und Gehaltsarten:

- **Benutzerlohnarten** können direkt in den Infotyp eines Mitarbeiters eingefügt werden, z. B. kann ein freiwilliger Zuschlag zum Basislohn direkt in den Infotyp Basisbezüge eingegeben werden. Diese Lohnart wird dann bei jeder Abrechnung des Mitarbeiters in sein Abrechnungsergebnis einbezogen.

- **Technische Lohnarten** können nicht in den Infotyp eines Mitarbeiters eingegeben werden. Aus ihnen geht eine für das Programm interpretierbare Bedeutung hervor.

</td></tr>
</table>

Verarbeitungsklassen

Jede Lohn- und Gehaltsart kann bis zu 99 Verarbeitungsklassen aufweisen (siehe Abb. 10.17). Die Verarbeitungsklassen beinhalten Eigenschaften, die den weiteren Verlauf der Lohn- und Gehaltsabrechnung beeinflussen. Mögliche Eigenschaften wären z. B. Kürzung mit einem Faktor oder Aufteilung der Lohnarten in bestimmte Tabellen.

Kumulation

Im HR-Abrechnungssystem stehen jeder Lohnart 96 Kumulationen zur Verfügung (siehe Abb. 10.31). Kumulationen sind Summen, in die die bestimmte Lohnart eingerechnet wird. Das können nicht nur die verschiedenen Bruttozusammenfassungen sein, sondern auch andere Summen, wie z. B. eine Zusammenfassung für die Bemessungsgrundlage der Beiträge zur Arbeitnehmerkammer Bremen oder andere Zusammenfassungen, die das individuelle Abrechnungsergebnis jedes einzelnen Mitarbeiters beeinflussen.

Abb. 10.31
Lohn- und Gehalts-
arten in der Tabelle
T512W

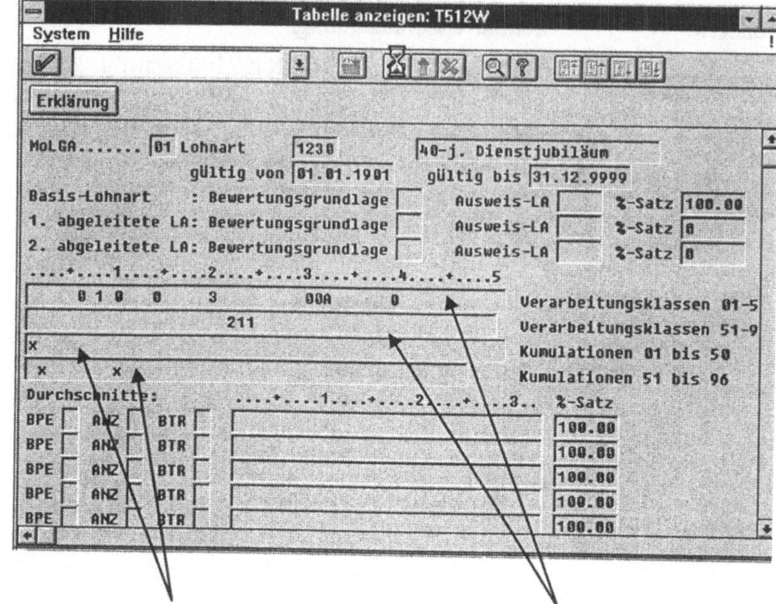

96 Kumulationen   **99 Verarbeitungsklassen**

10.3.2.2   Lohnartengenerierung

Die Lohnartengenerierung beinhaltet die Definition von bestimmten Bedingungen für eine Lohnart. Der Einbezug dieser
Lohnart in die Lohnabrechnung erfolgt nur dann, wenn diese
Bedingung erfüllt ist. Die Lohnartengenerierung wird hauptsächlich dazu verwendet, die sich aus der Zeitauswertung eines Mitarbeiters ergebenden Lohnarten zu generieren. D. h. es wird
bspw. eine Bedingung definiert, daß die Lohnart nur in die Entgeltberechnung miteinfließen soll, wenn der Mitarbeiter sonntags
gearbeitet hat. Es wird nun automatisch bei der Auswertung der
Zeitdaten für jeden Mitarbeiter, der diese Bedingung erfüllt, eine
Lohnart gebildet.

Mit dem Werkzeug Lohnartengenerierung kann viel Arbeit ge-
spart werden: anstatt für jeden Mitarbeiter, der sonntags gearbeitet hat, manuell eine Lohnart „Zuschlag für Sonntagsarbeit" hinzuzufügen, kann im System diese Lohnart generiert werden. Damit wird sie automatisch in die Entgeltberechnung miteinbezogen.

10.3.3   Aliquotierung

In der Lohn- und Gehaltsabrechnung bedeutet der Begriff Aliquotierung die Ermittlung eines anteiligen Entgeltes für einen Mitarbeiter innerhalb einer Abrechnungsperiode. Gründe zur Errechnung des anteiligen Entgeltes können folgende Sachverhalte sein:

Anlässe für Aliquotierung

- Der Mitarbeiter hat nicht die gesamte **Abrechnungsperiode** gearbeitet (Ein- bzw. Austritt in der Abrechnungsperiode oder unbezahlte Abwesenheit);
- **Basisbezugsänderung** in der Abrechnungsperiode;
- Wechsel der **organisatorischen Zuordnung** in der Abrechnungsperiode oder Kostenstellenwechsel.

In der Aliquotierung werden **vier Kürzungsmethoden** unterschieden (siehe Abb. 10.32):

Abb. 10.32
Aliquotierungs-
methoden

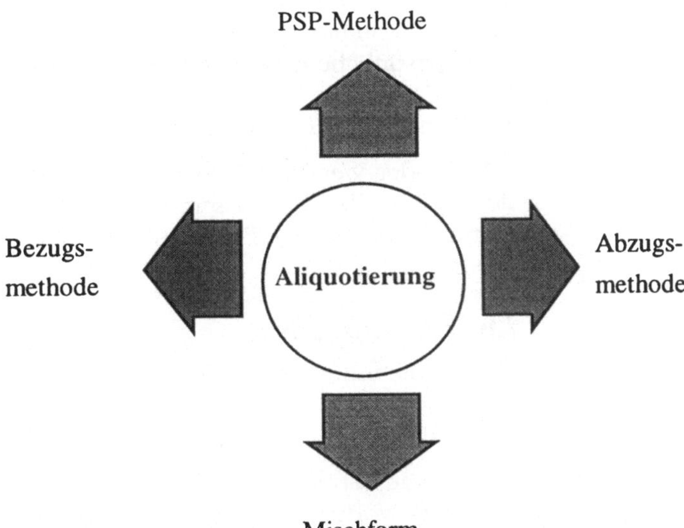

Bezugsmethode

Bei der Bezugsmethode wird aus dem vereinbartem Entgelt des Mitarbeiters ein Stunden- oder Tagessatz errechnet und mit der Anzahl der Tage bzw. Stunden, die der Mitarbeiter anwesend war, multipliziert. Dabei wird von einer pauschalierten Monatsarbeitszeit, z. B. 22 Arbeitstage pro Monat ausgegangen. Hierbei kann es in „langen" Monaten, d. h. in Monaten, in denen die Sollarbeitszeit die pauschalierte Monatsarbeitszeit übersteigt, zu einer Überzahlung kommen.

Abzugsmethode

Bei der Abzugsmethode wird ebenfalls ein Stunden- oder Tagessatz gebildet. Dieser Stunden- oder Tagessatz wird mit der Anzahl der Stunden bzw. Tage multipliziert, die der Mitarbeiter abwesend war. Das Ergebnis wird dann vom jeweiligen Grundgehalt subtrahiert. Hierbei kann es in „langen" Monaten bei viel unbezahlter Abwesenheit, zu einer Unterbezahlung kommen.

Mischform

In „kurzen" Monaten, d. h. in Monaten, in denen die pauschalierte Arbeitszeit die Sollarbeitszeit übersteigt, kann es bei der Benutzung der Bezugsmethode zu einer hohen Kürzung der Bezüge kommen, und bei Verwendung der Abzugsmethode könnte man selbst bei kompletter Abwesenheit einen Betrag größer Null als Ergebnis erhalten. Deshalb wird in der Praxis meistens eine Mischung aus beiden Methoden gewählt. Bei „wenig" Fehlzeit wird dabei die Abzugsmethode und bei „viel" Fehlzeit die Bezugsmethode gewählt.

PSP-Methode

Bei der PSP-Methode wird nicht von einer pauschalierten Arbeitszeit, sondern von der genauen Arbeitszeit des Mitarbeiters, laut persönlichem Schichtplan (PSP), ausgegangen. Mit dieser Methode hat der Mitarbeiter in „kurzen" Monaten einen höheren Stundenlohn als in „langen" Monaten.

Welche der vier Methoden wann benutzt werden darf, ist nicht dem Arbeitgeber überlassen, sondern steht in der Regel im Tarifvertrag, damit der Arbeitgeber nicht die für ihn günstigste Methode auswählt.

10.3.4   Abrechnungsverlauf

Der Abrechnungsverlauf beinhaltet die verschiedenen Schritte, die durchlaufen werden müssen, um das Abrechnungsergebnis zu erhalten.

Abrechnungskreis

Eine Voraussetzung für die Lohn- und Gehaltsabrechnung unter R/3 ist es, vorher festzulegen, für wen und für welchen Zeitraum die Abrechnung erfolgen soll. Diese organisatorische Einheit bezeichnet man als Abrechnungskreis. Ein Abrechnungskreis ist also eine Personengruppe, die zum gleichen Zeitpunkt für denselben Zeitraum abgerechnet wird. Innerhalb eines Abrechnungskreises wären z. B. alle Angestellten für den Monat Mai oder alle Mitarbeiter eines bestimmten Werkes für das erste Quartal (siehe Abb. 10.33).

Abb. 10.33
Abrechnungskreise

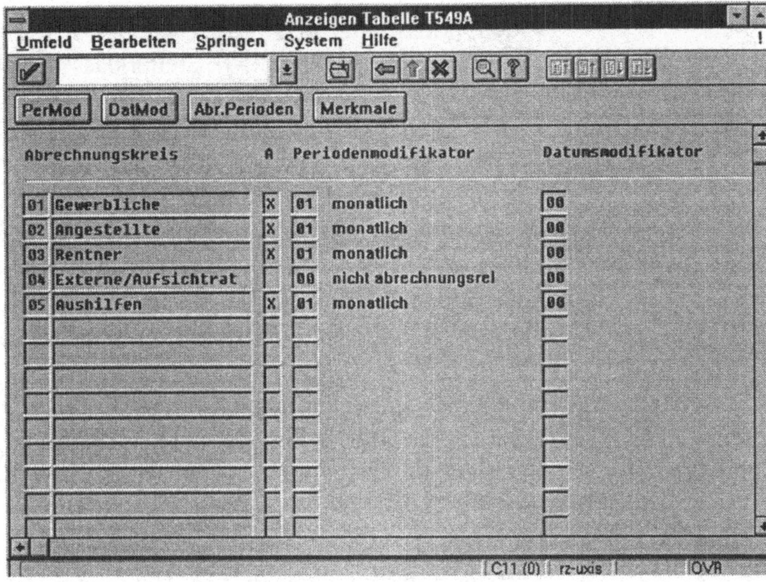

Abrechnung

Im HR-Abrechnungssystem sind zwei verschiedene Abrechnungsarten zu unterscheiden: die Test- und die Produktivabrechnung.

Bei der **Testabrechnung** muß der Zeitraum, für den abgerechnet werden soll, explizit angegeben werden. Das hat den Vorteil, daß zukünftige Abrechnungsergebnisse teilweise angezeigt werden können.

Bei der **Produktivabrechnung** wird der Abrechnungszeitraum vom System automatisch hochgezählt. D. h., wenn als letzte Produktivabrechnung der März abgerechnet wurde und dabei ein Abrechnungskreis gewählt wurde, der monatlich abgerechnet wird, wird bei der nächsten Produktivabrechnung automatisch der April abgerechnet.

Rückrechnung

Unter Rückrechnung versteht man die Korrektur des Abrechnungsergebnisses, wenn sich die Zeit- oder Stammdaten eines Mitarbeiters so geändert haben, daß sie in die Abrechnungsvergangenheit, also in die Zeit vor der letzten Abrechnung reichen. Das könnten z. B. folgende Sachverhalte sein:

* Dem Unternehmen wird erst nach der Abrechnung bekannt, daß die Zeitdaten eines bestimmten Mitarbeiters falsch waren und er einen Tag gefehlt hat, an dem er als anwesend ausgewiesen wurde oder

- ein Mitarbeiter gibt erst verspätet an, daß er geheiratet hat und somit in eine andere Steuerklasse einzustufen ist.

In beiden Fällen muß eine Korrektur des Abrechnungsergebnisses durchgeführt werden.

Rückrechnungsgrenze

Um dem System das Erkennen einer notwendigen Rückrechnung zu erleichtern, gibt es für jeden Abrechnungskreis und für jeden Mitarbeiter eine Rückrechnungsgrenze. Die Rückrechnungsgrenze legt datumsgenau fest, bis zu welchem Datum eine Zeit- oder Stammdatenänderung keinen Einfluß auf das Abrechnungsergebnis hat.

Angenommen die Rückrechnungsgrenze eines Mitarbeiters wäre der 01.03., dann hätten nur alle Änderungen, die den Zeitraum vor dem 01.03 betreffen, einen möglichen Einfluß auf das Abrechnungsergebnis.

Abrechnungs-
ergebnis

Das Abrechnungsergebnis enthält alle wichtigen Daten, die die Abrechnung eines bestimmten Mitarbeiters betreffen. Im Abrechnungsergebnis werden seine Arbeitszeit, alle Lohnarten, die ihm angerechnet wurden, seine Bankverbindung und etliche andere Informationen festgehalten.

Das Abrechnungsergebnis wird an verschiedene HR-Komponenten und an andere R/3-Module intern weiterübermittelt (siehe Abb. 10.34):

Abb. 10.34
Verwendung des
Abrechnungs-
ergebnisses

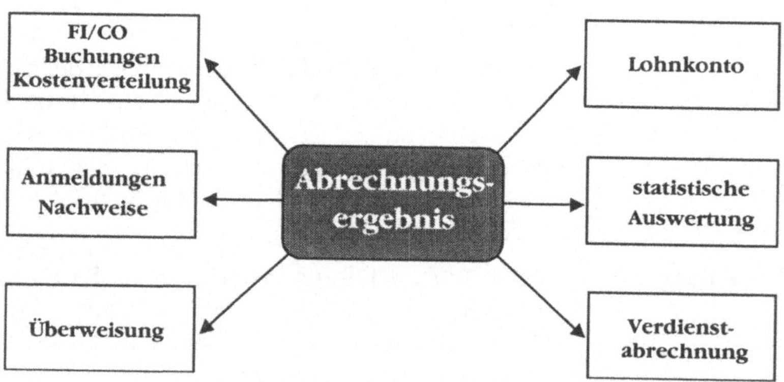

Lohnkonto

Jeder Mitarbeiter hat unter HR-Lohn- und Gehaltsabrechnung ein Lohnkonto, in dem seine Bezüge festgehalten werden. Mit Hilfe dieses Lohnkontos können die Abrechnungsergebnisse vergangener Perioden aufgelistet werden.

Das Abrechnungsergebnis wird ebenfalls für die **statistische Auswertung** benötigt. Hier können mit Hilfe von R/3-Präsentationsgrafiken verschiedene statistische Auswertungen durchgeführt werden.

Verdienstabrechnung

Unter Verdienstabrechnung ist der Computerausdruck zu verstehen, den jeder Mitarbeiter zur Kontrolle seiner Bezüge erhält.

Außerdem wird das Abrechnungsergebnis benötigt, um die Höhe des Auszahlungsbetrags für die Überweisung zu erhalten.

Überweisung

Nachweis und
Anmeldungen

Jeder Mitarbeiter hat das Recht, Nachweise oder Anmeldungen zu verlangen, z. B. brauchen Ausländer diesen Nachweis für ihre Aufenthaltsgenehmigung. Diese Anmeldungen bzw. Nachweise können direkt im R/3-System erstellt werden.

Als letztes muß das Abrechnungsergebnis noch an die Module Finanzbuchhaltung (FI) und Controlling (CO) übergeben werden, damit diese Module die notwendigen Buchungen bzw. die Kosten- und Leistungsrechnung durchführen können.

10.3.5 Praktische Anwendung

„LuG_3_1.scm"

Nun wird die praktische Anwendung innerhalb des R/3-Systems demonstriert. Näher wird auf folgende Bereiche eingegangen:

- Simulieren, Freigeben und Starten einer Abrechnung;
- Entgeltnachweise und Überweisungen erstellen;
- Auswertungen und Beitragsnachweise für die Sozialversicherung erstellen;
- Arbeiten zum Jahreswechsel ausführen;
- Überleitung an die Module FI/CO.

Vor der Simulation einer Abrechnung ist nach dem Aufruf des **Startmenüs**: *Personal* ⇨ *Personalabrechnung* eine Eingabe der Ländergruppierung und des Abrechnungskreises notwendig. Es besteht die Möglichkeit, daß die Ländergruppierung bereits als Benutzerparameter voreingestellt ist, dann gelangt der Anwender direkt zur Eingabe des Abrechnungskreises.

Der **Abrechnungskreis** kann mittels Direkteingabe oder durch Auswahl im Pulldown-Menü ⬇ eingegeben werden.

10.3.5.1

Simulierte
Abrechnung

Fallbeispiel: Simulieren, Freigeben und Starten einer Abrechnung

Als nächster Schritt ist eine simulierte Abrechnung notwendig, um mögliche Fehler zu erkennen und auszuschalten.

Über das Startmenü und die anschließende Menüfolge *Abrechnung ⇨ Simulation* gelangt der Benutzer in die Einstiegsmaske *„Abrechnungsprogramm Deutschland"* (siehe Abb. 10.35).

Abb. 10.35
Abrechnungspro-
gramm Deutschland

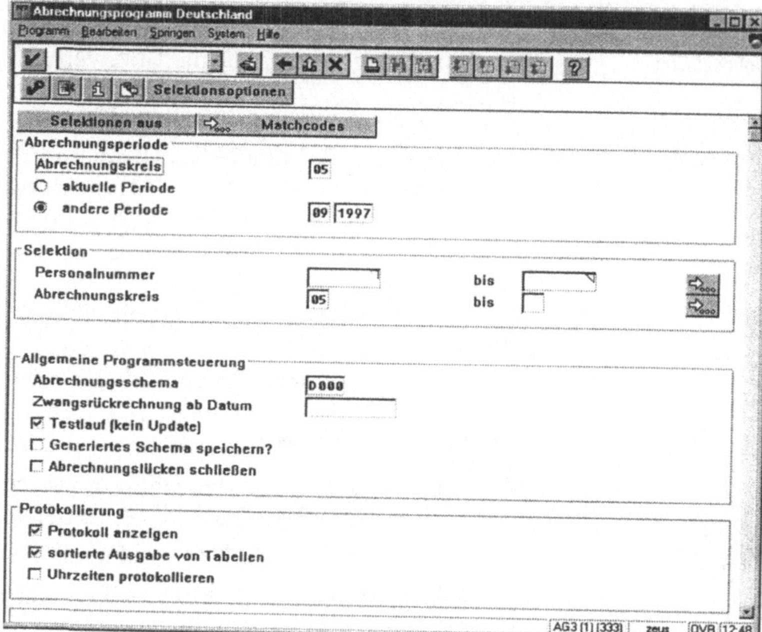

1. Bei der Abrechnungsperiode ist das Feld *„andere Periode"* anzuklicken und die gewünschte Periode einzugeben.

2. Die Personalnummer ist nur erforderlich, wenn die Abrechnung ausschließlich für bestimmte Mitarbeiter vorgenommen werden soll. Falls die gewünschten Personalnummern nicht bekannt sind, besteht die Möglichkeit, durch Anklicken des Pull-Down-Buttons die Hilfe des Matchcodes in Anspruch zu nehmen und durch bekannte Daten, wie z. B. des Namens, die Personalnummer abzuleiten.

3. Im Abrechnungsschema ist z. B. einer der Standardschemen für Deutschland einzutragen.

4. Bei der Protokollierung hat der Benutzer zusätzlich die Möglichkeit, sich z. B. das Protokoll anzeigen zu lassen.

Durch einen Klick auf Ausführen 🔑 startet der Benutzer die Simulation.

Über zweimaliges Anklicken des Buttons Zurück ⬅ gelangt man wieder in die Einstiegsmaske *„Personalabrechnung Deutschland"*, um dort die Abrechnung freizugeben.

Abrechnung freigeben

Wenn die simulierte Abrechnung korrekt ist, kann die Abrechnung freigegeben werden. Nach der Menüfolge *Abrechnung ⇨ Abrechnung freigeben* folgt ein Dialogfeld, in dem gefragt wird, ob man den bestimmten Abrechnungskreis für die gewünschte Periode freigeben möchte. Dieses bestätigt man durch Anklicken von | Ja | .Falls zur Freigabe nicht das korrekte Abrechnungsdatum erscheint, kann dieses durch manuelle Eingabe geändert werden.

Abrechnung starten

Liegt das gewünschte Abrechnungsdatum nun vor, kann der Anwender die Abrechnung starten. Er gelangt über *Abrechnung ⇨ Abrechnung starten* erneut in die Maske *„Abrechnungsprogramm Deutschland"*. Die eingestellten Programmparameter erfordern nur eine Korrektur, falls z. B. vergessen wurde, einen Mitarbeiter abzurechnen. Durch Ausführen 🔑 startet man die Abrechnung. Für beendet gilt eine Abrechnung, wenn alle Mitarbeiter abgerechnet wurden.

10.3.5.2   Fallbeispiel: Entgeltnachweise und Überweisungen erstellen

Nach der vollständigen und korrekten Abrechnung können über *Abrechnung ⇨ Entgeltnachweis* die Abrechnungsergebnisse aufbereitet werden. Die Daten zur Mitarbeiterselektion (z. B. der Abrechnungskreis) sind wie gewünscht einzutragen. Mit Ausführen

Entgeltnachweis

🔑 bekommt man den Entgeltnachweis der selektierten Mitarbeiter angezeigt, und dieser kann anschließend ausgedruckt werden.

Über zweimal Zurück ⬅ kommt man wieder in die Einstiegsmaske „Personalabrechnung Deutschland", um von dort durch die Menüfolge *Abrechnung ⇨ Überweisung ⇨ Vorprogramm Datenträgeraustausch (DTA)* und durch Anklicken von Ausführen 🔑 den Report zu starten.

Durch erneutes zweimaliges Anklicken von Zurück ⬅ gelangt man zu *Abrechnung ⇨ Überweisung ⇨ erst. DTA Inland*. Hier gibt es zwei Alternativen. Zum einen können Überweisungen und zum anderen ein Datenträgeraustausch veranlaßt werden.

```
    Entgeltabrechnung für August 1996
   LIVE AG LIVE AG Würzburg                    Datum
   27.03.1998  Seite  1
   ___________________________________________________________
   Ihr Sachbearbeiter ist Frau van Dorp, Corinna
                                    Personalnr.....            75
                                    Geburtsdatum... 23.07.1966
                                    Eintritt....... 01.03.1996
                                    Kostenstelle... Rechnungsw
                                    Abteilung...... Kostenrech

          Herrn                     Urlaubskonto
          Bernd Obermann
                                    _________
          Würzburgerstr. 5          Rest      ...      0,00
                                    Vorjahr

                                    Anspruch.......      0,00
          97204 Hochberg            Rest..........      0,00


   ENTGELTBESTANDTEILE        Tg/Std      DM        Monat
   Jahressummen
   ___________________________________________________________
   Gehalt Aushilfen kfm.                         676,25

   BRUTTOENTGELTE
   ___________________________________________________________
   Gesamtbrutto                                  676,25
   4.057,50
     Steuer-Brutto                 676,25                 4.057,50

     Gesetzliches Netto                          676,25

   ÜBERWEISUNGEN
   ___________________________________________________________
   Ueberweisung                                  676,25
     79050130 KREISSPARKASSE WUERZBGSTADTSPARKASSE OCHSENFT 1024


   ___________________________________________________________
   Steuerklasse / Kinder  1 /            Kirchensteuer
   RK /
     Freibetrag Jahr/Monat        /       Steuer-/SV-Tage 30 /30
   RV.Nr./SV-Kennzeichen  522307660437 / 0000 Krankenkasse
   TKK
```


Bei den Überweisungen ist darauf zu achten, daß man zunächst das Feld *Zahlungsträger drucken* ankreuzt. Anschließend ist ein eingerichteter Drucker zu selektieren, bevor man entscheidet, ob zusätzlich eine Begleitliste ausgegeben werden soll.

Beim Datenträgeraustausch ist genau eine Hausbank anzugeben. Nun muß das Feld *Datenträgeraustausch* angekreuzt werden. Das Feld *Zahlungsträger drucken* darf nicht aktiv sein. Um einen Ausdruck des Diskettenbegleitzettels zu erhalten, ist ein eingerichteter Drucker zu selektieren.

Bei beiden Fällen wird anschließend der Report durch Klicken auf Ausführen gestartet.

In der nun erscheinenden Maske wählt man die Zahlungsdaten durch Anklicken aus. Mit Download gelangt man zum Pop-Up „*Dateiname*". Hier ist ein lokales Laufwerk, ein Verzeichnis sowie der Dateiname anzugeben. Durch Bestätigung wird der Kopiervorgang gestartet. Speichert man auf ein Diskettenlaufwerk, muß die Hinweismeldung mit Ja bestätigt werden.

10.3.5.3   **Fallbeispiel: Auswertungen und Beitragsnachweise für die Sozialversicherung**

Nach der Ausführung der Lohn- und Gehaltsabrechnung sind einige Folgeaktivitäten pro Abrechnungsperiode anzuschließen. Diese erreicht man über die Menüfolge *Folgeaktivitäten* ⇨ *pro Abrechn. Periode* oder direkt über den Button `Pro Abrechn.Periode`

Auswertung

Nun befindet man sich in der Maske *„Aktivitäten pro Abrechnungsperiode"*. Über *Auswertung* ⇨ *Vorbereit. Auswert.* gelangt der Anwender in die bereits bekannte Maske *„Abrechnungsprogramm Deutschland"*. Die Daten zur Mitarbeiterselektion sind erneut einzutragen. Zusätzlich muß ein Abrechnungsschema (z. B. D500 für Deutschland) eingetragen werden.

Mit Ausführen wird die Verarbeitung veranlaßt. Das anschließende Protokoll beendet man mit zweimaligem Anklicken von Zurück .

Beitragsnachweis

Mit der Menüfolge *Auswertung* ⇨ *Sozialversicherung* ⇨ *Beitragsnachweis* gelangt man in die Maske *„SV-Beitragsabrechnung für Pflichtbeiträge"*. Hier ist beim Feld *Auswertungsdaten enthalten in* auf zu klicken, um die entstandenen Daten aus der vorbereiteten Auswertung auszuwählen. Um eine sequentielle Datei zur Überleitung an die Finanzbuchhaltung und zum Controlling bzw. den Datenträgeraustausch mit der Krankenkasse zu erstellen, wird das Feld *Ausgabedatei erstellen* angeklickt. Durch Ausführen wird der Report gestartet und durch zweimal Zurück beendet.

10.3.5.4   **Fallbeispiel: Arbeiten zum Jahreswechsel**

Zum Jahreswechsel werden zusätzlich diverse Aufgaben an die Lohn- und Gehaltsabrechnung gestellt. Diese beinhalten z. B. das Erstellen von Lohnnachweisen für die Berufsgenossenschaften oder die Lohnsteuerbescheinigung auf der Steuerkarte.

**Lohnsteuer-
bescheinigung**

Damit die Lohnsteuerbescheinigung erstellt werden kann, muß über den Button `Pro Abrechn.Periode` und die Menüfolge *Jährliche* ⇨ *Auswertung* ⇨ *Steuer* ⇨ *Lst-Bescheinigung* in die Maske *„Lohnsteuerbescheinigung (D)"* verzweigt werden (siehe Abb. 10.37):

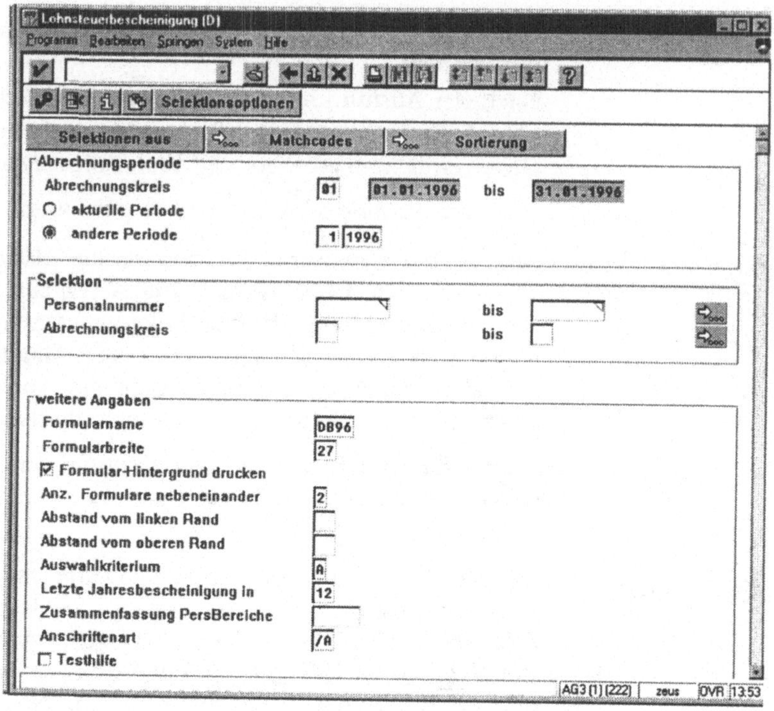

Abb. 10.37
Lohnsteuer-
bescheinigung (D)

Hier sind nun ein abrechnungsrelevanter Abrechnungskreis sowie die gewünschte Periode einzutragen. Zusätzlich stehen geeignete Standardformulare zur Verfügung. Beim Auswahlkriterium ist darauf zu achten, daß zum Jahreswechsel in der Regel ein „A" für alle Mitarbeiter einzugeben ist.

Durch Anklicken von Ausführen [ ] wird der Bescheinigungslauf gestartet. Anschließend kann die Lohnsteuerbescheinigung durch Drucken [ ] ausgegeben werden, bevor sie mit zweimaligem Klicken auf Zurück [ ] beendet wird.

10.3.5.5

Fallbeispiel: Überleitung an die Module FI und CO

Begonnen wird in der bereits bekannten Einstiegsmaske „*Personalabrechnung Deutschland*". Über [Pro Abrechn.Periode] ⇨ *Auswertung* ⇨ *Vorbereit.Auswert.* gelangt man zum „*Abrechnungsprogramm Deutschland*". Hier ist erneut die gewünschte Periode sowie der Abrechnungskreis einzutragen, falls sie vom System nicht automatisch voreingestellt wurde. Außerdem wird nach einem Abrechnungsschema, wobei D500 für die Auswertungsvorbereitung in Deutschland steht, verlangt.

Mit Ausführen wird die Verarbeitung angestoßen und anschließend mit zweimal Zurück ← beendet.

Überleitung FI / CO

Nun gelangt man durch die Folge *Auswertung* ⇨ *Überleitung FI/CO* in die Vorlaufmaske „*Interface Personalabrechnung/ Rechnungswesen*". Beim Feld *Name der Arbeitsdatei* kann durch Klicken auf ⬇ ein zuvor erzeugtes Objekt ausgewählt werden. Unter *Präfix Referenz* kann man dem Buchungsbeleg ein fünf-stelliges Kennzeichen, z. B. um den Ersteller zu identifzieren, mitgeben. Es besteht die Möglichkeit, ein gewünschtes Bu-chungsdatum für die Finanzbuchhaltung einzugeben.

Zusätzlich zum Batch-Input erzeugt der Report einen Papierbe-leg, mit dem man die Ergebnisse abstimmen kann. Anschließend ist die Batch-Input-Mappe wie folgt einzuspielen:

Einspielen der Batch-Input-Mappe

Über die Menüfolge *System* ⇨ *Dienste* ⇨ *Batch-Input* ⇨ *bearbei-ten* gelangt man zum Abspielen der Batch-Mappe. Durch Betäti-gen des Buttons [Übersicht] und unter „*Noch zu verarbeitende Mappen*" steht die erstellte Mappe. Diese wird nun angeklickt und „*Nur Fehler anzeigen*" gewählt. Anschließend betätigt man den Button [Abspielen] (siehe Abb.10.38).

Abb. 10.38 Batch-Input Mappenübersicht

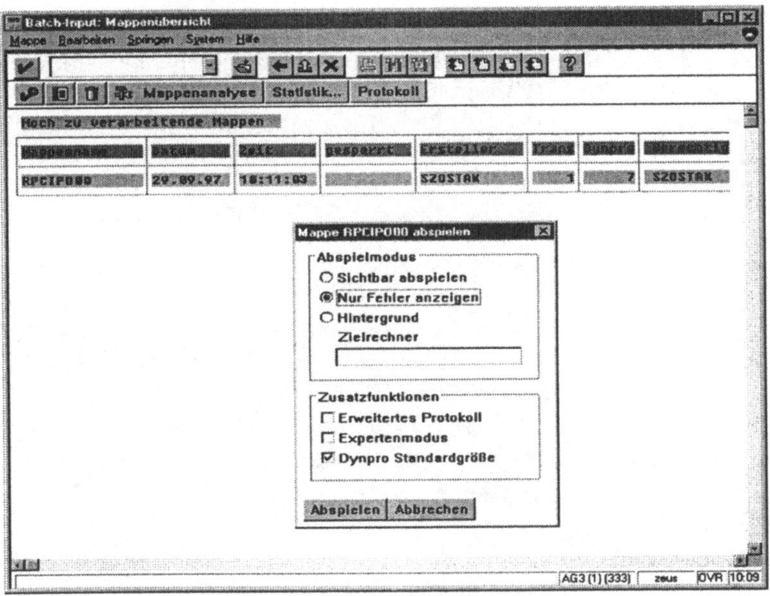

Die Verbuchungen werden nun im Hintergrund abgearbeitet. Eventuell auftretende Fehler werden angezeigt und können dann korrigiert werden.

10.4 Reiseabrechnung

Das Modul HR-Reise des Systems R/3 ermöglicht dem Anwender direkt am PC die komplette Erfassung, Bearbeitung und Abrechnung der Firmenreisen.

Um eine korrekte Abwicklung einer Reise mit den anfallenden Reisekosten zu gewährleisten, kommuniziert das Reisekostenmodul mit folgenden anderen Komponenten des R/3-Systems:

Abb. 10.39
Zusammenarbeit mit
anderen R/3-Modulen

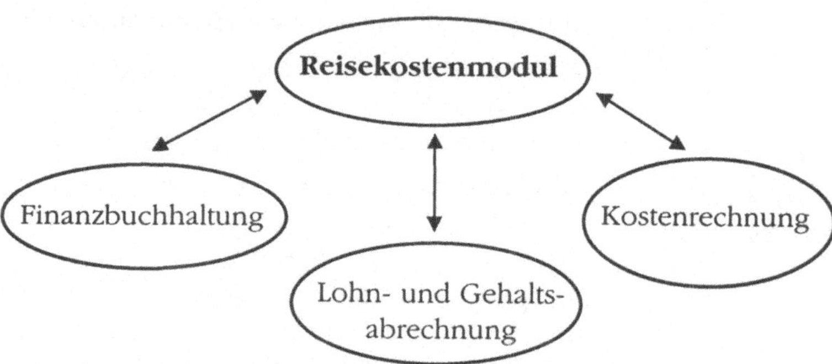

Dies ermöglicht zum einen die korrekte Buchung der angefallenen Reisekosten, zum anderen die Berücksichtigung von eventuell bereits an den Mitarbeiter ausbezahlten Vorschüssen und der nachträglich auszuzahlenden Spesen sowie das exakte Umlegen der Reisekosten auf die jeweils betroffenen Kostenstellen innerhalb des Unternehmens. Eine Übermittlung der Daten an die Banken zur Gehaltsabrechnung wird ebenfalls unterstützt.

Die Einsatzmöglichkeiten des Reisekostenprogramms beschränken sich nicht auf den Einsatz im R/3-System, sondern ermöglichen die Zusammenarbeit mit diversen anderen Standardsystemen. Es läßt sich somit in bereits vorhandene, andersartige Softwaresysteme einbinden.

Für den isolierten Einsatz des Reisekostenmoduls steht ein eigener Datenträgeraustausch zur Verfügung:

Abb. 10.40
Einsatzmöglichkeiten
von HR-Reise

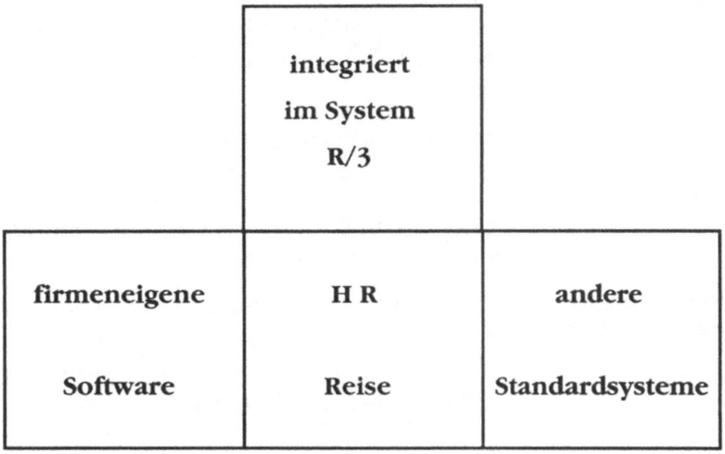

	integriert **im System** **R/3**	
firmeneigene **Software**	**H R** **Reise**	**andere** **Standardsysteme**

10.4.1 Pauschalabrechnung und Einzelnachweise

Die Grundversion des Moduls HR-Reise unterscheidet zwischen Pauschalabrechnung und Einzelnachweisen für eine Reise.

Pauschalabrechnung

Innerhalb der Pauschalabrechnung werden folgende Möglichkeiten unterschieden:

- Dienstgang / Dienstreise
- eintägige oder mehrtägige Reisen
- ermäßigte Pauschal- und Höchstsätze bei einer Reisedauer unter zwölf Stunden
- Abzüge wegen unentgeltlicher Bewirtung
- Zusammenfassen von Ländern zu Ländergruppen
- Bewertung des Reisetages nach dem zuletzt vor 24 Uhr erreichten Land
- Bewertung des Rückreisetages nach dem Zeitpunkt des Grenzübertrittes

Einzelnachweise

Die Einzelnachweise einer Reise beinhalten dagegen:

- Unterkunftskosten
- Verpflegungsaufwendungen
- Fahrtkosten
- Bewirtungen
- Nebenkosten

Soll eine Abrechnung nicht nach deutschen, sondern nach österreichischen Gesetzen erfolgen, kann die **Reisezeit** entweder nach

- Kalendertagen oder
- 24-Stunden-Intervallen

erfolgen und diese wiederum nach Zwölftel- oder Uhrzeiten-Regelung abgerechnet werden.

Pauschalabrechnung und Einzelnachweise

Die Kombination von Pauschalabrechnung und Einzelnachweisen ist ebenfalls möglich und vor allem dann sinnvoll, wenn für fehlende Belege, z. B. Unterkunftsbelege, ein ermäßigter Pauschalsatz berücksichtigt werden soll.

10.4.2   Anlage einer Reise

Wie wird nun eine solche Reise eines Mitarbeiters angelegt?

Abb. 10.41
Reisedaten anlegen

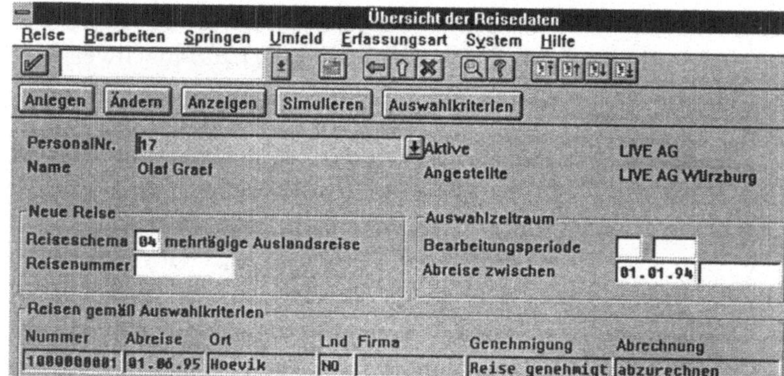

„RA_4_1.scm"

Personalnummer

Im Feld *„Personalnummer"* wird zunächst die Personalnummer des Mitarbeiters eingegeben. Sollte diese nicht bekannt sein bzw. auf dem Reiseantrag des Mitarbeiters vergessen worden sein, kann über die ▧-Taste ein Auswahlmenü aufgerufen werden.

Reiseschema

Im Feld *„Reiseschema"* werden nun die Angaben: *„Inlands-/Auslandsreisen"*, *„interne/externe Reisen"* und *„eintägige/mehrtägige Reisen"* eingetragen.

Reisenummer

Eine Reisenummer kann (und muß) nur bei externen Reisen eingetragen werden, wohingegen diese Nummer bei internen Reisen vom System automatisch vergeben wird und nicht frei auswählbar ist.

Bearbeitungsperiode

Die Bearbeitungsperiode legt fest, in welchem Zeitintervall die Reise später zu verbuchen ist. Dies ist üblicherweise der aktuelle Monat. Falls also hier keine Eingabe erfolgt, wird automatisch der aktuelle Monat als Abrechnungsperiode angenommen.

Abreisedatum

Das Abreisedatum soll nun im folgenden Feld eingegeben werden. Liegt dieses auf einem speziellen Datum, so trägt der Anwender nur dieses ein. Hat der Reisende dagegen die Möglichkeit an zwei oder mehreren unterschiedlichen Tagen abzureisen, wird die Zeitspanne eingegeben, z. B. zwischen dem 1. Juni 1995 und dem 3. Juni 1995.

Im unteren Feld sind schließlich die bisherigen Reisen des Mitarbeiters angezeigt. Es versteht sich von selbst, daß sich die Reisedaten zweier Reisen nicht überschneiden dürfen.

Als nächstes wird die **Reise angelegt**:

Abb. 10.42
Reise anlegen

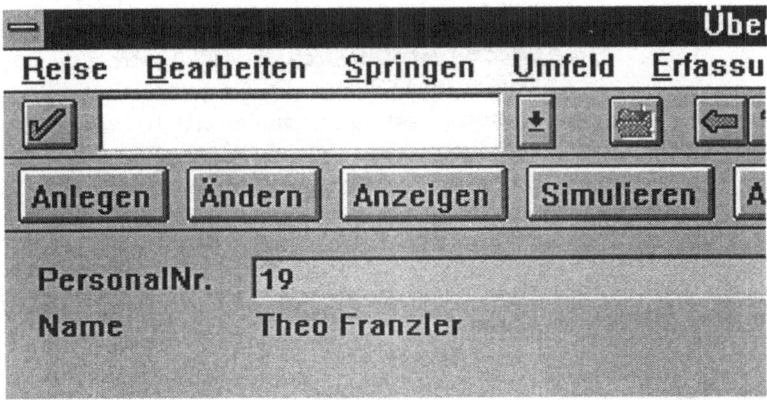

Dazu klickt man mit der linken Maustaste das Feld **Anlegen** an und erhält die folgende Bildschirmmaske, die zur Eingabe der exakten Reisedaten dient:

Abb. 10.43
Reisedaten eingeben

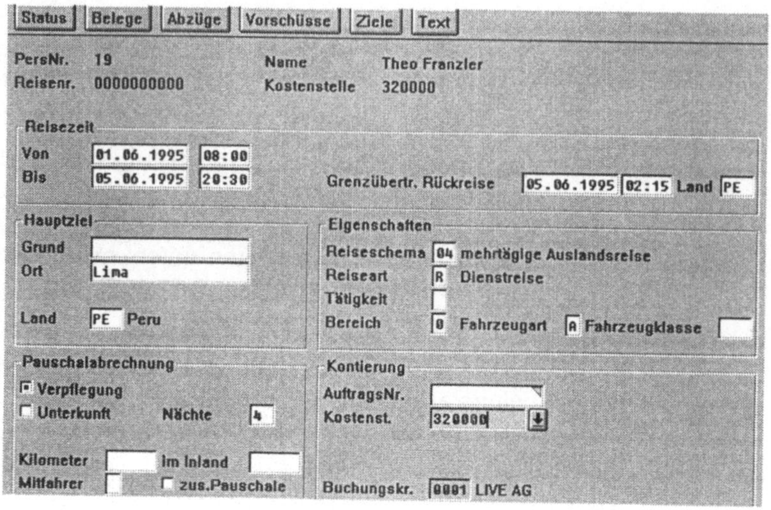

Reisezeit

Im oberen Teil wird zunächst nochmals die genaue Reisedauer (Daten und Uhrzeiten) eingegeben, Datum und Uhrzeit des Grenzübertrittes bei der Rückreise sowie das Land (hier: Peru). Datum und Uhrzeit des Grenzübertrittes sind wichtig für die Berechnung des Pauschalen, d. h., ob z. B. nach der 14-Uhr-Regelung oder der 24-Uhr-Regelung (s. o.) abgerechnet wird. Davon kann abhängen, ob ein Mitarbeiter für den ganzen Tag Spesen erhält, nur anteilig oder gar nicht.

Im Bereich *„Hauptziel"* wird nun das Hauptziel der Reise angegeben:

Abb. 10.44
Hauptziel

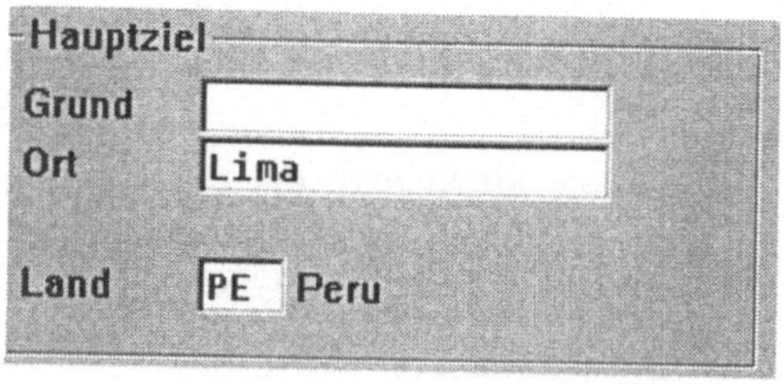

Der *„Grund"* bezeichnet die Kundennummer desjenigen Kunden, bei dem der Mitarbeiter einen Hausbesuch macht. Ist die Reise keinem Kundendienst gewidmet, wird kein Reisegrund eingetragen.

Eigenschaften

Das Untermenü „*Eigenschaften*" (siehe Abb. 10.45) legt weitere reisespezifische Daten fest, wie Reiseschema, Reiseart, Tätigkeit während der Reise, Bereich, Fahrzeugart oder Fahrzeugklasse.

Abb. 10.45
Eigenschaften

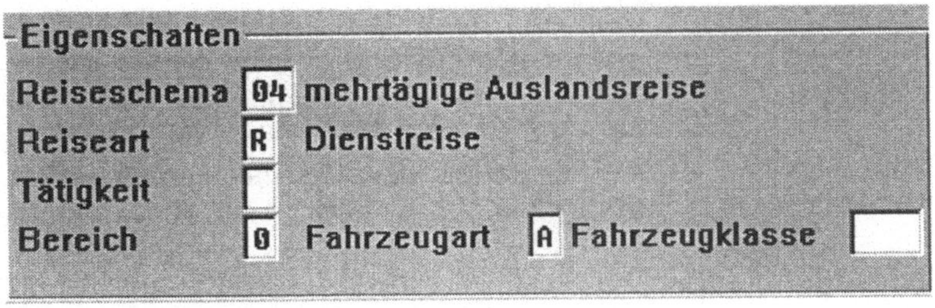

Fahrzeugart

Bei den Fahrzeugarten wird unterschieden zwischen:

„A"   **Flugzeug**
„B"   **Bus**
„F"   **Fahrrad**
„L"   **Lkw**
„M"   **Motorrad**
„P"   **Pkw**
„Z"   **Zug**

Fahrzeugklasse

Die Fahrzeugklasse wiederum legt dieselbe fest, welche der Reisende benutzt. Die Berechtigungen für die einzelnen Fahrzeugklassen können in den Reiseprivilegien (siehe Abb. 10.45 unten) festgelegt werden.

Pauschalabrechnung

Außerdem können - falls eine Pauschalabrechnung der Reise durchgeführt werden soll - in diesem Untermenü die Kosten ausgewählt werden, für die Pauschalabrechnung gewünscht wird:

Abb. 10.46
Pauschalabrechnung

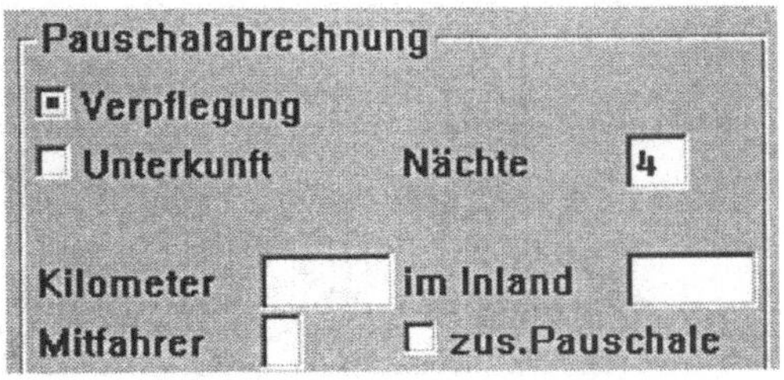

Zum Beispiel „*Verpflegung*" oder „*Unterkunft*", wobei hier die Anzahl der pauschalierten Unterkunftskosten im Feld „*Nächte*" eingetragen wird. Die Anzahl der gefahrenen Kilometer (Kilometerpauschale(n)) oder die Anzahl der Mitfahrer etc. sind ggf. einzutragen.

Kontierung der
Reisekosten

Im Feld „*Kontierung*" wird schließlich festgelegt, wie die Reisekosten im Modul FI (Finanzwesen) verbucht werden, d. h. hier wird bei internen Reisen die jeweilige Kostenstelle eingetragen, der die Reisekosten belastet werden sollen oder die Auftragsnummer, wenn die Reisekosten zu Lasten eines Kunden gehen:

Abb. 10.47
Kontierung

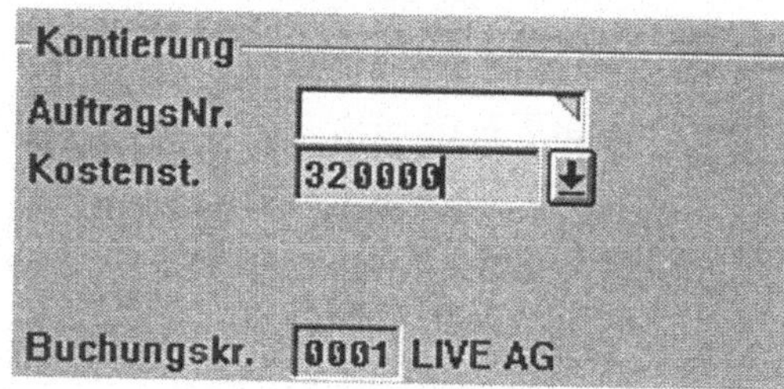

In diesem Beispiel verbirgt sich hinter „320 000" die Kostenstelle „Vertrieb Europa Fahrräder" der Live AG.

Buchungskreis

Der Buchungskreis legt fest, auf welches Werk, Zweigstelle o.ä. des Unternehmens sich die Verbuchung bezieht.

10.4.3   Erfassung der Vorschüsse

Als nächstes soll die Erfassung der Vorschüsse genauer dargestellt werden, die einem reisenden Mitarbeiter eventuell gezahlt werden sollen. Dazu wählt man zunächst den Menüpunkt Vorschüsse aus und erhält daraufhin die folgende Eingabemaske:

Abb. 10.48
Vorschüsse

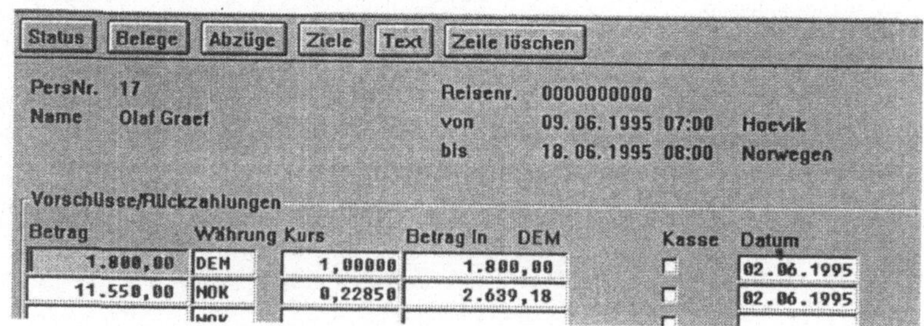

Eingabe der
Vorschüsse

Im Feld „*Betrag*" wird der jeweilige Betrag des Vorschusses in der entsprechenden Landeswährung eingegeben. Im nächsten Feld „*Währung*" wird das Kürzel der Landeswährung, z. B. DEM für Deutsche Mark, NOK für Norweg. Kronen, USD für U.S.-Dollar usw., eingetragen. Gibt man keine Währung ein, wird die Währung der Zeile davor übernommen.

Den „*Betrag in DEM*" berechnet das Reisekostenmodul eigenständig, das „*Kasse*"-Feld wird ebenfalls vom System markiert und kann nicht vom Anwender ausgewählt werden. Es wird dann markiert, wenn ein Reiseantrag den Status „*Antrag genehmigt*" und „*abzurechnen*" erhält.

Das Feld „*Datum*" gibt schließlich an, wann der Vorschuß angelegt werden soll.

10.4.4   Eingabe der Reisebelege

Ein weiterer wesentlicher Teil der Reisekosten entsteht durch die eingereichten Reisebelege. Hier werden sämtliche während der Reise angefallenen Kosten aufgeführt, die später in die Buchhaltung der Firma eingehen müssen.

Um die Reisebelege eingeben zu können, kann man den Shortcut **Belege** auswählen. Nun können die einzelnen Belege eingegeben werden:

Abb. 10.49
Reisebelege

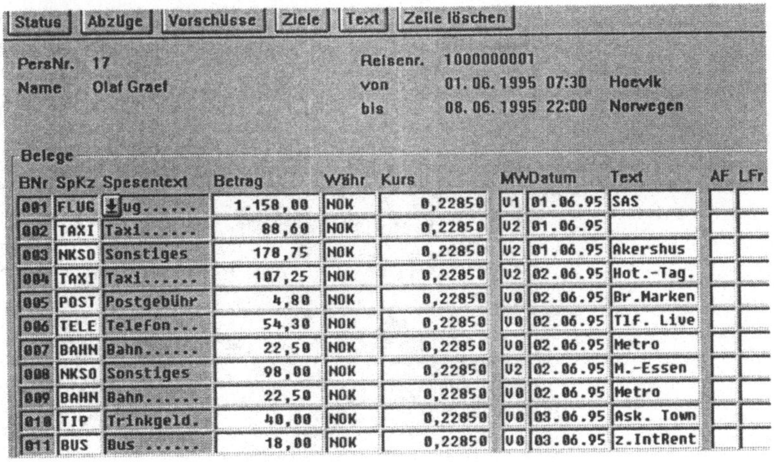

| Status | Abzüge | Vorschüsse | Ziele | Text | Zeile löschen |

PersNr.   17   Reisenr.   1000000001
Name   Olaf Graef   von   01.06.1995 07:30   Hoevik
                                     bis   08.06.1995 22:00   Norwegen

Belege

BNr	SpKz	Spesentext	Betrag	Währ	Kurs	MW	Datum	Text	AF	LFr
001	FLUG	⬇Flug......	1.158,00	NOK	0,22850	V1	01.06.95	SAS		
002	TAXI	Taxi......	88,60	NOK	0,22850	V2	01.06.95			
003	NKSO	Sonstiges	178,75	NOK	0,22850	V2	01.06.95	Akershus		
004	TAXI	Taxi......	107,25	NOK	0,22850	V2	02.06.95	Hot.-Tag.		
005	POST	Postgebühr	4,80	NOK	0,22850	V0	02.06.95	Br.Marken		
006	TELE	Telefon...	54,30	NOK	0,22850	V0	02.06.95	Tlf. Live		
007	BAHN	Bahn......	22,50	NOK	0,22850	V0	02.06.95	Metro		
008	NKSO	Sonstiges	98,00	NOK	0,22850	V2	02.06.95	M.-Essen		
009	BAHN	Bahn......	22,50	NOK	0,22850	V0	02.06.95	Metro		
010	TIP	Trinkgeld.	40,00	NOK	0,22850	V0	03.06.95	Ask. Town		
011	BUS	Bus	18,00	NOK	0,22850	V0	03.06.95	z.IntRent		

Belegnr./SpKz.

Die Belegnummer wird automatisch hochgezählt. Das erste darauf folgende Feld „*SpKz*" ist dem Spesenkürzel vorbehalten. Diese können aus einer Tabelle ausgewählt werden, wenn man das jeweilige Kürzel nicht weiß. Dazu klickt man mit der linken Maustaste auf das Feld ⬇ und erhält die Liste der Spesenkürzel. In den nächsten Feldern werden der Betrag, die Währung und der Kurs, wie beim Anlegen der Vorschüsse, eingegeben.

Mehrwertsteuersatz

Das Feld *MW* verlangt nach der Eingabe des Mehrwertsteuersatzes, welcher für den entsprechenden Beleg relevant ist. Auch hier kann wieder über die ⬇ Taste ausgewählt werden.

Belegdatum

AF / LF

Das Datum bezeichnet das Belegdatum, an dem die Kosten entstanden sind, im Feld „*Text*" können zusätzliche Erläuterungen eingegeben werden. Im Feld „*AF*" wird die Anzahl der Frühstükke eingeben, im folgenden Feld „*LF*" schließlich kann der Länderschlüssel Frühstück eingetragen werden.

10.4.5 Abzüge und Kostenaufteilung der Reise

Für jeden einzelnen Reisetag können spezifische Abzüge für die Mahlzeiten erstellt werden. Man verwendet diese Möglichkeit dann, wenn der Mitarbeiter am Reiseort kostenlos verpflegt wird.

Hierzu wählt man die Taste Abzüge und kann nun dieselben in folgender Bildschirmmaske eintragen:

Abb. 10.50
Abzüge

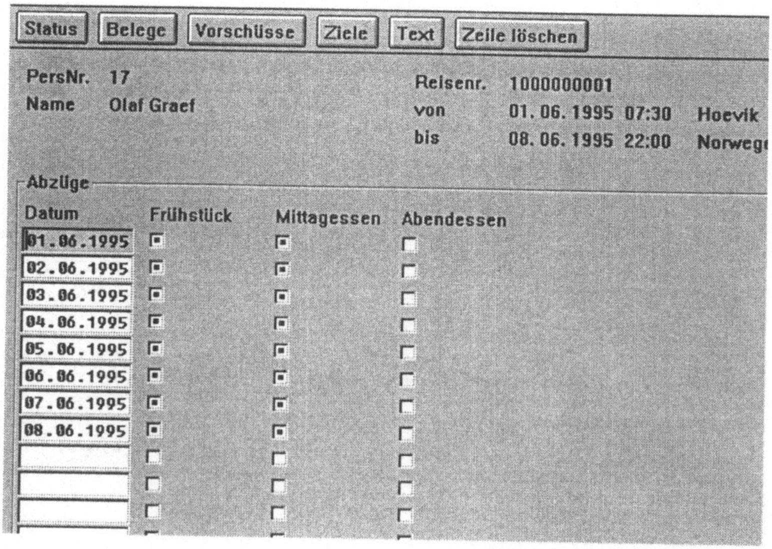

| Status | Belege | Vorschüsse | Ziele | Text | Zeile löschen |

PersNr. 17   Reisenr. 1000000001
Name Olaf Graef   von   01.06.1995 07:30 Hoevik
                                               bis   08.06.1995 22:00 Norweg(

Abzüge

Datum	Frühstück	Mittagessen	Abendessen
01.06.1995	☑	☑	☐
02.06.1995	☑	☑	☐
03.06.1995	☑	☑	☐
04.06.1995	☑	☑	☐
05.06.1995	☑	☑	☐
06.06.1995	☑	☑	☐
07.06.1995	☑	☑	☐
08.06.1995	☑	☑	☐
	☐	☐	☐
	☐	☐	☐
	☐	☐	☐

Mit der linken Maustaste können die jeweils abzuziehenden Mahlzeiten markiert werden.

Die **Kosten einer Reise** können im System unterschiedlich aufgeteilt werden:

Abb. 10.51
Kostenaufteilung
der Reise

Die Kostenaufteilung pro Gesamtreise spricht eigentlich schon für sich selbst, d. h. die Kosten werden auf die gesamte Reise umgelegt.

Kostenaufteilung
pro Beleg

Bei der Kostenaufteilung pro Beleg kann

- jeder Beleg mit eigener Aufteilung versehen werden;
- die Zuweisung der Belege zu einzelnen Kostenstellen erfolgen;
- die Reisekostenstammkontierung gewählt werden.

Kostenaufteilung
pro Zwischenziel

Bei der Kostenaufteilung pro Zwischenziel kann entweder eine Verbuchung auf eine Auftragsnummer (Kunde!) oder ebenfalls auf Kostenstellen bzw. eine Reisekostenstammkontierung ausgewählt werden.

10.4.6   Eingabe der Zwischenziele einer Reise

Wird eine Reise mit mehreren Zwischenzielen angelegt, wie z. B. Rundreisen oder Sternreisen, oder erfolgt während der Reise mit nur einem Ziel noch ein „kurzer Abstecher" zu einem Zwischenziel (z. B. Firmenbesichtigung, Seminar an einem anderen Ort), so können diese Zwischenziele ebenfalls erfaßt werden. Dazu wählt man zunächst mit der Maus den Shortcut Ziele an (siehe Abb. 10.52).

Abb. 10.52
Zwischenziele

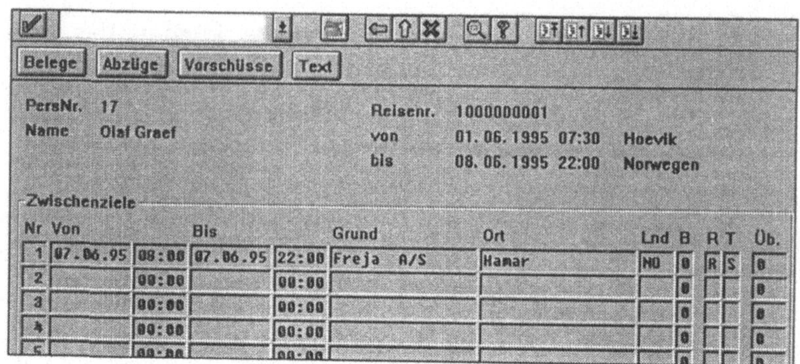

Die Zwischenziele werden wiederum vom System aus automatisch durchnumeriert. Nun können die einzelnen Zwischenziele eingegeben werden.

Zeitraum und Grund

Zunächst muß der Zeitraum der Zwischenreise (Daten und Uhrzeiten) eingetragen werden. Im folgenden Feld „*Grund*" ist im obigen Beispiel „Freja A/S" ein Firmenname eingetragen worden. Hier kann jeder beliebige Kundenname oder sonstiger Firmenname eingegeben werden, zu dem der Mitarbeiter reist.

Ort und Land

Ort und Land (länderspezifisches Kürzel) sind genauso wie bisher zu behandeln. Feld „*B*" steht für den Bereich, „*R*" für die Reiseart (Dienstgang oder Dienstreise), „*T*" für die Tätigkeit während der Reise (Kurse, Seminare etc.).

Anzahl Übernachtungen

Im Feld „*ÜB*" wird die Anzahl der Übernachtungen erfaßt. Erfolgt die Unterkunftsabrechnung pauschal, so schlägt das System R/3 für jedes Zwischenziel die Anzahl der Übernachtungen vor. Diese können nach oben oder unten manuell korrigiert werden.

10.4.7   Festlegen der Reiseprivilegien

Ebenfalls sehr wichtig ist das Festlegen der Reiseprivilegien für die einzelnen Mitarbeiter des Unternehmens. Es können Pkw-Regelungen, Berechtigungen zum Benutzen von bestimmten Pkw-Klassen sowie die Spesenberechtigungen festgehalten und/oder verändert werden.

Abb. 10.53
Reiseprivilegien

Umfeld

Man wählt (siehe Abb. 10.53) zunächst den Punkt „*Umfeld*" aus der Menüleiste aus, dann das „*Stammdatenmenü*". Nun kann die Personalnummer des Mitarbeiters eingegeben werden, für den die Reiseprivilegien geändert werden sollen. Mit der linken Maustaste klickt man den Punkt „*Reiseprivilegien*" an und wählt das Feld „*Ändern*".

Mit der folgenden Eingabemaske können sowohl die Reiseprivilegien als auch die Kostenstelle des Mitarbeiters verändert werden:

Abb. 10.54
Ändern der
Reiseprivilegien

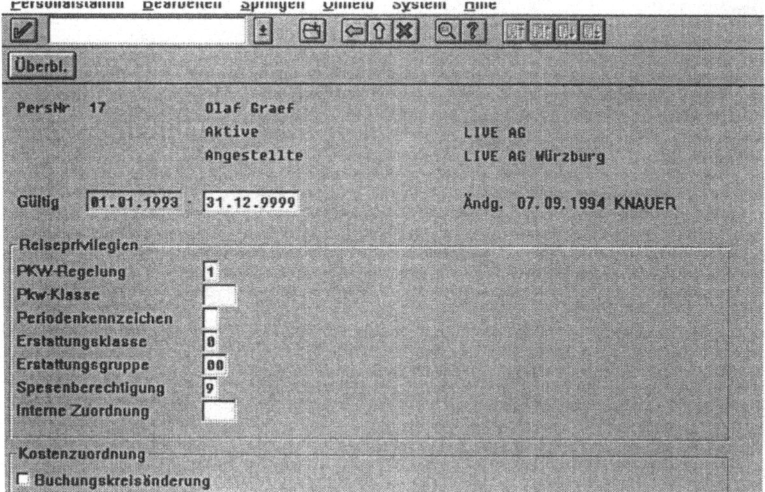

Zum Abschluß sollen die wesentlichsten **Vor- und Nachteile** des Reisekostenmoduls im HR-System kurz aufgeführt werden:

- komplexe Reisegestaltung ist möglich;
- Reisen werden im System voll erfaßt und verbucht.

- Erfassung nur über die Personalnummer, **keine Eingabe des Namens möglich;**
- Spesenkürzel sind zum Teil schwer durchschaubar.

10.5   Personalplanung

Planung ist die Projektion gewollten Handelns in die Zukunft. Es sollen künftige Entwicklungen vorausgesehen werden, um die Ziele der Unternehmung ohne absehbare Risiken zu erreichen.

Heutzutage ist die Planung der personellen Ressourcen zu einem wichtigem Bestandteil der Gesamtunternehmensplanung geworden. So ist es selbstverständlich, daß auch in R/3 eine Komponente Personalplanung im Modul HR integriert ist.

Die unternehmerische Personalplanung gliedert sich in folgende Teilbereiche:

Gliederung

- **Personalorganisation**
- **Personalbedarfsplanung**
- **Personalbeschaffungsplanung**
- **Personaleinsatzplanung**
- **Personalentwicklungsplanung**
- **Personalfreisetzungsplanung**
- **Personalkostenplanung**

Eine Übersicht der wichtigsten im Modul HR integrierten Komponenten gibt die nachfolgende Aufzählung:

Komponenten

- **Organisation**
- **Qualifikationen**
- **Karriere- und Nachfolge**
- **Personalkosten**
- **Veranstaltungsmanagement**

10.5.1   Organisation

Innerhalb der Personalplanung bildet die Organisation die wohl wichtigste Komponente. Hier werden die Organisationsstrukturen der Unternehmung abgebildet und als Grundlage für die weiteren Anwendungen der Personalplanung benutzt.

Im folgendem soll ein kurzer Überblick über die in der Personalplanung verwendeten Basisobjekte gegeben werden.

Die **Organisationseinheit** ist ein beliebiges, organisatorisches Gebilde in der Unternehmung.

Als Zusammenfassung von Aufgaben, Tätigkeiten etc. versteht sich das Objekt **Stelle**. Sie steht für eine Berufs- bzw. Tätigkeitsbezeichnung und kommt in der Unternehmung nur einmalig vor.

Eine **Planstelle** wird durch die Stelle beschrieben. Sie entspricht einer Konkretisierung und quantitativen Erfassung von Stellen. Sie kann durch mehr als eine Person besetzt werden.

Als **Arbeitsplatz** wird der konkrete Standort bezeichnet, der von mehreren Planstellen ausgefüllt sein kann.

Das Objekt **Aufgabe** beschreibt die einzelnen Tätigkeiten der Stelle und somit auch indirekt der dazugehörigen Planstellen.

Hinweis

Jedes dieser beschriebenen Objekte besitzt einen **Infotypen** 1000 „Objekt" mit frei wählbarem 12-stelligen Kürzel und einem 40-stelligen Langtext.

Ohne diese Infotypen gibt es keine Objekte in R/3:

Tab. 10.4
Infotypen

Objekt	Beispiel
Organisationseinheit	Vertrieb, Einkauf, EDV...
Stelle	Vertriebsbeauftragter, Sekretärin, ...
Planstelle	Sekretärin GL, ...
Arbeitsplatz	Produktionsmaschine MA2,...
Aufgabe	Serverbackup, Kaffe kochen, ...

Der fachliche Zusammenhang der oben genannten Objekte ergibt sich aus folgender Grafik:

Abb. 10.55
Fachlicher
Zusammenhang

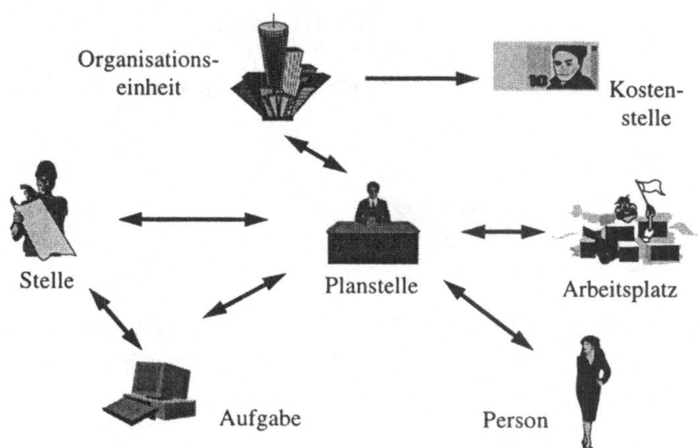

Die Planstelle (siehe Abb. 10.55) ist durch eine Person besetzt. Jede Planstelle wird durch eine Stelle beschrieben, wobei wiederum die Aufgabe die Stelle und Planstelle beschreibt. Die Planstelle gehört zum Arbeitsplatz. Jede Organisationseinheit umfaßt ein oder mehrere Planstellen; mehrere Organisationseinheiten ergeben Organisationspläne. Den Organisationseinheiten werden Kostenstellen zugeordnet.

Das HR-Modul „**Organisation und Planung**" kann Organisationseinheiten, Planstellen, Stellen, Arbeitsplätze und Aufgaben abbilden, verwalten und planen. Ferner kann es Arbeitsplatzbeschreibungen, Stellenpläne und Besetzungspläne sowie Organigramme und Organisationspläne erstellen.

10.5.1.1

„PP_5_2.scm"

Fallbeispiel: Organisationseinheit hinzufügen

Die Vertriebsabteilung soll erweitert werden. Unter der Organisationseinheit Vertrieb Fahrräder soll eine Marketingabteilung in den aktuellen Organisationsplan aufgenommen werden.

1. Erweiterung des Organisationsplans

Mit *Personal* ➪ *Planung* ➪ *Organisation und Auswertungen* ➪ *Organisationseinheit* gelangt man zur Organisation und Planung.

Abb. 10.56
Organisation und
Planung

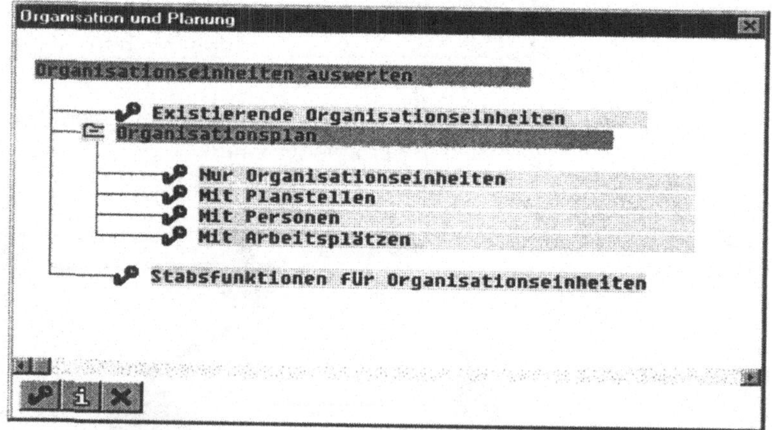

Durch Auswahl von *Existierende Organisationseinheiten* erreicht man den Report, der die existierenden Organisationseinheiten aufzeigt.

Abb. 10.57
Selektion:
Existierende Organi-
sationseinheiten

Da der Gesamtkatalog gewünscht wird, kann dieser durch Bestätigung von aufgelistet werden. Unter Umständen ist jetzt noch beim ersten Aufruf die gewünschte Planversion 01 für *Aktueller Plan* einzugeben und mit fortzufahren.

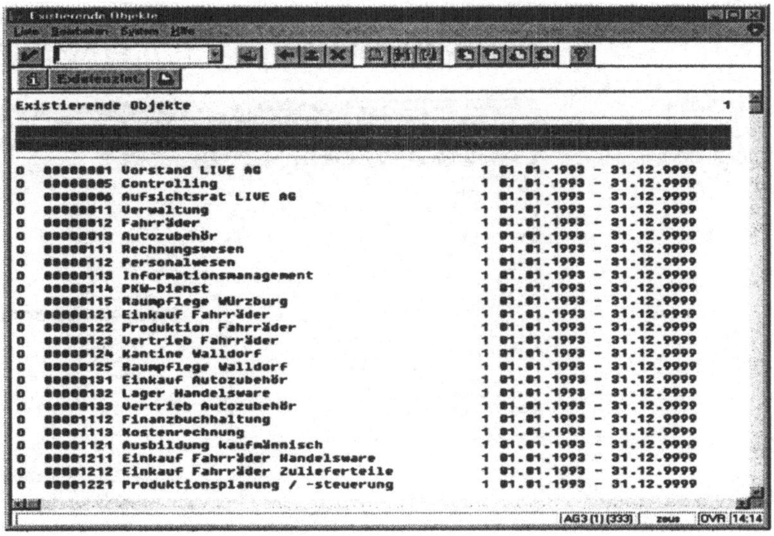

Abb. 10.58
Existierende Objekte:
Organisationseinheiten

Als Ergebnis erhält man eine Auflistung aller bestehenden Organisationseinheiten. Daraus wird ersichtlich, daß die Einheit „Vertrieb Fahrräder" die Nummer 00000123 hat, und daß später die Marketing Einheit mit der Nummer 00001236 ausgebaut werden kann.

Durch 2x ⬅ *Zurück* und ❌ *Abbrechen* gelangt man wieder in das Einstiegsmenü zur *Organisation und Planung*.

Der Pfad *Detailpflege* ⇨ *Organisationseinheiten* (bzw. *Personal* ⇨ *Planung* ⇨ *Organisation* und *Detailpflege* ⇨ *Organisationseinheiten* vom R/3 Hauptmenü) bringt den User zurück in die Einstiegsmaske zur Pflege der Plandaten.

2. Organisationseinheit pflegen

Aspekt
Planvariante

Der Aspekt und die Planvariante sind nach der Verwendung der Plandaten der Planstelle einzurichten. Die Vorschlagswerte „Organisations-Entwicklung und -Planung" sowie „Aktueller Plan" sind i. d .R. zu übernehmen bzw. auszuwählen. Dieser Punkt entfällt, falls in der Personalplanung vorher schon die Planvariante eingegeben worden ist.

Für das Hinzufügen von *Marketing* zu den Organisationseinheiten ist eine freie Nummer zu vergeben (s. o.). Diese muß immer entsprechend erfaßt werden.

Mit *Hilfsmittel* ⇨ *Status auswählen...* kann der „*Default Status*" gewählt werden.

Durch Auswahl von *aktiv* und 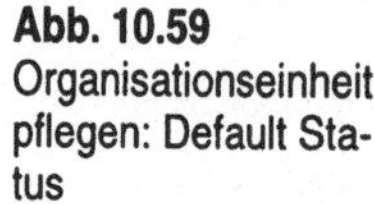 „*Status setzen*" wird dieser bis zum Abmelden gesetzt.

Abb. 10.59
Organisationseinheit
pflegen: Default Status

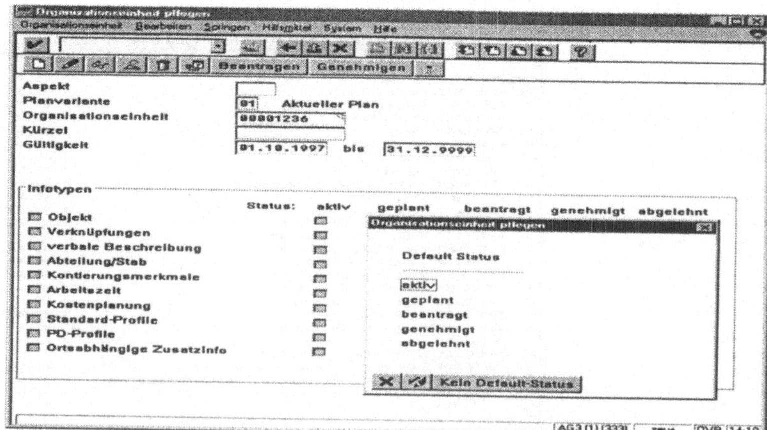

770

3. Verknüpfung mit Vertrieb

Den Infotypen „Objekt" (1000) wählt man durch Anklicken aus, zum Einrichten der Marketing-Einheit betätig man [ ] .

Das entsprechende Kürzel der einzurichtenden Organisationseinheit ist einzugeben. Die Bezeichnung der Organisationseinheit kann hier in „Langform" angegeben werden, um Verwechslungen zu vermeiden.

Abb. 10.60
Infotyp Objekt 1000:
Hinzufügen

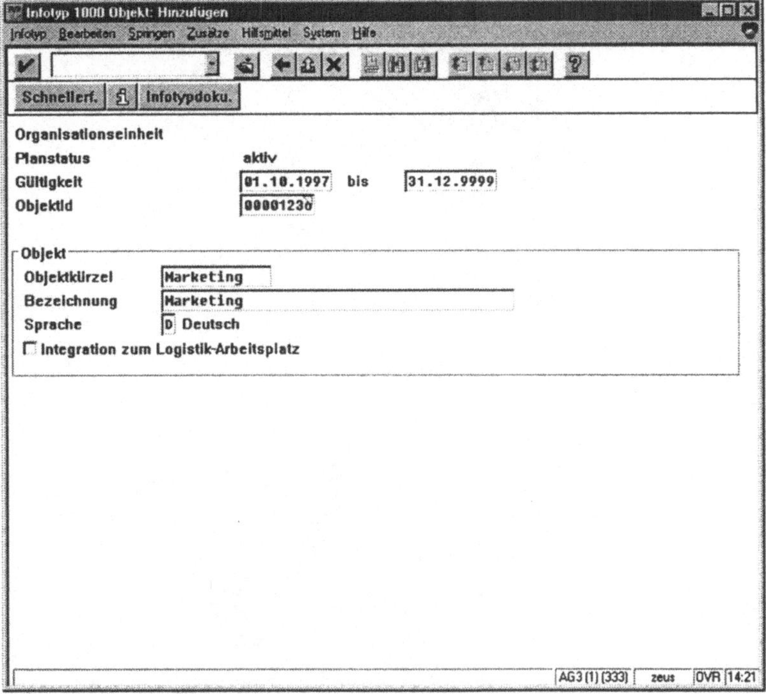

Verknüpfungsart/
Verknüpfung

Durch den Button **Schnellerf.** gelangt man direkt zu dem Infotypen 1001 (Verknüpfungen) mit einem Vorschlag zur Sollverknüpfung. Die vorgeschlagene Sollverknüpfung ist in den Vorgaben zu belassen.

ID des verknüpften
Objekts

Es ist die Organisationseinheit (z. B. Vertrieb 00000123) einzutragen, zu der die Marketing-Abteilung gehören soll (es ist bei der Matchcode Suche darauf zu achten, daß der richtige Objekttyp und die Objekt-ID gewählt wird).

Abb. 10.61
Infotyp Verknüpfun-
gen 1001: Mußver-
knüpfung

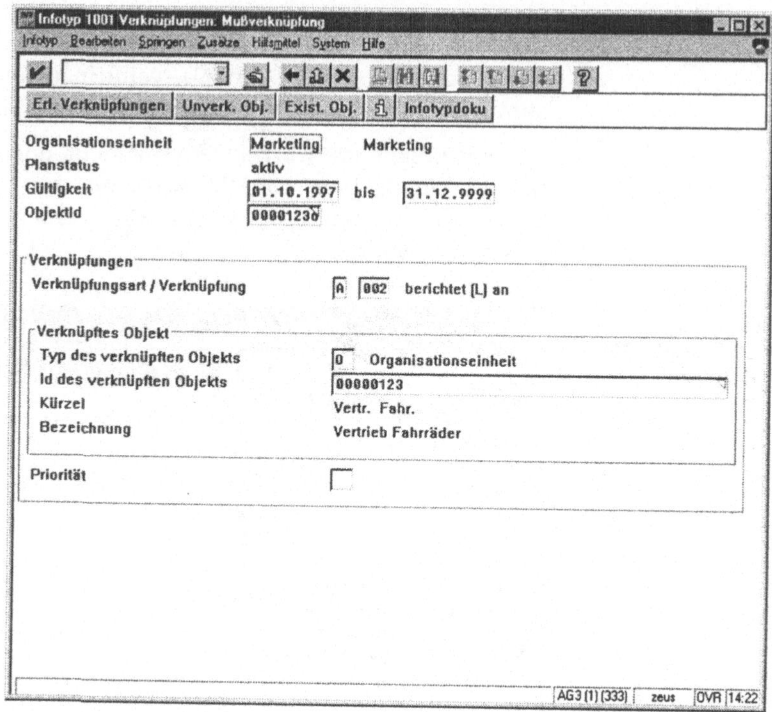

Durch Sichern 🖺 werden die Eingaben abgespeichert. Über ⬅
Zurück und 2x ⬆ Beenden gelangt man wieder in das R/3-
Einstiegsmenü.

Hinweise

- Die Verknüpfungen zu Kostenstellen erfolgen über den Infotypen 1001 und können nachgepflegt werden.

- Verknüpfungen zu den Planstellen werden über das Pflegen
  der Planstellen eingerichtet.

10.5.1.2

„PP_5_2.scm"

Fallbeispiel: Stelle ergänzen

Die Stelle „Designer" soll in den aktuellen Stellenplan mit aufgenommen werden. Die Stelle soll ab dem 01. des Monats eingerichtet und aktiv werden sowie dem aktuellen Plan angehören.
Die Stelle wird mit ihrer Bezeichnung eingepflegt.

1. Anzeige der existierenden Stellen

Mit *Personal* ⇨ *Planung* ⇨ *Organisation* und *Auswertungen* ⇨
Stelle und Auswahl von *Existierende Stellen* gelangt man in den
Report, welcher die existierenden Stellen auflistet.

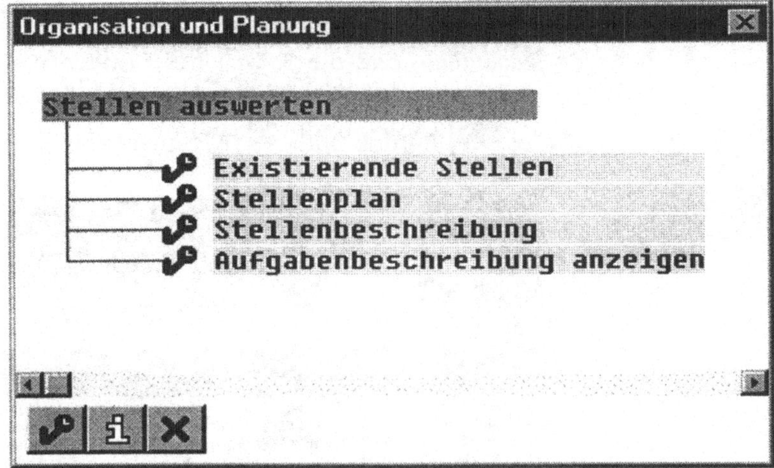

Abb. 10.62
Stelle auswerten

Da der Gesamtkatalog gewünscht wird, sind die Stellen ohne eine weitere Angabe mit Ausführen aufzulisten. Unter Umständen ist jetzt noch beim ersten Aufruf der Personalplanung die gewünschte Planvariante *01 Aktueller Plan* einzugeben und mit Enter fortzufahren.

Abb. 10.63
Selektion:
Existierende Stellen

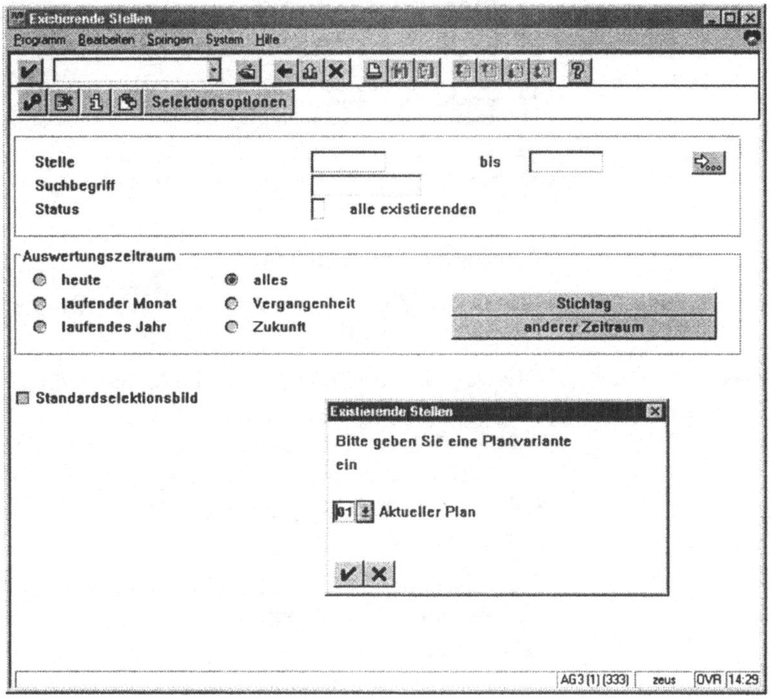

Als Ergebnis erhält man die Auflistung aller Stellen. Daraus wird ersichtlich, daß die Stelle eines Designers später mit der laufenden Nummer 00000027 eingepflegt werden kann.

2x ⬅ Zurück und ✖ Abbruch beendet die Auflistung.

Abb. 10.64
Existierende Stellen

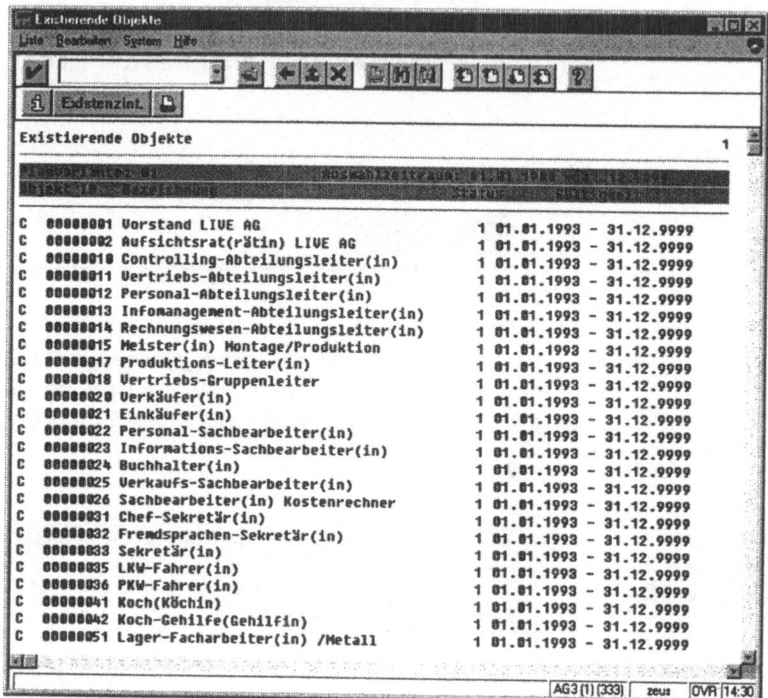

2. Grunddaten eingeben

Mit *Detailpflege* ⇨ *Stelle* gelangt man in die Einstiegsmaske zur Pflege der Plandaten.

Aspekt
Planvariante

Der Aspekt und die Planvariante ist nach der Verwendung der Plandaten der Stelle einzurichten. Die Vorschlagswerte *„Organisations-Entwicklung und -Planung"* sowie *„Aktueller Plan"* sind i. d. R. zu übernehmen bzw. auszuwählen. Dieser Punkt entfällt, falls in der Personalplanung vorher schon die Planvariante eingegeben worden ist.

Stelle

Für das Hinzufügen der Stelle *„Designer"* ist eine freie Nummer zu vergeben (z. B. 00000027). Diese muß immer entsprechend erfaßt werden.

Mit *Hilfsmittel* ⇨ *Status auswählen* kann der „Default Status" erreicht werden.

Durch Auswahl von *aktiv* und ![]„Status setzen" wird dieser bis zum Abmelden gesetzt.

3. Einrichten der Stelle

Den Infotypen „Objekt" 1000 wählt man durch Anklicken aus,

zum Einrichten der Stelle betätigt man ![] Anlegen.

Es ist ein entsprechendes Kürzel der einzurichtenden Stelle einzugeben. Die Bezeichnung der Qualifikation kann in „Langform" angegeben werden, um Verwechslungen zu vermeiden.

Abb. 10.65
Infotyp Objekt 1000:
Hinzufügen

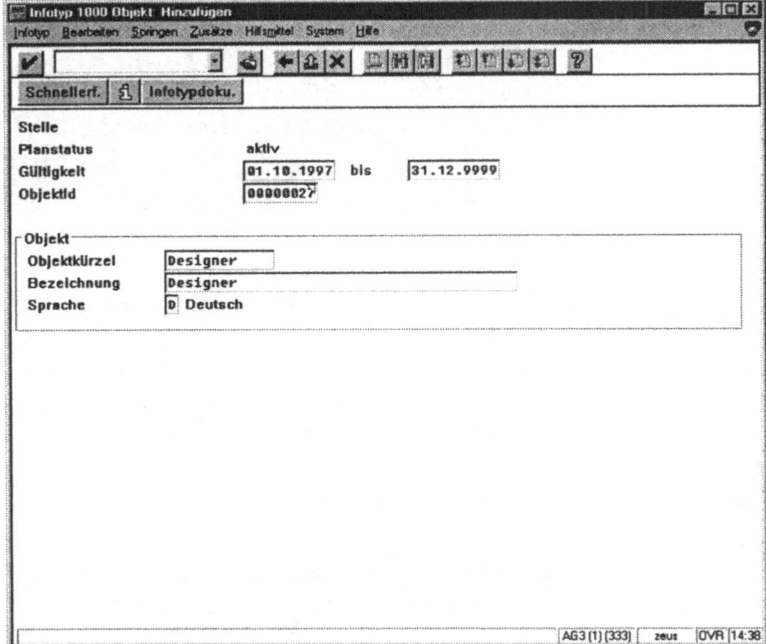

Durch Sichern ![] werden die Eingaben abgespeichert. Über ![] *Zurück* und 2x ![] Beenden gelangt man wieder in das R/3- Einstiegsmenü.

Hinweis

Verknüpfungen zu Planstellen werden über das Pflegen der Planstellen eingerichtet.

10.5.2   Qualifikationen

Innerhalb der Komponente *Personalplanung* gibt es die Möglichkeit, Qualifikationen und untergeordnete Spezialisierungen anzulegen, zu verwalten, zu vergleichen etc.

Hierzu können geforderte und vorhandene Anforderungen gegenübergestellt und bei Bedarf grafisch aufgearbeitet werden.

Entscheidendes Werkzeug hierfür ist der *Qualifikationskatalog*:

Abb. 10.66
Qualifikationskatalog

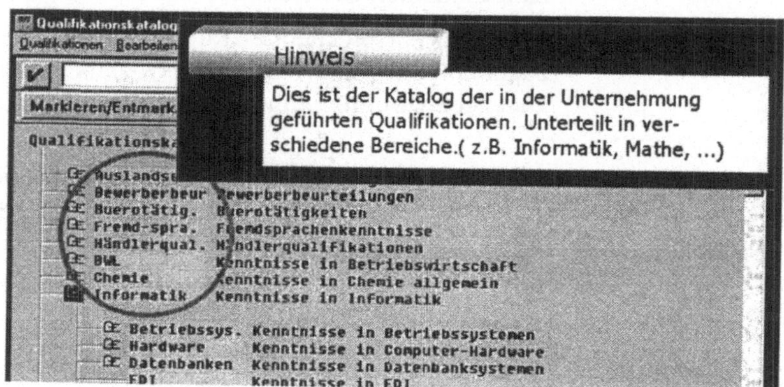

Fallbeispiel:
Qualifikationskatalog
ergänzen

„PP_5_3.scm"

Die Kenntnisse über R/3 wurden bisher noch nicht im Qualifikationskatalog abgebildet. Zukünftig sollen jedoch auch die Qualifikationen der Mitarbeiter in **Standardanwendungssoftware** als Spezialisierung der Qualifikation **Kenntnisse in Informatik** abgebildet werden. Dazu sollen dem Qualifikationskatalog unter der entsprechenden Struktur die gewünschten Qualifikationen hinzugefügt werden.

Mit *Personal* ⇨ *Planung* ⇨ *Qualifikation* und *Qualifikationen* ⇨ *Qualifkatalog* gelangt man in den Report, der den Qualifikationskatalog auflistet.

Der Report kann sofort mit *Ausführen* gestartet werden. Unter Umständen ist noch *01 Aktueller Plan* einzugeben.

Als Ergebnis erhält man das Katalogverzeichnis der Qualifikationen, unterteilt in diverse Oberbegriffe (Mathematische Kenntnisse, Kenntnisse in Informatik, BWL etc.).

Um gezielt die eingepflegten Kenntnisse in Informatik zu erhalten, muß man auf ▣ klicken.

Abb. 10.67
Qualifikationskatalog

Da die Qualifikationen für Standardanwendungssoftware unmittelbar unter dem Punkt „Kenntnisse in Informatik" verknüpft werden sollen, klickt man auf die Zeile *„Informatik"*.

Die neuen Qualifikationen können über *Anlegen* eingepflegt werden. Als erstes ist die Qualifikation „Standardanwendungssoftware" anzulegen.

Hier gibt man ein „sprechendes **Kürzel**" der einzurichtenden Qualifikation ein. Die Bezeichnung der Qualifikation kann in „Langform" angegeben werden, um Verwechslungen zu vermeiden.

Mit *Zeitraum...* legt man die Gültigkeit des Objekts fest.

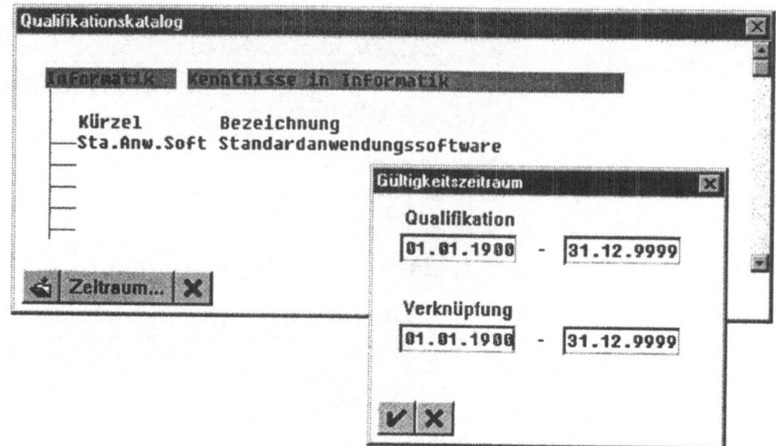

Durch Betätigung von ✔ und 👆 gelangt man wieder in den Qualifikationskatalog.

Nun sind nur noch die Qualifikationen „R/3-Kenntnisse" als Spezialisierung der soeben eingerichteten Qualifikation „Standardanwendungssoftware" einzugeben. Dabei ist wieder wie oben beschrieben zu verfahren.

Durch 2 x Beenden kommt man wieder zum R/3-Einstiegsmenü.

10.5.3   Karriere- und Nachfolgeplanung

Die **Karriereplanung** zeigt auf, welche Aufstiegschancen Mitarbeiter innerhalb der Unternehmung haben. Bei der **Nachfolgeplanung** versucht man, frei gewordene Stellen (z. B. durch Kündigung oder Rente) rasch und ohne großen Kostenaufwand neu zu besetzen.

Führungskräfte

Wenn es um das Nachwuchsführungskräftepotential innerhalb der Unternehmung geht, gibt das System notwendige Hilfestellung, um nach Mitarbeitern zu suchen, welche förderungswürdig und vor allem förderungsfähig sind.

Weiterbildung

Innerhalb der Komponente werden die Abbildungen von Laufbahnen und deren grafische Aufbereitung unterstützt. Weiter kann auch ein potentieller Weiterbildungsbedarf ermittelt werden.

Fallbeispiel:
Karriereplanung

„PP_5_4.scm"

Herr Udo Einsiedler, Verkaufssachbearbeiter, möchte sich über seine Aufstiegschancen innerhalb der Unternehmung informieren. Sein besonderes Interesse gilt der Planstelle „Vertriebsgruppenleiter".

Mit *Personal* ⇨ *Personalplanung* ⇨ *KarriereNachfolge* und *KarriereNachfolge* ⇨ *Karriereplanung* gelangt man zur Maske *Karriereplanung: Einstieg*.

In dieser Maske sind folgende Felder auszufüllen:

Planvariante

Aus der Pick-Liste ist *„Aktueller Plan"* auszuwählen.

Personentyp

Da die Planung für einen Mitarbeiter ist, ist das entsprechende Objekt auszuwählen. Hier ist die Personalnummer des Kandidaten einzugeben. Falls sie nicht vorliegt, kann sie mit dem Standardmatchcode von bekannten Daten abgeleitet werden.

Auswertungstiefe im Laufbahnmodell

Hier kann die Tiefe angegeben werden, die festlegt, wie viele Ebenen, ausgehend von der jetzigen Position, auf der Karriereleiter berücksichtigt werden sollen.

Auswertungstiefe im Qualifikationsnetz

Hier wird die Strukturtiefe festgelegt, bis zu der Ersatzqualifikation für bestimmte Qualifikationen gesucht wird.

Die restlichen Voreinstellungen können übernommen werden.

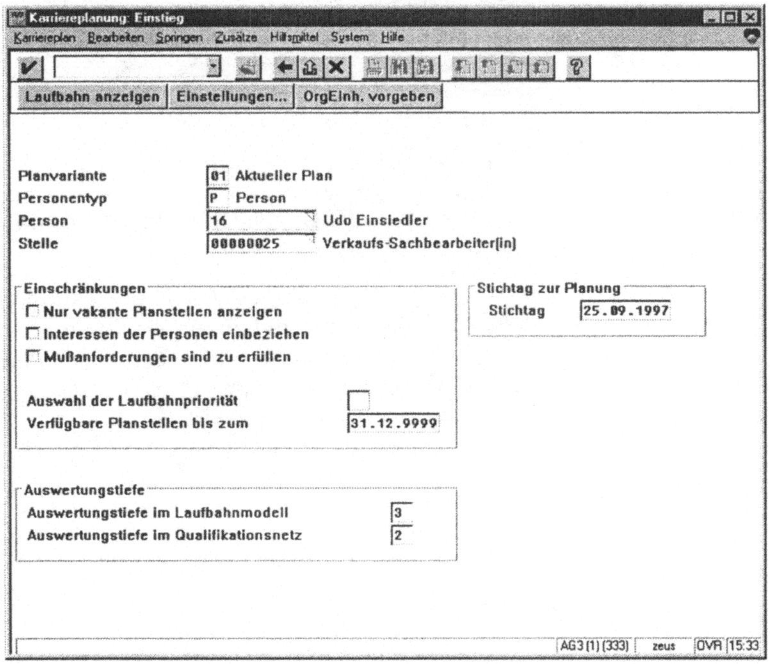

Abb. 10.69
Karriereplanung:
Einstieg

Mit `Laufbahn anzeigen` gelangt man zur Maske „*Karriereplanung: Laufbahn*". Es werden hier die möglichen Stellen im Laufbahnmodell aufgezeigt.

Durch Auswahl von *Grafik* können die möglichen Stellen im Laufbahnmodell angezeigt werden.

Die nachfolgende Abbildung wurde über *Ansichteinstellungen* modifiziert (Anzeigemodus: *Detail*; Darstellungsart: *Kompakt*).

Abb. 10.70
Karriere-Laufbahnmodell

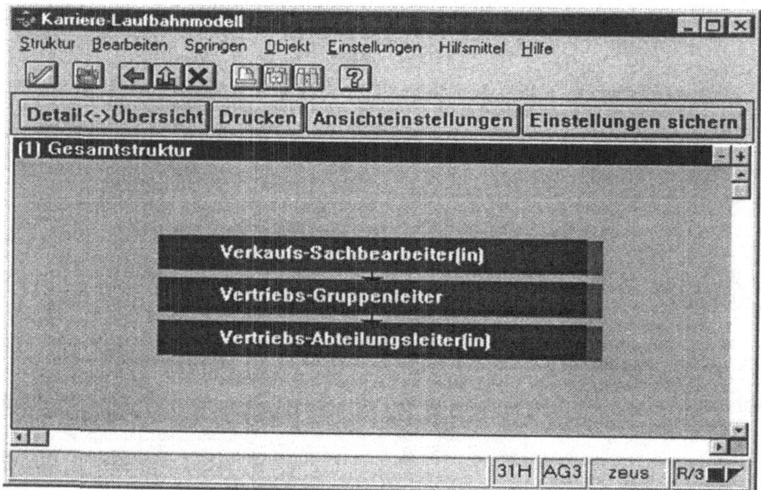

Mit ← und `Ja` gelangt man wiederum zur Maske *Karriereplanung: Laufbahn*.

Jetzt ist „*Vertriebs-Gruppenleiter*" zu markieren. Durch Anklicken von `Hitliste anzeigen` gelangt man zur Maske *Karriereplanung: Hitliste*. Hier wird eine Liste von potentiellen Planstellen für die Karriere des Kandidaten vorgeschlagen, die sich aus einem Profilvergleich der Planstellen ergeben hat.

Abb. 10.71
Karriereplanung:
Einstieg

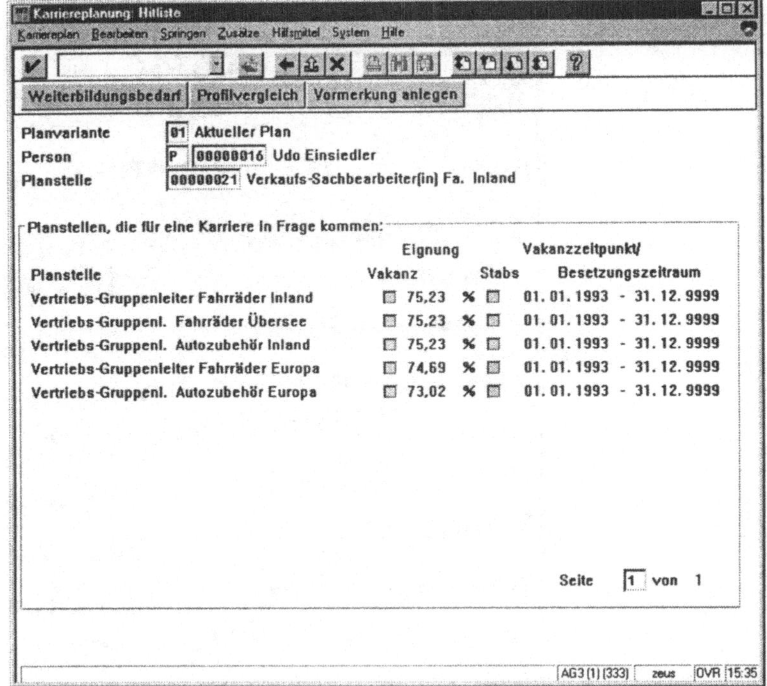

Diese Liste ist geordnet nach einem Eignungsprozentsatz, der die prozentuale Übereinstimmung von Anforderungen der jeweiligen Planstelle mit den Qualifikationen der Person angibt. Ausgehend von den Eignungsprozentsätzen kommen für unseren Kandidaten die drei erst genannten Stellen in Frage.

In unserem Fall beschränken wir uns auf die Aufstiegsmöglichkeiten zum „Vertriebs-Gruppenleiter Fahrräder Inland". Diese Planstelle und das Feld *Weiterbildungsbedarf* sind anzuklicken.

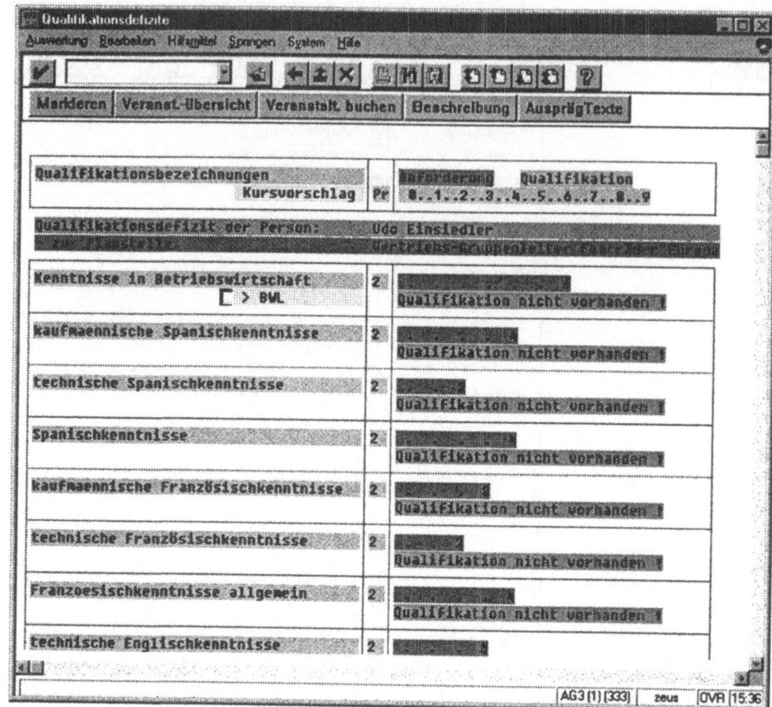

Man erhält eine Übersicht über den absoluten (Qualifikation fehlt ganz) und den relativen Weiterbildungsbedarf (Qualität der Qualifikation muß verbessert werden) des Kandidaten in Hinblick auf die ausgewählte Planstelle.

Hinweis

Ist die Komponente Veranstaltungsmanagement im Einsatz, wird gleichzeitig ein Kursvorschlag zur Behebung des Qualifikationsdefizits erstellt.

10.5.4   Personalkosten

Aufgabenstellung der **Personalkostenplanung** ist es, die derzeitigen Personalkosten insgesamt und aufgeteilt nach Bereichen auszuwerten. Außerdem soll geklärt werden, welche Kosten sich zusätzlich aus geplanten Maßnahmen ergeben können.

Demnach kann man allgemein sagen, daß die Personalkostenplanung der Unterstützung unternehmerischer Entscheidungsprozesse dient. Sie ermöglicht eine umfangreiche Bestimmung aktueller Ist-Personalkosten und eine Vorschau auf zukünftig anfallende Personalkosten, in welche auch künftige Änderungen eingebracht werden.

Die Gesamtpersonalkosten eines Unternehmens setzen sich aus verschiedenen Kostenarten zusammen (z. B. Löhne, Gehälter, Sozialabgaben). Solche Kostenarten werden hier als **Kostenbestandteile** bezeichnet.

Folgende Planungsgrundlagen wären zu nennen:

Planungsgrundlagen

- Sollbezüge aufgrund von Lohnbestandteilen der Organisationsstruktur;

- Basisbezüge aufgrund von Lohnarten der Stammdaten;

- Abrechnungsergebnisse aufgrund von Lohnarten der Lohn- und Gehaltsabrechnung.

Kostenobjekte können beliebige Objekte sein, welche den Personalkosten zugeordnet werden. Kosten können Organisationseinheiten, Arbeitsplätze, Planstellen, Mitarbeiter etc. sein.

Fallbeispiel:
Personalkostenplanung mit Sollbezügen

Für alle Organisationsbereiche soll eine Personalkostenplanung mit Sollbezügen für das Jahr 1996 durchgeführt werden. Anschließend sollen die für 1996 geplanten Personalkosten in der Kostenrechnung angezeigt werden.

Mit *Personal* ⇨ *Planung* ⇨ *Personalkosten* und *Planung* ⇨ *Anlegen* ⇨ *Sollbezüge* gelangt man in die Einstiegsmaske *„Planungsgrundlage Sollbezüge"*.

„PP_5_ 5.scm"

Die folgenden Felderbeschreibungen stellen nur die Mindesteingaben dar:

Planvariante

Hier ist aus der Pick-Liste *Aktueller Plan* auszuwählen, falls dies nicht schon automatisch vorgeschlagen wurde.

Organisationseinheit

Hier ist die entsprechende Organisationseinheit einzutragen, deren Personalkosten für eine kurz- oder langfristige Planung ermittelt werden sollen (Matchcode Auswahl). Da alle Organisationsbereiche miteinbezogen werden sollen, ist eine *1* einzugeben.

Planungszeitraum

Eintrag des Zeitraums (s. Szenario).

Zeitraum

Aus der Pick-Liste ist *„jährlich"* auszuwählen.

Währung

Die entsprechende Währung und *Ausführen* sind einzugeben, um sich die Personalkostenplanung anzusehen.

Möglicherweise werden eine Reihe von Planstellen angezeigt, die im angegebenen Zeitraum vakant bzw. unbenutzt sind oder denen keine Lohnbestandteile zugewiesen wurden (z. B. Aufsichtsrat). Folglich werden diese bei der Berechnung der Sollbezüge nicht berücksichtigt.

Falls dies der Fall ist, verläßt man die Maske mit *Weiter ohne Korrektur* und gelangt zum Bildschirm *„Personalkostenplanung für Organisationseinheiten"*.

10.5.5 Seminarverwaltung

Für die Seminarverwaltung werden verschiedene Informationen über Kurse und Teilnehmer benötigt.

Interne Kurse

Interne Kurse müssen geplant werden. Hierzu sind verschiedene Angaben notwendig. Zuerst muß der gewünschte Raum ermittelt werden. Ist er zu dem geplanten Zeitpunkt frei? Auch der gewünschte Referent muß Zeit haben. Daneben müssen die notwendigen Ressourcen (PC, Overhead etc.) gepflegt und gewartet sein.

Externe Kurse

Im Gegensatz zu den internen Kursen braucht man bei externen Kursen nur den Katalog des Veranstalters und den gewünschten Kurs zu einem bestimmten Termin zu buchen.

Anlegen von Kursen

Um Kurse im HR-Modul anzulegen, benötigt man verschiedene Objekte:

Zuerst werden Kursgruppe (z. B. R/3-Schulung), Kurstyp (z. B. Einführung HR) und Kurs (z. B. Einführung HR am 13.06.95) benötigt. Dann die **Qualifikationen**, die der Teilnehmer vor und nach dem Kurs besitzt und den Kursort. Bei einem internen Kurs ist der **Referent**, bei einem externen Kurs der **Veranstalter** anzugeben. Darüber hinaus ist für einen internen Kurs noch der Ressourcentyp (z. B. PC) und die **Ressource** (z. B. PC Inventar-Nr. „4711") notwendig.

Das HR-Modul ermöglicht das Verwalten und Pflegen von internen und externen Kursen (z. B. Kosten, Kursort, Referent etc.), das **Buchen** (z. B. Prioritäten, Voraussetzungen etc.) und **Stornieren** von internen und externen Teilnehmern sowie **statistische Abfragen** über Teilnehmer und Kurse. Ein Übertrag der erworbenen Qualifikationen in die HR-Stammdaten ist ebenso möglich.

Schriftverkehr

Auch der Schriftverkehr kann mit diesem Modul abgewickelt werden. Es können Anmeldebestätigungen, Umbuchungs-, Storno- und Wartelistenmitteilungen erstellt werden, genauso wie Absagen und Teilnahmebescheinigungen.

10.6	# Personalbeschaffung

Die Komponente „Personalbeschaffung" des R/3-Systems ist in das Modul **PA „Personaladministration und -abrechung"** integriert und unterstützt den Anwender von der Bekanntmachung des Personalbedarfs über die Vorauswahl der Bewerber bis zur Einstellung und der damit verbundenen Übernahme der Bewerberdaten in den Mitarbeiterstamm.

Auch im Falle der Auswertung von bestimmten, im Rahmen des Personalmarketings, häufig gestellten Fragen, z. B. nach der Anzahl der eingegangenen Bewerbungen, bietet die Komponente Personalbeschaffung nicht zu unterschätzende Dienste an.

Die Personalbeschaffung stützt sich sehr stark auf die Personalplanung, da hier viele für eine Stellenneubesetzung relevanten Daten bereits zu Verfügung stehen, z. B. die für eine bestimmte Planstelle erforderlichen Qualifikationen.

Die Personalbeschaffung mit R/3 gliedert sich im wesentlichen in die folgenden Bereiche:

- **Vakanz und Ausschreibung**

- **Erfassung der Bewerberdaten**

- **Bewerbervorgänge**

- **Auswahl eines Bewerbers**

- **Einstellung eines Bewerbers**

10.6.1	## Vakanz und Ausschreibung

Wenn einem Mitarbeiter gekündigt wird, er in Rente geht oder eine neue Planstelle geschaffen wird, entsteht eine **Vakanz,** also eine freie Stelle.

Daraufhin ist die Personalabteilung bestrebt, diese freie Stelle zu besetzen. Dies geschieht im Normalfall mit Hilfe einer internen oder externen **Ausschreibung.**

Bei einer internen Ausschreibung wird versucht, die Stelle mit einem Mitarbeiter, der bereits im Unternehmen arbeitet, zu besetzen. Deshalb wird meist ein betriebsinternes Rundschreiben oder ein Aushang verfaßt, außerdem könnte auch die Nachfolgeplanung der Personalbeschaffung benutzt werden.

Für den Bereich Betriebswirtschaftliche
Anwendungen

suchen wir eine/n:

Projektleiter/in
SAP R/3

Aufgaben:
* Beratung
* selbständiges und eigenverantwortliches
* Durchführung von Schulungen

Qualifikation
* BWL-Studium
* SAP-R/3-Kenntnisse

Personal-
beschaffungs-
instrument

Bei einer externen Ausschreibung der vakanten Stelle wird die Stelle in einem sog. Personalbeschaffungsinstrument veröffentlicht. Hiermit bezeichnet R/3 sämtliche für den Betrieb relevanten Medien, um neue Mitarbeiter zu gewinnen. Diese sind von Betrieb zu Betrieb sehr unterschiedlich und werden über das Customizing angelegt und gepflegt (siehe Abb. 10.74).

Dadurch, daß die eingehenden Bewerbungen wieder einer Ausschreibung zugeordnet werden können, ist es möglich, die Effektivität der einzelnen Personalbeschaffungsinstrumente zu vergleichen und dadurch den Beschaffungsprozeß zu optimieren.

Abb. 10.74
Auswahl eines Personalbeschaffungsinstruments

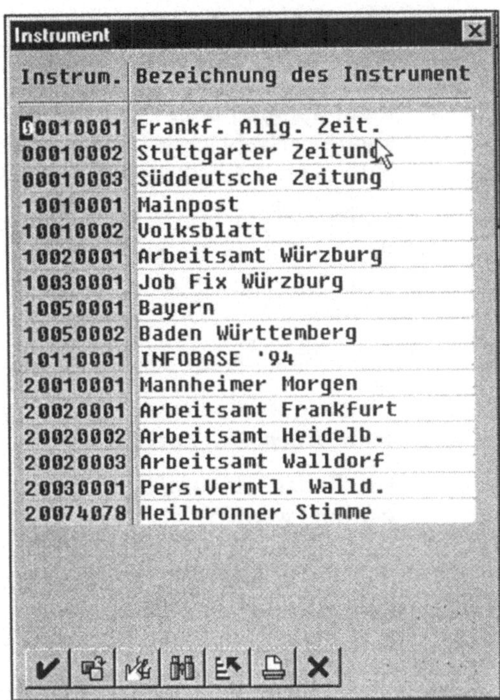

Personalwerbung

Die Aufgabe der Personalwerbung (sowohl der internen als auch der externen Werbung) ist es, im Rahmen der Personalbeschaffung den zuvor ermittelten Bedarf am Personal an die Öffentlichkeit zu tragen.

In diesem Zusammenhang müssen folgende Fragen beantwortet werden:

- **WO** — Auf welchem Markt möchten Sie die Personalwerbung durchführen?

- **WIE** — Mit welchen Maßnahmen sollte die Personalwerbung durchgeführt werden?

- **WANN** — Zu welchem Zeitpunkt möchten Sie die Personalwerbung durchführen?

Entscheidungsfaktoren

Viele Faktoren beeinflussen die Entscheidung über die „korrekte" Maßnahme, dazu gehören z. B. die aktuelle Situation des Arbeitsmarktes, die Art des Personalbedarfs, die Dringlichkeit der zu offerierenden Stelle und nicht zu vergessen, die monetären Grenzen des Budgets.

Um den Anwender in den Aufgaben der Personalbeschaffung bestmöglichst zu unterstützen, bietet das R/3-System Informationen über den aktuellen Beschaffungsbedarf, die Möglichkeit intern (z. B. über Aushänge der zu vergebenden Stelle an Informationpoints) oder extern (z. B. über Tages- und Fachzeitungen sowie Fachzeitschriften) Ausschreibungen zu schalten oder beim Arbeitsamt bzw. über Personalagenturen Stellen anzubieten.

Personalbedarf

Ohne Wissen um den qualitativen und quantitativen Bedarf an Personal kann keine effektive Personalplanung betrieben werden. Deshalb muß eine Personalbedarfsplanung durchgeführt werden.

Die zentrale Frage der **Personalbedarfsplanung** ist:

Wieviele Mitarbeiter werden wo, mit welchen Qualifikationen und zu welchem Zeitpunkt benötigt?

Die Bedarfsplanung kann mittels verschiedener Methoden durchgeführt werden, als Beispiele seien hier Schätzverfahren, die Stellenplan- und Kennzahlenmethode genannt. Die Ermittlung des Personalbedarfs erfolgt auf der Grundlage der Stellenplanmethode mittels Vakanzen. Eine **Vakanz** beinhaltet den Personalbedarf, der auf eine bestimmte Planstelle bezogen ist.

Fallstudie:
Vakanzen auswerten

„PB_6_1.scm"

Vorhandene Vakanzen werden wie folgt ausgewertet:

1. Im Menü *Personalwesen* ⇨ *Personalbeschaffung* auswählen.
2. Nun wird *Personalwerbung* ⇨ *Vakanzen* ⇨ *Auswerten* selektiert.
3. Bestimmt werden nun die Selektionskriterien (In diesem Fall sind dies Datenauswahlzeitraum, Vakanz, Personalreferent, Fachverantwortlicher und Besetzungsstatus.).
4. Starten der Vakanzauswahl mittels des Buttons *Ausführen*.
5. Für zusätzliche Informationen, kann die betreffende Zeile mittels Doppelklick ausgewählt werden.

Ausschreibung von Vakanzen

In aller Regel wird ein neuer, geeigneter Mitarbeiter durch eine innerbetriebliche bzw. außerbetriebliche Stellenausschreibung auf die neu zu besetzende Stelle aufmerksam gemacht. Eine Ausschreibung enthält im allgemeinen die nachfolgenden Informationen:

WER WIRBT?	Name des Unternehmens
WOFÜR?	betreffende Planstelle
WAS IST ZU TUN?	exakte Stellenbeschreibung
WAS WIRD ERWARTET?	geforderte Qualifikation
GEGENLEISTUNGEN?	Vertrags-/ bzw. Arbeitskonditionen
WER IST ZUSTÄNDIG?	Ansprechpartner

Weiterhin können zusätzliche Informationen, z. B. Datum, Kosten und Medium der Publikation usw., erfaßt werden. Geeignete Medien/Beschaffungsinstrumente sind z. B. regionale/überregionale/internationale Zeitungen, Fachzeitschriften, interne Firmenpublikationen, Arbeitsämter, Personalagenturen.

Fallstudie:
Ausschreibungen
anlegen

„PB_6_2.scm"

Eine Ausschreibung soll angelegt werden:

1. Der Anwender wählt den Pfad *Personalwerbung* ➪ *Ausschreibungen* ➪ *pflegen.*
2. Der Button *Ausführen* wird nun aktiviert.
3. Möchte der User eine bereits bestehende Ausschreibung kopieren, wird die betreffende Zeile markiert und auf *Ausschreibung kopieren* geklickt.
4. Wird gewünscht, eine Ausschreibung neu zu erstellen, dann wird die Schaltfläche <Ausschreibung Anlegen> aktiviert.
5. Auf dem nun erschienenen Bildschirm klickt der Anwender auf den Schaltknopf *Nächste freie Ausschr.#.* Das System schlägt die *nächste freie Ausschreibungsnummer* vor. Diese Ausschreibungsnummer kann übernommen werden.
6. Das Ausschreibungsinstrument, z. B. eine Lokalzeitung, eine überregionale Fachzeitung oder ein firmeninternes Magazin, wird im gleichnamigen Feld mit ▓ auszuwählen. Der Verantwortliche kann jederzeit über die Taste F5 neue Instrumente einpflegen.
7. Der Tag der Publikation wird im entsprechenden Feld vermerkt.
8. Auch die Publikationskosten werden registriert und die Währung ausgewählt, entweder durch manuelle Eingabe oder durch ein Auswahlmenü, das mit der Scrollbar ▓ aktiviert wird.
9. Durch die Schaltfläche *Text pflegen* kann der Text der Anzeige eingegeben werden. Wird der Text gesichert und danach zurückgeschaltet, gelangt man in das Window *„Ausschreibung anlegen"* zurück.
10. Der Button *hinzufügen* ermöglicht die Einrichtung des Pop-Up-Menüs *„Auswahl Vakanzen".* Die entsprechende Vakanz wird selektiert und durch *übernehmen* der Ausschreibung zugeordnet.

11. Zum Schluß müssen die Daten gesichert werden (⬚) und mit dem Rückschritt-Ikon ⬚ wird ins Menü der Personalbeschaffung zurückgesprungen.

10.6.2 Erfassung der Bewerberdaten

Sobald sich Bewerber auf die Ausschreibung melden, werden ihre Daten im System erfaßt. Diese Erfassung erfolgt grundsätzlich zweistufig.

Erfassung der Grunddaten

Zuerst werden von allen Bewerbern die sogenannten Grunddaten erfaßt, dies sind:

- Name

- Anschrift

- organisatorische Zuordnung

Diese Daten sind grundsätzlich von allen Bewerbern erforderlich, auch von solchen, die für das Unternehmen nicht interessant sind. Bei Bewerbern, die sofort abgelehnt werden, werden die eingegebenen Daten zum Versand der Ablehnungsbescheide benötigt.

Abb. 10.75
Erfassung der Bewerberdaten

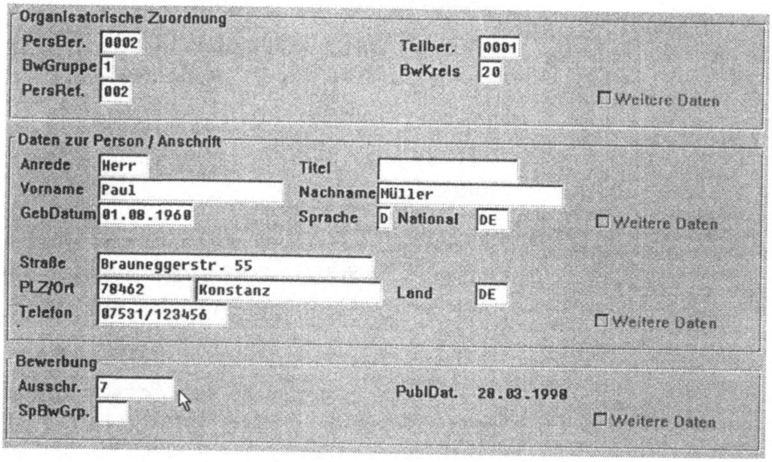

Erfassung der Zusatzdaten

Von denjenigen Bewerbern, die für das Unternehmen in die engere Wahl kommen, werden auch die sogenannten Zusatzdaten erfaßt, dies sind im wesentlichen: Ausbildung, beruflicher Werdegang und besondere Qualifikationen (siehe Abb. 10.76).

Abb. 10.76
Erfassung der
Zusatzqualifikationen

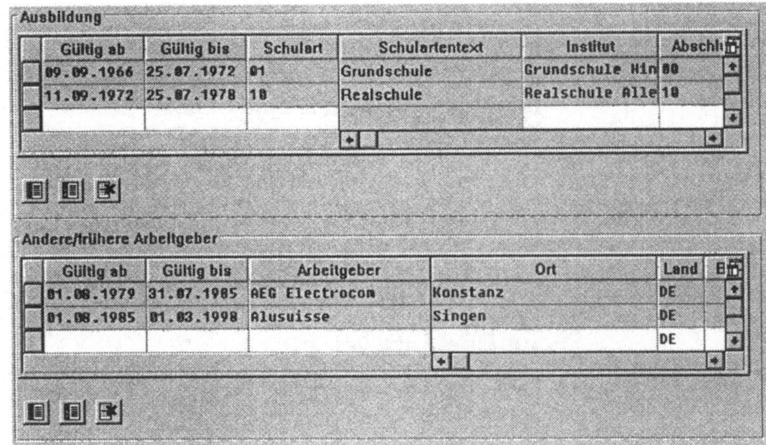

	Gültig ab	Gültig bis	Schulart	Schulartentext	Institut	Abschl
	09.09.1966	25.07.1972	01	Grundschule	Grundschule Hin	00
	11.09.1972	25.07.1978	10	Realschule	Realschule Alle	10

	Gültig ab	Gültig bis	Arbeitgeber	Ort	Land	B
	01.08.1979	31.07.1985	AEG Electrocom	Konstanz	DE	
	01.08.1985	01.03.1998	Alusuisse	Singen	DE	
					DE	

Bewerberstammsatz

Die Zuschrift eines Bewerbers auf eine vom Betrieb ausgeschriebene Stelle bringt unweigerlich eine beträchtliche Datenflut mit sich. Diese Daten werden in Form eines Bewerberstammsatzes im R/3-System gespeichert.

Dieser Bewerberstammsatz enthält alle wesentlichen Informationen, die der bearbeitende Mitarbeiter benötigt, um die Bewerberadministration abwickeln zu können. Hier wären u. a. die Eingangsbestätigung, die Einladung zum Vorstellungstermin usw. zu nennen. Zusätzliche Informationen, z. B. eine detailliertere Auflistung der Qualifikationen eines Bewerbers, können erfaßt werden.

Informationstypen

Diese Informationen müssen so hinterlegt werden, daß es jederzeit möglich ist, schnell und methodisch auf die Daten zuzugreifen und sie ohne große Umstände zu pflegen. Dies wird im R/3-System durch die Speicherung der Daten in Informationstypen erreicht. Der Begriff „Informationstyp" wird im Kapitel 10.1 „Personalstammdatenverwaltung" genauestens beschrieben.

Primäre und
sekundäre Daten

Die Infotypen, die einem Bewerberstammsatz zugeordnet werden, können in primäre und sekundäre Daten unterteilt werden. Die primären Daten, die auch **obligatorische Daten** genannt werden, werden für jeden Bewerber erfaßt. Sie ermöglichen die Abwicklung der Bewerberkorrespondenz und sind für die statistische Verarbeitung nötig. Primäre Daten sind z. B. die Daten zur Person, Anschrift, Bewerbermaßnahmen.

Die sekundären Daten (**optionale Daten**) können später erfaßt werden und dies auch nur bei Bewerbern, die für das Unternehmen interessant sind. Dazu zählen z. B. die Ausbildung, Qualifikation, Bankverbindung.

Kategorien

Desweiteren werden die Bewerber in unterschiedliche Kategorien eingeteilt. Diese werden nach bestimmten Eigenschaften der Bewerber erstellt, z. B. ist der zukünftige Mitarbeiter ein interner oder externer Bewerber, zu welcher Bewerbergruppe (Auszubildende/Manager) zählt er, ist er Spontanbewerber oder Bewerber auf eine Anzeige.

Diese Strukturierung bietet dem Anwender im Rahmen des Auswahlprozesses folgende Vorteile:

- Die Möglichkeit für unterschiedliche Bewerber unterschiedliche Abläufe festzulegen (z. B. ein Azubi wird informeller angeschrieben als ein Manager).

- Erleichterung der Auswertung von Statistiken, gezielte Suche nach Bewerbereigenschaften im Bewerberpool.

- Berechtigungsprüfung des Nutzers. Verschiedene Nutzer haben unterschiedliche Zugriffsrechte auf das System.

Zwei-Stufenkonzept

Auch die Erfassung der Stammdaten wurde im R/3-System in zwei Kategorien unterteilt. Diese Vorgehensweise wird als das Zwei-Stufenkonzept bezeichnet. In der **1. Stufe** werden die für den weiteren Schriftverkehr und für die Statistik benötigten Grunddaten mittels Schnellerfassung registriert. Die **2. Stufe** umfaßt die optionalen Daten, um das Bewerberprofil des Kandidaten zu ergänzen.

Die Vorteile dieses Konzeptes liegen auf der Hand:

- Für Kandidaten, die nicht den Anforderungen in der Stellenbeschreibung entsprechen, ist der Aufwand bei der Erfassung minimal.

- Die eingehenden Bewerbungen können von mehreren Mitarbeitern erfaßt und bearbeitet werden.

- Die Schnellerfassung unterstützt die schnelle Abarbeitung von Bewerberdaten, auch bei einer großen Anzahl von Anwärtern.

1. Bewerbergrunddaten erfassen

Startmenü: *Personal* ⇨ *Personalbeschaffung* ⇨ *Bewerberstamm*
⇨ *Bewerbermaßnahmen*

2. Erfassung der detaillierten Grunddaten

Kommt auch nur ein einziger Bewerber in die engere Wahl, so
ist es unabdingbar, daß zusätzliche Daten über diesen Kandidaten erfaßt werden. So werden weitere Qualifikationen des Bewerbers für den Personalchef ersichtlich.

Startmenü: *Bewerberstamm* ⇨ *Bewerbermaßnahmen* ⇨ *Zusatzdaten erfassen*

1. Bewerbernummer mittels ⊡ auswählen, danach das Feld
   „*Beginn*" mit dem bereits vorbelegten Datum übernehmen.
   Das Feld „*Personalbereich*" kann bei der Ersterfassung von
   Zusatzdaten weggelassen werden.

2. Hier wird (optional) die Schaltfläche „*Zusatzdaten erfassen*"
   markiert. Durch Klick auf ☑ gelangt man in die Maske „*Erfassung von Zusatzdaten*".

3. Über *Vorschlag Vakanz* werden die Vakanzen hinzugefügt,
   die der jeweiligen Ausschreibung zugeordnet wurden. Diese
   bestehenden Vakanzen können weiterbearbeitet werden.

4. Im Abschnitt Qualifikationen werden die Felder „*Gültig ab*"
   und „*Gültig bis*" beim Ausfüllen der Felder „*ID*" bzw. „Suchbegriff" ausgefüllt.

5. Das Feld „*Qualifikation*" wird gemäß der Qualifikationen,
   die der Bewerber besitzt, mittels des Qualifikationenkatalogs
   des Systems eingefügt.

6. Das Feld „*Ausprägung*" enthält sozusagen die „Benotung"
   der zuvor eingegebenen Qualifikationen. Hier müssen Ziffern zwischen 1 und 9 eingetragen werden.

7. Der Feldabschnitt „*Ausbildung*" wird entsprechend der im
   Bewerberschreiben angegebenen Daten ausgefüllt. Zu diesen
   Daten gehören z. B. die Zeitspanne der Ausbildung, die
   Schulart, Abschlüsse, Fachrichtungen, Dauer der Ausbildung
   und entsprechende Berufsausbildungen.

8. Im Abschnitt „*Andere/frühere Arbeitgeber*" wird wie in den obigen Abschnitten gezeigt vorgegangen.

9. Mit ☑ können die vom Anwender eingegebenen Daten überprüft werden. Wurden keine Fehler gefunden, sichert man die Zusatzdaten (🖫). Mit Hilfe des Zurück-Buttons ⬅ kehrt man wieder in das Einstiegsmenü zur Personalbeschaffung zurück.

10.6.3 Bewerbervorgänge

Die Erfassung, Protokollierung und Planung der Auswahlprozesse für die verschiedenen Bewerber erfolgt über die sogenannten Bewerbervorgänge. Dies sind administrative Schritte, die ein Bewerber während des Auswahlvorgangs durchläuft.

Ein Bewerbervorgang wird im wesentlichen durch die folgenden Eigenschaften charakterisiert:

- Vorgangsart
- Vorgangsstatus
- Ausführungstermin
- Vorgangsverantwortlicher

Die Vorgangsart legt fest, welche Aktivität durch den Vorgang dargestellt werden soll, es gibt z. B. die Vorgänge *Eingangsbestätigung versenden, Einladung Interview* und *Termin Interview.*

Abb. 10.77
Vorgang anlegen

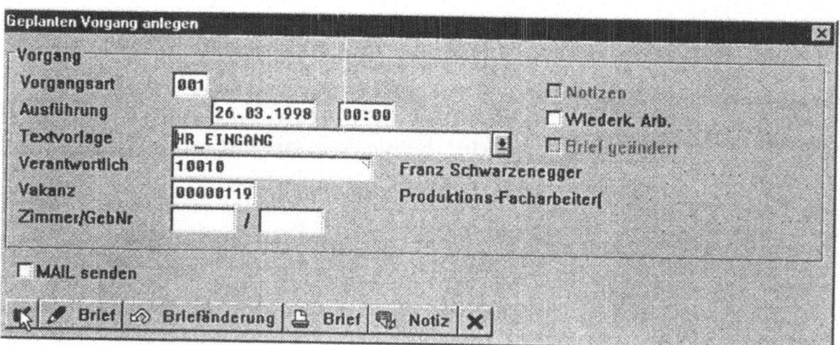

Durch den **Vorgangsstatus** wird festgelegt, ob ein Vorgang bereits erledigt wurde oder ob seine Erledigung noch aussteht. Durch die exakte Trennung in geplante und erledigte Vorgänge kann genau festgestellt werden, welche Arbeitsschritte bei einem individuellen Bewerber schon durchgeführt wurden.

Abb. 10.78
Vorgangsstatus

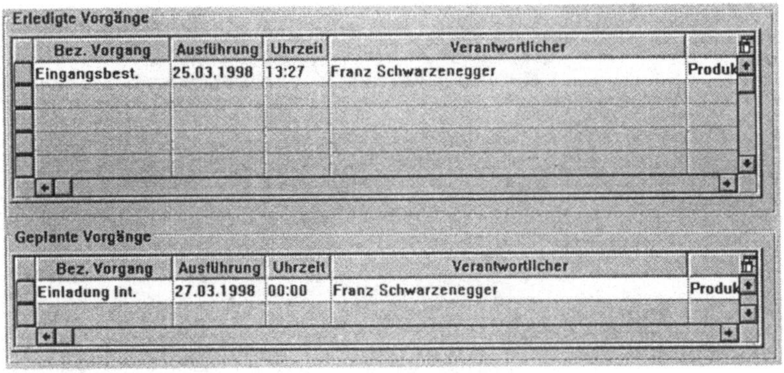

Erledigte Vorgänge				
Bez. Vorgang	**Ausführung**	**Uhrzeit**	**Verantwortlicher**	
Eingangsbest.	25.03.1998	13:27	Franz Schwarzenegger	Produk

Geplante Vorgänge				
Bez. Vorgang	**Ausführung**	**Uhrzeit**	**Verantwortlicher**	
Einladung Int.	27.03.1998	00:00	Franz Schwarzenegger	Produk

Mit dem Ausführungstermin wird bestimmt, wann ein spezieller Vorgang ausgeführt wird. Dies wird durch den Vorgangsverantwortlichen überwacht, er trägt die fachliche Verantwortung für die Durchführung des jeweiligen Vorgangs. Durch Anwählen von **MAIL senden** bietet das R/3-System die Möglichkeit, den Vorgangsverantwortlichen am Ausführungstermin durch ein Mail an den Vorgang zu erinnern, so daß ein Vergessen des Vorgangs vermieden werden kann.

Referenzvorgänge

Im R/3-System können auch zwei verschiedene Bewerbervorgänge miteinander in Verbindung gesetzt werden, d. h. eine sog. *Referenz* kann angelegt werden. Dies kann hilfreich sein, wenn sich ein Vorgang auf einen anderen bezieht, so daß daraus Daten übernommen werden können. So ist es beispielsweise sinnvoll, einem Vorgang *Einladung Interview* den Vorgang *Termin Interview* als Referenzvorgang zuzuordnen, so daß das Datum des Interviews automatisch in das Einladungsschreiben übernommen werden kann.

10.6.4   Auswahl eines Bewerbers

Bei der Auswahl eines Bewerbers versuchen sich die zuständigen bzw. betroffenen Mitarbeiter ein Bild von den einzelnen Bewerbern zu machen und ihre Tauglichkeit für die jeweilige Stelle festzustellen. Dies geschieht im wesentlichen mit Hilfe der Bewerbungsunterlagen, eines persönlichen Gesprächs und eventuell eines Tests.

Die durch diese Maßnahmen erhaltenen Bewerberprofile können im R/3-System erfaßt werden, was vor allem bei einer größeren Zahl von in Frage kommenden Bewerbern sehr hilfreich ist.

Auf diesen Informationen aufbauend unterstützt das System den Benutzer bei der konkreten Auswahl eines Bewerbers.

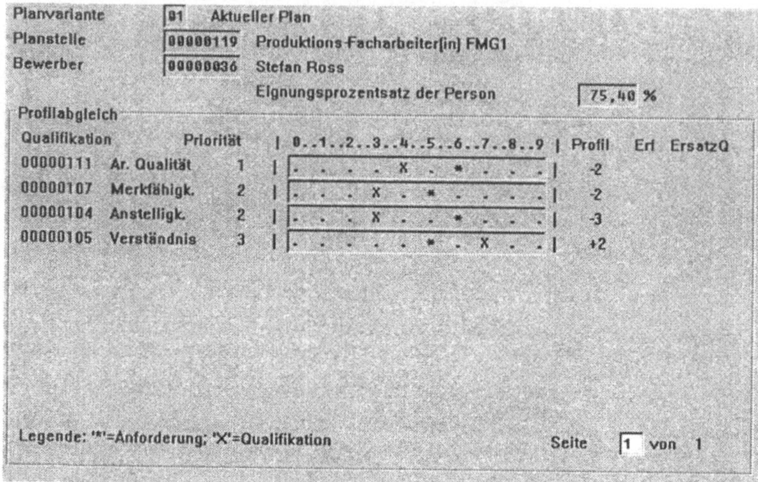

Abb. 10.79 Bewerbereignungsprofil

Hierzu wird vom System ein sog. **Eignungsprozentsatz** berechnet. Dadurch wird die Eignung eines Bewerbers für die gefragte Planstelle quantitativ erfaßt. Der Eignungsprozentsatz sinkt mit dem Steigen der Abweichung vom Anforderungsprofil, d. h. auch bei besserer Qualifikation des Bewerbers als im Anforderungsprofil vorgegeben, sinkt der Eignungsprozentsatz.

Wie man aus Abb. 10.79 entnehmen kann, werden die Abweichungen von der Planstelle detailliert aufgezeigt. Der Benutzer kann sich so nacheinander die Eignungsprofile der einzelnen Bewerber ausgeben lassen und dadurch ihre Qualifikationen vergleichen.

Auswahlprozeß

Ein korrekt strukturierter Auswahlprozeß ist essentiell, um die passenden Mitarbeiter für das Unternehmen zu werben. Der Auswahlprozeß beginnt mit einer genauen, zielgerichteten Analyse der Bewerbungseingänge, gefolgt von Vorstellungsgesprächen mit den in Frage kommenden Kandidaten und wird mit der Einstellung eines Anwärters beendet.

Diese **Auswahlprozedur** wird wie folgt vom R/3-System unterstützt:

- Hinterlegung von Informationen für jeden Bewerber mit genauer Zuordnung der entsprechenden Vakanz.
- Erstellen einer Bewerbervorauswahl auf Basis der jeweiligen Qualifikation, die wiederum mit der vakanten Stelle verglichen werden kann.
- Anlegen und Pflegen eines aktuellen Bewerberstatus.
- Unterstützung bei der Bewerberkorrespondenz.
- Übernahme der Bewerberdaten in den Mitarbeiterstamm nach Abschluß des Auswahlprozesses.

10.6.5 Fallstudien zur Bewerberauswahl

Der aktuelle Stand der Bewerbung eines Kandidaten wird im Bewerberstatus des R/3-Systems hinterlegt. Dies erleichtert die Kontrolle des Bewerbungsstandes, z. B. bei Nachfrage des Bewerbers, Anfragen des Personalmarketings. Ein Bewerberstatus bezieht sich auf:

Globaler & spezieller
Auswahlprozeß

- den globalen Auswahlprozeß und
- den Auswahlprozeß zu jeder vakanten Stelle (spezieller Auswahlprozeß).

Der **globale Auswahlprozeß** stellt die Gesamtheit aller Auswahlprozesse dar, d. h. jeder spezielle Auswahlprozeß nimmt am globalen Prozeß teil. Hier wird entschieden, ob der Bewerber überhaupt zur Zeit für die Firma interessant ist.

Der **spezielle Auswahlprozeß** folgt auf den Globalprozeß und ist einer oder mehreren bestimmten Vakanz(en) zugeordnet. Hier wird die Eignung des Interessenten für diese Vakanz(en) überprüft.

Mögliche Einstellungen des Bewerberstatus sind z. B.: *noch in Bearbeitung* oder *Bearbeitung zurückgestellt*.

Verknüpfung von
Bewerbervorgängen

Zur weiteren Unterstützung der Bewerberauswahl können Bewerbervorgänge mit administrativen, immer wiederkehrenden Funktionen, wie z. B. *Einladungsbriefe drucken,* verknüpft werden.

10.6.5.1   **Fallstudie: Bewerbervorgänge pflegen**

Startmenü: R/3-Startmenü

„PB_6_5.scm"

1. *Personal* ⇨ *Personalbeschaffung* ⇨ *Bewerbervorgang pflegen*.
2. In dieser Maske wird die betreffende *Bewerbernummer* eingegeben bzw. der betreffende Bewerber durch die Auswahlfunktion ⬇ selektiert.
3. Mittels Aktivieren des Buttons 🔑 erreicht man das Menü *Bewerbervorgänge pflegen*.
4. Nun im Bereich *Geplante Vorgänge* die *Eingangsbestätigung* auswählen.
5. Durch Auswahl von ▱Folgevorgänge▱ gelangt der Anwender in die Maske *Folgevorgänge auswählen*.
6. Die gewünschten Folgevorgänge sind zu kennzeichnen, bevor die Auswahl mit ✔ beendet werden kann.
7. Im folgenden Fenster *geplanten Vorgang anlegen* die gewünschten Informationen ergänzen (Abb. 10.80). Auch dieses Menü schließt mit dem Symbol ✔ ab.
8. Diese Prozedur wird für alle gewünschten Bewerbervorgänge wiederholt.
9. Bei Beendigung aller Bewerbervorgänge wird das Sichern-Symbol 💾 angeklickt. Man gelangt zurück zum Einstiegsfenster *Bewerbervorgänge pflegen*.

Abb. 10.80
Vorgang: Übergabe
Bewerberakte

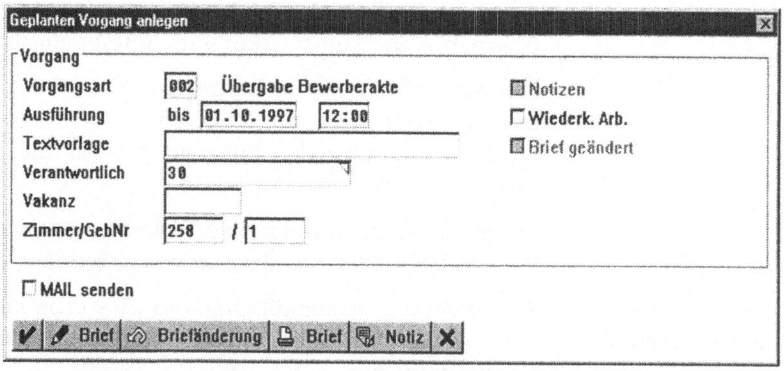

10.6.5.2

Fallstudie: Automatisches Erstellen von Bewerberkorrespondenz

Der schnellen Antwort auf Bewerbungen kommt eine besondere Bedeutung zu, da sich hier für das Unternehmen die Möglichkeit ergibt, einen ersten positiven Eindruck zu vermitteln. R/3 ermöglicht dies mit der Unterstützung durch eine automatisierte Bewerberkorrespondenz. So kann schnell und effektiv auf Bewerbungseingänge und ähnlichen Schriftverkehr reagiert werden. Diese Erstellung von Schriftverkehrsstücken wird vom R/3-eigenen Textverarbeitungsprogramm vorgenommen bzw. durch Microsoft-WinWord° (ab Version 6.0) umgesetzt.

Brief bearbeiten

„PB_6_6.scm"

Startmenü: *Personal* ⇨ *Personalbeschaffung* ⇨ *Bewerbervorgang pflegen.*

1. Z. B. den Vorgang *Eingangsbestätigung* wählen und Aktivierung der Auswahl mit dem ✔-Button.
2. In dem nun erscheinenden Fenster *Eingangsbestätigung* auf das Icon ⟨⟩ Briefänderung klicken.
3. Daraufhin kann WinWord° bearbeitet werden. Nach Beendigung der Bearbeitung wird *Datei* ⇨ *beenden* gewählt.
4. Nun muß im Vorgangswindow „Bewerbungsvorgänge pflegen" der Vorgang *Eingangsbestätigung* selektiert werden und die Fläche *Brief drucken* betätigt werden.
5. Abschließend die Bezeichnung des Druckers angeben und *Drucken* aktivieren.

10.6.5.3

Fallstudie: Beurteilung eines Bewerbers nach Einstellungstest

Nachdem die Daten eines Kandidaten in das R/3-System eingegeben wurden und die ersten primären Auswahlvorgänge anhand der eingegangenen Bewerbungen vollzogen wurden, werden üblicherweise die in Frage kommenden zukünftigen Mitarbeiter zum Einstellungstest eingeladen. Die aus diesen Tests gewonnenen Zusatzinformationen über die Qualifikation der Bewerber können nun mit Hilfe des Vorgangs *Beurteilung* verwaltet werden.

Zusatzinformationen über Qualifikationen

Dies ermöglicht eine schnelle Übersicht über die Gesamtheit der in der Bewerbung angegebenen Qualifikationen und der aus dem Einstellungstest gewonnenen Erkenntnisse. Diese Erkenntnisse geben einen detaillierteren Einblick auf die Fähigkeiten eines Bewerbers und enthalten z. B.

- psychische Merkmale (u. a. Konzentrationsfähigkeit, Arbeits- und Gemeinschaftsverhalten);
- sensorische Fähigkeiten;

• Fremdsprachenkenntnisse.

Vorgang:
Beurteilung anlegen

„PB_6_7.scm"

Startmenü: *Personal* ⇨ *Personalbeschaffung* ⇨ *Bewerbervorgang pflegen.*

1. (Dieser Vorgang ist identisch mit dem Abschnitt "*Vorgänge anlegen*") Eingabe der *Bewerbernummer*. Die Auswahl anschließend mit 🔑 bestätigen.
2. Den (vorher bereits angelegten) Vorgang *Termin Test* markieren. Zur weiteren Bearbeitung auf [Folgevorgänge] klicken.
3. Im Window „*Folgevorgänge auswählen*" Selektion der Option *geplant* und mit ✔ bestätigen.
4. Die erforderlichen Eintragungen sind einzugeben und die vom System bereits vorgenommenen Eintragungen (z. B. die betreffende Vakanz und deren Bezeichnung) sind zu überprüfen.
5. Abspeichern mittels 💾.
6. Mit Klick auf ⬅ gelangt man zurück auf das Hauptmenü „*Personalbeschaffung*".

Qualifikationen
anlegen

„PB_6_8.scm"

Startmenü: *Personalbeschaffung* ⇨ *Liste gepl. Vorgänge*

1. Angabe der *Bewerbernummer* bzw. Selektion der gewünschten Nr. aus dem Pop-up-Menü; Klicken auf 🔑
2. Nun bekommt der Anwender die einzelnen Vorgänge des Bewerbers aufgelistet. Hier klickt man auf die Zeile *Beurteilung*.
3. In der Menüleiste gelangt man über *Bewerberstamm* ⇨ *pflegen* in das Menü *Bewerberstammdaten pflegen.*
4. Klicken auf die Option „*Qualifikationen*" und aktivieren des Icons 🗋.
5. Nun erfolgt eine Auswahl unter „ID des verknüpften Objekts" durch ⬇ und Auswahl im folgenden Fenster „*Struktursuche*"
6. Nach der Bestätigung mit ✔ erscheint der Qualifikationskatalog (vgl. Abb. 10.81).

7. Durch Klick auf das Ordnersymbol ▣ gelangt der Benutzer in die jeweiligen Untermenüs. Nun z. B. *Bewerberbeurteilung ⇨ Kenntnisse in Informatik* auswählen. Anschließend die Auswahl (▣) bestätigen.

8. Sichern der getätigten Eingaben durch den SAVE-Button ▣.

9. Im erschienenen Window führt man die Beurteilung durch. Die betreffenden Qualifikationen werden mit Zahlenwerten benotet, die von 0 (unbewertet) bis 9 (hervorragend) reichen. Eine Übersicht über diese Bewertungen erhält man durch Klick auf ▣ Sicherung der Eingaben erfolgt durch ▣. Diese Abfolge wird für alle anderen Qualifikationen durchgeführt.

10. Nachdem alle Qualifikationen angelegt wurden, kehrt man mit ▣ in das Ausgangsmenü *Geplante Vorgänge für Personalreferent* zurück.

11. Der Gesamtvorgang der Beurteilungen wird durch Kennzeichnung von „erledigt" abgeschlossen.
    Dazu selektiert man den Vorgang *Beurteilung*. Durch Klick auf ▣ Vorg. erledigen wird die Überstellung des Vorgangs von *geplant* zu *erledigt* abgeschlossen.
    Die korrekte Übertragung prüft der Anwender durch Klick auf ▣ Vorgang. Hier kann man sich die geplanten und erledigten Vorgänge aufzeigen lassen. Abschließend erreicht man durch dreimaligen Klick auf ▣ die Rückkehr zum Startmenü der Personalbeschaffung.

Abb. 10.81
Qualifikationskatalog

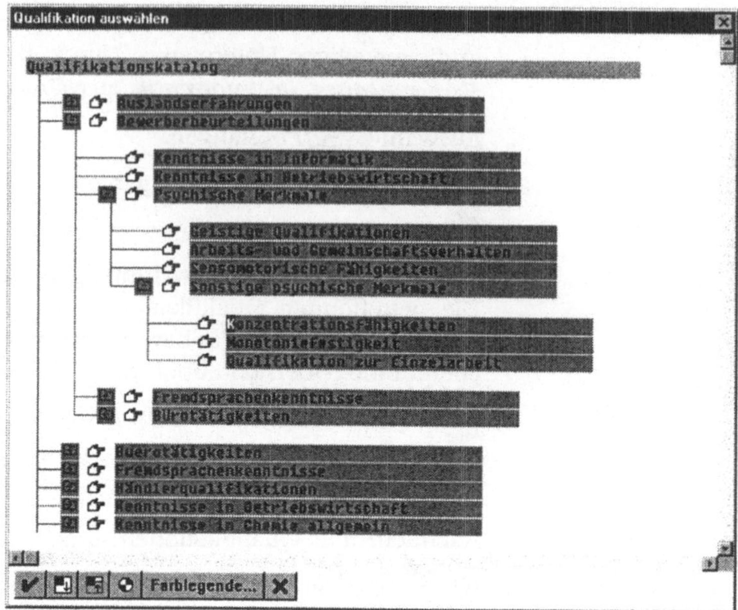

10.6.5.4   Fallstudie: Auswahl des geeignetsten Bewerbers

An dieser Stelle tritt die Frage auf, weshalb der Anwender sich die Mühe machen soll, die Qualifikationen der Bewerber in dieser detaillierten Weise zeitraubend in das System einzulesen.

Um diese Frage zu beantworten, muß man sich nochmals die Voraussetzung der Entscheidung über eine Stellenbesetzung vor Augen führen: Um eine korrekte Auswahl zu treffen, muß der bzw. die Verantwortliche genau die Fähigkeiten und Qualifikationen - sowohl sachlicher wie auch menschlicher Natur - präzise mit den Anforderungen der zu besetzenden Vakanz vergleichen.

Hier kommt eine der Stärken des R/3-Systems ins Spiel, die automatische Abgleichung bereits eingegebener Daten mit denen der noch zu besetzenden Vakanzen. Diese Fähigkeit erspart dem Anwender einen nicht zu unterschätzenden Arbeitsaufwand bei der Entscheidungsfindung.

Die Auswahl des qualifiziertesten Bewerbers unterteilt sich in folgende Abschnitte:

- Auswahl des idealen Bewerbers aus dem Bewerberpool;
- Rückstellung weiterer in Frage kommender Bewerber;
- Ablehnung der nicht für diese Stelle geeigneten Bewerber.

Idealen Bewerber
auswählen

„PB_6_9.scm"

Startmenü: *Personal* ⇨ *Personalbeschaffung* ⇨ *Personal-*
werbung ⇨ *Vakanz* ⇨ *auswerten*

1. Der Benutzer trägt im Fenster *Vakanzen* den gewünschten Zeitraum ein (**TIP**: am sinnvollsten ist der Tag der Veröffentlichung der Stellenausschreibung).

2. Dann gibt man die Nummer der Vakanz ein. Nun auf ⬇ klicken. Markierung der Zeile mit der gewünschten Vakanz. Im Anschluß erhält man, nach Selektion des Ikons `AnfProfil`, das Anforderungsprofil der Vakanz.

3. Dieses Fenster bietet übersichtlich die geforderten Eignungen und deren Gewichtung. Mit dem Zurück-Button ⬅ gelangt man wieder ins Ausgangsmenü *Vakanzen auswerten* (Die erscheinende Warnung kann mit „JA" übergangen werden.).

4. Durch Klick auf `Ja` werden alle vorhandenen Bewerber der Vakanz gesucht und gemäß ihrer Eignung auf das Anforderungsprofil der Stelle untersucht (vgl. Abb. 10.82).

Abb. 10.82
Personen zu Qualifikationen bzw. Anforderungen

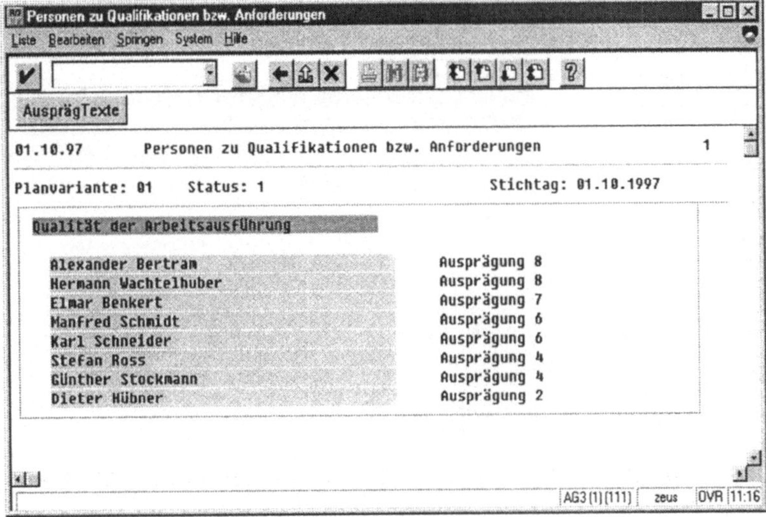

Rangliste der geeigneten Kandidaten

5. Durch doppelten Klick auf eine Qualifikation wird vom System eine Rangliste der einzelnen Kandidaten bezüglich dieser Qualifikation angezeigt. Man gelangt mit ⬅ wieder in das Fenster *Personen zu Qualifikationen bzw. Anforderungen*.

6. Der Anwender kann einen Gesamtvergleich über alle Bewerber erhalten. Hierzu klickt man auf einen Bewerber und aktiviert hinterher **Profil**

7. In dem hierauf folgenden Window klickt man in der Sektion *Vergleiche Personentyp* neben der Option *Nummer* auf ⬇ Hiernach selektiert der Anwender die „Suchfunktion" und akzeptiert mit ✔. Als Suchbegriff gibt man - als Allgemeinanfrage - das Zeichen „*" ein und bestätigt mit 🗒 Man erhält nun eine Übersicht über den geforderten Bewerber.

8. Durch Mausklick auf 🗒 können alle Einträge markiert werden. Daraufhin übernimmt man die Einträge mittels **✔ Übernehmen** Anschließend wird wieder in das Menü *Profilvergleich* gewechselt.

Profilvergleich

9. Der Profilvergleich wird mittels 🔧 durchgeführt. Durch den Profilvergleich kann der Anwender nun schnell und übersichtlich die Bewerber miteinander vergleichen (vgl. Abb. 10.83).

Abb. 10.83
Profilvergleich

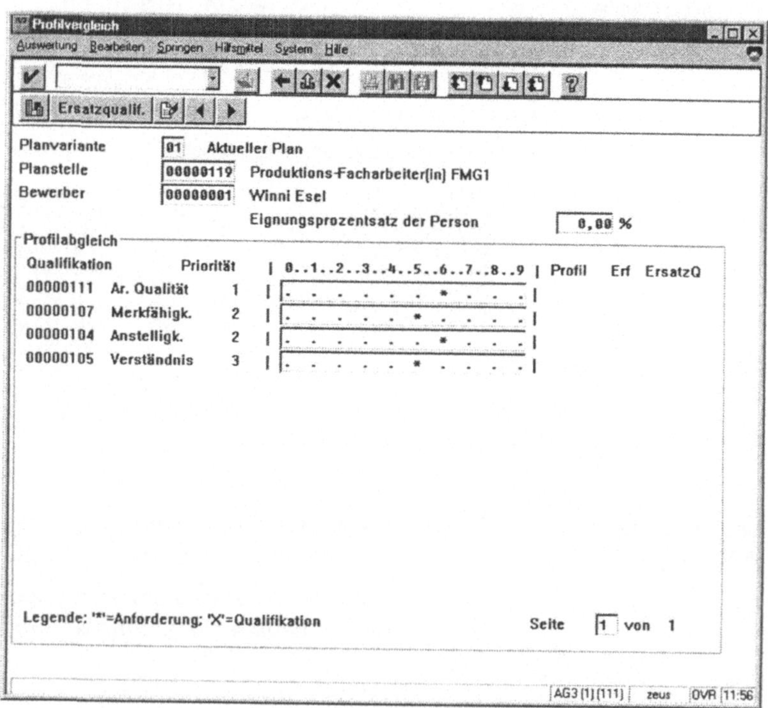

Abb. 10.83 Profilvergleich

Achtung!

Der Prozentsatz der Eignung sinkt immer mit einer Abweichung vom Anforderungsprofil! D. h., auch wenn der Bewerber bessere Qualifikationen besitzt als im Anforderungsprofil vorgegeben, sinkt unweigerlich der Eignungsprozentsatz.

10. Mit den Icons ◄ und ► blättert man durch die jeweiligen Bewerber.

11. Mit Auswahl des Statistik-Buttons ▮ wird eine Vergleichsgrafik erzeugt, aus der die Qualifikationen der Kandidaten im Vergleich zum Anforderungsprofil zu erkennen sind (vgl. Abb. 10.84). Mit einem Klick auf das Feld Legende kann die Legende aufgerufen werden.

Abb. 10.84
Statistikgrafik

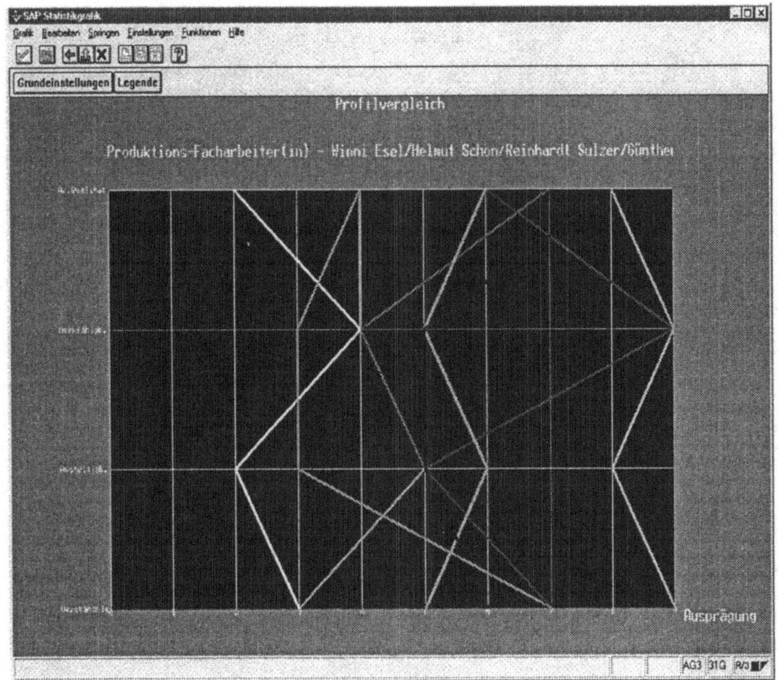

10.6.5.5   **Fallstudie: Bewerber werden zurückgestellt**

Wenn mehrere Bewerber für eine Ausschreibung in Frage kommen, aber eine endgültige Entscheidung noch aussteht, da der geeignetste Kandidat noch nicht dem Arbeitsvertrag zugestimmt hat, können Alternativkandidaten zurückgestellt werden. Dies bedeutet, daß den Kandidaten zwar noch keine Zusage erteilt wird, jedoch auch von einer Absage abgesehen wird.

Startmenü: *Personal* ⇨ *Personalbeschaffung* ⇨ *Bewerberstamm* ⇨ *pflegen*

Bewerber zurück-
stellen

„PB_6_10.scm"

1. Eingabe der Bewerbernummer des zurückzustellenden Kandidaten.
2. Markierung des Informationstypen *Bewerbermaßnahmen*.
3. Durch das Symbol 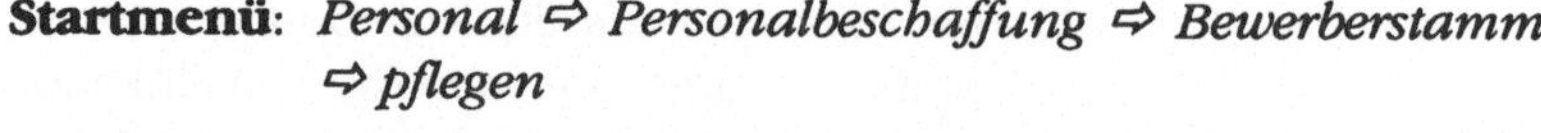 wird ein Auswahlmenü geöffnet, in dem die verschiedenen Arten von Bewerbermaßnahmen aufgezeigt werden.
4. Der Anwender aktiviert nun die Bewerbermaßnahme „02 Bewerber zurückstellen" und bestätigt mit ⬛.
5. In diesem Menü muß die Gültigkeit des neu erstellten Datensatzes eingegeben werden. Die Eingabe kann durch ⬛ kontrolliert werden.
6. Als Abschluß müssen die Daten abgesichert werden (⬛).

10.6.5.6   **Fallstudie: Bewerber werden abgelehnt**

Wenn ein Bewerber nicht den Anforderungen der Vakanz entspricht, muß er abgelehnt werden. Da dies normalerweise für den größten Teil der Bewerber durchgeführt werden muß, bietet es sich an, diesen Vorgang auch mit der Massenverarbeitung von Daten zu koppeln.

Bewerber ablehnen

„PB_6_11.scm"

Startmenü: *Personalbeschaffung* ⇨ *Massenverarbeitung* ⇨ *Vakanzzuordnung Liste*

1. Eingabe des Status. Hier wird mittels der Pull-down-Leiste ⬛ „*" ausgewählt.
2. Eingabe der Vakanz, für die einem Bewerber ein Vertrag angeboten werden wird ⬛).
3. Eine Auflistung aller der Vakanz zugeordneten Bewerber wird mit ⬛ aufgerufen.
4. Bei Ablehnung mehrerer Bewerber wird der entsprechende Button (   ) ausgewählt.

5. Nun erfolgt die Auswahl der abzulehnenden Bewerber mittels Klick. Mit `Ablehnen` wird die Statusänderung vorbereitet.

6. Im Fenster *Gesamtstatus ändern* wird durch Klick auf Ablehnungsgrund aktiviert. Bestätigung der Auswahl mit dem Button . Im Fenster *Gesamtstatus ändern* wird wiederum mit akzeptiert.

7. Als Abschluß muß nun die Sicherung der Daten ausgeführt werden

8. Durch zweimaliges Betätigen von gelangt man ins Hauptmenü *Personalbeschaffung*.

10.6.5.6

Bewerber Vertrag anbieten

„PB_6_12.scm"

Fallstudie: Bewerber Vertrag anbieten

Wurde der für den zu besetzenden Arbeitsplatz am besten qualifizierteste zukünftige Mitarbeiter gefunden, so wird ihm ein Arbeitsvertrag angeboten.

Startmenü: *Personalbeschaffung* ⇨ *Massenverarbeitung* ⇨ *Vakanzzuordnung Liste*

1. Eingabe des Status. Hier wird mittels der Pull-down-Leiste „*" ausgewählt.

2. Eingabe der Vakanz, für die einem Bewerber ein Vertrag angeboten werden wird ( ).

3. Eine Auflistung aller der Vakanz zugeordneten Bewerber wird mit aufgerufen.

4. In der Auflistung der der Vakanz zugeordneten Stellenanwärter wird der gewünschte Kandidat markiert. Anschließend wird der Button `Gesamtstatus` betätigt.

5. Im folgenden Window *Gesamtstatus ändern* und in der durch angeforderten Auflistung wird der Bewerberstatus mit *5 Vertrag angeboten* besetzt.

6. Diese Änderung wird mit bestätigt.

7. Mit wird wieder ins Hauptmenü der Personalbeschaffung zurückgeschaltet. Mit Änderung des Status auf „Vertrag angeboten" wird automatisch für den betreffenden Kandidaten ein Bewerbervorgang „Vertragsangebot" angelegt.

<table>
<tr><td>

10.6.5.7

</td><td>

Fallstudie: Bewerber übernehmen

Es ist endlich soweit: Nach einer langwieriger Auswahlphase soll nun den Betriebsangehörigen ein neuer Kollege präsentiert werden. Ein Arbeitsvertrag wurde angeboten und vom Bewerber angenommen.

Am Ende des abgeschlossenen Auswahlprozesses kann der Anwender die Übernahme der Bewerberstammdaten in die Stammdatei des Betriebspersonals vorbereiten. Es müssen noch die restlichen Bewerber abgelehnt und im System abgearbeitet werden.

</td></tr>
</table>

**Bewerber
übernehmen**

„PB_6_13.scm"

Startmenü: *Personal* ⇨ *Personalbeschaffung* ⇨ *Bewerberstamm* ⇨ *Bewerbermaßnahmen*

1. Eingabe der Bewerbernummer und Markierung der Maßnahme *Einstellung vorbereiten*. Bestätigen mit [button]

2. Im Menü „Bewerbermaßnahmen kopieren" wurden vom System bereits alle Angaben eingetragen. Es muß nur noch mit [button] abgespeichert werden.

3. Im folgenden Menü „Pflegen der Vakanzenordnungen" markiert der Anwender die Vakanz, für die die Einstellung vorgesehen ist. Anschließend wird mit [Status (Vakanz)] der Status geändert.

4. Dies erfolgt mittels Mausklick auf das Pull-down-Menü [button] und das Markieren des Bewerberstatus *einzustellen*. Hier wird mit [button] wiederum bestätigt. Im Menü „Status der Vakanzzuordnung ändern" muß ebenfalls diese Änderung quittiert werden ([button]).

5. Auswahl der restlichen Bewerber; danach Vakanzzuordnung mit [Status (Vakanz)] aktivieren.

6. Mittels [button] den Status *4 abgelehnt* auswählen und zweimal abschließend bestätigen [button]

7. Nun muß noch ein vorletztes Mal gesichert und zurückgeschaltet werden ([button] und [button]).

8. Als letzte Aktionen werden nun im Fenster "Pflegen der Vakanzzuordnungen" alle Einträge mit [button] selektiert.

9. Nach Mausklick auf [Status (Vakanz)] wird im schon bekannten Window *Status der Vakanzzuordnung ändern* der Statusgrund *abgelehnt* eingetragen und zweimal übernommen => 2 X [✔].

10. Zum Schluß werden alle Daten gesichert [⬇] und dem System überstellt.

10.7 HR-Internetanbindung

Die Technik des **Internet Transaction Servers** und damit die Vorteile der Anbindung des R/3-Systems an das Internet kommen erst durch den Einsatz entsprechender R/3 basierter Internet-Anwendungen zur Geltung. Die SAP liefert daher ab der Version 3.1G des R/3-Systems sogenannte **Internet Application Components (IAC)** mit aus. Das sind R/3-Internet-Anwendungen, die der Kunde nach Installation des 3.1G-Systems sofort einsetzen kann. Durch diese Anwendungen kann das Internet dafür genutzt werden, Geschäftsprozesse innerhalb eines Unternehmens und über die Unternehmensgrenzen hinaus abzuwickeln und einer breiten Anwenderschicht unterschiedlichste Informationen zugänglich zu machen. Zudem wird die Kommunikation innerhalb eines Unternehmens sowie mit Kunden, Lieferanten etc. wesentlich vereinfacht.

HR im Internet ab Version 4.0

Mit Auslieferung der Version 4.0 enthält das R/3-System 35 Internet-Anwendungen. Sie umfassen Anwendungen aus Bereichen der Logistik, **Personalverwaltung** und Finanzbuchhaltung. Für die Personalverwaltung kommen u. a. die Internet-Anwendungen hinzu:

- Gebuchte Veranstaltungen (Auflistung der eigenen gebuchten Veranstaltungen),

- Teilnahme stornieren (Stornierung einer bereits gebuchten Anwendung),

- Stellenangebote (Ausschreibungen vakanter Stellen sowie Eingabe einer Bewerbung) usw.

Basisanwendungen

Die ausgelieferten Internet-Anwendungen decken bereits die Funktionalitäten ab, die vom Kunden für das Internet am meisten gefordert werden. Sie sollen allerdings als Basis verstanden werden, die vom Kunden nach der Auslieferung verändert oder durch zusätzliche, selbst entwickelte Anwendungen erweitert werden können.

Internet-
Anwendungen

Im folgenden werden alle **Szenarien** aufgelistet, die als Internet-Anwendungen für die Personalverwaltung - bis jetzt - realisiert sind:

- Mitarbeiterverzeichnis (Who is Who)
- Bewerbungsstatus (Application Status)
- Zeitnachweis (Time Reporting)
- Veranstaltungskalender (Calender of Events)
- Veranstaltung buchen (Booking Attendance)

10.7.1   Mitarbeiterverzeichnis

Je größer ein Unternehmen ist und je schneller es wächst, um so schwieriger ist das Auffinden von Informationen über Mitarbeiter, wie z. B. die Telefon- oder Faxnummer. Sicherlich kann man hierfür Telefonlisten verwenden. Jedoch sind diese bei einem schnellen Wachstum oder einer Umorganisation stets veraltet.

Sinnvoller ist die Verwendung der Internet-Komponente **Mitarbeiterverzeichnis**. Diese Anwendung ermittelt die Informationen direkt aus den Personaldaten des R/3-Systems. Hierdurch ist keine doppelte Datenhaltung nötig. Zudem kann eine Verwaltung von Personen in der Unternehmenszentrale erfolgen. Dies ermöglicht einen einheitlichen Zugriff für alle Tochterfirmen unabhängig vom Mailsystem. Ein weiterer Vorteil dieser Anwendung ergibt sich aus dem Medium Internet. Es können zu den Angaben einer Person im Browser weitere Daten wie Fotos, Unterschriften oder Sitzpläne dargestellt werden.

Hinweis

Die Anzeige- und Suchmöglichkeit ist auf bestimmte Personaldaten beschränkt, die nicht unter den Datenschutz fallen.

Fallstudie

Ein Abteilungsleiter der Personalabteilung der LIVE AG benötigt die Telefonnummer der Mitarbeiterin Judith Ebert. Dazu ruft er die persönlichen Daten, wie Telefonnummer, Faxnummer etc., auf.

Startmenü: *Homepage* ⇨ *Personalwirtschaft* ⇨ *Who is Who*

Client

 Der Internet-Mandant ist einzutragen.

Login

Der Username ist einzutragen.

Password

Das Paßwort ist einzutragen.

Dannach wird der Button Login betätigt. Es erscheint das Fenster *Who is Who*.

Mitarbeiterdaten anzeigen lassen

In der folgenden Eingabemaske muß der Name des Mitarbeiters, dessen Daten erwünscht sind, eingegeben werden.
Nach Betätigung von ▶ suchen erhält man auf der linken Seite eine Auflistung aller in Frage kommenden Mitarbeiter.

Hier kann bereits die Telefon- und Faxnummer sowie Gebäude- und Raumnummer der Mitarbeiterin Ebert entnommen werden. Klickt man nun auf Judith Ebert, können die detaillierten Daten angezeigt werden.

Auf der rechten Seite des Fensters erscheint ein Bild und die Daten der Mitarbeiterin Judith Ebert (vgl. Abb. 10.85).

Abb. 10.85
Mitarbeiterdaten anzeigen

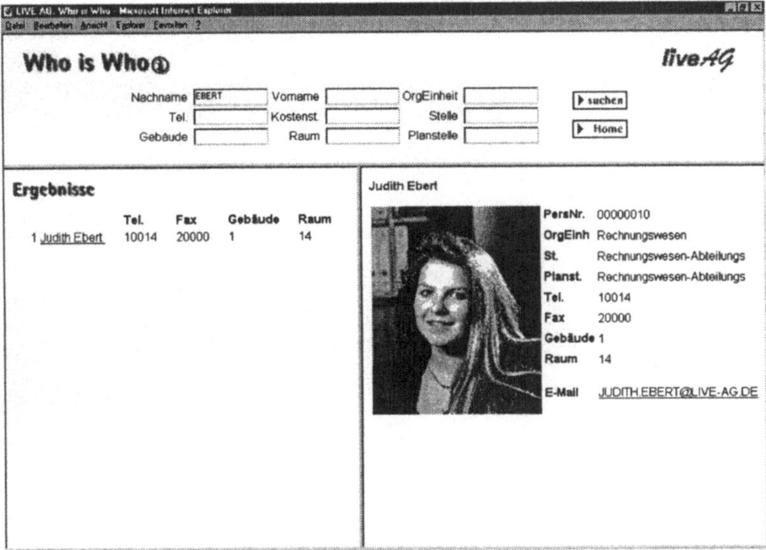

Mit einem Klick auf ▶ Home gelangt man wieder zurück zur LIVE AG Homepage.

10.7.2 Bewerbungsstatus

Es kommt nicht selten vor, daß auf eine Ausschreibung für eine freie Stelle eine Flut von Bewerbungen eintrifft. Die Personalabteilung wird dabei neben dem Versenden von Bestätigungen, Absagen, Einladungen etc. durch ständige telefonische Statusabfragen stark belastet.

Über die Internet-Anwendung **Bewerbungsstatus** hat der Bewerber nun zu jeder Zeit die Möglichkeit, den aktuellen Status seiner Bewerbung zu erfragen. Ist eine Bewerbung auf dem herkömmlichen Weg eingetroffen, kann das Unternehmen dem Bewerber ebenfalls die Abfrage des Bearbeitungsstatus über das Web ermöglichen. Bewerbernummer und Paßwort müssen dann über ein Bestätigungsscheiben mitgeteilt werden.

Fallstudie

Ein Bewerber der LIVE AG möchte den aktuellen Status seiner Bewerbung in Erfahrung bringen. Dazu will er seinen Bewerberstatus über das Internet abfragen.

Startmenü: *Homepage ⇨ Personalwirtschaft ⇨ Bewerberstatus*

Hier muß jetzt die Bewerbernummer und das zugehörige Paßwort eingegeben werden.

Nach Klick auf ▶ anzeigen erhält man folgende Ausgabe:

Abb. 10.86
Bewerberstatus

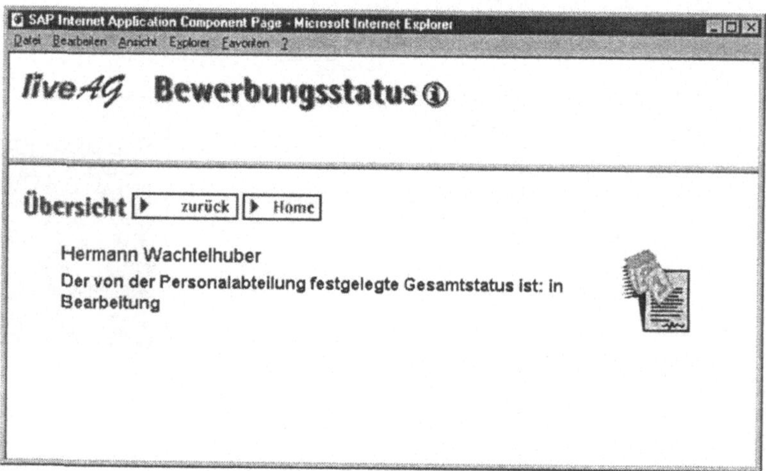

Mit einem Klick auf ▶ Home gelangt man wieder zurück zur LIVE AG Homepage.

10.7.3   Zeitnachweis

Die Internet-Anwendung **Zeitnachweis** ermöglicht Mitarbeitern (und deren Vorgesetzten) ihren persönlichen Zeitnachweis über das Internet/Intranet abzurufen. Dabei werden sowohl flexible Arbeitszeiten als auch die Erfassung von Arbeitszeiten über „Kommt-Geht-Buchungen" unterstützt.

Grundlage dieser Anwendung bilden die Auswertungsergebnisse aus der **Personalzeitauswertung** des R/3-Systems (Die Zeitauswertung ist eine Teilkomponente des Moduls Personalzeitwirtschaft.).

Fallstudie

Ein Infomanager der LIVE AG möchte sein Zeitnachweisformular des letzten Monats über das Intranet abfragen.

Startmenü: *Homepage* ⇨ *Personalwirtschaft* ⇨ *Zeitnachweisformular*

Nach Klick auf Neu erstellen erhält man folgende Ausgabe:

Abb. 10.87
Zeitnachweisformular

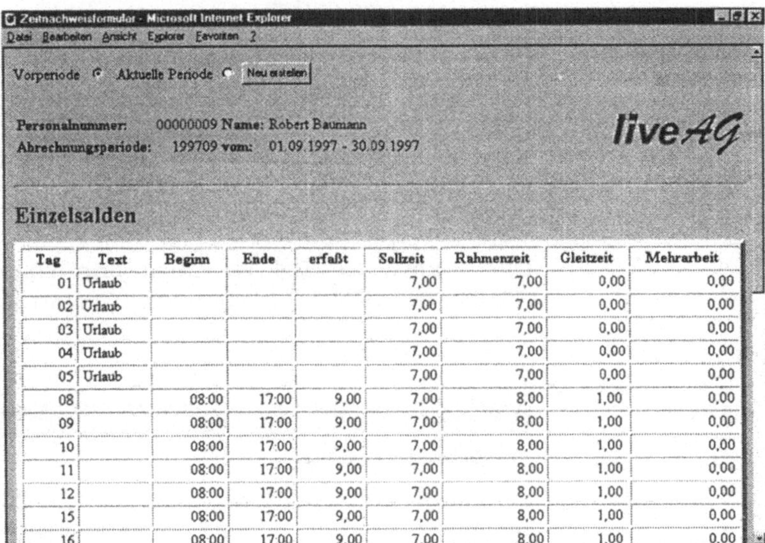

Tag	Text	Beginn	Ende	erfaßt	Sollzeit	Rahmenzeit	Gleitzeit	Mehrarbeit
01	Urlaub				7,00	7,00	0,00	0,00
02	Urlaub				7,00	7,00	0,00	0,00
03	Urlaub				7,00	7,00	0,00	0,00
04	Urlaub				7,00	7,00	0,00	0,00
05	Urlaub				7,00	7,00	0,00	0,00
08		08:00	17:00	9,00	7,00	8,00	1,00	0,00
09		08:00	17:00	9,00	7,00	8,00	1,00	0,00
10		08:00	17:00	9,00	7,00	8,00	1,00	0,00
11		08:00	17:00	9,00	7,00	8,00	1,00	0,00
12		08:00	17:00	9,00	7,00	8,00	1,00	0,00
15		08:00	17:00	9,00	7,00	8,00	1,00	0,00
16		08:00	17:00	9,00	7,00	8,00	1,00	0,00

10.7.4 Veranstaltungskalender

Ein Unternehmen, das den eigenen Mitarbeitern oder einem größeren Kreis Schulungen, Seminare oder allgemein Veranstaltungen anbietet, sollte diese Veranstaltungen so publizieren, daß alle wichtigen Informationen einem sehr großen Interessentenkreis zugänglich gemacht werden. Unter der Voraussetzung, daß im R/3-System dieses Unternehmens die Komponente **Veranstaltungsmanagement** vorhanden ist, kann die Verwaltung und Abwicklung der Veranstaltungen über das R/3-System abgewickelt werden.

Die Veröffentlichung solcher Informationen kann unter Einsatz der Internet-Anwendung **Veranstaltungskalender** erfolgen, die somit der ganzen Intranet- und Internet-Gemeinde zur Verfügung stehen. Hierzu dient ein nach Themengebieten untergliederter Veranstaltungskalender, der Informationen zu Terminen, Inhalten, Referenzen, freien Plätzen und Teilnahmegebühren bereitstellt und jederzeit verfügbar sowie aktuell ist. Diese Art der Präsentation von Informationen spart Druck- und Werbekosten.

Fallstudie

Ein Fahrradhändler möchte sich im Internet über die Weiterbildungsmöglichkeiten, die von der LIVE AG angeboten werden, informieren.

Startmenü: *Homepage* ⇨ *Personalwirtschaft* ⇨ *Veranstaltungskalender*

Veranstaltungsdaten anzeigen lassen

In der folgenden Eingabemaske kann der Zeitraum eingegeben werden, für den der Veranstaltungskalender der LIVE AG angezeigt werden soll.

Nach Betätigung von ▶ suchen erhält man auf der linken Seite eine Auflistung der Themen für die entsprechenden Personenkreise.

Durch Klick auf Händler erhält man eine Übersicht, der für Händler der LIVE AG angebotenen Veranstaltungen.

Abb. 10.88
Veranstaltungskalender/Veranstaltungen/Buchungssituation

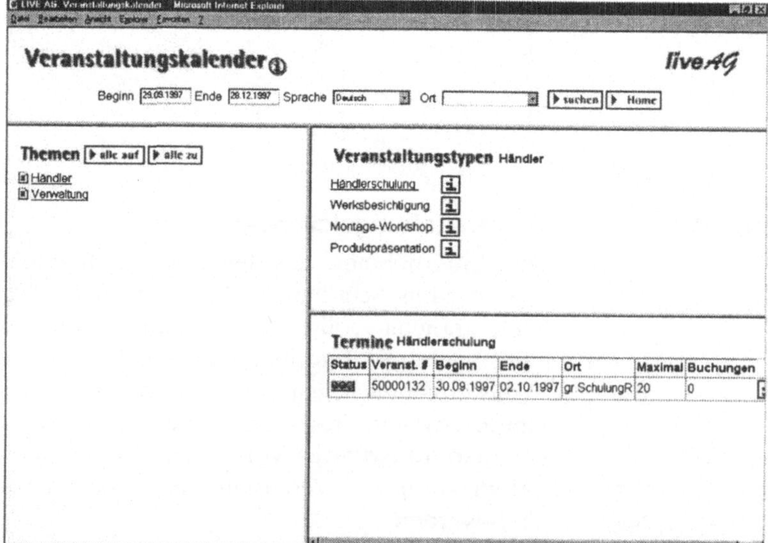

Status	Veranst. #	Beginn	Ende	Ort	Maximal	Buchungen
	50000132	30.09.1997	02.10.1997	gr SchulungR	20	0

Klickt man hier auf <u>Händlerschulung</u> wird der Termin der Händlerschulung sowie die aktuelle Buchungssituation angezeigt (vgl. Abb. 10.88).

Durch Klick auf ▣ werden die Details der Veranstaltung angezeigt (vgl. Abb. 10.89):

Abb. 10.89
Veranstaltungskalender/Veranstaltung/
Details

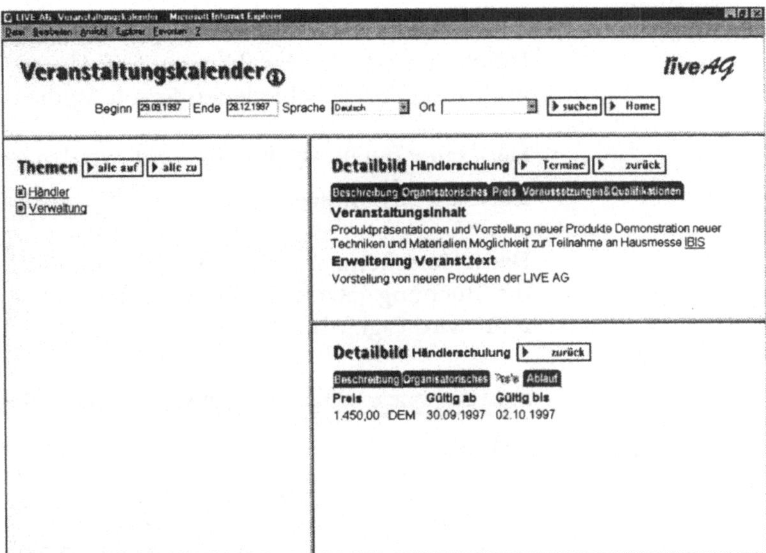

Unter der Rubrik „Veranstaltungstyp" (oberes Detailbild) können Details der Veranstaltung, wie Beschreibung, Organisatorisches, Preis und Voraussetzungen & Qualifikationen, abgerufen werden. Im unteren Detailbild stehen außerdem Informationen zur konkreten Veranstaltung, wie Beschreibung, Organisatorisches, Preis und Ablauf, zur Verfügung.

Mit einem Klick auf ▶ **Home** gelangt man wieder zurück zur LIVE AG Homepage.

10.7.5 Veranstaltung buchen

Wurde über die IAC **Veranstaltungskalender** das Interesse an einer Veranstaltung geweckt, steht dem Anwender über die IAC **Veranstaltung buchen** eine Internet-Anwendung zur Verfügung, über die eine direkte Buchung erfolgen kann.

Fallbeispiel

Ein Mitarbeiter der LIVE AG möchte die internen Weiterbildungsmöglichkeiten nutzen und eine Buchung der R/3-Mail-Schulung über das Intranet vornehmen.

Startmenü: *Homepage* ⇨ *Personalwirtschaft* ⇨ *Veranstaltung buchen (Intranet)*

Veranstaltungsdaten anzeigen lassen

Im *Veranstaltung buchen*-Menü kann ein Zeitraum angegeben werden, in dem Veranstaltungen liegen sollen.

Durch anschließendes klicken auf ▶ suchen erhält man eine Auflistung der verschiedenen Schulungsthemen.

Falls eine Buchung durchgeführt werden soll, kann dies durch Klick auf ⌗ erfolgen.

Darauf erscheint im gleichen Fensterbereich eine Meldung, daß die Buchung jetzt auf die nachfolgende Veranstaltung durchgeführt wird (vgl. Abb. 10.90).

Abb. 10.90
Veranstaltung
buchen – Buchung

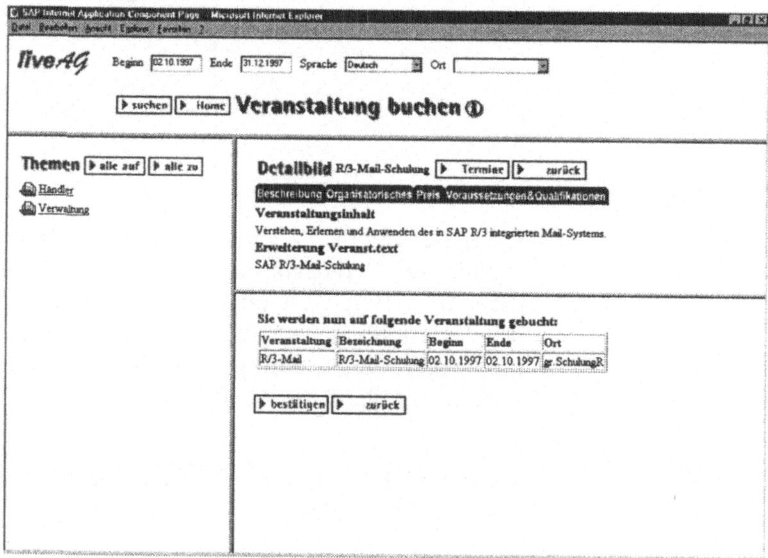

Diese Buchung muß noch durch ▶ bestätigen bestätigt werden.

Mit einem Klick auf ▶ Home gelangt man wieder zurück zur LIVE AG Homepage.

11 SAP Business Workflow

11.1 Einführung

Workflow ist zur Zeit und wohl auch noch in Zukunft ein überaus wichtiges Thema, besonders wenn es darum geht, die Produktivität in den Verwaltungen zu steigern.

In der Produktion wurde in den letzten Jahren sehr viel rationalisiert. Fließbandfertigung, Roboter, Lean-Production und Just-in-time-Production waren die Schlagworte.

In den Verwaltungen dagegen steht hier kein nennenswerter Produktivitätszuwachs gegenüber (*„Computer-Produktivitäts-Paradoxon"*).

Man kaufte zwar immer leistungsfähigere und teurere Rechner, fragte sich aber immer nur, wie schnell der Computer ist und welche Daten und Abläufe mit seiner Hilfe abgebildet werden können. Dabei wurden meist die Hauptinformationen des Tagesgeschäfts außer acht gelassen, da diese nur auf Papier vorhanden waren. Angesichts der immer größer werdenden Konkurrenz ist ein Umdenken in Richtung **Büroautomatisierung** mit dem Ziel der Rationalisierung dringend erforderlich.

11.1.1 Begriffliche Klärung

Optimieren und Automatisieren von Geschäftsprozessen

Workflow heißt: Ganzheitliche Optimierung und Automatisierung von Geschäftsprozessen mit innovativen technischen Hilfsmitteln, um das Wertschöpfungspotential zu maximieren.

Hier kommt es darauf an, die vorhandene Technik (die in den meisten Betrieben in Form von leistungsfähigen Rechnern zweifellos vorhanden ist) sachgerecht und optimal einzusetzen. Dabei spielt die papierlose Bearbeitung von Geschäftsprozessen eine zentrale Rolle.

Geschäftsprozeß der Kette von Aktivitäten

Unter einem Geschäftsprozeß wird eine Kette von Aktivitäten verstanden, die notwendig ist, um aus einer Kundenanforderung das vom Kunden gewünschte Ergebnis zu erstellen. Alle wichtigen Geschäftsprozesse sind dadurch charakterisiert, daß sie Abteilungsgrenzen überschreiten, wodurch Schnittstellen entstehen.

An jeder dieser Schnittstellen wechseln der Bearbeiter und/oder die eingesetzten Systeme. Dadurch entstehen i. d. R. Übermittlungs-, Transport- und Wartezeiten. Diese Schnittstellen bilden einen maßgeblichen Einflußfaktor für Zeit, Kosten, Qualität und Flexibilität eines Geschäftsprozesses.

Prozeßorientierte Denkweise

Die prozeßorientierte Denkweise soll vor allem helfen, vermeidbare Arbeiten einzusparen. Vorgangs- bzw. transaktionsorientierte Arbeitsabläufe werden systematisch zu ablauforientierten Prozeßketten zusammengesetzt. Insbesondere Doppelarbeiten und Tätigkeiten, die aufgrund der starken Aufteilung von Aufgaben anfallen, sollen entdeckt und eliminiert werden. Produktion und Einkauf, Finanzbuchhaltung und Personalwirtschaft, Vertrieb und Materialwirtschaft sollen zu einem Netz systematisch verbundener Arbeitsabläufe und Beziehungen zusammenwachsen.

Bei der Modellierung von Geschäftsprozessen wird die Frage, wer die Aufgaben ausführen soll, zunächst bewußt außer acht gelassen. Nicht Aufgaben, Positionen, Menschen und Strukturen, sondern vielmehr die Gestaltung eines Bündels von Aktivitäten, für das unterschiedliche Inputs aus verschiedenen Bereichen des Unternehmens benötigt werden, sollen im Zentrum der Betrachtung stehen (siehe Abb. 11.1).

Abb. 11.1
Modellierung von
Geschäftsprozessen

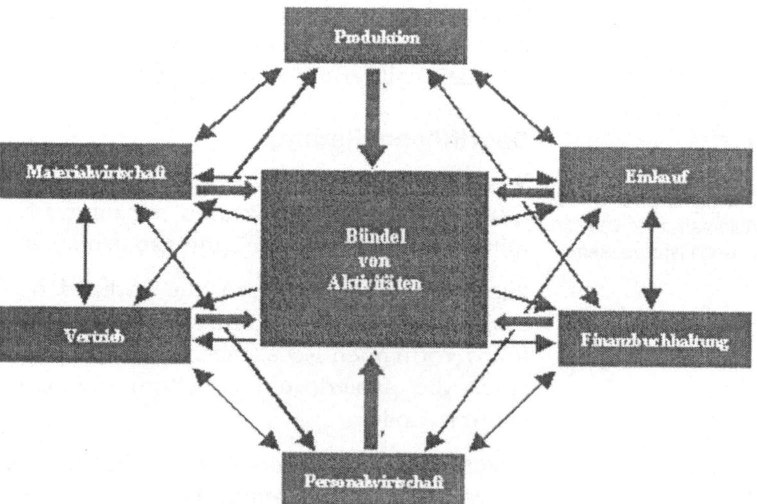

Arten von Geschäftsprozesse

Geschäftsprozesse lassen sich in drei Arten gliedern:

- **Hauptprozesse** dienen der Verwirklichung der Marktleistung (z. B. Auftragsbearbeitung, Produktentwicklung).

- **Unterstützungsprozesse** stellen die Infrastruktur zur Verfügung (z. B. Personalbeschaffung, Informationsversorgung).

- **Innovationsprozesse** erneuern die Leistungsfähigkeit (z. B. Strategieplanung, Aufbau von Wissen).

Große Geschäftsprozesse werden dabei in Teilprozesse zerlegt, um dadurch die Übersichtlichkeit der einzelnen Prozesse zu wahren.

Geschäftsprozeß-optimierung

Viele Unternehmen sind durch Organisationsmerkmale gekennzeichnet, die eine flexible Reaktion auf sich verändernde Marktsituationen verhindern. Während die Kunden guten Service, innovative Produkte und niedrige Preise fordern, sind ineffiziente Geschäftsprozesse maßgeblich daran beteiligt, die Erhöhung der Durchlaufzeiten, eine Kostenreduzierung und höhere Produktivität zu behindern. Eine überzogene Arbeitsteilung auf verschiedene Spezialisten hemmt schnelle Entscheidungsprozesse, verursacht hohen innerbetrieblichen Koordinierungsaufwand und hohe Liegezeiten während der Bearbeitung der Vorgänge. Die Neuausrichtung eines Unternehmens erfolgt heute auf der Basis betrieblicher Prozesse mit hohem Wertschöpfungsanteil. Im Mittelpunkt steht eine an den strategischen Unternehmenszielen ausgerichtete und nutzenorientierte Geschäftsprozeßoptimierung.

Ziele sind dabei:

- logisch zusammengehörige Prozesse mit wenigen Schnittstellen zu schaffen;

- die Komplexität bestehender Abläufe zu reduzieren;

- die Prozesse an den Bedürfnissen der Kunden auszurichten;

- die Wertschöpfung der Vorgänge in den Mittelpunkt der Betrachtung zu stellen;

- die Eigenverantwortung der Mitarbeiter zu stärken.

Optimierungskonzepte

Lean Management, Total Quality Management und Business Process Reengineering sind gegenwärtig die am meisten angewandten Methoden zur Geschäftsprozeßoptimierung und sollen im folgenden kurz vorgestellt und voneinander abgegrenzt werden.

Lean Management hat das „schlanke Unternehmen" zum Ziel, das durch flache Hierarchien, kurze Entscheidungswege sowie dem Prinzip der kontinuierlichen Verbesserung (Kaizen) geprägt ist. Die Leistungsverbesserung bezieht sich in erster Linie auf Produktivitätssteigerung, indem Verschwendung in Abläufen vermieden werden soll, wobei dieser Prozeß durch die Mitarbeiter getragen wird. Die Umgestaltung ist nicht zwangsläufig unternehmensumfassend, sondern kann auch nur auf einzelne Bereiche beschränkt realisiert werden.

Total Quality Management (TQM) geht vom Qualitätsgedanken an die Problematik heran. Um wirkliche Qualität zu erreichen, muß sich der Qualitätsgedanke durch alle Bereiche des gesamten Unternehmens ziehen. Jeder Mitarbeiter begreift sich hier als Lieferant für interne und externe Kunden, deren Waren in einer festgelegten Qualität geliefert werden. Ziel ist eine Verankerung des Qualitätsbewußtseins im Wertesystem des Unternehmens.

Business Process Reengineering (BPR) beinhaltet das fundamentale Überdenken und die radikale Neugestaltung des Unternehmens oder wesentlicher Unternehmensprozesse. Ziel ist die entscheidende Verbesserung der kritischen Leistungsgrößen Zeit, Kosten, Qualität und Service.

Das **organisatorische Konzept** ruht auf vier Säulen:

- Orientierung an den kritischen Geschäftsprozessen (d. h. allen Prozesse, die direkt mit der Leistungserstellung zu tun haben);

- Ausrichtung dieser Geschäftsprozesse am Kunden;

- Konzentration auf Kernkompetenzen (d. h. auf spezifische Fähigkeiten eines Unternehmens, durch die es sich von allen anderen Unternehmen abhebt);

- Nutzung modernster Informationstechnologie.

BPR will dabei nicht vorhandene Abteilungen reorganisieren und bestehende Abläufe optimieren, sondern eine völlige Neugestaltung der erfolgskritischen Geschäftsprozesse erreichen, was in der Regel zielorientiert erfolgt.

Ein Großteil der **Geschäftsprozesse** wird durch eingehende Papierdokumente ausgelöst. Geschäftsprozesse bestehen aus einzelnen Vorgangsschritten.

Der **Vorgang** definiert die Reihenfolge der einzelnen Vorgangs-schritte (siehe hierzu Abb. 11.2). Für die Vorgangsschritte kann ein Bearbeiter die maximale Dauer und Aktionen beim Über-schreiten dieser Dauer sowie ggf. Vor- und Nachbedingungen festlegen. Bei der Implementierung von Vorgangsverarbeitungs-systemen und der Modellierung von Geschäftsprozessen wird auch die Bezeichnung **Vorgangstyp** verwandt. Die zur Laufzeit erzeugten Ausprägungen eines Vorgangstyps werden dann als Vorgänge bezeichnet.

Abb. 11.2
Vorgangsschritte

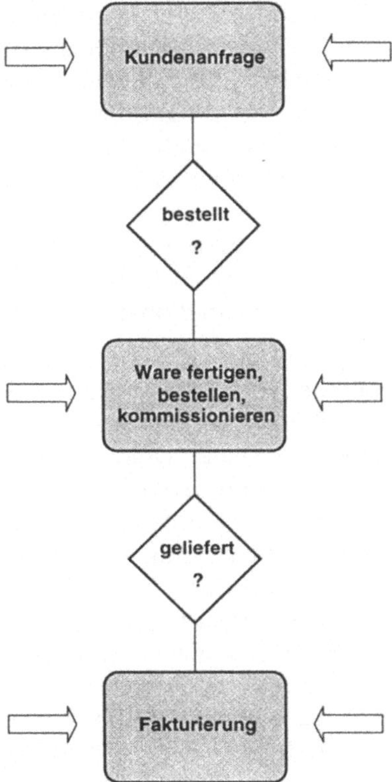

Dokumenten-managementsystem

Der Begriff Dokumentenmanagementsystem (DMS) steht im en-gen Zusammenhang mit der Vorgangsverarbeitung. Es existiert eine große Begriffsvielfalt: die Definitionen reichen einerseits von einem Recherchesystem für Dokumente, die auf Magnet- oder optischen Platten archiviert sind, bis zu Systemen, die den kom-pletten Lebenszyklus eines Dokuments von der Entstehung und Ablage bis zur Recherche und Anzeige verwalten.

Oft handelt es sich um verschiedene Komponenten (Archiv- und Ablagesystem, Recherchesystem, Indizierungssystem, Erfassungssystem, Formatkonvertierungs-, Ausgabe- und Drucksystem), die integriert als DMS bezeichnet werden. In einer erweiterten Form umfaßt ein DMS auch Mittel der Informationsintegration (Bürokommunikationssysteme, Daten von Anwendungen, externe Dokumente), der Dokumentenverteilung (eMail, FAX, Drucker) und Einstellungsmöglichkeiten für die Dokumentenspeicherung (Ablagehierarchien, Aufbewahrungsfristen).

Workgroup computing

Workgroup computing bedeutet die Anwendung von Informatikmitteln, um Aufgaben innerhalb von Teams besser, schneller oder einfacher bearbeiten zu können. Workgroup computing unterstützt eine weitgehend unstrukturierte Bearbeitung von Prozessen. Die Programme in diesem Bereich erlauben den Austausch von Nachrichten (z. B. Mail-Programme, gemeinsame Terminkalender oder Programme zum Versenden von Dokumenten mit entsprechenden Änderungen oder Anmerkungen), die gemeinsame Bearbeitung von Dokumenten oder die Teamarbeit über räumliche Grenzen oder Zeitverschiebungen (Zeitzonen) bei internationalen Projekten.

Papierloses Büro

Das Konzept des „Papierlosen Büros" (paperless office) basiert auf der Idee, die Papierflut zu verringern, indem auf die Verwendung von papiergebundenen Akten verzichtet wird, stattdessen sollen alle Dokumente in elektronischer Form vorliegen. Elektronische Dokumente können von mehreren Bearbeitern gleichzeitig bearbeitet werden, Transportzeiten und Zeiten zur Ablage sowie zum Auffinden von Akten entfallen durch geeignete Indizierung und durch Einsatz von Attributen bei der Ablage gänzlich. Erwähnenswert ist der Einsatz von elektronischem Datenaustausch zwischen Geschäftspartnern (EDI Electronic Data Interchange mit dem Standard **EDIFACT**), der in der Zukunft von immer größerer Bedeutung sein wird. Derzeit überwiegt allerdings noch die traditionelle Methode des papiergebundenen Nachrichtenwesens zwischen den einzelnen Unternehmen.

EDI - Electronic Data Interchange

11.1.2   Zielsetzung von Workflow-Systemen

Stichwortartig lassen sich die **Grobziele** für den Einsatz von Workflow-Systemen wie folgt zusammenfassen:

- Rationalisierung von Arbeitsabläufen;
- beschleunigte Vorgangsbearbeitung;

- Verfügbarkeit aller Informationen an allen zugelassenen Arbeitsplätzen;
- Verzicht auf Ausdruck von Buchungen;
- Ablösen von Papier- und Mikrofilmarchiven;
- Automatisieren von Routinearbeiten;
- ständige Auskunftsbereitschaft im Rechnungswesen über archivierte Vorgänge.

Qualitative Vorteile von Workflow:

- eine ganzheitliche Vorgangsbearbeitung ist möglich;
- es kann ein verbesserter Informationsaustausch stattfinden;
- WF bietet sehr gute Kontrollmöglichkeiten;
- mit WF sind schnellere Problemlösungen möglich;
- es kann eine verbesserte Datenerfassung und Archivierung erfolgen;
- Sortierarbeiten und Botendienste fallen weg etc.

Quantitative Vorteile von Workflow:

- Verringerung der Belegdurchlaufzeiten;
- Personalabbau durch Produktivitätssteigerung möglich;
- Ablösen von Papier- und Mikrofilmarchiven;
- Reduktion der Kommunikationskosten;
- schnellere Vorgangsbearbeitung;
- schnellere Reaktion und Flexibilität etc.

Nachteile von Workflow:

- Netzkosten, Installation, Wartung;
- Hardware- und Softwareanforderungen;
- Schulungskosten der Mitarbeiter;
- zusätzliche Kosten der Einführung;
- anfängliche Probleme bei Nutzung etc.

11.1.3 Technologie des SAP Business Workflow

Seit Release 3.0 versucht SAP die Potentiale eines Workflow-Systems für die R/3-Anwendungen nutzbar zu machen. SAP Business Workflow ist fortan ein integrierter Bestandteil von R/3, der zuerst als anwendungsübergreifendes Modul angekündigt wurde und schließlich im Basismodul (BC) wiederzufinden ist.

Wie jedes andere Workflow-System muß auch SAP Business Workflow vor der Nutzung der jeweiligen Geschäftsumgebung entsprechend angepaßt werden. D. h. die Geschäftsprozesse müssen in Form von elektronischen Prozeßmodellen dem System mitgeteilt werden, damit es weiß, in welchem Ablauf welche Mitarbeiter nach welchem Schritt und zu welchem Zeitpunkt die darin spezifizierten Tätigkeiten auszuführen haben. Das Workflow-System spielt den stummen Diener, den internen Postboten, der die entsprechenden Aufgaben entlang dieser vordefinierten Wege verteilt und im Zuge dessen auch die entsprechenden Informationen zu verteilen hat.

11.1.3.1   Objekte

Die Architektur des SAP Workflow-Systems basiert auf Geschäftsobjekten. Mit der objektorientierten Darstellung will SAP die Integration und die Wechselwirkungen zwischen Objekten anstatt auf einer rein technischen auf einer betriebswirtschaftlichen Ebene darstellen. **Geschäftsobjekte** sind Schnittstellen zu zahlreichen klar konzipierten Prozessen und Daten, die über das Objektrepository zugänglich sind.

Jedem Geschäftsobjekt ist ein Datenmodell zugeordnet. Es bildet die innere Struktur der Daten im Unternehmensdatenmodell ab. Die Registrierung der Objekte erfolgt über die Definition von Objekttypen, wie beispielsweise Rechnung, Auftrag, Lieferschein, Material, Stückliste, externe Dokumente (archivierte Dokumente, EDI-Nachricht) sowie PC-Objekte (Textverarbeitungsdokumente, Tabellenkalkulationsblätter).

Auf der untersten Abstraktionsschicht bestehen Geschäftsobjekte aus Tabellen (Entities im SERM[1]) und deren Verknüpfungen. In der Integritätsschicht kommen objektbezogene Bedingungen und Abhängigkeiten (z. B. auch Views) und prozeßabhängige Regeln hinzu.

Die Interfaceschicht stellt die Schnittstellen für die Umwelt als Ereignisse (Objekt *angelegt*, Objekt *geändert*, Objekt *gelöscht*) und Methoden (BAPIs, z. B. Objekt *anlegen*, Objekt *ändern*, Objekt *löschen*zur Verfügung, über die ausschließlich Veränderungen am Objekt - also auch an den nicht frei zugänglichen Attributen - vorgenommen werden können. Der tatsächliche Zugriff auf das Objekt erfolgt über RFCs oder für externe Anwendungen über entsprechende Objektschnittstellen.

---

[1]   Def. „SERM" SAP Entity Relationship Modell

Außerdem kann auch von externen Anwendungen auf das Objektrepository zugegriffen werden, falls diese Applikation SAP-RFCs unterstützt.

Attribute beschreiben die Daten, die in einem Objekt abgelegt werden. Das Attribut kann eine direkte Zuordnung zu einem Datenfeld in der R/3-Datenbank haben oder aber erst bei Bedarf ermittelt (z. B. berechnet) werden (virtuelles Attribut).

Eine Besonderheit stellen Attribute dar, die Referenzen zu anderen Objekten beinhalten. Damit können Objekte verschachtelt werden.

Methoden (BAPIs) repräsentieren die Geschäftsvorgänge, mit denen die Attribute bearbeitet werden. Durch Kapselung können die Daten des Objekts nur über die Objektmethoden angesprochen werden. Die Menge aller BAPIs eines Objekttyps muß somit alle Geschäftsprozesse abdecken können, die dieses Objekt betreffen. Eine Methode muß nicht atomar sein.

Im Hinblick auf die Abbildung der betriebswirtschaftlichen Problemstellung stehen vielmehr Methoden im Vordergrund, die Prozesse oder Teilprozesse abbilden. So könnte für das Objekt *Bewerber* eine Methode *Einladen zum Vorstellungsgespräch* existieren, die eine Kette von Manipulationen auf das Objekt, das Auslösen von Transaktionen oder das Erstellen eines Einladungsbriefes beinhaltet.

„Workfl2.scm"

Abb. 11.3
Methoden eines
Objekttyps

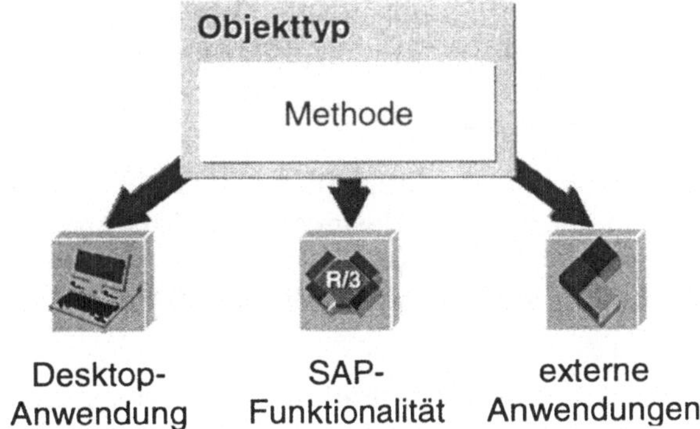

Ereignisse signalisieren einen bestimmten Vorfall in einem Objekt in einer Eins-zu-Viele-Beziehung. Ein Ereignismanager publiziert an einem bestimmten Objekt erfolgte Änderungen oder Aktivitäten an andere Objekte, die ein bestimmtes Ereignis abonniert (subskribiert) haben.

Diese Ereignisse werden im Workflow-System eingesetzt, um die Geschäftsobjekte als Auslöser für Workflows zu nutzen. Da die Objekte mit anderen ereignisorientierten Anwendungen in Kontakt stehen und Informationen austauschen, sind sie der ideale Informationsträger für das Workflow-System.

Objekte entstehen als konkrete Ausprägungen (Instanzen) eines Objekttyps zur Laufzeit. In der Regel ist es ein Objekt, das, nachdem es im System entstanden ist, in einem Workflow über mehrere Schritte hinweg von verschiedenen Mitarbeitern bearbeitet wird. Geschäftsobjekte unterstützen die Delegation. Ausgehend von einem beliebigen Objekttyp können eigene Subtypen angelegt werden, die sämtliche Attribute, Methoden und Ereignisse des Supertyps erben. Dies wird bei der Definition eigener Workflows benötigt, um die Funktionalität der SAP-Objekte den eigenen Bedürfnissen anpassen zu können. Um die Funktionalität der bestehenden Objekte nicht zu beeinträchtigen, dürfen SAP-Objekte nicht geändert werden, sondern auf Grundlage bestehender Objekte werden mit Hilfe der Vererbung eigene Objekte kreiert und um die gewünschten Attribute, Methoden und Ereignisse erweitert. Diese Erweiterung kann teilweise sehr technischer Natur sein und setzt dann tiefgreifende SAP-Basiskenntnisse voraus. So können bspw. Kenntnisse über ABAP/4-Programmierung, Erstellung und Verwendung von Funktionsbausteinen und Makros, Kenntnisse über das Data-Dictionary, Erfahrung in objektorientierter Programmierung, Kenntnisse über die SAP-Applikationen, Änderungsbelegerstellung, Ereigniserzeugung aus der Applikation heraus usw. Voraussetzung sein.

Vererbung von Objekttypen

11.1.3.2   Architektur

Die nachfolgende Abbildung 11.4 zeigt das Dreischichtenmodell der SAP Business Workflow-Architektur. In der unteren Schicht sind die Geschäftsobjekte erkennbar, die dem Workflow-System als Schnittstelle zu den R/3-internen und -externe Anwendungen dienen.

Die Organisationsschicht dient der Zuordnung von Aufgaben und Rollen zu Personen und Organisationseinheiten (z. B. Abteilungen, Linien). Die Rolle bestimmt, wer bspw. aus betriebswirtschaftlicher, funktional-orientierter Sicht - eine Gruppe oder Person - für die Bearbeitung einer Aufgabe in Frage kommt.

Abb. 11.4
Architektur von SAP
Business Workflow

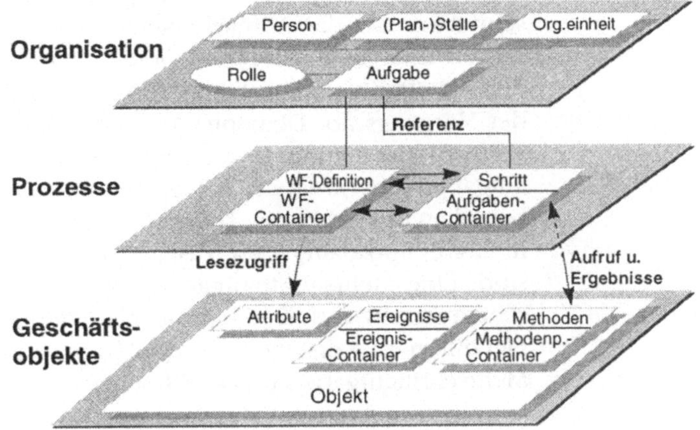

In der mittleren Schicht, die oft auch als sog. **Workflow-Engine** bezeichnet wird, werden die Geschäfsprozesse abgebildet. Dazu gehört die Definition der Workflows und auch die Steuerung, Koordinierung, Überwachung und Auswertung der Workflows zur Laufzeit. Konform zu diesem vielfältigen Aufgabenspektrum besteht die Workflow-Engine von SAP Business Workflow aus mehreren Komponenten, die in Abhängigkeit der zeitlichen Verwendung in die Hauptbereiche **Definitionswerkzeuge**, **Laufzeitsystem** und **Informationssystem** untergliedert werden.

Definitionswerkzeuge

Das wichtigste Medium bei der Erstellung von Workflows ist eine Modellierungsumgebung, in der die Geschäftsabläufe in grafischer Form interaktiv entwickelt werden können. SAP stellt zu diesem Zweck einen grafischen **Workflow-Editor** zur Verfügung, in dem die Abläufe als ereignisgesteuerte Prozeßketten (ePK) entworfen, angezeigt und implementiert werden. Das Flußdiagramm bildet die Grundlage für die Workflow-Ausführung zur Laufzeit, d. h. durch die Erstellung und Speicherung einer Workflow-Definition wird selbständig ein ablauffähiges Workflow erzeugt, womit SAP die Forderungen des Interface 1 der W*f*MC erfüllt. **Ablauffähigkeit** i. d. S. bedeutet, daß das Workflow-System den Kontroll- und Datenfluß zwischen den Bearbeitungsschritten des Prozesses aktiv steuern kann. Die Aktivitäten selbst müssen zuvor definiert und mit Funktionalität versorgt werden.

Die betriebswirtschaftlichen Tätigkeiten werden in **Aufgaben** beschrieben. Ob die Aufgabe die Ausführung von nur einem einzelnen oder von mehreren, unter Umständen parallel ablaufenden Schritten verlangt, hängt von den organisatorischen Abläufen des Vorgangs ab. Dementsprechend werden Aufgaben in Einzelschrittaufgaben und Mehrschrittaufgaben unterteilt. Einzelschrittaufgaben beschreiben aus organisatorischer Sicht jeweils **eine** betriebswirtschaftliche Tätigkeit, während Mehrschrittaufgaben mehrere Einzelaufgaben zusammenfassen, also nicht elementar sind. Eine Mehrschrittaufgabe kann somit einen kompletten Geschäftsprozeß enthalten und ist als Referenz auf eine Workflow-Definition zu verstehen. In der Tat verwendet SAP die Begriffe Mehrschrittaufgabe und Workflow als Synonyme.

Abb. 11.5
Aufgabenhierarchie

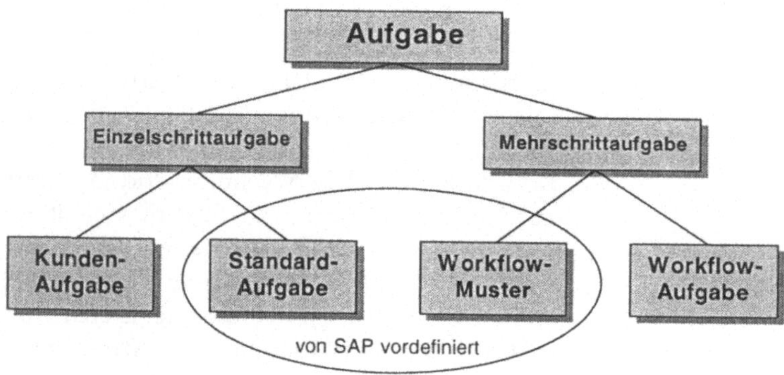

Eine Sammlung von Einzel- und Mehrschrittaufgaben sind im Lieferumfang von SAP Business Workflow als ablauffähige **Standardaufgaben** bzw. **Workflow-Muster** enthalten, die zwar unmittelbar eingesetzt werden können, in der Regel jedoch eher als Vorlagen für eigene Entwicklungen dienen werden. Die Definition und Implementierung von eigenen Aufgaben mit spezifischen Anforderungen erfolgt - wie schon bei den Objekttypen - in speziellen Aufgabentypen. Atomare Tätigkeiten werden als **Kundenaufgabe** und selbsterstellte Workflows als **Workflow-Aufgabe** klassifiziert.

Eine Einzelschrittaufgabe innerhalb eines Workflows wird als **Schritt** bezeichnet und kann beispielsweise eine Aktivität sein. Diese bezieht sich immer auf genau eine Aufgabe (Einzelschrittaufgabe oder Mehrschrittaufgabe).

Hinzu kommen ergänzende Angaben zur Zuständigkeit, zur Terminierung und zur Verantwortung bei Nichterledigung. Für einen Verarbeitungsschritt kann eine maximale Bearbeitungszeit angegeben werden. Wird sie überschritten, so wird eine definierte Aktivität angestoßen. Eine Workflow-Definition setzt sich also bausteinartig aus einzelnen, miteinander vernetzten Schritten zusammen und bildet die betriebswirtschaftlichen Abläufe direkt ab.

Container

Wie aus Abbildung 11.5 ersichtlich ist, müssen zwischen Mehrschritt- und Einzelschrittaufgaben Daten ausgetauscht werden. Zu diesem Zweck existiert für ein Workflow ein sog. **Workflow-Container** und für eine Einzelaufgabe ein **Aufgaben-Container.** Ein Container ist eine Datenstruktur zur Aufnahme von Informationen zu Kontroll- und Steuerungszwecken.

Container beinhalten i. d. R. keine betriebswirtschaftlichen Daten. Diese werden von der Anwendung selbst konsistent verwaltet und in Datenbanken abgelegt. Zur Definitionszeit eines Workflows werden die entsprechenden Container angelegt und sind evtl. durch zusätzliche Elemente zu ergänzen. Jedes dieser Containerelemente wird durch die Angabe seiner Eigenschaften, insbesondere durch die Angabe einer Datentypreferenz, spezifiziert. Weiterhin ist es sinnvoll, den Aufgaben potentielle Sachbearbeiter zuzuordnen. Zu diesem Zweck verweist eine Referenz der Aufgabe in die Organisationsschicht und wird dort mit Personen, Gruppen oder Stellen verknüpft. Aufgaben sind auch mit den Geschäftsobjekten direkt verbunden. So wird die eigentliche Tätigkeit, wie etwa ein Transaktionsaufruf oder die Aufforderung zu einer manuellen Aktion, u. a. in Form von Methoden der Objekttypen realisiert. Einzelschrittaufgaben stehen damit als Bindeglied zwischen Ablauf- und Aufbauorganisation im SAP-System.

Ereignisse als Auslöser von Aufgaben

Die Ereignisse, die die Objekttypen erzeugen, können wiederum für Einzelschrittaufgaben oder Workflows als auslösende Ereignisse ausgenutzt werden. Zuvor muß allerdings durch Definitionen sichergestellt sein, daß die rein formelle Angabe eines Ereignisses beim Objekttyp tatsächlich mit der betriebswirtschaftlichen Gegebenheit in Verbindung steht. Zur Erzeugung von Ereignissen innerhalb der Fachanwendung können verschiedene integrierte Mechanismen, wie der Aufruf eines Funktionsbausteins, eine Statusänderung, das Schreiben eines Änderungsbelegs oder die Nachrichtensteuerung, herangezogen werden.

Teilweise erfordert die individuelle Ereigniserzeugung Erfahrung im Umgang mit der SAP-Programmierumgebung, teilweise müssen lediglich Definitionen in Form von Tabelleneinträgen vorgenommen werden. Die ausgenutzten Verfahren stellen allerdings sicher, daß durch die Anwendung die Datenkonsistenz und -sicherheit garantiert ist.

Laufzeitsystem

Das Laufzeitsystem besteht aus drei Ausführungskomponenten: Der **Workflow-Manager** steuert und koordiniert den Workflow-Ablauf, der **Workitem-Manager** ist für die Abwicklung der Ausführung einzelner Arbeitsschritte einschließlich der Zuordnung zu den Bearbeitern und der Terminüberwachung verantwortlich und der **Ereignismanager** ermittelt die an einem Ereignis interessierten Verbraucher und ruft sie auf.

Funktionen des Workflow-Managers

Alle zur Ablaufsteuerung und Koordination bereitgestellten Programme der Workflow-Engine werden im Workflow-Manager zusammengefaßt. Da zur Laufzeit beliebig viele Workflows - auch auf dieselbe Mehrschrittaufgabe bezogen - im Workflow-Manager residieren können, werden sie als unabhängige Instanzen verwaltet. Alle Definitions- und Ausführungskomponenten basieren auf einer gemeinsamen Datenstruktur und werden zusammen mit den Objektreferenzen für die Dauer der Aktivität im Workflow-Container abgelegt. Aus diesem Container wird jeder der miteinander vernetzten Einzelschritte mit den Daten versorgt, die zu seiner Bearbeitung notwendig sind. Ereignisse, die einem Schritt folgen, lösen entsprechende Folgeschritte aus und erzeugen Ergebnisse, die wiederum vom Workflow-Manager aufgenommen, ausgewertet und in den weiteren Arbeitsfluß einbezogen werden.

Funktionen des Workitem-Managers

Der Workitem-Manager ist das zentrale Element zur Laufzeit. Die Laufzeitrepräsentation einer ausführbaren Einzelschrittaufgabe, das Workitem, wird entweder vollautomatisch im Hintergrund abgewickelt oder einem oder mehreren zuständigen Mitarbeitern jeweils im integrierten Eingangskorb (Worklist) angezeigt und kann von dort aus angenommen und ausgeführt werden. Ein Vorgang setzt sich demnach aus einer Folge von Workitems zusammen, die vom Workitem-Manager verwaltet werden. Zur Abwicklung der Ausführung der einzelnen Arbeitsschritte gehört die erst zur Laufzeit vorgenommene Ermittlung und Zuordnung von Sachbearbeitern und - falls gewünscht - eine Terminüberwachung mit Eskalation. **Eskalation** bedeutet, daß ein Workitem, dessen Bearbeitungsfrist nicht eingehalten wird, eine spezielle Behandlung erfährt.

Auch die Verwaltung der **Worklists** der einzelnen Benutzer wird vom Workitem-Manager vorgenommen. Im integrierten Eingangskorb wird neben den Dokumenten der SAPoffice-Eingangsliste auch die Worklist angezeigt, die alle zu bearbeitenden Tätigkeiten eines Benutzers als Workflow-Objekte enthält. Alle Einträge sind einer Klasse zugeordnet, vergleichbar mehreren physischen Postkörbchen, in denen unterschiedliche Aufgabenarten abgelegt sind. SAPoffice-Dokumente gehören zur Klasse SO und haben andere Funktionalitäten als beispielsweise Workitems (Klasse WF). Workitems werden ihrerseits in Typen unterteilt, wodurch interne Bearbeitungsabläufe gesteuert werden können. Der Typ eines Workitems entscheidet über zulässige Stati und Statusübergänge.

Abb. 11.6
Ereigniskopplung

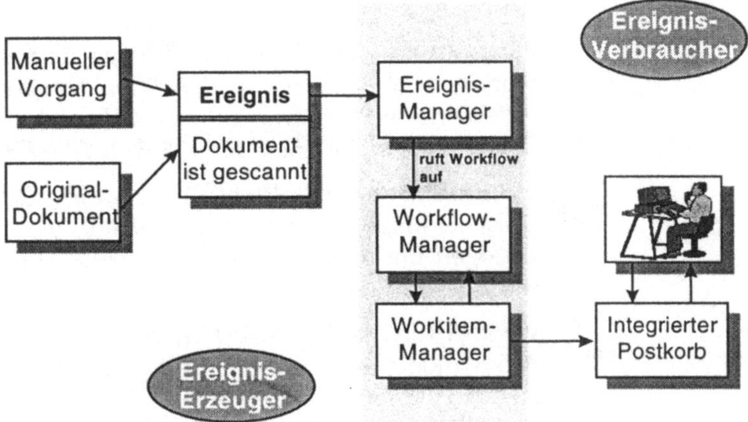

Funktionen des
Ereignis-Managers

Der Ereignismanager ist für den ereignisgesteuerten Ablauf im Workflow-System verantwortlich. Über Ereignisse wird eine Kopplung zwischen verschiedenen Anwendungen ermöglicht, indem Daten von der erzeugenden zur verbrauchenden Anwendung transportiert werden. Ereignisse werden in die einzelnen SAP-Anwendungsprogramme **hineinprogrammiert** und dort ausgelöst. Das Programm, in dem ein Ereignis erzeugt wird, wird als Ereigniserzeuger bezeichnet. Damit wird eine am Objekt vorgenommene Zustandsänderung systemweit veröffentlicht. Auf der anderen Seite wird ein Ereignis von einem Ereignisverbraucher ausgewertet (verbraucht). Ein Ereignis kann einen oder mehrere Verbraucher haben, muß aber sofort verbraucht werden. Existiert zum Zeitpunkt der Ereigniserzeugung kein Verbraucher, wird das Ereignis gelöscht.

Der Ereignismanager nimmt die Ereignisse entgegen, ermittelt mit Hilfe einer Ereigniskopplungstabelle die interessierten Verbraucher und ruft diese dann auf. Die Abbildung verdeutlicht den Zusammenhang zwischen Ereigniserzeuger, Ereignisverbraucher und den Komponenten des Workflow-Laufzeitsystems.

11.1.3.3   Ereignisgesteuerte Prozeßketten

Die Definition von Workflows ist in Form von ereignisgesteuerten Prozeßketten vorzunehmen. Diese Methodik stellt eine Verbindung von Bedingungs-Ereignisnetzen der Petrinetz-Theorie mit Verknüpfungselementen, wie sie z. B. von dem stochastischen Netzplan-Verfahren GERT verwendet werden, dar. Es entsteht ein gerichteter, bipartiterer Graph, der einen betrieblichen Ablauf mit Hilfe von fünf Elementen verkörpert:

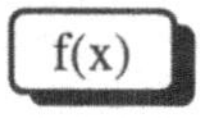

Funktionen werden als abgerundete Rechtecke dargestellt und repräsentieren die zu erledigenden Aufgaben. Als aktive und zeitverbrauchende Knoten nehmen sie Daten auf und geben Daten zur Entscheidung des weiteren Prozeßverlaufs wieder ab.

Ereignisse werden als Sechsecke dargestellt und besitzen keine Entscheidungskompetenz. Ein Ereignis ist auf einen Zeitpunkt bezogen und kann als Auftreten eines Objektes oder Änderung einer bestimmten Attributsausprägung definiert werden.

Verknüpfungsoperatoren werden als Kreise mit entsprechenden Symbolen abgebildet und dienen zur Darstellung von nichtlinearen Prozeßverläufen. Zur Darstellung logischer Beziehungen zwischen Ereignissen und Funktionen werden die drei Operatoren UND ($\wedge$), ODER ($\vee$) und exklusives ODER (**XOR**) verwendet.

Prozeßwegweiser stellen eine Verbindung zu einem oder mehreren vor- oder nachgelagerten Prozessen her und erlauben damit, mehrere ePKs zu verschachteln. Damit ist die Voraussetzung geschaffen, um komplizierte Abläufe in modulare, überschaubare Teilprozesse mit abgegrenzter Funktionalität zu zerlegen.

Der **Kontrollfluß**, also die Reihenfolge, in der die einzelnen Knoten durchlaufen werden und der Zusammenhang von Ursache und Wirkung zwischen den Objekten wird mit einer gestrichelten Linie mit einer Pfeilspitze dargestellt. Mit Ausnahme der Verknüpfungsoperatoren dürfen nur unterschiedliche Knotentypen miteinander in Verbindung gesetzt werden.

 Diese Ausnahme beruht auf der ursprünglichen Schreibweise, nach der zwei logische Beziehungen pro Verknüpfungsoperator möglich waren. Zur besseren Lesbarkeit sind daraus zwei einzelne, miteinander verbundene Operatoren entstanden.

Die folgende Abbildung 11.7 zeigt den **SAP Business Navigator** mit einem Prozeßdiagramm, das Funktionen und Verknüpfungsoperatoren enthält:

Abb. 11.7
Prozessdiagramm

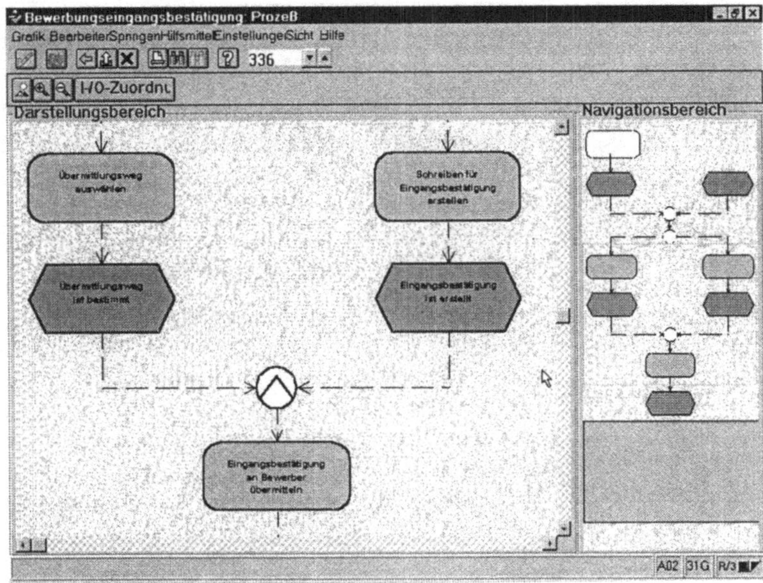

Jede Prozeßkette hat einen definierten Ein- und Ausgang, der in Form von einem oder mehreren Ereignissen dargestellt werden muß (In der Abbildung wäre der Eingang das oberste Feld im Navigationsbereich, der Ausgang entspräche dem zuunterst stehenden Feld.). Ein SAP-Workflow stellt dazu die beiden internen Ereignisse *Workflow gestartet* und *Workflow beendet* zur Verfügung. Zusätzliche auslösende Ereignisse werden als weitere Ein- oder Ausgänge hinzugefügt.

Hilfsmittel bei der
Workflow-Erstellung

R/3 bietet mit der **Business Engineering Workbench** eine integrierte Entwicklungsumgebung an, die sich aus Methoden, Modellen, Werkzeugen und Programmierschnittstellen zusammensetzt. Sie enthält als Referenzmodelle das sog. **R/3-Business-Repository**, in dem rund 800 Geschäftsprozesse und über 170 Geschäftsobjekte abgelegt sind.

Als grafisches Werkzeug zur Darstellung der Geschäftsprozesse dient der **Business Navigator**, die Geschäftsobjekte werden mit Hilfe des Objektrepository textuell gepflegt. Beide Hilfsmittel sind außer für die Visualisierung und Fehler- bzw. Schwachstellenanalyse auch bedingt für die Modellierung von Geschäftsprozessen einsetzbar und sind somit bei der Modellierung von Workflows interessant. Insbesondere helfen sie bei der Identifikation von vorhandenen Repository-Einträgen. Gefundene Objekte und Prozesse können für eigene Workflow-Definitionen unverändert weiterverwendet, erweitert oder angepaßt werden.

11.1.3.4   Business Navigator

Grafische Darstellung der SAP-Funktionalität

Arbeitsabläufe unterliegen einem kontinuierlichen Wandel durch Veränderungen des Marktes und anderen externen Einflüssen. Geschäftsprozesse müssen jederzeit anpaßbar sein, wozu ein Medium benötigt wird, mit dem die Prozesse einfach und schnell zu durchschauen und anzupassen sind.

Aus der Vielzahl der Geschäftsprozesse des R/3-Systems sind die wichtigsten (800) als sogenanntes R/3-Referenzmodell in grafischen Ablaufdiagrammen offengelegt. Es zeigt Lösungsvorschläge für betriebswirtschaftliche Vorgänge unabhängig von Branche und Unternehmensgröße. SAP hat sich bei der Prozeßdarstellung als einheitliche Modellierungsmethode für die ereignisgesteuerte Prozeßkette entschieden, um „dem Anwender Freiheitsräume für seine kreativen und schöpferischen Aufgaben"[1] zu zeigen.

Der wesentliche Nutzen des R/3-Referenzmodells liegt nach Ansicht des Verfassers jedoch eher darin, daß die in den SAP-Anwendungen möglichen Prozeßvarianten und Integrationszusammenhänge zwischen den Anwendungen leichter erkannt werden und dadurch ein tieferes Verständnis für die ablaufenden Prozesse entstehen kann. Darüber hinaus kann es zur Beschreibung der Unternehmensorganisation sowie unternehmensspezifischer Informationssysteme eingesetzt werden. Weiterhin gestaltet sich die Identifikation von Stellen, an denen Übergänge zu anderen Systemen geschaffen werden müssen, einfacher.

Das Referenzmodell wird vor allem als Modellierungsgrundlage bei Geschäftsprozeßoptimierungsvorhaben (BPR etc.) und als Hilfsmittel bei SAP-Einführungsprojekten zur individuellen Abgrenzung, Schulung und Dokumentation herangezogen.

---

[1]   vgl. SAP AG [Hrsg] Discover SAP; Walldorf; 1995

Die ereignisgesteuerte Prozeßkette ist für den Fachanwender in **sechs Sichten** zerlegt, um den unterschiedlichen Fragestellungen im Unternehmen Rechnung zu tragen:

Sichten auf Prozesse

- Die **Prozeßsicht** stellt die betrieblichen Abläufe mit Hilfe von ereignisgesteuerten Prozeßketten dar.

- In der **Informationsflußsicht** ist erkennbar, welche Informations-, Material-, und Ressourcenobjekte von welcher Funktion bearbeitet werden. Wann und warum diese Objekte bearbeitet werden, ist nicht beschrieben.

- In der **Funktionssicht** werden die Tätigkeiten des Unternehmens soweit aufgelöst, wie noch ein betriebswirtschaftlicher Vorgang beschrieben wird. Anschließend werden die gefundenen Aufgaben in einer hierarchischen Ordnung den Kategorien Applikation, Funktionsbereich, Hauptfunktion und Funktion zugeordnet. Zum einen wird hier gezeigt, welche Funktionen über- und untergeordnet sind, zum anderen, welche Funktionen zu einer bestimmten Funktionsgruppe gehören.

- In der **Datensicht** werden die Informations-, Material- und Ressourcenobjekte selbst und ihre Beziehungen untereinander dargestellt. Das in Form von Datenbanktabellen real existierende Datenmodell zeigt insbesondere, woher eine Funktion Objekte erhält, welche vorhandenen Objekte verändert werden und welche neuen Objekte aus welchen Objekten gebildet werden.

- In der **Organisationssicht** wird das Organisationsmodell des R/3-Systems offengelegt, um mit der Aufbauorganisationsstruktur des Unternehmens abgeglichen zu werden. Die Organisationseinheiten und ihre Beziehungen untereinander und die den Organisationseinheiten zugeordneten Funktionen werden angezeigt.

- In der **Kommunikationssicht** werden zwei Aspekte offensichtlich. Die Verbindungen zwischen den organisatorischen Einheiten des Unternehmens, die für in sich geschlossene Geschäftsprozesse verantwortlich sind und die Kommunikationskanäle, die zwischen den Einheiten aufgrund bereichs- und abteilungsübergreifender Geschäftsprozesse bestehen.

„Workfl2.scm"

Zur Visualisierung des Referenzmodells ist ab Release 3.0 der Business Navigator in das R/3-System integriert worden. Mit Hilfe des grafischen Editors, der auch bei der Workflow-Definition eingesetzt wird, können die verschiedenen Sichten des Referenzmodells eingesehen und direkt aus den grafischen Modellen auf die entsprechende Transaktionen, das Data Dictionary oder die Online-Dokumentation zugegriffen werden. Der Einstieg erfolgt entweder direkt über die Prozeßsicht, von der aus die übrigen Sichten erreichbar sind oder, wie in folgender Abbildung 11.8 angedeutet, über die textuelle Komponentensicht (Bildmitte), aus der die anderen grafischen Modelle aufgerufen werden können.

Abb. 11.8
Sichten des
Business Navigators

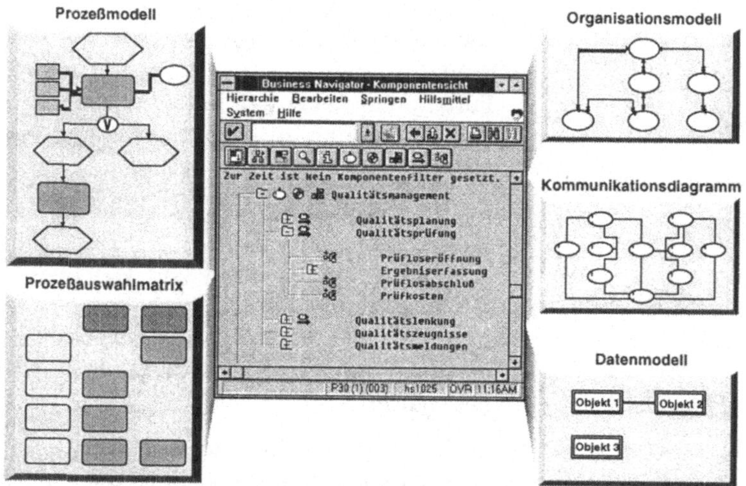

Alternativ zum Business Navigator von SAP werden von Fremdfirmen Navigator Komponenten zum Hinzukauf angeboten, welche hier kurz vorgestellt werden sollen:

Das *„ARIS-Toolset"* der IDS Prof. Scheer GmbH kann auf die Datenbasis des R/3-Referenzmodells zugreifen. Es besteht aus einer Navigationskomponente, die die verschiedenen Sichten anzeigen und ausdrucken kann. Mit der Modellierungskomponente kann das Referenzmodell unternehmensspezifisch angepaßt und durch neue Funktionen und Modelle ergänzt werden. Die Analysekomponente wertet Projektergebnisse aus und vergleicht geänderte Modelle mit denen aus dem Referenzmodell.

Der SAP Businessnavigator basiert auf dem ARIS-Toolset, besitzt jedoch eingeschränkte Funktionalität.

Ähnliche Funktionalität wie das ARIS-Toolset bietet der **„Visio Business Modeller für SAP R/3"** (VBM) der VISIO GmbH. Mit den von Visio 4.0 bekannten Werkzeugen kann das Referenzmodell angezeigt, analysiert und in gewissem Umfang auch modelliert werden. VBM stellt das R/3-Referenzmodell in den Rahmen der grafischen Bearbeitung von Visio. Somit handelt es sich weniger um ein Modellierungstool wie im Fall von ARIS, sondern eher um ein Präsentations- und ergänzendes Analysewerkzeug.

Aus der Produktfamilie **„Model-Works™ "** von IntelliCorp ermöglichen die beiden Komponenten LiveModel und PowerModel ebenfalls die Anzeige, Analyse und Modellierung des Referenzmodells.

11.1.3.5 Objektrepository

Das R/3-Repository enthält eine umfassende Beschreibung der R/3-Anwendungen (siehe Abb. 11.9). Über eine Programmierschnittstelle kann es Informationen in Grafiksoftware, Modellierungswerkzeuge oder BPR-Werkzeuge exportieren. Es stellt die zentrale Ablagemöglichkeit für sämtliche Anwendungsinformationen des Systems dar. Dies umfaßt die Neuentwicklung, den Entwurf und die Wartung von Anwendungen und Komponenten. Im Repository sind Prozeßmodelle, Funktionsmodelle, Datenmodelle, Geschäftsobjekte, Objektmodelle sowie die zugehörigen Daten und ihre Verbindungen abgelegt.

Das Business Object Repository - kurz Objektrepository - ist ein Bestandteil des R/3-Repositories, das ausgewählte betriebswirtschaftliche Daten, Transaktionen und Ereignisse als integrierte Menge von Geschäftsobjekten darstellt. Jedem Geschäftsobjekt ist ein Datenmodell zugeordnet, das die interne Tabellenstruktur wiedergibt und im Unternehmensmodell eingebettet ist. Als besonders vorteilhaft bei der Identifikation von Objekten erweist sich der Verwendungsnachweis, mit dem ermittelt werden kann, in wievielen und in welchen Prozessen der betreffende Objekttyp verwendet wird.

„Workfl3.scm"

Der Umgang mit dem Objektrepository erfolgt teils textuell, teils mittels eines grafischen Browsers. Da der Schwerpunkt auf der betriebswirtschaftlich orientierten Sichtweise der Objekte beruht, erfolgt der Einstieg in das Repository über betriebswirtschaftliche Bereiche zu den diesen Bereichen zugeordneten Objekttypen. Ist ein Objekttyp mehreren Geschäftsbereichen zugeordnet - was eher die Regel als die Ausnahme ist - ist der tatsächliche Objekttyp nur einmal registriert, und bei den restlichen Bereichen befindet sich ein Verweis auf den Original-Objekttyp.

Abb. 11.9
Objekttyp
Kundenauftrag

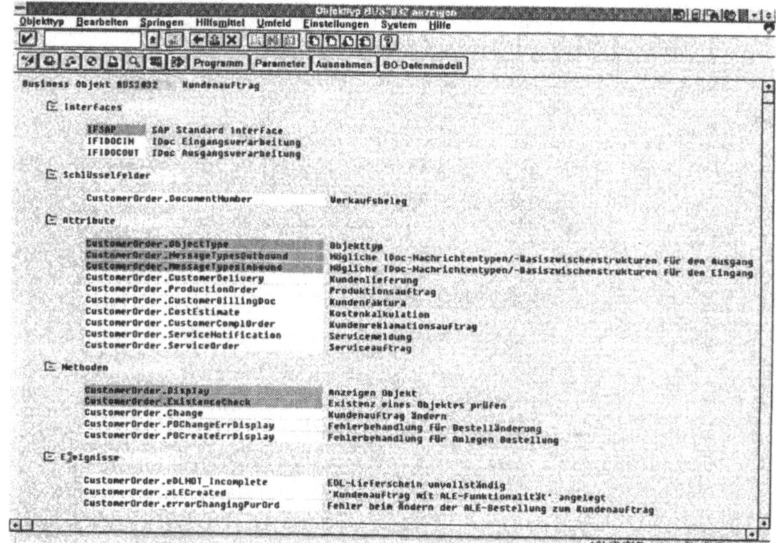

Sowohl die Registrierung der Objekte, die für das Workflow-System verwendet werden als auch die Zugriffskontrolle auf Objekte zur Laufzeit erfolgt über die Definition von Objekttypen im Objektrepository. Mit Hilfe der Vererbung werden für Workflows eigene Objekttypen definiert. Dazu wird ein von SAP ausgelieferter Supertyp herangezogen und sämtliche Attribute, Methoden und Ereignisse in den eigenen Objekttyp vererbt. Anschließend werden eigene Anpassungen, wie weitere Ereignisse, Methoden, Attribute usw., vorgenommen. Da jedes Workflow auf Geschäftsobjekten basiert, indem es ausschließlich Methoden von Geschäftsobjekten aufruft, wird das Objektrepository zum Dreh- und Angelpunkt zwischen Workflow und Anwendung.

Abschließend kann ein vollendetes Workflow-Projekt[1] anhand einer Screencam-Aufzeichnung kurz vorgestellt werden. Dabei wurde die Realisierung im Rahmen der Materiallogistik in einem mittelständischen Unternehmen durchgeführt.

Das R/3-System zeichnet sich dadurch aus, daß **Geschäftsprozesse integriert über mehrere Module** und mehrere organisatorische Einheiten hinweg bearbeitet werden können. Mit dem Mittel der **Nachrichtensteuerung** können weite Teilbereiche bei der Bearbeitung eines Geschäftsprozesses automatisiert werden. Für die Behandlung von eingehenden elektronischen Nachrichten steht ebenfalls Funktionalität zur Verfügung. Ausgezeichnet sind die Bearbeitungsmöglichkeiten für eingehende Originaldokumente. Auf eine Bearbeitung eines **Papierdokuments kann vollständig verzichtet werden**, da nach dem Erfassen des Papierdokuments dieses in elektronischer Form jederzeit angezeigt und weitergereicht werden kann. Für eingehende Originaldokumente steht ein mehrstufiges Verarbeitungskonzept zur Verfügung, wodurch automatisch die zur Verarbeitung benötigte Transaktion aufgerufen wird. Es existiert eine durchgängige Vorgangsbearbeitung sowie schon relativ ausgereifte Entwicklungs- und Administrationswerkzeuge.

Der Vorgangsverarbeitung in R/3 liegt ein anderes Konzept zugrunde als das der klassischen Workflow-Tools. Die Stärke dieser Tools liegt in der **flexiblen Gestaltung von Geschäftsprozessen und Integration von externen Komponenten**. Der große Vorteil des SAP Business Workflows besteht in der durchgängigen Bearbeitung von Geschäftsprozessen, wobei diese zu einem hohen Grade automatisiert ist. Im Gegensatz zur Vorgängerversion ist im aktuellen Releasestand eine erheblich bessere Funktionalität als in klassischen Workflow-Systemen enthalten. Die Betonung liegt auf der Objektorientierung, mit all den Vorteilen moderner Systementwicklung. Hierdurch wird eine weitaus bessere Integrität des Gesamtsystems gewährleistet.

---

[1] vgl. hierzu: Strobel-Vogt, U : SAP Business Workflow* in der Logistik Strategie und Implementierung in der Praxis, Vieweg-Verlag, Reihe „Edition Business Computing", Braunschweig/Wiesbaden, 1997

11.1.4 Workflow-Komponenten

Um SAP Business Workflow einsetzen zu können, sind u. a. Softwarekomponenten erforderlich, die eine elektronische Weiterleitung von Informationen und die Erkennung von Veränderungen im System ermöglichen. Da es sich hierbei um grundlegende Basisdienste handelt, werden sie im Vorfeld des eigentlichen Workflow-Systems stichwortartig vorgestellt:

- **SAP*access***: mit SAP*access* läßt sich online von externen Anwendungen (z. B. Textverarbeitung, Tabellenkakulation) im Lesemodus auf R/3-Daten zugreifen.
- **SAPArchiveLink:** ist Schnittstelle zwischen R/3 und dem optischen Archivsystemen.
- **SAP*office***: ist ein objektorientiertes Ablage- und Kommunikationssystem, das voll in R/3 integriert ist (siehe Abb. 11.10).

Abb. 11.10
Workflow-Module

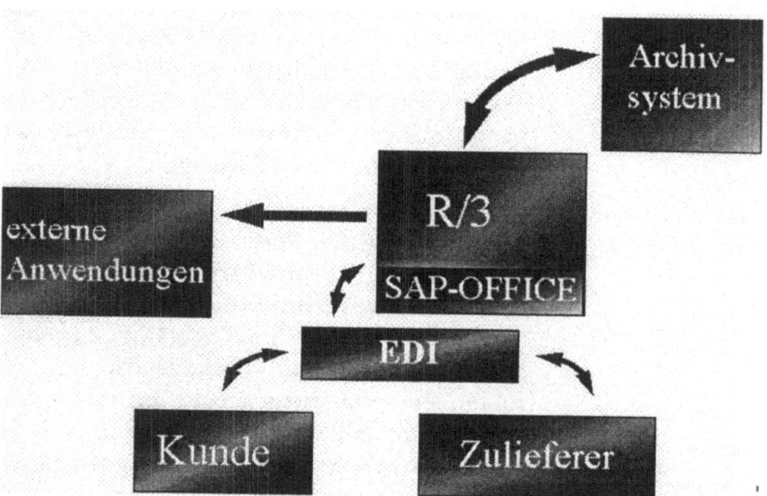

- **Nachrichtensteuerung:** steuert das Versenden und Verarbeiten von Nachrichten.
- **EDI:** ermöglicht den Austausch von Daten zwischen Unternehmen, Kunden und Zulieferern.
- **Objektorientierung:** Steuerungsinformationen und inhaltliche Daten werden gekapselt und nur über definierte Schnittstellen für die Umwelt zugänglich.

Das System R/3 ermöglicht die durchgängige Bearbeitung von Geschäftsprozessen und stellt Mittel zur automatisierten Vorgangsverarbeitung zur Verfügung. Es läßt sich in **vier Hauptbereiche** gliedern:

1. **dokumentenbasierter Workflow**

2. **Nachrichtensteuerung**

3. **EDI** (Auslösen von Vorgängen durch den Eingang von elektronischen Dokumenten)

4. **Adhoc Workflow**

Für die verschiedenen Bereiche existieren unterschiedlich starke Methoden zur automatisierten Bearbeitung. Für den dokumentenbasierten Workflow werden Mittel angeboten, mit denen Originaldokumente erfaßt und bearbeitet werden können. Der Komplexitätsgrad der Abläufe variiert hierbei jedoch stark.

Routing

So können zum einen genau definierte Folgetransaktionen vorgegeben werden, die nicht vom Bearbeiter beeinflußt werden können (Routing mit automatischem Applikationsstart). Zum anderen können aber auch Regeln definiert werden, die erst bei Laufzeit durch die in den Dokumenten enthaltenen Informationen oder vorgangsabhängige Informationen entscheiden, welche Folgetransaktionen mit dem jeweiligen Dokument aufzurufen sind. Man spricht hierbei von **ereignisgesteuerten Geschäftsprozessen**. Auch das Eingreifen des Mitarbeiters in den Workflow kann ermöglicht werden.

Die Behandlung von Vorgängen zur Laufzeit ist komfortabel. Die Werkzeuge zum Erzeugen von Vorgängen, durch Erfassen über die Büro-Komponente sowie zum Weiterleiten (Versenden) sind für den Anwender einfach zu bedienen. Es existieren außerdem Funktionen, um Vorgänge in der Ablage zu halten (um später ohne langes Suchen darauf zugreifen zu können) oder sie automatisch wiedervorzulegen.

Über **SAP-Office** kann ein Vertreter angegeben werden, an den im Falle der Abwesenheit neben der Office-Mail auch Vorgänge weitergeleitet werden. Der Anwender kann zu einem Vorgang verschiedene Statusinformationen abrufen, z. B. das Datum und die Zeit der letzten Bearbeitung.

Die **Terminüberwachung** wird vom Laufzeitsystem ermöglicht. Sie ist unabhängig von den jeweiligen Applikationen. Termine sind *„gewünschter Start"* oder auch *„spätestes Ende"*. Sie werden immer zu einem relativen Bezugspunkt gesetzt (Datum oder auch Startzeitpunkt des Workflows).

Rollen

Im Gegensatz zu den Vorgängerversionen existieren ab der neuen Release 3.1 Rollen-Mechanismen, die es ermöglichen, dynamisch während der Laufzeit mittels *„Rollenauflösung"* (Ermittlung von Bearbeitern über Stellenbeschreibungen) den Workflow organisatorisch korrekt zu steuern. Wichtig ist hierbei der dynamische Aspekt, der die hohe Flexibilität des Systems gewährleistet. Mit Hilfe der PD-Komponente „Organisation und Planung" und Stellenbeschreibungen werden diejenigen Mitarbeiter ermittelt, die anwesend bzw. für die Aufgabe geeignet sind. Stillstandzeiten werden somit weitestgehend vermieden – ein wesentlicher Aspekt des Workflow-Gedankens.

Stellen sind unabhängig von Organisationseinheiten; sie definieren Aufgabenbereiche eines Unternehmens.

Planstellen gehören zu Organisationseinheiten und werden immer durch eine Stelle beschrieben.

Transportzeiten für Papierdokumente werden minimiert

Die Vorgangsverarbeitung ist so in das System integriert, daß der Anwender (Bearbeiter) in seiner Tätigkeit unterstützt wird und mit ihr **ohne langen Schulungsaufwand** arbeiten kann. Transportzeiten für Papierdokumente werden minimiert. Die Integration des Dokumentenverwaltungssystems ist ebenfalls komfortabel gelöst; denn bei Vorgängen, denen Originale zugrunde liegen, können diese jederzeit aus der Anwendung heraus aufgerufen werden.

Systeminterner Einführungsleitfaden reicht nicht aus

Vorgänge müssen von einem Administrator definiert werden, d. h. für eingehende Originaldokumente müssen Dokumentenarten geschaffen werden, die mit einem Vorgangstyp verknüpft werden. Diese Einstellungen werden im Customizing des SAP-Systems gepflegt. Die Einarbeitung in diesen Bereich des Customizing und das damit verbundene Verstehen der Zusammenhänge erfordern **großen zeitlichen Aufwand**. Es ist notwendig, daß eine weiterreichende Dokumentation als sie derzeit dem „normalen" Anwender zugänglich ist, geschaffen wird. Auch der systeminterne Einführungsleitfaden reicht hierfür nicht aus.

Im neuen Release 3.1 ist die Pflege der Workflows über einen **grafischen Editor** möglich, es stehen aber auch externe Applikationen anderer Hersteller zur Verfügung.

Nach der Einarbeitungsphase lassen sich neue Dokumentenarten, neue oder abgewandelte Vorgangstypen und Einstellungen für das Erfassen mit relativ geringem Aufwand durchführen.

Derzeit gibt es nur sehr wenige große Unternehmen, die optische Archivierung im Produktivbetrieb einsetzen. Die Tendenz zum **Einsatz von optischer Archivierung** ist aber stark steigend, dadurch wird auch die Bedeutung des dokumentenbasierten Workflow in R/3 entsprechend steigen. Um die Vorgangsverarbeitung einsetzen zu können, sind allerdings **organisatorische Umstrukturierungen** erforderlich. Für den dokumentenbasierten Workflow bedeutet dies bspw. Durchführung einer zentralen Erfassung.

Die **Nachrichtensteuerung** ist im Umfeld der Vorgangsverarbeitung ebenfalls von Bedeutung, da sie es ermöglicht, auf bestimmte Zustände, d. h. bestimmte Datenkonstellationen, zu reagieren. Ein Output in Form einer Office-Mail als Druckausgabe oder auf anderen Medien kann automatisch erzeugt werden. Obwohl die Nachrichtensteuerung nicht als Vorgangsverarbeitungssystem betrachtet werden kann, da sie nicht komplette Vorgänge umfaßt, sondern immer nur einzelne Teilschritte eines Vorgangs, stellt sie ein mächtiges Instrumentarium dar und unterstützt die Bearbeitung von Vorgängen.

Electronic Data Interchange (EDI) ist eine weitere Komponente im Umfeld der Vorgangsverarbeitung in R/3. Eingehende elektronische Nachrichten lösen ähnlich wie beim Erfassen eines Originalbelegs Vorgänge aus. Für diese Vorgänge existieren eine **Vielzahl von Funktionsbausteinen**, die eine weitgehend automatisierte Bearbeitung dieser Vorgänge ermöglichen, z. B. im Bestellungseingang. Der Anwender ist von diesen Vorgängen nur am Rande betroffen.

Das R/3-System besitzt mit der **Office-Komponente** Werkzeuge, die als „Adhoc Workflow" bezeichnet werden können. Dabei werden auch einige Features von Workgroup-Programmen angeboten. Die Office-Komponente weist eine durchaus **gute Funktionalität** auf.

Die Methoden sind allerdings nicht in einem Maße integriert, und die Bearbeitung ist nicht so stark automatisiert, daß man von einem Vorgangssteuerungssystem sprechen könnte.

Objektorientierung ist eine Methode Daten und Code gekapselt darzustellen. Das von SAP verwendete Modell besteht aus vier Schichten: dem Geschäftsobjekt-Kern, der die Tabellen enthält; der Integritätsschicht, die objektbezogene Regeln und Abhängigkeiten enthält; der Interface-Schicht, die die Schnittstellen für die Umwelt als Ereignisse und Methoden zur Verfügung stellt; der tatsächliche Zugriff erfolgt über die vierte Schicht, die mittels OLE, CORBA oder auch SAP-RFC (Remote Function Calls) den Zugriff für externe Anwendungen ermöglicht.

11.2   SAP*office*

SAP*office* ist ein Ablage- und Kommunikationssystem, das vollständig in R/3 integriert ist. Dies ermöglicht die Aufhebung der technischen und organisatorischen Trennung von betriebswirtschaftlichen Anwendungen einerseits und Bürokommunikation andererseits.

„workfl1.scm"

SAP*office* dient somit als Träger- und Transportmedium von Dokumenten, Mitteilungen usw. Außerdem werden die betriebswirtschaftlichen Anwendungen mit den benötigten Bürofunktionen aktiv unterstützt.

Die Grundfunktionen von SAP*office* beinhalten die Komponenten:

Komponenten

- SAP*file*
- SAP*mail*
- SAP*find*

Die zur Verfügung stehenden Büro- und Kommunikationsfunktionen lassen sich im R/3-Systemmenü über das Arbeitsgebiet *„Büro"* auswählen (siehe Abb. 11.11).

Abb. 11.11
Arbeitsgebiet: Büro

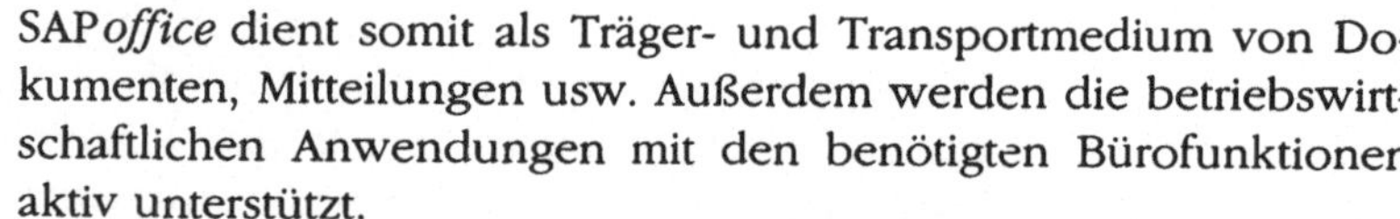

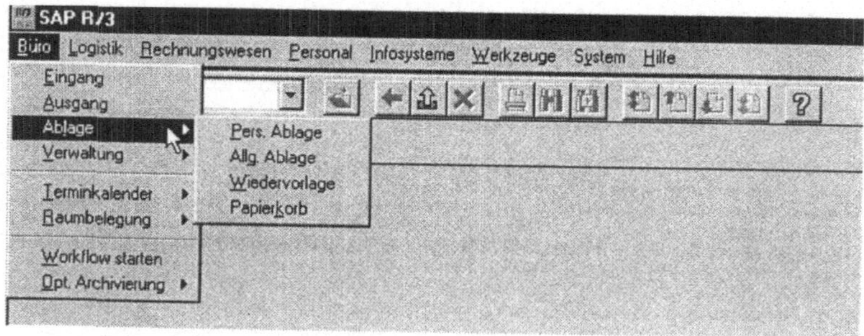

Zu den Aufgaben und Zielen von SAP*office* zählen:

Aufgaben und Ziele

- Unterstützung der betriebswirtschaftlichen Anwendungen;
- System für die interpersonelle Kommunikation (d. h. das Versenden und Empfangen von Nachrichten an interne und externe Benutzer);
- leichte Integration von anderen Bürosystemen und -komponenten;
- Unterstützung der Vorgangsbearbeitung und Gruppenarbeit;
- Träger von Anwendungsnachrichten (d. h. die von R/3-Anwendungen erzeugten Mitteilungen können vom Benutzer direkt aus SAP*office* heraus verarbeitet werden);
- Ablage- und Verteilsystem (d. h. das Verwalten von Textinformationen, PC-Dokumenten und optisch archivierten Dokumenten).

11.3   SAP*file*

Unter SAP*file* versteht man das objektorientierte Ablagesystem in der SAP*office*-Umgebung.

Ablagesystem

Eine Ablage kann man mit einem Aktenschrank vergleichen. Eine Ablage in SAP*office* enthält **Mappen**, die Aktenordnern in der realen Büroumgebung entsprechen. Eine Mappe wiederum kann Dokumente oder weitere Mappen enthalten. Daraus ergibt sich eine **Baumstruktur**.

11.3.1   Persönliche und allgemeine Ablage

In SAP*file* gibt es zwei Ablagen, die persönliche und die allgemeine Ablage (siehe Abb. 11.11).

Persönliche Ablage:

- Zugriff nur für den Benutzer;
- individuelle Ablage und Verwaltung von Dokumenten.

Allgemeine Ablage:

- Zugriff wird durch Zugriffsrechte geregelt;
- dient dazu, definierten Benutzern, Benutzergruppen oder auch sämtlichen Mitarbeitern des Unternehmens dieselbe Information zur gleichen Zeit zur Verfügung zu stellen.

Beispiele für allgemeine Mappen:

- Mandantenmappen (firmenweite Mappen)
- Gruppenmappen (definiert für eine bestimmte Arbeitsgruppe)
- Projektorientierte Mappen (zeitlich befristet)
- Schwarzes Brett (z. B. Informationsmappe der Personal-
abteilung)

Beim Anlegen von allgemeinen Mappen können verschiedene Zugriffsrechte vergeben werden, wie bspw.:

Zugriffsrechte

1. **Zugriffsrecht:**   Anzeigen von Mappen und Dokumenten und Verteilerlisten.

2. **Zugriffsrecht:**   Der Benutzer hat alle Möglichkeiten wie bei 1., und zusätzlich darf er Dokumente ändern und neu erstellen.

3. **Zugriffsrecht:**   Der Benutzer darf den spezifischen Mappenkopf ändern sowie neue Mappen anlegen, Zugriffsrechte 1 und 2 sind mit eingeschlossen.

11.3.2   Objektorientierung

Unter Objektorientierung ist zu verstehen, daß alle Objekttypen in der Ablage gespeichert und sämtliche Funktionen auf alle Objekte in gleicher oder ähnlicher Weise angewandt werden können.

Beispiel:

Das Vorgehen beim Anlegen einer Mappe gleicht der Vorgehensweise beim Erstellen eines Textdokuments. Man gibt einfach den Objekttyp an, das System verzweigt automatisch weiter.

Die Unterscheidung mehrerer Objekttypen dient dazu, die reale Bürowelt möglichst treffend nachzubilden.

Objekttypen

- „ALI"   Typenkennzeichen von ABAP/4-Listen
- „BIN"   Kennzeichnet Binärdokumente
- „XXL"   Typenkennzeichen für Listviewer Dokumente
- „ARC"   Typenkennzeichen für Archivierte Dokumente
- „FOL"   Mappe
- „SCR"   SAP*script*-Text
Textdokument, das mit dem SAP*script*-Texteditor erstellt wurde.

- **„RAW"** RAW-Editor-Text
  Textdokument, bei dem die Formatierung keine Rolle spielt, geeignet für kurze Meldungen oder Notizen.
  Raw-Dokumente besitzen die Möglichkeit, bei R/3 eine Verknüpfung zu einer WWW-Site einzufügen.
- **„DLI"** Verteilerliste
  Darunter versteht man eine Adreßliste, wobei zwischen allgemeinen und persönlichen Verteilerlisten unterschieden wird. Eine Verteilerliste kann andere Verteilerlisten enthalten.
- **„QRY"** Query (Suchanfrage; siehe hierzu Punkt 11.4)
- **„GRA"** SAP-Präsentationsgraphik
- **„IMG"** ArchiveLink-Objekt (siehe hierzu Punkt 11.8)
- **„WFL"** Workflow-Objekt
  Geschäftsvorfall, der in SAP*office* angezeigt und verarbeitet werden kann.

Windows-Objekte

Außerdem können eine Reihe von Windows-Objekten in SAP*office* verwendet werden, z. B.:

- **DOC** WinWord-Dokument
- **XLS** Excel-Dokument

11.3.3 Funktionen in SAP*file*

Die folgenden Funktionen lassen sich innerhalb einer Mappe über das Menü *„Dokument"* auswählen.

- *„Objekt anlegen"*
  Das System verzweigt in den allgemeinen Kopf (siehe Abb. 11.13) des Dokuments, wo man den gewünschten Objekttyp, Namen, Titel etc. eingibt. Anschließend wird automatisch in den vom Objekttyp abhängigen Folgebildschirm verzweigt. Bei der allgemeinen Ablage darf normalerweise der Anwender die Mappe ändern, da er Änderungsberechtigungen hat. Beim Anlegen eines Objektes sollten immer die Attribute entsprechend eingerichtet werden, speziell in der persönlichen Ablage. Sortierkriterien können ebenfalls festgelegt werden.
- *„Objekt ändern"*
  Man hat die Möglichkeit, sowohl den Inhalt als auch den allgemeinen Kopf eines Objekts zu ändern. Versendete Dokumente dürfen nicht mehr verändert werden.

- **„Objekt anzeigen"**

  Man kann sich entweder den Inhalt, den allgemeinen Kopf oder den spezifischen Kopf (enthält weitere Informationen über das Objekt) anzeigen lassen.

  Im spezifischen Kopf eines SAP*script*-Dokuments findet man bspw. Informationen zum Formular, Stil, Zeilenbreite und Anzahl der Zeilen.

- **„Objekt kopieren"**

  Mappen können nicht kopiert werden. Beim Kopieren von Verteilerlisten muß der Name der Kopie geändert werden.

- **„Objekt ablegen"**

  Mit dieser Funktion kann ein Objekt von einer Mappe in eine andere Mappe gelegt werden. In der ursprünglichen Mappe existiert das Objekt dann nicht mehr.

- **„Objekt drucken"**

  Es können nur die Objekttypen SCR und RAW gedruckt werden. Windows-Objekte können aus der jeweiligen Windows-Applikation heraus gedruckt werden.

- **„Objekt wiedervorlegen"**

- **„Objekt löschen"**

  Gelöschte Objekte werden zunächst für einen Tag in den Papierkorb abgelegt. Objekte können aus dem Papierkorb zurückgeholt werden. Will man eine Mappe löschen, muß diese leer sein.

Um sich den allgemeinen oder spezifischen Kopf eines Dokuments anzeigen zu lassen oder um den allgemeinen Kopf zu ändern, wählt man aus dem Menü *„Springen"* den Befehl *„Kopf"*.

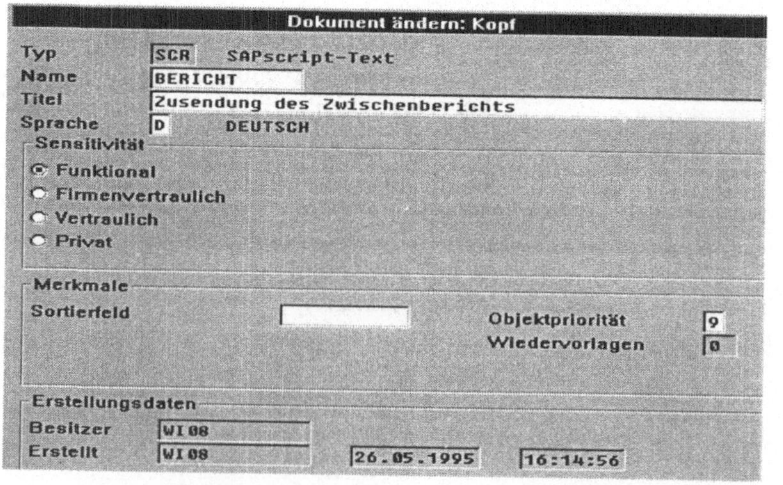

Abb. 11.12
SAP*file*:
Dokumenten-Kopf

11.4 SAP*find*

Mit SAP*find* kann man die Suchfunktion in der SAP*office-*
Umgebung ausführen lassen. SAP*find* ermöglicht die sequentielle
und indizierte Suche nach vorgegebenen Suchbegriffen in allen
Objekten einer Ablage. Für die indizierte Suche muß beim Anlegen einer Mappe die Indizierung eingeschaltet werden. Die indizierte Suche ist erheblich schneller als die sequentielle Suche.

Es gibt zwei Möglichkeiten eine Suchanfrage anzulegen:

1. über die Bearbeitungsfunktion *„Suchen"*
    (diese Funktion findet man im Menü *„Bearbeiten".*);

2. als Dokument mit dem Objekttyp *„QRY"*
    (man legt ein neues Objekt an und gibt als Typ *„QRY"* ein.).

Das System verzweigt in beiden Fällen in den Suchbildschirm.
Dort kann man mehrere **Suchbegriffe** eingeben und diese mit
„und", *„oder"* oder *„aber nicht"* verknüpfen. Man hat auch die
Möglichkeit, noch **weitere Kriterien** zur Suche anzugeben (siehe Abb. 11.13):

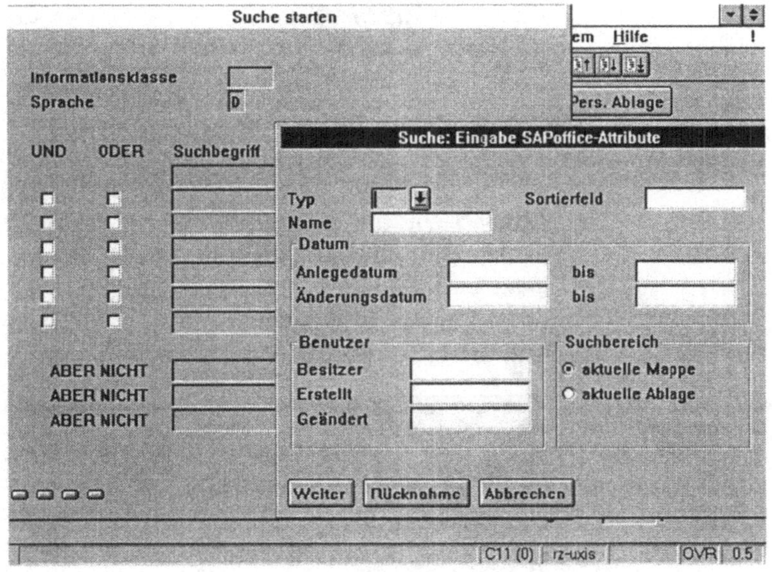

Abb. 11.13
Suchbildschirm

Wichtig: Anlagen werden bei der Suche nicht berücksichtigt!

11.5   **SAP*mail***

SAP*mail* stellt die Kommunikationsfunktionen in SAP*office* zur Verfügung und hat sämtliche Vorteile eines herkömmlichen Electronic-Mail-Systems zu bieten.

11.5.1   **Grundfunktionen**

SAP*mail* hat für jeden Benutzer einen Eingang, einen Ausgang und eine Wiedervorlagemappe eingerichtet.

Mailbox

Den **Eingang** kann man mit einem Briefkasten bzw. einer Mailbox vergleichen. Hier werden alle Dokumente abgelegt, die dem Benutzer gesendet wurden. Im Eingang erhält man Informationen über Typ, Name, Titel, Absender, Eingangsdatum und Attribute der erhaltenen Dokumente. Im folgenden Bild sieht man ein Beispiel für einen **Eingang**:

Abb. 11.14
Mail-Eingang

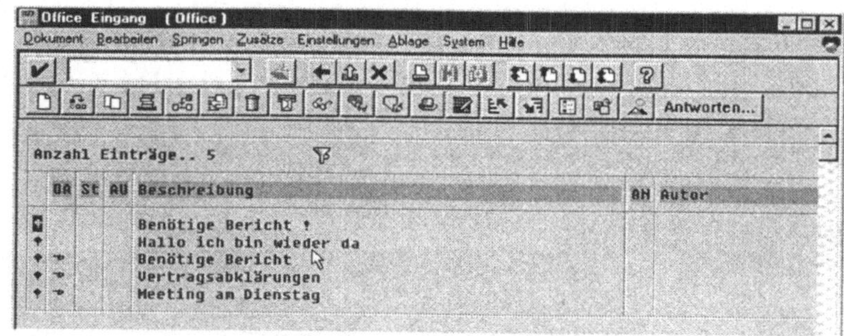

Ausgang

Ein Dokument, das mit SAP*mail* versendet wird, kann vom Absender in seinen Ausgang gestellt werden (siehe Abb. 11.15).

Somit stellt der Ausgang neben der persönlichen Ablage ein weiteres Arbeitsumfeld für den Benutzer dar. Im Ausgang erhält man Informationen über Typ, Name, Titel, Empfänger (bei mehreren Empfängern nur die Anzahl der Empfänger), Sendedatum und Attribute von versendeten Dokumenten.

Abb. 11.15
Mail-Ausgang

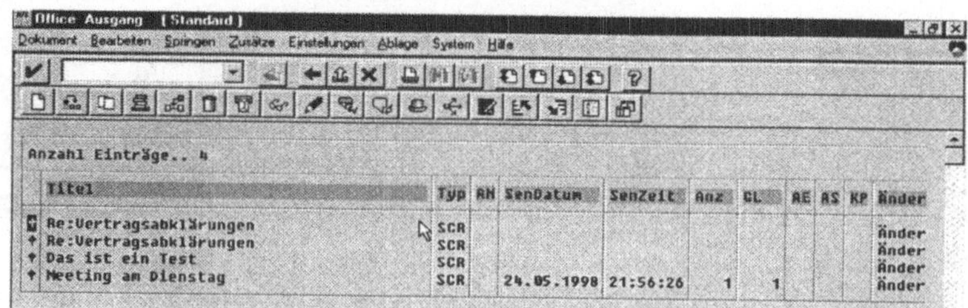

Wiedervorlagemappe

In der Wiedervorlagemappe werden Dokumente aufbewahrt, die sich selbst vorlegen. Der Benutzer kann **sich selbst** eine Wiedervorlage definieren, er kann aber auch **für den Empfänger** eines Dokuments eine Wiedervorlage definieren. Das Dokument wird dann in die Wiedervorlagemappe gelegt und z. B. periodisch oder zu einem definierten Zeitpunkt automatisch in den Eingang gestellt. Mappen und Verteilerlisten können nicht wiedervorgelegt werden.

Dokumente, Verteilerlisten und Mappen, die aus dem eigenen Eingang, Ausgang, Wiedervorlagemappe und persönlichen Ablage gelöscht wurden, werden im Papierkorb abgelegt und sind damit noch rekonstruierbar.

Außerdem werden Dokumente, deren Verfallsdatum verstrichen ist, in den Papierkorb gestellt. Es besteht am selben Tag die Möglichkeit, ein gelöschtes Dokument (z. B. Verteilerliste, Mappe) aus dem Papierkorb zurückzuholen.

Weitere Funktionen im SAP*mail*:

- **„Dokument versenden“**
  Mappen, Verteilerlisten und Queries können nicht versendet werden. Um ein Dokument zu versenden, wählt man aus dem Menü *„Mail“* den Befehl *„Senden“.* Man verzweigt in den Sendebildschirm (siehe Abb. 11.16), wo man Sendedatum, Empfänger und Sendeattribute eingeben kann. Als Empfänger kann man SAP*office*-Namen, SAP-Namen, persönliche Verteilerlisten, allgemeine Verteilerlisten und/oder Adressen eingeben.

Abb. 11.16
Sendebildschirm

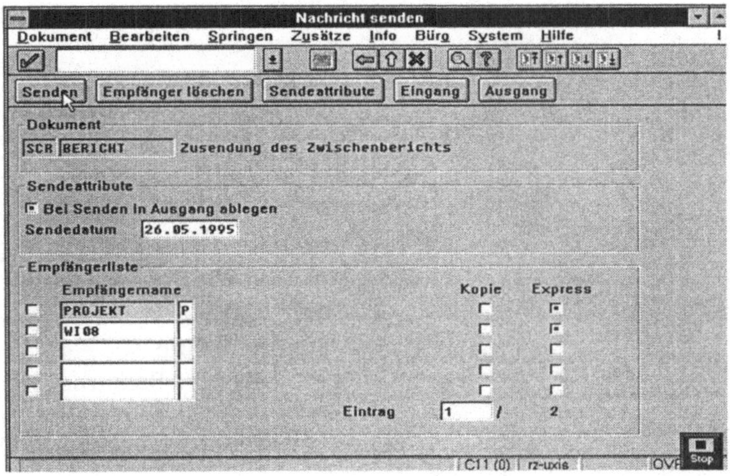

- ***„Dokument extern versenden"***
  Im Sendebildschirm hat man im Menü Dokument mit dem Befehl *„Direkt ext. Senden"* die Möglichkeit, ein Dokument zu faxen, als Telex zu versenden, über X.400 zu versenden oder R/3-R/3 bzw. R/3-R/2 zu senden.

- ***„Dokument weiterleiten"***
  Ein Dokument, das man selbst erhalten hat, kann man an andere Benutzer weiterleiten. Das Vorgehen entspricht dem beim Versenden eines Dokuments.

- ***„Dokument beantworten"***
  Ein Dokument kann man beantworten, indem man im Eingang aus dem Menü Mail den Befehl *„Antworten"* wählt.

11.5.2   Attribute

In SAP*mail* wird zwischen **Sendeattributen** und **Statusattributen** unterschieden. Sendeattribute können einem Dokument beim Versenden vom Absender mitgegeben werden. Diese Attribute bleiben fest mit dem Sendevorgang verbunden. Statusattribute dagegen werden einem Dokument nach dem Senden entweder vom System oder vom Empfänger zugeordnet.

Sendeattribute

- **„AE"**   **Antwort erforderlich**
  Der Empfänger muß das Dokument beantworten. Vorher kann er es nicht aus seinem Eingang entfernen.

- **„EE"**   **Erledigung erforderlich**
  Das Dokument muß erledigt werden. Erst nach der Erledigung kann es aus dem Eingang entfernt werden.

- **„EX"**   **Expreß**
  Das Dokument wird als Expreßnachricht versendet. Der Empfänger erhält sofort, egal wo er sich im R/3-System befindet, eine Nachricht am Bildschirm, daß eine Expreßmitteilung eingegangen ist.

- **„KP"**   **Kopie**
  Das Dokument wird dem Empfänger zur Kenntnisnahme geschickt.

- **„GK"**   **Geheime Kopie**
  Kein anderer Benutzer weiß von der Existenz dieser Kopie. Eine geheime Kopie kann nicht weitergeleitet oder gedruckt werden.

- **„KD"** **Kein Drucken**
  Das Dokument kann vom Empfänger nicht ausgedruckt werden.

- **„KW"** **Kein Weiterleiten**
  Der Empfänger kann das Dokument nicht weiterleiten. Das Attribut „KW" beinhaltet das Attribut „KD".

Statusattribute

- **„GL"** **Gelesen**
  Dieses Attribut wird gesetzt, wenn der Empfänger das Dokument gelesen hat. Ein Dokument muß zuerst gelesen werden, bevor es bearbeitet, erledigt, beantwortet oder aus dem Eingang entfernt werden kann.

- **„IB"** **In Bearbeitung**
  Der Empfänger kann ein zu erledigendes Dokument mit dem Attribut „In Bearbeitung" versehen (über Menü *Bearbeiten* ⇨ *Erledigung* ⇨ *In Bearbeitung*). Dieser Empfänger muß die Nachricht dann aber auch erledigen.

- **„ER"** **Erledigt**
  Wenn der Empfänger ein Dokument mit dem Attribut „EE" erledigt hat, kann er das Attribut „ER" setzen (über Menü *Bearbeiten* ⇨ *Erledigung* ⇨ *Erledigt*).

- **„EA"** **Erledigung von einem anderen**
  Dieses Attribut wird gesetzt, wenn ein zu erledigendes Dokument bereits von einem anderen Empfänger erledigt wurde. Der Benutzer braucht das Dokument dann nicht mehr zu erledigen.

- **„EW"** **Erledigung weitergeleitet**
  Wenn ein Benutzer ein zu erledigendes Dokument mit dem Attribut „EE" weiterleitet, wird das Attribut „EW" gesetzt. Die Erledigungspflicht liegt jetzt bei dem neuen Empfänger.

- **„AS"** **Antwort gesendet**
  Dieses Attribut wird einem Dokument zugeordnet, wenn es beantwortet wurde.

- **„WV"** **Wiedervorlage**
  Das Attribut „WV" wird gesetzt, wenn zu dem Dokument eine Wiedervorlage existiert.

- **„BW"**   **Briefwechsel**

  Wenn zu einem Dokument eine Briefwechselgeschichte existiert, wird diesem das Attribut „BW"
  zugeordnet. Die Briefwechselgeschichte eines
  Dokuments kann man sich über das Menü *„Mail"*
  mit dem Befehl *„Briefwechsel"* anzeigen lassen.

- **„VM"**   **Zu verarbeitende Mitteilung**

  Dieses Attribut wird Dokumenten zugeordnet, die
  automatisch von SAP-Anwendungen erzeugt wurden. Um solche Mitteilungen zu verarbeiten, wählt
  man im Menü *„Bearbeiten"* den Befehl *„Verarbeiten"*.

Fallbeispiel:
Sendeattribute
vergeben

1. Zunächst wird der Empfänger ausgewählt, für den das Attribut vergeben werden soll. Will man verschiedenen Empfängern dieselben Attribute zuordnen, markiert man die Empfänger im Ankreuzfeld.
   Die Attribute *Kopie* und *Expreß* können auf dem Sendebild
   markiert werden.

2. Dann wählt man die Funktion *Springen Sendeattribute*, um
   weitere Attribute zu vergeben.

Hinweis

   Nicht alle Sendeattribute werden für externe Empfänger beim
   Senden unterstützt!

Handelt es sich bei dem Empfänger um eine **externe Adresse** aus der Adreßverwaltung, hat man folgende Möglichkeiten:

- Man kann sich die vollständige Adresse mittels der Funktion *Adresse anzeigen* ansehen.

- Dabei ist eine andere Kommunikationsart als die voreingestellte - aus der Wertehilfe - verwendbar.

- Zu einer Kommunikationsart können mehrere laufende
  Nummern (z. B. mehrere Telefonnummern oder X.400-
  Adressen) existieren. Über die Wertehilfe oder die entsprechende Drucktaste kann man sich die vorhandenen anzeigen lassen.

- Beim Senden über X.400 ist festzulegen, ob man eine
  Meldung in den Eingang erhält, oder ob der Empfänger
  das Dokument empfangen, gelesen oder das Dokument
  nicht empfangen hat.

Hinweis

Wenn ein Dokument über X.400 gesendet wird und der
Empfänger befindet sich in einem R/3-System, sollten das
Feld *Empfänger ist im R/3-System* markiert werden. Somit

bleiben die Formatierungen (z. B. SAP*script*- oder WinWord-Formatierungen) erhalten.

Handelt es sich bei dem Empfänger um einen SAP-Benutzer oder einen SAP*office*-Benutzer, kann man sich die Personenadresse mittels *Adresse anzeigen* ansehen.

3. Abschließend sind die Eingaben zu bestätigen.

11.5.3   Informationen über versendete Dokumente

Um Informationen über ein versendetes Dokument zu erhalten (z. B. die momentan gesetzten Attribute), gibt es mehrere Möglichkeiten:

Als Empfänger eines Dokuments im Eingang:

- in der *„Empfangsinfo"*
  Diese gibt Informationen über Typ, Name und Titel des Dokuments, über Absender, Weiterleitenden und Empfänger des Dokuments, über Sende- und Empfangsdatum und über die Attribute.

- in der *„allgemeinen Empfängerliste"*
  Diese zeigt sämtliche Sendevorgänge an, die alle Benutzer zu dem ausgewählten Dokument durchgeführt haben.

Als Absender über den Ausgang:

- in der *„persönlichen Empfängerliste"*
  Diese zeigt sämtliche Sendevorgänge an, die der Benutzer selbst zu dem ausgewählten Dokument durchgeführt hat.

- in der *„allgemeinen Empfängerliste"*
  (siehe oben)

Man kann sich die *„Empfangsinfo"*, die *„allgemeine Empfängerliste"* und die *„persönliche Empfängerliste"* über das Menü *„Mail"* anzeigen lassen. Im folgenden Bild sieht man ein Beispiel für eine *„persönliche Empfängerliste"*:

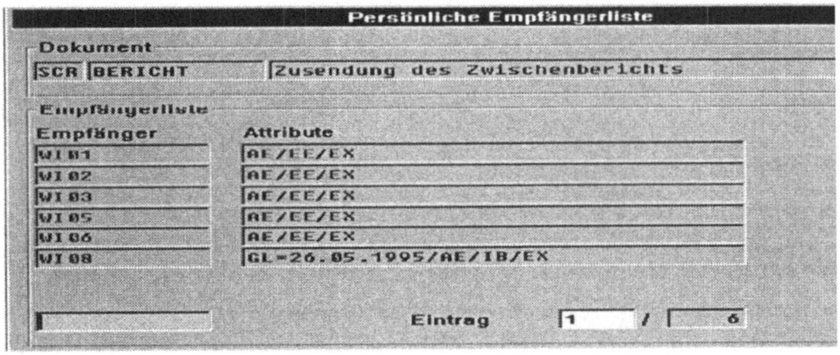

Abb. 11.17
Persönliche
Empfängerliste

11.6 Nachrichtensteuerung

Im Rahmen von Business Workflow müssen Daten und Informationen sofort zwischen verschiedenen Partnern oder Programmen ausgetauscht werden.

Die Nachrichtensteuerung stellt für andere Programme ein Dienstleistungsprogramm dar, sie bildet die Schnittstelle zur Weiterverarbeitung. Dazu müssen allerdings alle Folgevorgänge genau bekannt sein und in der Nachrichtensteuerung definiert werden.

11.6.1 Ablauf der Nachrichtensteuerung

Die Hauptaufgabe der Nachrichtensteuerung besteht darin zu entscheiden, wie und über welches Programm eine Nachricht weiterverarbeitet werden soll. Dies geschieht in der **Nachrichtenfindung**.

Hierfür verwendet R/3, wie auch in anderen Bereichen (z. B. Kosten- oder Preisfindung), die sog. **Konditionstechnik**.

Dabei werden Datenkonstellationen (die Konditionen) sowie die gewünschte Weiterverarbeitung angegeben. Diese werden in den Konditionstabellen abgelegt. Tritt bei einem Objekt in einer Anwendung eine dieser Konditionen ein, wird die entsprechende Folgeverarbeitung gestartet. In der folgenden Abb. 11.18 wird dieser prinzipielle Ablauf einer Nachrichtenverarbeitung grafisch vorgestellt:

Abb. 11.18
Ablauf der
Nachrichten-
verarbeitung

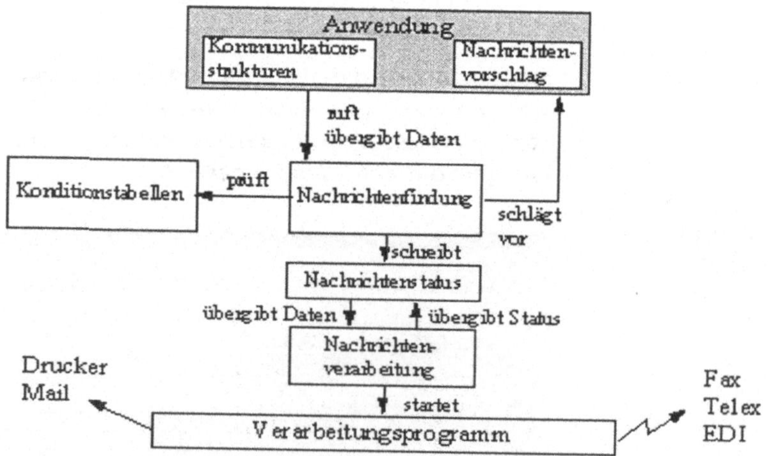

Die **Nachrichtenverarbeitung** läuft folgendermaßen ab:

Daten werden
übergeben

1. In dem Anwendungsprogramm werden die Daten, die versendet werden sollen und Angaben zur Versendung in sog. Kommunikationsstrukturen zusammengefaßt und der Nachrichtenfindung übergeben

Vergleich mit
Konditionen

2. Die Nachrichtenfindung überprüft anhand der Konditionstabellen, ob eine bestimmte den Kommunikationsstrukturen entsprechende Datenkonstellation vorliegt.

Nachrichtenvorschlag

3. Ist dies der Fall, gibt die Nachrichtenfindung, falls vereinbart, einen Nachrichtenvorschlag an den Anwender zurück. Gleichzeitig erzeugt sie einen Nachrichtenstatus, der abgelegt wird.

Verarbeitung der-
Nachricht

4. Wird der Nachrichtenvorschlag vom Benutzer angenommen, übergibt die Nachrichtenfindung die Daten an die Nachrichtenverarbeitung, die das entsprechende Programm startet. Die Vesendung der Nachricht muß allerdings nicht sofort erfolgen.

11.6.2 Aufbau der Nachrichtensteuerung

Für jedes zu versendende Objekt wird ein Auszug aus den Datensätzen mit folgendem Inhalt erstellt:

- entsprechende Applikation
- Schema der Nachrichtenkondition
- Daten des Objektes

Kommunikations-
strukturen

Diese Daten bilden die sog. Kommunikationsstrukturen für jede Anwendung und werden der Nachrichtensteuerung übergeben. Die folgende Abb. 11.19 soll diesen Vorgang veranschaulichen:

Abb. 11.19
Bildung der
Kommunikations-
strukturen

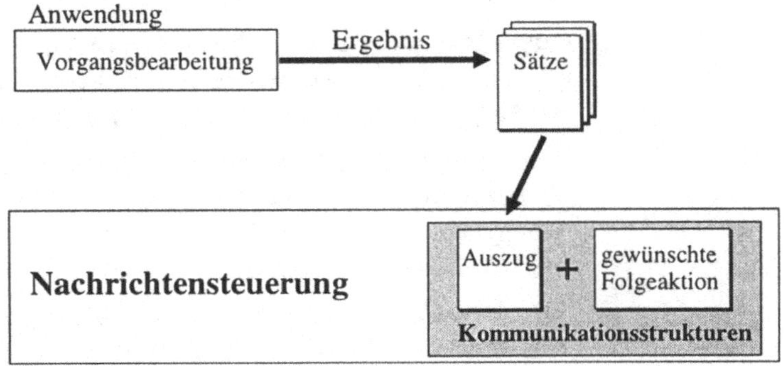

Im Rahmen der Nachrichtenfindung werden diese definierten Datenkonstellationen mit den Konditionstabellen verglichen. Tritt eine der Bedingungen ein, wird ein Nachrichtenvorschlag erzeugt und das entsprechende Verarbeitungsprogramm gestartet.

Konditionselemente

Zur Beschreibung der Konditionen stehen verschiedene Elemente zur Verfügung. In der folgenden Abb. 11.20 werden diese Elemente und ihre Hierarchie erläutert.

Abb. 11.20
Hierarchie der
Konditionselemente

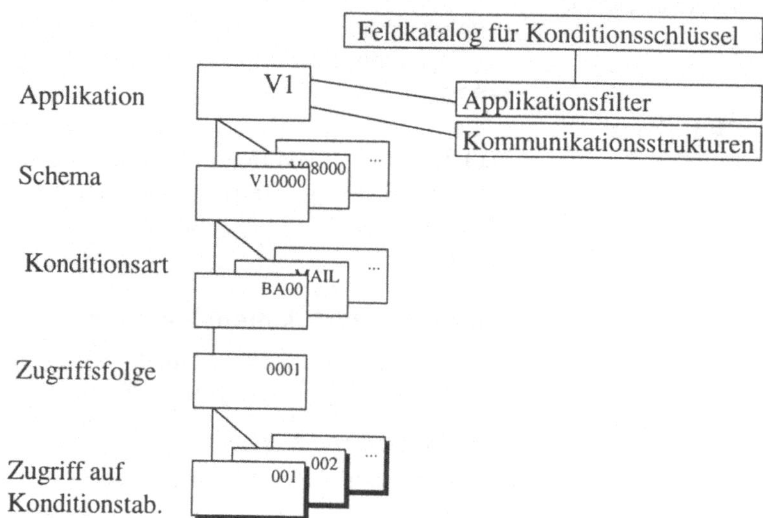

Erklärung der einzelnen Elemente:

Unter **Applikation** wird das Anwendungsprogramm, z. B. Kundenauftragsverwaltung, verstanden. Sie legt die Datenbasis fest, die der Nachrichtenfindung zugrunde liegt.

Im **Feldkatalog** stehen alle im System möglichen Schlüsselfelder. Diese Keyfelder werden in die Konditionstabellen geführt und verweisen auf Quellfelder in der Kommunikationsstruktur.

Über den **Applikationsfilter** werden alle Keyfelder, die für eine Anwendung nicht zur Verfügung stehen, herausgefiltert. Die möglichen Konditionsarten der entsprechenden Anwendungen werden in Gruppen zusammengefaßt, z. B. Auftrag, Angebot.

Die **Konditionsarten** beinhalten alle Parameter zur Nachrichtenfindung. Diese werden als verschiedene Konditionsarten definiert, z. B. Auftragsbestätigung, internes Mail.

Jeder Konditionsart wird eine **Zugriffsfolge** zugeordnet, welche die Zugriffe auf die Konditionstabellen regelt.

In den **Konditionstabellen** werden die möglichen Datenkonstellationen abgelegt.

Abb. 11.21
Zugriffsfolge auf Konditionstabellen

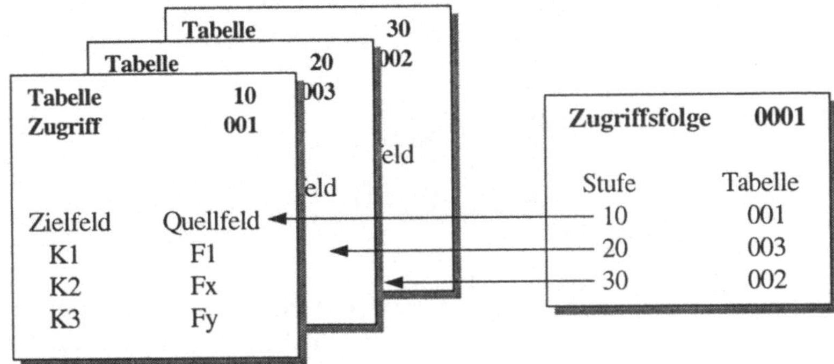

Die Tabellen in Abb. 11.21 werden in Reihenfolge der in der Zugriffsfolge angegebenen Stufen abgearbeitet.

Innerhalb der Konditionstabellen wird durch die Reihenfolge der Keyfelder die Zugriffsfolge auf die Quellfelder der Applikation geregelt.

Generierung der
Konditionstabellen

Die Konditionstabellen bestehen aus „Keyfeldern" und einem Datenteil.

Die Keyfelder verweisen auf die entsprechenden Quellfelder der Applikation. Diese stehen in den Datensätzen der Kommunikationsstruktur. Sie können entsprechend dem Applikationsfilter aus dem Feldkatalog entnommen und gemäß der gewünschten Datenkonstellationen gewählt werden.

Der Datenteil besteht bei der Nachrichtenfindung lediglich aus einem Index auf die Nachrichtenattribute.

Die Bildung der Konditionstabellen wird in Abb. 11.22 erläutert:

Abb. 11.22
Aufbau von
Konditionstabellen

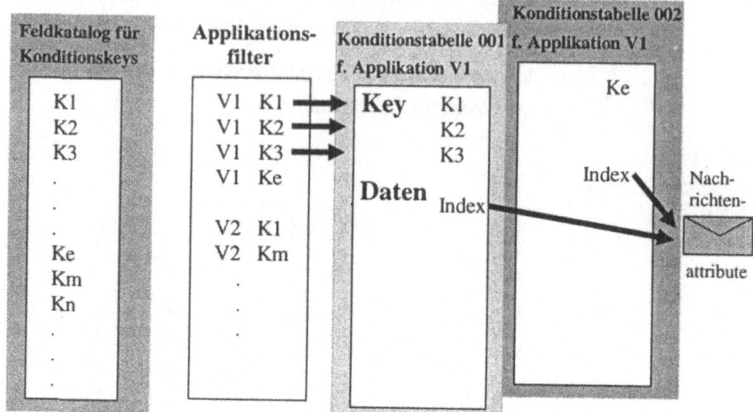

K1 bis Kn sind die Keyfelder, die über den Applikationsfilter aufgeteilt werden. In diesem Beispiel werden in der Applikation V1 nur die Keyfelder K1, K2, K3 und Ke verwendet, während die Applikation V2 nur K1 und Km verwendet.

Zusätzlich enhält die Konditionstabelle einen Index im Datenteil. Dieser verweist auf die Nachrichtenattribute, wohin die Nachricht versendet werden soll. Diese Keyfelder werden dann entsprechend der Applikation den Konditionstabellen zugeordnet.

Konditionssätze

Die Konditionssätze einer Konditionstabelle enthalten alle Werte und Daten, die zu einem Nachrichtenvorschlag führen. Zur Pflege der Konditionstabellen werden Eingabemasken aufgerufen, die Konditionselemente beinhalten. Mit Hilfe dieser Eingabemasken lassen sich die einzelnen Konditionssätze und die damit verbundenen Datenkonstellationen sehr einfach ändern.

Im Einstellungs- und Systemmenü von R/3 können diese Konditionssätze für den Nachrichtenvorschlag in folgenden Schritten festgelegt werden:

1.   Aufrufen der Pflege-Eingabemasken zu einer bestimmten Applikation

2.   Angeben der gewünschten Konditionsart

3.   Auswählen der Konditionstabellen

4.   Einschränken der Schlüsselfelder

5.   Schnellerfassung der Konditionsarten in einem Übersichtsbild

6.   Pflegen des Konditionssatzes in einem Detailbild

Nachrichtenvorschlag

Voraussetzungen für die Erstellung eines Nachrichtenvorschlags ist, daß die entsprechende Anwendung auch mit der Nachrichtensteuerung verbunden ist und daß die Bearbeitung eines Vorschlags aufgerufen wird.

Einige Anwendungen starten sofort, ohne einen Nachrichtenvorschlag zu generieren, das entsprechende Verarbeitungsprogramm und versenden die Nachricht.

Ein Vorschlag enthält den Empfänger der Nachricht, die Nachrichtenart und den Zeitpunkt des Versandes. Der Anwender kann sich den Nachrichtenvorschlag anzeigen lassen und, wenn nötig, verändern.

Nachrichtenstatus

Sobald die Nachrichtenfindung eine Nachrichtenart gefunden hat, wird ein Nachrichtenstatus erzeugt und in einem Datensatz abgelegt.

Dieser **Datensatz** enhält Angaben:

- zu welchem Objekt der Nachrichtenvorschlag erzeugt wurde;
- wann der Nachrichtenvorschlag erzeugt wurde;
- an wen gesendet wird;
- über welches Medium und mit welcher Nachrichtenart gesendet wird;
- in welcher Sprache gesendet wird;
- wann die Nachricht versendet wurde;
- ob die Versendung erfolgreich war;
- ob es eine erstmalige Versendung war oder eine Änderungsnachricht war;
- alle anderen Attribute, abhängig von der Nachrichtenart.

Nachrichten-verarbeitung

In R/3 wird in der Tabelle „*TNAPR*" festgelegt, welche Programme für die Verarbeitung vorgesehen sind.

Es stehen folgende **Versandarten** zur Verfügung:

- Druckausgabe
- Telefax
- Teletext
- Telex
- Mail (extern)
- EDI
- Mail (intern)

Ebenfalls ist festlegbar, wann die Nachricht versendet wird. Folgende **Versandzeitpunkte** stehen zur Wahl:

* mit Abspeichern des Vorganges;
* zu einem bestimmten Datum oder Zeitpunkt;
* nach ausdrücklicher Aufforderung der rufenden Anwendung;
* beim nächsten Aufruf der Datei Nachrichtenstatus.

11.7   SAP*access*

Datenübernahme in
externe Programme

Mit SAP*access* lassen sich Daten aus dem R/3-System in ein externes Anwendungsprogramm übernehmen. Dieser Zugriff erfolgt im Echtzeitbetrieb (online) und im Lesemodus. Die Datenkonsistenz wird daher nicht gefährdet. Zum Ändern von Daten verwendet man die „**Remote Online Data Communication**" (Remote ODC-Schnittstelle).

SAP*access* stellt somit eine Software-Schnittstelle zwischen externen Anwendungen und dem R/3-System dar (siehe Abb. 11.23):

Abb. 11.23
SAP*access*-Schnitt-
stelle

Solche **Anwendungen** können u. a. sein:

* eigene betriebswirtschaftliche Anwendungen
  (CICS-Programme)
* Bürosysteme
* Textverarbeitungssysteme
* Tabellenkalkulationen
* Grafik-Tools

CPI-C-Fähigkeit

Voraussetzung für die Kommunikation zwischen externer Anwendung und SAP*access* ist die CPI-C-Fähigkeit des Systems (d. h. es muß eine Logical-Unit-Verbindung zwischen dem R/3-System und der externen Anwendung bestehen).

Fallbeispiel: In einer Vertriebsabteilung soll eine „ABC-Analyse" durchgeführt werden, um die Umsatzanteile bestimmter Produktgruppen zu analysieren. Die Daten sind im R/3-System vorhanden und sollen mit Hilfe eines Tabellenkalkulationsprogramms aufbereitet werden.

Abb. 11.24
Beispiel aus
einer Anwendung

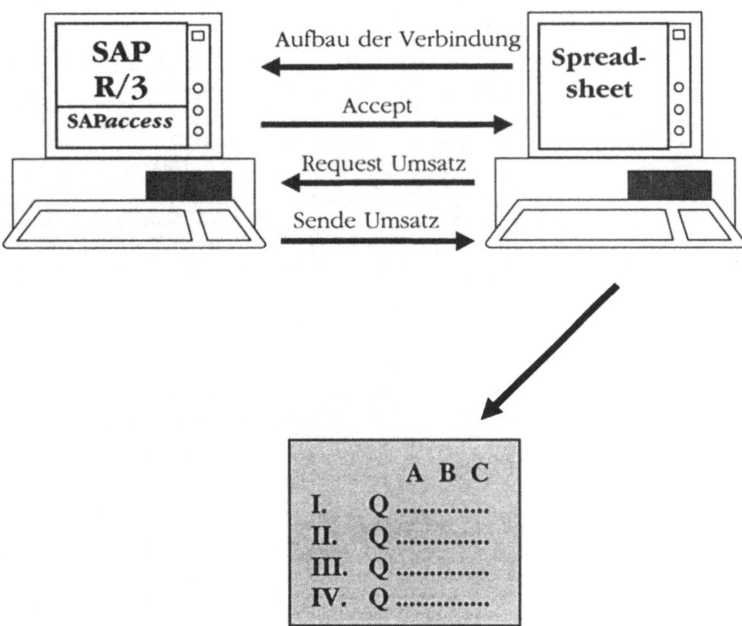

Das Tabellenkalkulationsprogramm (siehe Abb. 11.24) stellt eine Verbindung zu SAP*access* her und meldet sich als R/3-Benutzer an. SAP*access* akzeptiert die Verbindung, worauf das externe Programm seine Abfrage nach dem Umsatzreport an SAP*access* richtet. SAP*access* erstellt einen ABAP-Report, der die Ergebnisdaten dem Tabellenkalkulationsprogramm mittels SAP*access* zur Verfügung stellt.

11.7.1 Requestor

Verbindung
aufbauen

Um überhaupt eine Verbindung zwischen der externen Anwendung und SAP*access* aufzubauen, muß das Anwendungsprogramm einen sogenannten Requestor (siehe Abb. 11.25) dazwischenschalten. Dieser wird über ein Makro aus dem externen System gestartet. Das Makro beinhaltet die Daten, die zur Durchführung der Abfrage erforderlich sind.

Der Requestor hat folgende Aufgaben:

Requestor-Aufgaben

- Er baut die Verbindung zum SAP-System auf und meldet sich als R/3-Benutzer an. Daraufhin durchläuft er die komplette Anmeldeprozedur, die vor allem die Berechtigungsprüfung beinhaltet. Diese weist ihm die eingetragenen Zugriffsrechte zu.

- Er übergibt die Abfrage in Form des „Request-Headers" und „Request-Schlüssels" an SAP*access*.

Abb. 11.25
Requestor

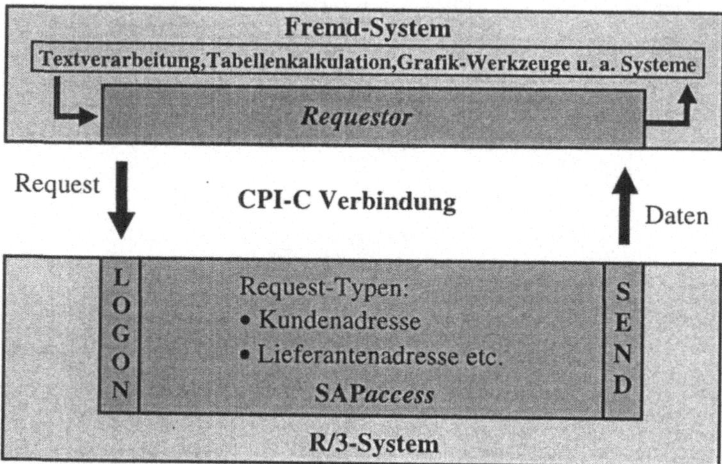

Im „**Request-Header**" sind folgende **Angaben** hinterlegt:

- Data Dictionary-Name des Request-Schlüssels;
- Data Dictionary-Name des Response-Headers;
- Angaben über *„Zugriffsart"* (direkter Zugriff, Matchcode-Zugriff oder Zugriff mit Teilschlüssel; vgl. zu „Request-Header" und „Zugriffsart" Kapitel 11.7.2 „Requests").

Selektion von Daten

Mit Hilfe der Informationen, die der „Request-Schlüssel" beinhaltet und der anderen Informationen des „Request-Headers", selektiert SAP*access* die Daten aus dem R/3-System und meldet dem „Requestor" in Form des „Response-Headers", ob Daten selektiert wurden und die Struktur der Ergebnisdaten. Danach werden die Daten über den „Requestor" an das externe System zurückgegeben. SAP*access* enthält bereits einige Beispiele an Standardabfragen, z. B. für die Kundenstammdaten, Lieferantenstammdaten und SAP*mail*. Da in der praktischen Anwendung mehr Daten notwendig sind, müssen diese mittels selbst implementierten Requests hinzugefügt werden.

11.7.2   **Requests**

Die vom R/3-System mitgelieferten Abfragen bilden nur ein Grundgerüst und müssen auf die Erfordernisse im Betrieb speziell eingerichtet werden. Um neue „Requests" zu definieren, muß die Struktur von „Request-Header", „Response-Header" und „Ergebnisblock" bekannt sein.

Definition

Ein Request besteht aus:
* „Request-Schlüssel"
* „Request-Header"

Der „**Request-Schlüssel**" beinhaltet die Daten, die zur Suche notwendig sind (Kundennummer). Sie werden aus dem externen Programm übernommen und stehen im Feld „*DDREQ*" im „Request-Header".

Der „**Request-Header**" enthält folgende Informationen:

Informationen im Request-Header

* Request-Klasse;
  Jeder Request muß einer Klasse zugeordnet werden.
* Request-Struktur;
  (Data Dictionary-Name des Request-Schlüssels) Hier wird die Struktur des Request-Schlüssels festgelegt.
* Response-Struktur;
  (Data Dictonary-Name des Ergebnisses) Hier wird die Struktur des Ergebnisses festgelegt (z. B. Lieferantenadresse).
* Zugriffsart;
  Hier wird die Zugriffsart auf die Datei, in der die Daten gesucht werden sollen, festgelegt.
* Angabe, ob weitere Requests folgen.

Request-Header-Struktur

Daraus ergibt sich für den „Request-Header" die Struktur:

```
BEGIN OF REQUHD_00
     CLASS    (4)
     DDREQ    (4)
     DDDAT    (4)
     KEYAC    (1)
     KEYCT    (2)
     LSTRQ    (1)
END OF REQHD_00
```

Alle Felder im Request-Header sind Character-Felder.

Für die Felder sind folgende **Eingabewerte** möglich:

- **CLASS (Request-Klasse)**
  „SAP"   für einen von SAP unterstützten Request
  „CUST"   für einen vom Kunden unterstützten Request
  „xxxx"   für eigene implementierte Requests
- **DDREQ (Request-Struktur)**
  „SACU"   Zugriff auf Kundenadresse
  „SASU"   Zugriff auf Lieferantenadresse
  „SAML"   Zugriff auf SAP*mail*
- **DDDAT (Response-Struktur)**
  „SACA"   Kundenadresse
  „SASA"   Lieferantenadresse
  „SAMN"   Anzahl der ungelesenen Mails
- **KEYAC (Zugriffsart)**
  „F"   Direktzugriff
  „G"   Zugriff mit Teilschlüssel
  „M"   Matchcode-Zugriff
  „S"   Matchcode-Zugriff mit Selektionsmöglichkeit
- **KEYCT (nicht belegt)**
- **LSTRQ (Angaben, ob weitere Requests folgen**
  „0"   es folgen weitere Requests (die weitere Kommuni-
             kation erfolgt im EBCDIC-Datenformat)
  „1"   es folgen keine weiteren Requests (weitere Kom-
             munikation erfolgt im EBCDIC-Datenformat)

  „2"   es folgen weitere Requests (weitere Kommuni-
             kation erfolgt im ASCII-Datenformat)
  „3"   es folgen keine weiteren Requests (weitere Kom-
             munikation erfolgt im ASCII-Datenformat)

Response-Header   Nachdem SAP*access* die Daten aus dem System selektiert hat,
wird die Information in Form des „Response-Headers" an den
„Requestor" übergeben. Diese können wie folgt aussehen:

- Es liegen Ergebnisdaten vor bzw. es liegen keine vor.
- Falls keine Ergebnisdaten vorliegen, steht im „Response-
  Header" eine Fehlermeldung.

Response-Header-Struktur	Der „Response-Header" hat folgende Struktur:

BEGIN OF RESHD_00

    STATE   (1)

    RCODE (2)

    RCMSG (80)

END OF RESHD_00

Feldbelegung	Die Felder können folgendermaßen belegt sein:

- **„STATE"**
  Eine „1" bedeutet, es wurden keine Daten gefunden;
  eine „0", es liegen Ergebnisdaten vor.

- **„RCODE"**
  Ist der Returncode „00", war die Abfrage erfolgreich. Jeder andere Returncode bedeutet, die Abfrage war nicht erfolgreich.

- **„RCMSG"**
  Falls keine Daten gesendet werden können, steht hier eine Fehlermeldung.

Aufbereitung des Ergebnisses	War die Abfrage erfolgreich (RCODE=00), werden zusammen mit dem Response-Header die Informationen zur Struktur des Ergebnisses gesendet:

- Name der Response-Struktur;
- Länge der Response-Struktur;
- Anzahl der Felder der Response-Struktur;
- für jedes Feld der Offset des Feldes.

Offset bedeutet die Position, an der das nächste Feld beginnt.

Ergebnisblock	Wurde also der Response-Header mit den Informationen zum Ergebnis gesendet, kann die eigentliche Übermittlung beginnen. Die Ergebnisdaten stehen in 3.5 Mbyte großen Datenblöcken im Datenblock. Dieser Ergebnisblock hat folgende Struktur:

BEGIN OF BLOCK

    STATE (1)

    LINE (3500)

END OF BLOCK

Feldbelegung

Die Felder können folgendermaßen belegt sein:

- **„STATE"**
  Eine „0" bedeutet, es folgen noch weitere Blöcke;
  eine „1" bedeutet, dies ist der einzige Block.
- **„LINE"**
  Der Ergebnisblock in Form von Datensätzen.

Kommunikation
zwischen Requestor
und SAP*access*

Die Kommunikation zwischen Requestor und SAP*access* basiert hauptsächlich auf abwechselndem Senden (SEND) und Empfangen (RECEIVE). Diese Vorgänge werden bei folgendem Ablauf verdeutlicht:

1. Requestor: Aufbau der Verbindung zu dem SAP-System

2. Requestor: Senden der Anmeldedaten

3. SAP*access*: Akzeptiert die Verbindung

4. Requestor: Entgegennehmen der Rückmeldung der Anmeldedaten

5. Requestor: Senden des Request-Headers und des Request-Schlüssels

6. SAP*access*: Entgegennehmen des Request-Headers

7. SAP*access*: Senden des Response-Headers

8. Requestor: Entgegennehmen des Response-Headers

9. Requestor: Senden der Meldung „*ready for receiving data*" und Entgegennehmen eines Datenblocks

10. SAP*access*: Entgegennehmen der Meldung „*ready for receiving data*" und senden eines Datenblocks

Die Schritte 9 und 10 werden solange wiederholt, bis alle Datenblöcke gesendet wurden. Folgen weitere Requests, wird die Prozedur ab Schritt 5 wieder durchlaufen.

11. SAP*access*: Abbau der Verbindung

Folgende Abbildung veranschaulicht den **Kommunikationsablauf** zwischen Requestor und SAP*access*:

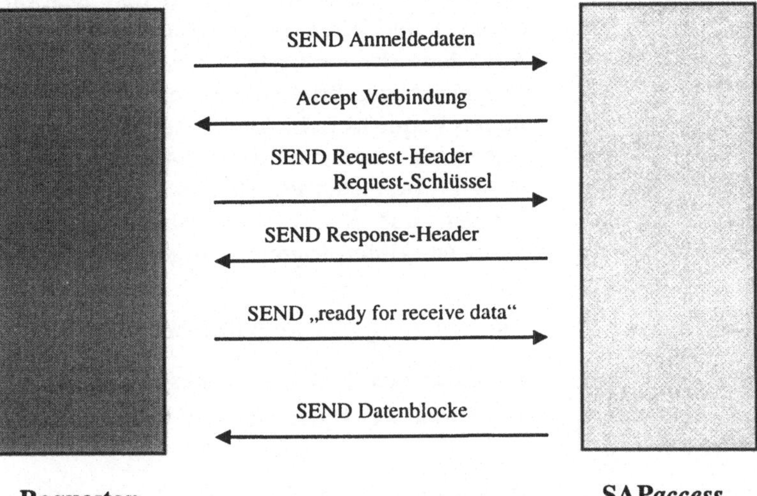

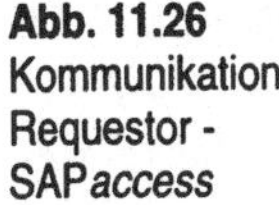

Abb. 11.26
Kommunikation
Requestor -
SAP*access*

Request-
Implementierung

Das Erstellen eines neuen Requests bedeutet im wesentlichen die Codierung der Zugriffsroutine. Das Senden der Daten übernimmt ein SAP*access*-Unterprogramm, das lediglich aufgerufen werden muß. Die Verbindung zum R/3-System wird automatisch hergestellt. Es gibt verschiedene Möglichkeiten einen neuen Request zu erstellen. Für alle Vorgehensweisen gilt:

- Wurde eine neue Request-Struktur und/oder eine neue Response-Struktur implementiert, muß diese in das Data-Dictionary aufgenommen werden.
- Aufnahme des Requests in die Tabelle „*TSARQ*".
- Aufnahme der Zugriffsroutine für den Request in SAP*access*.

Wenn nur eine neue **Response-Struktur** implementiert werden soll, kann eine bestehende Request-Struktur verwendet werden. Die Response-Struktur muß dann nur noch einer vorhandenen Klasse zugeordnet werden.

Request mit neuer
Request-Struktur und
neuer Response-
Struktur

Wenn eine neue Request- und eine neue Response-Struktur definiert werden soll, können diese einer vorhandenen Klasse zugeordnet werden. Dies geschieht nach derselben Reihenfolge wie der Request mit neuer Response-Struktur, nur daß auch eine neue Request-Struktur in das Data Dictionary mitaufgenommen wird.

<table>
<tr><td valign="top">**Request in einer neuen Klasse**</td><td>

Wird ein Request mit einer neuen Response-Struktur, Request-Struktur und einer neuen Klasse implementiert, muß nach der Aufnahme des Requests in die Tabelle „*TSARQ*" ein neues ABAP-Programm geschrieben werden, das als Namen die Klasse des neuen Requests beinhaltet. In diesem Programm muß ein Include Aufruf des Programms „*RSSADEFI*", das die Struktur-Informationen über „Request-Header", „Request-Schlüssel", „Response-Header" und Returncode enthält, stehen. Dem Programm wird dann ein Unterprogramm zugefügt, das die Zugriffsroutine aufruft.

Die Codierung der **Zugriffsroutine** regelt im folgenden:

- Füllen des Request-Headers
- Senden der Daten (falls möglich)

</td></tr>
<tr><td valign="top">**Hinweis**</td><td>

Codierungsbeispiele können in den Programmen „*RSSACUST*" und „*RSSASSEL*" studiert werden.

</td></tr>
</table>

11.8   ArchiveLink

Um die Zeit- und Effizienzvorteile des Workflow-Systems zu realisieren, muß der elektronische Zugriff auf alle prozeßrelevanten Informationen gewährleistet sein. Damit werden Dokumentenmanagementsysteme in Verbindung mit elektronischen Archivsystemen zur Grundlage für den erfolgreichen Workflow-Einsatz. Wenn der Datenaustausch nicht nur unternehmensintern, sondern auch mit Kunden und Lieferanten elektronisch (bspw. per FAX, EDI, Email) abgewickelt wird und die verbleibenden Schriftstücke digitalisiert und mit einem entsprechenden Vorgang verbunden werden, kann unter Zuhilfenahme eines Workflow-Systems die Idee des papierlosen Büros verwirklicht werden. Die Archivierung der elektronisch vorliegenden Dokumente muß so organisiert werden, daß die Zeiten für Ablage und Auffinden der Schriftstücke minimiert werden.

11.8.1   Archivierung von geschäftlichen Daten

Geschäftsdaten, wie z. B. Rechnungen, Aufträge oder sonstige Belege, müssen nach Gesetz eine bestimmte Zeit aufbewahrt werden. Dies ist im Handelsgesetzbuch (HGB) und in der Abgabenordnung (AO) so geregelt.

Gesetzliche
Archivierungspflicht

Dabei gelten u. a. folgende Aufbewahrungsfristen:

- **6 Jahre** für Buchungsbelege aller Art
- **10 Jahre** für Handelsbücher und Jahresabschlüsse

Neben diesen gesetzlichen Bestimmungen ist es aber auch aus anderen Gründen für ein Unternehmen nötig und sinnvoll, Belege und andere schriftliche Unterlagen aufzubewahren.

Archivierung fürs
Rechnungswesen

Ohne archivierte Daten würde zum Beispiel kein geregeltes Rechnungswesen möglich sein; denn zur Erstellung von Bilanz und Jahresabschluß müssen alle Buchungsbelege einer Rechnungsperiode verfügbar sein.

Darüber hinaus kann auch die betriebliche Statistik, die z. B. die geschäftliche Entwicklung über einen längeren Zeitraum mitverfolgen muß, nicht ohne archivierte Daten vergangener Jahre auskommen.

Schließlich sind Buchungsbelege oder andere Unterlagen wichtige **juristische Beweismittel**, wenn es z. B. nach einer Reklamation eines Kunden zu einem Prozeß kommt und das Unternehmen den Geschäftsvorgang offenlegen muß.

Früher wurden geschäftliche Daten vorwiegend in **Papierarchiven**, d. h. in Aktenordnern oder Mappen und teilweise auch in **Mikrofilmarchiven** aufbewahrt. Dies hatte zur Folge, daß sich über die Jahre das Archiv immer mehr ausdehnte und einen beträchtlichen Platz beanspruchte.

Ein weiterer **Nachteil der Papierarchive** war die schlechte Verfügbarkeit der Daten. Es war nur mit großem zeitlichen Aufwand möglich, einen bestimmten Beleg aus einer früheren Rechnungsperiode wiederzufinden.

Heutzutage gehen die Unternehmen immer mehr zur Archivierung in **elektronischen Archiven** über. Dies können entweder magnetische Speichermedien, wie z. B. Festplatten oder Streamer sein, oder man benutzt optische Speichermedien, wie z. B. CD-ROM oder MO-Platten.

Workflow-Konzept

Dies führt zu einer Einbindung der Archivierung ins das Konzept des Workflows, also der Optimierung von Geschäftsprozessen durch EDV-gestützte Systeme, denn durch die elektronische Archivierung ist ebenso eine elektronische Bearbeitung, Weiterleitung und Ausgabe der Dokumente möglich.

Optische Speicher

Optische Speicher sind **digitale Massenspeicher** (siehe Abb. 11.27), die beim Lesen und Schreiben von einem Laserstrahl abgetastet werden. Anders als bei magnetischen Speichermedien erfolgt der Schreib-/Lesevorgang also berührungsfrei.

Abb. 11.27
Digitaler Massenspeicher

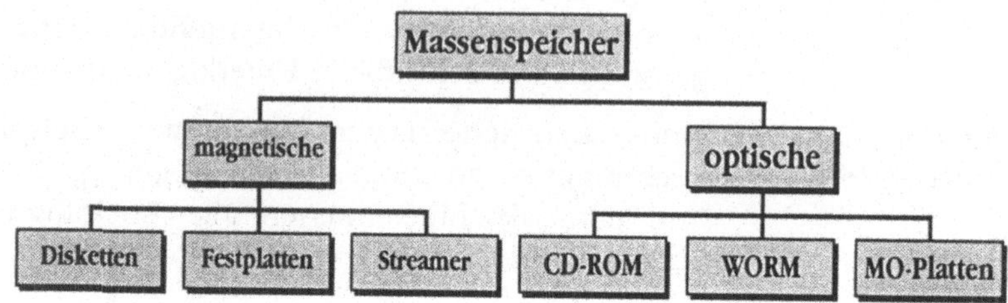

Vorteile von optischen Speichermedien

Optische Speicher haben gegenüber Papierarchiven und auch magnetischen Speichermedien folgende wichtige Vorteile:

- die Archivierung ist sehr kostengünstig;

- es sind in Zukunft bedeutend höhere Speicherkapazitäten möglich, während bei magnetischen Speichern die Kapazitätsgrenze bald erreicht sein dürfte;

- optische Datenträger sind sehr unempfindlich (die Beständigkeit der Daten wird auf bis zu 50 Jahren geschätzt, während nach neueren Untersuchungen die Beständigkeit auf magnetischen Speichern lediglich bei 10-15 Jahren liegt).

Nachteile optischer Speicher

Auf der anderen Seite gibt es aber auch gewisse Nachteile, so z. B. die hohen Kosten, die durch die sehr aufwendige Technik der optischen Speicher verursacht werden. Besonders mittelständische Unternehmen werden sich hier gründlich überlegen, ob der Übergang zur optischen Archivierung überhaupt wirtschaftlich und rentabel ist.

11.8.2 Schnittstelle ArchiveLink

ArchiveLink ist ein Bestandteil des Systems R/3 und stellt eine Schnittstelle zwischen R/3 und optischen Archivsystemen dar. Der Begriff „Archivsystem" umfaßt den Archivserver, das Scan-System und das optische Speichermedium.

ArchiveLink sorgt also dafür, daß der Datenaustausch zwischen den R/3-Anwendungen und dem optischen Archivsystem reibungslos abläuft.

ArchiveLink bietet sowohl dem R/3-Anwender als auch dem Hersteller von optischen Archivsystemen viele Vorteile.

Einheitliche Konfiguration und Bedienung

Der Anwender steuert die Archivierung und die Anzeige bereits archivierter Daten komplett von seiner jeweiligen R/3-Anwendung, z. B. FI oder SD. Somit besitzt ArchiveLink keine eigene Oberfläche und paßt sich der R/3-Oberfläche nahtlos an. Dadurch ist die Konfiguration und Bedienung für den Anwender einheitlich.

Anpassung erfolgt durch ArchiveLink

Für den Hersteller von Archivsystemen besitzt ArchiveLink den Vorteil, daß das Archivsystem nicht speziell auf R/3 zugeschnitten sein muß. Der Hersteller kann also ein beliebiges, marktübliches Archivsystem anbieten, und die Anpassung ans R/3-System wird komplett von ArchiveLink übernommen.

Einbindung von ArchiveLink in R/3

ArchiveLink ist vollstandig ins R/3-System eingebunden und stellt die Verbindung her zwischen Archivserver, Scan-System, optischer Platte und weiteren Bestandteilen des Archiv-Systems (siehe Abb. 11.28).

Abb. 11.28
Systemarchitektur

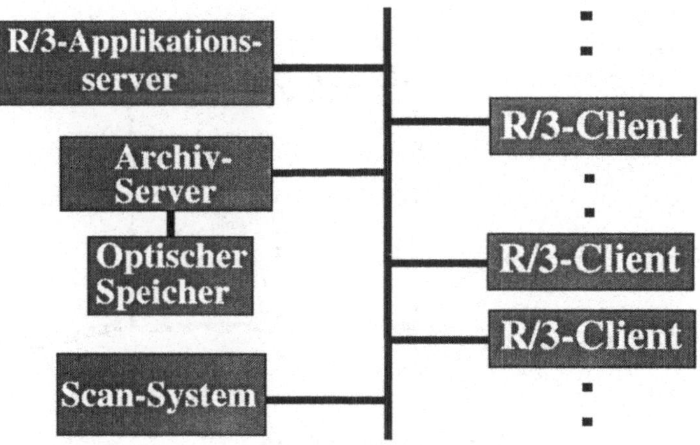

Die Archivierung von Daten über ArchiveLink wird durch die folgenden Module des R/3-Systems unterstützt:

Unterstützung durch die meisten R/3-Module

- Finanzbuchhaltung (FI)
- Vertrieb (SD)
- Personalwirtschaft (HR)
- Materialwirtschaft (MM)
- Produktionsplanung (PP)
- SAP*office* (Ablage- und Kommunikationssystem in R/3)

Die Kommunikationsschnittstelle **ArchiveLink** besteht aus drei Teilen (siehe Abb. 11.29):

- **Aus einer Schnittstelle zu den R/3-Anwendungen:** Dies ist in Form von Funktionsbausteinen (APIs) realisiert.

- **Aus einer Schnittstelle zu optischen Archiven:** Optische Archive und Dokumentenmanagementsysteme werden von Fremdherstellern angeboten und können über diese Schnittstelle angebunden werden. Die Archivanbieter müssen ihre Systeme allerdings von SAP zertifizieren lassen.[1] Die Schnittstelle erlaubt den Anschluß von Dokumentview- bzw. Scanprogrammen und den eigentlichen Archivservern. Die ersten beiden Komponenten können auch über eine OLE-Automation angeschlossen werden, womit der Trend zur Anlehnung an Industriestandards zu erkennen ist.

- **Aus einer Benutzeroberfläche:** Sie ermöglicht eine einheitliche Bedienung beim Ablegen, Anzeigen, Löschen, Weiterbearbeiten usw. der archivierten Objekte.

Abb. 11.29
Kommunikations-
schnittstelle Archive-
Link

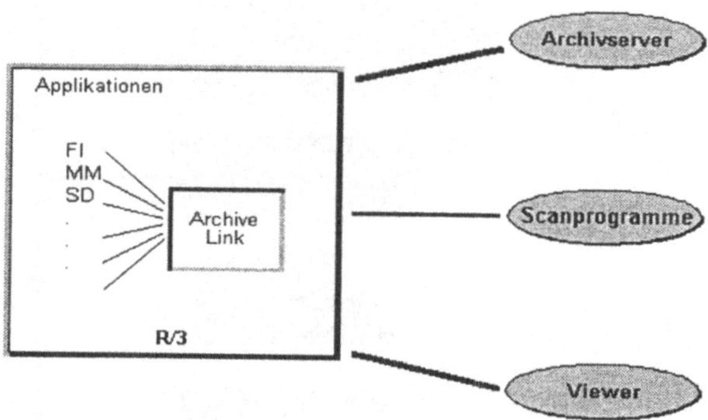

11.8.3 Datenarchivierung

R/3 teilt die Dokumente, die archiviert werden, in zwei Hauptgruppen ein, in „NCI-Dokumente" und „CI-Dokumente".

Archivierung von ein-
gescannten Belegen

„**NCI**" steht für **„Non Coded Information"** und meint Papierbelege wie Rechnungen oder Aufträge, die eingescannt und anschließend im optischen Speicher abgelegt werden.

---

[1] Im Juni 1996 waren die Archive von folgenden Herstellern bereits zertifiziert: AIS GmbH, IBM, Infosoft GmbH, Digital Equipment, FileNet, iXOS GmbH, HP - iXOS, SER Systeme AG, SNI AG, Wang Software.

Diese Dokumente liegen daher als Bitmaps vor und enthalten keine feste Struktur. Daher lassen sie sich auch nicht elektronisch weiterverarbeiten. Lediglich die Anzeige und Ausgabe ist hier möglich.

Archivierung von im Rechner erzeugten Daten

„CI" steht für „**Coded Information**" und steht für im System erzeugte Dokumente, wobei diese Daten entweder aus R/3 oder aus anderen Windows-Anwendungen stammen können. Diese Daten liegen daher strukturiert vor und lassen sich direkt weiterverarbeiten. Oft sind sie auch intern mit anderen, logisch zugehörigen Daten verknüpft. Dokumente aus anderen Windows-Anwendungen können entweder über OLE/DDE-Funktionen oder über die Zwischenablage ins R/3 übernommen und dann von dort aus archiviert werden.

Die Archivierung von Dokumenten kann **synchron** oder **asynchron** erfolgen.

Synchrone Archivierung

Synchrone Archivierung bedeutet, daß ArchiveLink wartet, bis der Archivierungsvorgang abgeschlossen ist und übergibt erst dann den Vorgang an R/3 zurückgibt. Auf diese Weise werden z. B. eingescannte Belege, also NCI-Dokumente, archiviert. Dabei ist die teilweise erhebliche Verzögerung bis der Anwender weiterarbeiten kann sehr nachteilig.

Asynchrone Archivierung

Bei der asynchronen Archivierung dagegen erteilt ArchiveLink dem Archivsystem den Auftrag zur Archivierung der Dokumente und übergibt dann sofort die Kontrolle wieder an R/3. Diese Art der Archivierung wird bei im Rechner erzeugten Dokumenten, also CI-Dokumenten, verwendet und hat den Vorteil, daß der Anwender sofort weiterarbeiten kann. Jedoch sind die Daten nicht sofort auf dem Archiv verfügbar.

Erfassung von Dokumenten

Mit Erfassung ist nicht nur das Einscannen der Dokumente gemeint, sondern der gesamte Vorgang vom Einscannen über die Verarbeitung der Daten durch ArchiveLink bis zur Ablage im optischen Speicher.

Das **Einscannen von Papierbelegen** erfolgt über ein externes Scan-System, das nicht Bestandteil von ArchiveLink ist. Beim gesamten Vorgang der Erfassung verursacht der Scan-Vorgang die höchsten Kosten. Außerdem ist das Einscannen eine wichtige und vertrauensvolle Aufgabe, da davon später die korrekte Weiterverarbeitung der Daten abhängt.

Beim Einscannen von Papierbelegen, wie z. B. Rechnungen, sind verschiedene Tätigkeiten durchzuführen:

- Vorbereitung des Dokuments (Sortieren nach Fachbereich und Papierformat, Entfernen von Klammern, Glätten des Papiers usw.).
- Dokumentenprüfung (Überprüfen, ob die Daten nach Auflösung, Kontrast und Helligkeit korrekt erfaßt wurden).
- Korrektur/Nachbearbeitung bei fehlerhaftem Scan-Vorgang.
- Trennung der Dokumente in logisch zusammengehörende Einheiten, z. B. alle Belege, die zu einem Geschäftsvorgang gehören.

11.8.4   Dokumenttyp und -identifikation

Jedem erfaßten Dokument wird von ArchiveLink ein bestimmter Typ zugewiesen, der dieses Dokument grob kennzeichnet.

Mögliche **Typen** sind z. B.:

- **„FAX"** (für Faksimile)
  (eingescannte Dokumente, die als Bitmaps vorliegen)
- **„OTF"** (für Output Text Format)
  (ausgehende Dokumente)
- **„ALF"**
  (z. B. in R/3 erzeugte Drucklisten)
- **„SAPscript"**
  (mit der R/3-internen Textverarbeitung SAP*script* erzeugte Dokumente)

Der Dokumenttyp wird mit dem Dokument im Archiv abgelegt und bestimmt z. B. bei der erneuten Anzeige der Daten, welches Anzeigemodul gestartet wird und welche Operationen mit dem Dokument möglich sind (objektorientierte Methode).

DOC_ID zum Wiederfinden der Daten im Archiv

Mit Hilfe der **Dokumentenidentifikation (DOC_ID)** kann ein Dokument auf einfache Art und Weise im Archiv wiedergefunden werden. Sie besteht aus **Dokumentenkennung** und **Archivkennung**. Somit ist die Verteilung eines Dokumentes auf mehrere gleiche oder unterschiedliche Archive möglich.

Wird ein Dokument von einer R/3-Anwendung an eine andere übergeben, so werden nicht die Daten selbst, sondern nur die Dokumentenidentifikation übergeben, was die Übergabe erheblich beschleunigt und vereinfacht.

11.8.5 Erfassungsszenarien von ArchiveLink

ArchiveLink bietet im wesentlichen drei von R/3 vorgegebene Möglichkeiten Dokumente zu erfassen und im optischen Archiv abzulegen.

11.8.5.1 Frühes Erfassen

Beim Frühen Erfassen unterscheidet man eine Erfassung ohne oder mit Barcode:

- **Frühes Erfassen ohne Barcode**

  Beim Frühen Erfassen (vor der Bearbeitung) werden die Dokumente in der Regel im zentralen Posteingang des Unternehmens eingescannt und archiviert, anschließend werden sie elektronisch an die zuständigen Sachbearbeiter weitergeleitet.

- **Frühes Erfassen mit Barcode**

  Zu Beginn eines Verarbeitungsablaufs werden die Dokumente mit einem Barcode versehen, eingescannt und archiviert. Anschließend wird das Dokument im R/3-System verbucht

Die Erfassung des Business-Objekts geschieht nach der Archivierung des Dokumentes.

Diese Art der Erfassung verwirklicht das Konzept des Workflows am besten, da die Dokumente von Anfang an elektronisch vorliegen und schnell, sicher und kostengünstig an die zuständigen Sachbearbeiter weitergeleitet werden können.

Um eine frühe Erfassung von Dokumenten vorzunehmen, wählt man die Menüfolge *Büro* ⇨ *Optische Archivierung* ⇨ *Frühes Erfassen*.

Erfassung im Posteingang und dann Bearbeitung

Abb. 11.30
Menüpunkt:
Frühes Erfassen

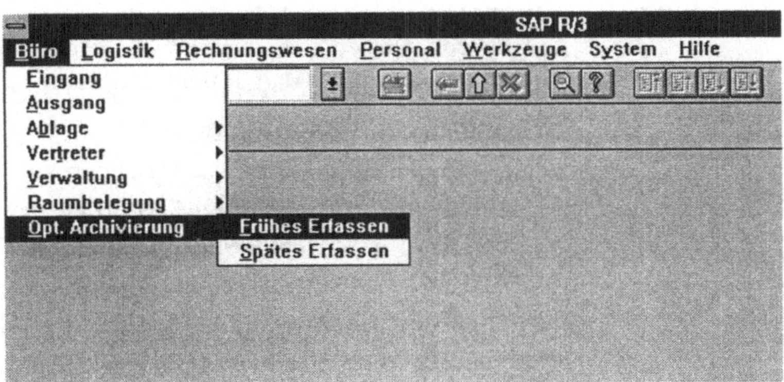

Ablauf des Frühen Erfassens ohne Barcode:

- Einscannen der Dokumente, Prüfung und evtl. Korrektur, Trennung in logische Einheiten;
- Übernahme der Daten ins R/3-System: Wahl eines Erfassungsbereiches (z. B. Buchungsbelege für das Modul FI) und einer Belegart (z. B. Rechnungen oder Lieferscheine);
- Klassifizierung der Dokumente: Festlegen von Dokumentart, Priorität der Bearbeitung und zuständigem Sachbearbeiter;
- Archivierung der Daten im optischen Speicher;
- das Dokument wird dann automatisch aus dem Scan-Stapel gelöscht und das nächste geholt;
- aus den Daten wird ein **Workitem** erzeugt; damit erscheint der Vorgang automatisch beim zuständigen Sachbearbeiter in der Worklist.

Ablauf des Frühen Erfassens mit Barcode:

- Das eingehende Dokument wird in einer zentralen Erfassungsstelle mit einem Barcode versehen.
- Das Dokument wird anschließend archiviert. Dabei wird der Barcode erkannt und an das R/3-System gemeldet.
- In einer Anwendung wird das Dokument bearbeitet und dabei ein Business Objekt erzeugt.
- Dem archivierten Dokument wird das entsprechende Business Objekt zugeordnet.

Stapelverarbeitung zur automatischen Erfassung

Wenn die Dokumente bereits geprüft und in logische Einheiten getrennt sind und außerdem alle für die gleiche Verarbeitung vorgesehen sind, kann die Erfassung auch mit Hilfe der Stapelverarbeitung automatisch erfolgen.

Mehrfachdokumente

Außerdem ist es möglich, einem Dokument mehrere Dokumenttypen zuzuweisen, wenn es in verschiedenen Abteilungen bearbeitet werden muß. Man spricht dann von Mehrfachdokumenten.

Vorteile des Frühen Erfassens:

- durch die zentrale Erfassung ergeben sich Zeit- und Kostenvorteile, da die konventionelle Postverteilung entfällt;
- schnellere Weiterleitung und Bearbeitung (Workflow-Konzept).

Ein **Nachteil des Frühen Erfassens**: am Bearbeitungsplatz ist eine hochwertige Hardware-Ausstattung nötig, was zu hohen Kosten führt.

11.8.5.2

Erfassung und Bear-
beitung durch Sach-
bearbeiter

Gleichzeitiges Erfassen

Hier erfolgt die Archivierung aus der R/3-Anwendung heraus
vom Sachbearbeiter, der die Daten dann anschließend sofort bearbeiten kann. Im R/3-System wird die Gleichzeitige Erfassung
(während der Bearbeitung) direkt aus dem jeweiligen Modul (z.
B. FI oder SD) aktiviert.

Die Erfassung des Dokumentes und des Business-Objekts läuft
gleichzeitig ab.

Ablauf des Gleichzeitigen Erfassens:

- Papierbeleg gelangt über die Postverteilung zum zuständigen
  Sachbearbeiter;
- Einscannen, Dokumentenprüfung und evtl. Korrektur, Tren-
  nung in logische Einheiten;
- Anlegen von neuen Daten in der jeweiligen R/3-Anwendung
  und Bearbeitung des Vorgangs (z. B. Buchen einer Rech-
  nung);
- Archivierung im optischen Archiv;
- evtl. Versendung an andere Abteilungen über SAP*mail*;
- Bereitstellen des nächsten Dokuments.

Vorteil des Gleichzeitigen Erfassens:

- vor der Archivierung ist eine Korrektur/Nachbearbeitung
  durch den Sachbearbeiter möglich.

Nachteile des Gleichzeitigen Erfassens:

- hochwertige Hardware (Scan-System, hochauflösender Monitor) am Bearbeitungsplatz nötig;
- ständiger Wechsel zwischen Erfassung und Bearbeitung stört
  den Arbeitsablauf;
- nicht geeignet für die Massenarchivierung.

11.8.5.3

Bearbeitung vom
Papier und dann
Erfassung

Spätes Erfassen

Der Erfassungsvorgang kann dabei mit oder ohne Barcodes erfolgen:

- **Frühes Erfassen ohne Barcode**
  Beim Späten Erfassen (nach der Bearbeitung) erfolgt zunächst
  die Bearbeitung in herkömmlicher Weise vom Papierbeleg
  aus, anschließend wandert der Beleg zu einer zentralen Erfassungsstelle und wird dort eingescannt und archiviert.

- **Frühes Erfassen mit Barcode**
  Zu Beginn des Verarbeitungsablaufs bekommen die Dokumente einen Barcode. Das Einscannen und Archivieren erfolgt
  erst nach der Verbuchung im R/3-System.

Das eingehende Dokument wird nach dem Business-Objekt erfaßt.

Für eine Späte Erfassung wählt man im R/3-System die Menüfolge *Büro* ⇨ *Optische Archivierung* ⇨ *Spätes Erfassen.*

Abb. 11.31
Menüpunkt:
Spätes Erfassen

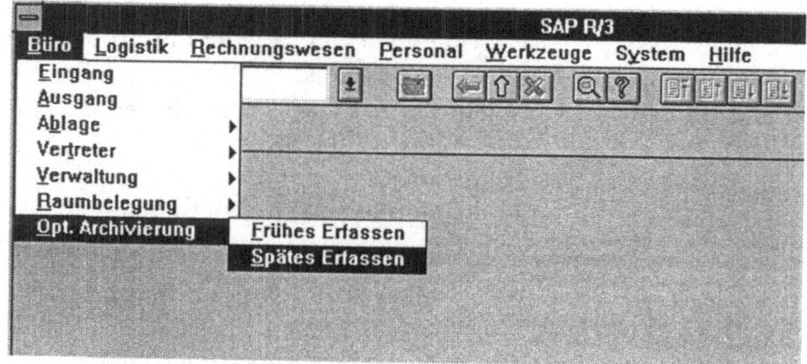

Ablauf des Späten Erfassens ohne Barcodes:

- Papierbeleg gelangt über die Postverteilung zum Sachbearbeiter;
- in einer R/3-Anwendung wird das eingegangene Dokument
  bearbeitet - es wird somit ein Business Objekt erzeugt;
- der Sachbearbeiter vermerkt auf dem Beleg die Objekt-ID;
- der Beleg wandert in die Erfassungsstelle;
- Einscannen, Prüfung und evtl. Korrektur, Trennung in logische Einheiten;

Ohne Barcodes
manuelle Zuordnung

- manuelle Zuordung der archivierten und der in R/3 erzeugten
  Daten mit Hilfe der Objekt-ID;
- Archivierung im optischen Archiv.

Ablauf des Späten Erfassens mit Barcodes:

<table><tr><td>Mit Barcodes auto-
matische Zuordnung</td><td>

- am Papierbeleg wird im zentralen Posteingang ein Barcode-Aufkleber angebracht;

- in einer R/3-Anwendung wird das eingegangene Dokument bearbeitet - es wird somit ein Business Objekt erzeugt;

- Papierbeleg wandert zum zuständigen Sachbearbeiter;

- Bearbeitung erfolgt in herkömmlicher Weise vom Papier aus;

- mit einem Barcode-Lesestift erfolgt die Übernahme des Barcodes ins R/3-System, um später die Zuordnung zu ermöglichen;

- Papierbeleg wandert in die zentrale Erfassungsstelle;

- Einscannen, Prüfung und evtl. Korrektur, Trennung in logische Einheiten;

- Barcode-Erkennung und automatische Zuordnung des eingegangenen Dokumentes und des entsprechenden Business-Objektes;

- Archivierung im optischen Speicher.

</td></tr></table>

Vorteile des Späten Erfassens:

- herkömmlicher Arbeitsablauf für den Sachbearbeiter;

- Prüfung und Abzeichnung durch Vorgesetzte vor der Archivierung möglich.

Nachteile des Späten Erfassens:

- keine elektronische Weiterleitung und Bearbeitung (kein Workflow);

- Gefahr der Beschädigung oder des Verlusts der Papierbelege.

11.8.6 Anzeige von archivierten Dokumenten

Um bereits im optischen Archiv abgelegte Daten wieder anzuzeigen und nachzubearbeiten, enthält ArchiveLink das Programmodul **ArchiveLinkViewer** mit dem eine komfortable Verwaltung der archivierten Dokumente möglich ist.

Folgende unterschiedliche Dokumente können mit dem ArchiveLinkViewer angezeigt werden:

- eingescannte eingehende Dokumente (FAX)

- R/3-Drucklisten (Typ ALF)

- ausgehende Dokumente (Typ OTF)

Der ArchiveLinkViewer bietet u. a. folgende Möglichkeiten für die Anzeige und Bearbeitung von archivierten Dokumenten:

Funktionen des ArchiveLink-Viewers

- Vergößern/Verkleinern der Dokumente
- Anfügen von Notizen
- Drucken von Dokumenten
- Kopieren und Einfügen von Text
- Suche in Drucklisten

Zu jedem Dokument lassen sich optional **Notizen** anfügen oder bereits vorhandene erweitern. Dagegen ist das Löschen von Notizen oder Teilen einer Notiz nicht möglich, um Manipulationen durch Dritte vorzubeugen. Außerdem wird jeder Notiz automatisch vom System das Tagesdatum und der Benutzername hinzugefügt.

Mit dem ArchiveLinkViewer ist es auch möglich, in **Drucklisten** nach gewissen Daten, wie Mandant, Buchungskreis oder Belegnummer, zu suchen. Drucklisten sind Auszüge aus einer R/3-Datenbank, die nach bestimmten Kriterien zusammengefaßt sind. Hier ist eine **Suche über den Listenindex** oder eine **freie Textsuche** möglich.

11.8.7 Ausgehende Dokumente

Mit R/3-Anwendungen werden Dokumente erzeugt (z. B. Rechnungen, Mahnungen), die ausgedruckt und anschließend versendet werden. Die erzeugten Dokumente können nun auch optisch archiviert werden.

Folgende Voraussetzungen müssen erfüllt sein, um die ausgehenden Dokumente zu archivieren:

- die Dokumente müssen mit SAP*script* erzeugt worden sein;
- die optische Archivierung muß von der entsprechenden betriebswirtschaftlichen Anwendungskomponente unterstützt werden.

Ausgabe der Dokumente

Die Dokumente können

- **gedruckt**
- **archiviert** oder
- **gedruckt und archiviert** werden.

Die synchrone Archivierung ausgehender Dokumente des Dokumententyps OTF (siehe Kapitel 11.8.4) ist möglich. Archivierte ausgehende Dokumente im OTF-Format können auch direkt im R/3-System gedruckt werden.

11.9 Weitere Schnittstellen

Hauptsächlich die Forderung, daß Workflow-Systeme Plattformen jeglicher Art unterstützen sollen, führt zur Entwicklung von offenen Schnittstellen (siehe hierzu Kapitel 1.3.1). SAP veröffentlicht Workflow APIs (WAPI), auf deren Basis unterschiedliche Produkte an das Workflow-System angebunden werden können. Parallel dazu verfolgt SAP eine Strategie, die die R/3-Anwendungen selbst mit der Außenwelt verbindet.

Diese auf den ersten Blick widersprüchliche Vorgehensweise hat für den Anwender den Vorteil, daß zunächst keine Abhängigkeit vom Workflow-System besteht, wenn extern kommuniziert werden soll, sondern daß explizit ausgewählte Anwendungen direkt mit Externsystemen verbunden werden können. Außerdem werden diese Schnittstellen wiederum vom Workflow-System benutzt, so daß auch in diesem Bereich von einer Basisleistung gesprochen werden kann. Die wichtigsten Schnittstellen zu externen Systemen seien hier kurz vorgestellt. Gleichzeitig wird versucht, einige typische Aufgabengebiete für Workflows in den entsprechenden Bereichen aufzuzeigen.

Austausch von Geschäftsbelegen in heterogenen Systemen

EDI wird verwendet, um firmenübergreifenden, elektronischen Austausch von strukturierten Daten zwischen Geschäftspartnern im In- und Ausland, die unterschiedliche Hardware, Software und Kommunikationsdienste im Einsatz haben können, zu realisieren. Die EDI-Architektur im R/3-Umfeld besteht aus EDI-fähigen SAP-Anwendungen, einer EDI-Schnittstelle und dem EDI-Subsystem bzw. Konverter.

Anbindung von Fremdsystemen

ALE ist die SAP-eigene Technologie zur Integration lose gekoppelter, autonomer Anwendungen mit R/3 (siehe hierzu Kapitel 1.3.1.1). Im Gegensatz zu EDI wird die Datenübertragung zum/vom Fremdsystem aber nicht als Datei auf Betriebssystemebene vorgenommen, sondern es wird eine Kommunikation mittels Remote Function Calls (RFC) zwischen den beiden Anwendungen aufgebaut. SAP stellt RFC-Bibliotheken auf verschiedenen Plattformen zur Verfügung, die in externe Programme eingebaut werden können.

Die ALE-Anbindung erfordert Programmieraufwand in den Fremdsystemen. Es gibt allerdings auch Tools, z. B. Mercator for R/3 von TSI International (www.tsisoft.com), mit deren Hilfe auf die Programmierung weitgehend verzichtet werden kann.

**Integration von
PC-Funktionalität**

OLE ist der von Microsoft entwickelte Standard zur Kommunikation mit PC-Paketen, der sich im PC-Bereich weitgehend etabliert hat. Die Betriebssystemkomponente ist - historisch bedingt - vorrangig als ein Konzept bekannt, welches dokumentenorientiertes Arbeiten in Windows-Anwendungen ermöglicht. Für Microsoft ist OLE eine Zusammenfassung objekt-basierter Technologien, die eine Integration von Softwarebausteinen ermöglicht. Die Integration von Desktop-Anwendungen in das R/3-System wird durch die aktive Einbindung der OLE 2.0- und ODBC-Spezifikationen hergestellt.

Zukünftig wird diese Schnittstelle allerdings durch den **SAP Automation Server** ersetzt, der die SAP-RFCs mit Visual-Basic-Prozeduren auf dem PC verbinden kann (siehe hierzu Kapitel 12.2.3 und 12.2.4).

**Integration von
Mail-Systemen**

MAPI ist eine offene Architektur, mit der das SAP*office*-System an fremde Mail-Frontend-Systeme, z. B. Microsoft Exchange Client, cc:Mail, angebunden werden kann. Über RFCs (siehe hierzu Kapitel 12.2.3) ist es möglich, SAPoffice-Dokumente vom MAPI-Client aus zu navigieren oder umgekehrt.

Objektorientierung

BAPI ist die SAP-Schnittstelle der Zukunft (siehe hierzu die Kapitel 1.3.1.2.4 sowie 12.2.1). Hierbei handelt es sich um den Ansatz, Geschäftsprozesse, Funktionen und Daten als Objekte zu betrachten.

12 Internetanbindung

Das Internet unterstützt die Globalisierung der unternehmerischen Geschäftstätigkeit und schafft dabei die Möglichkeit, über große Entfernungen in Sekundenschnelle eine Geschäftsabwicklungen zu realisieren.

Internet im Unternehmen

Das Internet wird heutzutage in den meisten Unternehmen fast ausschließlich als Marketinginstrument genutzt, um Kunden mit den aktuellsten Daten und Produkten zu versorgen. Neben diesem Aspekt bietet das Internet aber weitere wichtige Anwendungsgebiete, wie z. B. Verkauf und Vertrieb, Support, Service und Logistik.

Um diese Bereiche einzubinden, bedarf es allerdings einer höheren Integration bestehender Systeme und mehr Interaktion. Internet-Transaktionen beziehen sich nicht ausschließlich auf Daten einer Datenquelle, sondern basieren auf Daten unterschiedlichster Systeme, wie verteilten Systemen des Unternehmens, Partnersystemen, Laptops usw.

Die Internetentwicklung bei SAP richtet sich daher auf zwei verschiedene Ansätze, die in Zukunft zu einer Einheit zusammenwachsen sollen:

Der **Inside-Out-Ansatz** ermöglicht R/3-Transaktionen den Zugang zum Internet.

Der **Outside-In-Ansatz** ermöglicht die Einbettung von Fremddaten und R/3-Daten in gemeinsame Transaktionen.

12.1 Rahmenbedingungen

Die schnelle technische Entwicklung von Rechnernetzen hat rechtliche Aspekte lange Zeit außer acht gelassen. Eine juristische Absicherung für Vertragsabschlüsse und Bezahlung über das Internet besteht so gut wie nicht. Um die verschiedensten Geschäftsprozesse via Internet legal abzuwickeln, bedarf es der Beachtung mehrerer Regeln und Grundsätze, wie der Rechtskräftigkeit, Copyright, Zensur der Inhalte usw.

Aber mit der wachsenden Bedeutung, die das Internet nun für die Allgemeinheit und insbesondere für den Kommerz erhält, muß eine klare rechtliche Grundlage geschaffen werden.

Logistikkette

Eine Logistikkette beschreibt den gesamten Warenfluß von Erstzulieferer bis zum Endkonsument.

Der Informations- und Warenfluß entlang der Logistikkette, z. B. für global operierende Unternehmen, wird anhand übergreifender Systeme, die den Transfer von Gütern und Dienstleistungen und den Zahlungsfluß regeln, abgestimmt. Diese Systeme sollten eine Optimierung der Logistikkette zum Ziel haben, um u. a. für maximale Kundenzufriedenheit zu sorgen. Es muß daher eine Koordination der verschiedenen Geschäftspartner stattfinden, um sich diesem Ziel bestmöglichst zu nähern. Die Internetfähigkeit einer betriebswirtschaftlichen Standardsoftware ermöglicht eine Erweiterung der Logistikkette. Die Erweiterung besteht hierbei aus der Möglichkeit des Electronic Commerce (E-Commerce).

12.1.1   Electronic Commerce

E-Commerce beschreibt die Verkaufsaktion von Waren und Dienstleistungen im Internet sowie die allgemeine ökonomische Verwendung des Internets.

Das Spektrum der verschiedenen Möglichkeiten, die dem Benutzer jetzt schon geboten werden, reicht vom bequemen Online-Shopping über einfaches Homebanking bis hin zu Beratungen über das Netz. Der Informations- und Datenaustausch zwischen Firmen fällt ebenfalls in den Bereich des E-Commerce.

Vorteile des E-Commerce

Die Vorteile des E-Commerce bestehen hauptsächlich aus der Aktualität der Daten, der beschleunigten Auftragsabwicklung, der Verlagerung der Sachbearbeitertätigkeit auf den Konsumenten, Verlängerung der Workflow-Verarbeitungskette bis auf Kundenebene und der Tatsache, daß das Internet keine Öffnungzeiten hat, auf die sich die Einkaufsmöglichkeiten beschränken müssen.

Die Anwendungsfelder des E-Commerce verzweigen in zwei Teilbereiche:

- Vertriebs- und Marketingkonzepte
- Service- und Supportkonzepte

Vertriebs- und Marketingkonzepte

Das Internet wird heute noch von den meisten Unternehmen lediglich als Marketingplattform benutzt, da die Realisierung durch das Internet einfach und kostengünstig ist. Das Internet kann dabei eine wertvolle Ergänzung zu den grundlegenden Marketingkonzepten spielen.

Im Bereich des Online-Verkaufs von Gütern und Dienstleistungen stellen derzeit noch die mangelnden Bezahlungs- und Abrechnungsverfahren ein gewisses Problem dar. Ohne diese Grundlage birgt eine Vertriebsabwicklung via Internet stets Gefahren. Dieser Aspekt und weitere fehlende Sicherheitsmaßnahmen verzögern die Entwicklung hin zum Online-Vertrieb der Unternehmen.

Support- und Servicekonzepte

Unter den gewinnbringenden Bereichen im Internet hat sich in letzter Zeit vor allem der Online-Support hervorgetan. Einige Unternehmen stellen zu ihren Produkten Anleitungen, Manuals, diverse andere Hilfsmittel oder eine Zusammenfassung der FAQs (Frequently Asked Questions) online zur Verfügung.

Im Dienstleistungsbereich findet man oft Vermittlungs- und Maklerdienst, da dort die Kosten für Anzeigen in Zeitungen wegfallen und lediglich die Kosten für die Online-Präsenz entstehen. Diese Dienste sind somit immer verfügbar, aktuell und überregional präsent.

12.1.2   Bezahlungsverfahren

Der Zahlungsverkehr im Internet ist ein zentrales, derzeit noch nicht vollständig gelöstes Problem. Hier treffen unterschiedliche Fachgebiete, wie die Computertechnik, Kreditwirtschaft, Politik, das Recht und die Kryptographie, aufeinander, und es entsteht ein unübersichtlicher Bereich mit einer Vielzahl von Anforderungen, Möglichkeiten und Randbedingungen. Hinzu kommt, daß bereits zahlreiche Zahlungssysteme mit völlig unterschiedlichen Grundkonzepten und Einsatzbereichen existieren.

Die Kommerzialisierung des Internets basiert auf funktionierenden und flächendeckenden Zahlungsverfahren. Eine gut ausgebaute Infrastruktur ist ebenfalls eine wesentliche Voraussetzung für den Electronic Commerce. Es müssen genügend leistungsfähige Verbindungen vorhanden sein, um gleichzeitig Millionen von Käufern Produktinformationen zur Verfügung stellen zu können. Diese Infrastruktur muß aber auch genutzt werden können, d. h. die Menschen müssen einfach und kostengünstig Zugang zu den Netzen erhalten.

Durch die wachsende Anzahl der ans Netz angeschlossenen Computer - auch im privaten Bereich - sind die Preise für Netzzugänge durchaus erschwinglich geworden. Der einsetzende Konkurrenzkampf am Telekommunikationsmarkt wird in den nächsten Jahren für weiter fallende Gebühren sorgen.

Um den Handel über das Internet populär zu machen, muß in erster Linie der Bezahlungsvorgang sicher gestaltet werden können. Dazu muß u. a. gewährleistet werden, daß vertrauliche Kunden- und Geschäftsdaten auch vertraulich behandelt und vor Eingriffen von außen geschützt werden. Außerdem muß die Anwendung einfach gestaltet werden, das Bezahlungsverfahren sollte kompatibel, international und kostengünstig sein und die Anonymität sollte gewährleistet werden.

Die Bezahlungsverfahren können in folgende Rubriken eingeteilt werden:

Klassifizierung

- Kreditkarten

- Chipkarten

- Bargeld/E-Cash

- Schecks

- Kundenkonto

Kreditkarten

SET (Secure Electronic Transaction) ist ein offener Industriestandard für Kreditkartenzahlungen über das WorldWideWeb.

Ziele von SET sind:

- **verschlüsselte Übermittlung der Daten**, d. h. die Daten dürfen von einer dritten Partei nicht „angezapft" werden.

- **Authentifizierung der Transaktionsteilnehmer**: Alle Parteien müssen die Gewährleistung haben, daß ihr Gegenüber auch derjenige ist, für den er sich ausgibt.

- **Integritätssicherung der Daten**, d. h. es muß garantiert werden, daß die übermittelten Daten unverfälscht beim Empfänger ankommen.

Elektronische Schecks

Dem Kreditkartenverfahren stehen die elektronischen Schecks gegenüber, die ebenfalls für große Geldbeträge geeignet sind. Der bedeutendste Vorteil hierbei ist die Möglichkeit der sofortigen Abbuchung und der somit wegfallenden Gebühren. Der elektronische Scheck wird durch eine digitale Unterschrift gesichert.

Electronic Cash

Zur Bezahlung von Waren und Dienstleistungen werden bei diesem Verfahren Speichermedien eingesetzt, auf denen elektronische Werteinheiten realisiert werden.

Die Kontrolle und volkswirtschaftliche Sicherheit von Bargeld ist jedoch hier nicht gewährleistet, da das elektronische Geld leicht reproduzierbar ist. Daher müssen Methoden geschaffen werden, welche die doppelte Verwendung verhindern und damit die Sicherheit des E-Cash gewährleisten

Beispiele für E-Cash sind unter anderem DigiCash, CyberCash und SmartCards.

Kundenkonto

Die Abrechnung über Kundenkonten ist die bislang sicherste Methode der Bezahlungsverfahren im Internet. Dabei werden periodisch die anfallenden Kosten für in Anspruch genommene Leistungen abgerechnet. Auf diese Weise werden kleine Beträge angesammelt und kumuliert, um dann diesen Gesamtbetrag auf einmal zu buchen. Der Nachteil dieses Verfahrens ist die Tatsache, daß hierzu ein fester Kundenstamm anzulegen ist.

12.2   SAP-Internet-Strategie

Warum soll ein so mächtiges und umfangreiches System wie SAP R/3 ins Web? Warum solch ein Aufwand?

Diese Fragen lassen sich recht einfach beantworten. Betrachten wir folgendes Szenario:

Szenario

Ein Unternehmen mit mehreren hundert PC-Arbeitsplätzen will auf R/3 umsteigen und investiert ins SAP-System. Neben einem Server müssen auf jedem Arbeitsplatz die entsprechenden Clients installiert und eingerichtet werden: bei der Anzahl der Arbeitsplätze ein großes und kostspieliges Unterfangen.

Angenommen aber, das R/3-System wird nur auf einem Server installiert (mit entsprechender Webanbindung) und die Arbeitsplätze müssen lediglich ihren Webbrowser, der inzwischen mit jedem Betriebssystem mitgeliefert wird, benutzen, stellt sich eine andere Kostensituation dar.

Das bedeutet, daß nicht nur die Kosten, sondern auch die Zeit, welche für die Arbeitsplätze nötig gewesen wäre, nicht mehr im ursprünglichen Maße anfallen. Es bleibt lediglich die Installation und Konfiguration des R/3-Servers und des dazugehörigem Webservers.

Konzept

Wie funktioniert nun diese einfache, aber geniale Idee?

Auf jedem Client ist ein gewöhnlicher Webbrowser installiert, der den HTML 3.2 Standard versteht (siehe Abb. 12.1).

Danach surft man über das WWW auf die entsprechende Intra-/Internetseite des R/3-Servers. Über eine Login Prozedur ist man dann mit dem SAP-System verbunden, und zwar genau bei der Transaktion, zu der man auch über die SAP-GUI gelangen würde. Dies ist aber nur eine vereinfachte Erklärung eines doch recht komplexen Ablaufs.

Abb. 12.1
Einfache Darstellung
der Funktionalität

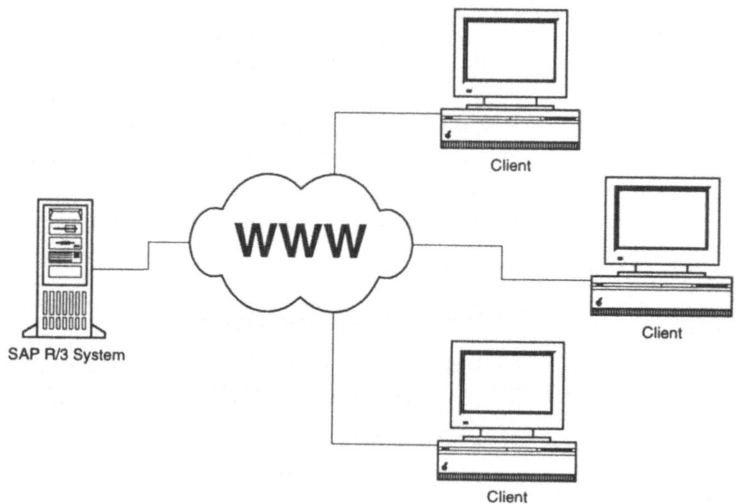

Funktionsweise

Hier soll die zuvor vereinfachte Darstellung des Systems näher betrachtet werden.

Der Webbenutzer surft im Web, indem er eine gültige Webadresse eingibt, von der er eine Webseite anschauen will. Diese Adresse muß im folgendem Format eingegeben werden, z. B. beim Internetzugang über die Fachhochschule Konstanz: *198.37.10.10* oder www.fh-konstanz.de.

Abb. 12.2
Allg. Web-
Funktionsweise

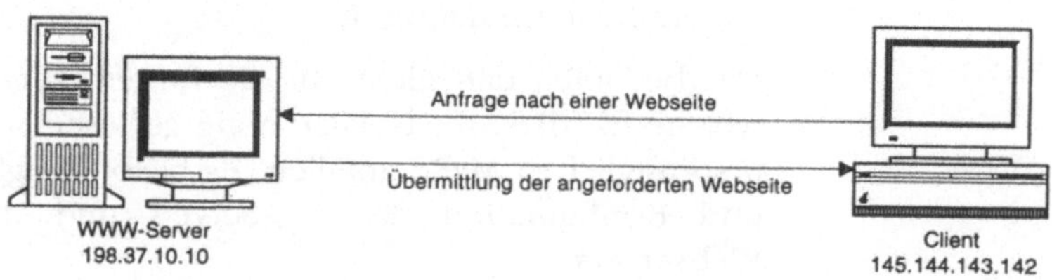

Über das Web wird nun der Server gesucht, zu dem die Adresse gehört, und die angefragte Webseite wird dem Webbenutzer zurückgesandt. Falls die Adresse nicht existiert, wird standardmäßig eine Fehlermeldung zurückgegeben. Die zurückgesandte Webseite ist meist eine statische HTML-Seite, die einmal geschrieben wurde und nicht mehr geändert wird (siehe Abb. 12.2).

Die Funktionsweise der Anbindung von R/3 an das Web ist etwas aufwendiger, da sich die einzelnen Seiten dynamisch aufbauen und vor allem noch ein voll funktionierendes R/3-System im Hintergrund arbeitet. In Abbildung 12.3 wird der grobe Ablauf der Vorgehensweise vom SAP-System im Web dargestellt. Zur Kommunikation sind mehrere Komponenten erforderlich:

Abb. 12.3
Anbindung von
R/3 ans Web

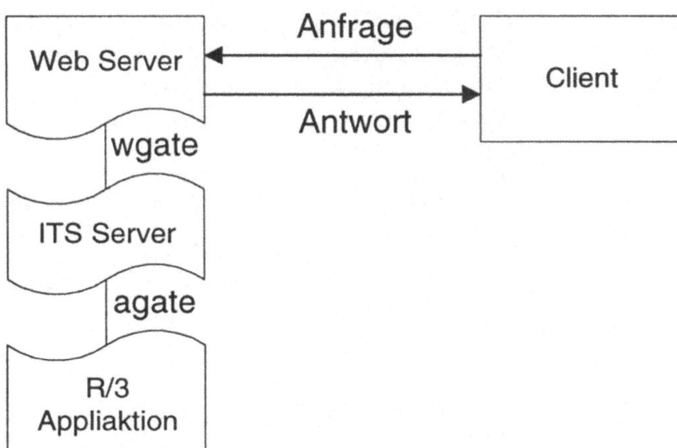

Der Client kommuniziert mit dem Web-Server (z. B. einem Apache-Server, Internet-Information-Server oder Netscape-Fast-Track-Server); er stellt eine Anfrage an diesen und erhält eine fertige Webseite zurück. Was hier neu ist, und was vor allem der Client gar nicht erfährt, ist die Kommunikation vom Web-Server über den ITS-Server hin zur R/3-Applikation. Damit der Web-Server die Kommunikation mit dem R/3-System starten kann, muß das Umfeld dementsprechend angepaßt werden.

Ein wichtiger Bestandteil dieses Umfelds ist der **IST-Server (Internet Transaction Server)** von SAP, der die Schnittstelle zwischen den beiden Systemen bildet. Die eigentliche Kommunikation läuft zwischen dem Web-Server und dem ITS-Server über das W-Gate (Web-Gateway) und zwischen dem ITS-Server und der R/3-Applikation über das A-Gate (Application-Gateway).

W-Gate

A-Gate

Auf die einzelnen Punkte der hier beschriebenen Technik wird im Kapitel 12.3 näher eingegangen.

Der Client/Browser stellt über Angabe einer Adresse *(http://pluto/scripts/wgate.dll?service=rf3)* eine Aktionsanfrage an das R/3-System. Zuerst jedoch landet diese Anfrage beim Web-Server, der die Zuordnung zum ITS durchführt. Die Anfrage wird über das W-Gate (wgate.dll) an den ITS weitergeleitet und von diesem wird überprüft, ob die Anfrage korrekt ist. Von hier aus geht diese Anfrage über das A-Gate (agate.dll) an das R/3-System. Das R/3 System verarbeitet nun diese Anfrage und gibt lediglich die Informationen zurück, die der ITS für das entsprechende HTML-Template benötigt. Das HTML-Template wird durch den ITS gefüllt und als fertige HTML-Seite an den Web-Server zurückgesandt, welcher wiederum diese fertige Seite an den wartenden Browser zurückliefert. Dieser Weg wird für jede Aktion, nicht zu verwechseln mit Transaktion, d. h. jeden Klick auf einen Button, ausgeführt.

Hier sieht man auch, daß die Abwicklung der Transaktionen über das Web nicht gerade mit hohen Geschwindigkeit erfolgt.

Es existieren zwei verschiedene Ansätze zur Kommunikation zwischen dem R/3-System und dem Web, die nachfolgend kurz dargestellt werden.

12.2.1 Outside-In-Ansatz

Mit Outside-In ist theoretisch die Integration beliebiger außen vorliegender Applikationen mit dem R/3-System denkbar. Dies ergibt einen entsprechend großen Freiraum bei der Wahl neuer Anwendungen im Bereich der

- Laufzeitumgebung (Microsoft, IBM, HAHT ...);
- Entwicklungsumgebung (MS Visual Interdef, Visual Age, ...);
- Programmiersprache (C, C++, Delphi, Java, ...);
- Präsentationsplattform (Web, Kiosk ...).

Die Auswahl an Werkzeugen zur Entwicklung neuer Anwendungskomponenten ist dementsprechend groß und läßt sich mühelos erweitern. Einige der vielleicht bekannteren Tools in diesem Zusammenhang sind:

Tools

- MS-Visual Studio
- IBM Visual Age

- Netdynamics (mit WebExtend für R/3, integriert auch SAP Automation)
- Web Objekts (mit Advis Mantle)
- Borland Delphi/ Connect für SAP

Die Vielfalt der zur Verfügung stehenden Möglichkeiten sowie die Aussicht, mit herkömmlichen Mitteln auf die R/3-Anwendungslogik zuzugreifen, ist zunächst sehr verführerisch. Die Art der Anwendungen kann dabei vollkommen auf die grafischen Elemente moderner Benutzeroberflächen zugeschnitten werden, die nichts mehr mit der für viele sporadische Anwender starr wirkenden SAP-GUI-Anwendungsschnittstelle gemeinsam haben.

Es muß aber beachtet werden, daß bei Anwendungen, die außerhalb des R/3-Systems liegen, die Transaktionsklammer nicht mehr greift, da in der Regel ein dedizierter **RFC-Funktionsaufruf** (im besten Fall über BAPIs) nur eine Momentaufnahme liefert. Soll beispielsweise ein Bestellkatalog realisiert werden, so kann durchaus der Katalog selbst aus dem R/3-System mit einem Funktionsaufruf dargestellt werden. Zur Laufzeit einer Anwendungssitzung finden naturgemäß sehr selten Änderungen des Kataloginhalts statt. Wird eine Bestellung ausgeführt, so muß darauf geachtet werden, daß der Bestellvorgang komplett ausgeführt wird und bei einer Störung automatisch annulliert werden kann (Rollback). Darüber hinaus ist es bei der Verwendung des Outside-In-Ansatzes nicht möglich, mehrere Benutzer gleichzeitig eine Verfügbarkeitsanfrage machen zu lassen, da zum Zeitpunkt der Bestellung der Warenbestand schon wieder verändert sein kann. Nur wenn über kontrollierte R/3-Transaktionen und dem damit verbundenen Session Management der Zugriff erfolgt, kann das R/3-System auf die Anfrage beliebig vieler Internet-Teilnehmer konsistent reagieren. Es kommt also sehr auf die Art der Anwendung und der damit verbundenen Komplexität an, ob über Outside-In oder Inside-Out verfahren werden soll.

Die Integration der **BAPIs** wird letztlich über einen RFC-Aufruf erreicht und kann über verschiedene Konzepte bewerkstelligt werden. Die vielleicht wichtigste Komponente zur Integration von Windows-Plattformen ist COM/DCOM, mit der Fremdapplikation über *BAPI-Control* zur Steuerung der BAPI-Aufrufe integriert werden. Eine Weiterentwicklung davon ist der *DCOM Component Connector,* der im R/3-System selbst vorliegt.

Die BAPIs verbleiben in jedem Fall im R/3-System, lediglich die Definition erfolgt im externen Anwendungssystem. Zur Laufzeit wird das entsprechende BAPI dann direkt aus dem R/3-System heraus aufgerufen und transparent in die Anwendungslogik integriert.

Skalierung

Die Skalierung bei Outside-In erfolgt in erster Linie durch Duplizierung der Web-Server-Plattform, welche die Laufzeitumgebung der externen Anwendung enthält. Da das R/3-System nur sporadisch belastet wird und dort keine Sessions stattfinden, sondern lediglich einzelne Requests, z. B. in Form von BAPI-Aufrufen, wird hauptsächlich die externe Anwendungsplattform belastet. Darüber hinaus kann, falls nötig, das R/3-System skaliert werden.

Abb. 12.4
Beispiel zur
Outside-In
(Eigenentwicklung)

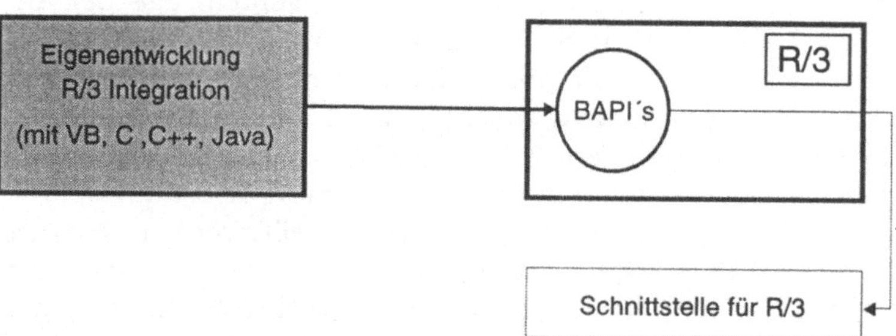

12.2.2 Inside-Out-Ansatz

Einer der beiden Ansätze, der in den Bereich Inside-Out fällt, wird durch den Internet Transaktion Server abgedeckt, da die gesamte Anwendungslogik im R/3-System verbleibt und lediglich die Präsentationsschicht außerhalb vorliegt. Den anderen Ansatz erreicht man mit der Verwendung des **JAVA-SAPGUI**, allerdings mit einer völlig anderen Zielsetzung. Die vollständige Kontrolle des Programmablaufs wird über die jeweils aktive Transaktion im R/3-System geregelt mit den damit verbundenen Mechanismen zur Absicherung der Transaktionssicherheit (Session Management, Rollback etc.).

Dreischichtige
Architektur

Die dreischichtige Architektur von R/3 wird durch den R/3-Internet-Transaction-Server um eine weitere Schicht erweitert, die die technische Internet-Anbindung realisiert. Diese Erweiterung führt zur **Multi-Tier-Architektur**.

Die zuvor erwähnte mehrschichtige R/3-Internet-Architektur bietet die im Internet unbedingt notwendige Skalierbarkeit und ist von Anfang an für die Verarbeitung von vielen gleichzeitigen Internet-Transaktionen ausgelegt.

Vorteile

Besondere Vorteile dieser ab Release 3.1 integrierten Lösung sind die Unterstützung und Gewährleistung der bereits im System R/3 vorhandenen Mechanismen zur Transaktionssicherheit, Zugriffssicherheit, Sitzungsverwaltung und Skalierbarkeit.

Der Zugriff übers Internet erhöht ohnehin den Bedarf an diesen Mechanismen, da aufgrund einer teilweise unbekannten Benutzergruppe die Sicherheit gegen unberechtigtes Eindringen (Zugriffssicherheit), die Stabilität und Qualität einer Verbindung und die damit verbundene Integrität des Datenbestandes (Transaktionssicherheit) sowie die Antwortzeit bei einer unter Umständen unvorhersehbaren Anzahl an gleichzeitig zugreifenden Benutzern (Skalierbarkeit) ganz besonders garantiert werden müssen.

Mit **ALE/WEB** ist die Zugriffssicherheit mit der impliziten Verwendung des Berechtigungskonzepts des Systems R/3 bereits abgegolten. Da mit ALE/WEB über eine R/3-Sitzung gearbeitet wird, die ebenso herkömmliche, wenn auch eigens für Internet-Anwendungen geschriebene R/3-Transaktionen verwendet, ergibt sich automatisch die erforderliche Transaktionssicherheit. Der Internet-Transaktion-Server erweitert die Transaktionsklammer in einem R/3-System bis in den Web-Browser hinein. Nur so ist gewährleistet, daß Transaktionen über das Internet wie bei einem lokalen R/3-Arbeitsplatz komplett oder gar nicht (mittels Rollback) ausgeführt werden.

Die zu erwartende Nutzlast im Internet ist schwer abzuschätzen. Können aufgrund zu hoher Benutzerzahlen die Anfragen nicht bearbeitet werden, so ist nicht mit einem Verständnis des unzufriedenen Benutzers zu rechnen. Eventuell wird er sich schnell vom Anbieter abwenden oder als interner Anwender seine Akzeptanz verweigern. Das bereits für hohe Benutzerzahlen ausgelegte Konzept der Skalierbarkeit des Systems R/3 kommt im Internet vollständig zum Einsatz. Darüber hinaus ist es durch die Verwendung mehrerer Webserver möglich, die Skalierbarkeit auch auf der Internet-Seite zu ermöglichen.

Skalierung

Ein weiterer Vorteil ergibt sich dadurch, daß dem Anwendungsentwickler die gesamte (bisher gewohnte) SAP-Entwicklungsumgebung zur Verfügung steht.

12.2.3   Funktionsaufrufe mit RFC

Die Ansätze des **Outside-In-Prinzips** realisieren den Zugriff auf R/3-Funktionalität über RFC (Remote Function Call). Dies bedeutet, daß aus einem externen, unabhängigen System die Funktionalität des R/3-Systems gezielt im Sinne einer Momentaufnahme über RFC-Systemaufrufe genutzt wird. Die Kontrolle behält dabei stets das externe System, welches den RFC ausgelöst hat.

Die RFC-Schnittstelle ermöglicht einen Funktionsaufruf über Rechner- oder Systemgrenzen hinweg. Dies kann zwischen zwei SAP-Systemen (R/3 oder R/2), aber auch zwischen einem SAP-System und einem Nicht-SAP-System geschehen. Um einen Funktionsbaustein über RFC aufrufen zu können, muß dieser in der Funktionsbibliothek speziell als RFC-fähig definiert werden. Die schon zuvor erwähnten BAPIs sind beispielsweise solche RFC-fähigen Funktionsbausteine.

Die RFC-Schnittstelle bietet die Möglichkeit, innerhalb von ABAP/4-Programmen über „CALL FUNCTION...DESTINATION" genauso auf die RFC-Bausteine zuzugreifen, wie mittels RFC-API von Nicht-SAP-Programmen aus. Das **RFC-API** ist eine bestimmte Programmierschnittstelle, die es bspw. externen C-Programmen erlaubt, RFC-Aufrufe zu verwenden. Über RFC-API können aber auch R/2- oder R/3-Programme Funktionen externer Programme verwenden.

Vorteile von RFC

RFC ermöglicht somit beliebigen externen WWW-Applikationen die Kontaktaufnahme zur Funktionsbibliothek des zugrundeliegenden R/3-Systems. Die Kontaktaufnahme ist dabei einmalig und wird nicht über eine R/3-Session geführt, so wie es bei ALE/WEB der Fall ist. Die Mechanismen zur Transaktionssicherheit, Skalierbarkeit und zum Zugriffsschutz müssen folglich selbst implementiert werden.

Der Vorteil von RFC ist besonders dann gegeben, wenn diese Dienstleistungen des R/3 aufgrund der Art der Internet-Anwendung ohnehin keine besondere Verwendung finden. Dies ist vor allem dann der Fall, wenn relativ eigenständige Internet-Anwendungen gebraucht werden, die nur sporadische oder losgelöste Aktionen innerhalb des R/3 in Anspruch nehmen wollen. Anwendungsbeispiel könnte innerhalb einer Marketingstrategie die visuelle Bereitstellung von Produktinformationen sein, wobei es aber keine gekoppelte Bestellabwicklung innerhalb von R/3 geben sollte.

Sobald durch die RFC-Zugriffe die Transaktionssicherheit, die Skalierbarkeit oder der Zugriffsschutz des R/3-Systems nur ungenügend gewährleistet werden kann, sollte über Inside-Out-Verfahren nachgedacht werden, wenn keine zusätzliche Implementierung der Sicherheitsmechanismen stattfinden soll.

12.2.4 SAP Automation

Als eine besondere Form eines Outside-In-Ansatzes gilt SAP Automation. Externe Systeme bedienen sich dabei der Programmierschnittstelle des SAP-GUI, um die gewünschte Funktionalität des R/3-Systems nutzen zu können.

Entstehungsgründe für SAP Automation

SAP Automation wird auch als **intelligentes Terminal** bezeichnet. SAP Automation entstand aus der allgemeinen Notwendigkeit heraus, dem Anwender neben dem SAP-GUI andere Anwendungsoberflächen zur Verfügung zu stellen. Hintergrund war dabei der Bedarf an intuitiveren grafischen Benutzeroberflächen für untrainierte Anwender, was gerade im World Wide Web exzellent durch Hypertext-Technologie gelöst wurde und wesentlich zu seinem Erfolg beigetragen hat.

Ein Vorläufer von SAP Automation ist die zuvor vorgestellte RFC-Schnittstelle, die über OLE Automation auf Desktop-PCs zugänglich gemacht werden konnte. Dieses Verfahren weist aber gegenüber SAP Automation zwei besondere Nachteile auf:

- Die dem R/3 zugrundeliegenden Business-Regeln sind nur über die direkte Interaktion mit dem SAP-GUI in vollem Umfang zugänglich, nicht über API-Programmierschnittstellen.

- Bei RFC-Zugriffen muß der Anwender über ABAP/4-Kenntnisse verfügen, damit er auf die gewünschten Daten zugreifen kann.

Vorteile der Verwendung von SAP Automation

Bei Verwendung von SAP Automation kann auf ABAP/4-Programmierkenntnisse sowie auf das interne Verständnis für die Business-Regeln verzichtet werden, da auf bestehende Anwendungen abstrakt zugegriffen und hauptsächlich eine neue Benutzerschnittstelle erzeugt wird. Die Bereitstellung dieser Benutzerschnittstelle im World Wide Web macht zusätzlich die Integrationswirkung von SAP Automation deutlich.

Nachteile

Nachteilig ist aber, daß nur auf bestehende Transaktionen zugegriffen werden kann. Mitunter ist es notwendig, zusätzliche Veränderungen in einem ABAP/4-Programm vorzunehmen, so daß dann der Abstraktionsvorteil verloren geht.

SAP Automation ist deshalb als **zusätzliches Verfahren** zu verstehen, ABAP/4-Anwendungen über neue und vereinfachte Benutzerschnittstellen zur Verfügung zu stellen. Auf einem Windows-System besteht das SAP-GUI normalerweise aus zwei einzelnen Komponenten: *SAPGUI.EXE* und *FRONT.EXE*.

Bei SAP Automation wird SAPGUI.EXE durch ITSGUI.DLL ersetzt. Über die Bibliothek MERLIN.DLL ist eine C-API-Schnittstelle gegeben, die den Bildschirminhalt über Datenstrukturen und Funktionsaufrufe verfügbar macht. Darüber hinaus zeigen sich zwei weitere Schnittstellen. Dies ist zum einen der OLE-Automation-Server, der von mit Visual Basic programmierten Windows-Clients benutzt wird und zum anderen ein Terminal-Server, der Verbindungen in heterogenen Systemlandschaften herstellt.

Bewertung

Für Anwendungen im World Wide Web ist SAP Automation vor allem dann tauglich, wenn bestehende Anwendungen mit einer vereinfachten Benutzerschnittstelle dargestellt, aber nicht in großem Umfang modifiziert werden sollen. Gegenüber RFC besteht der Vorteil, daß nicht bis auf Funktionsbausteinebene heruntergebrochen werden muß, sondern auf der API-Ebene des SAP-GUI geblieben werden kann. SAP Automation lohnt sich dann, wenn ein gesamtheitlicher Outside-In-Ansatz gewählt wird, der bspw. eigenständige World Wide Web-Entwicklungsumgebungen mit Elementen aus R/3-Anwendungen anreichert, ohne RFC benutzen zu müssen.

12.3   Die ITS-Architektur

Der Internet Transaktion Server (ITS) wurde gezielt zur Anbindung des R/3 Systems an das World Wide Web bzw. an Web-Server und Web-Browser entwickelt. Der ITS bildet dabei das

Bedeutung des ITS

Bindeglied zwischen beiden Systemen und ist als Gateway zu verstehen, das die unterschiedlichen Kommunikationsprotokolle und Datenformate des R/3 Systems und des Internets aufeinander abstimmt. Hier treffen zwei sehr unterschiedliche Welten aufeinander, denn die Statuslosigkeit des World Wide Web ist nicht ohne weiteres mit einem transaktionsorientiertem Anwendungssystem wie dem R/3-System zu vereinbaren.

Ziele des ITS

Das Ziel des ITS ist die Transaktionsklammer des R/3-Systems über das Internet bis auf einen Web-Browser-Arbeitsplatz auszudehnen und eine komplette Anwendungsfunktionalität zu gewährleisten.

Von dort aus sollen spezielle R/3-Transaktionen genau so sicher und vollständig verwendet werden können wie es auf einem SAP-GUI-Arbeitsplatz möglich ist. Im Grunde soll sich nur die Präsentationsschnittstelle zum Benutzer ändern, die nicht mehr als Dynpro im SAP-GUI, sondern in HTML definiert ist.

Ein Benutzer im World Wide Web kann über einen vorbereiteten Link auf einer bestimmten HTML-Seite eine Internet Transaktion des R/3-Systems starten. Der Web-Server gibt die Aufforderung direkt an den ITS weiter, der dann eine korrekte Verbindung zum zuvor definierten R/3-System aufnimmt, um die angeforderte Transaktion zu starten. Die Verbindung zwischen ITS und R/3-System wird über den **DIAG-Kommunikationskanal** (Dynamisches Informations- und Action-Gateway) realisiert. Der ITS verhält sich dabei wie viele gewöhnliche SAP-GUIs zum R/3-Applikationsserver. Die Daten, die dann vom R/3-System zurückkommen, werden vom ITS in HTML verpackt und zum Web-Server zurückgesendet, um dann vom Web-Browser angezeigt zu werden. Bei jeder sich anschließenden Interaktion des Benutzers wird die laufende Transaktion im R/3-System um entsprechende Anwendungsschritte erweitert. Die Daten, die zur Steuerung der R/3-Anwendung benötigt werden, stammen aus Feldinhalten der HTML-Formulare, die vom Benutzer ausgefüllt oder ausgewählt wurden. Diese Daten werden vom ITS in definierte Dynprofelder der R/3-Transaktion übertragen.

Aufgrund der speziellen Bedingungen der HTML-Präsentationsschnittstelle können aber nicht alle ABAP-Transaktionen ohne Veränderung im World Wide Web ausgeführt werden. Diese unterliegen besonderen Anforderungen bezüglich der Gestaltung der Benutzerschnittstelle und des zu implementierenden Berechtigungskonzeptes. Außerdem wird bei Internet-Transaktionen die Verwendung von BAPIs besonders empfohlen, da damit eine Releaseunabhängigkeit und eine bessere Wartbarkeit der Anwendung gegeben ist. Bei Internet-Anwendungen für den ITS, die sich aus den Bestandteilen der ABAP-Transaktion sowie den zugehörigen HTML-Templates zusammensetzen (siehe Abb. 12.5), spricht man auch von **Internet Application Components (IACs)**.

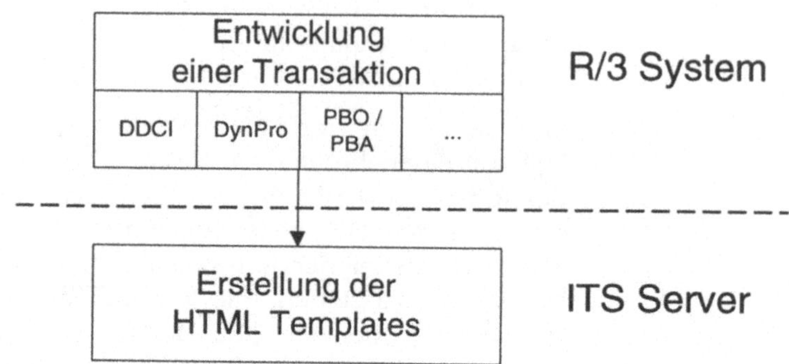

Der ITS übernimmt zusätzlich zum eigentlichen Datenaustausch eine Reihe von administrativen Aufgaben, wie z. B. das Sitzungsmanagement (Session Management) mit der Verwaltung verschiedener Systemressourcen sowie das damit verbundene Login Management.

Komponenten des ITS

Der ITS setzt sich aus zwei trennbaren Komponenten zusammen, die auch auf unterschiedlichen Rechnern laufen können: Dem **A-Gate (Application Gateway)** und dem **W-Gate (Web Gateway)**; zwischen beiden muß eine TCP/IP-Verbindung existieren. Das W-Gate bildet die Schnittstelle zum Webserver und kann als dynamische Komponente zur Laufzeit geladen werden (Dynamic Link Libary, DLL). Diese DLL´s (Wgate.dll) sind für Windows NT ab Version 4.0 nur für den Netscape Server und den Microsoft Information Server vorhanden. Allerdings ermöglicht eine vorbereitete CGI-Schnittstelle die Kommunikation mit beliebigen Webservern. In der Regel weisen aber auch CGI-Programme gegenüber dynamischen Bibliotheken schlechtere Performance-Werte auf. Für spezielle UNIX-Plattformen werden auch spezielle W-gates angeboten.

Das A-Gate (AGate.exe) bildet über das DIAG-Protokoll die Schnittstelle zum R/3-Applikationsserver und ist nur für Windows NT ab Version 4.0 verfügbar. A-Gate und W-Gate kommunizieren untereinander über das TCP/IP-Protokoll und können daher auch auf unterschiedlichen Hardwareplattformen eingesetzt werden. Dies kann insbesondere dann notwendig werden, wenn Sicherheitsmechanismen (Firewalls) eingeführt werden sollen, der Webserver auf Unix laufen soll oder aber aus Gründen der Skalierbarkeit eine Verteilung notwendig wird.

Bedeutung von HTML-Templates

Neben der eigentlichen ABAP-Transaktion bilden die zugehörigen HTML-Templates die wesentlichen Bestandteile der Internet Application Components. Fertige HTML-Dateien, so wie sie dem Anwender letztendlich präsentiert werden, wurden aus vorgefertigten HTML-Templates aufgebaut. Zur Laufzeit werden an die Stelle bestimmter Platzhalter die aktuellen Daten der R/3-Transaktion eingefügt. Zur Beschreibung dieser Platzhalter wird eine eigene Sprache verwendet, die vom ITS interpretiert werden kann und auch nur für diesen geeignet ist: **HTML**[Business]. Diese Sprache ist allerdings nur zum Einmischen von Online-Daten aus R/3 in Templates gedacht und dient nicht zur Implementierung von Applikationslogik. Die Applikationslogik verbleibt konsequent im R/3-System.

Das A-Gate interpretiert zur Laufzeit die entsprechenden Ausdrücke in den HTML-Dateien, die durch sogenannte Backticks (`) oder <Server>-Tags für ihn erkennbar werden und diese HTML-Business-Anweisungen umschließen. Diese Anweisungen sind gezielt an entsprechende Dynpros der Anwendung gerichtet, deren Daten aus den dort vorhandenen Feldern abgerufen werden. Es existiert genau eine HTML-Seite pro definiertem Dynpro bzw. seinen untergeordneten Subscreens. Das Dynpro dient sozusagen als Transportschnittstelle und dessen optische Gestaltung ist völlig belanglos. Nach dem Interpretieren wird eine fertige HTML-Seite an den Webserver zurückgeschickt.

Abb. 12.6
Modifikation per
Dynpro-Quellcode

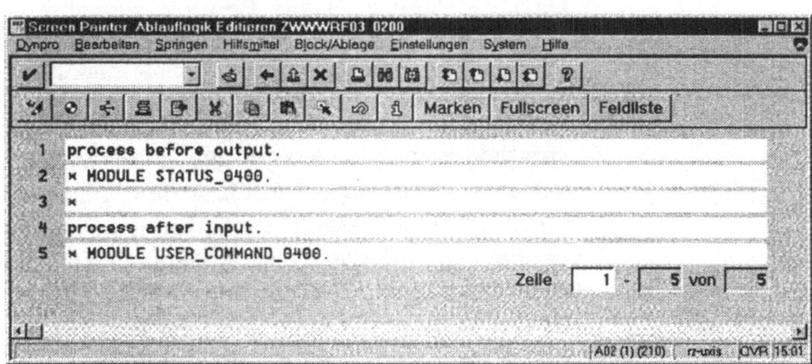

Durch die Trennung der Templates auf der HTML-Seite von der eigentlichen Anwendungslogik im R/3-System, ergibt sich eine Unabhängigkeit zwischen Präsentations- und Anwendungslogik. Mit HTML-Business werden lediglich die Ein- und Ausgabefelder und deren Anordnung festgelegt. Die Bedienung der Felder verbleibt jedoch in der R/3-Transaktion.

Zur Gestaltung der Präsentation der HTML-Seite können alle bekannten Methoden zur HTML-Programmierung verwendet werden und ein sehr individuelles Erscheinungsbild ergeben.

Vorteile der IST-Architektur

Die Architektur des ITS zeigt einige Vorteile gegenüber anderen Vorgehensweisen der Internet-Integration des R/3-Systems:

Mit dem ITS wird erstmals eine direkte Öffnung für R/3-Transaktionen zum Ablauf im Internet möglich. Obwohl Internet-Anwendungskomponenten in der Regel neu geschrieben werden müssen, nutzen sie jedoch die bewahrte und einheitliche Entwicklungsumgebung (Implementierung, Test, Debugging) des R/3-Systems. Auch die Mehrsprachigkeit des R/3-Systems kann automatisch genutzt werden.

Es findet kein bloßer Datenaustausch in eine externe Anwendung statt, da die Anwendung nach wie vor im R/3-System läuft. Dadurch ergeben sich für eine Internet-Anwendung die gleichen Qualitäten wie für eine normale R/3-Anwendung. Ein integrierter Rollback garantiert z. B. die ordnungsgemäße Ausführung oder Annullierung eines Auftrages, wenn bspw. die Übertragung gestört wurde.

Durch den direkten Zugriff auf Live-Daten des R/3-Systems sind abgefragte Daten zu jeder Zeit **aktuell**.

Das R/3-System wurde mit einigen **Sicherheitsmechanismen** zum Schutz eines unberechtigten Zugriffs auf Daten ausgestattet. Dazu gehören z. B. die Benutzerverwaltung und deren Zugriffsrechte. Diese Mechanismen stehen der Internet-Anwendung gleichermaßen zur Verfügung.

Es erweist sich als ungünstig, wenn verteilte Anwendungen auf verschiedenen Plattformen gewartet werden müssen. So ist oft der Zusammenhang zwischen einer Veränderung auf einem System nicht mit dessen Auswirkungen auf einem anderen System erkennbar und führt erst zur Laufzeit zu einem Fehler. Der ITS erlaubt die zentrale Kontrolle der Wartung und der Updates über das R/3-System. Durch die Verwendung von Testsystem und Produktivsystem können Anwendungen optimal vorbereitet werden. Werden BAPIs verwendet, so stellen diese durch ihre festen Schnittstellen eine Releaseunabhängigkeit sicher und integrieren z. B. neue Fehlermeldungen automatisch. Ändern sich auf der R/3-Seite Daten oder sogar Bilder (z. B. von Produkten), so werden diese automatisch in der bestehenden Anwendung durch die dynamische Integration zur Laufzeit aktualisiert.

Die größte **Wartungsfreundlichkeit** beruht darauf, darf SAP Standardanwendungen anbietet, die automatisch über ein Upgrade mit jedem Releasewechsel beim Kunden unter voller Ausnutzung der SAP- Infrastruktur erneuert werden.

12.3.1 Web-Gateway (W-Gate)

Das W-Gate bildet das Bindeglied zur Übertragung von HTTP-Anfragen vom Webserver zum A-Gate und von HTTP-Antworten des A-Gate zurück zum Webserver. Das W-Gate stellt dabei eine abstrakte Schnittstelle zu verschiedenen Webservern dar. Dies kann zum einen die CGI-Schnittstelle sein, die bei jeder Anfrage einen eigenen Prozeß startet. Durch die offene Schnittstelle können beliebige Webserver angesprochen werden. Zum anderen gibt es an bestimmte Webserver angepaßte W-Gate-Module, die über die API-Schnittstelle mit dem Webserver kommunizieren. Da jeder Webserver seine eigene API-Schnittstelle hat, werden nur führende Webserver unterstützt:

Bedeutung des W-Gate

- Microsoft Information Server (IIS) mit der **ISAPI-Schnittstelle**
- verschiedene Netscape-Server mit der **NSAPI-Schnittstelle**

Schnittstellen zum Web-Server

Je nach Webserver wird die entsprechende WGate.dll (Dynamic Link Libary) bereits beim Start des Webservers selbst oder erst bei einer entsprechenden Anfrage aus dem Internet gestartet und bildet bei jeder neuen Anfrage einen weiteren Thread, der nach der Abarbeitung der Anfrage beendet wird. Durch **Threads** können mehrere Anfragen gleichzeitig bei besserer Kontrolle der Systemressourcen bearbeitet werden.

Die Anzahl maximal verfügbarer Threads kann bei Webservern limitiert werden. Zusätzlich zu den Webservern auf Windows NT (ab Version 4.0) werden auch selektierte Unix-Plattformen unterstützt. Die aktuelle Dokumentation der SAP gibt hier Auskunft über die genauen Möglichkeiten.

Verbindung zum A-Gate

Neben der Schnittstelle zum Webserver ist die Verbindung zum A-Gate entscheidend. Über eine TCP/IP-Verbindung können ggf. auch Rechnersysteme übergreifend, bidirektional Daten austauschen, so z. B.:

- Die Daten und Parameter der Anfragen aus dem World Wide Web werden in einer kompatiblen Form an das A-Gate weitergeleitet. Bei einem ersten Aufruf führt dies zu einer neuen Session im ITS und damit auch zu einer neu gestarteten Transaktion im R/3-System.

Bei einer Übertragung von Daten werden diese in bestimmte Kontextdatenstrukturen des A-Gates abgelegt, die der ITS dann den Transaktionen zur Verfügung stellt oder zur Kontrolle der Sitzung benötigt.

- Das A-Gate liefert angefragte HTML-Seiten fertig aufbereitet an das W-Gate zurück. Diese werden dann unmittelbar dem Webserver zur Verfügung gestellt.

Das A-Gate übernimmt die wesentlichen Aufgaben zur Handhabung einer R/3-Sitzung. Der folgende Abschnitt stellt diese näher vor. Die Trennung in A-Gate und W-Gate erweist sich als günstig, da nur so der A-Gate-Service unabhängig vom eingesetzten Webserver ist. Im Rahmen einer Skalierung können dann sogar unterschiedliche Webserver und deren W-Gate mit einem einzigen A-Gate kommunizieren.

Weiterhin erweist sich sicherheitstechnisch die Möglichkeit zur Entflechtung der Webserverplattform von der des A-Gate als sehr sinnvoll.

12.3.2   Application-Gateway (A-Gate)

Das A-Gate ist das Herzstück des ITS. Durch die Erweiterung der Transaktionsklammer bis hinein ins Internet werden einige Mechanismen erforderlich, die eine Performance und sichere und funktionstüchtige Arbeitsweise der R/3-Transaktionen für viele Benutzer gleichzeitig gewährleisten. Das A-Gate selbst ist zur Bewältigung der Anforderungen bestens gerüstet und in seiner internen Struktur sehr komplex.

Das A-Gate selbst wird durch den **Mapping Manager** kontrolliert, der multithread-fähig ist und daher viele Anfragen des W-Gate gleichzeitig aufnehmen und bearbeiten kann. Über einen Dispatcher-Thread werden die verfügbaren Threads zur Bearbeitung eingeteilt. Wie viele Threads eröffnet werden können, hängt von der vordefinierten Anzahl von Threads in den Systemeinstellungen der NT-Registry ab. Dort erfolgt auch die Speicherzuteilung.

Die Verwaltung der Threads ist dabei elementar und wird von folgenden Mechanismen beeinflußt:

Time-Out-
Mechanismus

In der Service-Beschreibung einer Internet-Applikation ist ein maximaler Time-Out festgelegt worden. Überschreitet der Benutzer zwischen zwei Benutzeraktionen diesen vorgegebenen Wert, so laufen die betroffenen Threads „idle" und führen damit zum

Abbruch der damit verbundenen Transaktion. Dies ist deshalb sinnvoll, da das Verhalten bei Benutzern im World Wide Web unvorhersehbar ist und diese vor dem eigentlichen Abschluß der Transaktion mit der Back-Taste oder über einen neuen Link ihre ursprüngliche Absicht vernachlässigen und anderen Interessen nachgehen können. Die Größe dieses Time-Out sollte jedoch von der Art der Anwendung abhängig gemacht werden, da bei manchen Anwendungen naturgemäß längere Interaktionszeiten zu erwarten sind (z. B. bei Online-Shopping). Der Start neuer Threads kann auch das frühzeitige Ausscheiden anderer Threads bewirken, die über eine längere Zeit nicht vom Benutzer bedient wurden. Sind alle Threads vergeben und befinden sich alle Threads in aktivem Zustand, so wird die neue Anfrage abgewiesen.

Dispatcher
Der A-Gate Dispatcher ordnet die Anfragen aus dem World Wide Web und damit des W-Gate den Work Threads zu, vergleichbar mit der Zuordnung normaler R/3-Anweisungen zu laufenden Prozessen des R/3-Applikations-Servers. Über die Sitzungsidentifikation kann herausgefunden werden, ob eine neue Sitzung gestartet werden soll. Die Threads sind aber nicht statisch an User-Sessions gebunden.

Das A-Gate selbst bildet die Schnittstelle zwischen dem W-Gate und dem R/3-System. Es ist nur auf Windows NT-Plattformen ab Version 4.O lauffähig und kommuniziert mit W-Gate über eine TCP/IP-Verbindung. Zum R/3-System wird das DIAG-Protokoll verwendet. Dabei verhält sich das A-Gate zum Applikationsserver wie ein SAP-GUl.

12.4 Entwicklung eines IACs mit Hilfe des SAP@Web-Studios

SAP stellt grundsätzlich verschiedene Methoden für die Entwicklung einer IAC auf Basis des Internet Transaktion Servers (ITS) von SAP zur Verfügung. Diese Lösung hat den Vorteil, daß Internet Transaktionen mit geringem Aufwand erstellt oder aber bestehende R/3-Transaktionen internetfähig gemacht werden können.

Um vom Internet über einen HTTP-Server auf das R/3-System zuzugreifen, benötigt man ein Kopplungsprogramm, das die unterschiedlichen Protokolle und Datenformate übersetzt. Der ITS übernimmt diese Schnittstellenfunktion.

Auf Anforderung durch den Benutzer veranlaßt der HTTP-Server das ITS-Programm eine Verbindung mit einem R/3-System herzustellen. Als technischer Übertragungskanal steht die DIAG-Schnittstelle zur Verfügung. Der ITS verhält sich hierbei dem R/3-System gegenüber wie ein ganz normaler SAP-GUI. Er konvertiert die Dynpro-Daten aus dem R/3-System in ein HTML-Dokument und umgekehrt (siehe Abb. 12.7):

Abb. 12.7
Allg. Ablauf von
Transaktion zu IAC

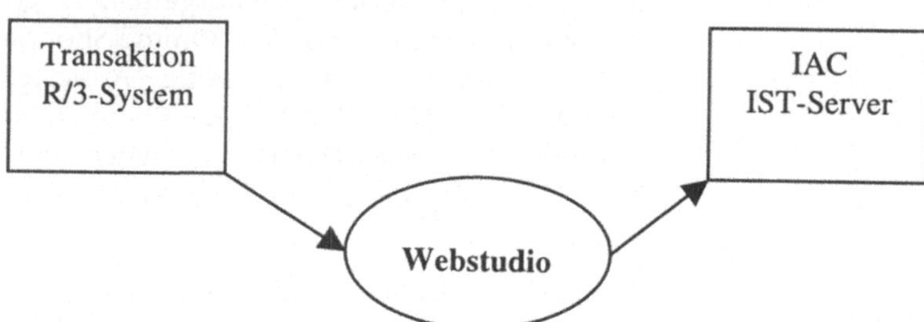

Durch diese Technik können ABAP/4-Transaktionen mit geringem Aufwand internetfähig gemacht werden. Allerdings ist eine in ABAP/4 geschriebene Standardtransaktion nicht ohne weiteres mit dem ITS einsetzbar, da nicht alle Funktionen, die ABAP/4 zur Verfügung stellt, auch in HTML abzubilden sind.

Das Werkzeug für die Erstellung von IACs ist das SAP@Web-Studio. Der Einsatz des Web-Studios ermöglicht es, alle Dateien in der vom ITS geforderten Verzeichnisstruktur abzulegen, alle Objekte im R/3-System zu speichern und diese in das R/3-Korrektur- und Transportwesen einzubinden.

12.4.1 Festlegen der Funktionalität eines IACs

Die Entwicklung einer Applikation durchläuft folgende Schritte. Der **erste Schritt** hierbei sollte die Überlegung sein, welche Aufgaben das zu entwickelnde Dynpro zu erfüllen hat. Mit den gestellen Aufgaben kann das Dynpro programmiert und eingesetzt werden.

Der **nächste Schritt** besteht in der Entwicklung eines HTML-Templates, das den Anforderungen und Wünschen der Entwickler sowie des Dynpros genügt. Dieses Template kann nun nach eigenen Vorstellungen programmiert werden. Das bedeutet, daß eine eigene Oberfläche geschaffen werden kann, die sich völlig von dem Dynpro unterscheidet. Es ist jedoch ratsam, den Aufbau des Templates dem Dynpro anzupassen, um eine benutzerfreundliche Anwendung zu schaffen.

<table>
<tr><td>Entwicklungs-
umgebungen</td><td>Zur Erstellung eines IACs sind zwei Entwicklungsumgebungen von Bedeutung, zum einen die normale R/3-Entwicklungsumgebung und zum anderen das SAP@Web-Studio. Auf der R/3-Seite wird nun ein Dynpro entwickelt, das den Anforderungen des ITS entspricht. Auf der anderen Seite wird nun mit dem SAP@Web-Studio begonnen, die von ITS generierten Seiten zu überarbeiten, da der ITS weder Form noch Aufbau des Dynpros berücksichtigt, sondern lediglich seine Funktionalität.</td></tr>
</table>

12.4.2   Komponenten einer IAC

Folgende Dateien sind bei der Erstellung von Internet-Anwendungskomponenten von Bedeutung:

- Globale Service-Beschreibung (Global Service)

- Spezifische Service-Beschreibung

- HTML-Templates

- Sprachressourcen

Diese Dateien bestehen außerhalb des R/3-Systems und können mit dem SAP@Web-Studio bearbeitet werden. Sie beziehen sich auf einen oder mehrere Services. Der Begriff **Service** kennzeichnet den Aufruf einer Internetanwendungskomponente. Außerhalb des R/3-Systems wird eine Transaktion nicht durch den Transaktionscode, sondern durch den Servicenamen bezeichnet.

<table>
<tr><td>Global Service</td><td>Der Global Service stellt alle Informationen, die der ITS benötigt, z. B. Namen des SAP-Systems und Login-Daten. Alle service-unabhängigen Daten werden hier abgelegt. Der Global Service gilt für alle Web-Transaktionen, die über den ITS laufen.</td></tr>
<tr><td>Spezifische Service-
Beschreibung</td><td>Für jede R/3-Transaktion, die im Web aufgerufen werden soll, muß ein Service angelegt werden. In dieser Datei stehen die Daten, die der ITS zum Aufruf der Transaktion benötigt. Die Daten in der spezifischen Service-Beschreibung überschreiben die Daten im Global Service.</td></tr>
<tr><td>HTML-Templates</td><td>Ein HTML-Template kann Platzhalter für Textelemente enthalten. In Abhängigkeit von der Anmeldesprache werden diese Platzhalter zur Laufzeit mit Texten aus einer Sprachressourcen-Datei ersetzt. Für jeden Service muß eine Sprachressourcen-Datei erstellt werden. Bei der Verwendung von Themes muß innerhalb eines Services für jede Theme ebenfalls eine Sprachressourcen-Datei angelegt werden.</td></tr>
</table>

12.4.3

Erstellen der Service-
Beschreibung

Vorgehensweise bei der Erstellung des IAC

Jede Web-Transaktion benötigt eine Service-Beschreibung. Diese
enthält alle Informationen, die der ITS zum Aufruf der SAP-
Transaktion benötigt. Service-Beschreibungen werden durch einen Namen eindeutig identifiziert. Der Servicenamen ersetzt innerhalb des ITS den Transaktionscode des R/3-Systems.

Abb. 12.8
Aufbau des
Web-Studios

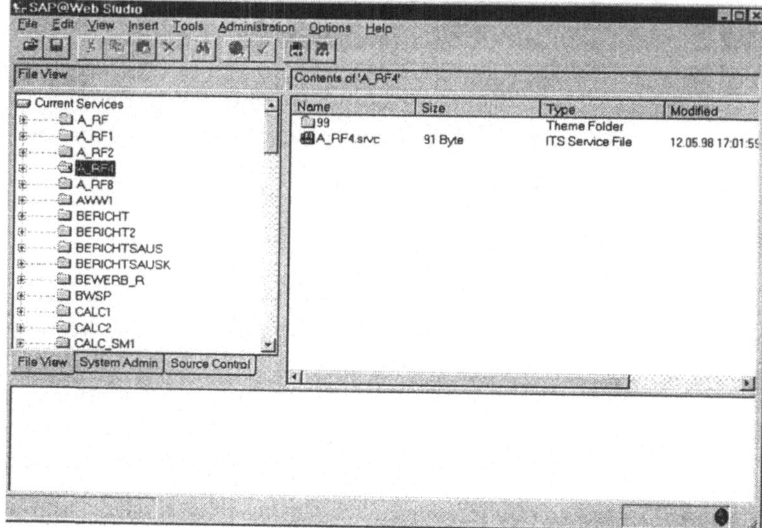

Anlegen eines
neuen Services

Zum Anlegen eines neuen Services müssen folgende Schritte im
SAP@Web-Studio durchgeführt werden:

- VIEW Service_Wizard auswählen;

- Servicenamen eingeben;

- Auswahl des R/3-Systems, auf dem die Transaktion ausgeführt
  werden soll;

- Angabe der Benutzerdaten mit denen zum R/3-System verbunden werden soll. Hierbei kann man sich auch auf die im
  Global-Service angegebenen Daten beziehen.

- Eingabe der Timeout-Zeit, der zu unterstützenden Sprachen
  sowie den Namen der Transaktion. Timeout gibt die Zeit an,
  nach der die Verbindung zum R/3-System automatisch beendet wird, falls in diesem Zeitraum keine Aktionen erfolgen.

Das SAP@Web-Studio legt nun die Datei an, in der alle wichtigen Informationen stehen. Für alle späteren Anwendungen muß stets dieser Service im rechten Fenster des Web-Studios markiert werden (siehe Abb. 12.9).

Abb. 12.9
Ausschnitt aus dem
Service-Verzeichnis

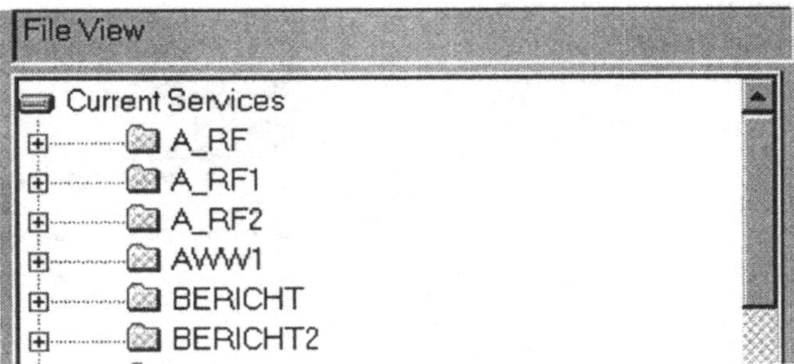

12.4.3.1

Erstellen der HTML-Templates

Für jedes Dynpro der R/3-Transaktion muß ein entsprechendes HTML-Template existieren. In diesem HTML-Template sind verschiedene HTML-Business-Anweisungen vorhanden. Diese HTML-Business-Anweisungen werden durch das Web-Studio generiert und stellen den Bezug zu den zugehörigen Dynpro-Feldern her. Die Templates werden durch folgende Schritte angelegt:

Anlegen von
Templates

- VIEW Template_Wizard auswählen;

- Auswahl des R/3-Systems;

- Eingabe der Benutzerdaten für die Anmeldung an das R/3-System;

- Auswahl des Dynpros durch Eingabe von Programmnamen, Dynpronummer, Servicenamen sowie der Theme, in die das Template erstellt werden soll.

Das Web-Studio erstellt nun das Template für das zugehörige R/3-Dynpro innerhalb des ausgewählten Service. Durch Doppelklicken auf den Templatenamen wird im rechten Fenster des Web-Studios der generierte HTML-Quellcode angezeigt (siehe Abb. 12.10). Dieser muß meist noch bearbeitet werden, da einerseits der GUI-Status im HTML-Code durch Buttons abgebildet und andererseits die graphische Ausprägung der Transaktion im

Web festgelegt wurde. Der endgültige HTML-Code ist dabei unter der Theme 99 gespeichert.

Abb. 12.10
Anzeige des
Quellcodes eines
Templates

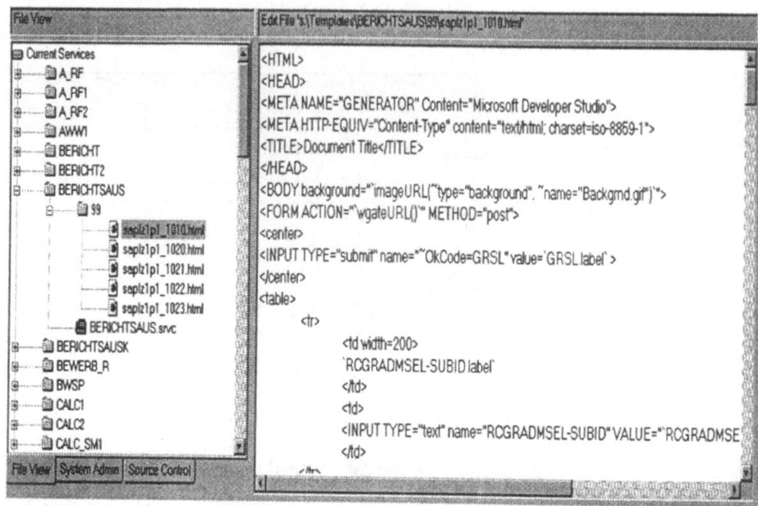

12.4.3.2   Erstellen von Sprachressourcen

Das R/3-System unterstützt mehrsprachige Transaktionen. Diese Funktionalität kann bei der Gestaltung von IACs eingesetzt werden. Das R/3-System deckt jedoch nur einen Teil der entstehenden Aufgaben ab. Da die Transaktion im R/3-System läuft, werden je nach Anmeldesprache die richtigen Einträge gefunden und bereitgestellt. Bei Grafiken, die außerhalb des R/3-Systems liegen, ist dies nicht so einfach. Aus diesem Grund existieren einige Anweisungen, mit denen die Sprachabhängigkeit auch außerhalb des R/3-Systems realisiert werden kann. Zum besseren Verständnis werden im folgenden noch einige Begriffe zum Thema **Sprachressourcen** erläutert:

Anmeldesprache

Bei der Anmeldung in das R/3-System ist die Angabe einer Anmeldesprache erforderlich. In der Service-Beschreibung kann mit dem Parameter „**LANGUAGE**" eine Anmeldesprache gesetzt werden. Von dieser Sprache kann der Anwender nicht abweichen. Falls in der Service-Beschreibung keine feste Sprache festgesetzt ist oder die in der globalen Service-Beschreibung gesetzte Anmeldesprache durch den Parameter:

LANGUAGE=

ohne Angabe einer Sprache überschrieben wird, erfragt der ITS beim Start des Services die Anmeldesprache vom Anwender. Der ITS verfügt demnach nach der Anmeldung des Anwenders über eine gültige Sprache.

Sprachenunabhängige HTML-Templates

HTML-Templates sollen nach Möglichkeit sprachenunabhängig sein. Das bedeutet, daß keine fest programmierten Texte oder URLs von sprachenabhängigen Objekten im HTML-Template enthalten sind. Alle von der Sprache abhängigen Objekte sind in entsprechende Sprachressourcen zu verlagern. Im HTML-Template befinden sich dann nur Platzhalter für die verschiedenen Objekte. Da diese Platzhalter vom ITS ersetzt werden, können sie für nahezu alle HTML-Objekte (einfacher Text, URLs, Feldbezeichnungen) verwendet werden.

Der ITS sucht bei der Ausführung einer Transaktion zunächst nach einer Sprachressource für die jeweilige Sprache. Findet er eine solche Sprachressource, so verwendet er im weiteren Verlauf sprachenunabhängige HTML-Templates. Diese enthalten kein Sprachkürzel im Namen. Nur wenn der ITS keine passende Sprachressource findet, erwartet er sprachenabhängige HTML-Templates.

Sprachenabhängige HTML-Templates

Sprachenabhängige HTML-Templates enthalten beliebige sprachenabhängige Objekte. Um die HTML-Templates einer Sprache zuordnen zu können, enthalten ihre Namen ein entsprechendes Sprachkürzel. Derartige HTML-Templates werden vom ITS nur verwendet, wenn er keine Sprachressource vorfindet.

Sprachressourcen und Platzhalter

In den Sprachressourcen-Dateien werden Objekte als Name-Wert-Paare abgelegt. Die Pflege der Sprachressourcen kann sowohl mit dem Web-Studio als auch mit einem normalen ASCII-Editor erfolgen. Sprachressourcen können außerdem im R/3-System in einer Form abgelegt werden, die den Einsatz der Übersetzungstools des R/3-Systems ermöglicht.

In HTML-Templates können die sprachenabhängigen Objekte ähnlich wie Dynprofelder eingefügt werden. Zur eindeutigen Unterscheidung von diesen muß das Zeichen `` `#` `` vorangestellt werden. Gültige Platzhalter in HTML-Templates sind z. B. `` `#Name` ``, `` `#Street` `` usw. Sprachressourcen werden wie folgt angelegt:

Anlegen von Sprachressourcen

- VIEW Ressource_Wizard auswählen;
- Eingabe von Servicenamen, Theme und Sprache für die Sprachressource.

Die Sprachressource wird nun innerhalb des Services angelegt.

12.5   **HTML-Business**

HTML-Business sind Codestücke in HTML-Seiten, die von einem speziellen Interpreter - SAPJulep.dll - zum Abrufzeitpunkt der Seiten interpretiert werden. Mit Hilfe dieser Ausdrücke können dynamisch Daten aus einem R/3-Dynpro in HTML-Seiten eingemischt werden. Diese HTML-Seiten werden damit zu sogenannten HTML-Business-Seiten.

Um nicht weitere Befehle oder Markierungstechniken in HTML-Seiten einzuführen und beliebige Werkzeuge für das Erstellen von Webseiten einzusetzen, werden zur Einbindung von HTML-Business-Ausdrücken übliche Mechanismen verwendet, z. B. der <server>-Befehl. Der Internet Transaction Server verfügt über eine definierte Interpreter-Schnittstelle, über die prinzipiell beliebige Scripting-Interpreter eingebunden werden können. SAPJulep selbst ist über diese Schnittstelle integriert und als leicht austauschbare DLL implementiert.

Einbindung von HTML-Business-Ausdrücken in HTML

HTML-Business-Ausdrücke werden über den Standardmechanismus des **<server>-Befehls** in HTML-Seiten eingebunden. Ein typischer Ausdruck sieht folgendermaßen aus:

```
<h1> Order Status </h1>
<p> Customer Number: <server> VBCOM-KUNDE </server>
....
```

Dieser Ausdruck führt dazu, daß das Dynprofeld VBCOM-KUNDE in die Web-Seite eingemischt wird. HTML-Business-Ausdrücke müssen immer in den <server>-Befehl eingeschlossen werden.

Ein Problem ergibt sich, wenn ein HTML-Business-Ausdruck innerhalb eines HTML-Befehls eingefügt werden soll. Folgender Befehl ist also nicht möglich:

```
<a href"<server>URLvomDynpro</server> LINK </a>
```

Der Befehl <p <b>> ist ebenfalls nicht richtig, da HTML-Befehle in Befehlen nicht erlaubt sind.

HTML-Editoren können derartige Befehle nicht verarbeiten. Deshalb wurde bereits bei der Einführung von **JavaScript** eine weitere Markierungsmöglichkeit für Scripting-Anweisungen geschaffen: das invertierte Hochkomma ('). Dieses Zeichen wird analog zum <server>-Befehl verwendet und kann problemlos innerhalb von Befehlen verwendet werden. Der voranstehende Hyperlink kann also folgendermaßen geschrieben werden:

```
<a href=" `URL vom Dynpro` „ > Link </a>
```

Wenn das invertierte Hochkomma (') als uninterpretiertes Zeichen in einer HTML-Seite erscheinen soll, so muß es mit dem CODE ` eingefügt werden. Die Zeile

```
<p>Hier folgt ein HTML-Business-Ausdruck: &#96VBCOM-
KUNDE&#96 </p>
```

wird uninterpretiert in der Web-Seite belassen und erzeugt auf dem Web-Browser folgende Ausgabe:

Hier folgt ein HTML-Business-Ausdruck: 'VBCOM-KUNDE'

Variablenersetzung

Hauptaufgabe von HTML-Business ist das Einmischen von Werten des R/3-Dynpros in die Web-Seite. Dies erfolgt durch Namensübereinstimmung der Bezeichner. Bezeichner folgen in HTML-Business den Konventionen üblicher Programmiersprachen wie C oder JavaScript.

Durch verschiedene Feld-Attribute, die HTML-Business zu Verfügung stellt, kann auf unterschiedliche Werte eines Feldes zugegriffen werden.

Feld-Attribute

Mögliche Attribute sind:

- Dim
- maxSize
- visSize
- disabled
- label

DIM liefert die Anzahl Werte zu einem Feld.

MAXSIZE liefert die maximal erlaubte Anzahl Zeichen, die in das Feld passen.

VISSZIE liefert die maximale Anzahl an Zeichen, die das Feld auf dem Dynpro anzeigen kann.

DISABLED bedeutet, daß das Feld auf dem Dynpro eingearbeitet ist oder nicht. (Dieses Attribut ist noch nicht unterstützt. In Zukunft soll mit diesem Attribut festgestellt werden können, ob ein Feld eingearbeitet ist oder nicht.)

LABEL liefert den beschreibenden Text zu dem gleichnamigen Eingabefeld. So wird z. B. ein Feldname über den Befehl: *„Feldnamen.label"* ausgegeben.

12.6 Entwicklung einer Internet Application Component

Im folgenden soll ein praktisches Beispiel für die Entwicklung einer internetfähigen Transaktion (IAC) aus einer regulären R3-Transaktion vorgestellt werden. Hierzu wurde der Internet Transaction Server (ITS) von SAP verwendet.

Nach einer kurzen Beschreibung der R/3-Transaktion wird auf die notwendigen Modifikationen und Probleme bei der Entwicklung eines IACs eingegangen. Diese Ausführungen enthalten keine Anleitung für die Erstellung einer R/3-Transaktion. Ziel ist vielmehr die Darstellung der speziellen Konzepte, die bei der Erstellung eines IACs berücksichtigt werden müssen. Zum Abschluß erfolgt eine Beurteilung der vorgestellten ITS-Lösung.

Transaktion CG50 (Berichtsauskunft)

Zunächst wird die Funktionalität der R/3-Transaktion „Berichtsauskunft" sowie deren Eingliederung in das SAP-System beschrieben:

Die Transaktion CG50 (Berichtsauskunft) ist dem SAP-Umweltdaten-System angegliedert. Das **SAP-Umweltdaten-System** definiert und verwaltet alle umweltrelevanten Informationen zu Reinstoffen, Zubereitungen, Gemischen und Reststoffen. Diese werden im Umweltdaten-System unter dem allgemeinen Begriff **Stoff** geführt.

Einem Stoff können im SAP-Umweltdaten-System sog. **Stoffberichte**, wie z. B. Sicherheitsdatenblätter, Unfallmerkblätter, Etiketten und Produktbeschreibungen, zugeordnet werden. Der Stoffbericht wird aus einer Berichtsvorlage und Daten aus der Stoffdatenbank erzeugt und kann anschließend verwaltet und automatisch versandt werden.

Unter die Verwaltung der Berichte fällt auch die **Berichtsauskunft**. Diese erläutert die im System vorhandenen Berichte. Die Selektion erfolgt dabei unter zwei Gesichtspunkten. Zum einen wird nach den vom Benutzer eingegebenen Selektionskriterien gesucht. Ein weiteres Kriterium bei dieser Suche sind jedoch die Berechtigungen des Benutzers innerhalb des R/3-Systems.

So ist bei jedem Bericht festgelegt, welchem Personenkreis er zugeordnet ist. Sollte ein nicht autorisierter Benutzer einen Bericht selektieren, so wird er nicht angezeigt.

Die Ergebnisse werden in einer übersichtlichen Baumdarstellung ausgegeben (siehe hierzu Kapitel 12.6.2).

Auf Anforderung kann sich der User detaillierte Verwaltungsdaten zu dem Bericht anzeigen lassen. Des Weiteren kann auch auf das Berichtsdokument selbst zugegriffen werden. Hierzu werden die Dokumentdaten aus dem R/3 in ein externes Modul importiert. Es erfolgt ein Abmischen mit bereits vorgegebenen Inhalten des Berichts (z. B. Adresse der Verkaufsorganisation bei einer Produktbeschreibung). Das Ergebnis wird in Word als „Helper-Applikation" angezeigt.

12.6.1   Überführung der R/3-Berichtsauskunft in einen IAC

Da der ITS nicht in der Lage ist, eine beliebige R3-Transaktion im Internet darzustellen, mußten verschiedene Modifikationen an der Berichtsauskunft durchgeführt werden. Diese Veränderungen sowie die zugrundeliegenden Probleme sollen im folgenden dargestellt werden.

Pop-ups

Die Berichtsauskunft benutzt an mehreren Stellen Pop-ups zur Darstellung von Fehlermeldungen, Sicherheitsabfragen oder einfach für Bestätigungen. Da im HTML-Standard solche Pop-ups noch nicht integriert sind, kann der ITS die R3-Seite nicht 1:1 abbilden. Wenn der ITS auf Pop-ups stößt, simuliert er lediglich 5 mal die Enter-Taste. Wenn ein Pop-up lediglich eine Bestätigung des Anwenders über einen OK-Button erwartet, so erhält er durch die Enter-Taste die Bestätigung des gewünschten Inputs und verschwindet wieder vom Desktop.

GUI-Status

Da hierdurch jedoch alle Meldungen an den User unterdrückt werden, kann nicht von einer optimalen Lösung gesprochen werden. Aus diesem Grunde wurden bei der Modifikation der Berichtsauskunft die entsprechenden Meldungen in die Statusleiste des SAP-GUI umgangen. Über die HTML^{Business}-Funktion „*~MessageLine*" ist der ITS in der Lage, die Meldungen auszulesen und an den Browser zu schicken. Der Internetanwender bekommt auf diese Art die notwendigen Informationen und kann entsprechend reagieren. Jede R/3-Transaktion enthält einen sog. GUI-Status, in dem die Menü- und Iconfunktionen, die zur Steuerung einer Transaktion notwendig sind, definiert sind.

Bei jeder Benutzereingabe, die eine Reaktion seitens des Systems erfordert, wird im GUI-Status nach der definierten Aktion gesucht und diese ausgeführt. Problematisch bei der Darstellung der Transaktion im Internet ist dabei, daß der ITS den GUI-Status vollständig ignoriert.

Grundsätzlich treten somit bei der Verwendung einer Transaktion mit GUI-Status keine Fehlermeldungen auf. Die gesamte Funktionalität zur Steuerung der Transaktion steht jedoch leider für den Internetanwender nicht zur Verfügung.

Aus diesem Grunde mußte die Steuerung der Transaktion auf ein Eingabemittel umgelenkt werden, das auch im Browser darstellbar ist. Hierbei stellen Pushbuttons bisher die einzige Alternative dar. Für jede Funktion des GUI-Status, soweit sie für die Berichtsauskunft relevant war, wurde somit ein Pushbutton definiert. Hierüber kann die Transaktion auch im Browser gesteuert werden.

Abb. 12.11
Überführung von GUI-Status-Funktionen auf Pushbuttons

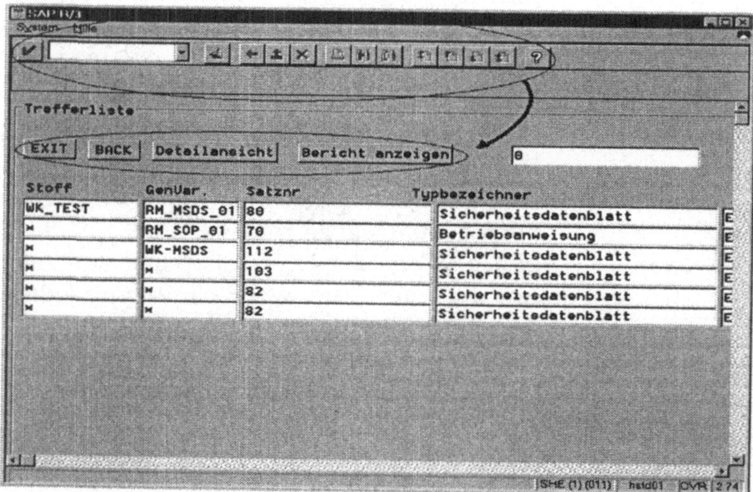

Die Abbildung 12.11 zeigt die Überführung der GUI-Status-Funktionalität auf Pushbuttons am Beispiel des Ergebnisdynpros, das die selektierten Berichte in einer Tabelle darstellt. Wie man sieht, sind die gesamten Icons „blind", da kein GUI-Status vorhanden ist, der die Aktionen dieser Icons definiert (außer vom R/3-System automatisch eingefügte Icons, wie z. B. das Hilfe-Icon). Dasselbe gilt für die Menüleiste. Die gesamte Transaktionssteuerung ist auf die dargestellten Pushbuttons umgelenkt.

Step Loops

Step Loops werden im R/3 häufig zur Darstellung von internen Tabellen auf einem Dynpro verwendet. Hierbei wird ein Cursor definiert, der die Tabellenzeilen schrittweise durchläuft und dabei die Datensätze einliest und am Bildschirm ausgibt. Auch in unserer Transaktion wird ein Step Loop zur Darstellung der Ergebnisliste verwendet.

Ein Problem bei der Darstellung von Step Loops in HTML-Dokumenten besteht darin, daß alle Felder einer Step Loop-Spalte einen identische Namen aufweisen. Da der Austausch von Daten zwischen R/3 und WWW über den ITS jedoch auf Dynpro-Feldern (und deren eindeutigen Bezeichnungen) basiert, mußte eine eindeutige Identifikation der Step Loop-Felder implementiert werden. Dies übernimmt der ITS automatisch durch eine Indizierung der Datensätze der Step Loop.

Mit der HMTL^{Business}-Schleifenanweisung REPEAT ist die Darstellung der Feldinhalte nun kein Problem mehr. Nachfolgend ein kleiner Ausschnitt aus dem HTML-Code der Anwendung:

```
`repeat with j from 1 to TREEITS-SUBID.dim`
 <tr>
  <td>
<INPUT TYPE="text" name="TREEITS-SUBID[`j`]"
VALUE="`TREEITS-            SUBID[j]`"
maxlength="12" size="12" >
  </td>
  ....
 </tr>
`end`
```

Die REPEAT-Anweisung weist der Variablen j nacheinander die Werte von 1 bis zur Zahl der Elemente im Feld TREEITS-SUBID (was der Anzahl der Zeilen der Step Loops entspricht). Durch die HTML-Anweisung innerhalb der REPEAT–Schleife werden Felder erzeugt, die den Inhalt der Step Loops ausgeben.

Das Problem bei dieser Darstellungsform einer Step Loop im Internet ist, daß die Step Loop im R/3 mit einer fixen Anzahl von Zeilen definiert sein muß. Bei der Verwendung von Step Loops variabler Länge würde diese Programmiertechnik nicht funktionieren. Da grundsätzlich die Anzahl der selektierten Berichte in unserem Beispiel jedoch nicht bekannt ist, benötigten wir eine Lösung für Step Loops variabler Länge.

Für die Darstellung von variablen R/3-Step Loops im Internet stellt der ITS das sogenannte Scroll Interface zur Verfügung. Zum Auslesen der gesamten Step Loop wird diese einmal vollständig durchgescrollt.

Technisch wird dies dadurch realisiert, daß in dem oben genannten GUI-Status des Dynpros (dies ist die einzige Stelle, an der doch ein GUI-Status bei der Nutzung des ITS benötigt wird) die Funktionstasten PF21 und PF23 mit Scrollfunktionen belegt werden (Next Page und First Page-Funktion), mit denen durch die Step Loop gerollt werden kann. Der ITS generiert beim Auslesen der Step Loop nun solange diese Funktionstasten, bis durch die gesamte Step Loop gerollt wurde und alle Datensätze eingelesen sind. Auf diese Art kann eine Step Loop vollständig eingelesen werden, ohne daß die Zeilenanzahl vorher bekannt ist.

Bei der Realisierung dieser Lösung in unserem Beispiel hat sich jedoch herausgestellt, daß die zusätzliche Funktionalität einen erheblichen Performanceverlust bedeutet. Das Auslesen einer ca. 100 zeiligen Step Loop benötigte eine Zeitspanne über 30 Sekunden. Dies liegt daran, daß der ITS nur jeweils eine Step Loop-Seite ausliest, dann einen neuen Kontakt zum R/3 aufbaut, die Funktionstaste für die Next-page-Funktion auslöst und die neue Seite einliest. Der ITS muß also mehrmals den Kommunikationskanal zum R/3-System öffnen und schließen. Dies hat zur Folge, daß der Aufbau der HTML-Seite wesentlich länger dauert als bei einer fest vorgegebenen Anzahl von Step Loop Zeilen, bei der die Übertragung der Daten in einem Schritt erfolgt.

Da die extremen Wartezeiten dem Anwender nicht zuzumuten waren, haben wir uns entschlossen, nur eine maximale Anzahl von Selektionsergebnissen zuzulassen. Durch diese maximale Trefferzahl wurde somit die Obergrenze für die Größe der Step Loop festgelegt.

Sollte diese Anzahl bei einer Selektion überschritten werden, so wird eine Meldung ausgegeben, daß das Suchergebnis zu groß ist und zusätzliche Selektionskriterien eingegeben werden müssen.

12.6.2   Eingabehilfe

Im R/3-System steht dem Anwender eine komfortable Eingabehilfe für jedes Dynpro-Feld zur Verfügung. Hierzu sind die Tasten F1 und F4 vorgesehen. Ein HTML-Browser kann die F1-
und F4-Taste jedoch nicht ohne weiteres dokumentbezogen
auswerten. Es ist daher nicht möglich, die volle Funktionalität
der R/3-Eingabehilfe im Internet anzubieten.

F1-Hilfe

Über die F1-Hilfe werden im R/3-System semantische und technische Informationen zu dem Dynpro-Feld gegeben. Dieses ist im
Internet nur über die Implementierung von statischen HTML-
Hilfedokumenten zu realisieren. Beim Aufruf dieser Seiten darf
jedoch keine Reaktion seitens des ITS bzw. der R/3-Anwendung
erfolgen, und beim Rücksprung muß sowohl im R/3 als auch auf
der HTML-Seite der ursprüngliche Zustand vorliegen.

Statische Seiten werden mit einer Standard-URL aufgerufen. Die
entsprechenden Seiten müssen deshalb im Verzeichnis des
Webservers liegen. Für den Rücksprung von statischen Seiten zur
Web-Transaktion ist eine spezielle URL notwendig. In dieser URL
wird das Kopplungsprogramm (WGATE.DLL) aufgerufen und als
Parameter der Name des Service übergeben. Der ITS erkennt an
dieser Form des Aufrufes, daß das zuletzt aktuelle Dynpro noch
einmal ausgeführt werden muß und generiert die sich daraus er-
gebende HTML-Seite. Es wird somit beim Rücksprung automatisch der ursprüngliche Zustand sowohl auf der HTML-Seite als
auch im R/3 hergestellt.

F4-Hilfe

Die F4-Hilfe gibt dem R/3-Anwender Informationen über die
möglichen Eingabewerte eines Dynpro-Feldes. Diese Funktion
kann über den ITS im Internet abgebildet werden. Sie ist aus
dem R/3-System zu ermitteln. In der Abbildung 12.12 erfolgt die
Darstellung am Beispiel des Feldes *Berichtstyp*:

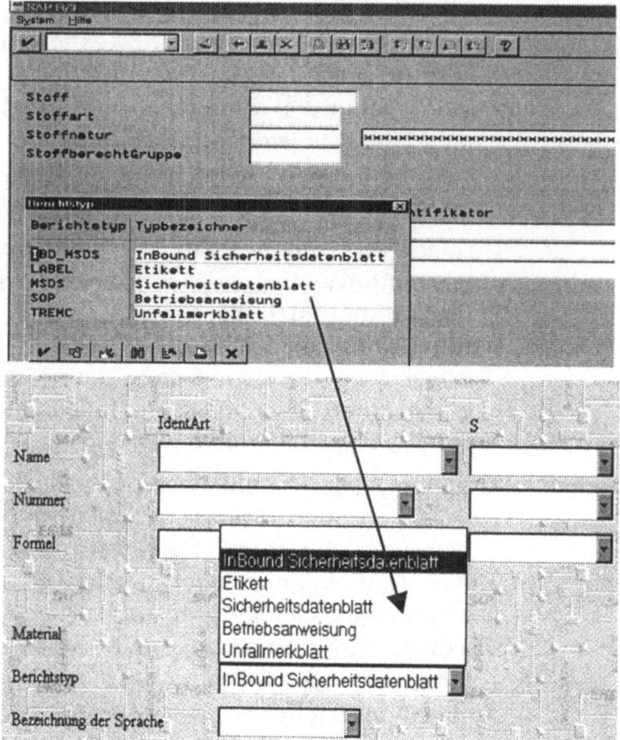

Wie man sieht, sind die Wertemengen im R/3 und in der WWW-Applikation identisch. Für die Übertragung dieser Daten aus dem R/3 wird nun nicht mehr die DIAG-Schnittstelle verwendet, sondern der alternativ zur Verfügung stehende **RFC-Kanal**. Zur Nutzung dieses Kanals stehen vorgefertigte Makros zur Verfügung, die eine komfortable Übertragung von Massendaten (hier zur Eingabehilfe) erlauben. Diese Makros heißen **FIELD-SET** und **FIELD-TRANSPORT** und befinden sich im Programm AVWTRCXM, das über eine INCLUDE-Anweisung in das Rahmenprogramm der Transaktion einzubinden ist.

Frames

Durch Frames kann in HTML-Anwendungen die Flexibilität und Übersichtlichkeit erhöht werden. In unserer Transaktion wird die Frametechnologie angewendet, um in einem Fenster den Baum mit den selektierten Berichten und in einem anderen Detailinformationen eines angeklickten Berichts anzeigen zu können.

Neben der Übersichtlichkeit ist ein weiteres Argument für Frames, daß der Inhalt des „Detailfensters" unabhängig vom Hauptfenster mit dem Baum aktualisiert werden kann. Dies bedeutet einen erheblichen Performancegewinn.

In ABAP/4-Anwendungen gibt es ein ähnliches Konstrukt: Die sog. **Subscreens**. Für einen IAC mit Frames muß auf der R/3-Seite ein Rahmendynpro erstellt werden, in das die Subscreens eingebunden werden. Aus diesem Rahmendynpro wird später auf der HTML-Seite ein sog. **Frameset Dokument** generiert, in dem lediglich die Aufteilung des Bildschirms in die einzelnen Frames festgelegt ist.

Unser Rahmendynpro mußte somit zwei Subscreens enthalten, aus denen später die oben genannten Frames entstehen. Aus technischen Gründen muß das Rahmendynpro weitere zwei Felder enthalten, über die der ITS mit dem R/3-System kommuniziert. Wenn diese Komponenten angelegt sind, generiert der ITS den entsprechenden HTML-Code. Der folgende Quellcodeausschnitt soll dabei die Besonderheiten gegenüber einem normalen Frame-Dokument aufzeigen:

- **Frameset-Dokument:**

```
<FRAMESET COLS=132,41>
<FRAME NAME="FRAME_TREFFER"
SRC="`wgateURL(~FrameName="FRAME_BAUM")`"
SCROLLING="auto">
<FRAME NAME="FRAME_DETAIL"
SRC="`wgateURL(~FrameName="FRAME_DETAIL")`"
SCROLLING="auto">
</FRAMESET>
```

Grundsätzlich sieht dieser HTML-Code aus wie der jeder anderen WWW-Seite mit Frames. Lediglich der Eintrag der unter 'SRC=' angegebenen URL unterscheidet sich von einem normalen Frame-Tag. Unter dieser URL sucht der Web-Server das in dem Frame anzuzeigende Dokument. Dies kann problematisch werden, da die genaue URL von der ITS-Installation abhängt.

Damit die Programme auch auf andere Systeme portierbar sind, wird die URL nicht hart kodiert. Statt dessen wird die HTML^Business^-Funktion „wgateURL()" benutzt. Diese Funktion liefert die URL, die dem Subscreen „Frame_Baum" bzw. „Frame_Detail" entspricht.

- **Frame zur Darstellung des Baums:**

```
<FORM ACTION="`wgateURL(~target="FRAME_DETAIL")`
"METHOD="post">
<p>
`TREEITS-RECN.label`
<INPUT TYPE="text" name="TREEITS-RECN"
VALUE="`TREEITS-RECN`"maxlength="20"size="20">
</p>
```

Dies ist ein kleiner Teil des Quellcodes zur Darstellung des Berichtsbaums. Interessant ist die unter ACTION angegebene URL. Auch hier kommt die wgateURL()-Funktion zum Einsatz. Der Parameter „~target" gibt dabei den Zielframe an, der nach der Aktion aktualisiert werden muß. Dies ist in unserem Fall der „Detailframe", da nach der Auswahl eines Berichtes dessen Detailinformationen in diesem Frame dargestellt werden sollen.

Die gemäß den eingegebenen Kriterien selektierten Berichte werden, wie oben schon erwähnt, in einem Baum dargestellt. Der Baum hat dabei die folgende Struktur:

Baumdarstellung

```
STOFF
  ➡SBGV
     ➡BERICHT
```

Auf der obersten Hierarchie steht der Stoff. Was das R/3-System unter einem Stoff versteht, ist an anderer Stelle bereits erläutert worden. Danach erscheinen alle Stoffberichtsgenerierungsvarianten (SBGV), die zu einem Stoff gehören. Eine SBGV enthält die Informationen, für welche Länder die nachfolgenden Berichte gültig sind (z. B. ein Sicherheitsdatenblatt unterliegt gesetzlichen Bestimmungen, die in einzelnen Ländern unterschiedlich sein können) und welchem Personenkreis die Berichte zuzuordnen sind (vertraulich, öffentlich). Die Blätter des Baumes stellen die Berichte dar.

Im R/3-System wurde die Baumstruktur durch ein externes Modul (SEUT) implementiert. Dieses Modul benutzt jedoch keine Dynpro-Felder. Da der Datenaustausch vom R/3 zum Internet über den ITS auf Dynpro-Feldern basiert, konnten wir diese Lösung nicht nutzen.

Abb. 12.13
Baumdarstellung im
R/3 und im WWW

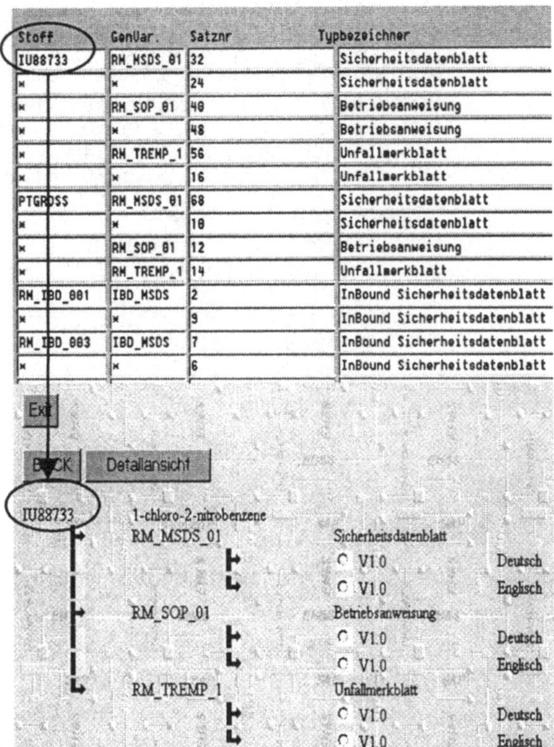

Stoff	GenVar.	Satznr	Typbezeichner
IU88733	RM_MSDS_01	32	Sicherheitsdatenblatt
*	*	24	Sicherheitsdatenblatt
*	RM_SOP_01	40	Betriebsanweisung
*	*	48	Betriebsanweisung
*	RM_TREMP_1	56	Unfallmerkblatt
*	*	16	Unfallmerkblatt
PTGROSS	RM_MSDS_01	68	Sicherheitsdatenblatt
*	*	10	Sicherheitsdatenblatt
*	RM_SOP_01	12	Betriebsanweisung
*	RM_TREMP_1	14	Unfallmerkblatt
RM_IBD_001	IBD_MSDS	2	InBound Sicherheitsdatenblatt
*	*	9	InBound Sicherheitsdatenblatt
RM_IBD_003	IBD_MSDS	7	InBound Sicherheitsdatenblatt
*	*	6	InBound Sicherheitsdatenblatt

Unsere Lösung sah eine Baumgenerierung auf der Internetseite durch JavaScript vor. Von der R/3-Seite wird ein Step Loop geliefert, der in der 1. Spalte die Stoffe, in der 2. Spalte die SBGVs und in der 3. Spalte die Berichtsdaten enthält. Hieraus wird dann durch ein JavaScript die Baumstruktur generiert. Abbildung 12.13 zeigt der Step Loop mit den Daten der selektierten Berichte und den mit JavaScript aufbereiteten Berichtsbaum.

12.6.3   Beurteilung der ITS-Lösung

Der ITS bietet die Möglichkeit, einfach und schnell R/3-Funktionalität im Internet zur Verfügung zu stellen. Wie an dem obigen Beispiel gezeigt, bedarf es aber auch hier einiger Nachbesserungen bis das gewünschte Ergebnis erreicht ist.

Der größte Aufwand bei der Erstellung der IACs Berichtsauskunft kann jedoch eindeutig in der Einarbeitung in die doch recht komplexe Transaktion gesehen werden. Dies fällt weg, wenn die Entwickler der Transaktion auch den IAC entwickeln.

Die Entwicklung eines IACs als Kopie einer R/3-Transaktion hat aber den erheblichen Nachteil, daß der Wartungsaufwand verdoppelt wird. Dies haben wir am eigenen Leibe erfahren, als sich Schnittstellen von Funktionsbausteinen aufgrund eines Releasewechsels geändert haben. Eine Anpassung kann hier sehr mühsam sein, da die Weiterentwicklungen sich natürlich auf Erfordernisse im R/3 beziehen und die Auswirkungen auf den IAC nicht berücksichtigt werden.

Ein klarer Vorteil bei der ITS-Lösung liegt darin, daß die Templates mit allen Mitteln des WWW graphisch und funktionell auf den Internet-User zugeschnitten werden können. So ist es möglich, eine intuitivere und einfachere Bedienung gegenüber dem R/3 zu realisieren. Weiterhin kann durch die graphische Aufmachung der Internettransaktion ein positives Unternehmensbild im WWW geschaffen werden.

Unter Beachtung dieser Aspekte kann keine generelle Entscheidung für oder gegen die ITS-Lösung getroffen werden. Ob der ITS der richtige Weg für die Darstellung von SAP-Funktionalität im Internet ist oder aber andere Wege, wie das Java-SAP-GUI oder SAP Automation, muß in jedem Einzelfall neu entschieden werden.

13   Ausbildung in und mit der Modellfirma LIVE AG

Wie werden Mitarbeiter nach einem Softwarewechsel möglichst schnell wieder „einsatzbereit"? Diese Frage beschäftigt nicht nur die Unternehmen, die ihre betriebswirtschaftliche Anwendungssoftware umgestellt haben und nun die einschlägigen Schulungsangebote studieren. Seit nunmehr 12 Jahren ist innerbetriebliche Aus- und Weiterbildung ein Forschungsschwerpunkt am Lehrstuhl von Prof. Dr. R. Thome an der Universität Würzburg. Neben der Entwicklung von multimedialen Lehr- und Lernsystemen werden auch softwarespezifische Modellfirmen konzipiert und realisiert.

Definition Modellfirma

Was aber ist eine Modellfirma? Vereinfacht dargestellt ist eine Modellfirma ein konsistenter Datenbestand in einem Anwendungssystem, der es dem Anwender erlaubt, mit Hilfe von vorgegebenen Fallbeispielen selbständig am System zu arbeiten und so dieses beherrschen zu lernen. Um ein effizientes Lernen zu ermöglichen, sollte eine Modellfirma folgende Eigenschaften besitzen: Der Aufbau muß einerseits **einfach und übersichtlich** sein, um den Anwender nicht zu überfordern und andererseits sollte die Modellfirma die notwendige **Komplexität** aufweisen, um das Funktionsspektrum der Software überzeugend darstellen zu können. Wichtig ist weiterhin, daß sie **betriebswirtschaftlich korrekt** aufgebaut ist. Dazu ist aber **die vollständige Integration** aller Fachbereiche notwendig, denn nur so ist es dem Anwender möglich, die Zusammenhänge zu verstehen. Ein **didaktisches Konzept** ermöglicht dem Anwender durch zielgruppenspezifische Übungen und ausführliche **multimediale Dokumentation** der Beispiele ein individuelles Lernen.

Entwicklung der LIVE AG

Mit der Modellfirma LIVE AG[1] hat das Modellfirmenkonzept des Lehrstuhls von Prof. Dr. R. Thome, Universität Würzburg, ihren bislang größten Reifegrad erreicht. Die LIVE AG wurde als Schulungsmedium für das System R/3 der Firma SAP AG in Zusammenarbeit mit der SNI AG seit Sommer 1992 entwickelt.

---

[1]   vgl. Siemens Informationssysteme AG [Hrsg.]: R/3 LIVE - LIVE Method & Tools. Vol 2, CD-ROM, München 1997

Die Modellfirma soll in ihren unterschiedlichen Versionen vier Aufgaben gerecht werden:

Zwecke der LIVE AG

1. **Testfirma** für die Einführung und den Funktionalitätstest von R/3.
2. **Beispielfirma** für die Ausbildung von Schulungsteilnehmern in den Trainingszentren.
3. **Demofirma** für die Präsentation von R/3 auf Messen und zur Fachberatung von Anwendern.
4. **Customizingfirma** in unterschiedlich voreingestellten Ausprägungen als typische Lösung für bestimmte Unternehmensanforderungen.

Bereits zu Release 1.2 im Frühjahr 1993 wurde eine erste Modellfirmen-Version freigegeben. Im Zuge der Erweiterung des R/3-Systems hat sich die LIVE AG aus einem Handelsunternehmen zu einem Hybridunternehmen entwickelt, das handelt und produziert. Mit dem Einsatz der LIVE AG in mehr als 300 Unternehmen weltweit und in 70 europäischen Hochschulen hat sich das Modellfirmenkonzept als Aus- und Weiterbildungsinstrumentarium durchgesetzt.

Abb. 13.1
Entwicklung der
LIVE AG

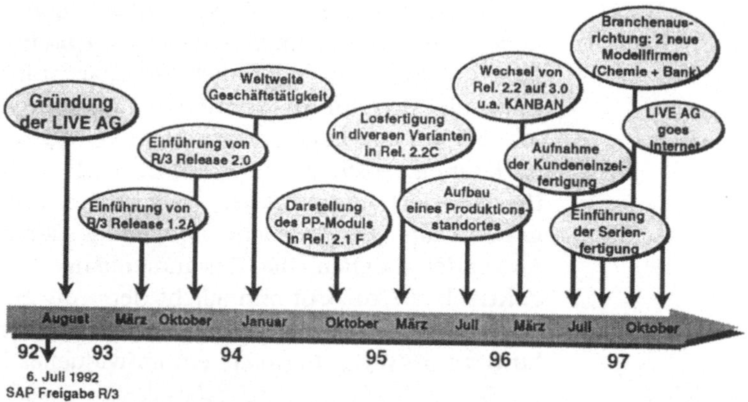

13.1   Erfolgsfaktoren der LIVE AG

In diesem Kapitel werden die wichtigsten Eigenschaften der Modellfirma kurz skizziert. In den weiteren Abschnitten werden diese detaillierter dargestellt.

Betriebswirtschaftliche Konzeption

An erster Stelle ist das **durchgängige BWL-Konzept** zu nennen. Im Gegensatz zu anderen Beispielfirmen, die aus einer mehr oder weniger zufälligen Ansammlung von Stamm- und Bewegungsdaten bestehen, wird die LIVE AG sorgfältig konzipiert, gepflegt und erweitert. Durch die Integration aller Module ist die **Prozeßorientierung** der Modellfirma immanent. Auch darin unterscheidet sich die LIVE AG von anderen Beispielfirmen, die modulorientiert aufgebaut und so noch weit vom integrierten Ansatz der LIVE AG entfernt sind. Für die LIVE AG ist somit der Anspruch der Praxis nach betriebswirtschaftlicher Datenkonsistenz mit **Daten- und Prozeßdurchgängigkeit** erfüllt.

Abb. 13.2
Integrierte Prozesse

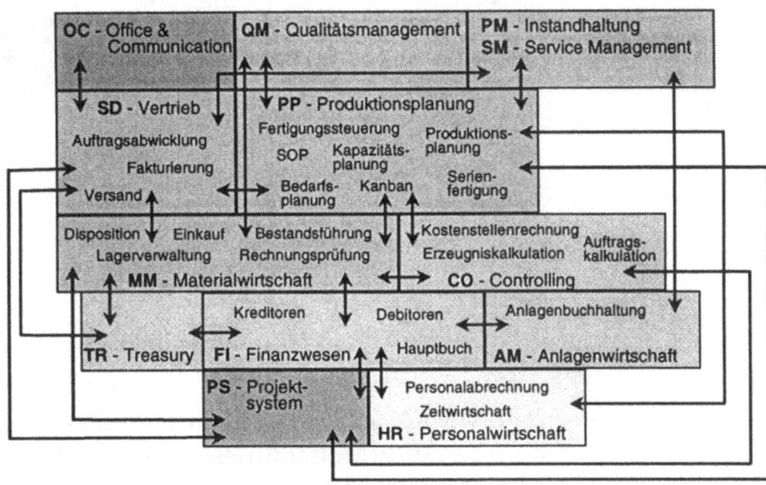

Aktualität

Alle momentan zur Verfügung stehenden Modulfunktionen werden abgebildet, und zu jedem Release wird ein LIVE AG-Mandant auf CD ausgeliefert. Damit wächst der **Funktionsumfang** der LIVE AG kontinuierlich. Dem Anwender steht (mit entsprechendem Zeitversatz) immer eine aktuelle Version der LIVE AG zur Verfügung.

Didaktisch aufbereitete Dokumentation

Weiterhin ist die ausführliche, mehr als 4.000 Seiten umfassende Dokumentation wichtig. Diese Dokumentation wird zweisprachig (deutsch und englisch) im HTML-Format auf CD ausgeliefert. Um das Drucken zu erleichtern, stehen wie bisher alle Fallstudien auch im PDF-Format zur Verfügung. Alle **Stammdaten** und **Customizingeinträge** sind detailliert dargestellt und dienen somit dem tieferen Verständnis der Zusammenhänge. Die einzelnen **Fallstudien** (zu Release 3.1H insgesamt 386) sind so dokumentiert, daß der Anwender schrittweise durch das System geführt wird. Das sogenannte Fallstudienkonzept ermöglicht dem User einen gezielten, anwendergruppenspezifischen Umgang mit dem R/3-System.

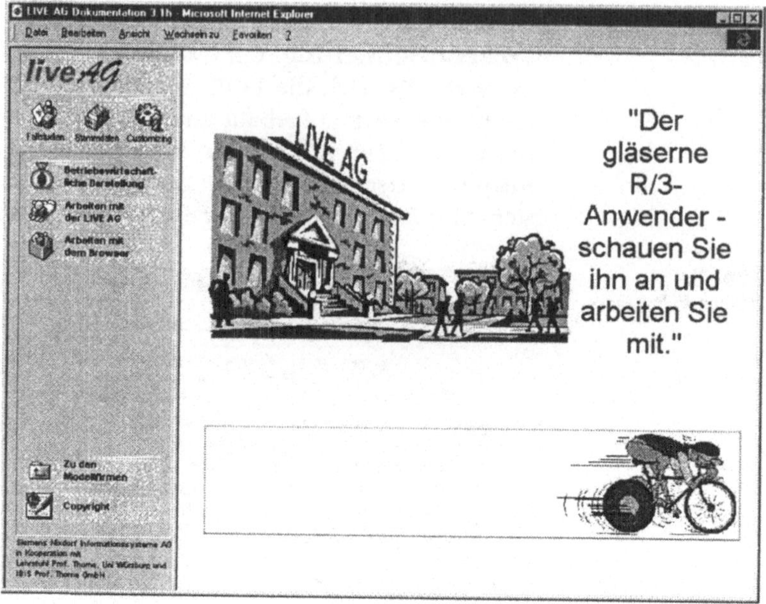

Projektphasen

Die LIVE AG unterstützt sämtliche Phasen eines R/3-Projektes. So kann in der **Entscheidungsphase** die Modellfirma dazu genutzt werden, sich selbst einen objektiven Eindruck über den Funktionsumfang von R/3 zu verschaffen. In der **Einführungsphase** kann die LIVE AG als Customizing-Beispiel dienen, in dem auch Änderungen vorgenommen werden können, um spezifische Abläufe zu testen. Vor und während der **Produktivsetzung** können Enduser-Schulungen durchgeführt werden. Desweiteren kann die Dokumentation der Modellfirma als Vorlage für die eigene **Anwenderdokumentation** genutzt werden.

Lebende LIVE AG

Da die LIVE AG ein „lebendes" Unternehmen ist, besitzt sie eine Fülle von Daten und Informationen aus zurückliegenden Geschäftsperioden. Durch die im Zeitverlauf angefallenen Stamm- und Bewegungsdaten sind **Auswertungen** und **Analysen** betriebswirtschaftlich aussagefähig und konsistent.

Einspiel- und Rücksetzungskonzept

Absolut notwendig für den Anwender ist ein ausgefeiltes Einspiel- und Rücksetzungskonzept, um bestimmte Vorgänge wiederholt durchführen zu können. Damit ist die LIVE AG kein „Ex-und-hopp"-Schulungsmedium, sondern eine Ausbildungsumgebung, die speziell für das **eigenständige, wiederholende Lernen** kreiert wurde.

Hotline-Service

Sollten bei der Installation oder beim Arbeiten mit der Modellfirma Probleme auftreten, so kann über die **LIVE AG-Hotline** schnelle Unterstützung angefordert werden. Für den Fall der Fälle stehen Modellfirmenspezialisten und Experten im Bereich R/3-Systemadministration der Firma SNI AG zur Verfügung, um dem Anwender ein problemloses Lernen mit der LIVE AG zu ermöglichen.

Funktions- und fachübergreifendes Lernen

Eine Ausbildung mit der LIVE AG ist nicht mit den im R/3-Bereich angebotenen konventionellen „arbeitsteiligen" Kursen zu vergleichen. Der Anwender lernt durch die Fallstudien das R/3-System anhand von Abläufen kennen, die sowohl **funktions-** als auch **fachbereichsübergreifend** angelegt sind. So kann er den **Gesamtzusammenhang** einfacher und schneller erfassen, anstatt sich das Wissen über mehrere Kurse (und damit Wochen) hinweg anzueignen.

Lernen am Arbeitsplatz

Das Modellfirmenkonzept unterstützt den Gedanken des Lernens am Arbeitsplatz. Der Anwender kann jederzeit von seinem Arbeitsplatz aus mit der LIVE AG arbeiten. Das bedeutet, daß mit der Modellfirma **zeitpunktunabhängiges Selbststudium** möglich ist. Dabei ist es gleichgültig, ob die Modellfirma auf einem R/3-System des Anwenders installiert ist oder die LIVE AG auf einem externen R/3-Server zur Verfügung steht.

Durch den **LIVE AG-Mietservice** ist es möglich, via Datenleitung auf einen der SNI-Modellfirmenserver zu gelangen und dort anhand der LIVE AG zu lernen. Mit dem Ausbildungskonzept der LIVE AG fällt der Mitarbeiter, der sich auf sein zukünftiges Aufgabenumfeld vorbereitet, nicht für Tage für das Unternehmen aus wie es bei der konventionellen Ausbildungsmethode der Fall ist. Vielmehr kann er einen Teil seiner Arbeitszeit nach Belieben für seine individuelle R/3-Ausbildung nutzen.

13.2 Dokumentation der LIVE AG

Um ein effektives Lernen mit der Modellfirma zu gewährleisten, ist eine ausführliche Beschreibung aller für den Anwender wichtigen Daten und Abläufe notwendig. Mit der Dokumentation der LIVE AG wird auch der didaktische Anspruch des Modellfirmenkonzeptes verwirklicht. Anhand dieser klar strukturierten und übersichtlich aufgebauten Beschreibung kann sich der Anwender eigenständig in der Welt der LIVE AG bewegen und dort erste Erfahrungen im Umgang mit R/3 sammeln.

Die LIVE AG-Dokumentation setzt sich aus folgenden Bestandteilen zusammen:

Organisation

- Einer übersichtlichen **betriebswirtschaftlichen Darstellung** der LIVE AG:
  Ziel dieser Dokumentation ist es, dem Anwender einen Überblick über die Organisationsstruktur und die wichtigsten Kennzahlen des Unternehmens zu geben.

- Den vorgenommenen **Customizingeinstellungen** in den einzelnen Fachbereichen.
  Schwerpunkt dieses Teiles der Modellfirmen-Dokumentation ist die Beschreibung der Einführung und Anpassung an unternehmensindividuelle Anforderungen mit den R/3-Customizing-Werkzeugen.

  Ziele dabei sind folgende:

Customizing

1. Verständnis für den Umgang mit der R/3-Parameter- und Tabellenlogik: Möglichkeiten, Wechselwirkungen und Systematik werden an konkreten Daten vorgestellt.

Vorgehen

2. Eine sinnvolle Aufgabenverteilung und Reihenfolge beim Customizingvorgang können am konkreten Fall der Modellfirma beobachtet werden.

Werkzeuge

3. Anpassungswerkzeuge sowie Hinweise auf Unterstützungsmöglichkeiten sind Bestandteil der R/3 LIVE-Methode.

Standardeinträge

Das gesamte Customizing der LIVE AG basiert auf den Einstellungen des SAP-Standardmandanten 000. Damit ist die LIVE AG eine Art Referenzunternehmen, welches ausschließlich mit den SAP-Standardeinstellungen arbeitet und so die Basisfunktionalität von R/3 dokumentiert.

- Den **Stammdaten** der einzelnen Fachbereiche:
  Aus Sicht der unterschiedlichen Fachbereiche sind hier die Stammdaten dokumentiert. Diese Referenz soll dem Anwender helfen, einen genauen Einblick in die unterschiedlichen Modelldaten zu erlangen. Für die verschiedenen Verwendungszwecke können Daten ausgewählt werden. Für fast jeden Anwendungsfall sind ein oder mehrere Beispiele hinterlegt.

- Den **Fallstudien** der einzelnen Fachbereiche:
  Im Rahmen der Modellfirmenentwicklung wurde ein Fallstudienkonzept zum Testen und zum Einarbeiten in die R/3-Software entwickelt. Die konzipierten Fallstudien sind als Anwendungsbeispiele aus dem realen Aufgabenumfeld eines einzelnen Arbeitnehmers zu verstehen.

Sie stellen das Kernstück des LIVE AG-Konzeptes dar und dienen zur Führung des Übenden durch die zusammenhängenden Aufgabenbereiche des Unternehmens und die Softwarefunktionen.

Ferner sind eine **technische Checkliste** für die Installation und Pflege der Modellfirma als Mandant auf dem Anwender-R/3-System und ein Leitfaden für das **Arbeiten mit der LIVE AG** vorhanden.

13.3   Fallstudienkonzept

Durch den Einsatz von Fallstudien soll ein **zielgerichtetes Lernen** erreicht und kein sinnloses „Herumprobieren am System" verursacht werden. Die großen Vorteile liegen in der **Nachvollziehbarkeit** der einzelnen funktionalen Schritte und in der direkten Vergleichbarkeit mit den exakten betriebswirtschaftlichen Daten der Fallstudie aus den Geschäftsvorfällen der Modellfirma.

Zielgruppen

Folgende Zielgruppen sollen in der Fallstudiengestaltung berücksichtigt werden:

1. **Vertriebsmitarbeiter**:
   - Vetriebsbeauftragte (1) (2) und
   - Fachberater und Customizer (2) (3).
2. **Anwender:**
   - Geschäftsführung (1),
   - Führungskräfte (2) und
   - Sachbearbeiter (3) (4).
3. **Multiplikatoren:**
   - Kursleiter in Schulungen (2) (3).

(1) = Highlights mit Hintergrund (Auswahl kurzer und prägnanter Fallstudien unterstützen den Folien-Vortrag)

(2) = Überblick (Fallstudien, die Zusammenhänge global sichtbar machen)

(3) = Intensiv-Fallstudien

(4) = Detailliertes Schulungsmaterial und Online-Hilfen

Unterschiedliche Fallstudientypen

Zur Erreichung dieser Ziele wurde ein dreistufiges Fallstudienschema entwickelt, um die differierenden Interessen der Anwender durch einen **unterschiedlichen Detaillierungsgrad** zu berücksichtigen.

Abb. 13.4
LIVE AG
Fallstudienschema

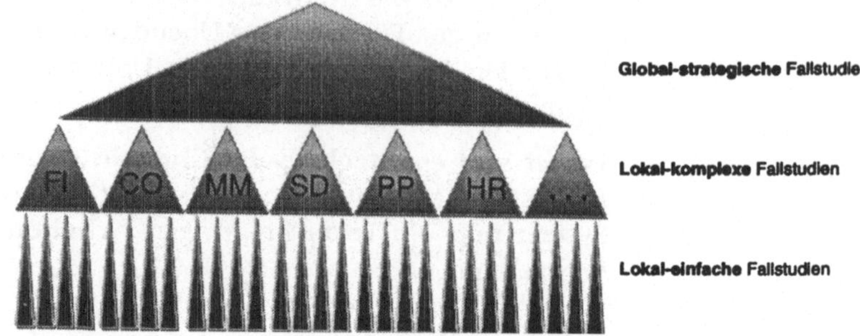

1. **Global-strategische** Fallstudien stellen sowohl die Softwareseite als auch, vom betriebswirtschaftlichen Ablauf her, eine umfassende Aufgabenstellung dar. Sie ermöglichen den Einblick in komplexe Zusammenhänge des Unternehmens.
2. **Lokal-komplexe** Fallstudien bauen auf mehreren lokaloperativen Fallstudien auf und beziehen sich auf einen bestimmten Aufgabenbereich eines Sachbearbeiters.
3. **Lokal-einfache** Fallstudien ermöglichen einen Einblick in konkrete Einzelfunktionen.

Fallstudienkategorien

Um die Fallstudien speziell für den Schulungsbedarf anwenden zu können, werden die Fallstudien in unterschiedliche Kategorien eingeteilt. Je nach Anwendergruppe, Einsatzmöglichkeit und Interessenschwerpunkt können in Abhängigkeit vom Fachbereich die passenden Fallstudien selektiert werden.

Anwender

Folgende **Anwendergruppen** werden angesprochen:

Management

Das **Management** ist hauptsächlich an Analysen, Kontrolle, Planung und Kennzahlen interessiert. Für diese Anwender sind insbesondere Fallstudien im Bereich Controlling und Logistik-Controlling interessant.

Abteilungsleiter

Unter der Gruppe **Abteilungsleiter** sind Anwender zu verstehen, die besonderes Interesse an den Aktivitäten zeigen, die ihre Abteilung betreffen. Dies bedeutet, daß sie die Funktionalität ihres Moduls, die Zusammenhänge und Abhärgigkeiten von und mit anderen Modulen erlernen müssen.

Sachbearbeiter

Sachbearbeiter sind überwiegend an der täglichen Arbeit interessiert. Sie müssen sich in die Logik von speziellen Funktionen in ihrem Aufgabenbereich einarbeiten.

Einsteiger

Fallstudien für **R/3-Neulinge** beinhalten die wichtigsten Prozesse des jeweiligen Fachbereichs. Der Anwender kann sich sein R/3-Wissen von den Einsteiger-Fallstudien über die komplexen zu den globalen Fallstudien konsequent aufbauen.

Fallstudieneinsatz

Die **Einsatzmöglichkeiten** der Fallstudien orientieren sich an der **Wiederholbarkeit,** der **Komplexität** und dem **Integrationsaspekt** der Fallstudien.

einmalig

Diese Fallstudien können aufgrund ihrer Konzeption nur einmal durchgeführt werden.

mehrmalig

Fallstudien, die in diese Kategorie fallen, können beliebig oft wiederholt werden.

global

Gobale Fallstudien vermitteln fachbereichsübergreifend anspruchsvolle Sachverhalte. In der Regel handelt es sich dabei um Abläufe, die bestimmte Auftragsformen betreffen, z. B. Kundenauftragseinzelfertigung und Servicemanagement.

komplex

Prozesse, die innerhalb eines Fachbereiches angesiedelt sind und sich über mehrere R/3-Funktionen erstrecken, werden komplexe Fallstudien genannt.

integrativ

Diese Fallstudien kombinieren Funktionen aus mehreren Modulen zu einem Geschäftsablauf. Die Besonderheit ist die Integration einer Aktion in verschiedenen Modulen.

In Abhängigkeit von den **speziellen Interessen** des Anwenders können Fallstudien zu folgenden Themen selektiert werden:

organisationsorientiert

An dieser Stelle kann sich der Anwender über typische Prozesse eines Mitarbeiters in der LIVE AG, z. B. Vertriebssachbearbeiter, informieren.

Highlight

Highlight-Fallstudien kennzeichnen betriebswirtschaftliche Prozesse, die in hohem Maße den Funktionsumfang des R/3-Systems widerspiegeln, z. B. Kundenauftragseinzelfertigung mit Variantenkonfiguration.

Internet

Die Internet-Fallstudien der LIVE AG basieren auf den im R/3-Standard vorhandenen Internet Application Components (IACs). Diese umfassen die Szenarien Consumer-to-Business, Business-to-Business und Intranet.

neue Fallstudien

In diese Kategorien fallen diejenigen Fallstudien, die sich speziell mit den neuesten Funktionen des R/3-Systems auseinandersetzen.

ScreenCam

Die wichtigsten und interessantesten Fallstudien wurden als Bildschirmaufzeichnungen dokumentiert. Auf Basis dieser Mitschnitte können LIVE AG-Präsentationen auch ohne R/3-System durchgeführt werden.

Mit Hilfe der Fallstudien-Kategorisierung kann der Anwender sich seine persönliche Lernumgebung schaffen. Motivation und Akzeptanz werden dadurch gesteigert. Der User ist in der Lage, nicht nur sein individuelles Lerntempo zu bestimmen, sondern auch die Ausbildungsinhalte gemäß seinen Präferenzen auszuwählen.

Die nachfolgende Graphik zeigt die fachbereichsübergreifende Auswahl von Fallstudien unter der Rubrik „ScreenCam".

Abb. 13.5
Fallstudienauswahl

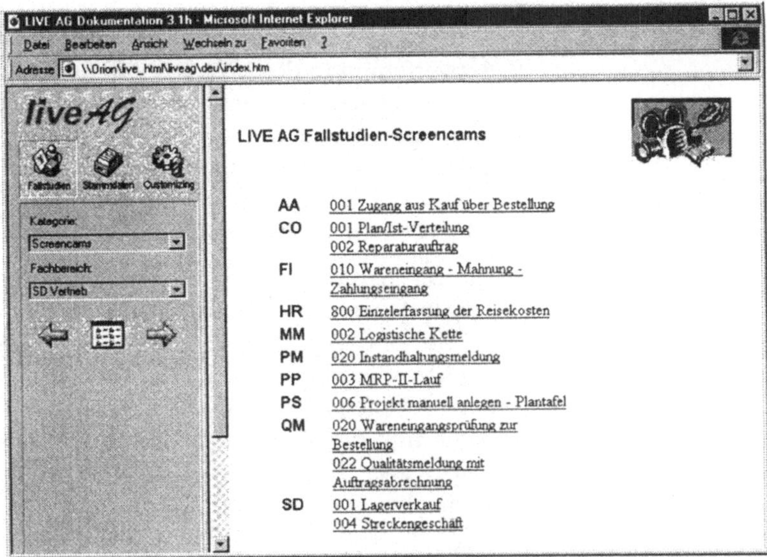

„MM002"

Ein Beispiel für eine LIVE AG-ScreenCam ist die Verfilmung der Fallstudie 2 aus dem Fachbereich Materialwirtschaft „Logistische Kette". Diese befindet sich auf der beigelegten CD. Die Datei MM002.exe kann durch „Doppelklicken" direkt von der CD aus ausgeführt werden.

Voraussetzungen

Folgende Voraussetzungen müssen gegeben sein, um Fallstudien zweckmäßig konzipieren und realisieren zu können:

1. Es muß ein **konsistentes, fachbereichsübergreifendes betriebswirtschaftliches Konzept** für zusammenhängende, sinnvolle Fallstudien, die R/3-Geschäftsprozesse demonstrieren, vorliegen. Dabei ist der Gestaltungsgrundsatz „So einfach wie möglich und so komplex wie nötig!" zwingend durchzuhalten.
Ein Beispiel für die Umsetzung dieses Konzeptes ist die Wahl des Fahrrads als eigengefertigtes Erzeugnis. Die Stückliste eines Fahrrades ist zwar einfach und übersichtlich, dennoch können die meisten R/3-Funktionälitäten im Bereich der Produktion mit Hilfe des Fahrrad-Beispieles sinnvoll abgebildet werden.

2. Auch bei der Definition von Fallstudien wird nach diesem Leitsatz vorgegangen. Ziel muß immer sein, die R/3-Funktionalität dem Anwender so einfach und verständlich wie möglich zu vermitteln. Dabei ist die **Konzentration auf das Wesentliche** absolut notwendig.

Natürlich ist es z. B. möglich, die extravagantesten Losgrößenverfahren in der LIVE AG einzusetzen, wichtig ist nur, daß der Anwender versteht, wie die Disposition in R/3 funktioniert. Dies ist auch (oder gerade) mit der einfachsten Art der Losgrößenberechung möglich. Will der User speziell mit einem anderen als dem in der Fallstudie verwendeten Verfahren arbeiten, so kann er dies jederzeit tun.

3. Um die betriebswirtschaftliche Konsistenz der Modellfirma zu gewährleisten, ist die **Abstimmung der einzelnen Fachbereiche** notwendig. So ziehen Änderungen aus einem Fachbereich Änderungen in anderen Fachbereichen nach sich. Werden beispielsweise Produktionsanlagen erneuert, so müssen nicht nur die Daten aus der Produktion (Arbeitspläne, Arbeitsplätze, Kapazitäten etc.) überarbeitet werden, sondern auch die Erzeugniskalkulation und die Personaleinsatzplanung müssen hinsichtlich der Umstrukturierung überprüft und aktualisiert werden.
Nur durch eine gemeinsame Planung der Stamm- und Bewegungsdaten innerhalb des Entwicklungsteams ist es möglich, ein virtuelles Unternehmen zu betreiben, das für den Anwender eine optimale Lernumgebung darstellt.

4. Die Fallstudien müssen auf die **Zielgruppen** abgestimmt und definiert sein. Bei der Auswahl der Fallstudienthemen ist es notwendig, sich am jeweiligen Adressaten zu orientieren. Die LIVE AG deckt mit ihren 386 Fallstudien einen großen Teil des R/3-Funktionsspektrums ab.
Beispielsweise werden in den etwa 70 globalen und komplexen Fallstudien, die sich vorwiegend an die Key-User wenden, abteilungs- bzw. modulbezogene Abläufe und deren Integration in andere Fachbereiche abgebildet. Es können nahezu beliebig viele Fallstudien kreiert werden, jedoch ist neben der Einhaltung der Gestaltungsrichtlinien die Frage nach der Existenzberechtigung zu klären. Die Qualität einer Fallstudie richtet sich nicht nur nach ihrem Inhalt, sondern auch nach ihrer Anwendbarkeit.

13.4 Aufbau einer Fallstudie

Die Fallstudien der einzelnen Fachbereiche enthalten die wichtigsten Prozesse in Industrie- und Handelsbetrieben.

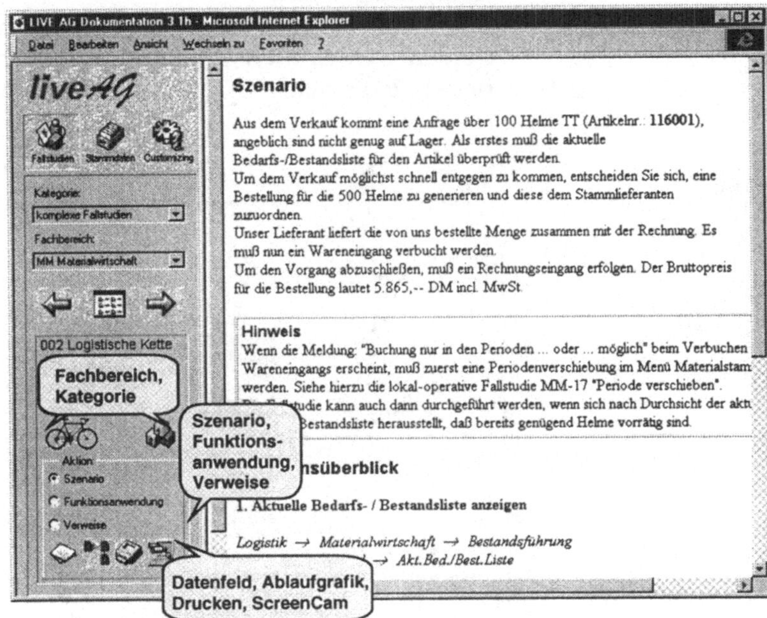

Jede Fallstudie besteht aus folgenden Teilen:

1. **Szenariobeschreibung:**
   Es wird ein Überblick über die zu bearbeitende Aufgabenstellung gegeben.

2. **Datenbeschreibung**:
   Die zur Durchführung einer Fallstudie notwendigen Daten, wie z. B. Materialnummer und Werk, werden aufgezeigt.

Logistische Kette - Microsoft Internet Explorer		
Datei Bearbeiten Ansicht Wechseln zu Favoriten ?		Links
Allgemeine Daten		
Werk	Wuerzburg	0001
Einkäufergruppe	Handelsware	001
Lagerort	Wuerzburg	0001
Buchungskreis	Live AG Wuerzburg	0001
Geschäftsbereich	Live AG Wuerzburg	1000
Materialstammdaten		
Material	Helm TT	116001
Anforderungsmenge	100	Stück
Steuerkennzeichen	15 % Vorsteuer	V1
Währung	Deutsche Mark	DEM
Betrag		5865,00 DM
Bewegungsart	Bestellung an Lager	101

3. **Funktionsüberblick:**

Vom Hauptmenü ausgehend wird der exakte Weg durch das R/3-System bis zur gewünschten Funktion genau beschrieben.

4. **Ablaufdiagramm:**

Zum besseren Verständnis der globalen und komplexen Fallstudien werden diese, in einzelne Teilschritte gegliedert, graphisch dargestellt.

Abb. 13.8
Fallstudie-
Ablaufdiagramm

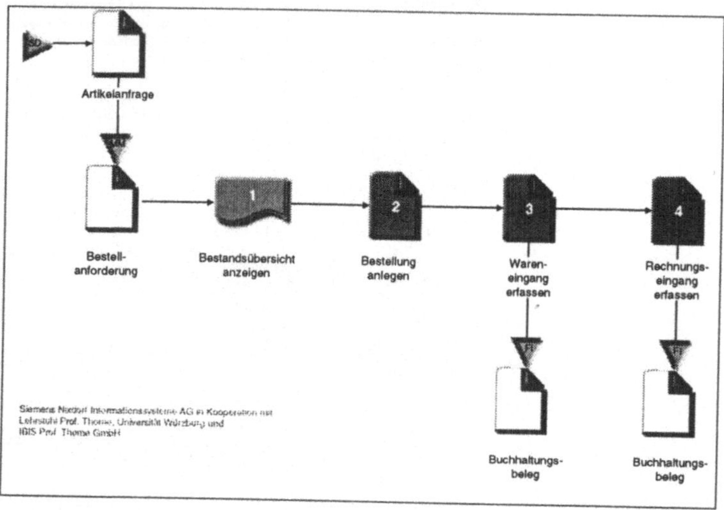

5. **Funktionsanwendung:**

Alle nötigen Eingaben sind bis zum letzten Mausklick dokumentiert, so daß der Anwender eigenständig den Prozeß nachvollziehen kann. Zur besseren Orientierung sind an entscheidenden Stellen Bildschirmbilder eingefügt, anhand derer sich der Anwender von der Richtigkeit seiner bisherigen Vorgehensweise überzeugen kann.

6. **Verweise:**

Dem Anwender werden nötige Hintergrundinformationen mitgeteilt.

Auf den beiden folgenden Seiten ist eine einfache lokale Fallstudie aus dem Bereich Materialwirtschaft zu finden.

**Fallstudie aus
dem Bereich
Materialwirtschaft
(im PDF-Format)**

35 Infosätze auswerten

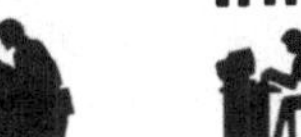

Szenario

Für den Artikel Autofelge (Artikelnr.: **117002**) gibt es mehrere Lieferanten. Um einen möglichst günstigen Preis auszuhandeln, soll nun ein Rahmenvertrag für den Artikel vereinbart werden. Ihr Abteilungsleiter bittet Sie unter anderem, die Entwicklung des Bestellpreises für den Artikel bei sämtlichen Lieferanten zu ermitteln, um eine Vorauswahl für die Verhandlungen mit in Frage kommenden Lieferanten zu treffen.

Funktionsüberblick

Logistik → Materialwirtschaft → Einkauf

Stammdaten → Infosatz → Listanzeigen → Bestellpreisentwicklung

Funktionsanwendung

Der Einkaufsinfosatz dient als Informationsquelle für den Einkauf. Er enthält Daten zu einem bestimmten Material und Lieferanten des Materials. Zum Beispiel ist der aktuelle Lieferantenpreis im Infosatz abgelegt. Mit Hilfe des Infosatzes ist es jederzeit möglich festzustellen, welches Material von welchem Lieferanten und zu welchem Preis angeboten oder geliefert wurde. Die Infosätze können nach unterschiedlichen Kriterien ausgewertet werden (siehe Abbildung).

Abb. 13.9
Einstiegsbild Bestellpreisentwicklung

Bestellpreisentwicklung   _|□|×|

Programm   Bearbeiten   Springen   System   Hilfe

Selektionsoptionen   Freie Abgrenzungen

Lieferant		bis	
Material	117002	bis	
Warengruppe		bis	
Materialnummer beim Lieferant		bis	
Lieferantenteilsortiment		bis	
Warengruppe beim Lieferanten		bis	
Einkaufsorganisation	0001	bis	
Infotyp		bis	
Werk	0001	bis	
Einkäufergruppe		bis	

Optionen

	Ab Datum
☐	Alle Sätze anzeigen
☑	Sortiert nach Organisationen

AG3 (1) (333)   zeus   OVR 12:48

SNI AG in Kooperation mit dem Lehrstuhl fur BWL und Wirtschaftsinformatik, Prof. Dr. R. Thome, Universitat Wurzburg   Stand: 30.09.1997

R/3-Modellfirma LIVE AG   MM-Fallstudien   35-2

Bestellpreisentwicklung

Material   Geben Sie die Materialnummer ein (oder wählen Sie sich den Artikel über den Matchcode aus).

Einkaufs-organisation   Geben Sie die Nummer des Zentraleinkaufs (0001) ein.

Werk   Geben Sie die Nummer des Werks Würzburg ein und stoßen Sie die Auswertung an, indem Sie drücken.

Es werden nun alle Bestellungen für den Artikel, geordnet nach den jeweiligen Lieferanten und dem Erfassungsdatum, aufgeführt (siehe Abbildung). Der Nettopreis pro Stück, die Nummer der Bestellung sowie die prozentuale Abweichung des jeweiligen Nettopreises vom ersten Nettopreis sind zu erkennen. Durch einen Doppelklick mit der Maus auf die jeweilige Position können Sie in die einzelnen Bestellbelege gelangen.

Abb. 13.10
Auswertung
Bestellpreis-
entwicklung

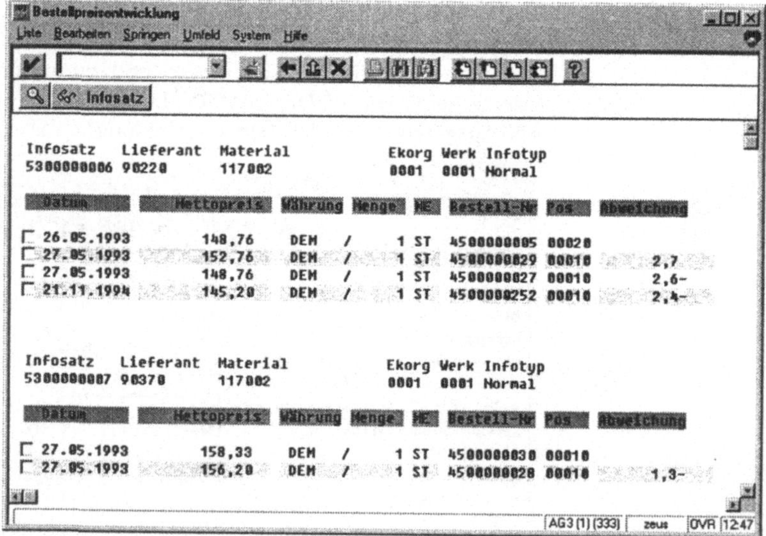

Verweise

Die weiteren Möglichkeiten von Auswertungen der Infosätze sind im Kapitel „Einkaufsinfosätze" des Handbuches MM-Einkauf explizit erklärt.

SNI AG in Kooperation mit dem Lehrstuhl für BWL und Wirtschaftsinformatik, Prof. Dr. R. Thome, Universität Würzburg   Stand: 30.09.1997

13.5   Betriebswirtschaftliche Darstellung der LIVE AG

Im folgenden wird auf die Organisation der einzelnen Fachbereiche, die Produktpalette sowie die Bilanz der LIVE AG näher eingegangen.

13.5.1   Organigramm der LIVE AG

Die LIVE AG ist als **mittelständisches Produktions- und Handelsunternehmen** konzipiert worden. Um Anwendern, die mit anderen Kontenplänen und Buchhaltungsvorschriften als den deutschen arbeiten müssen, ebenfalls die Gelegenheit zu geben, anhand einer Modellfirma den Umgang mit R/3 zu erlernen, wurden landesspezifische Buchungskreise kreiert. Diese Buchungskreise, die die landesspezifischen R/3-Funktionalitäten abbilden, haben bis auf weiteres keinen Einfluß auf die Funktionalität und die betriebswirtschaftliche Konzeption der deutschen LIVE AG. Für diese Buchungskreise existieren spezielle Dokumentationen.

LIVE AG-Buchungskreise

Die Dokumentation der **Standard-LIVE AG** bezieht sich ausschließlich auf den **Buchungskreis 0001**. Das bedeutet, daß die Darstellung des Customizing und der Stammdaten nur für diesen Buchungskreis Gültigkeit besitzt. Desweiteren sind die Fallstudien nur im Buchungskreis 0001 mit den Werken Würzburg und Walldorf ablauffähig.

Sitz der **LIVE AG-Zentrale** ist Würzburg. Die LIVE AG ist mit über 15 Filialen in 20 Ländern der Welt vertreten.

Im folgenden ist die **fachbereichsbezogene Organisation** der LIVE AG Deutschland (hier kurz LIVE AG genannt) dargestellt.

Abb. 13.11
Organisationsstruktur der LIVE AG

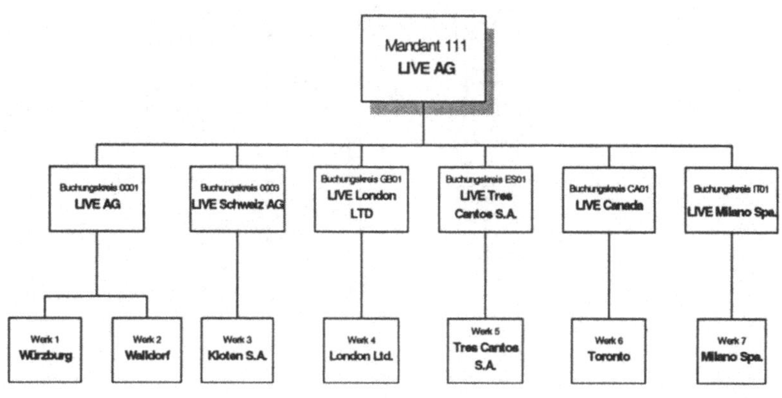

13.5.2   Organisation im Bereich Personalwesen

Die Organisationsstrukturen werden modulübergreifend festgelegt, so daß in allen R/3-Bereichen die gleichen Grundlagen bestehen.

Die **Werke** der LIVE AG sind folgende:

- 0001 Würzburg und
- 0002 Walldorf.

Das Werk Walldorf wurde zusätzlich in den **Betriebsteil** 0001 Montage unterteilt.

Tarifverträge

Für das Werk Würzburg ist der **Tarifvertrag der bayerischen Metallindustrie** und für das Werk Walldorf der **Tarifvertrag der Metallindustrie Nordwürttemberg/Nordbaden** anzuwenden. Die entsprechenden Auswirkungen für die LIVE AG (Arbeitszeit, Entgelt usw.) sind den jeweils gültigen Verträgen zu entnehmen.

Außerdem werden die aktuellen gesetzlichen Bestimmungen, Grenzen und Beitragssätze der Sozialversicherungsträger berücksichtigt.

Abb. 13.12
Organigramm (intern)
der LIVE AG

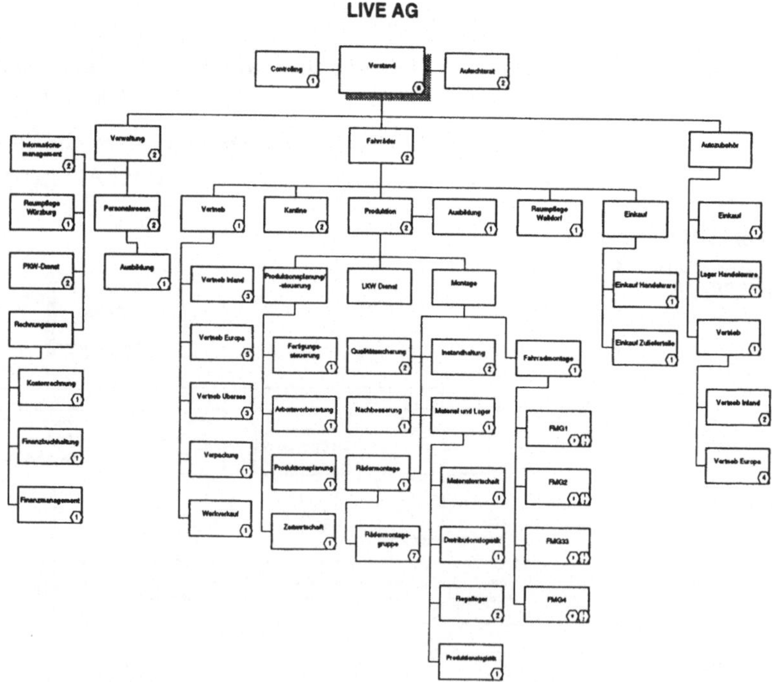

Zu diesem betriebsinternen Organigramm bleibt anzumerken, daß die **Sparten Fahrräder** und **Autozubehör** jeweils ihre eigene Organisationsstruktur besitzen. Deshalb treten organisatorische Einheiten, wie Vertrieb oder Lager, in beiden Ästen des Organigramms auf.

Unternehmenskultur der LIVE AG

Die Unternehmenskultur der LIVE AG ist nach Meinung vieler Beobachter einzigartig. Sie zeichnet sich aus durch offenen Informationsaustausch, kooperativen Führungsstil, flache Hierarchie und weitreichende Entscheidungskompetenz. Bei den weltweit über 140 Mitarbeitern werden Kreativität, Innovationsfähigkeit, Leistungsbereitschaft und Kundenorientierung als unverzichtbare Garanten des Erfolges systematisch gefördert.

13.5.3   Organisation im Bereich Rechnungswesen

Kontenrahmen

Das R/3-System ist standardmäßig mit zwei deutschen Kontenrahmen (IKR und GKR) ausgestattet, wobei für den Buchungskreis 0001 der LIVE AG der **Gemeinschaftskontenrahmen** herangezogen wird.

Sachanlagen

Der **Sachanlagenspiegel** wird unterteilt in folgende Anlageklassen: Grundstücke, Gebäude, technische Anlagen und Maschinen, Fuhrpark, andere Anlagen, Büroeinrichtungen und geringwertige Wirtschaftsgüter. Insgesamt betrug das Anlagevermögen 5.533.099 DM zum 31.12.1997.

Geschäftsjahr

Das Geschäftsjahr der LIVE AG ist das Kalenderjahr. Dieses wird in **12 Buchungsperioden** und **4 Sonderperioden** aufgeteilt. Sonderperioden sind eine Aufteilung der letzten Buchungsperiode in mehrere Abschlußperioden. Dadurch ist es möglich, mehrere Nachtragsbilanzen zu erstellen.

Controlling

Die Organisation im Bereich **Controlling** umfaßt einen Ergebnisbereich und einen Kostenrechnungskreis. Der **Ergebnisbereich** steuert die Ergebnisrechnung, d. h. die Daten aus dem Vertrieb werden für die Ergebnis- und Kostenrechnung aufbereitet. Durch die Zuordnung eines Buchungskreises zu einem **Kostenrechnungskreis** können alle kostenrechnungsrelevanten Daten eines oder mehrerer Buchungskreise gesammelt und vom Controlling ausgewertet werden. In der nachfolgenden Abbildung ist die Organisationsstruktur im Bereich Controlling dargestellt.

Abb. 13.13
Organisationsstruktur
im Bereich Controlling

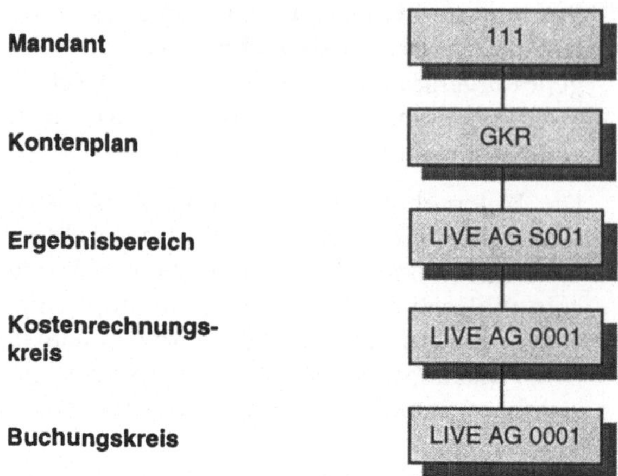

13.5.4 Organisation im Bereich Materialwirtschaft

Zentraleinkauf mit
unterschiedlichen
Einkäufergruppen

Als Einkaufsorganisationsform wurde der **Zentraleinkauf** (Einkaufsorganisation 0001) für die Werke Würzburg (0001) und Walldorf (0002) festgelegt. Es wurden zwei verschiedene Einkäufergruppen, auf der einen Seite für Handelsware (Einkäufergruppe 001), auf der anderen Seite für Rohstoffe und Zulieferteile (Einkäufergruppe 002), eingerichtet.

Abb. 13.14
Organisationsstruktur
im Bereich Einkauf

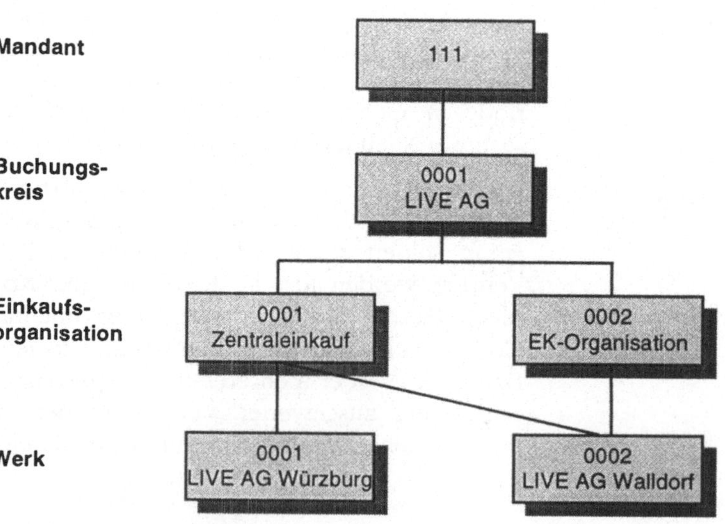

Lagerverwaltung

Die Gliederung der **Lagerorte** nach Handelsware (Würzburg 001), Zulieferteile und Fertigerzeugnisse (Walldorf **002**) ergibt sich aus der Organisationsform des Unternehmens. Für das Werk Walldorf wurde zusätzlich eine **lagerplatzorientierte Lagerung** mit Regal- und Blocklager durch das Lagerverwaltungssystem von R/3 abgebildet.

Abb. 13.15
Organisationsstruktur im Bereich Lagerverwaltung

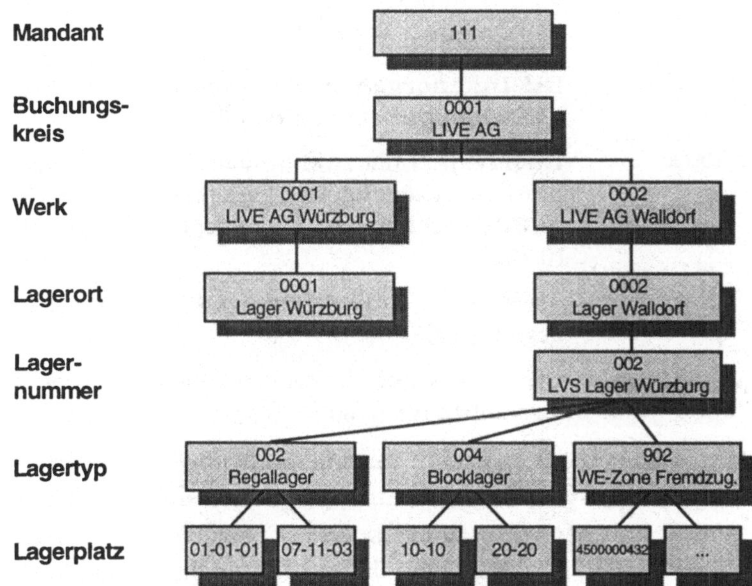

Bestandsführung

In der Bestandsführung wird neben der Steuerung über **Bewertungsklassen** für z. B. lagerpflichtige und auslieferungsfähige Produkte auch die Funktion der chargenreinen Lagerung genutzt.

Neben der Standardeinkaufsabwicklung wird in der LIVE AG auch die Funktion **Streckengeschäft** eingesetzt. So wird der Kunde direkt vom Lieferanten beliefert. Die LIVE AG arbeitet als „Clearing-Stelle" zwischen Anbieter und Abnehmer.

13.5.5   Organisation im Bereich Vertrieb

Es existieren drei Verkaufsorganisationen. Diese sind:

Verkaufsorganisation

- 0001 Deutschland,
- 0002 Europa und
- 0003 Übersee.

Vertriebswege Als mögliche Vertriebswege der LIVE AG wurden die Verkaufsfiliale (im Werk Walldorf für z. B. zweite Wahl), der Großkunde bzw. der Verein (als Endabnehmer), der Großhändler, die Verkaufsniederlassung (im Ausland) und der Generalimporteur (nur für USA und Japan) festgelegt.

Sparten Die Einteilung in Sparten entspricht dem folgenden:

- 01 Fahrräder und
- 03 Autozubehör.

Die **Innenorganisation** ist in drei Verkaufsbüros und vier Verkäufergruppen strukturiert.

Verkaufsbüros Die LIVE AG hat zwei Verkaufsbüros in Würzburg. Ein Verkaufsbüro ist zuständig für den Vertrieb innerhalb von Deutschland (0001), das andere Verkaufsbüro ist zuständig für das Ausland (0002).

Als weiteres Verkaufsbüro wird die Werksfiliale in Walldorf eingestuft (0003).

Verkäufergruppen Die Mitarbeiter der vier Verkäufergruppen sind in folgenden Verkaufsbüros tätig:

- Verkäufer Inland (8 Mitarbeiter) in Verkaufsbüro 0001,
- Verkäufer Europa (4 Mitarbeiter) in Verkaufsbüro 0002,
- Verkäufer Übersee (2 Mitarbeiter) in Verkaufsbüro 0002 und
- Verkäufer Filiale (2 Mitarbeiter in Walldorf) in VK-büro 0003.

Abb. 13.16
Vertriebsorganisation

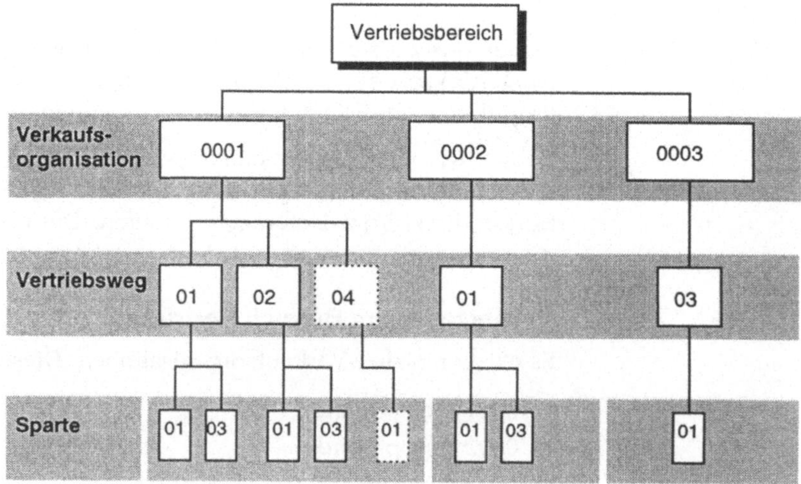

13.5.6   Organisation im Bereich Produktion

Montage

Die LIVE AG ist sowohl ein **Handels-** als auch ein **Produktionsunternehmen**. Im Werk Walldorf werden **Fahrräder** (Rennräder und Mountainbikes) in **Losfertigung** montiert. Sonderanfertigungen, wie z. B. Rennmaschinen und Spezialmountainbikes, werden in Einzel- und Serienfertigung produziert.

Gruppen- und Linienfertigung

Die Organisation der Fertigung entspricht der Idee der Gruppenfertigung fur die **Montage.** In der **Laufradfertigung** ist das Konzept der Linienfertigung realisiert.

Stammdaten in der Produktion

Für die Lagerung der Zulieferteile und der Enderzeugnisse steht das **Regallager** (LVS-Lager) zur Verfügung. Die LIVE AG bildet in Walldorf auch Lehrlinge aus. Zur Versorgung der Mitarbeiter wurde eine Kantine eingerichtet. Für die Überprüfung der Qualität der Endprodukte und der Zulieferteile wurde ein **Qualitätsmanagement** aufgebaut. Um die Einsatzfähigkeit der Maschinen und Werkzeuge zu garantieren, ist die Anwendung des Moduls **Instandhaltung** notwendig.

Abb. 13.17
Layoutplan Werk Walldorf

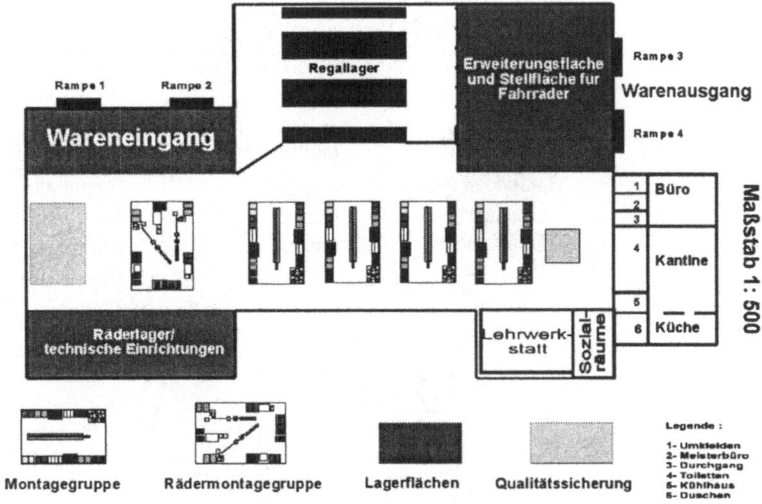

Die **Komplexität der Endprodukte** wurde so gewählt, daß einerseits alle Anforderungen an das System realisiert werden können und andererseits die Vorstellungsfähigkeit der Anwender nicht überbeansprucht wird. Die **Arbeitspläne** unterscheiden sich in Standard- und Normalarbeitspläne.

Die **Arbeitsplätze** sind gemäß dem Layoutplan des Werkes angelegt worden. Für die **Gruppenfertigung** wurde eine Poolkapazität eingerichtet. Die **Fertigungshilfsmittel** zur Montage der Räder (z. B. Druckluftschrauber) wurden ebenfalls im System hinterlegt.

Im Werk Walldorf wird ein **Zwei-Schicht-Betrieb** gefahren. Die **Schichtpläne** sind entsprechend den Vorgaben der Gewerkschaft und des Betriebsrates eingerichtet.

Das Werk Walldorf wird jeweils in den ersten drei September-Wochen sowie für zwei Wochen Weihnachtsurlaub wegen **Betriebsurlaub** geschlossen.

13.5.7   Produktpalette

Die Produktpalette der LIVE AG gliedert sich in zwei Hauptsparten, Fahrradproduktion und -verkauf mit dem Vertrieb von Fahrradzubehör sowie Handel mit Automobilzulieferteilen.

Abb. 13.18
Produktpalette
der LIVE AG

Rennräder	**Mountainbikes**	**Trekkingbikes**	**Kinderräder**
Meadow Creek	Boulder	Gigant Attack	Wild Gigant
Barcelona	Denver	Crossroads Sport	Walliger
Kissimee	Aspen	Journey	Canyon
	Walliger High Tech	Rinora Super Trek-king	

Tandem	**Fahrradzubehör**	**Autozulieferteile**
Deja Two	Bio-Kettenöl	Auspuffanlage
	Helm TT	Autofelgen Alu/Sport
	Kinderhelm	Reifen Sport SX
		Reifen Comfort CX
		Reifen Harmonie HX
		Auto-Sportlenkrad
		Sportsitze

Die LIVE AG lag 1996, nach Aussagen des Deutschen Modell-
firmen-Fahrradverbandes, in der Rangfolge der deutschen Fahr-
radhersteller auf **Platz 4** hinter Branchenriesen wie Gigant und
Herby Cycle. Für das Geschäftsjahr 1997 wird erwartet, daß die
LIVE AG diese Position zumindest halten, wenn nicht sogar ver-
bessern kann.

Absatz der LIVE AG

Neben dem reinen **Fahrradgeschäft**, welches 79 % des Gesamt-
umsatzes ausmacht, vertreibt die LIVE AG weltweit Fahrradzubehör (2 %) und Automobilzulieferteile (19 %).

Der **Hauptabsatzmarkt** für LIVE AG-Fahrräder liegt mit 54 %
(1996: 57 %) in Deutschland. Auf den Handel ins europäische
Ausland entfallen 33 % (1996: 32 %). Nach Übersee werden 13 %
(1996: 11 %) der Fahrräder geliefert.

Branchenbeobachter bescheinigen der LIVE AG ein **hervorra-
gendes Entwicklungspotential**. Während die deutsche Fahrradbranche 1996 unter einem Umsatzrückgang von 10 % litt,
konnte die LIVE AG im Fahrradbereich für 1996 ein **Um-
satzwachstum** von 35 % gegenüber dem Vorjahr verzeichnen.
Im Geschäftsjahr 1997 stieg der Umsatzanteil der Sparte Fahrrad
um 23 % gegenüber 1996. In der Fahrrad-Branche wird mit einer
durchschnittlichen Steigerungsrate von 20 % bis zum Jahr 2000
gerechnet.

Abb. 13.19
Umsatzentwicklung
1994 - 1997

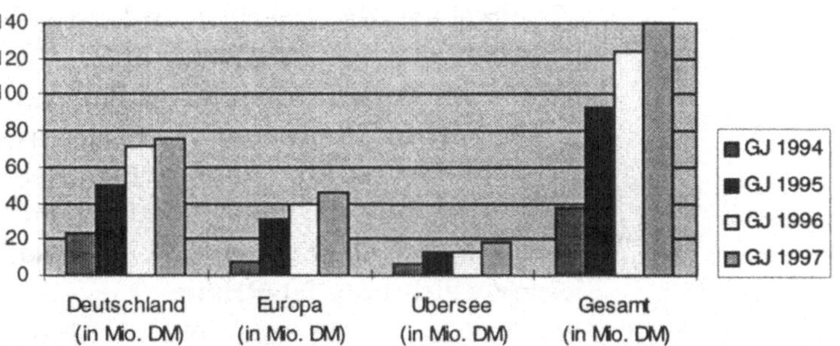

Branchenkenner sehen den weltweiten Erfolg der LIVE AG-
Produkte in der hohen Qualität von Technik und Design, dem
ausgezeichneten Kundenservice und dem günstigen Preis-
Leistungsverhältnis begründet. Durch das große Produkt-
spektrum, das von Kinderfahrrädern bis zu Spitzenprodukten der
Fahrradtechnik für Profis reicht, ist die LIVE AG in der Lage,

nahezu jeden Kundenwunsch zu erfüllen. Spezialmountainbikes für Extrembiker werden genauso kundenindividuell „designed" und produziert wie Rennmaschinen für Radsportprofis. Dabei werden neueste Technik, Materialien und Know-how zu Rädern der Sonderklasse verschmolzen.

Mittlerweile zählen zum Kundenstamm der LIVE AG nicht nur Großhändler und Generalimporteure, sondern auch die Elite der deutschen Radsportvereine.

13.5.8	**Finanzdaten**

Das Geschäftsjahr 1997 war das bislang erfolgreichste seit Gründung des Unternehmens im Jahre 1992. 1997 stieg der Umsatz der LIVE AG auf 140 Mio. DM an; im Vergleich zum Vorjahr wuchs er dabei um 13%. Der Jahresüberschuß belief sich auf 23.478.551 Mio. DM. Er erhöhte sich im Vergleichszeitraum um 72%.

Bei näherer Betrachtung der Bilanz ergeben sich folgende Auffälligkeiten:

- Die LIVE AG besitzt **sehr große Vorräte** sowohl in Form von auslieferungsfähigen Produkten als auch in Form von Zulieferteilen für die Produktion. Das ist durch **die starken saisonalen Schwankungen** in der Fahrradbranche zu erklären. Um den Kundenwünschen während der Hauptverkaufsphase nachkommen zu können, wird ein Lager an Enderzeugnissen aufgebaut, das zusätzlich zur laufenden Produktion bzw. Beschaffung wieder abgebaut wird.

- Mit der Absatzsteigerung im Frühjahr und Sommer können die **Verbindlichkeiten** rasch abgebaut werden. Diese Verbindlichkeiten sind zum größten Teil durch Kauf von Zulieferteilen für die Produktion entstanden.

- Die in der Bilanz ausgewiesenen **Rücklagen** übersteigen die gesetzlich geforderte Höhe.

- Es stellt sich die Frage, wie der **Bilanzgewinn** angelegt werden soll. Über eine Expansion in andere Märkte wird nachgedacht.

Vergleicht man die Bilanzkennzahlen mit den von Branchenkonkurrenten, so ergibt sich eine für die LIVE AG insgesamt befriedigende Bilanzstruktur.

In den kommenden Geschäftsperioden sollten die nachfolgenden Ziele verfolgt werden:

- Verbesserung der Barliquidität und der einzugsbedingten Liquidität,
- Abbau der Vorratshaltung (soweit möglich),
- Verkürzung des Debitorenumschlags und
- Verkürzung des Kreditorenumschlags.

Abb. 13.20
Bilanz der LIVE AG,
Stand: 31.12.1997

Aktiva		Passiva	
A. Anlagevermögen		**A. Eigenkapital**	
1. Sachanlagen	5.233.099 DM	1. Gez. Kapital	2.700.000 DM
2. Finanzanlagen	300.000 DM	2. Kapitalrücklage	5.400.000 DM
		3. Gewinnrücklage	17.900.000 DM
B. Umlaufvermögen			
		B. Sonderposten mit Rücklageanteil	210.948 DM
1. Vorräte	8.321.128 DM		
2. Forderungen	13.737.482 DM	**C. Rückstellungen**	4.578.445 DM
3. Schecks, Kasse	44.590.683 DM		
		D. Verbindlichkeiten	15.281.335 DM
		E. Bilanzgewinn	26.161.664 DM
BILANZSUMME	72.232.392 DM	BILANZSUMME	72.232.392 DM

13.5.9   Wichtige Unternehmensdaten

Anhand ausgewählter Unternehmensdaten soll ein Überblick über die Entwicklung der LIVE AG gegeben werden:

Abb. 13.21
Kennzahlen der
LIVE AG im
Vergleich

Jahr	1994	1995	1996	1997
Umsatz	36.825.741	76.981.035	120.301.330	139.653.980
Umsatz pro Mitarbeiter	317.463	827.753	970.172	990.453
Eigenkapital	15.970.924	18.572.530	31.681.390	26.000.000
in % der Bilanzsumme	34,8 %	42,0 %	39,9 %	36,0 %
Bilanzsumme	45.882.841	44.236.985	79.398.327	72.232.392
Personalaufwand	4.280.417	7.258.885	8.640.444	9.156.727
in % vom Umsatz	11,6 %	9,4 %	7,2 %	6,6 %
Mitarbeiter am Jahresende	116	93	124	141
Abschreibungen	1.073.319	1.175.765	958.175	830.446
Jahresüberschuß	3.441.667	3.141.606	13.648.860	23.478.551
in % vom Umsatz	9,3 %	4,1 %	11,3 %	16,8 %

13.6   Weiterentwicklung der Modellfirma

Auf der CeBIT ' 98 war die R/3-Modellfirma LIVE AG, die von der SNI AG in Zusammenarbeit mit dem Lehrstuhl Prof. Dr. R. Thome an der Universität Würzburg entwickelt wurde, bereits zum sechsten Mal vertreten. Die LIVE AG hat sich durch ihre Einzigartigkeit als Dauerbrenner auf dem hartumkämpften R/3-Schulungsmarkt erwiesen. Gemäß der CSE-Philosophie des Lehrstuhls ist das Ziel der LIVE AG-Entwicklung, dem R/3-Anwender eine ständig verbesserte Schulungsumgebung zur Verfügung zu stellen, die weit über eine reine Funktionalitätspräsentation hinausgeht. An dieser Herausforderung wird kontinuierlich gearbeitet. Neue Ideen werden in die Realität umgesetzt.

**Kundenspezifische
Modellfirmen**

Unter dem Begriff **konfigurierbare Modellfirma** wird das Vorgehen zur Entwicklung eingeschränkt kundenspezifischer Modellfirmen verstanden. Die Realisierung dieser Modellfirmen basiert auf der Standard-LIVE AG, die um **kundenindividuelle Stammdaten** (z. B. Materialien) und **Customizingeinträge** (z. B. Werksbezeichnungen) ergänzt wird. Ziel dabei ist es, dem Anwender durch einfache und schnelle „Oberflächenkorrekturen" den Eindruck zu vermitteln, daß er bereits in „seinem" R/3-System arbeitet. Dadurch soll die Akzeptanz der Key-User gegenüber der R/3-Software gesteigert und die Motivation zum Selbststudium vorangetrieben werden. Unternehmensspezifika und LIVE AG-Standardprozesse ergeben eine konsistente Lernumgebung, mit der sich das Projektteam auf die R/3-Einführung vorbereiten kann.

**Integration mit
anderen Werkzeugen**

Weiterhin wird die Integration der LIVE AG mit dem Anforderungsnavigator **LIVE KIT Structure** und dem Anforderungsmonitor **LIVE KIT Power** ausgebaut bzw. angestrebt. In das **wissensbasierte Analysewerkzeug** LIVE KIT Structure, das von der SNI AG in Zusammenarbeit mit der IBIS Prof. Thome GmbH entwickelt wurde, sind bereits Beispiele aus der LIVE AG übernommen worden. Der Anwender kann jederzeit Fallstudien aus der Modellfirma für Customizingeinstellungen und betriebswirtschaftliche Abläufe in R/3 erhalten. Die Dokumentation der LIVE AG im Bereich **Customizing** basiert auf den Ergebnissen der Analyse des LIVE KIT Structure-Werkzeuges. Die Entwicklung von LIVE AG und LIVE KIT Structure verläuft parallel, d. h. Ergebnisse der LIVE KIT Structure-Entwicklung finden auch in der Modellfirmenrealisation ihren Niederschlag.

Mit dem neuesten Mitglied der LIVE Tool-Familie, dem **Prozeßanalysewerkzeug** LIVE KIT Power, das ebenfalls von der SNI AG in Zusammenarbeit mit der IBIS Prof. Thome GmbH entwickelt wurde, wird eine weitere Werkzeugintegration der LIVE AG erreicht. Bereits in der aktuellen LIVE AG-Version sind die **Fallstudien-Abläufe** gemäß der LIVE KIT Power-Konvention abgebildet. In einem weiteren Schritt werden in das Prozeßanalyse-Tool Beispiele aus der LIVE AG übernommen.

**Branchenspezifische
Modellfirmen**

Um die zunehmende Branchenfunktionalität der R/3-Lösung den Anwendern für das Selbststudium zugänglich zu machen, werden weitere Modellfirmen entwickelt. So wurde die **LIVE BANK** eingerichtet, in der modellhaft die Funktionalität der R/3-Branchenlösung dargestellt ist.

Mit der im Sommer 1997 freigegebenen Modellfirma für die Prozeßindustrie **LIVE CHEMIE AG** wurde ein weiteres branchenbezogenes Ausbildungs- und Präsentationswerkzeug geschaffen.

Um die aktuellen Möglichkeiten der Arbeitsplatzgestaltung aufzuzeigen, werden Beispiele aus einer speziell für diesen Zweck entwickelten Modellfirma genutzt. Mit Hilfe der **LIVE SALES & SERVICE AG** wird ein R/3-Arbeitsplatz in einem Unternehmen des technischen Handels abgebildet. Dieser ist mit der neuesten Technik (z. B. Computer-Telefon-Integration, Internetzugang, Workflow) ausgestattet. Ziel ist es, einerseits das branchenbezogene R/3-Lösungspotential aufzuzeigen und andererseits zukunftsweisende Aspekte von Zusatzwerkzeugen in die Arbeitsplatzgestaltung aufzunehmen.

Die Weiterentwicklung des Modellfirmengedankens ist noch lange nicht abgeschlossen. Mit zunehmendem Reifegrad von R/3 werden der Konzeption und Realisation von Beispielunternehmen immer neue Türen geöffnet. Die Modellfirmenentwicklung bleibt weiterhin spannend.

13.7   Einsatz der LIVE AG

Learning by doing

In erster Linie wird die R/3-Modellfirma als **Selbstlernmedium** zum Lernen am Arbeitsplatz genutzt. Insbesondere zur Schulung von **Key-Usern**, d. h. Projektteammitgliedern und Fachspezialisten, bietet sich diese Art der Ausbildung während der Einführungsphase an.

Auch in der **Aus- und Weiterbildung von Endbenutzern** findet sie Verwendung. Desweiteren eignet sich die LIVE AG auch zum **Cycletraining**. Hierbei werden anhand eines ausgewählten Prozesses sowohl die Systemfunktionalitäten als auch das Customizing vermittelt.

Ausbildung von R/3-Beratern

Doch nicht nur zum Anwendertraining wird die LIVE AG verwendet. Die SNI AG setzt die LIVE AG bundesweit in vom Arbeitsamt geförderten Umschulungsmaßnahmen im Bereich der R/3-Ausbildung ein. Ziel dieser Weiterbildungsmöglichkeit ist es, R/3-Berater und -Anwendungsentwickler für die Praxis auszubilden.

Einsatz in Hochschulen

Auch in den **Hochschulen** findet der Einzug der R/3-Software statt. Am Lehrstuhl von Prof. Dr. R. Thome werden pro Semester ca. 50 Studenten in die Möglichkeiten der R/3-Welt eingeführt.

Die **VULCAN-Seminare** sind der Qualitätstest für die LIVE AG, bei denen die neuesten Fallstudien auf „Herz und Nieren" geprüft werden. Desweiteren werden auch Inhalte aus der Wirtschaftsinformatik und der Logistik anhand von Beispielen aus der Modellfirma vermittelt und neue Ansätze kritisch überprüft. Damit ist die Modellfirma ein neuer Gegenstand der Forschung und Lehre, der zugleich sinnvoll in der Praxis eingesetzt werden kann.

Anhang

„ABAP/4-Programmierung"[1]

---

1   ABAP/4-Programmierung wird in der R/3-Releaseversion 2.1F vorgestellt.

Inhaltsverzeichnis

1 Einführung

In diesem Anhang soll der Leser dazu befähigt werden, ein erstes lauffähiges Programm mit der ABAP/4 Development Workbench zu erstellen und abzuarbeiten. Voraussetzung dafür ist eine Anmeldung im R/3-System mit den Nutzerrechten für die Anwendung der Workbench sowie eine Registrierung als ABAP/4-Entwickler.

Syntaxangaben

Innerhalb dieses Beitrages werden Syntaxangaben als Konstruktionsmuster für Anweisungen angegeben. Diese Angaben orientieren sich an der erweiterten Backus-Naur-Form (EBNF) und den sonst üblichen Syntaxangaben in derartigen Veröffentlichungen. Einschränkungen werden bei der Vollständigkeit gemacht, da Befehle oft selten benutzte Sonderformen annehmen können, deren Aufnahme in die allgemeine Syntaxangabe diese nur schwer lesbar machen würde.

Um das Lesen der Syntaxangaben so einfach wie möglich zu gestalten, werden alle Schlüsselwörter und sonstige zum Befehl gehörige Zeichen (Terminalsymbole) fett hervorgehoben. Die folgende Tabelle enthält alle verwendeten Konstrukte.

Tab. 1.1
Schreibweise von
Syntaxangaben

Konstrukt	Beschreibung
SELECT	einfaches Schlüsselwort, das so zu übernehmen ist.
<Tabelle>	Platzhalter für den Namen einer Tabelle, z.B. LFA1, mit dem ersetzt werden muß.
[ASCENDING]	optionaler Befehlsteil, meist Zusätze
{<Var>|<Feld>}	Auswahl innerhalb einer Anweisung (es ist entweder eine Variable oder ein Feld anzugeben)
[<Str>]$^{n:m}$	Listen von mindestens n, maximal m Vorkommnissen des Wortes. Die Angaben der einzelnen Wörter werden durch Leerzeichen getrennt.

Es sind beliebige Kombinationen dieser Konstrukte zugelassen. Es wird nur der Regelkörper (die eigentliche Anweisung) angegeben.

1.1   Anmeldung als ABAP/4-Entwickler

Anmeldung im OSS

Ab dem Release 3.0 ist es erforderlich, daß sich Programmierer, als ABAP/4-Entwickler direkt bei der SAP AG registrieren lassen. Die Registrierung erfolgt über das **Online-Support-System** (OSS). Dazu ist der direkte Zugang zum entsprechenden Server der SAP AG notwendig. Der Einstieg in das OSS erfolgt direkt über die Eingabe des Transaktionscodes OSS1. Die Anmeldung kann nur ein Nutzer mit OSS-Berechtigung vornehmen. Als Ergebnis wird das Paßwort angezeigt.

Abb. 1.1
Registrierung als
ABAP/4-Entwickler

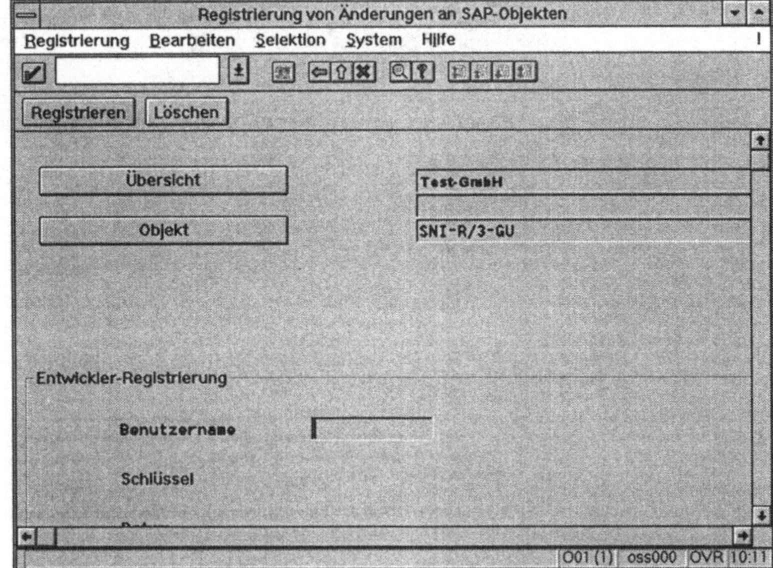

Wenn es erforderlich ist Originalobjekte des R/3-Systems zu ändern, ist ebenfalls eine Registrierung dieser Änderungen im OSS erforderlich. Dabei wird die entsprechende Änderung beantragt und ein Zugangsschlüssel vom OSS zurückgeliefert. Ein typisches Beispiel dafür sind notwendige Fehlerkorrekturen in R/3-Anwendungsprogrammen. Darüber hinaus sollten Änderungen an den Originalobjekten nur in Ausnahmefällen vorgenommen werden.

1.2   Einstieg in die Entwicklungsumgebung

Zur Eingabe des Quelltextes eines ABAP/4-Programmes dient der Quelltexteditor. Ihn erreicht man über *Werkzeuge* ⇨ *ABAP/4-Workbench* ⇨ *Entwicklung* ⇨ *ABAP/4-Editor* (SE38).

Abb. 1.2
Einstieg in den
ABAP/4-Editor

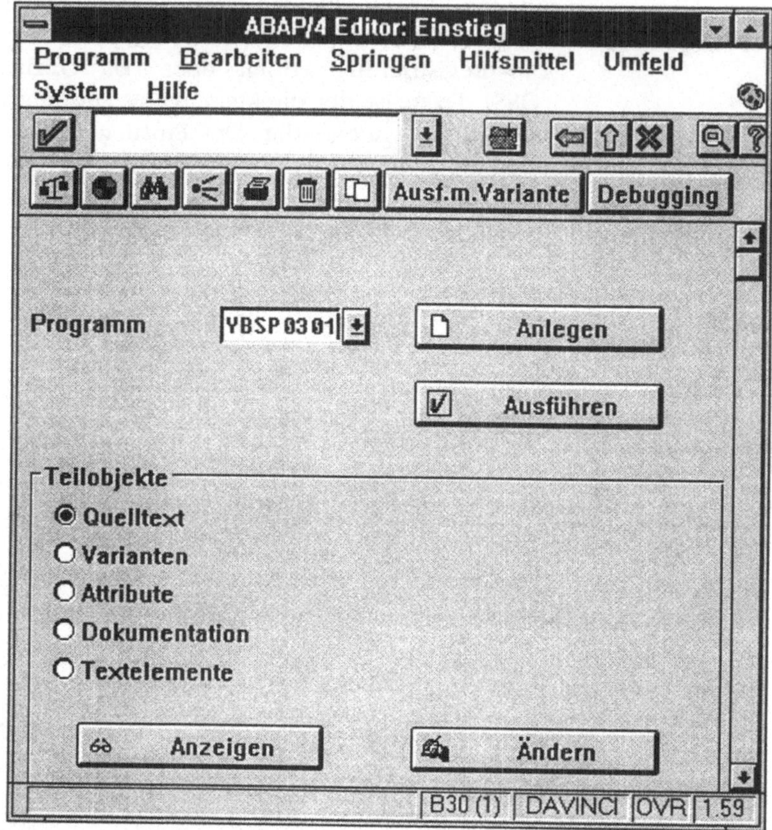

Im dargestellten Dynpro wird man aufgefordet, einen Programmnamen einzugeben.

Namens-
konventionen

Der Programmname kann bis zu acht Zeichen lang sein und identifiziert das Programm eindeutig. Für **Kundenentwicklungen** hat die SAP AG einen besonderen Namensraum vorgegeben. Dieser umfaßt alle Programme, die mit Y oder Z beginnen. Alle anderen Programme sind für **Eigenentwicklungen der SAP AG** reserviert. Der Name sollte so gewählt werden, daß er eine Aussage über das Programm oder dessen Art zuläßt. Für die Beispiele dieses Beitrages wurde der Namensbereich YBSPzzxx gewählt, wobei zz für das Kapitel und xx für eine laufende Nummer steht.

Nach Eintragung des Programmnamens und Aufruf der Funktion *Anlegen* sind die Attribute des zu erstellenden Programmes festzulegen.

Abb. 1.3
Programmattribute

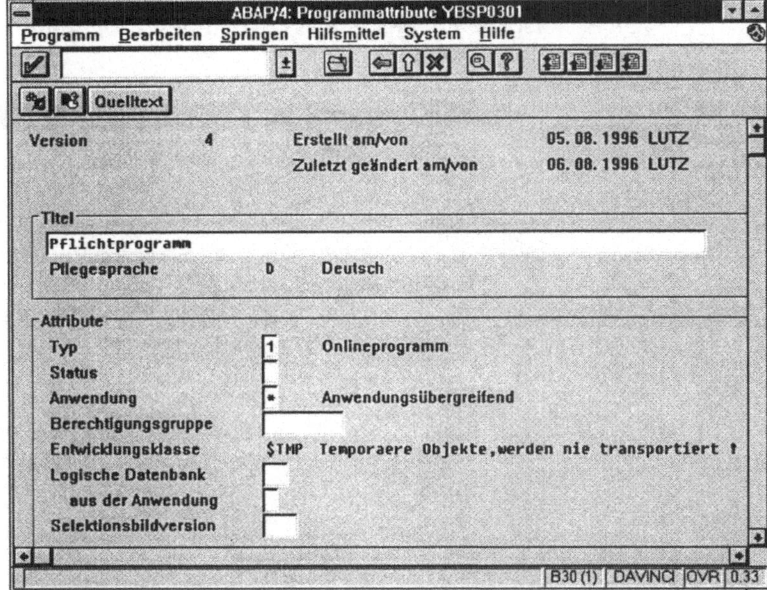

Pflichtattribute sind der Titel, der Typ und die Anwendung des Programmes.

Programmattribute

Der **Titel des Programmes** ist eine Kurzbeschreibung. Sie dient der späteren Identifikation des Programmes in Suchlisten und wird automatisch als Standardüberschrift in der von einem Programm erzeugten Liste ausgegeben.

Der Typ legt den **Programmtypen** fest. Ein Programm zur Datenauswertung hat den Typ 1 (Online-Report). Für Dialoganwendungen muß der Typ M (Modulpool) gewählt werden. Diese Anwendungen werden jedoch zusätzlich mit den Werkzeugen Screenpainter und Menupainter erstellt. Durch den Typ wird die Art und Weise der Abarbeitung festgelegt. Bspw. sind nur Programme vom Typ 1 aus dem Editor heraus zu starten.

Mit der Festlegung der **Anwendung** wird das Programm einem der vorhandenen R/3-Module (z.B. Produktionsplanung) zugeordnet. Nicht zuordenbare Programme erhalten den Eintrag "*" (anwendungsübergreifend). Programmtyp und Anwendung dienen der Unterstützung von Suchoperationen.

Nach dem Sichern der eingegebenen Attribute erscheint ein zum Korrektur- und Transportsystem gehöriges Bildschirmbild. Hier ist die Entwicklungsklasse in den Programmkatalog einzutragen.

Abb. 1.4
Pflege des Objekt-
katalogeintrages

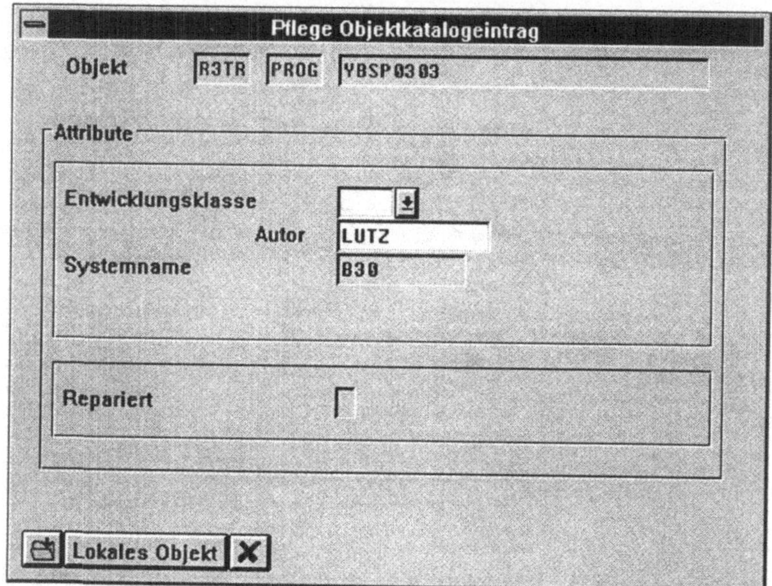

Eine **Entwicklungsklasse** dient der Zusammenfassung von logisch zusammengehörenden Entwicklungsobjekten innerhalb der ABAP/4 Development Workbench. Die Zuordnung ist Voraussetzung für einen späteren Transport dieser Programme auf andere R/3-Installationen. Beispiel dafür ist die Überführung der Objekte von einem speziellen Testsystem auf ein Produktivsystem. Test- und Demonstrationsprogramme, die nicht transportiert werden sollen, werden der Klasse $TMP zugeordnet. Dazu ist die Drucktaste *Lokales Objekt* zu betätigen. Nach dem Sichern des Katalogeintrages kann der Quelltexteditor mit *Springen* ⇨ *Quelltext* aufgerufen werden.

1.3   Hello, World-Programm

Bei der Einführung in Programmiersprachen scheint es unausweichlich ein Beispiel zu geben, das den Satz **"Hello, World"** auf den Bildschirm bringt. Um diesem ungeschriebenen Gesetz Rechnung zu tragen, soll auch hier mit dessen Erstellung begonnen werden. Im Arbeitsbereich des Editors wird die erste Programmzeile mit dem Programmnamen bereits beim Programmeinstieg generiert. Weitere Zeilen sind mit der Taste ⏎ (ab Release 3.0) erstellbar. Nachfolgend ist der vollständige Quelltext angegeben.

```
REPORT YBSP0301.
WRITE 'Hello, World.'.
```

Dieses kurze Programm ist bereits lauffähig. Durch den Aufruf der Funktion *Programm ⇨ Ausführen* wird es abgearbeitet. Das folgende Bild zeigt das Ergebnis.

Abb. 1.5
Ergebnisliste

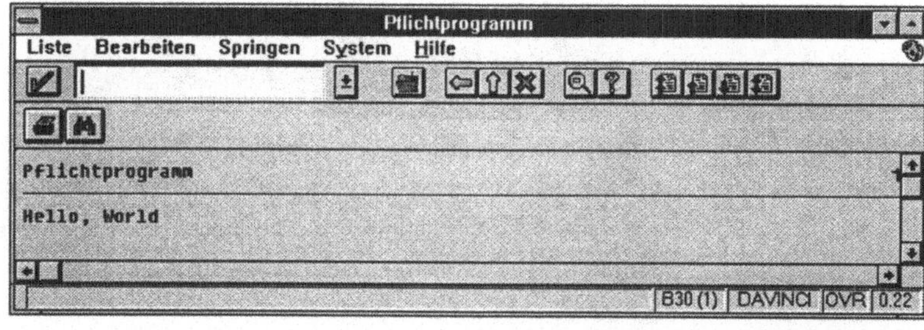

Anzeige

Die erzeugte Liste enthält neben der durch WRITE erzeugten Ausschrift den als Attribut eingegebenen Titel und eine Seitennumerierung. Für die Anzeige wird ein **Listinterpreter** genutzt, der Zusatzfunktionen, wie das Ausdrucken und das Blättern in längeren Listen, ermöglicht.

Um den Leser ein wenig zu desillusionieren: nicht jedes Programm ist so kurz und so einfach. ABAP/4 ist optimiert für die Erstellung von Reports und Dialogtransaktionen nach SAP-Standard. In diesen Bereichen ist die Sprache ein mächtiges, nützliches und relativ einfaches Hilfsmittel, Daten zu erfassen bzw. auszuwerten. Es muß aber auch klar sein, daß es eine Menge von Bereichen gibt, z.B. aufwendige Berechnungen oder Parsing von Dateien, in denen die Sprache schwerfällig und umständlich ist. ABAP/4 ist kein Allheilmittel, aber eine gute Unterstützung in der Arbeit mit dem System R/3, wenn man es richtig einzusetzen versteht. Dazu sollen die nächsten Kapitel einen kleinen Beitrag leisten.

1.4 Quelltexteditor

Der Quelltexteditor ist selbst eine mit ABAP/4 erstellte Dialoganwendung. Seine Oberfläche ist ebenfalls ein Dynpro und deshalb zeilenorientiert. Jedoch wurden inzwischen viele Funktionen moderner, seitenorientierter Editoren aufgenommen.

Editormodus

Ab dem Release 3.0 kann der Editor in unterschiedlichen Modi benutzt werden. Der **PC-Modus** ist angelehnt an die Funktionalität von PC-Editoren. So bietet er textverarbeitungsähnliche Befehle zum Kopieren, Ausschneiden und Einfügen. Standardmäßig eingestellt ist der PC-Modus mit Zeilennumerierung. Im **Kommando-Modus** kann die aus R/2 und früheren R/3-Releases gewohnte Arbeitsweise weitgehend beibehalten werden. Editorbefehle werden in diesem Modus in eine spezielle Kopfzeile oder in den Bereich der Zeilennummern eingetragen und dann aktiviert. Es folgt ein kurzer Überblick über die wichtigsten Eigenschaften des Editors im PC-Modus.

Abb. 1.6
Quelltexteditor im
PC-Modus

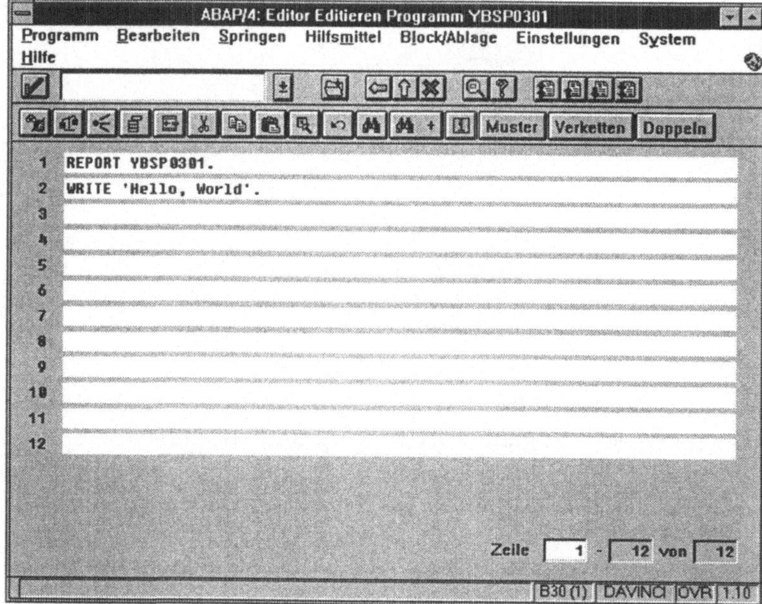

In Tabelle 1.2 sind wichtige Funktionen zusammengestellt, die über das Menü und meist auch über Funktionstasten aktivierbar sind. Die aktuelle Belegung der Funktionstasten wird durch Betätigen der rechten Maustaste angezeigt.

Tab. 1.2
Wichtige Menüfunktionen des Editors

Menüpfad	Taste		Funktion
Programm → Sichern ohne Prüfen	F11		Sichern des Quelltextes auf der Datenbank
Programm → Prüfen → Aktuelles Programm	F26		Überprüfen des aktuellen Quelltextes auf Syntaxfehler
Programm → Drucken	F13		Ausdruck des Quelltextes
Programm → Ausführen			Start der Programmabarbeitung
Programm → Pretty Printer			Formelle Anpassung des Quelltextes
Bearbeiten → Suchen/ Ersetzen	F38		Suchen und Ersetzen von Zeichenketten im Programm und dessen Includes
Bearbeiten → Anweisungsmuster...			Einfügen von vorgefertigten Schlüsselwortstrukturen
Bearbeiten → Weitere Funktionen → INCLUDE auflösen			Einfügen des Quellcodes des markierten Includes-Aufrufes
Bearbeiten → Weitere Funktionen → Kommandoeingabe			Eingaben spezieller Editorkommandos
Bearbeiten → Zeile → Zeile verketten			Anhängen der nachfolgenden an die markierte Zeile
Hilfsmittel → Hilfe zu ...	F48		Anzeige von Informationen zu ABAP/4-Begriffen und -Objekten
Hilfsmittel → Download...	F20		Speichern des Quelltextes auf das Front-End
Hilfsmittel → Upload...			Laden eines Quelltextes

Navigation

Der ABAP/4-Editor bietet umfangreiche Möglichkeiten zur **Navigation** im Programm und hin zu anderen Entwicklungstools. Wenn der Cursor auf einem Sprachelement im Anweisungsteil positioniert ist, wird mit einem Doppelklick der linken Maustaste bei Variablen zur Definition und bei Schlüsselwörtern zur Hilfe verzweigt. Ein Doppelklick auf eine Variablendefinition ruft einen Verwendungsnachweis dieser Variable auf.

Markierungen innerhalb einer Zeile können mit der linken Maustaste erfolgen. Zum Markieren mehrerer Zeilen muß der Cursor auf der ersten und dann auf der letzten Zeile positioniert und jeweils die Funktionstaste F9 betätigt werden. Die Windows-Zwischenablage kann mit den Tastenkombinationen CTRL-X für Ausschneiden, CTRL-C für Kopieren und CTRL-V für Einfügen benutzt werden.

Eingaben sind wahlweise in Groß- und Kleinbuchstaben möglich. Sie werden nach Betätigen von ⏎ einheitlich, je nach Editoreinstellung, in Klein- oder Großbuchstaben umgesetzt. Nicht umgesetzt werden Textkonstanten und Kommentare.

2 Einfache Reports erstellen

In diesem Abschnitt werden die grundlegenden Sprachelemente von ABAP/4 dargelegt. Dabei stehen Datendeklarationen und Ausgabeanweisungen im Mittelpunkt. Darüber hinaus wird das Konzept der quelltextunabhängigen Textbausteinverwaltung erläutert.

2.1 Programmaufbau

Jedes Programm besteht aus einem Deklarationsteil und einem **Operationsteil**. Im Deklarationsteil werden alle Datenstrukturen, Tabellen und Parameter vereinbart. Der Operationsteil enthält die auszuführenden Programmanweisungen. ABAP-Statements beginnen in der Regel mit einem Schlüsselwort und werden mit einem Punkt (.) abgeschlossen. Wörter werden durch mindestens ein Leerzeichen voneinander getrennt.

```
REPORT YBSP0401.
* Deklarationsteil
DATA NAME(4) VALUE 'Text'.
* Operationsteil
WRITE NAME.
```

Die Anweisungen können formatfrei eingegeben werden. Mehrere Anweisungen pro Zeile und einzelne Anweisungen über mehrere Zeilen sind erlaubt.

Es ist möglich, mehrere aufeinanderfolgende Anweisungen mit dem gleichen Schlüsselwort zu **Kettensätzen** zusammenzufassen. Nach dem Schlüsselwort muß dann ein Doppelpunkt (:) eingegeben werden. Die geketteten Anweisungsteile werden durch Kommata (,) getrennt. Vor und hinter den Trennzeichen können Leerzeichen stehen. Die Anweisungen

```
WRITE 'Name: '.
WRITE NAME.
```

sind identisch mit dem Kettensatz

```
WRITE: 'Name: ', NAME.
```

REPORT

Das **REPORT**-Statement definiert Namen und Attribute der vom Programm erstellten Liste und steht am Anfang eines jeden Reports. Attribute sind im besonderen durch folgende Zusätze spezifizierbar:

```
NO STANDARD PAGE HEADING
```
Standardseitenkopf wird nicht angezeigt
```
LINE-SIZE <col>
```
Zeilenlänge wird auf <col> Spalten gesetzt. Maximale Spaltenanzahl ist 255, Standard 80 Spalten.
```
LINE-COUNT <lines>[(<n>)]
```
Es werden pro Seite <lines> Zeilen angelegt. Davon werden, wenn angegeben, <n> Zeilen am Seitenende für die END-OF-PAGE-Verarbeitung (vergleiche Ereignisorientierung im Kapitel 6.2) reserviert.

Kommentare

Kommentare können auf zwei unterschiedliche Arten im Programm eingetragen werden. Ein Stern (*) in Spalte 1 kennzeichnet eine gesamte Zeile als Kommentar. Nach einem Anführungszeichen (") innerhalb einer Zeile wird der Text bis zum Zeilenende als Kommentar interpretiert.

```
* Das ist eine Kommentarzeile
DATA NAME. " Vereinbarung der Variable NAME
```

2.2   Definition von Datenfeldern, Typen und Konstanten

Variablendeklaration

Datenfelder (Variablen) müssen vor ihrer erstmaligen Benutzung im Deklarationsteil des Programmes definiert werden. Dazu ist neben dem Schlüsselwort **DATA** die Angabe eines Datentyps und der Feldlänge oder einer Referenz erforderlich. Im folgenden werden die Begriffe Deklaration und Definition synonym verwendet, da in ABAP/4 der Deklarationszeitpunkt immer mit dem Definitionszeitpunkt zusammenfällt. Dies gilt sowohl für Daten als auch für Unterprogramme.

Feldnamen

Feldnamen können bis zu 30 Zeichen lang sein und Sonderzeichen sowie Ziffern enthalten. Das erste Zeichen sollte ein Buchstabe sein. Die Zeichen ( ) + . , und : sind nicht erlaubt. Der Bindestrich (-) sollte nicht verwendet werden, da er als Trennstrich für die Bestandteile zusammengesetzter Feldnamen verwendet wird. Empfehlenswert ist, zusammengesetzte Feldnamen mit einem Unterstrich (_) zu unterteilen und darüber hinaus auf Sonderzeichen im Feldnamen zu verzichten. Einige Namen sind in ABAP/4 vordefiniert. Dazu gehören die Systemvariablen, die generell mit SY oder SYST beginnen. Die Liste dieser Variablen läßt sich mit dem Editorkommando SHOW SY unter *Bearbeiten ⇨ Weitere Funktionen → Kommandoeingabe* anzeigen. Die Tabelle 2.1 zeigt einige Beispiele.

Tab. 2.1
Systemvariablen

Systemvariable	Bedeutung
SY-REPID	ABAP/4-Programmname
SY-UNAME	Name des Benutzers, der das Programm abarbeitet
SY-DATUM	Aktuelles Datum
SY-UZEIT	Aktuelle Uhrzeit
SY-SUBRC	Return-Code
SY-LANGU	Anmeldesprache

Die DATA-Anweisung verfügt über eine Reihe von Zusätzen, von denen nur einige dargestellt werden können. Feldleisten (Records) sowie interne Tabellen werden im Kapitel 6 behandelt. Eine einfache Datendeklaration hat folgenden Aufbau:

```
DATA <Variablenname>[(<Länge>)] {TYPE <Typ>|LIKE
<Var>} [VALUE <Standardwert>].
```

Dabei gilt für die einzelnen Teile folgendes:

- <Variablenname> ist eine Zeichenkette von bis zu 30 Buchstaben, die die Variable symbolisiert.

- <Länge> ist die Länge des Feldes in Byte, wenn eine andere als die Standardlänge gewünscht wird. Dies ist insbesondere für Zeichenketten interessant, da deren Standardlänge nur 1 Zeichen beträgt. Eine Längenangabe ist allgemein nur für die anschließend erklärten Typen C, P, N und X zulässig.

- <Typ> ist einer der in der folgenden Tabelle aufgelisteten Typen.

Tab. 2.2
Datentypen

Typ	Bedeutung	Standard-länge	Initialwert
C	Text (Zeichenkette)	1	Leerzeichen
N	Numerischer Text	1	'000...0'
D	Datum (YYYYMMDD = <Jahr><Monat><Tag>)	8	'000000000'
T	Zeitpunkt (HHMMSS = <Stunde><Minute><Sekunde>)	6	'0000000'
X	Hexadezimalzahl	1	'00'
I	Ganze Zahl (Integer)	4	0
P	Gepackte (Festkomma-)Zahl	8	0
F	Gleitpunktzahl (Float)	8	0.0

Der Typ gibt an, wie der Feldinhalt bei Berechnungen und Ausgaben interpretiert wird. Er legt darüber hinaus Länge, einen Initialwert und den erlaubten Zeichenvorrat fest. Während der Typ C alle Zeichen enthalten kann, sind für den Typ N nur Ziffern als Eingabe möglich. Soll ein Apostroph (') in einer Zeichenkette erscheinen, ist er doppelt ('') einzugeben.

Der Typ T hat die Besonderheit, daß er bei Bereichsüberschreitungen am Ende des Tages, d.h. nach dem Wert 235959, ohne Laufzeitfehler die Zählung wieder von vorn mit 000000 beginnt.

Gleitpunktzahlen werden standardmäßig in Exponentialdarstellung ausgegeben. Der gültige Wertebereich reicht von -1E307 bis 1E307. Die Genauigkeit beträgt ca. 15 Stellen. Hier einige Beispiele:

```
* Definition eines Feldes vom Typ Datum
DATA DATUM1 TYPE D.
Definition einer Zeichenkette der Länge 10
DATA NAME_ALT(10) TYPE C.
* Definition einer Zeichenkette der Länge 1
DATA ZEICHEN.
* Definition einer gepackten Festkommazahl
DATA FZAHL TYPE P.
* Definition von 3 Ganzen Zahlen
DATA I1,I2,I3 TYPE I.
* Definition einer Festkommazahl mit 8 Vor-
* und 2 Nachkommastellen.
DATA VAL2(10) TYPE P DECIMALS 2.
```

Die Angaben des Typs und der Länge sind optional. Erfolgen sie nicht, werden der Typ C bzw. die festgelegte Standardlänge des entsprechenden Datentyps verwendet.

Soll eine Variable den gleichen Typ wie eine bereits deklarierte Variable besitzen, kann dies über den Zusatz **LIKE** definiert werden.

```
* Definition einer Zeichenkette der Länge 10
DATA NAME_ALT(10) TYPE C.
* Definition einer Zeichenkette der Länge 10
DATA NAME_NEU LIKE NAME_ALT.
* Definition einer Variable vom gleichen
* Typ wie die Systemvariable SY-BNAME
DATA NUTZER LIKE SY-BNAME.
```

Typdeklaration

Ab dem Release 3.0 können mit dem Schlüsselwort **TYPES** eigene Typen definiert werden. Diese Typen können dann in nachfolgenden DATA-Anweisungen benutzt werden:

```
* Definition eines Zeichenkettentyps mit der * Länge
20
TYPES: T_KETTE(20).
* Definition einer Variable vom Typ T_KETTE
DATA Z TYPE T_KETTE.
```

Es besteht ab dem Release 3.0 auch die Möglichkeit, direkt Konstanten mit dem Schlüsselwort **CONSTANTS** zu vereinbaren:

```
CONSTANTS DATUM1 TYPE D VALUE '19970101'.
```

Konstanten-deklaration Bei der Zuweisung von Initialwerten und der Konstantenvereinbarungen sind für die Typen C und N in Apostrophe eingeschlossene Textliterale (z.B. 'Name') anzugeben. Für die Typen P und I sind Zahlenliterale ohne Apostrophe (z.B. 2340) zu schreiben. Für alle anderen Typen sowie für Angaben mit Nachkommastellen zum Typ P sind Textliterale anzugeben, die vom ABAP/4-System automatisch konvertiert werden.

Der gesamte Datenbereich eines ABAP/4-Programmes ist auf 64 KByte beschränkt.

2.3 Ausgabe und Formatierung

Mit Ausgabeanweisungen können die Inhalte von Datenfeldern auf ein Ausgabemedium übertragen werden. Standardmäßig erfolgt eine Ausgabe als Liste auf dem Bildschirm. Es ist aber auch möglich, die Ausgabe auf einen Drucker umzuleiten. Ein spezielles Programm dient zur komfortablen Ausgabesteuerung. Durch dieses werden neben den vom Nutzer veranlaßten Ausgaben Titel und Seitenzahl ergänzt (vgl. Abb. 3.5). Darüber hinaus kann in der angezeigten Liste geblättert werden.

Ausgabeanweisung Mit der **WRITE**-Anweisung werden Feldinhalte ausgegeben. Dabei gilt folgende Syntax:

```
WRITE [AT] [/][<Spalte>][(<Ausgabelänge>)] <Wert>
[<Format>].
```

Ein Schrägstrich (/) heißt, die Ausgabe startet auf einer neuen Zeile, sofern die aktuelle nicht leer ist. Ist eine Spalte angegeben, fängt dort der Schreibvorgang an. Mit <Ausgabelänge> kann die Länge des Strings begrenzt werden. Alle drei Angaben müssen, soweit vorhanden, ohne trennendes Leerzeichen angegeben werden. Z.B. schreibt WRITE /5(20) NAME. den Namen auf eine neue Zeile, in die 5. Spalte mit einer Maximalausgabelänge von 20 Zeichen.

<Format> kann sehr vielschichtige Zusätze umfassen, die wichtigsten zeigt folgende Übersicht:

Zusatz	Bedeutung
DD/MM/YYYY	Datum im benutzerspezifischen Format
USING EDIT MASK <Maske>	Formatierung gemäß Maske, wobei '_' für ein Zeichen des einfachen Ausgabestrings steht, z.B. ZEIT USING EDIT MASK '__:__:__'
EXPONENT <n>	Exponent forcierbar, EXPONENT 0 heißt ohne Exponentenzusatz
DECIMALS <Anz>	Limitieren der Dezimalstellen einer nichtganzen Zahl, z.B. vom Typ F
NO-GAP	kein Abstand (=Leerzeichen) hinter Feld ausgeben
LEFT-JUSTIFIED	linksbündig ausgeben
CENTERED	zentriert ausgeben (entsprechend der definierten Feldlänge)
RIGHT-JUSTIFIED	rechtsbündig ausgeben

Für die benutzerspezifische Ausgabe des Datums muß dessen Form in der Transaktion zur Festlegung der Benutzerangaben *System ⇨ Benutzervorgaben ⇨ Benutzerfestwerte* (SU50) ausgewählt werden.

Formatierung

Zur Formatierung der Ausgabe stehen eine Reihe von Befehlen zur Verfügung. Nachfolgend sind die wichtigsten Ausgabeoperationen und -klauseln mit Beispielen aufgelistet. Genauere Informationen gibt die Online-Hilfe:

```
* Ausgabe der Variablen NAME_ALT
WRITE NAME_ALT.
* Ausgabe mehrerer Variablen in einer Zeile
WRITE: NAME_ALT, NAME_NEU.
* Ausgabe eines Textes in eine neue Zeile
WRITE / 'Name: '.
* Ausgabe von maximal 20 Zeichen der Varia-
* ble NAME_ALT in eine neue Zeile ab der
* Spalte 10
```

```
WRITE /10(20) NAME_ALT.
* Ausgabe von NAME_NEU ab der gleichen Spal-
* te wie NAME_ALT
WRITE / NAME_NEU UNDER NAME_ALT.
* Ausgabe der Festkommazahl FZAHL mit 3
* Dezimalstellen
WRITE FZAHL DECIMALS 3.
* Benutzerspezifische Datumsausgabe
WRITE DATUM DD/MM/YYYY.
* Ausgabe einer Leerzeile
SKIP.
* Ausgabe von 5 Leerzeilen
SKIP 5.
* Ausgabe einer Linie
ULINE.
* Schreibt den nachfolgenden Text hervorge-
* hoben
FORMAT INTENSIFIED ON.
* Schreibt den nachfolgenden Text normal
FORMAT INTENSIFIED OFF.
* Forciert den Anfang einer neuen Seite
NEW-PAGE.
```

Seit Version 3.0 gibt es auch die Möglichkeit, Icons und Symbole mit WRITE anzuzeigen. Genaueres über die Zusätze AS ICON und AS SYMBOL findet man in der Online-Hilfe zu WRITE.

2.4 Wertzuweisungen und Operationen

Wertzuweisung

Sollen Werte an Datenfelder übergeben werden, müssen diese zugewiesen werden. Bei Verwendung des Zuweisungsoperators (=) ist keine Steuerungsanweisung notwendig.

```
* Übertragung des Wertes der Variable
* NAME_ALT auf die Variable NAME_NEU.
NAME_NEU = NAME_ALT.
```

In vielen ABAP/4-Programmen wird das Schlüsselwort **MOVE** verwendet. Es hat die gleiche Bedeutung.

```
* Übertragung des Wertes der Variable
* NAME_ALT auf die Variable NAME_NEU.
MOVE NAME_ALT TO NAME_NEU.
```

Operationen

Wertzuweisungen und andere Anweisungen können Operationen enthalten. Als Standardoperatoren stehen +, -, / (Division), * (Multiplikation), ** (Potenzierung), **DIV** (ganzzahlige Division) und **MOD** (Rest der ganzzahligen Division) zur Verfügung. Weitere mathematische Funktionen können der Online-Dokumentation entnommen werden. Klammersetzung ist erlaubt. Vor und nach jedem Operator und jeder Klammer muß ein Leerzeichen stehen.

```
* I1 wird 4 gesetzt
I1 = 12 / ( 7 - 4).
* Für I2 ergibt sich 3
I2 = 7 MOD 4.
* Die Operation ergibt den Wert 7
I3 = I1 + I2.
```

Die hier angegebene Schreibweise ist die Kurzform der Wertzuweisung mit dem optionalen Schlüsselwort **COMPUTE**. Die vollständige Syntax lautet:

```
COMPUTE <Feld> = <Ausdruck>.
```

Alternativ können die Anweisungen **ADD TO, SUBTRACT FROM, MULTIPLY BY** und **DIVIDE BY** verwendet werden. Zu beachten ist, daß kein Ausdruck verwendet werden darf und daß die Ergebnisvariable am Ende der Anweisung steht.

```
ADD <Wert> TO <Feld>.
```

Operationen mit unterschiedlichen Typen von Variablen erfordern eine Typanpassung. ABAP/4 nimmt diese Anpassungen automatisch vor. Es muß nur sichergestellt sein, daß das Quellfeld gültige Werte des Zielfeldtyps besitzt. Im nachfolgenden Beispiel dürfen deshalb die Variablen S1 und S2 nur Vorzeichen, Ziffern und Dezimalpunkt enthalten.

```
DATA: S1(4) VALUE '25.3',
      S2(4) VALUE '25,3',
      N TYPE I.


* N bekommt den Wert 25 zugewiesen.
N = S1.
* Die Anweisung führt zu einem Laufzeit-
* fehler, da ein Komma nicht als Dezimal-
* punkt interpretiert wird.
N = S2.
```

Das Operationszeichen (+) wird auch als Offsetangabe für Zeichenketten benutzt.

```
* Das 3. bis 7. Zeichen von C wird an C1
* übergeben.
C1 = C+3(5).
```

Da nur die fehlenden Leerzeichen eine Addition von einer solchen Zeichenkettenoperation unterscheiden, führt

```
I1 = C+3.
```

anstelle von

```
I1 = C + 3.
```

nicht zu einem Syntaxfehler, aber zu einem falschen Ergebnis.

Variablen initialisieren

Die Anweisung **CLEAR** setzt Variablen auf ihren durch den Typ festgelegten Initialwert, sie speichert jedoch nicht einen mit VALUE festgelegten Anfangswert zurück.

```
* Die Variable I1 wird auf 0 und die Varia-
* ble DATUM1 auf '00000000' zurückgesetzt.
CLEAR I1, DATUM1,.
```

2.5 Textelemente

Textelemente anlegen

Ein wesentliches Merkmal der mit ABAP/4 erstellten Anwendungssysteme ist die leichte Anpaßbarkeit der Bildschirmausschriften an unterschiedliche Sprachen. Die Basis dafür bildet die Trennung von Texten und Programmablauf. Zu diesem Zweck können außerhalb des Quelltextes mehrsprachige Textelemente eingegeben werden. Zur Eingabe der Textelemente ist im Einstiegsbild des Quelltext-Editors das Teilobjekt Textelemente zu markieren und die Funktion *Anlegen* auszuführen. Im ersten Dynpro muß die Textart ausgewählt werden.

Abb. 2.1
Einstiegsbild zur
Erfassung der
Textelemente

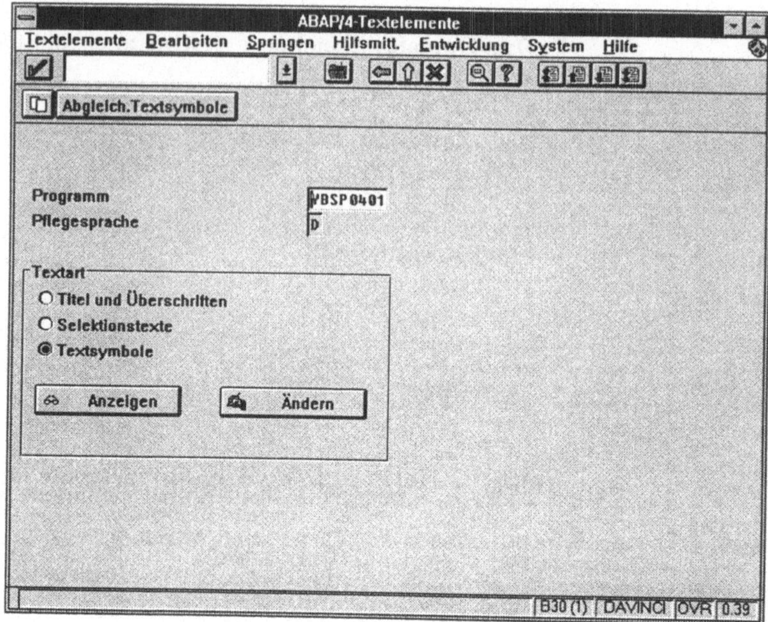

Aus diesem heraus erreicht man über die Funktion „Ändern" die
Erfassungsmaske der Textelemente.

Abb. 2.2
Erfassungsmaske
für Textelemente

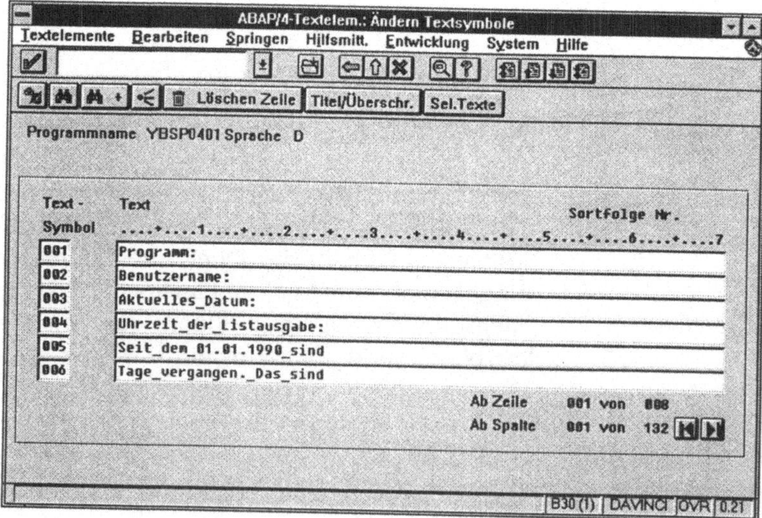

Textelemente aufrufen

Die Textelemente sind dreistellig numeriert und werden im dazugehörigen Quelltext als Variable TEXT-xxx angesprochen.

```
* Ausgabe der Zeichenkette "Datum: "
WRITE TEXT-003.
```

Eine Ausgabe von Textelementen kann nur erfolgen, wenn sie in der Anmeldesprache des Nutzers, der das Programm abarbeitet, erfaßt wurden. Ein sprachunabhängiger Default-Wert kann in der Schreibweise WRITE 'Datum:'(002). vereinbart werden. Er wird nur verwendet, wenn kein spezielles Textelement in der Anmeldesprache erfaßt wurde. Aus dem Einstiegsbild der Textelemente (vgl. Abb. 4.1) können die aktuellen Default-Werte als reguläre Textelemente mit dem Befehl *Bearbeiten* ⇨ *Abgleich.Textsymbole* abgespeichert werden.

2.6   Anwendungsbeispiel

Es folgt ein kurzes Anwendungsbeispiel für die erläuterten Anweisungen:

```
REPORT YBSP0401.
DATA: DATE1 TYPE D,
      DIFF TYPE I,
      WOCHE TYPE I,
      TAG TYPE I.
WRITE: / 'Programm:'(001), SY-REPID.
WRITE: / 'Heute ist der', SY-DATUM.
SKIP 2.
* Umwandlung Zeichenkette in Datum
DATE1 = '19900101'.
* Umwandlung Datum in ganze Zahl
DIFF = SY-DATUM - DATE1.
WOCHE = DIFF DIV 7.
TAG = DIFF MOD 7.
WRITE: / TEXT-005, (3) DIFF, TEXT-006,
        /(3) WOCHE, TEXT-007,
          (1) TAG, TEXT-008.
SKIP 2.
ULINE.
WRITE: / TEXT-002, 30 SY-UNAME.
WRITE: / TEXT-003, SY-DATUM UNDER SY-UNAME.
WRITE: / TEXT-004, SY-UZEIT UNDER SY-UNAME.
```

Abb. 2.3 zeigt das Ergebnis:

Abb. 2.3
Ausgabe von Textelementen

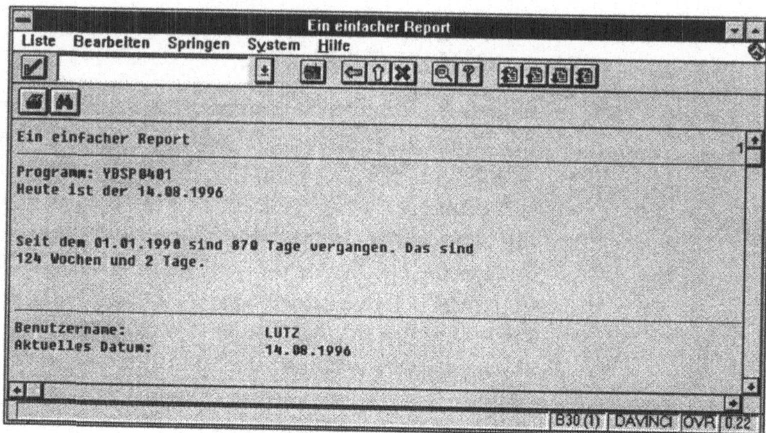

Obwohl sich die Arbeit mit Textelementen und damit die Trennung von Quellcode und Texten fast immer empfiehlt, werden in den nachfolgenden Beispielen alle auszugebenden Texte direkt in den Quelltext aufgenommen, um die Darstellung übersichtlicher zu gestalten.

2.7   Testhilfe

Ein wichtiges Werkzeug bei der ABAP/4-Programmierung ist die Testhilfe (Debugger). Sie ermöglicht die Programmunterbrechung an vordefinierten Haltepunkten und das schrittweise Abarbeiten von Programmsequenzen. Dabei können bei Programmunterbrechungen alle im Programm angesprochenen Felder, formale Parameter und Tabellen angezeigt werden. Feldinhalte können dann direkt verändert werden.

Programmtest

Mit *Programm ⇨ Ausführen ⇨ Debugging* kann die Testhilfe aus dem Quelltexteditor heraus gestartet werden.

Abb. 2.4
Testhilfe

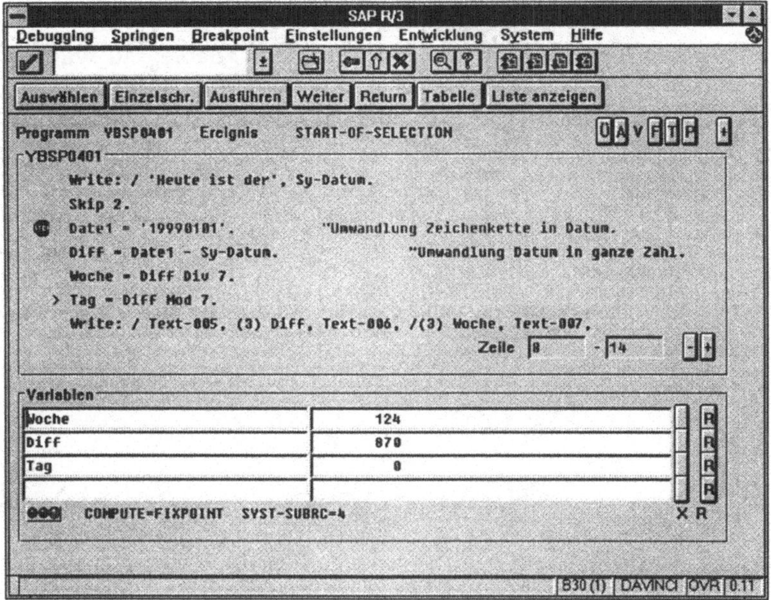

Haltepunkte setzen

Die Unterbrechung an einer vorgegebenen Stelle im Programm erfolgt über **Haltepunkte** (Breakpoints). Solch ein Breakpoint kann für die aktuelle Zeile aus dem Editor heraus mit *Hilfsmittel ⇨ Breakpoint ⇨ Setzen* festgelegt werden. Bei einer darauffolgenden Abarbeitung des Programmes (z. B. mit *Programm ⇨ Ausführen*) wird bei Erreichen eines Breakpoints im Programmablauf die Testhilfe angezeigt. Im oberen Teil des Bildes ist der Ausschnitt des Quellcodes abgebildet, der die aktuelle Programmzeile enthält. Die nächste zu bearbeitende Zeile ist mit (>) gekennzeichnet. Haltepunkte sind farbig hervorgehoben und mit **STOP** markiert.

Der Programmablauf kann auch in Abhängigkeit vom Eintreten bestimmter Ereignisse unterbrochen werden. Bspw. kann das Programm immer dann angehalten werden, wenn sich ein bestimmter Feldinhalt ändert. Dazu ist aus der Testhilfe heraus über die Funktion *Springen ⇨ Felder* ein Überwachungspunkt (Watchpoint) zu definieren.

Im unteren Bildteil können Felder angegeben werden, deren Inhalt bei der Abarbeitung überwacht werden soll. Das geschieht am einfachsten durch Anklicken des Feldnamens im Quelltext oder durch direkte Eingabe der Bezeichnung. Im dargestellten Beispiel (vgl. Abb. 2.4) ist der Wert der Variable WOCHE berechnet worden, der Wert der Variable TAG wird im nächsten Schritt ermittelt.

Mit der Replace-Funktion können Feldinhalte geändert werden. Dazu ist nach der Werteingabe das neben dem Eingabefeld befindliche, mit einem R versehene Feld, zu markieren. Der Inhalt einer Tabelle kann über die Funktion *Springen ➪ Tabelle* und die Angabe des Tabellennamens angezeigt werden. Die einzelnen Zeilen sind durchnumeriert, die Kopfzeile ist mit ">>>>>" gekennzeichnet. In dieser Anzeige können keine Werte geändert werden.

3 Bearbeiten von Datenbanktabellen

Tabellendeklaration

Am häufigsten werden ABAP/4-Programme zur Verarbeitung von im R/3-System gespeicherten Datenbeständen benutzt. Ziel dieses Kapitels ist es, den Leser zu befähigen, einfache Auswertungen von diesen Daten zu erstellen. Alle Daten sind in Tabellen der angeschlossenen relationalen Datenbank gespeichert.

3.1 Deklarieren von Datenbanktabellen

Die Namen der Tabellen, die im Programm verwendet werden, müssen im Deklarationsteil in einer **TABLES**-Anweisung aufgelistet werden.

```
TABLES: LFA1, LFB1, LFC1.
```

Diese Deklaration ist mit einer Definition eines Datenaustauschbereiches zwischen Programm und Tabelle verbunden. Dieser Bereich wird in ABAP/4 Kopfzeile der Tabelle genannt. Er enthält beim Bearbeiten der Tabelle die Daten des aktuellen Datensatzes aus der Tabelle. Der Datenaustauschbereich ist eine Feldleiste. Dieser zusammengesetzte Typ wird in Kapitel 6.1 genauer beschrieben.

Die einzelnen Felder werden über <Tabellenname>-<Feldname> angesprochen. LFA1-NAME1 bezeichnet bspw. das Feld NAME1 in der Tabelle LFA1 (Lieferantenstammdaten, allgemeiner Teil).

Mit der TABLES-Anweisung werden nur Datenbank-Tabellen deklariert. Auf interne Tabellen, die erst zur Laufzeit erstellt werden, wird im Kapitel 6.2 eingegangen.

3.2 Lesen von Werten aus einer Datenbanktabelle

In ABAP/4 gibt es ein SQL-Subset. Das Subset ist eine Untermenge von SQL-Befehlen zur Arbeit über Datenbanktabellen, dessen Befehle unabhängig von der physisch darunterliegenden Datenbank sind. Das Subset umfaßt die Befehle SELECT, INSERT, UPDATE, MODIFY und DELETE. Datenbanktabellen sind dabei transparente, Pool- und Cluster-Tabellen sowie Views.

Lesen von Datensätzen

Die SELECT-Anweisung dient dem Auslesen von Daten aus der Datenbank. Sie kann im Programm auf jede Datenbanktabelle angewendet werden, die mit TABLES deklariert wurde. Es gibt zwei grundlegende Ausprägungen der Anweisung.

Die gebräuchlichere hat die folgende Form:

```
SELECT * FROM <Tabelle> [WHERE <Bedingun-
   gen>] [ORDER BY <Felder>] [UP TO <n> ROWS].
    <Verarbeitung des Datensatzes>
ENDSELECT.
```

Bedingungen

Die Anweisung arbeitet in einer Schleife alle Datensätze ab, die den Bedingungen der WHERE-Klausel genügen.

Innerhalb der Schleife, die durch das Schlüsselwort ENDSELECT. beendet wird, kann der jeweils aktuelle Datensatz bearbeitet werden. Er steht in der Kopfzeile der bearbeiteten Tabelle. Selektiert man bspw. über die Tabelle UMSATZ mit den Feldern KUNDENNR und UMSATZ, so sind diese über UMSATZ-KUNDENNR beziehungsweise UMSATZ-UMSATZ ansprech- und auswertbar.

Für die Zusätze der SELECT-Anweisung gilt folgendes:

Die WHERE-Klausel erlaubt, den Datenbestand durch Bedingungen einzuschränken. Das hat einen erheblichen Performance-Vorteil gegenüber einer eigenen Einschränkung innerhalb der SELECT-Schleife. Innerhalb der WHERE-Klausel müssen die Felder der aktuellen Tabelle ohne den Zusatz <Tabelle>- angegeben werden.

Mit der **ORDER BY**-Klausel können die Daten nach einem oder mehreren Feldern geordnet werden. Die Angabe der Felder erfolgt sortiert. Das heißt, zuerst werden die Daten nach dem ersten angegebenen Feld geordnet, innerhalb von Gruppen mit dem gleichen Feldinhalt nach dem zweiten usw.. Die Syntax für die Angabe eines Feldes lautet jeweils `<Feld>` **[ASCENDING|DESCENDING]**, wobei der Zusatz ASCENDING für aufsteigende, DESCENDING für absteigende Sortierfolge steht. Ist kein Zusatz angegeben, ist die Standardsortierrichtung aufsteigend. Der Zusatz **PRIMARY KEY** sortiert nach den Primärschlüsselfeldern der Tabelle.

Mit dem Zusatz UP TO `<n>` ROWS kann die Bearbeitung auf die ersten n Datensätze beschränkt werden.

Um das Gesagte etwas plastischer zu machen, seien hier zwei Beispiele angegeben, wie die SELECT-Anweisung aussehen kann:

```
SELECT * FROM LFA1 WHERE ORT01 = 'Berlin'
```

Liest aus der Tabelle LFA1 alle Angaben über Lieferanten, die in Berlin ansässig sind.

```
SELECT * FROM UMTAB ORDER BY UMSATZ DESCENDING
  UP TO 10 ROWS.
```

Liest aus der imaginären Tabelle UMTAB die 10 umsatzstärksten Kunden, absteigend nach Umsatz geordnet.

Es gibt auch die Möglichkeit, SELECT-Schleifen zu schachteln. Dies ist besonders für Tabellenhierarchien mit 1:n-Beziehungen wichtig.

Angenommen, die Tabellen

```
KUNDEN( KUNDENNR, NAME, STRASSE, PLZ, ORT ) und
UMSATZ( KUNDENNR, GJAHR, UMSATZ )
```

enthielten Kunden und ihre jährlichen Umsätze, so könnte eine Liste folgendermaßen erstellt werden:

```
REPORT YBSP0002.
TABLES: KUNDEN, UMSATZ.
* Kunden der Reihe nach, alphabetisch geord-
* net, durchgehen
SELECT * FROM KUNDEN ORDER BY NAME.
  WRITE: / KUNDEN-NAME, KUNDEN-STRASSE,
  KUNDEN-PLZ, KUNDEN-ORT.
* gebe für jeden Kunden seine Umsätze in
* allen Geschäftsjahren aus, das neueste
* Geschäftsjahr zuerst
  SELECT * FROM UMSATZ
```

```
WHERE KUNDENNR = KUNDEN-KUNDENNR
ORDER BY GJAHR DESCENDING.
    WRITE: / '              ', UMSATZ-GJAHR, UMSATZ-
UMSATZ.
   ENDSELECT.
ENDSELECT.
```

Die resultierende Liste könnte etwa so aussehen:

Abb. 3.1
Liste der Kunden-
umsätze

```
Liste der Kundenumsätze              02.06.1996
Fa. Meier          Lindenweg      98529 Suhl
                1996        2.700,00
                1995       12.673,00
                1993          212,14
Fa. Müller         Ehrenberg       98693 Ilmenau
                1996        3.700,12
                1995        7.785,00
...
```

Die Abarbeitung dieses Beispiels erfordert ein Anlegen der Tabellen in dieser Form im ABAP/4-Dictionary.

Lesen einzelner
Datensätze

Die zweite Ausprägung von SELECT ins die **SELECT SINGLE**-Anweisung Die SELECT SINGLE-Anweisung liest, wenn die Bedingung erfüllt ist, genau einen Datensatz und schreibt ihn in die Kopfzeile der Tabelle. Sie hat die folgende Form:

```
SELECT SINGLE * FROM <Tabelle> WHERE <Bedingung>.
```

Ein ENDSELECT darf nicht geschrieben werden.

SELECT SINGLE liest einen Datensatz über seinen Schlüssel aus. Dazu müssen alle Felder, die zum Schlüssel gehören, über einen Vergleich auf Gleichheit als Bedingung angegeben werden. Ist z.B. die Tabelle UMTAB als UMTAB(<u>KUNDE</u>, UMSATZ), das bedeutet mit KUNDE als Schlüssel, definiert, so könnte die SELECT-Anweisung folgendermaßen aussehen:

```
SELECT SINGLE * FROM UMTAB WHERE KUNDE = '2796'.
```

Den Erfolg einer SELECT-Anweisung kann man überprüfen, indem man den Wert der Variable SY-SUBRC ermittelt. Ist er 0, war die Suche erfolgreich und mindestens ein Datensatz (bei SELECT SINGLE genau ein Datensatz) wurde gefunden, ist sie 4, wurde kein Datensatz selektiert. Der Wert 8 bedeutet, die SELECT SINGLE-Anweisung trifft für mehrere Datensätze zu.

3.3   Ändern von Datenbanktabellen

Für Änderungen von Datenbanktabellen können die Befehle INSERT, MODIFY und DELETE verwendet werden.

INSERT <Tabelle> fügt den Inhalt der Kopfzeile als neuen Datensatz in die Tabelle ein. Dabei muß sichergestellt sein, daß noch kein Datensatz mit dem gleichen Schlüssel existiert. Ist das der Fall, wird INSERT nicht ausgeführt und im Feld SY-SUBRC wird ein Fehlercode (Wert größer 0) erzeugt.

Ein Datensatz kann mit dem Befehl UPDATE <Tabelle> überschrieben werden. Hier muß sichergestellt sein, daß ein Satz mit gleichem Schlüssel bereits existiert. Das Ergebnis ist ebenfalls am Wert der Variable SY-SUBRC abzulesen.

Der Befehl MODIFY <Tabelle> verbindet Einfügen und Ändern. Er prüft selbständig, ob ein Datensatz mit gleichem Schlüssel vorhanden ist. Ist das der Fall, wird geändert, ansonsten wird eingefügt. Der MODIFY-Befehl hat deshalb eine schlechtere Performance als UPDATE und INSERT.

Mit DELETE FROM <Tabelle> WHERE <Bedingung> können einzelne oder mehrere Datensätze gelöscht werden.

Sollen mehrere Datensätze aus einer internen Tabelle in eine Datenbanktabelle mit gleicher Struktur übernommen werden, kann die Anweisung MODIFY <Datenbanktabelle> FROM <interne Tabelle> benutzt werden.

Auch UPDATE eignet sich zum Ändern mehrerer Datensätze. Die Anweisung dazu lautet UPDATE <Tabelle> SET <Zuweisung> WHERE <Bedingung>. Als Zuweisung ist es möglich, den alten Wert durch den neuen Wert zu ändern oder den alten Wert um den neuen zu erhöhen bzw. zu vermindern. Die Bedingung gibt an, in welchen Datensätzen Änderungen vorgenommen werden sollen. Das nachfolgende Beispiel ändert alle Postleitzahlen in den Adreßdaten der Lieferanten aus der Stadt Oberhof:

```
UPDATE LFA1
   SET LFA1-POSTLZ = '911111'
   WHERE LFA1 ORT01 = 'Oberhof'.
```

Beim Schreiben in mehrere logisch zusammenhängende Datenbanktabellen kann das Problem entstehen, daß ein Fehler erst nach den ersten erfolgreichen Operationen auftritt. Deshalb muß es möglich sein, einzelne Änderungen rückgängig zu machen. Der Befehl dafür heißt ROLLBACK WORK. Demgegenüber werden alle Änderungen mit `COMMIT WORK` festgeschrieben. `ROLLBACK WORK` wirkt bis zum `letzten` `COMMIT WORK` oder zum letzten Bildwechsel zurück.

4   Elemente der Programmsteuerung

Die bisher dargestellten Syntaxelemente dienen der sequentiellen Abarbeitung von ABAP/4-Programmen. Soll der Programmablauf in Abhängigkeit von Werten und Ereignissen beeinflußt werden, müssen Steuerstrukturen genutzt werden. ABAP/4 bietet neben den auch in anderen Programmiersprachen verwendeten Grundstrukturen (Verzweigung und Schleife) die Möglichkeit, den Programmablauf ereignisgesteuert zu gestalten. Beide Varianten werden in diesem Kapitel dargestellt.

4.1   Grundlegende Steuerstrukturen

Mit ABAP/4 lassen sich die in prozeduralen Sprachen üblichen Verzweigungen und Zyklen realisieren. Diese und die dabei verwendbaren Bedingungen werden im folgenden kurz beschrieben.

Verzweigungen

Die Anweisung **IF** `<Bedingung>`. verzweigt entsprechend des Resultates einer Bedingung. Ist die Bedingung erfüllt, werden die Anweisungen im Ja-(IF-)Zweig ausgeführt, ansonsten die des Nein-(ELSE-)Zweiges. Soll die Abarbeitung des Nein-Zweiges durch eine weitere IF-Anweisung aufgespalten werden, können `ELSE`. und `IF` `<Bedingung>`. zur Anweisung ELSEIF `<Bedingung>`. verbunden werden. Die Anweisung **ENDIF.** schließt die Verzweigung ab.

```
IF X > Y.
  WRITE / 'X ist größer als Y'.
ELSEIF X = Y.
  WRITE / 'X und Y sind gleich'.
ELSE.
  WRITE / 'Y ist größer als X'
ENDIF.
```

Sollen mehr als zwei alternative Anweisungsfolgen in Abhängigkeit eines Feldinhaltes ausgewählt werden, empfiehlt sich die **CASE**-Anweisung. Mit ihr wird der Feldinhalt mit mehreren Werten verglichen. Es werden dann die Anweisungen abgearbeitet,

die auf **WHEN** <Wert>. mit dem übereinstimmenden Wert folgen.
WHEN OTHERS. bezeichnet die Anweisungen, die ausgeführt werden sollen, wenn der Feldinhalt keinem der vorgegebenen Werte
entspricht. **ENDCASE.** schließt die CASE-Anweisung ab.

```
CASE X.
  WHEN 1.
    WRITE / 'Der Inhalt von Feld X ist 1'.
  WHEN 2.
    WRITE / 'Der Inhalt von Feld X ist 2'.
  WHEN 6.
    WRITE / 'Der Inhalt von Feld X ist 6'.
  WHEN OTHERS.
    WRITE / 'Der Inhalt von Feld X ist ',
            'weder 1 noch 2 noch 6'.ENDCASE.
```

Zyklen

Die wiederholte Abarbeitung von Anweisungen wird mittels
Zyklen realisiert. ABAP/4 unterscheidet Zählzyklen und abweisende Schleifen.

Zählschleife

Die **DO**-Anweisung wird gemeinsam mit einem Parameter und
dem Zusatz TIMES als Zählschleife verwendet (DO <Parameter>
TIMES.). Der Parameter gibt die Anzahl der Wiederholungen an.
ENDDO. beendet den Zyklus.

```
* Schleife mit 5 Durchläufen
DO 5 TIMES.
* Ausgabe des aktuellen Schleifenzählers
        WRITE / SY-INDEX.
ENDDO.
```

Der Zusatz VARYING ... FROM ... NEXT ermöglicht eine Wiederholung der Abarbeitung in vordefinierten Schritten. Bei der ersten
Abarbeitung erhält das VARYING-Feld die Adresse des FROM-
Feldes. Im zweiten Durchlauf wird die Adresse des NEXT-Feldes
verwendet. Bei jeder weiteren Wiederholung wird die Adresse
des VARYING-Feldes um die Differenz zwischen FROM- und NEXT-
Adresse erhöht.

```
* Schleife mit 5 Durchläufen
DO 5 TIMES VARYING X FROM A NEXT B.
* Ausgabe des aktuellen Wertes von X.
        WRITE / X.
ENDDO.
```

Eine Endlosschleife entsteht, wenn die DO-Anweisung ohne Parameter und TIMES verwendet wird. Diese kann nur durch eine Abbruchanweisung (vgl. Kapitel 6.1.3) verlassen werden.

Abweisende Schleife

Die Abarbeitung eines **WHILE**-Zyklusses ist von der Bedingung abhängig, die in der WHILE-Anweisung formuliert wird (WHILE <Bedingung>.). Sie wird ausgeführt, sofern und solange diese Bedingung erfüllt ist. Dieser abweisende Zyklus wird mit END-WHILE. abgeschlossen.

```
X = 2.
WHILE X < 1000.
* Schleife zur Ausgabe der Potenzen von 2,
* die kleiner als 1000 sind
        WRITE / X.
        X = X * 2.
ENDWHILE.
```

Analog des Zusatzes VARYING ... FROM ... NEXT in der DO-Anweisung können mit VARY ... FROM ... NEXT vordefinierte Schritte in einer WHILE-Anweisung programmiert werden.

Schleifenzähler

Innerhalb der Schleife wird die aktuelle Zahl der bisherigen Schleifendurchläufe in der Systemvariable **SY-INDEX** zur Verfügung gestellt.

Abbruchanweisungen

Die Ablaufsteuerung von Programmen sollte prinzipiell durch die beschriebenen Steueranweisungen oder durch eine Ereignissteuerung erfolgen. Abbruchanweisungen zum vorzeitigen Beenden der Abarbeitung sollten nur in Ausnahmefällen verwendet werden.

Die Anweisung **CONTINUE** bewirkt, daß der aktuelle Zyklus nicht zu Ende geführt wird; es beginnt sofort der nächste Schleifendurchlauf. **CHECK** wirkt analog zu CONTINUE, wenn die Bedingung der CHECK-Anweisung nicht erfüllt ist. Mit der Anweisung **EXIT** wird eine Schleife ohne Bedingung verlassen.

Außerhalb von Schleifen haben CHECK und EXIT ähnliche Wirkungen. Werden sie innerhalb von Verarbeitungsblöcken (FORM, MODULE, FUNCTION oder AT) abgearbeitet, werden die nachfolgenden Anweisungen des Blockes nicht mehr ausgeführt.

Im Hauptprogramm eines Reports führt EXIT zu dessen Ende und zur sofortigen Anzeige des Programmergebnisses als Liste.

Bedingungen

Die Ausführung vieler Anweisungen ist abhängig von Bedingungen. Diese werden durch logische Ausdrücke definiert. Eine

Möglichkeit ist der Vergleich von zwei Feldinhalten oder eines Feldinhaltes mit einem Wert. In Tabelle 4.1 sind Vergleichsoperatoren aufgelistet.

Tab. 4.1
Vergleichsoperatoren

Kurzbezeichnung	Zeichen	Bedeutung
EQ	=	gleich
NE	<>, ><	ungleich
GT	>	größer
LT	<	kleiner
GE	>=, =>	größer gleich
LE	<=, <=	kleiner gleich

Hier einige Beispiele:

```
IF I <> 1.
IF X GE Y.
IF SY-UNAME = 'MEIER'.
```

Mit der Klausel BETWEEN ... AND ... kann überprüft werden, ob der Inhalt eines Feldes innerhalb eines vorgegebenen Intervalles liegt. Die Klausel IS INITIAL vergleicht den Feldinhalt mit dem Standardinitialwert des entsprechenden Feldtyps.

```
IF X BETWEEN 10 AND 20.
* entspricht 10 <= X <= 20
IF X IS INITIAL.
```

Zeichenketten lassen sich mit folgenden Operatoren vergleichen:

<table>
<tr><td>Tab. 4.2
Zeichenketten-
operatoren</td><td>

Kurzbe- zeichnung	**Lang- bezeichnung**	**Bedeutung**
CO	Contains Only	Erfüllt, wenn der erste Operand nur Zeichen des zweiten Operanden enthält.
CN	Contains Not Only	Erfüllt, wenn der erste Operand nicht nur Zeichen des zweiten Operanden enthält.
CA	Contains Any	Erfüllt, wenn der erste Operand mindestens ein Zeichen des zweiten Operanden enthält.
NA	Contains Not Any	Erfüllt, wenn der erste Operand kein Zeichen des zweiten Operanden enthält.
CS	Contains String	Erfüllt, wenn der erste Operand die Zeichenfolge des zweiten Operanden enthält.
NS	Contains No String	Erfüllt, wenn der erste Operand nicht die Zeichenfolge des zweiten Operanden enthält.
CP	Contains Pat-tern	Erfüllt, wenn der erste Operand das Muster des zweiten Operanden enthält.
NP	Contains No Pattern	Erfüllt, wenn der erste Operand nicht das Muster des zweiten Operanden enthält.

</td></tr>
</table>

Dem Größenvergleich zwischen Strings wird eine lexikographische Ordnung zugrunde gelegt. Bei der Verwendung von CP und NP steht das Symbol (+) für genau ein beliebiges Zeichen und (*) für eine beliebige Zeichenfolge. Das Symbol (#) steht vor einem "zeichengetreu" zu vergleichenden Zeichen. CS und NS unterscheiden nicht zwischen Groß- und Kleinschreibung. Die angegebenen Stringvergleiche können bei der WHERE-Klausel allerdings nicht eingesetzt werden, sie sind nur bei IF- und CHECK-Anweisungen gültig.

Ergebnis des Vergleiches

Die Systemvariable **SY-FDPOS** enthält weitere Informationen des Vergleiches. So wird die Feldlänge des ersten Operanden bei nicht erfüllter Bedingung in dieser Variable hinterlegt. Bei erfüllter Bedingung wird die Anzahl der Zeichen bis zu der Stelle im ersten Operanden abgelegt, ab welcher die Bedingung erfüllt wird.

Der Operator **IN** dient der Überprüfung, ob ein Wert innerhalb eines mit SELECT-OPTIONS zu Programmbeginn eingegebenen Intervalls liegt.

```
IF X IN WERT.
  WRITE / 'X ist zulässig'.
ELSE.
  WRITE / 'X ist kein zulässiger Wert'
ENDIF.
```

Verknüpfung mehrerer Bedingungen

Die einzelnen Bedingungen können über **AND** und **OR** logisch verknüpft werden. Sollte es nötig sein, einzelne Teile klar abzutrennen, ist eine Klammerung möglich.

Die Verknüpfung AND hat zur Folge, daß der Datensatz nur dann selektiert, d.h. bearbeitet wird, wenn beide verknüpften Bedingungen erfüllt sind. Bei einer Verknüpfung mit OR reicht es hingegen, wenn eine der beiden Bedingungen erfüllt ist.

Bedingungen sind in der Regel Vergleiche, hier von Feldern mit anderen Feldern oder Konstanten oder Verknüpfungen von Vergleichen.

Nicht aufgeführt sind Bitvergleiche, hier sei auf die Online-Hilfe verwiesen.

4.2 Ereignisorientierte Programmsteuerung

Konzept

Reports werden benutzt, um Daten aus Datenbanktabellen zu lesen, zu verarbeiten und auszugeben. Während der Abarbeitung dieser Programme treten eine Reihe von Ereignissen auf. Beispiele dafür sind der Programmbeginn, das Lesen eines Datensatzes oder das Beenden einer Bildschirmeingabe. ABAP/4-Programme können diese Ereignisse auswerten und im Ergebnis den Programmablauf steuern. Jedesmal, wenn ein Ereignis eintritt, werden die zugehörigen Anweisungen abgearbeitet. Die Ablaufsteuerung selbst wird dabei von einem Rahmenprogramm übernommen, in das der eigentliche Quelltext eingefügt wird. Somit müssen im vom Nutzer erstellten Quelltext lediglich die steuernden Ereignisse und die darauffolgenden Anweisungen definiert werden.

Die Ereignisse werden über Zeitpunkt- oder Ereignisschlüsselwörter definiert. Diese teilen das Programm in mehrere Verarbeitungsblöcke auf. Ein Verarbeitungsblock beginnt mit einem Schlüsselwort. Danach folgen die Anweisungen, die nach Eintreten des Ereignisses abgearbeitet werden sollen. Abgeschlossen wird ein Verarbeitungsblock

- durch das Schlüsselwort zu Beginn des nächsten Blockes,
- durch ein internes Unterprogramm oder
- durch das Programmende.

Die Reihenfolge der Verarbeitungsblöcke im Quelltext ist beliebig, jedoch wird wegen der besseren Übersichtlichkeit empfohlen, sie in der Reihenfolge ihres Auftretens zu vereinbaren.

Die größte Bedeutung hat die Ereignissteuerung im Zusammenhang mit Datenbankoperationen, die eine logische Datenbank nutzen. Der Begriff der logischen Datenbank wird im Kapitel 6.3 näher erläutert. Wesentlich ist, daß über die logische Datenbank Datensätze aus mehreren hierarchisch zusammenhängenden Tabellen vom ABAP/4-Prozessor geordnet zur Verfügung gestellt werden.

Abb. 4.1 zeigt einen Ausschnitt aus der in der logischen Datenbank festgelegten Tabellenhierarchie der Lieferantendaten.

Abb. 4.1
Logische Datenbank
KDF

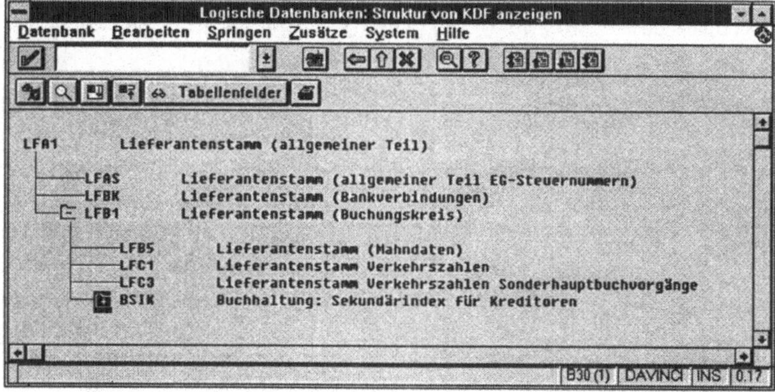

Ereignisse

Die ABAP/4-Syntax ermöglicht die Programmsteuerung aufgrund unterschiedlicher Ereignisse. Allgemein verwendbare Ereignisse sind `INITIALIZATION.`, `START-OF-SELECTION.`, `END-OF-SELECTION.` `GET <Tabelle>.` und `GET <Tabelle> LATE.` definieren Ereignisse, die beim Lesen von Tabellen auftreten. `TOP-OF-PAGE.` und `END-OF-PAGE.` sind Ereignisse bei der Ausgabe von

Listen, sie dienen zur Aufbereitung von Listen. Vom Programm-benutzer können die Ereignisse AT LINE-SELECTION., AT PFxx., und AT USER-COMMAND. ausgelöst werden. Letztere werden im interaktiven Reporting verwendet. Nachfolgend werden einige Ereignisse der Ablaufsteuerung genauer beschrieben.

Programmbeginn

Das Ereignis **INITIALIZATION.** tritt zu Programmbeginn ein. Mit den zugehörigen Anweisungen können Selektionskriterien und Parameter vor Ausgabe des Selektionsbildschirms verändert werden.

Das Ereignis **START-OF-SELECTION.** findet nach der Bearbeitung des Selektionsbildschirmes und vor der ersten Leseoperation auf Datenbanktabellen statt. Seine Angabe ist optional. Wenn ein Programm, wie das Programm YBSP0301, keine Ereignisschlüsselwörter enthält, werden alle Anweisungen deshalb direkt zum genannten Zeitpunkt ausgeführt. Wird das Schlüsselwort START-OF-SELECTION nicht mit angegeben, so müssen die zugehörigen Anweisungen am Beginn des Quelltextes, vor Unterprogramm-deklarationen und Anweisungsblöcken, für andere Ereignisse stehen, da sie sonst zum falschen Zeitpunkt abgearbeitet werden würden. Deshalb empfiehlt sich die Angabe dieses Schlüssel-wortes insbesondere in komplexeren Programmen. Nach START-OF-SELECTION. können Initialisierungen für die nachfolgenden Anweisungsblöcke programmiert werden.

Programmende

END-OF-SELECTION. bezeichnet den Zeitpunkt nach dem Lesen und Verarbeiten aller Tabellen.

Datensatz lesen

Die Ereignisse **GET <Tabelle>.** und **GET <Tabelle> LATE.** setzen voraus, daß die angegebenen Tabellen vorher mit der TABLES-Anweisung deklariert wurden. Desweiteren muß das Programm als Attribut eine logische Datenbank enthalten, die diese Tabellen enthält. Diese logische Datenbank legt fest, in welcher Reihenfolge die Tabellen durch den ABAP/4-Prozessor abgearbeitet werden. Erläuterungen zum Konzept der logischen Dantenbank sowie Beispiele zu den Ereignissen GET <Tabelle>. und GET <Tabelle> LATE. werden im Kapitel 8.3 gegeben.

Es gibt mehrere Anweisungen, mit denen die Abarbeitung eines GET-Ereignisses vorzeitig abgebrochen werden kann.

Abbruchanweisun-gen

REJECT bricht die Abarbeitung der Anweisungen des laufenden GET-Ereignisses ab und beginnt mit dem nächsten GET-Ereignis.

Mit REJECT <Datenbanktabelle> wird zum nächsten zugehöri-gen GET <Datenbanktabelle> gesprungen.

STOP unterbricht gleichermaßen und führt sofort den Anweisungsblock END-OF-SELECTION aus.

EXIT überspringt auch diesen Anweisungsblock und zeigt sofort die Ausgabeliste an.

CHECK <Bedingung>. wirkt wie REJECT., wenn die Bedingung nicht erfüllt ist. In ABAP/4-Programmen wird oft CHECK anstatt einer IF-Anweisung verwendet, um bestimmte Datensätze von der Verarbeitung auszuschließen.

5　Modularisierung von Programmen

ABAP/4 ist speziell für die Erstellung komplexer Anwendungen ausgelegt. Sie enthält Sprachelemente, die diese Anwendungen in einzelne, in sich abgeschlossene Teile zerlegen. Durch die Erstellung solcher Module wird die Übersichtlichkeit des Quelltextes erhöht. Außerdem können Programmabschnitte redundanzfrei kodiert und dann mehrfach verwendet werden. Dies spart Systemressourcen und Entwicklungsaufwand. Ein weiterer Vorteil ist, daß die Module nach der Definition der Schnittstellen unabhängig voneinander entwickelt werden können. Dadurch können komplexe Anwendungen nach der Top-Down-Entwicklungsmethode erstellt werden. Die Parallelentwicklung mehrerer Module wird ermöglicht.

In ABAP/4 können Unterprogramme und Funktionsbausteine zur Modularisierung eingesetzt werden. Unterprogramme sind wiederverwendbare Programmabschnitte mit definierten Schnittstellen. Sie entsprechen weitestgehend den Unterroutinen anderer Programmiersprachen. Funktionsbausteine sind spezielle Unterroutinen mit fest definierter Form. Sie werden unabhängig von den aufrufenden Programmen in einer zentralen Bibliothek gespeichert.

Zur besseren Gliederung von Quelltexten können auch Include-Programme verwendet werden. Diese Programme sind keine in sich abgeschlossene Programmabschnitte mit definierten Schnittstellen, sondern ausgelagerte Quelltextabschnitte.

5.1   Include-Programm

Ein Include-Programm ist ein **beliebiger Quelltextabschnitt**, der in den aufrufenden Report beim Syntaxcheck und bei der Codegenerierung eingefügt wird. Es wird als eigenständiges Programm vom Typ I erzeugt und kann durch die Anweisung **IN-CLUDE** <Name>. im Report aufgerufen werden. Include-Programme können alle ABAP/4-Anweisungen außer der RE-PORT-Anweisung enthalten. Es ist demnach auch möglich, in ein Include-Programm wiederum INCLUDE-Anweisungen aufzunehmen. Nur sich selbst dürfen Include-Programme nicht aufrufen. Nachfolgend ist das kleine Beispiel aus Abschnitt 3.3 unter Verwendung eines Include-Programmes umgeschrieben worden.

Quelltext des aufrufenden Reports:

```
REPORT YBSP0701.
INCLUDE YBSP0702.
```

Quelltext des Include-Programmes YBSP0702:

```
WRITE 'Hello, World'.
```

5.2   Unterprogramme

Unterprogramme (Form-Routinen) dienen der **Abarbeitung von Teilaufgaben** des Gesamtprogrammes. Diese Abarbeitung sollte dabei weitgehend unabhängig von anderen Programmteilen ablaufen können. Definiert werden diese Routinen in der Regel am Ende des aufrufenden Programmes. Ein Unterprogramm wird

Definition

durch **FORM** <Unterprogrammname> [<Parameterdefinition>]. eingeleitet und durch **ENDFORM.** abgeschlossen. Innerhalb eines Unterprogrammes sind keine ereignisbezogenen Anweisungen und keine weiteren FORM-Anweisungen möglich. Dagegen können Typen und Daten auch im Unterprogramm deklariert werden. Sie haben dann nur in diesem Programmteil Gültigkeit.

Aufruf

Aufgerufen wird ein Unterprogramm mit **PERFORM** <Unterprogrammname> [<Parameterdefinition>].

Bei der Wahl des Unterprogrammnamens sind die gleichen Konventionen einzuhalten wie bei der Datendeklaration (vgl. Kapitel 4.2).

```
REPORT YBSP0703.
DATA: C1(12) VALUE 'HELLO, WORLD',
      C2(12).
```

```
* Aufruf des  Unterprogramms
PERFORM UP1 USING C1.
C2 = 'HELLO, USER'.
PERFORM UP1 USING C2.

* Definition des  Unterprogramms
FORM UP1 USING VALUE(UP1_TEXT).
  WRITE / UP1_TEXT.
ENDFORM.
```

Soll ein Unterprogramm benutzt werden, welches nicht im aktuellen sondern in einem externen Programm definiert ist, so ist hinter dem Unterprogrammnamen der Name des externen Programmes anzugeben.

```
PERFORM UP1(YBSP0703).
```

Alle Daten des aufrufenden Programmes sind auch innerhalb des aufgerufenen Unterprogrammes verfügbar. Eine konsequente Modularisierung erfordert, die Zusammenhänge zwischen aufrufendem Programm und Unterprogramm klar zu definieren. Dazu sind die Daten des Hauptprogrammes, die innerhalb des Unterprogrammes verwendet werden sollen, als Parameter zu übergeben und nicht direkt auf die globalen Daten zuzugreifen. Übergeben werden können Einzelfelder, Feldleisten und interne Tabellen, jedoch keine Datenbanktabellen (vgl. Kapitel 8).

Variablenübergabe   Jedem Parameter aus dem Unterprogramm (**Formalparameter**) wird dabei bei jedem Aufruf des Unterprogrammes ein Parameter des Hauptprogrammes (**Aktualparameter**) zugeordnet. Formalparameter werden in der FORM-Anweisung festgelegt, Aktualparameter werden mit PERFORM definiert.

Unterprogrammparameter werden in **Referenz- und Wertparameter** unterschieden. Bei einem Referenzparameter wird nur die Adresse des Aktualparameters an das Unterprogramm übermittelt. Wird der Wert eines solchen Parameters im Unterprogramm verändert, so wird die Änderung direkt auf der Variable im Hauptprogramm vollzogen. Die Definition erfolgt mit dem Schlüsselwort USING.

```
FORM UP1 USING FELD1 FELD2.
```

Wertparameter sind eigenständige Variablen des Unterprogrammes. Beim Aufruf des Unterprogrammes werden die Werte der zugehörigen Aktualparameter an die Formalparameter übergeben. Die Werte der Aktualparameter bleiben erhalten. Damit können diese Wertparameter nur als Eingabe- und nicht als Ausgabeparameter des Unterprogrammes benutzt werden.

Die Definition erfolgt mit USING VALUE.

```
FORM UP1 USING VALUE(FELD1) VALUE(FELD2).
```

Eine Mischform ist die Definition von Parametern mit dem Schlüsselwort CHANGING VALUE(<Feld>). Mit CHANGING VALUE(<Feld>) wird ein Wertparameter vereinbart, dessen Wert am Ende des Unterprogrammes wieder auf den zugehörigen Aktualparameter übertragen wird. Damit ist dieser Parameter sowohl für Ein- als auch für Ausgaben aus dem Unterprogramm anwendbar. Eine Wertübergabe erfolgt auch, wenn das Unterprogramm mit EXIT abgebrochen wird. Sie erfolgt nicht bei einem Abbruch mit einer Fehlernachricht.

```
FORM UP1 CHANGING VALUE(FELD1).
```

Tabellenübergabe

Interne Tabellen (vgl. Kapitel 8) können nicht mit USING übergeben werden. Für sie ist der Zusatz TABLES <Tabellenname> notwendig. Dieser Zusatz muß als erster nach den Schlüsselwörtern FORM oder PERFORM angegeben werden.

```
PERFORM UP1 TABLES TAB1.
```

Bei der Übergabe von Feldleisten und Tabellen ist es möglich, zusätzlich deren Struktur dem Unterprogramm mitzuteilen. Dazu ist in der FORM-Anweisung direkt hinter dem entsprechenden Parameternamen der Zusatz TYPE <Strukturangabe> anzufügen. Durch diesen Zusatz wird gesichert, daß die Typen der Formalparameter mit den Typen der Aktualparameter kompatibel sind. Falsche Typangaben führen zu Syntaxfehlern. Typkonvertierungen werden nicht ausgeführt. Nähere Informationen, z.B. zur Typkompatibilität, findet man in der Online-Dokumentation.

Ohne diese Angabe kann auf die Tabellen nur mit zeilenorientierten Operationen, wie APPEND oder READ, zugegriffen werden. Auch auf Feldleisten kann nur als Ganzes zugegriffen werden. Ihr Inhalt wird als Zeichenkette interpretiert. Mit der Strukturangabe kann wie gewohnt mit Einzelfeldern der Tabellen und Feldleisten gearbeitet werden.

```
REPORT YBSP0701.
TYPES: BEGIN OF TABTYP OCCURS 10,
    NAME(10) TYPE C,
    ORT(15) TYPE C,
    END OF TABTYP.
DATA TAB1 TYPE TABTYP.
...
PERFORM UP1 TABLES TAB1.
...
FORM UP1 TABLES TAB1 TYPE TABTYP.
...
ENDFORM.
```

Werden mehrere Parameter vereinbart, so müssen die Zusätze
`TABLES`, `USING` und `CHANGING` in nachfolgender Reihenfolge geschrieben werden:

```
FORM UP1 TABLES TAB1 USING FELD1 CHANGING VA-
LUE(FELD2).
```

Soll im Unterprogramm auf Datenbanktabellen zugegriffen werden, so müssen diese mit der Anweisung `LOCAL <Tabellenname>`
vereinbart werden.

```
FORM UP1.
LOCAL USR03.
...
ENDFORM.
```

5.3   Funktionsbausteine

Funktionsbausteine sind in einer Zentralbibliothek verwaltete,
logisch abgeschlossene Unterprogramme mit einer fest definierten Schnittstelle zum Nutzer. Nachfolgend soll kurz beschrieben
werden, wie Funktionsbausteine aufgerufen und erstellt werden
können.

Aufruf Mit der ABAP/4-Entwicklungsumgebung wird eine große Anzahl
leistungsfähiger Funktionsbausteine mitgeliefert. Diese sowie
selbstgeschriebene Funktionsbausteine können mit der **CALL
FUNCTION**-Anweisung aufgerufen werden:

```
CALL FUNCTION <Baustein>
```

```
[EXPORTING [<Formalparameter>=<Aktual-
    parameter>]¹˸ᵒᵒ]
[IMPORTING [<Formalparameter>=<Aktual-
    parameter>]¹˸ᵒᵒ]
[CHANGING [<Formalparameter>=<Aktual-
    parameter>]¹˸ᵒᵒ]
[TABLES [<Formalparameter>=<Aktual-
    parameter>]¹˸ᵒᵒ]
[EXCEPTIONS [<Ausnahme>=<Fehlercode>]¹˸ᵒᵒ
    [OTHERS=<Fehlercode>]].
```

Die Option `EXPORTING` wird für Eingabeparameter benutzt. Mit `IMPORTING` werden Ausgaben von Formal- an Aktualparameter deklariert. `CHANGING` definiert Ein-/Ausgabeparameter. Mit `TABLES` werden Tabellen übergeben. `EXCEPTIONS` dient der Ausnahmebehandlung. Mit ihnen können bei vorzeitigem Abbruch der Abarbeitung zusätzliche Verarbeitungsschritte eingeleitet werden.

Da jeder Funktionsaufruf spezifische Optionen hat, ist auch dessen Aufruf spezifisch. Deshalb ist es am einfachsten, über die Menüfunktion *Bearbeiten* ⇨ *Anweisungsmuster* und die Eingabe der Bausteinbezeichnung den Aufruf in den aktuellen Programmcode einzufügen. Bei dieser Arbeitsweise müssen nur die Aktualparameter ergänzt werden.

Erstellen von Funktionsbausteinen

Für die Erstellung von Funktionsbausteinen steht eine eigene Entwicklungsumgebung zur Verfügung. Diese ist über *Werkzeuge* ⇨ *ABAP/4 Workbench* ⇨ *Entwicklung* ⇨ *Funktionsbibliothek* (SE37) erreichbar. Um einen Funktionsbaustein zu erstellen, ist es nötig, daß vorher eine Funktionsgruppe über *Springen* ⇨ *FGruppenverwaltung* ⇨ *Gruppe anlegen* angelegt wurde. Ein Funktionsbaustein wird erstellt, wenn ein Name angegeben und *Anlegen* gewählt wird. Der Name der Funktionsgruppe muß dabei mit Y oder Z, der des Funktionsbausteins mit Y_ oder Z_ beginnen.

Dann sind die Verwaltungs- und Schnittstellendaten zu pflegen. Hier kann über das *Springen*-Menü oder (Bild↑) und (Bild↓) navigiert werden. Im Abb. 5.1 können die einzelnen Parameter der Funktion definiert werden. Import-Parameter sind dabei Parameter, die nur der Datenversorgung des Funktionsbausteines dienen, Export-Parameter solche, die nur eine Wertrückgabe realisieren, Changing-Parameter verbinden beide Funktionen.

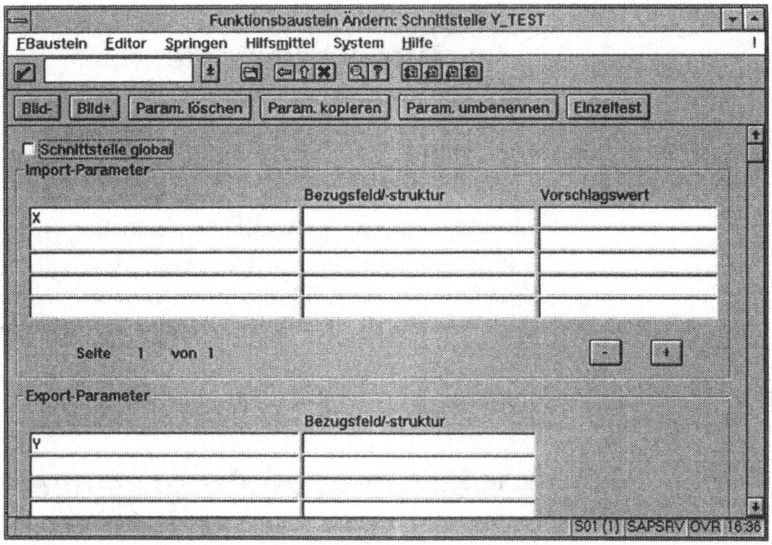

Abb. 5.1
Schnittstelle I/E
Screenshot der
Schnittstelle von
Y_TEST

Fehlerbehandlung

Das Bild Schnittstelle T/A ermöglicht die Definition zu übergebender interner Tabellen und der möglichen Ausnahmen, die die Funktion generiert. Ausnahmen sind dabei Fehlersituationen, die vom aufrufenden Programm abgefangen und bearbeitet werden können. Innerhalb des Quelltextes des Funktionsbausteins werden sie mit **RAISE** <Ausnahme>. oder **MESSAGE** <Msg> **RAISING** <Ausnahme>. erzeugt. Wird eine Ausnahme nicht abgefangen, wird vom System der Laufzeitfehler RAISE_EXCEPTION generiert.

Über *Springen* ⇨ *Fbaustein* ⇨ *Quelltext* wird der Editor aufgerufen, in dem die Funktion definiert werden kann. Dabei sind die üblichen ABAP/4-Befehle zu verwenden. Parameter der Funktion können wie Variablen angesprochen werden. Ein Funktionskörper für die Funktion Y_DEC, die Y = X - 1 zurückgibt, könnte bspw. so aussehen:

```
FUNCTION Y_TEST.
*--------------------------------------------------
* Lokale Schnittstelle:
*       IMPORTING
*              VALUE(X)
*       EXPORTING
*              VALUE(Y)
*       EXCEPTIONS
*              BAD_PARAMETER
*--------------------------------------------------
```

```
IF X = 0.
   RAISE BAD_PARAMETER.
ELSE.
   Y = X - 1.
ENDIF.
ENDFUNCTION.
```

Um den Funktionsbaustein verwenden zu können, muß er jetzt nur noch aktiviert werden. Außerdem gibt es unter *Funktionsbaustein* ⇨ *Testumgebung* ⇨ *Einzeltest* im Eingangsbildschirm die Möglichkeit, das Verhalten der Funktion zu überprüfen.

6 Weiterführende Programmiertechniken

Im folgenden Kapitel sollen wichtige ABAP/4-spezifische Konzepte und Programmelemente kurz vorgestellt werden.

6.1 Feldleisten

Deklaration

Feldleisten sind logische Blöcke von Variablen, die bei bestimmten Befehlen als Einheit angegeben werden können. Sie entsprechen Records in Pascal beziehungsweise Strukturen in C. Feldleisten werden über eine DATA-Anweisung erstellt, bei der nach einem **BEGIN OF** <Rec>. die Liste der Felder und ein **END OF** <Rec>. folgen. Die einzelnen Felder werden, wie in Tabellen, über <Rec>-<Feld> angesprochen.

Anwendung

Insbesondere bei Kopier- und Massenverarbeitungsoperationen lohnt es sich, Feldleisten einzusetzen. So kann z.B. mit dem Befehl MOVE eine Feldleiste als Ganzes kopiert werden. Feldleisten eignen sich dadurch auch als Puffer für Datensätze einer Datei oder Zeilen einer Tabelle. In letzterem Fall wird von einem Arbeitsbereich (Workarea) gesprochen. Diese Verwendung wird im nächsten Abschnitt behandelt. Außerdem stellen Feldleisten einen logischen Zusammenhang zwischen Feldern her und erleichtern dadurch das Verstehen von Programmen.

In ABAP/4 gibt es besondere Blockbearbeitungsbefehle, MOVE-CORRESPONDING, ADD-CORRESPONDING, SUBTRACT-CORRESPONDING und so weiter, die den Stammbefehl, hier MOVE, ADD und SUBTRACT, auf gleichnamige Felder innerhalb der beiden angegebe-

nen Feldleisten anwenden. Sind z.B. zwei Feldleisten wie folgt
definiert:

```
DATA: BEGIN OF REC1,
        FELD1(10),
        FELD2 TYPE I,
        FELD3(10),
      END OF REC1.
DATA: BEGIN OF REC2,
        FELD1(5),
        FELD2(5),
        FELD4(10),
      END OF REC2.
```

dann kopier die Anweisung

MOVE-CORRESPONDING REC1 TO REC2.

die Felder FELD1 und FELD2 von REC1 auf REC2. Das Feld FELD3
von REC1 wird jedoch nicht auf das FELD4 von REC2 übertragen.
Die ggf. notwendige Konvertierung wird für jedes Feld getrennt
vorgenommen. Kann eine Konvertierung nicht durchgeführt
werden, führt das zu einem Laufzeitfehler.

Sollen Strukturen des ABAP/4-Dictionary als Feldleiste nachgebildet werden, kann der Befehl **INCLUDE STRUCTURE** <Struct>.
verwendet werden. Er ist wie im folgenden Beispiel einzusetzen:

```
* Belegstruktur f. Auftragspos.
DATA: BEGIN OF REC.
        INCLUDE STRUCTURE AFPOB.
      END OF REC.
```

6.2   Interne Tabellen

Tabellen, die nur während der Programmlaufzeit im Hauptspeicher existieren, werden interne Tabellen genannt. Ihr Inhalt wird
nicht in der Datenbank gespeichert. Sie dienen der Zwischen-
speicherung häufig gebrauchter oder noch aufzubereitender Daten. Der Zugriff auf die interne Tabelle läuft schneller, schon allein weil sie zumeist nur die Informationen enthält, die das Programm auch wirklich braucht und weil sie bei richtiger Dimen-
sionierung ohne Festplattenzugriffe arbeitet.

Tabellenarten

Es gibt **interne Tabellen mit und ohne Kopfzeile**. Die Kopfzeile ist ein Datenaustauschbereich zwischen Tabelle und Pro-

gramm, der als Feldleiste angelegt ist. Wird die Tabelle ohne Kopfzeile deklariert, muß zum Datenaustausch zwischen Tabelle und Programm zusätzlich eine entsprechende Workarea, das heißt eine Feldleiste, definiert werden. Die jeweils verwendeten Befehle unterscheiden sich nur unwesentlich bei Verwendung der beiden Definitionsmöglichkeiten.

Abb. 6.1
Tabelle mit Kopfzeile

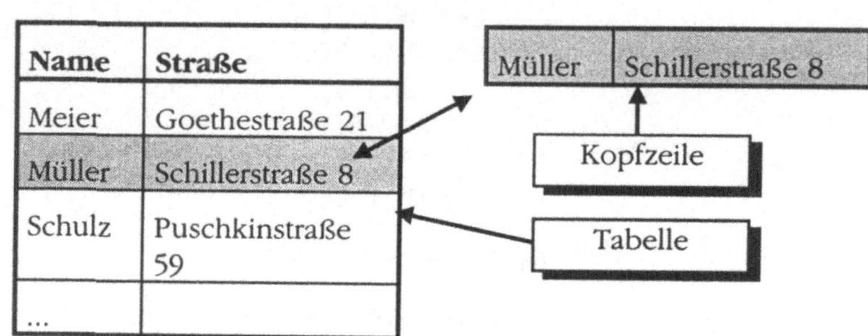

Deklaration

Eine interne Tabelle mit Kopfzeile wird weitgehend wie eine Feldleiste deklariert, lediglich ein **OCCURS**-Parameter kommt hinzu, der besagt, wieviele Datensätze der Tabelle ständig im Speicher gehalten werden. Die Tabelle wird aber nicht auf diese Anzahl von Zeilen beschränkt, die weiteren Zeilen werden ausgelagert. Ein Beispiel:

```
DATA: BEGIN OF ITAB OCCURS 20,
        ZAHL TYPE I,
        TEXT(80),
      END OF ITAB.
```

Tabellen, die von Vergleichsstrukturen oder Typen abgeleitet werden, sind ohne Kopfzeile.

```
TYPES: BEGIN OF TWA,
         ZAHL TYPE I,
         TEXT(80),
       END OF TWA.
DATA: ITAB1 TYPE TWA OCCURS 50,
      ITAB2 LIKE AFPOB OCCURS 20.
```

Die Felder der Kopfzeile werden, wie bei Tabellen üblich, über ITAB-ZAHL beziehungsweise ITAB-TEXT angesprochen. Um einen neuen Datensatz anzulegen, wird die Kopfzeile (bzw. die Workarea) entsprechend gefüllt und das Kommando APPEND (oder INSERT) aufgerufen. Die Tabelle kann als Ganzes über SORT nach bestimmten Kriterien sortiert und danach über eine LOOP-Schleife abgearbeitet werden.

Tab. 6.1
Befehle für interne Tabellen

Interne Tabellen mit Kopfzeile	Interne Tabellen ohne Kopfzeile
`MOVE <Wert> TO <Tab>-<Feld>.`	`MOVE <Wert> TO <wa>-<Feld>.`
`APPEND <Tab> [INDEX <i>].`	`APPEND <wa> TO <Tab> [INDEX <i>].`

`LOOP AT <Tab>.`
`  <Anweisungen>`
`ENDLOOP.`
	`LOOP AT <Tab> INTO <wa>.`
	`  <Anweisungen>`
	`ENDLOOP.`

`INSERT <Tab> INDEX <i>.`	`INSERT <wa> INTO <Tab> INDEX <i>.`
`MODIFY <Tab> INDEX <i>.`	`MODIFY <Tab> INDEX <i> FROM <wa>.`
`DELETE <Tab> INDEX <i>.`	
`SORT <Tab> BY [<Feld> {[ASCENDING]|DESCENDING}]`$^{1:\infty}$.	

Innerhalb einer **LOOP-Schleife** ist es erlaubt, die Angabe des Index für `INSERT`, `MODIFY` und `DELETE` wegzulassen. Die LOOP-Schleife kann auch auf bestimmte Datensätze mittels Index (`FROM ... TO ...`) oder Bedingung (`WHERE ...`) eingeschränkt werden.

```
* bearbeite alle Zeilen der Reihe nach
LOOP AT ITAB.
   WRITE: / ITAB-ZAHL, ITAB-TEXT.
ENDLOOP.
```

Pseudoereignisse

Innerhalb der LOOP-Schleife kann auf bestimmte Pseudoereignisse eingegangen werden, um die Ausgabeliste zu formatieren. Diese Pseudoereignisbearbeitungen werden immer als `AT...ENDAT`-Block angegeben. **AT FIRST.** bedeutet dabei, die Schleife ist gerade beim ersten Datensatz der Tabelle, **AT LAST.** beim letzten. **AT NEW <Feld>.** wird immer dann ausgelöst, wenn sich der Inhalt von `<Feld>` gegenüber dem letzten Schleifendurchlauf geändert hat. Anweisungen, die nicht in einem AT-Block stehen, werden in jedem Durchlauf, d.h. zu jeder Zeile der Tabelle, ausgeführt.

Mit **READ TABLE** `<Tab>` **[INTO** `<wa>`**]** `<Zusätze>`**.** kann auf einzelne Datensätze der Tabelle zugegriffen werden. Der Befehl **CLEAR** `<Tab>`**.** setzt die Kopfzeile einer Tabelle zurück, **REFRESH** `<Tab>`**.** löscht den gesamten Tabelleninhalt.

Ein umfassendes Beispiel zu internen Tabellen ist im folgenden Abschnitt zu logischen Datenbanken enthalten.

6.3 Logische Datenbanken

Logische Datenbanken implementieren eine **Tabellenhierarchie** zu einem oft verwendeten Themengebiet. Sie beinhalten auch den Code zum Auslesen der Daten unter Berücksichtigung der gegebenen Relationen zwischen den Tabellen. Eine Liste der vorhandenen logischen Datenbanken liefert die Transaktion SE36, die auch über *Werkzeuge* ⇨ *APAP/4 Workbench* ⇨ *Entwicklung* ⇨ *Programmierumfeld* ⇨ *Logische Datenbanken* erreichbar ist.

Um eine logische Datenbank zu verwenden, muß sie in den Attributen zum Programm eingetragen werden. Alle Tabellen von Interesse werden dann wie üblich über TABLES definiert.

Ereignissteuerung

Das Lesen der Daten übernimmt die logische Datenbank. Sie implementiert auch **Standardselektionen** für den Datenbestand. Immer, wenn ein bestimmter Datensatz der Tabelle `<Tab>` gelesen wurde, wird das Ereignis **GET** `<Tab>`**.** ausgelöst. Zu diesem Zeitpunkt kann auf die Daten in der Kopfzeile der Tabelle zugegriffen werden.

Sind die Tabellen LFA1 und LFB1 hierarchisch, wie in Abb. 6.1 angeordnet, so wird zuerst ein Datensatz aus LFA1 gelesen (Ereignis GET LFA1.) und dann alle korrespondierenden Datensätze aus LFB1 (Ereignis GET LFB1.; Kopfleiste LFA1 ist noch gültig), bevor mit dem nächsten Datensatz von LFA1 fortgefahren wird. Zwischen LFA1 und LFB1 besteht eine 1:n-Beziehung.

Abb. 6.2
Ablaufschema
Auslesen Logische
Datenbank

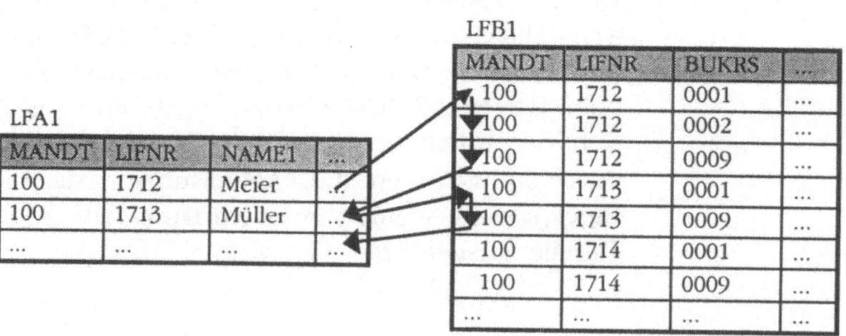

LFA1

MANDT	LIFNR	NAME1	...
100	1712	Meier	...
100	1713	Müller	...
...	...	...	...

LFB1

MANDT	LIFNR	BUKRS	...
100	1712	0001	...
100	1712	0002	...
100	1712	0009	...
100	1713	0001	...
100	1713	0009	...
100	1714	0001	...
100	1714	0009	...
...	...	...	...

In den nachfolgenden Beispielen wird die Datenbank KDF benutzt. Wenn keine logische Datenbank als Attribut definiert ist, werden die Anweisungen zu den Ereignissen GET und GET LATE nicht abgearbeitet. Es wird jedoch kein Fehlerhinweis ausgegeben.

```
REPORT YBSP0601.
TABLES LFA1.
GET LFA1.
WRITE: LFA1-NAME1, LFA1-LIFNR, LFA1-TELF1.
```

Dieser Report erstellt eine Liste aller Lieferantennamen und -nummern sowie der zugehörigen Telefonnummern.

Wenn eine untergeordnete Tabelle der logischen Datenbank angesprochen wird, so stehen gleichzeitig die Felder der übergeordneten Tabellen zur Verfügung. Sie können verarbeitet werden, falls auch diese Tabellen mit TABLES deklariert wurden. Durch die unterschiedliche Aufteilung der Ausgabeanweisung kann die Listausgabe spezifisch angepaßt werden. Dazu zwei Beispiele:

```
GET LFA1.
WRITE LFA1-NAME1.
GET LFC1.
WRITE: / LFC1-LIFNR, LFC1-GJAHR, LFC1-UMO1U.
```

Abb. 6.3
Ausgabevariante 1

```
...
Förster& Sohn
7900      1995      1.500,00-
7900      1995      1.930,00-
Stahlwerke AG
7930      1995     10.000,00-
7930      1996      5.000,00-
...
```

Hier erfolgt die Ausgabe des Lieferantennamens nur einmal. Im zweiten Beispiel erscheint der Lieferantenname in jeder Ausgabezeile. Die Daten der Tabelle LFA1 stehen innerhalb von GET LFC1. zur Verfügung, weil diese der Tabelle LFC1 hierarchisch übergeordnet ist:

```
GET LFC1.
WRITE: / LFA1-NAME1, LFC1-LIFNR, LFC1-GJAHR, LFC1-
UMO1U.
```

Abb. 6.4
Ausgabevariante 2

```
...
Förster& Sohn 7900     1995     1.500,00-
Förster& Sohn 7900     1995     1.930,00-
Stahlwerke AG 7930     1995    10.000,00-
Stahlwerke AG 7930     1996     5.000,00-
...
```

Das Ereignis **GET** <Tab> **LATE.** wird dann ausgelöst, wenn alle hierarchisch darunterliegenden Tabellen abgearbeitet wurden. In Abb. 6.2 würde GET LFA1 LATE. bspw. ausgelöst, nachdem der dritte Datensatz von LFB1 gelesen wurde und bevor der zweite Datensatz von LFA1 gelesen wird.

Im folgenden Beispiel soll die gemeinsame Verwendung einer logischen Datenbank und einer internen Tabelle deutlich werden. Das Programm generiert eine Liste von Umsätzen der Kunden in verschiedenen Ländern. Eine Selektion nach Debitorenkonto, Buchungskreis oder Geschäftsjahr ist bereits standardmäßig über die logische Datenbank realisiert.

Abb. 6.5
Liste der Kundenum-
sätze

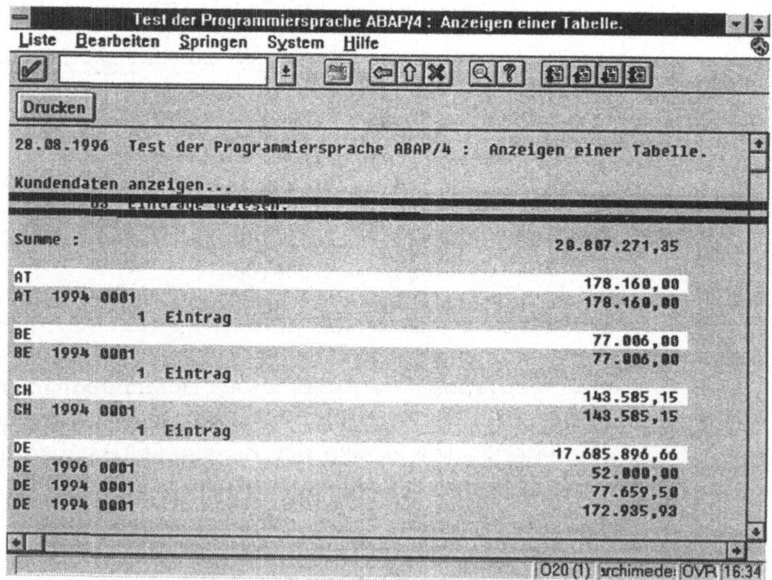

```
REPORT YBSP0801 .
* Verwendet die logische Datenbank DDF
* - in Attributen deklariert
TABLES: KNA1, KNB1, KNC1.

* Deklaration der internen Tabelle
DATA: BEGIN OF T OCCURS 50,
        LAND1 LIKE KNA1-LAND1,
        GJAHR LIKE KNC1-GJAHR,
        BUKRS LIKE KNB1-BUKRS,
        UM01U LIKE KNC1-UM01U,
        UM02U LIKE KNC1-UM01U,
        UM03U LIKE KNC1-UM01U,
        UM04U LIKE KNC1-UM01U,
        UM05U LIKE KNC1-UM01U,
        UM06U LIKE KNC1-UM01U,
        UM07U LIKE KNC1-UM01U,
        UM08U LIKE KNC1-UM01U,
        UM09U LIKE KNC1-UM01U,
        UM10U LIKE KNC1-UM01U,
        UM11U LIKE KNC1-UM01U,
        UM12U LIKE KNC1-UM01U,
        UM13U LIKE KNC1-UM01U,
        UM14U LIKE KNC1-UM01U,
        UM15U LIKE KNC1-UM01U,
        UM16U LIKE KNC1-UM01U,
      END OF T,
      COUNT TYPE I VALUE 0,
      UMSATZ LIKE KNC1-UM01U.

START-OF-SELECTION.
  FORMAT INTENSIFIED OFF.
  WRITE / 'Kundendaten anzeigen...'.

* Interne Tabelle füllen
GET KNC1.
  MOVE-CORRESPONDING KNC1 TO T.
  T-LAND1 = KNA1-LAND1.
  T-BUKRS = KNB1-BUKRS.
  APPEND T.
  ADD 1 TO COUNT.

END-OF-SELECTION.
```

```
FORMAT INTENSIFIED OFF.
WRITE: COUNT, 'Einträge gelesen.'.
SKIP.

SORT T BY LAND1 GJAHR DESCENDING BUKRS.

* Interne Tabelle in einer Schleife
* "abarbeiten"
LOOP AT T.
  AT FIRST.          "Vor dem ersten Element
    SUM.
    FORMAT: COLOR OFF, INTENSIFIED ON.
    PERFORM CALCUMSATZ USING UMSATZ.
    WRITE: / 'Summe :   ', 50 UMSATZ.
    ULINE (71).
    COUNT = 0.
  ENDAT.

  AT NEW LAND1.     "Bei neuem Wert LAND1
    IF COUNT NE 0.
      PERFORM INFO USING COUNT.
      COUNT = 0.
    ENDIF.
    SUM.
    PERFORM CALCUMSATZ USING UMSATZ.
    FORMAT COLOR 3.
    WRITE: / T-LAND1, UMSATZ UNDER UMSATZ.
  ENDAT.

*   Jedes Element
  FORMAT: COLOR OFF, INTENSIFIED OFF.
  ADD 1 TO COUNT.
  PERFORM CALCUMSATZ USING UMSATZ.
  IF UMSATZ NE 0.
    WRITE: / T-LAND1, T-GJAHR, T-BUKRS,
             UMSATZ UNDER UMSATZ.
  ENDIF.

  AT LAST.      "Nach dem letzten Element
    IF COUNT NE 0.
      PERFORM INFO USING COUNT.
    ENDIF.
    FORMAT: COLOR OFF, INTENSIFIED ON.
    ULINE (71).
```

```
        ENDAT.
        ENDLOOP.

        * Unterprogramm Info; gibt die Anzahl der
        * Einträge aus
        FORM INFO USING VALUE(X).
          IF X EQ 1.
            WRITE: /5 X, 'Eintrag'.
          ELSE.
            WRITE: /5 X, 'Einträge'.
          ENDIF.
        ENDFORM.

        * Unterprogramm zur Berechnung des Umsatzes
        FORM CALCUMSATZ USING UMSATZ.
          UMSATZ = T-UM01U + T-UM02U + T-UM03U +
                   T-UM04U + T-UM05U + T-UM06U +
                   T-UM07U + T-UM08U + T-UM09U +
                   T-UM10U + T-UM11U + T-UM12U +
                   T-UM13U + T-UM14U + T-UM15U +
                   T-UM16U.
        ENDFORM.
```

Vor dem Lesen der Datenbank wird das Ereignis **START-OF-SELECTION.** generiert, nach dem Lesen **END-OF-SELECTION.** (vgl. Kapitel 6.2).

6.4   Interaktive Reports

Es gibt in ABAP/4 die Möglichkeit, Reports interaktiv zu gestalten; d. h. das Programm kann auf Aktionen des Nutzers in der Liste - wie Doppelklicken einer Zeile oder das Betätigen einer Funktionstaste - reagieren.

Detailinformationen anzeigen

Um beim Doppelklicken auf eine Zeile Detailinformationen anzeigen zu können, ist es üblich, zu jeder entsprechenden Ausgabezeile einen Schlüsselwert mittels **HIDE <Wert>.** zu hinterlegen, der später zum Wiederauffinden des Datensatzes verwendet werden kann. Der Wert wird zum Ereignis **AT LINE-SELECTION.** bzw. **AT USER-COMMAND.** wieder in das entsprechende Feld kopiert und kann dann dort genutzt werden. Zusatzinformationen sollten in einem gesonderten Fenster ausgegeben werden.

Das Hilfethema "AT - Ereignisse auf Listen" enthält weitere wichtige Informationen zur Erstellung interaktiver Reports.

Als Beispiel eines interaktiven Reports sei hier ein Programm vorgestellt, das es ermöglicht, über die Kurzbeschreibung der Felder eine Tabelle zu finden. Die Kurzbeschreibungen sind in den Datenelementen des Feldes zu finden. Nach der Eingabe eines Textes wird deshalb zuerst eine Liste der Datenelemente erstellt, deren Kurztext den eingegebenen Text enthält. Dies kann relativ lange dauern, da die Tabelle der Datenelemente relativ groß ist. Beim doppelten Anklicken eines interessierenden Datenelements wird eine Liste aller Tabellen eingeblendet, in denen ein derartiges Feld vorkommt.

Um das Verständnis des Ablaufs zu erleichtern, wird zunächst nur eine Grundversion des Programms dargestellt. Anschließend wird das Programm ausgebaut und komfortabler gestaltet.

```
REPORT YBSP0802 LINE-SIZE 100.
TABLES: DD04T, DD03L, DD02L, DD02T.
PARAMETERS STRING(60) LOWER CASE.


* Erstellen der Liste der Datenelemente
* (langsam)
SELECT * FROM DD04T.
  IF DD04T-DDTEXT CS STRING.
    WRITE: / DD04T-ROLLNAME, DD04T-DDTEXT.
    HIDE DD04T-ROLLNAME.
  ENDIF.
ENDSELECT.


* Bei doppelt angeklickter Zeile wird ein
* Fenster geöffnet und alle Felder zum
* Datenelement werden angezeigt.
AT LINE-SELECTION.
* Ereignis nur in Grundliste bearbeiten
  CHECK SY-LSIND = 1.
  WINDOW STARTING AT 3 5 ENDING AT 74 15.
  WRITE: / 'Tabelle    Feld        Typ',
           '         Name der Tabelle'.
  SELECT * FROM DD03L
    WHERE ROLLNAME = DD04T-ROLLNAME.
    SELECT SINGLE * FROM DD02L
      WHERE TABNAME = DD03L-TABNAME
        AND AS4LOCAL = DD03L-AS4LOCAL
        AND AS4VERS = DD03L-AS4VERS.
    SELECT SINGLE * FROM DD02T
```

```
WHERE TABNAME = DD03L-TABNAME
  AND AS4LOCAL = DD03L-AS4LOCAL
  AND AS4VERS = DD03L-AS4VERS
  AND DDLANGUAGE = SY-LANGU.
WRITE: / DD03L-TABNAME, DD03L-FIELDNAME,
          DD02L-TABCLASS, DD02T-DDTEXT.
ENDSELECT.
```

Abb. 6.6
Suchliste für 'Kurz-
text' nach Auswahl
eines Datenelements

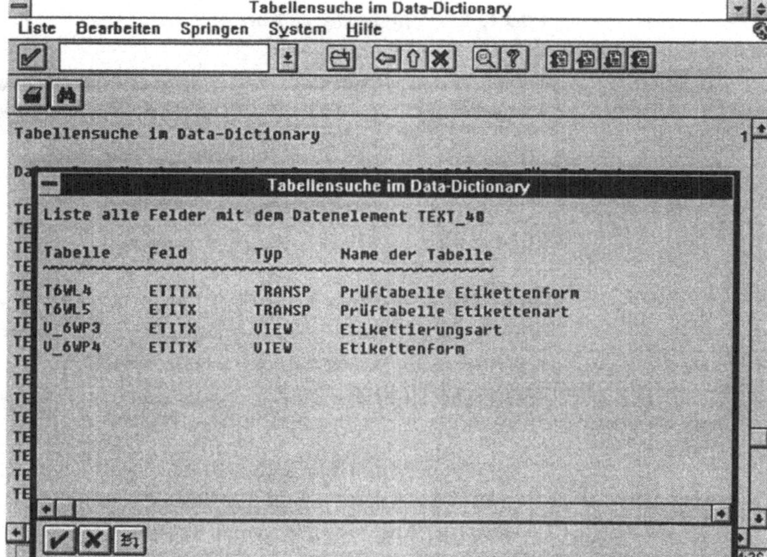

Innerhalb von Reports können auch Funktionen verwendet werden, die über Maus oder Tastatur ausgelöst werden. Diese Funktionen gehören zu einem GUI-Status genannten Zustand des
Nutzerinterfaces. Wie sie definiert werden, wird im Kapitel 7
„Dialogtransaktionen" erläutert.

Die erweiterte Version des Feldersuchprogrammes verwendet die
nachfolgend beschriebenen GUI-Stati. Der Status 100 bezeichnet
die Grundliste, der Status 150 die aufgeblendete Liste der Tabellen.

Tab. 6.2
GUI-Stati

Status	Beschreibung
100	Funktion 'BACK' (Ok-Symbol), Funktion 'RW' (Abbruch-Symbol), Funktion 'TABL' (Tabelle anzeigen, Symbol frei gewählt), Auswählen (F2, 'PICK') deaktiviert
150	Funktion 'BACK' (Ok-Symbol), Funktion 'RW' (Abbruch-Symbol), Auswählen (F2) deaktiviert

Die Selektionstexte lauten wie folgt:

Tab. 6.3
Selektionstexte

Parameter	Text im Selektionsbildschirm
SHOWINT	Interne Tabellen auch anzeigen
STRING	Suchstring
XPATTERN	Suchstring als Muster

Mit den Parametern SHOWINT und XPATTERN wurden zwei Auswahlmöglichkeiten zur Programmsteuerung hinzugefügt. So werden alle internen Tabellen nur angezeigt, wenn das Ankreuzfeld SHOWINT vorher ausgewählt wurde.

```
REPORT YBSP0803 LINE-SIZE 100.
TABLES: DD04T, DD03L, DD02L, DD02T.
PARAMETERS: STRING(60) LOWER CASE,
            XPATTERN AS CHECKBOX,
            SHOWINT AS CHECKBOX.
DATA: COUNT TYPE I,
      NUMENTRIES TYPE I,
      PERC TYPE I,
      NUM(6),
      BUF(100),
      RESULT.


* Durchsuchen der Tabelle nach passenden
* Datenelementen
FORMAT INTENSIFIED OFF.
PERFORM UINFORM USING 0
   'Suche nach passenden Datenelementen...'.
COUNT = 0.
SELECT COUNT( * ) INTO NUMENTRIES
   FROM DD04T.
```

```
FORMAT INTENSIFIED ON.
SELECT * FROM DD04T.
  ADD 1 TO COUNT.
  IF XPATTERN = 'X'.
    IF DD04T-DDTEXT CP STRING.
      WRITE: / DD04T-ROLLNAME, DD04T-DDTEXT.
      HIDE DD04T-ROLLNAME.
    ENDIF.
  ELSE.
    IF DD04T-DDTEXT CS STRING.
      WRITE: / DD04T-ROLLNAME, DD04T-DDTEXT.
      HIDE DD04T-ROLLNAME.
    ENDIF.
  ENDIF.
  PERC = COUNT MOD 1237.
  IF PERC = 0.
    PERC = ( COUNT * 100 ) DIV NUMENTRIES.
    NUM = COUNT.
    CONCATENATE NUM ' Datensätze gelesen...'
      INTO BUF.
    PERFORM UINFORM USING PERC BUF.
  ENDIF.
ENDSELECT.
FORMAT INTENSIFIED OFF.
NUM = COUNT.
CONCATENATE '...' NUM
  ' Datenelemente analysiert.' INTO BUF.
PERFORM UINFORM USING 0 BUF.


* Bei Auswahl eines Datenelements Fenster
* mit Verwendungsnachweis öffnen
AT LINE-SELECTION.
  WINDOW STARTING AT 3 5 ENDING AT 74 15.
  SET PF-STATUS '100'.
  FORMAT INTENSIFIED OFF.
  WRITE: / 'Liste alle Felder mit dem ',
          'Datenelement', DD04T-ROLLNAME.
  SKIP.
  WRITE: / 'Tabelle    Feld        Typ',
          '        Name der Tabelle'.
  FORMAT INTENSIFIED ON.
  SELECT * FROM DD03L
    WHERE ROLLNAME = DD04T-ROLLNAME.
    SELECT SINGLE * FROM DD02L
```

```
                    WHERE TABNAME = DDO3L-TABNAME
                      AND AS4LOCAL = DDO3L-AS4LOCAL
                      AND AS4VERS = DDO3L-AS4VERS.
                 SELECT SINGLE * FROM DDO2T
                    WHERE TABNAME = DDO3L-TABNAME
                      AND AS4LOCAL = DDO3L-AS4LOCAL
                      AND AS4VERS = DDO3L-AS4VERS
                      AND DDLANGUAGE = SY-LANGU.
                 IF SHOWINT = 'X' OR
                    DDO2L-TABCLASS <> 'INTTAB'.
                    WRITE: / DDO3L-TABNAME,
                             DDO3L-FIELDNAME,
                             DDO2L-TABCLASS,
                             DDO2T-DDTEXT.
                    HIDE: DDO3L-TABNAME, DDO3L-FIELDNAME,
                          DDO3L-AS4LOCAL,DDO3L-AS4VERS,
                          DDO2L-TABCLASS.
                 ENDIF.
               ENDSELECT.

          AT USER-COMMAND.
            CASE SY-UCOMM.
          *    Bei Auswahl einer Tabelle deren Felder
          *    anzeigen
               WHEN 'TABL'.
                  WINDOW STARTING AT 2 2
                          ENDING AT 74 16.
                  SET PF-STATUS '150'.
                  FORMAT INTENSIFIED OFF.
                  WRITE: / 'Liste Tabelle',
                           DDO3L-TABNAME.
                  WRITE: / 'Feld       Typ Länge  ',
                           'Kurztext zum Feld'.
                  WRITE  / '~~~~~~~~~~~~~~~~~~~~~~~~~',
                           '~~~~~~~~~~~~~~~'.
                  FORMAT INTENSIFIED ON.
                  SELECT * FROM DDO3L
                     WHERE TABNAME = DDO3L-TABNAME
                       AND AS4LOCAL = DDO3L-AS4LOCAL
                       AND AS4VERS = DDO3L-AS4VERS
                       AND FIELDNAME <> '.INCLUDE'
                     ORDER BY POSITION.
          *       Wähle neuesten Text, Version aus
          *       DDO3L nicht immer vorhanden.
```

```
              DD04T-DDTEXT = '<undokumentiert>'.
              SELECT * FROM DD04T
                WHERE ROLLNAME = DD03L-ROLLNAME
                  AND DDLANGUAGE = SY-LANGU
                  ORDER BY AS4VERS DESCENDING.
                EXIT.
              ENDSELECT.
              WRITE: / DD03L-FIELDNAME,
                       DD03L-KEYFLAG,
                       DD03L-INTTYPE,
                       DD03L-INTLEN, DD04T-DDTEXT.
          ENDSELECT.
        ENDCASE.


* Arbeitsfortschrittsanzeige in Statuszeile
FORM UINFORM USING VALUE(PERC) VALUE(MESG).
  IF PERC > 100.
    PERC = 100.
  ENDIF.
  CALL FUNCTION 'SAPGUI_PROGRESS_INDICATOR'
       EXPORTING
             PERCENTAGE = PERC
             TEXT       = MESG
       EXCEPTIONS
             OTHERS     = 1.
ENDFORM.
```

6.5   Arbeit mit Dateien

Die Arbeit mit Dateien hat im R/3-System eine geringere Bedeutung als in anderen Programmiersystemen. Die persistente Haltung der Daten erfolgt meist über die unterliegende Datenbank. Dateien sind aber zur Kommunikation mit externen Systemen, d.h. für den **Datenim- und -export**, von Bedeutung.

Die Arbeit mit einer Datei folgt immer dem gleichen Schema, das nachfolgend für einen lesenden Zugriff dargestellt wird. Für nähere Informationen über die Befehle ist die Online-Hilfe nutzbar.

```
REPORT YBSP0804.
* Deklaration eines Transferpuffers, meist
* als String oder Feldleiste
DATA: BEGIN OF BUF,
        FELD1(20) TYPE C,
        FELD2 TYPE I,
```

```
            END OF BUF.
      DATA: ERRBUF(100).

      * Definition des Dateinamens auf dem Server
      PARAMETERS FILENAME(70)
                  DEFAULT '/tmp/test.dat'.
      * Öffnen der Datei für zeilenweises Lesen
      OPEN DATASET FILENAME FOR INPUT IN TEXT MODE
                  MESSAGE ERRBUF.
      * wenn Fehler beim Öffnen, Meldung in ERRBUF
      IF SY-SUBRC <> 0.
        WRITE: / 'Fehler beim Öffnen -', ERRBUF.
      ENDIF.
      * Lesen aller Datensätze in einer Schleife
      READ DATASET FILENAME INTO BUF.
      WHILE SY-SUBRC = 0.
      * ... mache irgend etwas mit den Daten
        WRITE: / BUF-FELD1, BUF-FELD2.
      * nächsten Datensatz lesen
        READ DATASET FILENAME INTO BUF.
      ENDWHILE.
      * Datei wieder schließen
      CLOSE DATASET FILENAME.
```

Weitere Befehle sind **TRANSFER <buf> TO <file>.** zum Schreiben in eine Datei, die zum Schreiben geöffnet ist, z.B. über OPEN DATASET FILENAME FOR OUTPUT IN TEXT MODE.. Dateien können auch binär gelesen und geschrieben werden. **DELETE DATASET <file>.** löscht eine Datei auf dem Server. Wie eine Datei vom Server auf das Front-End kopiert werden kann, wird im Beispiel zum Abschnitt 7.8 dargelegt.

6.6   Zeichenkettenbearbeitung

Die Möglichkeiten zur Zeichenkettenbearbeitung sind in der Version 3.0 ausgeweitet worden, bleiben aber immer noch hinter dem Sprachumfang konventioneller Programmiersprachen der 3. Generation zurück. Nachfolgend eine kurze Übersicht:

Mit **WRITE <Ausdruck> TO <Variable>[+<Off>] [(<Len>)].** kann ein Ausdruck, z.B. eine Variable oder ein Text, statt auf den Bildschirm in eine Variable (an der Stelle <Off> mit der Maximallänge <Len>) geschrieben werden. Die meisten Formatzusätze von WRITE sind erlaubt.

REPLACE <StrAlt> **WITH** <StrNeu> **INTO** <Feld>. ersetzt im Feld <Feld> das erste Vorkommen der Zeichenkette <StrAlt> mit der Zeichenkette <StrNeu>.

SHIFT <String> {[BY <Zahl> PLACES] {[LEFT]|RIGHT} [CIR-CULAR]|...}. verschiebt den String innerhalb des Feldes nach links oder rechts, wahlweise um mehrere Zeichen oder rotierend.

OVERLAY <Feld1> **WITH** <Feld2>. setzt im <Feld1> an allen Stellen, an denen sich ein Leerzeichen befindet, das entsprechende Zeichen aus <Feld2> ein.

<Variable> = **STRLEN(** <String> **).** bestimmt die Länge des Strings.

CONDENSE <String> [NO-GAPS]. verdichtet den String so, daß Zwischenräume nur noch ein Leerzeichen umfassen bzw. beim Zusatz NO-GAPS alle Zwischenräume gelöscht werden.

TRANSLATE <String> {TO UPPER CASE|TO LOWER CASE|...}. konvertiert den String in Groß- bzw. Kleinbuchstaben. Es gibt noch weitere Konvertierungsmöglichkeiten.

CONCATENATE [<Str>]$^{2:\infty}$ **INTO** <String> [SEPARATED BY <Zeichen>]. verkettet die Strings <Str1>, <Str2>, usw. zu einer in <String> gespeicherten Zeichenkette. Die einzelnen Teile können dabei durch ein Zeichen <Zeichen> getrennt werden.

SPLIT <String> **AT** <Zeichen> **INTO** {[<Str>]$^{2:\infty}$|TABLE <Tab>}. zerlegt einen String jeweils am Trennzeichen <Zeichen> und speichert die einzelnen Teile wahlweise in eine Liste von Feldern oder in eine „interne" Tabelle.

6.7   Feldsymbole

Um Strings zeichenweise zu bearbeiten oder die Flexibilität von Zeigern in anderen Programmiersprachen nachzubilden, gibt es in ABAP/4 die Möglichkeit, sogenannte Feldsymbole zu verwenden. Sie werden über das Schlüsselwort FIELD-SYMBOLS deklariert und zur Laufzeit mit ASSIGN belegt. Feldsymbole werden im Quelltext durch spitze Klammern gekennzeichnet. Sie müssen bei allen Feldsymbolen vorhanden sein.

Referenzen auf Variablen

Feldsymbole sind demnach **Referenzen auf Variablen**, die erst zur Laufzeit des Programms bestimmt werden. Ein Feldsymbol kann im Programmlauf verschiedene Variablen referenzieren.

Wird dann eine Aktion mit dem Feldsymbol ausgeführt, wird sie über dem referenzierten Wert vollzogen.

Um das etwas anschaulicher zu machen, ein Beispiel: <f> sei ein Feldsymbol, dem mittels ASSIGN FELD TO <f>. die Variable FELD zugewiesen wurde. Dann setzt der Befehl CLEAR <f>. die Variable FELD entsprechend zurück, nicht die Referenzierung durch <f>!

```
    * Das folgende Unterprogramm ersetzt alle
    * Unterstriche durch Leerzeichen
   FORM REMOVEUNDERSCORES USING BUF.
      FIELD-SYMBOLS <CH>.
      DATA: LEN TYPE I, POS TYPE I.
    * Länge des Strings ermitteln
      LEN = STRLEN( BUF ).
    * Felder der Reihe nach von vorn abarbeiten,
    * erstes Zeichen hat Index 0.
      DO LEN TIMES.
         POS = SY-INDEX - 1.
    *    Zuweisen des Zeichens zu <CH>
         ASSIGN BUF+POS(1) TO <CH>.
         IF <CH> = '_'.
            <CH> = ' '.
         ENDIF.
      ENDDO.
   ENDFORM.
```

Die Konstruktion BUF+POS(1) innerhalb der ASSIGN-Anweisung steht für ein Zeichen an der Position POS innerhalb von BUF. Das entsprechende Zeichen kann dann so angesprochen werden, als wäre es eine Variable. Eine flexiblere Möglichkeit, einem Feldsymbol eine Variable zuzuweisen, ist die über den Inhalt eines Textfeldes:

ASSIGN (FELDNAME) TO <F>. weist <F> das in FELDNAME als Zeichenkette stehende Feld zu.

7   Dialogtransaktionen

7.1   Das Konzept

Reports sind zur Ermittlung und Aufbereitung von entscheidungsrelevantem Wissen gut geeignet. Wenn es aber darum geht, in Interaktion mit dem Benutzer zu treten und Daten eingeben zu lassen, sind andere Programme notwendig. Für diese Aktivitäten gibt es im R/3-System Dialogtransaktionen, die aus stark variierbaren Folgen von Dynpros bestehen.

Dynpro

Ein Dynpro ist ein **Bildschirmbild inklusive** der dahinterliegenden **Ablauflogik**. Die Ablauflogik definiert die Aktionen des Programms zum Aufbau des Bildschirms und Füllen der Felder sowie Reaktionen auf Anfragen und Aktionen des Nutzers. Aktionen des Nutzers werden dabei meist über das **Menü, Funktionstasten** oder **Druckknöpfe** ausgelöst. die gemeinsam den

GUI-Status

GUI-Status der Benutzungsoberfläche definieren. Eine Feldeingabe ist aus Programmsicht keine Aktion, sie wird erst durch Bestätigung einer Funktionstaste oder vergleichbare Handlungen zu einer Aktion. Ein GUI-Status kann über mehrere Dynpros hinweg aktiv sein.

PBO
PAI

Das Ereignis PBO (**Process Before Output**) wird vor dem Senden des Bildschirms ausgelöst, PAI (**Process After Input**) nach einer Aktion des Nutzers. Das Verhalten des Programms wird üblicherweise in Modulen codiert, die im zugehörigen Modulpool, einem ABAP/4-Programm vom Typ M, abgelegt sind. Diese Module können dann in der Ablauflogik des jeweiligen Dynpros aufgerufen werden.

```
PROCESS BEFORE OUTPUT.
  MODULE PBO0201.
PROCESS AFTER INPUT.
  MODULE PAI0201.
```

Abb. 7.1
Dynpro-
Ablaufschema

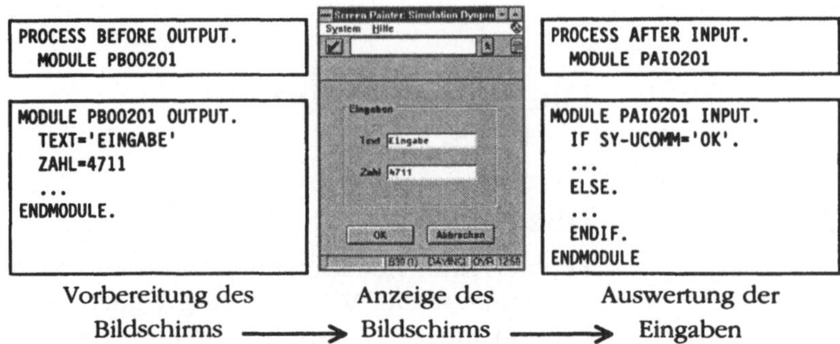

Vorbereitung des   Anzeige des   Auswertung der
Bildschirms ———▶ Bildschirms ———▶ Eingaben

Dialogtransaktionen stellen somit eine Verbindung von Bild-
schirmbildern, GUI-Stati, Ablauflogiken, Modulen, Nachrichten
und Tabellen dar. Nachfolgend sollen diese Elemente einzeln
erläutert werden.

Zur Unterstützung der Erstellung von Dialogtransaktionen dient
der Object-Browser *Werkzeuge* ⇨ *ABAP/4 Workbench* ⇨ *Übersicht* ⇨ *Object Browser* (SE80), der eine Übersicht über das Projekt bietet und weitreichende Navigationsmöglichkeiten beinhaltet. Von hier aus können auch die einzelnen Komponenten der
Dialogtransaktion angelegt und bearbeitet werden.

Abb. 7.2
Object Browser

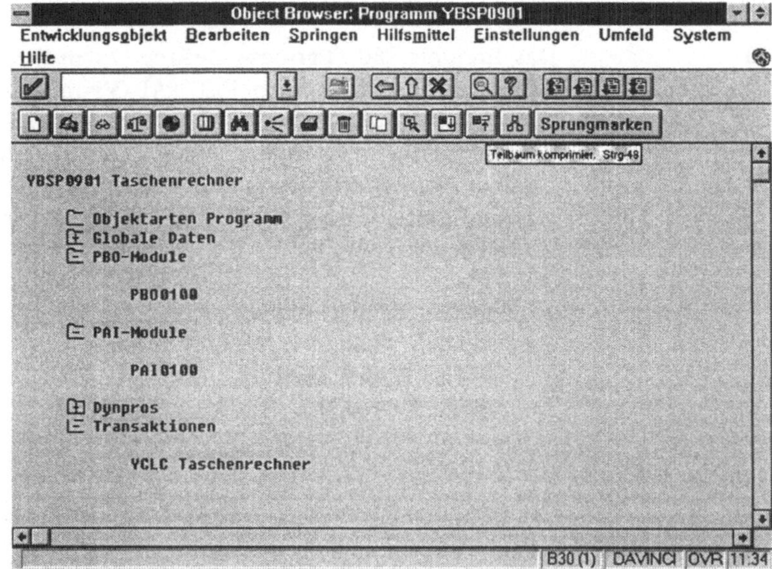

7.2   Anlegen von Dynpros

Zuerst muß ein Programm im ABAP/4-Editor angelegt werden. In den Attributen ist der Typ auf M zu setzen, um das Programm als Modulpool zu deklarieren.

Dynpronummer

Danach können im Screenpainter (*Werkzeuge ⇨ ABAP/4 Workbench ⇨ Entwicklung ⇨ Screen Painter, SM51*) die Dynpros erstellt werden. Es ist sinnvoll, vorher bereits eine feste Vorstellung vom Ablauf des Programms zu haben, da beim Anlegen des Dynpros in den Attributen auch nach einem Folgedynpro gefragt wird. Dabei ist wichtig zu wissen, daß Dynpros durch den Programmnamen (des Modulpools) und eine **vierstellige Nummer** eindeutig gekennzeichnet sind. Es empfielt sich, die Nummern der Dynpros in 100er-Schritten zu vergeben, um ggf. später noch weitere in den Ablauf einfügen zu können.

Abb. 7.3
Dynproattribute

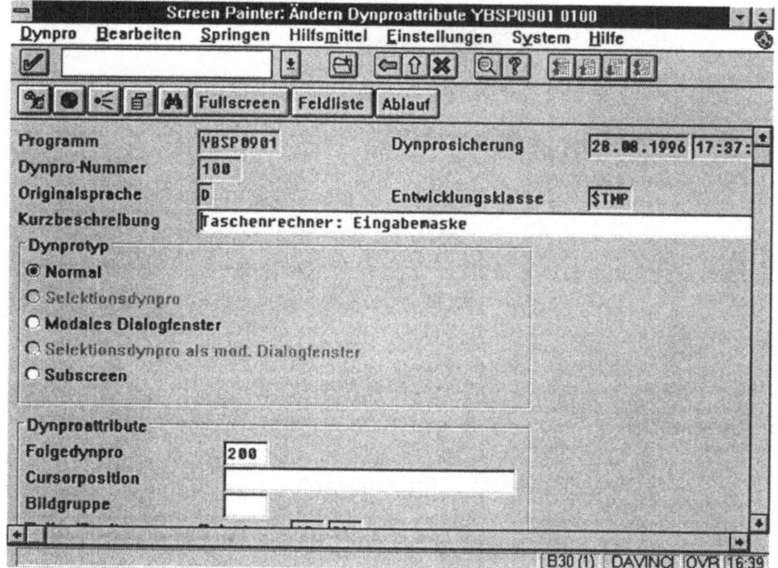

Fullscreen-Editor

Über die Funktionstaste *Fullscreen* gelangt man aus dem Screen-Painter in den **Fullscreen-Editor**. Dort wird der Bildschirm erstellt. Er setzt sich zusammen aus Eingabefeldern mit textuellen Erklärungen, Auswahlknöpfen, Ankreuzfeldern, Druckknöpfen und Rahmen. Es gibt auch Subscreens, Tableviews und Step-Loop-Felder, auf die in diesem Beitrag nicht eingegangen wird.

Dabei gilt für alle Felder, die mit dem Modulpool Daten austauschen sollen, daß sie dort durch Variablen gleichen Namens und verträglichen Typs repräsentiert sein müssen. D. h. nur Felder, die als Namen den Namen eines Tabellenfeldes oder einer Variable des Modulpools haben, tauschen zu den Zeitpunkten PBO und PAI Daten mit diesem aus. Die Prüfung der Daten auf Typkonformität erfolgt vom System aus.

Abb. 7.4
Fullscreen Editor

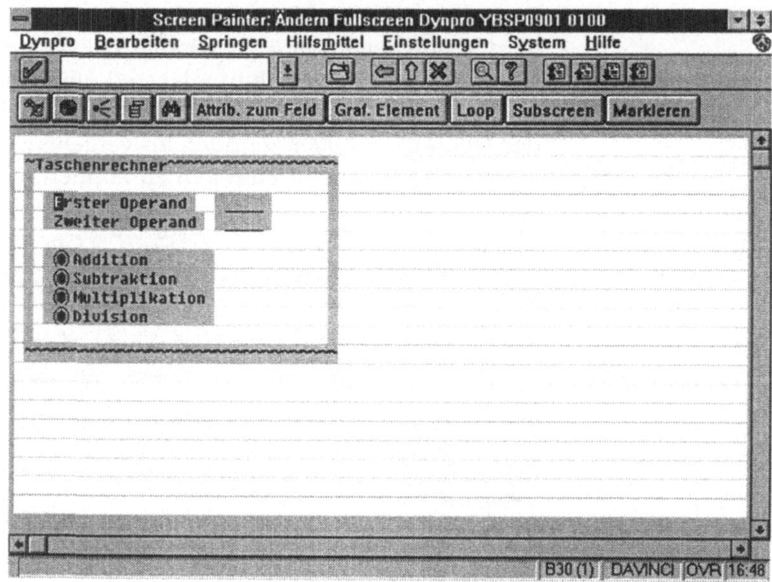

Bildelemente
erstellen

Um ein **Textfeld** zu erstellen, reicht es aus, den Text an der gewünschten Stelle zu schreiben. Anstelle von Leerzeichen sind hierbei „Unterstriche" zu verwenden, da Leerzeichen zum Trennen von Bildschirmfeldern benutzt werden.

Um ein **Eingabefeld** zu erstellen, wird wiederum nur ein Text eingegeben, der in diesem Fall als Maske (Feldschablone) aufgebaut ist und mit einem Unterstrich (normales Eingabefeld) oder Fragezeichen (Mußfeld) beginnt. Innerhalb der Maske steht jeder Unterstrich für jeweils ein beliebiges einzugebendes Zeichen. Andere angegebene Zeichen erfordern die Eingabe des gleichen Zeichens. So könnte ein Datumsfeld bspw. als __.__.____ definiert werden und muß dann immer mit zwei Punkten eingegeben werden (z.B. 31.12.1990). Nach der Definition des Feldes ist es unbedingt notwendig, ihm über die Funktion *Attrib. zum Feld* einen Namen zu geben, um später die Eingabe im Programm verwenden zu können. Es können in der Feldlistenansicht (*Springen* ⇨ *Sichten d. Feldliste* ⇨ *Feldtypen*) auch mehrere Felder gleichzeitig benannt werden.

Abb. 7.5
Feldliste

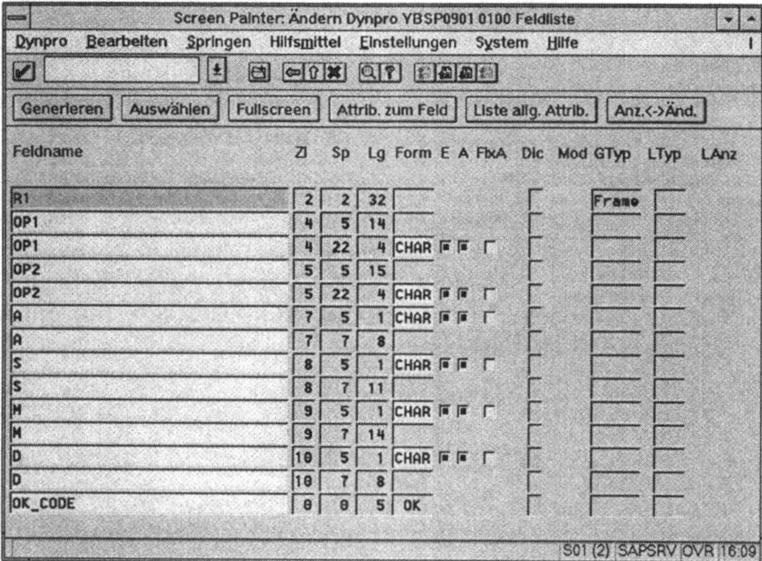

Auswahlknöpfe (Radio Buttons) treten nur in Gruppen auf und haben die Eigenschaft, daß jeweils genau ein Element der Gruppe ausgewählt ist. Sie werden durch eine Gruppe von Eingabe- und Textfeldern definiert, wobei das Eingabefeld einstellig ist und typischerweise vor dem Textfeld steht. Eingabefeld und das dazugehörige Textfeld müssen den gleichen Namen tragen. Nachdem mehrere Feldschablonen erstellt und mit einem Datenfeld verbunden wurden, kann diese Gruppe in Auswahlknöpfe gewandelt werden. Dazu wird der Cursor auf das erste Element der Gruppe gesetzt und das *Graf. Element* und *Blokkende mark.* gewählt. Danach werden die anderen Elemente der Gruppe markiert und nacheinander *Auswahlknöpfe* und *Gr.Gruppe definieren* ausgewählt.

Ankreuzfelder (Checkboxes) sind Felder, die gewählt (angekreuzt) oder nicht gewählt sein können. Sie werden genau wie Auswahlknöpfe aus Paaren gleichnamiger Eingabe- und Textfelder definiert, nur daß hierbei auf *Ankreuzfelder* anstelle von *Auswahlknöpfe* gedrückt wird.

Auch kann keine grafische Gruppe definiert werden, da sie als einzelne Schalter betrachtet werden. Für aktivierte Ankreuzfelder und Auswahlknöpfe gilt, daß in dem entsprechenden Zeichenfeld des Programmes ein 'X' steht. Für Deaktivieren steht ansonsten ein Leerzeichen.

Rahmen werden definiert, indem dort ein Textfeld angelegt wird, wo der obere Rand des Rahmens erscheinen soll. Dieses muß dann markiert werden. Anschließend werden *Graf. Element* und *Rahmen* angewählt, und dann wird an der rechten unteren Ecke des Rahmens doppelt geklickt.

Sollen ABAP/4-Dictionary-Felder in das Dynpro übernommen werden, gibt es einen komfortableren Weg, indem man *Springen ⇨ Dict/Programmfelder* wählt, die entsprechende Tabelle angibt und die zu übernehmenden Felder markiert. Dann muß man nur noch am Zielpunkt doppelklicken und die Felder werden eingefügt.

7.3   Anlegen von Menüs und Funktionstasten

Im **Menupainter** (*Werkzeuge ⇨ ABAP/4 Workbench ⇨ Entwicklung ⇨ Menu Painter, SE41*) kann zum Programm ein GUI-Status angelegt werden. Ein GUI-Status definiert alle Funktionen des Nutzerinterfaces, die über Maus oder Tastatur erreichbar sein sollen. Dazu gehören ein Menü, die Druckknopfleiste und die Funktionstastenbelegung. Der Status bekommt einen eindeutigen Bezeichner über den er im Programm mittels `SET PF-STATUS <Bezeichner>.` gesetzt werden kann.

Beim Anlegen des Status kann zwischen verschiedenen Vorbelegungen (Dynpro, Dialogfenster, Liste) gewählt werden. Das Belegen der Tasten ist weitgehend selbsterklärend, Menüs können durch Doppelklick geöffnet und dann definiert werden. Jede Funktion wird durch eine 4-stellige Zeichenfolge beschrieben. Anhand dieser Zeichenfolge, die zum Zeitpunkt PAI in den Feldern `OK_CODE` bzw. `SY-UCOMM` steht, entscheidet das Programm, wie es weiter vorzugehen hat.

Abb. 7.6
Menu Painter

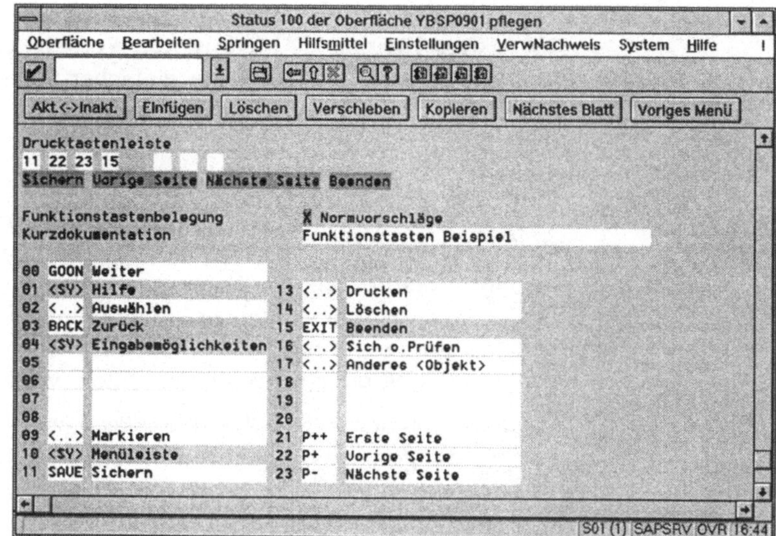

Bemerkt sei nur noch, daß in der Funktionsliste (*Springen* ⇨
Funktionsliste) der Funktionstyp E angegeben werden kann. Er
definiert Funktionen, die ohne vorherige Typprüfung der Eingaben und ohne Transfer von Daten in die entsprechenden Variablen aufgerufen werden. Sie sind zum Verlassen der Dialogtransaktion gedacht und werden folgendermaßen verwendet:

```
PROCESS AFTER INPUT.
  MODULE EXIT AT EXIT-COMMAND.
```

7.4   Die Ablauflogik

Im Screenpainter wird auch die Ablauflogik für den jeweiligen
Bildschirm spezifiziert. Die beiden wichtigsten Zeitpunkte sind,
wie bereits erwähnt, PBO und PAI.

PBO

Das Ereignis PBO dient der **Vorbereitung des Bildschirmes**.
Hier sollte verifiziert werden, ob der Nutzer autorisiert ist, den
Bildschirm zu nutzen und ob alle weiteren Voraussetzungen für
das Abarbeiten des Programms erfüllt sind. Hier können außerdem verschiedene Felder vorbelegt werden - anhand des bisherigen Ablaufs oder anhand von Standards. Desweiteren können
auch die Merkmale einzelner Felder, z. B. die Merkmale (aktiv
oder sichtbar), durch eine Veränderung von Daten in der internen Tabelle SCREEN angepaßt werden. Darüber hinaus kann ein
neuer GUI-Status geladen oder eine neue Titelleiste gesetzt werden.

PAI

Nach dem Ereignis PAI erfolgt die **Verarbeitung der** eingegebenen **Daten**. Diese kann von einfacher Speicherung oder Vorbereitung von weiteren Bildschirmen bis hin zu Berechnungen neur Daten reichen. Außerdem wird hier üblicherweise der Fortgang des Programmes bestimmt.

Beim Eintritt des Ereignisses PAI können **Prüfungen der Konsistenz** der Eingaben durchgeführt und weitere Voraussetzungen für eine Verarbeitung der Daten geschaffen werden. Die Prüfungen sollten in einem eigenen Modul untergebracht sein. Falls Fehler auftreten, kann das Verlassen des Bildschirmes mit einer Fehlermeldung oder Warnung verhindert werden.

Nachrichten

Hierzu dient der Befehl **MESSAGE** <Nummer> **[WITH [**<Var>**]**[1:4]**]**. Die Meldungen werden über *Werkzeuge* ⇨ *ABAP/4 Workbench* ⇨ *Entwicklung* ⇨ *Programmierumfeld* ⇨ *Nachrichten* gepflegt. Dort wird eine Nachrichtenklasse, z.B. YF, angelegt. Die Nachrichten werden entsprechend den Nummern von 000 bis 999, falls benötigt, angegeben. Sollen in der Nachricht variable Teile erscheinen, muß für diese der Platzhalter „&" angegeben werden, dabei sind bis zu vier Platzhalter möglich. Diese werden dann mit den Variablen der WITH-Klausel in der angegebenen Reihenfolge gefüllt.

Um die Nachrichten im Programm zu verwenden, muß die Nachrichtenklasse im Kopf des Reports angegeben werden, z.B. RE-PORT YBSP MESSAGE-ID YF.. Die Nummer der MESSAGE-Anweisung wird aus einer Meldungsart und der Nummer der Meldung in der Nachrichtenklasse zusammengesetzt. Meldungsarten sind:

E   Error/Fehlermeldung, führt zum Abbruch der PAI-Behandlung. Eine Neueingabe des Wertes ist erforderlich.

W   Warnung, führt auch zum Abbruch, erfordert aber kein Ändern der Werte vom Nutzer.

I   Info, eine Datenfreigabe vom Benutzer ist nötig, bevor es weitergeht.

S   Erfolgsmeldung auf dem nächsten Bildschirm.

A   Abbruch der Transaktion.

Bspw. kann die unter der Nummer 101 erfaßte Fehlermeldung „Bitte Feld & ausfüllen!" folgendermaßen angezeigt werden:

```
MESSAGE E101 WITH FELDNAME.
```

Ist der Inhalt von FELDNAME 'Postleitzahl', so wird folgende Meldung ausgegeben:

```
Bitte Feld Postleitzahl ausfüllen!
```

weitere Ereignisse   Es gibt noch weitere Ereignisse innerhalb der Ablaufsteuerung. **PROCESS ON VALUE-REQUEST.** ermöglicht eine eigene Bearbeitung bei der Anfrage von Eingabemöglichkeiten (Funktionstaste F4). **PROCESS ON HELP-REQUEST.** ermöglicht ein Reagieren des Programms auf eine Hilfeanforderung des Nutzers mittels F1.

Das folgende Beispiel einer Ablauflogik entstammt einem produktiv eingesetzten Programm. Es steuert die Arbeit eines Selektionsbildschirmes. An ihm können eine Reihe von Besonderheiten der Ablauflogik erklärt werden.

```
PROCESS BEFORE OUTPUT.
  MODULE PBO0050.
PROCESS AFTER INPUT.
  MODULE EXIT AT EXIT-COMMAND.
  CHAIN.
    FIELD: YFDD-VON,
           YFDD-BIS.
    MODULE CHECK_AUFNR.
  ENDCHAIN.
PROCESS ON VALUE-REQUEST.
  FIELD YFDD-VON MODULE VONHELP.
  FIELD YFDD-BIS MODULE BISHELP.
```

Das Modul PBO0050 wird vor dem Senden des Bildschirmes aufgerufen und stellt in diesem Fall nur das Menü und den Titel der Anwendung ein. EXIT wird nur aufgerufen, wenn der Bildschirm über *Abbruch* verlassen wird. Einzelne Felder können mit **FIELD** <Feld> **MODULE** <Name>. getestet werden. Wird innerhalb des Moduls eine Fehlermeldung erzeugt, ist nur dieses Feld eingabebereit. Im vorliegenden Fall können die Felder Selektionsunter- und -obergrenze aber nur als Gemeinschaft abgetestet werden. Dazu muß der Test in ein CHAIN-ENDCHAIN-Konstrukt verlagert werden, in dem alle betroffenen Felder aufgezählt werden. Kommt es hier zu einer Fehlermeldung, sind beide Felder eingabebereit.

Die Eingabemöglichkeiten wurden auch dem jeweiligen Feld zugeordnet. Innerhalb der Module `VONHELP` beziehungsweise `BIS-HELP` wird dann jeweils `YFDD-VON` oder `YFDD-BIS` mit dem ausgewählten Wert gefüllt.

Steuerung der
Dynprofolge

Ein weiterer Teil der Ablaufsteuerung ist die im Modulpool implementierte globalen Steuerung der Dynproreihenfolge.

Wie in Abschnitt 9.3. erklärt, lassen sich vom Nutzer gewählte Menüpunkte, Tasten und ähnliches über eine Variable `OK_CODE` abrufen, wenn diese in Programm und Dynpro definiert ist. Der Tastencode steht auch im Feld `SY-UCOMM`. Die Auswertung kann wie folgt programmiert werden:

```
CASE SY-UCOMM.
  WHEN 'FKT1'.
    ...
  WHEN 'FKT2'.
    ...
ENDCASE.
```

In Abhängigkeit von der gewählten Funktion läßt sich auch der gesamte Transaktionsablauf ändern. Das Folgedynpro ist in den Attributen des aktuellen Dynpros gespeichert. Es kann aber nötig sein, diese Reihenfolge dynamisch zu ändern. Dazu dient der Befehl **SET SCREEN** <Dynpronummer>.. Soll ein Bildschirm nur eingeschoben werden, kann **CALL SCREEN** <Dynpronummer>. verwendet werden. Diese Anweisung kehrt zur ursprünglichen Dialogfolge zurück, sobald der gerufene Bildschirm abgearbeitet ist. Der aufrufende Bildschirm hat die Nummer 0. **LEAVE SCREEN.** verläßt das aktuelle Dynpro. Die beiden letztgenannten Fakten werden oft bei der Implementation des Moduls `EXIT` (Abbrechen) genutzt.

```
MODULE EXIT INPUT.
  SET SCREEN 0.
  LEAVE SCREEN.
ENDMODULE.
```

Weiterhin gibt es in PBO die Möglichkeit, Felder zu aktivieren bzw. zu deaktivieren, indem man die entsprechenden Felder in der (internen) Tabelle SCREEN verändert. Die Tabelle kann zeilenweise über **LOOP AT SCREEN. ... ENDLOOP.** analysiert und verändert werden; die Änderungen werden danach mit **MODIFY SCREEN.** vollzogen.

Alle weiteren Aktionen in Modulen unterscheiden sich nicht von der Datenerfassung in Reports, abgesehen von der Verwendung von Modulen und der Verbuchung eingegebener Daten. Letztere erfolgt über die Befehle INSERT, UPDATE oder MODIFY. Module werden als

```
MODULE <Name> {[INPUT]|OUTPUT}.
   <Anweisungen>.
ENDMODULE.
```

definiert, wobei der Zusatz OUTPUT für PBO-Module, INPUT für PAI-Module und sonstige zu verwenden ist. Die Definition erfolgt im Modulpool.

7.5   Transaktionen erstellen

Transaktionscodes stellen einen Schlüssel zum Starten eines Dialogprogrammes oder sonstigen Programmes dar. Sie können über *Werkzeuge* ➪ *ABAP/4 Workbench* ➪ *Entwicklung* ➪ *Weitere Werkzeuge* ➪ *Transaktionen* angelegt werden. Dort muß zunächst ein neuer Code (der mit Y beginnen sollte) eingegeben werden. Anschließend wird *Anlegen* gedrückt, *Dialogtransaktion* gewählt, es werden alle Mußfelder entsprechend ausgefüllt und die neue Transaktion gespeichert.

7.6   Einführendes Beispiel

Als Beispiel für eine Dialogtransaktion wird nachfolgend ein sehr einfacher Taschenrechner beschrieben. Die Eingabemaske wird im Dynpro 100 mit dem Folgedynpro 200 definiert. Der Bildschirm hat das nachfolgend dargestellte Aussehen. Die Namen der Felder sind angegeben. OP1 und OP2 sind vom Typ NUMC.

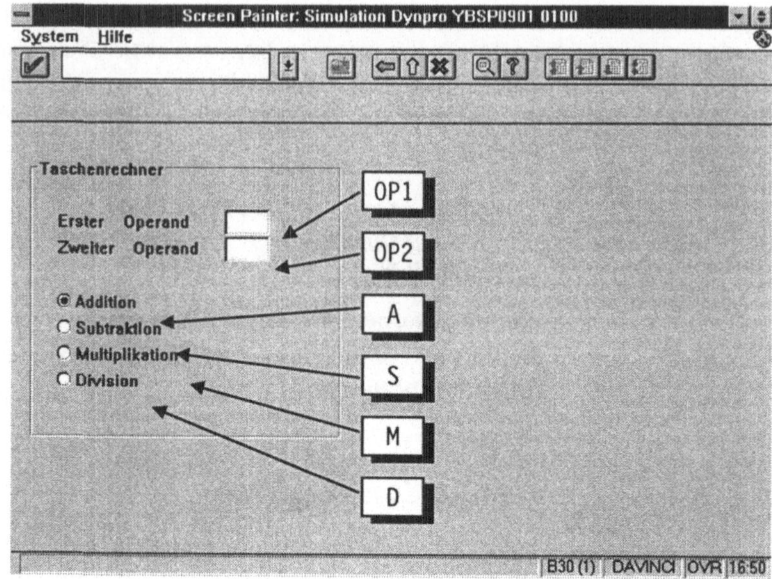

Die Ablauflogik des Dynpros sieht wie folgt aus:

```
PROCESS BEFORE OUTPUT.
  MODULE PBO0100.
PROCESS AFTER INPUT.
  MODULE PAI0100.
```

Im zweiten Dynpro 200 mit dem Folgedynpro 100 werden weitestgehend die gleichen Felder definiert, das Ergebnisfeld kommt noch hinzu. Alle Felder sind als Ausgabefelder definiert, indem in der Feldliste das Merkmal E (Eingabe) deaktiviert wurde. Die Felder können nicht verändert werden. Es sind auch vom Programm keine Aktionen vorzunehmen, weshalb keine zusätzliche Ablauflogik implementiert wurde.

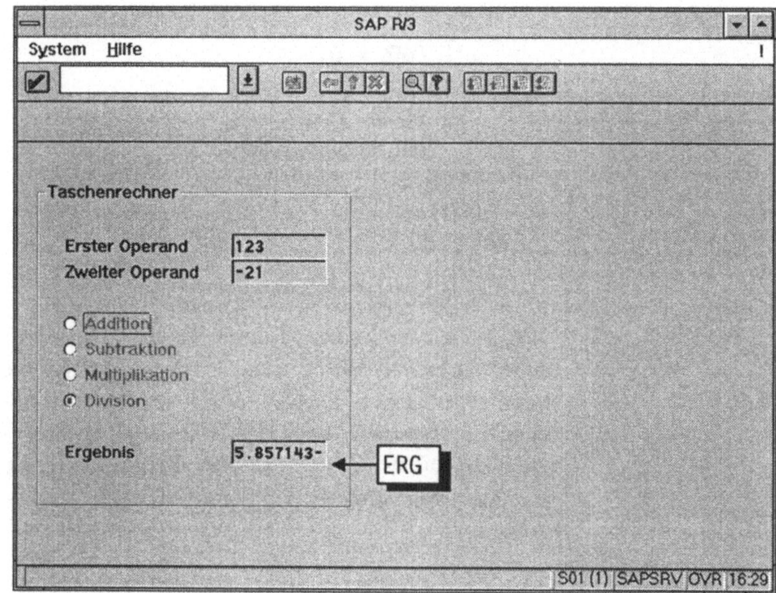

Abb. 7.8
Folgedynpro 200

Der Modulpool YBSP0901 ist wie folgt definiert:

```
PROGRAM YBSP0901.
DATA: OP1(4), OP2(4), ERG(9),
      A, S, M, D.

* vor dem Anzeigen des Bildschirms 100
* ausgeführte Funktionen
MODULE PBO0100 OUTPUT.
  CLEAR: OP1, OP2, ERG, S, M, D.
* Vorbelegung von Feld A
  A = 'X'.
ENDMODULE.

* nach dem Bestätigen des Bildschirms 100
* ausgeführte Funktionen (ENTER)
MODULE PAIO100 INPUT.
  IF A = 'X'.
    ERG = OP1 + OP2.
  ELSEIF S = 'X'.
    ERG = OP1 - OP2.
  ELSEIF M = 'X'.
    ERG = OP1 * OP2.
```

```
        ELSE.
          IF OP2 = 0.
            ERG = '       -E-'.
          ELSE.
            ERG = OP1 / OP2.
          ENDIF.
        ENDIF.
      ENDMODULE.
```

Das Programm springt immer nach Drücken der Taste ⏎ zum nachfolgenden Bildschirm. Es ist als Endlosschleife angelegt und kann nur durch Angabe eines neuen Transaktionscodes abgebrochen werden. Von den Variablen A, S, M und D, die für die Auswahlknöpfe Addition, Subtraktion, Multiplikation und Divison stehen, kann jeweils nur eine 'X' enthalten, das heißt angekreuzt, sein.

Um das Programm starten zu können, muß noch ein Transaktionscode angelegt werden. Für das Beispiel wurden folgende Werte angegeben:

Abb. 7.9
Anlegen Transaktionscode

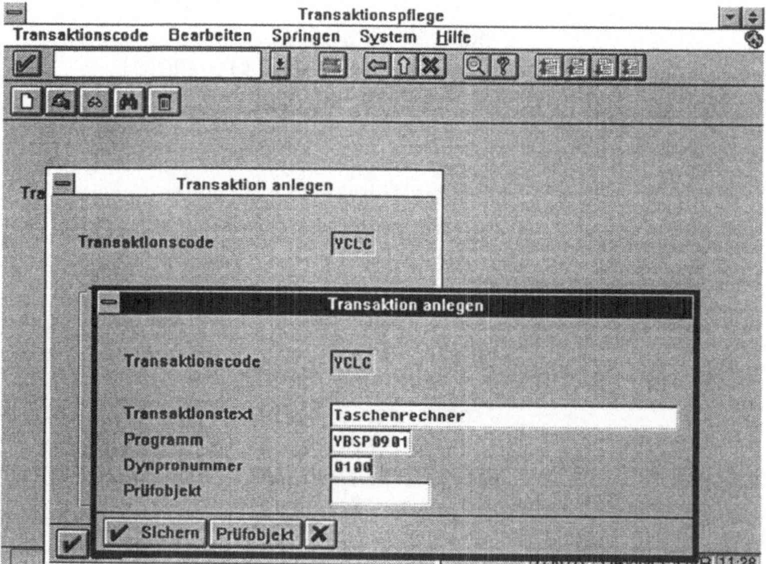

7.7 Gekapselte Dialoge

Dialoge können in Funktionsbausteinen gekapselt werden. Dann können sie wie andere Funktionsbausteine aus jedem Programm aufgerufen werden. Das Grundprogramm des Funktionsbausteins hat immer den Namen `SAPL<Funktionsgruppe>`, im Falle des folgenden Beispiels aus der Funktionsgruppe `Z_DG` den Namen `SAPLZ_DG`. Zu diesem Programm müssen die notwendigen Dynpros angelegt werden. Die Module der Ablauflogik werden in den im Grundprogramm angegebenen Includes definiert. Das Beispiel implementiert einen Dialog zur Abfrage eines Dateinamens, der auch eine Hilfe zum Durchsuchen der lokalen Platten enthält. Der Funktionsbaustein heißt `Z_POPUP_FILE_REQUEST` und hat folgende Schnittstelle:

Tab. 7.1
Eingabeparameter für gekapselte Dialoge

Eingabeparameter	
`DEFAULT_NAME`	Vorschlagswert für Dateinamen
`DLGTITLE`	Titelzeile des Dialogfensters
`MSG1`	Erste Zeile des Meldungstextes (maximal 60 Zeichen werden angezeigt)
`MSG2`	Zweite Zeile des Meldungstextes (maximal 60 Zeichen werden angezeigt)
Rückgabewerte	
`ANSWER`	Gibt die Information zurück, welcher Button gedrückt wurde; 'Y' - Ok, 'N' - Abbruch
`FILE_NAME`	Gibt den gewählten Dateinamen zurück, wenn `ANSWER` = 'Y' ist

Die globalen Daten des Funktionsbausteins werden wie folgt festgelegt:

```
FUNCTION-POOL Z_DG.      "MESSAGE-ID ..
DATA: TEXT1(60), TEXT2(60), NAME(60), OK, TITLE(50).
```

Das Dynpro definiert folgenden Dialog:

Abb. 7.10
Beispieldynpro

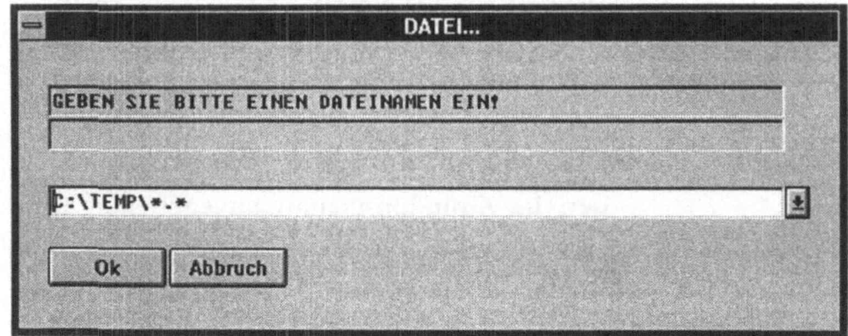

mit der Ablauflogik

```
PROCESS BEFORE OUTPUT.
  MODULE PBO0100.
PROCESS AFTER INPUT.
  MODULE PAI0100.
PROCESS ON VALUE-REQUEST.
  FIELD NAME MODULE GET_LOCAL_FILENAME.
```

und den Modulen

```
*-------------------------------------------*
* INCLUDE LZ_DG010                          *
*-------------------------------------------*
MODULE PBO0100 OUTPUT.
* Titlebar '000' als '&' definiert
  SET TITLEBAR '000' WITH TITLE.
  SET PF-STATUS '0100'.
ENDMODULE.

MODULE GET_LOCAL_FILENAME.
  DATA: TMP_FILENAME LIKE NAME.
* rufe Front-End-Dialog
  CALL FUNCTION 'WS_FILENAME_GET'
       EXPORTING
             DEF_FILENAME      = NAME
             DEF_PATH          = '.'
             MASK              = ',*.*,*.*,'
             MODE              = 'S'
       IMPORTING
```

```
          FILENAME          = TMP_FILENAME
       EXCEPTIONS
          INV_WINSYS      = 01
          NO_BATCH        = 02
          SELECTION_CANCEL = 03
          SELECTION_ERROR = 04.
* wenn Ruf erfolgreich und nicht vom Nutzer
* abgebrochen, neuen Namen setzen
  IF SY-SUBRC = 0.
    NAME = TMP_FILENAME.
  ENDIF.
ENDMODULE.

MODULE PAIO100 INPUT.
  CASE SY-UCOMM.
    WHEN 'TAKE'. OK = 'Y'.
    WHEN 'LEAV'. OK = 'N'.
  ENDCASE.
  SET SCREEN 0.
  LEAVE SCREEN.
ENDMODULE.
```

Der GUI-Status '100' definiert dabei die Funktionen Abbrechen 'LEAV' und Ok 'TAKE'. Der Quelltext des Funktionsbausteins hat dann das folgende Aussehen:

```
FUNCTION Z_POPUP_FILE_REQUEST.
*------------------------------------------
* Lokale Schnittstelle:
*       IMPORTING
*             DEFAULT_NAME DEFAULT SPACE
*             DLGTITLE DEFAULT 'Datei'
*             MSG1
*             MSG2
*       EXPORTING
*             ANSWER
*             FILE_NAME
*------------------------------------------
  TEXT1 = MSG1.
  TEXT2 = MSG2.
  NAME  = DEFAULT_NAME.
  TITLE = DLGTITLE.
CALL SCREEN 100 STARTING AT 7  5
                ENDING AT   72 12.
```

```
 ANSWER = OK.
 IF OK = 'Y'.
   FILE_NAME = NAME.
 ENDIF.
ENDFUNCTION.
```

Das verbindende Programm SAPLZ_DG hat folgende Form:

```
**********************************************
*    System-defined Include-files.        *
**********************************************
 INCLUDE LZ_DGTOP.        " Global Data
 INCLUDE LZ_DGUXX.        " Function Modules
**********************************************
*      User-defined Include-files (if      *
*           necessary).                    *
**********************************************
* INCLUDE LZ_DGF...        " Subprograms
 INCLUDE LZ_DG010.         " Function-Modules
* INCLUDE LZ_DGI10.        " PAI-Modules
```

Nach Eingabe und Aktivierung des Funktionsbausteines ist dieser
nutzbar. Verwendet wurde diese Funktion z.B. bei der Implementation eines Unterprogramms, das eine Datei vom Server auf
das Front-End kopiert und, wenn der Name der Front-End-Datei
ungültig ist, dem Nutzer die Chance zum Ändern gibt. Der
Quelltext ist nachfolgend abgedruckt.

```
* COPYFILETOCLIENT kopiert eine Datei vom
* Server auf das Front-End. Kann die Ziel-
* Datei nicht erstellt werden, wird der
* Nutzer zur Angabe eines neuen Dateinamens
* aufgefordert, bis das Kopieren erfolgreich
* ist oder der Nutzer abbricht
* Parameter: SRC - Quelldatei (Server)
*            FILECLT - Zieldatei (Front-End)
*            MSG - Erfolgsmeldung (Rückgabe)
FORM COPYFILETOCLIENT USING VALUE(SRC)
                            FILECLT
                            MSG.
 DATA: USERCANCEL, DLGANSWER.
* Kopieren der Datei im Binärmodus
 CALL FUNCTION
```

```
          'ARCHIVFILE_SERVER_TO_CLIENT'
             EXPORTING
                 PATH       = SRC
                 TARGETPATH = FILECLT
             EXCEPTIONS
                 ERROR_FILE = 01.
     IF SY-SUBRC = 0.
       MSG = 'Datei erfolgreich kopiert.'.
     ELSE.
*  wenn Fehler, neuer Dateiname und Versuch
       USERCANCEL = 'N'.
       WHILE ( SY-SUBRC <> 0 )
             AND ( USERCANCEL = 'N' ).
         CALL FUNCTION 'Z_POPUP_FILE_REQUEST'
             EXPORTING
                 DEFAULT_NAME   = FILECLT
                 DLGTITLE       =
                   'Datei speichern unter...'
                 MSG_1          =
                   'Fehler beim Kopieren.'
                 MSG_2          =
                   'Bitte neuen Namen angeben.'
             CHANGING
                 ANSWER         = DLGANSWER
                 FILE_NAME      = FILECLT
             EXCEPTIONS
                 OTHERS         = 01.
         IF ( SY-SUBRC <> 0 )
            OR ( DLGANSWER = 'N' ).
           USERCANCEL = 'Y'.
           MSG = 'Fehler beim Kopieren.'.
         ELSE.
           CALL FUNCTION
             'ARCHIVFILE_SERVER_TO_CLIENT'
                EXPORTING
                    PATH       = SRC
                    TARGETPATH = FILECLT
                EXCEPTIONS
                    ERROR_FILE = 01.
           IF SY-SUBRC = 0.
             MSG =
             'Datei erfolgreich kopiert.'.
           ENDIF.
         ENDIF.
```

```
    ENDWHILE.
    ENDIF.
  ENDFORM.
```

8 Schnittstellen des R/3-Systems

Im folgenden Kapitel werden die Konzepte von mehreren Schnittstellen des R/3-Systems beschrieben. Es enthält neben der allgemeinen Beschreibung unterschiedlicher Schnittstellen ein ausführliches Programmbeispiel zur Fremddatenübernahme, das dem Leser die Programmierung eigener Schnittstellen erleichtern soll.

8.1 Konzepte

Schnittstellen von Systemen, so auch die des R/3-Systems, dienen dem Austausch von Daten und Diensten mit Fremdsystemen. **Daten** sind dabei Tabelleninhalte oder durch Auswertung gewonnene Werte, in einer weiteren Begriffsfassung aber auch Parameter und sonstige ausgetauschte Informationen. Daten, die nur der Protokollierung, der Ordnungsmäßigkeit, der Konversation dienen, sind keine Nutzdaten im eigentlichen Sinne. Sie sind keine Austauschdaten, sondern lediglich austausch-ermöglichende oder -überwachende Informationen. **Dienste** sind Funktionen oder Verhaltensweisen des Fremdsystems (Server), die von außen angestoßen werden können. Sie sind oft mit Daten insofern verbunden, als sie diese ermitteln oder auswerten. Benutzt R/3 die Dienste eines anderen Systems, so ist R/3 der Client und das aufgerufene Programm der Server. Werden R/3-Funktionen von außerhalb angesprochen, dann bietet das R/3 seine Dienste als Server einem externen Client an.

Die Schnittstellen des R/3-Systems lassen sich in **Import- und Exportschnittstellen** unterscheiden. Eine ausschließliche Importschnittstelle ist die BDC-Schnittstelle. BDC steht **für Batch Data Communication** und bedeutet, daß Informationen datensatzweise automatisch oder halbautomatisch in das System eingegeben werden.

BDC

BDC verwendet dazu die Eingabemasken des Systems, wodurch eine Datenkonsistenz durch die standardmäßige Prüfung sichergestellt wird. Der Abschnitt 8.2 befaßt sich näher mit dieser Schnittstelle.

Desweiteren gibt es eine Reihe von Schnittstellen, die in beliebiger Richtung genutzt werden können. Es ist allerdings aus Gründen der Systemkonsistenz sinnvoll, sie vorwiegend als Exportschnittstellen zu verwenden. Zu ihnen gehören CPI-C, RFC und OLE. Mit diesen Schnittstellen kann R/3 sowohl als Client als auch als Server arbeiten. Die Implementation von Client- und von Serverfunktionen ist unterschiedlich.

CPI-C   **Common Programming Interface - Communication** (CPI-C) ist eine aus der UNIX-Welt stammende Schnittstelle, die den Kommunikationsablauf weitestgehend dem Nutzer überläßt. Das schafft zwar Freiheiten, die Erstellung einer solchen Schnittstelle ist aber sehr aufwendig, weil auch die Synchronisation der Kommunikation dem Programmierer obliegt. Aus diesem Grund soll sie hier nicht näher erläutert werden. In der Online-Hilfe ist der Standardablauf einer Kommunikation über CPI-C beschrieben.

RFC   RFC steht für **Remote Function Call** und beinhaltet Funktionsaufrufe an bzw. von einem anderen Softwaresystem. Sie ist eine SAP-eigene Ausprägung der UNIX-Schnittstelle RPC (Remote Procedure Call) und basiert intern auf CPI-C. Sie wird zur Kommunikation zwischen R/3- und R/2-Systemen in beliebiger Kombination benutzt, aber auch Fremdsysteme können mit einer RFC-Schnittstelle ausgestattet werden. Auch sie soll nachfolgend genauer vorgestellt werden.

OLE   **Object Linking and Embedding** (OLE) wird von R/3 ab der Version 3.0 unterstützt. Es ist eine objektorientierte Standardschnittstelle für alle Microsoft Windows-Umgebungen. Hier kann mit allen Programmen kommuniziert werden, deren OLE-Schnittstelle dem R/3-System über spezielle Tabelleneinträge bekannt gemacht wurde. Diese Einträge können über die Transaktionen SOLE und SOLI erzeugt werden.

Um den Leistungsumfang von OLE zu verdeutlichen, wird in der folgenden Tabelle eine kurze Übersicht über den Funktionsumfang von ABAP/4 zur Kopplung mit externen OLE-Servern gegeben.

<table>
<tr><td rowspan="6">Tab. 8.2
Funktionsumfang
von ABAP/4 als OLE-
Client</td><td>Funktion</td><td>Bedeutung</td></tr>
<tr><td>CREATE OBJECT</td><td>Erzeugen eines OLE-Objektes zur Kommunikation</td></tr>
<tr><td>CALL METHOD</td><td>Aufrufen einer Methode des OLE-Objekts</td></tr>
<tr><td>GET PROPERTY</td><td>Abfragen einer Eigenschaft des OLE-Objekts</td></tr>
<tr><td>SET PROPERTY</td><td>Setzen einer Objekteigenschaft</td></tr>
<tr><td>FREE OBJECT</td><td>Freigeben des OLE-Objektes</td></tr>
</table>

Für den Einsatz von R/3 als OLE-Server existieren analoge Funktionen.

R/3 bietet noch weitere Schnittstellen, die im folgenden erwähnt werden sollen:

Q-API
Queue Application Programming Interface (Q-API) ist eine Schnittstelle für gepufferte Datenübertragung. Es handelt sich dabei um einen Satz von Funktionen, um Daten temporär in eine Datenbank-Queue zu stellen, die anschließend durch ein asynchron ablaufendes Programm verarbeitet werden.

SAP-XXL
SAP-XXL (extended Excel) ist eine spezielle Schnittstelle, die den Datentransfer vom System R/3 zum Tabellenkalkulationsprogramm Microsoft Excel ermöglicht.

BAPI
Business Application Programming Interface (BAPI) ist eine Schnittstelle, mit der auf betriebswirtschaftliche Objekte (Business Objekte) über objektspezifische Funktionen (Methoden) zugegriffen werden kann.

EDI
Electronic Data Interchange (EDI) beinhaltet den elektronischen Datenaustausch strukturierter Geschäftsdaten zwischen betriebswirtschaftlichen Softwaresystemen. Die entsprechende R/3-Schnittstelle besteht aus einem EDI-Subsystem, welches EDI-Nachrichten aus und in SAP-interne Daten (IDoc-Typen) konvertieren kann und aus einer IDoc-Schnittstelle zur Verbindung dieses Subsystems mit R/3-Anwendungsfunktionen.

Dateitransfer
Der **Datenaustausch über Dateien**, der in Kapitel 8 beschrieben wurde, bildet die einfachste Variante einer Schnittstelle. Dateien können auf dem Server und dem Front-End bearbeitet bzw. erzeugt werden. Der Funktionsbaustein 'WS_EXECUTE' ermöglicht das Starten von Fremdprogrammen auf dem Front-End. Der Exporting-Parameter INFORM steuert die Art des Ausrufes: 'X' ruft synchron, ' ' asynchron auf.

Darüber hinaus beinhaltet R/3 eine Reihe von Schnittstellen zu speziellen Subsystemen, wie Zeiterfassungsprogramme, Archivierungssysteme und Prozeßsteuerungssysteme.

8.2   Import von Daten mit BDC

BDC ist eine Schnittstellenkonzept, mit dem systemintern die Daten über die Nutzerschnittstelle, d.h. über die Dynpros, eingegeben und verbucht werden können. Dabei ist wählbar, ob die Abarbeitung im Hintergrund erfolgen soll, ob jeder Bildschirm zur Bestätigung noch einmal angezeigt werden soll oder ob nur fehlerhafte Bildschirme zur Veränderung präsentiert werden sollen. Erfolgt die Verarbeitung ganz im Hintergrund, wird im Fehlerfall ein Protokoll mit den fehlerhaften Daten angelegt, die dann nachbearbeitet werden können.

Anwendungs-varianten

Es gibt grundsätzlich zwei verschiedene Möglichkeiten der Anwendung von BDC. Die erste beinhaltet die Erstellung von Batch-Input-Mappen, die **asynchron** vom Nutzer eingesteuert werden müssen. Diese Variante eignet sich besonders zur Massendatenverarbeitung, das heißt zur Alt- und Fremddatenübernahme. Für sie wird der Begriff Batch-Input-Schnittstelle benutzt. Die Architektur ist nachfolgend dargestellt.

Abb. 8.1
BDC-Architektur

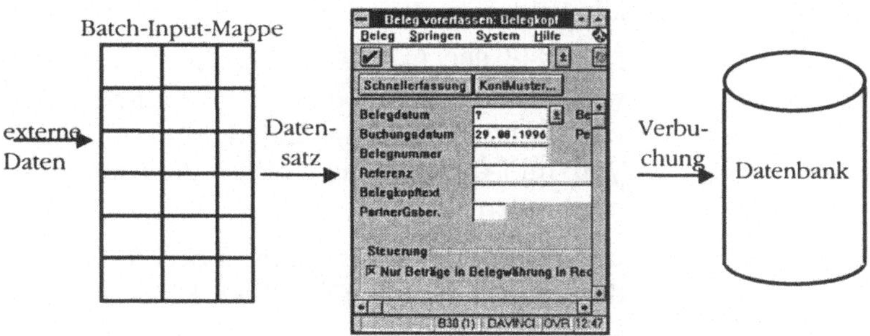

Die zweite besteht in der Möglichkeit, **synchron** andere Transaktionen aufzurufen und mit Daten zu versorgen. Letztere eignet sich für eine sehr geringe Anzahl von Datensätzen, die sofort verbucht werden sollen bzw. für die Nutzung anderer Transaktionen in eigenen Programmen. Diese Methode übernimmt die Daten schneller. Sie unterstützt jedoch die Verwaltung der zu übernehmenden Daten und die Fehlerbehebung und weniger als die Batch-Input-Methode.

Die Verwendung folgender Struktur zur Datenübergabe ist beiden Vorgehensweisen gleich:

PROGRAM	DYNPRO	DYNBEGIN	FNAM	FVAL
SAPMV45A	0101	X		
			VBAK-AUART	TA
			VBAK-VKORG	0008
			...	
			BDC_OKCODE	/00
SAPMV45A	0402	X		

Die Struktur BDCDATA ist im ABAP/4 Dictionary definiert und muß ähnlich Tabelle 8.2 ausgefüllt werden. D. h. jeder neue Bildschirm wird mit Programm- und Dynproname (Felder PROGRAM und DYNPRO) und einem 'X' in DYNBEGIN angezeigt, dann folgen die Werte aller Felder als Zeichenketten, wobei FNAM das Feld, FVAL den Wert angibt. Hierbei werden alle zu füllenden Felder mit ihren Werten angegeben. Zu beachten ist, daß nicht alle Felder des Dynpros ausgefüllt werden müssen.

Das Feld BDC_OKCODE nimmt die gedrückte Taste bzw. den gewählten Funktionscode auf. Es entspricht dem Feld zur Eingabe von Transaktionscodes auf dem Bildschirm. Das impliziert, daß '/00' für ⏎, '/01' bis '/24' für die Funktionstasten F1 bis F24 zu verwenden sind.

Um die Struktur zur Tabellendefinition zu übernehmen, sollte der Befehl INCLUDE STRUCTURE BDCDATA. verwendet werden.

Das folgende Programmbeispiel illustriert das Vorgehen beim Anlegen einer Batch-Input-Mappe. Es entstammt einer Lösung, bei der Kundenaufträge aus dem Internet in einer unten beschriebenen Dateistruktur auf dem lokalen Novell-Netz abgelegt und dann in eine Batch-Input-Mappe gewandelt werden.

Abb. 8.2
Programmablauf
YBSP1101

Batch-Input-Programm
Namen der Quelldatei auf dem Frontend und der Datei auf dem Server eingeben
Datei vom Frontend auf den Server laden
Serverdatei öffnen
Batch-Input-Mappe anlegen
Ersten Datensatz aus der Serverdatei in einen internen Datenpuffer einlesen

Solange das Dateiende nicht erreicht wurde
Daten aus internem Puffer in die Batch-Input-Mappe übertragen (Unterprogramm 1) Nächsten Datensatz lesen
Serverdatei schließen
Serverdatei löschen
Batch-Input-Mappe schließen

Unterprogramm 1
Einfügen des Programmnamens und des Namens des 1. Dynpros in eine interne Tabelle
Einfügen des 1. Feldnamens und Übertragen des 1. Feldinhaltes
Einfügen des 2. Feldnamens und Übertragen des 2. Feldinhaltes
...
Einfügen eines OK-Codes
Einfügen des Programmnamens und des Namens des 2. Dynpros
Einfügen des 1. Feldnamens und Übertragen des 1. Feldinhaltes
Einfügen des 2. Feldnamens und Übertragen des 2. Feldinhaltes
...
Einfügen eines OK-Codes
...
Einfügen des letzten OK-Codes
Übertragen des Inhaltes der internen Tabelle in die Batch-Input-Mappe
Löschen des Inhaltes der internen Tabelle

```
REPORT YBSP1101 .
*********************************************
YBSP1101 ist ein Batch-Input-Programm,
* das eine auf dem Front-End zugängliche
* Datei in eine Batch-Input-Mappe zur
* Erstellung von Kundenaufträgen aus den vom
* Internet gelieferten Daten erstellt.
* Die Ausgangsdatei muß dabei Zeilen mit
* folgendem Format aufweisen:
*    Name des Kunden      35 Zeichen
*    Straße               35 Zeichen
Ort                  35 Zeichen
Postleitzahl         10 Zeichen
Menge                19 Zeichen
*********************************************

* Puffer zum Einlesen der Daten aus einer
* Datei
DATA: BEGIN OF IBUF,
        NAME(35),
        STRAS(35),
        ORT(35),
        PLZ(10),
        MENGE(19).
DATA: END OF IBUF.
* Interne Tabelle für BDC-Daten
DATA BEGIN OF BDCTAB OCCURS 20.
       INCLUDE STRUCTURE BDCDATA.
DATA END OF BDCTAB.
DATA: BUF(200),
      QID(20),
      COUNT TYPE I,
      DATE TYPE D.
* Parameter: Eingabe der Dateinamen
*    Datei auf Front-End
PARAMETERS: CFILE(70),
*    Datei auf Server
            SFILE(70).

* Laden der Datei auf den Server
SKIP. WRITE: / 'Protokoll'. SKIP 2.
CALL FUNCTION 'ARCHIVFILE_CLIENT_TO_SERVER'
     EXPORTING
          PATH         = CFILE
```

```
              TARGETPATH = SFILE
          EXCEPTIONS
            ERROR_FILE = 1
            OTHERS     = 2.
IF SY-SUBRC <> 0.
  WRITE: / 'Fehler beim Kopieren der Datei',
           ' auf den Server.', / 'Abbruch...'.
  EXIT.
ELSE.
  WRITE: / 'Datei erfolgreich auf Server',
           ' kopiert.'.
ENDIF.

* Datei öffnen
OPEN DATASET SFILE FOR INPUT IN TEXT MODE
     MESSAGE BUF.
IF SY-SUBRC <> 0.
  WRITE: / 'Fehler beim Öffnen der Datei.'.
  WRITE: / 'Abbruch...'.
  EXIT.
ELSE.
  WRITE: / 'Datei erfolgreich geöffnet:',
           SFILE.
ENDIF.

* Batch-Input-Mappe vorbereiten
CALL FUNCTION 'BDC_OPEN_GROUP'
     EXPORTING
        CLIENT                 = SY-MANDT
*       DEST                   =
        GROUP                  = 'INTERNET'
        HOLDDATE               = SY-DATUM
        KEEP                   = ' '
        USER                   = SY-UNAME
     IMPORTING
        QID                    = QID
     EXCEPTIONS
        CLIENT_INVALID         = 1
        DESTINATION_INVALID    = 2
        GROUP_INVALID          = 3
        GROUP_IS_LOCKED        = 4
        HOLDDATE_INVALID       = 5
        INTERNAL_ERROR         = 6
        QUEUE_ERROR            = 7
```

```
                           RUNNING              = 8
                           SYSTEM_LOCK_ERROR    = 9
                           USER_INVALID         = 10
                           OTHERS               = 11.
        IF SY-SUBRC <> 0.
          WRITE: / 'Fehler beim Anlegen der ',
                   'Batch-Input-Mappe.', SY-SUBRC.
          CLOSE DATASET SFILE.
          DELETE DATASET SFILE.
          WRITE: / 'Abbruch...'.
          EXIT.
        ELSE.
          WRITE: / 'Batch-Input-Mappe kreiert.'.
        ENDIF.
        REFRESH BDCTAB.
        COUNT = 0.


        * Datensätze auslesen
        READ DATASET SFILE INTO IBUF.
        WHILE SY-SUBRC = 0.
          PERFORM BDC_NEW_ORDER USING IBUF.
          ADD 1 TO COUNT.
          READ DATASET SFILE INTO IBUF.
        ENDWHILE.


        * Datei schließen und auf Server löschen
        WRITE: / 'Dateiende erreicht:', COUNT,
                 'Datensätze.'.
        CLOSE DATASET SFILE.
        DELETE DATASET SFILE.
        WRITE: / 'Datei auf Server gelöscht.'.


        * Batch-Input-Mappe schließen
        CALL FUNCTION 'BDC_CLOSE_GROUP'
             EXCEPTIONS
                   NOT_OPEN    = 1
                   QUEUE_ERROR = 2
                   OTHERS      = 3.
        IF SY-SUBRC <> 0.
          WRITE: / 'Fehler beim Schließen der ',
                   'Batch-Input-Mappe.'.
        ELSE.
          WRITE: / 'Batch-Input-Mappe geschlossen.'.
        ENDIF.
```

```
*******************************************
*  Unterprogramme
*******************************************
* Füge einen neuen Datensatz der Batch-
* Input-Mappe hinzu
FORM BDC_NEW_ORDER USING VALUE(IBUF)
     STRUCTURE IBUF.
  WRITE: / 'Neuer Datensatz:'.
  WRITE: IBUF-NAME, IBUF-MENGE.


* Verkaufsbeleg Einstieg
PERFORM ADD_DYNPRO USING 'SAPMV45A' '0101'.
PERFORM ADD_FIELD USING 'VBAK-AUART' 'TA'.
PERFORM ADD_FIELD USING 'VBAK-VKORG' 0008'.
PERFORM ADD_FIELD USING 'VBAK-VTWEG' '08'.
PERFORM ADD_FIELD USING 'VBAK-SPART' '08'.
PERFORM ADD_FIELD USING 'VBAK-VKBUR' '0008'.
PERFORM ADD_FIELD USING 'VBAK-VKGRP' '008'.
PERFORM ADD_FIELD USING 'BDC_OKCODE' '/00'.
* Kundenauftrag anlegen
PERFORM ADD_DYNPRO USING 'SAPMV45A' '0402'.
PERFORM ADD_FIELD USING 'KUAGV-KUNNR'
                             '69002'.
PERFORM ADD_FIELD USING 'VBAK-BSTNK'
        'Internetbestellung'.
DATE = SY-DATUM + 14.
WRITE DATE DD/MM/YYYY TO BUF.
PERFORM ADD_FIELD USING 'VBAK-BSTDK'  BUF.
PERFORM ADD_FIELD USING 'VBAP-MATNR(1)'
                             '901000'.
PERFORM ADD_FIELD USING 'RV45A-KWMENG(1)'
                             IBUF-MENGE.
PERFORM ADD_FIELD USING 'VBAP-VRKME(1)'
                             'ST'.
PERFORM ADD_FIELD USING 'BDC_OKCODE' '/00'.
* Anschrift für CPD-Kunden pflegen
PERFORM ADD_DYNPRO USING 'SAPLV05E' '3000'.
PERFORM ADD_FIELD USING 'SADR-NAME1'
                             IBUF-NAME.
PERFORM ADD_FIELD USING 'SADR-STRAS'
                             IBUF-STRAS.
PERFORM ADD_FIELD USING 'SADR-ORT01'
                             IBUF-ORT.
```

```
      PERFORM ADD_FIELD USING 'SADR-PSTLZ'
                              IBUF-PLZ.
      PERFORM ADD_FIELD USING 'SADR-LAND1' 'DE'.
      PERFORM ADD_FIELD USING 'SADR-SPRAS' 'D'.
      PERFORM ADD_FIELD USING 'BDC_OKCODE' '/00'.
      * Aus Auftragsdaten zu Position Kaufmann
      * wechseln
      PERFORM ADD_DYNPRO USING 'SAPMV45A' '0402'.
      PERFORM ADD_FIELD USING 'BDC_OKCODE' '/2'.
      * Auftrag - Position Kaufmann pflegen und
      * Auftrag speichern
      PERFORM ADD_DYNPRO USING 'SAPMV45A' '0450'.
      PERFORM ADD_FIELD USING 'VBAP-PSTYV' 'TAN'.
      PERFORM ADD_FIELD USING 'VBAP-WERKS' '0008'.
      PERFORM ADD_FIELD USING 'VBAP-LGORT' '0008'.
      PERFORM ADD_FIELD USING 'VBAP-VSTEL' '0008'.
      PERFORM ADD_FIELD USING 'BDC_OKCODE' '/11'.

    * Vorgang in Batch-Input-Mappe einfügen
      CALL FUNCTION 'BDC_INSERT'
           EXPORTING
             TCODE           = 'VA01'
           TABLES
             DYNPROTAB       = BDCTAB
           EXCEPTIONS
             INTERNAL_ERROR = 1
             NOT_OPEN       = 2
             QUEUE_ERROR    = 3
             TCODE_INVALID  = 4
             OTHERS         = 5.
      IF SY-SUBRC <> 0.
        WRITE: / 'Fehler beim Einfügen eines',
               ' Datensatzes in die',
               'Batch-Input-Mappe.', SY-SUBRC.
      ENDIF.
    * Tabelle wieder leeren
      REFRESH BDCTAB.
    ENDFORM.

    * Zeile "Neues Dynpro" in interne Tabelle
    * einfügen
    FORM ADD_DYNPRO USING VALUE(PROGRAM) VALUE(DYNPRO).
      CLEAR BDCTAB.
      BDCTAB-PROGRAM = PROGRAM.
```

```
      BDCTAB-DYNPRO = DYNPRO.
      BDCTAB-DYNBEGIN = 'X'.
      APPEND BDCTAB.
ENDFORM.


* Zeile "Neues Feld" in interne Tabelle
* einfügen
FORM ADD_FIELD USING VALUE(FIELD) VALUE(VAL).
      CLEAR BDCTAB.
      BDCTAB-FNAM = FIELD.
      BDCTAB-FVAL = VAL.
      APPEND BDCTAB.
ENDFORM.
```

Die erzeugte Batch-Input-Mappe kann nun über *System* ⇨ *Dienste* ⇨ *Batch-Input* ⇨ *Bearbeiten* aktiviert werden. Sie kann nach dem Entsperren abgespielt werden. Über *Mappe* kann sie noch einmal betrachtet werden.

8.3   Export von Daten mit RFC

Die RFC-Schnittstelle ist vielseitig einsetzbar. Sie erlaubt den Austausch von Feldern und internen Tabellen zwischen Systemen. In diesem Abschnitt wird auf die Kommunikation von R/3-Systemen mittels RFC näher eingegangen, R/2-Systeme verhalten sich ähnlich. Die Anbindung externer Programme, bspw. über die C-Bibliothek der Schnittstelle, zu erklären würde aber den Rahmen dieses Buches sprengen. Informationen darüber enthält die Online-Dokumentation. Der Menüpunkt *Hilfsmittel* ⇨ *RFC-Schnittstelle* ⇨ *Generieren* innerhalb der Funktionsbausteiner-stellung *Werkzeuge* ⇨ *ABAP/4 Workbench* ⇨ *Entwicklung* ⇨ *Funktionsbibliothek* (SE37) liefert zusätzliche Unterstützung.

Die grundlegenden Zusammenhänge verdeutlicht das folgende Schema:

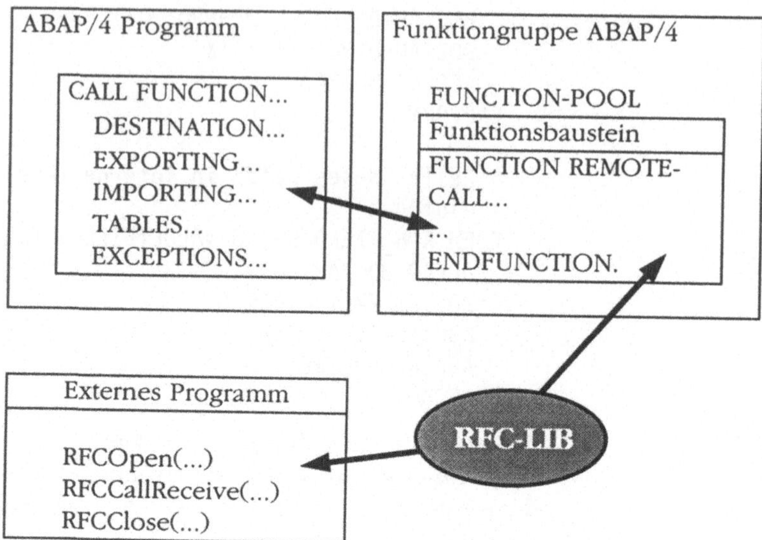

Die **Serverschnittstelle** im R/3 wird durch Funktionsbausteine definiert, die als "über RFC rufbar" definiert wurden. Dazu muß nur diese Eigenschaft in den Attributen des Funktionsbausteins angegeben werden. Zu beachten ist noch, daß allen Parametern ein Typ zugewiesen wird (Vergleichsstruktur genannt), der im ABAP/4-Dictionary definiert ist und daß keine CHANGING-Parameter erlaubt sind.

Die **Clientschnittstelle** besteht aus dem Ruf des entsprechenden Funktionsbausteins mit dem Zusatz des Zielrechners, auf dem die Verarbeitung läuft. Dieser Zusatz lautet DESTINATION <Dest> und wird wie folgt verwendet:

```
CALL FUNCTION 'RFC_FUNC'
     DESTINATION 'RFC_DEST'
     TABLES ...
     EXPORTING ...
     IMPORTING ...
     EXCEPTIONS ... .
```

Die Destination kann dabei entweder durch ein Literal oder eine Variable angegeben sein. Die Zieldestination muß im aktuellen System unter *Werkzeuge ⇨ Administration ⇨ Verwaltung ⇨ Netzwerk ⇨ RFC-Destinationen* (SM59) definiert worden sein, damit alle zum Verbindungsaufbau nötigen Daten zur Verfügung stehen. Hier wird ihr der Name gegeben, der im Programm als Referenz verwendet wird.

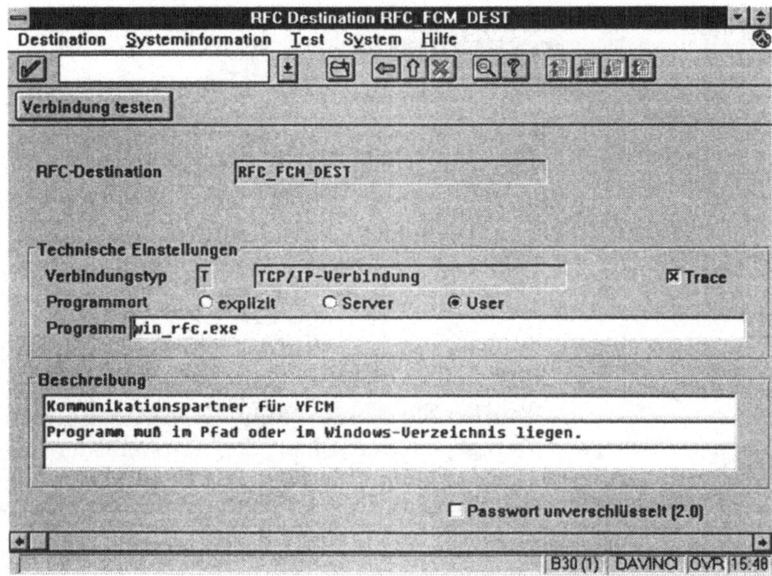

Abb. 8.4
RFC-Destination
festlegen

Jede Destination definiert einen eigenen Programmkontext. Deshalb kann bei wiederholten Aufrufen eines oder auch verschiedener Funktionsbausteine mit derselben Destination auf die globalen Daten dieser Funktionsbausteine zugegriffen werden.

Bereits vordefiniert sind folgende Destinationen:

'NONE'   das aufrufende (das heißt lokale) System. Die Funktion erhält aber einen eigenen Programmkontext.

'BACK'   in der über RFC aufgerufenen Funktion kann somit zum Aufrufer zurückgerufen werden.

Beim Aufruf können zwei spezielle Systemausnahmen auftreten und entsprechend behandelt werden:

- SYSTEM_FAILURE - auf der Empfängerseite erfolgt ein Systemabbruch.

- COMMUNICATION_FAILURE - es treten Probleme beim Verbindungsaufbau oder bei der Kommunikation auf.

In beiden Fällen kann man mit dem optionalen Zusatz **MESSAGE** <mess> eine Beschreibung des Fehlers erhalten.

9 Schlußbemerkung

Im vorliegenden Beitrag wurden Grundlagen der ABAP/4-Programmierung dargelegt. Wie beschrieben, ist die Sprache sehr gut zum Aufbau großer betriebswirtschaftlicher Anwendungssysteme geeignet. Sie ist offen für die Anbindung anderer Softwaresysteme, so daß eine ABAP/4-Applikation gut in ein komplexes Informationssystem integriert werden kann.

Da der größte Teil der kundenspezifischen ABAP/4-Anwendungen die Auswertung vorhandener Datenbestände beinhaltet, wurden die damit verbundenen Konzepte ausführlicher erläutert. Demgegenüber sollten die Kapitel über Schnittstelle und Dialoganwendungen nur einen ersten Einstieg bieten. Weiterführende Darstellungen finden sich in der Online-Dokumentation des R/3-Systems.

Literaturverzeichnis

Bahmann, E./Wenzel, P.:
SAP Business Workflow zur Steuerung von Geschäftsprozessen. In: Wenzel, P. [Hrsg.]: Geschäftsprozeßoptimierung mit SAP-R/3, Vieweg-Verlag, Wiesbaden, 1995

Bär, R./Egger, N.:
Reporting unter SAP® R/3. Probleme und Lösungsansätze. In: Wenzel, P. [Hrsg.]: SAP® R/3®-Anwendungen in der Praxis. Anwendung und Steuerung betriebswirtschaftlich-integrierter Geschäftsprozesse mit ausgewählten R/3®-Modulen, Vieweg-Verlag, Reihe „Edition Business Computing", Braunschweig/Wiesbaden, 1997

Becker, J.; Vossen, G. [Hrsg.]:
Geschäftsprozeßmodellierung und Workflow-Management, Bonn, 1996

Birkner, K.:
Kosten- und Leistungsrechnung, Berlin, 1996

Buck-Emden, R./Galimow, J.:
Die Client/Server-Technologie des SAP-Systems R/3, Basis für betriebswirtschaftliche Standardanwendungen zum Rel. 3.x, 3. Aufl., Addison-Wesley-Verlag, Bonn, 1996

CDI [Hrsg.]:
SAP R/3 Einführung. Grundlagen, Anwendungen, Verlag Markt & Technik, München, 1996

CDI [Hrsg.]:
SAP R/3 Basissystem. Architektur, Administration, Verlag Markt & Technik, München, 1996

CDI [Hrsg.]:
SAP R/3 Finanzwesen. Grundlagen, Anwendungen, Verlag Markt & Technik, München, 1996

CDI [Hrsg.]:
SAP R/3 Controlling. Grundlagen, Anwendungen, Verlag Markt & Technik, München, 1996

CDI [Hrsg.]:
SAP R/3 Materialwirtschaft. Grundlagen, Anwendungen, Verlag Markt & Technik, München, 1996

CDI [Hrsg.]:
SAP R/3 Personalwirtschaft. Grundlagen, Anwendungen, Verlag Markt & Technik, München, 1998

Finzer, P.:
Personalinformationssysteme, München, 1992

Geiges, P./Wenzel, P.:
Eine betriebliche Standardlösung „SAP-R/3" macht sich einen Namen. In: Krallmann, H./Nilsson, R. [Hrsg.]: DV-Management Zeitschrift, Expertenstatements und Kommunikationstechnologien für eine erfolgreiche Unternehmensführung, Erich Schmidt Verlag, Berlin/Bielefeld/München, 5. Jg., Heft 1/95

Gronau, Norbert:
Management von Produktion und Logistik mit SAP R/3, München/Wien/Oldenburg, 1996

Hackstein, R.:
Produktionsplanung und -steuerung (PPS) - Ein Handbuch für die Betriebspraxis, VDI-Verlag, Düsseldorf, 1984

Hammer, Michael; Champy, James:
Business Reengineering. Die Radikalkur für das Unternehmen, Frankfurt/New York, 1994

Hantusch, Th./Matzke, B./Perez, M.:
SAP R/3 im Internet, Globale Plattform für Handel, Vertrieb und Informationsmanagement, Addison-Wesley-Verlag, 2. Aufl., Bonn, 1998

Huth, St./Kolbinger, R./Meyer, H.-M.:
SAP R/3 auf Windows NT, Einführung und Betrieb von R/3 auf einer Windows NT 4.0-Plattform, Addison-Wesley-Verlag, Bonn, 1997

Keller, G./Teufel, T.:
SAP R/3 prozessorientiert einführen, Addison-Wesley-Verlag, Bonn, 1997

Köhler-Frost [Hrsg.]
ELECTRONIC OFFICE SYSTEME, Workflow- u. Groupware-Anwendungen in der Praxis, Erich Schmidt-Verlag, Berlin, 1998

Macha, R.:
Grundlagen der Kosten- und Leistungsrechnung, Frankfurt/Main, 1998

Matzke, B.:
ABAP/4. Die Programmiersprache des SAP-Systems R/3, Addison-Wesley-Verlag, Bonn, 1995

Michel, R./Torspecken, H.-D.:
Grundlagen der Kostenrechnung, Kostenrechnung 1, 3. Aufl., München, 1989

Pérez, M./ Hildebrand, A./Matzke, B./Zencke, P.:
Geschäftsprozesse im Internet mit SAP R/3, 2. Aufl., Addison-Wesley-Longman Verlag, Bonn, 1998

Roschmann, K.:
Fertigungssteuerung - Einführung und Überblick, Hanser Verlag, München, 1980

SAP AG:
Discover SAP (CD), Walldorf, 1995

SAP AG:
Handbuch „ABAP/4-Query" zu Release 3.0, Walldorf, Mai,1996

SAP AG:
Handbuch „FI-SL - Report Writer" zu Release 3.0, Walldorf, Mai, 1996

SAP AG:
OSS-Hinweis 0048296 „ABAP/4-Query: Joins von Datenbanktabellen", Walldorf, 25.11.1995

SAP AG:
R/3 Online-Dokumentation (CD); SAP R/3 Release 3.1H, Walldorf, 1997

SAP AG:
SAP Visual SAPPHIRE '96 (CD), Präsentationen auf der SAPPHIRE in Wien, Walldorf, Juni, 1996

SAP AG:
SAP Visual SYSTEMS '97 (CD), Präsentationen auf der SYSTEMS in München, Walldorf, Oktober, 1997

SAP AG:
SAP Visual SAPPHIRE '97 (CD), Präsentationen auf der SAPPHIRE in Amsterdam, Walldorf, Juni, 1997

SAP AG:
SAP Visual CeBIT '98 (CD), Präsentationen auf der CeBIT in Hannover, Walldorf, März, 1998

SAP AG:
Schulungsunterlagen „Ergebnis- und Marktsegmentrechnung", AC605, Release 3.1G, Walldorf, 1997

Schmidt, L./Döring, Th./Weiß, A.:
Informationsbeschaffung im SAP R/3®. In: Wenzel, P. [Hrsg.]: SAP® R/3®-Anwendungen in der Praxis. Anwendung und Steuerung betriebswirtschaftlich-integrierter Geschäftsprozesse mit ausgewählten R/3®-Modulen, Vieweg-Verlag, Reihe „Edition Business Computing", Braunschweig/Wiesbaden, 1997

Schmidt, L./Kaciuba, Th.:

Programmieren mit ABAP/4 – Eine Einführung. In: Wenzel, P. [Hrsg.]: SAP® R/3®-Anwendungen in der Praxis. Anwendung und Steuerung betriebswirtschaftlich-integrierter Geschäftsprozesse mit ausgewählten R/3®-Modulen, Vieweg-Verlag, Reihe „Edition Business Computing", Braunschweig/Wiesbaden, 1997

Scheer, A.-W.:

Architektur integrierter Informationssysteme; Grundlagen der Unternehmensmodellierung, Berlin/Heidelberg, 1991

Scheer, A.-W.:

CIM - Der computergesteuerte Industriebetrieb, Springer-Verlag, Berlin/Heidelberg, 1987

Scheer, A.-W.:

Wirtschaftsinformatik; Referenzmodelle für industrielle Geschäftsprozesse, 4. Aufl., Berlin/Heidelberg, 1994

Siemens Informationssysteme AG/Thome, R. [Hrsg]:

R/3 Modellfirma, LIVE Produktions- und Vertriebs AG, (CD), Version 3.1H, Dokumentation, Würzburg, November, 1997

Siemens Informationssysteme AG [Hrsg.]:

R/3 LIVE - LIVE Method & Tools. Vol 2, CD-ROM, München, 1997

Strobel-Vogt, U.:

SAP Business Workflow® in der Logistik. Strategie und Implementierung in der Praxis, Vieweg-Verlag, Reihe „Edition Business Computing", Braunschweig/Wiesbaden, 1997

Uzuner, B.:

Migration von SAP R/2 nach SAP R/3. In: Wenzel, P. [Hrsg.]: Business Computing mit SAP R/3®. Modellierung, Steuerung und Management betriebswirtschaftlich-integrierter Geschäftsprozesse, Vieweg-/Gabler-Verlag, Reihe „Edition Business Computing", Braunschweig/Wiesbaden, 1998

Wenzel, P. [Hrsg.]:

Betriebswirtschaftliche Anwendungen des integrierten Systems SAP® R/3, 2. Aufl., Vieweg-Verlag, Reihe „Edition Business Computing", Braunschweig/Wiesbaden, 1996

Wenzel, P. [Hrsg.]:

Geschäftsprozeßoptimierung mit SAP R/3®. Modellierung, Steuerung und Management betriebswirtschaftlich-integrierter Geschäftsprozesse, 2. Aufl., Vieweg-Verlag, Reihe „Edition Business Computing", Braunschweig/Wiesbaden, 1997

Wenzel, P. [Hrsg.]:

SAP® R/3®-Anwendungen in der Praxis. Anwendung und Steuerung betriebswirtschaftlich-integrierter Geschäftsprozesse mit ausgewählten R/3®-Modulen, Vieweg-Verlag, Reihe „Edition Business Computing", Braunschweig/Wiesbaden, 1997

Wenzel, P. [Hrsg.]:

Business Computing mit SAP R/3®. Modellierung, Steuerung und Management betriebswirtschaftlich-integrierter Geschäftsprozesse, Vieweg-/Gabler-Verlag, Reihe „Edition Business Computing", Braunschweig/Wiesbaden, 1998

Will, L./Hienger, Ch./Straßenburg, F./Himmer, R.:

Administration des SAP-Systems R/3, Leitfaden zur Systembetreuung und -optimierung, 2. Aufl., Addison-Wesley-Verlag, Bonn, 1996

Autorenverzeichnis

Die besondere Herausforderung im Studium, sich an ein Programmpaket der „Extraklasse" heranzuwagen, führte die **Studenten/innen des vierten, fünften und achten Semesters Wirtschaftsinformatik** (Fachbereich Informatik) an der Fachhochschule Konstanz bis an die Grenze der Belastbarkeit. Neben ihrem 36-stündigen Wochenpensum an der FH „büffelten" die meisten von ihnen bis zu 50 Stunden zusätzlich für ihre Präsentationen und den schriftlichen Ausarbeitungen, die als Projekt-Vorlage für dieses Buch dienten.

Von den Studierenden der Jahrgänge SS 1997 bis SS 1998 haben insgesamt 57 angehende Wirtschaftsinformatiker an der 3. völlig überarbeiteten und ergänzten Auflage dieses Werkes mitgewirkt.

Daneben hat dankenswerterweise **Dipl.-Kff. Sabine Mehlich** von der IBIS Prof. Thome GmbH, Würzburg und dem Lehrstuhl für BWL und Wirtschaftsinformatik der Universität Würzburg, einen Beitrag (13. Kapitel „Ausbildung in und mit der Modellfirma LIVE AG") für dieses Werk geliefert.

Ebenfalls bedanken wir uns bei **Dr.-Ing. Lutz Schmidt, Dipl. W.-inf. Thomas Döring, Dipl. W.-inf. Andreas Weiß** und **Dipl. W.-inf. Thomas Kaciuba** von der Technischen Universität Ilmenau, Fakultät für Wirtschaftswissenschaften, Fachgebiet Wirtschaftsinformatik I, für die Mitarbeit im 1. Kapitel „Einführung" sowie für die Gestaltung des Anhangs zu diesem Buch.

Die übrigen, überarbeiteten Kapitel wurden grundlegend zusammengestellt von:

<table>
<tr><td>1. Kapitel</td><td>

Einführung

</td></tr>
</table>

HEIDI KOCH

RALF HÜTTL

TORSTEN MENGEL

DANIEL SCHWARTING

DR.-ING. LUTZ SCHMIDT

DIPL. W.-INF. THOMAS DÖRING

DIPL. W.-INF. ANDREAS WEIß

2. Kapitel   **Customizing**

Andreas Gossmann
Alexander Korner
Steven Nies
Markus Thielbeer

3. Kapitel   **Finanzbuchhaltung**

Christiane Keck
Monika Kleindienst
Martin Mußler
Armin Ohlinger
Matthias Walliser

4. Kapitel   **Anlagenbuchhaltung**

Christoph Kress
Uwe Martschinke
Jürgen Schiele
Oliver Wörner

5. Kapitel   **Kostenrechnung**

Dipl.-Inf. cand. Marion Kuhn
Matthias Dautel
Mario Maurer
Jürgen Stösser

6. Kapitel   **Materialwirtschaft**

Jörg Narr
Thomas Pfrengle
Michael Skerhut

7. Kapitel **Fertigungswirtschaft**

Thu Thao Nguyen
Paul Braun
Holger Hensel
Sven Maack
Patrick Schweikart
Christian Schwendemann
Dipl.-Inf. cand. Harald Harings

8. Kapitel **Instandhaltung**

Martina Ballnus
Roland Fischer
Monika Kleindienst
Simone Morath

9. Kapitel **Vertriebssystem**

Stephanie Föhrenbach
Nicole Hahn
Ralf Fischer
Adolfo Navarro
Thorsten Wanka

10. Kapitel **Personalwirtschaft**

Oliver Gericke
André Herget
Stephan Nägele
Gerd Oesterle
Joachim Schaller

Stichwortverzeichnis

B

E

Geschäftsvorfall 163, 175, 198
Geschäftsvorgänge 595
Gewichtungsschlüssel 360
gleichzeitiges Erfassen 879
gleitender Durchschnittspreis 375
Gleitzeit 720
Gliederung 97
globale Parameter 101, 115
Glossar 71
Glossarverweise 94
Grafik interaktiv 695
Graphikprofil 477
Grobplanung 433
Groß- und Kleinmengen-
kommissionierung 397
Großrechner 7
Grunddaten 510
Grundkosten 211
Grundliste 667
gruner Pfeil 55
Gruppenfertigung 948
GUI-Stati 1013
Gutschrift 179, 650

H

Haltepunkte 451
Handelsrecht 191
Handelsware 608
Hardware 18
Hardwarehierarchie 15
Haufigkeitsanalyse 357
Hauptbuch 132
Hauptbuchkonten 164
Hauptkriterien 359
Hauptnummer 197
Hell 396
Hello-World-Programm 965
Herstellkosten 214
Herstellkostensumme 265
Hierarchiebereich 228
Hilfe zur Hilfe 71
Hilfefenster 70
Hilfemenu 70
Hilfesystem 69
Historienfuhrung 517
Hitliste 362
H-Maßnahmen 571
horizontale Struktur 552
Hotline 5
Hot-Packages 75
HTML-Business 901, 912

HTML-Formulare 899
HTML-Präsentationsschnittstelle 899
HTML-Programmierung 902
HTML-Quellcode 909
HTML-Seite 891
HTML-Template 892, 901, 906
HTTP-Server 905
Hyperlink 913
Hypertext 101, 103
Hypertextstruktur 97

I

IACs 906
IH-Anforderung 565, 567
IH-Arbeiten 560
IH-Arbeitspläne 560
IH-Auftrag 570
IH-Daten 549
IH-Historie 579
IH-Meldung 565, 570, 571
IMG-Aktivitäten 96
immaterielle Anlagen 194
immaterielle Güter 239
Implementationguide (IMG) 90
Incoterms 607
Individualprufplan 408
InfoCubes 13
Informationsflußsicht 835
Informationsspeicherung 304
Informationsstruktur 503, 664, 678
Informationstyp 94, 96, 699, 700
Infosatze 314
Info-Set 506
Infotypen 701, 767
INITIALIZATION 994
Initialkennwort 53
Innenauftrag 270, 291
Innenorganisation 593
innerbetriebliche Leistungen 239
innerbetriebliche Verrechnung 292
Inside-Out-Ansatz 894
Inspektion 539
Instandhaltung 29
Instandhaltungsanleitung 560
Instandhaltungsarbeitsplane 560
Instandhaltungsauftrag 571
Instandhaltungsdaten 542
Instandhaltungsruckmeldung 579
Instandhaltungsstucklisten 558
Instandsetzung 539

S

T

U

V

W

X

Z

Bezugsquellenverzeichnis *(postalische Sortierung)*

Steeb Anwendungssysteme GmbH
Marketing und Vertrieb
Frau Karin Rad
Heilbronner Straße 4

74232 Abstatt

Tel.: 07062 / 673-181
Fax: 07062 / 673-308
eMail: steeb.service@sap-ag.de
Internet: http://www.steeb.de

3C Plus-INSO
Tullastraße 25-29

76131 Karlsruhe

Tel.: 0721 / 96202-01
Fax: 0721 / 96202-22
eMail: info@3cplus-inso.de
Internet: http://www.3cplus-inso.de

SAP RETAIL SOLUTIONS
Neue Bahnhofstraße 21
D-66386 St. Ingbert
Tel. 06894/981-0 · Fax 981-399
Internet: http://www.sap-retail.de

Bedienung der beiliegenden CD

Die beiliegende **CD zum Buch** ist mit Hilfe einer **HTML-Oberfläche** gestaltet. Weiterführende Informationen, wie Screencam-Filme, HTML-Shows, WinHelp-Dateien und PowerPoint-Präsentationen, zu den betrieblichen R/3-Anwendungen können durch einfaches Anklicken innerhalb der nachfolgenden Kapitel-Verzeichnisse angefahren werden:

Kapitel 03   **Finanzbuchhaltung**

Kapitel 04   **Anlagenbuchhaltung**

Kapitel 05   **Kostenrechnung/Controlling**

Kapitel 06   **Materialwirtschaft**

Kapitel 07   **Fertigungswirtschaft**

Kapitel 08   **Instandhaltung**

Kapitel 09   **Vertrieb**

Kapitel 10   **Personalwirtschaft**

Kapitel 11   **SAP Business Workflow**

Kapitel 12   **Internet**

Kapitel 13   **LIVE AG**

Der **Einstieg in die CD** (Voraussetzung: Windows 98 oder Windows NT 4.0 & Internet Explorer 4.0) erfolgt durch Einlegen ins CD-Laufwerk – Autorun-Datei startet (nicht unter Win95) – oder über das Root-Verzeichnis (oberste Ebene auf der CD, z. B. d:\) mit Anklicken der **Startdatei**:

„index.htm"

Die Screencam-, WinHelp-, HTML- und PowerPoint-Dateien sind alle **selbstlaufende Files**, deren **Abspielprogramme sich auf der CD** befinden und nicht gesondert installiert werden müssen. Es wird jedoch empfohlen, die Lotus-Screencam von der CD auf dem eigenen Rechner zu installieren.

Unternehmensinformation mit SAP®-EIS

Aufbau eines Datawarehouses und einer inSight®-Anwendung

von Bernd-Ulrich Kaiser

3., verb. Aufl. 1998. XI, 187 S. mit 44 Abb.
(Zielorientiertes Business Computing; hrsg. von Fedtke, Stephen)
Geb. DM 198,00
ISBN 3-528-25564-1

Aus dem Inhalt:
Informationsbedarf und Informationsquellen - Data Warehousing - inSight für SAP-EIS von arcplan - Aufbau und Betrieb eines Management-Informationssystems (MIS)

Das Standardwerk zur Unternehmensinformation mit SAP®-EIS - bereits in der 3. Auflage - ist eine praxisorientierte, professionelle Anleitung zum Aufbau eines Management-Informationssystems (MIS). Professionalität bedeutet dabei insbesondere, daß das zu realisierende Management-Informationssystem auf allen Hierarchieebenen eines Unternehmens zuverlässige und verständliche Informationen bereithält.

Über den Autor:
Dr. Bernd-Ulrich Kaiser ist Leiter Management-Informationssysteme bei der Bayer AG. Er zeichnet u. a. verantwortlich für den Aufbau und Betrieb von ISOM, dem Informationssystem für das Obere Management im Bayer Konzern. ISOM wurde als bestes Management-Informationssystem mit dem Best Practice Award 1998 ausgezeichnet.

Abraham-Lincoln-Str. 46,
Postfach 1546,
65173 Wiesbaden
Fax: (06 11) 78 78-4 00,
http://www.vieweg.de

Ihre Chance !

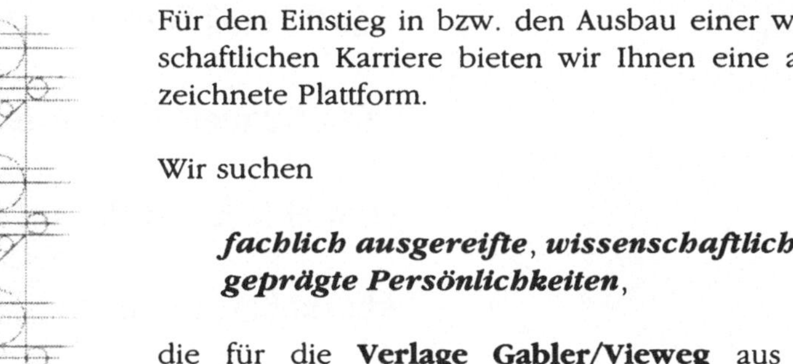

Für den Einstieg in bzw. den Ausbau einer wissenschaftlichen Karriere bieten wir Ihnen eine ausgezeichnete Plattform.

Wir suchen

fachlich ausgereifte, wissenschaftlich-geprägte Persönlichkeiten,

die für die **Verlage Gabler/Vieweg** aus allen Bereichen und Branchen betriebswirtschaftlicher Standardanwendungen als *Fachautoren* tätig werden wollen.

Besonderes Interesse gilt dabei den Anwendungen aus allen Komponenten und Modulen von:

SAP R/3®

Baan®

Navision®

etc.

Setzen Sie sich mit uns in Verbindung! Gemeinsam kommen wir beruflich und persönlich den unzähligen offenen Fragen, den Lösungsmöglichkeiten, den Chancen und Risiken im Bereich **Business Computing** etwas näher.

BCI Prof. Dr. Wenzel

Prof. Dr. rer. pol. Paul Wenzel • Herderstraße 2 • D-63512 Hainburg

☎: +49 (61 82) 6 99 93 • Fax: +49 (61 82) 6 44 79

Mail: wenzel@fh-konstanz.de

Fit für qualifizierte Projekteinsätze

[Roger Knop]

SAP Retail Solutions ist prädestinierter Partner des Handels für strategische Lösungen im IT-Umfeld. Als Tochtergesellschaft der SAP AG übernehmen wir zentrale Aufgaben bei der Entwicklung von SAP Retail, der SAP-Branchenlösung für den Handel und bei der Beratung weltweit operierender Unternehmen. Mit einem geplanten Wachstum von wenigstens 30 % p.a. wollen wir künftig den gewohnten Erfolgskurs fortsetzen.

SAP R/3 im Mittelstand

Grundlagen, Nutzen und Praxisberichte
zum branchengerechten Einsatz

herausgegeben von Olaf Jacob und Hans-Jürgen Uhink

1998. XX, 358 S. mit 48 Abb. (Business Computing)
Geb. DM 98,00
ISBN 3-528-05672-X

Das Buch beschreibt die Anforderungen des Mittelstands an eine integrierte betriebswirtschaftliche Standardanwendungssoftware. Es stellt die Angebotsstruktur der SAP AG für den Mittelstand dar, erörtert den spezifischen Nutzen von R/3 für den Mittelstand, beschreibt wichtige Branchenlösungen von R/3 und zeigt anhand von konkreten Praxisberichten die Erfolgsfaktoren eines mittelstandsgerechten Einsatzes von R/3 auf.

Zu den SAPAnwendern zählen Großunternehmen und eine Vielzahl mittelständischer Unternehmen, die bei annähernd identischen Prozessen spezielle Anforderungen an die Einführung und den Einsatz von Standardanwendungssoftware haben. Der Mittelstand erwartet neben kurzen Einführungszeiten ein differenziertes Preis-, Distributions- und Betreuungskonzept. Die SAP AG und ihre Vertriebspartner, die R/3-Systemhäuser, haben sich darauf mit branchenspezifischen R/3-Komplettlösungen eingestellt.

Über die Herausgeber:
Olaf Jacob ist Professor für Informationsmanagement an der Fachhochschule Neu-Ulm. Dipl.-Kaufm. Hans-Jürgen Uhink ist Vertriebsleiter für die R/3-Systemhäuser bei der SAP AG.